普通高等教育“十一五”国家级规划教材

微波技术基础

（第4版）

闫润卿　李英惠　编

北京理工大学出版社
BEIJING INSTITUTE OF TECHNOLOGY PRESS

内容简介

本书是2004年第3版的修订本，包括3大部分内容：传输线理论、常用（无源）微波元件和微波网络。这3部分既有联系又相对独立，便于根据实际需要安排教学内容，具有较好的灵活性。全书除了绪论和附录外，共有7章：传输线的基本理论、规则波导、微带传输线、光波导、微波谐振器、常用（无源）微波元件和微波网络基础。

本书可作为电子与信息工程专业（电磁场与微波技术、电子工程、信息工程、通信工程和应用电子技术等专业）的教材或参考书，还可供工程技术人员和自学者参考与使用。

图书在版编目（CIP）数据

微波技术基础／闫润卿，李英惠编．—4版．—北京：北京理工大学出版社，2011.3（2019.10重印）

普通高等教育“十一五”国家级规划教材

ISBN 978－7－5640－2959－3

Ⅰ.①微…　Ⅱ.①闫…　②李…　Ⅲ.①微波技术－高等学校－教材　Ⅳ.①TN015

中国版本图书馆CIP数据核字（2010）第007244号

出版发行／北京理工大学出版社有限责任公司
社　　址／北京市海淀区中关村南大街5号
邮　　编／100081
电　　话／（010）68914775（办公室）　68944990（批销中心）　68911084（读者服务部）
网　　址／http：//www.bitpress.com.cn
经　　销／全国各地新华书店
印　　刷／北京虎彩文化传播有限公司
开　　本／787毫米×1092毫米　1/16
印　　张／28
插　　页／1
字　　数／649千字
版　　次／2011年3月第4版　　2019年10月第14次印刷　　责任校对／张沁萍
定　　价／55.00元　　责任印制／李志强

第 4 版前言

“微波技术基础”是电子与信息工程专业的专业基础课，是必学的基础知识。因其为基础课，因此，受科技快速发展的影响较小，内容相对稳定，但并非一成不变，应跟踪微波技术的发展动向，不断地更新内容，使之适应相关专业的要求。正是基于这一原则，本书每修订一次都补充一些新的内容，现在的第 4 版也是如此。

本书自 1988 年第 1 版面世至今已出了 4 个版本，版本更迭的过程也是本书不断完善的过程。因此，后一版相对于前一版而言，在内容的增减、更新，以及在概念的阐述，公式、数据、插图的处理和运用等方面都有不同的改进和提高。第 4 版在上述诸方面，与前 3 版相比，又有了较大的提高，内容更加充实，完整性和可读性均有所增强，更便于讲授和自学。另外，为配合读者学习并检验自己的解题能力，特编写了含有本书大部分习题解答的《微波技术基础　概念　题解与自测》一书（尚洪臣等编）已出版发行，可供读者参考。

本书第 4 版全部书稿由闫润卿执笔修订。在本书历次修订过程中都得到了尚洪臣教授和北京理工大学信息工程学院电子工程系微波技术教研室老师们的指教和帮助，谨向他们表示衷心的感谢。

本书各次版本的出版都得到了北京理工大学出版社的各级领导和责任编辑的热情支持和帮助，特致以诚挚的谢意。

本书曾获 2005 年北京高等教育教材精品奖，此后又被批准为普通高等教育“十一五”国家级规划教材（面向 21 世纪高等院校规划教材）。这对作者是鼓励，更是鞭策。尽管如此，限于作者水平，书中仍难免有不妥、疏漏和错误之处，殷切期望专家、同行和读者不吝指正。

编者

第 3 版前言

“微波技术基础”是电子与信息工程专业的一门技术基础课，是必学的基础知识。近年来新的科技成果和新的需求不断地涌现；授课内容和学时数也在变化，为了适应这一新的情况，在保持本书基本框架的基础上，对第 2 版作了必要的修订。

经过修订，全书各章在内容上都有程度不同的修改、删减和补充。概括地讲，就是：根据目前的实际情况，增加了一些新的内容，并对原有的内容重新作了审定，删除了与“三基本”关系不大的内容，加强了各章节之间的联系和照应。与第 2 版相比，第 3 版的章节结构更简明，内容更充实，对于“三基本”的阐述更为准确、更为完整，而且也更便于讲授和自学。

通过做习题来进一步地理解和掌握所学内容是十分重要的。因此，为使读者能够掌握解题的方法和步骤、并检查自己所做习题的结果是否正确，特编写了含有本书大部分习题解答的“微波技术基础概念题解与自测”一书（尚洪臣等编），供参考，该书与“微波技术基础”同时出版发行。读者应先行自己做题，而后再参阅辅导书，切忌不做题就直接抄写答案。第 3 版书稿绪论和第 1 章至第 6 章由闫润卿执笔修订，尚洪臣为第 7 章编写了补充内容。

北京理工大学信息技术学院电子工程系电磁场与微波技术教研室主任徐晓文教授、尚洪臣教授和薛正辉副教授对修订工作给予了有力的支持和帮助，并仔细地阅读了修订稿，提出了宝贵意见，谨向他们表示衷心的感谢。

北京理工大学出版社的领导和责任编辑对本书的出版和修订给予热情的支持和帮助，特致以诚挚的谢意。

本书第 3 版与第 1 版、第 2 版相比，从各方面讲都有较大的改进和提高，但是限于编者水平，书中仍难免有疏漏或错误之处，敬请读者指正。

编者

第3版前言

[illegible]

第 2 版前言

本书第 1 版是经原兵器工业部第一教材编审委员会微波技术小组的评审和推荐于 1988 年 12 月出版的，第 2 版是在第 1 版的基础上修订而成。

“微波技术基础”是在讲授了“高等数学”、“电路分析基础”和“电磁场理论”等课程之后开设的电子与信息工程专业（电磁场与微波技术、电子工程、信息工程、通信工程和应用电子技术等专业）的一门技术基础课，主要讲述微波技术的基本理论、基本概念和基本分析方法（“三基本”）。

第 2 版的章节结构与第 1 版基本相同。全书除了绪论和附录外，共有 7 章。与第 1 版相比，内容有增有减，其中，除了第 3、6 章基本保持原状、只作少量的修改和补充外，其余各章（包括习题）均已重新编写。其主要特点是：对于“三基本”做了比较详细的阐述和补充；对于主要表示式（公式）做了比较完整的推导和补充；删除了与“三基本”的讨论关系不大、展开讲又超出本书范围的内容，使章节结构更简明、内容更充实。对于阅读本书必备的、但又不宜在书中正文讲述的某些基础知识、数学公式和数据，都编写了附录，供参考。此外，对于第 1 版中的不妥或错误（包括印刷错误）之处作了更正。

经过修订，书的系统性、完整性和可读性均有所增强，内容详略适宜，更便于讲授和自学。第 6 章可不讲授，完全自学，其他章节也可根据实际情况安排学时数和讲授内容，因此授课时间可望少于 72 学时。

本书的绪论介绍了微波在电磁波谱中的位置、微波波段的划分、微波的特点和应用范围、分布参数的概念、微波技术领域研究的内容，以及本书的主要内容；第 1 章用分布参数理论分析传输线的特性和应用；第 2 章在讲述了在广义正交曲线（柱）坐标系情况下一般波导理论的基础上，着重讲述了规则波导的特性；第 3 章扼要地讲述了微带传输线的基本特性和分析方法；第 4 章讲述阶跃光纤的射线分析法、波动理论和弱导光纤中的线极化模；第 5 章主要讲述金属圆柱形、矩形和同轴线型谐振腔，谐振腔的等效电路，利用赫兹矢量分析矩形谐振腔，对其他谐振腔（器）（介质谐振器、平面谐振器、渐变形腔、开式腔和 YIG 谐振器等）也作了简要的介绍；第 6 章讲述常用微波元件（包括金属膜片）的工作原理和应用；第 7 章讲述微波网络的基本概念和参量，信号流图在网络分析中的应用。

第 2 版书稿主要由闫润卿执笔修订。北京理工大学电子工程系微波技术教研室主任尚洪臣教授仔细地审阅了书稿，提出了宝贵意见，并为本书编写了第 7 章，教研室的其他老师也给予了热情的指导和帮助，谨向他们致以诚挚的谢意。

北京理工大学教材科、电子工程系和出版社等单位的领导和同志，对本书的出版给予了大力支持和帮助，特向他们表示衷心的感谢。

限于编者水平，书中难免有不妥或错误之处，殷切期望读者不吝指正。

编者

第2版前言

第 1 版前言

本书主要讨论微波技术的基本理论、基本技术和分析方法。主要内容为：第 1 章用分布参数电路理论讨论传输线的基本理论和应用；第 2 章讲述在一般坐标系情况下的一般波导理论，并在此基础上讨论了常用波导的特性；第 3、4 两章扼要地讲述了微带类传输线和光波导的基本特性和分析方法；第 5 章讲述了各种具体的微波谐振器，并介绍了用赫兹矢量和等效电路的方法分析微波谐振器的方法；第 6 章讲述常用微波元件的基本工作原理和应用；第 7 章讲述网络分析的基本内容。

"微波技术基础"是工科电子类专业的一门技术基础课。本书在取材上力求做到既突出基本理论和技术，以及分析方法方面的内容，又能紧密地结合实际。在章节的安排和叙述上力求由浅入深、循序渐进，并使"场"与"路"的概念融会贯通起来，使本书能适用于不同专业读者的需要，也便于自学。

本书的授课时数为 72 学时。本书各章之间既有内在的联系，又具有相对的独立性，因此，有关的专业可根据实际情况安排学时数和讲授内容。本书是在读者已经学完了"线性电路基础"和"电磁场理论"课之后开设的一门技术基础课。针对本书各章的内容，选编了一定数量的习题，目的是通过做习题进一步加深理解和掌握所学内容。

本书是在北京理工大学微波技术教研室汤世贤、邓次平、高本庆、尚洪臣和李英惠等所编讲义的基础上、并根据编者多年的教学实践，经修订补充后编写而成的。

本书由华东工学院陈忠嘉教授担任主审，并经原兵器工业部第一教材编审委员会微波技术小组评审和推荐出版。主审人和评审小组对本书进行了仔细认真地审阅，提出了很多宝贵意见，谨向他们表示诚挚的谢意。

本书的出版得到了北京理工大学电子工程系的领导、出版社的领导和编辑以及微波技术教研室的同志们的大力支持和热情帮助，在此谨向他们表示衷心的感谢。由于编者水平有限，书中难免存在一些缺点和错误，殷切期望读者批评指正。

编者

目　　录

绪　论

一、微波在电磁波谱中的位置

微波也是无线电波，但它是一个比普通无线电波段的波长更短（频率更高）的波段，故名微波。对于电磁波谱，按照从波长较长（频率较低）到波长愈来愈短（频率愈高）的次序可排列为：普通无线电波（从超长波到超短波），微波，红外线，可见光，X 射线和 γ 射线。可见，微波波段的低频端与普通无线电波中超短波的高频端（波长为 1 m，频率为 300 MHz）相毗邻，而高频端则与红外线的低频端（波长为 1 mm，频率为 300 GHz，或波长为 0.1 mm，频率为 3000 GHz）相衔接。表 0－1 给出了普通频率波段中各波段的名称、波长和频率范围，以及它们的频段名称，这里的波长是指波在自由空间（理想的真空状态）中随着时间作简谐振荡时的波长。波的频率是由波源决定的，因此同一频率的波在不同介质中的频率是不变的，但波长和传播速度是变化的。不同频率的波在自由空间中的波长虽然不同，但传播速度相同，这就是通常所说的光速（3×10^8 m/s）。

表 0－1　普通频率波段的划分

波段名称	波长范围/m	频率范围	频段名称
极长波	$10^8\sim10^7$	3 Hz～30 Hz	极低频（ELF）
超特长波	$10^7\sim10^6$	30 Hz～300 Hz	超低频（SLF）
特长波	$10^6\sim10^5$	300 Hz～3 kHz	特低频（ULF）
超长波	$10^5\sim10^4$	3 kHz～30 kHz	甚低频（VLF）
长波	$10^4\sim10^3$	30 kHz～300 kHz	低频（LF）
中波	$10^3\sim10^2$	300 kHz～3 MHz	中频（MF）
短波	$10^2\sim10^1$	3 MHz～30 MHz	高频（HF）
超短波	10～1	30 MHz～300 MHz	甚高频（VHF）
注：目前用实验方法测得的最低频率为 10^{-2} Hz。			

对于微波常把它划分为分米波、厘米波、毫米波和亚毫米波四个波段，表 0－2 给出了各波段的名称、波长和频率范围，以及它们的频段名称。

表 0－2　微波波段的划分

波段名称	波长范围	频率范围/GHz	频段名称
分米波	1 m～10 cm	0.3～3	特高频（UHF）
厘米波	10 cm～1 cm	3～30	超高频（SHF）
毫米波	1 cm～1 mm	30～300	极高频（EHF）
亚毫米波	1 mm～0.1 mm	300～3 000	超极高频

在实际应用中，还常把微波波段划分为更细的分段，并用拉丁字母作为各分段的代号和称谓；但是，各文献资料所用代号和它所表示的频率范围并不完全相同。表 0－3 列出了两种表示法以及两者之间的对应关系（为了衔接和对应，HF 和 VHF 亦列入表内），供参考。

表 0－3 微波波段的划分及其代号

波段代号和频率范围		
HF 3MHz～30 MHz		A 0 MHz～250 MHz
VHF 30MHz～300 MHz		B 250 MHz～500 MHz
UHF 0.3 GHz～ 3 GHz	0.3 GHz～ 1 GHz	C 500 MHz～1 GHz
	L 1 GHz～2 GHz	D 1 GHz～2 GHz
	S 2 GHz～4 GHz	E 2 GHz～3 GHz
		F 3 GHz～4 GHz
C 4 GHz～8 GHz		G 4 GHz～6 GHz
		H 6 GHz～8 GHz
X 8 GHz～12 GHz		I 8 GHz～10 GHz

波段代号和频率范围	
J　Ku 12 GHz～18 GHz	J 10 GHz～20 GHz
K 18 GHz～27 GHz	K 20 GHz～40 GHz
Q　Ka 27 GHz～40 GHz	
U 40 GHz～60 GHz	L 40 GHz～60 GHz
O　E 60 GHz～90 GHz	M 60 GHz～100 GHz
F 90 GHz～140 GHz	N 100 GHz～140 GHz
G 140 GHz～220 GHz	
R 220 GHz～325 GHz	

对于表 0－3 中左边所列的某些波段，还有习惯上的称谓：P（米波，0.255 GHz～0.390 GHz），L（20 cm 波段），S（10 cm 波段），C（5 cm 波段），X（3 cm 波段），Ku（2 cm 波段），K（1.3 cm 波段），Ka（8 mm 波段）。需要说明的是，在光纤通信所使用的频率范围内也有 O、E、S、C、L 和 U 等波段称谓，但其频率范围和含义另有规定，详见第 4 章。

微波波段之后各个波段（在自由空间中）波长的范围为：红外线 0.75 mm～0.76 μm（远、中、近红外线的范围分别为 0.75 mm～15 μm，15 μm～1.5 μm，1.5 μm～0.76 μm；远红外线波段的一部分与亚毫米波段相重叠）；可见光（0.76 μm～0.39 μm）；紫外线（0.39 μm～0.005 μm）；X 射线（0.005 μm～10^{-8} μm）；γ 射线（10^{-8} μm 以下）。

二、微波的特点和应用

微波与普通无线电波相比，仅是波长或频率不同而已。但是，正是这一区别，才使微波除了与普通无线电波具有共同点之外，还有其本身的一些特点。其主要特点如下。

（一）微波在其传播过程中，若所遇物体的几何尺寸大于或可与波长相比拟时，就会产生反射，波长越短，传播特性越与几何光学相似（如近于直线传播的特性）。

（二）普通无线电波会被高空中的电离层所吸收或被反射回来，而微波则能够穿过电离层传播至外层空间。电视广播、卫星通信、宇宙航行、射电天文学，以及受控热核反应中的等离子体的参数测量等，都是利用了微波的这一特性才得以实现的；而且，可以设想，利用微波还可以将太空中太阳能发电站的电能传送到地面，以供应用。

（三）微波的频率很高，因此可利用的频带较宽、信息容量大，从而使微波通信得到了广泛的应用和发展。

（四）微波的频率很高、振荡周期很短，因此，低频范围（普通无线电波段）内所使用的元（器）件，对于微波已不再适用，而必须研制适用于微波的元（器）件。

（五）微波可以深入到某些物质的内部、并与分子和原子产生相互作用，利用这一特性可以探测物质的内部结构。

（六）某些物质吸收微波后会产生热效应，因此可利用微波作为加热和烘干的手段，其特点是，微波的穿透性强，可深入物质内部，加热速度快而均匀，从而在工农业和食品业等部门得到了广泛的应用。除此而外，微波的热效应和非热效应在化学、生物学和医学等领域的应用前景也是十分广阔的。

（七）微波的研究方法与低频不同。在低频（普通无线电波段），由于电路系统内传输线（导线）的几何长度 l 远小于所传输的电磁波的波长 λ，（即 l/λ 很小），因此称为“短线”；而且，系统内元（器）件的几何尺寸也远小于波长 λ。这样，波在传输过程中的相位滞后效应可以忽略，而且，一般地也不计趋肤效应和辐射效应的影响；电压和电流也都有确定的定义。因此，在稳态下，系统内各处的电压或电流可近似地认为是同时地只随时间变化的量，而与空间位置无关；电场能量和磁场能量分别集中于电容和电感内，电磁场的能量只消耗于电阻上，而对于连接元（器）件的导线，则可近似地认为，它既无电容、也无电感，也不消耗能量（即，没有串联电阻和并联电导），这就是通常所说的集总参数电路的情况。研究集总参数电路的问题，采用的方法是低频中的电路理论，一般地讲，无须采用电磁场的方法求解。

在微波波段，由于电路系统内传输线的几何长度 l 大于所传输的电磁波的波长 λ，或者可与波长 λ 相比拟，因此称为“长线”；而且，系统内元（器）件的几何尺寸也大于波长 λ，或者可与波长 λ 相比拟。这样，波在传输过程中的相位滞后、趋肤、辐射效应等都不能忽略，而且，一般地讲，电压和电流也不再具有明确的物理意义。因此，系统内各点的电场或磁场随时间的变化不是同步的，即它们不仅是时间的函数，而且还是空间位置的函数；系统内的电场和磁场均呈分布状态，而非“集中”状态，因此，与电场能量相联系的电容和与磁场能量相联系的电感，以及与能量损耗相联系的电阻和电导也都呈分布的、而非“集中”的状态；而且，传输线本身的电容、电感、串联电阻和并联电导效应均不能被忽略。这样，就构成了所谓的分布参数系统（分布参数电路）。研究分布参数系统的问题，一般地讲，不能采用低频中的电路理论，而应采用电磁场理论，即在一定的边界和初始条件下求电磁场波动方程的解，从而得出场量随时间和空间的变化规律，研究波的各种特性。

以上所讲的是，对于低频和微波这两类不同的问题，应分别采用“路”和“场”的方法去解决，这是一般的原则。但是，有的问题既可用“场”的方法、也可用“路”的方法去解决，或者将两种方法结合起来；而且，在一定的条件下，还可以将本质上属于“场”的问题等效为“路”的问题来处理，从而使问题能比较容易地得到解决，也就是说，这两种方法并非截然分开的，而是有联系的。实际上，“路”与“场”这两种理论只是表明，对于同一个客观事物，可以采取不同的分析方法，其中何者为宜，需视具体问题而定。

需要指出的是，微波的特点，尤其是微波的应用，并不止于以上所列举的内容，例如，在遥控、遥测、遥感、气象等方面都要用到微波，限于篇幅，不再列举。微波技术已成为无线电电子学中的一个重要分支，随着对它的深入研究，其应用范围会愈来愈广泛。

微波技术所研究的内容，概略地讲，就是微波的产生、传输、变换（包括放大、调制）、检测、发射和测量，以及与此相对应的微波器件和设备等。从物理学的角度讲，微波技术所研究的主要是微波产生的机理，它在各种特定边界条件下的存在特性，以及微波与物质的作用；从工程技术的角度讲，微波技术所研究的主要是具备各种不同功能的微波元（器）件（包括传输线）的设计，以及这些微波元（器）件的合理组合和微波的测量。

由以上所述可知，微波技术的应用范围和包含的内容都是很广泛的，而且都有相关的学科对其进行专门的研究，因此，本书作为理论基础课，没必要、也不可能都予以讨论。

本书的主要内容是讨论微波在传输线中的传输问题，即传输线理论问题，以及以传输线为基础构成的微波谐振器和部分常用（无源）微波元件；对于微波网络的基础知识也作了较完整的阐述。其中，尤以传输线最为重要，因为它不仅仅能够传输微波，而且还是微波元（器）件、微波集成电路和微波天线等的重要组成部分。微波网络理论是微波技术的一个重要分支，它是用化“场”为“路”的方法去解决电磁场的边值问题，从而使问题得以简化，因此具有较大的实用价值。

总之，本书所涉及的内容，是进一步学习和掌握更广泛的工程微波技术知识的理论基础，本书取名为“微波技术基础”正是对这一情况的基本概括。

第1章 传输线的基本理论

§1.1 引　　言

广义地讲，凡是能够导引电磁波沿一定方向传输的导体、介质或由它们共同组成的导波系统，都可以称为传输线。传输线是微波技术中最重要的基本元件之一，这是因为它不仅可以把电磁波的能量从一处传输到另一处，而且还可用它作为基本组成部分来构成各种用途的微波元（器）件。具体传输线的种类是很多的，而且可按不同的标准分类。若按传输线所导引的电磁波的波型（亦称模、场结构或场分布）来划分，则可分为三种类型：(1) TEM 波传输线，如双导线、同轴线、平板线、带状线以及微带线和共面波导（严格地讲，是准 TEM 波——近似于 TEM 波）等，它们都属于双导体传输系统。多导体系统也可以传输 TEM 波；(2) TE 波和 TM 波传输线，如矩形、圆形、脊形和椭圆形波导等，它们是由空心金属管构成的，属于单导体传输系统（双导体和多导体传输系统在一定条件下，例如，当传输线的横向尺寸与工作波长相比足够大时，也可以传输 TE 波和 TM 波，但一般不常用，常用的是主模 TEM 波）；(3) 表面波传输线，如介质波导（包括光波导）、介质镜像线以及单根的表面波传输线等，电磁波聚集在传输线内部及其表面附近沿轴线方向传播，一般的是混合波型(TE 波和 TM 波的叠加)，某种情况下也可传播 TE 波或 TM 波。图 1.1-1 给出了这三种类型传输线中比较典型和常用的传输线的结构简图，并非传输线的全部。此外，还有一些结构上更为复杂的传输线,它们是上述三种基本类型的组合和发展。需要说明的是,对于图 1.1—1 中(1)、(2)两类传输线而言,是在不考虑其损耗时可能存在的波型,若考虑损耗,则沿传输线纵向,电场和磁场的纵向分量会同时存在,是混合波型 EH(纵电波)或 HE(纵磁波)。粗略地讲,若纵向电场较强、纵向磁场较弱,则为 EH 波,反之,则为 HE 波。因为实际应用的传输线大都由良导体(近似地视为理想导体,电导率 $\sigma_1 \to \infty$)和损耗很小的介质(近似地视为理想介质,电导率 $\sigma \to 0$)所构成,所以,(1)和(2)两项所述,对于实用而言是足够精确的。图 1.1-1 中的(1)和(2)以及(3)中的(i)(光纤)等传输线是本书要详细讨论的内容。(i)是介质波导(光纤属介质波导的一种),其基本工作原理是,只要介质的介电常数大于其周围物质(例如空气)的介电常数,进入介质内的电磁波就会在两种介质的分界面处产生反射(理论上讲,全反射),从而使大部分电磁波集中于介质及其表面附近,并形成沿介质波导轴线方向传输的波。介质波导不仅可传播电磁波,而且还可利用其辐射性能制成介质天线(表面波天线)。(j)是镜像线,它是由半圆形的介质棒与一薄金属板而构成的传输线,电磁波的能量主要集中于介质棒及其表面附近,并沿棒的轴线方向传播。(k)是单根表面波传输线,左边是一介质棒,右边是由在金属导体的表面上涂覆一层薄的介质而构成的传输线。

对传输线的基本要求是：工作频带宽（或满足一定的要求）；功率容量大（或满足一定的要求）；工作稳定性好；损耗小；尺寸小和成本低等。在实际应用中，一般地讲，在米波或分米波中的低频段范围内，可采用双导线或同轴线；在厘米波范围内可采用空心金属波导管以及带状线和微带线等；在毫米波范围可采用空心金属波导管、介质波导、介质镜像线和微带线；在光频波段则采用光波导（光纤）。以上的划分主要是从减少损耗（导体损耗、介质损耗和辐射损耗）、屏蔽好、受外界干扰小，以及减小结构尺寸和工艺上的可实现性来考虑的，并非只从频率的高低来考虑的。例如波导管，若用于米波或分米波波段，一般地，则因其尺寸过大，而不便于应用。例如，同轴线也可用于厘米波和毫米波范围；再如，双导线、同轴线、平带状线和微带线等，在传输 TEM（或准 TEM）波的情况下，若不考虑其他因素，并无频率下限，即是说，即使是直流电也可以传输。由此可见，以上的划分只是大致的情况，其界限并不十分严格。

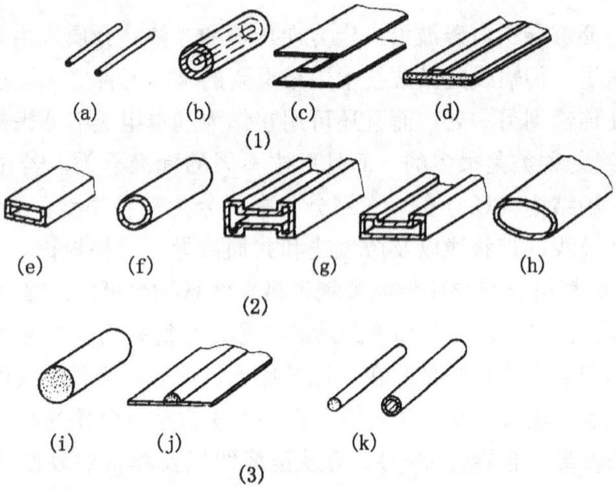

图 1.1-1　传输线的种类

(1) TEM 波和准 TEM 波传输线；(2) TE 波和 TM 波传输线；(3) 表面波传输线。

(a) 平行双导线；(b) 同轴线；(c) 带状线；(d) 微带线；

(e) 矩形波导；(f) 圆形波导；(g) 脊形波导；(h) 椭圆波导；

(i) 介质波导；(j) 镜像线；(k) 单根表面波传输线

传输线理论主要包括两方面的内容：一是研究所传输波型的电磁波在传输线横截面内电场和磁场的分布规律（亦称场结构、模、波型），称为横向问题；二是研究电磁波沿传输线轴向的传播特性和场的分布规律，称为纵向问题。横向问题要通过求解电磁场的边值问题来解决，不同类型或同一类型但结构形式不同的传输线，具有不同的边界条件，应分别加以研究。但是，各类传输线的纵向问题却有很多共同之处，例如，都是沿轴线方向把电磁波的能量从一处传向另一处，都是一种波的传播（波动），而且，由于传输线终端所接负载的不同，当沿着传输线的纵向（轴向）观察时，可能是行波、行驻波或纯驻波，因此，尽管传输线类型不同，但都可以用相同的物理量来加以描述。可见，如果我们的着重点不是各类传输线横截面内的场结构（横向问题），而是它的纵向问题，则可以用一个等效的简单传输线（如传输 TEM 波的双导线或同轴线）来描述。简单传输线的纵向问题，可以用场的方法来分析；在求得传输线的分布参数之后，也可以用路的方法来分析。前者是根据边界和初始条件求电磁场波动方程的解，得出电磁场随时间和空间的变化规律；后者是利用分布参数电路的理论（传输线的电路模型）来分析电压波（与电场相对应）和电流波（与磁场相对应）随时间和空间的变化规律。实际上，这是对同一客观事物的两种不同描述方法，可根据具体情况采用其中的一种方法。就一般问题而言，场的分析方法是普遍的方法。对于本章而言，鉴于路的方法简便、易懂，我们将采用路的方法来分析传输线的纵向问题。

本章虽然是以双导线传输 TEM 波为例讨论有关的问题，但由此得出的某些结论、公式和概念，以及某些计算方法（例如，阻抗圆图和导纳圆图等），都具有普遍意义。即是说，对于传输 TE 波和 TM 波的传输线也是适用的，因为尽管传输的波型不同，但沿传输线纵向传播的都是一种波动，就此而言，它们之间没有本质上的差别。正是基于此，在本章的讨论中有时明确指出是双导线传输线，有时又笼统地称为传输线，以强调其普遍性。

传输线理论中的纵向问题，早期是从研究很长的双导线传输线开始的，因此有时又把传输线理论称为“长线理论”。实际上，正如在绪论中曾指出的那样，当传输线的长度 l 远大于所传输的电磁波的波长、或者可与波长 λ 相比拟时，它就是“长线”，反之，则为短线。例如，对于频率为 50 Hz(波长 $\lambda\approx$6 000 km)的电磁波而言，若传输线的长度为 10 km（甚至更长），它仍是短线；而当电磁波的频率为 10^4 MHz($\lambda=3$ cm)时，即使传输线的长度只有 10 cm，它就是长线了。可见，是长线还是短线，需视 l/λ 而定，它是一个相对的概念，而不是指传输线几何尺寸的绝对大小。在微波技术中，所讨论的传输线都属于长线范畴。

我们已知，在微波波段，传输线本身的电容、电感、串联电阻和并联电导效应均不能被忽略，而且呈分布状态。例如双导线传输线，由于高频电流的趋肤效应加剧，使引起损耗的电阻加大；由导线中的电流所产生的磁场而引起的电感效应和由导线之间的电压所产生的与电场相联系的电容效应不能被忽略；由于导线之间填充的介质并非理想的绝缘体，因此有并联电导和漏电流存在。所有这些效应不是集中于传输线上的某一位置，而是沿着整个传输线的长度分布的，从而构成了一个分布参数电路。现以 R、L、C 和 G 来表示这些分布参数，它们分别为传输线上（包括两条导线）单位长度的分布电阻(Ω/m)、分布电感(H/m)、分布电容(F/m)和分布电导(S/m)。需要指出的是，分布参数效应在低频情况下也是存在的，只是其影响可忽略不计；而在微波情况下，则必须考虑其影响。

传输线按其所用的材料、结构形式、尺寸和所填充的介质等沿传输线的纵向是否有变化，可分为均匀（无变化）传输线和非均匀（有变化）传输线两类。本章主要讨论前者，对于后者只作简单介绍。表 1.1－1 列出了两种均匀传输线分布参数的计算公式。

表 1.1－1 双导线和同轴线的分布参数

传输线 / 分布参数	双导线 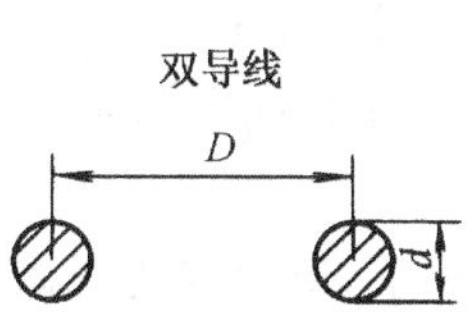	同轴线 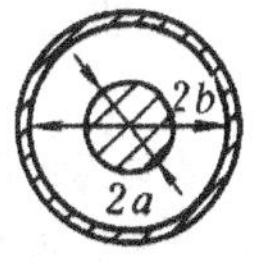
$R/(\Omega\cdot m^{-1})$	$\frac{2}{\pi d}\sqrt{\frac{\omega\mu_1}{2\sigma_1}}$	$\sqrt{\frac{f\mu_1}{4\pi\sigma_1}}\left(\frac{1}{a}+\frac{1}{b}\right)$
$L/(H\cdot m^{-1})$	$\frac{\mu}{\pi}\ln\frac{D+\sqrt{D^2-d^2}}{d}$	$\frac{\mu}{2\pi}\ln\frac{b}{a}$
$C/(F\cdot m^{-1})$	$\pi\varepsilon/\ln\frac{D+\sqrt{D^2-d^2}}{d}$	$2\pi\varepsilon/\ln\frac{b}{a}$

续表

传输线 / 分布参数	双导线 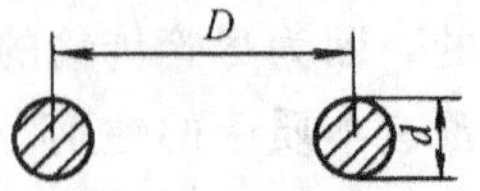	同轴线 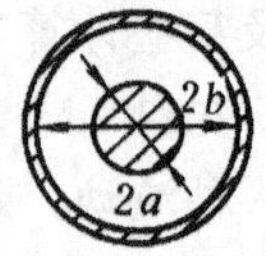
G/（S·m⁻¹）	$\pi\sigma/\ln\dfrac{D+\sqrt{D^2-d^2}}{d}$	$2\pi\sigma/\ln\dfrac{b}{a}$
注：ε、μ 和 σ 分别为介质的介电常数、磁导率和电导率；μ_1 和 σ_1 分别为导体的磁导率和电导率。		

§1.2 均匀无耗传输线上的行波

现以均匀、无耗($R=0,G=0$)双导线传输线为例，求出电压波和电流波在线上的传播规律。需要指出的是，实际上并不存在真正的无耗（或称理想）传输线，但是在微波范围内，一般地讲，若 $R\ll\omega L$ 和 $G\ll\omega C$(ω 为电磁波的角频率，则可把传输线近似地看做是无耗线(一般地，线的辐射损耗可忽略不计)。因此讨论无耗线仍有一定的实际意义。倘若不满足上述条件或损耗不能忽略时，则应作为有耗($R\neq0,G\neq0$)传输线来处理，这将在另一节中讨论。

一、传输线方程及其解

对于双导线传输线（$D\ll\lambda$），在传输 TEM 波的情况下，采用路的分析方法，因为这比用场的方法要简便。为此，可以把双导线传输线看做是由无限多的小段（微分段）$\mathrm{d}z$($\mathrm{d}z\ll\lambda$)级联而成的，我们可任选其中的一小段加以讨论。首先在这一小段中建立电压和电流的基本方程（微分方程），然后对方程求解，即可得到电压波和电流波在线上的传播规律。$\mathrm{d}z$ 小段的分布电感和分布电容分别为 $L\mathrm{d}z$ 和 $C\mathrm{d}z$，图 1.2-1 是这一小段传输线的示意图及其等效电路(在这里,坐标变量 z 的原点和正方向规定与否,并不影响问题的讨论,故未规定)。

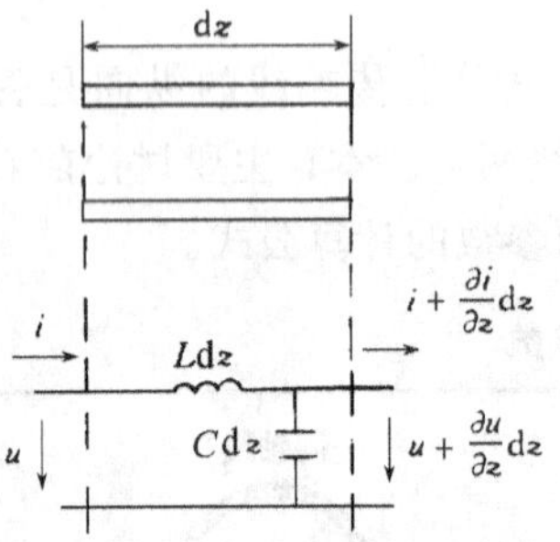

图 1.2-1　均匀无耗传输线的微分段及其等效电路

在理论上 $\mathrm{d}z$ 段应为无限小的一段传输线，而在实际上只要 $\mathrm{d}z$ 足够小(例如,$\mathrm{d}z\ll\lambda$,λ 为工作波长)，就可以把这一小段作为集总参数电路来处理。设传输线上电压和电流的瞬时值分别以 $u(z,t)$ 和 $i(z,t)$ 表示，则利用一般的电路理论，并略去方程中出现的含 $\mathrm{d}z$ 平方的项，即得下面的近似方程

$$u(z,t)-\left[u(z,t)+\frac{\partial u(z,t)}{\partial z}\mathrm{d}z\right]=L\mathrm{d}z\,\frac{\partial i(z,t)}{\partial t}$$

$$i(z,t)-\left[i(z,t)+\frac{\partial i(z,t)}{\partial z}\mathrm{d}z\right]=C\mathrm{d}z\,\frac{\partial u(z,t)}{\partial t}$$

即

$$-\frac{\partial u(z,t)}{\partial z}\mathrm{d}z = L\mathrm{d}z\,\frac{\partial i(z,t)}{\partial t} \tag{1.2-1}$$

$$-\frac{\partial i(z,t)}{\partial z}\mathrm{d}z = C\mathrm{d}z\,\frac{\partial u(z,t)}{\partial t} \tag{1.2-2}$$

上式表明，dz 段上的电压降，或称电压随距离变化量的负值，是由电感 $L\mathrm{d}z$ 上的电压降造成的，它等于 $L\mathrm{d}z$ 与电流对时间的变化率的乘积；dz 段上两端电流的变化，也即流经 dz 段后电流的减少量，是由电容 $C\mathrm{d}z$ 产生了分流作用而造成的，它等于 $C\mathrm{d}z$ 与电压对时间的变化率的乘积。若把上式中的距离 dz 消去，就得到下面的均匀无耗传输线上电压和电流的基本方程

$$\frac{\partial u(z,t)}{\partial z} = -L\,\frac{\partial i(z,t)}{\partial t} \tag{1.2-3}$$

$$\frac{\partial i(z,t)}{\partial z} = -C\,\frac{\partial u(z,t)}{\partial t} \tag{1.2-4}$$

对于式(1.2-3)，对 z 再求一次偏导数，并把式(1.2-4)中的$\frac{\partial i(z,t)}{\partial z}$代入；对于式(1.2-4)也再对 z 求一次偏导数，并把式(1.2-3)中的$\frac{\partial u(z,t)}{\partial z}$代入。这样，就得到关于电压 $u(z,t)$ 和电流 $i(z,t)$ 的波动方程

$$\frac{\partial^2 u(z,t)}{\partial z^2} = LC\,\frac{\partial^2 u(z,t)}{\partial t^2} \tag{1.2-5}$$

$$\frac{\partial^2 i(z,t)}{\partial z^2} = LC\,\frac{\partial^2 i(z,t)}{\partial t^2} \tag{1.2-6}$$

这两个方程对于随时间作任何变化的电压 $u(z,t)$ 和电流 $i(z,t)$ 都是适用的。但经常遇到的是，它们随时间的变化规律是具有 $\mathrm{e}^{\mathrm{j}\omega t}$ 形式的简谐量(余弦或正弦)。对于任意实际上可能实现的其他变化规律的周期性或非周期性的时变量，总可以利用傅里叶级数或傅里叶积分把它们分解为离散的或连续的简谐量的频谱，或者说，在线性介质中随时间按任意规律变化的量，都可以看做是一系列简谐量的叠加。因此在本书中，若无特别说明，则电压 $u(z,t)$ 和电流$i(z,t)$以及电场和磁场等量都是具有 $\mathrm{e}^{\mathrm{j}\omega t}$ 形式的简谐量。在这种情况下，对于稳态的电压和电流，利用电路理论中的符号法（复数表示法）可将电压和电流写为

$$u(z,t) = \mathrm{Re}[U(z)\mathrm{e}^{\mathrm{j}\omega t}] \tag{1.2-7}$$

$$i(z,t) = \mathrm{Re}[I(z)\mathrm{e}^{\mathrm{j}\omega t}] \tag{1.2-8}$$

式中，$U(z)$和 $I(z)$分别表示电压和电流的复振幅，因为它们都具有初相角，所以又分别称为相量电压和相量电流，这两个量仅为距离 z 的函数；Re 表示取指数展开式的实部(也可以取虚部 Im)。这样，式(1.2-5)和式(1.2-6)就变为

$$\frac{\mathrm{d}^2 U(z)}{\mathrm{d}z^2} = -\omega^2 LCU(z) = -\beta^2 U(z) \tag{1.2-9}$$

$$\frac{\mathrm{d}^2 I(z)}{\mathrm{d}z^2} = -\omega^2 LCI(z) = -\beta^2 I(z) \tag{1.2-10}$$

式中，$\beta=\omega\sqrt{LC}$称为相移常数，表示单位距离内电压波和电流波（即电磁波）相位的变化量，单位为 rad/m(弧度/米)；ω 为角频率，单位为 rad/s(弧度/秒)。方程的通解为

$$U(z) = A_1 e^{-j\beta z} + A_2 e^{j\beta z} \tag{1.2-11}$$

$$I(z) = B_1 e^{-j\beta z} + B_2 e^{j\beta z} \tag{1.2-12}$$

式中，第 1 项表示向正 z 方向传播的波；第 2 项表示向负 z 方向传播的波；A_1、A_2、B_1 和 B_2 是待定的积分常数，取决于传输线的始端或终端的边界条件，它们一般为复数，表示向不同方向传输的波的复振幅。若令 $A_1=|A_1|e^{j\varphi_1}$，$A_2=|A_2|e^{j\varphi_2}$，$B_1=|B_1|e^{j\varphi_3}$ 和 $B_2=|B_2|e^{j\varphi_4}$，则电压和电流的瞬时值可写为

$$u(z,t) = \mathrm{Re}[U(z)e^{j\omega t}] = |A_1|\cos(\omega t+\varphi_1-\beta z)+|A_2|\cos(\omega t+\varphi_2+\beta z) \tag{1.2-13}$$

$$i(z,t) = \mathrm{Re}[I(z)e^{j\omega t}] = |B_1|\cos(\omega t+\varphi_3-\beta z)+|B_2|\cos(\omega t+\varphi_4+\beta z) \tag{1.2-14}$$

由此可见，在一般情况下，传输线存在着朝相反方向(正 z 和负 z)传播的波，或者说，传输线上任意位置的电压和电流是由这两者相叠加而成的。由上式还可看出，在波的传播过程中只有相位的变化，而无幅度的变化（对无耗线而言），而且没有反方向的波存在，称为行波。

在式(1.2-11)和式(1.2-12)中的波因子 $e^{-j\beta z}$ 和 $e^{j\beta z}$ 分别表示向正 z 和负 z 方向传播时，电压和电流因位置的变化而导致的相位变化，即沿 z 轴传播的是一个波动。电压波和电流波（电磁波）的等相位面（即某一给定相位）沿传播方向移动的速度，称为相速，用 v_p 表示。现在求 v_p 的表示式。

令
$$(\omega t+\varphi-\beta z) = 常数$$

式中的 φ 表示式(1.2-13)和式(1.2-14)中的 φ_1 和 φ_3，边界条件给定之后，φ 是一常数。由此式可知，随着时间 t 的增加，距离 z 必须同时增加，才可能使该式保持常数，这正说明了随着时间的增加，波沿着正 z 方向往前传播。将此式对时间求导数，即

$$\frac{d}{dt}(\omega t+\varphi-\beta z) = 0$$

则
$$v_p = \frac{dz}{dt} = \frac{\omega}{\beta} = \frac{1}{\sqrt{LC}} \tag{1.2-15}$$

若令
$$(\omega t+\varphi+\beta z) = 常数$$

式中的 φ 表示式(1.2-13)和式(1.2-14)的 φ_2 和 φ_4，经过同样的运算可得

$$v_p = -\frac{dz}{dt} = -\frac{\omega}{\beta} = -\frac{1}{\sqrt{LC}} \tag{1.2-16}$$

式中的负号表示波是向负 z 方向传播的。上式中的 L 和 C 的计算可以采用在静态场的情况下所导出的计算公式。由式(1.2-15)可得

$$\beta = \frac{\omega}{v_p} = \frac{2\pi}{Tv_p} = \frac{2\pi}{\lambda} = \omega\sqrt{LC} \tag{1.2-17}$$

式中的 T 是电磁波的周期。对于双导线传输线，从表 1.1-1 可知其单位长度上的分布电感和分布电容的表示式，将它们代入到式(1.2-15)和式(1.2-17)中，则 v_p 和 β 也可表示为

$$v_p = \frac{1}{\sqrt{\mu\varepsilon}} \tag{1.2-18}$$

$$\beta = \omega\sqrt{\mu\varepsilon} \tag{1.2-19}$$

这说明，在双导线传播 TEM 波的情况下，电压波和电流波（电磁波）的传播速度（相速）v_p 与具有和双导线中填充的相同（无界）介质中（各种）TEM 波（平面波、球面波、柱面波）

的传播速度是完全相同的。

二、均匀无耗传输线的特性阻抗

我们已知，在无界介质中，（各种）TEM 波的电场与磁场之间有一定的关系，即它们的幅度（值）之比等于 $\eta=\sqrt{\mu/\varepsilon}$，称为（介质的）波阻抗（Wave Impedance），或称为特征阻抗（Intrinsic Impedance）；而均匀无耗传输线上的行波电压和行波电流之间也有一定的关系，即两者之比称为均匀无耗传输线的特性阻抗 Z_c（Characteristic Impedance），它是表征传输线本身特性的一个参量，或者说是对于行波所呈现的阻抗。下面讨论这一问题。

将式(1.2-3)或式(1.2-4)中的电压 $u(z,t)$ 和电流 $i(z,t)$ 分别用式(1.2-11)和式(1.2-12)的 $U(z)$ 和 $I(z)$，以及 $e^{j\omega t}$ 来表示，经运算可得

$$-j\beta(A_1 e^{-j\beta z}-A_2 e^{j\beta z})=-j\omega L(B_1 e^{-j\beta z}+B_2 e^{j\beta z})$$

该式对任意的 z 值都应成立，因此应有

$$A_1\beta=\omega L B_1 \qquad -A_2\beta=\omega L B_2$$

由此得

$$B_1=\frac{\beta}{\omega L}A_1=\sqrt{\frac{C}{L}}A_1$$

$$B_2=-\frac{\beta}{\omega L}A_2=-\sqrt{\frac{C}{L}}A_2$$

可见，待定的积分常数 A_1、A_2、B_1 和 B_2，并不是相互独立的，而是具有上面的关系式。这样，式（1.2-11）和式（1.2-12）即可写为

$$U(z)=A_1 e^{-j\beta z}+A_2 e^{j\beta z}=U^+(z)+U^-(z) \tag{1.2-20}$$

$$I(z)=\frac{A_1}{Z_c}e^{-j\beta z}-\frac{A_2}{Z_c}e^{j\beta z}=I^+(z)+I^-(z) \tag{1.2-21}$$

式中

$$Z_c=\sqrt{\frac{L}{C}}=\frac{U^+(z)}{I^+(z)}=-\frac{U^-(z)}{I^-(z)} \tag{1.2-22}$$

称为均匀无耗传输线的特性阻抗，它是一个实数（纯电阻），单位为 Ω（欧）。$U^+(z)$ 和 $I^+(z)$，以及 $U^-(z)$ 和 $I^-(z)$ 分别表示 z 处向正 z 方向传播的电压波和电流波的复振幅，以及 z 处向负 z 方向传播的电压波和电流波的复振幅。需要注意的是，特性阻抗的单位虽然为 Ω，但它并不表示损耗，而是反映传输线在行波状态下（行波）电压与（行波）电流之间关系的一个量，其值仅取决于传输线所填充的介质、线的横向尺寸和横截面内电磁场的分布状态，与线的长度无关，而且，在普通的无线电波段，μ 和 ε 几乎与频率无关，可以认为是常数，因此可近似地认为 Z_c 也与频率无关；当频率更高时，μ 和 ε 会随着频率而变化，相应地，Z_c 也会随之而变。将表 1.1-1 中所列的双导线传输线的 L 和 C 值代入到式(1.2-22)中，则得

$$Z_c=\frac{1}{\pi}\sqrt{\frac{\mu}{\varepsilon}}\ln\left(\frac{D+\sqrt{D^2-d^2}}{d}\right)$$

$$=\frac{1}{\pi}\eta\ln\left(\frac{D+\sqrt{D^2-d^2}}{d}\right) \tag{1.2-23}$$

式中，d 为导体的直径；D 为两导体之间的距离（为避免辐射损耗，D 应远小于工作波长）；

$\sqrt{\mu/\varepsilon}=\eta\ \Omega$ 是电磁波(各种 TEM)在均匀、线性、各向同性无界介质(μ,ε)中的波阻抗。在自由空间(近似地讲空气)中，ε 和 μ 分别为

$$\varepsilon=\varepsilon_0\approx\frac{1}{36\pi}\times10^{-9}\quad \text{F/m}$$

$$\mu=\mu_0=4\pi\times10^{-7}\quad \text{H/m}$$

则波阻抗 $\eta=\eta_0=\sqrt{\dfrac{\mu_0}{\varepsilon_0}}=376.7\Omega\approx377\Omega\approx120\pi\Omega$。设一般介质的相对介电常数为 ε_r，相对磁导率为 μ_r(可近似地认为 $\mu_r\approx1$)，则式(1.2－23)可写为

$$Z_c=\frac{120}{\sqrt{\varepsilon_r}}\ln\left(\frac{D+\sqrt{D^2-d^2}}{d}\right)\approx\frac{276}{\sqrt{\varepsilon_r}}\lg\left(\frac{D+\sqrt{D^2-d^2}}{d}\right)\Omega \qquad (1.2-24)$$

若 $D\gg d$，则有

$$Z_c\approx\frac{120}{\sqrt{\varepsilon_r}}\ln\frac{2D}{d}\approx\frac{276}{\sqrt{\varepsilon_r}}\lg\frac{2D}{d} \qquad (1.2-25)$$

在微波范围内，实际应用的双导线传输线的导体可以是实心的或空心的导体。双导线传输线适用于米波和分米波的低频段范围内，若频率再高，则导体损耗、介质损耗和辐射损耗都会增大，而不再适用，则应选用同轴线或波导管。

双导线传输线的特性阻抗一般在 250 Ω～700 Ω 之间。

同轴线本质上也是双导线传输线，且应用较广。根据表 1.1－1 可知，其特性阻抗 Z_c 为

$$Z_c=\frac{60}{\sqrt{\varepsilon_r}}\ln\frac{b}{a}\approx\frac{138}{\sqrt{\varepsilon_r}}\lg\frac{b}{a}\quad\Omega \qquad (1.2-26)$$

式中，a 为同轴线内导体的外半径；b 为外导体的内半径。常用的同轴线的特性阻抗多为 50 Ω 或 75 Ω，个别情况也有用 60 Ω、100 Ω、150 Ω 或其他值的。

从以上两例可见，传输线的特性阻抗与所填充介质的波阻抗之间，仅相差一个取决于线的横向尺寸和横截面内电磁场分布状态的因子。

§1.3　接有负载的均匀无耗传输线

实际应用的传输线，其终端总是接有负载的（例如，各种元、器件或各种设备等），或其终端是短路或开路状态。本节要讨论的就是，当一有限长的传输线终端接有各种不同的负载时，电压波和电流波（电磁波）在线上的传播规律，了解加载传输的特性，以便根据实际情况对负载或传输线提出设计要求，以及为满足这些要求而采取某些措施。需要指出的是，本节与后面各节，主要是讨论电压波和电流波复振幅的表示式，以及与复振幅有关的其他量；至于电压和电流瞬时值的表示式，则可根据式(1.2－7)和式(1.2－8)求出，因此，一般不再予以讨论。

下面首先讨论传输线终端接有任意负载 Z_L 时，线上任意位置电压波复振幅 $U(z)$ 和电流波复振幅 $I(z)$ 的表示式，并引入反射系数、驻波比和输入(等效)阻抗的概念；然后将负载分为几种类型，逐一地进行讨论。

一、接有任意负载时均匀无耗传输线上电压波和电流波的一般表示式

图 1.3－1 是传输线接有任意负载 Z_L 时的示意图，信号源电动势为 E_g，内阻抗为 Z_g，

线的特性阻抗为 Z_c，信号源至终端负载的距离为 l。为了计算方便，先把坐标原点取在线的始端（信号源处），坐标用 d 表示，求出电压和电流的表示式，然后再换算为坐标原点取在终端（负载处）、坐标为 z 的表示式。从后面将要讨论的内容可知，除个别情况外，将坐标原点取在终端负载处，会给问题的讨论和计算带来方便。

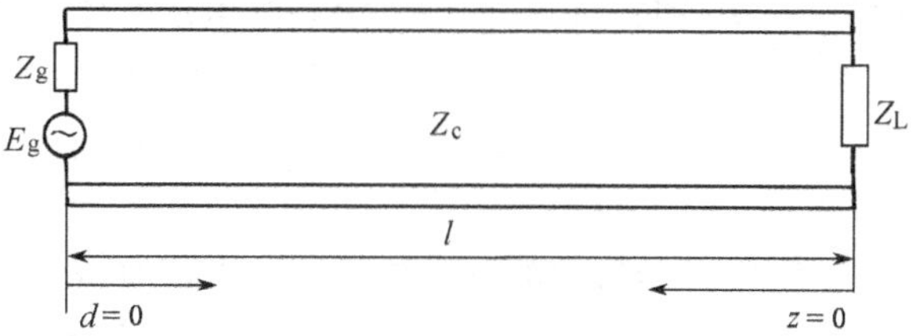

图 1.3-1 接有任意负载的均匀无耗传输线

在前面，式(1.2-20)和式(1.2-21)给出了 $U(z)$和 $I(z)$的最一般的表示式，其中的待定常数 A_1 和 A_2 可根据边界条件来确定，一旦确定了这些常数，则 $U(z)$和 $I(z)$的表示式也就被确定了。下面分三种情况加以讨论。

（一）已知信号源的电动势 E_g、内阻抗 Z_g 和负载 Z_L 时的表示式

如图 1.3-1 所示，先利用坐标 d 求解，然后再换算为以坐标 z 为变量的表示式。根据式(1.2-20)和式(1.2-21)，始端的电压和电流为

$$U(0)=A_1+A_2=E_g-I(0)Z_g$$

$$I(0)=\frac{1}{Z_c}(A_1-A_2)$$

在终端负载处的电压和电流为

$$U(l)=A_1\mathrm{e}^{-\mathrm{j}\beta l}+A_2\mathrm{e}^{\mathrm{j}\beta l}=I_L Z_L$$

$$I(l)=\frac{1}{Z_c}(A_1\mathrm{e}^{-\mathrm{j}\beta l}-A_2\mathrm{e}^{\mathrm{j}\beta l})$$

设法消掉上式中的未知量 $I(0)$和 I_L，可得

$$A_1=\frac{E_g Z_c}{(Z_g+Z_c)(1-\Gamma_g\Gamma_L\mathrm{e}^{-\mathrm{j}2\beta l})}$$

$$A_2=\frac{E_g Z_c\Gamma_L\mathrm{e}^{-\mathrm{j}2\beta l}}{(Z_g+Z_c)(1-\Gamma_g\Gamma_L\mathrm{e}^{-\mathrm{j}2\beta l})}$$

将 A_1 和 A_2 代入式(1.2-20)和式(1.2-21)中，得

$$U(d)=\frac{E_g Z_c}{(Z_g+Z_c)(1-\Gamma_g\Gamma_L\mathrm{e}^{-\mathrm{j}2\beta l})}(\mathrm{e}^{-\mathrm{j}\beta d}+\Gamma_L\mathrm{e}^{-\mathrm{j}2\beta l}\mathrm{e}^{\mathrm{j}\beta d}) \quad (1.3-1)$$

$$I(d)=\frac{E_g}{(Z_g+Z_c)(1-\Gamma_g\Gamma_L\mathrm{e}^{-\mathrm{j}2\beta l})}(\mathrm{e}^{-\mathrm{j}\beta d}-\Gamma_L\mathrm{e}^{-\mathrm{j}2\beta l}\mathrm{e}^{\mathrm{j}\beta d}) \quad (1.3-2)$$

若令 $z=l-d$，则上式可变为以坐标 z 为变量的表示式

$$U(z)=\frac{E_g Z_c\mathrm{e}^{-\mathrm{j}\beta l}}{(Z_g+Z_c)(1-\Gamma_g\Gamma_L\mathrm{e}^{-\mathrm{j}2\beta l})}(\mathrm{e}^{\mathrm{j}\beta z}+\Gamma_L\mathrm{e}^{-\mathrm{j}\beta z}) \quad (1.3-3)$$

$$I(z)=\frac{E_g\mathrm{e}^{-\mathrm{j}\beta l}}{(Z_g+Z_c)(1-\Gamma_g\Gamma_L\mathrm{e}^{-\mathrm{j}2\beta l})}(\mathrm{e}^{\mathrm{j}\beta z}-\Gamma_L\mathrm{e}^{-\mathrm{j}\beta z}) \quad (1.3-4)$$

式中，Γ_g 和 Γ_L 分别为传输线始端和终端负载处的电压反射系数

$$\Gamma_g=\frac{Z_g-Z_c}{Z_g+Z_c} \quad (1.3-5)$$

$$\Gamma_L=\frac{Z_L-Z_c}{Z_L+Z_c} \quad (1.3-6)$$

（二）已知传输线始端电压和电流时的表示式

如图 1.3-1 所示，先利用坐标 d 求解，然后再换算为以坐标 z 为变量的表示式。根据式(1.2-20)和式(1.2-21)，始端的电压和电流为

$$U(0)=A_1+A_2=U_0$$

$$I(0)=\frac{1}{Z_c}(A_1-A_2)=I_0$$

U_0 和 I_0 为已知的始端电压和电流。由此所得

$$A_1=\frac{1}{2}(U_0+I_0Z_c)$$

$$A_2=\frac{1}{2}(U_0-I_0Z_c)$$

将 A_1 和 A_2 代入式(1.2-20)和式(1.2-21)中，得

$$U(d)=\frac{U_0+I_0Z_c}{2}e^{-j\beta d}+\frac{U_0-I_0Z_c}{2}e^{j\beta d} \tag{1.3-7}$$

$$I(d)=\frac{U_0+I_0Z_c}{2Z_c}e^{-j\beta d}-\frac{U_0-I_0Z_c}{2Z_c}e^{j\beta d} \tag{1.3-8}$$

利用三角函数恒等式

$$e^{jx}=\cos x+j\sin x$$

$$e^{-jx}=\cos x-j\sin x$$

可将 $U(d)$ 和 $I(d)$ 写为

$$U(d)=U_0\cos\beta d-jI_0Z_c\sin\beta d \tag{1.3-9}$$

$$I(d)=I_0\cos\beta d-j\frac{U_0}{Z_c}\sin\beta d \tag{1.3-10}$$

若令 $z=l-d$，则以上各式可写为以坐标 z 为变量的表示式

$$U(z)=\frac{U_0+I_0Z_c}{2}e^{-j\beta(l-z)}+\frac{U_0-I_0Z_c}{2}e^{j\beta(l-z)} \tag{1.3-11}$$

$$I(z)=\frac{U_0+I_0Z_c}{2Z_c}e^{-j\beta(l-z)}-\frac{U_0-I_0Z_c}{2Z_c}e^{j\beta(l-z)} \tag{1.3-12}$$

或

$$U(z)=U_0\cos[\beta(l-z)]-jI_0Z_c\sin[\beta(l-z)] \tag{1.3-13}$$

$$I(z)=I_0\cos[\beta(l-z)]-j\frac{U_0}{Z_c}\sin[\beta(l-z)] \tag{1.3-14}$$

（三）已知传输线终端电压和电流时的表示式

已知传输线的终端电压 U_L 和电流 I_L（相当于已知终端负载 Z_L），而要求给出线上任意位置电压和电流的表示式，这是在实际中经常遇到的、最一般和最重要的情况，因此也是本节和本章讨论的重点。如图 1.3-1 所示，对于这种情况，直接利用坐标 z 求解是很方便的；而且，如前所述，为便于问题的讨论和计算，从现在起，若无特别说明，坐标原点均取在终端负载处，并以 z 为坐标变量。仿照式(1.2-20)和式(1.2-21)，并为了书写方便，待定常数仍采用原来的符号和顺序。这样，线上任意位置的电压 $U(z)$ 和电流 $I(z)$ 即可写为

$$U(z)=A_1e^{j\beta z}+A_2e^{-j\beta z} \tag{1.3-15}$$

$$I(z)=\frac{1}{Z_c}(A_1 e^{j\beta z}-A_2 e^{-j\beta z}) \tag{1.3-16}$$

式中，$A_1 e^{j\beta z}$表示从信号源朝负载方向传播的波，称为入射波；$A_2 e^{-j\beta z}$表示从负载朝信号源方向传播的波（相对于入射波而言），称为反射波。根据该式，终端的电压和电流为

$$U(0)=A_1+A_2=U_L$$

$$I(0)=\frac{1}{Z_c}(A_1-A_2)=I_L$$

由此得

$$A_1=\frac{U_L+I_L Z_c}{2} \qquad A_2=\frac{U_L-I_L Z_c}{2}$$

将 A_1 和 A_2 代入式(1.3－15)和式(1.3－16)中，得

$$U(z)=\left(\frac{U_L+I_L Z_c}{2}\right)e^{j\beta z}+\left(\frac{U_L-I_L Z_c}{2}\right)e^{-j\beta z} \tag{1.3-17}$$

或写为

$$U(z)=\frac{U_L}{2}\left(1+\frac{Z_c}{Z_L}\right)e^{j\beta z}+\frac{U_L}{2}\left(1-\frac{Z_c}{Z_L}\right)e^{-j\beta z} \tag{1.3-18}$$

若令

$$U^+(z)=\left(\frac{U_L+I_L Z_c}{2}\right)e^{j\beta z} \quad 和 \quad U^-(z)=\left(\frac{U_L-I_L Z_c}{2}\right)e^{-j\beta z}$$

分别表示传输线上任意位置 z 处的入射波电压和反射波电压，以及

$$U^+(0)=\frac{U_L+I_L Z_c}{2} \quad 和 \quad U^-(0)=\frac{U_L-I_L Z_c}{2}$$

分别表示终端负载处的入射波电压和反射波电压，则 $U(z)$可表示为

$$U(z)=U^+(z)+U^-(z)=U^+(0)e^{j\beta z}+U^-(0)e^{-j\beta z} \tag{1.3-19}$$

同理，对于电流 $I(z)$则可表示为

$$\begin{aligned}I(z)&=\left(\frac{I_L+U_L/Z_c}{2}\right)e^{j\beta z}+\left(\frac{I_L-U_L/Z_c}{2}\right)e^{-j\beta z}\\&=\frac{I_L}{2}\left(1+\frac{Z_L}{Z_c}\right)e^{j\beta z}+\frac{I_L}{2}\left(1-\frac{Z_L}{Z_c}\right)e^{-j\beta z}\\&=I^+(z)+I^-(z)=I^+(0)e^{j\beta z}+I^-(0)e^{-j\beta z}\end{aligned} \tag{1.3-20}$$

式中

$$I^+(z)=\left(\frac{I_L+U_L/Z_c}{2}\right)e^{j\beta z} \quad 和 \quad I^-(z)=\left(\frac{I_L-U_L/Z_c}{2}\right)e^{-j\beta z}$$

分别表示传输线上任意位置 z 处的入射波电流和反射波电流

$$I^+(0)=\frac{I_L+U_L/Z_c}{2} \quad 和 \quad I^-(0)=\frac{I_L-U_L/Z_c}{2}$$

分别表示终端负载处的入射波电流和反射波电流。

利用前面列出的三角函数的恒等式，还可以将电压 $U(z)$和电流 $I(z)$写为更简明的形式

$$U(z)=U_L\cos\beta z+jI_L Z_c\sin\beta z \tag{1.3-21}$$

$$I(z)=I_L\cos\beta z+j\frac{U_L}{Z_c}\sin\beta z \tag{1.3-22}$$

由以上的讨论可知，在一般情况下，传输线上任意位置的电压波和电流波是由朝相反方向传播的两个行波叠加而成的，从而造成了传输线上的驻波状态（行驻波或纯驻波状态，这取决于负载的情况）。只有当 $Z_L = Z_c$ 时是例外，此时为行波状态。

二、反射系数、驻波比和输入阻抗

为了进一步讨论传输线上的反射波与入射波之间以及它们与负载之间的相互关系，而引入了反射系数、驻波比和输入阻抗等概念。

（一）反射系数

由式(1.3-18)中 $e^{j\beta z}$ 和 $e^{-j\beta z}$ 前的系数可以看出，传输线上任意位置的反射波电压 $U^-(z)$ 和入射波电压 $U^+(z)$ 都与负载上的电压 U_L 和电流 I_L 有关，而且 $U^-(z)$ 与 $U^+(z)$ 之比仅取决于线的特性阻抗 Z_c 和终端的负载阻抗 Z_L。定义把 $U^-(z)$ 与 $U^+(z)$ 之比称为电压反射系数，用 $\Gamma_u(z)$ 表示为

$$\Gamma_u(z) = \frac{U^-(z)}{U^+(z)} = \frac{Z_L - Z_c}{Z_L + Z_c} e^{-j2\beta z} \tag{1.3-23}$$

在线的终端($z=0$)，电压反射系数 $\Gamma_u(0)$ 为

$$\Gamma_u(0) = \frac{Z_L - Z_c}{Z_L + Z_c} = |\Gamma_u(0)| e^{j\varphi_{\Gamma_0}} \tag{1.3-24}$$

式中，φ_{Γ_0} 是终端反射系数的相角。据此，可将 $\Gamma_u(z)$ 写为

$$\Gamma_u(z) = \frac{Z_L - Z_c}{Z_L + Z_c} e^{-j2\beta z} = \Gamma_u(0) e^{-j2\beta z} = |\Gamma_u(0)| e^{-j(2\beta z - \varphi_{\Gamma_0})} \tag{1.3-25}$$

同样地，由式(1.3-20)可以得到传输线上任意位置的电流反射系数，用 $\Gamma_i(z)$ 表示为

$$\Gamma_i(z) = \frac{I^-(z)}{I^+(z)} = \frac{Z_c - Z_L}{Z_c + Z_L} e^{-j2\beta z} \tag{1.3-26}$$

显然

$$\Gamma_i(z) = -\Gamma_u(z) \tag{1.3-27}$$

反射系数在一般情况下是复数，即它不仅反映了反射波与入射波的大小之比，而且也反映了两者之间的相位关系。对于均匀无耗传输线而言，线上各点电压反射系数的模（大小）或电流反射系数的模是相同的，其差别只是各点反射系数的相角不同；反射系数还反映了负载对传输线传输特性的影响，以及反射波产生的原因。除此之外，如果把传输线上电磁波的反射规律与均匀平面电磁波在不同介质分界面处的反射规律加以比较，就可以看出两种情况之间的相似性。

需要说明的是，在实际中用得较多、而又便于测量的是电压反射系数。因此，在后面用到“反射系数”一词时，若无特别说明，均指电压反射系数；而且，为了书写方便，把电压反射系数 $\Gamma_u(z)$ 简写为 $\Gamma(z)$，$\Gamma_u(0)$ 简写为 $\Gamma(0)$。

有了反射系数的概念，就可以利用它来讨论传输线上的电压 $U(z)$ 和电流 $I(z)$ 沿线的变化规律。为此，可把电压 $U(z)$ 写为

$$\begin{aligned} U(z) &= U^+(z) + U^-(z) = U^+(z)\left[1 + \frac{U^-(z)}{U^+(z)}\right] \\ &= U^+(z)[1 + \Gamma(z)] = U^+(z)[1 + |\Gamma(0)| e^{-j(2\beta z - \varphi_{\Gamma_0})}] \end{aligned} \tag{1.3-28}$$

根据式(1.3-18)知

$$U^{+}(z) = \frac{U_{\mathrm{L}}}{2}\left(1+\frac{Z_{\mathrm{c}}}{Z_{\mathrm{L}}}\right)\mathrm{e}^{\mathrm{j}\beta z} = U^{+}(0)\mathrm{e}^{\mathrm{j}\beta z} \tag{1.3-29}$$

式中

$$U^{+}(0) = \frac{U_{\mathrm{L}}}{2}\left(1+\frac{Z_{\mathrm{c}}}{Z_{\mathrm{L}}}\right) \tag{1.3-30}$$

是传输线终端负载处($z=0$)的入射波电压。这样，又可将电压 $U(z)$ 写为

$$U(z) = U^{+}(0)\mathrm{e}^{\mathrm{j}\beta z}\left[1+|\Gamma(0)|\mathrm{e}^{-\mathrm{j}(2\beta z-\varphi_{\Gamma_0})}\right] \tag{1.3-31}$$

对该式求 $U(z)$ 的模 $|U(z)|$ 就可看出，当 $2\beta z-\varphi_{\Gamma_0}=2n\pi$，$n=0,1,2,3,\cdots$ 时，电压 $U(z)$ 具有最大的振幅值(简称幅值，即模)，即

$$|U(z)|_{\max} = |U^{+}(0)|\left[1+|\Gamma(0)|\right] \tag{1.3-32}$$

当 $2\beta z-\varphi_{\Gamma_0}=(2n+1)\pi$ 时，电压 $U(z)$ 具有最小的振幅值，即

$$|U(z)|_{\min} = |U^{+}(0)|\left[1-|\Gamma(0)|\right] \tag{1.3-33}$$

同样地，对于电流 $I(z)$ 可写为

$$\begin{aligned} I(z) &= I^{+}(z)+I^{-}(z) = I^{+}(z)\left[1+\frac{I^{-}(z)}{I^{+}(z)}\right] = I^{+}(z)\left[1-\Gamma(z)\right] \\ &= I^{+}(z)\left[1-|\Gamma(0)|\mathrm{e}^{-\mathrm{j}(2\beta z-\varphi_{\Gamma_0})}\right] \end{aligned} \tag{1.3-34}$$

根据式(1.3-20)知

$$I^{+}(z) = \frac{I_{\mathrm{L}}}{2}\left(1+\frac{Z_{\mathrm{L}}}{Z_{\mathrm{c}}}\right)\mathrm{e}^{\mathrm{j}\beta z} = I^{+}(0)\mathrm{e}^{\mathrm{j}\beta z} \tag{1.3-35}$$

式中

$$I^{+}(0) = \frac{I_{\mathrm{L}}}{2}\left(1+\frac{Z_{\mathrm{L}}}{Z_{\mathrm{c}}}\right)$$

是传输线终端负载处($z=0$)的入射波电流。这样，又可将电流 $I(z)$ 写为

$$I(z) = I^{+}(0)\mathrm{e}^{\mathrm{j}\beta z}\left[1-|\Gamma(0)|\mathrm{e}^{-\mathrm{j}(2\beta z-\varphi_{\Gamma_0})}\right] \tag{1.3-36}$$

对该式求 $I(z)$ 的模 $|I(z)|$ 就可看出，当 $2\beta z-\varphi_{\Gamma_0}=(2n+1)\pi$，$n=0,1,2,3,\cdots$ 时，电流 $I(z)$ 具有最大的振幅值，即

$$|I(z)|_{\max} = |I^{+}(0)|\left[1+|\Gamma(0)|\right] \tag{1.3-37}$$

当 $2\beta z-\varphi_{\Gamma_0}=2n\pi$ 时，电流 $I(z)$ 具有最小的振幅值，即

$$|I(z)|_{\min} = |I^{+}(0)|\left[1-|\Gamma(0)|\right] \tag{1.3-38}$$

从以上的分析结果可以看出，当沿传输线的纵向(z 轴方向)观察时，电压振幅值的最大点(腹点)与最小点(节点)之间相距 1/4 波长；电流的腹点与节点之间也相距 1/4 波长；而且，只要把电压 $U(z)$ 和电流 $I(z)$ 两者的表示式加以对比即可发现，电压 $U(z)$ 的腹点即为电流 $I(z)$ 的节点，电压 $U(z)$ 的节点即为电流 $I(z)$ 的腹点。可见，利用反射系数的概念来分析传输线上的电压 $U(z)$ 和电流 $I(z)$ 沿线的变化规律是很方便的。

（二）驻波比

在均匀无耗传输线上，电压 $U(z)$ 的最大振幅值与电压 $U(z)$ 的最小振幅值之比，称为电压驻波比(VSWR 或 SWR)，用 s 表示；电流 $I(z)$ 的最大振幅值与电流 $I(z)$ 的最小振幅值之比，称为电流驻波比。这两种驻波比在数值上是相等的。因此，可把驻波比 s 写为

$$s = \frac{|U(z)|_{\max}}{|U(z)|_{\min}} = \frac{|I(z)|_{\max}}{|I(z)|_{\min}} = \frac{1+|\Gamma(0)|}{1-|\Gamma(0)|} \tag{1.3-39}$$

如同前面所讲的大都采用电压反射系数一样，在实际中，通常大都采用电压驻波比，简称驻波比。驻波比是从量的方面反映传输线上反射波情况的一个重要参量，但它只反映了反射波强弱的程度，并不反映其相位关系。如前所述，对于均匀无耗传输线而言，无论是电压反射系数，还是电流反射系数，它们的模（大小）沿线是不变化的，即

$$|\Gamma_u(z)|=|\Gamma_i(z)|=|\Gamma(0)|=|\Gamma|$$

这样，驻波比 s 即可写为

$$s=\frac{1+|\Gamma(z)|}{1-|\Gamma(z)|}=\frac{1+|\Gamma(0)|}{1-|\Gamma(0)|}=\frac{1+|\Gamma|}{1-|\Gamma|} \tag{1.3-40}$$

可见，驻波比 s 沿传输线是不变化的。显然，反射系数的模 $|\Gamma|$ 即为

$$|\Gamma|=\frac{s-1}{s+1} \tag{1.3-41}$$

式（1.3—40）和式（1.3—41）两个式子在实际中是经常用到的，有很大的实用价值。除了驻波比 s 之外，有时还用行波系数来表示传输线上反射波的强弱程度，它的定义为

$$K=\frac{|U(z)|_{\min}}{|U(z)|_{\max}}=\frac{|I(z)|_{\min}}{|I(z)|_{\max}} \tag{1.3-42a}$$

根据式(1.3-40)，K 又可写为

$$K=\frac{1-|\Gamma(z)|}{1+|\Gamma(z)|}=\frac{1-|\Gamma(0)|}{1+|\Gamma(0)|}=\frac{1-|\Gamma|}{1+|\Gamma|}=\frac{1}{s} \tag{1.3-42b}$$

以上各量的取值范围是：$0\leqslant|\Gamma|\leqslant1$；$1\leqslant s\leqslant\infty$；$0\leqslant K\leqslant1$。

（三）输入阻抗

在前面讨论行波（无反射）状态下均匀无耗传输线上电压波和电流波的关系时，曾引入了特性阻抗的概念；现在再引入一个不仅对行波状态适用，而且对于纯驻波和行驻波也都适用的更为普遍的、描述线上电压波和电流波之间关系的参量，这个参量称为输入阻抗。它表示传输线上任意位置电压的复振幅 $U(z)$ 与电流的复振幅 $I(z)$ 之比，也就是从该位置朝负载方向看去的(等效)阻抗，用 $Z_{in}(z)$ 表示。根据式(1.3-21)和式(1.3-22)，可求得 $Z_{in}(z)$ 的表示式为

$$\begin{aligned}Z_{in}(z)&=\frac{U(z)}{I(z)}=Z_c\frac{Z_L\cos\beta z+jZ_c\sin\beta z}{Z_c\cos\beta z+jZ_L\sin\beta z}\\&=Z_c\frac{Z_L+jZ_c\tan\beta z}{Z_c+jZ_L\tan\beta z}\end{aligned} \tag{1.3-43}$$

由此式可知，当 $Z_L=Z_c$ 时，则 $Z_{in}(z)=Z_c$，即其终端接有匹配负载 Z_c 的有限长的传输线上，任意位置的输入阻抗都等于 Z_c，这与传输线是无限长的情况是等效的，即只有入射波，而无反射波，是行波状态；当 $Z_L\neq Z_c$ 时，一段有限长的传输线（长度为 $\lambda/2$ 整数倍时除外）可以起阻抗变换的作用，即是说，对于某一给定长度的传输线，无论其终端接什么性质的负载，对于线的输入端而言，相当于接了一个等效负载，而且它就等于该输入端处的输入阻抗 $Z_{in}(l)$，l 为传输线的长度，如图 1.3-2 所示。

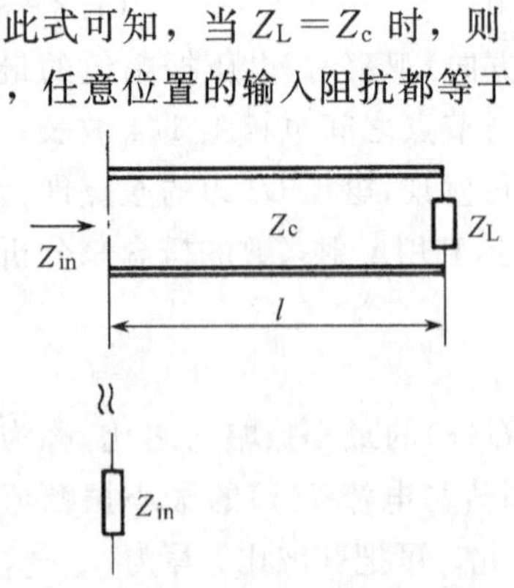

图 1.3-2　传输线的输入阻抗

除了输入阻抗之外，有时为计算方便起见，还常用到输入导纳的概念，这也是一重要参量。根据输入导纳与输入阻抗互为倒数的关系，由式(1.3-43)可直接写出输入导

纳 $Y_{\mathrm{in}}(z)$ 为

$$
\begin{aligned}
Y_{\mathrm{in}}(z) &= \frac{1}{Z_{\mathrm{in}}(z)} = Y_{\mathrm{c}} \frac{Y_{\mathrm{L}}\cos\beta z + \mathrm{j}Y_{\mathrm{c}}\sin\beta z}{Y_{\mathrm{c}}\cos\beta z + \mathrm{j}Y_{\mathrm{L}}\sin\beta z} \\
&= Y_{\mathrm{c}} \frac{Y_{\mathrm{L}} + \mathrm{j}Y_{\mathrm{c}}\tan\beta z}{Y_{\mathrm{c}} + \mathrm{j}Y_{\mathrm{L}}\tan\beta z}
\end{aligned}
\tag{1.3-44}
$$

式中，$Y_{\mathrm{c}}=1/Z_{\mathrm{c}}$ 是传输线的特性导纳；$Y_{\mathrm{L}}=1/Z_{\mathrm{L}}$ 是负载导纳。

以上讲了反射系数、驻波比、行波系数、输入阻抗和输入导纳等参量，以及它们的表示式。因为对于式(1.3-19)和式(1.3-20)，我们可以把它们改写为

$$U(z) = U^{+}(z) + U^{-}(z) = U^{+}(z)[1+\Gamma(z)]$$
$$I(z) = I^{+}(z) + I^{-}(z) = I^{+}(z)[1-\Gamma(z)]$$

则输入阻抗 $Z_{\mathrm{in}}(z)$ 也可写为

$$Z_{\mathrm{in}}(z) = \frac{U(z)}{I(z)} = Z_{\mathrm{c}} \frac{1+\Gamma(z)}{1-\Gamma(z)} \tag{1.3-45}$$

掌握上述的这些概念和有关的表示式，对于分析和解决传输线中的某些问题是十分重要的。

因为在微波范围内，传输线是分布参数系统，其上的电压和电流不像在低频时那样有确切的定义，而且也无法直接测量，因此输入阻抗也无法直接测量，但是可以通过间接的方法求出输入阻抗（详见本章附录 1.2）。

三、均匀无耗传输线接有不同类型负载时的工作状态

前面讨论的是均匀无耗传输线接有任意负载 Z_{L} 时，电压、电流、反射系数、驻波比和输入阻抗等的一般表示式，以及它们之间的内在联系。现在，我们把负载具体地分成几种不同的类型，并分别讨论传输线终端接有这些不同类型负载时的工作状态。根据终端负载 Z_{L} 的情况，传输线有三种工作状态：行波状态；纯驻波状态；行驻波状态。

（一）行波状态

当传输线是无限长，或其终端接有等于线的特性阻抗的负载时，信号源传向负载的能量将被负载完全吸收，而无反射，此时称传输线工作于行波状态，或者说，传输线与负载处于匹配状态。根据式(1.3-18)和式(1.3-20)可知，当负载 $Z_{\mathrm{L}}=Z_{\mathrm{c}}$ 时，反射波为零，由此得到行波状态下电压 $U(z)$ 和电流 $I(z)$ 的表示式为

$$U(z) = \frac{U_{\mathrm{L}}}{2}\left(1+\frac{Z_{\mathrm{c}}}{Z_{\mathrm{L}}}\right)\mathrm{e}^{\mathrm{j}\beta z} = U_{\mathrm{L}}\mathrm{e}^{\mathrm{j}\beta z} = U^{+}(0)\mathrm{e}^{\mathrm{j}\beta z} \tag{1.3-46}$$

$$I(z) = \frac{I_{\mathrm{L}}}{2}\left(1+\frac{Z_{\mathrm{L}}}{Z_{\mathrm{c}}}\right)\mathrm{e}^{\mathrm{j}\beta z} = I_{\mathrm{L}}\mathrm{e}^{\mathrm{j}\beta z} = I^{+}(0)\mathrm{e}^{\mathrm{j}\beta z} \tag{1.3-47}$$

若令 $U^{+}(0)=|U^{+}(0)|\mathrm{e}^{\mathrm{j}\varphi_{\mathrm{u0}}}$ 和 $I^{+}(0)=|I^{+}(0)|\mathrm{e}^{\mathrm{j}\varphi_{\mathrm{i0}}}$，因为 $\dfrac{U^{+}(0)}{I^{+}(0)}=Z_{\mathrm{c}}$，所以 $\varphi_{\mathrm{i0}}=\varphi_{\mathrm{u0}}=\varphi_{0}$，则电压和电流的瞬时值可表示为

$$u(z,t) = \mathrm{Re}[U(z)\mathrm{e}^{\mathrm{j}\omega t}] = |U^{+}(0)|\cos(\omega t+\varphi_{0}+\beta z) \tag{1.3-48}$$

$$i(z,t) = \mathrm{Re}[I(z)\mathrm{e}^{\mathrm{j}\omega t}] = |I^{+}(0)|\cos(\omega t+\varphi_{0}+\beta z) \tag{1.3-49}$$

可见，在行波状态下，均匀无耗线上各点电压复振幅的值是相同的，各点电流复振幅的值也是相同的，即它们都不随距离 z 而变化；而且，在传输线上任一点处的电压和电流的瞬时值

是同相的，当顺着电磁波传输的方向看时，电压和电流的相位则随着距离的增加而连续地滞后。显然，在这种状态下，随着时间的增加，一个随着时间作简谐振荡的、等振幅值的电磁波把信号源的能量不断地传向负载，并被负载所完全吸收。图 1.3－3 是传输线工作于行波状态时，电压和电流的瞬时状态，以及电压和电流的幅值沿 z 轴的分布图。

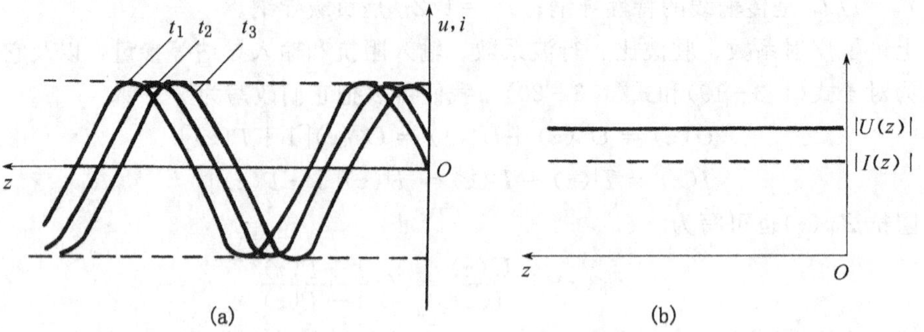

图 1.3－3　行波电压（电流）沿 z 轴的分布

(a) 行波电压（或电流）的瞬时状态沿 z 轴的分布；(b) 行波电压和电流的幅值沿 z 轴的分布

根据式(1.3－43)可知，工作于行波状态时，从传输线上任意位置向负载方向看去的输入阻抗都等于特性阻抗，即

$$Z_{\mathrm{in}}(z) = Z_{\mathrm{c}} \tag{1.3-50}$$

显然，反射系数为零，驻波比 $s=1$，行波系数 $K=1$。

（二）纯驻波状态

当传输线终端是短路、开路，或接有纯电抗性（电感性或电容性）负载时，由于负载不吸收能量，因此，从信号源传向负载的入射波在终端产生全反射，线上的入射波与反射波相叠加，从而形成了纯驻波状态。此时的传输线已不能传输能量，而只能储存能量。即是说，传输线与信号源之间只是不断地进行能量的交换，形成一种动态的平衡。下面具体地讨论这种情况。

(1) 短路线(终端短路)。终端被理想导体(电导率 $\sigma_1=\infty$)所短路(或被封闭起来)的一段有限长的传输线，简称为短路线($Z_{\mathrm{L}}=0$)。根据理想导体的边界条件可知，在短路线终端处，导体上电场的切向分量应为零，因此终端负载上的电压 U_{L} 也应为零。根据式(1.3－21) 和式(1.3－22)可知，线上任意位置电压和电流复振幅的表示式为

$$U(z) = \mathrm{j} I_{\mathrm{L}} Z_{\mathrm{c}} \sin \beta z \tag{1.3-51}$$

$$I(z) = I_{\mathrm{L}} \cos \beta z \tag{1.3-52}$$

式中，I_{L} 为终端负载上电流的复振幅；Z_{c} 为线的特性阻抗。为了更清楚地说明纯驻波的形成和它的特点，可以将 $U(z)$和 $I(z)$写成入射波和反射波相叠加的形式。根据式(1.3－17)和式(1.3－20)，当线的终端电压 $U_{\mathrm{L}}=0$ 时，则

$$\begin{aligned} U(z) &= \frac{I_{\mathrm{L}} Z_{\mathrm{c}}}{2}(\mathrm{e}^{\mathrm{j}\beta z} - \mathrm{e}^{-\mathrm{j}\beta z}) = U^{+}(z) + U^{-}(z) \\ &= U^{+}(0)(\mathrm{e}^{\mathrm{j}\beta z} - \mathrm{e}^{-\mathrm{j}\beta z}) = \mathrm{j}2U^{+}(0)\sin\beta z \end{aligned} \tag{1.3-53}$$

$$I(z)=\frac{I_L}{2}(e^{j\beta z}+e^{-j\beta z})=I^+(z)+I^-(z)$$

$$=I^+(0)(e^{j\beta z}+e^{-j\beta z})=2I^+(0)\cos\beta z \qquad (1.3-54)$$

式中，$U^+(0)=I_L Z_c/2$ 和 $I^+(0)=I_L/2$ 分别为终端负载处的入射波电压和入射波电流。因为 $U^+(0)=|U^+(0)|e^{j\varphi_{u0}}$ 和 $I^+(0)=|I^+(0)|e^{j\varphi_{i0}}$，并考虑到 $U^+(0)/I^+(0)=Z_c$，所以有 $\varphi_{u0}=\varphi_{i0}=\varphi_0$。这样，就可以把电压和电流的瞬时值表示为

$$u(z,t)=\mathrm{Re}[U(z)e^{j\omega t}]=2|U^+(0)|\sin\beta z\cos\left(\omega t+\varphi_0+\frac{\pi}{2}\right) \qquad (1.3-55)$$

$$i(z,t)=\mathrm{Re}[I(z)e^{j\omega t}]=2|I^+(0)|\cos\beta z\cos(\omega t+\varphi_0) \qquad (1.3-56)$$

为了更清楚地说明纯驻波的形成和它的特点，可把上式写成入射波和反射波相叠加的形式，即

$$u(z,t)=u^+(z,t)+u^-(z,t)$$

$$=\frac{|I_L|Z_c}{2}\cos(\omega t+\varphi_0+\beta z)-\frac{|I_L|Z_c}{2}\cos(\omega t+\varphi_0-\beta z)$$

$$=2|I^+(0)|Z_c\sin\beta z\cos\left(\omega t+\varphi_0+\frac{\pi}{2}\right) \qquad (1.3-57)$$

$$i(z,t)=i^+(z,t)+i^-(z,t)$$

$$=\frac{|I_L|}{2}\cos(\omega t+\varphi_0+\beta z)+\frac{|I_L|}{2}\cos(\omega t+\varphi_0-\beta z)$$

$$=2|I^+(0)|\cos\beta z\cos(\omega t+\varphi_0) \qquad (1.3-58)$$

从以上各式可知，在短路状态下，均匀无耗线上各点电压和电流的复振幅的值（大小）是不相同的，它们是距离 z 的函数。当 $\beta z=(2n+1)\pi/2$ 或 $z=(2n+1)\lambda/4$ （$n=0,1,2,3,\cdots$）时，电压的幅值为最大（腹点），而电流的幅值为零（节点）；当 $\beta z=n\pi$ 或 $z=n\lambda/2$（$n=0,1,2,3,\cdots$）时，电流的幅值为最大（腹点），而电压的幅值为零（节点）。电压腹点与电压节点之间，以及电流腹点与电流节点之间，在空间距离上均相差 $\lambda/4$，或者说，它们的空间相位差是 $\pi/2$。另外，从以上各式还可看出，当我们在传输线的某一固定位置观察电压和电流随时间的变化时，两者的相位差是 $\pi/2$；若在某一固定时刻沿整个传输线观察电压和电流随时间的变化时，两者的相位差也是 $\pi/2$，即是说，在某一时刻沿线各点的电压都达到各自的最大值时，沿线各点的电流都为零；反之，若在某一时刻沿线各点的电流都达到各自的最大值时，沿线各点的电压都为零。出现这两种情况的时间间隔为 1/4 周期（$T/4$）。

根据式(1.3-43)，短路线的输入阻抗为

$$Z_{in}(z)=jZ_c\tan\beta z \qquad (1.3-59)$$

显然，反射系数 $\Gamma(z)=-e^{-j2\beta z}$，驻波比 $s=\infty$，行波系数 $K=0$。由于输入阻抗是纯电抗性的，因此传输线不能传输能量，只起储存能量的作用，正是利用这一点，一个任意的电抗性负载才可以用一有限长度短路线的输入阻抗来代替它，即两者是等效的。或者说，可用短路线来代替所需要的电抗性元件，因为当短路线的长度在 $0\sim\lambda/2$ 的范围内变化时，$\tan\beta z$ 可取 $-\infty\sim+\infty$ 之间的任何值。图 1.3-4 是电压和电流的幅值，以及输入阻抗的分布图。由图可见：输入阻抗在电压的腹点（电流节点）相当于低频电路中的并联谐振；在电压的节点（电流腹点）则相当于串联谐振；在其他位置的输入阻抗或呈电感性，或呈电容性。

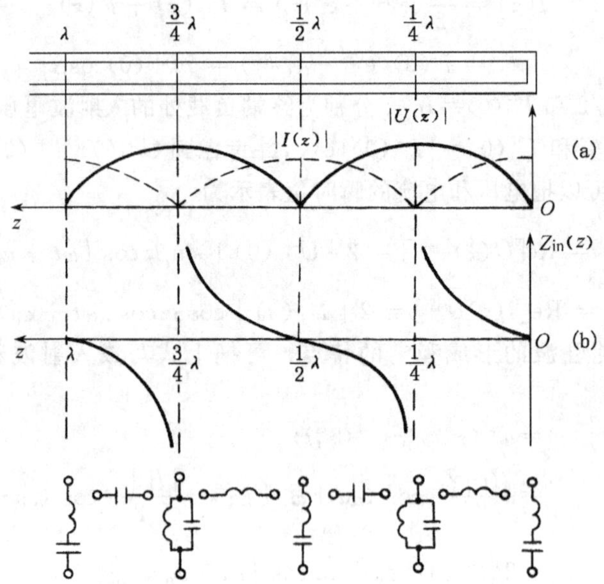

图 1.3-4　短路线的特性

(a) 电压和电流幅值的分布；(b) 输入阻抗的分布

(2) 开路线(终端开路)。当传输线的终端负载 $Z_L=\infty$时，一段有限长的传输线简称为开路线。此时的终端电流 $I_L=0$，根据式(1.3-21)和式(1.3-22)可知，线上任意位置电压和电流复振幅的表示式为

$$U(z)=U_L\cos\beta z \tag{1.3-60}$$

$$I(z)=\mathrm{j}\frac{U_L}{Z_c}\sin\beta z \tag{1.3-61}$$

式中，U_L 为终端负载上电压的复振幅；Z_c 为线的特性阻抗。为了更清楚地说明纯驻波的性质和它的特点，可以将 $U(z)$和 $I(z)$写成入射波和反射波相叠加的形式。根据式(1.3-17)和式(1.3-20)，当线的终端电流 $I_L=0$ 时，则

$$\begin{aligned}U(z)&=\frac{U_L}{2}(\mathrm{e}^{\mathrm{j}\beta z}+\mathrm{e}^{-\mathrm{j}\beta z})=U^+(z)+U^-(z)\\&=U^+(0)(\mathrm{e}^{\mathrm{j}\beta z}+\mathrm{e}^{-\mathrm{j}\beta z})=2U^+(0)\cos\beta z\end{aligned} \tag{1.3-62}$$

$$\begin{aligned}I(z)&=\frac{U_L}{2Z_c}(\mathrm{e}^{\mathrm{j}\beta z}-\mathrm{e}^{-\mathrm{j}\beta z})=I^+(z)+I^-(z)\\&=I^+(0)(\mathrm{e}^{\mathrm{j}\beta z}-\mathrm{e}^{-\mathrm{j}\beta z})=\mathrm{j}2I^+(0)\sin\beta z\end{aligned} \tag{1.3-63}$$

式中，$U^+(0)=\frac{U_L}{2}$和 $I^+(0)=\frac{U_L}{2Z_c}$分别为终端负载处的入射波电压和入射波电流。因为 $U^+(0)=|U^+(0)|\mathrm{e}^{\mathrm{j}\varphi_{u0}}$和 $I^+(0)=|I^+(0)|\mathrm{e}^{\mathrm{j}\varphi_{i0}}$，并考虑到$\frac{U^+(0)}{I^+(0)}=Z_c$，所以有 $\varphi_{u0}=\varphi_{i0}=\varphi_0$。这样，就可以把电压和电流的瞬时值表示为

$$u(z,t)=\mathrm{Re}[U(z)\mathrm{e}^{\mathrm{j}\omega t}]=2\,|U^+(0)|\cos\beta z\cos(\omega t+\varphi_0) \tag{1.3-64}$$

$$i(z,t)=\mathrm{Re}[I(z)\mathrm{e}^{\mathrm{j}\omega t}]=2\,|I^+(0)|\sin\beta z\cos\left(\omega t+\varphi_0+\frac{\pi}{2}\right) \tag{1.3-65}$$

把上式写为入射波和反射波相叠加的形式，即

$$\begin{aligned} u(z,t) &= u^{+}(z,t) + u^{-}(z,t) \\ &= \frac{|U_{\mathrm{L}}|}{2}\cos(\omega t + \varphi_0 + \beta z) + \frac{|U_{\mathrm{L}}|}{2}\cos(\omega t + \varphi_0 - \beta z) \\ &= 2\,|I^{+}(0)|\,Z_{\mathrm{c}}\cos\beta z\cos(\omega t + \varphi_0) \end{aligned} \tag{1.3-66}$$

$$\begin{aligned} i(z,t) &= i^{+}(z,t) + i^{-}(z,t) \\ &= \frac{|U_{\mathrm{L}}|}{2Z_{\mathrm{c}}}\cos(\omega t + \varphi_0 + \beta z) - \frac{|U_{\mathrm{L}}|}{2Z_{\mathrm{c}}}\cos(\omega t + \varphi_0 - \beta z) \\ &= 2\,\frac{|U^{+}(0)|}{Z_{\mathrm{c}}}\sin\beta z\cos\left(\omega t + \varphi_0 + \frac{\pi}{2}\right) \end{aligned} \tag{1.3-67}$$

从图 1.3－4 可以看出，对于开路线可以这样设想：从终端算起，把短路线截去 $\lambda/4$ 的长度后，就变成了开路线；将短、开路线的两组表示式加以对照，也会得出同样的结论。因此，在短路线中电压和电流的振幅值沿线的分布规律，线上各点处电压和电流瞬时状态之间的关系，以及在某一固定时刻沿整个传输线观察时电压和电流瞬时状态之间的关系等，对于开路线也是适用的，这里不再详述。

根据式(1.3－43)，开路线的输入阻抗为

$$Z_{\mathrm{in}}(z) = -\mathrm{j}Z_{\mathrm{c}}\cot\beta z \tag{1.3-68}$$

显然，反射系数 $\Gamma(z)=\mathrm{e}^{-\mathrm{j}2\beta z}$，驻波比 $s=\infty$，行波系数 $K=0$。与短路线的情况一样，由于输入阻抗为纯电抗性的，因此传输线不能传输能量，只起储存能量的作用。同样地，任意一个电抗性负载，都可以用一段有限长开路线的输入阻抗来代替它。图 1.3－5 是开路线上电压和电流的复振幅值，以及输入阻抗的分布图。

(3) 纯电抗性负载。纯电抗性负载是指传输线终端接有纯电感性或纯电容性负载时的情况，即 $Z_{\mathrm{L}}=\pm\mathrm{j}X_{\mathrm{L}}$ ($X_{\mathrm{L}}>0$，“+”为电感性，“－”为电容性)。如前所述，因为纯电抗性负载可以用一有限长的一段短路线或开路线来代替，所以当终端为纯电抗性负载时，传输线上电压 $U(z)$ 和电流 $I(z)$ 的幅值沿线的分布规律，都可以从短路线的分布图(图 1.3－4)或开路线的分布图(图 1.3－5)中得到。例如，当接有纯电感性负载 $Z_{\mathrm{L}}=+\mathrm{j}X_{\mathrm{L}}$ 时，可以用一段小于 $\lambda/4$ 的短路线来代替它。设这一小段路线的长度为 l_{e}，即

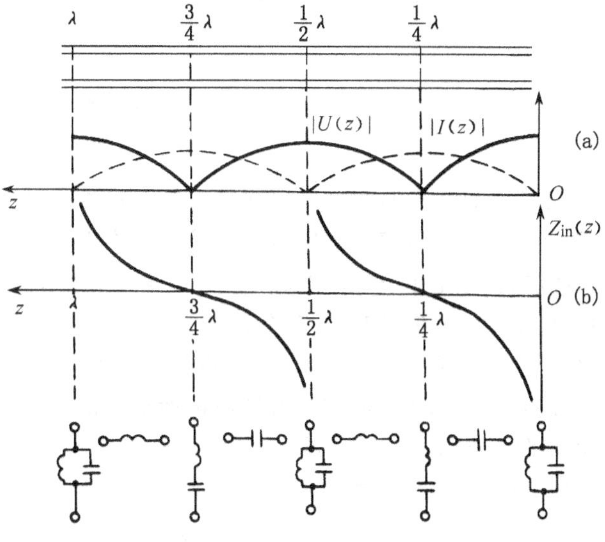

图 1.3－5 开路线的特性

(a) 电压和电流幅值的分布；(b) 输入阻抗的分布

$$l_{\mathrm{e}} = \frac{\lambda}{2\pi}\arctan\left(\frac{X_{\mathrm{L}}}{Z_{\mathrm{c}}}\right) \tag{1.3-69}$$

若接有纯电容性负载 $Z_{\mathrm{L}}=-\mathrm{j}X_{\mathrm{L}}$ 时，则可以用一段小于 $\lambda/4$ 的开路线来代替它。这段开路线的长度 l_{e} 为

$$l_e = \frac{\lambda}{2\pi}\operatorname{arccot}\left(\frac{X_L}{Z_c}\right) \tag{1.3-70}$$

式中，λ 为信号源的工作波长；Z_c 为传输线的特性阻抗。

对于纯电抗性负载，为了求出电压和电流复振幅的值沿线的分布规律，可以设想把一段短路线或开路线接在原来传输线的终端(即$\pm jX_L$ 的位置)，从而构成了一个包括所接的这一段线在内的、终端短路或开路的传输线。对于这个新构成的短路线或开路线，如前所述，可以很容易地画出它的电压和电流幅值以及输入阻抗的分布图。画出之后，再把接上去的那段短路线或开路线“抹掉”，剩下的图形即为传输线终端接有纯电抗性负载时的图形，如图 1.3-6 所示。

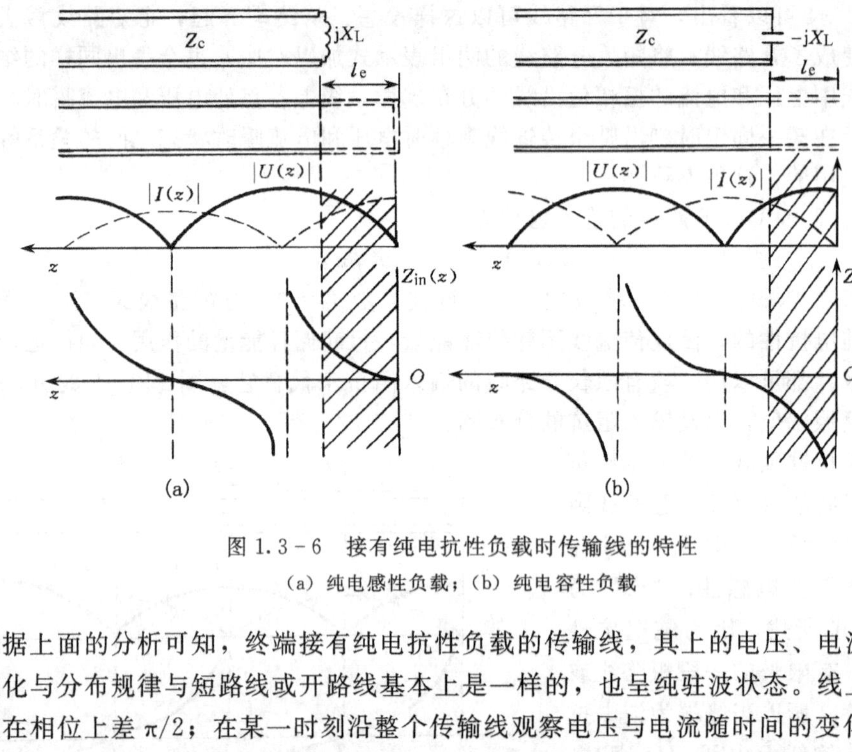

图 1.3-6　接有纯电抗性负载时传输线的特性

(a) 纯电感性负载；(b) 纯电容性负载

根据上面的分析可知，终端接有纯电抗性负载的传输线，其上的电压、电流和输入阻抗等的变化与分布规律与短路线或开路线基本上是一样的，也呈纯驻波状态。线上各点的电压和电流在相位上差 $\pi/2$；在某一时刻沿整个传输线观察电压与电流随时间的变化时，它们的相位也差 $\pi/2$。即传输线不再传输能量，而只起储存能量的作用。显然，反射系数的模 $|\Gamma(z)|=1$，驻波比 $s=\infty$，行波系数 $K=0$。

需要指出的是，终端接有纯电抗性负载的传输线，其工作状态虽然基本上与短路线或开路线一样，但也有一点区别，即在终端（纯电抗性负载）处的反射系数不再是“-1”或“$+1$”,而是一个带有初相角的复数 $\Gamma(0)$，即

$$\Gamma(0) = \frac{Z_L - Z_c}{Z_L + Z_c} = \frac{\pm jX_L - Z_c}{\pm jX_L + Z_c} = |\Gamma(0)|\, e^{j\varphi_{\Gamma_0}}$$

式中，$|\Gamma(0)|=1$，φ_{Γ_0} 为

$$\varphi_{\Gamma_0} = \arctan\left(\frac{\pm 2X_L Z_c}{X_L^2 - Z_c^2}\right) \tag{1.3-71}$$

即是说，终端负载处不再是电压或电流幅值的波腹点或波节点，而是介于波腹值与零之间的某一值(视$\pm jX_L$ 而定)。若负载为纯电感性的，那么，从终端起朝信号源方向移动时，首先

出现的是电压的腹点(电流的节点);若负载是纯电容性,则首先出现的是电压的节点(电流的腹点)。

(三) 行驻波状态

若传输线终端接有复数阻抗 $Z_L = R_L \pm jX_L$，R_L 是电阻性的量(电阻),$+jX_L$ 和 $-jX_L$($X_L > 0$)分别表示电感性和电容性的量(感抗和容抗)，此时从信号源传向负载的能量有一部分被负载所吸收，另一部分则被反射回去，即是说，这是介于行波与纯驻波之间的一种状态，因此称为行驻波状态，习惯上常简称为驻波状态，这是在实际应用中遇到的最为普遍、最为重要的一种工作状态。根据式(1.3-31)和式(1.3-36)，电压和电流的复振幅分别为

$$U(z) = U^{+}(0)e^{j\beta z}[1 + |\Gamma(0)| e^{-j(2\beta z - \varphi_{\Gamma_0})}]$$

$$I(z) = I^{+}(0)e^{j\beta z}[1 - |\Gamma(0)| e^{-j(2\beta z - \varphi_{\Gamma_0})}]$$

它们的幅值分别为

$$|U(z)| = |U^{+}(0)| \sqrt{1 + |\Gamma(0)|^2 + 2|\Gamma(0)| \cos(2\beta z - \varphi_{\Gamma_0})} \quad (1.3-72)$$

$$|I(z)| = |I^{+}(0)| \sqrt{1 + |\Gamma(0)|^2 - 2|\Gamma(0)| \cos(2\beta z - \varphi_{\Gamma_0})} \quad (1.3-73)$$

由上式可知，电压和电流的幅值虽然也是距离 z 的函数，但其变化规律与短路线、开路线和纯电抗性的负载不同，即不再是正（余）弦的规律，而是非正（余）弦的周期性地变化规律。由式(1.3-72)知,当 $2\beta z - \varphi_{\Gamma_0} = 2n\pi$ 或 $z = (\varphi_{\Gamma_0}\lambda/4\pi) + n\lambda/2$ 时($n=0,1,2,3,\cdots$),$|U(z)|$具有最大值(腹点)

$$|U(z)|_{\max} = |U^{+}(0)| [1 + |\Gamma(0)|] \quad (1.3-74)$$

当 $2\beta z - \varphi_{\Gamma_0} = (2n+1)\pi$ 或 $z = (\varphi_{\Gamma_0}\lambda/4\pi) + (2n+1)\lambda/4$ 时($n=0,1,2,3,\cdots$),$|U(z)|$具有最小值(节点)

$$|U(z)|_{\min} = |U^{+}(0)| [1 - |\Gamma(0)|] \quad (1.3-75)$$

可见，腹点与节点相距 $\lambda/4$，或者说，在空间相位上差 $\pi/2$；而且，与纯驻波状态不同，$|U(z)|_{\max}$小于 $2|U^{+}(0)|$,$|U(z)|_{\min}$也不等于零。同样地,由式(1.3-73)可知,当 $2\beta z - \varphi_{\Gamma_0} = (2n+1)\pi$ 或 $z = (\varphi_{\Gamma_0}\lambda/4\pi) + (2n+1)\lambda/4$ 时($n=0,1,2,3,\cdots$),$|I(z)|$具有最大值(腹点)，即

$$|I(z)|_{\max} = |I^{+}(0)| [1 + |\Gamma(0)|] \quad (1.3-76)$$

当 $2\beta z - \varphi_{\Gamma_0} = 2n\pi$ 或 $z = (\varphi_{\Gamma_0}\lambda/4\pi) + n\lambda/2$ 时($n=0,1,2,3,\cdots$),$|I(z)|$具有最小值(节点)，即

$$|I(z)|_{\min} = |I^{+}(0)| [1 - |\Gamma(0)|] \quad (1.3-77)$$

腹点与节点相距 $\lambda/4$，或者说，空间相位上差 $\pi/2$；$|I(z)|_{\max}$小于 $2|I^{+}(0)|$,$|I(z)|_{\min}$也不等于零。

由以上分析可知，在传输线上，电压的腹点即电流的节点，电压的节点即电流的腹点。

当传输线终端接有任意负载时，其反射系数根据式(1.3-23)可得

$$\Gamma(z) = \frac{U^{-}(z)}{U^{+}(z)} = \frac{Z_L - Z_c}{Z_L + Z_c} e^{-j2\beta z} = \Gamma(0)e^{-j2\beta z}$$

将 $Z_L = R_L \pm jX_L$ 代入到上式中，则

$$\Gamma(0) = \frac{Z_L - Z_c}{Z_L + Z_c} = \frac{(R_L \pm jX_L) - Z_c}{(R_L \pm jX_L) + Z_c} = \frac{R_L^2 - Z_c^2 + X_L^2}{(R_L + Z_c)^2 + X_L^2} \pm j\frac{2X_L Z_c}{(R_L + Z_c)^2 + X_L^2}$$

$$=|\Gamma(0)|e^{j\varphi_{\Gamma_0}} \tag{1.3-78}$$

式中，$|\Gamma(0)|$和 φ_{Γ_0} 分别为

$$|\Gamma(0)|=\sqrt{\frac{(R_L-Z_c)^2+X_L^2}{(R_L+Z_c)^2+X_L^2}}<1$$

$$\varphi_{\Gamma_0}=\arctan\left(\frac{\pm 2X_LZ_c}{R_L^2+X_L^2-Z_c^2}\right) \tag{1.3-79}$$

由此可知，当 $Z_L=R_L$ 时，则

$$\Gamma(0)=\frac{R_L-Z_c}{R_L+Z_c},\quad \varphi_{\Gamma_0}=0\text{ 或 }\pi$$

若 $R_L>Z_c$，则

$$|\Gamma(0)|=\frac{R_L-Z_c}{R_L+Z_c},\quad \varphi_{\Gamma_0}=0 \tag{1.3-80}$$

根据式(1.3-39)，驻波比 s 为

$$s=\frac{|U(z)|_{\max}}{|U(z)|_{\min}}=\frac{1+|\Gamma(0)|}{1-|\Gamma(0)|}=\frac{R_L}{Z_c} \tag{1.3-81}$$

若 $R_L<Z_c$，则

$$|\Gamma(0)|=\frac{Z_c-R_L}{Z_c+R_L},\quad \varphi_{\Gamma_0}=\pi \tag{1.3-82}$$

驻波比 s 为

$$s=\frac{1+|\Gamma(0)|}{1-|\Gamma(0)|}=\frac{Z_c}{R_L} \tag{1.3-83}$$

若 $R_L=Z_c$，则$|\Gamma(0)|=0,\varphi_{\Gamma_0}=0,s=1$。上述三种情况的行波系数 K，根据$K=1/s$可以很容易地得到，这里不再赘述。

当传输线终端接有任意负载阻抗时，其输入阻抗的表示式[即式(1.3-43)]为

$$Z_{in}(z)=Z_c\frac{Z_L+jZ_c\tan\beta z}{Z_c+jZ_L\tan\beta z}=R_{in}(z)+jX_{in}(z) \tag{1.3-84}$$

设式中的 $Z_L=R_L+jX_L$，并将它代入式(1.3-84)中，然后将 $Z_{in}(z)$的实部 $R_{in}(z)$和虚部 $X_{in}(z)$分开，则得

$$R_{in}(z)=Z_c^2R_L\frac{\sec^2\beta z}{(Z_c-X_L\tan\beta z)^2+(R_L\tan\beta z)^2}$$

$$X_{in}(z)=Z_c\frac{(Z_c-X_L\tan\beta z)(X_L+Z_c\tan\beta z)-R_L^2\tan\beta z}{(Z_c-X_L\tan\beta z)^2+(R_L\tan\beta z)^2} \tag{1.3-85}$$

若 $Z_L=R_L-jX_L$，则需要将上式中 X_L 前的符号变为相反的符号。由此式可知，在一般情况下，输入阻抗 $Z_{in}(z)$为复数。但是，当 $z=(\varphi_{\Gamma_0}\lambda/4\pi)+n\lambda/2$ 时($n=0,1,2,3,\cdots$)，即在电压的腹点(电流的节点)处，输入阻抗的模具有最大值，且为纯电阻性的，即

$$|Z_{in}(z)|_{\max}=R_{\max}=sZ_c \tag{1.3-86}$$

当 $z=(\varphi_{\Gamma_0}\lambda/4\pi)+(2n+1)\lambda/4$ 时，即在电压的节点(电流的腹点)处，输入阻抗的模具有最小值，且为纯电阻性的，即

$$|Z_{in}(z)|_{\min}=R_{\min}=KZ_c \tag{1.3-87}$$

图 1.3-7 是传输线终端接有复数阻抗 $Z_L=R_L\pm jX_L$ 时的特性曲线。图中用虚、实线画出

的负载分别表示电感性和电容性负载。从图中可以看出，如果已知 $Z_L = R_L + jX_L$ 时，电压和电流的幅值以及输入阻抗等量沿传输线的分布曲线。那么，当 $Z_L = R_L - jX_L$ 时，这些量沿传输线的分布曲线也就可以画出来了。因为电容性负载可以用终端接有电感性负载的一段长度为 l_e 的传输线的输入阻抗来等效（如图 1.3-7 中所示的 l_e），所以，只要从 $Z_L = R_L + jX_L$ 时各量的分布曲线上"抹掉"与长度 l_e 相对应的那一部分，则剩下的部分即为 $Z_L = R_L - jX_L$ 时各量的分布曲线。反之，若已知的是电容性负载时各量的分布曲线，那么，根据同样的道理也可画出电感性负载时各量的分布曲线。

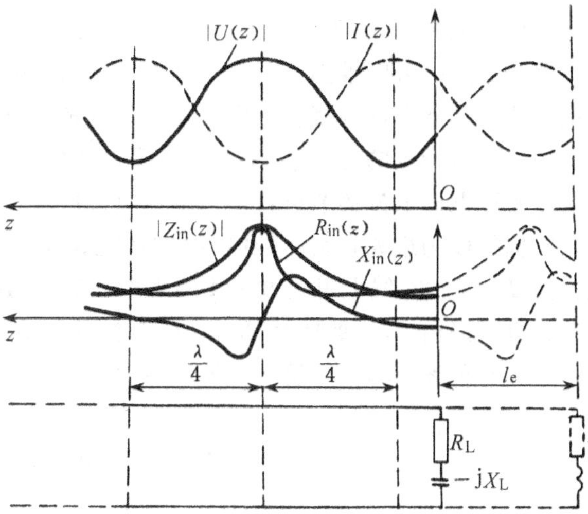

图 1.3-7　接有电感性或电容性负载时传输线的特性

传输线终端接有复数阻抗是最一般的情况，纯电抗性或纯电阻性负载是其特例。对于纯电抗性负载的情况，前面已讨论过，不再重述。对于纯电阻性负载 $Z_L = R_L (R_L \neq Z_c)$，因为它也可以用终端接有复数阻抗的一段长度为 l_e 的传输线的输入阻抗来等效，因此可以推知，在这种情况下，电压和电流的幅值，以及输入阻抗等量沿传输线的分布曲线，其形状与 $Z_L = R_L \pm jX_L$ 时的曲线基本相似，所不同的是，终端负载处不是复数阻抗，而是纯电阻性的，而且，当 $Z_L = R_L > Z_c$ 时，终端负载处为电压腹点（电流节点），当 $Z_L = R_L < Z_c$ 时，终端负载处为电压节点（电流腹点）。图 1.3-8 是传输线终端接有纯电阻性负载时的特性曲线。

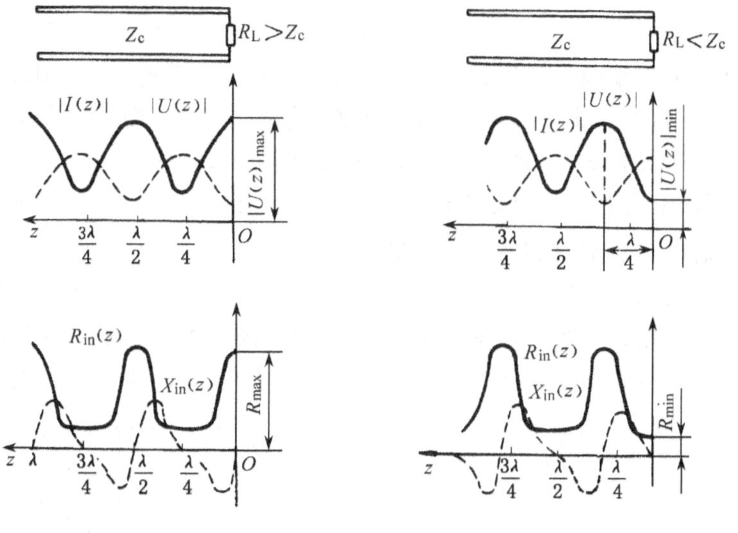

(a)　　　　(b)

图 1.3-8　接有纯电阻性负载时传输线的特性

(a) $R_L > Z_c$；(b) $R_L < Z_c$

以上所讲的是，如果已知终端负载 $Z_L=R_L+jX_L$ 时，电压和电流的幅值以及输入阻抗等量沿传输线的分布曲线，就可以推知 $Z_L=R_L-jX_L$ 或 $Z_L=R_L(R_L\neq Z_c)$时的分布曲线。实际上，只要把图 1.3－7 与图 1.3－8 加以对照，即可看出，如果已知的是 $Z_L=R_L$ 的分布曲线，那么，同样可以推知负载 $Z_L=R_L\pm jX_L$ 的分布曲线。由此可见，传输线终端接有复数阻抗时的工作状态，与接有纯电阻性负载时的工作状态虽然各有其特点，但是也有许多共同点。从前面讨论过的有关表示式和传输线特性曲线图中可知，这些共同点有：在传输线上，电压的腹点即电流的节点，电压的节点即电流的腹点，腹点与节点相距 $\lambda/4$；电压腹点处输入阻抗的模为最大，且为纯电阻性的(R_{max})，电压节点处输入阻抗的模为最小，也是纯电阻性的(R_{min})；在线上每经过 $\lambda/4$ 的距离，输入阻抗可以由电感性的变换为电容性的，或者相反；也可以由 R_{max} 变换为 R_{min}，或者相反，这称为 $\lambda/4$ 传输线阻抗的变换性；在线上每经过 $\lambda/2$ 的距离，输入阻抗的性质和模保持不变，这称为 $\lambda/2$ 传输线阻抗的重复性。

§1.4 应用举例

传输线理论在微波技术领域中的应用是很广泛的。在这里，我们只限于结合前几节所讲的内容举一些简单例子，以了解它的应用和加深对其基本概念的理解。主要有两方面的应用：一是利用有限长度均匀、无耗传输线的一些特性，设计不同用途的元、器件；二是利用这种理论解决传输线中能量传输中的一些问题。由于本书第 6 章将介绍各种常用（无源）微波元件，因此这里只着重于第二个问题的讨论，对于第一个问题只举几个简单的例子。

一、用作元、器件的有限长传输线

通过前面的讨论可以看到，一段有限长的传输线具有对终端电压和电流以及终端负载阻抗进行变换的作用。其中应用较多的是 $\lambda/4$ 和 $\lambda/2$ 传输线的阻抗变换作用。

（一）$\lambda/4$ 传输线

当一个特性阻抗为 Z_c 的 $\lambda/4$ 传输线终端接以纯电阻性负载 R_L 时，其始端输入阻抗 $Z_{in}=Z_c^2/R_L$，即它具有变换电阻值的作用。利用这一特性，常把 $\lambda/4$ 线作为阻抗匹配装置，如图 1.4－1 所示。若电阻性负载 R_L 不等于线的特性阻抗 Z_{c1}，则线上有反射波存在；我们假定 $\lambda/4$ 线的特性阻抗为 Z_{c2}，则 $\lambda/4$ 线始端的输入阻抗 $Z_{in}=Z_{c2}^2/R_L$。为了在特性阻抗为 Z_{c1} 的传输线上不产生反射波，即处于行波（匹配）状态，可令 $Z_{in}=Z_{c2}^2/R_L=Z_{c1}$，由此即可确定 $Z_{c2}=\sqrt{Z_{c1}R_L}$。这种装置称为 $\lambda/4$ 阻抗变换器。

当 $\lambda/4$ 传输线终端短路时，它的输入阻抗 $Z_{in}=j\infty$，若将它并联在某一传输线上，对传输线无任何影响。利用这一特性，在传输大功率的硬同轴线中，常把 $\lambda/4$ 短路线作为保持同轴线内、外导体相对位置的金属支撑，称为“金属绝缘子”，如图 1.4－2 所示。

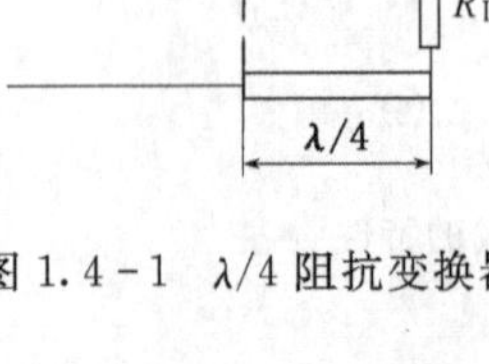

图 1.4－1　$\lambda/4$ 阻抗变换器

图 1.4－2　$\lambda/4$“金属绝缘子”

当 $\lambda/4$ 传输线终端接有纯电抗性负载 $Z_L=\pm jX_L$ 时，它输入端的阻抗 $Z_{in}=Z_c^2/\pm jX_L=\mp jZ_c^2/X_L$，即它具有把电感性负载变换为电容性负载，或者把电容性负载变换为电感性负载的作用。利用这一特性，可以消除传输线中不均匀性的影响，例如，对于图 1.4-3 所示的同轴线，固定其内导体的两个介质支撑造成了线的不均性，并在不均匀处产生反射波，如果将两个支撑错开 $\lambda/4$ 的距离，使它们的作用相互抵消，则不均匀性的影响也就消除了。

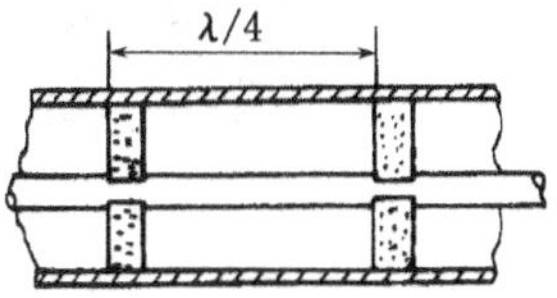

图 1.4-3　利用 $\lambda/4$ 线抵消不均匀性的影响

（二）$\lambda/2$ 传输线

对于 $\lambda/2$ 传输线而言，无论其终端接什么性质的负载，其始端的输入阻抗总是和负载阻抗相等，即它具有把终端负载原封不动地“搬到”始端的作用。下面举一个天线收发开关的例子来说明它的应用。

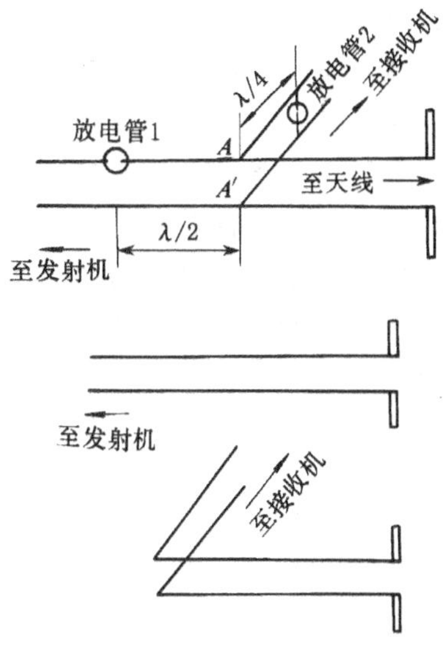

图 1.4-4　天线收发开关示意图

天线收发开关的作用是：当发射机工作时，它使发射机只和天线接通，能量传向天线；当发射机停止工作时，它使天线只和接收机接通，天线接收的能量只传向接收机。图 1.4-4 是这种装置的示意图。当发射机工作时，强功率的脉冲电压分别加到充气放电管 1 和放电管 2 的两个电极上，使气体击穿，而近似地把两个极短接起来（短路状态），于是发射机和天线接通，能量传向天线，与此同时被短接起来的放电管 2 与其所接传输线构成了 $\lambda/4$ 短路线，使能量不能传向接收机；当发射机停止工作时，两个放电管的两极之间近似于开路状态，从而把发射机与天线隔离开来，由于放电管 1 到截面 AA' 相距 $\lambda/2$，则从 AA' 向左看去的输入阻抗为无限大，此时放电管 2 也是开路状态，天线只和接收机接通；当发射机再次工作时，上述过程便重复一次。

二、在传输能量方面的应用举例

在这方面的主要应用有：根据已知负载 Z_L 求出反射系数 $\Gamma(z)$ 和驻波比 s，以了解由于波的反射而造成的功率损失和传输线所能承受的最大功率容量；负载阻抗 Z_L 与线的特性阻抗 Z_c 不相等时，应采取何种措施达到匹配；根据测得的驻波比 s 和电压幅值最小点（节点）的位置，用以确定线上某一横截面处的输入阻抗 $Z_{in}(z)$ 或终端负载 Z_L。所有这些，对于了解阻抗匹配的效果，以及元、器件的特性等，都是十分必要的。下面举几个例子。

例 1　假设信号源的工作波长为 10 cm，采用内导体的外半径 a 为 4.5 mm、外导体的内半径 b 为 10 mm 的硬同轴线给负载馈电，若已知负载 $Z_L=(48+j20)\ \Omega$，同轴线内填充的空气介质的电击穿强度为 3×10^3 V/mm，试求同轴线终端处的反射系数和线上的驻波比，并求出由于波的反射而造成的相对功率损失和线的最大功率容量。

解：① 反射系数和驻波比 s。根据式(1.2-26)可知，同轴线的特性阻抗为 $Z_c=60\ln\dfrac{b}{a}\approx48\ \Omega$；

根据反射系数和驻波比的公式，经计算得终端反射系数为 $\Gamma(0)\approx0.042+\mathrm{j}\,0.2$，其模 $|\Gamma(0)|\approx0.204$；驻波比 $s=1+|\Gamma(0)|/1-|\Gamma(0)|\approx1.51$。

② 由反射波造成的功率损失。若假定 $Z_L=Z_c$，而且同轴线是均匀无耗线，则全部入射功率将被负载所吸收，设信号源此时输出的功率为 P^+，其值为

$$P^+=\frac{1}{2}\,|U^+(0)|\,|I^+(0)|=\frac{|U^+(0)|^2}{2Z_c}$$

按题意 $Z_L\neq Z_c$，有反射波存在，设反射功率为 P^-，其值为

$$P^-=\frac{1}{2}\,|U^-(0)|\,|I^-(0)|=\frac{1}{2}\,|\Gamma(0)|^2\,|U^+(0)|\,|I^+(0)|=|\Gamma(0)|^2P^+$$

由于波的反射而造成的相对功率损失为

$$\frac{|\Gamma(0)|^2P^+}{P^+}=|\Gamma(0)|^2\approx4.2\ \%$$

③ 最大功率容量　这主要取决于空气的电击穿强度。空气能否被击穿，则视同轴线中最大电场强度的值是否超过空气的电击穿强度而定。在同轴线的横截面内，电场的分布是不均匀的，在内导体表面处为最强；而且，在纯驻波或行驻波的状态下，沿同轴线的纵向(轴向)电场的分布也是不均匀的，在电压幅值的最大点(腹点)为最强。可见，为了确定最大功率容量，就得求出电压腹点处内导体表面上电场强度的值，并进而求出它与传输功率的关系。

我们已知，在静态场的情况下，同轴线内任一点电场强度的方向是沿半径 r 方向的，现在用 E 表示其大小，并设内导体外表面单位长度上的电荷量为 τ，则根据高斯定理应有

$$E=\frac{\tau}{2\pi\varepsilon_0 r}\qquad(a\leqslant r\leqslant b)$$

当 $r=a$ 时，电场强度具有最大值，即

$$E_{\max}=\frac{\tau}{2\pi\varepsilon_0 a}$$

内、外导体之间的电压 U 为

$$U=\int_a^b\boldsymbol{E}\cdot\mathrm{d}\boldsymbol{r}=\int_a^b E\,\mathrm{d}r=\frac{\tau}{2\pi\varepsilon_0}\int_a^b\frac{\mathrm{d}r}{r}=\frac{\tau}{2\pi\varepsilon_0}\ln\frac{b}{a}$$

或

$$U=E_{\max}\,a\ln\frac{b}{a}=E_{\max}\frac{a}{60}Z_c$$

上述公式虽然是在静态场的情况下导出的，但对于工作在 TEM 波情况下的交变场而言，无论是行波、纯驻波，还是行驻波，都是适用的。因为交变场与静态场在同轴线横线截面内的场分布是完全一样的，所不同的是交变场随着时间而变化，而静态场不随时间变化。为了求出传输功率，可以把行驻波看做是由朝相反方向传输的两个行波相叠加而成的。因此，当 Z_c 为实数时，传输功率 P 可以写作为 P^+ 与 P^- 之差

$$\begin{aligned}P=P^+-P^-&=\frac{1}{2}|U^+(z)|\,|I^+(z)|-\frac{1}{2}|U^-(z)|\,|I^-(z)|\\&=\frac{1}{2Z_c}(|U^+(z)|^2-|U^-(z)|^2)\\&=\frac{1}{2Z_c}(|U^+(z)|+|U^-(z)|)(|U^+(z)|-|U^-(z)|)\\&=\frac{1}{2Z_c}|U(z)|_{\max}|U(z)|_{\min}=\frac{1}{2Z_c}\frac{|U(z)|^2_{\max}}{s}\end{aligned}$$

式中的$|U(Z)|_{max}$取决于空气的电击穿强度 E_{br}，即它不能超过 $E_{br}\frac{a}{60}Z_c$，即$|U(z)|_{max}\leqslant E_{br}\frac{a}{60}Z_c$。将它代入到 P 的表示式中，则得最大功率容量为

$$P\leqslant\frac{1}{2}\left(\frac{a}{60}\right)^2E_{br}^2\frac{Z_c}{s}$$

可见，P 与 s 成反比，这再次说明了匹配的重要性。将本例题中给出的 a、E_{br}、Z_c 和 s 代入到上式中即得 $P\leqslant 805.35$ kW。

例 2 用特性阻抗 Z_c 为 50 Ω 的同轴线作为馈线，终端负载 $Z_L=(50+j25)$ Ω，设工作波长 λ 为 10 cm，现欲在同轴线上并联一个短路支线，以获得匹配，试求支线的接入位置和支线的长度。

解： 为获得匹配，在馈线上应选取其输入导纳为

$$Y_{in}=G_{in}+jB_{in}=Y_c+jB_1$$

的位置接入支线，然后选取短路支线的合适长度 l，使其输入电纳 $jB_2=-jB_1$，则由该位置向负载看去总的(等效)输入阻抗为 Z_c，从而达到了匹配。在本例题中已知 Z_L 的实部等于 Z_c，因此支线接入位置应选在距负载 $\lambda/4$ 处，该处的 Y_{in} 为

$$Y_{in}=\frac{Z_L}{Z_c^2}=(0.02+j0.01)\quad \text{S}$$

设短路支线的特性阻抗 Z_c 也为 50 Ω，则

$$jB_2=\frac{1}{jZ_c\tan\beta l}=-j0.01\quad \text{S}$$

由此可求得短路支线的长度 $l=0.176\lambda=1.76$ cm。

例 3 一个特性阻抗 Z_c 为 50 Ω 的同轴线，测得线上的驻波比 s 为 2，第一个电压波节点距终端负载为 0.666 个工作波长。试求终端负载等于多少?

解： 已知电压波节点处的输入阻抗为 Z_c/s，将它代入下式即可求出 Z_L

$$Z_{in}(z)=Z_c\frac{Z_L+jZ_c\tan\beta l}{Z_c+jZ_L\tan\beta l}$$

式中的 $Z_{in}(z)=Z_c/s$；$\beta=2\pi/\lambda$；$z=0.666\lambda$，由此得

$$Z_L=(57.14-j37.12)\quad\Omega$$

§ 1.5 阻抗圆图和导纳圆图

在传输线问题的计算中，经常涉及求输入阻抗、负载阻抗、反射系数和驻波比等量，以及这些量之间的相互关系；此外，还有阻抗匹配方面的问题。利用前面讲过的公式进行计算，并不困难，但比较繁琐，若利用圆图计算，则较方便。圆图不单是计算工具，更为重要的是，它把传输线的概念、参数之间的关系融汇在一起，是一个“总结”，学习圆图会进一步加深对传输线理论的理解。现在所讨论的圆图是由史密斯（L • Smith）于 1939 年绘制而成的，故名史密斯圆图。这是一个绘制于极坐标系中的圆图，但是为了绘图方便，也利用了直角坐标（例如，将反射系数和归一化阻抗用直角坐标来表示）。还有一种是绘制于直角坐标系中的圆图，因不常用，不予讨论。本节首先讨论阻抗圆图的构成、应用举例，然后讨论导纳圆图。顺便说明一下：这里讨论的圆图是指均匀无耗传输线而言的，至于考虑到传输线

本身损耗的圆图，不予讨论。

一、阻抗圆图

在传输线问题的计算中常涉及要找出输入阻抗 $Z_{in}(z)$ 与反射系数 $\Gamma(z)$ 的关系。为了省时和方便，就把传输线终端接有各种负载时、线上任意截面处的 $Z_{in}(z)$ 与 $\Gamma(z)$ 的关系曲线绘制出来，以供查用。由于这些曲线实际上是一些圆，故名圆图。利用阻抗圆图可以迅速地找出 $Z_{in}(z)$ 与 $\Gamma(z)$ 的关系，并可进而确定其他许多量之间的关系。阻抗圆图包括三族圆：反射系数圆、电阻圆和电抗圆。

（一）反射系数圆

由式(1.3-25)知，反射系数为

$$\Gamma(z)=\frac{Z_L-Z_c}{Z_L+Z_c}e^{-j2\beta z}=\Gamma(0)e^{-j2\beta z} \tag{1.5-1}$$

式中

$$\Gamma(0)=\frac{Z_L-Z_c}{Z_L+Z_c} \tag{1.5-2}$$

这是传输线终端负载处($z=0$)的反射系数，一般而言，它是一个复数，因此可写为

$$\Gamma(0)=\Gamma_r(0)+j\Gamma_i(0) \tag{1.5-3}$$

这样，就可以用复数平面上的点的坐标来描述 $\Gamma(0)$，如图1.5-1 中的 A 点所示，它的横坐标为 $\Gamma_r(0)$，纵坐标为 $\Gamma_i(0)$。另外，也可把 $\Gamma(0)$ 写为指数形式

$$\Gamma(0)=|\Gamma(0)|e^{j\varphi_{\Gamma_0}} \tag{1.5-4}$$

即是说，$\Gamma(0)$ 也可用极坐标来描述，此时复数平面上表示 $\Gamma(0)$ 的点（如 A 点），是由模 $|\Gamma(0)|$ 和辐角 φ_{Γ_0} 确定的：从原点 O 至 A 点的长度 OA 表示 $|\Gamma(0)|$，OA 与实轴正方向之间的夹角即表示 φ_{Γ_0}。

对于给定了终端负载 Z_L 的均匀无耗传输线而言，$\Gamma(z)$ 的模与 $\Gamma(0)$ 的模是相等的，仅差一个相角 $2\beta z$，如图 1.5-2 中的 OB 所示。当 βz 增加时，即从线上的某一位置朝信号源的方向移动时，相当于沿顺时针方向旋转；反之，当 βz 减小时，即从线上的某一位置朝负载方向移动时，相当于沿逆时针方向旋转。旋转 360° 相当于沿传输线轴向的 z 坐标变化了半个波长的距离。当 z 的变化超过半个波长时，$\Gamma(z)$ 就又重复原来的变化轨迹。具体地说，对于给定的负载 Z_L，反射系数

$$\Gamma(z)=|\Gamma(0)|e^{-j(2\beta z-\varphi_{\Gamma_0})} \tag{1.5-5}$$

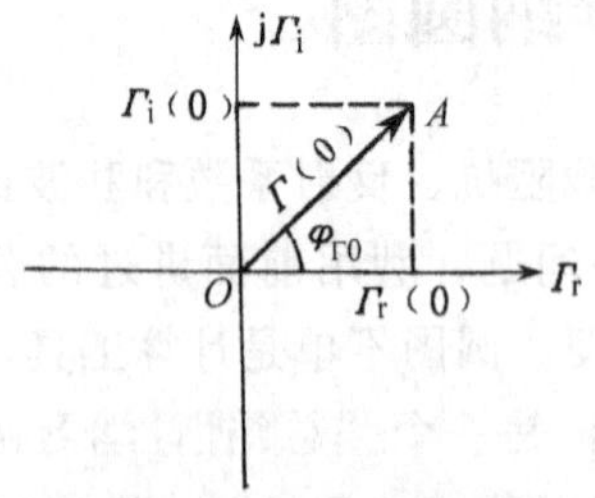

图 1.5-1　用复数平面上点的坐标描述反射系数

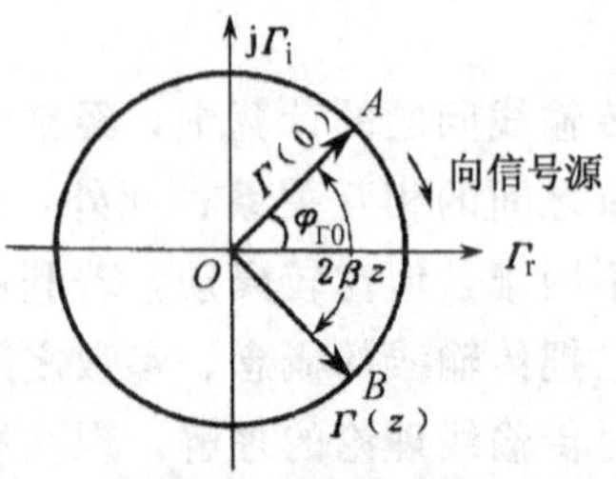

图 1.5-2　反射系数在复数平面上的变化规律

在复数平面上的变化轨迹是以坐标原点 O 为圆心、以 $|\Gamma(0)|$ 为半径的一个圆。给定许多不同的 Z_L，就得到许多与之相对应的、具有不同半径和不同初相角的圆，如图1.5-3 所示。

需要指出的是，在某些情况下，负载 Z_L 的改变并不引起 $|\Gamma(z)|$ 的改变，而只引起 $\Gamma(z)$ 相角的变化，因此同一个反射系数圆实际上代表着与许多 Z_L 相对应的 $\Gamma(z)$ 的轨迹。这些 Z_L 的共同点是：由它们引起的反射波的振幅值与入射波的振幅值之比（即 $|\Gamma(z)|$）都相等。因为反射波的振幅值最大时（全反射）只能等于、而不会大于入射波的振幅值，所以无论 Z_L 如何变化，总是有 $0 \leqslant |\Gamma(z)| \leqslant 1$。

因为反射系数的模 $|\Gamma(z)|$ 与驻波 s 是一一对应的，所以反射系数圆同时也是驻波比圆。

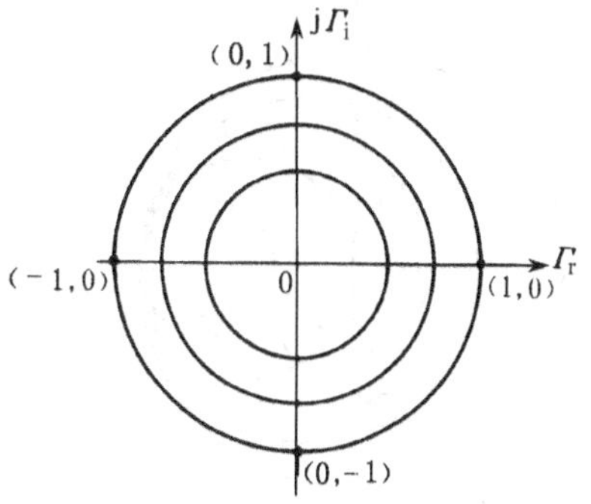

图 1.5－3 不同负载时的 $\Gamma(z)$

（二）电阻圆与电抗圆

根据 $Z_{in}(z)$ 与 $\Gamma(z)$ 的关系式就可以画出电阻圆和电抗圆。由式(1.3－43)可知，在一般情况下 $Z_{in}(z)$ 是一个复数阻抗，因此可以把它写为

$$Z_{in}(z) = R_{in}(z) + jX_{in}(z) \tag{1.5-6}$$

若令 $R_{in}(z)$ 保持某一常数、而 $X_{in}(z)$ 可取任意值，则 $\Gamma(z)$ 在复数平面上的变化轨迹是一个圆，令 $R_{in}(z)$ 取一系列的常数，就得到与之对应的一族圆，称为电阻圆；若令 $X_{in}(z)$ 也取一系列的常数、而 $R_{in}(z)$ 可取任意值，就可以得到与之对应的、描述 $\Gamma(z)$ 在复数平面上变化轨迹的另一族圆，称为电抗圆。下面分别讨论。

由式(1.3－45)可知

$$Z = Z_c \frac{1+\Gamma}{1-\Gamma} \tag{1.5-7}$$

为书写方便，此处略去了原式中的变量(z)和下标"in"。为使圆图具有通用性（即对任意有限值的 Z_c 都适用），用 Z_c 去除上式，就得到了归一化的输入阻抗 z，以及相应的归一化的电阻 r 和归一化的电抗 x，即

$$z = \frac{Z}{Z_c} = \frac{R}{Z_c} + j\frac{X}{Z_c} = r + jx \tag{1.5-8}$$

对于 Γ 可写为

$$\Gamma = \Gamma_r + j\Gamma_i \tag{1.5-9}$$

将该式代入到式(1.5－7)中之后，再根据式(1.5－8)即可得到

$$r + jx = \frac{1 + (\Gamma_r + j\Gamma_i)}{1 - (\Gamma_r + j\Gamma_i)} \tag{1.5-10}$$

将该式的实、虚部分开，并令等号两边的实、虚部分别相等，得

$$r = \frac{1 - \Gamma_r^2 - \Gamma_i^2}{(1-\Gamma_r)^2 + \Gamma_i^2} \tag{1.5-11}$$

和

$$x = \frac{2\Gamma_i}{(1-\Gamma_r)^2 + \Gamma_i^2} \tag{1.5-12}$$

将式(1.5－11)写为

$$\Gamma_r^2(1+r) + \Gamma_i^2(1+r) + r - 2\Gamma_r r = 1$$

再把它进一步改写为

$$\left(\Gamma_r - \frac{r}{1+r}\right)^2 + \Gamma_i^2 = \left(\frac{1}{1+r}\right)^2 \tag{1.5-13}$$

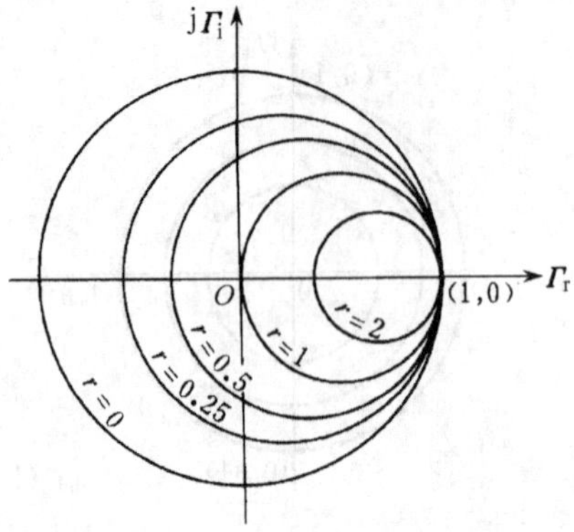

图 1.5-4　归一化的电阻圆图

当取 r 为不同的常数时，该式在复数平面$(\Gamma_r, j\Gamma_i)$上表示一族圆，即电阻圆。圆心坐标为$\left(\frac{r}{1+r}, 0\right)$，半径为$\frac{1}{1+r}$。若令式(1.5-13)中的 $\Gamma_i=0$，并解出 Γ_r，即得圆族与实轴的交点分别为(1,0)和$\left(\frac{r-1}{r+1}, 0\right)$，这说明所有的圆都在(1,0)点相切，图1.5-4 给出了圆族中的某些图形。

同样地，式(1.5-12)可写为

$$(\Gamma_r-1)^2+\left(\Gamma_i-\frac{1}{x}\right)^2=\left(\frac{1}{x}\right)^2 \tag{1.5-14}$$

当取 x($+x$ 和$-x$)为不同的常数时，该式在复数平面(Γ_r, Γ_i)上也表示一族圆，即电抗圆。圆心坐标为$\left(1, \frac{1}{x}\right)$，半径为 $1/x$，所有的圆都在(1,0)点与实轴相切。图1.5-5 给出了圆族中的某些图形。由图可知，单位圆上半部中的电抗曲线对应于感性电抗($+jx$)，下半部中的电抗曲线对应于容性电抗($-jx$)。

（三）阻抗圆图

把反射系数圆、电阻圆和电抗圆都绘在一起，即构成了一个完整的阻抗圆图（但在实际应用的圆图中，通常只绘出电阻圆和电抗圆，而不再绘出反射系数圆），如图1.5-6 所示。

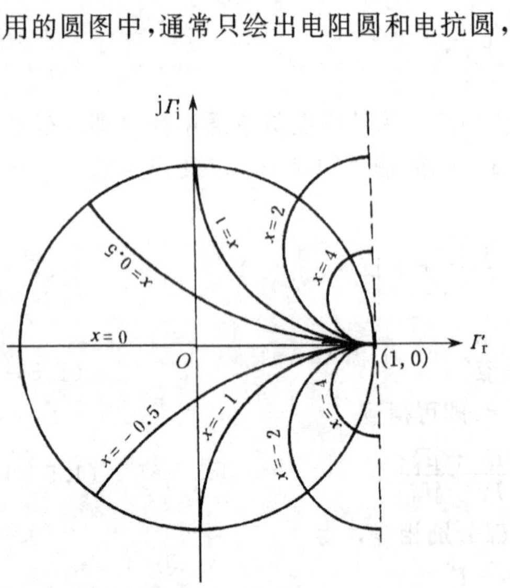

图 1.5-5　归一化的电抗圆图

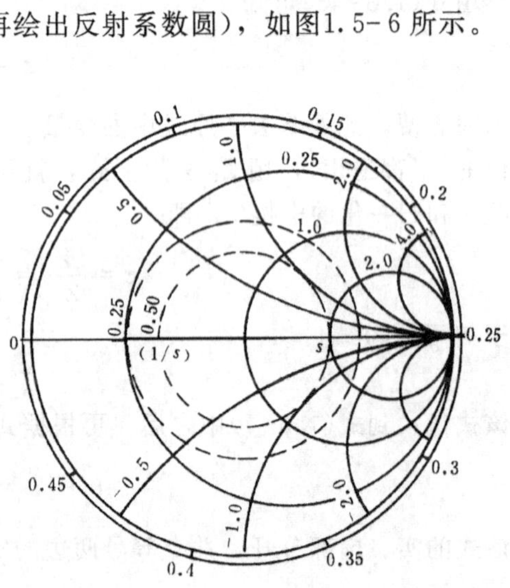

图 1.5-6　阻抗圆图

在阻抗圆图中，实轴上所有的点（两个端点除外）表示阻抗是纯电阻性的，而且：右半实轴上的点是电压振幅值的腹点（电流的节点），该点归一化的电阻 r($r_{max}>1$)在数值上就等于驻波比 s，实轴的右端点(1,0)是开路点；左半实轴上的点是电压振幅值的节点（电流的腹点），该点归一化的电阻 r($r_{min}<1$)在数值上就等于行波系数 K($1/s$)，实轴的左端点(−1,0)是短路点。坐标原点(0,0)处的$|\Gamma(z)|=0$，$x=0$，$r=1$，$s=1$，是匹配点。单位圆

周界上($|\Gamma(z)|=1$)的点（实轴的两个端点除外），$r=0$，表示纯电抗。

插图（位于 36 页与 37 页之间）是工程计算中实际应用的阻抗圆图。电阻圆与电抗圆的交点表示所求的归一化阻抗，实际的阻抗是归一化阻抗再乘以传输线的特性阻抗 Z_c 所得出的阻抗。在图中，r 的值标注在电阻圆与实轴的交点处，以及与 $x=\pm1$ 的电抗圆的交点处；x 的值标注在电抗圆与$r=0$或 $r=1$ 的电阻圆的交点处；在$|\Gamma(z)|=1$ 的单位圆周界外面标注着距离 z 相对于波长的数值，坐标 z 等于零的点选在电压振幅值的波节处。

如上所说，在实际应用的阻抗圆图中，为了避免因画过多的反射系数圆而影响图的清晰度，我们可以采取其他方法，从圆图中求出反射系数来。$|\Gamma(z)|$的最小值是零，最大值是 1，$|\Gamma(z)|$的其他值可以按比例求出，反射系数的相角可以从圆图上标注的角度中求出。用另外一种方法也可以求出反射系数：因为$|\Gamma(z)|$为常数的圆是以(0,0)为圆心的一族同心圆，圆的半径(即$|\Gamma(z)|$）可以通过这些圆与实轴的交点来确定：在右半实轴上，与交点处的$|\Gamma(z)|$相对应的驻波比 s，它在数值上就等于经过交点的电阻圆 r 的值；在左半实轴上，与交点处的$|\Gamma(z)|$相对应的行波系数 $K(1/s)$，它在数值上就等于经过交点的电阻圆 r 的值。这样，根据式(1.3-40)或式(1.3-42b)就可求出反射系数的模$|\Gamma(z)|$，其相角可以从圆图上标注的角度求出来。

二、阻抗圆图应用举例

例 1　一个特性阻抗 Z_c 为 50 Ω 的传输线，已知线上某位置的输入阻抗 $Z_{in}=(50+j\,47.7)$ Ω，试求该处的反射系数 Γ。

解： 归一化的阻抗为

$$z_{in}=\frac{Z_{in}}{Z_c}\approx 1+j\,0.95$$

如图1.5-7 所示，首先从圆图中找到 $r=1$ 和 $x=0.95$这两个圆的交点 A，A 点即表示 $z_{in}\approx 1+j\,0.95$；然后从原点 O 至 A 作连线 OA，其长度即表示$|\Gamma|$，OA 与实轴正方向之间的夹角 φ_Γ 表示 Γ 的相角。φ_Γ 可以根据 B 点(OA 延长线与刻度圆的交点)处的相对波长数与正实轴处波长数之差来确定，即

$$\varphi_\Gamma=2\,\beta(0.25\lambda-0.16\lambda)=0.36\pi\ \text{rad}=64.8^\circ$$

另外，也可从圆图上所标注的角度中直接求出 φ_Γ。$|\Gamma|$ 可以通过驻波比 s 来计算，以 OA 为半径，以 O 点为圆心作圆交右半实轴于 C 点，该点 s 的读数(在数值上等于该点的 r)为 2.5，则

$$|\Gamma|=\frac{s-1}{s+1}\approx 0.43$$

反射系数 $\Gamma\approx 0.43\underline{/64.8^\circ}$

例 2　已知传输线的特性阻抗 Z_c 为 50 Ω，终端负载阻抗 $Z_L=(30+j10)$ Ω，试求距终端负载 $\lambda/3$ 处的输入阻抗 Z_{in}。

解： 归一化的负载阻抗为

$$z_L=\frac{30+j10}{50}=0.6+j0.2$$

如图1.5-8 所示，在圆图中找到 $z_L=0.6+j\,0.2$ 的点 A，从原点 O 开始过 A 作一直线，并延长此线与标有相对长度的刻度圆相交于 B 点，从电压振幅值的波节点算起，该点读数为0.047λ，

将 OB 顺时针方向旋转 $2\beta\dfrac{\lambda}{3}=\dfrac{4\pi}{3}$ rad，落于$\dfrac{\lambda}{3}+0.047\lambda\approx0.38\lambda$ 处的 B'点。以 O 点为圆心、OA 为半径作一圆，与 OB'相交于 C 点，该点的 $r=0.83$，$x=-0.5$，即 $z_{in}=0.83-j0.5$，则

$$Z_{in}=z_{in}Z_c=(0.83-j\,0.5)\times50\ \Omega=(41.5-j25)\ \Omega$$

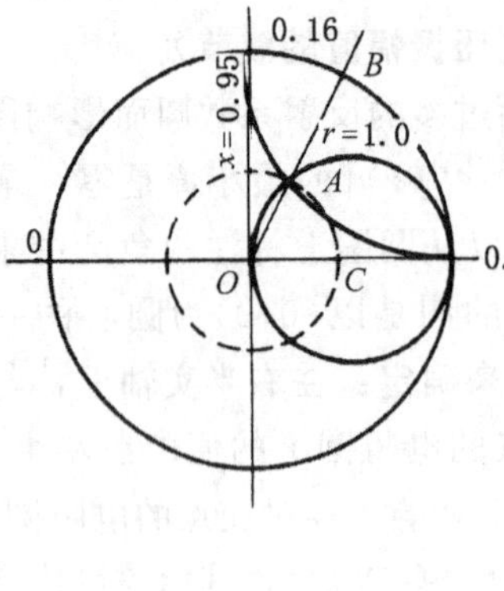

图 1.5-7　例 1 用图

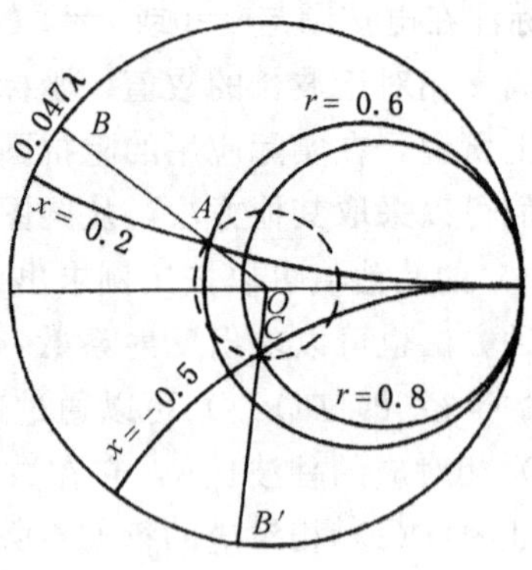

图 1.5-8　例 2 用图

例 3　在特性阻抗 Z_c 为 50 Ω 的传输线上测得驻波比 s 为 2.5，距终端负载 0.2λ 处是电压振幅值的节点，试求终端负载 Z_L。

解：电压节点处的归一化阻抗为 $K=1/s=1/2.5=0.4$，即 $z_{in}=r=0.4$。如图1.5-9 所示，在圆图的左半实轴上找到与 $r=0.4$ 相对应的点 A，将 OA 逆时针方向旋转 $2\beta\times0.2\lambda=4\pi/5$ rad，得线段 OB，B 点处的归一化阻抗为 $z_L=1.67-j\,1.04$，则

$$Z_L=z_LZ_c=(1.67-j1.04)\times50\ \Omega=(83.5-j52)\ \Omega$$

例 4　一传输线的特性阻抗 Z_c 为 50 Ω，终端负载 $Z_L=(100-j75)$ Ω，问：在距终端多么远处向负载方向看去的输入阻抗 $Z_{in}=50+jX$

解：归一化的负载阻抗为

$$z_L=\frac{Z_L}{Z_c}=\frac{100-j75}{50}=2-j1.5$$

如图1.5-10 所示，在圆图上找到与 z_L 对应的点 A，对应的相对波长数为 0.291λ。需要求的归一化的输入阻抗为

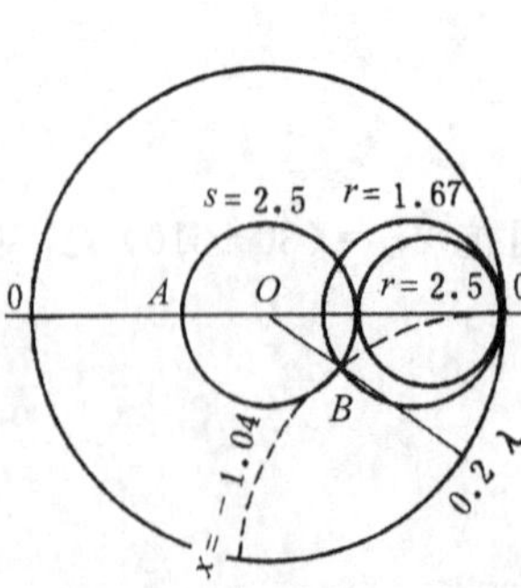

图 1.5-9　例 3 用图

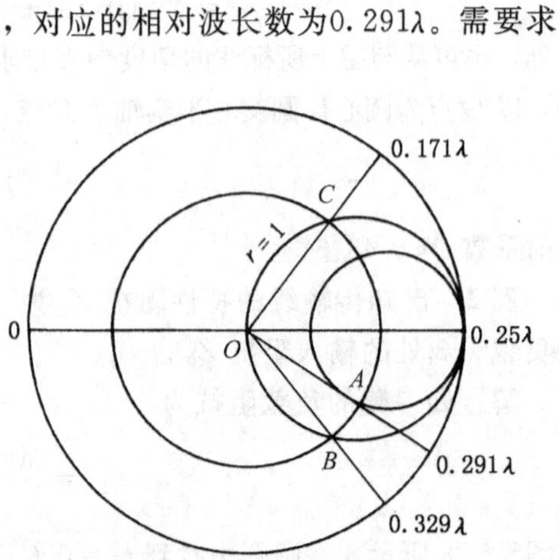

图 1.5-10　例 4 用图

$$z_{in}=\frac{Z_{in}}{Z_c}=\frac{50+\mathrm{j}X}{50}=1+\mathrm{j}x$$

可见，z_{in}一定在$r=1$的电阻圆上。以O点为圆心、OA为半径作一圆，与$r=1$的圆相交于B和C两点，对应的相对波长数分别为0.329λ和0.171λ。这样，就得到了两个位置：B点和C点。B点距终端为

$$(0.329-0.291)\lambda=0.038\lambda$$

B点处的输入阻抗为

$$Z_{in}=z_{in}Z_c=(1-\mathrm{j}1.28)\times 50\ \Omega=(50-\mathrm{j}64)\quad\Omega$$

C点距终端为

$$(0.5-0.291+0.171)\lambda=0.38\lambda$$

C点处的输入阻抗为

$$Z_{in}=z_{in}Z_c=(1+\mathrm{j}1.28)\times 50\ \Omega=(50+\mathrm{j}64)\quad\Omega$$

三、导纳圆图

在实际工作中，除了需要求出传输线上某一位置的输入阻抗外，有时为了计算方便起见，还需要求出它的输入导纳。对此，可利用阻抗圆图来求导纳，因为根据$\lambda/4$线对阻抗的变换作用可以证明，传输线上任意位置的归一化输入导纳，在数值上与相隔$\lambda/4$位置的归一化输入阻抗是相等的，所以，为了求出某位置的归一化输入导纳，可先在阻抗圆图上找到与该位置的归一化输入阻抗相对应的点，以该点至坐标原点的连线为半径作圆，再将该点沿圆周旋转π rad，相当于z变化了$\lambda/4$的距离，得到一个新的点，此点所对应的r在数值上就等于所求的归一化导纳中的电导g，此点所对应的x在数值上就等于所求的归一化导纳中的电纳b。这样，就得到了线上某位置的归一化的输入导纳y_{in}为

$$y_{in}=g\pm \mathrm{j}b \tag{1.5-15}$$

式中的$\mathrm{j}b(b>0)$，其前可能是“+”号(在圆图的上半圆内)，也可能是“−”号(在圆图的下半圆内)。

以上所讲的是利用阻抗圆图求导纳的方法。实际上，可以直接利用导纳圆图进行有关导纳的运算。下面介绍导纳圆图。

利用$\Gamma_i(z)=-\Gamma(z)$，$Y_{in}(z)=1/Z_{in}(z)$，$Y_c=1/Z_c$，以及式(1.3-45)，可得输入导纳$Y_{in}(z)$为

$$Y_{in}(z)=Y_c\frac{1+\Gamma_i(z)}{1-\Gamma_i(z)} \tag{1.5-16}$$

该式在形式上与式(1.3-45)是完全一样的，只不过是把原来的电压反射系数$\Gamma(z)$换为现在的电流反射系数$\Gamma_i(z)$，阻抗换为导纳。把上式对Y_c归一化，就得到归一化的输入导纳$y_{in}(z)$为

$$y_{in}(z)=\frac{1+\Gamma_i(z)}{1-\Gamma_i(z)} \tag{1.5-17}$$

由此式，或者把前面讲过的表示$Z_{in}(z)$的式(1.3-43)与表示$Y_{in}(z)$的式(1.3-44)加以对照，即可看出，导纳圆图与阻抗圆图的图形应该是完全一样的，但图中曲线所表示的意义是不相同的。就是说，如果将阻抗圆图中的电阻r换为电导g，电抗x换为电纳b(即$+\mathrm{j}x$换

为 $+jb$，$-jx$ 换为 $-jb$)，电压反射系数 $\Gamma(z)$ 换为电流反射系数 $\Gamma_i(z)$，就得到了导纳圆图。因为 $\Gamma_i(z)=-\Gamma(z)$，所以原来在阻抗圆图上是电压振幅值腹点（电流节点）的位置，在导纳圆图上则应是电流振幅值的腹点（电压节点）；同理，在阻抗圆图上电压振幅值节点（电流腹点）的位置，在导纳圆图上则应是电流振幅值的节点（电压腹点）；原来在阻抗圆图上是开路点和短路点的位置，在导纳圆图上则应分别为短路点和开路点的位置；两种圆图的匹配点都是坐标原点。图1.5-11 是为了将这两种圆图加以对比而画出的阻抗圆图和导纳圆图的简单示意图，还有一些可对比的量在图中并未画出。

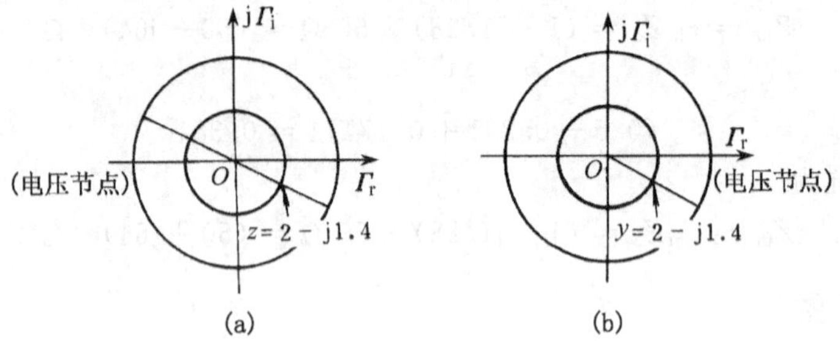

图 1.5-11　阻抗圆图与导纳圆图

(a) 阻抗圆图；(b) 导纳圆图

§1.6　阻 抗 匹 配

一、阻抗匹配的概念

阻抗匹配是微波技术中经常遇到的问题。为了使信号源输出最大功率，则要求信号源的内阻抗与传输线始端的输入阻抗互为共轭复数；为了使终端负载吸收全部入射功率，而不产生反射，则要求终端负载与传输线的特性阻抗相等，这在实际上是难以完全做到的，而只能做到近似的匹配，以使负载吸收最大的功率。为了使信号源工作稳定，则要求没有或很少有返回信号源的波。所有这些都是阻抗匹配要解决的问题。本节将着重讨论终端负载与传输线之间的阻抗匹配问题，其中，涉及的所有传输线都认为是均匀无耗传输线。

（一）信号源与传输线的共轭匹配

图1.6-1 是一个由信号源、传输线和终端负载所组成的传输系统的示意图。当要求信号源输出最大功率时，信号源的内阻抗 Z_g 应与由参考面 AA' 朝负载方向看去的输入阻抗 Z_{in} 互为共轭复数（共轭匹配）。设 $Z_g=R_g\pm jX_g$ 和 $Z_{in}=R_{in}\mp jX_{in}$，则应有

$$
\begin{aligned}
R_g &= R_{in} \\
|\pm X_g| &= |\mp X_{in}|
\end{aligned}
\tag{1.6-1}
$$

即两者的电阻应相等，电抗的数值相等，而性质相反。

（二）终端负载与传输线之间的阻抗匹配

为使负载吸收全部入射功率而无反射波，则应使负载阻抗与传输线的特性阻抗相等，称为行波匹配。如果要求信号源无反射波，同时又要求达到行波匹配，那么，只有当信号源的内阻抗 Z_g 为实数、且等于传输线的特性阻抗 Z_c 时（即信号源为匹配源时），以及终端负载

Z_L 也等于 Z_c 时，才能达到这种要求。但是，实际上很难同时满足这种要求。一般地则是在信号源处(传输线始端)和终端负载处分别加入始端和终端匹配装置，以期分别达到共轭匹配和行波匹配，如图1.6-2 所示。

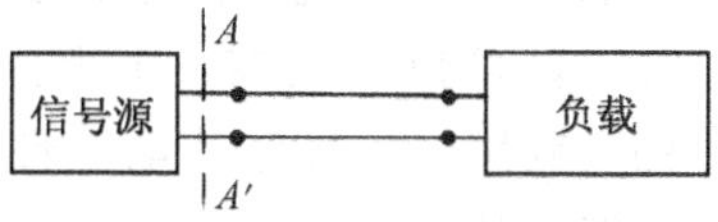

图 1.6－1　信号源的共轭匹配

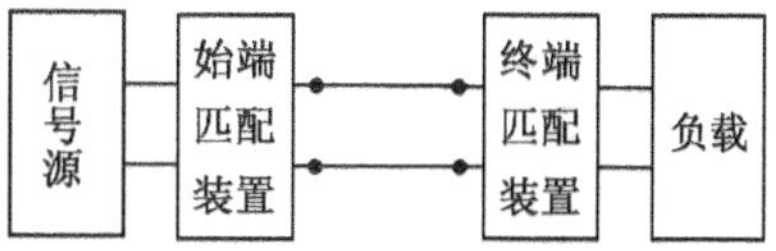

图 1.6－2　传输系统匹配示意图

上面所述，是从信号源输出最大功率和负载吸收全部入射功率的角度说明了阻抗匹配的重要性。实际上，从要求信号源能稳定地工作这个角度看，阻抗匹配也是十分必要的，因为信号源等效负载的任何变化都会引起输出功率和工作频率的变化，使工作不稳定。另外，当传输功率较大，而负载与传输线之间又严重失配时，会使驻波比加大，从而有可能造成传输线中填充介质被击穿而形成短路，致使信号源有可能遭到破坏。可见，尽量使传输系统处于或接近于行波状态是很必要的。对于测量设备中使用的小功率信号源，一般都在信号源处加隔离器或匹配性能较好的衰减器，以消除反射波对信号源的影响。

在实际应用的微波设备中，通常可以通过精心设计信号源或采取加隔离器、环行器、衰减器等匹配装置，使信号源的等效内阻抗(考虑了匹配装置的作用)与传输线的特性阻抗相等或很接近。因此，就一般情况而言，阻抗匹配的主要任务就是如何减少负载的反射，即终端负载与传输线之间的阻抗匹配问题。传输系统中的反射波，从根本上讲，是由于不均匀性引起的，而负载阻抗与传输线的特性阻抗不相等，则终端负载就被视为一种“不均匀性”。为了消除反射波，达到行波匹配，通常可采用两种方法：一是尽量减少负载本身的不均匀性；二是在传输系统中加入隔离或衰减装置，以消除反射波，或者加入新的不均匀性，使它所产生的反射波与原有的不均匀性所产生的反射波相抵消，从而达到行波匹配状态。图1.6-3 是这种匹配方法的原理性示意图，图中的四端网络(用方框表示)，可以代表隔离器或衰减器，也可以代表(从理论上讲是)无耗的调配器。四端网络接入之后，应使其输入端处(对传输线 Z_c 的)归一化输入阻抗近似等于 1。

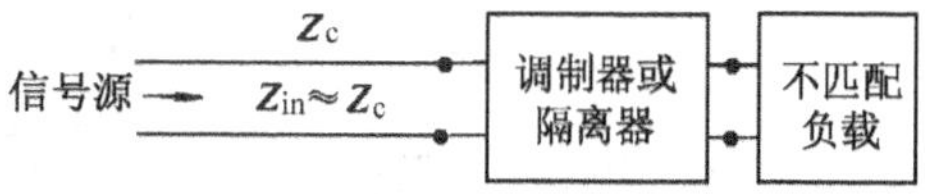

图 1.6－3　行波匹配示意图

对于行波匹配，一般可分为窄频带匹配和宽频带匹配两种情况。下面我们只讨论窄频带的阻抗匹配；至于宽频带的阻抗匹配，读者可查阅有关资料，这里不予讨论。

二、阻抗匹配

(一) 利用 λ/4 阻抗变换器进行匹配

利用 λ/4 线对纯电阻性负载进行匹配，在 § 1.4中已讨论过。现在要讨论的是，利用 λ/4 线也可以对复数阻抗的负载进行匹配，这时应把 λ/4 线接在(主)传输线上这样一个位置：从该位置朝负载方向看去的输入阻抗应是纯电阻性的，显然，这个位置就是电压振幅值的节点或腹点。利用计算的方法或利用圆图，以及采用实验的方法，都可以找到这个位置，如图1.6-4(a)所示。此外，还可以采取另一种匹配方法，就是把 λ/4 线接在(主)传输线的终端负载处，如图1.6-4(b)所示，但此时应在负载上并联一长度合适(可以计算出来)的短路支线(一般不用开路支线)，用以抵消负载中的电抗成分，从而使等效的负载变为纯电阻性的负载，这样，就可以利用在§1.4中讨论过的，利用 $\lambda/4$ 线对纯电阻性负载进行匹配的计算方法来确定 $\lambda/4$ 线的特性阻抗 Z_c'。同理，对于在(主)传输线上电压振幅值的节点或腹点处接入的 $\lambda/4$ 线，其特性阻抗 Z_c' 也是不难确定的。

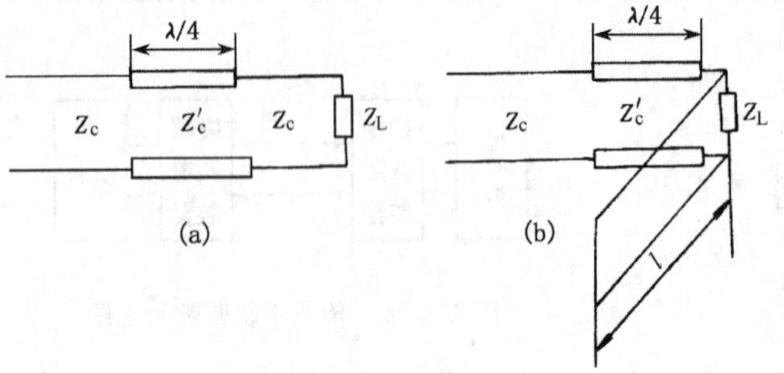

图 1.6-4　$\lambda/4$ 线阻抗变换器

（二）利用并联电抗性元件进行匹配

这里所讲的并联电抗性元件，一般地通称为单株线调配器、双株线调配器和三株线调配器。单株线调配器的具体结构形式，因传输线的类型和结构不同而异。例如，对于一般的双导线或同轴线而言，它就是一个终端短路的双导线或终端短路的同轴线，其长度是可以调节的；对于矩形波导管(工作于 TE_{10} 模时)而言，单株线可以是一个金属的螺钉，把它安装在波导宽壁中心线位置上的槽缝中，其伸入深度是可调节的，其位置可以是固定的，也可沿波导轴线方向在槽缝中移动，这样，就构成了一个单株线调配器。

双株线调配器和三株线调配器的类型和结构形式与单株线调配器基本上是一样的，只不过是用了两个或三个单株线而已，如图 1.6-5 所示，故此不再赘述。下面分别讨论这三种调配器的工作原理。

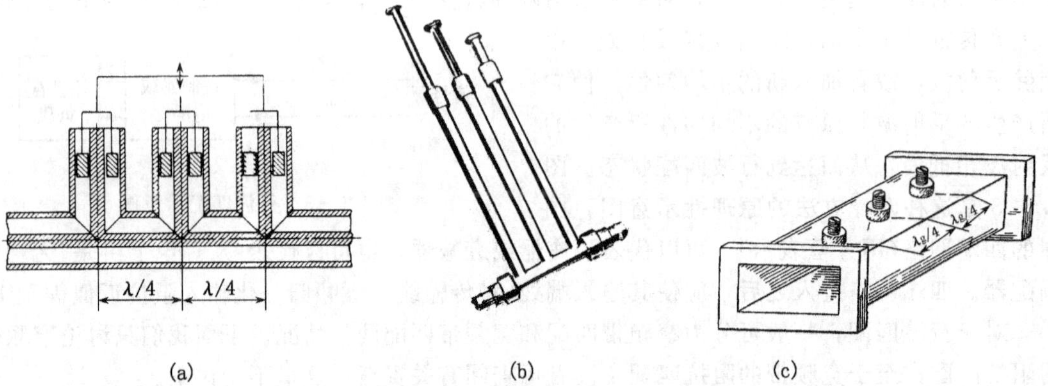

图 1.6-5　三株线调配器结构图

(a) 三株线（同轴线）调配器剖面图；(b) 三株线（同轴线）调配器实物图；(c) 三株线（矩形波导）调配器

(1) 单株线调配器。图1.6-6 是单株线调配器的原理性示意图。与传输线相并联的短路支线就是一个单株线调配器，它距负载 Z_L 的距离为 d，支线的长度为 l，d 与 l 是可调的。因为这种调配器是与传输线相并联的，所以用导纳圆图说明其工作原理比用阻抗圆图较为方便，如图1.6-7 所示。

设传输线终端接有任意复数阻抗负载 Z_L，其导纳为 Y_L ($Y_L \neq Y_c$)，首先求出它的归一

化导纳 y_L，并在导纳圆图上找到与它对应的点 M，该点对应的反射系数的模为 $|\Gamma_1|$(相应的驻波比为 $s=s_1>1$)。对于均匀无耗线而言，线上任意位置的归一化输入导纳，它在圆图上的位置必然落在与点 M 相对应的等反射系数圆上(指反射系数的模 $|\Gamma_1|$ 一样，下同)。由 M 点开始沿等反射系数圆顺时针方向旋转，与 $g=1$ 的圆相交于 A 和 B 两点，它们距终端负载的距离分别为 d_1 和 d_2，A 和 B 两点对应的归一化输入导纳分别为 $1+jb$ 和 $1-jb(b>0)$。如果在 d_1 处并联一个短路支线，并调节其长度 l_1，使其归一化的输入电纳为 $-jb$，则在 d_1 处总的等效的归一化输入导纳为 $1+jb-jb=1$，于是传输线得到了匹配。同理，也可以在 d_2 处并联一个短路支线，并调节其长度 l_2，使其归一化的输入电纳为 $+jb$，则在 d_2 处总的等效的归一化输入导纳为 $1-jb+jb=1$，于是传输线得到了匹配。可见，满足匹配要求的有两组数据，在实际应用中可视具体情况选用其中的一组数据。

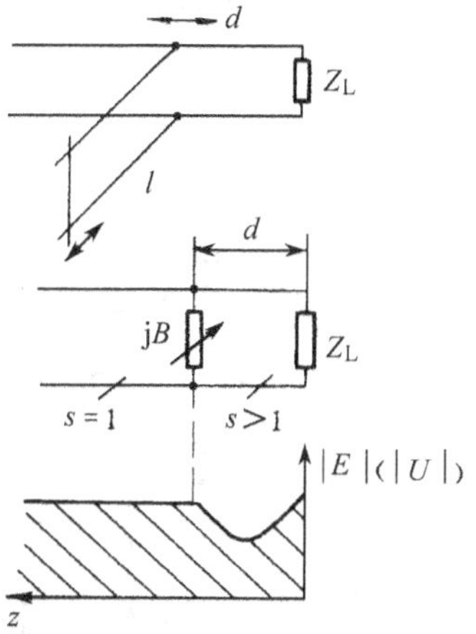

图 1.6-6　单株线调配器原理示意图

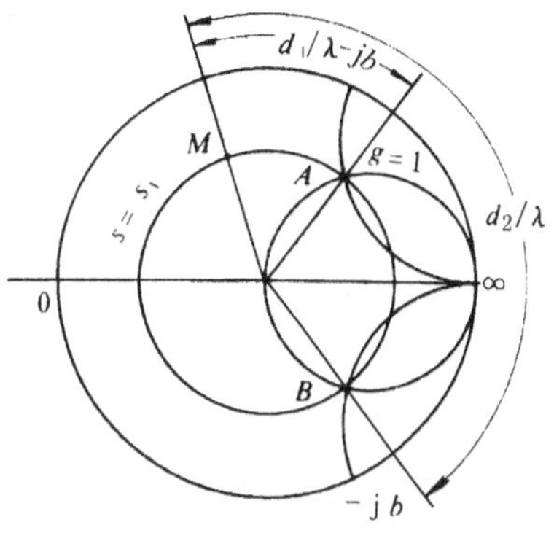

图 1.6-7　用导纳圆图说明单株线调配器的工作原理

(2) 双株线调配器。由于单株线调匹器在传输线上的位置需视负载情况而定，即是说，不能预先确定，这对于某些传输线的结构来说，会带来不方便，因此可以改用双株线调配器，如图1.6-8 所示。在 AA' 和 BB' 截面处各并联一个短路支线(A 和 B)，支线 A 距终端负载的距离 d_1 可以选定，两支线之间的距离 d_2 可选取 $\lambda/8$、$\lambda/4$ 或 $3\lambda/8$，但不能选取 $\lambda/2$(对波导而言是 $\lambda_g/2$，λ_g 是波导波长)，否则两个支线的作用将和位置已选定的支线 A 的作用一样，就一般而言，这不会起到用双株线调节阻抗匹配的作用。支线 A 和 B 的位置确定后，调节它们的长度 l_A 和 l_B，使传输线达到匹配。

双株线调配器的工作原理可利用导纳圆图来说明，如图1.6-9 所示。为便于理解，我们先从传输线假定已经被匹配好说起。此时在截面 BB' 处总的归一化输入导纳应为 $y_{BB'}=1$，即是说，当不考虑支线 B 的作用时，该截面处的归一化输入导纳应落在导纳圆图中 $g=1$ 的圆上，即导纳的实部为 1，而其虚部，则可利用调节支线 B 的长度 l_B，使它产生的输入电纳(jb_B 或 $-jb_B$)抵消虚部的影响，从而在截面 BB' 处得到 $y_{BB'}=1$，使传输线得到匹配。

现在根据上面所讲的对截面 BB' 处归一化输入导纳的要求，倒推回到截面 AA' 处，看如何才能达到这种要求。在截面 AA' 处总的归一化导纳应落在导纳圆图中这样的圆(辅助圆)上：若以坐标原点处作为旋转轴，沿顺时针方向将这个圆旋转 $(4\pi d_2/\lambda)$ rad，它应与 $g=1$

的圆相重合(图1.6-8 中的 $d_2=\lambda/8$)。在未考虑支线 A 的作用时，AA'处的归一化输入导纳不一定恰好落在辅助圆上，而是落在 g 为某个值的圆上。当接入支线 A 之后，它并不能改变 AA'处的 g 值，而只能改变该处的电纳值，这样，就可以借调节支线 A 的长度 l_A，使 AA'处的电纳发生变化，从而使该处总的归一化输入导纳发生变化，直至使其落在辅助圆上。从圆图上看，设未考虑支线 A 的作用时，AA'处的归一化输入导纳为 y_{iA}，它落在 g 为某一值的圆上，当调节支线 A 的长度 l_A 时，电纳发生了变化，从而使 AA'处总的归一化输入导纳也发生变化，即从圆图上的 y_{iA}点开始，沿着等 g 圆向上移动，直至与辅助圆相交于一点，该点的归一化输入导纳就是所要求的 $y_{AA'}$。以该点到坐标原点的距离为半径、坐标原点为圆心画圆，沿此圆将该点顺时针方向旋转 $(4\pi d_2/\lambda)$ rad，落在 $g=1$ 的圆上的一点，该点表示不考虑支线 B 的作用时，截面 BB'处归一化的输入导纳 y_{iB}，它的实部为 1，它的虚部可用调节支线 B 的长度 l_B 所产生的电纳来抵消掉，从而使 BB'处总的归一化输入导纳 $y_{BB'}=1$，此即我们开始所说的假定已被匹配好的状态。

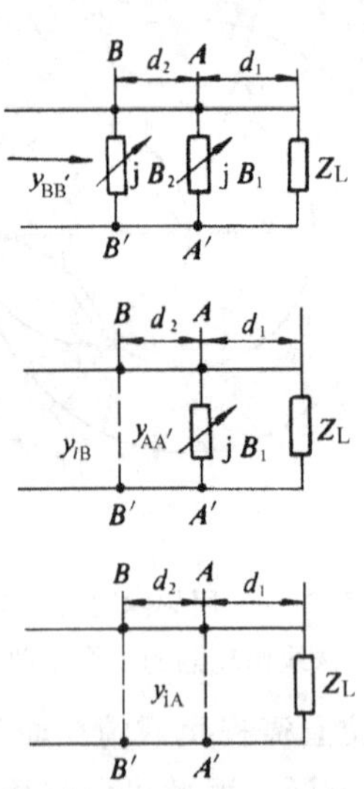

图 1.6-8 双株线调配器及其等效电路

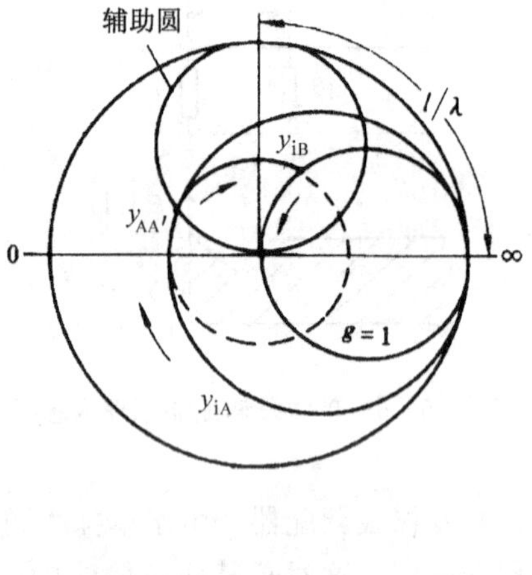

图 1.6-9 用导纳圆图说明双株线调匹器的工作原理

为加深对双株线调配器原理的理解，现在从负载端说起，再把匹配过程简要地归纳如下。首先根据负载导纳 Y_L ($Y_L=1/Z_L$)在导纳圆图上找到表示归一化负载导纳的点(在图 1.6-9 中未画出此点)，以此点到坐标原点的距离为半径，以坐标原点为圆心画圆，沿圆周将此点顺时针旋转 $(4\pi d_1/\lambda)$ rad，得到表示截面 AA'处未考虑支线 A 的作用时的归一化输入导纳 y_{iA}的点。然后，调节支线 A，使该点沿着等 g 圆(即 y_{iA}中的 g 圆)移动，直至与辅助圆相交于一点，此点即表示截面 AA'处总的归一化输入导纳 $y_{AA'}$；以此点到坐标原点的距离为半径，以坐标原点为圆心画圆，沿圆周顺时针将此点旋转 $(4\pi d_2/\lambda)$ rad，落在 $g=1$ 的圆上的一点，此点即表示截面 BB'处未考虑支线 B 的作用时的归一化输入导纳 y_{iB}。然后，调节支线 B 使它所产生的电纳与 y_{iB}中的电纳相抵消，从而使截面 BB'处总的归一化输入导纳 $y_{BB'}=1$，使传输线得到匹配。

需要指出，按上述过程求出的解，只是该问题中的一组解，实际上还可能有另一组解，这就是：当调节支线 A，使截面 AA' 处的导纳发生变化、并从 y_{iA} 点开始沿等 g 圆(见图1.6-9)向上移动时，除了与辅助圆相交的 $y_{AA'}$ 点外，若继续沿等 g 圆移动，与辅助圆还有一个交点(图中未注标号)，此点也表示截面 AA' 处总的归一化输入导纳 $y_{AA'}$；以此点到坐标原点的距离为半径、以坐标原点为圆心画圆，沿圆周顺时针方向将此点旋转 $4\pi d_2/\lambda$ rad，落在 $g=1$ 的圆上的一点，此点也表示截面 BB' 处未考虑支线 B 的作用时归一化输入导纳 y_{iB}；然后，调节支线 B 使它所产生的电纳与 y_{iB} 中的电纳相抵消，从而使截面 BB' 处总的归一化输入导纳 $y_{BB'}=1$,使传输线得到匹配。这样，就得到了该问题的第二组解。

双株线调配器的缺点是对于某些情况不能得到匹配，例如，当归一化的负载导纳经过距离 d_1 变换为截面 AA' 处的归一化输入导纳 y_{iA} 时，倘若(由于负载和距离 d_1 的原因)使 y_{iA} 落入如图1.6-10所示的画斜线的区域(盲区)内某点上，那么，无论怎样调节支线 A，使它沿着与该点对应的等 g 圆移动，都不可能与辅助圆相交。这样，在截面 BB' 处，当不考虑支线 B 的作用时，归一化的输入导纳 y_{iB} 也不可能落在 $g=1$ 的圆上，更谈不上调节支线 B 使之达到匹配。例如，当 $d_2=\lambda/8$ 时，若 y_{iA} 落入 $g>2$ 的区域内(图中画斜线区域)，或者当 $d_2=\lambda/4$ 时，落入 $g>1$ 的区域内，都不可能得到匹配。由于双株线调匹器有这种缺点，因此，一般它只适用于匹配由负载产生的驻波比较小的传输系统。为了克服双株线调配器的缺点，可以采用三株线调配器。

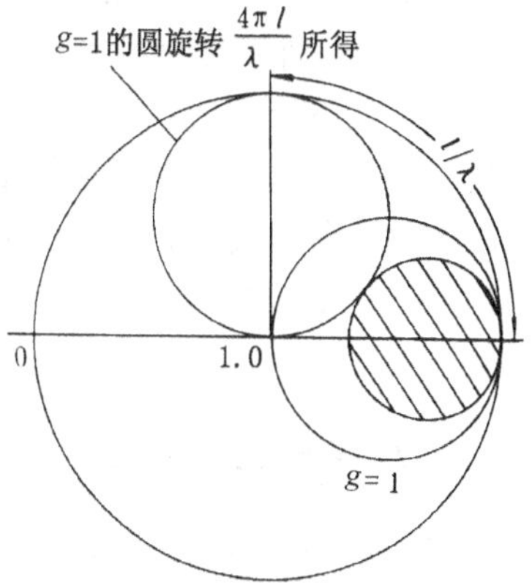

图1.6-10　双株线调配器的盲区

(3) 三株线调配器　图1.6-11是三株线调配器的原理性示意图(等效电路)。在传输线的截面 AA'、BB' 和 CC' 处各并联着短路支线 A、B 和 C，称为三株线。A 与 B 之间，以及 B 与 C 之间的距离均为 d_2，通常取 $d_2=\lambda/4$，也可取 $\lambda/8$(对于色散波型,应将 λ 改为 λ_g 一波导波长)。这种调配器实际上可看做是两组双株线调配器的组合：A 与 B 是一组；B 与 C 是另一组。现在用导纳圆图来说明它的工作原理。一个任意不匹配的负载，或者是传输线上某位置的输入阻抗，其归一化输入导纳中的电导 g 总是大于1或小于1。例如，在截面 AA' 处，当不考虑支线 A 的作用时，若其归一化输入导纳中的电导 g_{iA} 小于1，若取 $d_2=\lambda/4$，则 y_{iA} 不在盲区之内，此时可用支线 A 和 B 进行调配，而支线 C 不起作用，为了使它不对传输线产生影响，可令其长度为 $\lambda/4$；当 g_{iA} 大于1时，y_{iA} 已落在 A 和 B 两支线不能起调配作用的盲区内，此时应采用 B 和 C 两支线进行调配。因为 y_{iA} 经过 $\lambda/4$ 的距离而变换为截面 BB' 处的 y_{iB} 时(不考虑支线 B 的作用)，由于 g_{iB} 小于1，所以 y_{iB} 已不在盲区之内，显然，利用支线 B 和 C 即可调到匹配状态，而此时支线 A 则不起作用，为了使它不对传输线产生影响，可令其长度为 $\lambda/4$。同理，若取 d_2 为 $\lambda/8$ 利用三株线同样可以把传输线调到匹配状态。

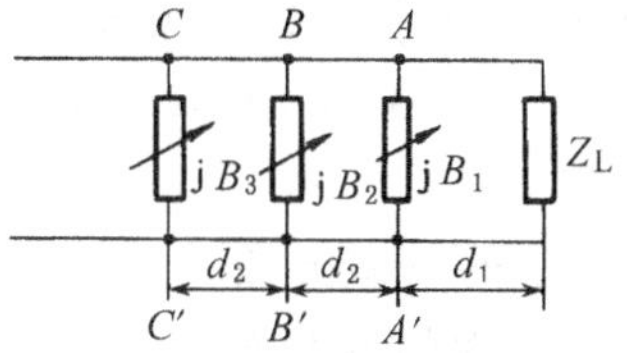

图1.6-11　三株线调配器

以上讨论的是在传输线上并联单株线、双株线和三株线调匹器的工作原理，实际上也可以在传输线上采取串联株线的方法来进行调配，或者并、串两种方法同时采用，可视具体情况和要求而定。因为串联株线的工作原理与分析方法与并联株线的工作原理和分析方法基本上是一样的，所以对于串联株线的情况就不再讨论了。

§1.7 均匀和非均匀有耗传输线

前几节讨论的是均匀无耗传输线的情况。这种传输线是在分析实际传输线的某些问题时所采用的一种理想模型，虽然符合这种理想模型的传输线实际上并不存在，但在许多实际问题中采用这种经过简化了的分析方法所得出的结果，与实际情况是很近似的。因此，前几节所讲的一些分析方法和所得出的一些结论，仍具有很大的实用价值。但是，当 $R \ll \omega L$ 和 $G \ll \omega C$ 这两个条件不能满足时，亦即传输线本身的损耗（导体损耗、介质损耗和辐射损耗）不能忽略时，就不能再把它看做无耗线，而应把它看做有耗线来加以讨论。因此，对于均匀有耗线而言，由前几节中根据理想模型导出的基本方程和某些表示式已不再适用，必须建立新的基本方程和各种表示式。虽然如此，然而仅就分析方法而言，理想模型的分析方法仍具有普遍的意义，因此本节将沿用这种方法来讨论均匀有耗传输线和渐变参数传输线的某些特性。

一、均匀有耗传输线

（一）均匀有耗传输线的基本方程和特性参数

对于均匀有耗传输线（在传输 TEM 波的情况下）仍然可以应用分布参数电路的理论来分析。图1.7-1是长度为 dz 的一小段均匀有耗传输线（用双导线表示）及其等效电路（如同在§1.2中曾指出的，对于坐标 z 的原点和正方向未作规定）。图中的 R、L、C 和 G 分别表示传输线单位长度上的电阻、电感、电容和漏电导。因为实际传输线的导体并非理想导体（电导率 $\sigma_1 \neq \infty$），因此一定有电阻 R，传输线中填充的介质也并非理想介质，也一定有漏电导 G。G 与 C 的关系是 $G=\omega C\tan\delta$，$\tan\delta$ 是介质损耗角（δ）的正切，ω 是角频率。

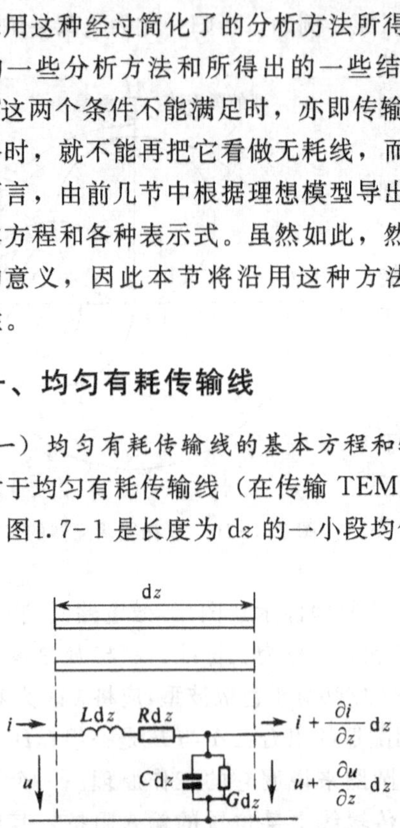

图 1.7-1　均匀有耗传输线及其等效电路

对于均匀有耗线中的一微分段 dz（d$z \ll \lambda$），利用一般的电路理论，并略去方程中出现的含 dz 平方的项，即得下面的近似方程

$$-\frac{\partial u(z,t)}{\partial z}\mathrm{d}z = L\mathrm{d}z\frac{\partial i(z,t)}{\partial t} + R\mathrm{d}z\, i(z,t)$$

$$-\frac{\partial i(z,t)}{\partial z}\mathrm{d}z = C\mathrm{d}z\frac{\partial u(z,t)}{\partial t} + G\mathrm{d}z\, u(z,t)$$

消去 dz，即得到均匀有耗传输线的基本方程

$$\frac{\partial u(z,t)}{\partial z} = -\left[L\frac{\partial i(z,t)}{\partial t} + Ri(z,t)\right] \tag{1.7-1}$$

$$\frac{\partial i(z,t)}{\partial z} = -\left[C\frac{\partial u(z,t)}{\partial t} + Gu(z,t)\right] \tag{1.7-2}$$

这两个方程的物理意义，与表示均匀无耗线的特性的方程，即式(1.2-1)和式(1.2-2)基本上

是一样的。唯一的差别是：对于有耗线而言，在引起电压降的原因中多了一项 $Ri(z,t)$，在引起电流分流的原因中多了一项 $Gu(z,t)$。式(1.7-1)和式(1.7-2)对于随时间作任何变化规律的电压 $u(z,t)$ 和电流 $i(z,t)$ 都是适用的。但是经常遇到的是，它们随时间的变化规律是具有 $e^{j\omega t}$ 形式的简谐量(余弦或正弦)，因此，这也是本节要讨论的问题。

对于随时间做简谐振荡的电压和电流，其瞬时值的表示式就是式(1.2-7)和式(1.2-8)，即

$$u(z,t) = \mathrm{Re}[U(z)e^{j\omega t}]$$
$$i(z,t) = \mathrm{Re}[I(z)e^{j\omega t}]$$

将它们代入到式(1.7-1)和式(1.7-2)中，就得到用电压和电流的复振幅 $U(z)$ 和 $I(z)$ 所表示的方程

$$\frac{dU(z)}{dz} = -(R+j\omega L)I(z) = -ZI(z) \tag{1.7-3}$$

$$\frac{dI(z)}{dz} = -(G+j\omega C)U(z) = -YU(z) \tag{1.7-4}$$

式中的 $Z=R+j\omega L$ 和 $Y=G+j\omega C$，分别称为均匀有耗传输线单位长度上的串联阻抗和并联导纳。为了便于求解，应使一个方程中只含有 $U(z)$ 或只含有 $I(z)$，为此，可将式(1.7-3)对 z 求导，并将式(1.7-4)中的 $dI(z)/dz$ 代入；同样，将式(1.7-4)对 z 求导，并将式(1.7-3)中的 $dU(z)/dz$ 代入，就得到下面的方程

$$\frac{d^2U(z)}{dz^2} - \gamma^2U(z) = 0 \tag{1.7-5}$$

$$\frac{d^2I(z)}{dz^2} - \gamma^2I(z) = 0 \tag{1.7-6}$$

式中

$$\gamma = \sqrt{(R+j\omega L)(G+j\omega C)} = \alpha + j\beta \tag{1.7-7}$$

γ 称为传播常数；α 称为衰减常数，它表示传输线单位长度上波的幅值的衰减量，单位为 Np/m(奈培/米)或 dB/m(分贝/米)；β 表示相移常数，它表示传输线单位长度上波的相位的变化量，单位为 rad/m(弧度/米)。式(1.7-5)的通解为

$$U(z) = Ae^{-\gamma z} + Be^{\gamma z} \tag{1.7-8}$$

或写为

$$U(z) = Ae^{-\alpha z}e^{-j\beta z} + Be^{\alpha z}e^{j\beta z} \tag{1.7-9}$$

将式(1.7-8)代入式(1.7-3)中，即可求出 $I(z)$ 的通解为

$$I(z) = \frac{\gamma}{R+j\omega L}(Ae^{-\gamma z} - Be^{\gamma z}) \tag{1.7-10}$$

或

$$I(z) = \frac{1}{Z_c}(Ae^{-\gamma z} - Be^{\gamma z}) = \frac{1}{Z_c}(Ae^{-\alpha z}e^{-j\beta z} - Be^{\alpha z}e^{j\beta z}) \tag{1.7-11}$$

式中

$$Z_c = \sqrt{\frac{R+j\omega L}{G+j\omega C}} \tag{1.7-12}$$

称为均匀有耗传输线的特性阻抗，它是一个复数。以上各式中的 A 和 B 是待定的常数，取决于传输线始端或终端处的边界条件。这两个常数一般为复数，设 $A=|A|e^{j\phi_1}$，$B=|B|e^{j\phi_2}$，

则传输线上任意位置电压瞬时值的表示式为

$$u(z,t) = \mathrm{Re}[U(z)\mathrm{e}^{\mathrm{j}\omega t}] = \mathrm{Re}[A\mathrm{e}^{-\alpha z}\mathrm{e}^{\mathrm{j}(\omega t-\beta z)} + B\mathrm{e}^{\alpha z}\mathrm{e}^{\mathrm{j}(\omega t+\beta z)}]$$
$$= |A|\mathrm{e}^{-\alpha z}\cos(\omega t+\psi_1-\beta z) + |B|\mathrm{e}^{\alpha z}\cos(\omega t+\psi_2+\beta z) \quad (1.7-13)$$

设 $Z_c = |Z_c|\mathrm{e}^{\mathrm{j}\psi_3}$，则传输线上任意位置电流瞬时值的表示式为

$$i(z,t) = \mathrm{Re}[I(z)\mathrm{e}^{\mathrm{j}\omega t}] = \frac{1}{Z_c}\mathrm{Re}[A\mathrm{e}^{-\alpha z}\mathrm{e}^{\mathrm{j}(\omega t-\beta z)} - B\mathrm{e}^{\alpha z}\mathrm{e}^{\mathrm{j}(\omega t+\beta z)}]$$
$$= \frac{1}{|Z_c|}[|A|\mathrm{e}^{-\alpha z}\cos(\omega t+\psi_1-\psi_3-\beta z) - |B|\mathrm{e}^{\alpha z}\cos(\omega t+\psi_2-\psi_3+\beta z)]$$
$$(1.7-14)$$

在式(1.7-13)和式(1.7-14)中都含有朝相反方向传播的电压波和电流波，如图1.7-2 所示(坐标 z 未规定原点,只规定了正方向)。式中的第一项表示朝正 z 方向传播的波，它的幅值随着 z 的增加而按指数规律减小，相位连续地滞后；式中的第二项表示朝负 z 方向传播的波，它的幅值随着 z 的增加而按指数规律增大，或者说沿负 z 方向按指数规律减小，其相位则随着 z 的增加而连续地超前。由此可见，在一般情况下，传输线任意位置的电压或电流是由上述的朝相反方向传播的两个波相叠加而成的。

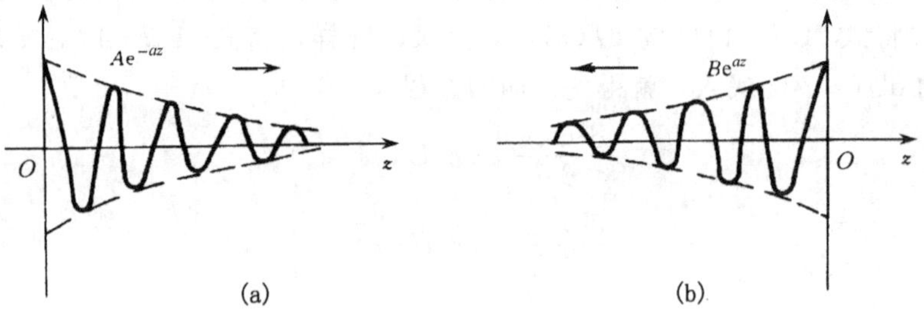

图 1.7-2 均匀有耗传输线上的波

(a) 朝正 z 方向传播的波；(b) 朝负 z 方向传播的波

根据在§1.2中曾讲过的相速的定义，即可求出均匀有耗传输线中电压波和电流波的相速 v_p。对于朝正 z 方向传播的波，其等相位面为

$$(\omega t+\psi_1-\beta z) \text{ 或 } (\omega t+\psi_1-\psi_3-\beta z) = \text{常数}$$

对时间 t 求导，即

$$\frac{\mathrm{d}}{\mathrm{d}t}(\omega t+\psi_1-\beta z) = 0$$

则得相速 v_p 为

$$v_p = \frac{\mathrm{d}z}{\mathrm{d}t} = \frac{\omega}{\beta} \quad (1.7-15)$$

对于朝负 z 方向传播的波，其等相位面为

$$(\omega t+\psi_2+\beta z) \text{ 或 } (\omega t+\psi_2-\psi_3+\beta z) = \text{常数}$$

对时间 t 求导，即

$$\frac{\mathrm{d}}{\mathrm{d}t}(\omega t+\psi_2+\beta z) = 0$$

则得相速 v_p 为

$$v_p = -\frac{\omega}{\beta} \tag{1.7-16}$$

式中的负号表示波是朝负 z 方向传播的。

根据式(1.7-7)即可得到 α 和 β 的表示式为

$$\alpha = \sqrt{\frac{1}{2}\left[(RG-\omega^2 LC)+\sqrt{(R^2+\omega^2L^2)(G^2+\omega^2C^2)}\right]} \tag{1.7-17}$$

$$\beta = \sqrt{\frac{1}{2}\left[(\omega^2 LC-RG)+\sqrt{(R^2+\omega^2L^2)(G^2+\omega^2C^2)}\right]} \tag{1.7-18}$$

由于 β 与 ω 不是成一次方的关系，因此在均匀有耗线中相速 v_p 是随频率而变化的(即具有色散特性)。这一点与均匀无耗线是不相同的，对于均匀无耗线，如式(1.2-18)所示，相速 v_p 只与介质的 μ 和 ε 有关，而与频率无关。严格地讲，介质的 μ 和 ε 也是随频率而变化的，但是当频率不甚高时，则可近似地认为它们与频率无关。在微波范围内，若选取良导体制作传输线，并选取介质损耗小和绝缘性能较好的材料作为填充介质，则可以认为 $\omega L \gg R$ 和 $\omega C \gg G$。这样，式(1.7-7)的 γ 可简化为

$$\begin{aligned}\gamma &= \mathrm{j}\omega\sqrt{LC}\left(1-\mathrm{j}\frac{R}{\omega L}\right)^{1/2}\left(1-\mathrm{j}\frac{G}{\omega C}\right)^{1/2}\\ &\approx \mathrm{j}\omega\sqrt{LC}\left(1-\mathrm{j}\frac{R}{2\omega L}\right)\left(1-\mathrm{j}\frac{G}{2\omega C}\right)\\ &\approx \frac{R}{2}\sqrt{\frac{C}{L}}+\frac{G}{2}\sqrt{\frac{L}{C}}+\mathrm{j}\omega\sqrt{LC}=\alpha+\mathrm{j}\beta\end{aligned} \tag{1.7-19}$$

即

$$\alpha \approx \frac{R}{2}\sqrt{\frac{C}{L}}+\frac{G}{2}\sqrt{\frac{L}{C}}=\alpha_c+\alpha_d \tag{1.7-20}$$

$$\beta \approx \omega\sqrt{LC} \tag{1.7-21}$$

式中的 α_c 和 α_d 分别为导体的衰减常数和介质的衰减常数。另外，在上述条件下，式(1.7-12)的 Z_c 则可简化为

$$Z_c \approx \sqrt{\frac{L}{C}}\left[1-\mathrm{j}\left(\frac{R}{2\omega L}-\frac{G}{2\omega C}\right)\right] \tag{1.7-22}$$

若再作进一步的近似，则

$$Z_c \approx \sqrt{\frac{L}{C}} \tag{1.7-23}$$

从以上的分析可知，对于均匀有耗线而言，若损耗较小，那么，它的衰减常数需要按式(1.7-20)计算，而它的相移常数和特性阻抗，则可认为与均匀无耗线的相移常数和特性阻抗近似相等。这样，既简化了计算，又能满足一定的精度要求。在利用上面的公式计算 α、β 和 Z_c 时，其中的 L 和 C，正如在 § 1.2中讨论均匀无耗线时曾指出的那样，仍可采用在静态场的情况下所导出的计算公式。但是，在计算电阻 R 时，则必须考虑到趋肤效应的影响。

在前面曾指出过：在讨论均匀有耗线的过程中，都是按照线上传输纯 TEM 波型来进行的；而实际上，由于导体的电导率 σ_1 不可能是无限大的，这就必然存在着由导体表面上的纵向(z 方向)电流而产生的纵向电场，因此均匀有耗线上不可能存在纯 TEM 波型；而且，

严格地讲，L 和 C 也不能采用在静态场的情况下所导出的计算公式。但是，由于实际使用的均匀有耗线都是采用良导体制作的，因此，电场的纵向分量要比横向分量小得多，可以忽略。这就是说，前面所导出的计算公式和结论，对于实际的传输线而言，是完全适用的。

在式(1.7-8)和式(1.7-11)中均含有待定的常数 A 和 B。如同讨论均匀无耗线时的情况一样，可以分三种情况来确定 A 和 B：已知信号源的电动势 E_g、内阻抗 Z_g 和终端负载 Z_L；已知传输线始端的电压 U_0 和电流 I_0；已知传输线终端负载上的电压 U_L 和电流 I_L。确定这些常数的具体步骤，与讨论均匀无耗线时的情况相类似，在这里，对于前两种情况就不讨论了，只讨论第三种情况。

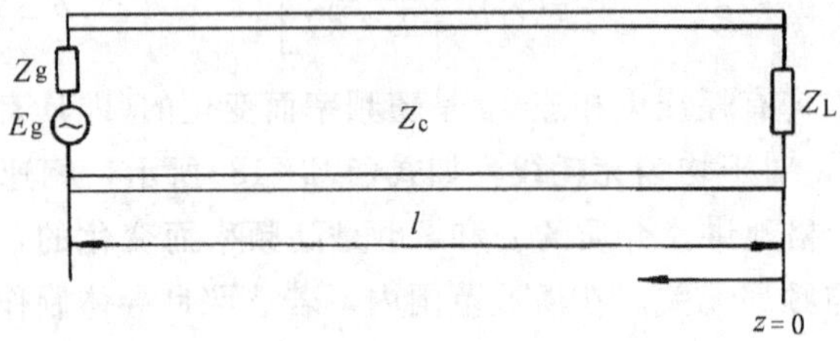

图 1.7-3　接有任意负载的均匀有耗传输线

因为已知的是终端负载上的电压 U_L 和电流 I_L（相当于已知终端负载 Z_L），所以把坐标原点($z=0$)取在终端负载处对于求解是方便的，如图1.7-3 所示。这样，就可以把式(1.7-8)和式(1.7-11)改写为

$$U(z)=Ae^{\gamma z}+Be^{-\gamma z} \tag{1.7-24}$$

$$I(z)=\frac{1}{Z_c}(Ae^{\gamma z}-Be^{-\gamma z}) \tag{1.7-25}$$

式中，第一项表示从信号源朝负载方向传播的波，对于终端负载而言，称为入射波；第二项表示从负载朝信号源方向传播的波，相对于入射波而言，称为反射波。在终端负载($z=0$)上的电压 $U(0)=U_L$，电流 $I(0)=I_L$，根据上式则有

$$U_L=A+B$$

$$I_L=\frac{1}{Z_c}(A-B)$$

由此得

$$A=\frac{U_L+I_LZ_c}{2}$$

$$B=\frac{U_L-I_LZ_c}{2}$$

将 A 和 B 代入式(1.7-24)和式(1.7-25)中，得

$$U(z)=\left(\frac{U_L+I_LZ_c}{2}\right)e^{\gamma z}+\left(\frac{U_L-I_LZ_c}{2}\right)e^{-\gamma z} \tag{1.7-26}$$

$$I(z)=\left(\frac{I_L+U_L/Z_c}{2}\right)e^{\gamma z}+\left(\frac{I_L-U_L/Z_c}{2}\right)e^{-\gamma z} \tag{1.7-27}$$

或写为双曲函数的形式

$$U(z)=U_L\mathrm{ch}\gamma z+I_LZ_c\mathrm{sh}\gamma z \tag{1.7-28}$$

$$I(z)=\frac{U_L}{Z_c}\mathrm{sh}\gamma z+I_L\mathrm{ch}\gamma z \tag{1.7-29}$$

这样，就得到了均匀有耗传输线输入阻抗 $Z_{in}(z)$的表示式

$$Z_{in}(z)=\frac{U(z)}{I(z)}=Z_c\frac{Z_L\mathrm{ch}\gamma z+Z_c\mathrm{sh}\gamma z}{Z_c\mathrm{ch}\gamma z+Z_L\mathrm{sh}\gamma z}$$

$$= Z_c \frac{Z_L + Z_c \text{th}\gamma z}{Z_c + Z_L \text{th}\gamma z} \tag{1.7-30}$$

式中，$Z_L = U_L/I_L$ 为终端负载阻抗。对于均匀无耗线而言，$\alpha=0$，$\gamma=j\beta$，则上式就变为式(1.3-43)，而且

$$Z_c = \sqrt{\frac{R+j\omega L}{G+j\omega C}} = \sqrt{\frac{L}{C}}$$

可见，均匀无耗线是均匀有耗线的一个特例。

关于均匀有耗线的其他特性参数，如反射系数、驻波比和行波系数等的含义，以及这些参数之间的相互关系，与均匀无耗线的情况相类似。但应注意的是，在均匀有耗线上朝相反方向传播的波，其幅值都沿着各自的传播方向按指数规律衰减。因此，这些特性参数随 z 的变化规律和具体的表示式也与均匀无耗线的情况有所不同，例如，反射系数的模和驻波比已不再是保持不变的常数，而是随着距离 z 变化。例如，反射系数模的变化规律为 $|\Gamma(z)| = |\Gamma_l| e^{-2\alpha z}$，$\Gamma_l$ 为终端负载处的反射系数，根据式(1.3—40)，驻波比的变化规律也就知道了。当传输线的损耗较大时，就无法确定一个能描述传输线整体状况的驻波比，因此，一般地也不再采用驻波比这一术语；再如，电压和电流的幅值沿传输线的分布，虽然也有各自的腹点和节点，但是无论是电压，还是电流，所有腹点处的值都各不相同，所有节点处的值也各不相同，腹点处与节点处之间的距离近似为 $\lambda/4$(或 $\lambda_g/4$)，但并非恰好是这个数；电压腹点与电流节点的位置，以及电压节点与电流腹点的位置基本上是一致的，但并非完全一致。除以上所述之外，均匀有耗线与均匀无耗线之间尚有其他一些异同点，这里就不再讨论了。

（二）均匀有耗传输线的效率

在一般情况下，终端负载与传输线不是完全匹配的，因此传输线输送到负载的功率，除了有一部分被吸收外，剩下的部分功率将从负载被反射回去；而且，传输线本身也要损耗一部分功率。考虑了这些因素之后，传输线的效率 η 可定义为：终端负载吸收的功率 P_L 与传输线始端的输入功率 P_{in} 之比，即

$$\eta = \frac{P_L}{P_{in}} \tag{1.7-31}$$

为了便于求出 η，可以把式(1.7-26)的电压 $U(z)$ 和式(1.7-27)的电流 $I(z)$ 写为下列形式

$$\begin{aligned} U(z) &= U^+(z) + U^-(z) = U^+(z)\left[1 + \frac{U^-(z)}{U^+(z)}\right] = U^+(z)[1+\Gamma(z)] \\ &= U^+(0)e^{\gamma z}[1 + |\Gamma(0)| e^{j\psi_{\Gamma_0}} e^{-2\gamma z}] \\ &= U^+(0)e^{(\alpha+j\beta)z}[1 + |\Gamma(0)| e^{j\psi_{\Gamma_0}} e^{-2(\alpha+j\beta)z}] \\ &= U^+(0)[e^{(\alpha+j\beta)z} + |\Gamma(0)| e^{j\psi_{\Gamma_0}} e^{-(\alpha+j\beta)z}] \end{aligned} \tag{1.7-32}$$

$$\begin{aligned} I(z) &= I^+(z) + I^-(z) = I^+(z)\left[1 + \frac{I^-(z)}{I^+(z)}\right] = I^+(z)[1-\Gamma(z)] \\ &= I^+(0)e^{\gamma z}[1 - |\Gamma(0)| e^{j\psi_{\Gamma_0}} e^{-2\gamma z}] \\ &= I^+(0)e^{(\alpha+j\beta)z}[1 - |\Gamma(0)| e^{j\psi_{\Gamma_0}} e^{-2(\alpha+j\beta)z}] \\ &= I^+(0)[e^{(\alpha+j\beta)z} - |\Gamma(0)| e^{j\psi_{\Gamma_0}} e^{-(\alpha+j\beta)z}] \end{aligned} \tag{1.7-33}$$

式中，$|\Gamma(0)| e^{j\psi_{\Gamma_0}}$ 为终端负载处的反射系数，而

$$U^+(0) = \frac{U_L + I_L Z_c}{2} \quad 和 \quad I^+(0) = \frac{I_L + U_L/Z_c}{2}$$

则分别为终端负载处的入射波电压和入射波电流，而且$U^+(0)/I^+(0)=Z_c$，Z_c为特性阻抗。为了简化计算，设Z_c为实数，在这个条件下，传输线上任意位置的传输功率$P(z)$为

$$P(z)=\frac{1}{2}\mathrm{Re}[U(z)I^*(z)]$$

$$=\frac{1}{2}|I^+(0)|^2 Z_c[\mathrm{e}^{2\alpha z}-|\Gamma(0)|^2\mathrm{e}^{-2\alpha z}] \quad (1.7-34)$$

传输线始端的输入功率P_{in}为

$$P_{in}=\frac{1}{2}|I^+(0)|^2 Z_c[\mathrm{e}^{2\alpha l}-|\Gamma(0)|^2\mathrm{e}^{-2\alpha l}] \quad (1.7-35)$$

式中的l为传输线的长度。终端负载吸收的功率P_L为

$$P_L=\frac{1}{2}|I^+(0)|^2 Z_c[1-|\Gamma(0)|^2] \quad (1.7-36)$$

传输线的效率η为

$$\eta=\frac{P_L}{P_{in}}=\frac{1-|\Gamma(0)|^2}{\mathrm{e}^{2\alpha l}-|\Gamma(0)|^2\mathrm{e}^{-2\alpha l}} \quad (1.7-37)$$

可见，当α和l给定后，若反射波愈强，则η就愈低。若用$s(0)$表示终端负载处的驻波比，则

$$|\Gamma(0)|=\frac{s(0)-1}{s(0)+1} \quad (1.7-38)$$

利用关系式

$$\mathrm{ch}\alpha l=\frac{1}{2}(\mathrm{e}^{\alpha l}+\mathrm{e}^{-\alpha l})$$

$$\mathrm{sh}\alpha l=\frac{1}{2}(\mathrm{e}^{\alpha l}-\mathrm{e}^{-\alpha l})$$

经计算和简化，得

$$\eta=\frac{1}{\mathrm{ch}\,2\alpha l+\frac{1}{2}\left[s(0)+\frac{1}{s(0)}\right]\mathrm{sh}\,2\alpha l} \quad (1.7-39)$$

若实际应用的传输线的衰减常数很小，而且$2\alpha l\ll 1$，则$\mathrm{sh}\,2\alpha l\approx 2\alpha l$，$\mathrm{ch}\,2\alpha l\approx 1$，于是$\eta$可近似为

$$\eta=\frac{1}{1+\left[s(0)+\frac{1}{s(0)}\right]\alpha l}=\frac{1-\left[s(0)+\frac{1}{s(0)}\right]\alpha l}{1-\left\{\left[s(0)+\frac{1}{s(0)}\right]\alpha l\right\}^2}$$

$$\approx 1-\left[s(0)+\frac{1}{s(0)}\right]\alpha l \quad (1.7-40)$$

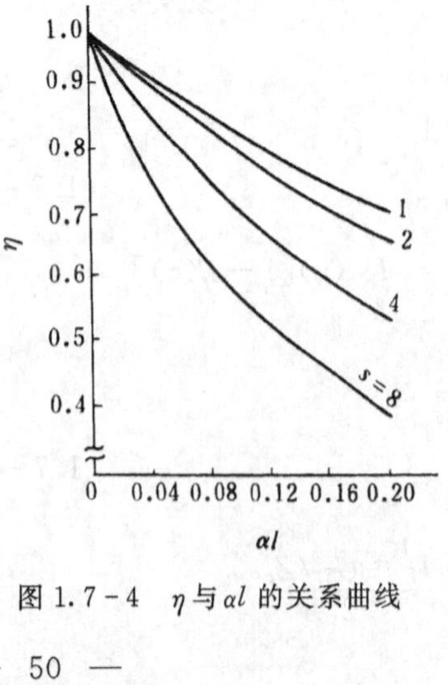

图 1.7-4　η与αl的关系曲线

图1.7-4是根据该式绘制的η与αl的关系曲线。由图可知：若$s(0)$愈接近于1，则η也就愈高；若αl愈大，则$s(0)$的变化对η所产生的影响也愈大；当αl小于0.04和$s(0)$小于2时，η就与全匹配时的效率相差很少。

下面举一个计算同轴线的衰减常数的例子。在高频

的情况下，金属的表面电阻率 R_s 为

$$R_s = \frac{1}{\sigma_1 \delta} = \frac{1}{\sigma_1}\sqrt{\frac{\omega\mu_1\sigma_1}{2}} = \sqrt{\frac{\pi f \mu_1}{\sigma_1}} \tag{1.7-41}$$

式中，μ_1 和 σ_1 分别为导体的磁导率和电导率；ω 为角频率；f 为频率；δ 为电流的趋肤深度。δ 的表示式为

$$\delta = \sqrt{\frac{2}{\omega\mu_1\sigma_1}} \tag{1.7-42}$$

对于半径为 r 的圆柱形导体，它单位长度上的电阻为

$$R = \frac{R_s}{2\pi r} = \frac{1}{2\pi r}\sqrt{\frac{\pi f \mu_1}{\sigma_1}} \tag{1.7-43}$$

由此式可知，同轴线单位长度上的电阻 R 为

$$R = \frac{1}{2\pi}\left(\frac{1}{a} + \frac{1}{b}\right)\sqrt{\frac{\pi f \mu_1}{\sigma_1}} \tag{1.7-44}$$

式中的 a 和 b 分别为同轴线内导体的外半径和外导体的内半径。设同轴线内的填充介质为空气，它的漏电导 G 很小，即 α_d 很小，可以忽略，则式(1.7-20)变为

$$\alpha \approx \alpha_c = \frac{R}{2}\sqrt{\frac{C}{L}} = \frac{R}{2Z_c} \tag{1.7-45}$$

将式(1.7-44)和表示同轴线特性阻抗 Z_c 的式(1.2-26)代入到式(1.7-45)中，得

$$\alpha \approx \alpha_c = \frac{\sqrt{\frac{\pi f \mu_1}{\sigma_1}}\left(\frac{1}{a} + \frac{1}{b}\right)}{240\pi \ln \frac{b}{a}} \tag{1.7-46}$$

二、非均匀有耗传输线

在阻抗匹配中经常遇到的非均匀有耗传输线是渐变参数的传输线，如图1.7-5所示(坐标 z 未规定原点，只规定了正方向)。本节仅讨论这种传输线的基本分析方法。

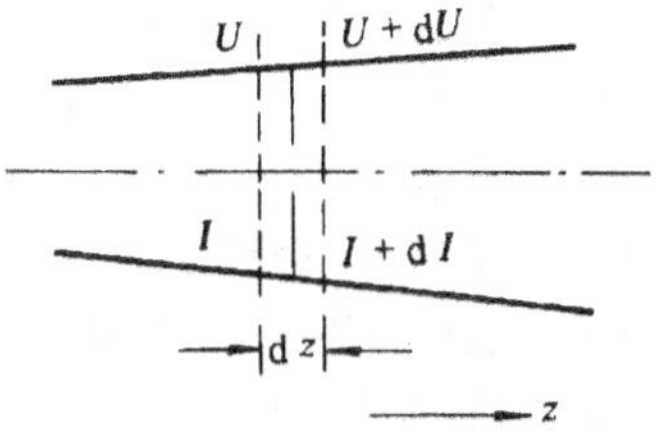

图 1.7-5　渐变参数传输线示意图

渐变参数传输线横截面的结构参数(形状、尺寸、填充介质)沿轴向(z)是逐渐变化的，即是说，表示传输线特征的电参数不再是常数，而是坐标 z 的连续函数。利用式(1.7-3)和式(1.7-4)，对于渐变线上任意位置的电压复振幅 $U(z)$ 和电流复振幅 $I(z)$ 可得下列方程

$$\frac{dU(z)}{dz} = -Z(z)I(z) \tag{1.7-47}$$

$$\frac{dI(z)}{dz} = -Y(z)U(z) \tag{1.7-48}$$

式中的 $Z(z)$ 和 $Y(z)$ 分别为线上 z 处单位长度的串联阻抗和并联导纳，它们都是 z 的函数

$$Z(z) = R(z) + j\omega L(z) \tag{1.7-49}$$

$$Y(z) = G(z) + j\omega C(z) \tag{1.7-50}$$

式中的 $R(z)$、$G(z)$、$L(z)$ 和 $C(z)$，分别为线上 z 处单位长度的分布电阻、分布电导、分

布电感和分布电容。对于无耗线，$R(z)=0$，$G(z)=0$。渐变线的特性阻抗 $Z_c(z)$ 和传播常数 $\gamma(z)$ 分别为

$$Z_c(z)=\sqrt{\frac{Z(z)}{Y(z)}} \tag{1.7-51}$$

$$\gamma(z)=\sqrt{Z(z)Y(z)} \tag{1.7-52}$$

将式(1.7-47)和式(1.7-48)对 z 求导，再经简单运算，即可得到下列方程

$$\frac{\mathrm{d}^2U(z)}{\mathrm{d}z^2}-\frac{\mathrm{d}}{\mathrm{d}z}[\ln Z(z)]\frac{\mathrm{d}U(z)}{\mathrm{d}z}-\gamma^2(z)U(z)=0 \tag{1.7-53}$$

$$\frac{\mathrm{d}^2I(z)}{\mathrm{d}z^2}-\frac{\mathrm{d}}{\mathrm{d}z}[\ln Y(z)]\frac{\mathrm{d}I(z)}{\mathrm{d}z}-\gamma^2(z)I(z)=0 \tag{1.7-54}$$

对于这两个方程，若已知 $Z(z)$ 和 $Y(z)$ 的具体表示式，以及渐变传输线的边界条件，就可以解出 $U(z)$ 和 $I(z)$。这两个方程可以看做是描述任意一种形式传输线上的电压 $U(z)$ 和电流 $I(z)$ 的微分方程。例如，对于均匀有耗线，式(1.7-53)和式(1.7-54)就变为式(1.7-5)和式(1.7-6)；显然，对于均匀无耗线就变为式(1.2-9)和式(1.2-10)。

习　　题

（注：对于均匀有耗线，题中均明确指出，凡未指出的，都属于均匀无耗线）

1-1　传输线理论包括哪些内容，其中反映各种具体传输线共性的最基本的部分是什么？

1-2　试述分布参数的概念，并用它来推导出传输线上电压波的基本方程。

1-3　什么是传输线的特性阻抗，它与哪些因素有关？

1-4　什么是行波，它的特点是什么，在什么情况下会得到行波？什么是纯驻波，它有什么特点，在什么情况下会产生纯驻波？

1-5　在某时刻观察无耗传输线沿线各点电压的瞬时值皆为零，而在另一时刻沿线各点电流的瞬时值皆为零。问：线上反射系数的模是多少？驻波比是多少？

1-6　传输线的终端负载等于特性阻抗 Z_c，线上某处的电压 $U(z)=100\ \underline{/30^\circ}$，试写出该处以及与该处相距分别为 $\lambda/8$(向信号源方向)和 $\lambda/4$(向负载方向)等处电压瞬时值的表示式。

1-7　传输线的总长为 $5\lambda/8$，终端开路，信号源内阻等于特性阻抗。始端的电压为 $150\ \underline{/45^\circ}$，试写出始端以及与始端相距分别为 $\lambda/8$ 和 $\lambda/2$ 等处电压瞬时值的表示式。

1-8　传输线的特性阻抗为 Z_c，行波系数为 K，终端负载为 Z_L，第一个电压最小点距终端的距离为 z_{min}。试求 Z_L 的表示式。

1-9　试求图 1-1 中传输线输入端(AA')的等效阻抗和输入端反射系数的模。

1-10　设 Z_{is} 为传输线终端短路时的输入阻抗，Z_{io} 为终端开路时的输入阻抗，Z_c 为线的特性阻抗。试证

$$Z_c=\sqrt{Z_{is}Z_{io}}$$

1-11　一无耗传输线，当终端分别接有大于、小于和等于特性阻抗的纯电阻性负载时，以及终端分别为短路、开路和接有任意纯电抗性负载时，试求终端反射系数的模和相角、线上反射系数的模和驻波比等量的数值或变化范围各是什么？

1-12　如图 1-2 所示，主线和支线的特性阻抗均为 50 Ω，信号源电压的幅值 $E_g=100$ V，内阻 $R_g=50\ \Omega$，$R_1=20\ \Omega$，$R_2=30\ \Omega$，试求出 AA'、BB'、CC' 和 DD' 截面处的电压和电流的幅值，画出主线(AA' 到 DD')上电压和电流幅值的分布图，求出 R_2 吸收的功率。

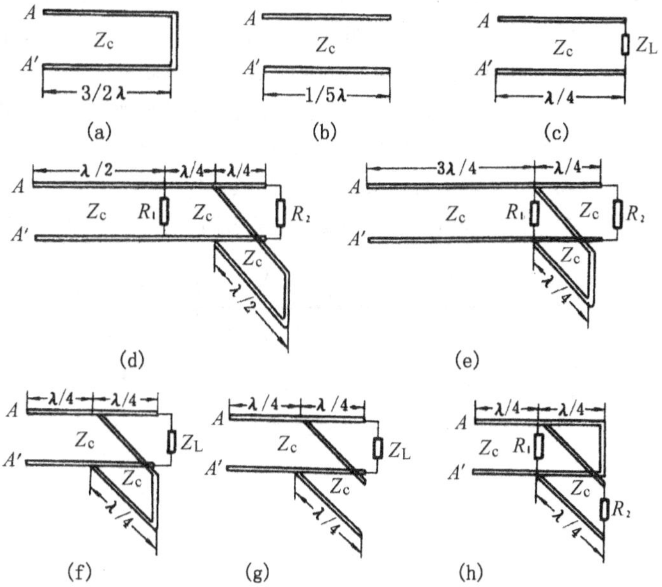

图 1－1　习题 1－9 用图

1－13　如图 1－3 所示，主线上各段的特性阻抗分别为$Z_c=50\ \Omega$，$Z_{c1}=80\ \Omega$，$Z_{c2}=70\ \Omega$，支线的特性阻抗 $Z_c=50\ \Omega$，负载 $Z_L=100\ \Omega$，试求 AA'、BB'和CC'处的输入阻抗，画出主线上各段和支线上的电压和电流幅值的分布图。

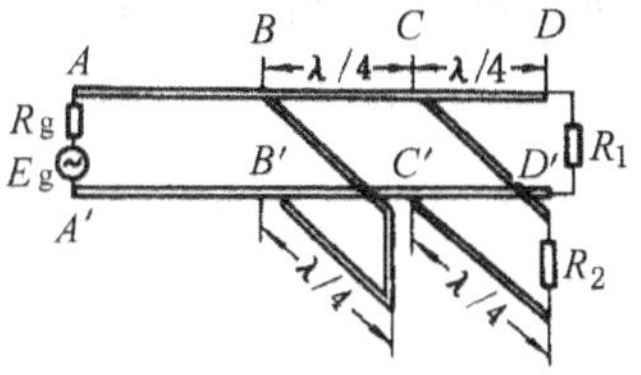

图 1－2　习题 1－12 用图

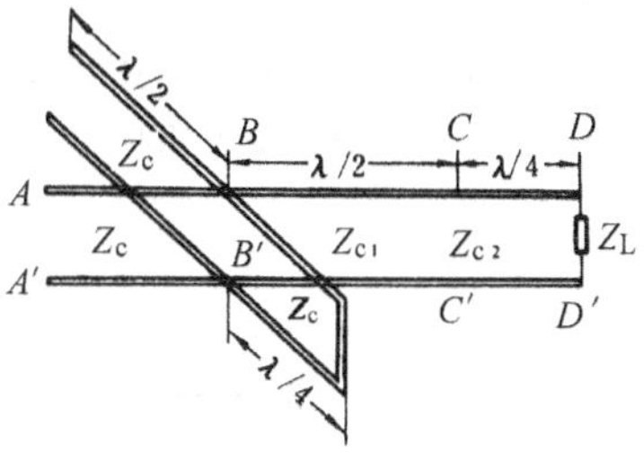

图 1－3　习题 1－13 用图

1－14　如图 1－4 所示，主线和支线的特性阻抗均为 Z_c，信号源电压的幅值为 E_g，内阻 $R_g=Z_c$，$R_1=\dfrac{2}{3}Z_c$，$R_2=\dfrac{1}{3}Z_c$，试画出主线和支线上电压和电流幅值的分布图。

1－15　如图 1－5 所示，主线和支线的特性阻抗均为 Z_c，若欲使主线为行波状态，Z_L 和支线的长度 l 应取何值？

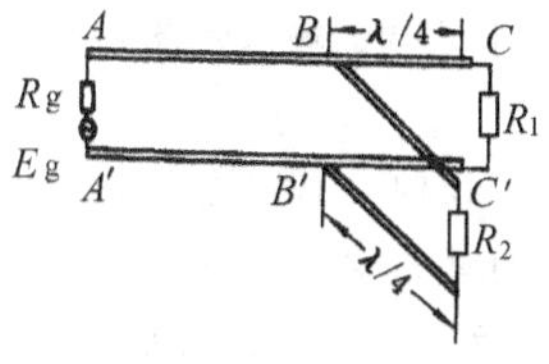

图 1－4　习题 1－14 用图

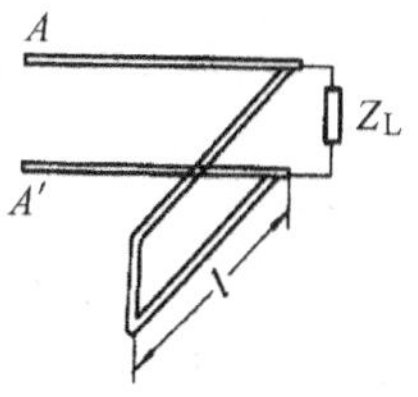

图 1－5　习题 1－15 用图

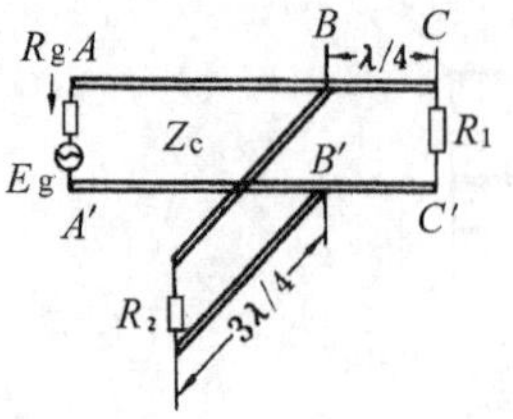

图1-6　习题1-16用图

1-16　如图1-6所示，主线和支线的特性阻抗均为50 Ω，信号源电压的幅值$E_g=100$ V，内阻$R_g=50$ Ω，$R_1=15$ Ω，$R_2=35$ Ω，试画出主线上电压和电流幅值的分布图，并求出R_1吸收的功率。

1-17　如图1-7所示，信号源电压的幅值$E_g=300$ V，内阻$R_g=100$ Ω，主线各段的特性阻抗分别为$Z_{c1}=50$ Ω，$Z_{c2}=100$ Ω，$Z_{c1}=50$ Ω，负载$R_1=15$ Ω；支线的特性阻抗$Z_{c1}=50$ Ω，负载$R_2=35$ Ω。试画出主线和支线上电压和电流的幅值沿主线和支线的分布图，求出R_1和R_2吸收的功率。

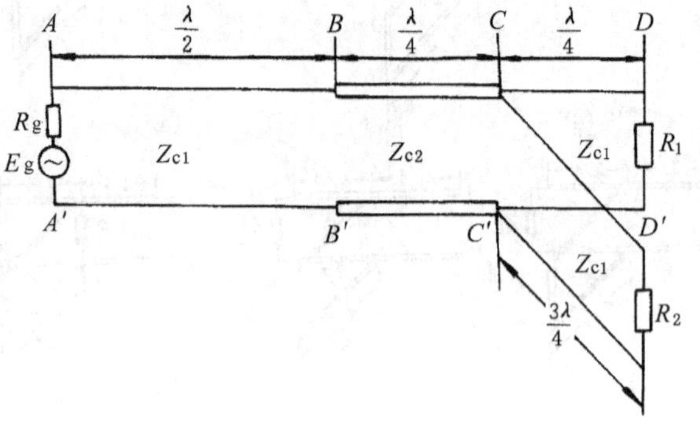

图1-7　习题1-17用图

1-18　如图1-8所示的传输线(填充介质为空气)，各段的特性阻抗分别为Z_{c1}(待求)，$Z_{c2}=100$ Ω，$Z_{c3}=200$ Ω，$l=\lambda/8$，并联电纳$\mathrm{j}B=-\mathrm{j}\,0.006$ S。试求：(1) AA'右侧线上的驻波比；(2) 已知AA'左侧相邻的两个电压最小点距AA'分别为20 cm和25 cm，试求信号源的频率；(3) 已知AA'左侧线上的驻波比为2，试求Z_{c1}；(4) 在AA'左侧，为达到与特性阻抗为Z_{c1}的传输线相匹配，若采用λ/4阻抗变换器，试求变换器的接入位置和变换器的特性阻抗。

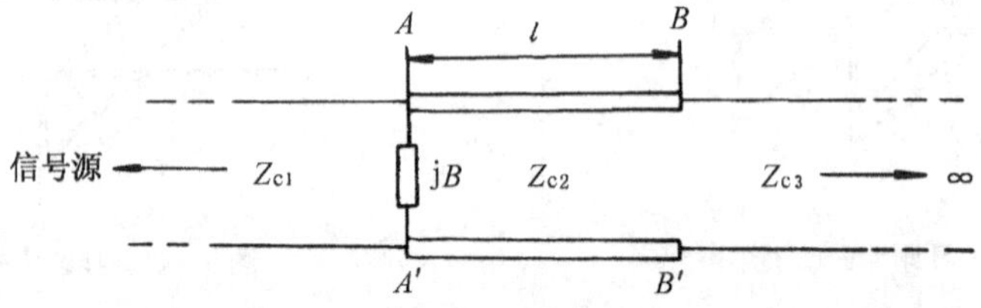

图1-8　习题1-18用图

1-19　一个长2 m的同轴线，工作波长$\lambda=1$ m，外导体的内半径b与内导体的外半径a之比为2.3，终端负载$Z_L=50$ Ω，在距终端0.4 m处的内外导体之间全填充一段长0.125 m(向信号源方向延伸0.125 m)的介质($\varepsilon_r=4$，$\mu_r=1$)，其余部分为空气填充，若不计高次模的影响，试求各段的驻波比和电压反射系数，画出沿线电压幅值的分布图(设信号源电压的幅值为E_g，内阻$R_g=50$ Ω)。

1-20　传输线的特性阻抗为50 Ω，终端负载为(−j75 Ω)，若要求始端的输入阻抗分别为无穷大和零，试求线的最短长度。

1-21　在传输线始端并联一电抗性元件，当信号源频率为200 MHz时，其容抗为500 Ω，问：若将线的终端短路，线长l等于多少才能得到并联谐振的性质（传输线的特性阻抗$Z_c=50$ Ω)？

1-22　设传输线终端负载处的反射系数分别为$0.5\underline{/45^\circ}$、$0.35\underline{/30^\circ}$和$1.0\underline{/0^\circ}$，试求归一化的负载阻抗。

1-23　利用圆图作下列习题。Z_c 为特性阻抗，Z_L 为负载阻抗，Y_L 为负载导纳，Z_{in} 为输入阻抗，Y_{in} 为输入导纳，l 为传输线的长度，λ 为工作波长。传输线均匀、无损耗。

(1) $Z_c=50\ \Omega$，$Z_L=(100+j75)\ \Omega$，求终端反射系数。

(2) $Z_c=50\ \Omega$，$Z_L=(100-j50)\ \Omega$，求驻波比。

(3) $Z_c=70\ \Omega$，$Z_L=(10-j20)\ \Omega$，$l=0.5\lambda$，求 Z_{in}。

(4) $Z_c=50\ \Omega$，$Z_L=(50-j100)\ \Omega$，$l=0.2\lambda$，求 Z_{in}。

(5) $Z_c=50\ \Omega$，$Z_L=(30-j10)\ \Omega$，求距终端$\frac{1}{3}\lambda$ 处的 Z_{in}。

(6) $Z_c=100\ \Omega$，$Z_L=(80+j100)\ \Omega$，$Z_{in}=(90-j109)\ \Omega$，$\lambda=10$ m，求 l。

(7) $Z_L=(20+j40)\ \Omega$，求 Y_L，$Z_c=100\ \Omega$。

(8) $Y_L=0$，$Y_{in}=j\,0.15$，求 l/λ，$Z_c=50\ \Omega$。

(9) $Z_c=50\ \Omega$，$Z_{in}=(30-j60)\ \Omega$，$l=0.15\lambda$，求 Y_L。

(10) $Z_c=100\ \Omega$，$Y_L=(0.01+j0.02)$ S，求距终端0.1λ 处的 Y_{in}。

(11) $Z_c=50\ \Omega$，终端电压反射系数 $\Gamma_L=0.5\angle 45°$，求 Z_L；并求出距终端0.15λ 和0.25λ 处的输入阻抗和输入导纳。

(12) 试证明：距终端负载 $\lambda/4$ 处的归一化输入阻抗（形式上）等于负载处的归一化导纳。

(13) $Z_c=100\ \Omega$，行波系数 $K=0.5$，第一个电流振幅值的波节点距终端0.1λ，求 Z_L，求距终端0.2λ 处的导纳。

(14) $Z_c=600\ \Omega$，Z_L 分别为 500 Ω 和$(400+j300)\ \Omega$，求这两种情况下的驻波比。

(15) $Z_c=70\ \Omega$，$Z_L=(100-j50)\ \Omega$，求电压反射系数的模$|\Gamma|$和驻波比 s，求第一个电压最小点距终端的距离。

(16) $Z_c=50\ \Omega$，驻波比 $s=2$，当负载短路时，电压最小点的位置向负载移动了0.1λ，求 Z_L。

(17) $Z_c=50\ \Omega$，驻波比 $s=2$，距终端第一个电压最小点的位置为0.2λ，求 Z_L。

(18) $Z_c=50\ \Omega$，$Z_L=(20+j40)\ \Omega$，在距终端负载0.2λ 处并联一个短路支线，问：当调节支线的长度时，该截面上总的导纳变化的轨迹是什么？

(19) $Z_c=50\ \Omega$，在终端负载处并联一个短路支线，其输入阻抗为$-j50\ \Omega$，驻波比 $s=2$，第一个电压最小点的位置距终端 $\lambda/8$，求 Z_L。

(20) 长 32 m 的传输线，$Z_c=600\ \Omega$，信号源的内阻 $R_g=600\ \Omega$，频率 $f=200$ MHz，$Z_L=(22-j66)\ \Omega$，求驻波比 s，求终端反射系数的模，求 Z_{in}。如欲用 $\lambda/4$ 阻抗变换器对线进行匹配，求变换器的接入位置和它的特性阻抗。

(21) 一个处于匹配状态的传输线，若在线上并联一个归一化的输入电纳为 j3 的短路支线，则传输线失配；现欲采用同样的短路支线，恢复匹配状态，问：第二个短路支线应在什么位置？

(22) 传输线的特性阻抗为 100 Ω，终端接有匹配负载，若在距终端 $\lambda/8$ 处并联一个$(50+j50)\ \Omega$ 的阻抗，试求距终端 $\lambda/4$ 处的输入阻抗。

(23) 同轴线的特性阻抗为 75 Ω，终端负载为 $Z_L=(150+j75)\ \Omega$，信号源的频率为 3 GHz，在距终端 2.5 cm 处的内外导体之间全填充一段长为 2 cm（向信号源方向延伸 2 cm）的介质($\varepsilon_r=2.25$，$\mu_r=1$)，其余部分为空气填充。若不计高次模的影响，试求同轴线各段的驻波比。

1-24　空气填充的同轴线，外导体的内半径 b 与内导体的外半径 a 之比分别为2.3和3.2，求特性阻抗各是多少；若保持其特性阻抗不变，但填充的是 $\varepsilon_r=2.25$，$\mu_r=1$ 的介质，则 b/a 应各是多少？

1-25　一架空的双导线传输线，导线半径为 1 mm，两导线中心的间距为 5 mm，求特性阻抗。

1-26　一个空气填充的同轴线长为1 m，外导体的内半径为10 mm，内导体的外半径为4.5 mm，工作频率为2 780 MHz，求衰减常数α；若同轴线的长度为1 m，驻波比为2，问传输线的效率是多少。

1-27　传输线的终端负载为(100－j50) Ω，用并联单株短路支线进行匹配，主线和支线的特性阻抗均为50 Ω，试求支线的位置和长度。

1-28　传输线终端负载的导纳Y_L＝(0.042 5＋j 0.017 5) S，用并联单株短路支线进行匹配，主线和支线的特性阻抗均为100 Ω，试求支线的位置和长度。

1-29　传输线的终端负载为(1 600＋j800) Ω，用串联单株短路支线进行匹配，主线和支线的特性阻抗均为400 Ω，试求支线的位置和长度。

1-30　传输线的终端负载为(300＋j60) Ω，用并联单株短路支线(特性阻抗为200 Ω)进行匹配，主线的特性阻抗为300 Ω，试求支线的位置和长度。

1-31　利用双株短路支线对传输线(主线)进行匹配，设第一支线(靠近负载)距终端负载为d_1，支线长度为l_1，第二支线(远离负载)与第一支线相距为d_2，支线长度为l_2。负载阻抗为Z_L。

(1) Z_L＝(50＋j100) Ω，主线和支线的特性阻抗均为100 Ω，$d_1=\lambda/4$，$d_2=\lambda/8$，两个支线与主线并联，求l_1和l_2。

(2) Z_L＝(125－j65) Ω，主线和支线的特性阻抗均为50 Ω，$d_1=\lambda/8$，$d_2=\lambda/4$，两个支线与主线并联，求l_1和l_2。

(3) Z_L＝(142＋j128) Ω，主线和支线的特性阻抗均为100 Ω，$d_1=0.15\lambda$，$d_2=\lambda/8$，两个支线与主线并联，求l_1和l_2。

(4) Z_L＝(200＋j100) Ω，主线和支线的特性阻抗均为100 Ω，$d_1=0.1\lambda$，$d_2=\lambda/8$，两个支线与主线串联，求l_1和l_2。

(5) Z_L＝(75＋j150) Ω，在$d_1=0.12\lambda$处短路支线l_1与主线并联，在$d_2=3\lambda/8$处短路支线l_2与主线串联，求l_1和l_2，主线与支线特性阻抗均为75 Ω。

(6) Z_L＝(150＋j50) Ω，主线和支线的特性阻抗均为500 Ω，在$d=0.6\lambda$处短路支线l_1与主线并联，短路支线l_2与主线串联，求l_1和l_2。(注:此即双T调配器的工作原理)。

1-32　利用三株线对传输线(主线)进行匹配，主线和支线的特性阻抗均为75 Ω，主线的终端负载为(150－j300)Ω，设第一支线(靠近负载)距终端负载为$d_1=0.3\lambda$，支线长度为l_1，第二支线(远离负载)与第一支线相距为$d_2=\lambda/4$，支线长度为l_2，第三支线与第二支线相距为$d_3=\lambda/4$，三个支线均与主线并联，求l_1、l_2和l_3。

1-33　试推出均匀有耗线反射系数的表示式，并比较其与均匀无耗线反射系数的异同点。

1-34　试证明均匀有耗线特性阻抗的平方等于线的终端短路时的输入阻抗与终端开路时的输入阻抗的乘积。

1-35　一个长为3 m的均匀有耗同轴线，信号源频率为50 MHz，其中全填充$\varepsilon_r=2.1$的介质；当线的终端短路时，测得线的始端输入阻抗为5 Ω，当终端开路时，测得的输入阻抗为1 165 Ω，试求同轴线的特性阻抗、衰减常数和波的传播速度。

1-36　当均匀无耗传输线的终端接有纯电抗性负载时，采取阻抗匹配的措施(假设匹配装置也是无耗的)，能否得到行波状态，如果传输线为均匀有耗线，情况会如何？

1-37　试述可采取什么样的方法(包括实验的方法)来确定均匀无耗传输线的特性阻抗。

附录 1.1　某些传输线的特性阻抗

名　　称	几何形状	特 性 阻 抗
双　　线	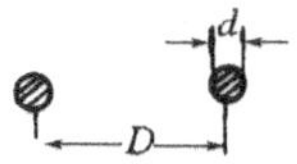	$Z_c \approx \frac{\eta}{\pi}\ln\frac{2D}{d}$，$D \gg d$
直排平板线	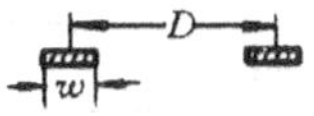	$Z_c \approx \frac{\eta}{\pi}\ln\frac{4D}{w}$，$D \gg w$
在接地平面之上的线	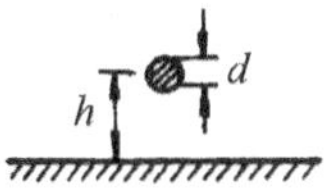	$Z_c \approx \frac{\eta}{2\pi}\ln\frac{4h}{d}$，$h \gg d$
平行平板线	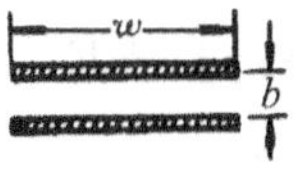	$Z_c \approx \eta\frac{b}{w}$；$w \gg b$
同　轴　线	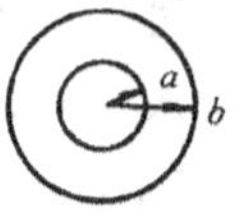	$Z_c \approx \frac{\eta}{2\pi}\ln\frac{b}{a}$
同焦点椭圆线	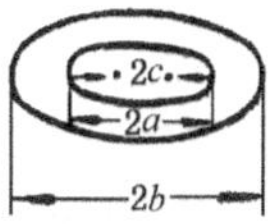	$Z_c \approx \frac{\eta}{2\pi}\ln\frac{b+\sqrt{b^2-c^2}}{a+\sqrt{a^2-c^2}}$
圆柱导体带状线	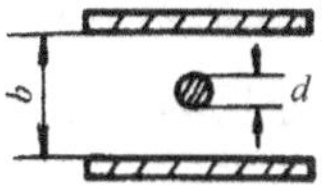	$Z_c \approx \frac{\eta}{2\pi}\ln\left(\frac{4b}{\pi d}\right)$
在槽中的线	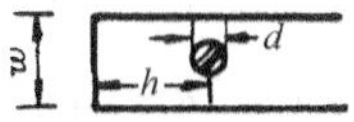	$Z_c \approx \frac{\eta}{\pi}2\ln\left(\frac{4w}{\pi d}\mathrm{th}\frac{\pi h}{w}\right)$；$h \gg d$，$w \gg d$
屏蔽双线	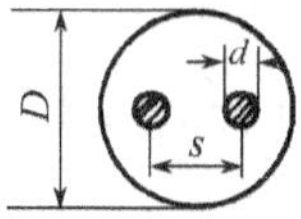	$Z_c \approx \frac{\eta}{\pi}\ln\left(\frac{2}{d}\frac{D^2-s^2}{D^2+s^2}\right)$；$D \gg d$，$s \gg d$
注：$\eta=\sqrt{\frac{\mu}{\varepsilon}}$，其中 μ 和 ε 分别为传输线填充介质的磁导率和介电常数。		

附录 1.2　阻抗的测量方法

在微波范围内会经常遇到对微波元（器）件阻抗的测量问题（例如，在研究若干个元、器件相互间的连接和匹配问题时），因此掌握阻抗的测量方法是十分重要的。测量阻抗的方法有多种，其中较常用的是利用测量线来进行测量。下面用方框图将其表示出来，如附图 1—1 所示。

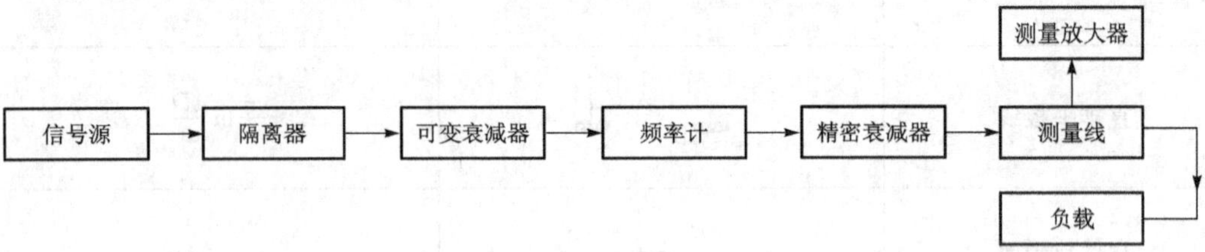

附图 1—1

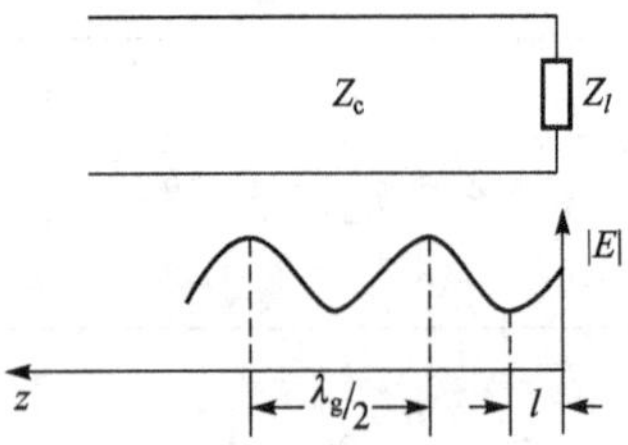

附图 1—2

（1）当无耗传输线终端接有任意复数阻抗的负载 Z_l 时，系统呈行驻波状态，电压或场强幅值的分布规律如附图 1—2 所示。

为了求出被测阻抗 Z_l 可采用两种方法：用公式计算和查圆图。首先讨论一下用公式计算的方法。根据传输线理论，等效（输入）阻抗 $Z(z)$ 为

$$Z(z)=Z_c\frac{1+\Gamma(z)}{1-\Gamma(z)}$$

据此，对终端被测负载 Z_l 而言应为

$$Z_l=Z_c\frac{1+|\Gamma(0)|e^{j\varphi_{\Gamma_0}}}{1-|\Gamma(0)|e^{j\varphi_{\Gamma_0}}}$$

式中，Z_c 为传输线的特性阻抗，$\Gamma(z)$为电压反射系数，$\Gamma(0)$为终端负载处的反射系数，φ_{Γ_0} 为其初相角。在电压（或场强幅值）最小点处反射系数 $\Gamma(Z)$的相角应满足 $\cos(2\beta z-\varphi_{\Gamma_0})=-1$

$$\cos(2\beta z-\varphi_{\Gamma_0})=-1$$

即

$$2\beta z-\varphi_{\Gamma_0}=(2n+1)\pi,n=0,1,2,3,\cdots$$

若取距终端负载最近的那个电压（或场强幅值）最小点的距离 $z=z_{\min}=l$ 代入上式，则

$$\varphi_{\Gamma_0}=2\beta l-\pi$$

而

$$\beta=\frac{2\pi}{\lambda_g},\quad |\Gamma(0)|=\frac{s-1}{s+1}$$

式中，λ_g 为波导波长，s 为驻波比。由此可知，只要测出 s 和 l（在某一频率下），即可求出负载 Z_l。另一种方法是利用圆图求被测阻抗 Z_l，它比计算方法要方便得多，例如用阻抗圆图（用导纳圆图也可）来求阻抗 Z_l，如附图 1—3 所示。首先测出在某一频率下的驻波比 s、波导波长 λ_g，以及电压最小点（距终端被测负载 Z_l 最近的那点）的距离 l，然后在附图 1—

3 中以 O 点为圆心画出等驻波比圆（s 圆），并与实轴相交于 P 点，该点即电压最小点处的位置，其阻抗的归一化值为 $1/s$。由 P 点开始沿等 s 圆逆时针旋转 l_1/λ_g 刻度，过此刻度与圆心 O 连一直线与 s 圆相交于 M 点，该点对应的值就是被测负载 Z_l 的归一化值，将该值再乘以 Z_c 即得所求的负载阻抗 Z_l。

2. 在实际测负载阻抗 Z_l 的过程中，由于系统结构上的原因，用测量线无法直接测得距负载最近的那个电压（或场强幅值）最小点的距离 l，例如，它可能处于测量线探针无法接近的位置。此时，可采用简接方法求出 l，如附图 1－4 所示。首先，将测试系统的终端用短路板短路，形成纯驻波状态（参见附图 1－4 中的图形①），终端即为电压（或场强幅值）的最小点（理论上为零），从终端算起向信号源方向，每隔 $\lambda_g/2$ 的距离就出现一个最小点，因此总会有一些最小点落在测量线探针可以达到的范围之内。我们可任取其中的某个最小点（例如 Z_1 点）看做系统的终端位置（即相当被测负载 Z_l 的位置），然后取下短路板，接上被测负载 Z_l，此时系统呈行驻波状态（参见附图 1－4 中的图形②），在 Z_1 点的左侧找到距 Z_1 最近的那个电压（或场强幅值）最小值的位置 Z_2，则所求的 $l=|Z_2-Z_1|$。至此，再利用圆图即可求出被测负载 Z_l。

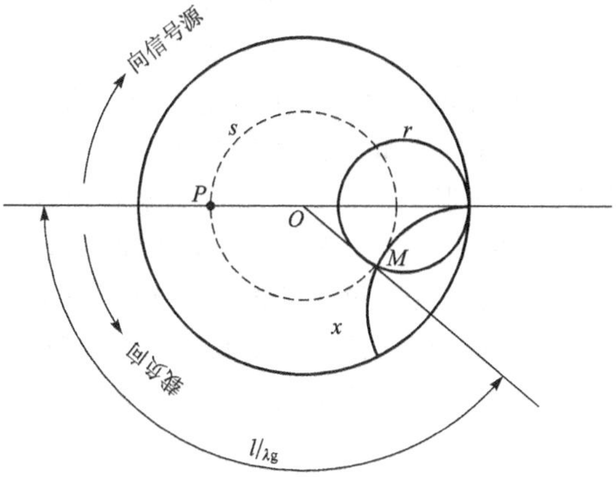

附图 1－3

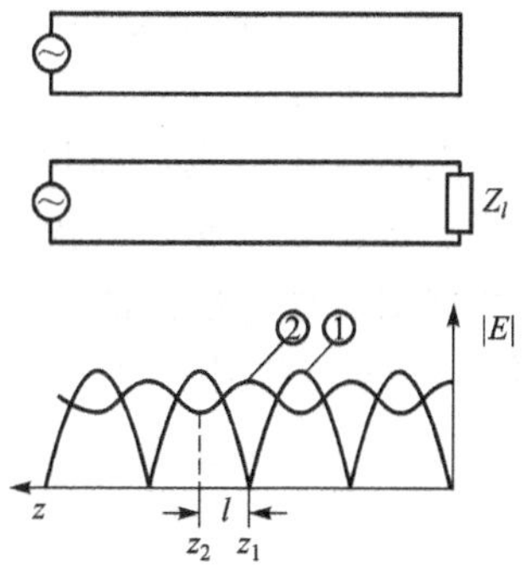

附图 1－4

第2章 规则波导

广义地讲，在微波波段使用的传输线，如双导线、同轴线、空心的金属波导(矩形、圆形、椭圆形和其他形状的波导管等)，以及带状线、微带线和介质波导(包括光波导)等，都可以统称为波导。因为它们的作用都是导引电磁波沿着一定的方向传播，被导引的电磁波称为导行波，而把这些传输线称为导波系统，简称波导。正如在第1章引言中所指出的，导波系统也可以统称为传输线。可见，导波系统与传输线从广义的角度讲，两者的含义是一样的。

所谓规则波导（或称均匀波导），是指沿其轴线方向，横截面的形状、尺寸，以及填充介质的分布状态和电参数均不变化的无限长的直波导。当然，实际波导的长度不可能是无限的，而只能是有限的。在这里之所以称其为“无限长”，显然是一种抽象化了的物理模型，其目的在于说明本章所讨论的是：波导工作于行波状态(无反射状态)时，电磁波沿规则波导轴向的传播规律，以及电场和磁场在波导横截面上的分布规律(场分布，或称场结构、模式、模)。所谓分布规律，形象地说，是指在波导中电磁波的电力线、磁力线是什么形状，疏密程度如何。不同的分布规律表示在波导中电磁波的能量可以有着不同的、相互独立的存在形式，即相互独立存在的模式。从理论上讲，当波导终端接有匹配负载时，就是行波（无反射）状态，可以认为这与传输线为“无限长”的状态是等效的。本章所讲的规则波导是狭义的，实际上只限于空心的金属矩形和圆形波导、同轴线(同轴波导)、脊形波导和椭圆形波导等。至于带状线、微带线和介质波导(光波导)等，将在后面的有关章节中讲述。在讨论上述内容时，只涉及行波状态的传输情况，对于驻波则可看做是向相反方向传输的两个行波的叠加，对此不作讨论。

对于空心的金属波导而言，其中传输的电磁波是TE模或TM模，不可能是TEM模(理由，见§2.2中的（一）所述)，因此也不可能有确切的和严格的电压及电流的定义，即“路”的分析方法，就一般情况而言，已不适用于金属波导，而应采用“场”的分析方法。为了得到电磁波的场在导波系统横截面上的分布规律(场结构)，以及电磁波沿传播方向的传播特性，就需要在一定的边界和初始条件下，对电磁场的波动方程求解。在本章，首先利用广义的正交（柱）坐标系导出对于横截面为任意形状的规则波导都适用的一般表示式和结论，然后再利用它们具体地讨论矩形和圆形波导中的场分布，以及实际应用中的一些问题。此外，还对同轴线中的高次模的场分布进行了讨论，对于脊形和椭圆形波导，只作简要的介绍。

§2.1 波动方程与导行波

1864年麦克斯韦（J. C. Maxwell）在总结前人的理论和实验的基础上，把电磁理论概括为一组偏微分方程。方程组不仅描述了电现象与磁现象两者不可分离、相互依存的关系，而且还预见到电磁波的存在。麦克斯韦计算出了电磁波的速度，并提出它和光在真空中的速度（3×10^8 m/s）相等。据此，他预言，光也是电磁波，从而把电磁理论统一了起来，创立了光的电磁理论。1888 年赫兹（H. R. Hertz）用实验的方法证实了电磁波的存在。

麦克斯韦方程组是研究宏观电磁现象的理论基础，显然，也是研究微波技术理论的基础，本章就是应用这一理论讨论规则波导的问题。首先通过麦克斯韦方程组建立起电磁场的波动方程，然后对波动方程求解。式中涉及的矢量、单位坐标矢量、矢性算子∇均用黑体字母表示，数性算子用白体字母表示。

需要说明的是，麦克斯韦方程组只适用于宏观的电磁现象，对于微观领域（如分子、原子领域）内的电磁现象就不适用，而应代之以量子电动力学。

一、波动方程

麦克斯韦方程有积分方程和微分方程两种表达形式。积分方程描述的是在一定区域（如闭合回路、闭合曲面）内场量、场源之间的关系，并可用于确定介质分界面处的边界条件，但它无法描述区域内各点处场量、场源之间的关系；而在实际问题中常常需要知道各点处各量之间的关系，此时则必须利用微分形式的方程。针对本章内容，我们利用微分形式的方程，其表示式为

$$\nabla\times\boldsymbol{E}=-\frac{\partial\boldsymbol{B}}{\partial t}\tag{2.1-1a}$$

$$\nabla\times\boldsymbol{H}=J+\frac{\partial\boldsymbol{D}}{\partial t}\tag{2.1-1b}$$

$$\nabla\cdot\boldsymbol{D}=\rho\tag{2.1-1c}$$

$$\nabla\cdot\boldsymbol{B}=0\tag{2.1-1d}$$

这是一个偏微分方程组(旋度和散度方程)，它表示空间各点处的场量(对空间坐标和时间的变化率)之间，以及场量与该点处场源量的密度之间的关系。这个方程对任何介质都是适用的，而且，场量和场源随空间坐标的变化和随时间的变化可以是任意函数。

不同的介质具有不同的电磁性质，在宏观范围内可以用 μ、ε、σ 等参量来表征这一特性，参量不同对电磁场的反应不同。因此在讨论电磁场的问题时，除利用式（2.1—1a）～（2.1—1d）之外，各量还应满足下列关系(称为物质方程,也称附加条件)

$$\boldsymbol{D}=\varepsilon\boldsymbol{E}\tag{2.1-2a}$$

$$\boldsymbol{B}=\mu\boldsymbol{H}\tag{2.1-2b}$$

$$\boldsymbol{J}=\sigma\boldsymbol{E}\tag{2.1-2c}$$

当给定了初始条件和边界条件时，对方程求解，就可以得到所讨论的区域内各量之间的具体的关系式，以及它们随时间的变化规律。

对于上述各量通常都采用 SI 单位制(国际单位制)，即

$\boldsymbol{E}$——电场强度矢量，V/m(伏[特]/米)

$\boldsymbol{D}$——电位移矢量，C/m^2(库[仑]/米^2)

$\boldsymbol{H}$——磁场强度矢量，A/m(安[培]/米)

$\boldsymbol{B}$——磁感应强度矢量，$Wb/m^2=1T$(韦伯/米^2＝1 特[斯拉])

$\boldsymbol{J}$——传导电流密度矢量，A/m^2(安[培]/米^2)

ρ——电荷体密度，C/m^3(库[仑]/米^3)

σ——介质的电导率，S/m(西[门子]/米）

μ——介质的磁导率，H/m(亨[利]/米）

ε——介质的介电常数，F/m(法[拉]/米）

在自由空间(理想的真空，近似地讲，空气)中，μ 和 ε 分别为

$$\mu = \mu_0 = 4\pi \times 10^{-7} \quad \mathrm{H/m}$$

$$\varepsilon = \varepsilon_0 \approx \frac{1}{36\pi} \times 10^{-9} \quad \mathrm{F/m}$$

在微波技术中经常遇到的介质是静止的，其参量(μ,ε,σ)是不随空间坐标、方向、时间和场强变化的，即介质是均匀、各向同性、时不变、线性的，称为简单介质；反之，则称为复杂介质。若用 μ_r 和 ε_r 分别表示介质相对于真空的磁导率和介电常数(分别称为相对磁导率和相对介电常数)，则有

$$\varepsilon = \varepsilon_r \varepsilon_0 \qquad \mu = \mu_r \mu_0$$

在各向异性介质中，介质的参数与外加场强的大小和方向有关，对于这种情况，可利用张量来表示这种特性，这里不予讨论，读者可参阅有关的书籍。

对于交变电磁场，场矢量 $\boldsymbol{E}$、$\boldsymbol{D}$、$\boldsymbol{H}$、$\boldsymbol{B}$ 和 $\boldsymbol{J}$，以及 ρ 等，不仅是空间位置的函数，而且还是时间的函数。式(2.1-1)所表示的是各量瞬时值之间的变化关系式，而且各量随时间的变化规律可以是任意的。至于随时间变化的具体规律是什么，这取决于场源随时间的变化规律。

式(2.1-1a)是法拉第电磁感应定律

$$\oint_l \boldsymbol{E} \cdot \mathrm{d}\boldsymbol{l} = -\frac{\mathrm{d}\phi}{\mathrm{d}t}$$

或 $$\oint_l \boldsymbol{E} \cdot \mathrm{d}\boldsymbol{l} = -\int_S \frac{\partial \boldsymbol{B}}{\partial t} \cdot \mathrm{d}\boldsymbol{S} = -\frac{\partial}{\partial t}\int_S \boldsymbol{B} \cdot \mathrm{d}\boldsymbol{S} \quad \text{(麦克斯韦方程积分形式)}$$

的微分形式，它表示电场是由随时间而变化的磁场所激发的，电场 $\boldsymbol{E}$ 是涡旋场(有旋场)。

式(2.1-1b)是安培环路定律(全电流定律)

$$\oint_l \boldsymbol{H} \cdot \mathrm{d}\boldsymbol{l} = \int_S \boldsymbol{J}_{\text{总}} \cdot \mathrm{d}\boldsymbol{S} \quad \text{(麦克斯韦方程积分形式)}$$

的微分形式。式中的电流密度矢量 $\boldsymbol{J}_{\text{总}}$，在一般情况下，它包括传导电流密度矢量 $\boldsymbol{J}$(带电粒子在导电介质中运动所形成的电流)、运流电流密度矢量(带电粒子或带电物体在空间运动所形成的电流)，以及位移电流密度矢量 $\boldsymbol{J}_d$($\partial \boldsymbol{D}/\partial t$,即电位移矢量对于时间的变化率)。需要指出的是，根据本章内容的实际情况，在式(2.1-1b)中，只考虑了传导电流密度矢量和位移电流密度矢量，而未考虑运流电流密度矢量。该式表明，不仅传导电流可以产生磁场，而且位移电流(随时间而变化的电场)也可以产生磁场。

式(2.1-1c)是高斯定律

$$\oint_S \boldsymbol{D} \cdot \mathrm{d}\boldsymbol{S} = \int_V \rho \mathrm{d}V = q \quad \text{(麦克斯韦方程积分形式)}$$

的微分形式，它表示电荷激发出电场。

式(2.1-d)是磁感应强度连续性定律

$$\oint_S \boldsymbol{B} \cdot \mathrm{d}\boldsymbol{S} = 0 \quad \text{(麦克斯韦方程积分形式)}$$

的微分形式。

由以上所述可知，电场的旋度和散度都不为零，所以，电力线可以是闭合的，它与磁力线相互交连，电力线也可以是不闭合的，它从正电荷开始，止于负电荷，因此，在一般情况下，交变电磁场中的电场，是由电荷所激发的电场与由随时间变化的磁场所激发的电场的矢量和；由磁场的散度为零可知，不存在孤立的磁荷，因此，磁力线总是闭合的，它与电力线相互交连，或与电流相联系。在一般情况下，磁场是由传导电流所激发的磁场与由位移电流所激发的磁场的矢量和。麦克斯韦方程组对于静态的电场和磁场也是适用的，因为可以把这种情况看做是一个特例。

由电磁场理论可知，微分形式的麦克斯韦方程组是在场量为空间和时间的连续函数（包括场量对空间和时间的导函数也是连续的）条件下得出的，因此它的应用范围应与该条件相适应。在不同介质的分界面上，因为介质的参数(μ,ε,σ)发生突变，并引起某些场量的突变，所以，微分形式的麦克斯韦方程组已不再适用；在这种情况下，为了确定分界面上场量之间的关系，应该采用积分形式的麦克斯韦方程组，据此即可推导出不同介质分界面上场量的边界条件。

稳态的电磁波，先是由场源（电流或电荷）所激发，而后从激发点开始、离开场源向外传播。在微波中通常遇到的是，在远离场源时电磁波在简单介质中的传播问题，本章所讨论的问题即属于这一范畴，而且还仅限于讨论 μ 和 ε 都是（实数）常数，以及 $\boldsymbol{J}$、ρ 和 σ 都为零的区域内（理想介质内）电磁波的传播问题。

以上我们对麦克斯韦方程组作了简要地回顾与复习。下面讨论波动方程。

为了推导出波动方程，对式(2.1-1a)等号的两端取旋度，得

$$\nabla\times\nabla\times\boldsymbol{E}=-\mu\frac{\partial}{\partial t}(\nabla\times\boldsymbol{H})$$

将式(2.1-1b)代入到上式中，则

$$\nabla\times\nabla\times\boldsymbol{E}=-\mu\varepsilon\frac{\partial^2\boldsymbol{E}}{\partial t^2}$$

利用矢量恒等式

$$\nabla\times\nabla\times\boldsymbol{E}=\nabla(\nabla\cdot\boldsymbol{E})-\nabla^2\boldsymbol{E} \tag{2.1-3}$$

如上所述，因已假定所讨论的区域内 $\rho=0$，所以$\nabla\cdot\boldsymbol{E}=0$，由此得

$$\nabla^2\boldsymbol{E}-\mu\varepsilon\frac{\partial^2\boldsymbol{E}}{\partial t^2}=0 \tag{2.1-4}$$

同样地，对于式(2.1-1b)经过类似的推导过程，并注意到$\nabla\cdot\boldsymbol{B}=0$，则得

$$\nabla^2\boldsymbol{H}-\mu\varepsilon\frac{\partial^2\boldsymbol{H}}{\partial t^2}=0 \tag{2.1-5}$$

式(2.1-4)和(2.1-5)是一个矢量形式的波动方程。电磁波（各种 TEM 波）在无界介质(μ,ε)中的传播速度（光速）为

$$v=\frac{1}{\sqrt{\mu\varepsilon}} \tag{2.1-6}$$

在自由空间（近似地讲，在空气中）的传播速度为

$$v_0=\frac{1}{\sqrt{\mu_0\varepsilon_0}}\approx 3\times10^8\quad \text{m/s} \tag{2.1-7}$$

如前所述，对于交变电磁场，各个场量都是空间和时间的函数，而其随时间 t 的变化规

律可以是任意的。例如，以电场 $\boldsymbol{E}$ 为例，若选取直角坐标系(x,y,z)，则可将 $\boldsymbol{E}$ 表示为三个分量相加的形式

$$\boldsymbol{E}(x,y,z,t)=\boldsymbol{x}E_x(x,y,z,t)+\boldsymbol{y}E_y(x,y,z,t)+\boldsymbol{z}E_z(x,y,z,t)$$

式中的 $\boldsymbol{x}$、$\boldsymbol{y}$ 和 $\boldsymbol{z}$ 分别为沿 x、y 和 z 轴正方向的单位矢量。对于其他场量也可以写出类似的表示式。但是，正如在第 1 章中曾指出的，经常遇到的是随时间的变化规律为简谐振荡的场，因此本章和本书只讨论简谐场的情况。当电磁波的波源是具有一定角频率 ω 的简谐场时，则在线性介质中、在稳定状态下所激发的场量是与波源具有同样角频率的简谐场。对于这种场量，采用复数表示法是比较方便的，这样，就得到了简谐矢量场的复数表示法——复矢量(具有大小、方向和初相角的量)。例如，仍以电场 $\boldsymbol{E}$ 为例，其瞬时值可表示为

$$\begin{aligned}\boldsymbol{E}(x,y,z,t)=&\boldsymbol{x}E_x(x,y,z)\cos\left[\omega t+\varphi_x(x,y,z)\right]+\\&\boldsymbol{y}Ey(x,y,z)\cos\left[\omega t+\varphi_y(x,y,z)\right]+\\&\boldsymbol{z}E_z(x,y,z)\cos\left[\omega t+\varphi_z(x,y,z)\right]\end{aligned}\tag{2.1-8}$$

式中，E_x、E_y 和 E_z 分别为场矢量 $\boldsymbol{E}$ 在各坐标轴上分量的幅值；φ_x、φ_y 和 φ_z 为各分量的初相角，这些量仅是空间坐标(x,y,z)的函数，为书写方便，以后均省写了坐标变量。现采用复数法(复矢量)表示式(2.1-8)的电场 $\boldsymbol{E}$；为了与场量随时间的变化规律可以是任意的情况区别开来，暂时在场量的符号上加一个圆点“·”，用以表示复矢量。这样，式(2.1-8)即可写为

$$\boldsymbol{E}(x,y,z,t)=\mathrm{Re}\left[(\boldsymbol{x}\dot{E}_x+\boldsymbol{y}\dot{E}_y+\boldsymbol{z}\dot{E}_x)\mathrm{e}^{\mathrm{j}\omega t}\right]$$

式中 $\dot{E}_x=E_x\mathrm{e}^{\mathrm{j}\varphi_x}$　　$\dot{E}_y=E_y\mathrm{e}^{\mathrm{j}\varphi_y}$　　$\dot{E}_z=E_z\mathrm{e}^{\mathrm{j}\varphi_z}$

或简写为

$$\boldsymbol{E}(x,y,z,t)=\mathrm{Re}(\dot{\boldsymbol{E}}\mathrm{e}^{\mathrm{j}\omega t})\tag{2.1-9}$$

式中的 $\dot{\boldsymbol{E}}$ 为

$$\dot{\boldsymbol{E}}=\boldsymbol{x}\dot{E}_x+\boldsymbol{y}\dot{E}_y+\boldsymbol{z}\dot{E}_z\tag{2.1-10}$$

称为电场 $\boldsymbol{E}$（x，y，z，t）的复矢量（也有称为复振幅或复振幅矢量的）。

对于随时间作简谐规律变化的磁场 $\boldsymbol{H}(x,y,z,t)$则可用磁场的复矢量 $\dot{\boldsymbol{H}}$ 表示为

$$\boldsymbol{H}(x,y,z,t)=\mathrm{Re}(\dot{\boldsymbol{H}}\mathrm{e}^{\mathrm{j}\omega t})\tag{2.1-11}$$

式中的 $\dot{\boldsymbol{H}}$ 为

$$\dot{\boldsymbol{H}}=\boldsymbol{x}\dot{H}_x+\boldsymbol{y}\dot{H}_y+\boldsymbol{z}\dot{H}_z\tag{2.1-12}$$

依此类推，在简谐场的情况下，其他的场矢量(如 $\boldsymbol{D}$、$\boldsymbol{B}$ 和 $\boldsymbol{J}$ 等)也都有与其相对应的复矢量。顺便指出，在上述表示式中采用的符号是 Re(取实部)，显然，也可采用 Im(取虚部)。另外，需要说明的是，虽然可以将电场复矢量 $\dot{\boldsymbol{E}}$ 或磁场的复矢量 $\dot{\boldsymbol{H}}$ 写成其在三个坐标轴上的三个分量相加的数学表示式，但是却无法用空间的图形把它表示出来，因为每个分量都有自己的初相角(φ_x、φ_y 和 φ_z)，而且就一般情况而言，这三个初相角是各不相同的。这正是复矢量与一般的实数矢量不同之处。

以上所讲，是场矢量在直角坐标系中的表示方法，至于在其他坐标系中的表示方法，与此相类似，所不同的只是坐标变量与单位矢量因坐标系不同而异。

应特别指出的是，因本书所讨论的都是简谐场，为了书写方便，在以后的讲述中，复矢量符号上的小圆点“·”均省略。但是应记住，除特别指出者外，它们都是复矢量，而不是瞬时值，切不可因两者的字母符号相同，而把它们的不同含义混淆了。根据这个约定，就可以从式(2.1-1)和式(2.1-2)得到以复矢量表示的麦克斯韦方程组为

$$\nabla\times\boldsymbol{E}=-\mathrm{j}\omega\mu\boldsymbol{H} \tag{2.1-13a}$$

$$\nabla\times\boldsymbol{H}=\mathrm{j}\omega\varepsilon\boldsymbol{E} \tag{2.1-13b}$$

$$\nabla\cdot\boldsymbol{D}=0 \tag{2.1-13c}$$

$$\nabla\cdot\boldsymbol{B}=0 \tag{2.1-13d}$$

以及

$$\boldsymbol{D}=\varepsilon\boldsymbol{E} \tag{2.1-14a}$$

$$\boldsymbol{B}=\mu\boldsymbol{H} \tag{2.1-14b}$$

式(2.1-4)和式(2.1-5)则变为

$$\nabla^2\boldsymbol{E}+\omega^2\mu\varepsilon\boldsymbol{E}=0 \tag{2.1-15}$$

$$\nabla^2\boldsymbol{H}+\omega^2\mu\varepsilon\boldsymbol{H}=0 \tag{2.1-16}$$

或写为

$$\nabla^2\boldsymbol{E}+K^2\boldsymbol{E}=0 \tag{2.1-17}$$

$$\nabla^2\boldsymbol{H}+K^2\boldsymbol{H}=0 \tag{2.1-18}$$

式中，$K^2=\omega^2\mu\varepsilon$，即 $K=\omega\sqrt{\mu\varepsilon}=\omega/v=2\pi/\lambda$，$\lambda$ 是角频率为 ω 的电磁波(TEM 波)在无界介质中的波长，K 是相移常数，也称为波数($1/\lambda$ 为单位距离上的波长数，称为波数，但一般的，把它的 2π 倍，即 2π 距离上含有的波长数 $2\pi/\lambda$ 称为圆波数，简称波数)。这是两个复矢量形式的波动方程（齐次的亥姆霍兹方程)，它们对任何坐标系都是适用的。在直角坐标系中，由于单位坐标矢量为常矢量，因此可将矢量形式的波动方程化为用场矢量的分量所表示的标量齐次亥姆霍兹方程，对这个方程的求解是比较容易的。但是，在非直角坐标系中，由于单位坐标矢量不是常矢量，因此，$\nabla^2\boldsymbol{E}$ 和 $\nabla^2\boldsymbol{H}$ 的表示式比较复杂。对于 $\boldsymbol{J}$ 和 ρ 都不为零的有源区域内的简谐场，用与前面所述相类似的推导方法，即可得到下列方程

$$\nabla^2\boldsymbol{E}+K^2\boldsymbol{E}=\mathrm{j}\omega\mu\boldsymbol{J}_\mathrm{e}+\frac{\nabla\rho}{\varepsilon} \tag{2.1-19}$$

$$\nabla^2\boldsymbol{H}+K^2\boldsymbol{H}=-\nabla\times\boldsymbol{J}_\mathrm{e} \tag{2.1-20}$$

这两个波动方程是非齐次的复矢量形式的亥姆霍兹方程。如前所述，因为在所讨论的区域内 $\sigma=0$，所以，式中的 $\boldsymbol{J}_\mathrm{e}$ 是一个由外部场源所激发的电流密度矢量。对于这两个方程，本书不讨论。

二、导行电磁波

如前所述，微波传输线的作用就是导引电磁波沿某一特定方向传播，此时称电磁波为导行波，而把传输线称为导波系统。因为对于随时间做简谐振荡的电磁波而言，波动方程式(2.1-4)和式(2.1-5)已退化为式(2.1-17)和式(2.1-18)的亥姆霍兹方程，而解此方程并不需要初始条件，所以，研究导行波的传播就是以方程式(2.1-17)和式(2.1-18)作为出发点，

根据电磁波在导波系统中所填充的介质与导体分界面处应满足的边界条件，求出电磁波的场在导波系统横截面的分布规律(场结构)，以及电磁波沿传播方向的传播特性。

对于其横截面为任意形状的规则波导，考虑到沿其纵向(轴向)均呈柱形，因此采用广义的正交(柱)坐标系(u,v,z)是比较方便的。(u,v,z)相当于本章附录中所说的广义正交曲线坐标系中的坐标变量(q_1,q_2,q_3)。u和v表示横向的坐标变量，z表示纵向的坐标变量，并用$\boldsymbol{u}$、$\boldsymbol{v}$、$\boldsymbol{z}$分别表示沿坐标曲线u、v、z的切线单位矢量，其方向分别指向u、v、z增大的方向，三个单位矢量相互正交，并构成右螺旋坐标制，如图2.1-1所示。假定电磁波是沿波导的纵向(z轴)传播的，与z轴相垂直的横截面用字母t表示，横截面内的坐标变量为(u,v)。并假定：波导内表面的电导率为无限大，波导内填充的是简单介质，而且是无耗的，波导(空间)内无自由电荷和传导电流，波导横截面的形状和尺寸(包括介质的形状和尺寸)沿z轴是不变化的，以及波导是无限长的。在这种情况下，场量的幅值在横截面内的分布规律不随坐标z变化，场量的幅值和相位沿z轴的变化规律与横向坐标(u,v)无关。这样，就可以把场矢量写成分离变量的形式，而且，对于简谐场，因其源量和场量都含有相同的简谐因子$e^{j\omega t}$，而该因子与对坐标变量的微积分运算无关，因此在运算中可省略。例如，对于电场$\boldsymbol{E}$可表示为

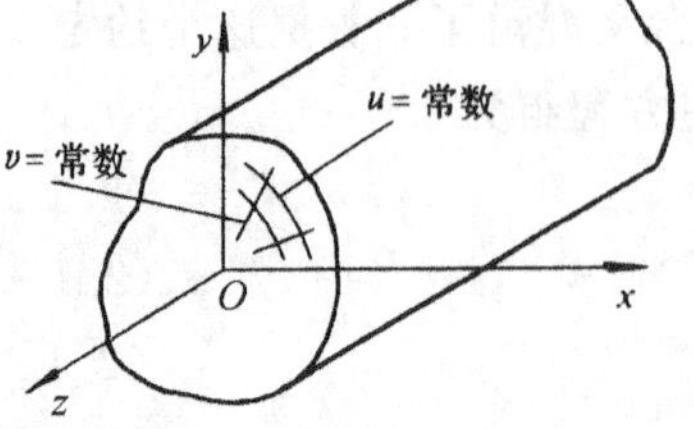

图 2.1-1　规则波导及其坐标系

$$\boldsymbol{E}(u,v,z)=\boldsymbol{E}(u,v)Z(z) \tag{2.1-21}$$

式中，$\boldsymbol{E}(u,v)$仅是横向坐标(u,v)的函数，它表示电场在波导横截面内的分布状态，称为分布函数（模式函数)，$Z(z)$仅是纵向坐标z的函数，它表示电场沿z轴的传播规律，称为传播因子。总起来讲，电场$\boldsymbol{E}$仍是三个坐标变量(u,v,z)的函数。

对于广义正交(柱)坐标系，拉普拉斯(Laplace)算子为

$$\nabla^2=\frac{1}{h_1h_2h_3}\left[\frac{\partial}{\partial u}\left(\frac{h_2h_3}{h_1}\frac{\partial}{\partial u}\right)+\frac{\partial}{\partial v}\left(\frac{h_1h_3}{h_2}\frac{\partial}{\partial v}\right)+\frac{\partial}{\partial z}\left(\frac{h_1h_2}{h_3}\frac{\partial}{\partial z}\right)\right] \tag{2.1-22}$$

式中的h_1、h_2、h_3为坐标度量系数(拉梅系数)。对于如图2.1-1所示的广义正交(柱)坐标系，其度量系数h_1和h_2与坐标z无关，$h_3=1$。为了运算方便，可以把算子写成横向算子∇_t^2与纵向算子∇_z^2之和的形式，即$\nabla^2=\nabla_t^2+\nabla_z^2$。

$$\begin{aligned}\nabla_t^2&=\frac{1}{h_1h_2}\left[\frac{\partial}{\partial u}\left(\frac{h_2}{h_1}\frac{\partial}{\partial u}\right)+\frac{\partial}{\partial v}\left(\frac{h_1}{h_2}\frac{\partial}{\partial v}\right)\right]\\ \nabla_z^2&=\frac{\partial^2}{\partial z^2}\end{aligned} \tag{2.1-23}$$

将算子和用式(2.1-21)所表示的电场一并代入到波动方程式(2.1-17)中，经运算，得

$$-(\nabla_t^2+K^2)\boldsymbol{E}(u,v)Z(z)=\boldsymbol{E}(u,v)\nabla_z^2Z(z)$$

即

$$-(\nabla_t^2+K^2)\boldsymbol{E}(u,v)=\frac{\boldsymbol{E}(u,v)}{Z(z)}\nabla_z^2Z(z) \tag{2.1-24}$$

因为在该式等号左端的 $\boldsymbol{E}(u,v)$ 与 z 无关，所以，等号右端中与 z 有关的项应该等于某一常数，设其为 γ^2。这样，就有

$$\frac{1}{Z(z)}\frac{\partial^2 Z(z)}{\partial z^2}=\gamma^2$$

或写为

$$\frac{\mathrm{d}^2 Z(z)}{\mathrm{d}z^2}-\gamma^2 Z(z)=0 \tag{2.1-25}$$

该方程的通解为

$$Z(z)=A^+\mathrm{e}^{-\gamma z}+A^-\mathrm{e}^{\gamma z} \tag{2.1-26}$$

式中，第一项表示向正 z 方向传播的波，第二项表示向负 z 方向传播的波；A^+ 和 A^- 是待定的常数(根据边界条件来确定)，可以看做是波的复振幅；γ 是传播常数，在一般情况下，它是一个复数，即

$$\gamma=\alpha+\mathrm{j}\beta \tag{2.1-27}$$

式中，α 为衰减常数(Np/m 或 dB/m)，β 为相移常数(rad/m)，对于（理想的）无耗波导 $\alpha=0$，$\gamma=\mathrm{j}\beta$。这样，式(2.1-24)就可写为

$$\nabla_t^2\boldsymbol{E}(u,v)+(K^2+\gamma^2)\boldsymbol{E}(u,v)=0$$

令

$$K_c^2=K^2+\gamma^2 \tag{2.1-28}$$

则有

$$\nabla_t^2\boldsymbol{E}(u,v)+K_c^2\boldsymbol{E}(u,v)=0 \tag{2.1-29}$$

同样，对于磁场 $\boldsymbol{H}$ 可写为

$$\boldsymbol{H}(u,v,z)=\boldsymbol{H}(u,v)Z(z) \tag{2.1-30}$$

经过类似的运算步骤，可得

$$\nabla_t^2\boldsymbol{H}(u,v)+K_c^2\boldsymbol{H}(u,v)=0 \tag{2.1-31}$$

式(2.1-29)和式(2.1-31)是矢量形式的方程，在求解时需将其化为标量形式的方程。式中的 K_c 称为截止波数，它是与波导横截面的形状、尺寸，以及所传输的电磁波的波型(模)有关的一个参量。如前面曾指出的，对于无耗波导，$\gamma=\mathrm{j}\beta$，因此

$$K_c^2=K^2+\gamma^2=K^2-\beta^2 \tag{2.1-32}$$

由此可知，当 $\beta=0$ 时，波不再沿 z 轴传播，呈截止状态，此时，$K=K_c$，即 $\frac{2\pi}{\lambda}=\frac{2\pi}{\lambda_c}$，称为截止波数，$\lambda_c$ 称为截止波长，$f_c=K_c/(2\pi\sqrt{\mu\varepsilon})$ 称为截止频率。对于无耗波导，式(2.1-26) 变为

$$Z(z)=A^+\mathrm{e}^{-\mathrm{j}\beta z}+A^-\mathrm{e}^{\mathrm{j}\beta z} \tag{2.1-33}$$

从以上的推导结果可以看出，电磁波沿 z 轴有相位的变化，而且，一般而言，存在着传播方向相反的两个行波；但是，对于规则波导而言，沿相反方向传播的两个行波，除方向不同外，并无本质上的区别，因此，只需要考虑一个方向的行波就可以了。这样，若取式(2.1-33) 中的第一项，则

$$Z(z)=A^+\mathrm{e}^{-\mathrm{j}\beta z} \tag{2.1-34}$$

它表示波在规则波导中沿 z 轴正方向的传播规律。至于电磁波的场在规则波导横截面的分布规律，则只有当给定了横截面的形状、尺寸、填充的介质和所传输的模式之后，对式(2.1-

29)和式(2.1-31)求解才能得到，这将在本章的后半部分讨论到具体的波导时再作介绍。

§2.2 规则波导中的导行波

本节主要讨论一般规则波导中导行波的波型(模式,模)和传输特性。所谓传输特性是指：传输条件、传播常数、传播速度、波导波长、波型阻抗、传输功率，以及损耗和衰减等。

一、波型

所谓波型，是指每一种能够单独地在规则波导中存在的电磁场的一种分布状态(场结构)。根据边界条件对式(2.1-29)和式(2.1-31)求解，即可得到场的分布状态。对于简谐场，电场和磁场共有 6 个场强的分量，由于麦克斯韦方程组已将其联系在一起，因此，实际上只有两个相互独立的分量。即是说，在解方程时，并不需要直接地对场的各个分量求解(直接求解,从数学上讲并不容易)，取电场的纵向分量 E_z 和磁场的纵向分量 H_z 作为相互独立的分量，利用麦克斯韦方程组中的两个旋度公式，求出场的横向分量与纵向分量之间的关系式，当求出了纵向分量之后，根据这个关系式即可求出场的所有横向分量，这样，每一种波型的场的分布状态也就求出来了；除此而外，通常还根据场量中只有横向分量而无纵向分量，或有横向分量，但纵向分量只有 H_z 而无 E_z 或只有 E_z 而无 H_z 等三种情况，将波型划分为三类。下面就来讨论这些问题。

我们要讨论的一般规则波导如图2.1-1 所示，在采用广义正交(柱)坐标系的情况下，电场和磁场可写为

$$\boldsymbol{E}=\boldsymbol{u}E_{\mathrm{u}}+\boldsymbol{v}E_v+\boldsymbol{z}E_z=\boldsymbol{E}_t+\boldsymbol{z}E_z \tag{2.2-1}$$

$$\boldsymbol{H}=\boldsymbol{u}H_u+\boldsymbol{v}H_v+\boldsymbol{z}H_z=\boldsymbol{H}_t+\boldsymbol{z}E_z \tag{2.2-2}$$

式中，$\boldsymbol{E}_t$ 和 $\boldsymbol{H}_t$ 分别表示电场和磁场的横向分量。对于简谐场，它应满足式(2.1-13a)和(2.1-13b)两个旋度公式，即

$$\nabla\times\boldsymbol{E}=-\mathrm{j}\omega\mu\boldsymbol{H} \tag{2.2-3}$$

$$\nabla\times\boldsymbol{H}=\mathrm{j}\omega\varepsilon\boldsymbol{E} \tag{2.2-4}$$

我们把矢量微分算子∇写为横向算子与纵向算子之和的形式，$\nabla=\nabla_t+\nabla_z$ 。取式(2.2-3)等号两端的横向分量(用字母 t 表示)，使之相等，即

$$\nabla\times\boldsymbol{E}\big|_t=(\nabla_t+\nabla_z)\times(\boldsymbol{E}_t+\boldsymbol{z}E_z)\big|_t=\nabla_z\times\boldsymbol{E}_t+\nabla_t\times\boldsymbol{z}E_z=-\mathrm{j}\omega\,\mu\boldsymbol{H}_t \tag{2.2-5}$$

同样，对于式(2.2-4)则为

$$\nabla\times\boldsymbol{H}\big|_t=(\nabla_t+\nabla_z)\times(\boldsymbol{H}_t+\boldsymbol{z}H_z)\big|_t=\nabla_z\times\boldsymbol{H}_t+\nabla_t\times\boldsymbol{z}H_z=\mathrm{j}\omega\varepsilon\boldsymbol{E}_t \tag{2.2-6}$$

首先讨论式(2.2-6)，用∇_z 叉乘等号的两端，并注意应用下面的矢量恒等式

$$\boldsymbol{A}\times(\boldsymbol{B}\times\boldsymbol{C})=(\boldsymbol{A}\cdot\boldsymbol{C})\boldsymbol{B}-(\boldsymbol{A}\cdot\boldsymbol{B})\boldsymbol{C} \tag{2.2-7}$$

则得

$$\nabla_z\times(\nabla_z\times\boldsymbol{H}_t+\nabla_t\times\boldsymbol{z}H_z)=\mathrm{j}\omega\varepsilon\,\nabla_z\times\boldsymbol{E}_t$$

等号左端第一项为

$$\nabla_z\times(\nabla_z\times\boldsymbol{H}_t)=\nabla_z(\nabla_z\cdot\boldsymbol{H}_t)-(\nabla_z\cdot\nabla_z)\boldsymbol{H}_t$$

等号左端第二项为

$$\nabla_z\times(\nabla_t\times\boldsymbol{z}H_z)=\nabla_t(\nabla_z\cdot\boldsymbol{z}H_z)-|\nabla_z\cdot\nabla_t|\boldsymbol{z}H_z$$

将这两项合并在一起，经运算，得

$$\nabla_z \times (\nabla_z \times \boldsymbol{H}_t + \nabla_t \times \boldsymbol{z}H_z) = -(\nabla_z \cdot \nabla_z)\boldsymbol{H}_t + \nabla_t(\nabla_z \cdot \boldsymbol{z}H_z) = \mathrm{j}\omega\varepsilon \nabla_z \times \boldsymbol{E}_t$$

即

$$-(\nabla_z \cdot \nabla_z)\boldsymbol{H}_t + \nabla_t(\nabla_z \cdot \boldsymbol{z}H_z) = \mathrm{j}\omega\varepsilon \nabla_z \times \boldsymbol{E}_t \tag{2.2-8}$$

若波导是有耗的，并假定电磁波沿 z 轴正方向传播，波因子为 $\mathrm{e}^{-\gamma z}$，当把算子∇_z 作用到 $\mathrm{e}^{-\gamma z}$时，则有

$$\nabla_z(\mathrm{e}^{-\gamma z}) = \boldsymbol{z}\frac{\partial}{\partial z}(\mathrm{e}^{-\gamma z}) = \mathrm{e}^{-\gamma z}(-\gamma)\boldsymbol{z}$$

可见，当∇_z 作用到波因子 $\mathrm{e}^{-\gamma z}$时，就相当于把波因子乘以$(-\gamma)\boldsymbol{z}$，因此可以把∇_z 写为

$$\nabla_z = \boldsymbol{z}\frac{\partial}{\partial z} = -\gamma\boldsymbol{z}$$

这样，式(2.2-8)就变为

$$-\gamma^2\boldsymbol{H}_t - \gamma\nabla_t H_z = \mathrm{j}\omega\varepsilon \nabla_z \times \boldsymbol{E}_t \tag{2.2-9}$$

由式(2.2-5)知

$$\nabla_z \times \boldsymbol{E}_t = -\mathrm{j}\omega\mu\boldsymbol{H}_t - \nabla_t \times \boldsymbol{z}E_z$$

将其代入到式(2.2-9)中，得

$$\begin{aligned}-\gamma^2\boldsymbol{H}_t - \gamma\nabla_t H_z &= \omega^2\mu\varepsilon\boldsymbol{H}_t - \mathrm{j}\omega\varepsilon\nabla_t \times \boldsymbol{z}E_z\\ &= K^2\boldsymbol{H}_t - \mathrm{j}\omega\varepsilon\nabla_t \times \boldsymbol{z}E_z\end{aligned}$$

即

$$(K^2 + \gamma^2)\boldsymbol{H}_t = -\gamma\nabla_t H_z + \mathrm{j}\omega\varepsilon\nabla_t \times \boldsymbol{z}E_z$$

则

$$\boldsymbol{H}_t = \frac{1}{K_c^2}(-\gamma\nabla_t H_z + \mathrm{j}\omega\varepsilon\nabla_t \times \boldsymbol{z}E_z) \tag{2.2-10}$$

或写为

$$\boldsymbol{H}_t = \frac{1}{K_c^2}(-\gamma\nabla_t H_z - \mathrm{j}\omega\varepsilon\boldsymbol{z} \times \nabla_t E_z)$$

同样，对于式(2.2-5)经过类似的推导步骤，则

$$\boldsymbol{E}_t = \frac{1}{K_c^2}(-\gamma\nabla_t E_z - \mathrm{j}\omega\mu\nabla_t \times \boldsymbol{z}H_z) \tag{2.2-11}$$

或写为

$$\boldsymbol{E}_t = \frac{1}{K_c^2}(-\gamma\nabla_t E_z + \mathrm{j}\omega\mu\boldsymbol{z} \times \nabla_t H_z)$$

式中

$$K_c^2 = K^2 + \gamma^2, \quad K^2 = \omega^2\mu\varepsilon, \quad K = \omega\sqrt{\mu\varepsilon}$$

这就是根据麦克斯韦方程组中的两个旋度公式导出的用场的纵向分量表示场的横向分量的表示式。可见，只要求出了纵向分量 E_z 和 H_z，则场的横向分量 $\boldsymbol{E}_t$ 和 $\boldsymbol{H}_t$ 即可求出，每一种波型的场的分布状态也就求出来了。若波导是无耗的，即 $\gamma=\mathrm{j}\beta$，$K_c^2=K^2-\beta^2$，则上述两式变为

$$\boldsymbol{H}_t = \frac{1}{K_c^2}(-\mathrm{j}\beta\nabla_t H_z + \mathrm{j}\omega\varepsilon\nabla_t \times \boldsymbol{z}E_z)$$

或写为
$$\boldsymbol{H}_t=-\frac{1}{K_c^2}(\mathrm{j}\beta\nabla_t H_z+\mathrm{j}\omega\varepsilon\boldsymbol{z}\times\nabla_t E_z) \tag{2.2-12}$$

$$\boldsymbol{E}_t=\frac{1}{K_c^2}(-\mathrm{j}\beta\nabla_t E_z-\mathrm{j}\omega\mu\nabla_t\times\boldsymbol{z}H_z)$$
或写为
$$\boldsymbol{E}_t=-\frac{1}{K_c^2}(\mathrm{j}\beta\nabla_t E_z-\mathrm{j}\omega\mu\boldsymbol{z}\times\nabla_t H_z) \tag{2.2-13}$$

现在我们讨论电场的纵向分量 E_z 和磁场的纵向分量 H_z 应满足什么样的方程。假定任一矢量 $\boldsymbol{F}$，在广义正交(柱)坐标系中可表示为
$$\boldsymbol{F}=\boldsymbol{u}F_u+\boldsymbol{v}F_v+\boldsymbol{z}F_z$$
当把算子 ∇^2 作用到矢量 $\boldsymbol{F}$ 上时，则 $\nabla^2\boldsymbol{F}$ 的展开式为
$$\nabla^2\boldsymbol{F}=\left(\nabla^2F_u-\frac{F_u}{u^2}-\frac{2}{u^2}\frac{\partial F_v}{\partial v}\right)\boldsymbol{u}+\left(\nabla^2F_v-\frac{F_v}{u^2}+\frac{2}{u^2}\frac{\partial F_u}{\partial v}\right)\boldsymbol{v}+(\nabla^2F_z)\boldsymbol{z} \tag{2.2-14}$$
已知式(2.1-29)和(2.1-31)分别为
$$\nabla_t^2\boldsymbol{E}(u,v)+K_c^2\boldsymbol{E}(u,v)=0$$
$$\nabla_t^2\boldsymbol{H}(u,v)+K_c^2\boldsymbol{H}(u,v)=0$$
式中
$$\boldsymbol{E}=\boldsymbol{u}E_u+\boldsymbol{v}E_v+\boldsymbol{z}E_z$$
$$\boldsymbol{H}=\boldsymbol{u}H_u+\boldsymbol{v}H_v+\boldsymbol{z}H_z$$
利用式(2.2-14)将该两式展开后，即可求出电场的纵向分量 E_z 和磁场的纵向分量 H_z 应满足的方程。例如，对于式(2.1-29)可展开为
$$\left(\nabla_t^2E_u-\frac{E_u}{u^2}-\frac{2}{u^2}\frac{\partial E_v}{\partial v}\right)\boldsymbol{u}+\left(\nabla_t^2E_v-\frac{E_v}{u^2}+\frac{2}{u^2}\frac{\partial E_u}{\partial v}\right)\boldsymbol{v}+(\nabla_t^2E_z)\boldsymbol{z}+K_c^2(\boldsymbol{u}E_u+\boldsymbol{v}E_v+\boldsymbol{z}E_z)=0$$
经整理，得
$$\left(\nabla_t^2E_u-\frac{E_u}{u^2}-\frac{2}{u^2}\frac{\partial E_v}{\partial v}+K_c^2E_u\right)\boldsymbol{u}+\left(\nabla_t^2E_v-\frac{E_v}{u^2}+\frac{2}{u^2}\frac{\partial E_u}{\partial v}+K_c^2E_v\right)\boldsymbol{v}+(\nabla_t^2E_z+K_c^2E_z)\boldsymbol{z}=0$$
由此式可知
$$\nabla_t^2E_z+K_c^2E_z=0 \tag{2.2-15}$$
同样，将式(2.1-31)展开后，则有
$$\nabla_t^2H_z+K_c^2H_z=0$$
可见，E_z 和 H_z 都满足标量形式的亥姆霍兹方程，这种方程的求解是比较容易的。

从式(2.2-12)和式(2.2-13)可以看出：当 K_c 大于零时，E_z 和 H_z 不能同时为零(否则,场已不存在)，但是只要其中一个不为零(另一个可以为零)，场就可以存在；当 K_c 等于零时，E_z 和 H_z 必须同时为零，电场和磁场的横向分量才有确定的值，场才可以存在。不同的情况对应着不同的场分布(波型)，但都是在满足一定边界条件下相互独立的波动方程的解。根据这种分析，对于无耗规则波导中的波型可划分为三类：TEM 波($E_z=0$，$H_z=0$，电场和磁场只有横向分量，称为横电磁波)；TE 波($E_z=0$，$H_z\neq0$，称为横电波，因为场的纵向分量只有磁场，故又称 H 波)；TM 波($E_z\neq0$，$H_z=0$，称为横磁波，因为场的纵向分量只有电场，故又称 E 波)。这三类波型都是可以单独存在的波型。对于既有 E_z、又有 H_z 的情况，则可把它看做是 TE 和 TM 波型的线性叠加。需要说明的是，这种分类法是对

无耗规则波导而言的，若波导有耗，则 E_z 和 H_z 将同时存在，这样，就不会有能够单独存在的纯 TEM、TE 和 TM 波型。但是，对于实际应用的波导，因其损耗很小，可近似地看做是无耗的。下面对这三类波型分别加以讨论。

（一）TEM 波型

这种波型的 E_z 和 H_z 都为零，电场和磁场只有横向分量。由式(2.2 - 12)和式(2.2 - 13)可知，只有令 $K_c=0$，场的横向分量 $\boldsymbol{E}_t$ 和 $\boldsymbol{H}_t$ 才有非零解，TEM 波型才能够存在。这样，根据式(2.1 - 29)和式(2.1 - 31)，TEM 波型的场满足下面的方程

$$\nabla_t^2 \boldsymbol{E}(u,v) = 0 \tag{2.2 - 17}$$

$$\nabla_t^2 \boldsymbol{H}(u,v) = 0 \tag{2.2 - 18}$$

根据式(2.1 - 32)知

$$K_c^2 = K^2 - \beta^2$$

因为 $K_c=0$，所以 $\beta^2=K^2$，即相移常数为

$$\beta = K = \omega\sqrt{\mu\varepsilon} \tag{2.2 - 19}$$

式(2.2 - 17)和式(2.2 - 18)是一个二维的矢量形式的拉普拉斯方程，静态场也满足同样的方程。可见，TEM 波型的场在规则波导横截面上的分布规律，与在同样边界条件下二维静态场在横截面上的分布规律是完全一样的。但是，静态场是由静电荷或恒定电流所产生的，因此，一个导波系统若能传输 TEM 波型，则在该系统中必须能够存在静电荷或恒定电流，而在由单导体所构成的空心金属波导管内（例如，矩形、圆形波导管），不可能存在静电荷或恒定电流，因此也不可能传输 TEM 波型。如果导波系统不是单导体，而是双导体(例如，双导线传输线、同轴线、带状线、微带线——准 TEM 波型)或多导体系统，则可以传输 TEM 波型。从另一角度看，同样可以说明由单导体所构成的空心金属波导管内不可能传输 TEM 波型。因为磁力线总是闭合的，它或者围绕着传导电流而闭合，或者围绕着位移电流而闭合。对于 TEM 波型，它的磁场在导波系统内只有横向分量，若该磁场能够存在，那么，按照安培环路定律，则要求导波系统应有纵向的传导电流或位移电流。但是，在由单导体所构成的空心金属波导管内部(空间)不存在纵向的传导电流，而且对于 TEM 波型而言，它本身也不存在纵向电场和由此而产生的纵向位移电流，因此 TEM 波型的横向磁场也不可能存在，因为交变电场与交变磁场是同时存在、互相依存、而又互相感应的，所以 TEM 波型的横向电场同样不能存在。由此可知，在单导体的空心金属波导管内不可能存在、也不可能传输 TEM 波型。当然，在单导体的空心金属波导管内，可以存在纵向电场 E_z(它对应着纵向位移电流)，但同时还存在着电场的横向分量，而磁场则只有横向分量，这是 TM 波型；也可能电场只有横向分量，而磁场则既有横向分量，又有纵向分量，这是 TE 波型。可见，它们都不是 TEM 波型。关于 TM 和 TE 波型，后面将详细讨论。需要指出的是，现在所讨论的 TEM 波型，是一个随着时间变化、且沿 z 轴传播的交变电磁场，它与纯粹由静电荷或恒定电流所建立的场，虽然在导波系统横截面上的分布规律相同，但在本质上两者是不相同的。

前面已讲过，对于 TEM 波型，K_c 为零，则由 $K_c=2\pi/\lambda_c$ 可知，截止波长 λ_c 为无穷大。这就是说，对于能够传输 TEM 波型的导波系统来说，当它传输 TEM 波型时，没有频率上限和下限，但在实际应用中其频率上限则取决于不出现 TE 和 TM 高次模以及所允许的功率损耗程度。

（二）TE 波型

TE 波型是横电波型，电场只有横向分量，其纵向分量 E_z 为零，磁场的纵向分量 H_z 不为零，因此也称为 H 波型。由式(2.2 - 12)和式(2.2 - 13)可知，磁场的和电场的横向分量分别为

$$\boldsymbol{H}_t = -\frac{j\beta}{K_c^2}\nabla_t H_z \tag{2.2 - 20}$$

$$\boldsymbol{E}_t = \frac{1}{K_c^2}(j\omega\mu \boldsymbol{z} \times \nabla_t H_z) \tag{2.2 - 21a}$$

或

$$\boldsymbol{E}_t = \frac{\omega\mu}{\beta}\boldsymbol{H}_t \times \boldsymbol{z} \tag{2.2 - 21b}$$

式中，$K_c^2 = K^2 - \beta^2$。

可见，在波导横截面内，各点的 $\boldsymbol{E}_t$ 与 $\boldsymbol{H}_t$ 是互相正交的，而且 $\boldsymbol{E}_t$、$\boldsymbol{H}_t$ 和单位矢量 $\boldsymbol{z}$ 构成了一个右手螺旋系。

（三）TM 波型

TM 波型是横磁波型，磁场只有横向分量，其纵向分量 H_z 为零，电场的纵向分量 E_z 不为零，因此也称为 E 波型。由式(2.2 - 12)和式(2.2 - 13)可知，磁场的和电场的横向分量分别为

$$\boldsymbol{H}_t = -\frac{1}{K_c^2} j\omega\varepsilon \boldsymbol{z} \times \nabla_t E_z \tag{2.2 - 22}$$

$$\boldsymbol{E}_t = -\frac{j\beta}{K_c^2}\nabla_t E_z \tag{2.2 - 23}$$

或

$$\boldsymbol{H}_t = \frac{\omega\varepsilon}{\beta}\boldsymbol{z} \times \boldsymbol{E}_t \tag{2.2 - 24}$$

$\boldsymbol{E}_t$ 和 $\boldsymbol{H}_t$ 是互相正交的，它们与 $\boldsymbol{z}$ 构成了一个右手螺旋系。

以上是根据在波导中传输的电磁波是否有电场或磁场的纵向分量而将其划分为三类波型。其中，TE 和 TM 还可细分为很多种不同的波型(理论上讲有无穷多个)，它们都是在一定边界条件下波动方程的解，这将在本章后面讲到具体的波导时再详述。除上述三类波型外，在有的导波系统中，也有 E_z 和 H_z 都不为零的波型，一般称之为混合波型(混合模)。

二、传输特性

讨论电磁波在规则波导中沿轴向传播时的一些特性。

（一）传输条件

在单导体的空心金属波导内(以下简称波导)，虽然能够存在 TE 和 TM 波型，但是，若使这两类波型能够在波导中传输，尚需满足一定的条件。下面就讨论这些条件。

对于无耗的规则波导而言，根据式(2.1 - 34)可知，导行波沿波导 z 轴正方向的传播规律为

$$Z(z) = A^{+}e^{-j\beta z}$$

式中的 β 为波沿 z 轴的相移常数，根据式(2.1 - 32)，β 为

$$\beta = \sqrt{K^2 - K_c^2} \tag{2.2 - 25}$$

对于已给定了横截面的具体形状、尺寸和一定波型的波导来说，K_c 也就确定了。若波导中

填充的介质也已给定，那么，K 的值($K=\omega\sqrt{\mu\varepsilon}$)就取决于频率的高低，实际上也就是相移常数 β 的值也取决于频率的高低，或者说，某一波型的电磁波能否在波导中传输，也取决于频率的高低。当频率变化时可能出现下述的三种情况。

(1) 当 $K>K_c$ 时，β 为正和负的实数，根据式(2.1-34)可知，它们分别表示波向 z 轴的正和负方向传播时的相移常数，对于相应的模式，波导呈现传输状态。根据式(2.2-25)可知

$$\lambda<\lambda_c \text{ 或 } f>f_c \tag{2.2-26a}$$

$\lambda=2\pi/(\omega\sqrt{\mu\varepsilon})$称为工作波长(TEM 波在无界介质中的波长)，当介质给定时，它与工作频率$f=K/(2\pi\sqrt{\mu\varepsilon})$是相对应的，通常所说电磁波(波源)的波长和频率，就是指 λ 和 f 而言的，它们与波导的形状和尺寸无关。λ 还可写为 $\lambda_0/\sqrt{\varepsilon_r}$，$\lambda_0$ 为电磁波在自由空间中的波长，ε_r 为介质的相对介电常数。

(2) 当 $K<K_c$ 时，β 为正和负的虚数，根据式(2.1-34)可知，它们分别表示波的幅值沿 z 轴的负和正方向按指数规律衰减，沿 z 轴没有相位的变化，对于相应的模式，波导呈现截止状态。显然，此时应有下列关系

$$\lambda>\lambda_c \text{ 或 } f<f_c \tag{2.2-26b}$$

需要指出的是，现在讨论的是无耗波导，因此，从理论上讲，波的衰减并不是由于波导本身的热损耗引起的，也就是说，这种衰减并不伴随着电磁波能量的损耗，而是由于电磁波不满足传播条件而引起的所谓电抗性衰减。因此，应把这种“衰减”与实际有耗波导中由于热损耗而引起的电磁波能量的衰减区别开来。处于截止状态的波导虽然不能传输电磁波，但却可以用它构成波导式截止衰减器或其他的一些微波元件。

(3) 当 $K=K_c$ 时，这是传输与截止的分界点，称为临界状态。显然，此时应有下列关系，即

$$K_c=\omega_c\sqrt{\mu\varepsilon} \tag{2.2-27}$$

$$f_c=\frac{K_c}{2\pi\sqrt{\mu\varepsilon}} \tag{2.2-28}$$

可见，截止频率也就是临界频率，ω_c 是临界(截止)角频率。同理，与 f_c 相对应的波长 λ_c，称为临界波长或截止波长。λ_c 的表示式为

$$\lambda_c=\frac{v}{f_c}=\frac{2\pi}{K_c} \tag{2.2-29}$$

式中的 v 如式(2.1-6)所示，是电磁波(TEM 波)在无界介质(与波导中填充的介质相同)中的传播速度。

归纳上述的三种情况可以看出，对于某一类波型而言，若要在给定的波导内能够传输，则要求电磁波的工作波长 λ 小于截止波长 λ_c，或者说工作频率 f 大于截止频率 f_c。可见，这一类的波导具有高通滤波器的特性。

(二) 传播常数

在前面讨论波动方程的求解过程时，曾引入了传播常数 γ，即式(2.1-27)

$$\gamma=\alpha+j\beta$$

式中的衰减常数 α 表示波导单位长度上波的幅值的衰减量，它与波导横截面的形状、尺寸、

波导管壁内表面的材料、波导内填充的介质、传输的波型，以及工作频率(或工作波长)等因素有关。关于 α 的表示式，在讲到具体的波导时再详述。β 表示波沿波导的轴向传播时单位距离内相位的变化量。假定波导是无耗的，则衰减常数 α 等于零，$\gamma=\mathrm{j}\beta$。

（三）波的速度和波导波长

(1) 相速。波的相速是指波的等相位面沿波导的轴向(z)传播的速度，用 v_p 表示。从广义的角度讲，波导与传输线是同义语，因此，对于波在无耗波导中的相速，可以直接引用第 1 章的式(1.2-15)来求出，即

$$v_\mathrm{p}=\frac{\mathrm{d}z}{\mathrm{d}t}=\frac{\omega}{\beta} \tag{2.2-30}$$

因已知 $\beta=\sqrt{K^2-K_\mathrm{c}^2}$，$K=2\pi/\lambda$，$K_\mathrm{c}=2\pi/\lambda_\mathrm{c}$，则

$$v_\mathrm{p}=\frac{\omega}{\beta}=\frac{v}{\sqrt{1-(\lambda/\lambda_\mathrm{c})^2}} \tag{2.2-31}$$

(a) TEM 波型的相速。对于传输 TEM 波型的导波系统，其截止波长 λ_c 为无穷大，根据式(2.2-31)可知其相速 v_p 为

$$v_\mathrm{p}=v=\frac{1}{\sqrt{\mu\varepsilon}} \tag{2.2-32}$$

可见，相速 v_p 也就是电磁波(TEM 波)在无界介质中的传播速度，而且与频率无关(假定 μ 和 ε 与频率无关，实际上它们与频率有关。这里是近似的说法)。我们把具有这种特性的波型称为无色散波型；而有的波型(例如 TE 和 TM)，当波导的形状、尺寸和所填充的介质给定时，对于传输某一波型的电磁波而言，其相速 v_p(以及后面将要讨论的群速 v_g)则是随着频率而变化的。我们把具有这种特性的波型称为色散波型。“色散”一词是从光学中借用来的。根据光学知识可知，当一束白色光通过棱镜之后，可以分解为 7 种不同颜色的单色光，这种现象称为光的色散。这是由于同一种介质(真空，近似地讲还有空气，均除外)对不同频率的单色光的传播速度不同而造成的，而传播速度的不同是因为介质的折射率($\sqrt{\varepsilon_\mathrm{r}}$)是随着频率而变化的。但应注意的是，波导中的色散并不是由波导中的填充介质(线性介质)造成的，而是由波导本身的特性(边界条件)所造成的，这与光学中所讲的产生色散的原因有本质上的区别。

在波导中被传输信号的形状，由于色散的存在，在传输过程中会发生畸变，而且，波导波长也会发生变化。因此，在某些情况下，应该消除或尽量减少色散的影响。

(b) TE 和 TM 波型的相速。这两类波型的相速 v_p，即式(2.2-31)

$$v_\mathrm{p}=\frac{\omega}{\beta}=\frac{v}{\sqrt{1-(\lambda/\lambda_\mathrm{c})^2}} \tag{2.2-33}$$

这两类波型在波导中能够传输的条件是工作波长 λ 小于截止波长 λ_c，由此可知，此时的相速 v_p 大于光速 v。但是 v_p 并不是电磁波的能量沿波导轴的传播速度，能量沿 z 轴的传播速度是不可能大于光速的。所谓相速，只是在行波状态下沿波导的轴 z 观察时，单一频率等幅振荡的正弦电磁波相位的变化速度，或者说，波的某一相位状态(例如，波峰或波谷)向前传播的速度。能量沿 z 轴的传播速度是下面将要讨论的群速 v_g，它小于光速 v。由式(2.2-33)可知，当波导横截面的形状、尺寸、波导中填充的介质给定时，相速 v_p 是频率的函数。由此可见，TE 和 TM 是色散波型。

(2) 波导波长。波导波长(导波长)或称相波长，是指在波导内沿其轴向传播的电磁波，它的相邻的两个同相位点之间的距离，用 λ_g 表示。λ_g 与相速 v_p 相对应，若电磁波的频率是 f，则 λ_g 为

$$\lambda_g = \frac{v_p}{f} = \frac{\lambda}{\sqrt{1-(\lambda/\lambda_c)^2}} \qquad (2.2-34)$$

电磁波沿波导轴向的相移常数 β 为

$$\beta = \frac{2\pi}{\lambda_g} = \frac{2\pi}{\lambda}\sqrt{1-(\lambda/\lambda_c)^2} \qquad (2.2-35)$$

由此式可知，对于在导波系统中传输的 TEM 波，因其截止波长 λ_c 为无穷大，所以 λ_g 与工作波长 λ 相等；对于 TE 和 TM 波型，在传输状态下 λ_g 大于 λ，而且，λ_g 会随着频率而变化，这再次说明了这两类波型的色散特性。

(3) 群速。相速 v_p 实际是指其幅度、相位和频率均未受到调制时单一频率的正弦电磁波在行波状态下的速度而言的。从理论上讲，只有当波的周期性振荡在时间上无限延续、在空间传播中无限延伸时，相速才有意义，但是这种波不载有任何信息，而且，严格地讲，这种波在实际上是不可能实现的。若使波载有信息，则必须对波的参量(幅度、相位或频率)进行调制，而调制后的波就不再是单一频率的波，而是一个多频率成分的波。这种由多频率成分构成的"波群"的速度，称为群速，用 v_g 表示。所谓群速，实际上是指一群具有非常相近的角频率 ω 和非常相近的相移常数 β 的波，在传播过程中所表现出的"共同"速度，这个速度代表能量的传播速度。群速 v_g 小于光速 v。

为了导出群速 v_g 的表示式，可以用一个最简单的调幅波作为例子来加以说明。当波沿 z 轴传播时，设在 $z=0$ 处和时间为 t 时有一调幅波输入，并沿 z 轴的正方向往前传播。设载波的表示式为

$$E(0,t) = E_0\cos\omega_0 t \qquad (2.2-36)$$

式中，E_0 为载波的振幅值；ω_0 为角频率。用来对载波的振幅值进行调制的信号的表示式为

$$E_\Omega(0,t) = E_\Omega\cos\Omega t \qquad (2.2-37)$$

式中，E_Ω 为调制信号的振幅值；$\Omega(\Omega \ll \omega_0)$为角频率。则在 $z=0$ 处和时间为 t 时调幅波的表示式为

$$\begin{aligned} E(0,t) &= (E_0 + E_\Omega\cos\Omega t)\cos\omega_0 t \\ &= E_0\left(1+\frac{E_\Omega}{E_0}\cos\Omega t\right)\cos\omega_0 t \\ &= E_0(1+M\cos\Omega t)\cos\omega_0 t \end{aligned} \qquad (2.2-38)$$

式中的 $M=E_\Omega/E_0$ 称为调制系数。利用三角函数公式

$$\cos x\cos y = \frac{1}{2}\cos(x+y) + \frac{1}{2}\cos(x-y)$$

可将上式化为

$$E(0,t) = E_0\cos\omega_0 t + \frac{1}{2}ME_0\cos(\omega_0+\Omega)t + \frac{1}{2}ME_0\cos(\omega_0-\Omega)t \qquad (2.2-39)$$

可见，经过调制的波可以看做是由 ω_0、$\omega_0+\Omega$ 和 $\omega_0-\Omega$ 三个频率成分(一个载频和两个旁频)所组成的波。设这三个频率的波的相移常数分别为 β_0、β_+ 和 β_-。当调制波从 $z=0$ 处开始，传播了距离 z 之后，它的表示式为

$$E(z,t)=E_0\cos(\omega_0 t-\beta_0 z)+\frac{1}{2}ME_0\cos[(\omega_0+\Omega)t-\beta_+ z]+\frac{1}{2}ME_0\cos[(\omega_0-\Omega)t-\beta_- z] \tag{2.2-40}$$

根据式(2.1-32)，相移常数β为

$$\beta^2=K^2-K_c^2=\left(\frac{2\pi}{\lambda}\right)^2-K_c^2=\omega^2\mu\varepsilon-K_c^2$$

当K_c和介质的μ和ε给定之后，β是角频率ω的函数，写为$\beta(\omega)$。因为$\Omega\ll\omega_0$(即频带很窄)，所以，可以把$\beta(\omega)$在ω_0处展开为泰勒级数的形式。从数学中已知，函数$f(x)$在$x=x_0$处的泰勒级数的展开式为

$$f(x)=f(x_0)+\frac{f'(x_0)}{1!}(x-x_0)+\frac{f''(x_0)}{2!}(x-x_0)^2+\cdots+\frac{f^{(n)}(x_0)}{n!}(x-x_0)^n+\cdots$$

根据此式可得$\beta(\omega)$在ω_0处的泰勒级数的展开式为

$$\begin{aligned}\beta(\omega)&=\beta(\omega_0)+\frac{\beta'(\omega_0)}{1!}(\omega-\omega_0)+\frac{\beta''(\omega_0)}{2!}(\omega-\omega_0)^2+\cdots\\&=\beta_0+\left.\frac{d\beta(\omega)}{d\omega}\right|_{\omega_0}(\omega-\omega_0)+\frac{1}{2}\left.\frac{d^2\beta(\omega)}{d\omega^2}\right|_{\omega_0}(\omega-\omega_0)^2+\cdots\end{aligned} \tag{2.2-41}$$

式中的β_0即$\beta(\omega_0)$，因为$\Omega\ll\omega_0$，所以，作为近似，只取该式的前二项，略去二次方以上的高次方项，因此有

$$\beta(\omega)\approx\beta_0+\left.\frac{d\beta(\omega)}{d\omega}\right|_{\omega_0}(\omega-\omega_0)$$

当$\omega=\omega_0+\Omega$时，可得

$$\beta_+\approx\beta_0+\left.\frac{d\beta(\omega)}{d\omega}\right|_{\omega_0}\Omega \tag{2.2-42}$$

当$\omega=\omega_0-\Omega$时，可得

$$\beta_-\approx\beta_0-\left.\frac{d\beta(\omega)}{d\omega}\right|_{\omega_0}\Omega \tag{2.2-43}$$

将它们代入到式(2.2-40)中，加以整理，得

$$E(z,t)=E_0\left[1+M\cos\left(\Omega t-\left.\frac{d\beta(\omega)}{d\omega}\right|_{\omega_0}\Omega z\right)\right]\cos(\omega_0 t-\beta_0 z) \tag{2.2-44}$$

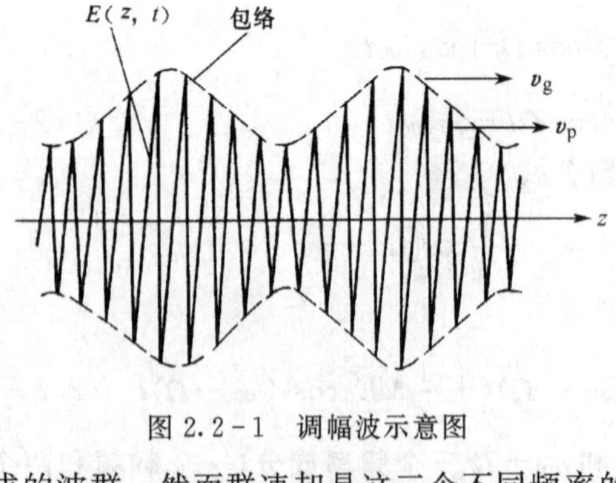

图 2.2-1　调幅波示意图

由此式可以看出，调幅波的幅值不仅随着时间、而且还随着距离而变化，即有一个随着调制信号而变化的波动状态在沿着z轴的正方向传播(如图2.2-1中的包络线所示)。包络线的传播速度，也就是调制信号能量的传播速度，称为群速v_g。图2.2-1是一个调幅波的示意图。

需要说明的是，虽然可以将调幅波看做是由三个具有不同的频率和相位常数的波所组成的波群，然而群速却是这三个不同频率的波相叠加(相互干涉)后，作为调幅波的整体速度而出现的。因为振幅值等相位面(包络线上等相位点)的传播速度就是群速，所以，可令

$$\left(\Omega t-\left.\frac{\mathrm{d}\beta(\omega)}{\mathrm{d}\omega}\right|_{\omega_0}\Omega z\right)=\text{常数}$$

并对时间 t 求导，即

$$\frac{\mathrm{d}}{\mathrm{d}t}\left(\Omega t-\left.\frac{\mathrm{d}\beta(\omega)}{\mathrm{d}\omega}\right|_{\omega_0}\Omega z\right)=0$$

$$\Omega-\left.\frac{\mathrm{d}\beta(\omega)}{\mathrm{d}\omega}\right|_{\omega_0}\Omega\frac{\mathrm{d}z}{\mathrm{d}t}=0$$

则群速 v_{g} 为

$$v_{\mathrm{g}}=\frac{\mathrm{d}z}{\mathrm{d}t}=\frac{1}{\left.\frac{\mathrm{d}\beta(\omega)}{\mathrm{d}\omega}\right|_{\omega_0}}=\left.\frac{\mathrm{d}\omega}{\mathrm{d}\beta(\omega)}\right|_{\omega_0} \tag{2.2-45}$$

群速的公式虽然是从一个最简单的调幅波推导出的，但是它仍具有一般性。在很窄频带的情况下，利用傅里叶变换和逆变换也可以得到同样的结果。

从上述的分析和推导过程可知，只有在组成信号的频带很窄($\Omega\ll\omega_0$)的情况下，才可以将式(2.2-41)中的高次方项略去，并从而得出式(2.2-42)和式(2.2-43)，由此得到的群速才有意义；若组成信号的频带较宽，则式(2.2-41)中的高次方项就应该保留，这样就得不到群速的表示式，就是说，信号在传输过程中会发生畸变，群速也就失去了意义，这是因为波群(调幅波)中不同频率成分的波相速相差较大，以致它们在传输的过程中会很快地“散开”，难以再用一个“共同的”速度(群速)来描述“波群”的运动情况。

已知在规则波导中的相移常数 β 为

$$\beta=\sqrt{K^2-K_{\mathrm{c}}^2}=\sqrt{\omega^2\mu\varepsilon-K_{\mathrm{c}}^2}$$

由此可得 ω 为

$$\omega=\sqrt{\frac{\beta^2+K_{\mathrm{c}}^2}{\mu\varepsilon}}$$

根据式(2.2-45)就可得出群速 v_{g} 的表示式

$$v_{\mathrm{g}}=\frac{\mathrm{d}\omega}{\mathrm{d}\beta(\omega)}=v\sqrt{1-\left(\frac{\lambda}{\lambda_{\mathrm{c}}}\right)^2} \tag{2.2-46}$$

显然，在传输条件下，v_{g} 小于 v，而且有 $v_{\mathrm{g}}v_{\mathrm{p}}=v^2$。对于无色散的 TEM 波型，则有 $v_{\mathrm{g}}=v_{\mathrm{p}}=v$。

（四）波型阻抗

在第 1 章中曾讲过特性阻抗的概念，而且在讨论传输线上波的反射、驻波比和匹配，以及传输线的传输功率和损耗等问题时，都用到过这个参量。与此相类似，在规则波导中我们引入了波型阻抗的概念。在不计损耗的情况下，由式(2.2-21b)和式(2.2-24)可知，对于 TE 和 TM 波型而言，在行波状态下，电场的横向分量 $\boldsymbol{E}_t$ 和磁场的横向分量 $\boldsymbol{H}_t$ 不仅构成了沿波导轴正 z 方向传播的波，而且对于同一波型而言，$|\boldsymbol{E}_t|$ 与 $|\boldsymbol{H}_t|$ 的比值（或 $E_u/H_v=-E_v/H_u$）在波导横截面内处处相等，它与坐标 z 无关，并具有阻抗的量纲。这个比值就称为波型阻抗 Z_{W}(有时也称为波阻抗或特性阻抗)。根据式(2.2-21b)和式(2.2-24)可以得到 TE 和 TM 模的波型阻抗 Z_{W} 分别为

$$Z_{\mathrm{TE}}=\frac{\omega\mu}{\beta}=\sqrt{\frac{\mu}{\varepsilon}}\frac{1}{\sqrt{1-(\lambda/\lambda_{\mathrm{c}})^{2}}}=\sqrt{\frac{\mu}{\varepsilon}}\frac{\lambda_{\mathrm{g}}}{\lambda}\tag{2.2-47}$$

$$Z_{\mathrm{TM}}=\frac{\beta}{\omega\,\varepsilon}\sqrt{\frac{\mu}{\varepsilon}}\sqrt{1-(\lambda/\lambda_{\mathrm{c}})^{2}}=\sqrt{\frac{\mu}{\varepsilon}}\frac{\lambda}{\lambda_{\mathrm{g}}}\tag{2.2-48}$$

式中 $\sqrt{\mu/\varepsilon}=\eta$ (Ω) 是电磁波(各种 TEM 波)在无界介质(μ,ε)中的波阻抗(介质的波阻抗)。从这两个表示式可以看出，在行波状态下($\lambda<\lambda_c$)，波型阻抗为纯实数。一般地讲，波型阻抗是指行波状态而言的，对于截止状态若仍采用这一术语的话，那么，在截止状态下($\lambda>\lambda_c$)，波型阻抗是一个负的(对于 TE)或正的(对于 TM)纯电抗，这说明波导已不能传输能量，而变为一个储能元件。Z_{TE} 和 Z_{TM} 的倒数 Y_{TE} 和 Y_{TM}，称为波型导纳。对于 TEM 波，电在介质中的阻抗为

$$Z_{\mathrm{TEM}}=\sqrt{\frac{\mu}{\varepsilon}}=\eta\tag{2.2-49}$$

（五）传输功率

根据电磁场理论，在讨论场中各点处能量(或功率)的传播情况时，可以用坡印廷矢量来加以描述。它是一个面功率（流）密度矢量，其方向就是场中各点处能量的传播方向，其数值表示单位时间内通过与能量传播方向相垂直的单位面积的能量(或功率)。因为我们现在讨论的是随时间做简谐振荡得交变电磁场，所以在规则波导横截面上任意一点处的坡印廷矢量，其数值(指坡印廷矢量的瞬时值,即瞬时功率密度矢量的值)在不同的时刻是不相同的，而且，在同一时刻，各点的坡印廷矢量的数值也不相同，即它不仅是时间的函数，而且还是空间位置的函数。在实际中用得较多的不是坡印廷矢量的瞬时值，而是它对于时间的平均值，因此，首先用电磁波的一个周期(T)作为积分区间，对瞬时坡印廷矢量积分，然后再除以周期 T，就得到了波导横截面上任意一点处坡印廷矢量对于时间的平均值，也即该点处传播功率的平均值，最后在整个横截面上对这个平均值积分，就得到了通过波导横截面传输的对于时间的平均功率 P。

现以直角坐标系为例，导出传输功率 P 的计算公式。

仿照式(2.1-8),电场 $\boldsymbol{E}$ 和磁场 $\boldsymbol{H}$ 可表示为

$$\boldsymbol{E}=\boldsymbol{x}E_x\cos(\omega t+\varphi_x)+\boldsymbol{y}E_y\cos(\omega t+\varphi_y)+\boldsymbol{z}E_z\cos(\omega t+\varphi_z)$$
$$\boldsymbol{H}=\boldsymbol{x}H_x\cos(\omega t+\varphi_x')+\boldsymbol{y}H_y\cos(\omega t+\varphi_y')+\boldsymbol{z}H_z\cos(\omega t+\varphi_z')$$

坡印廷矢量瞬时值的表示式为 $\boldsymbol{S}=\boldsymbol{E}\times\boldsymbol{H}$，将上式代入其中，即可求出 $\boldsymbol{S}$ 的具体表示式，表示式是三个分量相加的形式，其中在 x 轴上的分量 S_x 为

$$S_x=E_yH_z\cos(\omega t+\varphi_y)\cos(\omega t+\varphi_z')-E_zH_y\cos(\omega t+\varphi_z)\cos(\omega t+\varphi_y')$$

S_x 对于时间的平均值为

$$S_{x\mathrm{av}}=\frac{1}{T}\int_0^T S_x\,\mathrm{d}t=\frac{1}{2}E_yH_z\cos(\varphi_y-\varphi_z')-\frac{1}{2}E_zH_y\cos(\varphi_z-\varphi_y')$$

根据§2.1 中关于用复矢量表示简谐场时书写方式的约定，可将上式改写为

$$S_{x\mathrm{av}}=\frac{1}{2}\mathrm{Re}(E_yH_z^*-E_zH_y^*)$$

注意，该式中的场量为复矢量，* 表示共轭复矢量。经过类似推导过程，可求得其他两个分量对于时间的平均值分别为

$$S_{yav} = \frac{1}{2}\text{Re}(E_z H_x^* - E_x H_z^*)$$

$$S_{zav} = \frac{1}{2}\text{Re}(E_x H_y^* - E_y H_x^*)$$

将三个分量相加，即得到坡印廷矢量 $\boldsymbol{S}$ 对于时间的平均值为

$$S_{av} = \frac{1}{2}\text{Re}[\boldsymbol{x}(E_y H_z^* - E_z H_y^*) + \boldsymbol{y}(E_z H_x^* - E_x H_z^*) + \boldsymbol{z}(E_x H_y^* - E_y H_x^*)]$$

显然，坡印廷矢量对于时间平均值的复数表示式即为

$$\boldsymbol{S} = \frac{1}{2}(\boldsymbol{E} \times \boldsymbol{H}^*) \tag{2.2-50a}$$

这是波导横截面中一点的平均功率密度(矢量)，因此，在规则波导中，当不计损耗时，在行波状态下，电磁波沿波导轴 z 正方向通过横截面 S 传输的（对于时间的）平均功率 $\boldsymbol{P}$（有功功率，下同），应为复数坡印廷矢量在横截面上积分量的实部，即

$$P = \frac{1}{2}\text{Re}\left[\int_S (\boldsymbol{E} \times \boldsymbol{H}^*) \cdot \text{d}\boldsymbol{S}\right] \tag{2.2-50b}$$

式中，$\text{d}\boldsymbol{S}$ 为横截面上的微面积元(可以看做矢量,其方向为微面积元的正法线方向)，其大小为 $\text{d}S$。因为沿波导轴正 z 方向传播的功率，实际上只与场的横向分量有关，因此传输的平均功率 P 又可写为下列形式

$$\begin{aligned} P &= \frac{1}{2}\text{Re}\left[\int_S (\boldsymbol{E}_t \times \boldsymbol{H}_t^*) \cdot \text{d}\boldsymbol{S}\right] \\ &= \frac{1}{2}\text{Re}\left[\int_S (\boldsymbol{E}_t \times \boldsymbol{H}_t^*) \cdot \boldsymbol{z}\text{d}S\right] \end{aligned} \tag{2.2-51}$$

因为波型阻抗 Z_w 的定义是 $|\boldsymbol{E}_t|$ 与 $|\boldsymbol{H}_t|$ 的比值，所以传输的平均功率 P 还可以写为

$$P = \frac{1}{2Z_w}\int_S |\boldsymbol{E}_t|^2 \text{d}S = \frac{Z_w}{2}\int_S |\boldsymbol{H}_t|^2 \text{d}S \tag{2.2-52}$$

当波导横截面的形状、尺寸，以及波导中填充的介质和传输波型场的表示式给定之后，即可按上述公式求出波导的传输功率。

我们知道，通过波导横截面传输的平均功率，实际上意味着有能量沿着波导的轴向流动，因此就存在着一个能量流动的速度 v_e。如果用 W 表示波导单位长度内储存的能量(对时间)的平均值，那么，W 乘以 v_e 就等于单位时间内通过波导横截面的能量，也就是通过波导横截面的平均功率。由此可得关系式

$$v_e = \frac{P}{W} \tag{2.2-53}$$

式中，$W = W_e + W_m$，W_e 表示电场能量，W_m 表示磁场能量。在行波状态下，$W_e = W_m$，因此 $W = 2W_e$ 或 $W = 2W_m$。对于式(2.2-53)，现以 TM 波型(用 TE 波型也可)来加以证明。在波导单位长度内储存的磁场能量的平均值 W_m 为

$$W_m = \frac{\mu}{4}\int_S |\boldsymbol{H}_t|^2 \text{d}S$$

根据式(2.2-52)，通过波导横截面的平均功率为

$$P = \frac{Z_{TM}}{2}\int_S |\boldsymbol{H}_t|^2 \text{d}S$$

因为 $W=2W_m$，所以

$$\frac{P}{W}=\frac{\frac{Z_{TM}}{2}\int_S |\boldsymbol{H}_t|^2\,dS}{\frac{\mu}{2}\int_S |\boldsymbol{H}_t|^2\,dS}=\frac{\beta}{\omega\mu\varepsilon}=v^2\frac{\beta}{\omega}=v\frac{\beta}{K}=v_g$$

一般地讲，并非在所有情况下能量的传播速度都等于群速，有时两者并不相等，但是，在通常使用的波导中两者是相等的。

（六）损耗和衰减

损耗是指波在传播过程中，其幅值（或功率）不断地减小的现象。有两种情况：一种情况是，如前面已讲过的，对于无耗波导，当 $\lambda>\lambda_c$ 时，波导已不能传输能量，也不消耗能量，只能储存能量，称为截止（电抗性）衰减；另一种情况是，对于实际应用的波导，波导壁的内表面并非是无耗的导体，高频电流在其上流过时会产生热损耗，另外，波导中填充的也并非是理想介质，也会产生热损耗，所有这些都会引起波的衰减。

由以上所述可见，这两种情况的衰减，在产生的机理上是完全不同的。下面只讨论第二种情况的衰减。对于这种情况，当满足传播条件时（可近似地认为，传播条件与无耗波导的传播条件相同，即 $\lambda<\lambda_c$），电磁波沿着波导的轴线方向，既有幅度的衰减，同时又有相位的变化，是一个具有衰减特性的波动。因此，当考虑到波导的损耗时，根据式（2.1-27）可知，传播常数是一个复数，即

$$\gamma=\alpha+j\beta \tag{2.2-54}$$

式中的 α 为

$$\alpha=\alpha_c+\alpha_d \tag{2.2-55}$$

α_c 是由波导壁所引起的导体的衰减常数；α_d 是由波导中填充介质所引起的介质的衰减常数。下面讨论 α_c 和 α_d 的计算方法。

（1）α_c 的计算。在波导中任取某一横截面作为参考面，设输入该面的功率为 P_0，那么，与该面相距单位长度处横截面上输出的功率 P_1 则为

$$P_1=P_0e^{-2\alpha_c} \tag{2.2-56}$$

单位长度上损耗的功率 P_L 为

$$P_L=P_0-P_1=P_0(1-e^{-2\alpha_c})\approx 2\alpha_c P_0$$

可知 α_c 为

$$\alpha_c\approx\frac{P_L}{2P_0}\quad \text{Np/m} \tag{2.2-57}$$

式中的 P_0 用式（2.2-52）计算，P_L 用下面推导出的公式计算。

因为波导壁内表面并非理想导体，所以其上的表面电流实际上是在一层很薄的导体内流动（即体积电流）。为使问题简化，假设使层厚趋于零，则体积电流可近似地看做是面电流。据此，可以规定导体表面某点面电流密度矢量 $\boldsymbol{J}_S$ 的含义是：$\boldsymbol{J}_S$ 的方向是通过该点的正电荷的流动方向；$\boldsymbol{J}_S$ 的值（大小）是通过该点、并与 $\boldsymbol{J}_S$ 相垂直的单位长度上所通过的电流量，单位为 A/m。

假设在波导壁内表面上的微面积元为 $dS=dl\,dz$，dl 和 dz 分别为沿波导横截面周界和沿波导的轴向（z）的微长度元，$\boldsymbol{J}_S$ 为该微面积元上的表面电流密度矢量，则在 dS 上损耗的功率 dP_L 为

$$dP_L = \frac{1}{2}R_S\,|\boldsymbol{J}_S|^2\,dl\,dz \tag{2.2-58}$$

因为在波导壁内表面上任意一点磁场的切向分量 $\boldsymbol{H}_\tau$，其模(幅)值与该点的表面电流密度矢量的模值是相等的，所以 dP_L 又可写为

$$dP_L = \frac{1}{2}R_S\,|\boldsymbol{H}_\tau|^2\,dl\,dz \tag{2.2-59}$$

则单位长度上损耗的功率 P_L 为

$$P_L = \frac{1}{2}R_S\oint_L |\boldsymbol{H}_\tau|^2\,dl \tag{2.2-60}$$

式中的 R_S 为

$$R_S = \frac{1}{\sigma_1\delta} = \sqrt{\frac{\pi f\mu_1}{\sigma_1}} \tag{2.2-61a}$$

称为导体的表面电阻率(Ω/□)，单位为欧姆。

我们知道，一个均匀平面波，当它从导体表面沿垂直方向开始向导体内部传播时，场强的模（或相应的高频电流的模）将按指数规律衰减，经过了距离 δ，模衰减为导体表面处的 $1/e\approx0.368$，这段距离（深度）称为趋肤深度。对于良导体 $\left(\frac{\sigma_1}{\omega\varepsilon}\gg100\right)$，电磁波在其中的衰减常数 α 的近似值为

$$\alpha=\left(\frac{\omega^2\mu_1\omega}{2}\right)^{1/2}\left(\frac{\sigma_1}{\omega\,\varepsilon}+1\right)^{1/2}\approx\left(\frac{1}{2}\omega\mu_1\sigma_1\right)^{1/2} \tag{2.2—61b}$$

根据趋肤深度的定义，则有

$$\delta=\frac{1}{\alpha}=\frac{1}{\sqrt{\pi f u_1\sigma_1}} \tag{2.2—61c}$$

式中，σ_1 和 μ_1 分别为导体的电导率和磁导率；f 为频率，以 Hz 计；δ 以 m（米）计。

根据电磁场理论可以证明（证明略），对于在导体内部按指数规律衰减的电流，从电流会造成热损耗的角度看，其效果可以用在 δ 厚的导体层内均匀分布的电流来代替，即两者是等效的。因此，对于表面电阻率 R_S 可以理解为单位长度、单位宽度、厚为 δ 的导体块对于直流所呈现的电阻（Ω/□），符号□即此含义。据此，对于长为 l、宽为 b 的有限面积导体的表面电阻 R 则可用下式计算

$$R=R_S\,\frac{l}{b} \tag{2.2—61d}$$

根据式(2.2-57)就可以把导体的衰减常数 α_c 写为

$$\alpha_c = \frac{R_S}{2Z_w}\,\frac{\oint_L |\boldsymbol{H}_\tau|^2\,dl}{\int_S |\boldsymbol{H}_t|^2\,dS}\quad \text{Np/m} \tag{2.2-62}$$

需要说明的是，这个公式中的磁场是利用了理想导体时求出的场分布的表示式。严格地讲，利用波导壁内表面的电导率为有限值时求出的场分布公式才是合理的，但是，求解是很困难的。因此，对于波导壁内表面大多是由良导体构成的情况而言，利用理想情况时求出的场分布表示式来计算 α_c，虽然是近似的，但仍可以满足实际应用中的精度要求。

(2) α_d 的计算。在波导内由填充介质造成热损耗的原因有两种情况：一是由于实际的介

质并非理想介质($\sigma\neq0$)，因而存在着由传导电流引起的损耗；二是由于介质中的带电粒子具有一定的质量和惯性，在微波段电磁场的作用下，很难随之同步振荡，而在时间上有滞后现象，对于简谐场而言，表现为相位上的滞后，即 $\boldsymbol{D}$ 与 $\boldsymbol{E}$ 关系式中的 ε 不再是实数，而是一个复数 ε_c，称为复介电常数，如下式所示

$$\varepsilon_c=\varepsilon'-j\varepsilon'' \tag{2.2-63}$$

$\boldsymbol{D}$ 与 $\boldsymbol{E}$ 的关系式变为

$$\boldsymbol{D}=(\varepsilon'-j\varepsilon'')\boldsymbol{E} \tag{2.2-64}$$

复介电常数的实部 ε'表示介质的介电特性(即通常的所谓介电常数)，虚部 ε''表示由于介质中带电粒子的滞后效应或谐振吸收效应而引起的损耗。

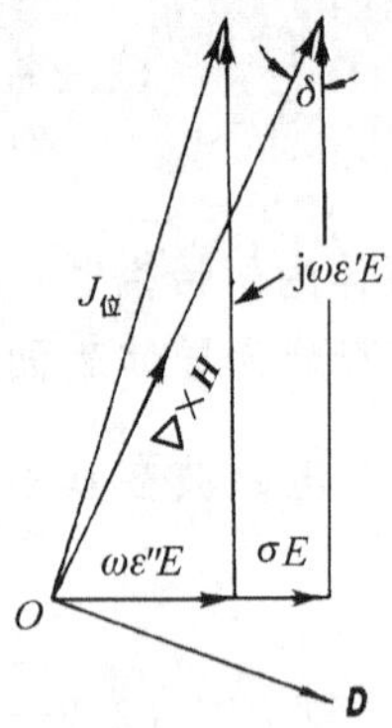

图 2.2-2　介质的损耗角

在计算介质的衰减常数 α_d 时，应包括上述两种情况在介质中所造成的功率损耗。为此，可以利用式(2.1-1b)于介质中，并考虑到现在讨论的是简谐场，即

$$\nabla\times\boldsymbol{H}=\boldsymbol{J}+\frac{\partial\boldsymbol{D}}{\partial t}=\sigma\boldsymbol{E}+j\omega(\varepsilon'-j\varepsilon'')\boldsymbol{E}=(\omega\varepsilon''+\sigma)\boldsymbol{E}+j\omega\varepsilon'\boldsymbol{E} \tag{2.2-65}$$

式中的 σ 是介质的电导率。对于式中各量之间的关系也可以用图解的方法把它表示出来，如图 2.2-2 所示。由图或由式(2.2-65)均可看出，位移电流（位移电流密度为 $\boldsymbol{J}_{位}$）中的一部分($\omega\varepsilon''\boldsymbol{E}$)和传导电流($\sigma\boldsymbol{E}$)是同相位的，这两部分电流在宏观上都表现为热损耗，就功率损耗的外部效果看，很难将两者的作用机理区分开来。为了同时考虑这两者的作用，可以把式(2.2-65)写为

$$\nabla\times\boldsymbol{H}=j\omega\left[\varepsilon'-j\left(\varepsilon''+\frac{\sigma}{\omega}\right)\right]\boldsymbol{E} \tag{2.2-66}$$

把该式与式(2.1-13b)，即

$$\nabla\times\boldsymbol{H}=j\omega\varepsilon\boldsymbol{E}$$

从形式上加以比较就可以看出，可以把$\left[\varepsilon'-j\left(\varepsilon''+\frac{\sigma}{\omega}\right)\right]$看做是等效的复介电常数，用 ε_{ec} 表示，即

$$\varepsilon_{ec}=\varepsilon'-j\left(\varepsilon''+\frac{\sigma}{\omega}\right) \tag{2.2-67}$$

实部 ε'仍表示介质的介电特性(介电常数)，虚部 $\varepsilon''+(\sigma/\omega)$则表示介质中总的损耗特性。有时也可以把($\omega\varepsilon''+\sigma$)看做是介质的总的等效电导率，它同样表示介质中总的损耗特性。实际上，在测试介质损耗角(δ)的正切 $\tan\delta$ 时，有限电导率 σ 的作用总是被包含在内的，因此

$$\tan\delta=\frac{\omega\varepsilon''+\sigma}{\omega\varepsilon'}=\frac{\varepsilon''+\dfrac{\sigma}{\omega}}{\varepsilon'} \tag{2.2-68}$$

因为在微波波段中，$\omega\varepsilon''$要比 σ 大得多，所以该式可近似地写为

$$\tan\delta\approx\frac{\varepsilon''}{\varepsilon'} \tag{2.2-69}$$

为了求出介质的衰减常数 α_d，可以先求出传播常数 γ 的表示式，然后取它的实部(此处假定它不包含波导壁的损耗，而只包含介质损耗)就是 α_d，而虚部就是相移常数 β。根据式(2.1-27)

和式(2.1-28)知

$$\gamma = \alpha + \mathrm{j}\beta$$

和

$$\gamma^2 = K_c^2 - K^2$$

当不考虑损耗时，式中的 $K^2 = \omega^2\mu\varepsilon$，$\varepsilon$ 为实数。现在要考虑介质的损耗，因此应将上式中的 ε 换为等效的复介电常数 ε_{ec}，由此求出的 γ 为

$$\gamma = \sqrt{K_c^2 - \omega^2\mu\varepsilon'\left(1 - \mathrm{j}\frac{\varepsilon'' + \sigma/\omega}{\varepsilon'}\right)} = \sqrt{K_c^2 - \omega^2\mu\varepsilon'(1 - \mathrm{j}\tan\delta)}$$

$$= \mathrm{j}\omega\sqrt{\mu\varepsilon'}\sqrt{(1 - \mathrm{j}\tan\delta) - \left(\frac{f_c}{f}\right)^2}$$

$$= \mathrm{j}\omega\sqrt{\mu\varepsilon'}\sqrt{1 - \left(\frac{f_c}{f}\right)^2}\sqrt{1 - \frac{\mathrm{j}\tan\delta}{1 - \left(\frac{f_c}{f}\right)^2}}$$

因为 $\tan\delta \ll 1$，所以

$$\gamma \approx \mathrm{j}\omega\sqrt{\mu\varepsilon'}\sqrt{1 - \left(\frac{f_c}{f}\right)^2}\left\{1 - \frac{\mathrm{j}\tan\delta}{2\left[1 - \left(\frac{f_c}{f}\right)^2\right]}\right\} \tag{2.2-70}$$

若将式中的截止频率 f_c 与工作频率 f 分别转换为与之相对应的截止波长 λ_c 与工作波长 λ，并将 γ 的实、虚部分开，则其实部就是 α_d，即

$$\alpha_d = \omega\sqrt{\mu\varepsilon'}\frac{\tan\delta}{2\sqrt{1 - \left(\frac{\lambda}{\lambda_c}\right)^2}} = \frac{\pi}{\lambda}\frac{\tan\delta}{\sqrt{1 - \left(\frac{\lambda}{\lambda_c}\right)^2}} \quad \mathrm{Np/m}$$

$$= 8.686\,\frac{\pi}{\lambda}\frac{\tan\delta}{\sqrt{1 - \left(\frac{\lambda}{\lambda_c}\right)^2}} \quad \mathrm{dB/m} \tag{2.2-71}$$

r 的虚部就是相移常数 β

$$\beta = \omega\sqrt{\mu\varepsilon'}\sqrt{1 - \left(\frac{\lambda}{\lambda_c}\right)^2} \quad \mathrm{rad/m} \tag{2.2-72}$$

若只考虑介质中由于电导率 $\sigma \neq 0$ 而存在着由传导流所引起的损耗，而不考虑由于带电粒子的滞后或谐振吸收效应所引起的损耗时，则复介电常数为

$$\varepsilon_c = \varepsilon - \mathrm{j}\frac{\sigma}{\omega} \tag{2.2-73}$$

实部表示介质的介电特性(介电常数)，虚部表示由传导电流所引起的损耗。经过与上述相同的推导过程，即可求出与此种情况相对应的介质衰减常数 α_d 的表示式，这里就不讨论了。当波导中填充的介质是空气时，其介质损耗可以忽略。

由上面的分析可知，波导中的损耗与波导壁内表面的材料、填充介质、波导形状和尺寸，以及工作波型和工作波长等因素有关。此外，如果波导壁内表面粗糙、凹凸不平，以及存在着由环境因素引起的锈蚀等现象，都会使损耗增加。

三、品质因数

波导（或传输线）品质因数的定义为

$$Q=\omega\frac{\text{波导单位长度内储存的能量}}{\text{波导单位长度内每秒损耗的能量}}$$

与将在第 5 章中讨论的谐振器的 Q 值相比，从能量的角度看，两者并无本质上的差别，即都是表征系统内的储能、耗能的程度的量。对于波导（或传输线），可根据 Q 值来衡量它耗能的程度，以及是否适合做成某些元（器）件（如谐振腔、滤波器等）。

对于波导的 Q 值，首先考虑只存在波导壁损耗时的 Q 值，其次再考虑波导内只存在介质损耗时的 Q 值，最后将两者合在一起，从而得出总的 Q 值。

我们把只存在波导壁损耗时的 Q 值记为 Q_c，P 为在波导中传输的平均功率，P_L 为波导单位长度内的损耗功率，v_g 为群速度，则波导单位长度内的储能为 P/v_g，参阅前面已讲述过的相关各量的表示式，即可得

$$Q_c=\omega\frac{P/v_g}{2P\alpha_c}=\frac{\omega}{2\alpha_c v\sqrt{1-\left(\frac{f_c}{f}\right)^2}}$$

只考虑波导内介质损耗时的 Q 值记为 Q_d。在讨论波导内介质损耗系数 α_d 时曾指出，若只考虑介质内由于电导率 $\sigma\neq 0$ 而引起的损耗，而不考虑带电粒子的滞后或谐振吸收效应所引起的损耗时，则复介电常数为

$$\varepsilon_c=\varepsilon-\mathrm{j}\,\frac{\sigma}{\omega}$$

据此，当只考虑介质损耗时的 Q_d 值定义为

$$Q_d=\frac{\varepsilon\omega}{\sigma}$$

即 ε_c 的实部与虚部之比，或者说，位移电流与传导电流之比，即储能与耗能之比。

由以上可得波导（或传输线）总的品质因数 Q 为

$$\frac{1}{Q}=\frac{1}{Q_c}+\frac{1}{Q_d}$$

或

$$Q=\frac{Q_cQ_d}{Q_c+Q_d}$$

顺便指出，带状线和微带线的 Q 值，在同样情况下比同轴线的 Q 值低，比波导管的 Q 值更低。

§2.3　矩形波导管中电磁波的传输特性

在前两节中讨论了波动方程和导行波，以及规则波导中导行波的波型和传输特性，阐述了对于规则波导普遍适用的一些理论知识和有关的表示式。本节将在前二节讲过的一般性理论和表示式的基础上，具体地讨论矩形波导中电磁波的波型、管壁电流、传输特性，以及矩形波导在实际应用中的一些问题。另外，还介绍了部分波和等效阻抗的概念。

图 2.3-1 是一个横截面为矩形的空心的金属波导管，它的相对壁内表面之间的距离分别为 a 和 b。这种波导管一般由铜或铜合金制成，也可以用铝或铝合金，以及不锈钢制成。为了提高导电性能和减少损耗，或者为了抗环境因素的腐蚀，常在壁的内表面上镀一层很薄的银或金(或两者均有)，镀层厚度应大于趋肤深度。对于双导线和同轴线而言，当工作频率

升高时，它们的损耗会增大；另外，由于受结构的限制，功率容量也会下降。因此，在分米波、厘米波和毫米波波段应采用波导作为传输线（正如第 1 章中所述，这种划分不是绝对的）。与圆形波导管相比，矩形波导管的微小变形对场结构的影响不大，频带宽，损耗也不大，因此是应用较为广泛的一种波导管，而且，还可以利用它构成各种微波元（器）件，例如谐振腔、滤波器、移相器、衰减器、天线辐射器，以及微波测量设备等。

以上所讲的是硬波导管，即它的形状和尺寸是固定不变的，这是我们这一节要讨论的内容。另外还有一种是软波导管，即其横截面在基本上仍保持矩形的情况下，波导管可以承受一定程度的弯曲和微小的尺寸变化，具有一定的柔韧性，故名软波导管。软波导管的管壁可以有多种结构形式，例如，可以利用带有小波纹的金属薄板构成，也可以把许多金属带条相互连接起来而构成等（见本章末附录 2.2 中的附图 2.2－2）。在波导管的内表面镀以导电性良好的金属层，在外表面再加一个防氧化和防潮的保护套，这样就构成了一个完整的软波导管。软波导管的整体性能不及硬波导管好，但它的优点是便于连接，对振动可以起到缓冲作用，因此它在通信、雷达、电子对抗、卫星通信等方面仍有一定的应用。

尽管软波导管的内表面不是完整的平面，有一定的起伏或槽缝，但其尺寸远小于工作波长，因此，它们对波的传输性能虽然有一定影响，但影响不大。这说明，在讨论硬波导管时所得出的结论，对于软波导管基本上也是适用的，因此只讨论硬波导管就足够了。

一、波动方程在直角坐标系中的解

如图 2.3－1 所示，采用直角坐标系分析矩形波导是方便的。根据式(2.1－29)和式(2.1－31)可知，矩形波导中的电场 $\boldsymbol{E}$ 和磁场 $\boldsymbol{H}$ 应满足下面的方程

$$\nabla_t^2\boldsymbol{E}(x,y)+K_c^2\boldsymbol{E}(x,y)=0 \tag{2.3-1}$$

$$\nabla_t^2\boldsymbol{H}(x,y)+K_c^2\boldsymbol{H}(x,y)=0 \tag{2.3-2}$$

根据本章附录 2.1 中的式(8)可以求得直角坐标系中的坐标度量系数（拉梅系数）为 $h_1=h_2=h_3=1$。因此，由式(2.1－23)即可得到上式中的横向算子为

$$\nabla_t^2=\frac{\partial^2}{\partial x^2}+\frac{\partial^2}{\partial y^2}$$

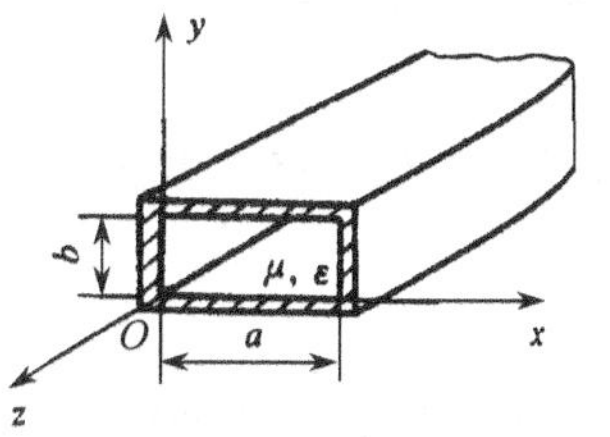

图 2.3－1　矩形波导管与直角坐标系

这两个方程是矢量形式的波动方程，为了求解，需将其化为标量形式的波动方程。根据在§2.2 中曾经讲过的规则波导中波型的分类可知，在矩形波导内有 TM(E)和 TE(H)两类波型。为了求出它们的场结构(场分布)，应首先求出场的纵向分量 E_z 和 H_z，然后利用横、纵向分量之间的关系式求出各个横向分量，则整个的场结构也就求出来了。

现在求 E_z 和 H_z 的表示式。根据式(2.2－15)和式(2.2－16)可以得到下面的标量形式的波动方程

$$\nabla_t^2E_z(x,y)+K_c^2E_z(x,y)=0 \tag{2.3-3}$$

$$\nabla_t^2H_z(x,y)+K_c^2H_z(x,y)=0 \tag{2.3-4}$$

即(以下均省写了 x 和 y)

$$\frac{\partial^2E_z}{\partial x^2}+\frac{\partial^2E_z}{\partial y^2}+K_c^2E_z=0 \tag{2.3-5}$$

$$\frac{\partial^2 H_z}{\partial x^2}+\frac{\partial^2 H_z}{\partial y^2}+K_c^2 H_z=0 \tag{2.3-6}$$

这是两个同一类型的方程。下面只讨论 E_z 的求解步骤，而 H_z 的解自然地就可写出了。为便于求解，可以用分离变量法将上边的偏微分方程化为常微分方程。即将 E_z 写为两个因子乘积的形式

$$E_z=X(x)Y(y) \tag{2.3-7}$$

式中，$X(x)$仅是 x 的函数，$Y(y)$仅是 y 的函数，它们分别表示 E_z 在波导横截面内在 x 和 y 坐标方向的分布函数，两者是互不相关的；为书写方便，将其分别简写为 X 和 Y。将式(2.3-7)代入到式(2.3-5)中，得

$$\frac{X''}{X}+\frac{Y''}{Y}=-K_c^2 \tag{2.3-8}$$

式中的 X''和 Y''分别表示 X 对于 x 和 Y 对于 y 的二阶导函数。等号左端第一项仅是 x 的函数，第二项仅是 y 的函数，等号右端的 K_c 是常数，因此，若等式成立，则等号左端的第一项和第二项应分别等于某一常数，设这两个常数分别为$-K_x^2$ 和$-K_y^2$，即

$$\frac{X''}{X}=-K_x^2$$

$$\frac{Y''}{Y}=-K_y^2$$

因为 K_x 和 K_y 都是与 x 和 y 无关，仅取决于边界条件的待定常数。为了使方程有解（非零解），K_x 和 K_y 前应取负号。若取正号，则 K_x 和 K_y 应为虚数才合理，但运算结果与取负号完全相同。因此，有下列关系

$$K_x^2+K_y^2=K_c^2 \tag{2.3-9}$$

K_x 和 K_y 称为横向截止波数。这样，就得到了两个常微分方程

$$X''+K_x^2 X=0 \tag{2.3-10}$$

$$Y''+K_y^2 Y=0 \tag{2.3-11}$$

这两个方程的通解分别为

$$X=C_1\cos(K_x x)+C_2\sin(K_x x) \tag{2.3-12}$$

$$Y=C_3\cos(K_y y)+C_4\sin(K_y y) \tag{2.3-13}$$

式中的 C_1、C_2、C_3 和 C_4，以及 K_x 和 K_y 等，是取决于波导中场的激励情况和边界条件的待定常数。如果将式(2.3-12)和式(2.3-13)代入式(2.3-7)中，利用 E_z 应满足的边界条件求出待定常数，则 E_z 的表示式就完全确定了。另外，也可将式(2.3-12)和式(2.3-13)化为下列形式

$$X=A\cos(K_x x+\varphi_x) \tag{2.3-14}$$

$$Y=B\cos(K_y y+\varphi_y) \tag{2.3-15}$$

在这里，A 和 B，以及 φ_x 和 φ_y 代替了 C_1、C_2、C_3 和 C_4 作为新的待定常数。将上式代入到式(2.3-7)中，并考虑到式(2.1-34)，则

$$E_z=E_0\cos(K_x x+\varphi_x)\cos(K_y y+\varphi_y)\mathrm{e}^{-\mathrm{j}\beta z} \tag{2.3-16}$$

经过与上述同样的求解过程，可得

$$H_z=H_0\cos(K_x x+\varphi_x)\cos(K_y y+\varphi_y)\mathrm{e}^{-\mathrm{j}\beta z} \tag{2.3-17}$$

式中，$E_0=ABA^+$，H_0 与 E_0 相类似，它们都是与波导中场的激励情况和边界条件有关的

常数。至此，根据波动方程，已经求出了场的纵向分量 E_z 和 H_z 的一般表示式，至于具体的表示式，以及场的横向分量的表示式，则需要结合 TM 和 TE 波型的具体情况去求解。下面分别讨论这两类波型的场结构。

二、波型及场结构

（一）TM 波型

（1）场分量的表示式。利用图 2.3－1 来进行讨论，对于 TM 波型，$H_z=0$，$E_z\neq0$，E_z 为

$$E_z = E_0\cos(K_x x+\varphi_x)\cos(K_y y+\varphi_y)e^{-j\beta z} \tag{2.3-18}$$

为了确定待定常数 K_x、φ_x、K_y 和 φ_y，可以利用电场的切向分量(现在是 E_z)在波导管四个壁的内表面上应为零的边界条件。这样，就会得到下面的结果

$$\begin{array}{lll} x=0 & E_z=0 & \varphi_x=\dfrac{\pi}{2} \\ x=a & E_z=0 & K_x=\dfrac{m\pi}{a} \\ y=0 & E_z=0 & \varphi_y=\dfrac{\pi}{2} \\ y=b & E_z=0 & K_y=\dfrac{n\pi}{b} \end{array}$$

则

$$E_z = E_0\sin\left(\frac{m\pi}{a}x\right)\sin\left(\frac{n\pi}{b}y\right)e^{-j\beta z} \tag{2.3-19}$$

在直角坐标系中，哈密顿算子∇为

$$\begin{aligned} \nabla &= \boldsymbol{x}\frac{\partial}{\partial x}+\boldsymbol{y}\frac{\partial}{\partial y}+\boldsymbol{z}\frac{\partial}{\partial z} \\ \nabla_t &= \boldsymbol{x}\frac{\partial}{\partial x}+\boldsymbol{y}\frac{\partial}{\partial y} \end{aligned} \tag{2.3-20}$$

式中的 $\boldsymbol{x}$、$\boldsymbol{y}$ 和 $\boldsymbol{z}$ 分别为指向 x、y 和 z 坐标轴正方向的单位矢量。根据式(2.2－22)和式(2.2－23)，即可得到场的横向分量

$$\boldsymbol{H}_t = -j\frac{\omega\varepsilon}{K_c^2}\boldsymbol{z}\times\nabla_t E_z = -j\frac{\omega\varepsilon}{K_c^2}\left(-\boldsymbol{x}\frac{\partial E_z}{\partial y}+\boldsymbol{y}\frac{\partial E_z}{\partial x}\right)$$

$$\boldsymbol{E}_t = -\frac{j\beta}{K_c^2}\nabla_t E_z = -\frac{j\beta}{K_c^2}\left(\boldsymbol{x}\frac{\partial E_z}{\partial x}+\boldsymbol{y}\frac{\partial E_z}{\partial y}\right)$$

把 E_z 的表示式代入到上式，得

$$\begin{aligned} H_x &= j\frac{\omega\varepsilon}{K_c^2}\frac{n\pi}{b}E_0\sin\left(\frac{m\pi}{a}x\right)\cos\left(\frac{n\pi}{b}y\right)e^{-j\beta z} \\ H_y &= -j\frac{\omega\varepsilon}{K_c^2}\frac{m\pi}{a}E_0\cos\left(\frac{m\pi}{a}x\right)\sin\left(\frac{n\pi}{b}y\right)e^{-j\beta z} \\ E_x &= -\frac{j\beta}{K_c^2}\frac{m\pi}{a}E_0\cos\left(\frac{m\pi}{a}x\right)\sin\left(\frac{n\pi}{b}y\right)e^{-j\beta z} \\ E_y &= -\frac{j\beta}{K_c^2}\frac{n\pi}{b}E_0\sin\left(\frac{m\pi}{a}x\right)\cos\left(\frac{n\pi}{b}y\right)e^{-j\beta z} \end{aligned} \tag{2.3-21}$$

根据式(2.3-9)可得 K_c 的表示式为

$$K_c^2=K_x^2+K_y^2=\left(\frac{m\pi}{a}\right)^2+\left(\frac{n\pi}{b}\right)^2$$

$$K_c=\sqrt{\left(\frac{m\pi}{a}\right)^2+\left(\frac{n\pi}{b}\right)^2} \tag{2.3-22}$$

式(2.3-19)和式(2.3-21)表示在波导内，在稳态简谐振荡源的激励下，TM 波型电场和磁场复矢量的各个分量沿各个坐标轴(x,y,z)的分布规律。式中的 m 和 n 可取任意的自然数，每一对 m、n 值对应着一种波型，记为 TM_{mn}(E_{mn})，可见，有无穷多个波型，它们都是在一定边界条件下式(2.3-1)和式(2.3-2)的解，而且这些波型的线性组合(叠加)同样是解。但是，由场分量的表示式可知，TM_{0n}、TM_{m0} 和 TM_{00} 的波型是不存在的，因此最低次的波型(截止波长最长或截止频率最低)是 TM_{11}；式中的指数因子表示相位关系，当波向正 z 方向传输时，随着 z 的增加，波的相位会连续不断地滞后，这说明，场沿 z 轴为行波，沿 x 和 y 轴为纯驻波分布(正弦或余弦分布规律，而且这种分布规律与坐标 z 无关)；至于场的某一分量究竟是正弦、还是余弦分布规律，可以根据该分量应满足的边界条件来确定。式中的 m 表示场量沿 x 轴(x 从 0 到 a)出现的半周期(半个纯驻波)的数目；n 表示场量沿 y 轴(y 从 0 到 b)出现的半周期的数目。式中的 j 表示相位关系：若两个分量的表示式相差一个 j，那么，从时间上讲，就是相差 1/4 周期，或者说它们的相位相差 $\pi/2$；从空间上讲，就是相差 1/4 波导波长。例如，E_x 和 H_y 的表示式中均含有 j，这表示两者同相位，并构成了沿 z 轴正方向传输的行波，即沿 z 轴有功率传输；同样，$-E_y$ 和 H_x 也同相位，也构成了沿 z 轴正方向传输的行波，沿 z 轴也有功率传输；E_z 和 $-H_y$ 之间，以及 E_z 和 H_x 之间都相差一个 j，即相位相差 $\pi/2$，因为由这些场分量构成的坡印廷矢量是在 x 轴和 y 轴的方向，所以不可能构成沿 z 轴方向的功率传输，同时，又因为每一对场分量之间又有 $\pi/2$ 的相位差，所以沿 x 轴和 y 轴也不可能有功率的传输，电磁场呈纯驻波分布状态(从全反射的角度看，结论是同样的)。综上所述可知，在行波状态下，沿波导的纵向(z 轴)传输的是有功功率，而在波导的横向(x 和 y 轴)只存在着无功功率，即没有功率的传输。

式(2.3-19)和式(2.3-21)是场分量的表示式，如欲求某点处总的电场或磁场，则可用求矢量和(考虑到相位关系)的方法求得。

(2) 场结构。为了能形象和直观地了解场的分布图像(场结构)，可以利用电力线和磁力线来描绘它。力线上某点的切线方向表示该点处场的方向，力线的疏密程度表示场的强弱。根据电磁场理论可知，波导中电力线和磁力线遵循的规律是：电力线发自正电荷、止于负电荷，也可以环绕着交变磁场构成闭合曲线，电力线之间不能相交，在波导壁的内表面上(假设为理想导体)电场的切向分量为零（否则，表面电流会变为无限大，这是不可能的)，即在该表面上只可能存在电场的垂直分量，这就是电场应满足的边界条件；磁力线总是闭合曲线，它或者围绕着载流导体、或者围绕着交变电场而闭合，磁力线之间不能相交，在波导壁的内表面上磁力线应与电力线相垂直，因此只能存在磁场的切向分量，法向分量为零，这就是磁场应满足的边界条件。在波导壁内部电场和磁场都为零。当给定了 m 和 n 时，根据场分量的表示式，就可以绘出电力线和磁力线的图形(场结构图)。

我们已知，TM 波型中最低次的波型是 TM_{11}，它的场结构如图 2.3-2(a)所示；该图中的(b)和(c)分别为 TM_{21} 和 TM_{22} 波型的场结构图，这两种波型，以及其他 TM 波型的场结构，都可以看做是以 TM_{11} 的场结构为基础组合而成的。

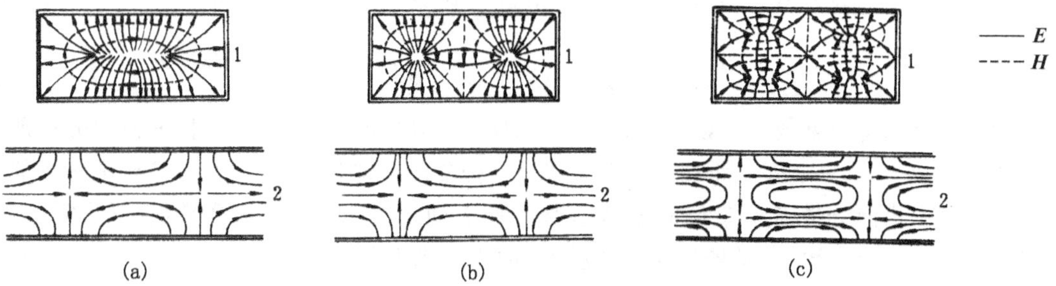

图 2.3-2　矩形波导中的 TM 波型

(a) TM_{11}；(b) TM_{21}；(c) TM_{22}

1—横向截面图；2—纵向截面图

为了对场结构有进一步的了解，对于 TM_{11} 波型的场结构再稍详细地分析一下。因为 $H_z=0$，所以磁力线是位于波导横截面内的闭合曲线，电场有三个方向(x,y,z)的分量，电力线呈空间(立体)分布状态。令式(2.3-19)和式(2.3-21)中的 m 和 n 都等于 1，即得到 TM_{11} 各个场分量的表示式。m 和 n 都等于 1 表明场量沿宽壁 a 和窄壁 b 的半个(纯)驻波数是 1。磁场只有 H_x 和 H_y 两个分量，对波导的两个侧壁的内表面而言，H_x 是法向分量，因此它随 x 的变化为正弦规律；对上下壁的内表面而言，H_x 是切向分量，因此它随 y 的变化是余弦规律。由此可知，在靠近上下壁的内表面处 H_x 较强，在靠近两侧壁的内表面处和在波导的轴线处 H_x 为零。H_y 随 x 和 y 的变化规律，恰好与上述的 H_x 的变化规律相反，即 H_y 随 x 的变化规律为余弦，随 y 的变化规律为正弦。由此可知，在靠近两侧壁的内表面处 H_y 最强，在靠近上下壁的内表面处和在波导的轴线处 H_y 为零。由 H_x 和 H_y 合成的磁力线，即如图 2.3-2(a)所示的闭合线。电场有 E_x、E_y 和 E_z 三个分量，其中 E_z 对波导四个壁的内表面而言，它是切向分量，因此它随 x 和 y 的变化都是正弦规律，在波导的轴线处 E_z 最强。E_z 与横向磁场在相位上相差 $\pi/2$，就是说在同一横截面内，在同一时刻观察时，当横向磁场取得最大值时，E_z 为零，反之，当 E_z 取得最大值时，横向磁场为零；若从空间位置而言，就是说，在同一时刻沿着波导的轴线方向观察时，横向磁场取得最大值的横截面与 E_z 取得最大值的横截面相距 $\lambda_g/4$ 的距离。

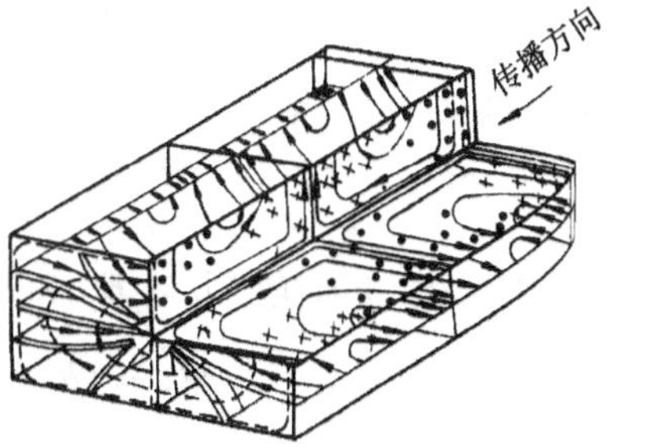

图 2.3-3　矩形波导中 TM_{11} 场结构的立体图

图 2.3-3 是 TM_{11} 场结构的立体图。在波导中传输的电磁波对于空间和时间而言，都是一个波动，因此可以把该图理解为在某一时刻“观察”到的场结构的图像，或者说，在波导内总有某一时刻的场结构是这样的图像，而且这种图像不仅会随着时间做周期性的变化，而且还沿着波导的轴线方向不断地向前传播，这就是所说的行波状态。对于波导的横截面而言，正如前面已讲过的，场量的分布规律是纯驻波性质的。

（二）TE 波型

（1）场分量的表示式。利用图 2.3－1 来进行讨论，对于 TE 波型，$E_z=0$，$H_z\neq0$，H_z 为

$$H_z = H_0 \cos(K_x x+\varphi_x)\cos(K_y y+\varphi_y)\mathrm{e}^{-\mathrm{j}\beta z} \tag{2.3-23}$$

为了确定式中的待定常数，可以根据式(2.2－21a)导出电场的横向分量，根据横向分量即可确定待定常数 K_x、φ_x、K_y 和 φ_y。下面采用另一种方法，即利用式(2.2－20)导出磁场的横向分量，再由横向分量确定待定常数(在波导壁内表面上的 H_z 为切向分量，它不为零，不能直接用来确定待定常数)。磁场的横向分量 $\boldsymbol{H}_t$ 的表示式为

$$\boldsymbol{H}_t=-\frac{\mathrm{j}\beta}{K_\mathrm{c}^2}\nabla_t H_z=-\frac{\mathrm{j}\beta}{K_\mathrm{c}^2}\left(\boldsymbol{x}\frac{\partial}{\partial x}+\boldsymbol{y}\frac{\partial}{\partial y}\right)H_z$$

由此得

$$H_x=-\frac{\mathrm{j}\beta}{K_\mathrm{c}^2}\frac{\partial H_z}{\partial x}=\frac{\mathrm{j}\beta}{K_\mathrm{c}^2}H_0K_x\sin(K_x x+\varphi_x)\cos(K_y y+\varphi_y)\mathrm{e}^{-\mathrm{j}\beta z} \tag{2.3-24}$$

$$H_y=-\frac{\mathrm{j}\beta}{K_\mathrm{c}^2}\frac{\partial H_z}{\partial y}=\frac{\mathrm{j}\beta}{K_\mathrm{c}^2}H_0K_y\cos(K_x x+\varphi_x)\sin(K_y y+\varphi_y)\mathrm{e}^{-\mathrm{j}\beta z} \tag{2.3-25}$$

这样，就可以利用磁场的垂直分量(现在是 H_x 和 H_y)在波导管四个壁的内表面上应为零的边界条件来确定待定常数，其结果如下

$x=0$	$H_x=0$	$\varphi_x=0$
$x=a$	$H_x=0$	$K_x=\dfrac{m\pi}{a}$
$y=0$	$H_y=0$	$\varphi_y=0$
$y=b$	$H_y=0$	$K_y=\dfrac{n\pi}{b}$

则

$$H_z=H_0\cos\left(\frac{m\pi}{a}x\right)\cos\left(\frac{n\pi}{b}y\right)\mathrm{e}^{-\mathrm{j}\beta z} \tag{2.3-26}$$

利用式(2.2－21a)即

$$\boldsymbol{E}_t=\frac{1}{K_\mathrm{c}^2}(\mathrm{j}\omega\mu\boldsymbol{z}\times\nabla_t H_z)$$

就可以求出电场的横向分量 E_x 和 E_y。这样，场的横向分量的全部表示式为

$$\left.\begin{aligned}
H_x&=\frac{\mathrm{j}\beta}{K_\mathrm{c}^2}H_0\frac{m\pi}{a}\sin\left(\frac{m\pi}{a}x\right)\cos\left(\frac{n\pi}{b}y\right)\mathrm{e}^{-\mathrm{j}\beta z}\\
H_y&=\frac{\mathrm{j}\beta}{K_\mathrm{c}^2}H_0\frac{n\pi}{b}\cos\left(\frac{m\pi}{a}x\right)\sin\left(\frac{n\pi}{b}y\right)\mathrm{e}^{-\mathrm{j}\beta z}\\
E_x&=\mathrm{j}\frac{\omega\mu}{K_\mathrm{c}^2}H_0\frac{n\pi}{b}\cos\left(\frac{m\pi}{a}x\right)\sin\left(\frac{n\pi}{b}y\right)\mathrm{e}^{-\mathrm{j}\beta z}\\
E_y&=-\mathrm{j}\frac{\omega\mu}{K_\mathrm{c}^2}H_0\frac{m\pi}{a}\sin\left(\frac{m\pi}{a}x\right)\cos\left(\frac{n\pi}{b}y\right)\mathrm{e}^{-\mathrm{j}\beta z}
\end{aligned}\right\} \tag{2.3-27}$$

根据式(2.3－9)可得 K_c 的表示式为

$$K_\mathrm{c}^2=K_x^2+K_y^2=\left(\frac{m\pi}{a}\right)^2+\left(\frac{n\pi}{b}\right)^2$$

$$K_c=\sqrt{\left(\frac{m\pi}{a}\right)^2+\left(\frac{n\pi}{b}\right)^2} \tag{2.3-28}$$

式(2.3－26)和式(2.3－27)表示在波导内，在稳态简谐振荡源的激励下，TE 波型电场和磁场复矢量的各个分量沿各个坐标轴(x,y,z)的分布规律，式中的 m 和 n 可取 0，1，…。每一对 m、n 值对应着一种波型，记为 TE_{mn}(H_{mn})，可见，有无穷多个波型，它们都是在一定边界条件下式(2.3－1)和式(2.3－2)的解，而且这些波型的线性组合(叠加)同样是解。但是由场分量的表示式可知，在一对 m、n 的值中，有一个可以取零，但不能同时取零。由此可知，最低次的波型为 TE_{10}(当 $a>b$ 时)，或者为 TE_{01}(当 $a<b$ 时)。从场分量的表示式可以看出，场沿 z 轴为行波，而沿 x 和 y 轴为纯驻波分布(正弦或余弦分布规律)。式中 m 和 n 的含义，以及 j 的含义，与在 TM 波型中曾讲过的是一样的，这里不再重述。

(2) 场结构。因为 TE 波型的 $E_z=0$，所以电力线只分布在波导的横截面内，磁场有三个方向(x,y,z)的分量，磁力线呈空间(立体)分布的闭合曲线。在实际中所使用的矩形波导管，因为它的上下壁的宽度(指内表面)a 一般都大于侧壁的高度(指内表面)b(其理由将在后面讨论)，所以 TE 波型中最低次的波型是 TE_{10}。顺便指出，在 a 大于 b 的条件下，根据式(2.2－29)式(2.3－22)和式(2.3－28)可知，TE_{10} 的截止波长 λ_c($\lambda_c=2a$)不仅是 TE 波型中最长的，而且还大于所有 TM 波型的截止波长 λ_c。因此，TE_{10} 是矩形波导中的主波型(主模)。令式(2.3－26)、式(2.3－27)和式(2.3－28)中的 $m=1$ 和 $n=0$，即可得到 TE_{10} 波型场分量的表示式为

$$\begin{aligned}
H_x &= \frac{\mathrm{j}\beta a}{\pi}H_0\sin\left(\frac{\pi}{a}x\right)\mathrm{e}^{-\mathrm{j}\beta z}\\
H_z &= H_0\cos\left(\frac{\pi}{a}x\right)\mathrm{e}^{-\mathrm{j}\beta z}\\
E_y &= -\mathrm{j}\,\frac{\omega\mu a}{\pi}H_0\sin\left(\frac{\pi}{a}x\right)\mathrm{e}^{-\mathrm{j}\beta z}
\end{aligned} \tag{2.3-29}$$

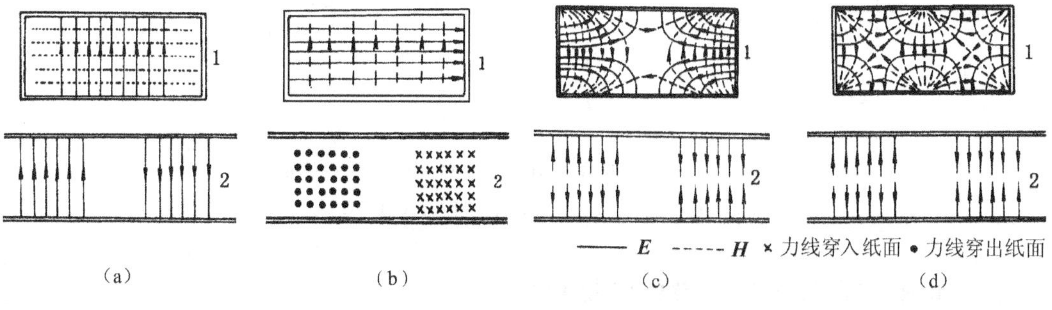

图 2.3－4　矩形波导中的 TE 波型

(a) TE_{10}；(b) TE_{01}；(c) TE_{11}；(d) TE_{21}

1—横向截面图；2—纵向截面图

显然，各个分量沿 x 方向有一个“半驻波”的分布，而与 y 无关，即是说，场结构沿 y 方向不变化，是均匀分布的。图 2.3－4(a)是 TE_{10} 波型在波导横截面和纵向截面上场结构的分布状态。

TE_{01} 波型只有 E_x、H_y 和 H_z 三个分量，各个分量沿 y 方向有一个“半驻波”的分布，而与 x 无关，即是说，场结构沿 x 方向不变化，是均匀分布的，如图 2.3－4(b)所示。TE_{01}

波型的场结构恰如 TE_{10} 场结构绕波导轴线旋转了 90°一样。TE_{11} 的场结构除了 E_z 为零之外，其余 5 个分量均存在，而且沿 x 和 y 方向都有一个“半驻波”的分布，如图 2.3-4(c) 所示。其余的 TE_{mn} 波型的场结构就比较复杂了，这些波型的场结构可以看做是以 TE_{10}、TE_{01} 和 TE_{11} 的场结构为基本单元组合而成的。为了对场结构的空间分布状态有一个更形象的了解，在图2.3-5 中给出了 TE_{10}、TE_{01}、TE_{20} 和 TE_{11} 波型场结构的立体图。

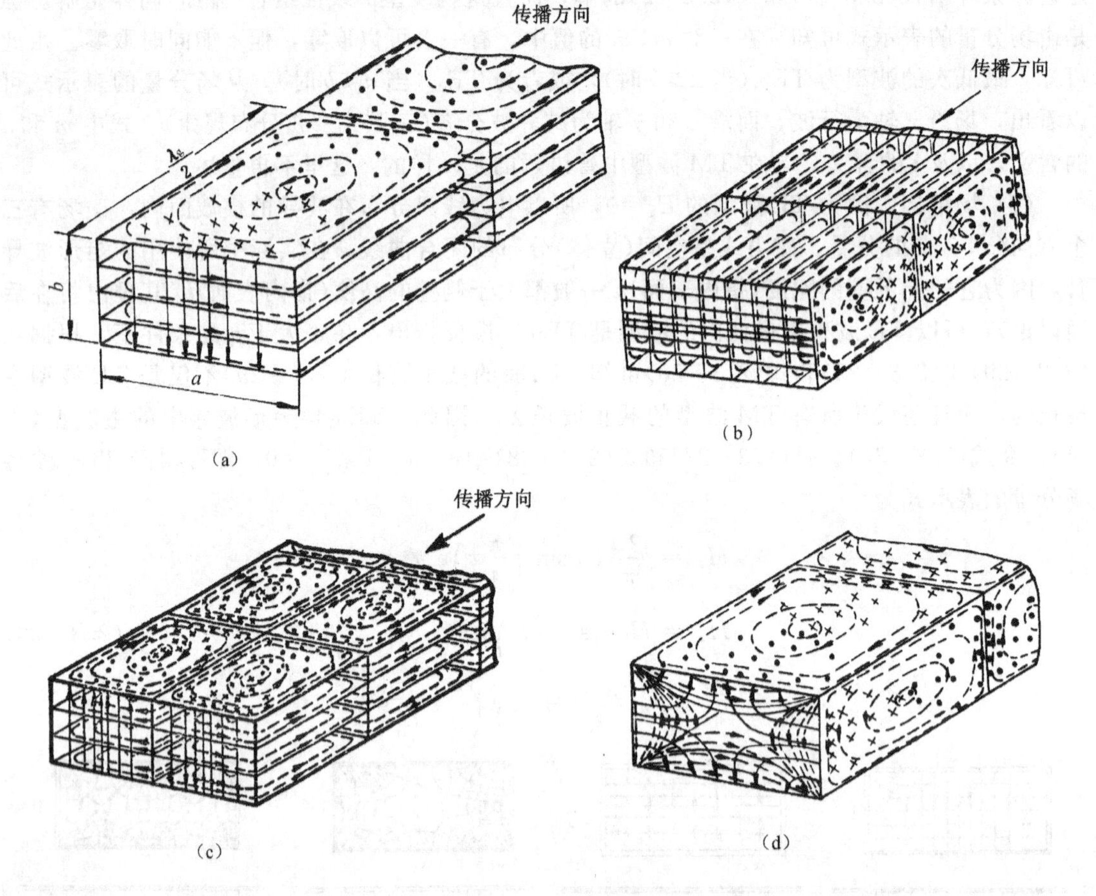

图 2.3-5　矩形波导中 TE 波型场结构的立体图

(a) TE_{10}；(b) TE_{01}；(c) TE_{02}；(d) TE_{11}

三、矩形波导管中电磁波的传输特性

在§2.2 中，对于一般规则波导中导行波的传输特性已作了较详细的讨论，并导出了有关的表示式。现在，我们以此为基础，具体地讨论矩形波导中电磁波的传输特性，内容是：截止波长和截止频率、波导波长和相移常数、相速和群速、波型阻抗、传输功率、损耗和衰减。

（一）截止波长和截止频率

根据式(2.3-22)和式(2.3-28)可知，在矩形波导管中，TM_{mn} 和 TE_{mn} 波型的截止波数 K_c 的表示式是相同的，即

$$K_c=\sqrt{\left(\frac{m\pi}{a}\right)^2+\left(\frac{n\pi}{b}\right)^2} \tag{2.3-30}$$

由此式得出相应的截止波长 λ_c 为

$$\lambda_c = \frac{2\pi}{K_c} = \frac{2}{\sqrt{\left(\frac{m}{a}\right)^2 + \left(\frac{n}{b}\right)^2}} \tag{2.3-31}$$

由此可知，K_c 和 λ_c 是波导横截面尺寸和波型的函数。而且，当 m 和 n 均不为零时，TM_{mn} 和 TE_{mn} 具有相同的 K_c 和 λ_c。对于这种 K_c 或 λ_c 相同，但波型(场结构)不相同的情况，称为波型的简并现象。在矩形波导管中，因为分别与 TE_{0n} 和 TE_{m0} 相对应的 TM_{0n} 和 TM_{m0} 这两种波型并不存在，所以 TE_{0n} 和 TE_{m0} 是非简并波型，其余的 TE_{mn} 和 TM_{mn} $(m,n\neq0)$ 都存在着简并波型。若 $a=b$，则 TE_{mn}、TE_{nm}、TM_{mn} 和 TM_{nm} 是简并波型；若 $a=2b$，则 TE_{01} 与 TE_{20}，TE_{02} 与 TE_{40}，TE_{50}、TE_{32} 与 TM_{32} 是简并波型。从后面讲述的内容中将会看到，简并波型的相速、群速和波导波长是相同的。

TM_{mn} 和 TE_{mn} 波型截止频率 f_c 的表示式是相同的，即

$$f_c = \frac{v}{\lambda_c} = \frac{1}{2\sqrt{\mu\varepsilon}}\sqrt{\left(\frac{m}{a}\right)^2 + \left(\frac{n}{b}\right)^2} \tag{2.3-32}$$

式中，电磁波的速度 v 如式(2.1-6)所示。f_c 不仅与波导横截面尺寸、波型有关，而且还与波导中填充介质的参数 μ 和 ε 有关。工作波长 λ 的表示式为

$$\lambda = \frac{v}{f} \tag{2.3-33}$$

f 是工作频率。电磁波在矩形波导中的传播条件为 λ 小于 λ_c，或 f 大于 f_c。由上面的公式可知，虽然 λ_c 与介质的参数无关，但在应用 $\lambda<\lambda_c$ 这个传播条件时，则应注意到 λ 是与介质的参数有关的量。

为了对 λ_c 和 f_c 有一个具体的数量概念，便于对不同波型的 λ_c 和 f_c 进行比较，在表 2.3-1 中列出了一部分波型的 λ_c 和 f_c 的值，供参考。

表 2.3-1　矩形波导中一部分波型的截止波长和截止频率

波型	截止波长 λ_c	截止频率 f_c
TE_{10}	$2a$	$\frac{v}{2a}$
TE_{20}	a	$\frac{v}{a}$
TE_{30}	$\frac{2}{3}a$	$\frac{3v}{2a}$
TE_{01}	$2b$	$\frac{v}{2b}$
TE_{02}	b	$\frac{v}{b}$
TE_{11} TM_{11}	$\frac{2a}{\sqrt{1+\left(\frac{a}{b}\right)^2}}$	$\frac{v}{2a}\sqrt{1+\left(\frac{a}{b}\right)^2}$
TE_{12} TM_{12}	$\frac{2a}{\sqrt{1+\left(\frac{2a}{b}\right)^2}}$	$\frac{v}{2a}\sqrt{1+\left(\frac{2a}{b}\right)^2}$
注：a 和 b 分别为矩形波导宽壁和窄壁的内尺寸；v 为介质中的光速。		

一般地讲，不同的波型，其截止波长是不相同的，其中最低次的波型称为主波型(主

模)，而其他的波型(m 和 n 较大、截止波长较短、截止频率较高的波型)则称为高次波型(高次模)。正如在前面讨论 TM_{mn} 和 TE_{mn} 波型时曾指出的那样，在矩形波导中(当 $a>b$ 时)最低次的 TE 波型是 TE_{10}，最低次的 TM 波型是 TM_{11}。由表 2.3-1 可知，TE_{10} 的 λ_c 大于 TM_{11} 的 λ_c，可见，矩形波导中的主波型(主模)是 TE_{10}。当把矩形波导作为传输系统时，通常都采用主模 TE_{10}，并抑制高次模的传输，即所谓的单模传输，也就是说，在一定频率范围内，波导的工作模式是 TE_{10}。这样，就能较好地保证传输信息的质量。若采用多模传输，由于不同模式的相速、群速、波导波长、波型阻抗和场结构等均不相同，从而使信息在传输过程中会产生畸变和失真。而且，在模式的激励和信息的接收等方面都比单模传输时要复杂；多模传输时，波导管的横向尺寸比单模传输时要大，因此，一般不采用多模传输。但是，有时为了制作某种特殊用途的微波元、器件(如多模馈源、喇叭天线以及微波加热等)，则可采用多模工作。

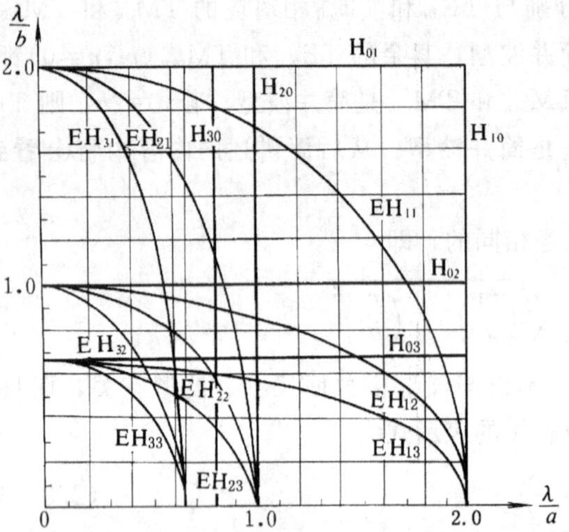

图 2.3-6　矩形波导的工作波型图

为了能一目了然地看出波导横截面的尺寸、工作波长和波导中可能存在的波型这三者之间的关系，图 2.3-6 给出了矩形波导的工作波型图。下面把图的构成和应用作一介绍。已知传播条件为

$$\lambda<\lambda_c=\frac{2}{\sqrt{\left(\frac{m}{a}\right)^2+\left(\frac{n}{b}\right)^2}}$$

即

$$\lambda^2<\frac{4}{\left(\frac{m}{a}\right)^2+\left(\frac{n}{b}\right)^2}$$

当 $\lambda=\lambda_c$ 时，则有

$$\left(\frac{\lambda}{a}\right)^2 m^2+\left(\frac{\lambda}{b}\right)^2 n^2=4$$

或写为

$$\frac{\left(\frac{\lambda}{a}\right)^2}{\left(\frac{2}{m}\right)^2}+\frac{\left(\frac{\lambda}{b}\right)^2}{\left(\frac{2}{n}\right)^2}=1 \tag{2.3-34}$$

当 m 或 n(其中之一)为零时，这是一个直线方程，当 m 等于 n 时，是一个圆的方程，当 m 和 n 不相等时，是一个椭圆方程。若横坐标用 λ/a、纵坐标用 λ/b 来度量，则根据式 (2.3-34) 即可绘制出如图 2.3-6 所示的矩形波导的工作波型图。图中的 EH 表示 TM(E)和 TE(H)是两个互为简并的波型。由式(2.3-34)或图2.3-6 均可看出，对于落在图中曲线(某些波型为直线)

上的点而言，它对应的波长 λ，就是在波导一定横截面尺寸(a,b)下，曲线上所标注的那种波型的截止波长 λ_c。若使波导能够传输这种波型，则工作波长应小于 λ_c，若使波导不能传输这种波型，则 λ 应大于 λ_c，若要求只是单模传输这一波型，则 λ 不仅要小于该波型的 λ_c，同时还要大于其他波型的 λ_c。例如，在图 2.3-6 中：在 $1<(\lambda/a)<2$ 和 $\lambda/b>2$ 的范围内，是 TE_{10} 的单模传输区；在 $1<(\lambda/b)<2$ 和 $\lambda/a>2$ 的范围内，是 TE_{01} 的单模传输区；在 λ/a 与 λ/b 均大于 2 的范围内，是所有各类波型的截止区。另外，当波导横截面尺寸和工作波长 λ 给定时，可以从图中看出，波导中可能传输哪些波型，或者已知传输的波型和工作波长时，可以确定波导的尺寸；当采用多模工作时，可从图中估计出可能的最大工作频率范围。总之，可以根据不同要求，利用波型图对波导的横截面尺寸和工作波长做出选择。

如前所述，当矩形波导横截面尺寸满足 $a>b$ 时，TE_{10} 是主模，它的截止波长为 $2a$，且与 b 无关，而且在给定的频率范围内，可使波导横截面的尺寸为最小，或者说，当尺寸给定时，能得到较宽的工作频率范围。TE_{10} 模的场结构简单、稳定、易激励、衰减小；在满足关系式

$$\begin{aligned} a < \lambda < 2a \\ \lambda > 2b \end{aligned} \tag{2.3-35}$$

的情况下，能在较宽的频率范围内得到单模传输。在实际选取波导横截面的尺寸时，不但要保证单模传输，而且还要求能够承受一定的传输功率，并具有较小的功率损耗。因此，为了兼顾这些要求，通常可以按下面的关系式来选取波导横截面的尺寸

$$\begin{aligned} a &= 0.7\lambda \\ b &= (0.4 \sim 0.5)a \end{aligned} \tag{2.3-36}$$

式中的 λ 是工作波长。

（二）波导波长和相移常数

根据式(2.2-34)和式(2.2-35)可知，TM_{mn} 和 TE_{mn} 波型的波导波长的表示式，以及它们的相移常数的表示式是相同的，分别为

$$\lambda_g = \frac{v_p}{f} = \frac{\lambda}{\sqrt{1-\left(\frac{\lambda}{\lambda_c}\right)^2}} \tag{2.3-37}$$

$$\beta = \frac{2\pi}{\lambda_g} = \frac{2\pi}{\lambda}\sqrt{1-\left(\frac{\lambda}{\lambda_c}\right)^2} \tag{2.3-38}$$

（三）相速和群速

根据式(2.2-33)和式(2.2-46)可知，TM_{mn} 和 TE_{mn} 这两种波型相速的表示式，以及它们的群速的表示式是相同的，分别为

$$v_p = \frac{\omega}{\beta} = \frac{v}{\sqrt{1-\left(\frac{\lambda}{\lambda_c}\right)^2}} \tag{2.3-39}$$

$$v_g = v\sqrt{1-\left(\frac{\lambda}{\lambda_c}\right)^2} \tag{2.3-40}$$

（四）波型阻抗

根据式(2.2-47)和式(2.2-48)可知，TE_{mn} 和 TM_{mn} 模的波型阻抗 Z_w 分别为

$$Z_{TE} = \frac{\omega\mu}{\beta} = \sqrt{\frac{\mu}{\varepsilon}}\frac{1}{\sqrt{1-\left(\frac{\lambda}{\lambda_c}\right)^2}} = \sqrt{\frac{\mu}{\varepsilon}}\frac{\lambda_g}{\lambda} \tag{2.3-41}$$

$$Z_{TM}=\frac{\beta}{\omega\varepsilon}=\sqrt{\frac{\mu}{\varepsilon}}\sqrt{1-\left(\frac{\lambda}{\lambda_c}\right)^2}=\sqrt{\frac{\mu}{\varepsilon}}\frac{\lambda}{\lambda_g} \tag{2.3-42}$$

对于 TE_{10}、TE_{01}、TE_{11}和 TM_{11}等模式，其波型阻抗一般在 200 Ω～800 Ω之间。

（五）传输功率

在§2.2 中曾讨论了规则波导中功率的传输问题，并导出了传输功率的一般表示式。因为在实际应用波导来传输电磁波的能量时，通常并不是简单地计算出传输功率的值就可以了，而主要的是考虑波导能够传输(承受)的最大允许功率(极限功率)，称为功率容量，所以，下面我们结合矩形波导的情况来讨论功率容量问题。功率容量与波导横截面的尺寸、工作波长、波型，以及波导中填充介质的击穿强度等因素有关，其计算方法是，首先求出传输功率与电场强度值的关系式，然后将介质所能承受的最大场强值(介质击穿强度)代入到该关系式中，即可求出功率容量。现在以波导中传输的是 TE_{10} 模为例，来导出功率容量的表示式。根据式(2.2-52)可知，在行波状态下，波导传输的功率为

$$P=\frac{1}{2Z_w}\int_S|\boldsymbol{E}_t|^2\mathrm{d}S=\frac{Z_w}{2}\int_S|\boldsymbol{H}_t|^2\mathrm{d}S$$

我们利用电场的横向分量$|\boldsymbol{E}_t|$来计算传输功率 P。这样，对于 TE_{10}模上式应为

$$P=\frac{1}{2Z_{TE_{10}}}\int_0^a\int_0^b|E_y|^2\mathrm{d}x\mathrm{d}y \tag{2.3-43}$$

由式(2.3-29)知，式中的$|E_y|$为

$$|E_y|=\left|-\mathrm{j}\frac{\omega\mu a}{\pi}H_0\sin\left(\frac{\pi}{a}x\right)\mathrm{e}^{-\mathrm{j}\beta z}\right| \tag{2.3-44}$$

因为在 $x=a/2$ 处$|E_y|$有最大值，也最容易击穿，所以为了避免击穿，应有下列关系式

$$|E_y|_{x=a/2}=\frac{\omega\mu a}{\pi}H_0\leqslant E_{br}$$

式中的 E_{br}是波导中填充介质的击穿强度。将此关系式代入到式(2.3-44)中，在极限情况下，令

$$\frac{\omega\mu a}{\pi}H_0=E_{br}$$

则

$$|E_y|=\left|E_{br}\sin\left(\frac{\pi}{a}x\right)\right|$$

将此式代入到式(2.3-43)中，即得到最大允许功率(极限功率)P_{br}为

$$P_{br}=\frac{b}{2Z_{TE_{10}}}\int_0^a\left|E_{br}\sin\left(\frac{\pi}{a}x\right)\right|^2\mathrm{d}x=\frac{ab}{4Z_{TE_{10}}}E_{br}^2 \tag{2.3-45}$$

若波导中填充的介质为空气，则波型阻抗为

$$Z_{TE_{10}}=\frac{120\pi}{\sqrt{1-\left(\frac{\lambda}{2a}\right)^2}} \tag{2.3-46}$$

此时的最大允许功率 P_{br}为

$$P_{br}=\frac{abE_{br}^2}{480\pi}\sqrt{1-\left(\frac{\lambda}{2a}\right)^2} \tag{2.3-47}$$

空气的击穿强度 $E_{br}=30$ kV/cm。

从上面的公式可以看出，对于 TE_{10} 模，波导横截面尺寸愈大、频率愈高，极限功率也愈大，但是，当 f 趋于 f_c（或 λ 趋于 λ_c）时，极限功率趋于零。图2.3－7 给出了极限功率 P_{br} 与 λ/λ_c 的关系曲线。由图可知，当 $\lambda=2a$ 时，$P_{br}=0$；当 $\lambda/\lambda_c<0.5$ 时，虽然 P_{br} 较高，但是有可能出现高次模；当 $\lambda/\lambda_c>0.9$ 时，P_{br} 急剧下降。因此，为了保证只传输 TE_{10} 模，应选取 $0.5<(\lambda/\lambda_c)<0.9$ 为工作区域，即工作波长 λ 与波导的尺寸 a 应满足下列关系式

$$a<\lambda<1.8a \qquad (2.3-48)$$

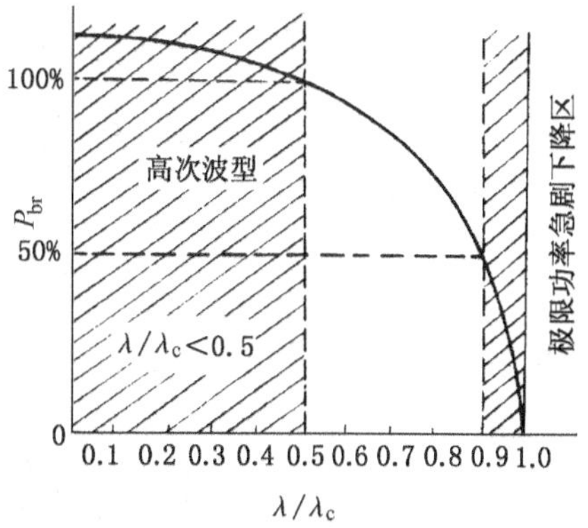

图 2.3－7　极限功率 P_{br} 与 λ/λ_c 的关系曲线

以上所讨论的是行波状态时的情况，若波导中有反射波存在，呈行驻波状态时，极限功率则由行波状态时的 P_{br} 下降为 P'_{br}，两者的关系为

$$P'_{br}=\frac{P_{br}}{s} \qquad (2.3-49)$$

式中的 s 为驻波比。实际上，除了上面讲过的影响极限功率的几种因素之外，还有其他一些因素，如：填充的介质比较潮湿、波导壁内表面不清洁或波导内存在的任何不均匀性等因素，都会进一步降低极限功率。因此，在用波导传输较大的功率时，应留有一定的余地。此外，为了提高耐击穿能力、提高功率容量，可以增大波导内的气压，或者向波导内充入惰性气体、并用良好的介质材料将波导口密封起来。

以上所讨论的是波导传输 TE_{10} 模时的情况，至于传输其他模时极限功率的计算方法，与此相类似，故不再讨论。

（六）损耗和衰减

在实际中使用的波导，无论采用的是何种良导体和填充的是何种介质，总是存在着由波导壁内表面和填充介质所引起的热损耗，这必然会造成电磁波的能量（或模值）的衰减。现在以波导中传输的是 TE_{10} 模为例，来导出导体衰减常数 α_c 和介质衰减常数 α_d 的表示式。

（1）α_c 的计算。根据式（2.2－62）知

$$\alpha_c=\frac{R_S}{2Z_{TE_{10}}}\frac{\oint_L|\boldsymbol{H}_\tau|^2\mathrm{d}l}{\int_S|\boldsymbol{H}_t|^2\mathrm{d}S}\quad \mathrm{Np/m}$$

TE_{10} 模的磁场只有 H_x 和 H_z，对波导壁内表面而言，它们是磁场的切向分量，它们的模分别为

$$|H_x|=\left|\frac{\mathrm{j}\beta a}{\pi}H_0\sin\left(\frac{\pi}{a}x\right)\mathrm{e}^{-\mathrm{j}\beta z}\right|$$

$$|H_z|=\left|H_0\cos\left(\frac{\pi}{a}x\right)\mathrm{e}^{-\mathrm{j}\beta z}\right|$$

则

$$\oint_L |\boldsymbol{H}_\tau|^2 \mathrm{d}l = 2\int_0^a (|H_x|^2 + |H_z|^2)_{y=0}\mathrm{d}x + 2\int_0^b (|H_z|^2)_{x=0}\mathrm{d}y$$

$$= aH_0^2\left[\left(\frac{\beta a}{\pi}\right)^2 + 1\right] + 2bH_0^2$$

$$= abH_0^2\left(\frac{\beta a}{\pi}\right)^2\left[\frac{1+\left(\frac{\pi}{\beta a}\right)^2 + \frac{2b}{a}\left(\frac{\pi}{\beta a}\right)^2}{b}\right]$$

式中

$$\left(\frac{\pi}{\beta a}\right)^2 = \frac{1}{\beta^2}\left(\frac{\pi}{a}\right)^2 = \frac{\left(\frac{\pi}{a}\right)^2}{\left(\frac{2\pi}{\lambda}\right)^2 - \left(\frac{\pi}{a}\right)^2} = \frac{\left(\frac{\lambda}{2a}\right)^2}{1-\left(\frac{\lambda}{2a}\right)^2}$$

$$\left(\frac{\pi}{\beta a}\right)^2 + 1 = \frac{1}{1-\left(\frac{\lambda}{2a}\right)^2}$$

因此

$$\oint_L |\boldsymbol{H}_\tau|^2 \mathrm{d}l = abH_0^2\left(\frac{\beta a}{\pi}\right)^2\left\{\frac{1+\frac{2b}{a}\left(\frac{\lambda}{2a}\right)^2}{b\left[1-\left(\frac{\lambda}{2a}\right)^2\right]}\right\}$$

对于矩形波导的横截面而言，TE_{10}模的横向磁场就是H_x，因此

$$\int_S |\boldsymbol{H}_t|^2 \mathrm{d}S = \int_S |H_x|^2 \mathrm{d}x\mathrm{d}y = \frac{ab}{2}\left(\frac{\beta a}{\pi}\right)^2 H_0^2$$

根据式(2.2-62)即得到α_c的表示式为

$$\alpha_c = \frac{R_S}{Z_{TE_{10}}}\frac{\left[1+\frac{2b}{a}\left(\frac{\lambda}{2a}\right)^2\right]}{b\left[1-\left(\frac{\lambda}{2a}\right)^2\right]} = \frac{R_S\left[1+\frac{2b}{a}\left(\frac{\lambda}{2a}\right)^2\right]}{b\sqrt{\frac{\mu}{\varepsilon}}\sqrt{1-\left(\frac{\lambda}{2a}\right)^2}} \quad \mathrm{Np/m} \tag{2.3-50}$$

由此式可知，当波导壁内表面的材料(其表面电阻率为R_S)、波导中填充的介质，以及尺寸a给定时，则α_c取决于尺寸b和工作波长λ，而且b/a愈大，α_c愈小；若令$\mathrm{d}\alpha_c/\mathrm{d}\lambda=0$，即可求出$\alpha_c$为最小值时所对应的$\lambda$。如果填充的介质是空气，则$\alpha_c$的表示式为

$$\alpha_c = \frac{R_S}{120\pi b}\frac{1+\frac{2b}{a}\left(\frac{\lambda_0}{2a}\right)^2}{\sqrt{1-\left(\frac{\lambda_0}{2a}\right)^2}} \quad \mathrm{Np/m} \tag{2.3-51}$$

式中的λ_0为电磁波在自由空间(近似地讲,在空气中)的波长。

(2) α_d的计算。根据式(2.2-71)，α_d的表示式为

$$\alpha_d = \frac{\pi\tan\delta}{\lambda\sqrt{1-\left(\frac{\lambda}{\lambda_c}\right)^2}} \quad \mathrm{Np/m}$$

或

$$\alpha_d = 8.686\,\frac{\pi\tan\delta}{\lambda\sqrt{1-\left(\frac{\lambda}{\lambda_c}\right)^2}} \quad \mathrm{dB/m}$$

以上所讲的是波导中传输TE_{10}模时导体衰减常数α_c的计算。关于其他波型α_c的表示式，经过与上述的类似推导步骤，即可求得。现在略去推导步骤，只把其结果写出，供

参考。

对于 TE_{m0} 波型，α_c 为

$$\alpha_c=\frac{R_S}{\eta b\sqrt{1-\left(\frac{\lambda}{\lambda_c}\right)^2}}\left[1+\frac{2b}{a}\left(\frac{\lambda}{\lambda_c}\right)^2\right]\quad \mathrm{Np/m} \tag{2.3-52}$$

对于 TE_{mn} 波型($m,n\neq0$)，α_c 为

$$\alpha_c=\frac{2R_S}{\eta b\sqrt{1-\left(\frac{\lambda}{\lambda_c}\right)^2}}\left\{\left(1+\frac{b}{a}\right)\left(\frac{\lambda}{\lambda_c}\right)^2+\left[1-\left(\frac{\lambda}{\lambda_c}\right)^2\right]\left[\frac{\frac{b}{a}\left(\frac{b}{a}m^2+n^2\right)}{\left(\frac{b}{a}\right)^2m^2+n^2}\right]\right\}\quad \mathrm{Np/m} \tag{2.3-53}$$

对于 TM_{mn} 波型，α_c 为

$$\alpha_c=\frac{2R_S}{\eta ab\sqrt{1-\left(\frac{\lambda}{\lambda_c}\right)^2}}\left(\frac{m^2b^3+n^2a^3}{m^2b^2+n^2a^2}\right)\quad \mathrm{Np/m} \tag{2.3-54}$$

以上各式中的$\eta=\sqrt{\frac{\mu}{\varepsilon}}\ \Omega$,其中$\mu$和$\varepsilon$是波导中填充介质的磁导率和介电常数;对于空气介质，$\eta=\sqrt{\frac{\mu_0}{\varepsilon_0}}=376.7\ \Omega\approx377\ \Omega\approx120\pi\Omega$。

图 2.3-8 表示，当矩形波导的 $a=5$ cm 时，TE_{10} 和 TM_{11} 波型的 α_c 值，在 b/a 取不同值的情况下随频率变化的曲线。由图可知，对于同一种波型，b/a 愈大，α_c 愈小；在同样情况下，TE_{10} 波型的 α_c 比 TM_{11} 波型的 α_c 要小；在靠近截止频率时，α_c 有突然增大的趋势，当频率升高时 α_c 开始减小，并出现最小值，而后随着频率的升高，α_c 又增大。其原因是，α_c 表示式中与频率有关的因子，有的会随着频率的升高而增大、有的会减小，这些因素的综合结果决定了 α_c 的变化趋势。从物理意义上讲，在传输功率不变的情况下，频率的变化，使场的各分量之间的相对大小发生了变化，尤其在波导壁内表面上与表面电流密度矢量相关的磁场的切向分量的变化，更是直接影响到 α_c 的变化。另外，改变波导管的尺寸就会改变表面电流密度矢量的分布状态，这同样会使 α_c 发生变化。

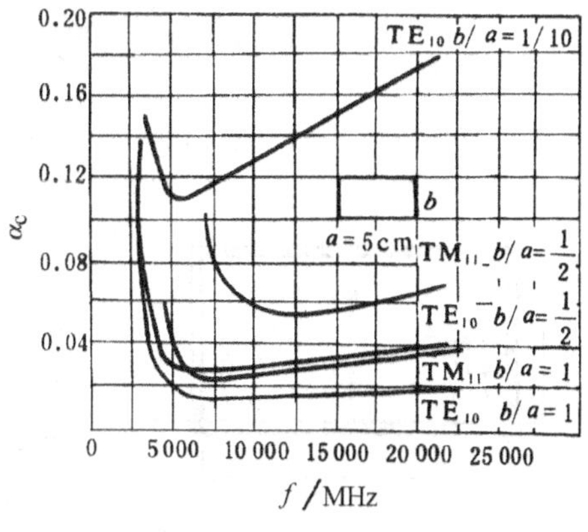

图 2.3-8　矩形波导中 TE_{10} 和 TM_{11} 波型的衰减特性

作为传输系统而用的矩形波导，常用的波型是 TE_{10}，为了保证单模传输，以及较小的损耗和较大的功率容量，波导横截面的尺寸和工作波长的选择，可以按照式(2.3-35)、式(2.3-36)和式(2.3-48)进行计算。在满足这些要求的情况下，波导的尺寸应尽可能地小些。目前一般矩形波导管横截面的尺寸已经标准化(参见本书附录六空心矩形和圆形金属波导管参数,各国标准化的尺寸略有不同)，可根据要求选用。对于有特殊要求的矩形波导，则

可根据情况自行设计。

四、矩形波导管的管壁电流

当电磁波在波导中传播时，会在波导壁的内表面上感应出高频电流，称为管壁电流。因为实际波导壁的内表面并非理想导体，而是良导体，因此高频电流会透入其内部。但是，由于透入深度很小(一般约在微米数量级)，因此可近似地认为电流只分布在波导壁的内表面上，称为表面电流。这种表面电流的分布情况取决于波导内所传播的电磁波的波型，具体说，取决于该波型在管壁内表面上切线方向的磁场强度。而且，表面电流还与由变化的电场所产生的位移电流一起，保证了电流的连续性。

了解管壁电流的分布情况，对于研究波导的损耗，或为了测量、激励与耦合的目的需要在波导上开出槽、孔，或为了使槽、孔辐射能量而成为天线，以及其他目的，都是十分必要的。在讨论管壁电流时，我们假定管壁的内表面是理想导体，并用 $\boldsymbol{J}_S$ 表示内表面上的表面电流密度矢量，$\boldsymbol{H}_\tau$ 为内表面上切线方向的磁场强度，两者的关系为

$$\boldsymbol{J}_S = \boldsymbol{n} \times \boldsymbol{H}_\tau \tag{2.3-55}$$

式中的 $\boldsymbol{n}$ 是管壁内表面法线方向的单位矢量。这表明 $\boldsymbol{J}_S$ 的大小等于 $\boldsymbol{H}_\tau$ 的大小，而其方向可根据由 $\boldsymbol{J}_S$、$\boldsymbol{n}$ 和 $\boldsymbol{H}_\tau$ 所构成的右手螺旋法则来确定。可见，只要知道了场量的表示式，求出内表面上切线方向的磁场强度，则管壁内表面上电流的分布情况即可求出。下面以 TE_{10} 波型为例，说明管壁电流的求解方法。

TE_{10} 波型的磁场只有 H_x 和 H_z 两个分量，它们的瞬时值表示式为

$$H_x(x,z,t) = \frac{\beta a}{\pi} H_0 \sin\left(\frac{\pi}{a}x\right)\cos\left(\omega t - \beta z + \frac{\pi}{2}\right) \tag{2.3-56}$$

$$H_z(x,z,t) = H_0 \cos\left(\frac{\pi}{a}x\right)\cos\left(\omega t - \beta z\right) \tag{2.3-57}$$

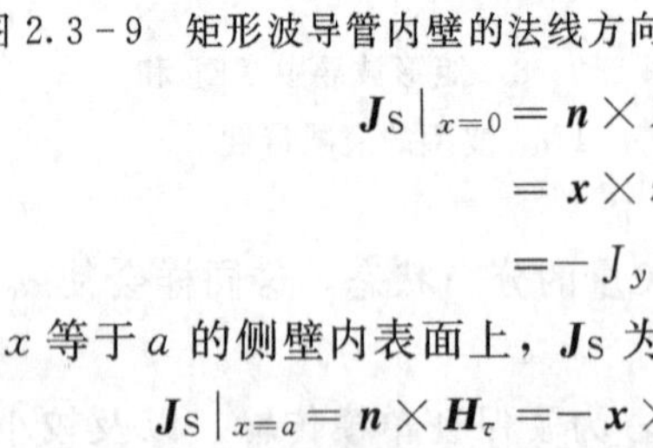

图 2.3-9　矩形波导管内壁的法线方向

图 2.3-9 标出了波导四个壁内表面法线方向的单位矢量。设 $\boldsymbol{x}$、$\boldsymbol{y}$、$\boldsymbol{z}$ 分别为沿 x、y 和 z 坐标轴正方向的单位矢量。为便于讨论，我们取各坐标轴的正方向作为参考方向。首先讨论两个侧壁内表面上的电流分布。在 x 等于零的侧壁内表面上，法线方向为 x 轴的正方向，切向磁场只有 H_z，因此，表面电流密度矢量 $\boldsymbol{J}_S$ 为

$$\begin{aligned} \boldsymbol{J}_S\big|_{x=0} &= \boldsymbol{n} \times \boldsymbol{H}_\tau \\ &= \boldsymbol{x} \times \boldsymbol{z} H_z = -\boldsymbol{y} H_z = -\boldsymbol{y} H_0 \cos(\omega t - \beta z) \\ &= -J_y \end{aligned}$$

在 x 等于 a 的侧壁内表面上，$\boldsymbol{J}_S$ 为

$$\begin{aligned} \boldsymbol{J}_S\big|_{x=a} &= \boldsymbol{n} \times \boldsymbol{H}_\tau = -\boldsymbol{x} \times \boldsymbol{z} H_z \\ &= \boldsymbol{y} H_z = \boldsymbol{y}[-H_0 \cos(\omega t - \beta z)] = -\boldsymbol{y} H_0 \cos(\omega t - \beta z) = -J_y \end{aligned}$$

由此可知，两个侧壁内表面上的电流大小相等，方向相同。

我们再看上下两壁内表面上的电流分布。在 y 等于零的下壁上，法线方向为 y 轴的正方向，切向磁场有 H_x 和 H_z，与 H_x 相对应的$\boldsymbol{J}_S$ 为

$$\boldsymbol{J}_S\big|_{y=0} = n\times\boldsymbol{H}_\tau = \boldsymbol{y}\times\boldsymbol{x}H_x = -\boldsymbol{z}H_x = -\boldsymbol{z}\frac{\beta a}{\pi}H_0\sin\left(\frac{\pi}{a}x\right)\cos\left(\omega t-\beta z+\frac{\pi}{2}\right) = -J_z$$

与 H_z 相对应的 $\boldsymbol{J}_S$ 为

$$\boldsymbol{J}_S\big|_{y=0} = \boldsymbol{n}\times\boldsymbol{H}_\tau = \boldsymbol{y}\times\boldsymbol{z}H_z = \boldsymbol{x}H_z = \boldsymbol{x}H_0\cos\left(\frac{\pi}{a}x\right)\cos(\omega t-\beta z) = J_x$$

在 y 等于 b 的上壁上，法线方向为 y 轴的负方向，切向磁场有 H_x 和 H_z，与 H_x 相对应的 $\boldsymbol{J}_S$ 为

$$\boldsymbol{J}_S\big|_{y=b} = \boldsymbol{n}\times\boldsymbol{H}_\tau = -\boldsymbol{y}\times\boldsymbol{x}H_x = \boldsymbol{z}H_x = \boldsymbol{z}\frac{\beta a}{\pi}H_0\sin\left(\frac{\pi}{a}x\right)\cos\left(\omega t-\beta z+\frac{\pi}{2}\right) = J_z$$

与 H_z 相对应的 $\boldsymbol{J}_S$ 为

$$\boldsymbol{J}_S\big|_{y=b} = \boldsymbol{n}\times\boldsymbol{H}_\tau = -\boldsymbol{y}\times\boldsymbol{z}H_z = -\boldsymbol{x}H_z = -\boldsymbol{x}H_0\cos\left(\frac{\pi}{a}x\right)\cos(\omega t-\beta z) = -J_x$$

由此可知，上下壁内表面上的电流是由 J_x 和 J_z 构成的，总的电流是这两部分电流的叠加，而且，上下壁内表面上的 J_x，以及上下壁内表面的 J_z，它们的大小相等，方向相反，图 2.3-10 是在同一时刻、在波导内不同的横截面处波导壁内表面上电流 J_y、J_z 和 J_x 的分布情况。图 2.3-11 是在传输 TE_{10} 波型时，波导壁内表面上电流分布情况的立体图，以及在波导宽壁和窄壁的内表面上分布情况的展开图。图 2.3-12 是传播 TE_{11} 波型时的场结构图，以及壁电流在波导宽壁和窄壁内表面上分布情况的展开图。

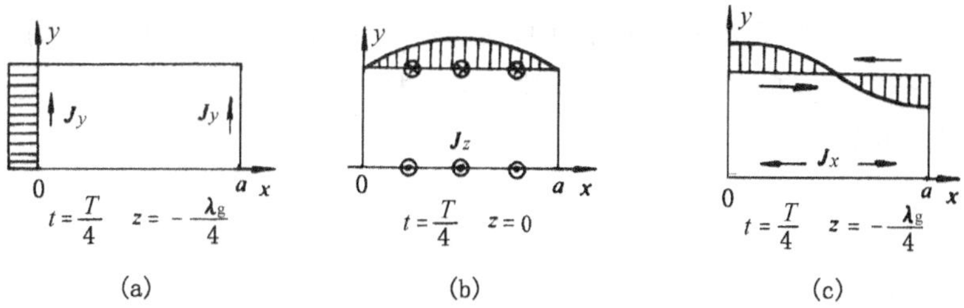

图 2.3-10 TE_{10} 波型的 J_y、J_z 和 J_x 在管内壁的分布

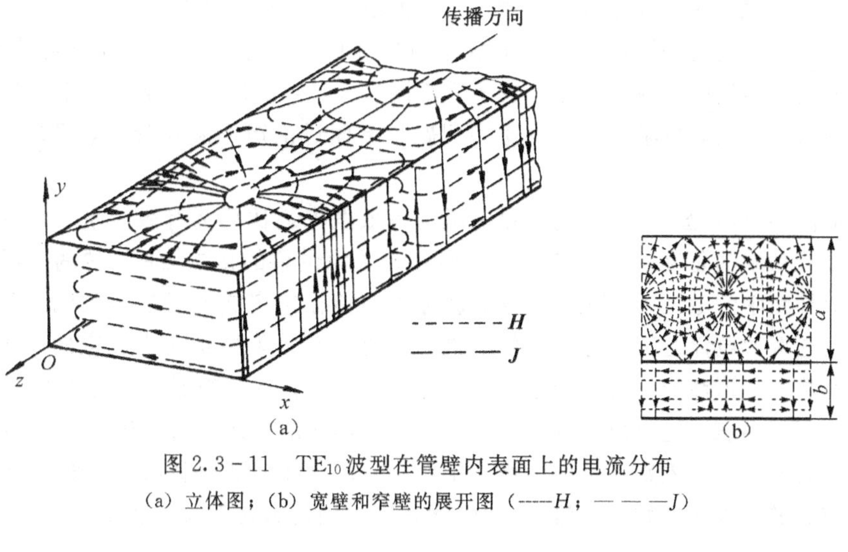

图 2.3-11 TE_{10} 波型在管壁内表面上的电流分布

(a) 立体图；(b) 宽壁和窄壁的展开图（----H；— — —J）

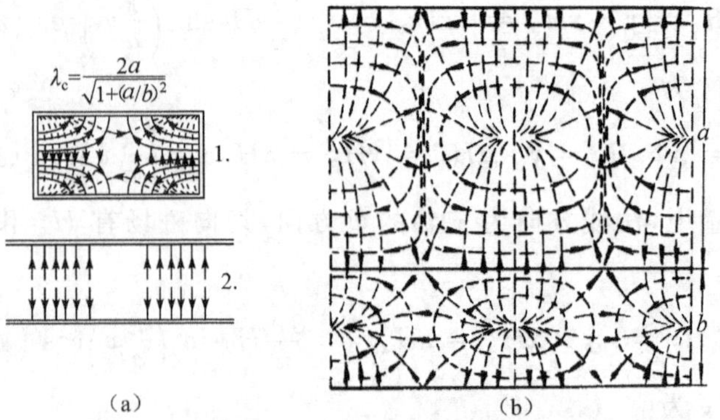

(a)　　　　　　　　　　　　(b)

------ H　　—— E　　　　------ H　　— — — J

图 2.3-12　TE_{11}波型的场结构图

(a) 1—横截面；2—纵向截面视图；(b) 在宽壁和窄壁内表面上的电流分布图

五、等效阻抗

这里要讨论的所谓等效阻抗，是专指矩形波导在传输 TE_{10} 波型时而言的。对于横截面为矩形的脊波导，当传输的波型为 TE_{10} 时，也可采用等效阻抗这一概念；但是，当矩形波导或脊波导中传输的是其他波型，或者是其他横截面形状的波导时，等效阻抗的概念已失去意义。这是因为，矩形波导和其他横截面形状的波导中的其他波型的场结构，比 TE_{10} 波型的场结构复杂，难以计算出等效电压和等效电流。根据式(2.3-41)可知，矩形波导在传输 TE_{10} 波型时的波型阻抗为

$$Z_{TE_{10}}=\sqrt{\frac{\mu}{\varepsilon}}\frac{1}{\sqrt{1-(\lambda/2a)^2}} \tag{2.3-58}$$

这是一个很重要的参数。在同一个波导里，应用它在研究波的反射、驻波、匹配，以及波导元件的相对阻抗(或导纳)等问题时，都是适用的。但在研究不同尺寸波导之间的连接问题时，从式(2.3-58)中可以发现，波型阻抗与矩形波导管的窄壁尺寸 b 无关，而只与宽壁尺寸 a 有关，即是说，两个波导管的窄壁尺寸 b 虽不相同，但只要它们的宽壁尺寸 a 相同，那么，它们的波型阻抗也相同，若仅根据波型阻抗相同(b 不同)，而把两个波导管连接在一起，实际上会产生波的反射。可见，在研究不同尺寸波导之间的连接问题时，为了把反射减至最小，则需要利用等效阻抗来解决这一问题。下面讨论矩形波导管传输 TE_{10} 波型时的等效阻抗。

我们把波导里(行波状态下)的等效电压与等效电流之比称为等效阻抗。或者这样理解：从传输能量或功率的角度来看，可以把波导管等效为设想的传输 TEM 波的双导线传输线，这个等效双导线中的电压和电流，就称为波导管在传输给定波型时的等效电压和等效电流，该等效电压与等效电流之比，称为等效阻抗。可见，等效阻抗是人为设定的一个等效参数。需要指出的是，矩形波导管是一个单导体的金属空心管，在其横截面上的管壁之间无确切的电压可言，管壁内表面上电流的分布也不均匀，无确切的电流可言，这一点与传输 TEM 波型的双导线有本质上的差别。正因为波导中没有像双导线中那样确切的、唯一的电压和电流代替整个波导的“电压”和“电流”，所以就有用不同的方法定义的波导的等效电压和等效

电流，从而也就有了与之相对应的用不同的方法定义的波导的等效阻抗。

为了求出等效阻抗，应首先求出波导的等效电压 U、等效电流 I 和传输功率 P，然后再求等效阻抗。对于 TE_{10} 波型，通常是在波导的横截面上取两个宽壁内表面中心线之间电场强度的线积分作为等效电压，取宽壁内表面上总的纵向(轴向)电流作为等效电流。等效电压 U 为

$$U=\int_0^b E_y \mathrm{d}y \tag{2.3-59}$$

由式(2.3-29)知

$$E_y=-\mathrm{j}\frac{\omega\mu a}{\pi}H_0\sin\left(\frac{\pi}{a}x\right)\mathrm{e}^{-\mathrm{j}\beta z}$$

把它代入式(2.3-59)中，得

$$U=-\mathrm{j}\frac{\omega\mu a}{\pi}H_0 b\mathrm{e}^{-\mathrm{j}\beta z} \tag{2.3-60}$$

与宽壁内表面上纵向的电流面密度矢量 J_z 相对应的是磁场的横向分量 H_x，假设取下面宽壁内表面上总的纵向电流为等效电流 I，则

$$I=\int_0^a J_z\mid_{y=0}\mathrm{d}x=\int_0^a -H_x\mid_{y=0}\mathrm{d}x \tag{2.3-61}$$

由式(2.3-29)知

$$H_x=\frac{\mathrm{j}\beta a}{\pi}H_0\sin\left(\frac{\pi}{a}x\right)\mathrm{e}^{-\mathrm{j}\beta z}$$

把它代入式(2.3-61)中，得

$$I=-\mathrm{j}\frac{2\beta a^2}{\pi^2}H_0\mathrm{e}^{-\mathrm{j}\beta z} \tag{2.3-62}$$

根据式(2.3-43)知，对于 TE_{10} 波型，波导中传输的功率为

$$P=\frac{1}{2Z_{\mathrm{TE}_{10}}}\int_0^a\int_0^b \mid E_y\mid^2\mathrm{d}x\mathrm{d}y$$

把 E_y 的表示式代入到上式中，得

$$P=\frac{a^3 b\,\omega^2\mu^2 H_0^2}{4\pi^2 Z_{\mathrm{TE}_{10}}} \tag{2.3-63}$$

根据已经求得的等效电压 U、等效电流 I 和传输功率 P，可分为三种情况来定义等效阻抗。

(1) 用等效电压 U 和等效电流 I 来定义等效阻抗 Z_e，则

$$Z_e=\frac{U}{I}=\frac{\pi}{2}\frac{b}{a}\sqrt{\frac{\mu}{\varepsilon}}\frac{1}{\sqrt{1-(\lambda/2a)^2}} \tag{2.3-64}$$

(2) 用等效电压 U 和传输功率 P 来定义等效阻抗 Z_e，则

$$Z_e=\frac{\mid U\mid^2}{2P}=2\frac{b}{a}\sqrt{\frac{\mu}{\varepsilon}}\frac{1}{\sqrt{1-(\lambda/2a)^2}} \tag{2.3-65}$$

(3) 用等效电流 I 和传输功率 P 来定义等效阻抗 Z_e，则

$$Z_e=\frac{2P}{\mid I\mid^2}=\frac{\pi^2}{8}\frac{b}{a}\sqrt{\frac{\mu}{\varepsilon}}\frac{1}{\sqrt{1-(\lambda/2a)^2}} \tag{2.3-66}$$

对于等效阻抗的这三种表示方法，可以任选其中的一种，但在同一问题中只能采用一种，否则会带来很大的误差。另外，在实际的应用中，波导之间的匹配与否取决于等效阻抗

之间的比值(相对值)，而其绝对值并不重要。因此，为了计算方便，可将上述三种等效阻抗公式中的数字因子去掉(即假定它们都等于"1")。这样，等效阻抗即可简化为

$$Z_e = \frac{b}{a}\sqrt{\frac{\mu}{\varepsilon}}\frac{1}{\sqrt{1-(\lambda/2a)^2}} \tag{2.3-67}$$

对于等效阻抗，其单位虽然为欧姆，但不应由此导致不正确的结论，例如，当波导终端接有数值上等于等效阻抗的电阻性负载时，并不说明波导已经匹配了。这是在利用等效阻抗这一概念时需要注意的一点。

需要指出的是，在研究不同尺寸波导之间的连接问题时，利用等效阻抗虽然比利用波型阻抗能较好地解决一些问题，但是也只能得到满足一定要求的近似的结果。因为在波导中只要存在着结构上的不连续，就会产生反射波。因此，对于不同的波导，仅是等效阻抗相等，还不能达到完全消除反射波的目的。

六、激励与耦合

在前面讨论波导的传输特性时，都是假定波导中已经建立了某频率和某种波型的稳态简谐电磁场的波动，至于它是怎样建立起来的并未涉及。现在简单地讨论一下这个问题。

在波导中建立起所需要的某频率和某种波型的电磁场的方法，称为波导的激励，为此而采用的装置称为激励装置或激励元件。通过这种装置从激励源(器)向波导馈入能量，以建立起某频率和某种波型的电磁场。与此相反，从波导中取出某频率和某种波型电磁场的能量的方法，称为耦合。根据互易原理可知，只要在激励装置中不存在非互易的介质(或元件)，则激励与耦合是可逆的，即是说，激励装置也可以作为耦合装置。因此，关于激励装置的讨论，对于耦合装置也是适用的，鉴于此，在这里只讨论激励装置。

对激励装置的基本要求是：能激励起所需要的某频率和某种波型的场，并能有效地抑制不需要波型的场；能较好地与波导相匹配，使激励源(器)的能量无反射或反射很小地馈入波导中；有时还要求馈入波导的能量可以调节。波导的激励，实际上就是通过激励装置向波导中的某区域内辐射电磁能量。由于在激励装置附近边界条件复杂，需要有多种波型的场相叠加才能满足边界条件，因此，用严格的数学方法进行定量的分析是比较困难的，一般不采用此种方法。通常所采用的方法是，以所需波型的场结构为基础，进行定性的分析，并经过反复的实验来确定激励装置。一般地讲，只要激励装置与波导之间不是隔绝的，而是有一个互相连通的区域，那么，它们之间就可以产生激励(或耦合)。通常所采用的激励装置有下面几种。

(1) 探针(棒)激励。这种装置如图 2.3-13(a)所示。将同轴线内导体延长一小段而伸入波导中，以形成辐射电磁波的小天线(探针)，其轴线应与所需波型的电场力线相平行，并将小天线置于该波型电场的最强处。这种激励主要是电场激励。例如，对于 TE_{10} 波型，如图2.3-13(b) 所示，可将小天线(探针)置于波导宽壁的中心线处。

(2) 环激励。这种装置如图 2.3-14(a)所示。将同轴线内导体延长并弯曲成环状，而后将其顶端焊接于外导体上，以构成一个磁激励环。这种装置主要是磁场激励，将环置于所需波型磁场的最强处，并使由小环所围成的面积的法线方向与磁力线相平行。例如对于 TE_{10} 波型，如图 2.3-14(b)所示，既可以将小环置于波导的端面上，也可以置于波导的侧壁上。

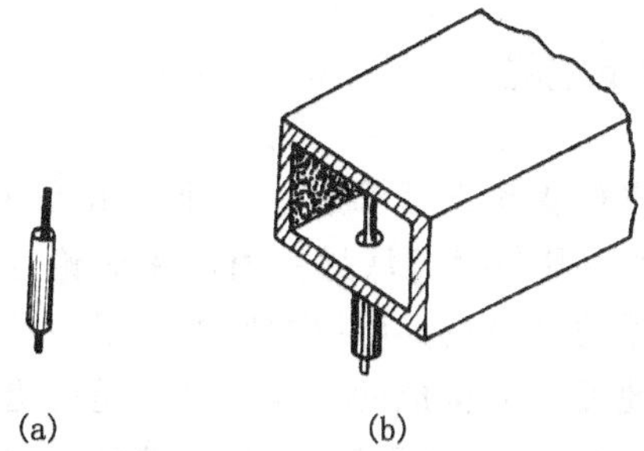

图 2.3-13　探针(棒)激励

(a)探针(棒)；(b)激励装置

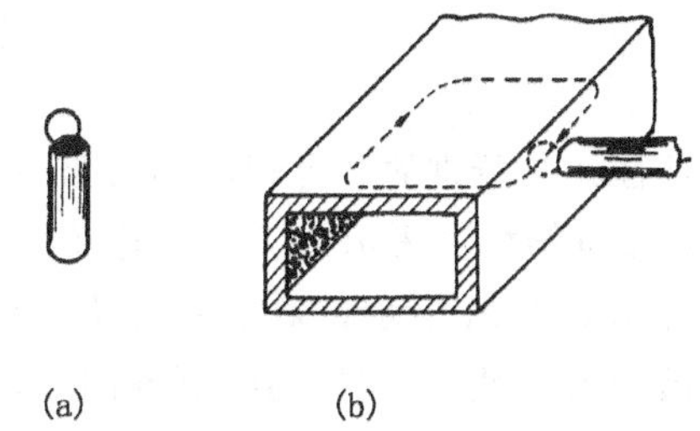

图 2.3-14　环激励

(a)激励环；(b)激励装置

(3) 孔(缝)激励。如图 2.3-15 所示，这也是激励 TE_{10} 波型的一种方法。激励孔(缝)可以开在两个波导的公共窄壁或宽壁上，前者是磁场激励，后者是既有磁场激励，又有电场激励。

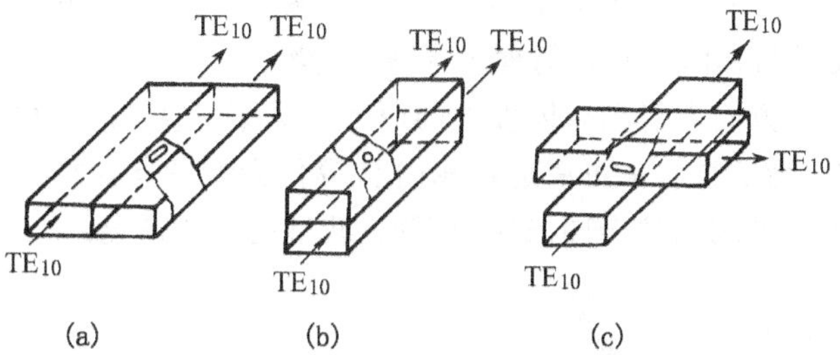

图 2.3-15　孔(缝)激励

除上述的几种激励方法外，也可以将两个波导直接连在一起，或者使电子流通过被激励的波导，以产生所需要的波型。

为了激励出所需要的波型，并要求在较宽的频带内有良好的匹配，则应针对不同的激励装置采取相应的匹配措施。这就需要精心设计，反复实验，才能得到较满意的结果。例如，图 2.3-16 是一个探针(棒)激励装置，调节探针的插入深度 l_1，以及它到短路活塞的距离 l_2，就可以得到较好的匹配效果。当探针位于波导宽壁的中心线处时，l_2 可取为 $\lambda_{g_0}/4$(λ_{g_0} 是对应于中心频率的波导波长)。在实际的结构中，如果使探针稍微偏离波导宽壁中心线一点，或者在探针上加一个介质套(以降低波导的等效阻抗)，都可以减少对频率的敏感性，达到展宽频带和改善匹配的目的。

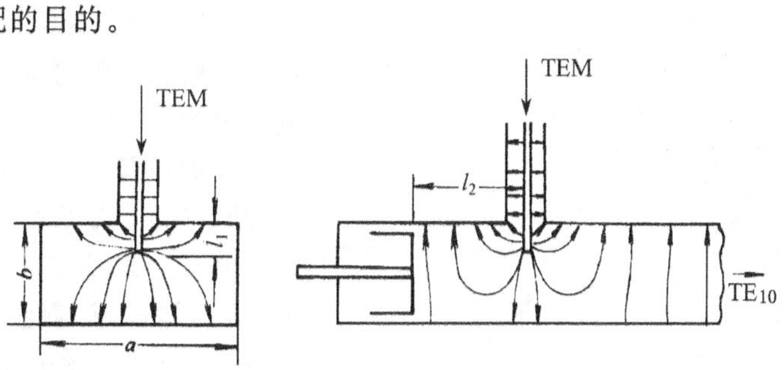

图 2.3-16　探针(棒)激励

§ 2.4　部分波概念

前面几节所讲的，是利用矩形波导管的边界条件对波动方程求解，从而得出了 TE 和 TM 波型场结构的表示式，并讨论了它们的传输特性。现在我们从另一角度来讨论这个问题。如图 2.4－1 所示，对于在波导中沿 z 轴方向传播的电磁波，可以把它看做是一些均匀平面波(TEM 波)在波导两个侧壁的内表面之间来回地反射而构成的，或者说，是由沿不同方向传播的 TEM 波相叠加而成的，这些 TEM 波称之为部分波(元波)。部分波的概念是由法国物理学家布里渊于 1936 年提出来的。利用这种概念对波导中的场做定量分析，远比利用麦克斯韦方程来进行分析复杂得多。但它可以使我们从另一个角度去理解电磁波在波导中的传输特性，例如，利用部分波的概念能比较形象地说明 $v_p > v_g$，使我们能够比较容易地理解这两个物理量的含义。

现在以矩形波导中传输的 TE_{10} 波型为例，说明它是怎样由部分波合成的。如图 2.4－2 所示，沿波导轴线 z 方向传播的 TE_{10} 波型，可以看做是由沿两个方向传播的 TEM 波合成的。有标号Ⅰ的线表示与纸面相垂直的理想导体板(壁)。设电场 $\boldsymbol{E}$ 的分量只有 E_y(方向垂直于纸面)的 TEM 波沿 ξ 方向入射到导体板上的 O 点，入射角为 θ；在 O 点的反射波沿 ξ' 方向传播，反射角也为 θ。为了看起来更清楚，我们取 O 作为参考点，并把该点附近的区域用图 2.4－3 表示出来，现在就利用这个图来讨论 TE_{10} 波型的形成情况。

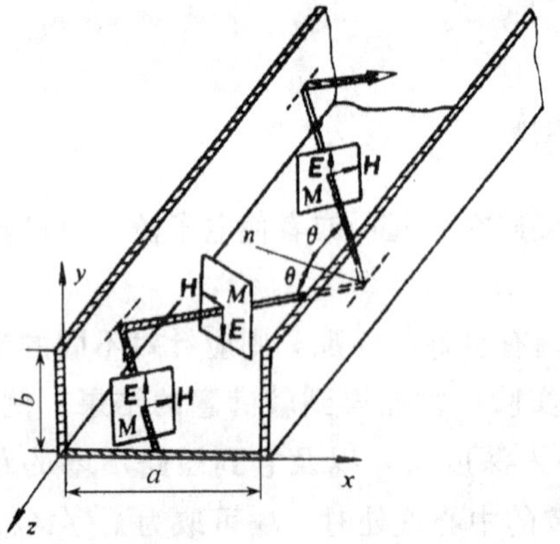

图 2.4－1　TEM 波在波导侧壁上的反射

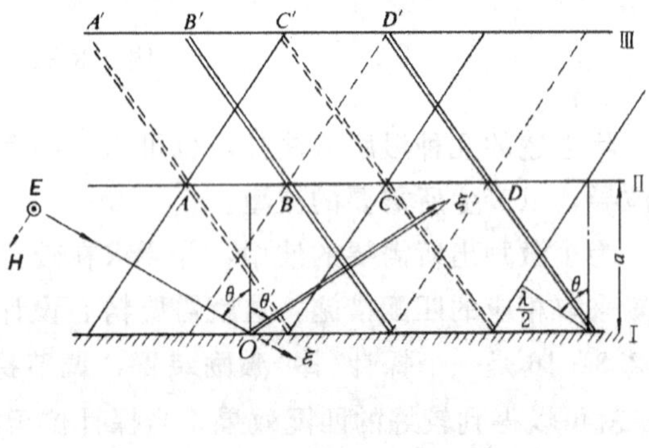

图 2.4－2　TEM 波的入射和反射

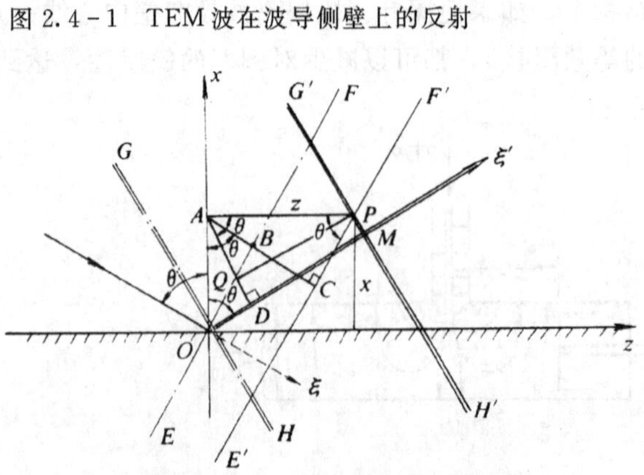

图 2.4－3　合成波的定量分析

如图 2.4－3 所示，EF 表示通过 O 点的入射波的波阵面，在 O 点入射波的电场记为$E_y^+(0)$；GH 表示通过 O 点的反射波的波阵面，在 O 点反射波的电场记为$E_y^-(0)$。为了求出任意一点 P 处的合成电场，过 P 点，作 $E'F'$ 使它平行于 EF，作 $G'H'$ 使它平行于 GH，$E'F'$ 和 $G'H'$ 分别表示 P 点处入射波和反射波的波阵面。为了书写简便，同时又不影响问题的实质，在下面的表示式中均省写了时间因子 $e^{j\omega t}$。这样，在 P 点处的合成电场就可写为

$$E_y(P) = E_y^+(P) + E_y^-(P) \tag{2.4-1}$$

$E_y^+(P)$和 $E_y^-(P)$分别表示 P 点处入射波和反射波的电场。若以 O 点作为参考点，则上式可写为

$$E_y(P) = E_y^+(O)e^{-j\boldsymbol{K}_1\cdot\boldsymbol{BC}} + E_y^-(O)e^{-j\boldsymbol{K}_2\cdot\boldsymbol{OM}} \tag{2.4-2}$$

式中的$\boldsymbol{K}_1$ 和$\boldsymbol{K}_2$ 分别表示入射波和反射波的波矢量(亦称传播矢量)，它是描述平面电磁波传播特性的一个物理量。在一般情况下，波矢量是一个复数：其实部的方向表示波的传播方向，其大小为 $\omega/v=2\pi/\lambda$，即曾在 § 2.1中讲过的波数；其虚部的方向表示波的衰减方向，其大小称为均匀介质中的衰减常数。波的传播方向与波的衰减方向可能是一致的，也可能是不一致的，换句话说，即波的等相位面与波的等振幅(值)面可能一致，也可能不一致，需视具体情况而定。在自由空间或非导电的均匀无耗介质中，平面电磁波的波矢量 $\boldsymbol{K}$ 都为实数矢量。若波导中填充的是非导电的、均匀的、无耗的介质，则有

$$|\boldsymbol{K}_1| = |\boldsymbol{K}_2| = \boldsymbol{K} = \frac{\omega}{v} = \frac{2\pi}{\lambda} \tag{2.4-3}$$

图中的 BC 和 OM 分别表示沿入射波和反射波传播方向的一段距离，可以看做矢量，其方向指向波的传播方向。由图可知，BC 和OM 的大小分别为

$$BC = AC - AB = z\sin\theta - x\cos\theta$$
$$OM = OD + QP = x\cos\theta + z\sin\theta$$

则

$$E_y(P) = E_y^+(O)e^{-jK(z\sin\theta - x\cos\theta)} + E_y^-(O)e^{-jK(x\cos\theta + z\sin\theta)} \tag{2.4-4}$$

在 O 点，根据理想导体的边界条件应有 $E_y(O)=0$,即 $E_y^+(O)=-E_y^-(O)$，因此 $E_y(P)$就可写为

$$E_y(P) = j2E_y^+(O)\sin\left(\frac{2\pi}{\lambda}x\cos\theta\right)e^{-jKz\sin\theta} \tag{2.4-5}$$

由该式可知，当 $x=m\lambda/2\cos\theta$ 时($m=1,2,3,\cdots$),$E_y(P)=0$，即是说，在距导体板Ⅰ($x=0$)的距离为 $m\lambda/2\cos\theta$ 处可以放置一个与纸面垂直、且平行于 z 轴的理想导体板，这样做，并不影响场的分布状态。例如，若取 $m=1$，在 $x=\lambda/2\cos\theta=a$ 处放置导体板Ⅱ，则Ⅰ和Ⅱ就构成了矩形波导管的两个侧壁；然后，在Ⅰ和Ⅱ的上面和下面分别放置一个与纸面平行、并相距为 b 的导体板，这样，就构成了波导管的上壁和下壁，因为 $E_y(P)$的方向与它们相垂直，所以这并不影响场的分布状态。将 $\lambda/2\cos\theta=a$ 代入到式(2.4-5)中，则

$$E_y(P) = j2E_y^+(O)\sin\left(\frac{\pi}{a}x\right)e^{-jKz\sin\theta} \tag{2.4-6}$$

可见，$E_y(P)$沿 x 方向是呈正弦分布规律的纯驻波状态，沿 z 方向传播的合成波的相移常数为 $K\sin\theta$，即

$$K\sin\theta = \frac{2\pi}{\lambda}\sqrt{1-\left(\frac{\lambda}{2a}\right)^2} \tag{2.4-7}$$

这与前面利用解场的方程求出的 TE_{10} 波型在矩形波导中沿 z 轴方向的相移常数 β 是完全一样的，即是说，若令式(2.3-38)中的 λ_c 为 $2a$，即可得到式(2.4-7)。

以上所述是波导中合成波电场的情况，对于合成波的磁场，经过类似的分析步骤，同样

可以求出它的表示式和分布状态。分析结果表明，磁力线是近似于椭圆形的闭合线，并处在与波导管上下壁相平行的平面内，它在波导管两个侧壁的内表面处只有与之相切的分量，没有与之相垂直的分量，即满足磁场在理想导体上的边界条件。由此可知，这正是 TE_{10} 波型的磁场结构。从另一方面讲，因为已经知道了 $E_y(P)$ 的表示式，那么，利用式(2.1-13a)，即 $\nabla\times\boldsymbol{E}=-\mathrm{j}\omega\mu\boldsymbol{H}$，同样可以求出 TE_{10} 波型磁场的两个分量 H_x 和 H_z 的表示式，其结果与前面利用解场的方程所求得的表示式是完全一样的。下面讨论合成波的波导波长 λ_g、相速 v_p 和群速 v_g。

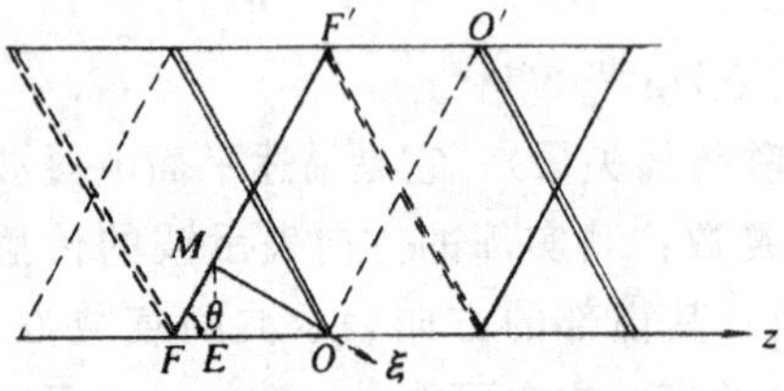

图 2.4-4　合成波的相速、群速和波导波长

波导波长 λ_g　如图 2.4-4 所示，若用 FF'（实线）表示 TEM 波的（电场或磁场）的场强值在一个方向达到最大时的波阵面（波峰），OO'（虚线）表示场强值在相反方向达到最大时的波阵面（波谷），则 MO 的长度等于 $\lambda/2$；对于沿 z 轴传播的合成波 TE_{10} 来说，F 点与 O 点的相位差 π，可见，FO 的长度等于 $\lambda_g/2$。由此得

$$\frac{FO}{MO}=\frac{\lambda_g}{\lambda}=\frac{1}{\sin\theta}=\frac{1}{\sqrt{1-\left(\frac{\lambda}{2a}\right)^2}}$$

即

$$\lambda_g=\frac{\lambda}{\sqrt{1-\left(\frac{\lambda}{2a}\right)^2}}$$

这与根据式(2.3-37)求出的 λ_g 是一致的。

相速 v_p　如图 2.4-4 所示，沿着 ξ 方向看，经过半个周期（$T/2$）的时间，TEM 波从 FF' 的位置传播到 OO' 的位置，其速度 $v=\lambda/T$，在同一时间内，沿着 z 方向看，合成波 TE_{10} 传播的距离为 FO，其速度即相速 v_p

$$v_p=\frac{FO}{\frac{T}{2}}=\frac{\lambda}{T\sin\theta}=\frac{v}{\sqrt{1-\cos^2\theta}}=\frac{v}{\sqrt{1-(\lambda/2a)^2}}$$

这与根据式(2.3-39)求出的 v_p 是一致的。

群速 v_g　如图 2.4-4 所示，在 $T/2$ 的时间内，能量沿着 z 轴传播的距离是 EO，因此 v_g 为

$$v_g=\frac{EO}{T/2}=\frac{MO\cdot\sin\theta}{T/2}=v\sin\theta=v\sqrt{1-(\lambda/2a)^2}$$

这与根据式(2.3-40)求出的 v_g 是一致的。

利用部分波概念可以帮助我们理解波导管中的波导波长大于工作波长、相速大于光速（v）和群速小于光速等问题。如图 2.4-2 所示，沿着 z 方向不存在以光速 v 传播的 TEM 波，而只存在着以相速 v_p 传播的 TE（或 TM）波，我们可以把它看做是由沿着 ξ 方向和 ξ' 方向以光速 v 传播的这两部分 TEM 波合成的。当沿着 z 方向观察合成波的相速 v_p 时，它比光速 v 要大。这种情况与波浪沿堤岸传播时的现象相类似，如图 2.4-5 所示，波浪沿着 AB 线所示的方向斜投射于堤岸，它的速度就是波沿 AB 方向的速度。但是，当沿堤岸的方向，即沿 CB

所示的方向观察波浪的速度时，它的速度大于波浪沿 AB 方向的速度，即类似于波导中 TE(或 TM)波沿波导轴线 z 的传播速度(相速 v_p)大于 TEM 波斜投射于波导两个侧壁的速度(光速 v)。

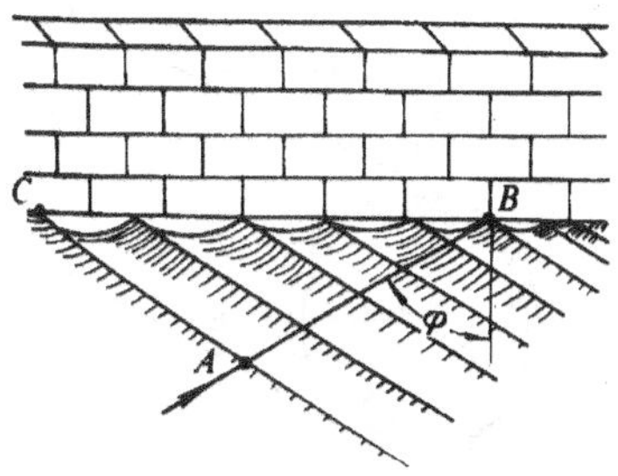

图 2.4－5　波浪沿堤岸传播的速度

从上面利用部分波概念对 TE_{10} 波型进行的分析中还可以看出，如图 2.4－2 所示，根据 $\cos\theta=\lambda/2a$ 可知，当 $\theta=0°$时，$\cos\theta=1$，$\lambda=2a$，此时 TEM 波的传播方向垂直于波导的两个侧壁，并在其间来回地反射，不能构成沿波导轴线 z 方向传播的合成波，沿 z 方向呈现截止状态，这种现象称为横向谐振。另外，还可看出，沿 z 方向不可能传播 TEM 波，因为，如果可能，那么，根据$\cos\theta=\lambda/2a$ 可知，此时的 θ 应等于 90°，也即 $\lambda=0(f=\infty)$，但是，这种波实际上是不存在的，因此沿 z 方向不可能传播 TEM 波，这与由场的观点分析时所得的结论是一致的。

我们利用部分波的概念较详细地分析了矩形波导管中 TE_{10} 波型的形成情况，以及它的一些传输特性。实际上，部分波的概念还可以扩展，例如，由四个或更多的传播方向不同的 TEM 在波导的两个侧壁之间来回地反射，它们相叠加的结果，则可构成 TE_{mn} 或 TM_{mn} 波型；部分波的概念还可以扩展到圆形空心金属波导管中去，即：当无穷多个沿不同方向传播的 TEM 波斜投射于圆波导管壁的内表面上，并在管壁间来回地反射曲折前进时，这些波的叠加即构成了沿轴线方向传播的圆波导中的 TE 或 TM 波型。部分波的概念虽然可以扩展到上面所说的一些较复杂波型的形成过程中去，但具体地分析起来(尤其是定量分析)，还是较复杂的，不如用场解来得方便。尽管如此，了解部分波的概念，在有些情况下，对于分析波导系统中的某些问题是比较方便的。

§2.5　圆形波导管中电磁波的传输特性

圆形波导管虽然不及矩形波导管用得广泛，但也是常用波导管之一，它可以用于天线馈线、多路通信和卫星电视中，可以构成微波谐振腔、旋转式移相器和衰减器、旋转关节、天线辐射器，还可以构成微波管的输出腔，以及其他方面的应用。圆形波导管的缺点是，结构或尺寸的微小变化，就会产生模式的转换，从而使信号失真、衰减增大。圆波导可用于分米波、厘米波和毫米波波段。本节所讲的圆形波导管，是指横截面为圆形的空心金属波导管(普通圆波导管)。至于一些具有特殊结构、横截面也呈圆形的波导管(如介质薄膜波导、螺旋波导管)，不属于本节讨论的内容。

我们采取和分析矩形波导传输特性时一样的方法，来分析圆形波导的传输特性，即根据场量是否有纵向(z 方向)分量来划分波型，则在圆波导中也有 TE(H)和 TM(E)两类波型。因此，为了求出场结构，应首先求出场的纵向分量 E_z 和 H_z，然后利用横、纵分量之间的关系式求出场的所有横向分量。

一、波动方程在圆柱坐标系中的解

如图 2.5－1 所示，采用圆柱坐标系(r,φ,z)来分析圆形波导管是比较方便的。根据式

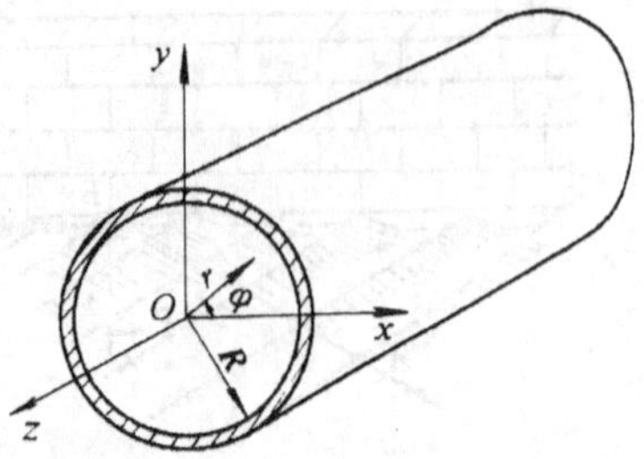

图 2.5-1　圆形波导管与圆柱坐标系

(2.1-29) 和式(2.1-31)可知，圆形波导管中的电场 $\boldsymbol{E}$ 和磁场 $\boldsymbol{H}$ 应满足下面的方程

$$\nabla_t^2 \boldsymbol{E}(r,\varphi) + K_c^2 \boldsymbol{E}(r,\varphi) = 0 \qquad (2.5-1)$$

$$\nabla_t^2 \boldsymbol{H}(r,\varphi) + K_c^2 \boldsymbol{H}(r,\varphi) = 0 \qquad (2.5-2)$$

式中

$$\boldsymbol{E}(r,\varphi) = \boldsymbol{r}E_r(r,\varphi) + \boldsymbol{\varphi}E_\varphi(r,\varphi) + \boldsymbol{z}E_z(r,\varphi)$$

$$\boldsymbol{H}(r,\varphi) = \boldsymbol{r}H_r(r,\varphi) + \boldsymbol{\varphi}H_\varphi(r,\varphi) + \boldsymbol{z}H_z(r,\varphi)$$

$\boldsymbol{r}$、$\boldsymbol{\varphi}$ 和 $\boldsymbol{z}$ 分别为圆柱坐标系中沿半径(r)、圆周(φ)和 z 轴正方向的单位矢量。根据本章附录 2.1 中的式(8)即可求得圆柱坐标系的坐标度量系数为 $h_1=1$，$h_2=r$，$h_3=1$，再根据式(2.1-23)即可求得圆柱坐标系中横向算子的表示式为

$$\nabla_t^2 = \frac{1}{r}\left[\frac{\partial}{\partial r}\left(r\frac{\partial}{\partial r}\right) + \frac{\partial}{\partial \varphi}\left(\frac{1}{r}\frac{\partial}{\partial \varphi}\right)\right]$$

或写为

$$\nabla_t^2 = \frac{\partial^2}{\partial r^2} + \frac{1}{r}\frac{\partial}{\partial r} + \frac{1}{r^2}\frac{\partial^2}{\partial \varphi^2}$$

为了求解，需要将矢量形式的波动方程式(2.5-1)和式(2.5-2)化为标量形式的波动方程。在圆柱坐标系中，横向坐标的单位矢量不是常矢量，对于场的横向分量不能写成标量形式的亥姆霍兹方程。但是纵向坐标的单位矢量为常矢量，场的纵向分量满足标量形式的亥姆霍兹方程。因此，应首先求出电场的纵向分量 E_z 和磁场的纵向分量 H_z，然后利用横、纵分量之间的关系式再求出所有的横向分量。根据式(2.2-15) 和式(2.2-16)可知，E_z 和 H_z 满足下面标量形式的波动方程

$$\nabla_t^2 E_z(r,\varphi) + K_c^2 E_z(r,\varphi) = 0 \qquad (2.5-3)$$

$$\nabla_t^2 H_z(r,\varphi) + K_c^2 H_z(r,\varphi) = 0 \qquad (2.5-4)$$

即(以下均省写了坐标变量 r 和 φ)

$$\frac{\partial^2 E_z}{\partial r^2} + \frac{1}{r}\frac{\partial E_z}{\partial r} + \frac{1}{r^2}\frac{\partial^2 E_z}{\partial \varphi^2} + K_c^2 E_z = 0 \qquad (2.5-5)$$

$$\frac{\partial^2 H_z}{\partial r^2} + \frac{1}{r}\frac{\partial H_z}{\partial r} + \frac{1}{r^2}\frac{\partial^2 H_z}{\partial \varphi^2} + K_c^2 H_z = 0 \qquad (2.5-6)$$

这是两个同一种类型的方程，其差别只是两者的边界条件不同。利用分离变量法求解，设

$$E_z = R(r)\phi(\varphi) \qquad (2.5-7)$$

$$H_z = R(r)\phi(\varphi) \qquad (2.5-8)$$

式中，$R(r)$仅是 r 的函数，$\phi(\varphi)$仅是 φ 的函数，$R(r)$与 $\phi(\varphi)$互不相关。将式(2.5-7)或式(2.5-8) 代入到式(2.5-5)或式(2.5-6)，即得下面的方程[把 $R(r)$和 $\phi(\varphi)$分别简写为 R 和 ϕ]

$$\phi\frac{\partial^2 R}{\partial r^2} + \frac{1}{r}\phi\frac{\partial R}{\partial r} + \frac{R}{r^2}\frac{\partial^2 \phi}{\partial \varphi^2} + K_c^2 R\phi = 0$$

等号两端同乘以 $r^2/R\phi$，移项，得

$$\frac{r^2}{R}\frac{\partial^2 R}{\partial r^2} + \frac{r}{R}\frac{\partial R}{\partial r} + K_c^2 r^2 = -\frac{1}{\phi}\frac{\partial^2 \phi}{\partial \varphi^2}$$

等号左端的项仅是 r 的函数，等号右端的项仅是 φ 的函数，若要求等式成立，则等号两端的

项应等于同一个常数，设此常数为 m^2，由此可得下面两个常微分方程

$$r^2\frac{d^2R}{dr^2}+r\frac{dR}{dr}+[(K_cr)^2-m^2]R=0 \tag{2.5-9}$$

$$\frac{d^2\phi}{d\varphi^2}+m^2\phi=0 \tag{2.5-10}$$

式(2.5-9)也可写为

$$(K_cr)^2\frac{d^2R}{d(K_cr)^2}+K_cr\frac{dR}{d(K_cr)}+[(K_cr)^2-m^2]R=0 \tag{2.5-11}$$

这是一个以 K_c 为参变量、r 为自变量的贝塞尔方程，其通解为

$$R(r)=A_1J_m(K_cr)+A_2N_m(K_cr) \tag{2.5-12}$$

式中，$J_m(K_cr)$是第一类 m 阶贝塞尔函数，$N_m(K_cr)$是第二类 m 阶贝塞尔函数(诺依曼函数)。图2.5-2、图2.5-3和图 2.5-4 分别为第一类贝塞尔函数、第一类贝塞尔函数的导函数和第二类贝塞尔函数的曲线。

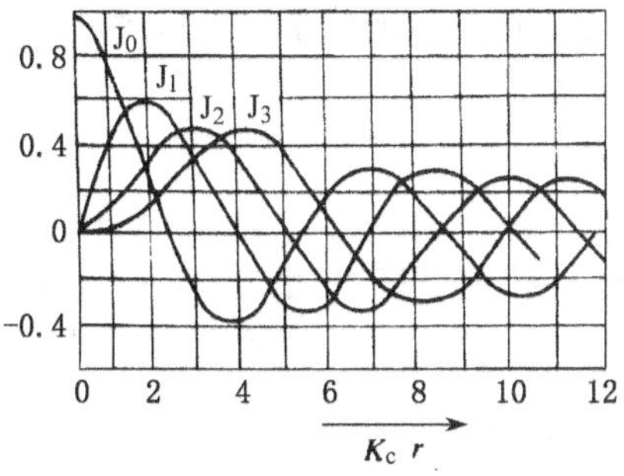

图 2.5-2　第一类贝塞尔函数曲线

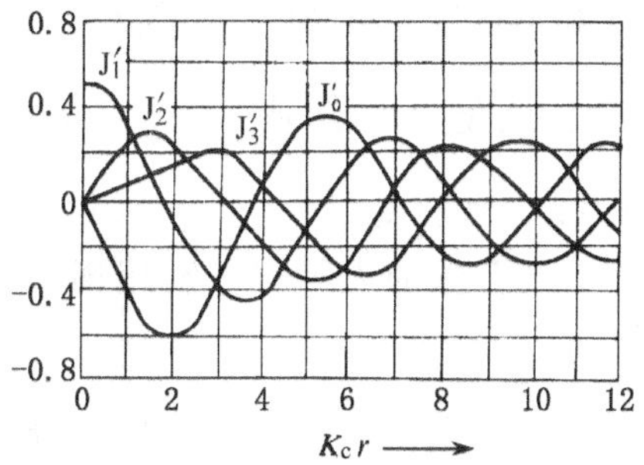

图 2.5-3　第一类贝塞尔函数的导函数曲线

由图 2.5-4 可知，当 r 趋于零时，诺依曼函数的值趋于无穷大，这意味着圆波导中心处的场强值为无穷大，但是，这在实际上是不可能的，因此，式(2.5-12)中的积分常数 A_2 应为零。这样，$R(r)$应为

$$R(r)=A_1J_m(K_cr) \tag{2.5-13}$$

式(2.5-10)的通解为

$$\phi=C_1\cos m\varphi+C_2\sin m\varphi \tag{2.5-14}$$

C_1 和 C_2 为任意常数。该式也可以化为下列形式

$$\phi=B\cos(m\varphi+\varphi_1) \tag{2.5-15}$$

或

$$\phi=B\sin(m\varphi+\varphi_2) \tag{2.5-16}$$

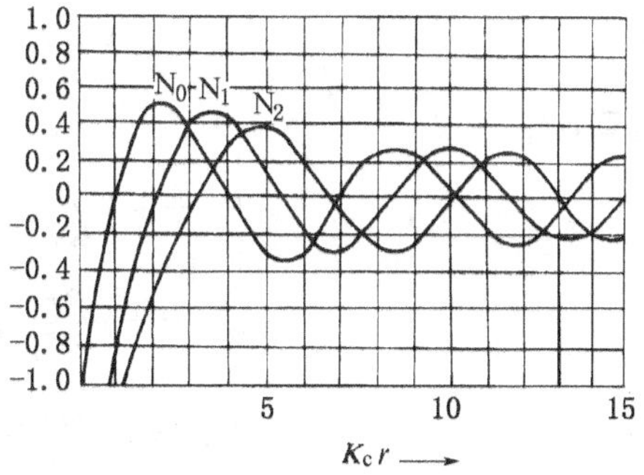

图 2.5-4　第二类贝塞尔函数曲线

在这里，B 和 φ_1 或 φ_2 代替了 C_1 和 C_2 作为通解中所含有的两个任意常数，它们是与波导中场的激励情况和边界条件有关的常数；其中，φ_1 或 φ_2 是场量在波导横截面沿圆周方向变化时场结构(场分布)的起始角。由于圆波导在结构上具有轴对称性，因此，φ_1 或 φ_2 不是固定的，可任意选取，为了简便，现取 φ_1 或 φ_2 均为零。这样，则可把 ϕ 写为

$$\phi=B\begin{matrix}\cos m\varphi\\ \sin m\varphi\end{matrix} \tag{2.5-17}$$

这表明，从场量沿 φ 方向的变化看，$\cos m\varphi$ 和 $\sin m\varphi$ 代表圆波导中能够独立存在的两种波型，这两种波型具有相同的截止波长和传输特性，只是在波导的横截面上场的极化方向不同，这种情况（当 $m\neq0$ 时）称为波型的极化简并。显然，这两种波型的叠加仍然是可能存在的一种波型，是波动方程的解。

根据式(2.5-7)和式(2.5-8)，并考虑到式(2.1-34)，则

$$E_z = E_0 \mathrm{J}_m(K_c r) \begin{matrix}\cos m\varphi \\ \sin m\varphi\end{matrix} \mathrm{e}^{-\mathrm{j}\beta z} \tag{2.5-18}$$

$$H_z = H_0 \mathrm{J}_m(K_c r) \begin{matrix}\cos m\varphi \\ \sin m\varphi\end{matrix} \mathrm{e}^{-\mathrm{j}\beta z} \tag{2.5-19}$$

式中，$E_0=A_1BA^+$；H_0 与 E_0 相类似，它们都是与波导中场的激励以及边界条件有关的常数。由此可知，在圆波导中，E_z 和 H_z 沿半径方向按贝塞尔函数的规律变化，沿圆周按三角函数的规律变化，当空间位置变化了角度 φ 时，场量的变化角度为 $m\varphi$。当 φ 的起始位置选定后，φ 位置的场与从 φ 开始旋转一周(360°)之后同一位置的场是相同的，这就要求 m 只能取零和正整数。这些规律不仅对于 E_z 和 H_z，而且对于场的其他分量也是适用的。

二、波型及场结构

（一）TM 波型

(1) 场分量的表示式。利用图 2.5-1 进行讨论，对于 TM 波型，$H_z=0$，$E_z\neq0$，E_z 为

$$E_z = E_0 \mathrm{J}_m(K_c r) \begin{matrix}\cos m\varphi \\ \sin m\varphi\end{matrix} \mathrm{e}^{-\mathrm{j}\beta z} \tag{2.5-20}$$

根据式(2.2-22)和式(2.2-23)即可得出场的横向分量

$$\boldsymbol{H}_t = -\frac{1}{K_c^2}\mathrm{j}\omega\varepsilon \boldsymbol{z}\times\nabla_t E_z$$

$$\boldsymbol{E}_t = -\frac{\mathrm{j}\beta}{K_c^2}\nabla_t E_z$$

式中
$$\nabla_t = \boldsymbol{r}\frac{\partial}{\partial r}+\boldsymbol{\varphi}\frac{1}{r}\frac{\partial}{\partial\varphi}$$

经运算，得

$$\begin{aligned}
E_r &= -\mathrm{j}\frac{\beta}{K_c}E_0\mathrm{J}_m'(K_c r)\begin{matrix}\cos m\varphi \\ \sin m\varphi\end{matrix}\mathrm{e}^{-\mathrm{j}\beta z}\\
E_\varphi &= \pm\mathrm{j}\frac{\beta m}{rK_c^2}E_0\mathrm{J}_m(K_c r)\begin{matrix}\sin m\varphi \\ \cos m\varphi\end{matrix}\mathrm{e}^{-\mathrm{j}\beta z}\\
H_r &= \mp\mathrm{j}\frac{\omega\varepsilon m}{rK_c^2}E_0\mathrm{J}_m(K_c r)\begin{matrix}\sin m\varphi \\ \cos m\varphi\end{matrix}\mathrm{e}^{-\mathrm{j}\beta z}\\
H_\varphi &= -\mathrm{j}\frac{\omega\varepsilon}{K_c}E_0\mathrm{J}_m'(K_c r)\begin{matrix}\cos m\varphi \\ \sin m\varphi\end{matrix}\mathrm{e}^{-\mathrm{j}\beta z}
\end{aligned} \tag{2.5-21}$$

设 R 为圆波导管的内半径，根据边界条件可知，当 $r=R$ 时，$E_z=0$，$E_\varphi=0$，因此应有

$$\mathrm{J}_m(K_c R)=0$$

根据贝塞尔函数的性质可知，能使该式成立的只能是某些特定的 K_cR 的值，也就是贝塞尔函数的根值。设 ν_{mn} 为第一类 m 阶贝塞尔函数第 n 个根的值，则应有

$$K_cR = \nu_{mn} \qquad (m = 0,1,2,\cdots;n = 1,2,3,\cdots)$$

或写为

$$K_c = \frac{\nu_{mn}}{R} \tag{2.5-22}$$

由此可得截止波长为

$$\lambda_c = \frac{2\pi}{K_c} = \frac{2\pi R}{\nu_{mn}} \tag{2.5-23}$$

每一对 m、n 值对应着一种波型，记为 $TM_{mn}(E_{mn})$，可见，有无穷多个波型，它们都是在一定边界条件下式(2.5－1)和式(2.5－2)的解，而且这些波型的线性组合(叠加)同样是解。TM_{m0} 波型是不存在的，最低次的波型为 TM_{01}(它的 λ_c 最长)，是圆波导中常用的波型之一。

根据上述的表示式和在 § 2.2 中所讨论过的规则波导中导行波传输特性的一般公式，即可求出 TM 波型传输特性的具体表示式，例如关于截止波长和截止频率、波导波长和相移常数、相速和群速、波型阻抗等的表示式，在此不再赘述。关于传输功率和衰减将在后面讨论。

从 TM 波型场量的表示式可知，场量沿圆周和半径方向均呈纯驻波分布状态，而且，沿圆周按三角函数规律分布，沿半径按贝塞尔函数或其导函数的规律分布。m 除了表示贝塞尔函数的阶数之外，同时还表示场量沿圆周分布的整驻波的个数；n 除了表示贝塞尔函数或其导函数的根的序号之外，还表示场量沿半径分布的半个驻波的个数，或者说，场量出现最大值的个数。对于式(2.5－21)，场量沿圆周的分布是 $\sin m\varphi$，还是 $\cos m\varphi$，这取决于外部激励源和起始角位置的选择，当这些条件确定之后，各个分量的表示式也就确定了，即是说，或者取式(2.5－21)中的上面一组解，或者取下面一组解(包括式子中的正负号和与其相对应的三角函数)。在表 2.5－1 中列举了一部分 TM 波型的 υ_{mn} 的值，以及与此相对应的 λ_c 的值。

表 2.5－1　部分 TM 波型的 υ_{mn} 及 λ_c 值

波　型	υ_{mn}	λ_c	波　型	υ_{mn}	λ_c
TM_{01}	2.405	2.62R	TM_{12}	7.016	0.90R
TM_{11}	3.832	1.64R	TM_{22}	8.417	0.75R
TM_{21}	5.135	1.22R	TM_{03}	8.650	0.72R
TM_{02}	5.520	1.14R	TM_{32}	9.76	0.643R
TM_{31}	6.380	0.984R	TM_{13}	10.173	0.62R
注：R 为圆波导的内半径。					

(2) 场结构。这里只较详细地讨论 TM 波型中常用的波型 TM_{01}(主模)的场结构。另外，还给出了除 TM_{01} 外截止波长较长的 TM_{11} 波型的场结构图，对于该波型以及其他波型的场结构均不讨论。

根据式(2.5－21)可知，TM_{01} 波型场量的表示式为

$$E_r = \mathrm{j}\,\frac{\beta R}{2.405}E_0\mathrm{J}_1\left(\frac{2.405}{R}r\right)\mathrm{e}^{-\mathrm{j}\beta z}$$

$$E_z = E_0\mathrm{J}_0\left(\frac{2.405}{R}r\right)\mathrm{e}^{-\mathrm{j}\beta z} \tag{2.5-24}$$

$$H_\varphi = \mathrm{j}\,\frac{\omega\,\varepsilon R}{2.405}E_0\mathrm{J}_1\left(\frac{2.405}{R}r\right)\mathrm{e}^{-\mathrm{j}\beta z}$$

$$E_\varphi = H_r = H_z = 0$$

$m=0$ 说明场量沿圆周无变化，$n=1$ 说明场量沿半径只有一个最大值，而且，E_z 在圆心 ($r=0$)处有最大值，在 $r=R$ 处为零；E_r 和 H_φ 在圆心处为零，在 $r=0.766R$ 处有最大值。图2.5-5 是 TM_{01} 波型场结构的立体图：磁力线在波导横截面内为闭合曲线；电力线有横向和纵向分量，呈空间分布状态。由于 TM_{01} 波型的场结构具有轴对称性，而且易与矩形波导中的 TE_{10} 波型的场发生耦合，因此，在具有旋转连接的馈线中常用到这种波型，图 2.5-6 是这种连接方式的示意图，图中抗流接头的工作原理可参阅图 6.1-1 或图 6.1-3 的说明。另外，因为 TM_{01} 波型具有较强的电场纵向分量，所以在电子直线加速器所使用的波导管中也常用到这种波型。在谐振腔中也可以采用这种波型。图2.5-7是 TM_{01} 和 TM_{11} 波型的场结构图。

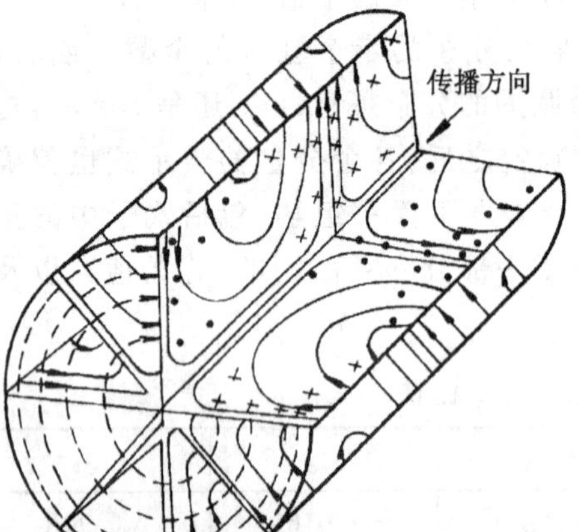

图 2.5-5　圆波导中 TM_{01} 场结构的立体图

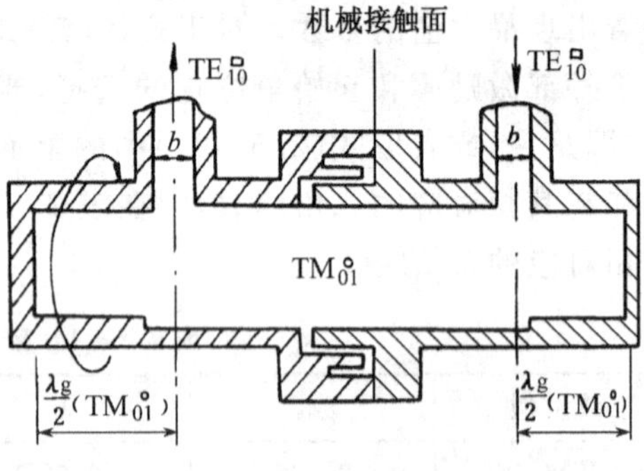

图 2.5-6　旋转连接机构简图

（二）TE 波型

(1) 场分量的表示式。利用图 2.5-1 来进行讨论，对于 TE 波型，$E_z=0$，$H_z\neq 0$，H_z 为

$$H_z = H_0\mathrm{J}_m(K_c r)\begin{matrix}\cos m\varphi\\ \sin m\varphi\end{matrix}\;\mathrm{e}^{-\mathrm{j}\beta z} \tag{2.5-25}$$

根据式(2.2-20)式和(2.2-21a)，即可得到场的横向分量

$$\boldsymbol{H}_t = -\frac{\mathrm{j}\beta}{K_c^2}\nabla_t H_z$$

$$\boldsymbol{E}_t = \frac{1}{K_c^2}(\mathrm{j}\omega\mu\boldsymbol{z}\times\nabla_t H_z)$$

经运算，得

$$
\begin{aligned}
E_r &= \pm \mathrm{j}\frac{\omega\mu m}{K_c^2 r} H_0 \mathrm{J}_m(K_c r) \begin{matrix}\sin m\varphi \\ \cos m\varphi\end{matrix} \mathrm{e}^{-\mathrm{j}\beta z} \\
E_\varphi &= \mathrm{j}\frac{\omega\mu}{K_c} H_0 \mathrm{J}'_m(K_c r) \begin{matrix}\cos m\varphi \\ \sin m\varphi\end{matrix} \mathrm{e}^{-\mathrm{j}\beta z} \\
H_r &= -\mathrm{j}\frac{\beta}{K_c} H_0 \mathrm{J}'_m(K_c r) \begin{matrix}\cos m\varphi \\ \sin m\varphi\end{matrix} \mathrm{e}^{-\mathrm{j}\beta z} \\
H_\varphi &= \pm \mathrm{j}\frac{\beta m}{K_c^2 r} H_0 \mathrm{J}_m(K_c r) \begin{matrix}\sin m\varphi \\ \cos m\varphi\end{matrix} \mathrm{e}^{-\mathrm{j}\beta z}
\end{aligned}
\tag{2.5-26}
$$

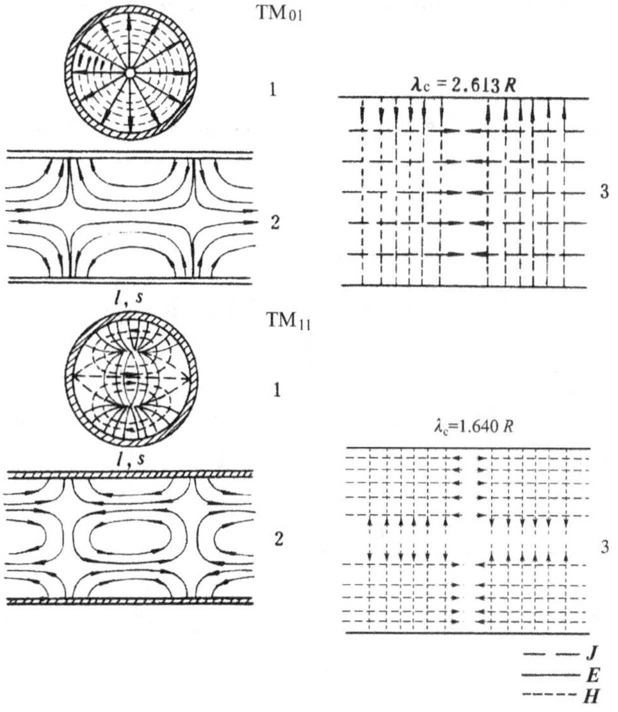

图 2.5-7　圆波导中 TM_{01} 和 TM_{11} 的场结构

1—横截面图；2—通过 $l-l$ 面的纵视图；3—从 $s-s$ 看的表面视图

根据边界条件可知，当 $r=R$ 时，$E_\varphi=0$，$H_r=0$ 则应有

$$\mathrm{J}'_m(K_c R) = 0$$

根据贝塞尔函数的导函数的性质可知，能使该式成立的只能是某些特定的 K_cR 的值，也就是贝塞尔函数导函数的根值，设 μ_{mn} 为第一类 m 阶贝塞尔函数一阶导函数的第 n 个根值，则应有

$$K_c R = \mu_{mn} \qquad (m=0,1,2,\cdots;n=1,2,3,\cdots)$$

或写为

$$K_c = \frac{\mu_{mn}}{R} \tag{2.5-27}$$

由此可得截止波长为

$$\lambda_c = \frac{2\pi}{K_c} = \frac{2\pi R}{\mu_{mn}} \tag{2.5-28}$$

每一对 m、n 值对应着一种波型，记为 TE_{mn}（H_{mn}），可见，有无穷多个波型，它们都是在一定边界条件下式(2.5-1)和式(2.5-2)的解，而且这些波型的线性组合(叠加)同样是解。TE_{m0} 波型是不存在的，但存在着 TE_{0n} 波型，最低次的波型为 TE_{11}（它的 λ_c 最长），是圆波导中常用的波型之一。

根据上述的表示式，利用在 § 2.2 中所讨论过的规则波导中导行波传输特性的一般公式，即可求出 TE 波型传输特性的具体表示式，在此不再赘述。其中，传输功率和损耗将在后面讨论。

由 TE 波型场量的表示式可知，与 TM 波型的情况一样：沿圆周和半径方向均呈纯驻波分布状态，沿圆周按三角函数规律分布，沿半径按贝塞尔函数或其导函数的规律分布，m 和 n 的含义与 TM_{mn} 波型中的含义一样。在表 2.5-2 中列举了一部分 TE 波型的 μ_{mn} 的值，以及与此相对应的 λ_c 的值。

(2) 场结构。在圆波导中除了前面讲过的 TM_{01} 波型之外，TE_{11} 和 TE_{01} 也是常用的波型，因此在这里只讨论这两种波型场结构的特点，以及这两种波型的一般应用场合，其他波型的场结构就不讨论了。TE 波型的电力线均在圆波导的横截面内，而磁力线则是呈空间分布的闭合曲线。图 2.5-8 是 TE_{01}、TE_{11} 和 TE_{21} 波型的场结构图。

表 2.5-2　部分 TE 波型的 μ_{mn} 及 λ_c 值

波　型	μ_{mn}	λ_c	波　型	μ_{mn}	λ_c
TE_{11}	1.841	$3.412R$	TE_{22}	6.706	$0.94R$
TE_{21}	3.054	$2.06R$	TE_{02}	7.016	$0.90R$
TE_{01}	3.832	$1.64R$	TE_{32}	8.015	$0.783R$
TE_{31}	4.201	$1.50R$	TE_{13}	8.536	$0.74R$
TE_{12}	5.331	$1.18R$	TE_{23}	9.969	$0.63R$

TE_{11} 波型不仅是 TE 波型中截止波长最长($\lambda_c=3.412R$)的波型，而且与 TM 波型的截止波长相比，它的截止波长也是最长的，因此，TE_{11} 波型是圆波导中的主波型(主模)。图 2.5-9 是圆波导中的几种波型截止波长 λ_c 的分布图，由图可知，当圆波导的内半径 R 与工作波长 λ 满足

$$2.62R < \lambda < 3.412R \tag{2.5-29}$$

时，波导中只传输 TE_{11} 波型(单模传输)，高次波型受到抑制；TM 波型中截止波长最长的是 TM_{01}($\lambda_c=2.62R$)。

根据式(2.5-26)可知，TE_{11} 波型场分量的表示式为

$$E_r = \pm \mathrm{j}\,\frac{\omega\mu H_0 R^2}{(1.841)^2 r}\mathrm{J}_1\left(\frac{1.841}{R}r\right)\begin{matrix}\sin\varphi\\ \cos\varphi\end{matrix}\,\mathrm{e}^{-\mathrm{j}\beta z}$$

$$E_\varphi = \mathrm{j}\,\frac{\omega\mu H_0 R}{1.841}\mathrm{J}_1'\left(\frac{1.841}{R}r\right)\begin{matrix}\cos\varphi\\ \sin\varphi\end{matrix}\,\mathrm{e}^{-\mathrm{j}\beta z}$$

$$H_r = -\mathrm{j}\,\frac{\beta H_0 R}{1.841}\mathrm{J}_1'\left(\frac{1.841}{R}r\right)\begin{matrix}\cos\varphi\\ \sin\varphi\end{matrix}\,\mathrm{e}^{-\mathrm{j}\beta z}$$

$$H_\varphi = \pm \mathrm{j}\,\frac{\beta H_0 R^2}{(1.841)^2 r}\mathrm{J}_1\left(\frac{1.841}{R}r\right)\begin{matrix}\sin\varphi\\ \cos\varphi\end{matrix}\,\mathrm{e}^{-\mathrm{j}\beta z}$$

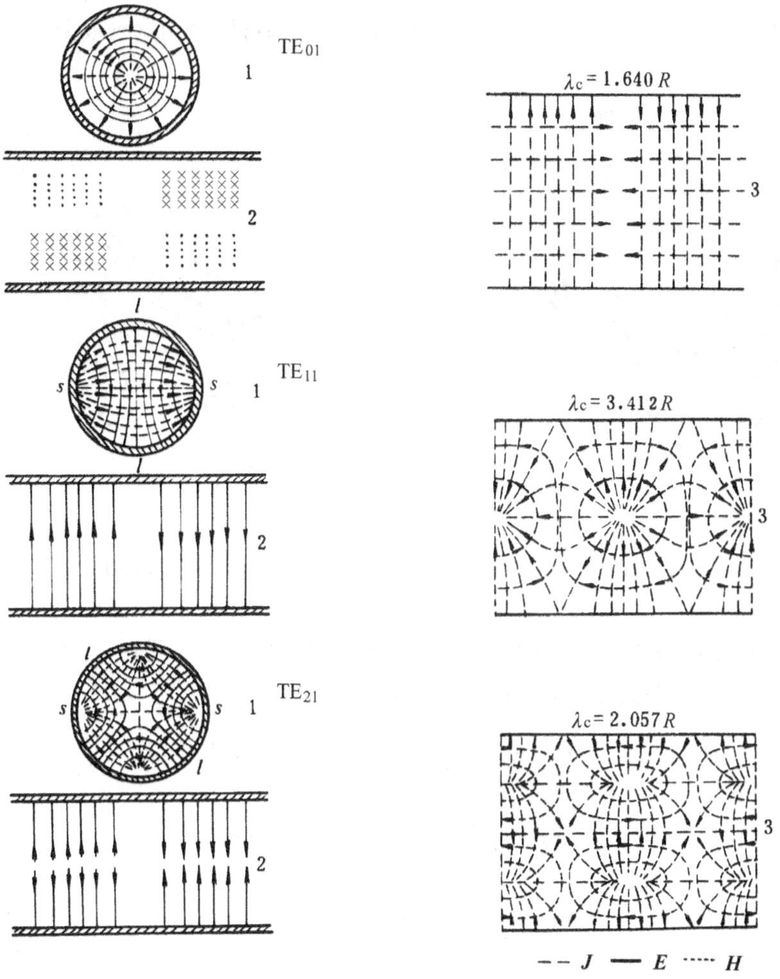

图 2.5-8 圆波导中 TE_{01}、TE_{11} 和 TE_{21} 的场结构

1—横截面图；2—通过 $l-l$ 面的纵视图；3—从 $s-s$ 看的表面视图

$$H_z = H_0 J_1\left(\frac{1.841}{R}r\right)\begin{matrix}\cos\varphi\\ \sin\varphi\end{matrix}\, e^{-j\beta z}$$

$$E_z = 0 \tag{2.5-30}$$

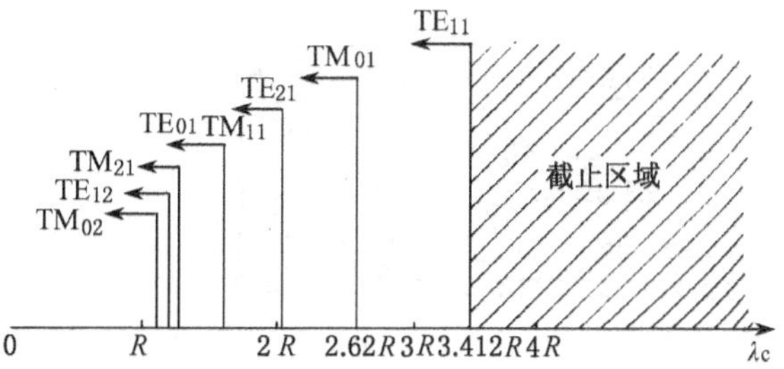

图 2.5-9 圆波导中几种波型截止波长的分布

图 2.5-10 是 TE_{11} 波型场结构的立体图。TE_{11} 波型的场结构与矩形波导中 TE_{10} 波型的场结构很相似，因此，很易被矩形波导中的 TE_{10} 波型所激励，如图 2.5-11 所示。TE_{11} 波型的缺点是，当波导加工不完善或波导内有微小的不均匀性存在时，都会使场结构的极化面产生旋转，如图 2.5-12 所示。因此在有

的场合(如长距离传输信号时)不采用这种波型，但在某些微波元件中，例如旋转式移相器和衰减器、截止式衰减器、谐振腔以及微波管的输出窗等，都可以采用这种波型。

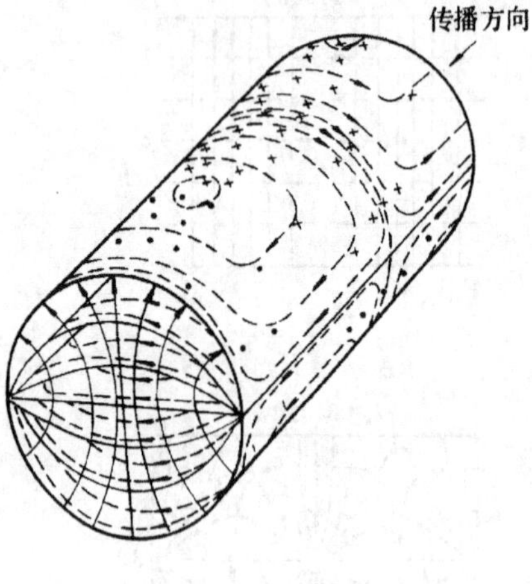

图 2.5-10　TE_{11} 场结构的立体图

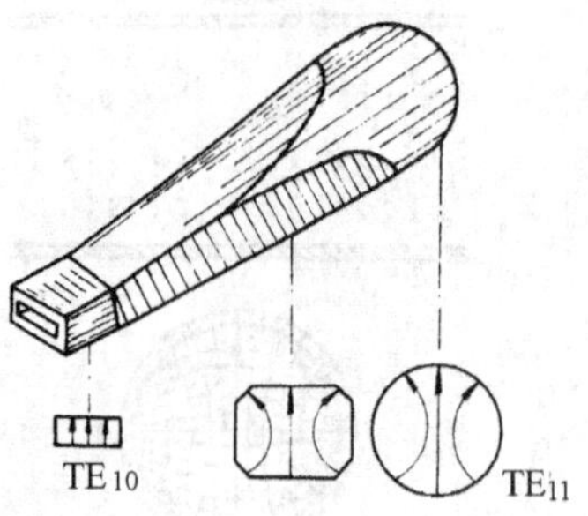

图 2.5-11　圆波导中 TE_{11} 波型的激励

TE_{01} 波型也是圆波导中常用的波型之一，根据式(2.5-26)可知，TE_{01} 波型场分量的表示式为[式中利用了关系式 $J'_0(K_c r)=-J_1(K_c r)$]

$$
\begin{aligned}
E_\varphi &= -\mathrm{j}\frac{\omega\mu H_0 R}{3.832}J_1\left(\frac{3.832}{R}r\right)e^{-j\beta z} \\
H_r &= \mathrm{j}\frac{\beta H_0 R}{3.832}J_1\left(\frac{3.832}{R}r\right)e^{-j\beta z} \\
H_z &= H_0 J_0\left(\frac{3.832}{R}r\right)e^{-j\beta z} \\
E_r &= E_z = H_\varphi = 0
\end{aligned}
\tag{2.5-31}
$$

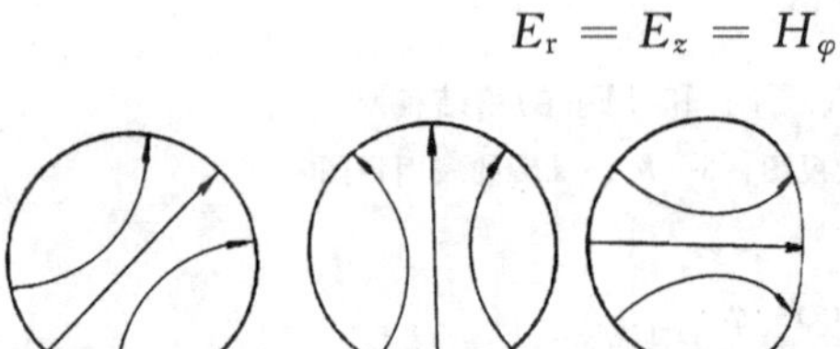

图 2.5-12　圆波导中 TE_{11} 波型极化面的旋转

图 2.5-13 是 TE_{01} 的场结构图。场结构的特点是：具有轴对称性，电场只有 E_φ 分量，它分布在圆波导的横截面内成为闭合曲线；磁场有 H_r 和 H_z 分量；在波导壁的内表面上只有沿圆周方向的表面电流，而没有纵向电流，因此导体损耗较小。

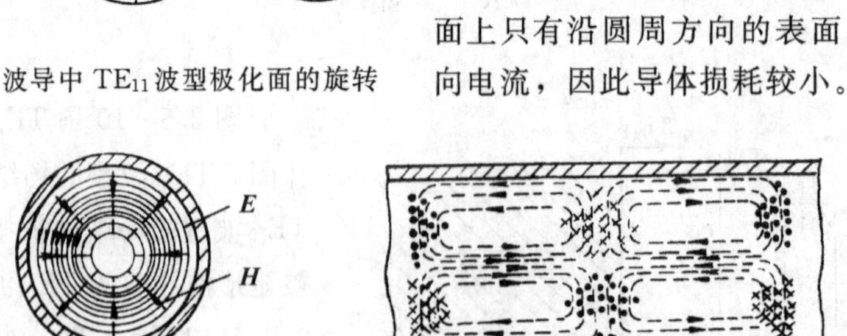

图 2.5-13　TE_{01} 的场结构

图 2.5－14 是在波导壁的内半径 R 为 25 mm 的铜质圆波导中，当传输 TE_{01}、TE_{11} 和 TM_{01} 波型时导体的衰减常数 α_c 与频率的关系曲线。由图可知，在传输功率不变的条件下，TE_{01} 波型的衰减常数随着频率的升高而降低，这对于长距离传输信号的功率，以及把这种波型用于微波谐振腔中，都是比较合适的。在圆波导中，TM_{1n} 与 TE_{0n} 这两种波型，虽然它们的场结构不同，但截止波长相同，因此具有相同的传输特性，这也是一种波型简并，称为 E－H 简并，以区别于前面曾讲过的波型的极化简并。由此可见，TE_{01} 与 TM_{11} 互为简并波型，而且 TE_{01} 也不是圆波导中的最低次波型，因此在使用中应设法抑制其他的波型。需要指出的是，在圆波导中，在传输功率不变的条件下，不仅是 TE_{01} 波型，而是所有的 TE_{0n} 波型的导体衰减常数 α_c 都会随着频率的升高而降低，关于这一点，如同在分析矩形波导中 α_c 时所采用的方法一样，对于圆形波导，根据本节后面将要讨论到的 TE_{0n} 波型导体衰减常数 α_c 的表示式(2.5－45)或式(2.5－46)就可以得到证明。另一方面，从 TE_{0n} 波型的场结构看，因为在波导壁内表面上的切向磁场只有 H_z，所以与之对应的只有沿圆周方向的表面电流成分，而无纵向的电流成分，而且，从 TE_{0n} 场分量的表示式可以看出，在传输功率不变的情况下，随着频率的升高，场的横向分量(E_φ 和 H_r)相对于场的纵向分量(H_z)而言是增大了，而 H_z（它决定了表面电流的大小）则相对地减小了，因此衰减常数 α_c 也下降了。

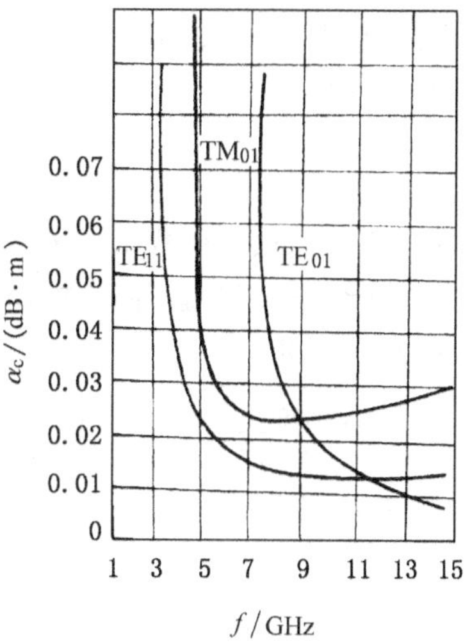

图 2.5－14　内半径为 25mm 的圆波导的衰减常数

三、圆形波导管中电磁波的传输特性

圆形波导管中截止波长和截止频率可分别根据式（2.2－29）和式（2.2－28）求出。波导波长和相移常数可分别根据式（2.2－34）和式（2.2－35）求出。相速和群速可根据式（2.2－33）和式（2.2－46）求出。波型阻抗可分别根据式（2.2－47）和式（2.2－48）求出。

四、传输功率和衰减

圆波导中的传输功率和导体衰减常数可分别利用式(2.2－51)和式(2.2－57)来计算。至于介质衰减常数则可利用式(2.2－71)计算，这里不再讨论。根据式(2.2－51)可知，在行波状态下，圆波导中的传输功率 P 为

$$
\begin{aligned}
P &= \frac{1}{2}\mathrm{Re}\int_S [(\boldsymbol{r}E_r + \boldsymbol{\varphi}E_\varphi)\times(\boldsymbol{r}H_r^* + \boldsymbol{\varphi}H_\varphi^*)]\cdot \boldsymbol{z}\mathrm{d}S \\
&= \frac{1}{2}\mathrm{Re}\int_S (E_r H_\varphi^* - E_\varphi H_r^*)\mathrm{d}S \\
&= \frac{1}{2}\mathrm{Re}\int_0^R\int_0^{2\pi}(E_r H_\varphi^* - E_\varphi H_r^*)r\mathrm{d}r\mathrm{d}\varphi \qquad (2.5-32)
\end{aligned}
$$

导体衰减常数 α_c 的表示式为

$$\alpha_c = \frac{P_L}{2P_0}$$

式中，P_0 即式(2.5－32)所表示的沿波导 z 轴正方向的传输功率；P_L 为波导单位长度上的损耗功率，即

$$P_L = \frac{1}{2}R_S\oint_L |\boldsymbol{H}_\tau|^2 dl$$

（一）TM_{mn}波型的传输功率和导体衰减常数

(1) $m\neq0$ 时(TM_{mn})的传输功率和导体衰减常数。将式(2.5－21)中有关的量代入到式(2.5－32)中，得

$$P = \frac{\omega\varepsilon\beta E_0^2}{2K_c^2}\int_0^R\int_0^{2\pi}\left[J_m'^2(K_cr)\begin{matrix}\cos^2 m\varphi\\ \sin^2 m\varphi\end{matrix} + \left(\frac{m}{K_cr}\right)^2 J_m^2(K_cr)\begin{matrix}\sin^2 m\varphi\\ \cos^2 m\varphi\end{matrix}\right]r\mathrm{d}r\mathrm{d}\varphi$$

当 $m\neq0$ 时，式中

$$\int_0^{2\pi}\sin^2 m\varphi\,\mathrm{d}\varphi = \int_0^{2\pi}\cos^2 m\varphi\,\mathrm{d}\varphi = \pi$$

则
$$P = \frac{\omega\varepsilon\beta E_0^2\pi}{2K_c^2}\int_0^R\left[J_m'^2(K_cr) + \left(\frac{m}{K_cr}\right)^2 J_m^2(K_cr)\right]r\mathrm{d}r$$

根据贝塞尔函数的积分公式[书末附录一中数学公式(五)(5)]，式中的积分为

$$\frac{R^2}{2}\left[J_m'^2(K_cR) + \left(\frac{2m}{K_cR}\right)J_m(K_cR)J_m'(K_cR) + \left(1-\frac{m^2}{K_c^2R^2}\right)J_m^2(K_cR)\right]$$

对于 TM_{mn} 波型，根据边界条件可知 $J_m(K_cR)=0$，以及 $K_c=\frac{\nu_{mn}}{R}$，因此，得

$$P = \frac{\omega\varepsilon\beta E_0^2\pi R^2}{4K_c^2}J_m'^2(K_cR) = \frac{\omega\varepsilon\beta E_0^2\pi R^4}{4\nu_{mn}^2}J_m'^2(\nu_{mn}) \tag{2.5-33}$$

由式(2.5－21)可知，磁场的切向分量只有 $H_\varphi(H_\tau=H_\varphi)$，将其代入式(2.2－60)中，得

$$P_L = \frac{1}{2}R_S\oint_L |H_\varphi|^2 dl = \frac{1}{2}R_S\int_0^{2\pi}\left[\left(\frac{\omega\varepsilon E_0}{K_c}\right)^2 J_m'^2(K_cr)\begin{matrix}\cos^2 m\varphi\\ \sin^2 m\varphi\end{matrix}\right]_{r=R}R\,\mathrm{d}\varphi$$

$$= \frac{R_S\pi R}{2}\left(\frac{\omega\varepsilon E_0}{K_c}\right)^2 J_m'^2(K_cR) = \frac{R_S\pi R^3}{2}\left(\frac{\omega\varepsilon E_0}{\nu_{mn}}\right)^2 J_m'^2(\nu_{mn}) \tag{2.5-34}$$

将式(2.5－33)和式(2.5－34)代入式(2.5－57)中，得

$$\alpha_c = \frac{R_S\omega\varepsilon}{\beta R} = \frac{R_S}{R\eta\sqrt{1-\left(\frac{\lambda}{\lambda_c}\right)^2}} \quad \mathrm{Np/m} \tag{2.5-35}$$

式中，$\eta=\sqrt{\mu/\varepsilon}$。

(2) $m=0$ 时(TM_{0n})的传输功率和导体衰减常数。对于 TM_{mn} 波型传输功率的计算，$m=0$和 $m\neq0$ 的差别在于，当 $m=0$ 时，$\int_0^{2\pi}\sin^2 m\varphi\,\mathrm{d}\varphi=0$，$\int_0^{2\pi}\cos^2 m\varphi\,\mathrm{d}\varphi=2\pi$，因此 TM_{0n} 波型的传输功率为

$$P = \frac{\omega\varepsilon\beta\pi E_0^2}{K_c^2}\int_0^R J_0'^2(K_cr)r\mathrm{d}r$$

根据贝塞尔函数的积分公式[书末附录一中数学公式(五)(5)]，并注意到对于 TM_{mn} 波型而言$J_m(K_cR)=0$，则有

$$\int_0^R J_0'^2(K_c r) r\mathrm{d}r = \frac{R^2}{2} J_0'^2(K_c R)$$

因此

$$P = \frac{\omega\varepsilon\beta\pi E_0^2 R^2}{2K_c^2} J_0'^2(K_c R) = \frac{\omega\varepsilon\beta\pi E_0^2 R^4}{2\nu_{0n}^2} J_0'^2(\nu_{0n}) \qquad (2.5-36)$$

经计算 P_L 为

$$P_L = \frac{R_S\omega^2\varepsilon^2\pi E_0^2 R}{K_c^2} J_0'^2(K_c R) = \frac{R_S\omega^2\varepsilon^2\pi E_0^2 R^3}{\nu_{0n}^2} J_0'^2(\nu_{0n}) \qquad (2.5-37)$$

将式(2.5－36)和式(2.5－37)代入到式(2.2－57)中，得

$$\alpha_c = \frac{R_S\omega\varepsilon}{\beta R} = \frac{R_S}{R\eta\sqrt{1-\left(\frac{\lambda}{\lambda_c}\right)^2}} \quad \mathrm{Np/m} \qquad (2.5-38)$$

（二）TE_{mn} 波型的传输功率和导体衰减常数

由于 TE_{mn} 波型传输功率和导体衰减常数表示式的推导过程与 TM_{mn} 的情况相同，因此略去推导过程，而只把结果写在下面。

(1) $m\neq 0$ 时(TE_{mn})的传输功率和导体衰减常数。将式(2.5－26)中有关的量代入式(2.5－32)中，得

$$\begin{aligned} P &= \frac{\omega\mu\beta\pi H_0^2 R^2}{4K_c^2}\left[\left(1-\frac{m^2}{K_c^2 R^2}\right) J_m^2(K_c R)\right] \\ &= \frac{\omega\mu\beta\pi H_0^2 R^4}{4\mu_{mn}^2}\left[\left(1-\frac{m^2}{\mu_{mn}^2}\right) J_m^2(\mu_{mn})\right] \end{aligned} \qquad (2.5-39)$$

式中，$\mu_{mn}=K_c R$。由式(2.5－25)和式(2.5－26)可知，磁场的切向分量为 H_z 和 H_φ，将其代入到式(2.2－60)中，得

$$\begin{aligned} P_L &= \frac{1}{2}R_S\oint_L |\boldsymbol{H}_\tau|^2 \mathrm{d}l = \frac{1}{2}R_S\int_0^{2\pi}(|H_z|^2+|H_\varphi|^2)_{r=R} R\mathrm{d}\varphi \\ &= \frac{R_S\pi H_0^2 R}{2} J_m^2(K_c R)\left[1+\frac{\beta^2 m^2}{K_c^4 R^2}\right] \\ &= \frac{R_S\pi H_0^2 R}{2} J_m^2(\mu_{mn})\left[1+\frac{\beta^2 m^2 R^2}{\mu_{mn}^4}\right] \end{aligned} \qquad (2.5-40)$$

将式(2.5－39)和式(2.5－40)代入式(2.2－57)中，得

$$\alpha_c = \frac{R_S\mu_{mn}^2}{\omega\mu\beta R^3}\left[\frac{\mu_{mn}^4+\beta^2 m^2 R^2}{\mu_{mn}^2(\mu_{mn}^2-m^2)}\right] \quad \mathrm{Np/m} \qquad (2.5-41)$$

该式可进一步化为

$$\alpha_c = \frac{R_S}{R\eta\sqrt{1-\left(\frac{\lambda}{\lambda_c}\right)^2}}\left[\left(\frac{\lambda}{\lambda_g}\right)^2+\frac{m^2}{\mu_{mn}^2-m^2}\right] \quad \mathrm{Np/m} \qquad (2.5-42)$$

(2) $m=0$ 时(TE_{0n})的传输功率和导体衰减常数。将式(2.5－26)中有关的量代入式(2.5－32) 中，得

$$P = \frac{\omega\mu\beta H_0^2\pi R^2}{2K_c^2} J_0^2(K_c R) = \frac{\omega\mu\beta H_0^2\pi R^4}{2\mu_{0n}^2} J_0^2(\mu_{0n}) \qquad (2.5-43)$$

经计算，P_L 为

$$P_L = R_S H_0^2 \pi R J_0(K_c R) \qquad (2.5-44)$$

将该式和式(2.5-43)代入到式(2.2-57)中，得

$$\alpha_c = \frac{R_S K_c^2}{\omega\mu\beta R} = \frac{R_S \mu_{0n}^2}{\omega\mu\beta R^3} \quad (2.5-45)$$

该式可进一步化为

$$\alpha_c = \frac{R_S}{R\eta\sqrt{1-\left(\frac{\lambda}{\lambda_c}\right)^2}}\left(\frac{\lambda}{\lambda_g}\right)^2 \ \text{Np/m} \quad (2.5-46)$$

§2.6 同轴线及其中的高次波型

同轴线是一种由内、外导体构成的双导体传输线，也称为同轴波导，其结构示意图如图 2.6-1 所示，a 为内导体的外半径，b 为外导体的内半径。同轴线按结构形式可分为两种：一种是硬同轴线，它的外导体是一金属管，内导体也是金属管，或者是实心的导体，内、外导体间的介质是空气，内、外导体用介质垫圈或 1/4 波长的“金属绝缘子”支撑住，或者用全填充的聚四氟乙烯将内、外导体隔开。另一种是软同轴线，外导体由金属丝编织而成，其外面再套以塑料管，内导体由单根或多根(相互绝缘的)导线组成，内、外导体间填充以低损耗的介质材料(如聚四氟乙烯、聚乙烯等)，这种同轴线可以自由地弯曲，通常称为同轴电缆。同轴线通常都工作于主模（TEM），无色散，无频率下限，频带宽，场结构稳定。同轴线的外导体对能量的辐射和外界的电磁干扰可以起到一定的屏蔽作用。与双导线相比，它的损耗也小，但随着频率的升高，导体和介质的损耗增加，而且由于结构的限制，功率容量下降。因此，同轴线一般适用于分米波波段，但若承载的功率较小，对损耗又无特殊要求，则也可用于厘米波和毫米波波段。与矩、圆形波导管一样，利用同轴线也可以构成各种微波元（器）件。

以上所讲是同轴线中最基本和最典型的结构形式，而在实际中应用的同轴线，其种类和具体结构形式多种多样，本节末尾所述和本章末附图 2.2-1 所示，也只是其中的一部分。同轴线的种类和具体结构形式虽然不同，但是，其中除了结构形式极为特殊者外，它们的场结构和工作原理基本上是相同或相似的。因此，在这里我们只需要对最基本和最典型的同轴线加以讨论，而别的则不予讨论。

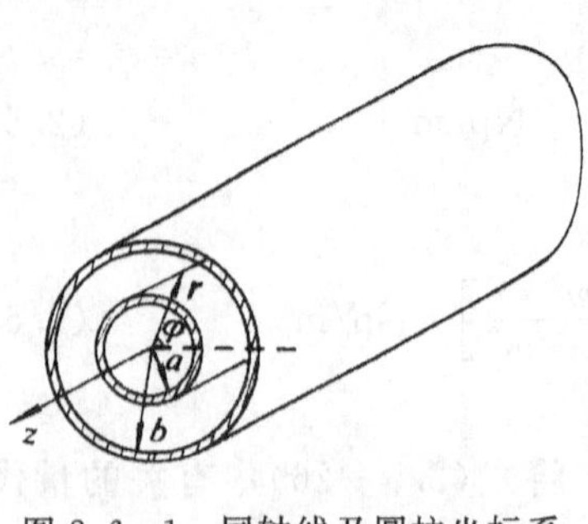

图 2.6-1 同轴线及圆柱坐标系

同轴线中的主波型(主模)是 TEM 波，是无色散波。关于这种波型的传输特性，在第 1 章中已从电路的角度进行过讨论；在此，将从电磁场的角度对同轴线中的 TEM 波和高次波型(高次模)TE 和 TM 波加以讨论。采用如图 2.6-1 所示的圆柱坐标系来分析同轴线中的波型和它的场结构。根据式(2.1-29)和式(2.1-31)，对于沿 z 轴正方向传输的各种波型的电磁场 $\boldsymbol{E}$ 和 $\boldsymbol{H}$ 满足下面的方程

$$\nabla_t^2 \boldsymbol{E}(r,\varphi) + K_c^2 \boldsymbol{E}(r,\varphi) = 0 \quad (2.6-1)$$

$$\nabla_t^2 \boldsymbol{H}(r,\varphi) + K_c^2 \boldsymbol{H}(r,\varphi) = 0 \quad (2.6-2)$$

式中

$$\boldsymbol{E}(r,\varphi) = \boldsymbol{r}E_r(r,\varphi) + \boldsymbol{\varphi}E_\varphi(r,\varphi) + \boldsymbol{z}E_z(r,\varphi)$$

$$\boldsymbol{H}(r,\varphi) = \boldsymbol{r}H_r(r,\varphi) + \boldsymbol{\varphi}H_\varphi(r,\varphi) + \boldsymbol{z}H_z(r,\varphi)$$

式中的∇_t^2是算子，它的表示式在讨论圆波导时已写出过。下面讨论同轴线中的波型。

一、同轴线中的 TEM 波型

对于 TEM 波型，$E_z=0$，$H_z=0$，根据式(2.2-17)和式(2.2-18)，电场和磁场应满足下列方程

$$\nabla_t^2\boldsymbol{E}(r,\varphi) = 0 \tag{2.6-3}$$

$$\nabla_t^2\boldsymbol{H}(r,\varphi) = 0 \tag{2.6-4}$$

在本章§2.2中曾讲到过这种形式的方程，这是一个二维的矢量形式的拉普拉斯方程，静态场也满足同样的方程。在同样的边界条件下，随时间按简谐规律变化的 TEM 波型，在同轴线横截面内的场结构与静态场的场结构是相同的。因此，根据电磁场理论可知，TEM 的电场只有 E_r 分量，磁场只有 H_φ 分量，这样，式(2.6-3)和式(2.6-4)就可具体地写为

$$\nabla_t^2[\boldsymbol{r}E_r(r,\varphi)] = 0 \tag{2.6-5}$$

$$\nabla_t^2[\boldsymbol{\varphi}H_\varphi(r,\varphi)] = 0 \tag{2.6-6}$$

根据式(2.2-14),可以把上式展开为

$$\left(\nabla_t^2E_r - \frac{E_r}{r^2}\right)\boldsymbol{r} + \left(\frac{2}{r^2}\frac{\partial E_r}{\partial\varphi}\right)\boldsymbol{\varphi} = 0$$

即

$$\left(\frac{\partial^2E_r}{\partial r^2} + \frac{1}{r}\frac{\partial E_r}{\partial r} + \frac{1}{r^2}\frac{\partial^2E_r}{\partial\varphi^2} - \frac{E_r}{r^2}\right)\boldsymbol{r} + \left(\frac{2}{r^2}\frac{\partial E_r}{\partial\varphi}\right)\boldsymbol{\varphi} = 0$$

$$\left(-\frac{2}{r^2}\frac{\partial H_\varphi}{\partial\varphi}\right)\boldsymbol{r} + \left(\nabla_t^2H_\varphi - \frac{H_\varphi}{r^2}\right)\boldsymbol{\varphi} = 0)$$

即

$$\left(-\frac{2}{r^2}\frac{\partial H_\varphi}{\partial\varphi}\right)\boldsymbol{r} + \left(\frac{\partial^2H_\varphi}{\partial r^2} + \frac{1}{r}\frac{\partial H_\varphi}{\partial r} + \frac{1}{r^2}\frac{\partial^2H_\varphi}{\partial\varphi^2} - \frac{H_\varphi}{r^2}\right)\boldsymbol{\varphi} = 0$$

因为 E_r 和 H_φ 均不随着 φ 变化,所以上式可化简为

$$\frac{\partial^2E_r}{\partial r^2} + \frac{1}{r}\frac{\partial E_r}{\partial r} - \frac{E_r}{r^2} = 0 \tag{2.6-7}$$

$$\frac{\partial^2H_\varphi}{\partial r^2} + \frac{1}{r}\frac{\partial H_\varphi}{\partial r} - \frac{H_\varphi}{r^2} = 0 \tag{2.6-8}$$

这两个方程的通解分别为

$$E_r = A\frac{1}{r} + A'r$$

$$H_\varphi = B\frac{1}{r} + B'r$$

式中的 A 和 A',以及 B 和 B',是根据边界条件(激励条件)来确定的待定常数。因为 E_r 和 H_φ 的大小不可能与半径 r 成正比，所以 A'和 B'均为零，则

$$E_r = \frac{A}{r} \tag{2.6-9}$$

$$H_\varphi = \frac{B}{r} \tag{2.6-10}$$

设在 $z=0$ 处和 $r=a$ 时，电场 $E_r=E_0$（E_0 取决于激励源），即 $A=E_0a$，而且，已知波沿 z 轴正方向的传播规律为 $e^{-j\beta z}$，则

$$E_r=\frac{E_0a}{r}e^{-j\beta z} \tag{2.6-11}$$

对于磁场 H_φ，可利用式(2.1-13a)来求解，即

$$\nabla\times\boldsymbol{E}=-j\omega\mu\boldsymbol{H}$$

在圆柱坐标系中，$\nabla\times\boldsymbol{E}$ 的展开式为

$$\nabla\times\boldsymbol{E}=\left(\frac{1}{r}\frac{\partial E_z}{\partial\varphi}-\frac{\partial E_\varphi}{\partial z}\right)\boldsymbol{r}+\left(\frac{\partial E_r}{\partial z}-\frac{\partial E_z}{\partial r}\right)\boldsymbol{\varphi}+\left[\frac{1}{r}\frac{\partial}{\partial r}(rE_\varphi)-\frac{1}{r}\frac{\partial E_r}{\partial\varphi}\right]\boldsymbol{z}$$

对于同轴线中的 TEM 波而言，电场只有 E_r，磁场只有 H_φ，因此得

$$\nabla\times\boldsymbol{E}=\left(\frac{\partial E_r}{\partial z}\right)\boldsymbol{\varphi}=-j\omega\mu\boldsymbol{\varphi}H_\varphi$$

则磁场 H_φ 为

$$H_\varphi=\frac{1}{-j\omega\mu}\frac{\partial E_r}{\partial z}=\frac{\beta}{\omega\mu}\left(\frac{E_0a}{r}e^{-j\beta z}\right)=\frac{\beta}{\omega\mu}E_r$$

对于 TEM 波，$\beta=K=\omega\sqrt{\mu\varepsilon}$，并令 $\eta=\sqrt{\mu/\varepsilon}$，由此得

$$H_\varphi=\frac{E_0a}{\eta r}e^{-j\beta z} \tag{2.6-12}$$

在前面已讲过，TEM 波为无色散波，根据式(2.2-32)、式(2.2-34)和式(2.2-46)可知，它的相速和群速相等，而且都等于光速（$v_p=v_g=v$），波导波长和工作波长相等（$\lambda_g=\lambda$）。图 2.6-2是同轴线中 TEM 波型的场结构图。

根据电场和磁场的表示式，还可求出同轴线的轴向电流 I 和内外导体之间的电压 U。电流 I 为

$$I=\oint_L H_\varphi dl=\int_0^{2\pi}H_\varphi r d\varphi=\frac{2\pi E_0a}{\eta}e^{-j\beta z} \tag{2.6-13}$$

电压 U 为

$$U=\int_a^b E_r dr=\int_a^b\frac{E_0a}{r}dr\ e^{-j\beta z}=E_0a\ln\frac{b}{a}e^{-j\beta z} \tag{2.6-14}$$

同轴线上的行波电压与行波电流之比即为其特性阻抗。若填充的为非磁性介质，其 $\mu_r\approx1$，则同轴线的特性阻抗 Z_c 为

$$Z_c=\frac{U}{I}=\frac{60}{\sqrt{\varepsilon_r}}\ln\frac{b}{a}=\frac{138}{\sqrt{\varepsilon_r}}\lg\frac{b}{a} \tag{2.6-15}$$

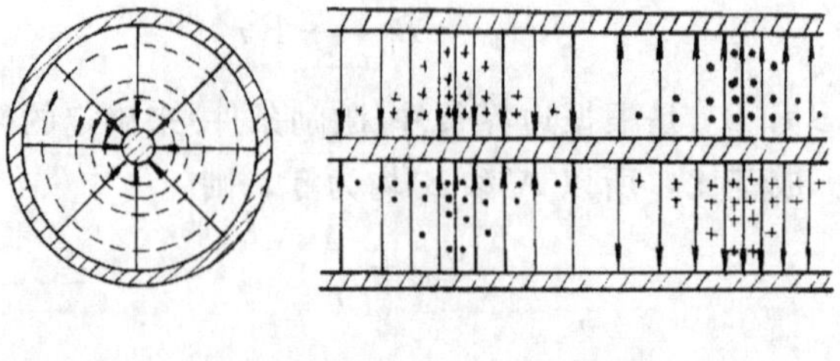

图 2.6-2　同轴线中 TEM 波型的场结构

二、同轴线中的高次波型

当工作波长接近于同轴线的横向尺寸时，同轴线内会出现 TE 或 TM 高次波型(高次模)。因为利用高次波型传输功率会造成很大的衰减，所以一般不用高次波型传输功率，而采用主模 TEM 来传输功率。但在微波用的抛物面天线中，有时用高次模产生的辐射场作为馈源，可以提高辐射效率。为了做到单模传输，就需要抑制高次模，为此，首先应知道高次模的截止波长 λ_c 与同轴线横向尺寸之间的关系，然后通过选择合适的横向尺寸，就可以达到抑制高次模的目的。

同轴线中高次模的分析方法与圆波导中 TE 和 TM 模的分析方法相类似，即首先求出电场的纵向分量 E_z 和磁场的纵向分量 H_z，然后再利用横、纵分量之间的关系式，就可求出电场和磁场的横向分量。与圆波导的情况所不同的是，同轴线中的电磁波是被限制在内外导体之间而沿轴向(z)传播的，因此，在圆柱坐标系中的坐标变量 r(半径)，对于同轴线而言，实际上可能取的最小值是同轴线内导体的外半径 a，而不是零，即是说，在式(2.5-12)中的诺依曼函数项应该保留。图 2.6-3 给出了同轴线中几种高次波型场结构的图。关于高次波型场量的表示式，在此不讨论；下面只着重讨论它们的截止波长 λ_c。

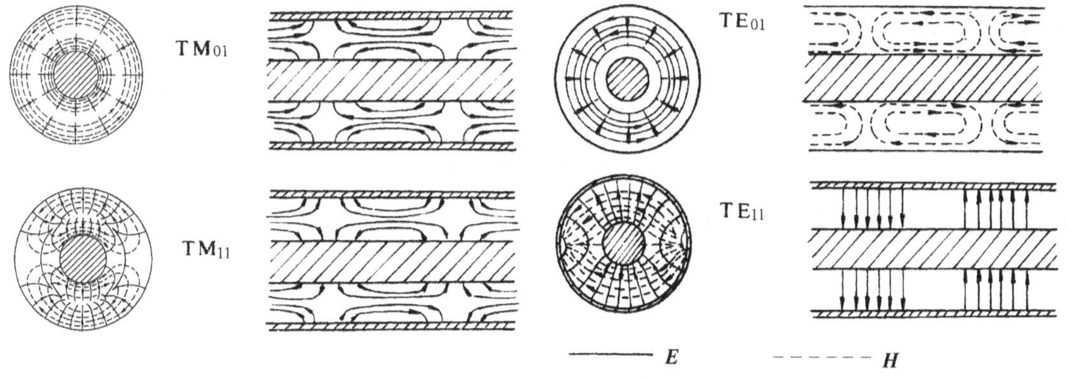

图 2.6-3　同轴线中的高次波型

(一) TM 波型

对于 TM 波型，$H_z=0$，$E_z\neq0$，根据式(2.5-12)和式(2.5-17)可知，E_z 可写为

$$E_z=[B_1\mathrm{J}_m(K_c r)+B_2\mathrm{N}_m(K_c r)]C\begin{matrix}\cos m\varphi\\ \sin m\varphi\end{matrix}\mathrm{e}^{-\mathrm{j}\beta z} \tag{2.6-16}$$

式中的 B_1、B_2 和 C 为取决于边界(或激励)条件的待定常数。根据边界条件可知，当 $r=a$ 和 $r=b$ 时，$E_z=0$，即

$$B_1\mathrm{J}_m(K_c a)+B_2\mathrm{N}_m(K_c a)=0$$

$$B_1\mathrm{J}_m(K_c b)+B_2\mathrm{N}_m(K_c b)=0$$

由此得

$$\mathrm{J}_m(K_c a)\,\mathrm{N}_m(K_c b)-\mathrm{J}_m(K_c b)\,\mathrm{N}_m(K_c a)=0 \tag{2.6-17}$$

若令 $p=b/a$，则上式可写为

$$\mathrm{J}_m(K_c a)\,\mathrm{N}_m(pK_c a)-\mathrm{J}_m(pK_c a)\,\mathrm{N}_m(K_c a)=0 \tag{2.6-18}$$

因为可以利用这个方程来确定截止波数 K_c(本征值)，所以把它称为本征值方程。这是一个超越方程，它的解(满足该方程的根值)有无穷多个，即是说，在给定了 m 的情况下(m 可取一系列的值)，可以得到一系列的根值(K_c)和与之相对应的截止波长 λ_c，即每一个根值对应着一个波型。可见，同轴线中的 TM 波型也有无穷多个，记为 TM_{mn}，m 表示场量沿圆周分布的整驻波的个数，n 表示场量沿半径分布的半个驻波的个数，或者说，场量出现最大值的个数。对式(2.6-17)或式(2.6-18)进行严格求解是很困难的，一般用图解法或数值法求解。在这里，我们利用贝塞尔函数的近似公式［见本书末附录一（五）］求 K_c 的近似值，即当 $K_c a$ 和 $K_c b$ 较大时，则有

$$\left.\begin{aligned}
J_m(K_c a) &\approx \sqrt{\frac{2}{K_c a\pi}}\cos\left(K_c a-\frac{2m+1}{4}\pi\right)\\
N_m(K_c a) &\approx \sqrt{\frac{2}{K_c a\pi}}\sin\left(K_c a-\frac{2m+1}{4}\pi\right)\\
J_m(K_c b) &\approx \sqrt{\frac{2}{K_c b\pi}}\cos\left(K_c b-\frac{2m+1}{4}\pi\right)\\
N_m(K_c b) &\approx \sqrt{\frac{2}{K_c b\pi}}\sin\left(K_c b-\frac{2m+1}{4}\pi\right)
\end{aligned}\right\} \tag{2.6-19}$$

将此式代入式(2.6-17)中，经整理，得

$$\cos\left(K_c a-\frac{2m+1}{4}\pi\right)\sin\left(K_c b-\frac{2m+1}{4}\pi\right)-\sin\left(K_c a-\frac{2m+1}{4}\pi\right)\times \cos\left(K_c b-\frac{2m+1}{4}\pi\right)=0$$

利用有关的三角函数公式，经运算，得

$$\sin\left(K_c b-K_c a\right)\approx 0$$

即

$$K_c \approx \frac{n\pi}{b-a} \qquad n=1,2,3,\cdots \tag{2.6-20}$$

$$\lambda_c=\frac{2\pi}{K_c}\approx\frac{2}{n}(b-a) \tag{2.6-21}$$

TM_{01} 是最低次波型，它的截止波长 λ_c 为

$$\lambda_c \approx 2(b-a) \tag{2.6-22}$$

式(2.6-19)是一个近似式，当 $K_c a$ 和 $K_c b$ 较大时，才有较好的近似。另外，由 $K_c a\approx n\pi/(p-1)$ 可知，当同轴线的尺寸 a 和 b 相差不大时，近似式的精确度也愈高，若 a 和 b 相差较大时，则可用数值解法求出不同 p 值时的 K_c 值，例如在表 2.6-1 中，给出了式(2.6-18)中的 m 取不同的值时，特征方程的第一个根和第二个根的值，以及与此相对应的 p 和 $K_c a$ 值。

表 2.6-1　$J_m(K_c a)N_m(pK_c a)-J_m(pK_c a)N_m(K_c a)=0$ 的根

n / m / $K_c a$ / p	$n=1$				$n=2$			
	m				m			
	0	1	2	3	0	1	2	3
1.2	15.702	15.728	15.806	15.939	31.412	31.426	31.466	
1.5	6.270	6.322	6.474	6.720	12.560	12.586	12.665	12.80

续表

$K_c a$ (n / m / p)	n=1				n=2			
	m				m			
p	0	1	2	3	0	1	2	3
2.0	3.123	3.197	3.407	3.729	6.273	6.312	6.430	6.62
2.5	2.073	2.157	2.387	2.720	4.177	4.223	4.360	4.57
3.0	1.548	1.636	1.868	2.189	3.129	3.178	3.320	3.55
3.5	1.235	1.32(2)	1.54(8)	1.83(4)				
4.0	1.024	1.112	1.335	1.606	2.081	2.134	2.290	2.52
4.5	0.87(5)	0.96(1)	1.16(9)	1.418				
5.0	0.763	0.847	1.045	1.281	1.557	1.611	1.760	1.98

注：(　)内的数表示无限循环小数的循环数。

若 m 和 n 比表 2.6－1 中的数更大时，可以利用下面的近似公式求出 λ_c 的值

$$\lambda_c \approx \frac{2\pi a}{\left[\frac{n^2\pi^2}{(p-1)^2}+\frac{4m^2-1}{(p+1)^2}\right]^{1/2}} \tag{2.6-23}$$

从式(2.6－21)中可以看出，TM 波型的 λ_c 与 m 近似无关，即是说，若 TM_{01} 波型可以传输，则 TM_{11}、TM_{21}、TM_{31}，…等波型也有可能传输，因此，在选择或设计同轴线时，应设法避免出现这种情况。

（二）TE 波型

对于 TE 波型，$E_z=0$，$H_z\neq 0$，根据式(2.5－12)和式(2.5－17)可知

$$H_z = [C_1 \mathrm{J}_m(K_c r) + C_2 \mathrm{N}_m(K_c r)] D \begin{matrix}\cos m\varphi \\ \sin m\varphi\end{matrix} \mathrm{e}^{-\mathrm{j}\beta z} \tag{2.6-24}$$

式中的 C_1、C_2 和 D 为取决于边界(或激励)条件的待定常数。电场的横向分量，根据式(2.2－21a)应为

$$\boldsymbol{E}_t = \frac{1}{K_c^2}(\mathrm{j}\omega\mu \boldsymbol{z} \times \nabla_t H_z) \tag{2.6-25}$$

由此式可求出电场的一个横向分量 E_φ 为

$$E_\varphi = \frac{\mathrm{j}\omega\mu}{K_c^2}\frac{\partial H_z}{\partial r} = \frac{\mathrm{j}\omega\mu}{K_c^2}[C_1 \mathrm{J}'_m(K_c r) + C_2 \mathrm{N}'_m(K_c r)] D \begin{matrix}\cos m\varphi \\ \sin m\varphi\end{matrix} \mathrm{e}^{-\mathrm{j}\beta z} \tag{2.6-26}$$

根据边界条件可知，当 $r=a$ 和 $r=b$ 时，$E_\varphi=0$，即

$$C_1 \mathrm{J}'_m(K_c a) + C_2 \mathrm{N}'_m(K_c a) = 0$$
$$C_1 \mathrm{J}'_m(K_c b) + C_2 \mathrm{N}'_m(K_c b) = 0$$

由此得

$$\mathrm{J}'_m(K_c a)\mathrm{N}'_m(K_c b) - \mathrm{J}'_m(K_c b)\mathrm{N}'_m(K_c a) = 0 \tag{2.6-27}$$

若令 $p=b/a$，则上式可写为

$$\mathrm{J}'_m(K_c a)\mathrm{N}'_m(pK_c a) - \mathrm{J}'_m(pK_c a)\mathrm{N}'_m(K_c a) = 0 \tag{2.6-28}$$

这是 TE 波型的本征值方程，是一个超越方程。在给定了 m 的情况下(m 可取一系列的值)，可以得到一系列的根值(K_c)和与之相对应的 λ_c，每一个根值对应着一个波型，因此有无穷多个波型，记为 TE_{mn}，m 和 n 的含义与 TM_{mn} 波型中 m 和 n 的含义相同。

对于式(2.6－27)或式(2.6－28)严格求解是很困难的，因此可以采取如同处理 TM 波型

时的同样方法，求出 TE 波型的 K_c 和 λ_c。当同轴线的尺寸 a 和 b 相差不大时，用近似法求得 $m\neq0(m=1,2,3,\cdots)$和 $n=1$ 时 TE_{m1} 波型的截止波长 λ_c 为

$$\lambda_c \approx \frac{\pi(a+b)}{m} \tag{2.6-29}$$

可见，TE_{11} 为最低次波型，它的截止波长为

$$\lambda_c \approx \pi(a+b) \tag{2.6-30}$$

对于 $m=0$ 的情况，根据数学公式

$$\begin{aligned} J_0'(K_c r) &= -J_1(K_c r) \\ N_0'(K_c r) &= -N_1(K_c r) \end{aligned} \tag{2.6-31}$$

可将式(2.6-27)改写为

$$J_1(K_c a)\, N_1(K_c b) - J_1(K_c b)\, N_1(K_c a) = 0 \tag{2.6-32}$$

把该式与式(2.6-17)相对照，即可看出，它相当于求 TM 波型中 $m=1$ 时 TM_{1n} 的 K_c 值的本征值方程，即 TE_{0n} 与 TM_{1n} 具有相同的 K_c 和 λ_c，因此，根据式(2.6-20)和式(2.6-21)可知，TE_{0n} 波型的 K_c 和 λ_c 分别为

$$K_c \approx \frac{n\pi}{b-a} \tag{2.6-33}$$

$$\lambda_c = \frac{2\pi}{K_c} \approx \frac{2}{n}(b-a) \qquad (n=1,2,3,\cdots) \tag{2.6-34}$$

例如，TE_{01} 与 TM_{11}，以及 TM_{01} 具有相同的 λ_c，都近似等于 $2(b-a)$。由以上所述可以看出，TE_{11} 是包括 TE 和 TM 波型在内的所有高次波型中截止波长 λ_c 最长的一种波型。以上所讲的是指同轴线的尺寸 a 和 b 相差不大时的情况，若两者相差较大时，则可用数值解法求出不同 p 值的 K_c 值，例如在表 2.6-2 中，给出了式(2.6-28)中的 m 取不同的值时，它的第一个根的值，以及与此相对应的 p 和 $K_c a$ 值。

表 2.6-2　$J_m'(K_c a)N_m'(pK_c a)-J_m'(pK_c a)N_m'(K_c a)=0$ 的根

$K_c a$ \ m / p	1	2	3	4	5	6
1.2	0.910	1.821	2.731	3.641	4.550	5.458
1.5	0.805	1.608	2.407	3.200	3.984	4.760
2.0	0.677	1.341	1.979	2.588	3.170	3.731
2.5	0.585	1.137	1.643	2.118	2.561	2.999
3.0	0.514	0.977	1.388	1.769	2.138	2.501
3.5	0.458	0.852	1.19(8)	1.52(2)	1.833	2.144
4.0	0.411	0.752	1.048	1.329	1.604	1.876
4.5	0.37(3)	0.67(2)	0.93(2)	1.18(0)	1.426	1.667
5.0	0.341	0.607	0.840	1.064	1.283	1.501
5.5	0.31(4)	0.554	0.76(6)	0.967	1.167	1.364
6	0.290	0.508	0.700	0.886	1.069	1.250

三、同轴线尺寸的选择

在一般情况下，同轴线尺寸的选择主要应考虑到在给定的工作频带内只传输 TEM 波型，除此而外，在某些情况下，还应满足一定的功率容量和较小的损耗。为了保证只传输

TEM 波型，在给定的工作频带内，最短的工作波长 λ_{min} 与同轴线尺寸之间应满足关系式

$$\lambda_{min} \geqslant (\lambda_c)_{TE_{11}} \approx \pi(a+b)$$

即

$$(a+b) \leqslant \frac{\lambda_{min}}{\pi} \tag{2.6-35}$$

式(2.6-35)只确定了$(a+b)$的值，尚需进一步确定 b 与 a 的比值，才能最后确定 a 与 b 的具体尺寸。为此，在保证只传输 TEM 波型的前提下，有时还需要考虑到对同轴线的特性阻抗、功率容量和损耗方面的要求。但是，这些要求很难同时满足，因此应视具体情况满足其中的一项主要要求，或采取兼顾这些要求的折中方案，以确定同轴线的尺寸。下面分别讨论在为了传输最大功率和要求损耗最小这两种情况下，同轴线的尺寸应如何选择。

同轴线内传输的功率，根据式(2.2-51)，即

$$P = \frac{1}{2}\mathrm{Re}\left[\int_S (\boldsymbol{E}_t \times \boldsymbol{H}_t^*) \cdot \boldsymbol{z}\mathrm{d}S\right] \tag{2.2-51}$$

则为

$$P = \frac{1}{2}\mathrm{Re}\left\{\int_S [(\boldsymbol{r}E_r) \times (\boldsymbol{\varphi}H_\varphi)^*] \cdot \boldsymbol{z}\mathrm{d}S\right\} \tag{2.6-36}$$

将式(2.6-11)和式(2.6-12)代入到上式中，则传输功率为

$$\begin{aligned} P &= \frac{1}{2}\mathrm{Re}\left\{\left[\int_S \left(\boldsymbol{r}\frac{E_0 a}{r}\mathrm{e}^{-\mathrm{j}\beta z}\right) \times \left(\boldsymbol{\varphi}\frac{E_0 a}{\eta r}\mathrm{e}^{\mathrm{j}\beta z}\right)\right] \cdot \boldsymbol{z}\mathrm{d}S\right\} \\ &= \frac{E_0^2 a^2}{2\eta}\int_0^{2\pi}\mathrm{d}\varphi\int_a^b \frac{\mathrm{d}r}{r} = \frac{\pi E_0^2 a^2}{\eta}\ln\frac{b}{a} \end{aligned} \tag{2.6-37}$$

根据式(2.6-14)，若已知同轴线内外导体之间的电压 U，则 E_0 可表示为

$$E_0 = \frac{U}{a\ln\frac{b}{a}} \tag{2.6-38}$$

这样，传输功率 P 就可写为

$$P = \frac{\pi|U|^2}{\eta\ln\frac{b}{a}} \tag{2.6-39}$$

现在计算最大传输功率(功率容量)P_{br}。由式(2.6-11)可知，在 $r=a$ 处电场强度的值为最大，即 $|E_r|=|E_0|$，若令 $|E_0|$ 等于同轴线内填充介质的电击穿强度 E_{br}，则根据式(2.6-37)，P_{br} 为

$$P_{br} = \frac{\pi E_{br}^2 a^2}{\eta}\ln\frac{b}{a} \tag{2.6-40}$$

与此相对应的同轴线所能承受的最大电压的幅值 $|U_{br}|$，根据式(2.6-38)则为

$$|U_{br}| = E_{br}\, a\ln\frac{b}{a} \tag{2.6-41}$$

若填充的介质为空气，则 P_{br} 为

$$P_{br} = \frac{E_{br}^2 a^2}{120}\ln\frac{b}{a} \tag{2.6-42}$$

由式(2.6-40)可知，在介质一定的情况下，P_{br} 与 a 和 b 有关，改变其中的任意一个都会影响 P_{br} 的值。如果在$(a+b)$满足式(2.6-35)的条件下，令 b 不变，只改变 a，以求得最大的 P_{br}，即令

$$\frac{\mathrm{d}P_{\mathrm{br}}}{\mathrm{d}a}=0$$

则得

$$\frac{b}{a}\approx 1.65 \tag{2.6-43}$$

若填充介质为空气，则相应于该尺寸的同轴线的特性阻抗约为 30 Ω。

现在计算同轴线的衰减常数。因为同轴线本质上就是双导体传输线，所以其衰减常数可以利用第 1 章中的式(1.7-20)来进行计算，即

$$\alpha\approx\frac{R}{2}\sqrt{\frac{C}{L}}+\frac{G}{2}\sqrt{\frac{L}{C}}=\alpha_{\mathrm{c}}+\alpha_{\mathrm{d}}$$

若介质损耗很小，则一般只计算导体衰减常数 α_{c}，即

$$\alpha_{\mathrm{c}}\approx\frac{R}{2Z_{\mathrm{c}}} \tag{2.6-44}$$

式中，$Z_{\mathrm{c}}=\sqrt{L/C}$，$R$ 为同轴线单位长度的电阻值，它的表示式为

$$R=R_{\mathrm{S}}\left(\frac{1}{2\pi a}+\frac{1}{2\pi b}\right) \tag{2.6-45}$$

式中，R_{S} 为金属导体的表面电阻率。

这样，导体的衰减常数 α_{c} 可写为

$$\alpha_{\mathrm{c}}\approx\frac{R_{\mathrm{S}}\left(\frac{1}{a}+\frac{1}{b}\right)}{2\eta\ln\frac{b}{a}}\quad \mathrm{Np/m} \tag{2.6-46}$$

如果在$(a+b)$满足式(2.6-35)的条件下，令 b 不变，只改变 a，以求得最小的 α_{c} 值，即令

$$\frac{\mathrm{d}\alpha_{\mathrm{c}}}{\mathrm{d}a}=0$$

则得

$$\frac{b}{a}\approx 3.6$$

若填充的介质为空气，则相应于该尺寸的同轴线的特性阻抗约为 77 Ω。

从以上的讨论可知，要求大的功率容量与要求小的损耗，在尺寸选择上是不一致的。为了兼顾这两方面的要求，而采取的折中尺寸是 $b/a\approx 2.3$，若填充介质为空气，则相应于该尺寸的同轴线的特性阻抗约为 50 Ω。对于填充其他介质的同轴线，为了使其具有通用性，其特性阻抗也大都为 50 Ω 或 75 Ω。

本节内所讲的内外导体的横截面都是圆形的同轴线，是应用较广泛的一种，除此以外，为满足某种特殊用途的需要，也可将外导体的横截面制作成正方形或长方形，而内导体的横截面仍为圆形；或者把内外导体的横截面均制作成正方形或长方形；甚至内外导体的横截面均制成多角形等。对于这一类同轴线，在这里就不讨论了。

§2.7 过极限波导

在无耗的规则波导中，电磁波的传播条件为工作波长 λ 小于截止波长 λ_{c}，当 λ 大于 λ_{c} 时，波就不能够传播了，称为截止状态。处于这种状态下的波导称为过极限波导或截止波导。下面讨论这种波导的特性和应用。

一、过极限波导的特性

根据式(2.1-32)可知，沿着无耗规则波导的轴线 z 传播的电磁波的相移常数 β 为

$$\beta=\sqrt{K^2-K_c^2} \tag{2.7-1}$$

当 $\lambda<\lambda_c$ 时，β 为正实数，波沿 z 轴有相位变化，可以传播。设波沿 z 轴正方向传播，则电场和磁场的表示式为

$$\boldsymbol{E}=\boldsymbol{E}_m\mathrm{e}^{\mathrm{j}(\omega t-\beta z)} \tag{2.7-2}$$

$$\boldsymbol{H}=\boldsymbol{H}_m\mathrm{e}^{\mathrm{j}(\omega t-\beta z)} \tag{2.7-3}$$

式中的 $\boldsymbol{E}_m$ 和 $\boldsymbol{H}_m$ 分别为电场和磁场的复矢量。当 $\lambda>\lambda_c$ 时，β 为虚数，具体的可以写为

$$\beta=\sqrt{K^2-K_c^2}=\sqrt{\left(\frac{2\pi}{\lambda}\right)^2-\left(\frac{2\pi}{\lambda_c}\right)^2}=\pm\mathrm{j}\frac{2\pi}{\lambda_c}\sqrt{1-\left(\frac{\lambda_c}{\lambda}\right)^2} \tag{2.7-4}$$

令

$$\alpha=\frac{2\pi}{\lambda_c}\sqrt{1-\left(\frac{\lambda_c}{\lambda}\right)^2} \tag{2.7-5}$$

则

$$\beta=\pm\mathrm{j}\alpha \tag{2.7-6}$$

α 称为衰减常数。这样，电场和磁场的表示式就可写为

$$\boldsymbol{E}=\boldsymbol{E}_m\mathrm{e}^{\pm\alpha z}\ \mathrm{e}^{\mathrm{j}\omega t} \tag{2.7-7}$$

$$\boldsymbol{H}=\boldsymbol{H}_m\mathrm{e}^{\pm\alpha z}\ \mathrm{e}^{\mathrm{j}\omega t} \tag{2.7-8}$$

若选取 $\beta=+\mathrm{j}\alpha$，则表示场强的幅值随着 z 的增加而增加，显然，这不符合实际情况，因此应选取 $\beta=-\mathrm{j}\alpha$，于是有

$$\boldsymbol{E}=\boldsymbol{E}_m\mathrm{e}^{-\alpha z}\ \mathrm{e}^{\mathrm{j}\omega t} \tag{2.7-9}$$

$$\boldsymbol{H}=\boldsymbol{H}_m\mathrm{e}^{-\alpha z}\ \mathrm{e}^{\mathrm{j}\omega t} \tag{2.7-10}$$

可见，波沿 z 轴正方向没有相位的变化，不能够在波导中传播，呈截止状态，波的幅值随着距离 z 的增加按指数规律衰减；当场量随着时间作周期性地变化时，波导中各点处的场量是同时涨落的。需要指出的是，因为已假定波导是无耗的，所以，波的衰减并不伴随着电磁波能量的损耗(如热损耗)，衰减是由于波不满足传播条件而造成的，因此称为“无耗衰减”。

在本章前几节中，已讨论过矩形和圆形波导中场分量的表示式，从中可以看出，一个纯粹的行波，其电场的横向分量与磁场的横向分量在时间相位上是同相的，而且与之相应的波型阻抗也是纯电阻性的；但是，当波导处于截止状态时，情况就不同了，现以圆波导中的 TE 波型为例来加以说明。在行波状态下($\lambda<\lambda_c$)，TE 波型场量的表示式，即式(2.5-26)。当波导处于截止状态时，只要将式(2.5-26)中的相移常数 β 改为 $\beta=-\mathrm{j}\alpha$，就得到了截止状态下 TE 波型场量的表示式为(省写了时间因子 $\mathrm{e}^{\mathrm{j}\omega t}$)

$$\begin{aligned}
E_r&=\pm\mathrm{j}\frac{\omega\mu m}{K_c^2 r}H_0\mathrm{J}_m(K_c r)\begin{matrix}\sin m\varphi\\ \cos m\varphi\end{matrix}\ \mathrm{e}^{-\alpha z}\\
E_\varphi&=\mathrm{j}\frac{\omega\mu}{K_c}H_0\mathrm{J}'_m(K_c r)\begin{matrix}\cos m\varphi\\ \sin m\varphi\end{matrix}\ \mathrm{e}^{-\alpha z}\\
H_r&=-\frac{\alpha}{K_c}H_0\mathrm{J}'_m(K_c r)\begin{matrix}\cos m\varphi\\ \sin m\varphi\end{matrix}\ \mathrm{e}^{-\alpha z}\\
H_\varphi&=\pm\frac{\alpha m}{K_c^2 r}H_0\mathrm{J}_m(K_c r)\begin{matrix}\sin m\varphi\\ \cos m\varphi\end{matrix}\ \mathrm{e}^{-\alpha z}\\
H_z&=H_0\mathrm{J}_m(K_c r)\begin{matrix}\cos m\varphi\\ \sin m\varphi\end{matrix}\ \mathrm{e}^{-\alpha z}\\
E_z&=0
\end{aligned} \tag{2.7-11}$$

可见，电场的横向分量均含有 j，而磁场的横向分量均不含有 j，这说明两者在时间相位上相差 $\pi/2$，因此不可能构成沿波导轴向的能量传播。另外，若以电场的横向分量与磁场的横向分量之比作为波导截止时的波型阻抗，那么，从上式可以看出，过极限波导的波型阻抗是纯电抗性的，对于 TE 波型而言，就是纯电感性的。TE 波型的波型阻抗 Z_{TE} 为

$$Z_{TE}=\frac{E_r}{H_\varphi}=\mathrm{j}\,\frac{\omega\mu}{\alpha}=\mathrm{j}\,\frac{\lambda_c}{\lambda}\sqrt{\frac{\mu}{\varepsilon}}\frac{1}{\sqrt{1-\left(\frac{\lambda_c}{\lambda}\right)^2}} \tag{2.7-12}$$

若 $\lambda\gg\lambda_c$，则

$$Z_{TE}\approx \mathrm{j}\,\frac{\lambda_c}{\lambda}\sqrt{\frac{\mu}{\varepsilon}} \tag{2.7-13}$$

从式(2.7－11)还可看出，随着频率的降低，电场分量也随着降低，而磁场分量将趋于一个常数，而不会无限地降低。即是说，当频率低于(或远低于)截止频率时，截止波导内储存的磁场能量是主要的，电场能量是次要的。

对于圆波导中的 TM 波型，根据式(2.5－21)，经过与上述同样的分析步骤，就可以求得在截上状态下的波型阻抗 Z_{TM} 为

$$Z_{TM}=\frac{E_r}{H_\varphi}=-\mathrm{j}\,\frac{\alpha}{\omega\varepsilon}=-\mathrm{j}\,\frac{\lambda}{\lambda_c}\sqrt{\frac{\mu}{\varepsilon}}\sqrt{1-\left(\frac{\lambda_c}{\lambda}\right)^2} \tag{2.7-14}$$

若 $\lambda\gg\lambda_c$，则

$$Z_{TM}\approx -\mathrm{j}\,\frac{\lambda}{\lambda_c}\sqrt{\frac{\mu}{\varepsilon}} \tag{2.7-15}$$

可见，波型阻抗为纯电容性的。当频率低于(或远低于)截止频率时，波导内储存的电场能量是主要的，磁场能量是次要的。顺便指出，处于截止状态的矩形波导，经分析可知，TE 和 TM 波型的波型阻抗的表示式分别与截止状态圆波导中 TE 和 TM 波型阻抗的表示式具有完全相同的形式，其他性质也是一一对应的，这里不再讨论。图 2.7－1 是在截止状态下，圆波导中 TE_{11} 和 TM_{01} 波型的场结构图。

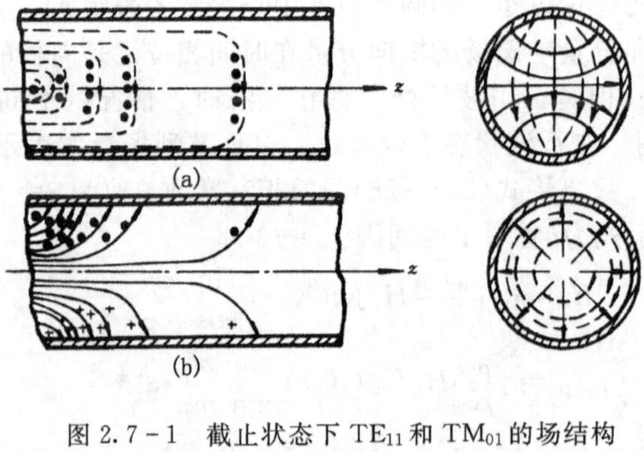

图 2.7－1　截止状态下 TE_{11} 和 TM_{01} 的场结构

二、过极限波导的应用

主要用途之一，就是用它制作截止式(过极限式)衰减器。由式(2.7－5)可知，当 $\lambda\gg\lambda_c$ 时，衰减常数 $\alpha\approx 2\pi/\lambda_c$ 只与波型有关，而与频率无关，因此可用过极限波导制作宽频带和高精度的衰减器。图 2.7－2 是截止式衰减器的结构示意图，它是利用一段其长度 l 可调的圆

波导来实现衰减的，圆波导的输入和输出端均与同轴线相连接。在圆波导中，电场和磁场的幅值沿轴线呈指数规律衰减。设输入端场强（电场或磁场）的幅值为 A，输出端的幅值为 B，则衰减 L 为

$$L = 20\lg\frac{A}{B} = 20\lg e^{\alpha l} = 8.686\alpha l \quad \text{dB} \tag{2.7-16}$$

在图(a)中（激励与接收机构为小圆片），圆波导中的波型为 TM_{01}；在图(b)中（激励与接收机构为耦合环），圆波导中的波型为 TE_{11}。除此以外，过极限波导还有其他一些用途，例如，当需要在波导或金属谐振腔的壁上开孔，但又不希望电磁波的能量从其中逸出时，则可利用一直径相当小、有一定长度、并工作于截止状态的金属导管与波导或谐振腔相连通，即可达到这一要求。有时，在满足上述要求的情况下，也可以把起截止波导作用的小孔直接开在波导或谐振腔的壁上。还有，在实际的微波传输线中（例如波导和同轴线等），会遇到结构上的不连续或不均匀性（如出现台阶），根据电磁场理论，在不连续或不均匀处的场应满足该处的边界条件，因此必然会产生高次模，而传输线一般都是设计得工作于主模的，对高次模而言，它相当于截止波导，因此，高次模的场是不能够传输的，其能量就聚集在不连续或不均匀处附近，其作用相当于在该处增加了电抗性元件。根据产生的高次模是 TE（磁场占优势）或 TM（电场占优势），即可判断出电抗性元件的性质是电感性的或电容性的，从而可采取一定的措施来消除或减少不连续性或不均匀性的影响。在微波振荡回路和慢波系统中，也会用到过极限波导。

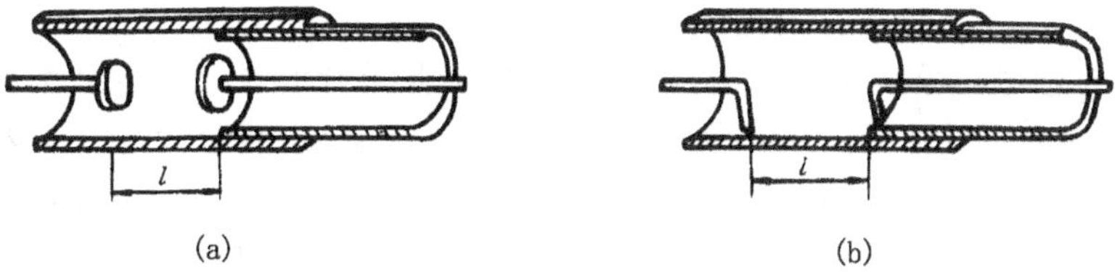

图 2.7-2　截止式衰减器结构示意图

§2.8　过模波导

当矩形或圆形波导横截面的尺寸满足一定的要求时，波导只传输最低次的波型（主模），即单模传输，这是一般的情况，例如矩形波导只传输 TE_{10} 模，圆波导只传输 TE_{11} 模，有些微波元（器）件也是单模工作的。在这些应用中，虽然也会出现高次模，但一般都当作不需要的杂波型而设法加以抑制。然而，在某些应用场合，例如在远距离波导通信中，为了避免传输距离较长，用主模会带来较大的损耗，以及为了提高波导管的功率容量，就需要采用波导横截面的尺寸比传输主模时要大的波导管，称为过模（过尺寸、大尺寸）波导。这种波导在毫米或亚毫米波段是比较适用的。因为加大了波导横截面的尺寸，所以波导中可以同时传输许多个高次模，例如多模（喇叭）馈源，就是利用多个模式场量的叠加，以使天线的辐射场图（波瓣图）达到某种要求。下面仅就圆波导中传输 TE_{01} 模时的情况，对过模波导作一简略的介绍。

圆波导中的 TE_{01} 模是经常采用的高次模，其优点是随着频率的升高，导体衰减常数反而下降。TE_{01} 模的截止波长 $\lambda_c = 1.64R$（R 是圆波导的内半径），欲使该模能在波导中传输、并能抑制其他的高次模（其中，TE_{31} 的 λ_c 最长，$\lambda_c = 1.50R$），则工作波长 λ 应满足

$$1.50R < \lambda < 1.64R$$

但是，TM_{11}($\lambda_c=1.64R$)、TE_{21}($\lambda_c=2.06R$)、TM_{01}($\lambda_c=2.62R$)和TE_{11}($\lambda_c=3.412R$)等模式，也能够在波导中传输，即多模传输。若已选定TE_{01}为工作模式，其他高次模则被视为不需要的杂波型，并设法将其减弱或抑制掉。若波导比较直，也比较圆，馈入波导的又是纯的TE_{01}模，那么，波导中就只有这种模在传输。但是，若波导稍有不直或不圆、或稍有弯曲、或出现其他结构上的不连续或不均匀等，那么，必然会导致其他高次模的产生(例如TM_{11}模)。即是说，TE_{01}模的一部分能量转换成了其他高次模的能量，或者说TE_{01}模受到了衰减，这种衰减不是由于热损耗引起的，称为波型转换衰减。为了避免产生不需要的高次模，就需要对过模波导的设计、制作和敷设提出较高的要求。另外，也可以采取其他措施，例如可以采用介质圆波导、螺旋波导、波纹波导和盘形波导等来传输所需要的高次模，以达到抑制或削弱不需要的高次模的目的。对于这些特殊类型的波导，这里不作讨论，读者可参阅有关的资料。

以上讨论的是圆波导中传输高次模的情况，同样地，对于矩形波导也可以利用高次模来传输能量，这里也不作讨论。需要指出的是，目前，光纤的应用日益广泛，这就缩小了过模波导的应用范围。但是，由于过模波导具有损耗小、波导段之间易于连接，尤其是能承受较大的功率等优点，因此在某些场合仍有一定的应用。另外，从微波理论和技术的角度看，对过模波导的特性进行研究，仍有一定的意义。

§2.9 脊波导简介

脊波导又称凸缘波导，如图2.9-1所示，图(a)是单脊波导，又称Π形波导；图(b)是双脊波导，又称H形波导。脊波导是矩形波导的一种变形，其中可以传输TE或TM波型。TE_{10}是最低次波型(主模)，它的场结构与矩形波导中主模TE_{10}的场结构相似，只是在凸缘处的电场更为集中，棱角处有不均匀的电场，而在脊的两侧，磁场也更为集中，如图2.9-2所示。

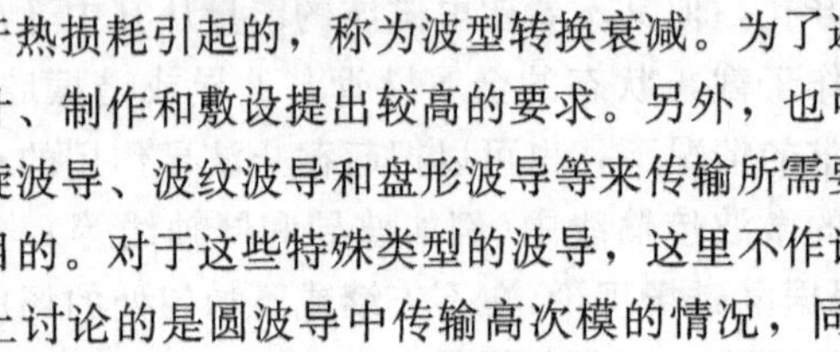

图2.9-1 脊波导
(a) 单脊波导；(b) 双脊波导

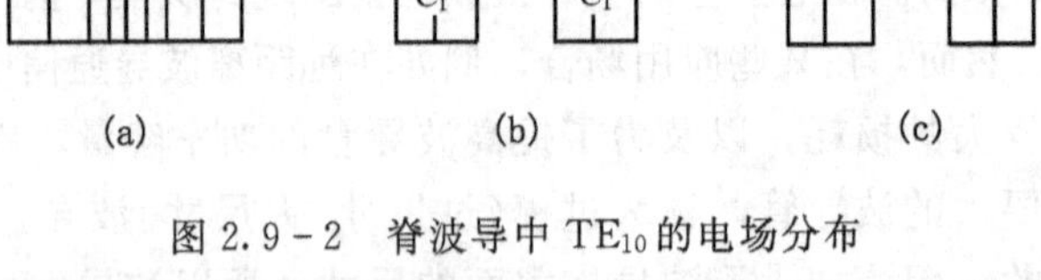

图2.9-2 脊波导中TE_{10}的电场分布
(a) 矩形波导横截面上TE_{10}的电场；(b) 脊波导横截面上TE_{10}的电场；
(c) 脊波导中的不均匀电容C_f

与矩形波导相比，脊波导有下述的一些特点。由于凸缘电容的作用，TE_{10}波型的截止波长比矩形波导中TE_{10}的截止波长更长，与TE_{20}的截止波长相差也就更大；因此，在同样横截面尺寸的情况下，脊波导单模工作的频带更宽些，或者说，在同样频带的情况下，脊波导横截面的尺寸更小；与同样横截面尺寸的矩形波导相比，它的等效阻抗较低，因此可用作矩形波导与低阻抗的同轴线、微带线之间的过渡装置（即可以起到阻抗变换的作用）。由于脊波导的功率容量小、损耗大，而且加工制作也不方便，因此其使用范围受到一定限制，一般常用于功率容量要求不高、损耗要求不严，以及设备的体积受到某种限制的场合，或者用来制作微波中使用的某些特殊元件。

在脊波导中，由于边界条件复杂，若用场的方程，并结合边界条件来推导出它的截止波长 λ_c 或截止波数 K_c，则比较困难，因此，通常是采用横向谐振法求出它的 λ_c 或 K_c，以及其他的特性参数。

一、截止波长

在前面讨论矩形波导中的部分波概念时，曾提到过横向谐振现象，即：当工作波长等于截止波长时，电磁波沿波导的轴向无能量传输，而只是在波导的两个侧壁之间来回地反射，形成横向谐振，此时所对应的截止频率也就是谐振频率。根据这个道理也可以确定脊波导的截止波长 λ_c 和截止频率 f_c。

为了求出截止波长 λ_c，我们取一单位长度的脊形波导段，如图 2.9－3 所示。图(a)为单脊波导，其横截面尺寸为 a_1、a_2、b_1 和 b_2；图(b)为双脊波导，其横截面尺寸为 a_1、a_2、$2b_1$ 和 $2b_2$。下面讨论单脊波导中主模 TE_{10} 的情况，为此可画出单位长度脊波导的等效电路，如图 2.9－4 所示。等效电容包括两部分：电场比较集中的凸缘部分所形成的平板电容 C_p；电场不均匀的棱角处所形成的不均匀电容 $2C_f$。在磁场比较集中的脊棱的两侧，其单位长度的电感均为 L。由图 2.9－3 可知，C_p 为

$$C_p=\frac{\varepsilon a_2}{b_2} \tag{2.9-1}$$

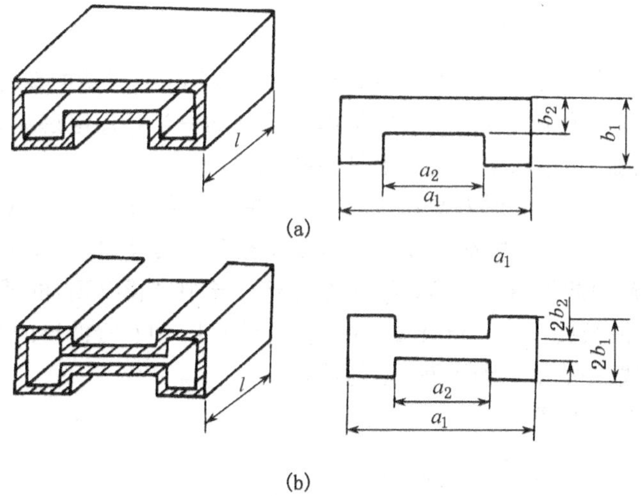

图 2.9－3　脊波导的截面尺寸

(a) 单脊波导；(b) 双脊波导

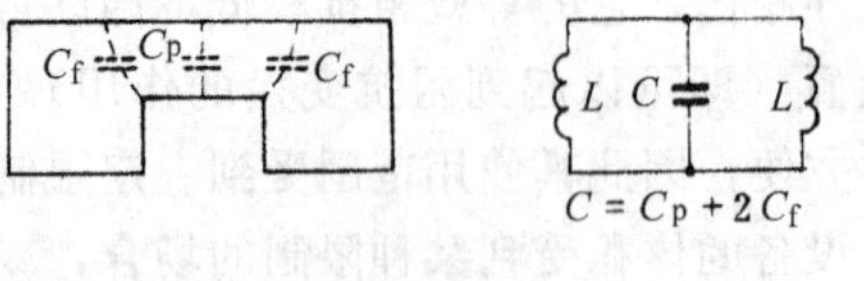

图 2.9-4　单位长度脊波导中传输 TE_{10} 时的等效电路

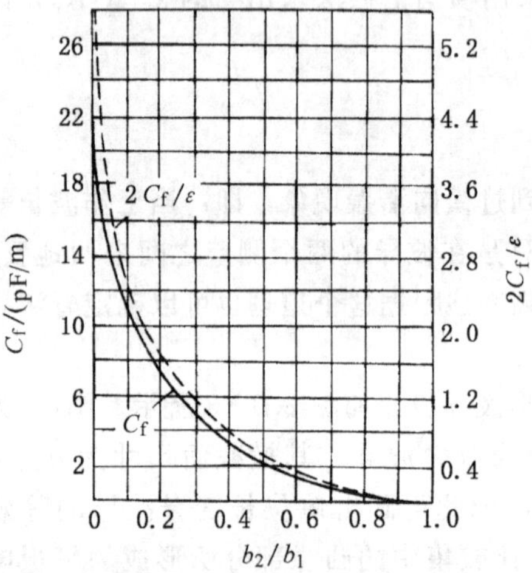

图 2.9-5　不均匀电容 C_f 随 b_2/b_1 的变化曲线

式中的 ε 为脊波导中填充介质的介电常数。利用保角变换的方法可得 C_f 为

$$C_f = \frac{\varepsilon}{\pi}\left[\frac{x^2+1}{x}\operatorname{arch}\left(\frac{1+x^2}{1-x^2} - 2\ln\frac{4x}{1-x^2}\right)\right] \tag{2.9-2}$$

式中的 $x=b_2/b_1$。C_f 的值也可以从图 2.9-5 所示的曲线中查得。由上面的分析可知，单位长度的总电容为

$$C = \frac{\varepsilon a_2}{b_2} + 2C_f \tag{2.9-3}$$

电感 L 为

$$L = \frac{\mu(a_1 - a_2)}{2} b_1 \tag{2.9-4}$$

式中的 μ 是脊波导中填充介质的磁导率。这样，就可以求得截止(谐振)频率 f_c 为

$$f_c = \frac{1}{2\pi\sqrt{\frac{L}{2}\left(\frac{\varepsilon a_2}{b_2} + 2C_f\right)}} = \frac{1}{\pi\sqrt{\mu\varepsilon}\sqrt{\left(\frac{a_2}{b_2} + \frac{2C_f}{\varepsilon}\right)(a_1 - a_2)b_1}} \tag{2.9-5}$$

截止波长 λ_c 为

$$\lambda_c = \pi\sqrt{\left(\frac{a_2}{b_2} + \frac{2C_f}{\varepsilon}\right)(a_1 - a_2)b_1} \tag{2.9-6}$$

这两个公式虽然是从单脊波导导出的，但对于如图 2.9-3(b)所示的双脊波导同样适用，因为对于双脊波导而言，单位长度的总电容是单脊波导的一半，而电感则是单脊波导的两倍，所以两者的截止(谐振)频率和截止波长也是相同的。

图 2.9-6 和图 2.9-7 分别为 $b_1/a_1=0.45$ 的单脊波导和 $2b_1/a_1=0.5$ 的双脊波导的截止波长与尺寸比 a_2/a_1 的关系曲线。如果矩形波导宽壁的内尺寸 $a=a_1$，则由图可知，各个不同尺寸脊波导的截止波长均大于 $2a_1$，这说明脊波导中主模 TE_{10} 的截止波长比矩形波导中主模 TE_{10} 的截止波长要长。当单脊波导的 $b_1/a_1 \neq 0.45$ 和双脊波导的 $2b_1/a_1 \neq 0.5$ 时，作为求近似值，该曲线仍适用，但会有一定的误差。

脊波导的波导波长 λ_g 为

$$\lambda_g = \frac{\lambda}{\sqrt{1-(\lambda/\lambda_c)^2}} \tag{2.9-7}$$

二、等效阻抗

在讨论矩形波导中传输 TE_{10} 波型时，曾导出了等效阻抗的公式(2.3-67)，即

$$Z_e = \frac{b}{a}\sqrt{\frac{\mu}{\varepsilon}}\frac{1}{\sqrt{1-(\lambda/2a)^2}}$$

当 λ 趋于零(频率 f 趋于无穷大)时，上式变为

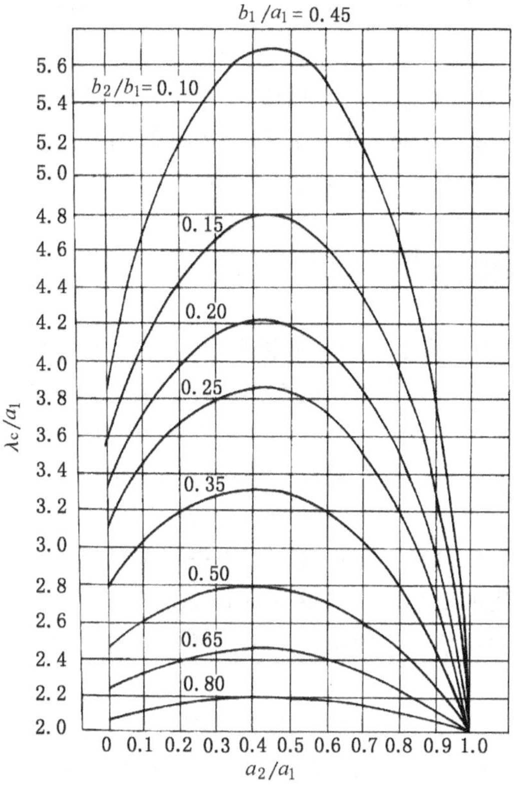

图 2.9-6　$b_1/a_1=0.45$ 的单脊波导中 TE_{10} 波型的截止波长曲线

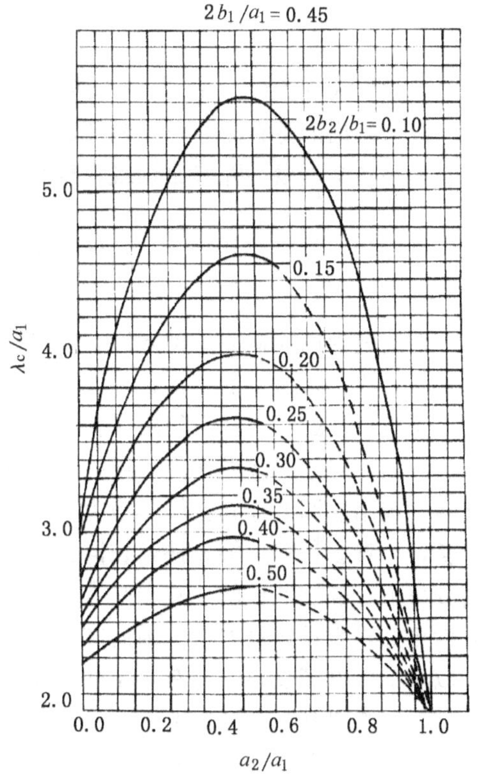

图 2.9-7　$2b_1/a_1=0.5$ 的双脊波导中 TE_{10} 波型的截止波长曲线

$$Z_{e,\infty} = \frac{b}{a}\sqrt{\frac{\mu}{\varepsilon}} \tag{2.9-8}$$

因此，在一般情况下的等效阻抗 Z_e 即可写为

$$Z_e = \frac{Z_{e,\infty}}{\sqrt{1-(\lambda/\lambda_c)^2}} \tag{2.9-9}$$

同样的，对于脊波导也可以得到类似的公式。这样，脊波导的等效阻抗 Z_e 即可写为

$$Z_e = \frac{Z_{e,\infty}}{\sqrt{1-(\lambda/\lambda_c)^2}} \tag{2.9-10}$$

式中的 $Z_{e,\infty}$ 是 λ 趋于零(即频率 f 趋于无穷)时脊波导的等效阻抗。可见，只要求出了 $Z_{e,\infty}$，Z_e 即可求得。我们知道，当 λ 趋于零时，波导中的电磁波已变为接近于 TEM 波型的波，而此时波导的作用相当于一个平行板传输线，因此，利用求平行板传输线等效阻抗的方法即可求出脊波导的 $Z_{e,\infty}$ 的值。略去计算过程，并作了某些近似之后，即可得到脊波导的 $Z_{e,\infty}$ 的近似值为

$$Z_{e,\infty} \approx \frac{120\pi}{\dfrac{2C_f}{\varepsilon}+\dfrac{a_2}{b_2}+\dfrac{1}{2}\dfrac{a_1}{b_1}\left(1-\dfrac{a_2}{a_1}\right)} \quad (单脊) \tag{2.9-11}$$

$$Z_{e,\infty} \approx \frac{240\pi}{\dfrac{2C_f}{\varepsilon}+\dfrac{a_2}{b_2}+\dfrac{1}{2}\dfrac{a_1}{b_1}\left(1-\dfrac{a_2}{a_1}\right)} \quad (双脊) \tag{2.9-12}$$

将上两式代入到式(2.9－10)中，即可求出单脊或双脊波导的等效阻抗。

以上讨论的是脊波导中传输 TE_{10} 波型时的情况，对于其他波型，用类似的方法也可求出它们的各个参量，并有曲线或数据表可以查阅，在此不予讨论。

§2.10　椭圆波导简介

椭圆波导的横截面呈椭圆形，它可以用铜(或铜合金)或铝(或铝合金)制成，波导壁可以是带皱纹或不带皱纹的结构，一般都具有一定的柔软性和可弯曲性。矩形和圆形金属波导的应用是很广泛的，但把它们用作长距离传输能量的波导时，会在结构和安装方面遇到一定困难。例如，对于圆波导而言，结构和尺寸的微小变化，都会引起传输波型的变化或极化面的旋转。利用椭圆波导则会较好地克服这些困难。与矩、圆形波导相比，椭圆波导可以制作得更长，可省去许多连接元件，在同样的要求下，质量较小，传输波型也较稳定；而且在同样的频率下，椭圆波导的衰减和驻波比都比同轴线的要小。波导壁带有皱纹的软波导，其可弯曲性更好，敷设也更方便，因此在数字微波接力通信、广播电视、卫星通信、电子对抗、雷达以及某些电子设备中都有一定的应用。

对于椭圆波导中的波型、场结构、截止波长以及传输特性等问题的求解，原则上仍可采用本章前面曾讨论过的关于规则波导的分析方法；但在讨论椭圆波导时，应采用椭圆柱坐标系，再根据边界条件求波动方程的解。在解方程的过程中会出现马修(Mathieu)方程和马修函数，其计算过程较复杂，在此不讨论这些内容，下面只把一些最基本的知识做一简单介绍。

在椭圆波导的场解中包含着径向马修函数和角向马修函数，而且这两种函数又分别有偶函数和奇函数两个类型。因此，与此相应，椭圆波导中的波型也可区分为偶波型与奇波型，而且偶波型和奇波型又有无穷多个波型。这样，对于椭圆波导中的 TE 和 TM 波型，实际上就有四种类型的波型：偶 TE 波型和偶 TM 波型；奇 TE 波型和奇 TM 波型。现在把这四类波型按顺序分别记为 eTE_{mn}、eTM_{mn}、oTE_{mn} 和 oTM_{mn}。“e”表示偶波型，“o”表示奇波型，m 表示马修函数的阶数，n 表示马修函数或其一阶导函数的第 n 个非零根(序号)。图 2.10－1 是椭圆波导中几种主要波型的场结构图，其中的 eTE_{11} 是主波型(主模)，它与矩形波导中的 TE_{10} 波型和圆波导中的 TE_{11} 波型的场结构很

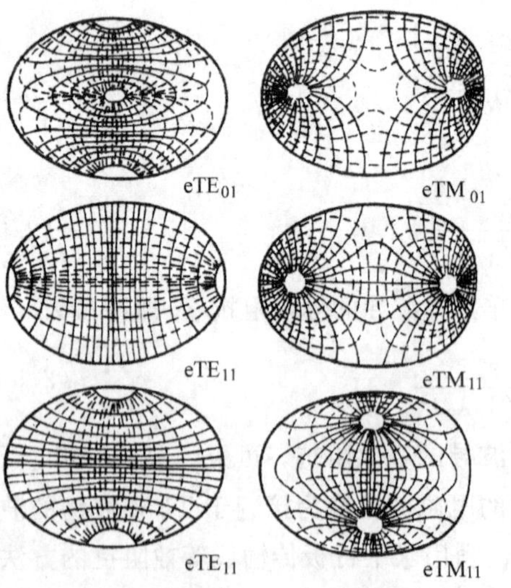

图 2.10－1　椭圆波导中几种波型的场结构

相似，因此，这几种波型之间的转换也是比较容易的。

习　题

2-1　什么叫做波型，如何划分波型，有哪几种波型？

2-2　什么是工作波长、截止波长和波导波长，三者的关系是什么？对于矩形波导中的 TE 和 TM 波型，截止波长的表示式是什么？

2-3　试从不同的角度说明，在矩形波导内不可能有沿轴向传输的 TEM 波型。

2-4　在讨论电磁波在规则波导中传输的问题时，会用到哪几种速度，它们的意义是什么，它们之间的关系是什么？

2-5　什么叫做色散波型，产生色散的原因是什么，色散会产生什么样的影响？

2-6　如何说明在矩形波导中不存在 TM_{m0} 和 TM_{0n} 这两类波型。

2-7　试将关系式 $\dfrac{\partial H_z}{\partial y}-\dfrac{\partial H_y}{\partial z}=\mathrm{j}\omega\varepsilon E_x$ 推导为 $E_x=\dfrac{1}{\mathrm{j}\omega\varepsilon}\left(\dfrac{\partial H_z}{\partial y}+\mathrm{j}\beta H_y\right)$。

2-8　已知圆波导中传输的波型为 TE_{01}，若在波导的终端用理想的导体板短路，试写出波导中电磁场的表示式。

2-9　在空气填充的矩形波导中($a>b$)，要求只传输 TE_{10} 波型，其条件是什么？若波导尺寸不变，而全填充 $\mu_r=1$，$\varepsilon_r>1$ 的介质，只传输 TE_{10} 波型的条件是什么？

2-10　一个空气填充的矩形波导，要求只传输 TE_{10} 波型，信号源的频率为 10 GHz，试确定波导的尺寸，并求出 λ_g、v_p 和 v_g 各等于多少。

2-11　空气填充的矩形波导，其尺寸为 $a\times b=10\ \text{mm}\times 6\ \text{mm}$，试求 TE_{10}、TE_{20} 和 TE_{21} 波型的截止频率。

2-12　空气填充的矩形波导，它的尺寸为 $a\times b=22.86\ \text{mm}\times 10.16\ \text{mm}$，工作波长 λ 为 18 mm，问：波导内可能存在几种波型？

2-13　空气填充的矩形波导，其尺寸为 $a\times b=72.14\ \text{mm}\times 34.04\ \text{mm}$，工作频率为 6 GHz，问：波导内可能存在几种波型？

2-14　空气填充的矩形波导的尺寸为 $a\times b=22.86\ \text{mm}\times 10.16\ \text{mm}$，当信号源的波长分别为 10 cm、8 cm、3.2 cm 和 2 cm 时，问：哪些波长的波可以通过波导，波导内可能存在哪些波型？若信号源的波长仍如上所述，而波导的尺寸为 $a\times b=72.14\ \text{mm}\times 34.04\ \text{mm}$，此时情况又如何？

2-15　空气填充的波导尺寸为 $a\times b=22.86\ \text{mm}\times 10.16\ \text{mm}$，传输 TE_{10} 波型，若信号源的工作波长 λ 分别为 $\lambda<46$ mm 和 23 mm$<\lambda<$46 mm，试问哪种情况可以传输？

2-16　空气填充的矩形波导尺寸为 $a\times b=22.86\ \text{mm}\times 10.16\ \text{mm}$，试求 TE_{10}、TE_{20}、TE_{01}、TM_{11}、TE_{30}、TE_{21}、TE_{31} 和 TE_{41} 等波型的截止波长；若要求只传输 TE_{10} 波型，工作波长 λ 的范围是多少？

2-17　在空气填充的矩形波导内，测得相邻两波节点之间的距离为 22.40 mm，求 λ_g。

2-18　试以矩形波导传输 TE_{10} 波型为例，说明波阻抗、波型阻抗和等效阻抗的意义，以及三者之间的联系。

2-19　一个空气填充的矩形波导，其尺寸为 $a\times b=23\ \text{mm}\times 10\ \text{mm}$，长为 0.5 m，传输 TE_{10} 波型，若将其终端短路，测得第一个电场的波节点距终端为 20 mm，现欲在距终端 45 mm 处的横截面内得到模(幅)值相等的 H_x 和 H_z，问：在直角坐标中的 x 和 y 的值应是多少？

2-20　已知空气填充的波导的尺寸为 $a\times b=22.86\ \text{mm}\times 10.16\ \text{mm}$，工作波长 32 mm，当波导终端接上负载 Z_L 时，测得驻波比 $s=3$，第一个电场的波节点距负载为 9 mm，试求：传输的波型；负载导纳的归一化值；若用单螺钉进行匹配，求螺钉距负载的距离，以及螺钉应产生的电纳是多少。

2-21　一空气填充的波导，其尺寸为 $a \times b = 22.9\ \text{mm} \times 10.2\ \text{mm}$，传输 TE_{10} 波型，工作频率 $f = 9.375\ \text{GHz}$，空气的击穿强度为 30 kV/cm，求波导能够传输的最大功率。

2-22　空气填充的波导，其尺寸为 $a \times b = 22.86\ \text{mm} \times 10.16\ \text{mm}$，长度为 1 m，工作波长为 3.2 cm，终端负载的归一化值为 0.5，问：波导中传输的是什么波型？输入端的反射系数和波导中的驻波比是多大？为使系统工作于行波状态，应采取何种措施？

2-23　圆波导中的波型指数 m 和 n 的意义是什么，它们与矩形波导中的波型指数有何异同。

2-24　什么叫做简并波型？这种波型有什么特点？

2-25　欲在圆波导中得到单模传输，应选择哪种波型，单模传输的条件是什么？

2-26　空气填充的圆波导的内半径为 3 cm，求其 TE_{01}、TE_{11} 和 TM_{01} 的截止波长；圆波导的内半径为 6 cm，求其 TE_{01}、TE_{11}、TM_{01} 和 TM_{11} 的截止波长。

2-27　空气填充的圆波导，其内半径 R 为 1.5 cm，若频率 $f = 10\ \text{GHz}$，问：圆波导中可能存在哪些波型？

2-28　空气填充的圆波导，其半径 $R = 2\ \text{cm}$，工作于 TE_{01} 波型，它的截止频率是多少？

2-29　圆波导中的 TE_{01}、TE_{11} 和 TM_{01} 波型，它们的导体损耗系数随频率而变化的特点各是什么？在实际中，应如何利用这些特点？

2-30　空气填充的圆波导，其内半径 R 为 2 cm，传输的波型为 TE_{01}，试求其截止频率；若在波导中填充 $\varepsilon_r = 2.1$ 的介质，并保持截止频率不变，问：波导的半径应如何变化？

2-31　用工作于 TM_{01} 波型、空气填充的圆波导作为截止式衰减器，工作频率为 1 GHz，要求经过 15 cm 后，衰减 100 dB，试求圆波导的内半径。

2-32　空气填充的圆波导截止式衰减器，其内半径为 2 cm，工作波型为 TE_{11}，工作频率为 1 GHz，若要求衰减量分别为 30 dB 和 76 dB，试求波导的长度各为多少？

2-33　欲在同轴线中只传输 TEM 波型，其条件是什么？若一个空气填充的同轴线，其内导体的外半径 $a = 5\ \text{cm}$，外导体的内半径 $b = 5.6\,a$，求只传输 TEM 波型时，最短的工作波长应等于多少？

2-34　一个空气填充的同轴线，其内导体的外直径 $2a = 12.7\ \text{mm}$，外导体的内直径 $2b = 31.75\ \text{mm}$，空气填充，空气的击穿强度为 30 kV/cm，传输 TEM 波型，频率 $f = 9.375\ \text{GHz}$，试求同轴线能传输的最大功率是多少？

2-35　一空气填充的同轴线传输的波型为 TEM，当把模(幅)值为 100 V 的电压加到线的内外导体之间时，同轴线内的最大场强值为 10^4 V/m，若已知同轴线内导体的外半径为 1 cm，试求外导体的内半径和内导体上电流的模。

2-36　一空气填充的同轴线传输的波型为 TEM，内导体的外半径为 a，外导体的内半径为 b，电导率为 σ_1，电磁波的趋肤深度为 δ，试推导出同轴线单位长度上电阻 R 的表示式。

2-37　与矩形波导相比，脊波导有哪些特点，在实际中应根据什么选择它们的用途？

2-38　与矩形波导和圆波导相比，椭圆波导有哪些特点？

附录 2.1　广义正交曲线坐标系(简介)

空间某一点的位置可以用直角坐标系(x, y, z)来表示，三个坐标轴相互正交，三个单位矢量 $\boldsymbol{x}$、$\boldsymbol{y}$、$\boldsymbol{z}$ 也相互正交。当其中任一坐标变量变化时，其轨迹是一条与该坐标轴相平行的直线，因此，直角坐标系也可以称为正交直线坐标系。为了更一般化，如果采用三个有序数(q_1, q_2, q_3)作为坐标变量，其中任一坐标变量变化时，一般而言，其轨迹是一条曲线(坐标曲线)，三个坐标曲线相互正交(即各曲线在交点处的切线相互正交)；若令 q_1、q_2 和 q_3 各等于某一常数，那么，就构成了三个坐标面(一般为曲面)，三个曲面也相互正交(即各面在相交处的法线相互正交)，显然，其交线也就是坐标曲线。我们用 $\boldsymbol{q}_1$、$\boldsymbol{q}_2$ 和 $\boldsymbol{q}_3$ 依次表示坐标曲线(q_1, q_2, q_3)上切线方向的单位矢量(其方向指向坐标变量增大的一方)，它们相互正交，并符合右手螺旋法则($\boldsymbol{q}_1 \times \boldsymbol{q}_2 = \boldsymbol{q}_3$)，而且，一般地，单位矢量的方向是随着空间点的位置而变化的。这样，就构成了一个广义的正交曲线坐标系(简称正交曲线坐标系)，如附图 2.1-1 所示。利用这种坐标系同样可以表示空间某一点的位置，直角坐标系可以看做是正交曲线坐标系的一个特例。

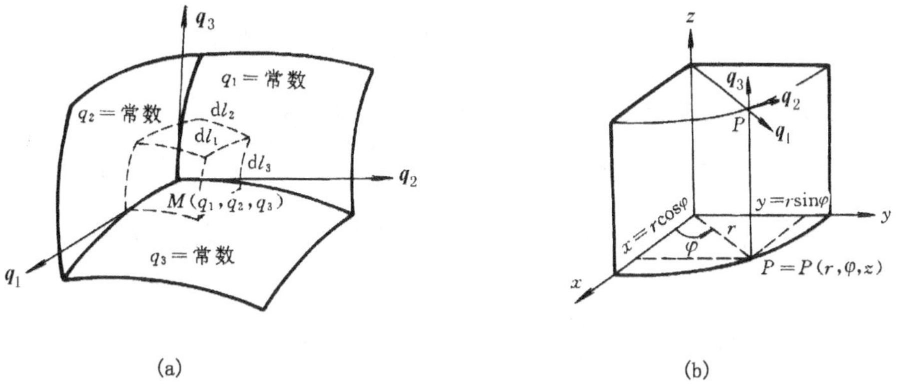

附图 2.1-1

(a)广义正交曲线坐标系；(b)圆柱坐标系

为便于理解，现以圆柱坐标系(r, φ, z)作为广义正交曲线坐标系一个具体化了的例子，阐明上述各量的含义。如附图 2.1(b)所示，广义正交曲线坐标系中的变量，现在是 $q_1 = r$，$q_2 = \varphi$，$q_3 = z$；单位矢量是 $\boldsymbol{q}_1 = \boldsymbol{r}$，$\boldsymbol{q}_2 = \boldsymbol{\varphi}$，$\boldsymbol{q}_3 = \boldsymbol{z}$，三者相互正交。坐标变量 r 和 z 的变化轨迹为直线，坐标变量 φ 的变化轨迹为圆弧。$q_1 = r =$ 常数构成的坐标面是以 z 为轴线的圆柱面；$q_2 = \varphi =$ 常数构成的坐标面是一个经过 z 轴，并以 z 轴为界的半平面，$q_3 = z =$ 常数构成的坐标面是一个与 z 轴相垂直的平面，显然，这三个平面是相互正交的，其交线也就是坐标曲线。除圆柱坐标系外，还有球坐标系、椭圆柱坐标系、抛物柱坐标系等，都是正交曲线坐标系。除此而外，还有其他的正交曲线坐标系，在此均不讨论。

因为空间某一点的位置既可以用直角坐标系表示，又可以用广义正交曲线坐标系表示，所以，这两种坐标系的坐标变量之间存在着下列的函数关系

$$q_1 = q_1(x, y, z) \qquad q_2 = q_2(x, y, z) \qquad q_3 = q_3(x, y, z) \tag{1}$$

$$x = x(q_1, q_2, q_3) \qquad y = y(q_1, q_2, q_3) \qquad z = z(q_1, q_2, q_3) \tag{2}$$

我们知道，空间曲线弧长的微分(长度元)$\mathrm{d}l$ 为

$$\mathrm{d}l = \sqrt{\mathrm{d}x^2 + \mathrm{d}y^2 + \mathrm{d}z^2} \tag{3}$$

利用该式可以求出在广义正交曲线坐标系中空间某一点分别沿三个坐标曲线变化时，曲线弧长的微分(长度元)表示式，其求解过程如下。

首先考虑空间某一点沿 q_1 坐标曲线变化时的情况，然后再考虑沿 q_2 和 q_3 坐标曲线变

化时的情况。

根据式(2)，在正交曲线坐标系中，$\mathrm{d}x$、$\mathrm{d}y$ 和 $\mathrm{d}z$ 可分别写为

$$\begin{aligned}\mathrm{d}x &= \frac{\partial x}{\partial q_1}\mathrm{d}q_1 + \frac{\partial x}{\partial q_2}\mathrm{d}q_2 + \frac{\partial x}{\partial q_3}\mathrm{d}q_3 \\ \mathrm{d}y &= \frac{\partial y}{\partial q_1}\mathrm{d}q_1 + \frac{\partial y}{\partial q_2}\mathrm{d}q_2 + \frac{\partial y}{\partial q_3}\mathrm{d}q_3 \\ \mathrm{d}z &= \frac{\partial z}{\partial q_1}\mathrm{d}q_1 + \frac{\partial z}{\partial q_2}\mathrm{d}q_2 + \frac{\partial z}{\partial q_3}\mathrm{d}q_3\end{aligned} \tag{4}$$

当空间某一点沿着 q_1 坐标曲线变化时，坐标变量仅有 q_1 在变化，而 q_2 和 q_3 保持常数，因此，

$$\mathrm{d}x = \frac{\partial x}{\partial q_1}\mathrm{d}q_1 \quad \mathrm{d}y = \frac{\partial y}{\partial q_1}\mathrm{d}q_1 \quad \mathrm{d}z = \frac{\partial z}{\partial q_1}\mathrm{d}q_1$$

与此相应，沿 q_1 坐标曲线变化时弧长的微分 $\mathrm{d}l_1$，根据式(3)则可写为

$$\mathrm{d}l_1 = \sqrt{\mathrm{d}x^2 + \mathrm{d}y^2 + \mathrm{d}z^2} = \sqrt{\left(\frac{\partial x}{\partial q_1}\right)^2 + \left(\frac{\partial y}{\partial q_1}\right)^2 + \left(\frac{\partial z}{\partial q_1}\right)^2}\,\mathrm{d}q_1 \tag{5}$$

同理，当空间某一点分别仅沿着 q_2 和 q_3 坐标曲线变化时，其弧长的微分 $\mathrm{d}l_2$ 和 $\mathrm{d}l_3$ 则可分别写为

$$\mathrm{d}l_2 = \sqrt{\left(\frac{\partial x}{\partial q_2}\right)^2 + \left(\frac{\partial y}{\partial q_2}\right)^2 + \left(\frac{\partial z}{\partial q_2}\right)^2}\,\mathrm{d}q_2 \tag{6}$$

$$\mathrm{d}l_3 = \sqrt{\left(\frac{\partial x}{\partial q_3}\right)^2 + \left(\frac{\partial y}{\partial q_3}\right)^2 + \left(\frac{\partial z}{\partial q_3}\right)^2}\,\mathrm{d}q_3 \tag{7}$$

若令

$$h_i = \sqrt{\left(\frac{\partial x}{\partial q_i}\right)^2 + \left(\frac{\partial y}{\partial q_i}\right)^2 + \left(\frac{\partial z}{\partial q_i}\right)^2} \quad (i = 1,2,3) \tag{8}$$

则

$$\mathrm{d}l_i = h_i \mathrm{d}q_i \tag{9}$$

h_i 称为坐标度量系数，也称为拉梅(G. LAmé)系数，它表示沿坐标曲线弧长的微分(长度元)与相应坐标变量的微分 $\mathrm{d}q_i$ 之间的一个比例系数。一般地，h_i 是空间点的坐标(q_1, q_2, q_3)的函数。

对于具体的正交曲线坐标系，只要知道了它的坐标变量 q_i 与直角坐标系中的坐标变量(x, y, z)之间一一对应的关系，就可以根据式(8)求出坐标度量系数 h_i，根据式(9)求出坐标曲线弧长的微分。例如：对于直角坐标系，已知 $q_1 = x$，$q_2 = y$，$q_3 = z$，这样，根据公式即可求得 $h_1 = 1$，$h_2 = 1$，$h_3 = 1$ 以及 $\mathrm{d}l_1 = \mathrm{d}x$，$\mathrm{d}l_2 = \mathrm{d}y$，$\mathrm{d}l_3 = \mathrm{d}z$；对于圆柱标系($r, \varphi, z$)，已知 $q_1 = r$，$q_2 = \varphi$，$q_3 = z$ 以及 $x = r\cos\varphi$，$y = r\sin\varphi$，$z = z$，则可求得 $h_1 = 1$，$h_2 = r$，$h_3 = 1$，$\mathrm{d}l_1 = \mathrm{d}r$，$\mathrm{d}l_2 = r\mathrm{d}\varphi$，$\mathrm{d}l_3 = \mathrm{d}z$；对于球面坐标系($r, \theta, \varphi$)，已知 $q_1 = r$，$q_2 = \theta$，$q_3 = \varphi$，以及 $x = r\sin\theta\cos\varphi$，$y = r\sin\theta\sin\varphi$，$z = r\cos\theta$，则可求得 $h_1 = 1$，$h_2 = r$，$h_3 = r\sin\theta$，$\mathrm{d}l_1 = \mathrm{d}r$，$\mathrm{d}l_2 = r\mathrm{d}\theta$，$\mathrm{d}l_3 = r\sin\theta\mathrm{d}\varphi$。关于其他正交曲线坐标系中度量系数的计算，以及用度量系数和 $\mathrm{d}q_i$ 表示面积元和体积元等问题，不再赘述。

以上所讨论的是空间某一点仅分别沿着 $q_i(i=1,2,3)$ 坐标曲线变化时，弧长微分 $\mathrm{d}l_i$ 的表示式。若空间某一点沿着一般曲线变化，那么，弧长微分 $\mathrm{d}l$ 的表示式(证明，略)则为

$$\mathrm{d}l^2 = \mathrm{d}l_1^2 + \mathrm{d}l_2^2 + \mathrm{d}l_3^2 \tag{10}$$

另外，直角坐标系(x, y, z)中的微分与正交曲线坐标系(q_1, q_2, q_3)中的微分具有下列关系

（证明从略）

$$dx^2 + dy^2 + dz^2 = h_1^2 dq_1^2 + h_2^2 dq_2^2 + h_3^2 dq_3^2 \tag{11}$$

附录 2.2　部分同轴线、矩形软波导管结构示意图

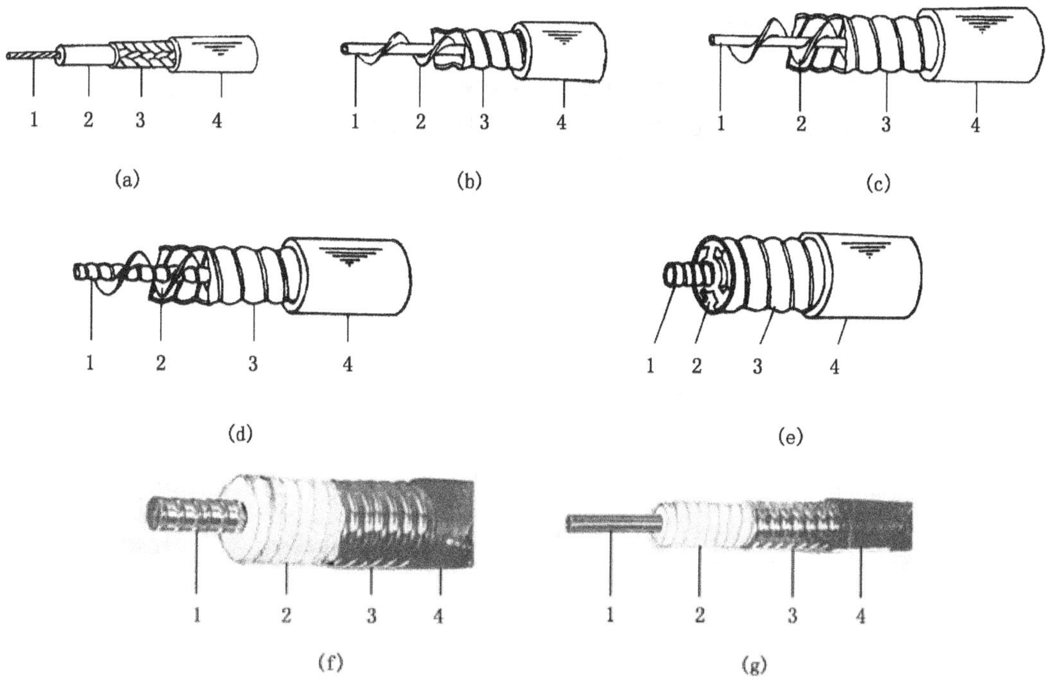

附图 2.2－1　部分同轴线的结构示意图

(a) 1—镀银铜线（内导体，由一根或多根镀银细铜线合成）；2—聚四氟乙烯绝缘；3—镀银铜线编织（外导体）；4—聚四氟乙丙烯护套

(b) 1—铜管，内导体；2—螺旋形聚乙烯绝缘物；3—皱纹铜管，外导体；4—护套，耐光热聚乙烯

(c) 1—铜线，内导体；2—螺旋形聚乙烯绝缘物；3—皱纹铜管，外导体；4—护套，耐光热聚乙烯

(d) 1—皱纹铜管，内导体；2—螺旋形聚乙烯绝缘物；3—皱纹铜管，外导体；4—护套，耐光热聚乙烯；

(e) 1—皱纹铜管，内导体；2—聚四氟乙烯垫片；3—皱纹铜管，外导体；4—护套，耐光热聚乙烯

(f) 1—皱纹铜管，内导体；2—聚乙烯泡沫绝缘物；3—皱纹铜管，外导体；4—护套

(g) 1—铜管，内导体；2—聚乙烯泡沫绝缘物；3—皱纹铜管，外导体；4—护套

图 2.2－1 (a) 适用于传输射频信号；图 2.2－1 (b)、图 2.2－1 (c)、图 2.2－1 (d) 和图 2.2－1 (e) 适用于微波接力通信、广播电视、雷达和卫星地面站等系统中的天线馈线以及要求低损耗的高频信号的传输线；图 2.2－1 (f) 和图 2.2－1 (g) 适用于移动通信、广播电视和微波通信等领域。

以上所述同轴线，其中有的内、外导体上都有皱纹，从而使其具有一定的柔韧性和可弯曲性，同轴线内、外导体上的皱纹虽然会对场分布和传输性能有一定影响，但因皱纹尺寸与工作波长相比较小，因此影响不大。

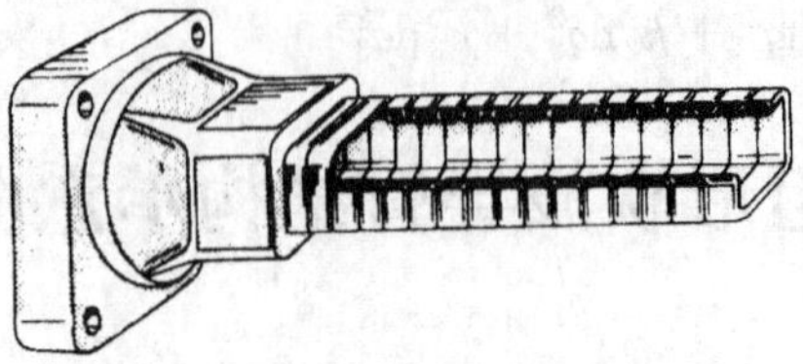

(a)

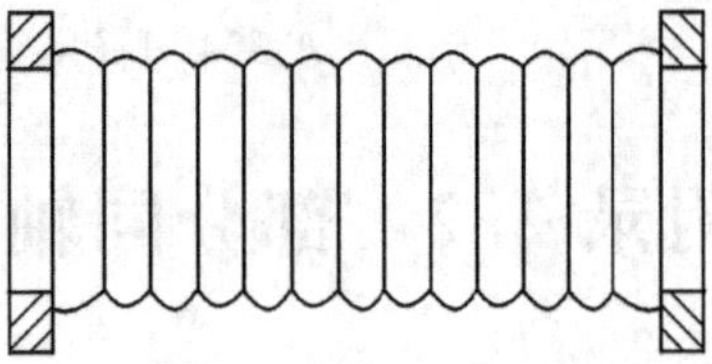

(b)

附图 2.2-2　矩形软波导管

(a) 矩形软波导管实物剖面示意图；(b) 矩形波纹软波导管剖面示意图

第 3 章　微带传输线

微带传输线是近几十年发展起来的一种微波传输线。它具有体积小、质量小、频带宽、便于与微波集成电路相连接等优点，并能构成各种用途的微波元件，因此得到了广泛的应用。其中，尤其是微带线在微波集成电路中的应用愈来愈广泛，成为微波集成电路中的重要组成部分之一，用微带线制成的天线（微带天线）也得到了广泛的应用。微带传输线的基本结构形式有两种，即对称微带(又称带状线)和不对称微带(又称标准微带线或简称微带线)。带状线和微带线可以看做是由同轴线和平行双导线传输线演变而成的。当然，微带传输线与同轴线和波导相比，也有某些缺点，主要是损耗大、Q 值低和难以承受较大的功率，目前只适用于中小功率范围。此外，为了提高可靠性，工艺水平也有待进一步完善和提高。

本章主要讨论带状线、耦合带状线、微带、耦合微带的主要特性，并对悬置微带、屏蔽微带、共面波导和鳍线等作一简要介绍。

由于微带传输线的边界比较特殊，因此求解参数的过程相当繁琐，本章不可能对此进行讨论。本章的重点是在阐述微带传输线的基本概念和特性的基础上，利用前人推导出的计算公式、曲线图和数据表，并通过做习题进一步理解基本概念和特性，初步地掌握微带传输线参数的计算方法。

微带传输线参数的求解过程不仅繁琐，而且求解方法也多种多样，所得结果也不尽相同。因此，对于同一参数也有多种计算公式、曲线图和数据，本章所述只是其中的一部分，而并非全部。需要说明的是，无论是何种求解方法，在求解过程中，大都作了某些假设、近似和简化。可见，利用这些求解结果计算出的微带线参数只是一个近似值，而其真正的值则需经过实验，并反复验算才能确定。就实际应用而言，这种方法显然是粗糙和不精确的，但对初学者而言，了解这些，对于理解微带传输线的基本概念和性质，并以此为基础进一步学习和掌握更多、更精确的计算和设计方法是很有必要的。关于微带传输线的更详细、更精确的计算和设计方法以及利用计算机进行辅助和优化设计，都有专门的资料和手册可供查阅，本章不予讨论。

§3.1　带状传输线

带状线的结构如图3.1-1 所示。上下两块导体板是接地板，中间的导体带位于上下板的

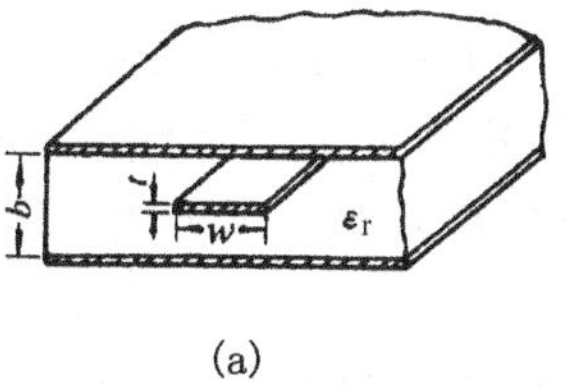

(a)

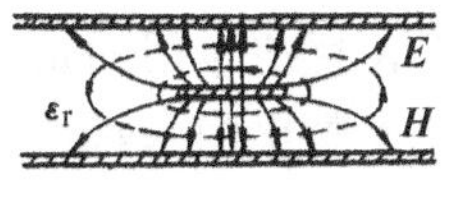

(b)

图 3.1-1　带状线的结构及其主模的场结构

对称面上，导体带与接地板之间可以是空气介质或填充其他介质。带状线可看做是由同轴线演变而成的，因此它传输的主模是 TEM 模。

带状线的主要参数有特性阻抗、相速度、波导波长、衰减和功率容量等。下面分别讨论这些参数。

一、特性阻抗

因为带状线传输的主模是 TEM 模，如果假设导体为理想导体，填充的介质均匀、无耗、各向同性，带状线的结构沿纵向均匀，而且横截面的尺寸与工作波长相比甚小，那么，就可以援用静态场的分析方法来求特性阻抗 Z_c。在这种情况下，下列关系式是成立的，即

$$Z_c = \sqrt{\frac{L}{C}} \quad 或 \quad Z_c = \frac{1}{v_p C} \tag{3.1-1a}$$

$$v_p = \frac{1}{\sqrt{LC}} \quad 或 \quad v_p = \frac{v_0}{\sqrt{\varepsilon_r}} \tag{3.1-1b}$$

式中，L 和 C 分别为带状线单位长度上的分布电感和分布电容；v_p 为相速度；ε_r 为填充介质的相对介电常数；v_0 为自由空间中电磁波的传播速度。

由此可知，只要求出电容 C，则 Z_c 即可求出。求电容 C 的方法有多种，例如谱域法、积分方程法、有限差分法和复变函数法等，其中较常用的是利用复变函数中的保角变换法求电容 C。对于这些方法的详细推导过程，此处不作介绍，而只把最后的结果和根据这些推导结果绘制出的曲线图列在下面，便于使用和查阅。[特性阻抗以 Ω(欧姆)计]

（一）导体带为零厚度时的特性阻抗

在导体带的厚度 $t \to 0$ 的情况下，利用保角变换法可求得特性阻抗 Z_c 的精确表示式为

$$Z_c = \sqrt{\frac{\mu_r}{\varepsilon_r}} 30\pi \frac{\mathrm{K}(k')}{\mathrm{K}(k)} \tag{3.1-2}$$

式中，K(·)为第一类完全椭圆积分，k 为模数；k'为补模数，且

$$k' = \sqrt{1-k^2} \tag{3.1-3}$$

其中 k 与带状线的尺寸 w 和 b 有关。当 $t \to 0$ 时

$$k = \operatorname{th} \frac{\pi w}{2b} \tag{3.1-4}$$

式中，w 是中心导体带的宽度；b 是上下接地板的间距。用上述公式求 Z_c，由于涉及椭圆函数的积分，计算十分繁杂，但是，在有关的文献资料中给出了与 k 值相对应的 $\frac{\mathrm{K}(k')}{\mathrm{K}(k)}$ 或 $\frac{\mathrm{K}(k)}{\mathrm{K}(k')}$ 的值，根据 k 即可求出 Z_c。

（二）导体带厚度不为零时的特性阻抗

因为实际上导体带的厚度 t 不可能为零，所以求 $t \neq 0$ 时的特性阻抗 Z_c，就更有实用价值。对于这种情况，目前常用的是由科恩(Cohn)利用部分电容概念而求出的特性阻抗的公式，以及根据公式而画出的求特性阻抗的曲线。在实际计算中又分为：宽导体带情况和窄导体带情况。

(1) 宽导体带情况($w/(b-t) \geqslant 0.35$)。对于宽导体带的情况，其分布电容如图3.1-2 所示。由图可见，中心导体带两侧的边缘电容，在实际上会产生相互影响，但在中心导体带较宽

的情况下，为简化计算，可以忽略这种相互影响。因此可利用部分电容的概念把带状线的电容分成两部分来计算，即：平板电容 C_p，它对应于导体带与接地板之间的均匀电场；边缘电容 C_f，它对应于导体带的边缘与接地板之间的不均匀电场。因此，带状线总的分布电容为

$$C = 2C_p + 4C_f \tag{3.1-5}$$

式中

$$C_p = \frac{\varepsilon w}{\frac{b-t}{2}} = \frac{0.088\,5\varepsilon_r w}{\frac{b-t}{2}} \quad \text{pF/cm} \tag{3.1-6}$$

利用保角变换法可求得边缘电容

$$C_f = \frac{0.088\,5\varepsilon_r}{\pi}\left\{\frac{2}{1-\frac{t}{b}}\ln\left(\frac{1}{1-\frac{t}{b}}+1\right)-\left(\frac{1}{1-\frac{t}{b}}-1\right)\ln\left[\frac{1}{\left(1-\frac{t}{b}\right)^2}-1\right]\right\} \quad \text{pF/cm} \tag{3.1-7}$$

为便于计算，根据上式绘出的 C_f 与 t/b 的关系曲线如图3.1-3 所示。

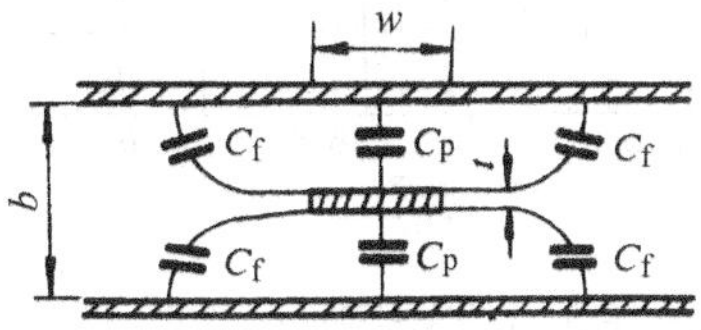

图 3.1-2　宽导体带状线的分布电容

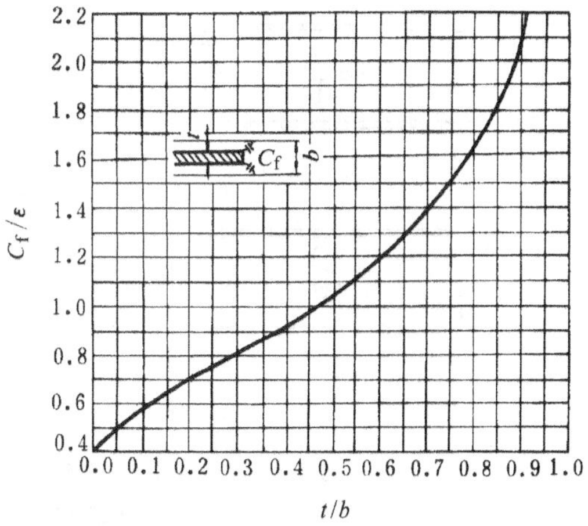

图 3.1-3　带状线的边缘电容与 t/b 的关系曲线

将式(3.1-6)和式(3.1-7)代入到式(3.1-5)中可得

$$C = 2\,\frac{0.088\,5\varepsilon_r w}{\frac{b-t}{2}} + 4C_f \quad \text{pF/cm} \tag{3.1-8}$$

由此可得 Z_c 为

$$Z_c = \frac{1}{v_p C} = \frac{94.15}{\sqrt{\varepsilon_r}\left(\frac{w/b}{1-t/b}+\frac{C_f}{0.088\,5\varepsilon_r}\right)} \tag{3.1-9}$$

式中，长度以 cm 计，电容以 pF 计。该式是在假设中心导体带为无限宽的情况下求出的，因此是一个近似公式。但是，在 $w/(b-t)\geqslant 0.35$ 的情况下，按此式计算的 Z_c 值，其最大误差约为±(1～2)%。

(2) 窄导体带情况($w/(b-t)<0.35$)。对于这种情况，由于导体带较窄，其两侧边缘

电容间的影响较大，不能再作近似性的忽略，而必须考虑这种相互影响的作用。因此，式(3.1-9)已不再适用。为了求出窄导体带情况下的特性阻抗 Z_c，可以利用等效的方法。具体地讲，在 $w/(b-t)<0.35$ 和 $t/b\leqslant 0.25$ 的条件下，实际带状线的特性阻抗，可用与它等效的中心导体为圆柱形的带状线的特性阻抗来确定。设 d 为等效的中心导体的直径，此种情况下的特性阻抗 Z_c 为

$$Z_c=\frac{60}{\sqrt{\varepsilon_r}}\ln\left(\frac{4b}{\pi d}\right) \tag{3.1-10}$$

当 $\frac{t}{w}\leqslant 0.11$ 时，d 与 w 和 t 的关系式为

$$d=\frac{w}{2}\left\{1+\frac{t}{w}\left[1+\ln\frac{4\pi w}{t}+0.51\pi\left(\frac{t}{w}\right)^2\right]\right\} \tag{3.1-11}$$

把式(3.1-11)代入到式(3.1-10)中，即可求出实际情况下窄导体带时的特性阻抗 Z_c。实际的带状线和与之等效的中心导体为圆柱形的带状线的结构图，以及两者之间的尺寸关系曲线，如图3.1-4 所示。利用上述公式，其误差约为±1.2 %。除此而外，也可采用另一种方

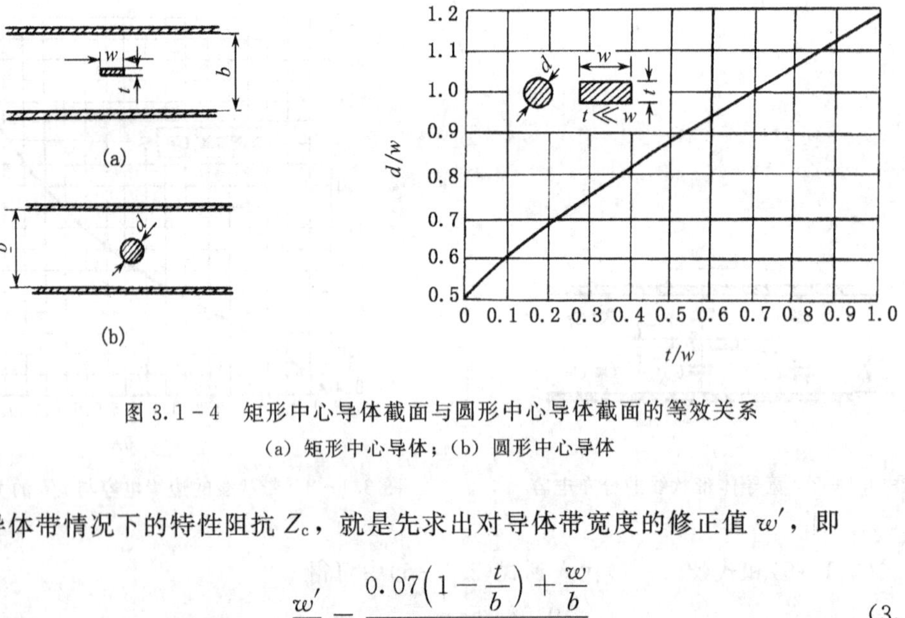

图 3.1-4　矩形中心导体截面与圆形中心导体截面的等效关系

(a) 矩形中心导体；(b) 圆形中心导体

法求窄导体带情况下的特性阻抗 Z_c，就是先求出对导体带宽度的修正值 w'，即

$$\frac{w'}{b}=\frac{0.07\left(1-\frac{t}{b}\right)+\frac{w}{b}}{1.2} \tag{3.1-12}$$

式中各量还应满足下列关系

$$0.1<\frac{w'/b}{1-t/b}<0.35$$

求出了 w'之后，用 w'代替式(3.1-9)中的 w，就可求出窄导体带情况下的特性阻抗。

为了便于进行工程计算，图3.1-5 给出了带状线的尺寸与特性阻抗之间的关系曲线，以便查阅。

二、相速度和波导波长

带状线传输的主模为 TEM 模，它的传播速度(相速度)v_p 为

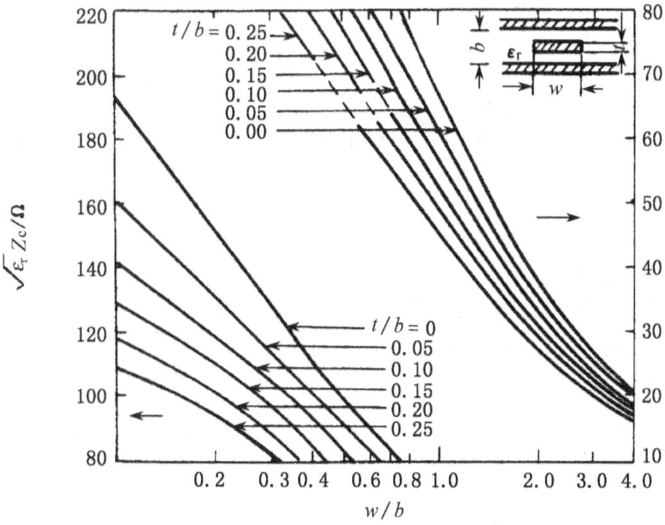

图 3.1-5　带状线的特性阻抗曲线

$$v_p = \frac{v_0}{\sqrt{\varepsilon_r}} \tag{3.1-13}$$

波导波长 λ_g 为

$$\lambda_g = \frac{\lambda_0}{\sqrt{\varepsilon_r}} \tag{3.1-14}$$

式中，λ_0 为自由空间中的波长。

三、带状线的损耗和衰减

在一般情况下，带状线的接地板宽度要比中心导体带的宽度 w 大很多，而上下接地板的间距 b 也远比工作波长 λ 小得多。这样，带状线的辐射损耗可忽略不计。因此，带状线的损耗主要取决于导体(包括接地板)损耗和介质损耗，用公式表示，即

$$\alpha = \alpha_c + \alpha_d \tag{3.1-15}$$

式中，α 为带状线的衰减常数；α_c 和 α_d 分别为带状线导体的和介质的衰减常数。根据传输线理论知

$$\alpha_c = \frac{1}{2}\frac{R}{Z_c} \tag{3.1-16}$$

$$\alpha_d = \frac{1}{2}GZ_c \tag{3.1-17}$$

式中，R 为带状线单位长度上的电阻；G 为单位长度上的漏电导；Z_c 为特性阻抗。利用上面的公式就可以求出 α，但实际计算时仍相当复杂，尤其是 α_c 的计算。因为带状线的中心导体带上的电流分布，以及接地板上的电流分布，在其横截面内都是不均匀的，所以求电阻 R 是比较麻烦的，这样，求 α_c 也就相当复杂。为此，我们略去复杂的推导过程，而只把其结果写出来，以备查阅。

（一）导体的衰减常数 α_c

（1）宽导体带情况($w/(b-t)\geqslant 0.35$)。

$$\alpha_c=\frac{2.02\times10^{-6}\sqrt{f}Z_c\varepsilon_r}{b}\times$$

$$\left\{\frac{1}{1-\dfrac{t}{b}}+\frac{2w/b}{(1-t/b)^2}+\frac{1}{\pi}\left(\frac{1+t/b}{(1-t/b)^2}\right)\ln\left[\frac{\dfrac{1}{1-t/b}+1}{\dfrac{1}{1-t/b}-1}\right]\right\}\ \text{dB/m} \tag{3.1-18}$$

式中，f 以 GHz 计。

(2) 窄导体带情况$[w/(b-t)<0.35]$。

在$\frac{t}{b}\leqslant0.25$ 和$\frac{t}{w}\leqslant0.11$ 的条件下，有

$$\alpha_c=\frac{0.011\,402\sqrt{f\varepsilon_r}}{\sqrt{\varepsilon_r}Z_c b}\left\{1+\frac{b}{d}\left[0.5+0.669\frac{t}{w}-0.255\left(\frac{t}{w}\right)^2+\frac{1}{2\pi}\ln\frac{4\pi w}{t}\right]\right\}\ \text{dB/m} \tag{3.1-19}$$

式中，f 以 GHz 计；d 为窄导体带的等效圆柱形导体横截面的直径。该式中的 α_c 是铜导体的衰减常数。若导体为其他材料时，其 α_c 可用下式计算

$$\frac{\alpha_c}{\alpha_{Cu}}=\frac{R_S}{R_{Cu}}$$

式中，α_{Cu}为铜的衰减常数；R_{Cu}为铜导体的表面电阻率；R_S 为其他导体材料的表面电阻率。

(二) 介质的衰减常数 α_d

根据传输线理论知

$$\alpha_d=\frac{1}{2}G\sqrt{\frac{L}{C}}=\frac{1}{2}\frac{G}{\omega C}\omega\sqrt{LC}=\frac{\pi\sqrt{\varepsilon_r}}{\lambda_0}\tan\delta\quad \text{NP/m}=\frac{27.3\sqrt{\varepsilon_r}}{\lambda_0}\tan\delta\quad \text{dB/m} \tag{3.1-20}$$

式中，λ_0 为自由空间的波长（单位为 m），$\frac{G}{\omega C}=\tan\delta$ 为介质损耗角的正切。

四、带状线的功率容量

带状线传输的功率主要受两个因素的制约：一是介质本身的击穿强度(它与峰值功率相对应)；二是介质本身所能承受的最高温升(它与平均功率相对应)。从这两个因素看，带状线难以传输比较大的功率，尤其是在中心导体带的棱角处最易发生电击穿。若把棱角改为光滑的圆角，则其功率容量会有所提高。

五、带状线尺寸的选择

带状线传输的主模是 TEM 模，但若尺寸选择不当，或由于制作不精细和其他原因而造成结构上的不均匀，都可能出现高次模。这些高次模是 TE 模和 TM 模。在选择带状线的尺寸时，应尽量避免出现高次模。

在 TE 模中最低次型的模为 TE_{10}，它的场结构如图3.1－6 所示。由图可见，沿中心导体带宽度 w 有半个驻波的场分布，而沿横截面的 y 轴方向场保持不变。它的截止波长为

$$(\lambda_c)_{TE_{10}}\approx2w\sqrt{\varepsilon_r} \tag{3.1-21}$$

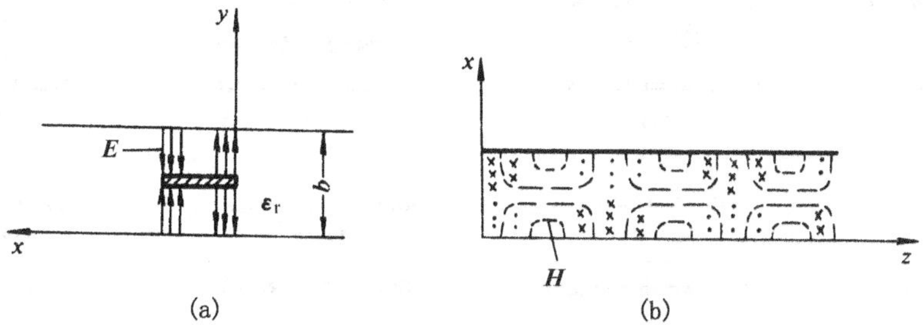

图 3.1-6 带状线中 TE_{10} 模的场结构

为抑制 TE_{10} 模，最短的工作波长 λ_{min} 应满足

$$\lambda_{min} > (\lambda_c)_{TE_{10}} \tag{3.1-22}$$

即

$$w < \frac{\lambda_{min}}{2\sqrt{\varepsilon_r}} \tag{3.1-23}$$

在 TM 模中最低次的模为 TM_{01}，它的场沿中心导体带横截面的 x 方向无变化，而沿 y 方向则有半个驻波的场分布。它的截止波长 $(\lambda_c)_{TM_{01}}$ 为

$$(\lambda_c)_{TM_{01}} \approx 2b\sqrt{\varepsilon_r} \tag{3.1-24}$$

为抑制 TM_{01} 模，最短的工作波长 λ_{min} 应满足

$$\lambda_{min} > (\lambda_c)_{TM_{01}} \tag{3.1-25}$$

即

$$b < \frac{\lambda_{min}}{2\sqrt{\varepsilon_r}} \tag{3.1-26}$$

根据上述要求即可选择 w 和 b 的尺寸。此外，为了减少带状线在横截面方向能量的泄漏，上下接地板的宽度应不小于 $(3\sim6)w$。

§3.2 耦合带状线

耦合带状线的结构型式有多种，如图3.2-1 所示。利用耦合带状线可以构成滤波器、定向耦合器、电桥等微波元件，以及其他用途的耦合电路。耦合带状线可以由一对或多对的双导体传输线组合而成，它们相互靠得很近，从而产生电磁耦合现象。和带状线的情况一样，耦合带状线传输的主模也是 TEM 模，因此对于耦合带状线特性的分析，也可采用静态场的方法。在具体的做法中，通常大都采用奇模和偶模的分析方法，这给耦合带状线的分析带来了方便。耦合带状线的结构型式多种多样，不可能逐个进行讨论，现在只对其中的薄带侧耦合和厚带侧耦合两种情况加以讨论。

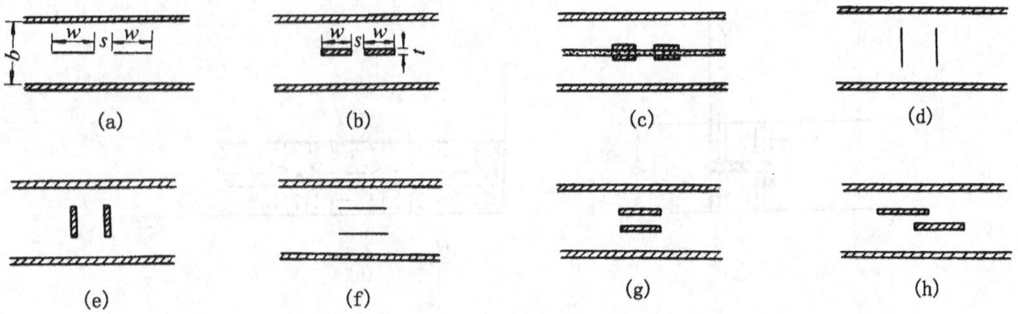

图 3.2-1　耦合带状线的结构型式

(a) 薄带侧耦合；(b) 厚带侧耦合；(c) 夹层侧耦合；(d) 薄带垂直宽面耦合；
(e) 厚带垂直宽面耦合；(f) 薄带平行宽面耦合；(g) 厚带平行宽面耦合；(h) 厚带错位耦合

一、薄带侧耦合带状线的主要特性

（一）奇、偶模特性阻抗

耦合带状线填充的介质是均匀的，对于主模 TEM，可采用奇模激励和偶模激励两种状态对它进行分析，其他的激励状态可看做是这两种状态的叠加。这两种状态的场结构如图 3.2-2 所示，这是一个对称薄带侧耦合带状线。所谓奇模激励，就是在耦合线的两个中心导体带上加的电压幅度相等，而相位相反，此时的场结构如图3.2-2(a)所示。由图可见，耦合线对称面上电场强度的切向分量和磁场强度的垂直分量均为零，此时的对称面称为电壁；而偶模激励，则是在两个中心导体带上加的电压幅度相等，相位相同，此时的场结构如图3.2-2(b)所示。由图可见，耦合线对称面上磁场强度的切向分量和电场强度的垂直分量均为零，此时的对称面称为磁壁。

图 3.2-2　对称耦合带状线的奇模和偶模的电场结构

(a) 奇模激励；(b) 偶模激励

由于上述两种激励状态的场结构不同，因此，与之对应的分布电容、分布电感，以及特性阻抗也不相同。在奇模激励下，单个中心导体带与接地板所构成的传输线的阻抗，称为奇模特性阻抗 Z_{co}；在偶模激励下，单个中心导体带与接地板所构成的传输线的阻抗，称为偶模特性阻抗 Z_{ce}。同理，与这两种激励状态相对应的还有奇模分布电容 C_o 和偶模分布电容 C_e。由此可得如下的关系式

$$Z_{co} = \frac{1}{v_{po}\, C_o} \tag{3.2-1}$$

$$Z_{ce} = \frac{1}{v_{pe} C_e} \tag{3.2-2}$$

在耦合带状线为均匀介质填充的情况下，相速 v_{po} 和 v_{pe} 是相等的，而且都等于电磁波在无界介质中的传播速度 v_p，即

$$v_{po} = v_{pe} = v_p = \frac{v_0}{\sqrt{\varepsilon_r}} \tag{3.2-3}$$

式中，v_0 为自由空间中电磁波的传播速度。

由 Z_{co} 和 Z_{ce} 的表示式可知，若能求出 C_o 和 C_e，则 Z_{co} 和 Z_{ce} 也就求出来了。利用保角变换可以求出 C_o 和 C_e，从而即可求出 Z_{co} 和 Z_{ce}，略去推导过程，而只把结果写在下面。

$$Z_{co} = \frac{30\pi}{\sqrt{\varepsilon_r}} \frac{K(k_o')}{K(k_o)} \quad \Omega \tag{3.2-4}$$

$$Z_{ce} = \frac{30\pi}{\sqrt{\varepsilon_r}} \frac{K(k_e')}{K(k_e)} \quad \Omega \tag{3.2-5}$$

式中，K(·)为第一类完全椭圆积分；k_o、k_e 为模数；k_o' 和 k_e' 为补模数。模数与耦合线结构尺寸的关系为

$$k_o = \mathrm{th}\left(\frac{\pi w}{2b}\right) \mathrm{cth}\left[\frac{\pi}{2}\left(\frac{w+s}{b}\right)\right] \tag{3.2-6a}$$

$$k_o' = \sqrt{1-k_o^2} \tag{3.2-6b}$$

$$k_e = \mathrm{th}\left(\frac{\pi w}{2b}\right) \mathrm{th}\left[\frac{\pi}{2}\left(\frac{w+s}{b}\right)\right] \tag{3.2-6c}$$

$$k_e' = \sqrt{1-k_e^2} \tag{3.2-6d}$$

式中，w 为中心导体带的宽度，s 为两个中心导体带的间距，b 为上下接地板间的距离。在实际的应用中，利用上述公式计算奇、偶模特性阻抗，或由奇、偶特性阻抗确定耦合线的尺寸，都比较复杂。因此，一般可采用图3.2－3、图3.2－4 和图3.2－5 所示列线图来进行计算和设计。

利用列线图可以由给定的 Z_{co} 和 Z_{ce} 求出尺寸 w/b 和 s/b。列线图的使用方法是：例如，当给定了 Z_{co} 和 Z_{ce} 时，先在两侧的刻度线上找到 Z_{co} 和 Z_{ce} 的读数位置，然后用直线连接此两点，直线与当中的 s/b 或 w/b 的刻度线交点的读数，便是所求的 s/b 或 w/b 的值。如若再选定了尺寸 b，则 w 和 s 即可确定了。需要指出的是，当耦合线中的两根传输线相距甚远（理论上 $s/b \to \infty$）、以致它们之间的耦合可忽略不计时，则奇、偶模的特性阻抗相等，而且都等于单个传输线的特性阻抗。

（二）相速度和波导波长

前面讲过，耦合带状线填充的是均匀介质，在这种情况下，奇、偶模的场分布虽然不同，但它们都是 TEM 波，因此，奇、偶模的相速是相同的，而且就等于（无界）介质中 TEM 波的速度，即

$$v_{po} = v_{pe} = v_p = \frac{v_0}{\sqrt{\varepsilon_r}} \tag{3.2-7}$$

式中，v_0 为自由空间中电磁波的速度。

奇、偶模的波导波长也相同，即

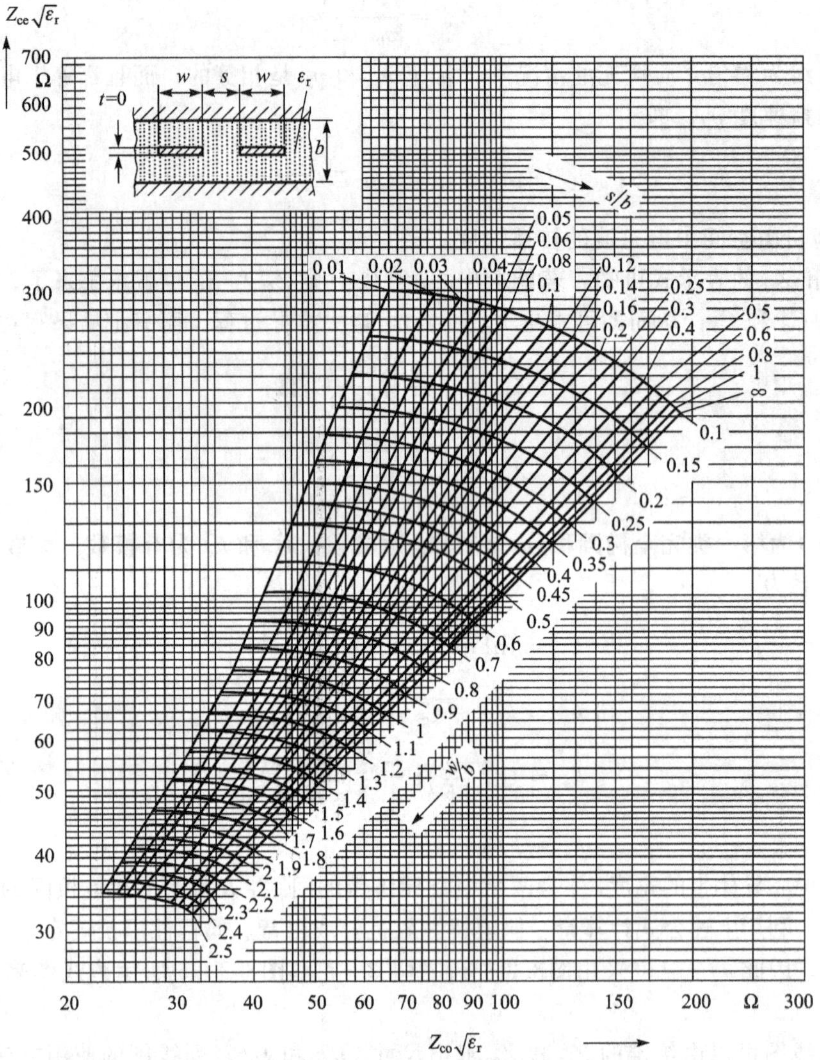

图 3.2-3　Z_{co}、Z_{ce} 与 w/b 和 s/b 的关系曲线

$$\lambda_g = \frac{\lambda_0}{\sqrt{\varepsilon_r}} \tag{3.2-8}$$

式中，λ_0 为自由空间中的波长。

二、厚带侧耦合带状线的主要特性

（一）奇、偶模特性阻抗

前面讲的薄带侧耦合带状线的计算公式，是在中心导体带极薄或理论上讲是在 $t\approx0$ 的情况下求得的。实际情况是 t 不可能为零，而是有一定的数值，这就是厚带侧耦合带状线。它有对称和不对两种结构形式，如图3.2-6 所示。为了更一般化，只讨论不对称的厚带侧耦合带状线。和薄带侧耦合的分析方法相似，也是采用奇、偶模的分析方法，先求出它们的奇、偶模电容，而后求得奇、偶模特性阻抗。

在奇、偶模激励下，耦合线的各种电容如图3.2-7 所示。在奇模激励下，单根内导体

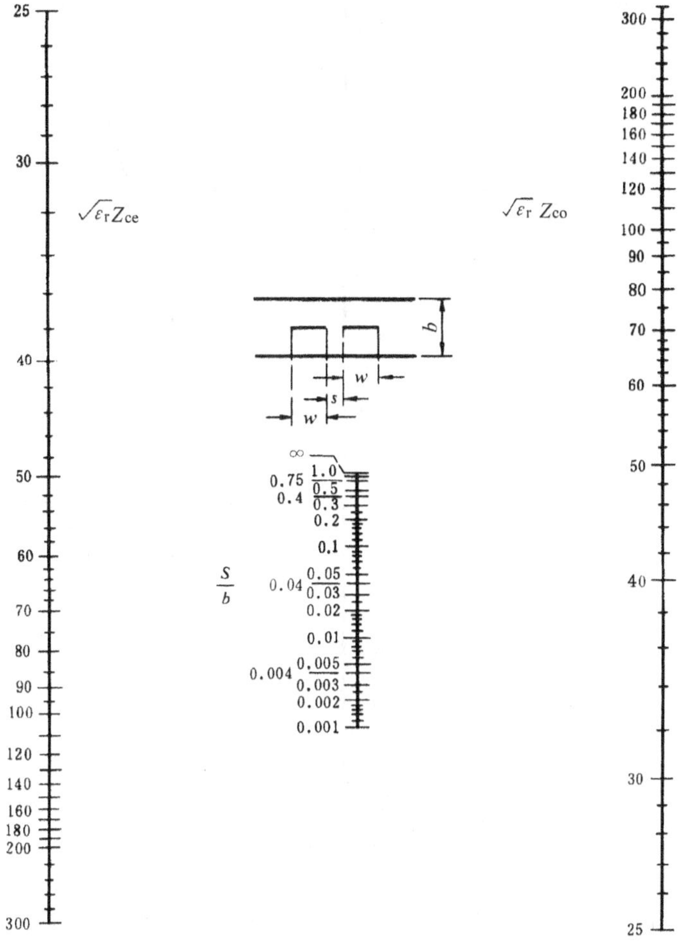

图 3.2-4　薄带侧耦合带状线的 Z_{ce} 和 Z_{co} 与 s/b 的关系列线图

带对地的电容分别为

$$\frac{C_o^\alpha}{\varepsilon}=2\left(\frac{C_p^\alpha}{\varepsilon}+\frac{C_f}{\varepsilon}+\frac{C_{fo}}{\varepsilon}\right) \tag{3.2-9a}$$

$$\frac{C_o^b}{\varepsilon}=2\left(\frac{C_p^b}{\varepsilon}+\frac{C_f}{\varepsilon}+\frac{C_{fo}}{\varepsilon}\right) \tag{3.2-9b}$$

在偶模激励下，单根内导体带对地的电容分别为

$$\frac{C_e^\alpha}{\varepsilon}=2\left(\frac{C_p^\alpha}{\varepsilon}+\frac{C_f}{\varepsilon}+\frac{C_{fe}}{\varepsilon}\right) \tag{3.2-10a}$$

$$\frac{C_e^b}{\varepsilon}=2\left(\frac{C_p^b}{\varepsilon}+\frac{C_f}{\varepsilon}+\frac{C_{fe}}{\varepsilon}\right) \tag{3.2-10b}$$

由上面两组公式(3.2-9a、b)和式(3.2-10a、b)可得

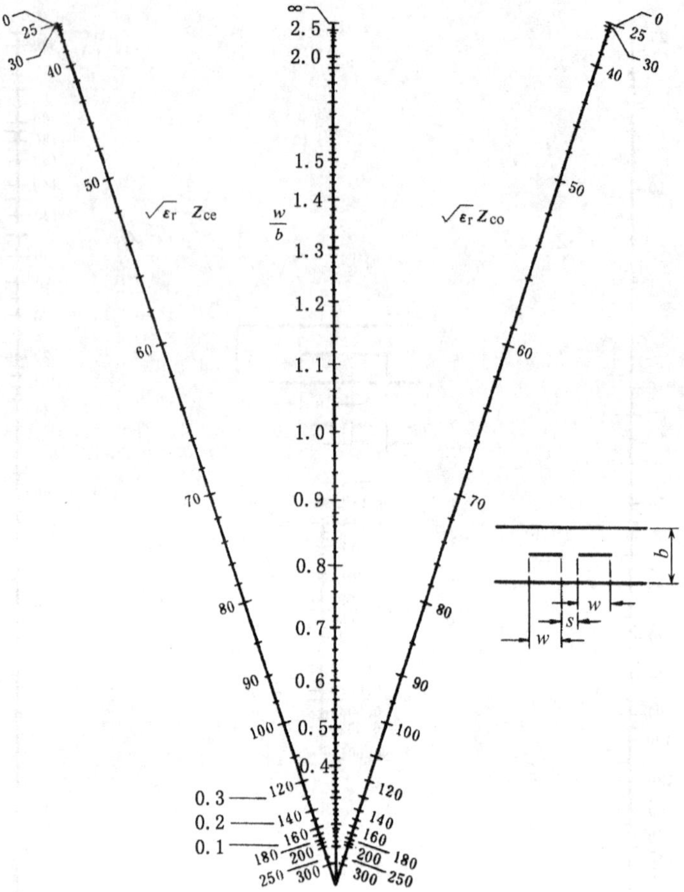

图 3.2-5　薄带侧耦合带状线的 Z_{ce} 和 Z_{co} 与 w/b 的关系列线图

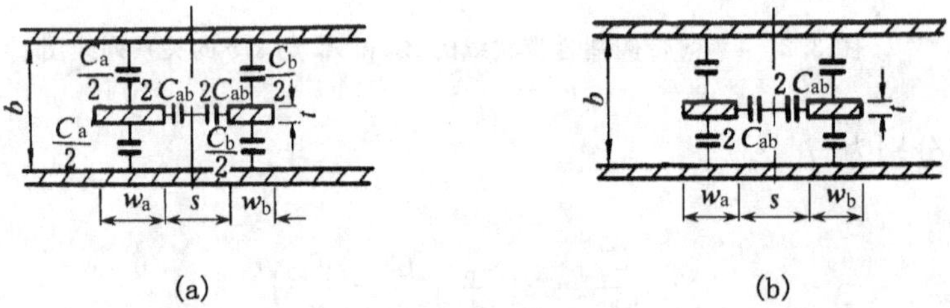

图 3.2-6　厚带侧耦合带状线

(a) 不对称结构；(b) 对称结构

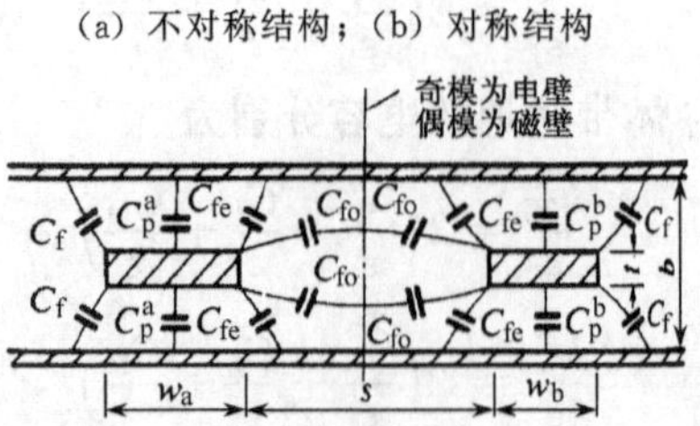

图 3.2-7　不对称厚带侧耦合带状线的各种电容

$$\frac{C_o^\alpha}{\varepsilon}-\frac{C_e^\alpha}{\varepsilon}=2\left(\frac{C_{fo}}{\varepsilon}-\frac{C_{fe}}{\varepsilon}\right)=2\,\frac{\Delta C}{\varepsilon} \tag{3.2-11a}$$

或

$$\frac{\Delta c}{\varepsilon}=\frac{1}{2}\left(\frac{C_o^\alpha}{\varepsilon}-\frac{C_e^\alpha}{\varepsilon}\right)=\frac{C_{ab}}{\varepsilon}$$

$$\frac{C_o^b}{\varepsilon}-\frac{C_e^b}{\varepsilon}=2\left(\frac{C_{fo}}{\varepsilon}-\frac{C_{fe}}{\varepsilon}\right)=2\,\frac{\Delta C}{\varepsilon} \tag{3.2-11b}$$

或

$$\frac{\Delta c}{\varepsilon}=\frac{1}{2}\left(\frac{C_o^b}{\varepsilon}-\frac{C_e^b}{\varepsilon}\right)=\frac{C_{ab}}{\varepsilon}$$

在以上各式中，C_f 为边缘电容；C_{fo} 为奇模激励状态下导体带内侧的边缘电容；C_{fe} 为偶模激励状态下导体带内侧的边缘电容；ε 为填充介质的介电常数；C_{ab} 为内导体 a 与 b 之间的耦合电容；C_p^α 和 C_p^b 分别为内导体带 α 和 b 对接地板之间的平板电容，即

$$C_p^\alpha=\frac{\varepsilon\,w_\alpha}{\frac{b-t}{2}} \tag{3.2-12a}$$

$$C_p^b=\frac{\varepsilon\,w_b}{\frac{b-t}{2}} \tag{3.2-12b}$$

C_f 与 t/b 的关系，即前面讲过的式(3.1-7)，也可以利用图3.1-3 的 C_f 与 t/b 的关系曲线求得 C_f；C_{fe}/ε 与 s/b 的关系，$\Delta C/\varepsilon$ 与 s/b 的关系，以及 C_{fo}/ε 与 s/b 的关系，分别如图3.2-8、图3.2-9 和图3.2-10 所示。

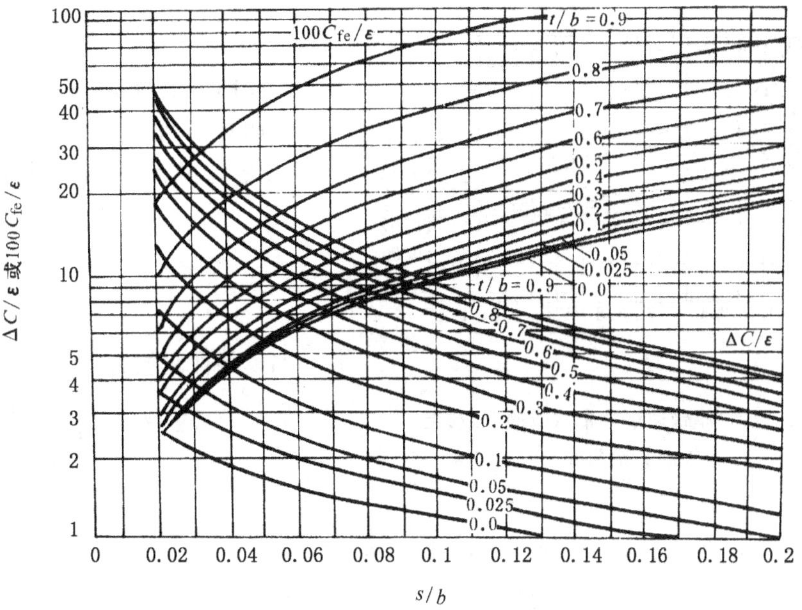

图 3.2-8　厚带侧耦合带状线的 C_{fe}/ε、$\Delta C/\varepsilon$ 与 s/b 的关系曲线

（二）相速度和波导波长

由于在填充介质均匀的情况下，TEM 波的相速度只与介质的 μ 和 ε 有关，因此奇、偶模的相速度是相同的，而且就等于(无界)介质中 TEM 波的速度，即

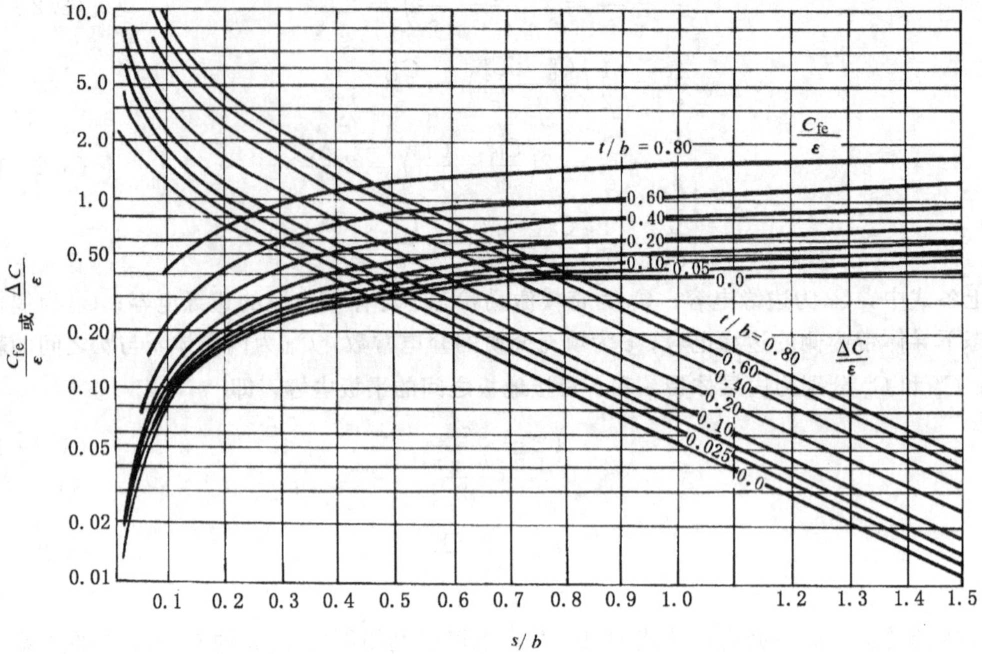

图 3.2-9　厚带侧耦合带状线的 C_{fe}/ε、$\Delta C/\varepsilon$ 与 s/b 的关系曲线

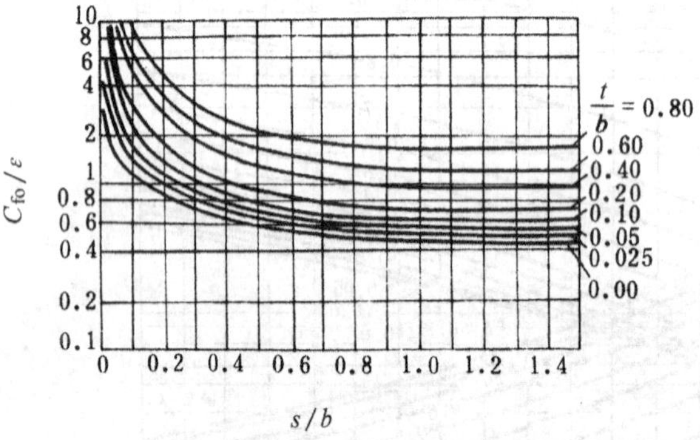

图 3.2-10　厚带侧耦合带状线的 C_{fo}/ε 与 s/b 的关系曲线

$$v_{po} = v_{pe} = v_p = \frac{1}{\sqrt{\mu\varepsilon}}$$

由此即可求得奇、偶模的特性阻抗。例如对于两个内导体带的宽度都为 w_α 的情况而言，奇模特性阻抗为

$$Z_{co}^{\alpha} = \frac{1}{v_p C_o^{\alpha}} = \frac{120\pi}{\sqrt{\varepsilon_r}\,\dfrac{C_o^{\alpha}}{\varepsilon}} \tag{3.2-13}$$

偶模特性阻抗为

$$Z_{ce}^{\alpha} = \frac{1}{v_p C_e^{\alpha}} = \frac{120\pi}{\sqrt{\varepsilon_r}\,\dfrac{C_e^{\alpha}}{\varepsilon}} \tag{3.2-14}$$

根据式(3.2-11)和式(3.2-13)、式(3.2-14)可得

$$\frac{\Delta C}{\varepsilon} = \frac{60\pi}{\sqrt{\varepsilon_r}}\left(\frac{1}{Z_{co}^{a}} - \frac{1}{Z_{ce}^{a}}\right) \tag{3.2-15}$$

根据上面给出的一些公式和曲线（包括带状传输线中求边缘电容的曲线），就可以对耦合带状线进行设计和计算。现以内导体带的宽度为 w_a 的耦合带状线为例，来说明设计步骤。

在给定了奇、偶模特性阻抗 Z_{co}^{a} 和 Z_{ce}^{a} 的情况下，根据式(3.2-15)求出 $\Delta C/\varepsilon$，若再选定了 t/b，则可从图3.2-8 或图3.2-9 的曲线中求出 s/b，根据 s/b，再从图3.2-8 或图3.2-9

中求出 C_{fe}。

根据选定的 t/b，由图3.1－3 中即可求出边缘电容 C_f。

根据 Z_{ce}^{a}的值，利用式(3.2－14) 求出 C_e^a，再由 C_e^a 利用式(3.2－10a)求出 C_p^a，最后再由公式(3.2－12a)在选定了 b 的情况下，即可确定尺寸 w_a 和 s。

对于内导体带宽度为 w_b 的情况，利用与上面相同的计算步骤，同样可以确定它的尺寸。

在利用上述的曲线进行计算时应注意的是，它们都是在假定内导体带的宽度 w 为无限大的情况下求出的，即只有当$\frac{w/b}{1-t/b}$趋于无限大时才是精确的，而实际的 w 不可能是无限大的。但是，在$\frac{w/b}{1-t/b}>0.35$ 的情况下，利用上述曲线进行计算时，其误差并不大；如果$\frac{w/b}{1-t/b}<0.35$，则应对 w 进行修正，设修正后的值为 w'，则 w'可按下式确定

$$\frac{w'}{b}=\frac{0.07(1-t/b)+w/b}{1.20} \tag{3.2-16}$$

而且，式中各量还应满足下列关系

$$0.1<\frac{w'/b}{1-t/b}<0.35$$

§3.3　微　带　线

微带线可以看做是由双导线传输线演变而成的，如图3.3－1 所示。在两根导线之间插入极薄的理想导体平板，它并不影响原来的场分布，而后去掉板下的一根导线，并将留下的另一根导线“压扁”，即构成了微带传输线。这样讲，主要是为了便于理解，而实际的微带线结构如图3.3－2

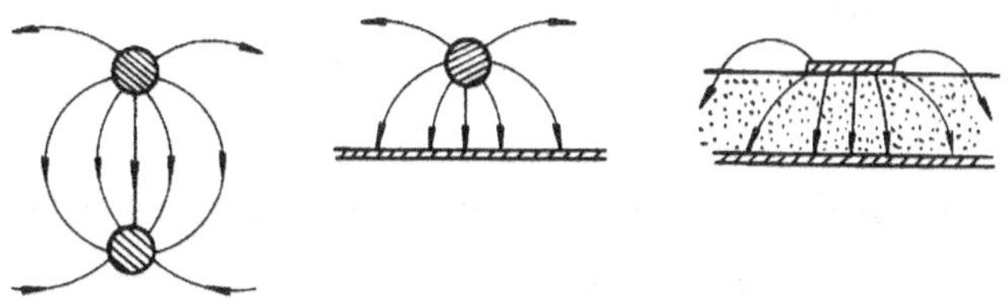

图 3.3－1　双导线演变成微带线

(a)所示。导体带(其宽度为 w，厚度为 t)和接地板均由导电良好的金属材料(如银、铜、金)构成，导体带与接地板之间填充以介质基片，导体带与接地板的间距为 h。有时为了能使导体带、接地板与介质基片牢固地结合在一起，还要使用一些黏附性较好的铬、钽等材料。介质基片应采用损耗小，黏附性、均匀性和热传导性较好的材料，并要求其介电常数随频率和温度的变化也较小。对介电常数的要求应视具体情况而定。一般常用的介质基片的材料有：金红石(纯二氧化钛)、氧化铝陶瓷、蓝宝石、聚四氟乙烯和玻璃纤维强化聚四氟乙烯等。

微带线或由微带线构成的微波元件，大都采用薄膜(如真空镀膜)和光刻等工艺在介质基片上制作出所需要的电路。此外，也可以利用在介质基片两面敷有铜箔的板，在板的一面用

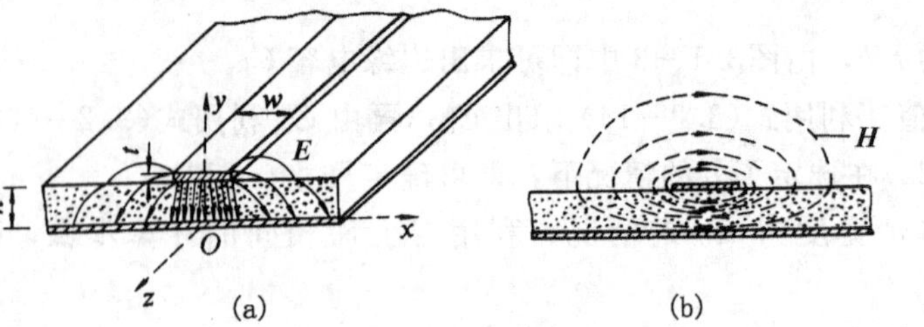

图 3.3-2　微带线的结构

光刻腐蚀法制作出所需要的电路，而板的另一面的铜箔则作为接地板。

一、微带线中的模式

因为可以把微带线看做是由双导线传输线演变而成的，所以，若导体带与接地板之间没有填充介质基片，或者说此时的介质就是空气，或者整个微带线被一种均匀的介质全部包围着，那么，它可以传输 TEM 模，而且是最低次型的模式(主模)。但是，实际的微带线只是在导体带与接地板之间填充有相对介电常数 $\varepsilon_r>1$ 的介质基片，而其余部分是空气，也就是说，在微带线的横截面上存在着介质与空气的交界面。可见，任何模式的场除了应满足介质与理想导体的边界条件之外，还应满足两种不同介质的边界条件。根据理想介质的边界条件可知，纯 TEM 波的场是不满足这个边界条件的，因此微带线中传输的模式是由 TE 模和 TM 模组合而成的混合模式，是具有色散性质的模式。这种模式的磁场的纵向分量和电场的纵向分量均不为零。为了说明这一点，我们可以利用图3.3-2 (a) 作一简要的证明。

不带撇“′”的表示空气中的场，带撇“′”的表示 $\varepsilon_r>1$ 的介质中的场(指 $y=h$，$|x|>w/2$ 边界处的场)。根据两种理想介质的边界条件可知，电场强度的切向分量、磁场强度的切向分量应当连续，即

$$E_x = E_x' \qquad E_z = E_z' \tag{3.3-1a}$$

$$H_x = H_x' \qquad H_z = H_z' \tag{3.3-1b}$$

电位移矢量的法向分量，磁感应强度的法向分量，在介质分界面上也应当连续，即

$$E_y = \varepsilon_r E_y' \tag{3.3-2a}$$

$$H_y = H_y' \quad （因为 \mu_r \approx 1） \tag{3.3-2b}$$

在分界面两侧的场都满足麦克斯韦方程。在空气中应有

$$\nabla \times \boldsymbol{H} = \mathrm{j}\omega\varepsilon_0 \boldsymbol{E} \tag{3.3-3}$$

将该式展开，取电场在 x 方向分量的表示式，即

$$\left(\frac{\partial H_z}{\partial y}\right) - \left(\frac{\partial H_y}{\partial z}\right) = \mathrm{j}\omega\varepsilon_0 E_x \tag{3.3-4}$$

在介质中应有

$$\nabla \times \boldsymbol{H}' = \mathrm{j}\omega\varepsilon_0\varepsilon_r \boldsymbol{E}' \tag{3.3-5}$$

将该式展开，取电场在 x 方向分量的表示式，即

$$\left(\frac{\partial H_z'}{\partial y}\right) - \left(\frac{\partial H_y'}{\partial z}\right) = \mathrm{j}\omega\varepsilon_0\varepsilon_r E_x' \tag{3.3-6}$$

根据边界条件得

$$\left(\frac{\partial H_z'}{\partial y}\right)-\left(\frac{\partial H_y'}{\partial z}\right)=\varepsilon_r\left[\left(\frac{\partial H_z}{\partial y}\right)-\left(\frac{\partial H_y}{\partial z}\right)\right] \tag{3.3-7}$$

在介质边界两侧电磁场的相移常数均为 β，设沿 z 轴的相移传播因子为 $e^{-j\beta z}$，由此得

$$\frac{\partial H_y}{\partial z}=-j\beta H_y \tag{3.3-8a}$$

$$\frac{\partial H_y'}{\partial z}=-j\beta H_y' \tag{3.3-8b}$$

将该式代入式(3.3-7)，得

$$\left(\frac{\partial H_z'}{\partial y}\right)-\varepsilon_r\left(\frac{\partial H_z}{\partial y}\right)=j\beta(\varepsilon_r-1)H_y \tag{3.3-9}$$

因为 $H_y\neq0$，所以，当 $\varepsilon_r\neq1$ 时，等式右端不为零，因而左端也不为零，即是说，磁场的纵向分量不为零。

利用方程

$$\nabla\times\boldsymbol{E}=-j\omega\mu_0\boldsymbol{H} \tag{3.3-10a}$$

$$\nabla\times\boldsymbol{E}'=-j\omega\mu_r\mu_0\boldsymbol{H}' \tag{3.3-10b}$$

经过与上述相同的运算步骤，即可得出

$$\left(\frac{\partial E_z'}{\partial y}\right)-\left(\frac{\partial E_z}{\partial y}\right)=j\beta\left(1-\frac{1}{\varepsilon_r}\right)E_y \tag{3.3-11}$$

当 $E_y\neq0$ 和 $\varepsilon_r\neq1$ 时，则电场的纵向分量也不为零。由此可知，由于实际微带线中存在的是具有纵向场分量的混合模式，而不是纯 TEM 模，因此，若根据边界条件严格求波动方程的解，以得到场的结构，并进而讨论它的色散特性，这个过程是比较复杂的。但是，当频率较低时，电磁场的纵向分量很小，色散效应也较小，此时的场结构近似于 TEM 模，一般称它为准 TEM 模。严格地讲，准 TEM 模具有色散特性，这一点与纯 TEM 模不同，而且随着工作频率的升高，这两种模之间的差别也愈大。

为把问题简化，而在实用中又不会带来很大误差，常把在较低频率范围内的准 TEM 模当作纯 TEM 模看待，并据此来分析微带线的主要特性参数，这种方法称为准静态分析方法。就是说，采取在静态场(静电场、静磁场)中分析 TEM 模的方法，来分析微带线中准 TEM 模的某些特性参数。微带线的主要特性参数有：特性阻抗、波的传播速度(相速)、波导波长、衰减和功率容量。下面只讨论特性阻抗和衰减［特性阻抗以 Ω(欧姆)计］。

二、微带线的特性阻抗

若微带线是被一种相对介电常数为 ε_r 的均匀介质所完全包围着，并把准 TEM 模当作纯 TEM 模看待，并设 L 和 C 分别为微带线单位长度上的电感和电容，则特性阻抗为

$$Z_c=\sqrt{\frac{L}{C}}=\frac{1}{v_pC} \tag{3.3-12}$$

相速度 v_p 为

$$v_p=\frac{1}{\sqrt{LC}}=\frac{v_0}{\sqrt{\varepsilon_r}} \tag{3.3-13}$$

但是实际的微带线是含有介质和空气的混合介质系统，因此不能直接套用上面的公式求特性阻抗。为了求出实际的微带线的特性阻抗 Z_c 和相速度 v_p，而引入了等效相对介电常数

的概念。如果微带线的结构形状和尺寸不变，当它被单一的空气介质所包围着时，其分布电容为 C_0。实际微带线是由空气和相对介电常数为 ε_r 的介质所填充，它的电容为 C_1，那么，等效相对介电常数 ε_{re}的定义为

$$\varepsilon_{re} = \frac{C_1}{C_0} \tag{3.3-14}$$

即是说，可以把实际的混合介质系统想象成是由单一的、均匀的、相对介电常数为 ε_{re}的介质所构成的系统，它和实际的混合介质系统的特性阻抗和相速度是完全一样的。这样，实际微带线的特性阻抗即可表示为

$$Z_c = \frac{Z_c^0}{\sqrt{\varepsilon_{re}}} \tag{3.3-15}$$

Z_c^0 为在同样形状和结构尺寸的情况下、填充介质全部是空气时微带线的特性阻抗

$$Z_c^0 = \frac{1}{v_0 C_0} \tag{3.3-16}$$

由式(3.3-14)、式(3.3-15)和式(3.3-16)可知，所谓用准静态法求实际微带线的特性阻抗 Z_c，关键是求出静态场情况下的分布电容 C_0。求静态电容 C_0 的方法有多种，其中常用的是保角变换法，下面只把用这种方法求出的结果写出来，以供查阅。

（一）导体带厚度为零时微带线特性阻抗的表示式

首先求空气介质时微带线的特性阻抗，然后再求充有其他介质时微带线的特性阻抗。

当导体带厚度 $t=0$ 时（这里为便于理论推导而作的假设，实际上不可能为零），空气介质微带线的特性阻抗 Z_c^0 的精确表示式为

$$Z_c^0 = 60\pi \frac{\mathrm{K}(k')}{\mathrm{K}(k)} \tag{3.3-17}$$

式中，$K(k')$和 $K(k)$为第一类完全椭圆积分；k 和 k'分别为其模数和补模数，它们是与微带线的结构尺寸有关的一个量。利用这个公式求 Z_c^0 是比较复杂的，因此通常可用由这个公式导出的求 Z_c^0 的近似公式。当 $w/h\leqslant 1$ 时，Z_c^0 为

$$Z_c^0 \approx 60\ln\left(\frac{8h}{w} + \frac{w}{4h}\right) \tag{3.3-18a}$$

当 $w/h\geqslant 1$ 时，Z_c^0 为

$$Z_c^0 \approx \frac{120\pi}{\dfrac{w}{h} + 2.42 - 0.44\dfrac{h}{w} + \left(1 - \dfrac{h}{w}\right)^6} \tag{3.3-18b}$$

在 $0<w/h\leqslant 10$ 的范围内，上述公式的精确度可达±0.25%；当 $w/h>10$ 时，式(3.3-18b)的精确度约为±1%。

式(3.3-17)和式(3.3-18)是求 Z_c^0 的精确公式和由精确公式导出的近似公式。若导体带宽度 $w\gg h$，则计算 Z_c^0 的另一近似公式为

$$Z_c^0 \approx 60\pi^2\left[1 + \frac{\pi w}{2h} + \ln\left(1 + \frac{\pi w}{2h}\right)\right]^{-1} \tag{3.3-19}$$

这个公式精确度差些，若要求稍微更精确些的计算，可采用下列的近似公式，即

$$Z_c^0 \approx 60\pi\left\{\frac{w}{2h} + \frac{1}{h}\ln\left[2\pi e\left(\frac{w}{2h} + 0.94\right)\right]\right\}^{-1} \tag{3.3-20}$$

为了求出填充其他介质时微带线的特性阻抗 Z_c，还应知道等效相对介电常数 ε_{re}。略去求 ε_{re} 的推导过程，而只把它的表示式写在下面，即

$$\varepsilon_{re} \approx \frac{\varepsilon_r + 1}{2} + \frac{\varepsilon_r - 1}{2}\left(1 + \frac{10h}{w}\right)^{-1/2} \tag{3.3-21}$$

有时也可把 ε_{re} 写成下列形式，即

$$\varepsilon_{re} \approx 1 + q(\varepsilon_r - 1) \tag{3.3-22}$$

式中

$$q \approx \frac{1}{2}\left[1 + \left(1 + \frac{10h}{w}\right)^{-1/2}\right] \tag{3.3-23}$$

称为填充系数，它表示 $\varepsilon_r > 1$ 的介质的填充程度，当 $q=0$ 时，$\varepsilon_{re}=1$，表示微带中填充的全部是空气介质；当 $q=1$ 时，$\varepsilon_{re}=\varepsilon_r$，表示微带线全被相对介电常数为 ε_r 的介质包围着。利用这些公式，当已知 w/h 时，利用式(3.3-15)就可求出特性阻抗 Z_c。

在实际中利用上述的一些公式求 Z_c 是相当繁琐的，而且经常遇到的是给定了 Z_c 和 ε_r，需要求出的是 w/h，这样，若利用上述公式就更为不便。因此，在一般工程计算中常利用曲线或查表格来求 Z_c，或由给定的 Z_c 和 ε_r 来确定 w/h。图3.3-3是空气填充的微带线的特性阻抗 Z_c^0、q 与 w/h 之间的关系曲线。利用这个曲线进行计算是比较方便的，下面说明它的使用方法。

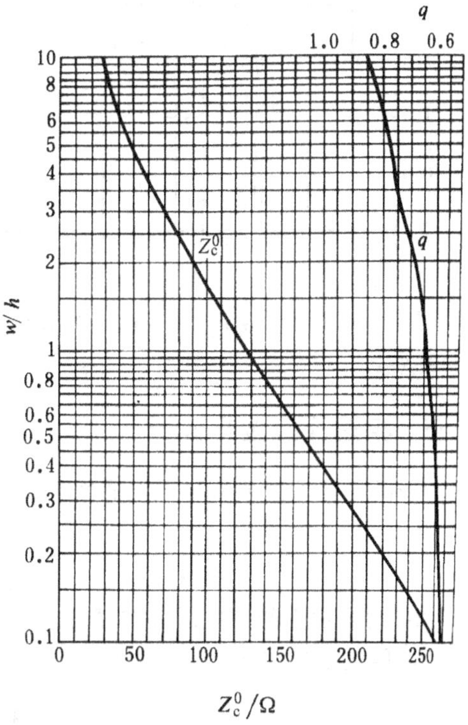

图 3.3-3 Z_c^0、q 与 w/h 的关系曲线

若已给定 w/h 和 ε_r，需要求出的是微带线的特性阻抗 Z_c，其方法如下：首先在曲线图的纵坐标轴上找到 w/h 的读数位置，过此点作平行于横坐标轴的直线，与 Z_c^0 的曲线和 q 的曲线分别相交，相交点所对应的横坐标的读数即为 Z_c^0 和 q，然后利用式(3.3-22)和式(3.3-15)即可求微带线的特性阻抗 Z_c。

若已给定微带线的特性阻抗 Z_c 和 ε_r，需要求出的是 w/h，其方法如下：利用式(3.3-15)，即 $Z_c = Z_c^0 / \sqrt{\varepsilon_{re}}$，先用 ε_r 代替 ε_{re} 求出 Z_c^0，过横坐标上的 Z_c^0 点作垂线，与图中 Z_c^0 的曲线相交，交点所对应的纵坐标即为 w/h，过此 w/h 点作平行于横坐标轴的直线，与图中的 q 曲线相交，而求得 q 值。由求得的 q 值，利用式(3.3-22)求出 ε_{re}，并利用式(3.3-15)求出新的 Z_c^0 值，再根据这个新的 Z_c^0，重复上述的计算步骤，又会得到一组 w/h、q 和 ε_{re} 的值，以及 Z_c^0 的值。不断地重复上述计算步骤，直到相邻两次计算出的 ε_{re} 值的相对误差小于1%为止，那么，根据最后一次求得的 ε_{re}，即可求出 Z_c^0，再根据 Z_c^0，在曲线图中得出 w/h，若再假定 h 已知，则 w 即可求出。

除上述的计算方法外，还有更为简便的方法，这就是直接查有关的表(见本章附录二)，在这个表中给出了 w/h、ε_{re} 和 Z_c 三者之间的对应数值，查找十分方便。对于表中未列出的

数据，可采用内插法进行计算。

（二）导体带厚度不为零时微带线特性阻抗的表示式

前面讲的求微带线特性阻抗 Z_c 的公式，是在假定导体带厚度 $t=0$ 的情况下求出的；而实际微带线中的 t 不可能为零，而是具有一定的厚度。与 $t=0$ 时相比，$t\neq0$ 时导体带的边缘电容增加了，因此当这种增加效应不能忽略时，就不能直接利用前述的 $t=0$ 时的公式求 Z_c。但是，如果将 $t\neq0$ 时边缘电容增加的影响等效为导体带的宽度增加了 Δw，即把 $t\neq0$ 时导体带的实际宽度 w，用相当于 $t=0$ 时的等效宽度 w_e 来代替，那么，就可以利用前述的 $t=0$ 时的公式求 Z_c 了。W_e、w 和 Δw 之间的关系为

$$W_e = w + \Delta w \tag{3.3-24}$$

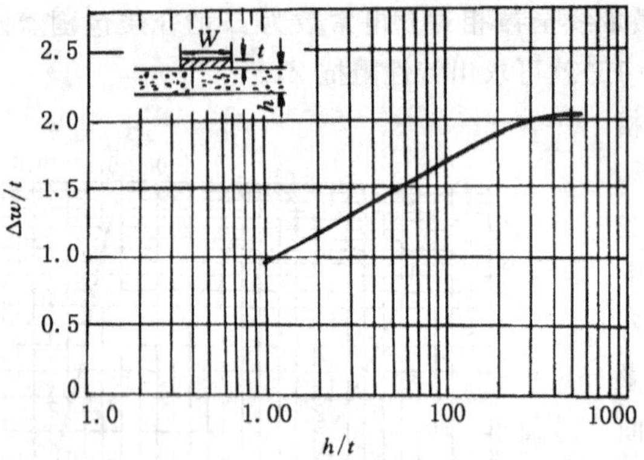

图 3.3-4　$\Delta w/t$ 与 h/t 的关系曲线

式中的 Δw 可利用下面的一些公式计算。

当 $w/h\leqslant\frac{1}{2\pi}$ 及 $\left(2t/h<w/h,\ \frac{1}{2\pi}\right)$ 时

$$\Delta w = \frac{t}{\pi}\left(\ln\frac{4\pi w}{t}+1\right) \tag{3.3-25}$$

当 $w/h\geqslant\frac{1}{2\pi}$ 时

$$\Delta w = \frac{t}{\pi}\left(\ln\frac{2h}{t}+1\right) \tag{3.3-26}$$

另外，也可以利用如图3.3-4所示的曲线求出 Δw。

三、相速度和波导波长

由于微带传输线是具有混合介质系统的传输线，因此，它的相速度为

$$v_p = \frac{v_0}{\sqrt{\varepsilon_{re}}} \tag{3.3-27}$$

式中，v_0 为自由空间中电磁波的速度；ε_{re} 为相对有效介电常数。

微带传输线的波导波长 λ_g 为

$$\lambda_g = \frac{\lambda_0}{\sqrt{\varepsilon_{re}}} \tag{3.2-28}$$

式中，λ_0 为自由空间中的波长。

四、微带线的损耗

微带线中的损耗包括导体损耗、介质损耗和辐射损耗三部分。若微带线的尺寸选择适当，频率不很高，则辐射损耗很小，一般可忽略不计。因此表征微带线损耗的衰减常数 α 可写为

$$\alpha = \alpha_c + \alpha_d \tag{3.3-29}$$

式中，α_c 为导体的衰减常数；α_d 为介质的衰减常数。

对于 α_c，由于电流在导体带和接地板的横截面内的分布是不均匀的，所以 α_c 的计算是较繁琐的。略去推导过程，只把结果列在下面。

若导体带和接地板具有相同的表面电阻率 R_S 时，则 α_c/（dB/cm）可用下列公式求出。

当 $w/h\leqslant\frac{1}{2\pi}$ 时

$$\frac{\alpha_c Z_c h}{R_S}=\frac{8.68}{2\pi}\left[1-\left(\frac{w_e}{4h}\right)^2\right]\left[1+\frac{h}{w_e}+\frac{h}{\pi w_e}\left(\ln\frac{4\pi w}{t}+\frac{t}{w}\right)\right] \tag{3.3-30a}$$

当 $\frac{1}{2\pi}<w/h\leqslant 2$ 时

$$\frac{\alpha_c Z_c h}{R_S}=\frac{8.68}{2\pi}\left[1-\left(\frac{w_e}{4h}\right)^2\right]\left[1+\frac{h}{w_e}+\frac{h}{\pi w_e}\ln\left(\frac{2h}{t}-\frac{t}{h}\right)\right] \tag{3.3-30b}$$

当 $w/h\geqslant 2$ 时

$$\frac{\alpha_c Z_c h}{R_S}=\frac{8.68}{\left\{\frac{w_e}{h}+\frac{2}{\pi}\ln\left[2\pi e\left(\frac{w_e}{2h}+0.94\right)\right]\right\}^2}\left[\frac{w_e}{h}+\frac{w_e/\pi h}{\frac{w_e}{2h}+0.94}\right]\times$$

$$\left[1+\frac{h}{w_e}+\frac{h}{\pi w_e}\left(\ln\frac{2h}{t}-\frac{t}{h}\right)\right] \tag{3.3-30c}$$

在以上各式中，w 为导体带厚度 $t\neq 0$ 时的实际宽度，w_e 为 $t\neq 0$ 时导体带的等效宽度。

微带传输线的介质损耗常数 α_d 可用下式求得，即

$$\alpha_d=27.3\left(\frac{q\,\varepsilon_r}{\varepsilon_{re}}\right)\frac{\tan\delta}{\lambda_g}\quad \text{dB/cm} \tag{3.3-31}$$

式中，λ_g 以 cm 计。

五、微带线的色散特性与尺寸选择

（一）微带线的色散特性

前面的分析都是假设微带线工作于 TEM 模的情况下进行的，所得的结论和公式，在较低频率时是正确的。但微带中实际存在的是由 TE 和 TM 所组成的混合模式，因此当频率较高时，色散的影响就不能忽略，即是说，在计算 Z_c、v_p、λ_g 和 ε_{re} 时就要考虑到色散的影响。若不考虑这些影响，计算出来的各个参数的数值就有较大的误差，这是由于 Z_c、v_p、λ_g 和 ε_{re} 等均随频率而变的缘故，即微带线具有色散特性。其中，ε_{re} 的变化会直接影响其他参数的变化。在 $2<\varepsilon_r<10$ 以及 $0.9\leqslant w/h\leqslant 13$ 和 $0.5\text{ mm}\leqslant h\leqslant 3\text{ mm}$ 的条件下，ε_{re} 随频率而变化的关系为

$$\varepsilon_{re}(f)=3\times 10^{-6}(1+\varepsilon_r)(\varepsilon_r-1)h\left(Z_c\frac{w_e}{h}\right)^{1/2}(f-f_0)+\varepsilon_{re} \tag{3.3-32}$$

式中的 Z_c 和 ε_{re} 是不考虑色散时求得的特性阻抗和等效相对介电常数；w_e 为 $t\neq 0$ 时的等效宽度；f 为工作频率；f_0 为某一固定频率，当工作频率小于此频率时，色散的影响可忽略不计。f_0 由下式确定

$$f_0=\frac{0.95}{(\varepsilon_r-1)^{1/4}}\sqrt{\frac{Z_c}{h}} \tag{3.3-33}$$

当 $w/h>4$ 时，$\varepsilon_{re}(f)$ 为

$$\varepsilon_{re}(f)=3\times 10^{-6}(1+\varepsilon_r)(\varepsilon_r-1)h\left(\frac{Z_c}{3}\right)^{1/2}\left(\frac{w_e}{h}\right)(f-f_0)+\varepsilon_{re} \tag{3.3-34}$$

式(3.3-32)、式(3.3-33)和式(3.3-34)中的 f 和 f_0 以 GHz 计，Z_c 以 Ω 计，w_e 和 h 以mm 计。

（二）微带线尺寸的选择

当频率升高、微带线的尺寸与波长可比拟时，就可能出现高次模：波导模和表面波模。波导模是存在于导体带与接地板之间的一种模式，包括 TE 和 TM 两种模式。TE 模中的最低次模为 TE_{10} 模，它的场结构如图3.3-5(a)所示。由图可知，电场只有横向(y 方向)的分量，磁场既有横向(x 方向)又有纵向(z 方向)的分量，但电场和磁场沿 y 方向均无变化，而沿 x 方向场有半个驻波的分布。

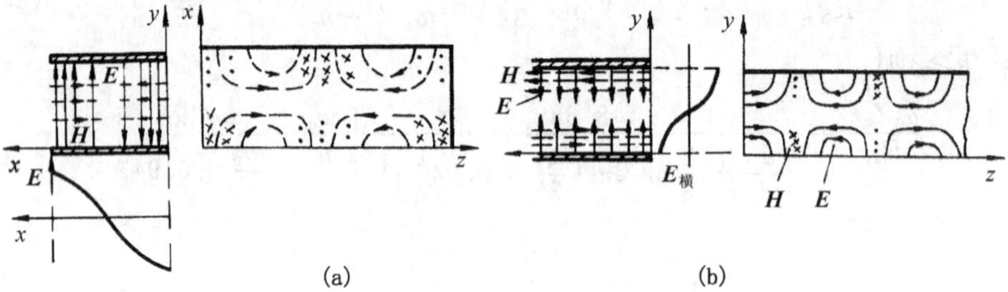

图 3.3-5 微带线中的波导模

(a) TE_{10} 模；(b) TM_{01} 模

TE_{10} 模的截止波长为

$$\lambda_c \approx 2w\sqrt{\varepsilon_r} \tag{3.3-35a}$$

当导体带厚度 $t \neq 0$ 时，由于边缘效应的影响，相当于导体带的等效宽度增加了 $\Delta w \approx 0.8\,h$，所以 λ_c 为

$$\lambda_c \approx (2w + 0.8h)\sqrt{\varepsilon_r} \tag{3.3-35b}$$

为防止出现 TE_{10} 模，则最短的工作波长 λ_{min} 应大于 λ_c，即

$$\lambda_{min} > (2w + 0.8h)\sqrt{\varepsilon_r} \tag{3.3-36}$$

当 w 较宽时易出现 TE_{10} 模式，若 $w=h$ 时还可能出现 TE_{01} 模式。

TM 模中的最低次模为 TM_{01} 模，它的场结构如图3.3-5(b)所示。由图可见，磁场只有横向分量，而电场既有横向分量，又有纵向分量。电场和磁场沿 x 方向不变化，而沿 y 方向则有半个驻波的分布。TM_{01} 的截止波长 λ_c 为

$$\lambda_c \approx 2h\sqrt{\varepsilon_r} \tag{3.3-37}$$

因此最短的工作波长 λ_{min} 应大于 λ_c，以防止出现高次模，即

$$\lambda_{min} > 2h\sqrt{\varepsilon_r} \tag{3.3-38}$$

由上面的分析可知，为防止波导模的出现，微带线的尺寸应按下式选择，即

$$2w + 0.8h < \frac{\lambda_{min}}{\sqrt{\varepsilon_r}} \tag{3.3-39a}$$

$$h < \frac{\lambda_{min}}{2\sqrt{\varepsilon_r}} \tag{3.3-39b}$$

表面波是一种其大部分能量集中在微带线接地板表面附近的介质中、并沿接地板表面传播

的一种电磁波。表面波也有 TE 和 TM 模。TE 模的电场只分布在微带线的横截面内(即 xy 平面内，x 为横向坐标，y 为竖向坐标)，且只有 E_x 一个分量，磁场则只有 H_y 和 H_z 两个分量；TM 模的磁场只分布在横截面内，且只有 H_x 一个分量，电场则只有 E_y 和 E_z 两个分量。对于这两种模式，均假定它们的场量在 x 方向是不变化的(均匀的)，而只是在 y 方向有变化，因此，模的下标只有一个数字，例如 TE_0，TE_1，TE_2，TE_3，…；TM_0，TM_1，TM_2，TM_3，…；下标“0”表示在微带线的横截面内，场量沿 y 方向的驻波分布不足一个(或者说有零个)完整的“半个驻波”，但有一个最大值；“1”表示场量沿 y 方向的驻波分布不足两个(或者说只有一个)完整的“半个驻波”，但有两个最大值；当下标为 2，3，…数字时，可依次类推。图3.3－6 是 TM_0 模的场结构图。

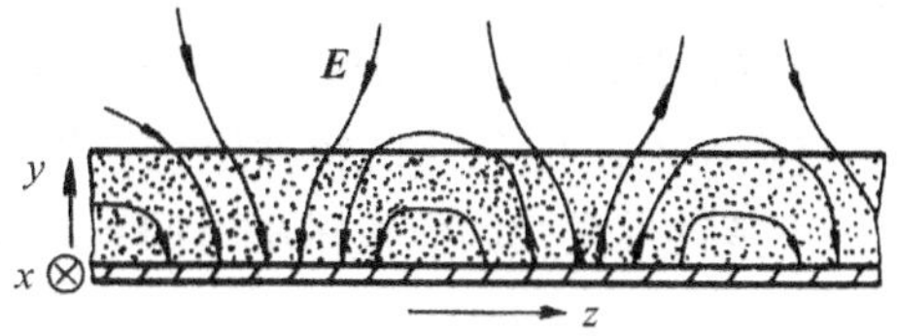

图 3.3－6 TM_0 模的场结构图

表面波中最低次的 TE 模为 TE_0，它的截止波长为

$$\lambda_c = 4h\sqrt{\varepsilon_r - 1} \tag{3.3-40}$$

最低次的 TM 模为 TM_0，它的截止波长为

$$\lambda_c = \infty \tag{3.3-41}$$

在选择微带线的尺寸时，可设法抑制 TE 模的出现。对于 TM 模，因其在任何频率上都有可能出现，因此，靠尺寸选择是抑制不掉的。但是在微带线的实际应用中，只有当表面波的相速度与准 TEM 模的相速度(两者均介于 v_0 与 $v_0/\sqrt{\varepsilon_r}$之间)相同时，这两类模之间才会产生强耦合，从而有可能使微带线不再工作于准 TEM 模，使工作状况变坏。

当频率为

$$f_{TE} = \frac{3v_0\sqrt{2}}{8h\sqrt{\varepsilon_r - 1}} \tag{3.3-42}$$

时，TE 模与准 TEM 模的相速度相同，两者之间发生强耦合。当频率为

$$f_{TM} \approx \frac{v_0\sqrt{2}}{4h\sqrt{\varepsilon_r - 1}} \tag{3.3-43}$$

时，TM 模与准 TEM 模的相速相同，两者之间发生强耦合。式中的 v_0 为自由空间中电磁波的速度。在微带线的设计中，为了避免准 TEM 模与表面波模之间的强耦合，工作频率应低于 f_{TE}和 f_{TM}两者中的较低者；若工作频率较高时，可采用 ε_r 较小的介质材料，以及较小的 h，借以提高 f_{TE}和 f_{TM}，从而达到避免强耦合的目的。

§3.4 耦合微带线

耦合微带线在无源和有源微波集成电路中有着广泛的应用，如在定向耦合器、滤波器和阻抗匹配网络中的应用。图 3.4－1 是一个对称耦合微带线的结构简图。所谓对称耦合微带线，即相耦合的两个微带线具有相同的截面尺寸、相同的导体带和接地板材料，以及相同的填充介质。下面讨论耦合微带线的参量。

一、奇模和偶模特性阻抗

耦合微带线是由部分介质填充的不均匀系统，严格地讲，它传输的是具有色散特性的混

合模。因此，对于耦合微带线的分析也是比较复杂的，方法也有多种。最常用的分析方法是准静态分析方法，即把耦合微带线中传输的模看做是 TEM 模（准 TEM 模）。在这种情况下采用奇模和偶模的分析方法，求出奇模电容和偶模电容，以及奇模相速和偶模相速，并进而求出奇模特性阻抗和偶模特性阻抗，同时也可求出与奇、偶模分别相对应的波导波长。图 3.4－2 是奇模激励和偶模激励时的场结构图。

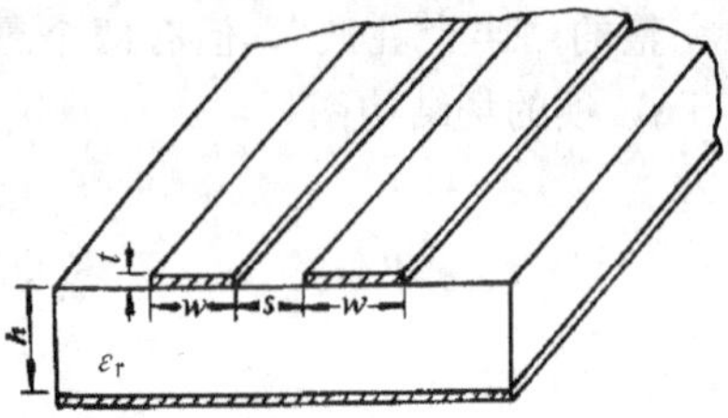

图 3.4－1　耦合微带线的结构

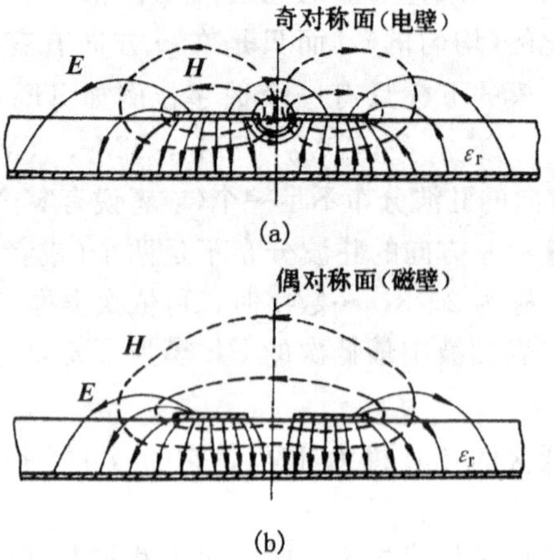

图 3.4－2　耦合微带线中奇、偶模的场结构

(a) 奇模；(b) 偶模

在准静态条件下，求耦合微带线参数最常用的方法是保角变换法，下面叙述用这种方法导出的、导体带厚度 $t=0$ 时耦合微带线的特性参数。

若耦合微带线填充的完全是空气介质，单根导体带对接地板的奇模电容为 $C_o(1)$，偶模电容为 $C_e(1)$；$C_o(\varepsilon_r)$和 $C_e(\varepsilon_r)$分别为填充了相对介电常数为 ε_r 的介质后，单根导体带对接地板的奇模电容和偶模电容，则有下列关系式

$$\varepsilon_{eo}=\frac{C_o(\varepsilon_r)}{C_o(1)}=1+q_o(\varepsilon_r-1) \tag{3.4-1}$$

$$\varepsilon_{ee}=\frac{C_e(\varepsilon_r)}{C_e(1)}=1+q_e(\varepsilon_r-1) \tag{3.4-2}$$

式中，ε_{eo}和 ε_{ee}分别为奇、偶模的等效相对介电常数；q_o 和 q_e 分别为奇、偶模的填充系数。由此可得奇模相速 v_{po}和偶模相速 v_{pe}的表示式为

$$v_{po}=\frac{v_0}{\sqrt{\varepsilon_{eo}}} \tag{3.4-3}$$

$$v_{pe}=\frac{v_0}{\sqrt{\varepsilon_{ee}}} \tag{3.4-4}$$

式中，v_0 为自由空间中电磁波的速度。奇模特性阻抗 Z_{co}和偶模特性阻抗 Z_{ce}的表示式为

$$Z_{co}=\frac{1}{v_{po}\,C_0(\varepsilon_r)}=\frac{Z_{co}(1)}{\sqrt{\varepsilon_{eo}}} \tag{3.4-5}$$

$$Z_{ce}=\frac{1}{v_{pe}\,C_e(\varepsilon_r)}=\frac{Z_{ce}(1)}{\sqrt{\varepsilon_{ee}}} \tag{3.4-6}$$

式中的 $Z_{co}(1)$ 和 $Z_{ce}(1)$ 分别为完全是空气填充时耦合微带线的奇模和偶模特性阻抗。利用保角变换可求得 $Z_{co}(1)$ 和 $Z_{ce}(1)$ 的表示式为

$$Z_{co}(1) = 120\pi \frac{K(k_o')}{K(k_o)} \tag{3.4-7}$$

$$Z_{ce}(1) = 120\pi \frac{K(k_e')}{K(k_e)} \tag{3.4-8}$$

$$k_o' = \sqrt{1-k_o^2} \tag{3.4-9a}$$

$$k_e' = \sqrt{1-k_e^2} \tag{3.4-9b}$$

式中，K(·)为第一类完全椭圆积分；k_o 和 k_e 为其模数；k_o' 和 k_e' 为其补模数。

根据上面的一些公式，就可以求出耦合微带线填充相对介电常数为 ε_r 的介质后的奇、偶模特性阻抗。但是，等效相对介电常数 ε_{eo} 和 ε_{ee} 与耦合微带线的结构尺寸、填充介质 ε_r 的关系式也相当复杂。因此，在工程计算中大都采用查有关的曲线或列有已计算出了某些具体数据的表格的方法求出奇模和偶模特性阻抗，或者已知奇、偶模特性阻抗来确定耦合微带线的结构尺寸。图 3.4-3、图 3.4-4 和图 3.4-5 分别给出了 $\varepsilon_r=1.0$、$\varepsilon_r=9.0$ 和 $\varepsilon_r=9.6$ 时 Z_{co}、Z_{ce} 与 w/h 的关系曲线，这些曲线都是以 s/h 为其参变量而画出的。

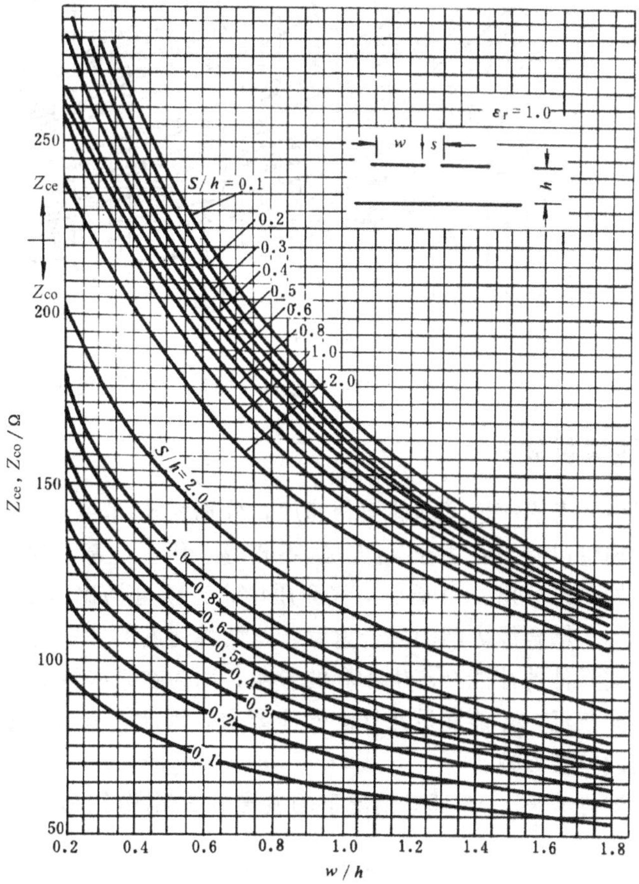

图 3.4-3　$\varepsilon_r=1.0$ 的耦合微带线的奇、偶模特性阻抗

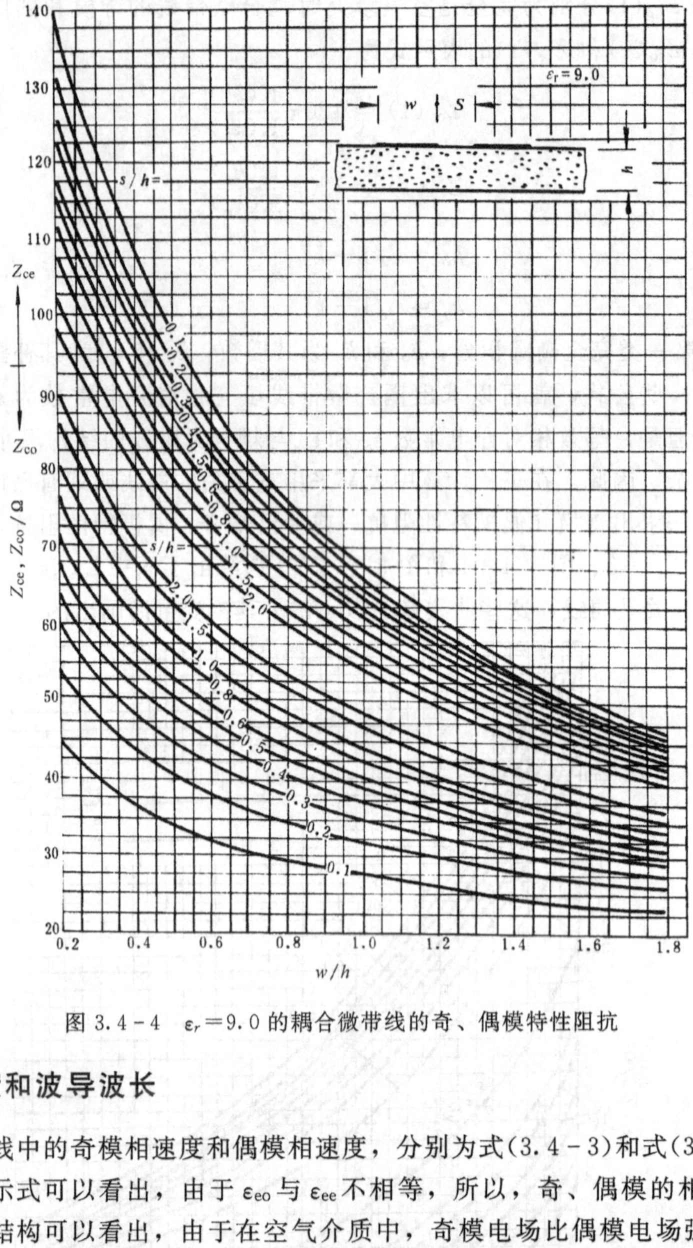

图 3.4-4　$\varepsilon_r=9.0$ 的耦合微带线的奇、偶模特性阻抗

二、相速度和波导波长

在耦合微带线中的奇模相速度和偶模相速度，分别为式(3.4-3)和式(3.4-4)，这里不再重写了。从表示式可以看出，由于 ε_{eo} 与 ε_{ee} 不相等，所以，奇、偶模的相速度也不相等。从奇、偶模的场结构可以看出，由于在空气介质中，奇模电场比偶模电场强，因此 ε_{eo} 小于 ε_{ee}，因而 v_{po} 大于 v_{pe}。耦合线之间的耦合愈紧，这两种速度的差别也愈大，这对于由耦合微带线构成的某些微波元件的性能会产生不利的影响，因为在某些情况下，常要求奇模相速度与偶模相速度应十分接近，才能满足元件的性能要求。因此，有时也采用 ε_{eo} 与 ε_{ee} 的平均值来计算耦合微带线的特性参数。

奇模情况下的波导波长 λ_{go} 与偶模情况下的波导波长 λ_{ge} 分别为

$$\lambda_{go}=\frac{\lambda_0}{\sqrt{\varepsilon_{eo}}} \tag{3.4-10}$$

$$\lambda_{ge}=\frac{\lambda_0}{\sqrt{\varepsilon_{ee}}} \tag{3.4-11}$$

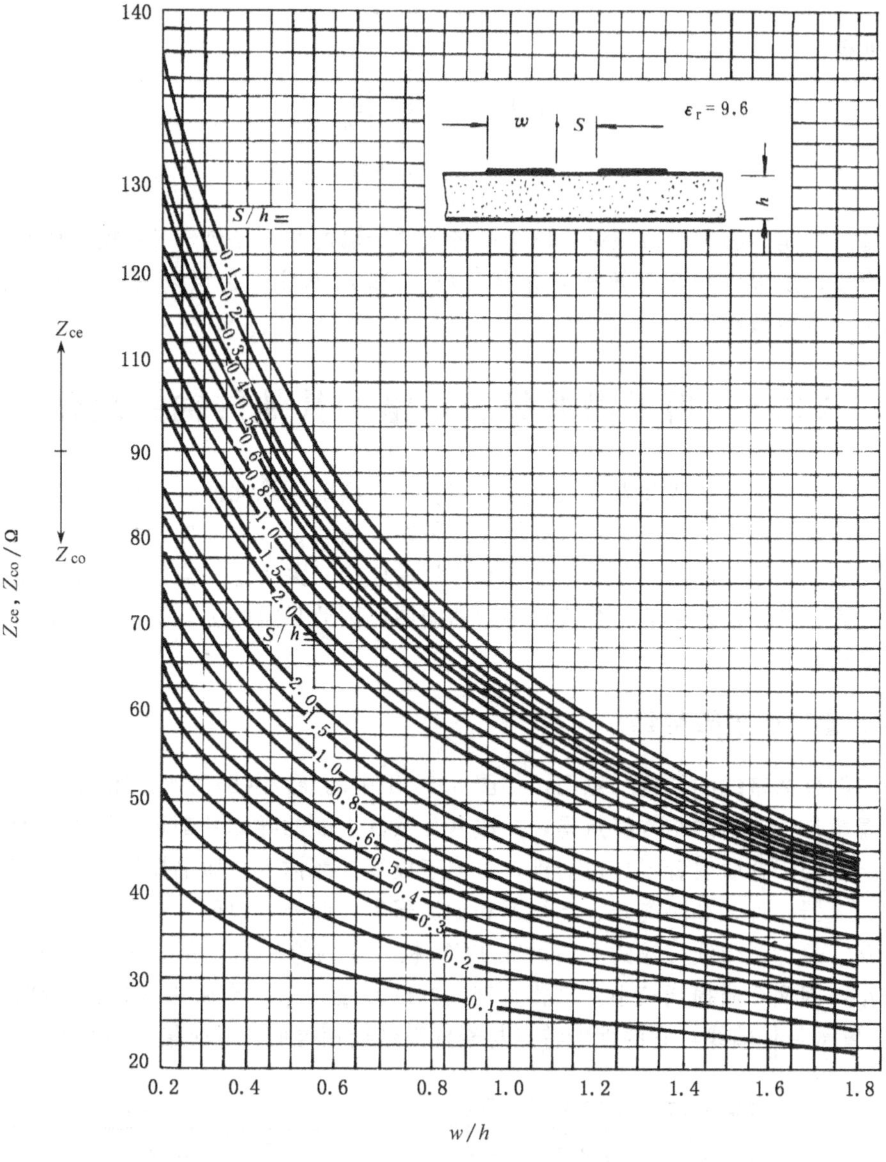

图 3.4-5 $\varepsilon_r=9.6$ 的耦合微带线的奇、偶模特性阻抗

式中的 λ_0 为自由空间中的波长。

三、功率损耗

耦合微带线的功率损耗主要是导体（包括接地板）损耗和介质损耗。这两种损耗可用导体的衰减常数 α_c（dB/cm）和介质的衰减常数 α_d（dB/cm）来计算。它们的近似表示式如下。

对于奇模

$$(\alpha_c)_o \approx 27.3\frac{R_S}{wZ_{co}} \tag{3.4-12}$$

$$(\alpha_d)_o \approx 27.3\frac{q_o\varepsilon_r}{\varepsilon_{eo}} \tag{3.4-13}$$

对于偶模

$$(\alpha_c)_e \approx 27.3\frac{R_S}{wZ_{ce}} \tag{3.4-14}$$

$$(\alpha_d)_e \approx 27.3\frac{q_e\varepsilon_r}{\varepsilon_{ee}} \tag{3.4-15}$$

需要指出的是，因为严格地讲，耦合微带线中传输的并不是纯 TEM 模，而是具有色散特性的混合模，所以，对于等效相对介电常数 ε_{eo} 和 ε_{ee} 来说，也会随着频率而变化，即是说，它们也具有色散性质。

§3.5　用于微波集成电路的其他传输线简介

前几节中讨论的带状线和微带线，其应用是很广泛的。除此而外，还有许多类型的传输线也得到了广泛的应用，例如，悬置和倒置微带线、槽线、共面波导和鳍线以及其他类型的传输线，它们在微波集成电路等方面也都有广泛的应用。关于这一类传输线的理论分析和特性参数的计算，都涉及复杂的运算或较多的曲线图，因此只得略去，下面只对其中的几种传输线作一简要的介绍。

一、悬置和倒置微带线

悬置和倒置微带线的结构示意图，如图 3.5-1 中的(a)和(b)所示。图(a)是一个带有屏蔽壳的悬置微带线，它的结构特点是，介质基片及其上面的导体带都远离接地板而悬于空气中。这种结构便于并联安置半导体器件，也便于放置铁氧体及介质谐振器等，从而可以构成各种微波元（器）件，如隔离器、环行器和滤波器等。此外，也便于把导体带与接地板相接而构成短路。悬置微带线传输的主模是准 TEM 模。它的等效相对介电常数 ε_{re} 较小，即介质的影响较小，因而介质损耗较小。悬置微带线的缺点是，与标准微带线相比，结构不紧凑；图(b)是倒置微带传输线，它的性能特点与悬置微带线相类似，它传输的也是准 TEM 模。

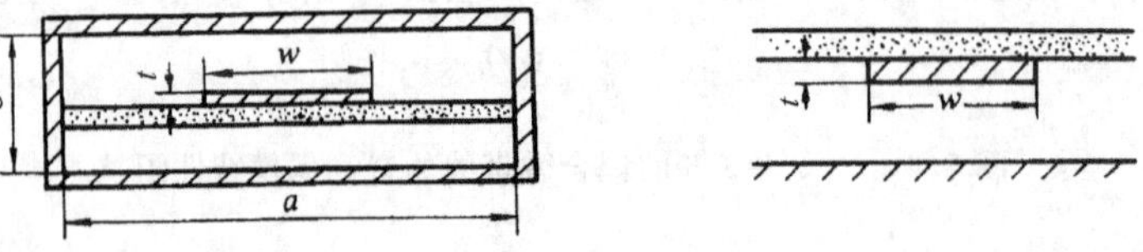

(a)　　　　(b)

图 3.5-1　微带线结构示意图

(a) 悬置微带线；(b) 倒置微带线

二、槽线

槽线的结构如图 3.5-2 所示。它是在基片敷有导体层的一面上开出一个槽而构成的一种微带电路，而在介质基片的另一面则没有导体层覆盖。为了使电磁场更集中于槽的附近，并减少电磁能量的辐射，则应采用高介电常数的介质基片。这种结构可以构成各种电路图形，而且由于两个有电位差的导体带位于介质基片的同一面，这对于安置固体器件（尤其是需要并联安置时），以及需要对地形成短路时，都比较方便。

槽线中传输的不是 TEM 模，也不是准 TEM 模，而是一种波导模，它的场结构如图3.5－3所示。这种模没有截止频率，但是具有色散性质，因此，它的相速和特性阻抗均随频率而变。在实际的应用中，如果在介质基片的一面制作出由槽线构成所需要的电路，在介质基片的另一面制作出微带传输线，那么，利用它们之间的耦合即可构成滤波器和定向耦合器等元件。

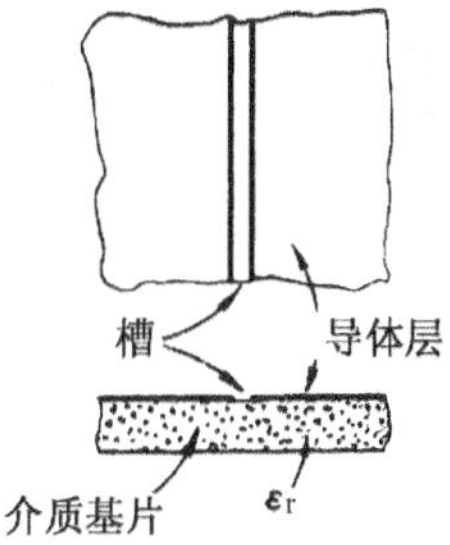

图 3.5－2　槽线

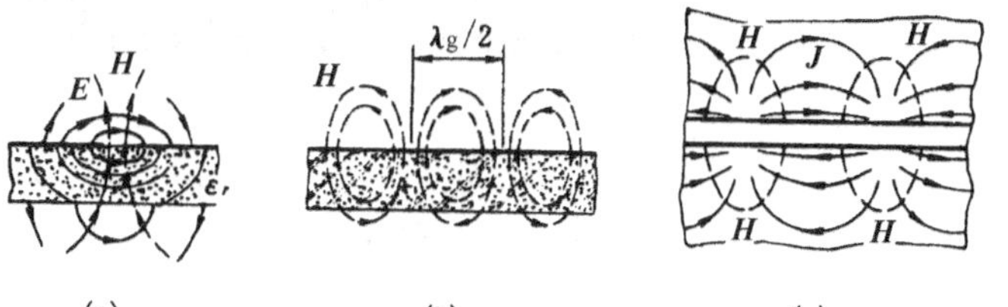

(a)　(b)　(c)

图 3.5－3　槽线的场结构和电流分布

(a) 横截面场结构；(b) 纵向上的磁场结构；(c) 导体层表面的电流分布

三、共面波导

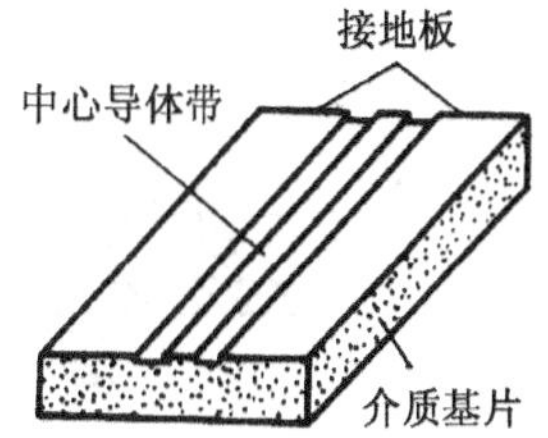

图 3.5－4　共面波导

共面波导的结构如图 3.5－4 所示。即在介质基片的一面上制作出中心导体带，并在紧邻中心导体带的两侧制作出接地板，而介质基片的另一面没有导体层覆盖，这样，就构成了共面波导，或称之为共面微带传输线。为了使电磁场更加集中于中心导体带和接地板所在面的空气与介质的交界处，则应采用高介电常数的材料作为介质基片。这种结构，由于中心导体与接地板位于同一平面内，因此，对于需要并联安置的元（器）件是很方便的。共面波导传输的是准 TEM 模。在共面波导中安置铁氧体材料后，就可以构成谐振式隔离器或差分式移相器。

四、鳍线

虽然各种结构形式的微带线得到了广泛的应用，但是，当使用的频率更高（波长更短）时，如在毫米波和亚毫米波段，则微带线的损耗将加大，而且由于结构尺寸也很小，以致给制作带来了困难。为了解决这些问题，除了可以采用悬置微带线和倒置微带线以及介质波导等传输外，人们对于鳍线的研究和应用愈来愈重视。鳍线的优点是：弱色散性；单模工作频带宽；损耗不太大；便于同固体器件相连接，以构成混频器、振荡器、滤波器，以及阻抗变换器等微波元、器件。

由于具体要求的不同，因此鳍线的结构形式也多种多样，如图 3.5－5 所示。它是这样构成的：先是在介质基片的一面或两面，采用与制作微带线相同的工艺过程，制作出所需要的电路（导体带）图形，而后将介质基片与矩形波导装配在一起。介质基片的表面与波导中 TE_{10} 模电场强度 $\boldsymbol{E}$ 的方向相平行。关于鳍线的特性阻抗和波导波长，可查阅有关资料，这里从略。

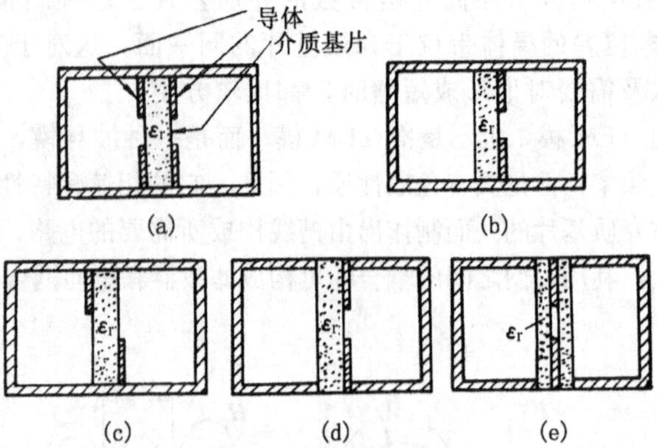

图 3.5-5　鳍线横截面结构示意图

（a）双侧；（b）单侧；（c）斜对侧；（d）单侧绝缘；（e）双侧绝缘

为了对由鳍线构成的微波元件有一个具体的了解，在图 3.5-6 中给出了谐振器、滤波器、阻抗变换器、耦合器等电路图形的简图；在图 3.5-7 中给出了矩形波导中的过渡段。除此以外，还有其他的一些由鳍线构成的微波元（器）件，这里不再列举了。

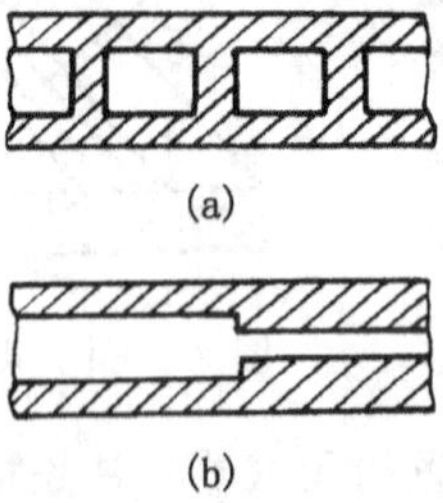

图 3.5-6　由鳍线构成的微波元件电路图形简图

（a）滤波器、谐振器；（b）阻抗变换器、耦合器

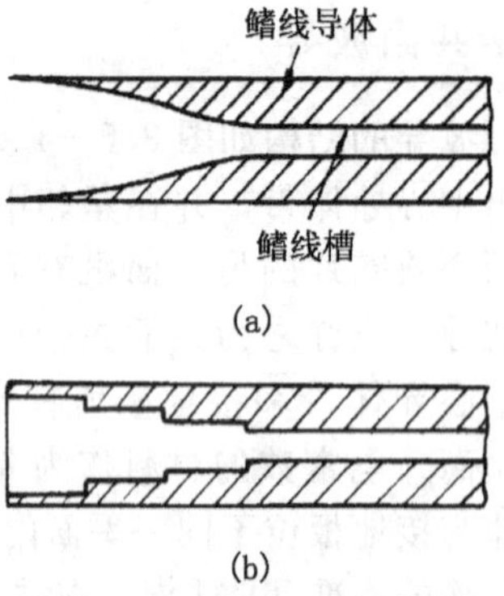

图 3.5-7　矩形波导中的过渡段

（a）渐变式；（b）多阶梯式

最后需指出的是，前面所讨论的各种微带线，都未考虑屏蔽盒对它的影响，而实际上绝大多数的微带电路都是放在金属屏蔽盒中的。有了屏蔽盒，一方面可防止外界的电磁干扰和防止能量向外辐射；另一方面，还可起到保护作用，并便于安装各种插接头，以及与其他的部件和器件相固定。把微带电路装入屏蔽盒之后，对微带线的场结构而言，等于又多了一个封闭的导体边界，这必然会影响微带线的各个参数，例如，会影响特性阻抗和相对有效介电常数。为了减小这种影响，屏蔽盒的顶盖距微带电路的距离应远些，例如应大于介质基片厚度的 5～10 倍；若介质基片的 ε_r 较大时，距离可近些；若 ε_r 较小，则应远些。最靠近屏蔽盒内壁的导体带，它与壁之间的距离应不小于 3 h（或不小于导体带宽度 w 的二倍）。当然，这些要求只是大致的范围，实际上可视具体情况、或通过实验确定一个合适的距离。在选定屏蔽盒的尺寸时，还应注意的一个问题是，有时还会发生谐振吸收现象，即是说，盒体就相

当于一个腔体，当某一频率接近这个腔的谐振频率时，就会产生谐振吸收现象。为了消除这种现象，就需要修改屏蔽盒的尺寸，或在盒内放入某种介质(吸收)材料，如此，谐振吸收现象就可基本消除。

习　　题

3-1　已知带状线两接地板之间的距离 $b=1$ mm，中心导体带的宽度 $w=2$ mm，厚度 $t=0.5$ mm，填充介质的 $\varepsilon_r=2.1$，求带状线的特性阻抗。

3-2　已知带状线两接地板之间的距离 $b=10$ mm，中心导体带的宽度 $w=2$ mm，厚度 $t=0.55$ mm，试求填充介质的 $\varepsilon_r=2.25$ 和 $\varepsilon_r=2.55$ 时的特性阻抗各是多少?

3-3　已知带状传输线填充介质的 $\varepsilon_r=2.25$，两接地板之间的距离 $b=5$ mm，中心导体带的厚度 $t=0.2$ mm,试分别求出带状线的特性阻抗为 55 Ω、70 Ω 和 75 Ω 时，中心导体带的宽度 w。

3-4　已知薄带侧耦合带状线的奇、偶模特性阻抗分别为 $Z_{co}=30$ Ω，$Z_{ce}=75$ Ω，尺寸 $b=4$ mm，填充介质的 $\varepsilon_r=2.25$，试求带状线的尺寸 w 和 s。

3-5　已知带状线两接地板之间的距离 $b=10$ mm，中心导体带宽度 $w=1.4$ mm，厚度 $t=0.1$ mm，工作频率为 5 GHz，填充介质的 $\varepsilon_r=2.1(\tan\delta=4\times10^{-4})$，试求带状线的特性阻抗、波导波长，以及导体和介质的衰减常数。

3-6　欲在 $\varepsilon_r=9.6$ 的介质基片上制作一个特性阻抗 $Z_c=50$ Ω 的微带线，试确定 w/h 的值。

3-7　欲在 $\varepsilon_r=2.25$ 的介质基片上制作一个特性阻抗 $Z_c=50$ Ω 的微带线，试确定 w/h 的值。

3-8　用 $\varepsilon_r=9.9$ 的陶瓷作基片，微带线的 $w/h=0.96$，试求其特性阻抗。

3-9　利用聚四氟乙烯双面敷铜箔板制作微带线，已知 $\varepsilon_r=2.5$，$h=1$ mm，$t=0.05$ mm，试分别求出特性阻抗为 50 Ω 和 75 Ω 时，导体带的有效宽度。

3-10　已知微带线介质基片的 $\varepsilon_r=9.6$，$h=0.8$ mm，$t\approx0$，试分别求出特性阻抗为 50 Ω 和 75 Ω 时，导体带条的宽度；若其他条件不变，只是 $t=0.01$ mm，试求出导体带的有效宽度。

3-11　已知 99 陶瓷介质片的 $\varepsilon_r=9.6$，微带线的尺寸是 $h=0.8$ mm，$t=0.01$ mm，试求特性阻抗分别为 50 Ω 和 75 Ω 时导体带的有效宽度，并分别求出 $f=6$ GHz 时的相速度和波导波长。

3-12　已知微带线的特性阻抗 $Z_c=50$ Ω，介质基片的 $\varepsilon_r=9.9$，$h=1$ mm，试问工作频率 f 在什么范围内就可以不考虑色散的影响?

3-13　一个用 $\varepsilon_r=9.9$ 的陶瓷作基片的微带线，其工作频率的上限为 18 GHz。为了避免与表面波模的强耦合，基片的厚度 h 应等于多少?若工作频率的上限分别为 5.8 GHz 和 12.4 GHz，基片的厚度 h 各等于多少?

3-14　一个用 $\varepsilon_r=9.5$ 的陶瓷作基片的微带线，$h=1$ mm，$t/h=0.02$，特性阻抗为 75 Ω，工作频率为 10 GHz，若导体带和接地板的材料都分别同为金和银两种情况，介质的 $\tan\delta=2\times10^{-4}$，试求导体和介质的衰减常数。

3-15　在给定特性阻抗的情况下，微带线介质基片的厚度 h 对微带线的导体损耗会有什么影响?工作频率对导体损耗又有什么影响?

3-16　已知耦合微带线的奇、偶模特性阻抗分别为 $Z_{co}=36$ Ω，$Z_{ce}=70$ Ω，若采用 $\varepsilon_r=9$ 的介质基片，试确定 w/h 和 s/h 的值。

3-17　已知耦合微带线的 $w/h=0.8$，$s/h=0.2$，陶瓷介质基片的 $\varepsilon_r=9.6$，试求奇、偶模特性阻抗各等于多少?若频率 $f=3$ GHz，试求奇、偶模的相速度和奇、偶激励状态下的波导波长。

3-18　什么是耦合微带线的奇、偶模相速，试定性地解释，为什么奇模的相速会大于偶模的相速?

3-19　什么是耦合微带线的相对等效介电常数，它与哪些因素有关?

3-20　带状线中的相速度与电磁波在自由空间中的速度是什么关系，波长之间又是什么关系?对于微带线（工作于 TEM 模），上述各量之间又是什么关系？

附录 3.1　用保角变换法求带状线的特性阻抗

本附录的内容是：首先简单地说明一下求带状线的特性阻抗时所用的保角变换式，然后讨论用保角变换的方法求带状线和耦合带状线的特性阻抗的问题。

（一）许瓦兹-克力斯托夫变换式

当均匀无耗带状线传输的是主模 TEM 时，如图 3.1-1 所示，它的特性阻抗 Z_c 为

$$Z_c = \sqrt{L/C} \tag{1}$$

L 和 C 分别为带状线单位长度上的分布电感和分布电容。我们知道，电磁波在线中的相速 v_p 等于 $1/\sqrt{LC}$，或者 $v_p=1/\sqrt{\mu\varepsilon}$。若再假定 $\mu\approx\mu_0$，v_0 是电磁波在真空中的速度，则 $v_p=v_0/\sqrt{\varepsilon_r}$，而带状线的特性阻抗 Z_c 即可写为

$$Z_c = \frac{1}{v_p C} \tag{2}$$

可见，只要求出了电容 C，则 Z_c 就可以很容易地求出来。但是，由于带状线横截面形状复杂，电容是不均匀的。因此不便于直接求出 C 的值。为了求出 C，需要将带状线较复杂的横截面的边界条件，利用复变函数中保角变换的方法将其变换（映射，映照）为横截面形状比较简单、便于求出电容 C 的边界，从而求出带状线的特性阻抗 Z_c。在保角变换中用得较多的变换式就是许瓦兹-克力斯托夫(Schwarz - Christoffel)变换式，关于这个变换式的推导和证明，读者可参阅有关的数学书，在此不予详述。但是，为了对该变换式有个初步的理解，并会应用它，对它作一些简略地说明还是必要的。下面就讨论一下这个问题。

在数学中我们知道，设复变数 $z=x+jy$ 在复平面某域（定义域）D 内取值，如果有一个确定的法则存在，根据这一法则，对于域内每个可能取的 z，就有一个或几个相应的复数 $W=f(z)=u(x,y)+jv(x,y)$ 随着而定，则称复变数 W 为复变数 z 的函数（简称复变函数）。若函数 $f(z)$ 在其定义 D 内的某一点 z_0，以及 z_0 的邻域内处处可导，则称 $f(z)$ 在 z_0 解析；若 $f(z)$ 在定义域 D 内每一点解析，则称 $f(z)$ 是域 D 内的一个解析函数（或称正则函数）。解析函数的充分和必要条件是：函数 $f(z)=u(x,y)+jv(x,y)$ 在其定义域 D 内任一点 z 及其邻域内都是可导的，并满足柯西-黎曼方程（简称 C - R 方程），即

$$\frac{\partial u}{\partial x}=\frac{\partial v}{\partial y},\quad \frac{\partial u}{\partial y}=-\frac{\partial v}{\partial x} \tag{3}$$

显然，解析函数 $f(z)$ 的实部 u 和虚部 v 都满足二维拉普拉斯(Laplace)方程，即它们都是拉普拉斯方程的解，在电学中为二维静电场的解。若解析函数 $f(z)$ 的导数 $f'(z)$ 不为零，也不为无穷大，则 $f(z)$ 具有保角变换的性质（当导数为零时，其模为零，幅角为不确定值；当导数为无穷大时，其模不为有限值，这两种情况保角变换均失去意义）。例如，在 $W=f(z)$ 的复平面上，若 $u=$ 常数和 $v=$ 常数的两条曲线是正交的，那么，与此相对应的在 z 的复平面上，u 和 v 都为常数的两条曲线也是正交的。由于在静电场中等电位线与电力线是正交的，因此，若取 $u=$ 常数的线表示等电位线，则 $v=$ 常数的线就表示电力线，反之亦然。根据电磁场理论可知，在 $W=f(z)$ 复平面上等位线间的电场储能与 $z=x+jy$ 复平面上相应等位线间的电场储能是相等的，即是说，对于 W 面上的两个导体而言，经变换到 z 面之后，尽管两个导体的形状、位

置和场分布发生了变化，但两导体之间的电容与 W 面上两导体之间的电容是相等的。显然，这个结论，对于把 z 面的两个导体变换为 W 面上的情况，也是正确的。

需要指出的是，保角变换只适用于二维的静电场，电位分布函数必须满足拉普拉斯方程，因此，一般地讲，它不能用于时变场（不满足拉普拉斯方程）。但是，在双线传输线传输 TEM 波的情况下，其横截面内的场结构与同样边界条件下静电场的场结构是相同的，因而保角变换仍是有效的。这样，就可以利用解析函数的特性，选取适当的变换函数，将带状传输线较为复杂的横截面边界经过一次或多次的变换，使其成为易于求出电容 C 的简单边界。带状传输线横截面的边界呈多角形，对此可采用不同的变换函数将其变换为形状较为简单的边界，其中许瓦兹-克力斯托夫变换式是常用的变换，下面对它作一简略的说明。

利用许瓦兹-克力斯托夫变换式，可以将一个复平面上的多角形域变换为另一个复平面的上半平面，或者将一个复平面的上半面变换为另一个复平面上的多角形域。如附图 3.1-1 所示，设函数 $W=f(z)=u(x,y)+\mathrm{j}v(x,y)$，$z=x+\mathrm{j}y$。在 W 复平面上多角形域顶点处的 W 分别为 W_1，W_2，W_3，…，W_n，相应的内角依次为 α_1，α_2，α_3，…，α_n，在 z 复平面的实轴上，依据函数关系与 W 复平面上的 W_1，W_2，W_3，…，W_n 相对应的点分别为 x_1，x_2，x_3，…，x_n，而且 $x_1<x_2<x_3<\cdots<x_n$。这样，利用许瓦兹-克力斯托夫变换式，即

$$\frac{\mathrm{d}W}{\mathrm{d}z}=A(z-x_1)^{\frac{\alpha_1}{\pi}-1}(z-x_2)^{\frac{\alpha_2}{\pi}-1}(z-x_3)^{\frac{\alpha_3}{\pi}-1}\cdots(z-x_n)^{\frac{\alpha_n}{\pi}-1} \tag{4}$$

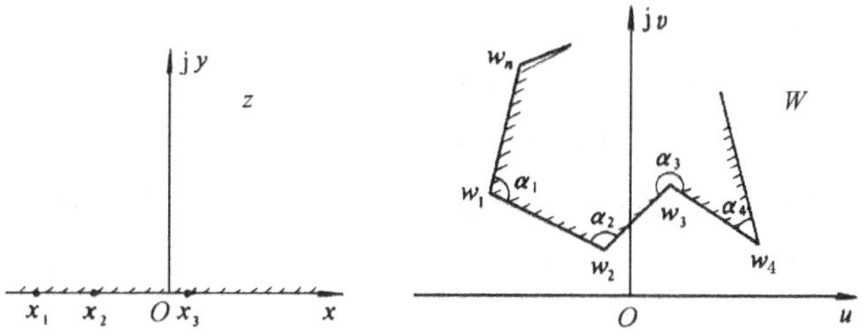

附图 3.1-1 许瓦兹变换

或写为

$$W=A\int[(z-x_1)^{\frac{\alpha_1}{\pi}-1}(z-x_2)^{\frac{\alpha_2}{\pi}-1}(z-x_3)^{\frac{\alpha_3}{\pi}-1}\cdots(z-x_n)^{\frac{\alpha_n}{\pi}-1}]\mathrm{d}z+B \tag{5}$$

就可以将 W 面上的多角形域变换为 z 面的上半平面。式中的 A 和 B，一般是复常数，A 可以使多角形域的方位和大小发生变化，B 可以使多角形域发生位移。在 x_1，x_2，x_3，…，x_n 中只有三个数可以任意选定，其余的数可以通过 z 面上 x_1，x_2，x_3，…，x_n 与 W 面上的 W_1，W_2，W_3，…，W_n 之间的对应关系，经计算而求得。对于实际问题中遇到的不是封闭的多角形域，变换式（4）或（5）仍然成立，此时可以认为多角形域的某个顶点在无穷远处，对于多角形域处于无穷远的这个顶点，可在一系列的 x 中任选一个，例如 x_k，使 $x_k=\infty$ 与之相对应，这样，在数学中已经证明，变换式(4)和(5)中的 $(z-x_k)^{\frac{\alpha_k}{\pi}-1}=1$，从而使变换式得以简化，变为

$$\frac{\mathrm{d}W}{\mathrm{d}z}=A(z-x_1)^{\frac{\alpha_1}{\pi}-1}(z-x_2)^{\frac{\alpha_2}{\pi}-1}(z-x_3)^{\frac{\alpha_3}{\pi}-1}\cdots(z-x_{n-1})^{\frac{\alpha_{n-1}}{\pi}-1} \tag{6}$$

或

$$W = A\int\left[(z-x_1)^{\frac{\alpha_1}{\pi}-1}(z-x_2)^{\frac{\alpha_2}{\pi}-1}(z-x_3)^{\frac{\alpha_3}{\pi}-1}\cdots(z-x_{n-1})^{\frac{\alpha_{n-1}}{\pi}-1}\right]\mathrm{d}z + B \tag{7}$$

如前所述，在函数的导数 $f'(z)=0$ 或等于无穷大的点，变换失去了保角性，因此在式(4)、(5)、(6)和(7)中，在 $z=x_1, x_2, x_3, \cdots, x_n$ 等点，变换失去了保角性。除此而外，$f'(z)\neq 0$，即在 $\mathrm{Im}(z)\geqslant 0$ 的区域（上半平面）是保角的。这样，在 z 面上当 z 在实轴上从左向右移动、并经过 $x_1, x_2, x_3, \cdots, x_n$ 诸点时，在 W 面上与之相对应的 W 按逆时针的绕向沿着多角形域的边界移动，从而完成了 W 面与 z 面之间的变换。

为了便于应用许瓦兹-克力斯托夫变换式，我们对它可以作一简略的说明，以帮助理解。为此，首先讨论幂函数，然后再根据幂函数的变换式来讨论许瓦兹-克力斯托夫变换式。设有幂函数

$$W = f(z) = z^n \quad (n \geqslant 2) \tag{8}$$

并设 $z = r\mathrm{e}^{\mathrm{j}\theta}$，则

$$W = z^n = r^n \mathrm{e}^{\mathrm{j}n\theta}$$

除了 $z=0$ 之外，式(8)是一个保角变换。该变换式将 z 平面上以坐标原点为圆心、以 $|z|=r$ 为半径的圆周变换为 W 平面上以坐标原点为圆心、以 $|W|=r^n$ 为半径的圆周，或者将 z 平面上以 θ 为辐角的射线变换为 W 平面上以 $n\theta$ 为辐角的射线，z 平面上 $0<\theta<\theta_0$ 的角形域变换为 W 平面上 $0<n\theta<n\theta_0$ 的角形域。显然，在 z 平面上 $0<\theta<2\pi/n$ 的角形域变换为 W 平面上 $0<n\theta<2\pi$ 的区域，即除去正半实轴之外的 W 平面。当把一个角形域变换为另一个角域时，经常用到的就是幂函数。

仿照式(8)的幂函数，可以作如下的函数

$$W - W_1 = (z - x_1)^{\alpha_1/\pi} \tag{9}$$

当 $z=x_1$ 时，对应着 $W=W_1$，即在 z 平面实轴上的一点 x_1 与 W 平面上的一点 W_1 相对应；若在 z 平面上以 x_1 为顶点的角形域为 $0\sim\pi$（即 z 平面的上半平面），那么，根据幂函数的性质，变换到 W 平面上就是以 W_1 为顶点、张角为 $\frac{\alpha_1}{\pi}\pi=\alpha_1$ 的角形域，如附图 3.1-2 所示。由此可以推想，若在 z 平面的实轴上取若干点：$x_1, x_2, x_3, \cdots, x_n$，是否可以将 z 平面的上半平面变换为以 $W_1, W_2, W_3, \cdots, W_n$ 为顶点的多角形域呢？可以证明（证明从略），情况正

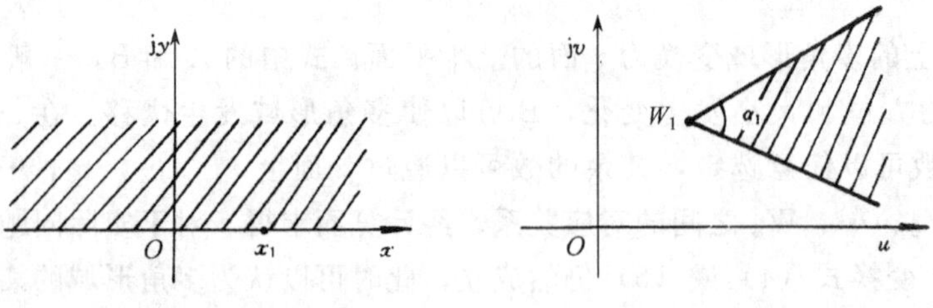

附图 3.1-2　幂函数

是如此。为了与许瓦兹-克力斯托夫变换式相比较，可以对式(9)求导，即

$$\frac{\mathrm{d}W}{\mathrm{d}z} = \frac{\alpha_1}{\pi}(z_1 - x_1)^{\frac{\alpha_1}{\pi}-1} \tag{10}$$

这是指在 W 平面上只有一个顶点的情况，若在 W 平面上有若干个（有限的）顶点，那么，

对于每个顶点而言都应有因子$(z-x)^{\frac{\alpha}{\pi}-1}$出现，因此，可以推想，当考虑到 W 平面上多角形域所有的顶点时，就会得到如式(4)和(5)所示的许瓦兹-克力斯托夫变换式。当然，这种推想并不能代替严格的推导，但是，却有助于对该变换式的理解和应用。

（二）对称带状线的特性阻抗

对称带状线的结构与尺寸如图 3.1－1 所示。上下两导体板之间的距离为 b，中心导体带的厚度为 t、宽度为 w。现在利用保角变换的方法求出它单位长度上的电容 C，以及特性阻抗 Z_c。为此，可以把带状线横截面所处的平面看做复平面 z，如附图 3.1－3(a)所示。由于结构上的对称性，因此可以取 x 和 y 轴分别作为带状线的上下两部分和左右两部分的对称轴。这样，只需要求出带状线右半部分的电容（图中有斜线的部分），然后再乘以 2，就得到全部的电容 C，再根据式（2）即可求出特性阻抗 Z_c。

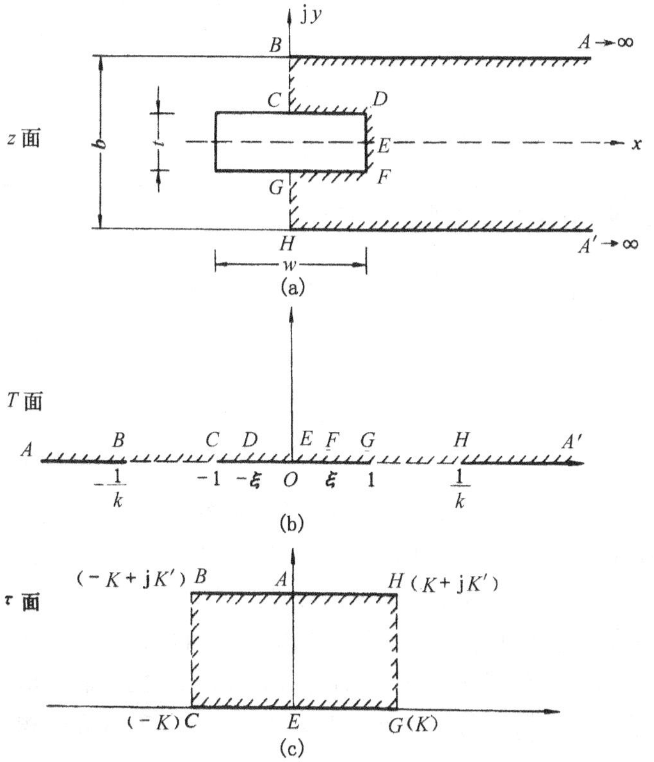

附图 3.1－3　对称带状线的横截面及其变换

设带状线的内导体处于高电位，上下导体板为零电位。显然，电力线与 BC 和 GH 的方向是一致的，而磁力线则与之相垂直，即 BC 和 GH 是磁壁。首先，把附图 3.1－3(a)复平面 z 上由带状线横截面的右半部分所构成的多角形域 $ABCDEFGHA'$ 利用许瓦兹-克力斯托夫变换式变换为附图 3.1－3(b)复平面 T 的上半平面，然后再将该上半面利用许瓦兹-克力斯托夫变换式变换为附图 3.1－3(c)复平面 τ 上的矩形域，这个矩形域的电容是均匀的，据此即可求出带状线的电容 C，并进而求出特性阻抗 Z_c。下面详述其变换过程。为了方便，在变换过程中，各复平面上的对应点均用相同字母表示。

1. 将复平面 z 上的多角形域变换为复平面 T 的上半平面

为了利用许瓦兹-克力斯托夫变换式，可以将上下导体板向右方无限延长（$A\to\infty$ 和 $A'\to\infty$），并在无穷远处相交于一点，该点对应的内角为零。这样，在 z 平面上 $ABCDEFGHA'$ 就构成了一个封闭的多角形域。如前所述，在利用式（4）或（5）时，可以在 T 平面上任选三个点，现在选 T 平面实轴上的 $+1$，-1 和 ∞ 这三个点；实轴上的 ξ 和 k 点是与带状线尺寸有关的待定值（ξ 和 k 均小于1）。现将 z 平面与 T 平面上对应点的坐标，以及 z 平面上多角形域各顶点的内角 α_n 和 $\frac{\alpha_n}{\pi}-1$ 等列表如下。

点 面，内角	A	B	C	D	E	F	G	H	A'
z	∞	$\mathrm{j}\,\frac{b}{2}$	$\mathrm{j}\,\frac{t}{2}$	$\frac{w}{2}+\mathrm{j}\,\frac{t}{2}$	$\frac{w}{2}$	$\frac{w}{2}-\mathrm{j}\,\frac{t}{2}$	$-\mathrm{j}\,\frac{t}{2}$	$-\mathrm{j}\,\frac{b}{2}$	∞
T	$-\infty$	$-\frac{1}{k}$	-1	$-\xi$	0	ξ	1	$\frac{1}{k}$	∞
α_n	0	$\frac{\pi}{2}$	$\frac{\pi}{2}$	$\frac{3\pi}{2}$	π	$\frac{3\pi}{2}$	$\frac{\pi}{2}$	$\frac{\pi}{2}$	0
$\frac{\alpha_n}{\pi}-1$	-1	$-\frac{1}{2}$	$-\frac{1}{2}$	$\frac{1}{2}$	0	$\frac{1}{2}$	$-\frac{1}{2}$	$-\frac{1}{2}$	-1

根据表和许瓦兹-克力斯托夫变换式可得

$$\frac{\mathrm{d}z}{\mathrm{d}T}=A\left(T+\frac{1}{k}\right)^{-\frac{1}{2}}(T+1)^{-\frac{1}{2}}(T+\xi)^{\frac{1}{2}}(T-\xi)^{\frac{1}{2}}(T-1)^{-\frac{1}{2}}\left(T-\frac{1}{k}\right)^{-\frac{1}{2}} \tag{11}$$

或写为

$$z=A\int\frac{\sqrt{T^2-\xi^2}}{\sqrt{(T^2-1)\left(T^2-\frac{1}{k^2}\right)}}\mathrm{d}T+B \tag{12}$$

式中的 B 为待定的积分常数（实数或复数），待定的参数 ξ 和 k 可暂时看做常数，而对 T 积分，在根据带状线的尺寸确定了 ξ 和 k 之后，式（12）的具体表示式也就确定了。式（12）属于椭圆积分类型，不能表示为初等函数的形式。但是在给定了积分限的情况下，其积分可表示为级数的形式，或查椭圆积分表求得。在这里，当带状线的尺寸(w,b,t)已知时，可以根据 z 平面与 T 平面对应线段之间的关系，采用分段积分的方法求出 ξ 和 k 与尺寸之间的关系式。现在把分段积分的结果写在下面，并以 $I(T_1,T_2)$表示椭圆积分的值。在 z 平面上，从 E 到 F 的积分为

$$\int_E^F\mathrm{d}z=-\mathrm{j}\,\frac{t}{2} \tag{13a}$$

在 T 平面上与之相对应的从 E 到 F 的积分为

$$A\int_0^{\xi}\frac{\sqrt{T^2-\xi^2}}{\sqrt{(T^2-1)\left(T^2-\frac{1}{k^2}\right)}}\mathrm{d}T+B=AI(0,\xi)+B \tag{13b}$$

在 z 平面上，从 F 到 G 的积分为

$$\int_F^G\mathrm{d}z=-\frac{w}{2} \tag{14a}$$

在 T 平面上与之相对应的从 F 到 G 的积分为

$$A\int_{\xi}^{1}\frac{\sqrt{T^2-\xi^2}}{\sqrt{(T^2-1)\left(T^2-\frac{1}{k^2}\right)}}\mathrm{d}T+B=AI(\xi,1)+B \tag{14b}$$

在 z 平面上，从 G 到 H 的积分为

$$\int_{G}^{H}\mathrm{d}z=\mathrm{j}\left(\frac{t}{2}-\frac{b}{2}\right) \tag{15a}$$

在 T 平面上，与之相对应的从 G 到 H 的积分为

$$A\int_{1}^{1/k}\frac{\sqrt{T^2-\xi^2}}{\sqrt{(T^2-1)\left(T^2-\frac{1}{k^2}\right)}}\mathrm{d}T+B=AI(1,1/k)+B \tag{15b}$$

为了确定以上各式中的积分常数 B，还需要再求出一个两复平面（z 与 T）对应线段之间的积分，如：在 z 平面上从 E 到 D 的积分为

$$\int_{E}^{D}\mathrm{d}z=\mathrm{j}\,\frac{t}{2} \tag{16a}$$

在 T 平面上，与之相对应的从 E 到 D 的积分为

$$A\int_{0}^{-\xi}\frac{\sqrt{T^2-\xi^2}}{\sqrt{(T^2-1)\left(T^2-\frac{1}{k^2}\right)}}\mathrm{d}T+B=AI(0,-\xi)+B \tag{16b}$$

或写为

$$-A\int_{-\xi}^{0}\frac{\sqrt{T^2-\xi^2}}{\sqrt{(T^2-1)\left(T^2-\frac{1}{k^2}\right)}}\mathrm{d}T+B=-AI(-\xi,0) \tag{16c}$$

将式(13a)与式(16a)相加，与此相对应，将式(13b)与(16c)相加，则得

$$\left(-\mathrm{j}\,\frac{t}{2}\right)+\left(\mathrm{j}\,\frac{t}{2}\right)=A[I(0,\xi)-I(-\xi,0)]+2B$$

等号右端方括号内两个积分的被积函数是完全相同的偶函数，因此它们的积分之差应为零，由此可得积分常数 B 为零。

由以上各式可以得到下列的关系式

$$\frac{w}{b}=\frac{I(\xi,1)}{I(0,\xi)+I(1,1/k)} \tag{17}$$

$$\frac{t}{b}=\frac{I(0,\xi)}{I(0,\xi)+I(1,1/k)} \tag{18}$$

根据这两个关系式，当带状线的尺寸 w、b 和 t 已知时，即可确定待定的参数 ξ 和 k。这样，式（12）的具体表示式也就确定了；反之，当给定了 ξ 和 k 时，也可以求出所需要的尺寸 w、b 和 t。

当带状线中心导体的厚度 t 为零时，从附图 3.1－3 可以看出，在 z 平面上应有 D 和 F 均趋于 E，相应地，在 T 平面上应有 $-\xi$ 和 ξ 均趋于 0 点。而变换式（12）则变为

$$z=A\int\frac{T}{\sqrt{(T^2-1)\left(T^2-\frac{1}{k^2}\right)}}\mathrm{d}T \tag{19}$$

同样地，式（17）则变为

$$\frac{w}{b}=\frac{I(0,1)}{I(1,1/k)} \tag{20}$$

2. 将复平面 T 的上半平面变换为 τ 复平面上的矩形域

这两个复平面之间的变换，以及两平面之间的对应点及线段，如附图 3.1-3 中的(b)和(c)所示。设带状线中心导体带的厚度 t 为零。根据这个图，可以把 T 平面与 τ 平面上对应点的坐标，以及 τ 平面上矩形域各顶点的顶角 α_n 和$\frac{\alpha_n}{\pi}-1$ 等列表如下。

点 / 面，内角	A	B	C	E	G	H	A'
T	$-\infty$	$-\frac{1}{k}$	-1	0	1	$\frac{1}{k}$	∞
τ	$\mathrm{j}K'$	$-K+\mathrm{j}K'$	$-K$	0	K	$K+\mathrm{j}K'$	$\mathrm{j}K'$
α_n	π	$\frac{\pi}{2}$	$\frac{\pi}{2}$	π	$\frac{\pi}{2}$	$\frac{\pi}{2}$	π
$\frac{\alpha_n}{\pi}-1$	0	$-\frac{1}{2}$	$-\frac{1}{2}$	0	$-\frac{1}{2}$	$-\frac{1}{2}$	0

根据这个表和许瓦兹-克力斯托夫变换式可得

$$\frac{\mathrm{d}\tau}{\mathrm{d}T}=C\left(T+\frac{1}{k}\right)^{-\frac{1}{2}}(T+1)^{-\frac{1}{2}}(T-1)^{-\frac{1}{2}}\left(T-\frac{1}{k}\right)^{-\frac{1}{2}} \tag{21}$$

或写为

$$\tau=C\int\frac{\mathrm{d}T}{\sqrt{(T^2-1)\left(T^2-\frac{1}{k^2}\right)}}+D \tag{22}$$

式中的 C 和 D 为待定的常数（实数或复数）。仿照前面确定式（12）中积分常数 B 的方法，可以证明（证明从略）式（22）中的积分常数 D 为零。

对于 τ 平面上矩形域边界的尺寸，可以根据 T 平面与 τ 平面之间的对应点和对应线段，采用分段积分的方法来确定。在 T 平面上，从 E 到 G（即从 0 到 1）的积分应等于 τ 平面上与之相对应的从 E 到 G（即从 0 到 K）的积分，即

$$C\int_0^1\frac{\mathrm{d}T}{\sqrt{(1-T^2)(1-k^2T^2)}}=K=\mathrm{K}(k) \tag{23}$$

这个积分的上限为 1，称为第一类完全椭圆积分，参变数 k 称为该椭圆积分的模数。由该式可知，待定常数 $C=1$。根据对称性可知，τ 平面上 C 点的坐标为 $-K=-\mathrm{K}(k)$。类似地，在 T 平面上从 G 到 H（即从 1 到 $1/k$）的积分，应等于 τ 平面上与之相对应的从 G 到 H（即从 K 到 $\mathrm{K}+\mathrm{jK}'$）的积分，即

$$\int_1^{1/k}\frac{\mathrm{d}T}{\sqrt{(1-T^2)(1-k^2T^2)}}=\mathrm{j}\int_1^{1/k}\frac{\mathrm{d}T}{\sqrt{(T^2-1)(1-k^2T^2)}}=\mathrm{jK}'(k) \tag{24}$$

作积分变换，令

$$k^2T^2 = 1 - k'^2\,T'^2 \quad 及 \quad k'^2 = 1 - k^2$$

则 $\mathrm{K}'(k)$即可写为

$$\int_1^{1/k} \frac{\mathrm{d}T}{\sqrt{(T^2-1)(1-k^2T^2)}} = \int_0^1 \frac{\mathrm{d}T'}{\sqrt{(1-T'^2)(1-k'^2\,T'^2)}} = \mathrm{K}(k') \tag{25}$$

显然，$\mathrm{K}(k')=\mathrm{K}'(k)$。$\mathrm{K}(k')$也是第一类完全椭圆积分，$k'$称为椭圆积分的补模数。这样，$\tau$平面上 H 点的坐标为 $K(k)+\mathrm{j}\mathrm{K}'(k)$，根据对称性，$B$ 点的坐标为 $-K(k)+\mathrm{j}\mathrm{K}'(k)$。矩形域 $ABCEGH$ 构成了一个电场是均匀的平板电容器，BAH 线段和 CEG 线段表示电容器的两个极板，它们的宽度都是 $2\mathrm{K}(k)$，长度都取为单位长度。由此可得该平板电容器的电容为

$$C' = \varepsilon\frac{2\mathrm{K}(k)}{\mathrm{K}'(k)} = \varepsilon_r\varepsilon_0\frac{2\mathrm{K}(k)}{\mathrm{K}'(k)} \tag{26}$$

式中的 ε_r 是带状线中填充介质的相对介电常数，ε_0 是真空中的介电常数。如前所述，在进行保角变换时，只取了带状线横截面的 1/2，因此带状线的全部电容应为

$$C = 2C' = 4\varepsilon_r\varepsilon_0\frac{\mathrm{K}(k)}{\mathrm{K}'(k)} \tag{27}$$

将此式代入到式（2）中，则得带状线的特性阻抗为

$$Z_c = \sqrt{\frac{\mu_r}{\varepsilon_r}}\,30\pi\,\frac{\mathrm{K}'(k)}{\mathrm{K}(k)} \tag{28}$$

对于电介质，$\mu_r\approx1$，则

$$Z_c = \frac{30\pi}{\sqrt{\varepsilon_r}}\frac{\mathrm{K}'(k)}{\mathrm{K}(k)} \tag{29}$$

以上利用保角变换法求出了带状线特性阻抗的表示式（3.1-2）。同样地，经过类似的推导过程即可求出耦合带状线、微带线和耦合微带线特性阻抗的表示式，限于篇幅，不再推导。在特性阻抗表示式中的 $\mathrm{K}(k)$和 $\mathrm{K}'(k)$表示椭圆积分的值（K 是椭圆积分的符号），其值取决于与带状线（或微带线）尺寸有关的参数 k。若已知 k，则 $\mathrm{K}(k)$和 $\mathrm{K}'(k)$以及特性阻抗也就确定了。式（23）和式（25）称为椭圆积分，一般地，根据被积函数和积分限的不同，可将其划分为多种类型，并冠以不同的称谓。椭圆积分的值无法用有限项的基本初等函数表示出来，但可用一个有无穷项的多项式之和来表示。因此在实际应用中，当已知 k 时，可利用椭圆积分表或曲线图求出 $\mathrm{K}(k)$和 $\mathrm{K}'(k)$的值。

为了对 $\mathrm{K}(k)$和 $\mathrm{K}'(k)$有一具体的概念，消除其“抽象”感，下面对椭圆积分名称的由来和含义做一简单介绍。

在数学中，椭圆的弧长 s 为

$$s = a\int_0^{\varphi}\sqrt{1-k^2\sin\varphi}\,\mathrm{d}\varphi = a\mathrm{K}(\varphi,k)$$

称为第二类椭圆积分，a 为椭圆的长半轴，$k^2=\dfrac{a^2-b^2}{a^2}$，b 为椭圆的短半轴，φ 为所求弧长段与坐标轴之间的夹角，$\mathrm{d}\varphi$ 为其微分量。

椭圆的周长 l 为

$$l = \oint_l \mathrm{d}s = 4a\int_0^{\frac{\pi}{2}}\sqrt{1-k^2\sin\varphi}\,\mathrm{d}\varphi = 4a\mathrm{K}(k)$$

称为第二类完全椭圆积分，式中的 K（k）可表示为

$$K(k)=\frac{\pi}{2}\left[1-\left(\frac{1}{2}\right)^2k^2-\left(\frac{1\times 3}{2\times 4}\right)^2\frac{k^4}{3}-\left(\frac{1\times 3\times 5}{2\times 4\times 6}\right)^2\frac{k^6}{5}-\cdots\right]$$

若给定了 a 和 b，也即给定了 k，则 K（k）即可求出（在一定精度范围内）。若 $a=b=R$，则椭圆蜕变为圆，周长 $l=2\pi R$，这正是圆的周长公式。

下面这个式子称为第一类完全椭圆积分

$$K(k)=\int_0^{\frac{\pi}{2}}\frac{d\varphi}{\sqrt{1-k^2\sin^2\varphi}}$$

式中的 K(k)可表示为

$$K(k)=\frac{\pi}{2}\left[1+\left(\frac{1}{2}\right)^2k^2+\left(\frac{1\times 3}{2\times 4}\right)^4k^4+\left(\frac{1\times 3\times 5}{2\times 4\times 6}\right)^2k^6+\cdots\right]$$

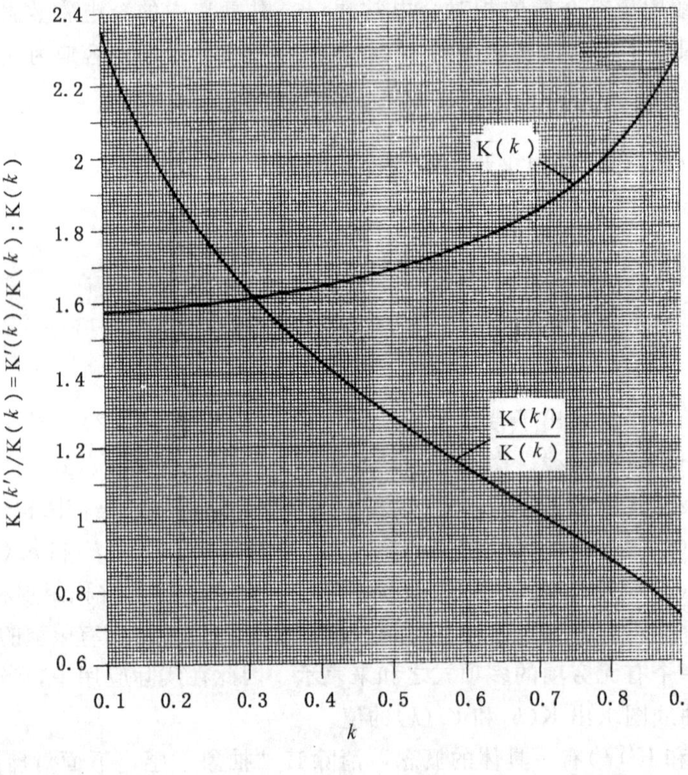

附图 3.1－4　K（k）和 K（k'）/K（k）与 k 的关系图

由以上所述可知，因为式（23）和式（25）的积分形式和积分值的表示式与求椭圆弧长或周长的表示式在形式上相似，故名“椭圆积分”。但是，这两种积分的积分变量和积分值的含义则完全不同，可见，“椭圆积分”只是一个借用的名称而已。需要指出的是，无论是实变函数还是复变函数，还有更为复杂的积分，虽然仍沿用“椭圆积分”这一名称，但与求椭圆的弧长和周长毫不相干。椭圆函数及其积分是数学中的一个分支，如有需要，读者可参阅有关的专著。为了更好地理解当 k 已知时即可求出 K（k）和 K′（k），特在附图 3.1－4 和附图 3.1－5 中给出了第一类完全椭圆积分 K(k)和 K($'k$)/K(k)＝K′(k)/K(k)与模数 k 以及与(1－k)的关系曲线，供参考。

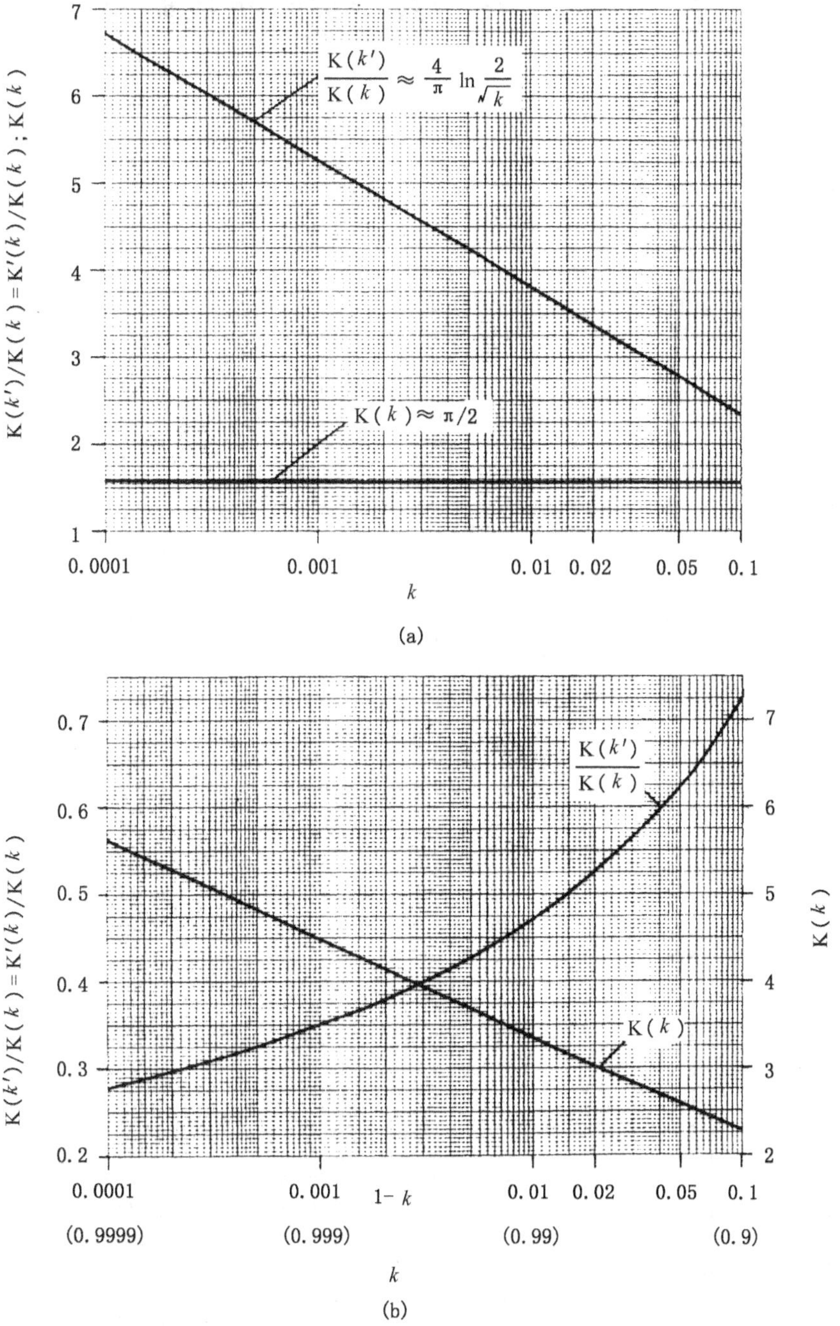

附图 3.1-5　K（k）和 K（k'）/K（k）与 k 及 $1-k$ 关系图

附录 3.2 微带线特性阻抗数据表

$\varepsilon_r = 2.22$

w/h	ε_{re}	Z_c	w/h	ε_{re}	Z_c
0.050 0	1.653 0	236.658 1	2.550 0	1.885 0	56.595 2
0.100 0	1.670 7	203.264 1	2.600 0	1.887 1	55.903 7
0.150 0	1.684 2	183.737 2	2.650 0	1.889 2	55.229 1
0.200 0	1.695 4	169.905 3	2.700 0	1.891 3	54.570 9
0.250 0	1.705 3	159.201 6	2.750 0	1.893 3	53.928 4
0.300 0	1.714 1	150.481 1	2.800 0	1.895 3	53.301 1
0.350 0	1.722 2	143.132 2	2.850 0	1.897 3	52.688 4
0.400 0	1.729 6	136.789 4	2.900 0	1.899 2	52.089 9
0.450 0	1.736 6	131.216 9	2.950 0	1.901 1	51.505 1
0.500 0	1.743 1	126.253 6	3.000 0	1.903 0	50.933 6
0.550 0	1.749 3	121.784 3	3.050 0	1.904 9	50.374 8
0.600 0	1.755 1	117.724 1	3.100 0	1.906 7	49.828 4
0.650 0	1.760 7	114.008 5	3.150 0	1.908 6	49.294 1
0.700 0	1.766 0	110.587 1	3.200 0	1.910 3	48.771 3
0.750 0	1.771 1	107.420 1	3.250 0	1.912 1	48.259 7
0.800 0	1.776 0	104.475 5	3.300 0	1.913 9	47.759 1
0.850 0	1.780 7	101.726 8	3.350 0	1.915 6	47.269 0
0.900 0	1.785 3	99.152 4	3.400 0	1.917 3	46.789 1
0.950 0	1.789 7	96.733 8	3.450 0	1.918 9	46.319 2
1.000 0	1.793 9	94.455 7	3.500 0	1.920 6	45.858 9
1.050 0	1.798 0	92.076 5	3.550 0	1.922 2	45.407 9
1.100 0	1.802 0	89.939 0	3.600 0	1.923 8	44.966 0
1.150 0	1.805 9	87.942 8	3.650 0	1.925 4	44.532 8
1.200 0	1.809 7	86.070 1	3.700 0	1.927 0	44.108 2
1.250 0	1.813 3	84.306 3	3.750 0	1.928 6	43.691 9
1.300 0	1.816 9	82.638 8	3.800 0	1.930 1	43.283 7
1.350 0	1.820 4	81.057 3	3.850 0	1.931 6	42.883 3
1.400 0	1.823 8	79.552 7	3.900 0	1.933 1	42.490 4
1.450 0	1.827 1	78.117 4	3.950 0	1.934 6	42.105 0
1.500 0	1.830 3	76.744 9	4.000 0	1.936 1	41.726 8
1.550 0	1.833 5	75.429 6	4.050 0	1.937 5	41.355 5
1.600 0	1.836 5	74.166 6	4.100 0	1.938 9	40.991 1
1.650 0	1.839 6	72.951 6	4.150 0	1.940 4	40.633 2
1.700 0	1.842 5	71.781 1	4.200 0	1.941 7	40.281 8
1.750 0	1.845 4	70.651 7	4.250 0	1.943 1	39.936 7
1.800 0	1.848 2	69.560 8	4.300 0	1.944 5	39.597 6
1.850 0	1.851 0	68.505 8	4.350 0	1.945 9	39.264 5
1.900 0	1.853 7	67.484 6	4.400 0	1.947 2	38.937 2
1.950 0	1.856 4	66.495 2	4.450 0	1.948 5	38.615 5
2.000 0	1.859 0	65.535 7	4.500 0	1.949 8	38.299 3
2.050 0	1.861 6	64.604 7	4.550 0	1.951 1	37.988 5
2.100 0	1.864 1	63.700 8	4.600 0	1.952 4	37.682 9
2.150 0	1.866 6	62.822 5	4.650 0	1.953 7	37.382 3
2.200 0	1.869 0	61.968 7	4.700 0	1.954 9	37.086 7
2.250 0	1.871 4	61.138 3	4.750 0	1.956 2	36.796 0
2.300 0	1.873 8	60.330 3	4.800 0	1.957 4	36.509 9
2.350 0	1.876 1	59.543 7	4.850 0	1.958 6	36.228 5
2.400 0	1.878 4	58.777 7	4.900 0	1.959 8	35.951 6
2.450 0	1.880 6	58.031 5	4.950 0	1.961 0	35.679 0
2.500 0	1.882 8	57.304 2	5.000 0	1.962 2	35.410 7

$\varepsilon_r = 3.80$

w/h	ε_{re}	Z_c	w/h	ε_{re}	Z_c
0.050 0	2.498 7	192.486 4	2.550 0	3.031 1	44.630 6
0.100 0	2.539 3	164.874 0	2.600 0	3.036 0	44.074 7
0.150 0	2.570 2	148.732 3	2.650 0	3.040 8	43.532 6
0.200 0	2.596 0	137.306 0	2.700 0	3.045 5	43.003 7
0.250 0	2.618 6	128.471 1	2.750 0	3.050 2	42.487 7
0.300 0	2.638 9	121.279 3	2.800 0	3.054 8	41.984 1
0.350 0	2.657 4	115.224 1	2.850 0	3.059 3	41.492 3
0.400 0	2.674 6	110.002 5	2.900 0	3.063 8	41.012 1
0.450 0	2.690 5	105.419 2	2.950 0	3.068 2	40.543 1
0.500 0	2.705 5	101.340 3	3.000 0	3.072 5	40.084 7
0.550 0	2.719 7	97.670 6	3.050 0	3.076 8	39.636 8
0.600 0	2.733 1	94.339 5	3.100 0	3.081 0	39.198 9
0.650 0	2.745 9	91.293 5	3.150 0	3.085 2	38.770 8
0.700 0	2.758 1	88.490 9	3.200 0	3.089 3	38.352 1
0.750 0	2.769 8	85.898 7	3.250 0	3.093 4	37.942 5
0.800 0	2.781 0	83.490 2	3.300 0	3.097 4	37.541 7
0.850 0	2.791 9	81.243 6	3.350 0	3.101 3	37.149 5
0.900 0	2.802 3	79.140 8	3.400 0	3.105 2	36.765 6
0.950 0	2.812 4	77.166 6	3.450 0	3.109 0	36.389 7
1.000 0	2.822 1	75.308 3	3.500 0	3.112 8	36.021 6
1.050 0	2.831 6	73.372 8	3.550 0	3.116 6	35.661 0
1.100 0	2.840 7	71.633 2	3.600 0	3.120 3	35.307 8
1.150 0	2.849 6	70.009 1	3.650 0	3.123 9	34.961 7
1.200 0	2.858 3	68.485 9	3.700 0	3.127 6	34.622 5
1.250 0	2.866 7	67.051 8	3.750 0	3.131 1	34.290 0
1.300 0	2.874 9	65.696 4	3.800 0	3.134 6	33.964 0
1.350 0	2.882 8	64.411 4	3.850 0	3.138 1	33.644 4
1.400 0	2.890 6	63.189 5	3.900 0	3.141 6	33.330 9
1.450 0	2.898 2	62.024 3	3.950 0	3.145 0	33.023 3
1.500 0	2.905 6	60.910 5	4.000 0	3.148 3	32.721 5
1.550 0	2.912 9	59.843 6	4.050 0	3.151 7	32.425 4
1.600 0	9.919 9	58.819 6	4.100 0	3.154 9	32.134 8
1.650 0	2.926 9	57.835 0	4.150 0	3.158 2	31.849 5
1.700 0	2.933 7	56.886 8	4.200 0	3.161 4	31.569 4
1.750 0	2.940 3	55.972 5	4.250 0	3.164 6	31.294 4
1.800 0	2.946 8	55.089 6	4.300 0	3.167 7	31.024 2
1.850 0	2.953 2	54.236 2	4.350 0	3.170 8	30.758 9
1.900 0	2.959 4	53.410 5	4.400 0	3.173 9	30.498 2
1.950 0	2.965 5	52.610 9	4.450 0	3.176 9	30.242 0
2.000 0	2.971 5	51.835 8	4.500 0	3.179 9	29.990 3
2.050 0	2.977 4	51.084 1	4.550 0	3.182 9	29.742 9
2.100 0	2.983 2	50.354 5	4.600 0	3.185 8	29.499 6
2.150 0	2.988 9	49.645 9	4.650 0	3.188 7	29.260 5
2.200 0	2.994 5	48.957 4	4.700 0	3.191 6	29.025 3
2.250 0	3.000 0	48.288 0	4.750 0	3.194 5	28.794 1
2.300 0	3.005 4	47.636 9	4.800 0	3.197 3	28.566 6
2.350 0	3.010 7	47.003 4	4.850 0	3.200 1	28.342 9
2.400 0	3.015 9	46.386 7	4.900 0	3.202 8	28.122 7
2.450 0	3.021 0	45.786 0	4.950 0	3.205 6	27.906 1
2.500 0	3.026 1	45.200 9	5.000 0	3.208 3	27.692 9

$\varepsilon_r = 10.00$

w/h	ε_{re}	Z_c	w/h	ε_{re}	Z_c
0.050 0	5.817 4	126.152 7	2.550 0	7.528 4	28.319 0
0.100 0	5.947 8	107.729 0	2.600 0	7.544 2	27.959 7
0.150 0	6.047 0	96.965 3	2.650 0	7.559 6	27.609 4
0.200 0	6.130 1	89.353 3	2.700 0	7.574 9	27.267 7
0.250 0	6.202 8	83.473 8	2.750 0	7.589 9	26.934 5
0.300 0	6.268 0	78.693 1	2.800 0	7.604 7	26.609 4
0.350 0	6.327 5	74.672 2	2.850 0	7.619 3	26.292 0
0.400 0	6.382 5	71.208 7	2.900 0	7.633 6	25.982 3
0.450 0	6.433 8	68.171 6	2.950 0	7.647 8	25.679 7
0.500 0	6.482 0	65.471 5	3.000 0	7.661 7	25.384 2
0.550 0	6.527 5	63.044 7	3.050 0	7.675 5	25.095 5
0.600 0	6.570 6	60.843 9	3.100 0	7.689 1	24.813 4
0.650 0	6.611 7	58.833 2	3.150 0	7.702 4	24.537 6
0.700 0	6.651 0	56.984 9	3.200 0	7.715 6	24.268 0
0.750 0	6.688 6	55.276 7	3.250 0	7.728 7	24.004 3
0.800 0	6.724 7	53.690 9	3.300 0	7.741 5	23.746 4
0.850 0	6.759 5	52.212 8	3.350 0	7.754 2	23.494 0
0.900 0	6.793 1	50.830 4	3.400 0	7.766 7	23.247 0
0.950 0	6.825 5	49.533 5	3.450 0	7.779 1	23.005 3
1.000 0	6.856 8	48.313 6	3.500 0	7.791 3	22.768 6
1.050 0	6.887 2	47.046 6	3.550 0	7.803 3	22.536 9
1.100 0	6.916 6	45.907 4	3.600 0	7.815 2	22.309 9
1.150 0	6.945 2	44.844 1	3.650 0	7.827 0	22.087 6
1.200 0	6.973 0	43.847 3	3.700 0	7.838 6	21.869 7
1.250 0	7.000 0	42.909 1	3.750 0	7.850 0	21.656 2
1.300 0	7.026 3	42.022 9	3.800 0	7.861 4	21.446 9
1.350 0	7.052 0	41.183 0	3.850 0	7.872 6	21.241 7
1.400 0	7.077 0	40.384 6	3.900 0	7.883 6	21.040 5
1.450 0	7.101 4	39.623 7	3.950 0	7.894 6	20.843 2
1.500 0	7.125 2	38.896 7	4.000 0	7.905 4	20.649 7
1.550 0	7.148 5	38.200 6	4.050 0	7.916 0	20.459 8
1.600 0	7.171 3	37.532 9	4.100 0	7.926 6	20.273 5
1.650 0	7.193 5	36.891 1	4.150 0	7.937 0	20.090 6
1.700 0	7.215 3	36.273 4	4.200 0	7.947 3	19.911 1
1.750 0	7.236 7	35.678 0	4.250 0	7.957 5	19.734 9
1.800 0	7.257 6	35.103 4	4.300 0	7.967 6	19.561 8
1.850 0	7.278 0	34.548 3	4.350 0	7.977 6	19.391 9
1.900 0	7.298 1	34.011 4	4.400 0	7.987 5	19.224 9
1.950 0	7.317 8	33.491 7	4.450 0	7.997 2	19.060 9
2.000 0	7.337 1	32.988 2	4.500 0	8.006 9	18.899 8
2.050 0	7.356 1	32.500 1	4.550 0	8.016 4	18.741 4
2.100 0	7.374 7	32.026 6	4.600 0	8.025 9	18.585 8
2.150 0	7.393 0	31.566 9	4.650 0	8.035 2	18.432 8
2.200 0	7.410 9	31.120 4	4.700 0	8.044 5	18.282 4
2.250 0	7.428 6	30.686 5	4.750 0	8.053 7	18.134 5
2.300 0	7.445 9	30.264 7	4.800 0	8.062 7	17.989 1
2.350 0	7.463 0	29.854 3	4.850 0	8.071 7	17.846 0
2.400 0	7.479 7	29.455 0	4.900 0	8.080 6	17.705 3
2.450 0	7.496 2	29.066 3	4.950 0	8.089 4	17.566 9
2.500 0	7.512 5	28.687 8	5.000 0	8.098 1	17.430 7

$\varepsilon_r = 9.60$

w/h	ε_{re}	Z_c	w/h	ε_{re}	Z_c
0.049	5.600 3	129.190 2	0.52	6.256 0	65.771 16
0.051	5.606 3	128.107 0	0.54	6.272 8	64.792 13
0.053	5.612 2	127.065 4	0.56	6.290 2	63.851 10
0.055	5.618 0	126.062 2	0.58	6.306 8	62.945 69
0.057	5.623 7	125.094 8	0.60	6.323 0	62.073 26
0.059	5.629 3	124.160 7	0.62	6.339 0	61.231 76
0.061	5.634 8	123.257 6	0.64	6.354 6	60.419 25
0.063	5.640 2	122.383 7	0.66	6.369 9	59.633 95
0.065	5.645 6	121.536 9	0.68	6.385 0	58.874 28
0.067	5.650 8	120.715 9	0.70	6.399 8	58.138 76
0.069	5.656 0	119.918 9	0.72	6.414 4	57.426 05
0.071	5.661 0	119.144 7	0.74	6.428 7	56.734 93
0.073	5.666 1	118.392 0	0.76	6.442 8	56.064 26
0.075	5.671 0	117.659 6	0.78	6.456 7	55.412 99
0.077	5.675 9	116.946 5	0.80	6.470 3	54.780 17
0.079	5.680 7	116.251 6	0.82	6.483 8	54.164 88
0.081	5.685 4	115.574 2	0.84	6.497 0	53.666 32
0.083	5.690 1	114.913 3	0.86	6.510 0	52.983 70
0.085	5.694 8	114.268 1	0.88	6.522 9	52.416 30
0.087	5.699 3	113.638 0	0.90	6.535 6	51.863 46
0.089	5.703 9	113.022 2	0.92	6.548 1	51.324 55
0.091	5.708 3	112.420 1	0.94	6.560 4	50.798 99
0.093	5.712 8	111.831 2	0.96	6.572 6	50.286 22
0.095	5.717 1	111.254 7	0.98	6.584 6	49.785 73
0.097	5.721 5	110.690 4	1.00	6.596 5	49.297 04
0.099	5.725 7	110.137 5	1.05	6.625 5	48.004 96
0.100	5.727 9	109.865 3	1.10	6.653 6	46.843 22
0.12	5.768 2	104.928 8	1.15	6.681 0	45.758 91
0.14	5.805 3	100.759 0	1.20	6.707 5	44.742 39
0.16	5.839 6	97.151 48	1.25	6.733 3	43.785 60
0.18	5.871 8	93.973 83	1.30	6.758 5	42.881 78
0.20	5.902 1	91.135 74	1.35	6.783 0	42.025 20
0.22	5.931 3	88.572 70	1.40	6.806 9	41.210 98
0.24	5.958 3	86.237 02	1.45	6.830 2	40.434 95
0.26	5.984 5	84.092 43	1.50	6.853 0	39.693 51
0.28	6.009 7	82.110 73	1.55	6.875 2	38.983 59
0.30	6.033 6	80.269 54	1.60	6.897 0	38.302 52
0.32	6.057 2	78.550 83	1.65	6.919 7	37.647 99
0.34	6.079 7	76.939 81	1.70	6.939 0	37.017 97
0.36	6.101 6	75.424 24	1.75	6.959 4	36.410 71
0.38	6.122 7	73.993 87	1.80	6.979 4	35.824 65
0.40	6.143 3	72.640 00	1.85	6.999 0	35.258 41
0.42	6.163 3	71.355 22	1.90	7.018 2	34.710 79
0.44	6.182 8	70.133 15	1.95	7.037 0	34.180 69
0.46	6.201 7	68.968 25	2.00	7.055 5	33.667 14
0.48	6.205 3	67.855 09	2.05	7.073 6	33.169 24
0.50	6.238 3	66.791 25	2.10	7.091 4	32.686 21

$\varepsilon_r = 9.60$

w/h	ε_{re}	Z_c	w/h	ε_{re}	Z_c
2.15	7.108 8	32.217 21	3.40	7.466 0	23.729 60
2.20	7.126 0	31.761 86	3.45	7.477 8	23.482 96
2.25	7.142 9	31.319 27	3.50	7.489 5	23.241 49
2.30	7.159 4	30.888 94	3.55	7.501 0	23.005 04
2.35	7.175 7	30.470 37	3.60	7.512 3	22.773 45
2.40	7.191 7	30.063 05	3.65	7.523 6	22.516 58
2.45	7.207 5	29.666 53	3.70	7.534 6	22.324 29
2.50	7.223 0	29.280 38	3.75	7.545 6	22.106 44
2.55	7.238 3	28.904 19	3.80	7.556 4	21.892 90
2.60	7.253 3	28.537 58	3.85	7.567 1	21.683 55
2.65	7.268 1	28.180 19	3.90	7.577 7	21.478 27
2.70	7.282 7	27.831 68	3.95	7.588 1	21.276 94
2.75	7.297 0	27.491 72	4.00	7.598 4	21.079 45
2.80	7.311 1	27.160 02	4.05	7.608 6	20.885 69
2.85	7.325 1	26.836 28	4.10	7.618 7	20.695 56
2.90	7.338 8	26.520 23	4.15	7.628 7	20.508 96
2.95	7.352 3	26.211 59	4.20	7.638 6	20.325 79
3.00	7.365 6	25.910 12	4.25	7.648 3	20.145 96
3.05	7.378 8	25.615 58	4.30	7.657 9	19.969 38
3.10	7.391 8	25.327 74	4.35	7.667 5	19.795 96
3.15	7.404 6	25.046 37	4.40	7.676 9	19.625 62
3.20	7.417 2	24.771 26	4.45	7.686 2	19.458 27
3.25	7.429 6	24.502 23	4.50	7.695 5	19.293 84
3.30	7.441 9	24.239 06	4.55	7.704 6	19.132 26
3.35	7.454 0	23.981 57	4.60	7.173 6	18.973 45

$\varepsilon_r = 9.90$

w/h	ε_{re}	Z_c	w/h	ε_{re}	Z_c
0.049	5.760 7	127.378 1	0.089	5.868 0	111.430 8
0.051	5.767 0	126.309 7	0.091	5.872 6	110.836 9
0.053	5.773 1	125.282 3	0.093	5.877 1	110.256 0
0.055	5.779 1	124.292 8	0.095	5.881 7	109.687 4
0.057	5.785 0	123.338 6	0.097	5.886 2	109.130 8
0.059	5.790 8	122.417 2	0.099	5.890 6	108.585 5
0.061	5.796 5	121.526 5	0.100	5.892 8	108.317 0
0.063	5.802 1	120.664 4	0.12	5.934 6	103.447 9
0.065	5.807 6	119.829 3	0.14	5.972 9	99.335 16
0.067	5.813 0	119.019 4	0.16	6.008 4	95.776 88
0.069	5.818 4	118.233 3	0.18	6.041 7	92.642 71
0.071	5.823 6	117.469 7	0.20	6.073 1	89.843 50
0.073	5.828 8	116.727 2	0.22	6.102 9	87.315 59
0.075	5.833 9	116.004 8	0.24	6.131 3	85.011 94
0.077	5.839 0	115.301 5	0.26	6.158 4	82.896 78
0.079	5.844 0	114.616 1	0.28	6.159 7	80.942 30
0.081	5.848 9	113.947 9	0.30	6.184 4	79.126 42
0.083	5.853 7	113.296 0	0.32	6.233 6	77.431 34
0.085	5.858 5	112.658 7	0.34	6.256 9	75.842 50
0.087	5.863 3	112.038 1	0.36	6.279 5	74.347 80

$\varepsilon_r = 9.90$

w/h	ε_{re}	Z_c	w/h	ε_{re}	Z_c
0.38	6.301 4	72.937 14	2.05	7.285 4	32.683 39
0.40	6.322 7	71.601 94	2.10	7.303 9	32.207 23
0.42	6.343 4	70.334 89	2.15	7.321 9	31.745 01
0.44	6.363 6	69.129 70	2.20	7.339 7	31.296 07
0.46	6.383 2	67.980 90	2.25	7.357 1	30.859 79
0.48	6.402 4	66.883 72	2.30	7.374 3	30.435 61
0.50	6.421 1	65.834 00	2.35	7.391 2	30.023 02
0.52	6.439 4	64.828 04	2.40	7.407 7	29.621 53
0.54	6.457 2	63.862 57	2.45	7.424 1	29.230 68
0.56	6.474 8	62.934 67	2.50	7.440 1	28.850 06
0.58	6.491 9	62.041 73	2.55	7.455 9	28.479 25
0.60	6.508 7	61.181 41	2.60	7.471 4	28.117 89
0.62	6.525 2	60.351 60	2.65	7.486 7	27.765 63
0.64	6.541 4	59.550 37	2.70	7.501 8	27.422 12
0.66	6.557 3	58.775 99	2.75	7.516 2	27.087 04
0.68	6.572 9	58.026 88	2.80	7.531 3	26.760 11
0.70	6.588 2	57.301 60	2.85	7.545 7	26.441 02
0.72	6.603 3	56.598 81	2.90	7.559 9	26.129 50
0.74	6.618 1	55.917 32	2.95	7.573 9	25.825 31
0.76	6.632 7	55.255 99	3.00	7.587 7	25.528 17
0.78	6.647 0	54.613 81	3.05	7.601 3	25.237 87
0.80	6.661 1	53.989 81	3.10	7.614 7	24.954 17
0.82	6.675 0	53.383 11	3.15	7.628 0	24.676 85
0.84	6.688 8	52.792 90	3.20	7.641 0	24.405 71
0.86	6.702 3	52.218 42	3.25	7.653 9	24.140 55
0.88	6.715 6	51.658 96	3.30	7.666 6	23.881 18
0.90	6.728 7	51.113 85	3.35	7.679 2	23.627 41
0.92	6.741 6	50.582 48	3.40	7.691 5	23.379 07
0.94	6.754 4	50.064 27	3.45	7.704 3	23.135 99
0.96	6.767 0	49.558 68	3.50	7.715 8	22.898 01
0.98	6.779 4	49.065 20	3.55	7.727 7	22.664 98
1.00	6.791 7	48.583 35	3.60	7.739 5	22.436 73
1.05	6.821 7	47.309 45	3.65	7.751 1	22.213 14
1.10	6.850 9	46.164 04	3.70	7.762 6	21.994 06
1.15	6.879 1	45.094 99	3.75	7.773 9	21.779 36
1.20	6.906 6	44.092 77	3.80	7.785 1	21.568 92
1.25	6.933 3	43.149 45	3.85	7.796 2	21.362 60
1.30	6.959 4	42.258 37	3.90	7.807 1	21.160 29
1.35	6.984 7	41.413 87	3.95	7.817 9	20.961 87
1.40	7.009 4	40.611 14	4.00	7.828 6	20.767 24
1.45	7.033 6	39.846 06	4.05	7.839 2	20.576 29
1.50	7.057 1	39.115 10	4.10	7.846 3	20.388 92
1.55	7.080 1	38.415 22	4.15	7.859 9	20.205 03
1.60	7.102 7	37.743 79	4.20	7.870 1	20.024 51
1.65	7.124 7	37.098 52	4.25	7.880 2	19.847 29
1.70	7.146 3	36.477 43	4.30	7.890 2	19.673 28
1.75	7.167 4	35.878 78	4.35	7.900 1	19.502 37
1.80	7.188 0	35.301 03	4.40	7.909 8	19.334 51
1.85	7.208 3	34.742 84	4.45	7.919 5	19.169 59
1.90	7.228 1	34.203 00	4.50	7.929 0	19.007 55
1.95	7.247 6	33.680 44	4.55	7.938 5	18.848 32
2.00	7.266 7	33.174 19	4.60	7.947 8	18.691 82

第4章 光 波 导

光波导是一个总的名称，实际的光波导具有多种不同的结构形式和性能，其中光纤是一种比较重要、应用日益广泛的光波导。本章仅从传输线的观点对弱导光纤中传输模的场结构和传输特性作一简要的介绍。至于其他的光纤和光纤的其他性能和应用，以及其他的光波导，在此均不讨论。对于微波波段中使用的介质波导，只作概略地介绍，不详细讨论。此外，本章还对无线光通信作了简单的介绍。

§4.1 引 言

光波导属于介质波导范畴，是指能够导引光波沿着一定方向传播的介质薄膜波导、介质带状波导和介质圆柱形波导（光纤）等。这些波导通常是由石英玻璃、塑料或晶体等材料构成的。假若一个具有较高介电常数的介质棒（条、块）被一种具有较低介电常数的介质所包围，那么，进入介质棒的光波（电磁波），就有可能在两种介质的分界面处产生全反射，并形成一个沿介质棒轴线传播的波，这样，就构成了一个介质波导。下面首先简单地介绍一下微波中毫米波和亚毫米波段所使用的介质波导，然后再概略地介绍一下光纤的结构形式、发展概况、光纤的某些用途，以及光纤的分析方法等。在实际应用中，若工作波长较长，则由于介质波导的辐射损耗太大，而不能使用，因此，一般地讲，介质波导只适用于微波（包括毫米波和亚毫米波）和光波范围。通常，介质波导就是一些其横截面为圆形、矩形和椭圆形的介质棒，或者是这些基本结构形式的变形。其中，在毫米波和亚毫米波段所使用的介质波导，则大多为矩形横截面的介质棒及其变形，如图 4.1-1 所示。图（a）是处于自由空间的矩形介质棒，图（b）是由矩形介质棒和金属接地板构成的介质镜像波导（镜像线）。根据镜像原理可知，由于金属板的作用而产生了介质棒的“像”，因此，镜像线总的效果与图（a）所示矩形介质棒的作用是一样的，另外，金属接地板还可以起到散热和提供电路中所需直流电压通路的作用，这对于毫米波和亚毫米波集成电路是十分有利的。图（c）是倒置带状介质波导，它除了有金属接地板外，还在介质带（介电常数为 ε_1）的上面覆盖了一层介质（介电常数为 $\varepsilon_2>\varepsilon_1$ 的导波层），电磁波主要集中于由介质带所限定（所对应）的导波层内传播，即介质带起了使电磁波集中于导波层内的作用。利用上述的这些介质棒不仅可以导引电磁波沿着一定的方向传播，而且还可以用来制作毫米波和亚毫米波段的集成元（器）件。此外，还可以用介质制作介质天线（表面波天线）以及介质谐振器等。

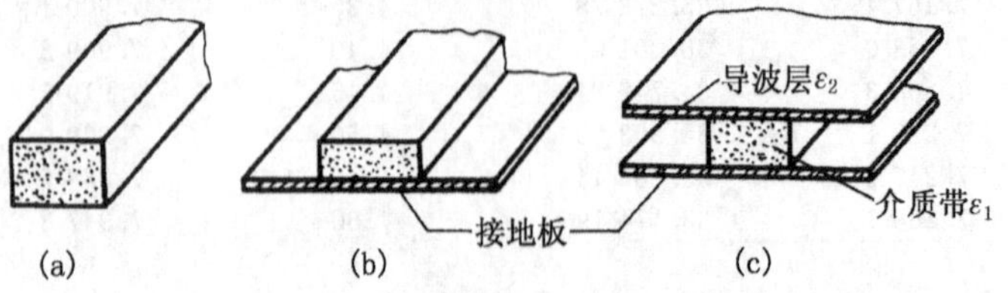

图 4.1-1 毫米波、亚毫米波段的介质波导

在微波范围内所使用的介质波导，根据不同的要求，可采用聚苯乙烯、聚四氟乙烯、氧化铝陶瓷、石英或其他损耗较小的介质材料。与金属波导和微带线相比，介质波导具有损耗小、加工制作方便和成本低等优点，而且也便于与微波元器件、半导体器件等连成一体，以构成具有各种功能的毫米波和亚毫米波的混合集成电路。

如前所述，光波导虽然也属于介质波导的范畴，但它与一般微波范围内所使用的介质波导相比，不仅工作频率（已达光频范围）要高得多，而且横截面的尺寸也小得多，例如介质圆柱形波导，其直径在数微米至数十微米之间，因此，通常将这种光波导称为光导纤维（光纤）。

作为传输线用的光纤绝大多数是用石英（SiO_2）材料制造的，石英光纤的强度高、损耗小、性能稳定，原材料丰富。图 4.1－2 是光纤的结构简图，它是由芯子、包层和保护层三部分构成的。芯子和包层是两种具有不同的相对介电常数的材料，芯子的相对介电常数 ε_{r1}（折射率 $n_1=\sqrt{\varepsilon_{r1}}$）大于包层的相对介电常数 ε_{r2}（折射率 $n_2=\sqrt{\varepsilon_{r2}}$）。通常，用高纯度的石英作为芯子和包层的基础材料，然后在芯子和包层中分别掺入少量不同的杂质，用以控制或改变其折射率，目的是更好地把光信号集中于芯子内。例如，若掺入的杂质为二氧化锗或五氧化二磷，可使折射率增大，若掺入的杂质为三氧化二硼或氟化物，则可使折射率减小。有时，芯子为纯石英的，包层是掺杂的，或者，包层为纯石英的，芯子是掺杂的。如果在含有氟化物的光纤中再掺入铥（Tm^{3+}）或铒（E_r^{3+}），则可制成损耗更小、带宽更宽的光纤。保护层可以用塑料，或者在包层上涂覆主要成分为环氧树脂和硅橡胶等的高分子材料而构成。

塑料光纤或称聚合物光纤（其主要成分为聚甲基丙烯酸酯），它是由具有高折射率且透明的聚合物芯子、低折射率且透明的聚合物包层和保护层三部分构成的。这种光纤因其损耗较大，在长距离通信中极少采用。但是，目前已制成的多模光纤具有质量轻、柔性和耐久性好、直径粗（易于制作和安装）、成本低以及在可见光波段的低损耗等一系列优点，特别适合于短距离的信息传输。

从原理上讲，芯子外面不加包层和保护层也可以传播光波，因为芯子的折射率 n_1 大于空气的折射率 n_0，这样，光波的大部分能量就被限制于芯子内，并沿着芯子的轴线方向传播。但是，当芯子与外界（例如支撑物等）接触时，就会产生结构上的不均匀或不连续性，从而造成光能量的反射和散射损耗。因此，为了避免这种损耗，以及为了增加芯子的机械强度和抗弯曲的能力，在芯子外面加包层是必要的。另外，从后面将要讨论的问题中可以看到，如果使芯子的折射率 n_1 略微地大于包层的折射率 n_2（即两者相差甚微），就可以构成所谓弱导光纤，这是在光纤中可以得到单模传输的方法之一（弱导的含义见§4.3 三（三）末尾一段的说明）。在包层之外再加上保护层，不但进一步加强了光纤的机械强度，而且还可以防止环境因素对光纤的影响，起到了保护作用。

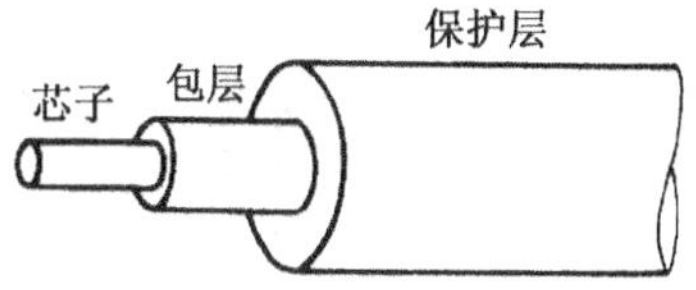

图 4.1－2　光纤结构简图

一般地，包层的折射率 n_2 在包层内是均匀分布的，而芯子的折射率 n_1 在芯子横截面上的分布可以有两种情况：一种是均匀分布，而且 $n_1>n_2$，在芯子与包层的交界处折射率发生了突变，这样，就构成了所谓阶跃型光纤；另一种是 n_1 从芯子中心（半径 $r=0$ 处）开始，随着 r 的增加而逐渐地减小，称为渐变（梯度）分布，这样，就构成了所谓渐变（梯

度）型光纤。n_1 的分布规律，一般可采取下面的近似式表示

$$n_1(r) \approx n_1(0)\left[1-\left(\frac{r}{a}\right)^{\alpha}\Delta\right] \tag{4.1-1}$$

式中，$n_1(0)$是芯子中心处的折射率；a 是芯子的半径；α 是确定折射率分布规律的参数，通常，当选取 $\alpha=2$ 时，就可以得到平方律（抛物线）分布，这种分布可以使光纤中的模式色散为最小；Δ 为

$$\Delta \approx \frac{n_1(0)-n_2}{n_1(0)} \tag{4.1-2}$$

称为相对折射率差；n_2 是包层的折射率。阶跃型与渐变型光纤都各有其特点，这里不详述，其中，渐变型光纤的主要特点是，与阶跃型光纤相比，它的模式间的色散（简称模式色散）小（对多模光纤而言）、频带宽。其理由粗略地讲就是，对于渐变型光纤而言，当光线在其中传播时，偏离芯子中心轴线愈远的光线，其传播路径也愈长，但传播速度却随着折射率的减小而增加；当光线愈靠近芯子中心轴线时，其传播路径也愈短，但传播速度却随着折射率的增大而减小。这样，就有可能使以不同角度从光纤始端的端面入射到芯子中的光线，几乎是同时地传播到光纤的终端，从而减小了模式色散，也就是说增加了频带宽度。

从光纤中所传播的光波的模式（电磁场的结构型式）来看，无论是阶跃型还是渐变型光纤，都可将其划分为单模（只传播一种模式）和多模（可传播几十、几百或上千个模式）光纤两种类型。图 4.1-3 是一部分光纤的示意图，图中标注的尺寸只是一个大约的范围。

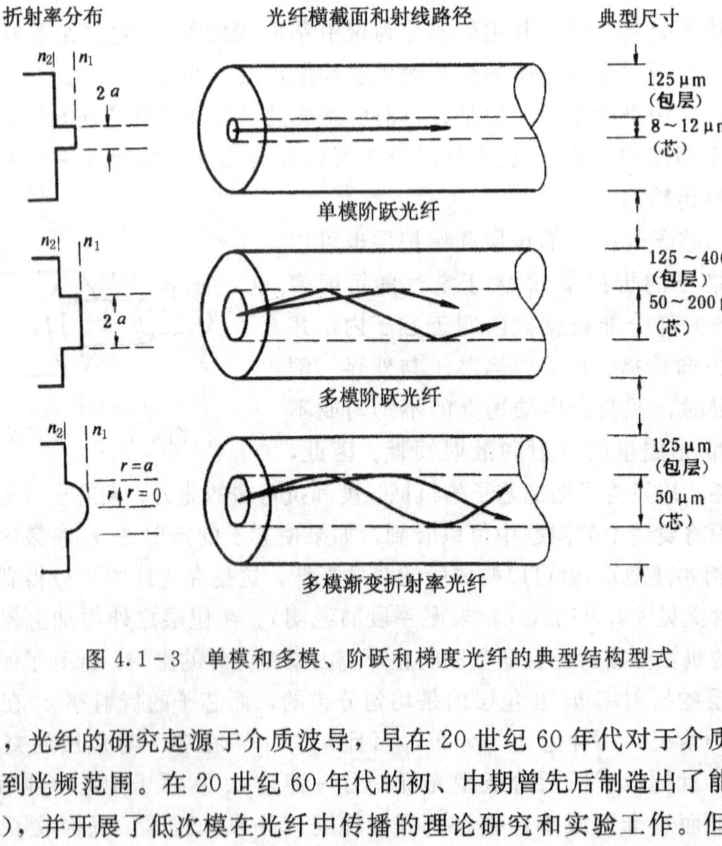

图 4.1-3　单模和多模、阶跃和梯度光纤的典型结构型式

我们知道，光纤的研究起源于介质波导，早在 20 世纪 60 年代对于介质波导的研究已从微波范围扩展到光频范围。在 20 世纪 60 年代的初、中期曾先后制造出了能工作于光频的玻璃纤维（光纤），并开展了低次模在光纤中传播的理论研究和实验工作。但是，早期的光纤

因其损耗太大（1 000 dB/km）而难以应用。而后，随着技术和工艺水平的不断提高，相继制造出了一些低损耗的光纤，例如，20 世纪 70 年代初，对于单模工作的光纤，其损耗为 20 dB/km，1976 年损耗降低为 0.47 dB/km（自由空间波长 λ_0 为 1.2 μm），1987 年损耗又进一步降低为 0.15 dB/km（$\lambda_0=1.55$ μm）。这样，就为光纤的实际应用开辟了广阔的前景。

目前通信光纤的工作波长 λ_0 在 0.75。μm～1.675 μm 的范围内，已得到实际应用的波段范围为 1.280 μm～1.675 μm，其中，对于工作于单模的石英光纤，在 1.310 μm 处附近，色散几乎为零，损耗也较小，为 0.3 dB/km～0.4 dB/km；在 1.550 μm 处附近，色散虽然不为零，但损耗更小，为 0.19 dB/km～0.25 dB/km。因此，1.310 μm“窗口”（1.24 μm～1.38 μm）和 1.550 μm“窗口”（1.48 μm～1.63 μm）得到了广泛的应用。因为光纤中的光波实际上就是频率极高的电磁波，从电磁波作为传输信息的载体（载波）的观点看，载波频率愈高，信息容量也愈大，所以光纤通信的容量比通常的无线电和微波通信的容量要大得多。例如，一根光纤可同时传输上百万个用户的信息，而且，光纤通信频带宽、抗电磁干扰性好（因为这些干扰不能在光纤中传输）、可靠性好，因此得到了广泛的应用。

光纤通信的过程，概略地讲，就是：在发送端首先将信息（例如电信号）转换为光信号，即用电信号（例如电流）对光源发出的光载波进行调制（调幅、调频、调相和功率调制等），然后将受到调制的光波经光纤传输到接收端，再经过光检测器的解调使之还原为原来的信息（电信号）。通常用的光源有半导体二极管激光器（LD）和半导体发光二极管（LED），与普通光源相比，它们发出的光单色性好、方向性强，可以把能量集中于很细的光纤内。用作光检测器的则有光电二极管（PD）和雪崩光电二极管（APD）。当然，实际的光纤通信系统是很复杂的，在这里不可能详细地讨论。在通信中，用光纤制成的光缆，可以使通信距离长达几百、几千甚至上万千米，从而节省了传统电缆（例如同轴电缆）中曾大量使用的铜或铝等金属材料。目前，由在陆地敷设的长距离光缆和在海底敷设的跨洲的越洋光缆所组成的光纤通信系统，已经成为国际间通信网络的主体，有线通信网的骨干网和局部网也普遍采用光缆作为传送信息的手段。另外，在为用户传送数据、视频和语音方面，都可以采用光纤或光纤与同轴线混用的方式，用以实现宽频带通信到户的目的。此外，光纤还在计算机制造和机房建设中得到一定的应用。

作为通信用的光纤，其中传输的电磁场的模式可以是单模的，也可以是多模的。采用单模时，没有模间色散，波导色散和材料色散也较小，因此信息失真小、信息容量和带宽大大增加，从而使单模光纤在长距离通信中得到了广泛的应用。但是，单模光纤芯子的直径很小，把光信号耦合到光纤中较难，因此需要用单色性好、频率稳定、发散角小的半导体激光器来激励。对于多模光纤，不仅有波导色散和材料色散，而且有模间色散，因此信息失真大，信息容量和带宽远不如单模光纤那样大，但若采用渐变式光纤，则可使模间色散减小，传输性能会得到一定的改善。多模光纤的优点是，光纤芯子的直径较粗，容易制作，易与光信号相耦合，对光源的要求不高，因此可采用成本低、寿命长的发光二极管来激励。早期（20 世纪 70 年代）曾采用过渐变式多模光纤作为通信用（$\lambda_0=0.85$ μm），而在目前，多模光纤只适宜用作数据传输或短距离的通信，而不适宜用在长距离通信中。

光纤除了在通信中用以传输各种信息（电话、图像、数字和数据等）外，在其他领域也得到了广泛的应用。例如，利用光纤与敏感元件的组合体或者利用光纤本身的某些特有的性质，制成各种用途的光纤传感器，就可以测量温度、压力、流量、位移和色彩等多种物理量。在计算机通信中和现代化的生产中，也广泛地采用光纤来传输图像、数据和光能。另外，还可以利用光纤来制作测量体温和血压等的医疗器械，利用光纤制作的内窥镜，可以对人体内部的器官进行各种检查等。总之，目前对于光纤的应用和研究方兴未艾，其前景是无限广阔的。

本章将采用两种方法来讨论光波在光纤中的传输特性，即：射线理论和波动理论。所谓射线理论，就是用一条极细（理论上讲为无限细）的射线（光线）表示光能量的传播方向，利用光学中反射和折射的原理来解释光波在光纤中传输时的物理现象，例如，光线在芯子与包层的分界面处产生全反射，从而形成了沿光纤轴线传输的波。严格地讲，仅在光的波长趋近于零时，射线理论才是正确的。然而，实际上对于非零波长的光波而言，当光纤芯子的直径比光的波长大得多时（例如多模光纤），那么，对于光线而言，光纤的端面可近似地认为是“无穷大”的面，利用射线理论来分析光纤的传输特性，仍然可以得到足够精确的结果；但是，对于单模光纤，由于芯子的直径比较小，其端面不能认为是“无穷大”的面，因此，射线理论是不适用的。所谓波动理论就是：因为光也是电磁波，所以可把光纤当做波导来处理，利用边界条件求解光纤中电磁场所满足的关系式，并根据这些关系式来分析光波在光纤中的传输特性，利用波动理论可以比较完整地解释光波在光纤中的传输特性。射线理论和波动理论各有其优缺点，因此在具体分析光纤的传输特性时，有时需要将这两种理论结合起来，才能较好地说明问题。

§ 4.2　阶跃光纤的射线分析

在本节中，首先讨论光波（均匀平面波）在两种均匀、线性、各向同性、无耗的无穷大介质分界面处折射和反射的情况，阐明一些重要的概念和公式。然后，在此基础上利用射线理论分析光纤的传输特性。在讨论这些内容之前，先介绍一下后面将要用到的折射率的概念，以及阶跃光纤相对折射率差的表示式。

我们已知，阶跃光纤芯子的折射率 n_1 和包层的折射率 n_2 都是均匀的，而且 $n_1 > n_2$。根据光学中关于（绝对）折射率的定义可知

$$n_1 = \frac{v_0}{v_1} \qquad n_2 = \frac{v_0}{v_2} \tag{4.2-1}$$

式中，v_0 是光波在自由空间（真空）中的传播速度；v_1 和 v_2 分别是光波在与芯子和包层相同的无界介质中的传播速度（光速）。因为光波本质上就是电磁波，所以根据电磁场理论，则可把 n_1 和 n_2 分别写为

$$n_1 = \frac{v_0}{v_1} = \sqrt{\frac{\mu_1 \varepsilon_1}{\mu_0 \varepsilon_0}} \qquad n_2 = \frac{v_0}{v_2} = \sqrt{\frac{\mu_2 \varepsilon_2}{\mu_0 \varepsilon_0}} \tag{4.2-2}$$

式中，μ_0 和 ε_0 分别为自由空间的磁导率和介电常数；μ_1 和 ε_1，以及 μ_2 和 ε_2，分别为芯子和包层所用介质的磁导率和介电常数。通常，认为 μ_1 和 μ_2 都近似地等于 μ_0，这样就有

$$n_1 = \sqrt{\varepsilon_{r1}} \qquad n_2 = \sqrt{\varepsilon_{r2}} \tag{4.2-3}$$

式中的 ε_{r1} 和 ε_{r2} 为介质的相对介电常数。

对于阶跃光纤，相对折射率差 Δ 的表示式为

$$\Delta = \frac{n_1^2 - n_2^2}{2n_1^2} \tag{4.2-4}$$

一般地，在光通信中所使用的光纤，n_2 与 n_1 相差很少，通常称之为弱导光纤。在这种情况下，式（4.2-4）可以近似地写为

$$\Delta \approx \frac{n_1 - n_2}{n_1} \tag{4.2-5}$$

Δ 的范围是 $\Delta \leqslant 1\% \sim 3\%$。

一、在不同介质分界面上波的反射和折射

设有两种均匀、线性、各向同性、无耗的无穷大介质的折射率分别为 n_1（介质 1）和 n_2（介质 2），$n_1 > n_2$，两种介质的分界面为一平面，如图 4.2-1 所示。

在分界面处任取一点 O 作为直角坐标系的原点，x 轴与分界面相垂直，y 轴的正方向穿出纸面，z 轴的正方向从原点指向右方。现在来讨论一个均匀平面波（光波）投射到分界面时波的反射和折射的情况，以及由此而引出的表面波问题。

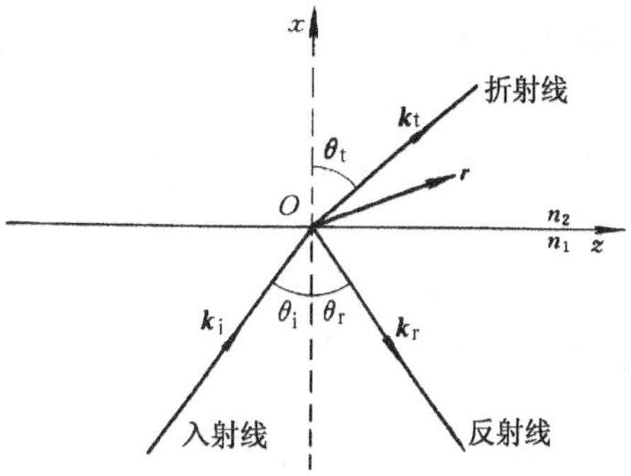

图 4.2-1　均匀平面波的反射与折射

如图 4.2-1 所示，可以把从介质 1 投射到分界面处的光波看做是一条极细的光线，它的方向也就是光波能量的传播方向。θ_i、θ_r 和 θ_t 分别为光线的入射角、反射角和折射角，$\boldsymbol{k}_i$、$\boldsymbol{k}_r$ 和 $\boldsymbol{k}_t$ 分别为与光的入射线、反射线和折射线相对应的波矢量。根据光学的射线理论，或者根据光波（电磁波）在两种介质分界面处应满足的边界条件，就可以得到这样的结论：光的入射线、反射线和折射线位于同一个平面内，θ_i 与 θ_r 相等，这称之为反射定律；入射角的正弦与折射角的正弦的比值是一个与折射率有关的常数，即

$$\frac{\sin\ \theta_i}{\sin\ \theta_t} = \frac{n_2}{n_1} \tag{4.2-6a}$$

若令 $N = n_2/n_1$，则

$$\sin\theta_i = N\sin\theta_t \tag{4.2-6b}$$

这称之为折射定律，或称之为斯涅耳（Snell）定律。在下面的讨论中，要用到这些定律。

为了简单起见，可以把均匀平面波分为水平极化波和垂直极化波两种类型来讨论它们在两种介质分界面处的反射和折射的情况。

（一）水平极化波的情况

如图 4.2-1 所示，若入射波电场强度 $\boldsymbol{E}$ 的方向（即波的极化方向）与波的入射面（由入射线和分界面的法线所构成的平面）平行，则称为水平极化波。因为这种波只有 E_x、E_z 和 H_y 三个分量，磁场没有纵向(z)分量，所以，又称为 TM(E)波，即横磁波。由电磁场理论可知，在两种介质的分界面处，电磁场应满足的边界条件是：电场强度 $\boldsymbol{E}$ 和磁场强度 $\boldsymbol{H}$ 的切向(z 轴方向)分量以及电位移矢量 $\boldsymbol{D}$ 和磁感应密度矢量 $\boldsymbol{B}$ 的法向（垂直于 z 轴）分量，都是连续的。显然，在分界面两侧电磁波的切向速度是相同的。由电磁场理论可知，根据边界条件和反射系数的定义（反射波电场强度的复矢量与入射波电场强度的复矢量之比），就可以求出水平极化波在分界面处反射系数 Γ_{TM} 的表示式为

$$\Gamma_{TM} = \frac{n_2 \cos\theta_i - n_1 \cos\theta_t}{n_2 \cos\theta_i + n_1 \cos\theta_t} = \frac{N^2 \cos\theta_i - \sqrt{N^2 - \sin^2\theta_i}}{N^2 \cos\theta_i + \sqrt{N^2 - \sin^2\theta_i}} \tag{4.2-7}$$

下面分别讨论在分界面处波的全反射和全折射的条件。

全反射的条件。设 $N=n_2/n_1<1$，由图 4.2－1 可知，当折射角 $\theta_t=90°$时，光波就不再进入介质 2 中，而是被全部地反射回介质 1 中，此种情况称为波的全反射。这时，式(4.2-6b) 即变为

$$\sin\theta_i = \sin\theta_c = N$$

由此可得

$$\theta_c = \arcsin\left(\frac{n_2}{n_1}\right) \tag{4.2-8}$$

θ_c 称为临界角。因为 $\sin\theta_i \leqslant 1$，即 $\theta_{cmax}=90°$，所以，产生全反射时，θ_i 应满足下式

$$90° \geqslant \theta_i \geqslant \theta_c \tag{4.2-9}$$

另外，从反射系数 Γ_{TM}的表示式(4.2-7)可知，在全反射的情况下，$\Gamma_{TM}=1$。

全折射的条件。光学实验表明，当入射角 θ_i 为一个特定值 θ_B 时，光波就不再返回介质 1 中，而是全部地进入介质 2 中，此种情况称为波的全折射（全透射）。从反射系数 Γ_{TM}的表示式(4.2-7)可知，在全折射的情况下，$\Gamma_{TM}=0$，经推导，得 $\tan\theta_i=\tan\theta_B=N$，即

$$\theta_B = \arctan N \tag{4.2-10}$$

θ_B 称为布鲁斯特(Brewster)角（David Brewster，苏格兰物理学家）。

（二）垂直极化波的情况

如图 4.2-1 所示，若入射波电场强度 $\boldsymbol{E}$ 的方向与入射面垂直，则称为垂直极化波。因为这种波只有 E_y、H_x 和 H_z 三个分量，电场没有纵向(z)分量，所以，又称为 TE（H）波，即横电波。由电磁场理论可知，根据边界条件和反射系数的定义，就可以求出垂直极化波在分界面处反射系数 Γ_{TE}的表示式为

$$\Gamma_{TE} = \frac{n_1 \cos\theta_i - n_2 \cos\theta_t}{n_1 \cos\theta_i + n_2 \cos\theta_t} = \frac{\cos\theta_i - \sqrt{N^2 - \sin^2\theta_i}}{\cos\theta_i + \sqrt{N^2 - \sin^2\theta_i}} \tag{4.2-11}$$

垂直极化波产生全反射的条件与水平极化波产生全反射的条件是相同的，即 θ_i 应满足式(4.2-9)。在全反射的情况下，$\Gamma_{TE}=1$。

对于垂直极化波而言，不存在全折射的情况。因为，从式(4.2-11)可知，若要求全折射，则需要 $N=n_2/n_1=1$，但是，这与假设 $n_1>n_2$ 是矛盾的，所以不可能产生全折射。

（三）表面波

在前面，我们根据射线理论和电磁场在两种介质分界面处应满足的边界条件，讨论了光波产生全反射和全折射的情况。现在，我们再利用均匀平面波的一般表示式，来讨论在全反射和部分反射的情况下，光波在介质 1 和 2 中各有什么特点，并由此引出表面波的概念。

如图 4.2-1 所示，$N=n_2/n_1<1$，假设有一线极化（水平或垂直极化）的均匀平面波，从介质 1 投射到分界面处，在介质 2 中产生折射波，其传播方向即波矢量 $\boldsymbol{k}_t$ 的方向，也就是坡印廷矢量 $\boldsymbol{S}$ 的方向。设 $\boldsymbol{r}$ 为介质 2 内等相位面上任意一点 $p(x,y,z)$的位置矢径，则沿 $\boldsymbol{k}_t$ 方向传播的场矢量 $\boldsymbol{A}$（电场或磁场），根据均匀平面波的一般表示式，即可写为

$$\boldsymbol{A}(\boldsymbol{r},t) = \boldsymbol{A}_m e^{j(\omega t - \boldsymbol{k}_t \cdot \boldsymbol{r})} \tag{4.2-12}$$

式中的 $\boldsymbol{A}_m$ 为场的复振幅（矢量）。波矢量 $\boldsymbol{k}_t$ 的模为

$$|\boldsymbol{k}_{\mathrm{t}}|=\frac{2\pi}{\lambda_2}=\sqrt{\varepsilon_{\mathrm{r2}}}\frac{2\pi}{\lambda_0}=n_2k_0$$

式中，λ_2 和 λ_0 分别为波在与介质 2 相同的无界介质中和自由空间中的波长，k_0 为波在自由空间中的波数（相移常数）。设 $\boldsymbol{x}$、$\boldsymbol{y}$ 和 $\boldsymbol{z}$ 分别为沿 x、y 和 z 轴正方向的单位矢量，则 $\boldsymbol{k}_{\mathrm{t}}$ 和 $\boldsymbol{r}$ 即可写为

$$\boldsymbol{k}_{\mathrm{t}}=\boldsymbol{x}n_2k_0\cos\theta_{\mathrm{t}}+\boldsymbol{z}n_2k_0\sin\theta_{\mathrm{t}}$$

$$\boldsymbol{r}=\boldsymbol{x}x+\boldsymbol{z}z$$

而 $\boldsymbol{k}_{\mathrm{t}}\cdot\boldsymbol{r}$ 则为

$$\boldsymbol{k}_{\mathrm{t}}\cdot\boldsymbol{r}=n_2k_0\cos\theta_{\mathrm{t}}x+n_2k_0\sin\theta_{\mathrm{t}}z$$

这样，式(4.2-12)即可写为

$$\boldsymbol{A}(\boldsymbol{r},t)=\boldsymbol{A}_{\mathrm{m}}\exp\mathrm{j}(\omega t-n_2k_0\cos\theta_{\mathrm{t}}x-n_2k_0\sin\theta_{\mathrm{t}}z)\qquad(4.2-13)$$

为便于讨论，可以将式中含有 θ_{t} 的三角函数变换为仅含有 θ_{i} 的三角函数。为此，利用

$$\sin\theta_{\mathrm{i}}=N\sin\theta_{\mathrm{t}}$$

和

$$\sin^2\theta_{\mathrm{t}}=1-\cos^2\theta_{\mathrm{t}}$$

就可以得到

$$n_2\cos\theta_{\mathrm{t}}=\pm n_2\sqrt{1-\left(\frac{n_1}{n_2}\right)^2\sin^2\theta_{\mathrm{i}}}=\pm n_1\sqrt{N^2-\sin^2\theta_{\mathrm{i}}}$$

根据式(4.2-6b)可知

$$n_2\sin\theta_{\mathrm{t}}=n_1\sin\theta_{\mathrm{i}}\qquad\sin\theta_{\mathrm{t}}=\frac{n_1}{n_2}\sin\theta_{\mathrm{i}}$$

这样，式(4.2-13)即变为

$$\boldsymbol{A}(\boldsymbol{r},t)=\boldsymbol{A}_{\mathrm{m}}\exp\mathrm{j}(\omega t\mp n_1\sqrt{N^2-\sin^2\theta_{\mathrm{i}}}\,k_0x-n_1\sin\theta_{\mathrm{i}}k_0z)\qquad(4.2-14)$$

在该式的指数中，含 x 的项表示波沿 x 方向的相移常数，用 α 表示；含 z 的项表示波沿 z 方向的相移常数，用 β 表示。即

$$\alpha=n_1k_0\sqrt{\sin^2\theta_{\mathrm{i}}-N^2}\qquad(4.2-15)$$

$$\beta=n_1k_0\sin\theta_{\mathrm{i}}\qquad(4.2-16)$$

式(4.2-14)就可写为

$$\boldsymbol{A}(\boldsymbol{r},t)=\boldsymbol{A}_{\mathrm{m}}\mathrm{e}^{\pm\alpha x}\,\mathrm{e}^{\mathrm{j}(\omega t-\beta z)}\qquad(4.2-17)$$

下面，根据 α 和 β 的表示式，来讨论在全反射和部分反射的情况下，光波在介质 1 和 2 中的特点，以及表面波的概念。

1. 全反射时的情况

首先根据 α，然后根据 β 来分析全反射时的情况。

根据 α 的分析。当产生全反射时，$\theta_{\mathrm{i}}\geqslant\theta_{\mathrm{c}}$，由式(4.2-15)可知，$\alpha$ 为正实数。在式(4.2-17)中，若 α 前取“+”号，则表示在介质 2 中场量的幅值随着 x 的增加而增大，当 x 趋于无穷远时，幅值趋于无穷大。显然，这是不符合实际情况的，应当舍去，因此 α 前只能取“-”号，这表示场量的幅值随着 x 的增加而按指数规律衰减，等幅值面与介质的分界面平行，如图4.2-2 所示。可见，此时的 α 实际上是一个衰减常数，而不是相移常数，即在 x 方向没有波的传播。需要指出的是，波的这种衰减并不是由于介质的热损耗所引起的，而是由边界条件所确定的。

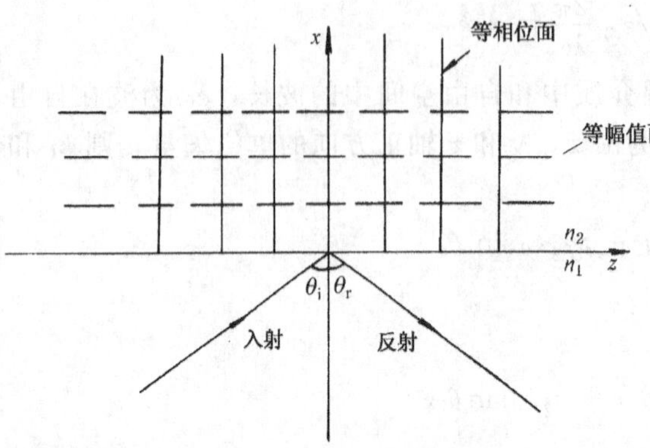

图 4.2-2　表面波的特性

根据 β 的分析。由式(4.2-17)可知，在介质 2 中，场量沿 z 方向没有衰减，是传播（行波）状态，其相移常数就是 β。根据式(4.2-16)可以把 β 写为

$$\beta = n_1 k_0 \sin\theta_i = k_1 \sin\theta_i \tag{4.2-18}$$

式中，$k_1=2\pi/\lambda_1$（波数），λ_1 是波在与介质 1 相同的无界介质中的波长，而 $k_1\sin\theta_i$ 则是 k_1 在介质 1 中沿 z 方向的分量，也就是波沿 z 方向的相移常数。可见，在全反射的情况下，在介质分界面及其两侧，波沿 z 方向的相移常数是相同的（都等于 β），或者说相速是相同的，等相位面垂直于 z 轴，如图 4.2-2 所示。这与电磁场在两种介质分界面处应满足的边界条件是一致的。另外，当产生全反射时，$\theta_i \geqslant \theta_c$，即

$$\beta = n_1 k_0 \sin\theta_i \geqslant n_1 k_0 \sin\theta_c = n_2 k_0 = k_2$$

设波的角频率为 ω，则波沿 z 方向的相速为 $v_p=\omega/\beta$，与均匀平面波在介质 2 中的速度（光速）$v_2=\omega/k_2$ 加以比较即可看出：在分界面两侧，波沿着 z 方向的传播速度在数值上要小于 v_2，因此称这种波为慢波。

把以上的分析概括如下：在全反射的情况下，在介质 1 内，以及在距介质 1 表面很近的介质 2 内，形成了沿 z 方向传播的波（慢波），即是说，波的能量主要集中于介质 1 及其表面附近，因此也把这种波称为表面波；在介质 2 内，沿 x 方向没有波的传播，沿 z 方向是行波状态，其等相位面垂直于 z 轴，等幅值面与介质的分界面平行，并随着 x 的增加而按指数规律衰减；沿 z 方向传播的波是非均匀平面波。

现在，对以上的分析结果再作一简单的说明：乍看起来，在全反射的情况下，光波似应从分界面处被全部地反射回介质 1 内，而实际上并非如此，因为分界面不可能是理想的光学接触面，根据波动光学的理论和实验已经证实，在分界面处总有一部分光波会渗透到介质 2 中去。从理论上讲，只是在无穷处（$x\to\infty$）这一部分渗透波的能量才会衰减到零，但实际上，在距分界面约几个工作波长的距离上，其能量已经小到微不足道。

2. 部分反射时的情况

当 $\theta_i<\theta_c$ 时，光波的一部分从分界面处被反射回介质 1 内（反射波），另一部分则进入介质 2 内（折射波），这就是部分反射时的情况。从式（4.2-15）知，因为 $\theta_i<\theta_c$，所以 α 为虚数，这时根据式（4.2-17）即可看出，在介质 2 内，沿 x 方向也有波的传播，称之为辐射波。此时，波沿 z 方向传播的相移常数 β 为

$$\beta = n_1 k_0 \sin\theta_i < n_1 k_0 \sin\theta_c = n_2 k_0 = k_2$$

其相速 $v_p=\omega/\beta$ 在数值上要大于均匀平面波在介质 2 中的速度（光速）$v_2=\omega/k_2$，因此称这种波为快波。

综合上述的讨论可知，在全反射的情况下，波沿 z 轴方向传播的相移常数 β 应满足下式

$$n_2 k_0 < \beta < n_1 k_0 \tag{4.2-19}$$

否则，即为部分反射的情况，此时，波不仅沿 z 方向传播，而且沿 x 方向也有传播

（辐射波）。

二、阶跃光纤的射线分析

如同在前面所讲的光线在不同介质的分界面处产生全反射，从而形成沿 z 方向传播的波一样，当光线投射到光纤芯子的端面，并进入到光纤中时，就会在芯子与包层的分界面处产生全反射，形成沿光纤轴线传播的波。现在要讨论的问题是，投射到芯子端面上的光线应满足什么条件，才能在光纤中产生全反射，并形成沿轴线传播的波。对此，可以利用射线理论来分析。在这里需要说明的是：虽然芯子与包层的分界面不是平面，而是曲面，但是，当芯子表面的曲率半径比工作波长大得多时，仍可以近似地把它看做是平面。根据前面的讨论可以推知，在全反射的情况下，光线渗透到包层内的距离是很短的，因此只要包层的厚度远大于渗透距离，就可以近似地认为它是无限厚的，这样，就可以不考虑第二个分界面（包层与保护层或空气的分界面）的影响，从而使问题得到简化。由于多模光纤芯子横截面的尺寸比工作波长大得多，因此对于投射到芯子端面上的光线而言，可以把端面看做是无限大的平面，这样，就可以用射线理论来分析光纤的传输特性，并能得到较好的结果。由于单模光纤芯子横截面的尺寸比工作波长大不了多少，因此对于光线而言，芯子的端面就不能被看做是无限大的平面，也就是说，射线理论不适用于单模光纤。

根据光线在光纤芯子里的不同传播方式，可以把它们分为子午射线、斜射线和螺旋线三种类型。在此，只讨论前两种类型光线的传播情况。下面分别讨论。

（一）子午射线分析

首先讨论子午射线在芯子与包层分界面处产生全反射时，它应满足的条件，然后讨论子午射线的色散问题。

1. 全反射的条件

图 4.2-3 是子午射线的传播情况。芯子（其半径为 a）和包层（设其厚度为无限大）的折射率分别为 n_1 和 $n_2(n_1>n_2)$，设光纤端面（$z=0$ 处）左方介质的折射率为 n_0（真空或空气的折射率），光线从与 z 轴成 θ_0 夹角的方向投射于端面。包含光纤轴的平面称为子午面，若光线在传播过程中，其路径始终在子午面内，则称为子午射线。可见，这是与光纤轴线相交的一种射线。现在来讨论 θ_0 应满足什么条件，才能使光线进入光纤之后在芯子与包层的分界面处产生全反射，从而形成沿光纤轴线方向传播的波。

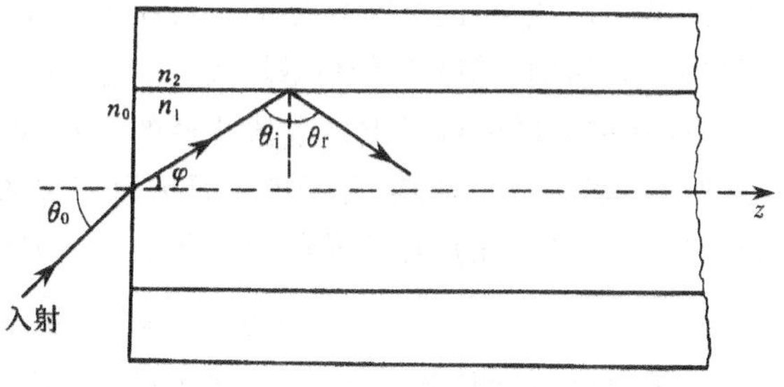

图 4.2-3　子午射线

根据斯涅耳定律，当光线从端面进入光纤之后，应有

$$\frac{\sin\ \theta_0}{\sin\ \varphi}=\frac{\sin\ \theta_0}{\cos\ \theta_i}=N=\frac{n_1}{n_0}$$

即　$\sin\theta_0=\dfrac{n_1}{n_0}\cos\theta_i$　　(4.2-20)

式中的 $\varphi=90°-\theta_i$。在芯子与包层分界面处产生全反射的条件为 $\theta_i \geqslant \theta_c$，即

$$\sin\theta_i \geqslant \sin\theta_c = \frac{n_2}{n_1}$$

由此可知

$$1-\sin^2\theta_i \leqslant 1-\left(\frac{n_2}{n_1}\right)^2$$

又

$$1-\sin^2\theta_i = \cos^2\theta_i$$

将其代入到式(4.2-20)中，得

$$\sin\theta_0 = \frac{n_1}{n_0}\sqrt{1-\sin^2\theta_i} \leqslant \frac{n_1}{n_0}\sqrt{1-\left(\frac{n_2}{n_1}\right)^2}$$

即

$$\sin\theta_0 \leqslant \frac{1}{n_0}\sqrt{n_1^2-n_2^2} \tag{4.2-21}$$

这就是在全反射的情况下，θ_0 或子午射线应满足的条件。其中，允许的最大的 θ_0 应满足

$$\sin\theta_{0\max} = \frac{1}{n_0}\sqrt{n_1^2-n_2^2} \tag{4.2-22}$$

即是说，若以 $\theta_{0\max}$ 为顶角构成一个圆锥体，那么，凡是在此圆锥体内的光线投射到芯子的端面、并进入光纤之后均可以在分界面处产生全反射，从而形成沿光纤轴线方向传播的波，因此，通常把 $\theta_{0\max}$ 称为最大激励（接收）角。在光学的透镜系统中，当光轴上的物点相对于入射孔的张角为 α 时，一般称 α 的正弦 $\sin\alpha$ 为数值孔径，并用符号 NA（Numerical Aperture）来表示之。它表示，只有其传播方向与光轴的夹角小于 α 的那一部分光线才能被透镜所接收，即数值孔径表示透镜的聚光能力。类似地，在光纤中也可以用数值孔径来表示光纤的聚光能力，它的表示式为

$$NA = \sin\theta_{0\max} = \frac{1}{n_0}\sqrt{n_1^2-n_2^2} \tag{4.2-23}$$

对于空气介质，$n_0\approx 1$，则

$$NA = \sin\theta_{0\max} = \sqrt{n_1^2-n_2^2} \tag{4.2-24}$$

数值孔径愈大（n_1 与 n_2 的差别愈大），光纤接收光线的能力愈大，光纤也愈易被激励。但是，其值也不宜太大，否则会使光纤的色散增大、带宽减小，因此 NA 的范围为 0.15～0.24。

对于渐变型光纤也可以求得数值孔径的表示式，但是正如式(4.1-1)所表明的那样，由于芯子的折射率 $n_1(r)$ 是随着芯子的半径 r 而变化的，因此不可能写出一个总的数值孔径的表示式，而只能写出局部的（芯子横截面上各点处的）数值孔径的表示式，即

$$NA(r) = \sqrt{n_1^2(r)-n_2^2} \tag{4.2-25}$$

式中的 n_2 是包层的折射率。当 $r=0$ 时（芯子中心线处），$NA(r)$ 有最大值，即

$$NA(r)_{\max} = NA(0) = \sqrt{n_1^2(0)-n_2^2} \tag{4.2-26}$$

式中的 $n_1(0)$ 是芯子中心线处的折射率。

2. 子午射线的色散

所谓色散，就是光波（光能量）沿光纤轴向的相移常数或传播速度不同。色散会引起传输信息的失真。光纤中产生色散的原因有三种：一是模式之间的色散（模式或模间色散），

即在同一频率下，当有多个模式在光纤中传输时，由于各个模式的传播速度不同而引起的色散；二是波导色散，它是模式本身的色散（模内色散），即在同一模式下，不同的频率传播速度不同而引起的色散；三是材料色散，即光纤所用材料的折射率不是常数，而是随着频率而变化的，因此，传输信息中各个频率成分的传播速度也不相同，形成了色散。需要指出的是，在实际中光纤所产生的色散，不一定是由一种原因造成的，而可能是由多种原因造成的，例如在单模光纤中，既有波导色散，又有材料色散。

子午射线的色散属于模式（间）色散。如图 4.2-3 所示，从射线理论的观点看，当频率相同但入射角($\theta_i \geqslant \theta_c$)不同的光线投射到芯子与包层的分界面处，并产生全反射时，它们沿光纤轴向的速度是不同的，或者说，光线从光纤始端到终端传播的路径不同，到达终端的时间也不同，产生了时延差，从而造成了传输信息的失真。这种现象称为子午射线的色散。从另一方面看，投向芯子与包层分界面处的入射波与由分界面处返回的反射波相叠加，在芯子的横截面上形成了纯驻波场，入射波的入射角（$\theta_i \geqslant \theta_c$）不同，则入、反射波相叠加后形成的场结构（场分布）也不同，即模式不同，传播速度不同，产生了色散。可见，子午射线的色散属于模式（间）色散。

现在我们来计算子午射线所产生的最大时延差，由此可以对子午射线的色散有进一步的了解。如图 4.2-3 所示，设光纤的长度为 l，从光纤始端($z=0$ 处)到终端传播得最快的是与光纤轴线相平行的射线($\theta_i=90°$)，令其速度为 $v_{\max}$，则射线从始端到达终端所需要的时间为

$$t_{\min}=\frac{l}{v_{\max}}=\frac{ln_1}{v_0}$$

式中，n_1 是芯子的折射率；v_0 是光线在真空中的速度。从光纤始端到终端传播得最慢的是入射角 $\theta_i=\theta_c$ 的射线，设该射线投向芯子与包层分界面处的速度为 v（即射线在与芯子相同的无界介质中的光速），那么，它沿光纤轴向的速度则为

$$v_z=v\cos(90°-\theta_c)=v\sin\theta_c=\frac{v_0 n_2}{n_1^2}$$

式中，θ_c 为产生全反射时的临界角，n_2 是包层的折射率。射线从始端到达终端所需要的时间为

$$t_{\max}=\frac{l}{v_z}=\frac{ln_1^2}{v_0 n_2}$$

两种射线的最大时延差为

$$\tau=t_{\max}-t_{\min}=\frac{ln_1}{v_0}\frac{(n_1-n_2)}{n_2}$$

若 n_2 与 n_1 相差很少（即弱导光纤），则最大时延差 τ 可近似地写为

$$\tau=t_{\max}-t_{\min}=t_{\min}\Delta \tag{4.2-27}$$

式中的 Δ 为相对折射率差。可见，Δ 愈小，τ 也愈小，即色散也愈小。例如，设 $\Delta=1\%$，$n_1=1.50$，则每千米的最大时延差 $\tau=50\text{ns}$。另外，从阶跃光纤的波动理论可知，当频率一定时，Δ 愈小，光纤中所能传输的模式的数量也愈少，这样，就减少了模间色散。

（二）斜射线分析

图 4.2-4 是斜射线的传播情况，光纤芯子（其半径为 a）和包层（设其厚度为无限大）的折射率分别为 n_1 和 n_2（$n_1>n_2$）。所谓斜射线，即光线在芯子里的传播路径不在同一个平面内，也不与光纤轴线相交，而是一个螺旋形的空间折线。如图 4.2-4 所示，假设有一光

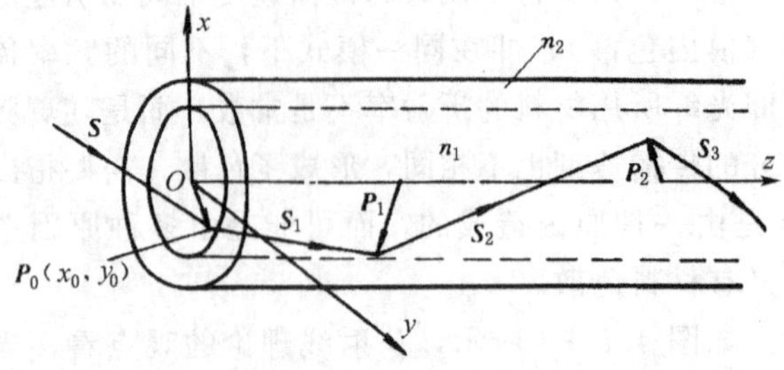

图 4.2-4　斜射线

射线沿着 $\boldsymbol{S}$ 的方向投射到光纤端面上的某一点 P_0，进入芯子内，现在讨论：投射到 P_0 点的光射线应满足什么条件，才能使它进入芯子之后在芯子与包层的分界面处产生全反射，从而形成沿光纤轴线方向传播的波？为便于分析，采用如图 4.2-4 中所示的直角坐标系，设 $\boldsymbol{x}$、$\boldsymbol{y}$ 和 $\boldsymbol{z}$ 分别为沿相应坐标轴正方向的单位矢量。这样，在光纤端面上入射线方向的单位矢量即可写为

$$\boldsymbol{S}_0 = \boldsymbol{x}L_0 + \boldsymbol{y}M_0 + \boldsymbol{z}N_0 \tag{4.2-28}$$

式中的 L_0、M_0 和 N_0 为入射线的方向余弦。光射线的入射点 $P_0(x_0, y_0)$ 可以用该点的矢径 $\boldsymbol{P}_0$ 来表示，即

$$\boldsymbol{P}_0 = \boldsymbol{x}x_0 + \boldsymbol{y}y_0 \qquad |\boldsymbol{P}_0| = \sqrt{x_0^2 + y_0^2} = a \tag{4.2-29}$$

光射线进入芯子之后，在芯子与包层的分界面处产生反射。可以设想，在每一反射点处作通过该点的切平面的垂线（切平面与分界面相切，其切线与光纤轴平行），垂线与光纤轴线相交，从而构成了每一反射点处切平面的法向矢量；设在第 $m(m=1,2,3,\cdots)$ 个反射点处入射线方向的单位矢量为 $\boldsymbol{S}_m$，入射角为 θ_{im}，反射线方向的单位矢量为 $\boldsymbol{S}_{m+1}$，反射角为 θ_{rm}，该点的法矢量为 $\boldsymbol{P}_m$。这样，光学中“入射线、反射线和法线应在同一个平面内”的规律，就可以用数学式子表示为

$$(\boldsymbol{S}_m - \boldsymbol{S}_{m+1}) \times \boldsymbol{P}_m = 0 \tag{4.2-30}$$

光学中“入射角和反射角相等”的规律，则可表示为

$$(\boldsymbol{S}_m + \boldsymbol{S}_{m+1}) \cdot \boldsymbol{P}_m = 0 \tag{4.2-31}$$

光射线在芯子与包层分界面处产生全反射的条件，根据式（4.2-9）应为

$$\sin\theta_i \geqslant \sin\theta_c = \frac{n_2}{n_1} \tag{4.2-32}$$

为书写方便，将 θ_{im} 写为 θ_i，θ_c 为产生全反射时的临界角。由此式可得

$$\cos\theta_i = \sqrt{1 - \sin^2\theta_i} \leqslant \frac{\sqrt{n_1^2 - n_2^2}}{n_1}$$

现将其改写为

$$\cos\theta_i = \boldsymbol{S}_m \cdot \frac{\boldsymbol{P}_m}{|\boldsymbol{P}_m|} \tag{4.2-33}$$

将此式应用于光纤始端的端面上，则有

$$\boldsymbol{S}_0 \cdot \frac{\boldsymbol{P}_0}{|\boldsymbol{P}_0|} = \frac{L_0 x_0 + M_0 y_0}{\sqrt{x_0^2 + y_0^2}} \leqslant \frac{\sqrt{n_1^2 - n_2^2}}{n_1} \tag{4.2-34a}$$

或写为

$$n_1\left[L_0^2 + M_0^2 - \left(\frac{x_0 M_0 - y_0 L_0}{a}\right)^2\right]^{1/2} \leqslant NA \tag{4.2-34b}$$

式中的 NA 为子午射线时的数值孔径。这就是说，如果光纤始端的光射线满足上式，则进

入光纤芯子内的光射线就会在芯子与包层的分界面处产生全反射，从而形成沿光纤轴线方向传播的波。作为一种特殊情况，即光射线在端面上的入射点 P_0 位于 x 轴上时（$|x_0|=a$，$y_0=0$），则式(4.2-34b)变为

$$n_1 L_0 \leqslant NA \tag{4.2-35}$$

该式与 M_0 无关，即入射光线与 y 轴的夹角可任意选取。由于光纤对其轴线是旋转对称的，x 和 y 坐标轴可任意选取，端面上任意一点的径向矢量均可看做位于 x 轴上。因此，对于任意入射线，若它与包含有入射点的径向矢量之间夹角的余弦满足式（4.2-35)，均能进入光纤内，形成全反射，并沿光纤轴向传播。对于几乎与 y 轴相垂直的入射线，虽然也会被限制于芯子内产生全反射，但它沿光纤轴向的速度近乎为零，而不能传播。斜射线的最大激励角比子午射线的最大激励角要大，即是说，斜射线更易被光纤所收集。

光线在光纤芯子里的传播路径除上述的子午射线和斜射线外，还有一种是螺旋线，即光线沿着芯子与包层的分界面、边绕光纤轴旋转边沿轴向传播，形成一个空间螺旋线。对于这种情况，这里就不讨论了。

§4.3　阶跃光纤的波动理论

现在利用波动理论来讨论光线在圆柱形阶跃光纤中的传输问题。具体地讲就是：根据电磁波（光波）在芯子与包层分界面处应满足的边界条件，求出光纤中波动方程的解，即芯子和包层中的场结构（场分布），求出特征方程；分析光纤中的模式、传输条件和截止条件等。利用波动理论来分析这些问题，其基本思路大体上与分析圆柱形金属波导时的思路相似，但是，正如在前几节的讨论中所提到的那样，对于光纤而言，由于在芯子和包层内都存在着电磁场，因此，具体的分析过程要比金属圆波导的分析过程复杂得多。在本节只讨论弱导($\Delta \ll 1$)光纤的传输特性，而且，正如在§4.2 中已指出的，对于传输模而言，电磁波渗透到包层中的距离是很短的，而包层的厚度又比工作波长大得多，因此可以认为包层是近似于无限厚的。这样，就使问题的分析得以简化，而由此所得的结果仍具有一定的实用意义。

一、波动方程及其解

如图 4.3-1 所示，设光纤的芯子（其半径为 a）与包层（设其厚度为无限大）的介电常数、折射率分别为 ε_1、n_1 和 ε_2、n_2（$n_2<n_1$），芯子和包层的磁导率都近似地等于 μ_0（真空的磁导率）；另外，还假设芯子和包层都是均匀、无耗、线性、各向同性、沿轴线无限长的介质。

我们采用圆柱坐标系(r,φ,z)来讨论光纤中的波动方程及其解，并设 z 轴为光纤的轴线、电磁波朝着 z 轴的正方向传播，则电场和磁场可表示为

$$\boldsymbol{E} = \boldsymbol{E}_0(r,\varphi)\mathrm{e}^{\mathrm{j}(\omega t-\beta z)} \tag{4.3-1}$$

$$\boldsymbol{H} = \boldsymbol{H}_0(r,\varphi)\mathrm{e}^{\mathrm{j}(\omega t-\beta z)} \tag{4.3-2}$$

式中，$\boldsymbol{E}_0$ 和 $\boldsymbol{H}_0$ 分别为电场和磁场的复振幅（复矢量）；β 是电磁波沿 z 轴方向的相移常数。与求

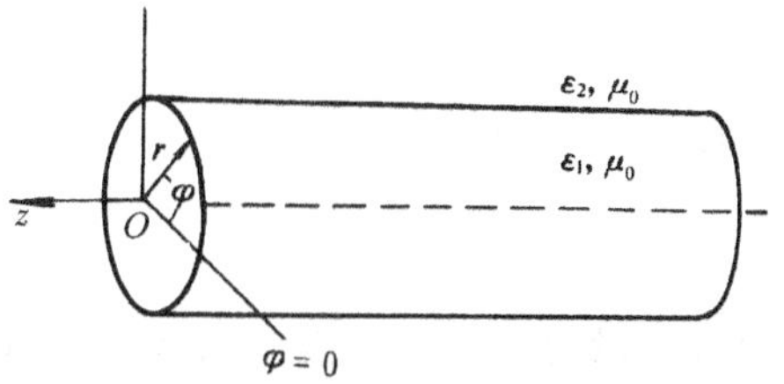

图 4.3-1　圆柱形光纤

金属圆波导中波动方程的解时所采用的方法相类似，即，首先求出光纤芯子和包层中电场的纵向分量 E_z 和磁场的纵向分量 H_z 的表示式，然后再利用横、纵分量之间的关系式，求出芯子和包层中电场和磁场横向分量的表示式。这样，全部的场分量的表示式（即波动方程的解）就求出来了。在下面的求解过程中，为书写方便，均省写了变量 (r,φ) 和因子 $\exp j(\omega t-\beta z)$。因为 E_z 和 H_z 均满足标量形式的亥姆霍兹方程，所以根据式(2.2-15)和(2.2-16)则有

$$\nabla_t^2 E_{zi} + k_{ci}^2 E_{zi} = 0 \tag{4.3-3}$$

$$\nabla_t^2 H_{zi} + k_{ci}^2 H_{zi} = 0 \tag{4.3-4}$$

在圆柱坐标系中

$$\nabla_t^2 = \frac{\partial^2}{\partial r^2} + \frac{1}{r}\frac{\partial}{\partial r} + \frac{1}{r^2}\frac{\partial^2}{\partial \varphi^2}$$

将 ∇_t^2 代入到上面两式中，得

$$\frac{\partial^2 E_{zi}}{\partial r^2} + \frac{1}{r}\frac{\partial E_{zi}}{\partial r} + \frac{1}{r^2}\frac{\partial^2 E_{zi}}{\partial \varphi^2} + k_{ci}^2 E_{zi} = 0 \tag{4.3-5}$$

$$\frac{\partial^2 H_{zi}}{\partial r^2} + \frac{1}{r}\frac{\partial H_{zi}}{\partial r} + \frac{1}{r^2}\frac{\partial^2 H_{zi}}{\partial \varphi^2} + k_{ci}^2 H_{zi} = 0 \tag{4.3-6}$$

式中，$k_{ci}^2=\omega^2\mu_0\varepsilon_i-\beta^2=(n_i k_0)^2-\beta^2$，$k_0^2=\omega^2\mu_0\varepsilon_0$，或 $k_0=2\pi/\lambda_0$，$i=1$，2 分别表示芯子和包层所对应的参量；ω 是角频率；ε_0 是真空的介电常数；λ_0 是电磁波在真空中的波长；k_0 是它的波数。在下面，为书写方便，对于 E_z 和 H_z，以及其他有关的量，均不再注明下标"i"，若有必要加以区别时，再加以说明。

利用分离变量法对 E_z 和 H_z 求解，即设

$$E_z = AR(r)\phi(\varphi) \tag{4.3-7}$$

$$H_z = BR(r)\phi(\varphi) \tag{4.3-8}$$

式中的 A 和 B 为待定常数。首先，将上式代入到式(4.3-5)和式(4.3-6)中，就得到分别含有待定常数 A 和 B 的两个方程，然后对这两个方程等号的两端再分别乘以 $r^2/AR\phi$ 和 $r^2/BR\phi$，消掉了 A 和 B，于是就得到了形式上完全相同的一个方程，即

$$\frac{r^2}{R}\frac{\partial^2 R}{\partial r^2} + \frac{r}{R}\frac{\partial R}{\partial r} + k_c^2 r^2 = -\frac{1}{\phi}\frac{\partial^2 \phi}{\partial \varphi^2}$$

等号左端的项仅是 r 的函数，等号右端的项仅是 φ 的函数，若要等式成立，则等号两端的项应等于同一个常数，设此常数为 m^2，由此可得下面两个常微分方程

$$\frac{d^2\phi}{d\varphi^2} + m^2\phi = 0 \tag{4.3-9}$$

$$\frac{d^2 R}{dr^2} + \frac{1}{r}\frac{dR}{dr} + \left(k_c^2 - \frac{m^2}{r^2}\right)R = 0 \tag{4.3-10}$$

式(4.3-9)的解为

$$\phi(\varphi) = \begin{matrix}\cos m\varphi \\ \sin m\varphi\end{matrix} \tag{4.3-11}$$

根据电磁场在芯子与包层分界面处应满足的边界条件可知，在光纤的芯子和包层中，其场量沿圆周方向是按式(4.3-11)所示的规律而变化的，m 表示场量沿圆周分布的整驻波的个数，m 不同，场量的分布状态不同。因为角度 φ 的变化周期为 2π，所以，式(4.3-11)中的 m 只

能取正或负的整数（包括零）。

式(4.3-10)是贝塞尔方程，它描述的是场量沿光纤的径向（r 方向）的分布规律，但是，对于传输模而言，在芯子和包层内，其分布规律是不同的，因此应分别加以讨论。为此而引入下列参量

$$u^2 = a^2(n_1^2 k_0^2 - \beta^2) \tag{4.3-12}$$

$$w^2 = a^2(\beta^2 - n_2^2 k_0^2) \tag{4.3-13}$$

式中的 u 和 w 分别表示传输模的场在芯子和包层内沿径向的变化规律；u 称为归一化的相移常数；w 称为归一化的衰减常数。这样，对于芯子($r \leqslant a$)和包层($r > a$)内场的径向变化规律，根据式(4.3-10)，可分别表示为

$$\frac{\mathrm{d}^2 R}{\mathrm{d}r^2} + \frac{1}{r}\frac{\mathrm{d}R}{\mathrm{d}r} + \left(\frac{u^2}{a^2} - \frac{m^2}{r^2}\right)R = 0, \quad r \leqslant a \tag{4.3-14}$$

$$\frac{\mathrm{d}^2 R}{\mathrm{d}r^2} + \frac{1}{r}\frac{\mathrm{d}R}{\mathrm{d}r} - \left(\frac{w^2}{a^2} + \frac{m^2}{r^2}\right)R = 0, \quad r > a \tag{4.3-15}$$

在数学中，当 y 为 x 的函数时，贝塞尔方程为

$$x^2 \frac{\mathrm{d}^2 y}{\mathrm{d}x^2} + x\frac{\mathrm{d}y}{\mathrm{d}x} + (x^2 - m^2)y = 0 \tag{4.3-16}$$

它的通解为

$$y = C_1 \mathrm{J}_m(x) + C_2 \mathrm{N}_m(x) \tag{4.3-17}$$

式中，C_1 和 C_2 为任意常数，$\mathrm{J}_m(x)$和 $\mathrm{N}_m(x)$分别称为 m 阶第一类和第二类贝塞尔函数，这两类函数随 x 的变化曲线与第 2 章中的图 2.5-2 和图 2.5-4 一样($K_c r$ 相当于 x)。将式(4.3-14)与式(4.3-16)加以对比即可看出，式(4.3-14)为贝塞尔方程，因此它的解为

$$R(r) = \mathrm{J}_m\left(\frac{u}{a}r\right) + \mathrm{N}_m\left(\frac{u}{a}r\right) \tag{4.3-18}$$

$\frac{u}{a}$是参变量，r 是自变量。由图 2.5-4 可知，当 $r\to 0$ 时，$\mathrm{N}_m\left(\frac{u}{a}r\right)\to(-\infty)$，这与光纤芯子内 $r=0$ 处的场为一有限值的情况不符，因此应舍去 $\mathrm{N}_m\left(\frac{u}{a}r\right)$，只能取 $\mathrm{J}_m\left(\frac{u}{a}r\right)$，即

$$R(r) = \mathrm{J}_m\left(\frac{u}{a}r\right) \tag{4.3-19}$$

若将式(4.3-16)中的变量 x 用($\mathrm{j}x$)或($-\mathrm{j}x$)来代替，就得到了变态的（或称虚宗量的）贝塞尔方程

$$x^2 \frac{\mathrm{d}^2 y}{\mathrm{d}x^2} + x\frac{\mathrm{d}y}{\mathrm{d}x} - (x^2 + m^2)y = 0 \tag{4.3-20}$$

它的通解为

$$y = D_1 \mathrm{I}_m(x) + D_2 \mathrm{K}_m(x) \tag{4.3-21}$$

式中，D_1 和 D_2 为任意常数；$\mathrm{I}_m(x)$和 $\mathrm{K}_m(x)$分别称为 m 阶第一类和第二类变态贝塞尔函数，这两类函数随 x 的变化曲线如图 4.3-2 所示。当变量 x 足够大时，可将 $\mathrm{I}_m(x)$和 $\mathrm{K}_m(x)$ 近似地表示为

$$\mathrm{I}_m(x) \approx \frac{1}{\sqrt{2\pi x}}\mathrm{e}^x \tag{4.3-22}$$

$$\mathrm{K}_m(x) \approx \sqrt{\frac{\pi}{2x}}\mathrm{e}^{-x} \tag{4.3-23}$$

将式(4.3－15)与式(4.3－20)加以对比即可看出，式(4.3－15)为变态贝塞尔方程，因此它的解为

$$R(r) = \mathrm{I}_m\left(\frac{w}{a}r\right) + \mathrm{K}_m\left(\frac{w}{a}r\right) \tag{4.3-24}$$

$\frac{w}{a}$是参变量，r 是自变量。当$\left(\frac{w}{a}r\right)$足够大时，$\mathrm{I}_m\left(\frac{w}{a}r\right)$和 $\mathrm{K}_m\left(\frac{w}{a}r\right)$的近似式为

$$\mathrm{I}_m\left(\frac{w}{a}r\right) \approx \frac{1}{\sqrt{\frac{2\pi wr}{a}}}\mathrm{e}^{\frac{w}{a}r} \tag{4.3-25}$$

$$\mathrm{K}_m\left(\frac{w}{a}r\right) \approx \sqrt{\frac{\pi a}{2wr}}\mathrm{e}^{-\frac{w}{a}r} \tag{4.3-26}$$

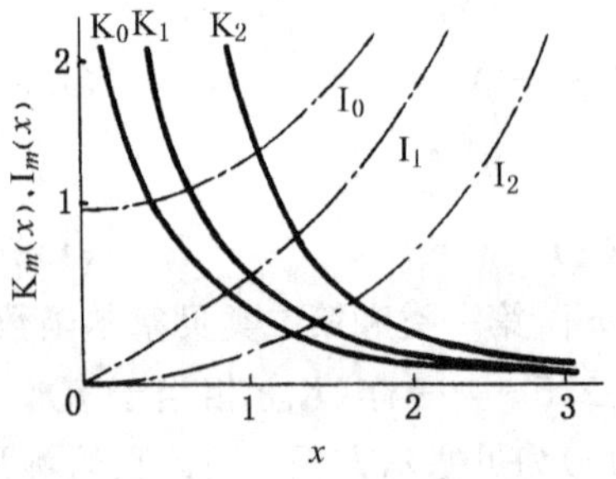

图 4.3－2　变态贝塞尔函数曲线

由图 4.3－2 或变态贝塞尔函数的近似式可知，当 $r\to\infty$时，$\mathrm{I}_m\left(\frac{w}{a}r\right)\to\infty$，这与光纤包层内 $r\to\infty$时场量应为零的情况不符，因此应舍去 $\mathrm{I}_m\left(\frac{w}{a}r\right)$，只能取 $\mathrm{K}_m\left(\frac{w}{a}r\right)$，即

$$R(r) = \mathrm{K}_m\left(\frac{w}{a}r\right) \tag{4.3-27}$$

将式(4.3－11)、式(4.3－19)和式(4.3－27)代入到式(4.3－7)中，则 E_z 在光纤芯子和包层内的表示式分别为

$$E_{z1} = A_1\mathrm{J}_m\left(\frac{u}{a}r\right)\begin{matrix}\cos m\varphi\\ \sin m\varphi\end{matrix} \qquad r\leqslant a \tag{4.3-28}$$

$$E_{z2} = A_2\mathrm{K}_m\left(\frac{w}{a}r\right)\begin{matrix}\cos m\varphi\\ \sin m\varphi\end{matrix} \qquad r > a \tag{4.3-29}$$

根据边界条件可知，当 $r=a$ 时，$E_{z1}=E_{z2}$，则由式(4.3－19)和式(4.3－27)可得 $R(a)=A_1\mathrm{J}_m(u)=A_2\mathrm{K}_m(w)$，即 $A_1=R(a)/\mathrm{J}_m(u)$，$A_2=R(a)/\mathrm{K}_m(w)$，若令 $A=R(a)$，并将 A_1 和 A_2 代入到 E_{z1} 和 E_{z2} 的表示中，则

$$E_{z1} = A\frac{\mathrm{J}_m\left(\frac{u}{a}r\right)}{\mathrm{J}_m(u)}\begin{matrix}\cos m\varphi\\ \sin m\varphi\end{matrix} \qquad r\leqslant a \tag{4.3-30}$$

$$E_{z2} = A\frac{\mathrm{K}_m\left(\frac{w}{a}r\right)}{\mathrm{K}_m(w)}\begin{matrix}\cos m\varphi\\ \sin m\varphi\end{matrix} \qquad r > a \tag{4.3-31}$$

同样地，对于式(4.3－8)的 H_z，根据边界条件，当 $r=a$ 时，$H_{z1}=H_{z2}$，经过与上述同样的分析步骤，即可得到 H_z 在光纤芯子和包层内的表示式分别为

$$H_{z1} = B\frac{\mathrm{J}_m\left(\frac{u}{a}r\right)}{\mathrm{J}_m(u)}\begin{matrix}\sin m\varphi\\ \cos m\varphi\end{matrix} \qquad r\leqslant a \tag{4.3-32}$$

$$H_{z2}=B\frac{\mathrm{K}_m\left(\frac{w}{a}r\right)}{\mathrm{K}_m(w)}\begin{matrix}\sin m\varphi\\ \cos m\varphi\end{matrix}\qquad r>a \tag{4.3-33}$$

为便于讨论，在上式中将式(4.3-11)三角函数的位置作了交换，这不影响问题的本质。至此，光纤芯子和包层中电场的纵向分量 E_z 和磁场的纵向分量 H_z 均已求出。根据第 2 章的式(2.2-12) 和式 (2.2-13)，即可求出场的横向分量的表示式

$$\boldsymbol{H}_t=-\frac{\mathrm{j}}{K_c^2}(\beta\nabla_t H_z+\omega\varepsilon\boldsymbol{z}\times\nabla_t E_z)$$

$$\boldsymbol{E}_t=-\frac{\mathrm{j}}{K_c^2}(\beta\nabla_t E_z-\omega\mu\boldsymbol{z}\times\nabla_t H_z)$$

在圆柱坐标系中

$$\nabla_t=\boldsymbol{r}\frac{\partial}{\partial r}+\boldsymbol{\varphi}\frac{1}{r}\frac{\partial}{\partial\varphi}$$

将 ∇_t 代入到 $\boldsymbol{E}_t$ 和 $\boldsymbol{H}_t$ 的表示式中，即可得到光纤中场的横向分量的表示式

$$E_r=-\frac{\mathrm{j}}{K_c^2}\left(\beta\frac{\partial E_z}{\partial r}+\frac{\omega\mu_0}{r}\frac{\partial H_z}{\partial\varphi}\right) \tag{4.3-34}$$

$$E_\varphi=-\frac{\mathrm{j}}{K_c^2}\left(\frac{\beta}{r}\frac{\partial E_z}{\partial\varphi}-\omega\mu_0\frac{\partial H_z}{\partial r}\right) \tag{4.3-35}$$

$$H_r=-\frac{\mathrm{j}}{K_c^2}\left(\beta\frac{\partial H_z}{\partial r}-\frac{\omega\varepsilon}{r}\frac{\partial E_z}{\partial\varphi}\right) \tag{4.3-36}$$

$$H_\varphi=-\frac{\mathrm{j}}{K_c^2}\left(\frac{\beta}{r}\frac{\partial H_z}{\partial\varphi}+\omega\varepsilon\frac{\partial E_z}{\partial r}\right) \tag{4.3-37}$$

将式(4.3-30)～式(4.3-33)代入到上式中，得

$$E_{r1}=-\mathrm{j}\frac{a^2}{u^2}\left[\frac{\beta Au}{a}\frac{\mathrm{J}_m'\left(\frac{u}{a}r\right)}{\mathrm{J}_m(u)}\pm\frac{\omega\mu_0 Bm}{r}\frac{\mathrm{J}_m\left(\frac{u}{a}r\right)}{\mathrm{J}_m(u)}\right]\begin{matrix}\cos m\varphi\\ \sin m\varphi\end{matrix},\quad r\leqslant a \tag{4.3-38}$$

$$E_{r2}=\mathrm{j}\frac{a^2}{w^2}\left[\frac{\beta Aw}{a}\frac{\mathrm{K}_m'\left(\frac{w}{a}r\right)}{\mathrm{K}_m(w)}\pm\frac{\omega\mu_0 Bm}{r}\frac{\mathrm{K}_m\left(\frac{w}{a}r\right)}{\mathrm{K}_m(w)}\right]\begin{matrix}\cos m\varphi\\ \sin m\varphi\end{matrix},\quad r>a \tag{4.3-39}$$

$$E_{\varphi1}=\mathrm{j}\frac{a^2}{u^2}\left[\pm\frac{\beta Am}{r}\frac{\mathrm{J}_m\left(\frac{u}{a}r\right)}{\mathrm{J}_m(u)}+\frac{\omega\mu_0 Bu}{a}\frac{\mathrm{J}_m'\left(\frac{u}{a}r\right)}{\mathrm{J}_m(u)}\right]\begin{matrix}\sin m\varphi\\ \cos m\varphi\end{matrix},\quad r\leqslant a \tag{4.3-40}$$

$$E_{\varphi2}=-\mathrm{j}\frac{a^2}{w^2}\left[\pm\frac{\beta Am}{r}\frac{\mathrm{K}_m\left(\frac{w}{a}r\right)}{\mathrm{K}_m(w)}+\frac{\omega\mu_0 Bw}{a}\frac{\mathrm{K}_m'\left(\frac{w}{a}r\right)}{\mathrm{K}_m(w)}\right]\begin{matrix}\sin m\varphi\\ \cos m\varphi\end{matrix},\quad r>a \tag{4.3-41}$$

$$H_{r1}=-\mathrm{j}\frac{a^2}{u^2}\left[\frac{\beta Bu}{a}\frac{\mathrm{J}_m'\left(\frac{u}{a}r\right)}{\mathrm{J}_m(u)}\pm\frac{\omega\varepsilon_1 Am}{r}\frac{\mathrm{J}_m\left(\frac{u}{a}r\right)}{\mathrm{J}_m(u)}\right]\begin{matrix}\sin m\varphi\\ \cos m\varphi\end{matrix},\quad r\leqslant a \tag{4.3-42}$$

$$H_{r2}=\mathrm{j}\frac{a^2}{w^2}\left[\frac{\beta Bw}{a}\frac{\mathrm{K}_m'\left(\frac{w}{a}r\right)}{\mathrm{K}_m(w)}\pm\frac{\omega\varepsilon_2 Am}{r}\frac{\mathrm{K}_m\left(\frac{w}{a}r\right)}{\mathrm{K}_m(w)}\right]\begin{matrix}\sin m\varphi\\ \cos m\varphi\end{matrix},\quad r>a \tag{4.3-43}$$

$$H_{\varphi1}=-\mathrm{j}\,\frac{a^2}{u^2}\left[\pm\frac{\beta Bm}{r}\frac{\mathrm{J}_m\left(\frac{u}{a}r\right)}{\mathrm{J}_m(u)}+\frac{\omega\varepsilon_1 Au}{a}\frac{\mathrm{J}'_m\left(\frac{u}{a}r\right)}{\mathrm{J}_m(u)}\right]\begin{matrix}\cos m\varphi\\ \sin m\varphi\end{matrix},\quad r\leqslant a \tag{4.3-44}$$

$$H_{\varphi2}=\mathrm{j}\,\frac{a^2}{w^2}\left[\pm\frac{\beta Bm}{r}\frac{\mathrm{K}_m\left(\frac{w}{a}r\right)}{\mathrm{K}_m(w)}+\frac{\omega\varepsilon_2 Aw}{a}\frac{\mathrm{K}'_m\left(\frac{w}{a}r\right)}{\mathrm{K}_m(w)}\right]\begin{matrix}\cos m\varphi\\ \sin m\varphi\end{matrix},\quad r>a \tag{4.3-45}$$

在式(4.3-38)～式(4.3-45)中的“±”号，取上面的符号与取下面的符号，分别表示光纤中波动方程的两组线性无关的解。至此，光纤芯子和包层中场结构的一般表示式就全部求出来了。

二、特征方程和传输模

（一）特征方程

为了确定传输模的传输特性，就需要在给定的条件下确定相移常数 β（从而也就确定了相速 v_p）。为此，除了前面已知的 β 与 u 和 w 之间的关系式(4.3-12)和式(4.3-13)之外，还需要建立一个方程（特征方程）。这样，就可以比较方便地讨论传输模的一些特性了。我们利用边界条件来建立特征方程。在光纤芯子与包层分界面($r=a$)处的边界条件为：电场的切向分量连续，即 $E_{z1}=E_{z2}$，$E_{\varphi1}=E_{\varphi2}$；磁场的切向分量连续，即 $H_{z1}=H_{z2}$，$H_{\varphi1}=H_{\varphi2}$。

当 $r=a$ 时，$E_{\varphi1}=E_{\varphi2}$，根据式(4.3-40)和式(4.3-41)可得

$$\frac{a^2}{u^2}\left[\pm\frac{\beta Am}{a}+\frac{\omega\mu_0\beta u}{a}\frac{\mathrm{J}'_m(u)}{\mathrm{J}_m(u)}\right]=\frac{a^2}{w^2}\left[\mp\frac{\beta Am}{a}-\frac{\omega\mu_0 Bw}{a}\frac{\mathrm{K}'_m(w)}{\mathrm{K}_m(w)}\right] \tag{4.3-46}$$

将式中含 A 和含 B 的项分别加以合并，就可以得到 A/B 的表示式。

$$\frac{\beta Am}{a}\left(\pm\frac{1}{u^2}\pm\frac{1}{w^2}\right)=-\frac{1}{u^2}\left[\frac{\omega\mu_0 Bu}{a}\frac{\mathrm{J}'_m(u)}{\mathrm{J}_m(u)}\right]-\frac{1}{w^2}\left[\frac{\omega\mu_0 Bw}{a}\frac{\mathrm{K}'_m(w)}{\mathrm{K}_m(w)}\right]\pm$$

$$\frac{\beta Am}{a}\left(\frac{u^2+w^2}{u^2w^2}\right)=\frac{\omega\mu_0 B}{a}\left\{\left[-\frac{1}{u^2}\frac{u\mathrm{J}'_m(u)}{\mathrm{J}_m(u)}\right]-\left[\frac{1}{w^2}\frac{w\mathrm{K}'_m(w)}{\mathrm{K}_m(w)}\right]\right\}\pm$$

$$\frac{A}{B}=\frac{\omega\mu_0}{\beta m}\left(\frac{u^2w^2}{u^2+w^2}\right)\left[-\frac{\mathrm{J}'_m(u)}{u\mathrm{J}_m(u)}-\frac{\mathrm{K}'_m(w)}{w\mathrm{K}_m(w)}\right]\pm$$

$$\frac{A}{B}=-\frac{\omega\mu_0}{\beta m}\left(\frac{u^2w^2}{u^2+w^2}\right)\left[\frac{\mathrm{J}'_m(u)}{u\mathrm{J}_m(u)}+\frac{\mathrm{K}'_m(w)}{w\mathrm{K}_m(w)}\right]$$

$$\frac{A}{B}=\mp\frac{\omega\mu_0}{\beta m}\left(\frac{u^2w^2}{u^2+w^2}\right)\left[\frac{\mathrm{J}'_m(u)}{u\mathrm{J}_m(u)}+\frac{\mathrm{K}'_m(w)}{w\mathrm{K}_m(w)}\right] \tag{4.3-47}$$

当 $r=a$ 时，$H_{\varphi1}=H_{\varphi2}$，根据式(4.3-44)和式(4.3-45)可得

$$\frac{a^2}{u^2}\left[\pm\frac{\beta Bm}{a}+\frac{\omega\varepsilon_1 Au}{a}\frac{\mathrm{J}'_m(u)}{\mathrm{J}_m(u)}\right]=\frac{a^2}{w^2}\left[\mp\frac{\beta Bm}{a}-\frac{\omega\varepsilon_2 Aw}{a}\frac{\mathrm{K}'_m(w)}{\mathrm{K}_m(w)}\right] \tag{4.3-48}$$

将式中含 A 和含 B 的项分别加以合并，就可以得到 A/B 的表示式。

$$\frac{\beta Bm}{a}\left(\pm\frac{1}{u^2}\pm\frac{1}{w^2}\right)=-\frac{1}{u^2}\left[\frac{\omega\varepsilon_1 Au}{a}\frac{\mathrm{J}'_m(u)}{\mathrm{J}_m(u)}\right]-\frac{1}{w^2}\left[\frac{\omega\varepsilon_2 Aw}{a}\frac{\mathrm{K}'_m(w)}{\mathrm{K}_m(w)}\right]\pm$$

$$\frac{\beta Bm}{a}\left(\frac{u^2+w^2}{u^2w^2}\right)=\frac{\omega A}{a}\left\{\left[-\frac{1}{u^2}\frac{\varepsilon_1 u\mathrm{J}'_m(u)}{\mathrm{J}_m(u)}\right]-\left[\frac{1}{w^2}\frac{\varepsilon_2 w\mathrm{K}'_m(w)}{\mathrm{K}_m(w)}\right]\right.\pm$$

$$\frac{\beta Bm}{a}\left(\frac{u^2+w^2}{u^2w^2}\right)=\frac{\omega A}{a}\left[-\frac{\varepsilon_1 J'_m(u)}{uJ_m(u)}-\frac{\varepsilon_2 K'_m(w)}{wK_m(w)}\right]\pm$$

$$\frac{\beta Bm}{a}\left(\frac{u^2+w^2}{u^2w^2}\right)=-\frac{\omega A}{a}\left[\frac{\varepsilon_1 J'_m(u)}{uJ_m(u)}+\frac{\varepsilon_2 K'_m(w)}{wK_m(w)}\right]\mp$$

$$\frac{A}{B}=\frac{\beta m}{\omega}\left(\frac{u^2+w^2}{u^2w^2}\right)\left[\frac{\varepsilon_1 J'_m(u)}{uJ_m(u)}+\frac{\varepsilon_2 K'_m(w)}{wK_m(w)}\right]^{-1}$$

因为 $\varepsilon_1=n_1^2\varepsilon_0$，$\varepsilon_2=n_2^2\varepsilon_0$，所以

$$\frac{A}{B}=\mp\frac{\beta m}{\omega\,\varepsilon_0}\left(\frac{u^2+w^2}{u^2w^2}\right)\left[n_1^2\frac{J'_m(u)}{uJ_m(u)}+n_2^2\frac{K'_m(w)}{wK_m(w)}\right]^{-1} \tag{4.3-49}$$

从以上的推导结果可以看出，式(4.3-47)与式(4.3-49)应该相等，即

$$\left[\frac{J'_m(u)}{uJ_m(u)}+\frac{K'_m(w)}{wK_m(w)}\right]\left[n_1^2\frac{J'_m(u)}{uJ_m(u)}+n_2^2\frac{K'_m(w)}{wK_m(w)}\right]=\left(\frac{\beta m}{k_0}\right)^2\left(\frac{1}{u^2}+\frac{1}{w^2}\right)^2 \tag{4.3-50}$$

式中的 $k_0=\omega\sqrt{\mu_0\varepsilon_0}$。这就是在场量满足一定边界条件时得出的方程，称为传输模的特征方程。这个方程含有的未知量是 u 和 w，根据式(4.3-12)和式(4.3-13)可知，对于 u 和 w，只要知道了其中之一，另一个也就知道了，因此该方程也可看做是只含一个未知量 u 或 w 的方程。如果解出了 u 或 w，也就解出了 β。对于每一个给定的 m，特征方程有一系列的根，如果把由第 n 个根所确定的 β 记作 β_{mn}，那么，根据光纤的材料(n_1 和 n_2)、尺寸(半径 a)和工作频率，就可以知道 β_{mn} 所对应的模式(TE_{mn}、TM_{mn}，以及称为混合模的 EH_{mn} 和 HE_{mn})。各类模式中下标 m 的含义，除了前述的表示场量沿光纤圆周分布的整驻波的个数之外，它还表示贝塞尔函数的阶数；下标 n 除了表示场量沿光纤芯子半径方向分布的半个驻波的个数之外，它还表示贝塞尔函数或其导函数的根的序号。

式(4.3-50)是分析光纤传输特性的一个很重要的方程，这是一个超越方程，可采用数值方法求解，但其过程相当繁杂。在这里，我们不直接对方程求解，但是，可以利用这个方程对光纤中的传输模式进行分类，分析各类模式的传输和截止条件，以及单模传输等问题。

（二）传输模

式(4.3-50)是传输模的特征方程，对于不同类型的模，特征方程的具体形式也不同。

(1) TE_{0n} 和 TM_{0n} 模。在式(4.3-50)中，若取 $m=0$，则方程变为

$$\left[\frac{J'_0(u)}{uJ_0(u)}+\frac{K'_0(w)}{wK_0(w)}\right]\left[n_1^2\frac{J'_0(u)}{uJ_0(u)}+n_2^2\frac{K'_0(w)}{wK_0(w)}\right]=0 \tag{4.3-51}$$

即

$$\left[\frac{J'_0(u)}{uJ_0(u)}+\frac{K'_0(w)}{wK_0(w)}\right]=0 \tag{4.3-52}$$

或

$$\left[n_1^2\frac{J'_0(u)}{uJ_0(u)}+n_2^2\frac{K'_0(w)}{wK_0(w)}\right]=0 \tag{4.3-53}$$

这说明，$m=0$ 对应着两个特征方程，即可能存在着两类模式：TE_{0n} 和 TM_{0n}。下面首先讨论 TE_{0n}，然后讨论 TM_{0n}。

由式(4.3-49)可知，当 $m=0$ 时，为了使常数 B 为有限值，必须令 $A=0$，这样，从式(4.3-30)和式(4.3-31)可知，即 E_{z1} 和 E_{z2} 都为零，这种情况与 TE_{0n} 模相对应；与此同时，当 $m=0$ 时，

式(4.3-49)等号右端方括弧内的项不能为零，即式(4.3-51)等号左端第二个方括弧内的项不能为零，因此，若该式成立，则必须是第一个方括弧内的项为零。由此可见，式(4.3-52)为TE_{0n}模的特征方程。因为$J_0'(u)=-J_1(u)$，$K_0'(w)=-K_1(w)$，所以，式(4.3-52)又可写为

$$\frac{J_1(u)}{uJ_0(u)}+\frac{K_1(w)}{wK_0(w)}=0 \tag{4.3-54}$$

现在讨论TM_{0n}模。对传输模而言，其场量必须同时满足式(4.3-47)和式(4.3-49)，因此，当$m=0$时，由式(4.3-47)可知，为了使常数A为有限值，必须令$B=0$，这样，从式(4.3-32)和式(4.3-33)可知，即H_{z1}和H_{z2}都为零。这种情况与TM_{0n}模相对应。经过与TE_{0n}模相类似的分析过程，即可得到TM_{0n}模的特征方程为

$$n_1^2\frac{J_0'(u)}{uJ_0(u)}+n_2^2\frac{K_0'(w)}{wK_0(w)}=0 \tag{4.3-55}$$

或

$$n_1^2\frac{J_1(u)}{uJ_0(u)}+n_2^2\frac{K_1(w)}{wK_0(w)}=0 \tag{4.3-56}$$

从以上的分析可以看到，由于受到边界条件（具体地说，体现在特征方程上）的制约，在光纤中只可能存在$m=0$的TE和TM模(TE_{0n}和TM_{0n})，当$m\neq0$时，不可能存在TE和TM模；当$m\neq0(m\geqslant1)$时，只可能存在EH_{mn}或HE_{mn}模，换句话说，EH_{0n}和HE_{0n}模是不存在的。对于弱导光纤($n_1\approx n_2$)，可以近似地认为TM_{0n}与TE_{0n}两者的特征方程是相同的，即式(4.3-54)。另外，若令$E_z=0$，并将式(4.3-32)和式(4.3-33)代入到式(4.3-34)～式(4.3-37)中，就可以得到TE_{0n}模场的横向分量的表示式；同样地，若令$H_z=0$，并将式(4.3-30)和式(4.3-31)代入到式(4.3～34)～式(4.3-37)中，就可以得到TM_{0n}模场的横向分量的表示式。

(2) EH_{mn}和HE_{mn}模。当式(4.3-50)中的$m\neq0(m\geqslant1)$时，就是EH_{mn}或HE_{mn}模的特征方程，因为这两类模的电场的纵向分量E_z和磁场的纵向分量H_z均不为零（即场的6个分量都存在），所以称为混合模。如前所述，本节只讨论弱导光纤的传输特性，因此，式(4.3-50)就可以简化为

$$\frac{J_m'(u)}{uJ_m(u)}+\frac{K_m'(u)}{wK_m(w)}=\pm m\left(\frac{1}{u^2}+\frac{1}{w^2}\right) \tag{4.3-57}$$

需要说明的是，该式利用了弱导条件$\beta\approx n_1k_0\approx n_2k_0$，这仅是为了简化特征方程，对于较精确的$\beta$，仍需要对方程式(4.3-57)求解。由此式可以看出，等号右端既可以取“+”号，也可以取“－”号，它们分别表示两个特征方程，即对应着两种不同的模式：前者定义为EH_{mn}模的特征方程，即是说，从该方程解出的β是属于EH_{mn}模的相移常数；后者定义为HE_{mn}模的特征方程，从该方程解出的β是属于HE_{mn}模的相移常数。这是从数学表示式上来区分这两类模式的，若从物理意义上来区分的话，通常认为（当然，并不精确）：若E_z较强、H_z较弱时，称为EH_{mn}模；若H_z较强、E_z较弱时，则称为HE_{mn}模。利用下面的贝塞尔函数的递推公式，就可以把特征方程化为比较简洁的形式。

$$J_m'(u)=\mp J_{m\pm1}(u)\pm\frac{mJ_m(u)}{u} \tag{4.3-58}$$

$$K_m'(w)=-K_{m\pm1}(w)\pm\frac{mK_m(w)}{w} \tag{4.3-59}$$

取递推公式中上面的一组符号，并将该式代入到式(4.3-57)中，等号右端取“+”号，得到的是 EH_{mn} 模的特征方程

$$\frac{J_{m+1}(u)}{uJ_m(u)}+\frac{K_{m+1}(w)}{wK_m(w)}=0 \tag{4.3-60}$$

取递推公式中下面的一组符号，并将该式代入到式(4.3-57)中，等号右端取“−”号，则得到的是 HE_{mn} 模的特征方程

$$\frac{J_{m-1}(u)}{uJ_m(u)}-\frac{K_{m-1}(w)}{wK_m(w)}=0 \tag{4.3-61}$$

有了与各类模式相对应的特征方程，就为进一步讨论各类模式的传输特性打下了基础。

三、各类模式的截止条件

在光纤中，如果某一模式电磁场的幅值在包层内（$r>a$）随着 r 的增加而按指数规律衰减，但在光纤的轴向呈传输状态（行波），则称这种模为传输模（导模、正规模），对于作为传输能量的光纤而言，所需要的正是这种情况；反之，如果某一模式的电磁场在包层（$r>a$）内沿 r 方向没有衰减，而是呈现出传播（辐射）状态，此时，在光纤中虽然仍有沿轴向传输的波。但是，由于能量不断地沿 r 方向辐射，沿轴向传输的能量会愈来愈少，因此，光纤已失去传输能量的作用，此时称为模的截止状态。现在来讨论各类模式的截止条件。

光纤包层中的场是用第二类变态贝塞尔函数 $K_m\left(\frac{w}{a}r\right)$ 来描述的，而且，当变量$\left(\frac{w}{a}r\right)$足够大时，还可以用近似式(4.3-26)来描述，即

$$K_m\left(\frac{w}{a}r\right)\approx\sqrt{\frac{\pi a}{2wr}}e^{-\frac{w}{a}r}$$

由此式可知：当 $w>0$ 时，即 $\beta>n_2k_0$ 时，包层中电磁场的幅值，随着 r 的增加而按指数规律衰减，此即模的传输状态；当 w 为虚数时，即 $\beta<n_2k_0$ 时，包层中的电磁场沿 r 方向没有衰减，而是呈现为传播（辐射）状态，即模的截止状态；当 $w=0$ 时，即 $\beta=n_2k_0$ 时，标志着传输模即将截止、辐射模即将产生的一种临界状态（即 $w=0$ 是两种状态的分界点），因此可以根据 $w=0$ 来确定各类传输模的截止条件。

现将讨论中要用到的当 u 或 w 趋于零时 $J_m(u)$ 和 $K_m(w)$ 的近似式列在下面：

$$J_m(u)\approx\frac{1}{m!}\left(\frac{u}{2}\right)^m\qquad m\neq 0 \tag{4.3-62}$$

$$K_m(w)\approx\frac{(m-1)!}{2}\left(\frac{2}{w}\right)^m\qquad m\geqslant 1 \tag{4.3-63}$$

$$K_0(w)\approx\ln\left(\frac{2}{\gamma w}\right)\qquad \gamma\approx 1.781(\text{欧拉常数}) \tag{4.3-64}$$

（一）TE_{0n} 和 TM_{0n} 模的截止条件

对于弱导光纤($n_1\approx n_2$)而言，TE_{0n} 和 TM_{0n} 的特征方程可近似地认为是同一个方程，即

$$\frac{J_1(u)}{uJ_0(u)}+\frac{K_1(w)}{wK_0(w)}=0$$

截止时的 $w=0$，根据式（4.3-63）和式（4.3-64）可得，当 $w\to 0$ 时，$K_1(w)\approx 1/w$，$K_0(w)\approx-\ln w$，将其代入到特征方程中，并利用数学中的罗比塔法则，可得

$$\lim_{w\to 0}\frac{K_1(w)}{wK_0(w)}=-\lim_{w\to 0}\frac{2}{w^2}=-\infty$$

可见，若使式（4.3-54）成立，必须使 $J_1(u)/uJ_0(u)=\infty$,根据式(4.3-62)可得

$$\lim_{u\to 0}\frac{J_1(u)}{uJ_0(u)}=\frac{1}{2J_0(u)}$$

可见，欲使特征方程成立，不能取 $u=0$，而只能取 $J_0(u)=0$，因此，TE_{0n} 和 TM_{0n} 模的截止条件为

$$J_0(u)=0 \tag{4.3-65}$$

据此，即可求出一系列零阶贝塞尔函数的根 u_{0n}（n 为根的序号），例如，$u_{01}=2.404\ 8$，$u_{02}=5.520\ 1$，$u_{03}=8.653\ 7$，…，它们分别表示 TE_{01}（TM_{01}），TE_{02}（TM_{02}），TE_{03}（TM_{03}），…模式的截止条件。可见，在弱导光纤中，TE_{0n} 和 TM_{0n} 具有相同的截止条件，即在截止点附近，这两种模具有相同的相移常数 β，在非截止点，也具有相近的 β 值，即是说，TE_{0n} 和 TM_{0n} 是简并的。

因为截止时的 $w=0$，即 $\beta=n_2k_0$，所以，根据式（4.3-12）即可求得

$$u_c^2=a^2(n_1^2k_c^2-n_2^2k_c^2) \tag{4.3-66}$$

式中的 u_c 是根据截止条件求出的 u，k_c 是对应的截止波数。由此即可求出截止波长 $\lambda_c=2\pi/k_c$，截止频率 $f_c=v_0/\lambda_c$（v_0 是电磁波在真空或空气中的速度）。

（二）EH_{mn} 模的截止条件

EH_{mn} 模的特征方程即

$$\frac{J_{m+1}(u)}{uJ_m(u)}+\frac{K_{m+1}(w)}{wK_m(w)}=0$$

根据式(4.3-63)可知，当 $w\to 0$ 时

$$\lim_{w\to 0}\frac{K_{m+1}(w)}{wK_m(w)}=\lim_{w\to 0}\frac{2m}{w^2}=\infty$$

可见，特征方程中的第一项也应为无穷大，但该项中的 u 不能取零，因为根据式（4.3-62）可知

$$\lim_{u\to 0}\frac{J_{m+1}(u)}{uJ_m(u)}=\frac{1}{2(m+1)}\neq\infty$$

它不满足特征方程的要求，因此 EH_{mn} 模的截止条件为

$$J_m(u)=0,\quad u>0 \tag{4.3-67}$$

据此，即可求出一系列 m（$m>0$）阶贝塞尔函数的根 u_{mn}，例如：$u_{11}=3.831\ 7$，$u_{12}=7.015\ 6$，$u_{13}=10.173\ 5$，…，它们分别表示 EH_{11}，EH_{12}，EH_{13}，…等模式的截止条件；$u_{21}=5.135\ 6$，$u_{22}=8.417\ 2$，$u_{23}=11.619\ 8$，…，它们分别表示 EH_{21}，EH_{22}，EH_{23}，…等模式的截止条件。根据式(4.3-66)即可求出截止波长和截止频率。

（三）HE_{mn} 模的截止条件

为便于讨论，将 $m=1$ 和 $m>1$ 这两种情况分开来讨论。

(1) HE_{1n} 模的截止条件。根据式（4.3-61）可知，HE_{1n} 模的特征方程为

$$\frac{J_0(u)}{uJ_1(u)}-\frac{K_0(w)}{wK_1(w)}=0 \tag{4.3-68}$$

根据式(4.3-63)和式(4.3-64)可知

$$\lim_{w\to 0}\frac{K_0(w)}{wK_1(w)}=-\lim_{w\to 0}\ln w=\infty$$

因此，HE_{1n}模的截止条件为

$$J_1(u)=0 \tag{4.3-69}$$

据此，即可求出一系列一阶贝塞尔函数的根 u_{1n}(包括 $u=0$ 时的根)，例如，$u_{11}=0$，$u_{12}=3.831\ 7$，$u_{13}=7.015\ 6$，…，它们分别表示 HE_{11}，HE_{12}，HE_{13}，…模式的截止条件。根据式(4.3-66)可知，HE_{11}模的截止波长为无穷大，截止频率为零。因此，HE_{11}是圆柱形光纤中的最低次模（主模），这种模在任何频率下都可以在光纤中传输。

(2) $HE_{mn}(m>1)$模的截止条件。HE_{mn}模的特征方程，即

$$\frac{J_{m-1}(u)}{uJ_m(u)}-\frac{K_{m-1}(w)}{wK_m(w)}=0$$

根据式(4.3-63)可知

$$\lim_{w\to 0}\frac{K_{m-1}(w)}{wK_m(w)}\approx\frac{1}{2(m-1)}$$

即

$$\frac{J_{m-1}(u)}{uJ_m(u)}=\frac{1}{2(m-1)}$$

或写为

$$2(m-1)J_{m-1}(u)=uJ_m(u)$$

$$\frac{2(m-1)}{u}J_{m-1}(u)-J_m(u)=0 \tag{4.3-70}$$

与贝塞尔函数的恒等式

$$\frac{2(m-1)}{u}J_{m-1}(u)-J_m(u)=J_{m-2}(u) \tag{4.3-71}$$

加以对比，即可看出，HE_{mn} ($m>1$) 模的截止条件为

$$J_{m-2}(u)=0,\quad u>0 \tag{4.3-72}$$

据此，即可求出一系列$(m-2)$阶贝塞尔函数的根 $u_{m-2,n}$，例如：当 $m=2$ 时，$u_{01}=2.404\ 8$，$u_{02}=5.520\ 1$，$u_{03}=8.653\ 7$，…，它们分别表示 HE_{21}，HE_{22}，HE_{23}，…模式的截止条件；当 $m=3$ 时，$u_{11}=3.831\ 7$，$u_{12}=7.015\ 6$，$u_{13}=10.173\ 5$，…，它们分别表示 HE_{31}，HE_{32}，HE_{33}，…模式的截止条件。根据式(4.3-66)即可求出截止波长和截止频率。

综合上述各类模式的截止条件可以看出：TE_{0n}(TM_{0n})与 HE_{2n}具有相同的截止条件；$EH_{m-1,n}$与 $HE_{m+1,n}$具有相同的截止条件。即是说，具有相同截止条件的模，在截止时，它们是简并的。

以上是根据特征方程求出了各类模式的截止条件，现在再引入一个与截止条件有关的参量 V，它的定义是

$$V^2=u^2+w^2=\left(\frac{2\pi a}{\lambda_0}\right)^2(n_1^2-n_2^2) \tag{4.3-73}$$

因为 V 与电磁波的频率成正比，所以称为归一化频率（或称为正化频率、结构参量）。已知 $w=0$ 是各类模式的截止状态，如果把与此相对应的 u、V 和 λ_0 分别记为 u_c、V_c 和 λ_c，则根据式（4.3-66）可知

$$V_c^2=u_c^2=\left(\frac{2\pi a}{\lambda_c}\right)^2(n_1^2-n_2^2) \tag{4.3-74}$$

由该式和式（4.3-66）可知，对于某一模式而言，只有实际的 V 大于该模式的 V_c 时，它

才能在光纤中传输；反之，若实际的 V 小于 V_c，则该模式是截止的；$V=V_c$ 是临界状态。从前面的讨论中已知 HE_{11} 模的 $u_c=0$，因此只有 $V>0$，HE_{11} 才能在光纤中传输；除此以外，在各类模式中最小的 u_c 是零阶贝塞尔函数的第一个根（$u>0$）$u_{01}=2.404\,8$，它是 TE_{01}、TM_{01} 和 HE_{21} 的截止条件，即是说，只有 $V>2.404\,8$，这三个模式才能在光纤中传输。由此可见，如果欲在光纤中只传输 HE_{11} 模（单模传输），则 V 应该满足下式

$$0<V=\left(\frac{2\pi a}{\lambda_0}\right)(n_1^2-n_2^2)^{1/2}<2.404\,8 \tag{4.3-75}$$

由于在光纤中使用的工作波长 λ_0 极短，若要满足式(4.3-75)，可以减小光纤芯子的半径 a，但是，这会给光纤的制造、连接和耦合带来困难。鉴于此，通常采用的方法是减少 (n_1-n_2) 的差(例如，$\Delta<1\%\sim3\%$)，即采用弱导光纤，以满足式（4.3-75），达到单模传输的目的。所谓"弱导"，其含义是，这种光纤与相对折射率差 Δ 较大的光纤相比，光纤对于电磁场能量的聚集和传导作用都比较弱，或者说渗透到芯子之外的能量较多，因此称为弱导光纤。需要指出的是，弱导光纤也可用于多模传输。但是，与多模光纤相比，单模光纤的损耗和色散都比较小，因此它更适用于大容量和长距离的通信。

四、各类模式远离截止的条件

从前面的讨论中已知，$w<0$ 是模的截止状态；$w=0$ 是临界状态，并根据特征方程求出了截止条件；$w>0$ 是模的传输（非截止）状态。现在要讨论的是各类模式远离截止的条件，即 u（实际上，即工作频率或工作波长）应在什么范围内，对于给定的传输模才能在光纤中传播，而不被截止。

在分析各类模式的截止情况时，曾引用过式(4.3-26)，即

$$\mathrm{K}_m\left(\frac{w}{a}r\right)\approx\sqrt{\frac{\pi a}{2wr}}\mathrm{e}^{-\frac{w}{a}r}$$

现在仍利用它来分析各类模式远离截止的情况。由此式可知，当光纤中的传输模处于传播状态时，即 $w>0$ 时，包层中场量的幅值不仅随着 r 的增大而按指数规律衰减，而且还会随着 w 的增大而衰减；从物理意义上讲，即随着 w 的增大，传输模的能量会更加集中于芯子内，w 愈大，效果愈好。因此，从极限的观点看，可以根据 $w=\infty$ 来确定各类模式远离截止的条件。

（一）TE_{0n} 和 TM_{0n} 模远离截止的条件

对于弱导光纤，TE_{0n} 和 TM_{0n} 的特征方程可近似地认为是同一个方程，即式(4.3-54)

$$\frac{\mathrm{J}_1(u)}{u\mathrm{J}_0(u)}+\frac{\mathrm{K}_1(w)}{w\mathrm{K}_0(w)}=0$$

远离截止时 $w=\infty$，利用式(4.3-26)，并注意到该式与 m 无关，则得

$$\lim_{w\to\infty}\frac{\mathrm{K}_1(w)}{w\mathrm{K}_0(w)}=\lim_{w\to\infty}\frac{1}{w}=0$$

因此，远离截止的条件为

$$\mathrm{J}_1(u)=0,\quad u>0 \tag{4.3-76}$$

据此，即可求出一系列一阶贝塞尔函数的根 u_{1n}，例如 $u_{11}=3.831\,7$，$u_{12}=7.015\,6$，$u_{13}=10.173\,5$，…，它们分别表示 $TE_{01}(TM_{01})$，$TE_{02}(TM_{02})$，$TE_{03}(TM_{03})$，…等模式远离截止的条件。可见，TE_{0n} 与 TM_{0n} 具有相同的远离截止条件，即是说，TE_{0n} 与 TM_{0n} 是简并的。

将式（4.3-76）与表示 TE_{0n} 和 TM_{0n} 截止条件的式（4.3-65）加以对比，即可看出，

这两类模不被截止时 u 的范围是介于零阶贝塞尔函数的根 u_{0n} 与一阶贝塞尔函数的根 u_{1n} 之间的一些 u 值。

（二）EH_{mn} 模远离截止的条件

EH_{mn} 模的特征方程即式（4.3－60）

$$\frac{J_{m+1}(u)}{uJ_m(u)}+\frac{K_{m+1}(w)}{wK_m(w)}=0$$

远离截止条件时 $w=\infty$，利用式（4.3－26），得

$$\lim_{w\to\infty}\frac{K_{m+1}(w)}{wK_m(w)}=\lim_{w\to\infty}\frac{1}{w}=0$$

因此，远离截止的条件为

$$J_{m+1}(u)=0 \tag{4.3-77}$$

据此，即可求出一系列 $m+1$ 阶贝塞尔函数的根 $u_{m+1,n}$，这些根表示一系列 EH_{mn} 模的截止条件。将式（4.3－77）与表示 EH_{mn} 模截止条件的式（4.3－67）加以对比，即可看出，EH_{mn} 模不被截止时 u 的范围是介于 m 阶贝塞尔函数的根 u_{mn} 与 $m+1$ 阶贝塞尔函数的根 $u_{m+1,n}$ 之间的一些 u 值。

（三）HE_{mn} 模远离截止的条件

为便于讨论，将 $m=1$ 和 $m>1$ 这两种情况分开来讨论。

(1) HE_{1n} 模远离截止的条件。HE_{1n} 模的特征方程即式(4.3－68)

$$\frac{J_0(u)}{uJ_1(u)}-\frac{K_0(w)}{wK_1(w)}=0$$

远离截止条件时 $w=\infty$，利用式(4.3－26)，则得

$$\lim_{w\to\infty}\frac{K_0(w)}{wK_1(w)}=\lim_{w\to\infty}\frac{1}{w}=0$$

因此，远离截止条件为

$$J_0(u)=0 \tag{4.3-78}$$

据此，即可求出一系列零阶贝塞尔函数的根 u_{0n}，这些根表示一系列 HE_{1n} 模的截止条件。将式(4.3－78)与表示 HE_{1n} 模截止条件的式(4.3－69)加以对比，即可看出，HE_{1n} 模不被截止时 u 的范围是介于一阶贝塞尔函数的根 u_{1n} 与零阶贝塞尔函数的根 u_{0n} 之间的一些 u 值。例如，主模 HE_{11} 截止时的 $u_{11}=0$，远离截止时的 $u_{01}=2.4048$，即 HE_{11} 模不被截止时 u 的范围是 0～2.4048 的一些 u 值。

(2) HE_{mn} ($m>1$) 模远离截止的条件。HE_{mn} 模的特征方程，即式(4.3－61)

$$\frac{J_{m-1}(u)}{uJ_m(u)}-\frac{K_{m-1}(w)}{wK_m(w)}=0$$

远离截止条件时 $w=\infty$，利用式 (4.3－26)则得

$$\lim_{w\to\infty}\frac{K_{m-1}(w)}{wK_m(w)}=\lim_{w\to\infty}\frac{1}{w}=0$$

因此，远离截止条件为

$$J_{m-1}(u)=0 \tag{4.3-79}$$

据此，即可求出一系列$(m-1)$阶贝塞尔函数的根 $u_{m-1,n}$，这些根表示一系列 $HE_{mn}(m>1)$ 模的截止条件。将式(4.3－79)与表示 HE_{mn} 模$(m>1)$截止条件的式(4.3－72)加以对比，即

可看出，HE_{mn}模不被截止时 u 的范围是介于$(m-2)$阶贝塞尔函数的根 $u_{m-2,n}$与$(m-1)$阶贝塞尔函数的根 $u_{m-1,n}$的一些 u 值。

综合上述，从各类模式的截止和远离截止的条件可以看出，TE_{0n}和 TM_{0n}与 HE_{2n}具有相同的截止和远离截止条件；$EH_{m-1,n}$与 $HE_{m+1,n}$具有相同的截止和远离截止条件。即是说，在截止和远离截止时出现了简并现象。例如，TE_{01}、TM_{01} 和 HE_{21} 截止时的 $u_{01}=2.404\ 8$，远离截止时的 $u_{11}=3.831\ 7$，即，这三个模不被截止时 u 的范围是 2.404 8～3.831 7 的一些 u 值。这说明，简并模在截止点和远离截点附近它们的相移常数 β 是接近相同的，在其他的点也比较接近。

当 $w<0$ 时是模的截止状态，$w=0$ 时是临界状态，$w>0$ 时是传输状态。由此可知，在传输状态下，相移常数 β 应满足

$$n_2 k_0 < \beta < n_1 k_0 \tag{4.3-80}$$

这与式（4.2-19）完全相同。这说明，在光纤中传输的波也是表面波（慢波），芯子和包层分别相当于图 4.2-2 中的介质 1 和介质 2。

表 4.3-1 列出了各类模式的截止和远离截止的条件，图 4.3-3 是几个低次模 u 值的变化范围。

表 4.3-1　各类模的截止和远离截止条件

m	模　式	截 止 条 件	远离截止条件
$m=0$	TE_{0n} $(n=1,2,\cdots)$ TM_{0n}	$J_0(u)=0$	$J_1(u)=0$
$m=1$	HE_{1n}	$J_1(u)=0$	$J_0(u)=0$
$m>1$	HE_{mn} EH_{mn}	$J_{m-2}(u)=0$ $J_m(u)=0$	$J_{m-1}(u)=0$ $J_{m+1}(u)=0$

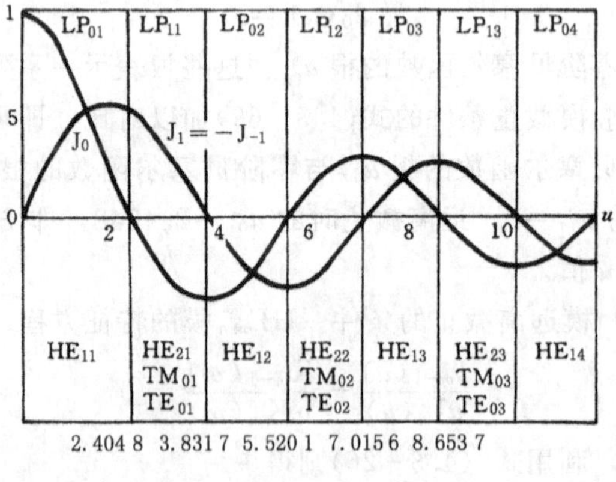

图 4.3-3　某些模式 u 值的范围

五、光纤的色散特性

前面曾提到过色散的问题，现在再作进一步的介绍。所谓色散，归根结底就是：由于光纤所传输信号的不同频率成分的传播速度不同，而引起传输信号失真的现象，或者说，相移常数 β 是随着频率而变化的。因此，为了分析光纤的色散特性，就需要求出各类模式相移常

数 β 的表示式。

求解 β 的一般步骤是：首先给定光纤芯子的半径 a、折射率 n_1 和包层的折射率 n_2，以及工作波长 λ_0，这样，就可以根据式(4.3-73)求出归一化的频率 V；然后，在给定的模式下，将该模式的特征方程与关系式 $V^2=u^2+w^2$ 联立求解出 u 或 w；最后，由 u 或 w 求出相移常数 β。例如，根据式(4.3-12)，可将 β 表示为

$$\beta=\sqrt{n_1^2k_0^2-\left(\frac{u}{a}\right)^2} \tag{4.3-81}$$

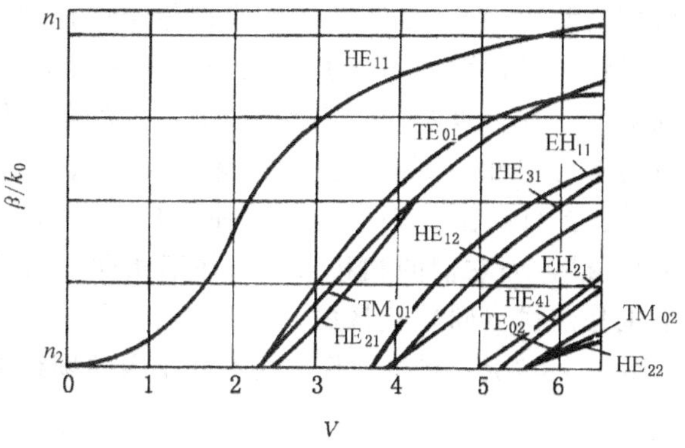

图 4.3-4　β/k_0 与 V 的关系曲线

若 β 已知，则相应的相速($v_p=\omega/\beta$)和波导波长($\lambda_g=2\pi/\beta$)也就知道了。但是，正如以前曾指出的那样，特征方程是一个超越方程。一般需采用数值方法求解，其过程较复杂，在此不予讨论。

一般地讲，对于不同的模式，u 不同，β 也不同，而且，β 还会随着 V 变化。图 4.3-4 是根据计算结果画出的归一化的相移常数 β/k_0（纵坐标）与归一化的频率 V（横坐标）之间的关系曲线，我们可以根据这个图来分析光纤的色散特性。每一条曲线代表一个模式，曲线与横坐标轴的交点表示该模式截止时的 $V=V_c$ 的值，此时对应的纵坐标 $\beta/k_0=n_2$，即 $\beta=n_2k_0$，或者说 $w=0$（传输模的截止条件）；随着 V 的增加，各个模式的 β/k_0 均逐渐地趋于 n_1，即 $\beta\to n_1k_0$，对于弱导光纤而言，相当于 $w\to\infty$（传输模的远离截止条件）。由此可见，在传输状态下，传输模的相移常数 β 满足

$$n_2k_0<\beta<n_1k_0 \tag{4.3-82}$$

这与以前讲过的式(4.2-19)和式(4.3-80)是完全一致的。另外，从图中还可以看出，除了 HE_{11} 没有截止频率（因 $\beta/k_0=0$ 时，$V=0$）外，其余的各个模式均有其截止频率（因 $\beta/k_0=0$ 时，$V\neq0$），可见 HE_{11} 是主模，而且，当 $0<V<2.404\ 8$ 时，光纤只能传输 HE_{11} 模（单模传输），在此范围内，V 不同（即频率不同），对应的 β 也不同，此即所谓模内色散；当 $V>2.404\ 8$ 时，将有多个模式在光纤中传输（多模传输），而且，同一个 V 值（即同一个频率）可以对应着多个模式，而各个模式的 β 则不相同，此即所谓模式（间）色散。此外，从图中还可看出，在弱导光纤中，具有相同的截止和远离截止条件的一些模式的曲线，它们与横坐标轴的交点是相同的或相近的，即具有相同或相近的 V_c 值。例如 TE_{01} 和 TM_{01} 具有相同的 V_c，而 HE_{21} 模的 V_c 与这两个模的 V_c 也较相近，当 V 为其他的值，以及在远离截止条件附近的 V 值时，这三个模的相移常数也是比较相近的。其他的简并模式也有类似的情况。

以上是利用图 4.3-4 来分析光纤的色散特性，比较直观，一目了然。现在，对于 HE_{11} 模的色散再作如下的说明。当 V 小于 2.404 8 时，光纤只传输 HE_{11} 模，但 V 不同

（即频率不同）对应的β不同，其原因为：一是材料的色散，即光纤所用材料的折射率是随频率而变化的，从而使传输信息中不同频率成分的β也不相同；二是波导色散（或称结构色散），它是由于光纤并非理想结构而造成的色散，例如，光纤不是直的，有弯曲或扭转，横截面也不是真正的圆，有一定的椭圆度，即沿横向和轴向在结构上都会出现不均匀性，以及光纤内残存的内应力等，所有这些因素都会造成光纤材料折射率分布的不均匀性，从而使得相移常数β随着频率而变化。HE_{11}模的这种色散，称为模内色散。此外，上述因素还可能使HE_{11}模在传输过程中分解为极化方向相互正交的两个HE_{11}模，而它们的相移常数β并不相同，从而产生了色散（极化色散）。这种色散实际上也是模式（间）色散的一种。

图 4.3-5 是 7 种低次模在光纤芯子内的场结构图。

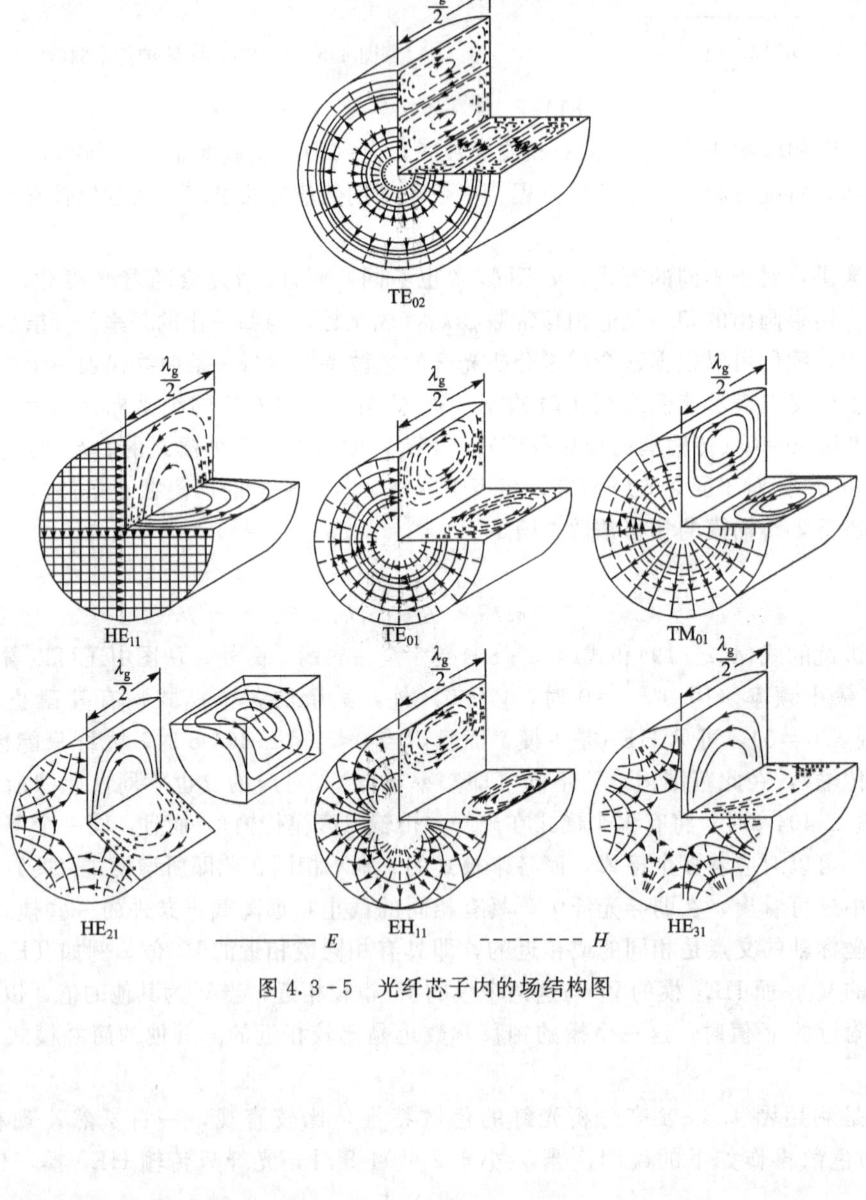

图 4.3-5　光纤芯子内的场结构图

§ 4.4　弱导光纤的线极化模

从 § 4.3 的讨论中已知，在光纤中可以存在 EH_{mn}、HE_{mn}、TE_{0n}和 TM_{0n}等模式，它们是由严格求解波动方程而得到的精确模式。但是利用精确模式的表示式分析光纤的特性或计算有关的参量，将是相当繁琐的。因此，在实际应用中，对于弱导光纤($n_1 \approx n_2$)，可近似地认为其中传输的是 TEM 波。这样，在满足一定要求的情况下，可以利用线极化模(LP 模——Linearly Polarized Mode)来代替精确模式，从而使分析和计算得以简化。本节简要地介绍一下线极化模的概念。

设光纤芯子和包层的折射率分别为 n_1 和 n_2，在弱导情况下，$n_1 \approx n_2$，根据式(4.2-8)可知，光线在芯子与包层的分界面处产生全反射时的临界角 $\theta_c \approx 90°$，即是说，光线几乎是与光纤轴线相平行地往前传播的。从场的观点看，因为场矢量与波矢量是正交的，所以场的纵向分量 E_z 和 H_z 必然远小于场的横向分量，因此，场的纵向分量可忽略不计，而只考虑其横向分量。这样，在光纤中沿轴向传输的波可近似地认为是 TEM 波，即是说，光纤横截面内的场(横向场)可以看做是其极化方向不随时间变化的线极化场。基于此，就可使弱导光纤的问题得以简化。为进一步地了解光纤中横向场的线极化特征和 LP 模的概念，我们首先导出弱导条件下场的纵向和横向分量在圆柱坐标系中的表示式，该表示式将说明，纵向分量远小于横向分量，因此光纤中的场可近似地认为是 TEM 波；其次，利用圆柱—直角坐标系之间的关系式，导出场量在直角坐标系中的表示式；最后，阐述 LP 模的概念，以及它的截止和远离截止条件。

一、弱导条件下场量在圆柱坐标系中的表示式

已知式(4.3-47)为

$$\frac{A}{B} = \mp \frac{\omega \mu_0}{\beta m}\left(\frac{u^2 w^2}{u^2 + w^2}\right)\left[\frac{J_m'(u)}{uJ_m(u)} + \frac{K_m'(w)}{wK_m(w)}\right]$$

上式中方括弧内的项可以用式(4.3-57)等号右端的项来代替，从而可改写为

$$\frac{A}{B} = \mp \frac{\omega \mu_0}{\beta m}\left(\frac{u^2 w^2}{u^2 + w^2}\right)\left[\pm m\left(\frac{1}{u^2} + \frac{1}{w^2}\right)\right] \tag{4.4-1}$$

我们已知，当式(4.3-57)等号右端取“+”号时，它是 EH_{mn}模的特征方程，与此相对应，若式(4.4-1)中方括弧内的 m 前也取“+”号，则所得的 A/B 是对应于 EH_{mn}模的，即

$$\frac{A}{B} = \mp \frac{\omega \mu_0}{\beta m}\left(\frac{u^2 w^2}{u^2 + w^2}\right)\left[m\left(\frac{1}{u^2} + \frac{1}{w^2}\right)\right] \tag{4.4-2}$$

由此得

$$\frac{A}{B} = \mp \frac{\omega \mu_0}{\beta} \tag{4.4-3}$$

传输模沿光纤轴线的相移常数 β 应满足式(4.2-19)，即

$$n_2 k_0 < \beta < n_1 k_0$$

对于弱导光纤，因为 $n_1 \approx n_2$，所以可令 $\beta \approx n k_0$，n 是介于 n_1 和 n_2 之间变化范围很小的一个值。这样，则有

$$\frac{A}{B} = \mp \frac{1}{n}\sqrt{\frac{\mu_0}{\varepsilon_0}}, \quad B = \mp An\sqrt{\frac{\varepsilon_0}{\mu_0}} \tag{4.4-4}$$

当式(4.3-57)等号右端取“－”号时，它是 HE_{mn}模的特征方程，与此相对应，若式(4.4-1)的方括弧内的 m 前也取“－”号，则所得的 A/B 是对应于 HE_{mn}模的，即

$$\frac{A}{B}=\mp\frac{\omega\mu_0}{\beta m}\left(\frac{u^2w^2}{u^2+w^2}\right)\left[-m\left(\frac{1}{u^2}+\frac{1}{w^2}\right)\right] \tag{4.4-5}$$

由此得
$$\frac{A}{B}=\pm\frac{1}{n}\sqrt{\frac{\mu_0}{\varepsilon_0}},\quad B=\pm An\sqrt{\frac{\varepsilon_0}{\mu_0}} \tag{4.4-6}$$

将 EH_{mn} 和 HE_{mn} 模所对应的 A/B 分别代入到式（4.3－32）、式（4.3－33）和式（4.3－38）～式（4.3～45）等式中，并利用贝塞尔函数的递推公式（4.3－58）和式（4.3－59）即可求出这两类模式的场量在圆柱坐标系中的表示式（4.4－7）。

$$E_{z1}=A\frac{J_m\left(\frac{u}{a}r\right)}{J_m(u)}\begin{matrix}\cos m\varphi\\ \sin m\varphi\end{matrix}$$

$$E_{z2}=A\frac{K_m\left(\frac{w}{a}r\right)}{K_m(w)}\begin{matrix}\cos m\varphi\\ \sin m\varphi\end{matrix}$$

$$H_{z1}=\mp(\pm)An\sqrt{\frac{\varepsilon_0}{\mu_0}}\frac{J_m\left(\frac{u}{a}r\right)}{J_m(u)}\begin{matrix}\sin m\varphi\\ \cos m\varphi\end{matrix}$$

$$H_{z2}=\mp(\pm)An\sqrt{\frac{\varepsilon_0}{\mu_0}}\frac{K_m\left(\frac{w}{a}r\right)}{K_m(w)}\begin{matrix}\sin m\varphi\\ \cos m\varphi\end{matrix}$$

$$E_{r1}=+(-)\mathrm{j}\frac{Aak_0n}{u}\frac{J_{m\pm1}\left(\frac{u}{a}r\right)}{J_m(u)}\begin{matrix}\cos m\varphi\\ \sin m\varphi\end{matrix}$$

$$E_{r2}=-\mathrm{j}\frac{Aak_0n}{w}\frac{K_{m\pm1}\left(\frac{w}{a}r\right)}{K_m(w)}\begin{matrix}\cos m\varphi\\ \sin m\varphi\end{matrix}$$

$$E_{\varphi1}=\pm\mathrm{j}\frac{Aak_0n}{u}\frac{J_{m\pm1}\left(\frac{u}{a}r\right)}{J_m(u)}\begin{matrix}\sin m\varphi\\ \cos m\varphi\end{matrix}$$

$$E_{\varphi2}=\mp(\pm)\mathrm{j}\frac{Aak_0n}{w}\frac{K_{m\pm1}\left(\frac{w}{a}r\right)}{K_m(w)}\begin{matrix}\sin m\varphi\\ \cos m\varphi\end{matrix}$$

$$H_{r1}=\mp\mathrm{j}\frac{Aak_0n^2}{u}\sqrt{\frac{\varepsilon_0}{\mu_0}}\frac{J_{m\pm1}\left(\frac{u}{a}r\right)}{J_m(u)}\begin{matrix}\sin m\varphi\\ \cos m\varphi\end{matrix}$$

$$H_{r2}=\pm(\mp)\frac{Aak_0n^2}{w}\sqrt{\frac{\varepsilon_0}{\mu_0}}\frac{K_{m\pm1}\left(\frac{w}{a}r\right)}{K_m(w)}\begin{matrix}\sin m\varphi\\ \cos m\varphi\end{matrix}$$

$$H_{\varphi1}=+(-)\mathrm{j}\frac{Aak_0n^2}{u}\sqrt{\frac{\varepsilon_0}{\mu_0}}\frac{J_{m\pm1}\left(\frac{u}{a}r\right)}{J_m(u)}\begin{matrix}\cos m\varphi\\ \sin m\varphi\end{matrix}$$

$$H_{\varphi2}=-\mathrm{j}\frac{Aak_0n^2}{w}\sqrt{\frac{\varepsilon_0}{\mu_0}}\frac{K_{m\pm1}\left(\frac{w}{a}r\right)}{K_m(w)}\begin{matrix}\cos m\varphi\\ \sin m\varphi\end{matrix} \tag{4.4-7}$$

式（4.4－7）中，除了 E_{z1} 和 E_{z2} 对这两类模具有相同的表示式外，对于其他场量的表示式则规定：等号右端圆括弧外和内，以及式中 $\mathrm{J}_{m\pm1}$ 或 $\mathrm{K}_{m\pm1}$ 的“＋”和“－”则分别对应 EH_{mn} 和 HE_{mn} 模；若两者表示式同号，则不再加圆括弧。式中的下标“1”和“2”分别表示芯子和包层内的场，a 是芯子的半径。

由以上各式可知，场纵向分量的幅值远小于横向分量的幅值。例如，对于芯子内的 E_{z1} 和 E_{r1}，则有

$$\frac{|E_{z1}|}{|E_{r1}|}=\frac{u}{ak_0n}=\frac{\sqrt{n_1^2k_0^2-\beta^2}}{k_0n}<\frac{\sqrt{n_1^2-n_2^2}}{n_1}\approx\sqrt{\Delta}$$

对于芯子内的磁场，以及包层内的电场和磁场，也有类似的关系式。这说明，在弱导条件下（$\Delta\ll1$），光纤中的传输模可近似地看做是 TEM 模（准 TEM 模）。

二、弱导条件下场量在直角坐标系中的表示式

对于 TEM 波，用 z 轴与光纤轴线相重合的直角坐标系来表示其场量，就会更清楚地看出其场分布的特征。圆柱—直角坐标系中电场之间的关系式为

$$\begin{aligned}E_x&=E_r\cos\varphi-E_\varphi\sin\varphi\\E_y&=E_r\sin\varphi+E_\varphi\cos\varphi\end{aligned}\tag{4.4-8}$$

对于磁场 H_x 和 H_y 也有类似的关系式。根据 EH_{mn} 模的特征方程式（4.3－60）和 HE_{mn} 模的特征方程式（4.3－61）可分别得到

$$\frac{u\mathrm{J}_m(u)}{\mathrm{J}_{m+1}(u)}=-\frac{w\mathrm{K}_m(w)}{\mathrm{K}_{m+1}(w)}\tag{4.4-9}$$

和

$$\frac{u\mathrm{J}_m(u)}{\mathrm{J}_{m-1}(u)}=\frac{w\mathrm{K}_m(w)}{\mathrm{K}_{m-1}(w)}\tag{4.4-10}$$

为使场量的表示式便于使用，首先，在式（4.4－7）的表示式中，对于 EH_{mn} 模，芯子和包层内的场量分别乘以式（4.4－9）等号的左端项和右端项，对于 HE_{mn} 模，则分别乘以式（4.4－10）等号的左端项和右端项；然后再利用式（4.4－8），就可得出 EH_{mn} 和 HE_{mn} 模的场量在直角坐标系中的表示式。式中的“＋”和“－”号（包括贝塞尔函数和三角函数中的“＋”和“－”号）分别对应于 EH_{mn} 和 HE_{mn} 模。式中的三角函数可以取上面或下面的一组，一经取定，则对于所有分量应保持一致。

$$\begin{aligned}
E_{x1}&=\pm\mathrm{j}Aak_0n\frac{\mathrm{J}_{m\pm1}\left(\frac{u}{a}r\right)}{\mathrm{J}_{m\pm1}(u)}\begin{matrix}\cos[(m\pm1)\varphi]\\\sin[(m\pm1)\varphi]\end{matrix}\\
E_{x2}&=\pm\mathrm{j}Aak_0n\frac{\mathrm{K}_{m\pm1}\left(\frac{w}{a}r\right)}{\mathrm{K}_{m\pm1}(w)}\begin{matrix}\cos[(m\pm1)\varphi]\\\sin[(m\pm1)\varphi]\end{matrix}\\
E_{y1}&=\mathrm{j}Aak_0n\frac{\mathrm{J}_{m\pm1}\left(\frac{u}{a}r\right)}{\mathrm{J}_{m\pm1}(u)}\begin{matrix}\sin[(m\pm1)\varphi]\\-\cos[(m\pm1)\varphi]\end{matrix}\\
E_{y2}&=\mathrm{j}Aak_0n\frac{\mathrm{K}_{m\pm1}\left(\frac{w}{a}r\right)}{\mathrm{K}_{m\pm1}(w)}\begin{matrix}\sin[(m\pm1)\varphi]\\-\cos[(m\pm1)\varphi]\end{matrix}
\end{aligned}\tag{4.4-11}$$

$$H_{x1} = \mathrm{j}Aak_0n^2\sqrt{\frac{\varepsilon_0}{\mu_0}}\frac{\mathrm{J}_{m\pm1}\left(\frac{u}{a}r\right)}{\mathrm{J}_{m\pm1}(u)}\begin{matrix}-\sin\left[(m\pm1)\varphi\right]\\ \cos\left[(m\pm1)\varphi\right]\end{matrix}$$

$$H_{x2} = \mathrm{j}Aak_0n^2\sqrt{\frac{\varepsilon_0}{\mu_0}}\frac{\mathrm{K}_{m\pm1}\left(\frac{w}{a}r\right)}{\mathrm{J}_{m\pm1}(u)}\begin{matrix}-\sin\left[(m\pm1)\varphi\right]\\ \cos\left[(m\pm1)\varphi\right]\end{matrix}$$

$$H_{y1} = \pm\mathrm{j}Aak_0n^2\frac{\mathrm{J}_{m\pm1}\left(\frac{u}{a}r\right)}{\mathrm{J}_{m\pm1}(u)}\begin{matrix}\cos\left[(m\pm1)\varphi\right]\\ \sin\left[(m\pm1)\varphi\right]\end{matrix}$$

$$H_{y2} = \pm\mathrm{j}Aak_0n^2\sqrt{\frac{\varepsilon_0}{\mu_0}}\frac{\mathrm{K}_{m\pm1}\left(\frac{w}{a}r\right)}{\mathrm{K}_{m\pm1}(w)}\begin{matrix}\cos\left[(m\pm1)\varphi\right]\\ \sin\left[(m\pm1)\varphi\right]\end{matrix}$$

利用这些公式，可以比较方便地讨论光纤中的线极化模(LP 模)。

三、弱导光纤的线极化模(LP 模)

(一) 线极化模的概念

根据 EH_{mn} 模的特征方程式(4.3-60)可知，$\mathrm{EH}_{m-1,n}$ 模的特征方程应为

$$\frac{\mathrm{J}_m(u)}{u\mathrm{J}_{m-1}(u)}+\frac{\mathrm{K}_m(w)}{w\mathrm{K}_{m-1}(w)}=0 \tag{4.4-12a}$$

或写为

$$\frac{u\mathrm{J}_{m-1}(u)}{\mathrm{J}_m(u)}=-\frac{w\mathrm{K}_{m-1}(w)}{\mathrm{K}_m(w)} \tag{4.4-12b}$$

根据书末附录一中的(五)贝塞尔函数的公式可知

$$\begin{aligned}\frac{2m}{u}\mathrm{J}_m(u)&=\left[\mathrm{J}_{m+1}(u)+\mathrm{J}_{m-1}(u)\right]\\ \frac{2m}{w}\mathrm{K}_m(w)&=\left[\mathrm{K}_{m+1}(w)-\mathrm{K}_{m-1}(w)\right]\end{aligned} \tag{4.4-13}$$

利用此关系式可将式(4.4-12b)化为

$$\frac{1}{\mathrm{J}_m(u)}\left[2m\mathrm{J}_m(u)-u\mathrm{J}_{m+1}(u)\right]=\frac{1}{\mathrm{K}_m(w)}\left[2m\mathrm{K}_m(w)-w\mathrm{K}_{m+1}(w)\right]$$

即

$$\frac{u\mathrm{J}_{m+1}(u)}{\mathrm{J}_m(u)}=\frac{w\mathrm{K}_{m+1}(w)}{\mathrm{K}_m(w)} \tag{4.4-14}$$

根据 HE_{mn} 模的特征方程式(4.3-61)可知，$\mathrm{HE}_{m+1,n}$ 模的特征方程应为

$$\frac{\mathrm{J}_m(u)}{u\mathrm{J}_{m+1}(u)}-\frac{\mathrm{K}_m(w)}{w\mathrm{K}_{m+1}(w)}=0 \tag{4.4-15a}$$

或写为

$$\frac{u\mathrm{J}_{m+1}(u)}{\mathrm{J}_m(u)}=\frac{w\mathrm{K}_{m+1}(w)}{\mathrm{K}_m(w)} \tag{4.4-15b}$$

显然，式(4.4-15b)与式(4.4-14)是同一个等式，这表明，$\mathrm{EH}_{m-1,n}$ 和 $\mathrm{HE}_{m+1,n}$ 这两类模的场结构虽然不同，但是特征方程相同，即具有相同的相移常数和传播速度，因此这两类模是简并的。将这两类模式的场线性叠加，在光纤的横截面上就得到一个其横向场基本上只有

一个极化方向的模式，称为线极化模(即 LP 模)。另外，TE_{0n}、TM_{0n}和 HE_{2n}也是一组简并模，将 TE_{0n}与 HE_{2n}或 TM_{0n}与 HE_{2n}的场线性叠加，也是线极化模。现说明如下。已知 HE_{mn}模的特征方程为

$$\frac{J_{m-1}(u)}{uJ_m(u)}-\frac{K_{m-1}(w)}{wK_m(w)}=0$$

又，根据贝塞尔函数公式(4.4-13)可推出下列公式

$$\frac{2(m-1)}{u}J_{m-1}(u)=[J_m(u)+J_{m-2}(u)] \tag{4.4-16}$$

和

$$\frac{2(m-1)}{w}K_{m-1}(w)=[K_m(w)-K_{m-2}(w)]$$

利用此关系式可将式(4.3-61)化为

$$\frac{J_{m-1}(u)}{uJ_{m-2}(u)}+\frac{K_{m-1}(w)}{wK_{m-2}(w)}=0 \tag{4.4-17}$$

将此式与 TE_{0n}的特征方程式(4.3-54)和 TM_{0n}的特征方程式(4.3-56)加以对照，即可看出，在弱导情况下，TE_{0n}、TM_{0n}和 HE_{2n}这三类模是简并的。

对于线极化模，若采用直角坐标系，那么，只要适当地选取 x 和 y 轴的取向，就可以使横向场只有 $\boldsymbol{x}E_x$ 和 $\boldsymbol{y}H_y$ 或只有 $\boldsymbol{y}E_y$ 和 $\boldsymbol{x}H_x$，这两种分布状态的场，其极化方向是正交的。另外，对于每一个 EH 或 HE 模，其场量沿光纤的圆周方向又有 $\sin m\varphi$ 和 $\cos m\varphi$ 两种分布状态，因此，当 $m>0$ 时，与之相对应的线极化模的场就有 4 种分布状态(简并度为 4)，当 $m=0$ 时，简并度为 2。图4.4-1 是光纤横截面上某些精确模的电场力线图，以及由简并模的场相叠加而构成的 LP 模的电场力线图。图中，箭头的方向即场的极化方向，箭头的长短则表示场强值的相对强弱。

为进一步了解 LP 模场的线极化特征，现举例如下。根据式(4.4-11)，将 $EH_{m-1,n}$和 $HE_{m+1,n}$相应场量的表示式叠加，可得

$$(E_{x1})_{EH_{m-1,n}}+(E_{x1})_{HE_{m+1,n}}=0$$

$$(E_{x2})_{EH_{m-1,n}}+(E_{x2})_{HE_{m+1,n}}=0$$

$$(E_{y1})_{EH_{m-1,n}}+(E_{y1})_{HE_{m+1,n}}=j2Aak_0n\frac{J_m\left(\frac{u}{a}r\right)}{J_m(u)}\begin{matrix}\sin m\varphi\\-\cos m\varphi\end{matrix}$$

$$(E_{y2})_{EH_{m-1,n}}+(E_{y2})_{HE_{m+1,n}}=j2Aak_0n\frac{K_m\left(\frac{w}{a}r\right)}{K_m(w)}\begin{matrix}\sin m\varphi\\-\cos m\varphi\end{matrix}$$

$$(H_{x1})_{EH_{m-1,n}}+(H_{x1})_{HE_{m+1,n}}=j2Aak_0n^2\sqrt{\frac{\varepsilon_0}{\mu_0}}\frac{J_m\left(\frac{u}{a}r\right)}{J_m(u)}\begin{matrix}-\sin m\varphi\\\cos m\varphi\end{matrix}$$

$$(H_{x2})_{EH_{m-1,n}}+(H_{x2})_{HE_{m+1,n}}=j2Aak_0n^2\sqrt{\frac{\varepsilon_0}{\mu_0}}\frac{K_m\left(\frac{w}{a}r\right)}{K_m(w)}\begin{matrix}-\sin m\varphi\\\cos m\varphi\end{matrix}$$

$$(H_{y1})_{EH_{m-1,n}}+(H_{y1})_{HE_{m+1,n}}=0$$

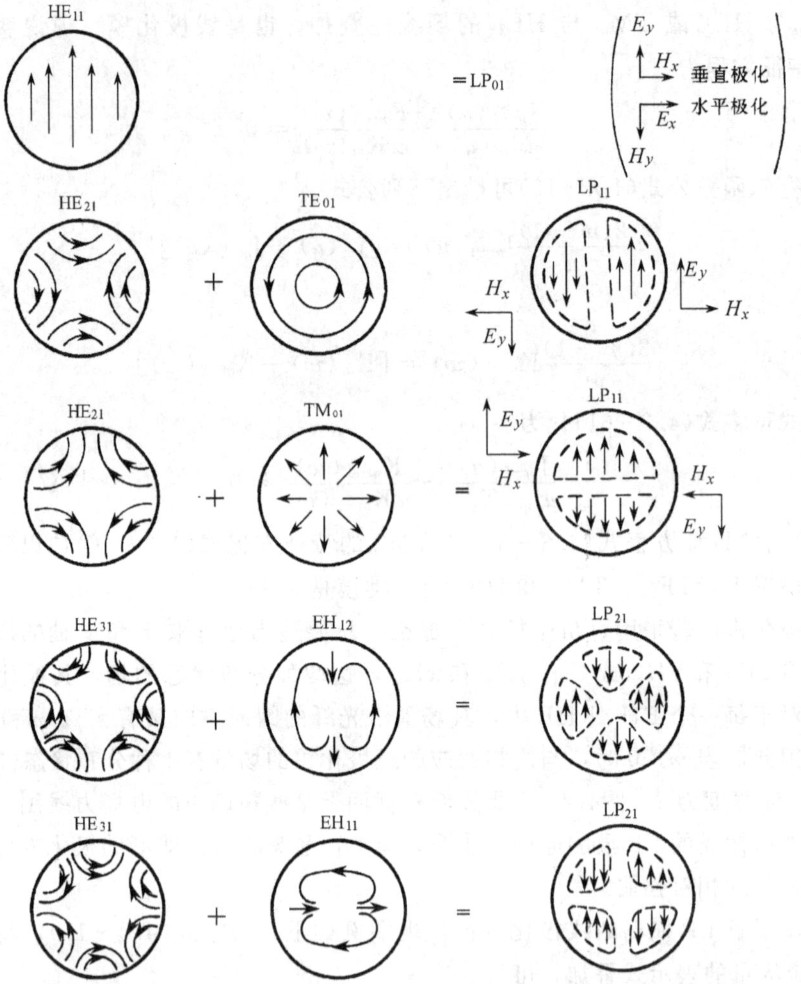

图 4.4-1　部分精确模和 LP 模的电场力线在光纤横截面上的分布图

$$(H_{y2})_{\mathrm{EH}_{m-1,n}}+(H_{y2})_{\mathrm{HE}_{m+1,n}}=0 \tag{4.4-18}$$

由此可见，由简并的精确模式构成的场是一个线极化的场，称为线极化模，记作 LP_{mn} 模。m 是模的阶数(它不同于 $\mathrm{EH}_{m-1,n}$ 和 $\mathrm{HE}_{m+1,n}$ 中的 m)，当沿光纤圆周观察横向场强度分布的变化时，出现极大值(或极小值)的个数为 $2m$；n 是贝塞尔函数根的序号(与相应精确模中的 n 相同)。根据式(4.4-11)，如果将 $\mathrm{HE}_{m+1,n}$ 和 $\mathrm{EH}_{m-1,n}$ 相应场量的表示式相减，就可以得到 LP_{mn} 模的另一组解($E_y=H_x=0$，$E_x\neq0$，$H_y\neq0$)，其场的极化方向与式(4.4-18)所表示的场解的极化方向是正交的。图4.4-2 是低阶 LP_{mn} 模与相应的精确模式之间的对应关系，以及各模式中的 E_x 的强度在光纤横截面上的分布状态。

由以上的分析可知，在弱导条件下，如果暂不考虑各精确模场结构上的差别，只要它们的特征方程相同，即传播常数 β 相同，就把其归并为同一个模式，并命名为 LP 模；LP 模的场可以看做是由相应精确模的场线性叠加而构成的。同一个 LP 模中的各精确模，除相移常数相同外，其场的横向分量(例如 E_x)的强度在光纤横截面上的分布状态，如图4.4-2 所

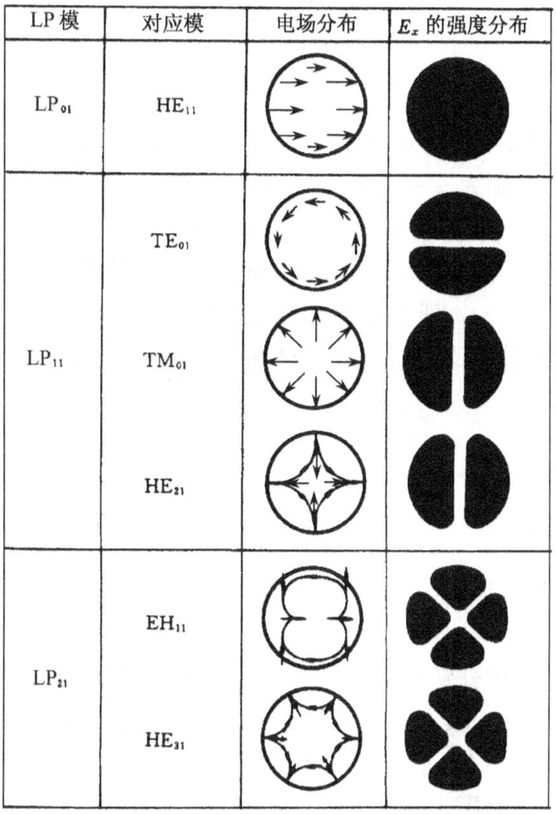

图 4.4－2　部分 LP 模与精确模之间的关系

示，可由同一个图形来表示。需要指出的是，实际上由于 n_1 与 n_2 并不相等，因此 LP 模中各精确模的相移常数和传播速度也不相同，简并是近似的。可见，LP 模只是弱导情况下的一种近似处理方法，也就是说，LP 模并非是光纤中实际存在的模式，实际存在的是 TE_{0n}、TM_{0n}、EH_{mn} 和 HE_{mn} 等精确模式。尽管如此，在满足一定精度要求的情况下，LP 模概念的引入，对于简化精确模式的分析和有关参量的计算是十分有利的。

（二）线极化模的截止和远离截止条件

线极化模的截止和远离截止条件分别为 w 趋于零和 w 趋于无穷大，这与精确模的情况是一致的。现分别讨论如下。

（1）截止条件。已知 $EH_{m-1,n}$ 和 $HE_{m+1,n}$ 的特征方程分别为

$$\frac{uJ_{m-1}(u)}{J_m(u)}=-\frac{wK_{m-1}(w)}{K_m(w)}$$

和

$$\frac{uJ_{m+1}(u)}{J_m(u)}=\frac{wK_{m+1}(w)}{K_m(w)}$$

前面已证明，这两个式子是同一个方程，$EH_{m-1,n}$ 和 $HE_{m+1,n}$ 是简并模，这两类模的线性叠加构成了线极化模（LP 模），因此，这两个式子也就是线极化模的特征方程。现利用其中之一的式(4.4－12b) 来讨论截止条件。截止时 w 趋于零，此时有

$$\lim_{w\to 0}\frac{w\mathrm{K}_{m-1}(w)}{\mathrm{K}_m(w)}=0$$

因此，截止条件为

$$\mathrm{J}_{m-1}(u)=0 \tag{4.4-19}$$

据此，即可求出一系列$(m-1)$阶贝塞尔函数的根，例如，当$m=0$时(此时$\mathrm{J}_{-1}(u)=-\mathrm{J}_1(u)$)的第一和第二个根分别为$u=0$和$u=3.831\ 7$，它们分别为$LP_{01}$和$LP_{02}$模的截止条件；当$m=1$时的第一和第二个根分别为$u=2.404\ 8$和$u=5.520\ 1$，它们分别为$LP_{11}$和$LP_{12}$模的截止条件。另外，对于简并模$TE_{0n}$、$TM_{0n}$和$HE_{2n}$，根据特征方程式(4.4-17)，即可求出其截止条件为$u=2.404\ 8$，即LP_{11}模的截止条件。

对于HE_{2n}和其简并模TE_{0n}和TM_{0n}，利用式(4.4-17)求截止条件，即

$$\frac{\mathrm{J}_{m-1}(u)}{u\mathrm{J}_{m-2}(u)}+\frac{\mathrm{K}_{m-1}(w)}{w\mathrm{K}_{m-2}(w)}=0$$

截止时w趋于零，此时有

$$\lim_{w\to 0}\frac{\mathrm{K}_{m-1}(w)}{\mathrm{K}_{m-2}(w)}=\infty$$

因此截止条件(此处$m=2$)为

$$\mathrm{J}_0(u)=0 \tag{4.4-20}$$

例如，第一和第二个根分别为$u_{01}=2.404\ 8$和$u_{02}=5.520\ 1$，它们是LP_{11}(对应的精确模为HE_{21}、TE_{01}、TM_{01})和LP_{12}(HE_{22}、TE_{02}、TM_{02})模的截止条件。这与根据式(4.3-65)和式(4.3-72)当$m=2$时所求得的结果是一致的。

(2) 远离截止条件。利用式(4.4-12b)求远离截止条件，即

$$\frac{u\mathrm{J}_{m-1}(u)}{\mathrm{J}_m(u)}=-\frac{w\mathrm{K}_{m-1}(w)}{\mathrm{K}_m(w)}$$

远离截止时w趋于无穷大，此时有

$$\lim_{w\to\infty}\frac{w\mathrm{K}_{m-1}(w)}{\mathrm{K}_m(w)}=\infty$$

因此，远离截止条件为

$$\mathrm{J}_m(u)=0 \tag{4.4-21}$$

对于HE_{2n}和其简并模TE_{0n}和TM_{0n}，利用式(4.4-17)求远离截止条件，即

$$\frac{\mathrm{J}_{m-1}(u)}{u\mathrm{J}_{m-2}(u)}+\frac{\mathrm{K}_{m-1}(w)}{w\mathrm{K}_{m-2}(w)}=0$$

远离截止时w趋于无穷大，此时有

$$\lim_{w\to\infty}\frac{\mathrm{K}_{m-1}(w)}{w\mathrm{K}_{m-2}(w)}=0$$

因此，远离截止条件(此处$m=2$)为

$$\mathrm{J}_1(u)=0 \tag{4.4-22}$$

例如，第一和第二个根分别为$u_{11}=3.831\ 7$和$u_{12}=7.015\ 6$，它们是LP_{11}和LP_{12}模的远离截止条件。这与根据式(4.3-76)和式(4.3-79)当$m=2$时所求得的结果是一致的。

以上是分两种情况讨论了LP模的截止和远离截止条件。实际上经分析可知，当$m=0$时对应于LP_{0n}(HE_{1n})和$m=1$时对应于LP_{1n}(HE_{2n},TE_{0n}、TM_{0n})，$m>1$时对应于LP_{mn}

($EH_{m-1,n}$和 $HE_{m+1,n}$)，则所有 LP 模的截止和远离截止条件即可以分别归结为式(4.4－19)和(4.4－21)。例如，根据式(4.4－19)，当 $m=0$ 时的第一和第二个根分别为 $u_{10}=0$ 和 $u_{11}=3.831\ 7$，它们是 $LP_{01}(HE_{11})$和 $LP_{02}(HE_{12})$模的截止条件，即 $m=0$ 与 $LP_{0n}(HE_{1n})$相对应；式(4.4－21)，当 $m=0$ 时的第一和第二个根分别为 $u_{01}=2.404\ 8$ 和 $u_{02}=5.520\ 1$，它们是 LP_{01}和 LP_{02}模的远离截止条件。由此可知，$LP_{01}(HE_{11})$是光纤中的主模，只传输该模的条件为 u 小于2.404 8，这与由式(4.3－75)所表示的单模(HE_{11})传输条件是一致的。

关于 LP 模的截止和远离截止条件，以及传输 LP 模时 u 值的变化范围，可参看表4.4－1 和图4.3－3。

表4.4－1　LP 模的截止和远离截止条件与简并模数

LP 模	对应模	截止条件	远离截止条件	简并模数
LP_{0n} ($m=0$)	HE_{1n}	$J_1(u)=0$	$J_0(u)=0$	2
LP_{1n} ($m=1$)	HE_{2n} TE_{0n} TM_{0n}	$J_0(u)=0$	$J_1(u)=0$	4
LP_{mn} ($m>1$)	$EH_{m-1,n}$ $HE_{m+1,n}$	$J_{m-1}(u)=0$	$J_m(u)=0$	4

§4.5　阶跃光纤中的传输功率

对于传输模，电磁场在光纤的轴向为传播状态，在包层内场的幅值随着半径的增加呈指数规律衰减。这说明，电磁场的功率一部分在芯子内，另一部分在包层内。下面分别讨论阶跃光纤在弱导条件下(线极化模)这两部分功率的计算公式，以及它们与总功率的相对比值。

一、芯子内的传输功率

根据式(2.2－51)可知，芯子内的传输功率为

$$P_1 = \frac{1}{2}\mathrm{Re}\int_0^a\int_0^{2\pi}(E_xH_y^* - E_yH_x^*)r\mathrm{d}r\mathrm{d}\varphi \tag{4.5-1}$$

对于线极化模，可以利用式(4.4－18)计算 P_1，则

$$P_1 = \frac{1}{2}\mathrm{Re}\left[\int_0^a\int_0^{2\pi}(-E_{y1}H_{x1}^*)r\mathrm{d}r\mathrm{d}\varphi\right] \tag{4.5-2}$$

将式(4.4－18)中的 E_{y1}和 H_{x1}代入上式中，则

$$P_1 = 2A^2a^2k_0^2n^3\sqrt{\frac{\varepsilon_0}{\mu_0}}\int_0^a\int_0^{2\pi}\left[\frac{J_m^2\left(\frac{u}{a}r\right)}{J_m^2(u)}\begin{matrix}\sin^2 m\varphi\\ \cos^2 m\varphi\end{matrix}\right]r\mathrm{d}r\mathrm{d}\varphi$$

式中，当 $m\neq0$ 时

$$\int_0^{2\pi}\sin^2 m\varphi\,\mathrm{d}\varphi = \int_0^{2\pi}\cos^2 m\varphi\,\mathrm{d}\varphi = \pi$$

当 $m=0$ 时

$$\int_0^{2\pi}\sin^2 m\varphi\,\mathrm{d}\varphi = 0 \qquad \int_0^{2\pi}\cos^2 m\varphi\,\mathrm{d}\varphi = 2\pi$$

另外，根据书末附录一中的(五)贝塞尔函数的积分公式，并进行变量置换，即令 $x=r/a$，$dx=dr/a$，则

$$\int_0^a J_m^2\left(\frac{u}{a}r\right)r\,dr = a^2\int_0^1 J_m^2(ux)x\,dx$$
$$= \frac{a^2}{2}\left[J_m'(u) + \left(1-\frac{m^2}{u^2}\right)J_m^2(u)\right]$$

再利用书末附录一中的(五)关于 $J_m'(u)$ 的公式，可将上式化为

$$\frac{a^2}{2}\left[J_m'(u) + \left(1-\frac{m^2}{u^2}\right)J_m^2(u)\right] = \frac{a^2}{2}\{J_m^2(u) + [J_{m-1}(u)][-J_{m+1}(u)]\}$$

这样，芯子内的功率 P_1 为

$$P_1 = A^2a^4k_0^2n^3\pi\sqrt{\frac{\varepsilon_0}{\mu_0}}F\left[1-\frac{J_{m-1}(u)J_{m+1}(u)}{J_m^2(u)}\right] \tag{4.5-3}$$

式中，当 $m\neq 0$ 时，$F=1$；当 $m=0$ 时，$F=2$。

二、包层内的传输功率

根据式(2.2-51)，并利用式(4.4-18)，则包层内的传输功率为

$$P_2 = \frac{1}{2}\mathrm{Re}\left[\int_a^\infty\int_0^{2\pi}(-E_{y2}\,H_{x2}^*)r\,dr\,d\varphi\right] \tag{4.5-4}$$

将式(4.4-18)中的 E_{y2} 和 H_{x2} 代入上式中，则

$$P_2 = 2A^2a^2k_0^2n^3\sqrt{\frac{\varepsilon_0}{\mu_0}}\int_a^\infty\int_0^{2\pi}\left[\frac{K_m^2\left(\frac{w}{a}r\right)}{K_m^2(u)}\begin{matrix}\sin^2 m\varphi\\ \cos^2 m\varphi\end{matrix}\right]r\,dr\,d\varphi$$

对于式中三角函数的积分，当 $m\neq 0$ 时为 π，当 $m=0$ 时为 2π（指余弦函数）；根据书末附录一中的(五)贝塞尔函数的积分公式，并令 $x=r/a$，$dx=dr/a$，则

$$\int_a^\infty K_m^2\left(\frac{w}{a}r\right)r\,dr = a^2\int_1^\infty K_m^2(wx)x\,dx$$
$$= \frac{a^2}{2}[-K_m^2(w) + K_{m-1}(w)K_{m+1}(w)]$$

这样，芯子内的功率 P_2 为

$$P_2 = A^2a^4k_0^2n^3\pi\sqrt{\frac{\varepsilon_0}{\mu_0}}F\left[-1+\frac{K_{m-1}(w)K_{m+1}(w)}{K_m^2(w)}\right] \tag{4.5-5}$$

式中，当 $m\neq 0$ 时，$F=1$；当 $m=0$ 时，$F=2$。

三、芯子和包层内的功率与总功率之比

设光纤中传输的总功率为 P，则

$$P = P_1 + P_2 = A^2a^4k_0^2n^3\pi\sqrt{\frac{\varepsilon_0}{\mu_0}}F\left[\frac{K_{m-1}(w)K_{m+1}(w)}{K_m^2(w)} - \frac{J_{m-1}(u)J_{m+1}(u)}{J_m^2(u)}\right] \tag{4.5-6}$$

根据式(4.4-12b)和式(4.4-15b)可得

$$\frac{u^2J_{m-1}(u)J_{m+1}(u)}{J_m^2(u)} = -\frac{w^2K_{m-1}(w)K_{m+1}(w)}{K_m^2(w)} \tag{4.5-7a}$$

利用这个式子(它实际上也是 LP 模的特征方程)就可以得到芯子内的功率 P_1 与总功率 P 之比为

$$\frac{P_1}{P}=\frac{w^2}{V^2}\left[1-\frac{J_m^2(u)}{J_{m-1}(u)J_{m+1}(u)}\right] \tag{4.5-7b}$$

或写为

$$\frac{P_1}{P}=\left(1-\frac{u^2}{V^2}\right)\left[1-\frac{J_m^2(u)}{J_{m-1}(u)J_{m+1}(u)}\right] \tag{4.5-7c}$$

包层内的功率 P_2 与总功率 P 之比为

$$\frac{P_2}{P}=1-\frac{w^2}{V^2}\left[1-\frac{J_m^2(u)}{J_{m-1}(u)J_{m+1}(u)}\right] \tag{4.5-8}$$

图4.5-1是 P_1/P 和 P_2/P 与归一化频率 V 之间的关系曲线。由图可见，工作频率愈高，功率就愈集中于芯子内，频率愈低，集中于包层内的功率则相对地增加。例如，对于 LP_{01} (HE_{11})模，当 $V=2.4048$ 时，约有 84%的传输功率集中于芯子内，包层中约有 16%的功率；当 $V=1$ 时，约有 30%的功率集中于芯子内，而包层中则约有 70%的功率。

图中曲线的标号即 *LP* 模的下标（*mn*）。因为只要有相同的截止条件、又有相同的远离截止条件的不同的精确模式，都可以把它们归并为同一个 LP 模式，所以同一个曲线可能代表一个或数个精确模式。例如：标号为“1*n*”（$m=1$ 时）的曲线代表 TE_{0n}、TM_{0n} 和 HE_{2n} 模式；标号为“*mn*”（$m\neq1$，$m=0$，2，3，…）的曲线表示 $HE_{m+1,n}$ 和 $EH_{m-1,n}$（$m>1$），其中，“01”代表 HE_{11}（主模）。为便于理解和检验，现举些例子如下。

LP_{01}（HE_{11}），LP_{11}（TE_{01}、TM_{01}、HE_{21}），LP_{21}（HE_{31}、EH_{11}），LP_{02}（HE_{12}），LP_{31}（HE_{41}、EH_{21}），LP_{12}（TE_{02}、TM_{02}、HE_{22}），LP_{41}（HE_{51}、EH_{31}），LP_{51}（HE_{61}、EH_{41}），LP_{03}（HE_{13}），LP_{32}（HE_{42}、EH_{22}），LP_{13}（TE_{03}、TM_{03}，HE_{23}），…

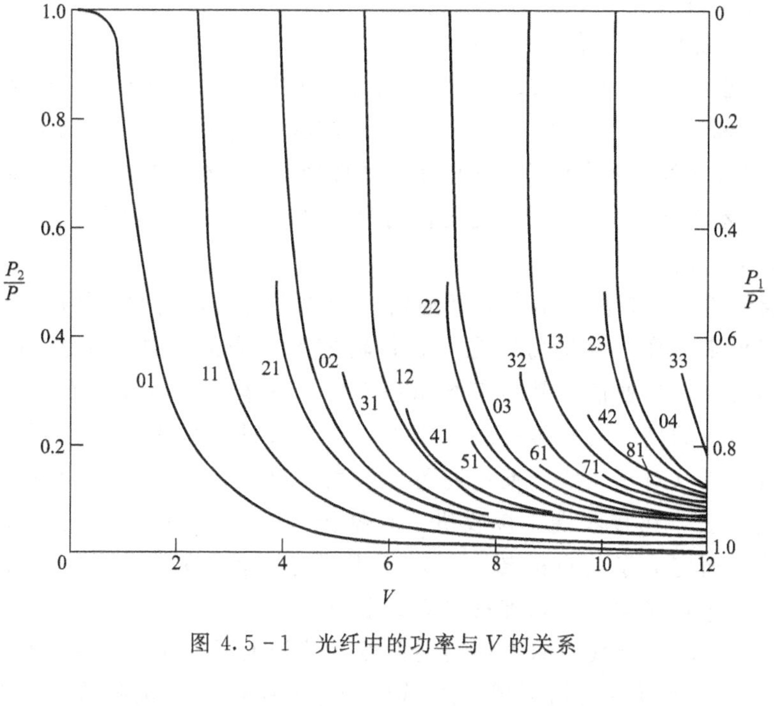

图 4.5-1　光纤中的功率与 V 的关系

在光纤通信中使用的工作波长 λ_0 常划分为如表 4.5-1 所示的几个波段，其中有的波段与表 0-3 所列波段的字母代号相同，但其含义和波段范围则完全不同。波长以 μm 计。

表 4.5-1　光纤通信中波段的划分

波段称谓和代号	初始波段 (O)	扩展波段 (E)	短波段 (S)	常规波段 (C)	长波段 (L)	超长波段 (U)
波段范围/μm	1.260～1.360	1.360～1.460	1.460～1.530	1.530～1.566	1.566～1.625	1.625～1.675

其中，C 波段是目前常用的波段，并以它作为参考：波长比它短的称为短波段，比它长的称为长波段，比它更长的称为超长波段。

§4.6　无线光通信基本知识简介

随着社会的发展，信息技术在经济、科技，以及社会各个领域的应用已十分广泛，其重要性日益突出，而对它的要求也愈来愈高。例如，要求大容量、宽频带、高传输速率、低成本等。对此，目前已得到广泛应用的有线光通信（光纤通信），与普通无线电通信和微波通信相比，已经有了很大的提高，基本上能满足上述要求，而无线光通信则是在光纤通信的基础上把上述技术指标又大大地提高了一步，更能满足日益增长的对信息技术的要求。

所谓无线光通信，或称自由空间光通信（Free space optical communication），就是以激光作为载体，它不需要任何传输线作为传输媒介，而是通过大气层（空气）或外层空间来传递语音、数据和图像等信息的一种通信方式。无线光通信从早期（1880 年）贝尔(A. G. Bell）首先用光作为载体（载波）进行了通电话以来，科技人员就对这种通信方式进行了大量的研究和实验工作，并取得了重大进展和丰硕成果。目前已进入边研制、边应用的阶段，在某些领域已经进入商用阶段，应用范围日趋广泛。在卫星与卫星、卫星与航天器和空间站，以及卫星与地面站之间、陆地上任何两点之间，都可以利用无线光通信传递信息，甚至还可用于水下通信。

普通无线电通信、微波通信、光纤通信和无线光通信，它们之间除了使用的频率愈来愈高、频带愈来愈宽、容量愈来愈大、传输速率愈来愈快这些不同的特点，以及具体的设备不同之外，从通信的基本工作原理来看，基本上是一致的或极为相似的。即，它们都是把要传递的信息（模拟的或数字的）对载波的某些参数（振幅、相位、频率、功率等）进行调制（对于无线光通信还可以利用强度和极化调制），而后经发射机（包括天线）发送出去，在接收端，接收机（包括天线）把收到的信号进行解调，还原为原来的信息，从而完成了信息的传递。对于无线光通信可用下面的方框图概略地说明其工作过程（图中，光学天线，即透镜系统装置）。

由激光器产生的光频载波输入到调制器后，其相关参数受到被传递信息的调制，被调制后的载波经发射机（包括天线）发送出去；在接收端，接收机（包括天线）将收

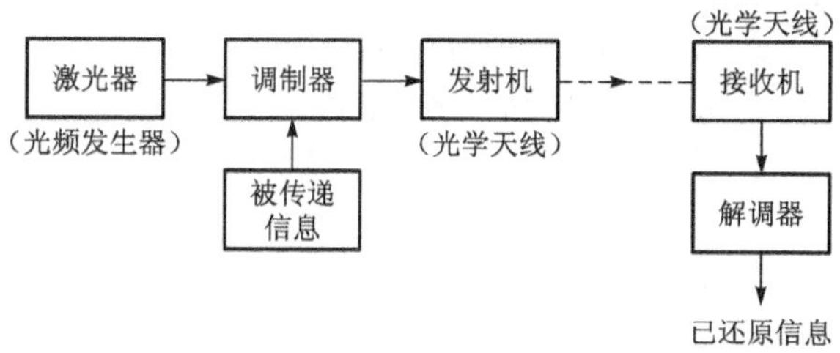

图 4.6－1　无线光通信工作原理示意图

到的信号输入到解调器解调后，就得到了被传送的信息，从而完成了信息传递的全过程。显然，这种说明是很粗略的，实际的操作过程和所需的设备是很复杂的，例如需要对准和跟踪设备等。这样，才能提高通信的可靠性和安全性。目前无线激光通信所用激光器的光源有：LD、LED、APD、DFB、DPL 和 YAG 等激发器。所用频率约在 326 THz～365 THz（波长在 920 nm～820 nm）；有时为了减少激光束在空气中的衰减，常采用波长为 850 nm～1 550 nm 作为工作波段。由于无线激光通信使用的频率很高（波长很短），因此，它所使用的设备尺寸小，重量轻，耗能小（例如，天线的口径在几个厘米～20 余厘米，激光发射功率约在几十～几百 mW），建设周期短、成本低。相比之下，光纤通信则经常会受到线路选择、光缆敷设、设备制造，以及环境状况等多种因素的影响，因此，建设周期长、成本高。另外，由于激光束的发散角很小（一般都在毫弧度或微弧度的数量级），而且为直线传播、方向性强，很难在传输过程中截获它，具有较好的保密性。但无线光通信也有其不足之处：大气中的云、雨、雾会对激光束产生吸收（衰减），易受障碍的遮挡，易受到外界（背景）光源（阳光、月亮、星光、其他发光体）的干扰；另外，由于激光束的发散角很小，在接收过程中有时难以“捕获”到，所有这些都给无线光通信造成了不利因素。但是，这些问题有的已经解决，有的正在逐步解决中，总之，从长远看，无线光通信是通信技术一个新的发展方向，其重要性日益突出，应用范围也会愈来愈广泛。

习　题

4－1　什么是表面波，它有哪些主要特征？

4－2　阶跃光纤芯子和包层的折射率分别为 $n_1=1.51$ 和 $n_2=1.50$，周围介质为空气，光线由端面投射到光纤内为子午射线传播，试求光纤的数值孔径 NA 和光线入射角的范围。

4－3　光纤中和金属圆波导中的场结构和波型都是由解波动方程得到的，试比较两者的异同点。

4－4　试从物理意义上阐明光纤中模的传输和截止的含义，它与金属波导中模的传输和截止的含义是否相同？

4－5　光纤中的主模是什么，单模传输条件是什么？

4－6　试求光纤中 HE_{13} 模的截止和远离截止条件，问：若该模能够在光纤中传输，还会有哪些模也能够传输？

4－7　阶跃光纤芯子和包层的折射率分别为 $n_1=1.51$ 和 $n_2=1.50$，在单模传输的情况下，试求：当工作波长 λ_0 分别为 0.85 μm、1.3 μm 和 1.55 μm 时，光纤芯子的半径各为多少？

4－8　阶跃光纤芯子的半径为 8 μm，折射率 $n_1=1.5$，相对折射率差 $\Delta=0.01$，工作波长 $\lambda_0=1.55$ μm，问：光纤中可以传输哪些模式？

4－9　什么叫做色散，色散有哪几种，产生的原因是什么？

4－10　什么叫做 LP 模，它与精确模之间的关系是什么？

第5章　微波谐振器

我们知道，在微波范围内，当谐振回路的线长度与电磁波的波长可以相比拟时，就会产生能量的辐射，波长愈短辐射愈严重，介质损耗和由趋肤效应引起的导体损耗也急剧地增加，这就必然会降低回路的质量；另外，由于波长很短(频率很高)，则要求电感和电容元件的尺寸甚小，这将带来制造上的困难和机械强度的下降，因此，甚至在分米波范围内使用集总参数电路，就很难保证它正常地工作。由此可知，在微波范围内，必须研制新型的谐振器(谐振回路)。微波谐振器(腔)可以用作振荡器或调谐放大器的振荡回路、微波滤波器、倍频器、频率预选器、波长计、回波箱等。另外，谐振腔还在微波管和加速器中得到了某些应用。

有两种避免辐射的方法：一是把电磁波封闭在金属空腔中；另一种是把电磁波聚集在高介电常数的介质内。前者导致了各种空腔谐振器的产生，后者则是构成各种开放型谐振器的基础。微波谐振器中有一类是由微波传输线构成的，例如前几章中讲过的各种波导和传输线等，只要在结构上采取某些措施(如开路、短路等)，都可以构成微波谐振器，通常把它们称为传输线类型的谐振器。另外，有些谐振器的形状较复杂，不能把它看做是由某种传输线构成的，如环形谐振器、混合同轴线型谐振器，以及其他形状(如球形、槽形、扇形)的谐振器等，通常把它们称为非传输线类型的谐振器。非传输线类型的谐振器主要用于微波管和加速器等微波系统中。在微波集成电路中，则主要采用微带谐振器和介质谐振器。

关于谐振器的分析方法，从根本上讲，都可以通过在一定的边界条件和初始条件下，对电磁场的波动方程求解的方法来分析，并进而求得谐振器的主要特性参数。但是，这种直接解方程的方法，只是对少数几何形状简单的谐振器才便于求得解析解，而对于几何形状较复杂的谐振器，则需要用数值计算的方法来解决。就本章要讲的圆柱形金属空腔谐振器和矩形金属空腔谐振器而言，用直接解方程的方法是不难求出它们场结构的表示式和主要特性参数的。但是对于这种传输线类型的谐振器，还可采用另一种比较简便的方法，即场的叠加法，其要点是：把谐振器看成是由两端短路、开路，或者一端短路和另一端开路的一段传输线，谐振器中的场在满足边界条件的情况下，可由入射波和反射波的叠加来求得。这样，就可以直接利用前几章得出的相应波导和传输线的有关公式来进行分析，从而能较方便地求得谐振器场结构的表示式和主要特性参数。对于某些谐振器，甚至可以采用等效电路的方法来求得它的主要特性参数。对于封闭式和开放式两类谐振器的分析方法，在本质上是相同的，但是由于两者边界条件的性质有较大的差别，因此在具体分析的细节上仍有较大的差异。

本章讨论的重点是圆柱形金属空腔谐振器(简称圆柱形谐振腔)、矩形金属空腔谐振器(简称矩形谐振腔或矩形腔)和同轴线谐振腔等。对于圆柱形谐振腔、矩形腔采用场的叠加法来进行分析。对于其他形式的谐振器，视具体情况可以采取解电磁场方程的方法(在一定边界条件下)或等效电路的方法来求得谐振器的主要特性参数。另外，为了扩大知识面，对于平面谐振器、渐变形谐振器、球面开式腔谐振器和 YIG 磁谐振器等，也给予简单的介绍。下面我们首先讨论谐振器的主要特性参数，然后再讨论各种具体的谐振器。

§5.1 谐振器的主要特性参数

谐振器的主要特性参数有：谐振频率 f_r(或谐振波长 λ_r)，品质因数，以及与谐振器中有功损耗有关的谐振电导(或电阻)。需要指出的是，对于一个谐振器来说，这些参数是对某一个谐振(振荡)模式而言的，若模式不同，一般地讲，这些参数也不同。下面分别加以讨论。

一、谐振频率

由于各类谐振器的具体结构、形状、谐振模式不尽相同，而且对于谐振频率也可以从不同的角度去理解，因此也有多种求谐振频率的方法。至于采用何种方法，应视具体情况而定，在满足一定要求的情况下，方法愈简便愈好。下面介绍四种方法。

(一) 相位法

所谓相位法指的是，根据电磁波在谐振器内来回地反射时，入射波与反射波相叠加时的相位关系来确定谐振频率。这种方法主要用于传输线类型的谐振器，对于这类谐振器可归结为一段两端分别接有纯电抗性负载(包括短路或开路状态)Z_1 和 Z_2 的传输线，即在线的两端处不吸收，也不辐射能量，而是形成全反射，其等效电路如图5.1－1 所示。在该系统(谐振器)内的纯驻波场，可以看做是行波场在线段 l 的两端之间(Z_1 和 Z_2 之间)来回地反射相叠加而形成的，即是说，对于谐振器内任意一点，当行波场相叠加时，若其相位差为 2π 的整数倍(同相)时，就产生了谐振。设电磁波在两端(Z_1 和 Z_2)处反射系数的相角分别为 θ_1 和 θ_2(反射系数的模均为 1)，行波的相移常数为 β，谐振器的长度为 l。例如，设谐振器中某一点的电场为 $Ee^{j\varphi}$，φ 为初相角，当电磁波从该点出发，并经两端(Z_1 和 Z_2)的反射再回到原处时，相位的变化为

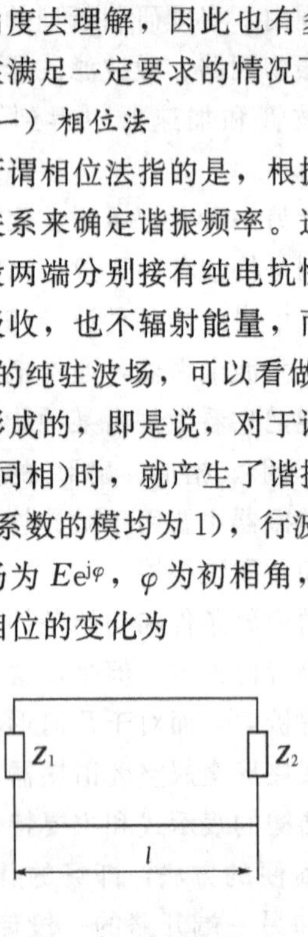

图 5.1－1　传输线类型谐振器的一般等效电路

$$(\varphi+2\beta l+\theta_1+\theta_2)-\varphi=2\beta l+\theta_1+\theta_2$$

谐振条件为

$$2\beta l+\theta_1+\theta_2=2p\pi \quad (p=0,1,2,3,\cdots) \tag{5.1-1}$$

由此式可以解出 β(当 l 一定和 θ_1、θ_2 也已知时)。根据 β 即可求出谐振频率 f_r 或谐振波长 λ_r，例如，对于无色散波

$$\beta=\frac{2\pi}{\lambda_r}=\frac{2\pi}{v}f_r \tag{5.1-2}$$

对于色散波

$$\beta=\frac{2\pi}{\lambda_g}=\frac{2\pi}{v}\sqrt{f_r^2-f_c^2} \tag{5.1-3}$$

式中，v 是(TEM)波在无界介质(与谐振器内相同介质)中的传播速度，f_c 是构成谐振器的那类传输线(对一定波型而言)的截止频率。由以上各式可知，当谐振器的尺寸 l、填充的介质，以及 Z_1 和 Z_2 已知时，不同的 p 对应着不同的 β，即对应着不同的 f_r，或者说，许多不同的 p 表示许多不同的谐振波型(振荡模)，对应着许多不同的 f_r，此即所谓谐振器的多谐性。这一点与低频中由电感 L 和电容 C 构成的谐振回路，当其尺寸、填充介质均不变化时，只有一个谐振频率是不相同的。

（二）电纳法

所谓电纳法指的是，根据谐振时谐振器的总电纳为零来确定谐振频率。具体地说就是，在谐振器中选取某个适当位置作为参考面，求出其等效电路，并把所有的电纳归到参考面处，那么，在谐振时该参考面处总的电纳应为零。现举例如下，图5.1－2是一个长为 l(实际即同轴线谐振腔内导体的长度）的电容加载的同轴线谐振腔的结构示意图及其等效电路，工作模式是 TEM 模。

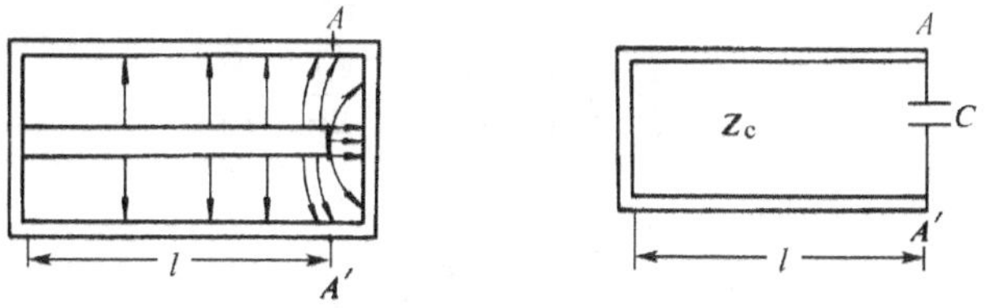

图 5.1－2　电容加载同轴线谐振腔及其等效电路

若选取 AA' 作为参考面，则谐振条件为

$$\sum B\Big|_{f=f_r} = 0 \tag{5.1-4}$$

即

$$2\pi f_r C - \frac{1}{Z_c}\cot\left(\frac{2\pi f_r l}{v}\right) = 0 \tag{5.1-5}$$

式中，B 为总电纳，C 为加载电容（内导体端面与短路板之间的电容），Z_c 为同轴线的特性阻抗，v 是电磁波的速度。由此式即可求出谐振频率 f_r。对于这种腔在本章§5.4 中将详细讨论。

（三）集中参数法

所谓集中参数法指的是，根据谐振器等效电路中的电感和电容来确定谐振频率。即是说，对于某些谐振器而言，若它的电场和磁场相对而言是分别集中于谐振器的不同部位，而且谐振器的几何尺寸又小于谐振波长 λ_r，则可利用集总参数的概念画出其等效电路，求出谐振器的等效电感 L 和等效电容 C，这样，若忽略损耗，则谐振频率 f_r 为

$$f_r = \frac{1}{2\pi\sqrt{LC}} \tag{5.1-6}$$

现举例说明。图5.1－3是一个环形金属空腔谐振器的示意图及其等效电路（R 和 h 均小于 $\lambda_r/4$，$d \ll h$）。环形腔中的电场可近似地认为主要是集中于腔内圆柱体的端面和与之相对的腔体底部内表面之间的区域内（略去边缘电容），并把它近似地看做平板电容 C，则

$$C = \frac{\varepsilon\pi r_0^2}{d} \tag{5.1-7}$$

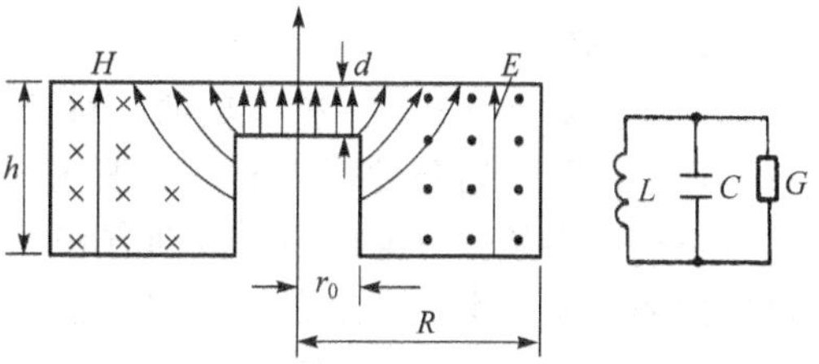

图 5.1－3　环行谐振腔及其等效电路

式中的 ε 是腔内填充介质的介电常数。环形腔中的磁场可近似地认为主要是集于腔内圆柱体周围的环形体积内，设该体积内总的磁通量为 ϕ，沿圆柱体表面流动的高频电流的幅值为 I，则等效电感 L 为

$$L=\frac{\phi}{I} \tag{5.1-8}$$

在距离腔体轴线 r 处，由电流 I 产生的磁场强度的值为

$$H=\frac{I}{2\pi r} \tag{5.1-9}$$

通过宽度为 $\mathrm{d}r$ 的环形体积横截面面积 $\mathrm{d}s=h\mathrm{d}r$ 的磁通量 $\mathrm{d}\phi$ 为

$$\mathrm{d}\phi=\mu H\,\mathrm{d}s=\mu\frac{I}{2\pi r}h\,\mathrm{d}r$$

则

$$\phi=\int_{r_0}^{R}\mu\frac{Ih}{2\pi}\frac{\mathrm{d}r}{r}=\mu\frac{Ih}{2\pi}\ln\frac{R}{r_0} \tag{5.1-10}$$

由此可得

$$L=\frac{\phi}{I}=\frac{\mu h}{2\pi}\ln\frac{R}{r_0} \tag{5.1-11}$$

谐振频率 f_{r} 为

$$f_{\mathrm{r}}=\frac{1}{2\pi\sqrt{LC}}=\frac{1}{2\pi r_0}\sqrt{\frac{2d}{\mu h\varepsilon\ln\dfrac{R}{r_0}}} \tag{5.1-12}$$

式中的 μ 为腔内填充介质的磁导率。若考虑到腔内圆柱体端部的侧表面所产生的边缘电容，则腔的等效电容应为

$$C=\frac{\varepsilon\pi r_0^2}{d}+4\varepsilon r_0\ln\frac{h}{d}=\frac{\varepsilon\pi r_0^2}{d}\left(1+\frac{4d}{\pi r_0}\ln\frac{h}{d}\right) \tag{5.1-13}$$

环形腔的调谐方法为：在腔的外表面(柱形面)上安置一些可以沿径向(R 方向)移动的金属螺杆，当螺杆向腔内旋进时，相当于等效的半径 R 缩小了，削弱了磁场，等效电感 L 减少了，从而使谐振频率 f_{r} 增大了；反之，当螺杆朝腔外方向旋出时，相当于等效的半径 R 增大了，磁场增强，等效电感增加了，从而使谐振频率 f_{r} 下降了，这种方法称为电感调谐法。还有一种调谐方法，称为电容调谐法：沿着腔体轴线移动腔内的圆柱体(即图5.1-3 中腔内的圆柱状结构改为可移动的圆柱体，图中未画出)，以改变其端面与腔体底部内表面之间的距离 d，从而使等效电容 C 发生变化，即谐振频率 f_{r} 发生了变化；或者使圆柱体不动，而是压缩或放松与圆柱体端面相对的腔体底部的壁，同样可以使距离 d 和电容发生变化，即谐振频率 f_{r} 发生了变化；d 增加时，f_{r} 增大，d 减小时，f_{r} 减小。环形谐振腔的工作频带较窄，固有品质因数 Q_0 也较低；这种腔主要用作产生微波振荡的速调管中的谐振回路。

（四）场解法

如同在第 2 章 §2.1 中曾指出的，对于求解随时间做简谐振荡的场方程时，只需要边界条件，而不需要初始条件。因此，所谓场解法就是，对已知其形状、尺寸和填充介质的腔体，当根据边界条件对电磁场的波动方程求解时，可以得到一系列的本征值 K，由 K 就可以确定腔的谐振频率。假定金属空腔谐振器的内表面是理想导体，腔内填充的是均匀无耗介质，$\boldsymbol{n}$ 是内表面的法向单位矢量，那么，根据电磁场在理想导体上的边界条件，即

$$\boldsymbol{n}\times\boldsymbol{E}=0\ \text{和}\ \boldsymbol{n}\cdot\boldsymbol{H}=0 \tag{5.1-14}$$

对波动方程，即

$$\nabla^2\boldsymbol{E}+K^2\boldsymbol{E}=0 \tag{5.1-15}$$

$$\nabla^2\boldsymbol{H}+K^2\boldsymbol{H}=0 \tag{5.1-16}$$

求解之，就可以得到一系列的、离散的本征值 $K(K_1,K_2,K_3,\cdots)$。一般地讲，不同的 K 对

应着谐振腔中不同的谐振模(不同的场结构)，即对应着不同的谐振频率 f_r，即

$$f_r = \frac{Kv}{2\pi} \tag{5.1-17}$$

与 f_r 相对应的谐振波长 λ_r 为

$$\lambda_r = \frac{v}{f_r} = \frac{2\pi}{K} \tag{5.1-18}$$

式中的 v 是电磁波(TEM 波)在无界介质(与腔中填充的介质相同)中的传播速度；λ_r 是指在同一介质中与 f_r 相对应的(TEM 波)波长。

由以上的分析可知，当谐振腔的形状、几何尺寸和填充介质给定后，可以有许多(理论上讲有无穷多个)模(波型)可以使它产生谐振，即对应着许多不同的谐振频率，此即前面曾提到过的谐振器的多谐性。但是，对于简并模而言，同一个谐振频率却可以对应着不同的模。

二、品质因数

谐振器的品质因数有两种情况：一种是固有品质因数 Q_0；另一种是有载品质因数 Q_L。下面分别讨论。

(一) 固有品质因数

固有品质因数是对一个孤立(完整)的谐振器而言的，或者说，是谐振器不与任何外电路相连接(空载)时的品质因数。当谐振器处于稳定的谐振状态时，固有品质因数 Q_0 的定义为

$$Q_0 = 2\pi \frac{\text{谐振器内总的储能}}{\text{一周期内谐振器的耗能}} = 2\pi \frac{W}{W_T} \tag{5.1-19}$$

式中，W 是谐振器内总的储存能量；W_T 是一周期(T)内谐振器内损耗的能量。

设 P 为一周期内谐振器中的平均损耗功率，则有 $W_T = PT$，这样，Q_0 就可写为

$$Q_0 = \omega_r \frac{W}{P} \tag{5.1-20}$$

式中，ω_r 是谐振角频率。Q_0 是表征谐振器的损耗的大小、频率选择性的强弱和工作稳定度的一个重要参数。Q_0 大，表示损耗小、频率选择性强、工作稳定度高，但工作频带较窄；Q_0 小，则情况相反。在微波范围内使用的谐振器，由于其种类、形状、尺寸、材料、填充介质，以及工作模式和工作频率等因素的差异，因此它们的 Q_0 值也有较大的差别。一般地讲，Q_0 的值在几千至几万，个别情况也有低于或高于这个范围内的值的。作为谐振回路，微波谐振器的 Q_0 要比集总参数的低频谐振回路的 Q_0 高得多。

由于本章讨论的主要内容是由金属空腔构成的谐振器，习惯上称为谐振腔，因此下面将更多地使用谐振腔这一术语。根据谐振腔内电磁场的结构(分布状态)，就可以求出其固有品质因数 Q_0 的值。下面推导 Q_0 的一般表示式。

谐振腔内总的储能 W 为

$$W = W_e + W_m \tag{5.1-21}$$

式中，W_e 和 W_m 分别为腔内储存的电场能和磁场能。因为腔内的电磁场为纯驻波场，电场与磁场随时间变化时，其相位相差 $\pi/2$，所以，当腔内各点的电场在某一时刻达到各自的最大值时，腔内各点的磁场皆为零。此时腔内总的储能 W 可用下式计算

$$W = W_e = W_{e,\max} = \frac{\varepsilon}{2}\int_V (\boldsymbol{E} \cdot \boldsymbol{E}^*)\,\mathrm{d}V = \frac{\varepsilon}{2}\int_V |\boldsymbol{E}|^2\,\mathrm{d}V \tag{5.1-22}$$

反之，当腔内各点的磁场在某一时刻达到各自的最大值时，腔内各点的电场皆为零。此时腔内总的储能 W 则可用下式计算

$$W = W_{\rm m} = W_{\rm m,max} = \frac{\mu}{2}\int_V (\boldsymbol{H}\cdot\boldsymbol{H}^*)\,{\rm d}V = \frac{\mu}{2}\int_V |\boldsymbol{H}|^2{\rm d}V \qquad (5.1-23)$$

式中，V 是腔内的容积；ε 和 μ 分别为腔内填充介质的介电常数和磁导率；$|\boldsymbol{E}|$ 和 $|\boldsymbol{H}|$ 分别为腔内电场强度和磁场强度的模(幅)值，它们是空间坐标的函数，$\boldsymbol{E}^*$ 和 $\boldsymbol{H}^*$ 分别表示 $\boldsymbol{E}$、$\boldsymbol{H}$ 的共轭复矢量。在计算腔内的储能 W 时，可近似地认为腔是无耗的，那么，在谐振状态下腔内总的储能保持恒定，而且电场能与磁场能是相等的，在谐振过程中，电场能与磁场能之间的相互转换也是完全的，即式(5.1-22)与式(5.1-23)是相等的，都表示腔内总的储能 W。

现在来计算腔内的损耗功率 P。作为近似计算，假定腔内填充的介质是无耗的，P 只与腔壁内表面材料的电阻所引起的损耗有关，即

$$P = \frac{1}{2}R_{\rm S}\oint_S |\boldsymbol{J}_{\rm S}|^2{\rm d}S \qquad (5.1-24)$$

根据式(2.3-55)，即

$$\boldsymbol{J}_{\rm S} = \boldsymbol{n}\times\boldsymbol{H}_\tau$$

可知，$|\boldsymbol{J}_{\rm S}| = |\boldsymbol{H}_\tau|$，因此 P 又可写为

$$P = \frac{1}{2}R_{\rm S}\oint_S |\boldsymbol{H}_\tau|^2{\rm d}S \qquad (5.1-25)$$

式中，$|\boldsymbol{J}_{\rm S}|$ 为腔壁内表面上表面电流密度矢量的模(幅)值，$|\boldsymbol{H}_\tau|$ 为腔壁内表面上磁场强度切向分量的模值，$|\boldsymbol{J}_{\rm S}|$ 和 $|\boldsymbol{H}_\tau|$ 都是空间坐标的函数，$R_{\rm S}$ 为腔壁内表面材料的表面电阻率，其表示式即式(2.2-61a)，S 为腔壁内表面的面积。根据式(5.1-20)、式(5.1-23)和式(5.1-25)，即可得出固有品质因数 Q_0 的表示式为

$$Q_0 = \frac{2}{\delta}\frac{\int_V |\boldsymbol{H}|^2{\rm d}V}{\oint_S |\boldsymbol{H}_\tau|^2{\rm d}S} \qquad (5.1-26)$$

式中的 δ 为高频电流在腔壁内表面上的趋肤深度，其表示式即式(2.2-61b)。可见，只要知道了腔中谐振模式场结构的表示式、工作频率范围、腔体的形状、尺寸和材料等条件，就可以求出 Q_0 的值。

为了能大致地看出 Q_0 与腔的容积、腔壁内表面面积之间的关系，可将 Q_0 的表示式改写一下，即令

$$\overline{|\boldsymbol{H}|^2} = \frac{\int_V |\boldsymbol{H}|^2{\rm d}V}{V}$$

$$\overline{|\boldsymbol{H}_\tau|^2} = \frac{\oint_S |\boldsymbol{H}_\tau|^2{\rm d}S}{S}$$

式中，$\overline{|\boldsymbol{H}|^2}$ 表示腔的容积 V 内磁场强度模值的平方对于容积的平均值(容积能量密度)；$\overline{|\boldsymbol{H}_\tau|^2}$ 表示磁场强度在腔壁内表面上切向分量模值的平方对于腔壁内表面面积 S 的平均值(面积能量密度)。这样，Q_0 即可写为

$$Q_0 = \frac{2}{\delta}\frac{\overline{|\boldsymbol{H}|^2}}{\overline{|\boldsymbol{H}_\tau|^2}}\frac{V}{S} \qquad (5.1-27)$$

对于工作模式已给定的腔体而言，$\overline{|\boldsymbol{H}|^2}/\overline{|\boldsymbol{H}_\tau|^2}$是一常数，若用 A 表示 Q_0 表示式中的常数部分，则

$$Q_0 = A\frac{V}{\delta S} \tag{5.1-28}$$

可见，V/S 越大、δ 越小，则 Q_0 就越高。因此，为了提高 Q_0，在能够抑制干扰模的前提下，应尽可能地使 V 大一些，S 小一些，并选用电导率 σ_1 较大的材料作为腔壁的内表面，而且表面粗糙度也尽量地小。

（二）有载品质因数

前面已讲过，固有品质因数 Q_0 是对一个孤立(完整)的腔体而言的。实际上，一个腔体总是要通过孔(缝)、环或探针等耦合机构与外界(负载)发生能量的耦合。这样，由于外界负载的作用，不仅使腔的(固有)谐振频率发生了变化，而且还额外地增加了腔的功率损耗，从而导致品质因数的下降。通常把考虑了外界负载作用情况下的腔体的品质因数称为有载品质因数 Q_L。因此 Q_L 可表示为

$$Q_L = 2\pi\frac{\text{谐振腔内总的储能}}{\text{一周期内总的耗能}} \tag{5.1-29}$$

若仍用 W 表示腔内总的储存能量，并用 P_i 表示腔本身的损耗功率，P_c 表示外界负载上损耗的功率，P_L 表示一周期内总的损耗功率，则 Q_L 的表示式为

$$Q_L = \omega_r\frac{W}{P_L} = \omega_r\frac{W}{P_i + P_c}$$

或写为

$$\frac{1}{Q_L} = \frac{P_i + P_c}{\omega_r W} = \frac{P_i}{\omega_r W} + \frac{P_c}{\omega_r W} = \frac{1}{Q_0} + \frac{1}{Q_c} \tag{5.1-30}$$

式中的 ω_r 是谐振角频率，Q_0 是腔的固有品质因数，Q_c 称为耦合(或称外部)品质因数。为了说明腔体与外界负载之间的耦合程度，可以用耦合系数 k 来衡量，它的定义为

$$k = \frac{Q_0}{Q_c} \tag{5.1-31}$$

对于一个腔体，当其他条件不变，而只改变它与外界负载之间的耦合程度时，其固有品质因数 Q_0 可以认为是不变的，但是，耦合系数 k 却是变化的。Q_c 愈小，则 k 愈大，即耦合愈紧；反之，则耦合愈松。根据式(5.1-30)和式(5.1-31)，还可以将 Q_L 写为

$$Q_L = \frac{Q_0}{1+k} \tag{5.1-32}$$

在一般情况下，Q_L 与 Q_0 之间可能有较大的差别，而且，由于负载或耦合情况的变化，同一个腔体的 Q_L，也可能有较大的变化。

三、等效电导

谐振腔的等效(谐振)电导 G_0 是与腔内损耗功率有关的一个参数。为了给 G_0 下定义，可以利用图5.1-4 所示腔体的等效电路来加以说明。把谐振腔等效为集总参数谐振回路的形式，一方面是因为腔谐振时的物理过程与由电感 L 和电容 C 所构成的集总参数回路谐振时的物理过程在本质上是一样的，即都是电场能与磁场能相互转换的过程；另一方面，利用腔的等效电路可以比较方便和比较形象地描述腔的谐振特性。图5.1-4 中的电感 L、电容 C

和等效电导 G_0 并非腔体本身的真实电感、电容和电导，它们只是一些抽象的等效参数，在一般情况下，不能够把某些具体的电感和电容引入到谐振腔中来，这是因为谐振腔是一个具有分布参数的系统，对它来说，集总参数的电感和电容是没有确切的物理意义的。

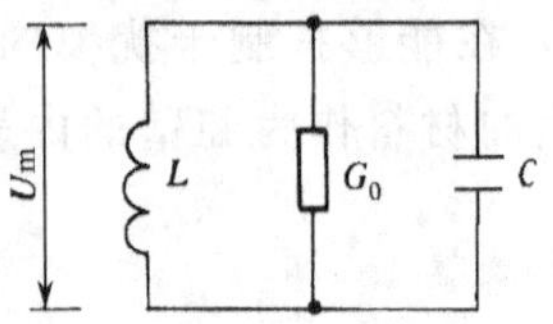

图5.1-4 微波谐振腔的等效电路

设腔内的损耗功率为 P，则

$$P=\frac{1}{2}G_0U_m^2 \qquad (5.1-33)$$

式中的 U_m 为等效电压的幅值，即在腔内选定的某一参考面处等效电压的幅值，可以把 U_m 写为

$$U_m=\left|\int_A^B \boldsymbol{E}\cdot d\boldsymbol{l}\right| \qquad (5.1-34)$$

式中 $\boldsymbol{E}$ 为电场强度的复矢量。因为 U_m 与积分路径 l 及其起止点 A、B 有关，所以 U_m 的值不是唯一的，而是多值的，因此 G_0 也不是唯一的，也是多值的，或者说是不确定的。但是，如果在腔内某一参考面处选定了积分路径和起止点，那么，电场强度的复矢量沿此路径的线积分，即式(5.1－34)就可以看做是等效电路的电压 U_m。由式(5.1－33)可得 G_0 为

$$G_0=\frac{2P}{U_m^2} \qquad (5.1-35)$$

如果腔内的介质损耗可以忽略，而只考虑由腔体内表面所引起的损耗功率 P，那么，根据式(5.1－25)、式(5.1－34)和式(5.1－35)可得 G_0 的表示式为

$$G_0=R_S\frac{\oint_S |\boldsymbol{H}_\tau|^2 dS}{\left|\int_A^B \boldsymbol{E}\cdot d\boldsymbol{l}\right|^2} \qquad (5.1-36)$$

在实际问题中，用计算方法求 G_0 还是比较复杂的，因此常用实验方法来确定 G_0。

需要指出的是，对于一个谐振腔而言，从理论上讲，它可以谐振于无穷多个模式，对应着无穷多个谐振频率。一般地讲，模式不同，谐振频率也不相同，则等效电路的参数也不相同。一种模式对应着一个谐振频率，对应着一个等效电路，可见，一个腔体可以有无穷多个等效电路。但是在许多实际应用中，大都要求谐振腔在一定的工作频率范围内只谐振于一种模式(单模工作)，因此，腔的等效电路实际是指在一定的工作频率范围内、并谐振于所选定的某一种工作模式的情况而言的，工作频率范围愈窄，等效的效果愈好。

对于一个谐振腔而言，既可以把它等效为电感 L 和电容 C 相并联的谐振回路，也可以把它等效为 L 和 C 相串联的谐振回路，因为只要腔体和等效谐振回路的能量相等就可以了。一般地讲，如果选取的参考面是腔内电场幅值最大的位置，则谐振时该位置的电场也最强(相当于等效电压最大)，与并联谐振回路相似，因此可等效为并联谐振回路；如果选取的参考面是腔内磁场幅值最大的位置，则谐振时该位置的磁场也最强(相当于等效电流最大)，与串联谐振回路相似，因此可等效为串联谐振回路。

§5.2 圆柱形谐振腔

圆柱形谐振腔由于它具有较高的固有品质因数、调谐方便、结构坚固和易于加工制作等优点，因此得到了广泛的应用。例如，可用作谐振回路、波长计和回波箱等。圆柱形谐振腔

可看做是其两端用导体板封闭的一段圆波导，如图5.2-1所示。在实际应用中，知道腔内各种谐振模式的场结构是很重要的。求腔内的场结构，从根本上讲，就是在给定的边界条件下求电磁场波动方程的解。对于圆柱形谐振腔而言，因为前面已讲过圆柱形波导内的场结构，所以可采用叠加法来求腔内的场结构，即把腔内的场看成是电磁波在腔的两个端面之间来回地反射相叠加而形成的。这样，就可以利用圆波中场结构的表示式求出圆柱形谐振腔内场结构的表示式，而不需要直接去解腔内的电磁场方程式。与圆导中的模式 TE_{mn} 和 TM_{mn} 相对应，在圆柱形谐振腔中的模式有 TE_{mnp} 和 TM_{mnp} 两种模式，标号 m 和 n 与在圆波导中的含义相同，而标号 p 则表示沿腔体的纵向（z 轴）场量变化的半周期（半驻波）数。下面首先利用叠加法求出这两种模式的电磁场的表示式（式中省略了 $e^{j\omega t}$ 因子），然后再讨论圆柱形谐振腔的其他特性。

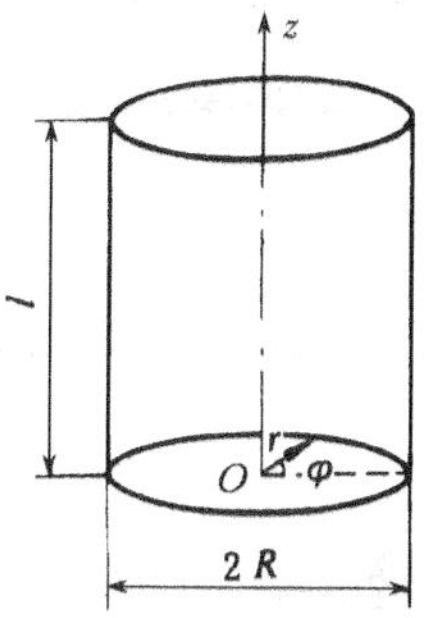

图 5.2-1　圆柱形谐振腔

一、电磁场的表示式

（一）TE_{mnp} 模

利用图（5.2-1）来进行讨论。对于 TE_{mnp} 模，$E_z=0$，$H_z\neq 0$，与讨论圆波导中场结构的方法相似，即首先求出腔中磁场的纵向分量 H_z，然后再利用横、纵分量之间的关系式求出场的其他分量。因为圆柱形谐振腔可看做是其两端用短路板封闭的一段圆波导，所以，利用圆波导中两个传播方向相反的行波相叠加而形成纯驻波的概念，就可以求出腔内场结构的表示式。

根据式（2.5-25）已知在行波状态下圆波导中 TE_{mn} 模磁场的纵向分量 H_z 为

$$H_z = H_0 J_m(K_c r) \begin{matrix}\cos m\varphi \\ \sin m\varphi\end{matrix}\ e^{-j\beta z}$$

由此可得圆波导中两个传播方向相反的行波相叠加时，磁场的纵向分量 H_z 的表示式为

$$H_z = H_0^+ J_m(K_c r) \begin{matrix}\cos m\varphi \\ \sin m\varphi\end{matrix}\ e^{-j\beta z} + H_0^- J_m(K_c r) \begin{matrix}\cos m\varphi \\ \sin m\varphi\end{matrix}\ e^{j\beta z} \tag{5.2-1}$$

式中的 H_0^+ 和 H_0^- 分别为波沿正 z 和负 z 方向传播时的两个常数。假定把一块短路板放于圆波导中 $z=0$ 的位置，那么，根据边界条件应有 $H_z\Big|_{z=0}=0$，令式（5.2-1）中的 $z=0$ 和该式等于零，可得 $H_0^+=-H_0^-$。由此可将式（5.2-1）写为

$$\begin{aligned} H_z &= H_0^+ J_m(K_c r) \begin{matrix}\cos m\varphi \\ \sin m\varphi\end{matrix}\ (e^{-j\beta z} - e^{j\beta z}) \\ &= -j2H_0^+ J_m(K_c r) \begin{matrix}\cos m\varphi \\ \sin m\varphi\end{matrix}\ \sin\beta z \end{aligned}$$

令 $H_m=-j2H_0^+$，则

$$H_z = H_m J_m(K_c r) \begin{matrix}\cos m\varphi \\ \sin m\varphi\end{matrix}\ \sin\beta z \tag{5.2-2}$$

在圆波导中，在与 $z=0$ 相距为 l 的位置再放置一块短路板，这样，就构成了一个其长

为 l、内半径为 R 的圆柱形谐振腔。在短路板上，根据边界条件应有 $H_z\Big|_{z=l}=0$，令式(5.2-2)中的$z=l$和该式等于零，则得

$$\beta l = p\pi \text{ 或 } \beta = \frac{p\pi}{l}(p=1,2,3,\cdots) \tag{5.2-3}$$

将此式代入到式(5.2-2)中，即得到腔内 TE_{mnp} 模磁场的纵向分量 H_z 的表示式为

$$H_z = H_m J_m(K_c r)\begin{matrix}\cos m\varphi\\ \sin m\varphi\end{matrix}\sin\left(\frac{p\pi}{l}z\right) \tag{5.2-4}$$

由以上的式子可以看出，谐振腔的 H_z 在三个方向(r,φ,z)均呈纯驻波状态，而且，腔中的相移常数 β 不能够像波导中那样可取任意的值，而是必须满足式(5.2-3)才可。腔中场的其他分量，从下面导出的式子可以看到，在三个方向也均呈纯驻波状态。

根据式(2.2-20)和(2.2-21a)即可求出腔内其他分量的表示式。需要指出的是，因为这两个式子是在行波状态下导出的，而腔内是纯驻波状态，所以应将原式中表示行波特征的$(-j\beta)$ 改为$(\partial/\partial z)$，才可应用于谐振腔，即应为

$$\boldsymbol{H}_t = \frac{1}{K_c^2}\frac{\partial}{\partial z}(\nabla_t H_z)$$

$$\boldsymbol{E}_t = \frac{1}{K_c^2}(j\omega\mu\boldsymbol{z}\times\nabla_t H_z)$$

式中的∇_t 为

$$\nabla_t = \boldsymbol{r}\frac{\partial}{\partial r} + \boldsymbol{\varphi}\frac{1}{r}\frac{\partial}{\partial\varphi}$$

经运算，得

$$\begin{aligned}
E_r &= -\frac{j\omega\mu}{K_c^2 r}\frac{\partial H_z}{\partial\varphi}\\
E_\varphi &= \frac{j\omega\mu}{K_c^2}\frac{\partial H_z}{\partial r}\\
H_r &= \frac{1}{K_c^2}\frac{\partial^2 H_z}{\partial z\partial r}\\
H_\varphi &= \frac{1}{K_c^2}\frac{1}{r}\frac{\partial^2 H_z}{\partial z\partial\varphi}\\
E_z &= 0
\end{aligned} \tag{5.2-5}$$

由此即可求得上述各个场分量的具体表示式为

$$\begin{aligned}
E_r &= \pm j\frac{m\eta K}{K_c^2 r}H_m J_m(K_c r)\begin{matrix}\sin m\varphi\\ \cos m\varphi\end{matrix}\sin\left(\frac{p\pi}{l}z\right)\\
E_\varphi &= j\frac{\eta K}{K_c}H_m J_m'(K_c r)\begin{matrix}\cos m\varphi\\ \sin m\varphi\end{matrix}\sin\left(\frac{p\pi}{l}z\right)\\
H_r &= \frac{H_m}{K_c}\frac{p\pi}{l}J_m'(K_c r)\begin{matrix}\cos m\varphi\\ \sin m\varphi\end{matrix}\cos\left(\frac{p\pi}{l}z\right)\\
H_\varphi &= \mp\frac{H_m}{K_c^2 r}\frac{mp\pi}{l}J_m(K_c r)\begin{matrix}\sin m\varphi\\ \cos m\varphi\end{matrix}\cos\left(\frac{p\pi}{l}z\right)\\
E_z &= 0
\end{aligned} \tag{5.2-6}$$

式中，$\eta=\sqrt{\mu/\varepsilon}$是腔中填充介质$(\mu,\varepsilon)$的波阻抗；$K_c=\mu_{mn}/R$，$\mu_{mn}$为 m 阶贝塞尔函数的导函数的

第 n 个根值；R 是腔体的内半径；$K=2\pi/\lambda_0$。根据式(5.2－3)中的 $\beta=p\pi/l$ 和式(2.1－32)得

$$K^2=K_c^2+\left(\frac{p\pi}{l}\right)^2=\left(\frac{\mu_{mn}}{R}\right)^2+\left(\frac{p\pi}{l}\right)^2 \tag{5.2-7}$$

对于 TE_{mnp} 模，$m=0$，1，2，3，…；$n=1$，2，3，…；$p=1$，2，3，…。从式(5.2－6)和式(5.2－7)可以看出，当腔体尺寸和填充介质给定时，腔内可以存在无穷多个谐振模式，对应着无穷多个谐振频率，此即腔的多谐性。

顺便指出，对于谐振腔内场结构的表示式，除了利用场的横、纵分量之间的关系式求得而外，也可以采取这样的方法，即在满足边界条件的情况下，对于场的每个分量都采用两个传播方向相反的行波相叠加的方法，同样可以求出腔内场结构的表示式。

（二）TM_{mnp} 模

利用图(5.2－1)来讨论。与求 TE_{mnp} 模场结构表示式的方法和步骤基本相同。对于 TM_{mnp} 模，$H_z=0$，$E_z\neq0$，根据式(2.5－20)已知，在行波状态下圆波导中 TM_{mn} 模电场的纵向分量 E_z 的表示式为

$$E_z=E_0\mathrm{J}_m(K_cr)\begin{matrix}\cos m\varphi\\ \sin m\varphi\end{matrix}\,\mathrm{e}^{-\mathrm{j}\beta z}$$

由此可得圆波导中两个传播方向相反的行波相叠加时，电场的纵向分量 E_z 的表示式为

$$E_z=E_0^+\mathrm{J}_m(K_cr)\begin{matrix}\cos m\varphi\\ \sin m\varphi\end{matrix}\,\mathrm{e}^{-\mathrm{j}\beta z}+E_0^-\mathrm{J}_m(K_cr)\begin{matrix}\cos m\varphi\\ \sin m\varphi\end{matrix}\,\mathrm{e}^{\mathrm{j}\beta z} \tag{5.2-8}$$

式中的 E_0^+ 和 E_0^- 分别为波沿正 z 和负 z 方向传播时的两个常数。假定把一块短路板放于圆波导中 $z=0$ 的位置，那么，因为 $E_z\Big|_{z=0}\neq0$，所以不能用此条件来确定 E_0^+ 和 E_0^-，而必须利用场的横向分量 E_r 或 E_φ 来确定 E_0^+ 和 E^-。为此，可以利用式(2.2－23)，但是，如同在讨论 TE_{mnp} 模时曾经指出的那样，需要将式中的$(-\mathrm{j}\beta)$改为$\partial/\partial z$ 才可以应用于谐振腔中，即

$$\boldsymbol{E}_\mathrm{t}=\frac{1}{K_c^2}\frac{\partial}{\partial z}(\nabla_tE_z)$$

由此可得

$$E_r=\frac{1}{K_c^2}\frac{\partial^2E_z}{\partial z\partial r} \tag{5.2-9}$$

$$E_\varphi=\frac{1}{K_c^2}\frac{\partial^2E_z}{r\partial z\partial\varphi} \tag{5.2-10}$$

我们利用 E_r 来确定 E_0^+ 和 E_0^-。将式(5.2－8)代入到式(5.2－9)中，得

$$E_r=\frac{\mathrm{j}\beta}{K_c^2}\left[-E_0^+\mathrm{J}_m'(K_cr)\begin{matrix}\cos m\varphi\\ \sin m\varphi\end{matrix}\,\mathrm{e}^{-\mathrm{j}\beta z}+E_0^-\mathrm{J}_m'(K_cr)\begin{matrix}\cos m\varphi\\ \sin m\varphi\end{matrix}\,\mathrm{e}^{\mathrm{j}\beta z}\right]$$

在 $z=0$ 的位置应有 $E_r\Big|_{z=0}=0$，由此得 $E_0^+=E_0^-$。由此可将 E_r 写为

$$\begin{aligned}E_r&=-\frac{\mathrm{j}\beta E_0^+}{K_c}\mathrm{J}_m'(K_cr)\begin{matrix}\cos m\varphi\\ \sin m\varphi\end{matrix}(\mathrm{e}^{-\mathrm{j}\beta z}-\mathrm{e}^{\mathrm{j}\beta z})\\&=-\frac{2E_0^+\beta}{K_c}\mathrm{J}_m'(K_cr)\begin{matrix}\cos m\varphi\\ \sin m\varphi\end{matrix}\sin\beta z\end{aligned}$$

令 $E_m=2E_0^+$，则

$$E_r=-\frac{E_m\beta}{K_c}\mathrm{J}_m'(K_cr)\begin{matrix}\cos m\varphi\\ \sin m\varphi\end{matrix}\sin\beta z \tag{5.2-11}$$

在圆波导中，在与 $z=0$ 相距为 l 的位置再放置一块短路板，这样，就构成了一个其长

为 l、内半径为 R 的圆柱形谐振腔。在短路板上，根据边界条件应有 $E_r\mid_{z=l}=0$，令式(5.2-11)中的 $z=l$ 和该式为零，则得

$$\beta l=p\pi\ 或\ \beta=\frac{p\pi}{l}\qquad(p=0,1,2,3,\cdots)\tag{5.2-12}$$

将此式代入到式(5.2-8)中，即得到腔内 TM_{mnp} 模电场的纵向分量 E_z 的表示式为

$$E_z=E_m\mathrm{J}_m(K_c r)\begin{matrix}\cos m\varphi\\ \sin m\varphi\end{matrix}\cos\left(\frac{p\pi}{l}z\right)\tag{5.2-13}$$

与 TE_{mnp} 模一样，TM_{mnp} 模的 E_z 和场的其他分量在三个方向(r,φ,z)均呈纯驻波状态。根据式(2.2-22)，即

$$\boldsymbol{H}_t=-\frac{1}{K_c^2}\mathrm{j}\omega\varepsilon\boldsymbol{z}\times\nabla_t E_z$$

和式(5.2-9)和式(5.2-10)即可求出腔内其他分量的表示式

$$\begin{aligned}
E_r&=\frac{1}{K_c^2}\frac{\partial^2 E_z}{\partial z\partial r}\\
E_\varphi&=\frac{1}{K_c^2}\frac{\partial^2 E_z}{r\partial z\partial\varphi}\\
H_r&=\frac{1}{K_c^2}\left(\frac{\mathrm{j}\omega\varepsilon}{r}\frac{\partial E_z}{\partial\varphi}\right)\\
H_\varphi&=-\frac{1}{K_c^2}\left(\mathrm{j}\omega\varepsilon\frac{\partial E_z}{\partial r}\right)\\
H_z&=0
\end{aligned}\tag{5.2-14}$$

由此即可求得上述各个场分量的具体表示式为

$$\begin{aligned}
E_r&=-\frac{E_m}{K_c}\frac{p\pi}{l}\mathrm{J}_m'(K_c r)\begin{matrix}\cos m\varphi\\ \sin m\varphi\end{matrix}\sin\left(\frac{p\pi}{l}z\right)\\
E_\varphi&=\pm\frac{E_m m}{K_c^2 r}\frac{p\pi}{l}\mathrm{J}_m(K_c r)\begin{matrix}\sin m\varphi\\ \cos m\varphi\end{matrix}\sin\left(\frac{p\pi}{l}z\right)\\
H_r&=\mp\mathrm{j}E_m\frac{mK}{K_c^2 r\eta}\mathrm{J}_m(K_c r)\begin{matrix}\sin m\varphi\\ \cos m\varphi\end{matrix}\cos\left(\frac{p\pi}{l}z\right)\\
H_\varphi&=-\mathrm{j}E_m\frac{K}{K_c\eta}\mathrm{J}_m'(K_c r)\begin{matrix}\cos m\varphi\\ \sin m\varphi\end{matrix}\cos\left(\frac{p\pi}{l}z\right)\\
H_z&=0
\end{aligned}\tag{5.2-15}$$

式中，$\eta=\sqrt{\mu/\varepsilon}$；$K_c=\nu_{mn}/R$；$\nu_{mn}$ 为 m 阶贝塞尔函数的第 n 个根值；R 是腔体的内半径；$K=2\pi/\lambda$。根据式(5.2-12)中的 $\beta=p\pi/l$ 和式(2.1-32)，得

$$K^2=K_c^2+\left(\frac{p\pi}{l}\right)^2=\left(\frac{\nu_{mn}}{R}\right)^2+\left(\frac{p\pi}{l}\right)^2\tag{5.2-16}$$

对于 TM_{mnp} 模，$m=0$，1，2，3，…；$n=1$，2，3，…；$p=0$，1，2，3，…。从式(5.2-15)和式(5.2-16)可以看出，与前述的 TE_{mnp} 模的情况一样，工作于 TM_{mnp} 模的谐振腔同样具有多谐性。

二、谐振频率与波型图

（一）谐振频率

根据式(5.1-17)和式(5.1-18)，谐振频率 f_r 和谐振波长 λ_r 分别为

$$f_r = \frac{Kv}{2\pi}$$

$$\lambda_r = \frac{v}{f_r} = \frac{2\pi}{K}$$

对于 TE_{mnp} 模，将式(5.2－7)代入上式，得

$$f_r = \frac{Kv}{2\pi} = \frac{1}{2\pi\sqrt{\mu\varepsilon}}\sqrt{K_c^2 + \left(\frac{p\pi}{l}\right)^2} = \frac{1}{2\pi\sqrt{\mu\varepsilon}}\sqrt{\left(\frac{\mu_{mn}}{R}\right)^2 + \left(\frac{p\pi}{l}\right)^2} \tag{5.2-17}$$

$$\lambda_r = \frac{2\pi}{K} = \frac{2\pi}{\sqrt{K_c^2 + \left(\frac{p\pi}{l}\right)^2}} = \frac{2\pi}{\sqrt{\left(\frac{\mu_{mn}}{R}\right)^2 + \left(\frac{p\pi}{l}\right)^2}} = \frac{1}{\sqrt{\left(\frac{\mu_{mn}}{2\pi R}\right)^2 + \left(\frac{p}{2l}\right)^2}} \tag{5.2-18}$$

对于 TM_{mnp} 模，将式(5.2－16)分别代入到式(5.1－17)和式(5.1－18)中，得

$$f_r = \frac{Kv}{2\pi} = \frac{1}{2\pi\sqrt{\mu\varepsilon}}\sqrt{K_c^2 + \left(\frac{p\pi}{l}\right)^2} = \frac{1}{2\pi\sqrt{\mu\varepsilon}}\sqrt{\left(\frac{\nu_{mn}}{R}\right)^2 + \left(\frac{p\pi}{l}\right)^2} \tag{5.2-19}$$

$$\lambda_r = \frac{2\pi}{K} = \frac{2\pi}{\sqrt{K_c^2 + \left(\frac{p\pi}{l}\right)^2}} = \frac{2\pi}{\sqrt{\left(\frac{\nu_{mn}}{R}\right)^2 + \left(\frac{p\pi}{l}\right)^2}} = \frac{1}{\sqrt{\left(\frac{\nu_{mn}}{2\pi R}\right)^2 + \left(\frac{p}{2l}\right)^2}} \tag{5.2-20}$$

如果用 X_{mn} 代替以上各式中的 μ_{mn} 和 ν_{mn}，则可把谐振波长 λ_r 写成一个公式，即

$$\lambda_r = \frac{1}{\sqrt{\left(\frac{X_{mn}}{2\pi R}\right)^2 + \left(\frac{p}{2l}\right)^2}} = \frac{D}{\sqrt{\left(\frac{X_{mn}}{\pi}\right)^2 + \left(\frac{Dp}{2l}\right)^2}} \tag{5.2-21}$$

式中，$D=2R$，是腔体的内直径。R、l 和 λ_r 必须用相同的单位。

（二）波型图

在实际的工程设计中，为了更清楚地看出圆柱形谐振腔的谐振频率随谐振模式和腔体尺寸的变化关系，常把谐振频率 f_r 与腔的内直径 D、腔的长度 l 的关系绘成如图5.2－2 所示的图，称为波型图或模式图。把式(5.2－21)代入到式(5.1－18)中，经过运算和整理，得

$$(f_r D)^2 = \left(\frac{vX_{mn}}{\pi}\right)^2 + \left(\frac{vp}{2}\right)^2\left(\frac{D}{l}\right)^2 \tag{5.2-22}$$

对于给定的波型(模式)，$(f_r D)^2$ 与 $(D/l)^2$ 的关系在波型图上是一条直线，其斜率为 $\left(\frac{vp}{2}\right)^2$，截距为 $\left(\frac{vX_{mn}}{\pi}\right)^2$。式中的 v 是电磁波(TEM 波)在与腔中相同的无界介质中的速度。通常，绝大多数腔中的填充介质是空气，这样，则有

$$v = v_0 \approx \frac{1}{\sqrt{\mu_0\varepsilon_0}} \approx 3\times 10^{10} \quad \text{cm/s} \tag{5.2-23}$$

将它代入到式(5.2－22)中，并规定长度以 cm 计，频率以 Hz 计，则式(5.2－22)就变为

$$(f_r D)^2 = 9\times 10^{20}\left[\left(\frac{X_{mn}}{\pi}\right)^2 + \left(\frac{p}{2}\right)^2\left(\frac{D}{l}\right)^2\right] \tag{5.2-24}$$

图5.2－2(a)的波型图就是根据这个式子绘制的。

在波型图中，每条直线表示一种或几种谐振波型的谐振频率与腔的内直径、长度的关

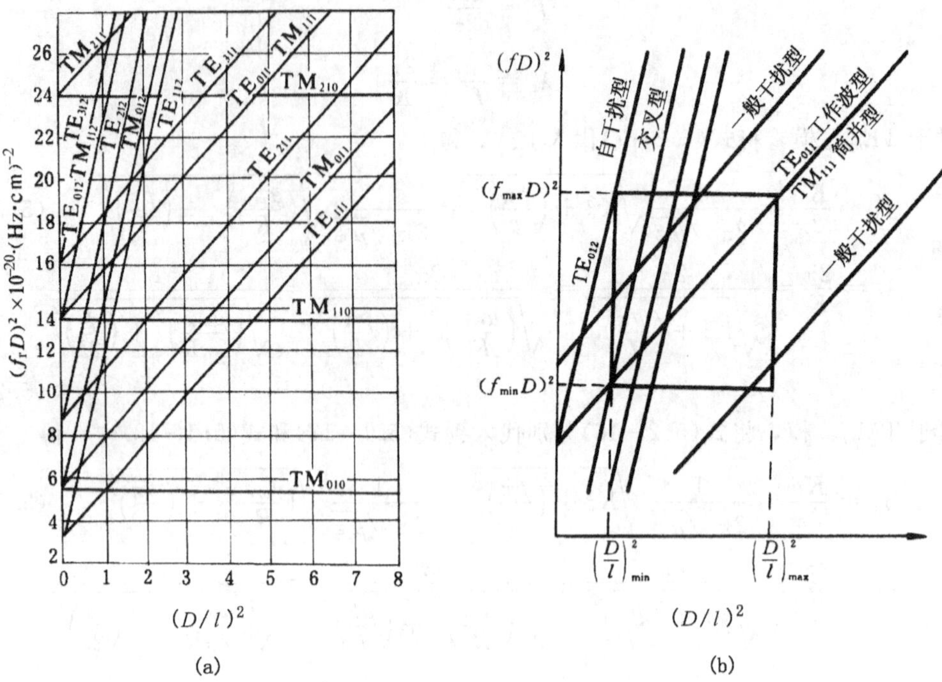

图 5.2-2　圆柱形谐振腔波型图

(a) 波型图；(b) 工作方块与干扰波型图

系，也就是腔体工作于该波型时的调谐曲线。利用波型图设计腔体，比较直观和简便。例如，当给定了工作频率范围和固有品质因数 Q_0 时，就可以利用波型图来选定谐振波型(工作波型)、腔的内直径 D，以及腔长 l 的变化范围，并要求在调谐范围内不出现或少出现干扰波型(不需要的波型)；反之，若给定的是 D，以及 l 的变化范围，则可利用波型图来选定谐振波型，以及工作频率的变化范围，并从图中判断出可能出现的各种干扰波型。

在实际的应用中，无论属于何种情况，都要在波型图上选定一个工作方块，如图5.2-2(b)所示。所谓工作方块，就是在波型图中以所选定的工作波型的调谐曲线为对角线，以最小和最大的$(f_rD)^2$ 的值，以及与其相对应的$(D/l)^2$ 的值所确定的一个矩形区域。从方块中可以看出存在哪些干扰波型，若要求在调谐过程中不出现或少出现干扰波型，则可利用工作方块来确定腔的内直径 D，以及腔长 l 的变化范围，也就是谐振频率 f_r 的变化范围。在一般情况下，在一定工作频率范围内，腔体都是工作在某一个选定的谐振波型上，称为单模工作(单模腔)，而把其他波型称为干扰波型。在设计中，应尽量避免这些干扰波型落入工作方块内，若难以避免使其落入工作方块内，则应采取措施加以抑制或削弱它。在某些特殊情况下，若要求腔内存在多个谐振波型时，那么，这种腔就是多波型工作腔(多模腔)。

谐振腔中的干扰波型有下列几种。

自干扰型：就是场结构在腔的横截面内与所选定的工作波型具有相同的分布规律，但纵向场结构和谐振频率并不相同的波型。或者说，在下标 m、n、p 中，具有相同的 m 和 n，只是 p 不同。这种波型与工作波型耦合最强，而且很难在不影响工作波型的情况下把它抑制掉，因此务必使其不落入工作方块内。

一般干扰型：就是在工作方块内，其调谐曲线与所选定的工作波型调谐曲线相平行的波型，即它的下标 m、n 与工作波型的 m、n 不同，但下标 p 却相同。这种干扰波型，当外加频率一定时，它会使调谐活塞在一个以上的位置上产生谐振；或者，当活塞的位置固定时，有一个以上的频率使腔体产生谐振，影响测量的正确性。

交叉型：就是在工作方块内，其调谐曲线与所选定的工作波型的调谐曲线相交的波型，它的场结构与工作波型的场结构完全不同，即两种波型的下标 m、n、p 完全不同。这种波型在交叉点以外的区域会产生和一般干扰波型相同的影响，在交叉点，工作波型与干扰波型谐振于同一个频率，由于这两种波型的相互作用会降低腔的固有品质因数 Q_0 和谐振的强度，这将严重地影响测量精度。因此，对于采取某些措施仍难以抑制的交叉波型，应避免使其落入工作方块内。

简并型：就是其调谐曲线与所选定的工作波型的调谐曲线完全重合、谐振频率完全相同、但场结构完全不同的波型。这种波型同样地会使腔体的固有品质因数 Q_0 的值降低，影响测量精度。但是，由于它与所选定的工作波型的场结构完全不同，因此比较容易抑制。

为了防止干扰波型的影响，除了在选定工作方块的位置时应尽量避免使其落入工作方块内之外，还可以采取不同的耦合方式，使干扰波型不被激励，或不能输出，或在腔体结构上采取某些措施使干扰波型受到抑制和衰减。

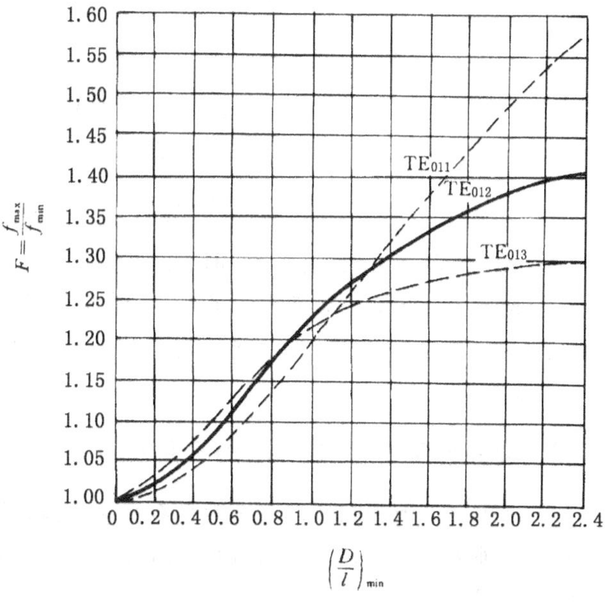

图 5.2－3　频宽比 F 与 $(D/l)_{min}$ 的关系曲线

在谐振腔的设计中，一般是给定工作频率范围（f_{max} 和 f_{min}），有的还对固有品质因数 Q_0 提出了一定的要求。需要确定的是工作波型、腔体的内直径 D，以及腔长 l 的变化范围和固有品质因数等。如前所述，在尽量避免各种干扰波型的前提下，首先要选定工作波型和工作方块的位置，然后就可计算腔体的尺寸和 Q_0 的值。在波型图上，当工作波型选定之后，为了确定工作方块，首先在该波型的调谐曲线上确定一点，则与该点相对应的 $(f_{min}D)^2$ 和 $(D/l)^2_{min}$ 的值也就确定了，据此即可求出腔体的内直径 D 和腔长 l 的最大值 l_{max}；然后再根据 $(f_{max}D)^2$ 确定调谐曲线上的另一点，则与该点相对应的 $(D/l)^2_{max}$ 的值也就确定了，由此即可求出腔长 l 的最小值 l_{min}。以上两点之间的连线就是工作方块的对角线，这样，就把工作方块确定下来了，腔体的尺寸 D 和腔长 l 的变化范围（调谐范围）也就确定了。假定 f_0 是工作频带内的中心频率，那么，工作方块对角线中点的纵坐标就是 $(f_0D)^2$，与此相应，对角线中点的横坐标 $(D/l)^2_0$ 也就确定了，将 $(D/l)^2_0$ 代入到下面将要列出的固有品质因数 Q_0 的表示式中，在选定了腔体内表面材料的情况下，即可求出 Q_0 的值。倘若由此求出的 Q_0 的值不满足要求，则可适当地调整工作方块在波型图中的位置，以寻求合适的腔体尺寸，满足设计要求。显然，如果在某波型的调谐曲线上，首先确定的是$(f_{\max}D)^2$或$(f_0D)^2$，那么，仿照上述的设计步骤，同样可以确定工作方块和腔长的变化范围。另外，在已选定了工作波型和已知$f_{\max}$和$f_{\min}$的情况下，还可以利用如图5.2－3所示的频宽比$F=f_{\max}/f_{\min}$与$(D/l)_{\min}$的关系曲线来确定工作方块。根据已选定的工作波型和频宽比，从图中求出$(D/l)_{\min}$，根据$(D/l)_{\min}$从波型图中求出与之对应的$(f_{\min}D)^2$，由此即可确定D，并从而确定了$(f_{\max}D)^2$和$(D/l)_{\max}$。这样，工作方块和腔长的变化范围也就确定了。

三、固有品质因数

如果已经确定了谐振腔的工作波型、频率范围、填充介质和腔体内表面的材料，那么根据式(5.1－26)即可求出腔的固有品质因数Q_0，略去推导过程，只把计算结果列在下面。

对于TE_{mnp}波型

$$Q_0=\frac{\lambda_r(\mu_{mn}^2-m^2)\left[\mu_{mn}^2+\left(\dfrac{p\pi R}{l}\right)^2\right]^{3/2}}{2\pi\delta\left[\mu_{mn}^4+2p^2\pi^2\mu_{mn}^2\dfrac{R^3}{l^3}+\left(\dfrac{p\pi mR}{l}\right)^2\left(1-\dfrac{2R}{l}\right)\right]} \tag{5.2-25}$$

对于TM_{mnp}波型

$$Q_0=\frac{\lambda_r\left[\nu_{mn}^2+\left(\dfrac{p\pi R}{l}\right)^2\right]^{1/2}}{2\pi\delta\left(1+\dfrac{sR}{l}\right)}=\frac{R}{\delta\left(1+\dfrac{sR}{l}\right)} \tag{5.2-26}$$

式中，当$p=0$时，$s=1$；当$p\neq0$时，$s=2$。

对于腔中各种波型的等效电导G_0，只要知道了场结构、频率范围、腔体的形状、尺寸和腔体内表面的材料，并适当地选取电场强度的积分路径，那么，根据式(5.1－36)即可求出G_0的值。

四、圆柱形谐振腔中常用的三种主要模式

前面已讲过，由于圆柱形谐振腔具有很多优点，因而得到了广泛的应用。其中用的较多的主要是三种模式：TE_{011}、TE_{111}和TM_{010}。现在分别讨论如下。

（一）TE_{011}模

根据TE_{mnp}模的一般表示式(5.2－6)可知，TE_{011}模各个场分量的表示式为

$$\begin{aligned}E_\varphi&=\mathrm{j}\,\frac{\eta K}{K_c}H_m\mathrm{J}_0'\ (K_cr)\ \sin\left(\frac{\pi}{l}z\right)\\H_r&=\frac{1}{K_c}H_m\,\frac{\pi}{l}\mathrm{J}_0'\ (K_cr)\ \cos\left(\frac{\pi}{l}z\right)\\H_z&=H_m\mathrm{J}_0\ (K_cr)\ \sin\left(\frac{\pi}{l}z\right)\end{aligned} \tag{5.2-27}$$

式中的$K_c=\dfrac{\mu_{mn}}{R}=\dfrac{3.832}{R}$。这种模式的场结构如图5.2－4所示（实线为电力线，虚线为磁力线），电场只有φ方向的分量，磁场有r和z方向的分量，没有φ方向的分量。在腔体侧壁和两个端壁的内表面上只有φ方向的电流，而且，侧壁与端壁之间也没有电流通过，因此可

利用非接触式活塞进行调谐，减少了腔体的磨损，而且也可以削弱部分干扰模的影响。这种模式的优点是：场结构比较稳定，无极化简并模式，损耗小，并随着频率的升高而减小；Q_0 值很高，例如，用铜制作的谐振腔，当谐振波长为 3 cm 或10 cm 波段时，其 Q_0 在一万至数万之间，若腔体内表面镀银，Q_0 还可提高。在高精度的波长计、稳频腔和回波箱中常用到这种模式。这种模式的缺点是：由于它不是腔中的最低次模式，因此在要求工作于同样频率范围的情况下，腔的体积较大，因而干扰模也增多，使无干扰模存在的工作频带变窄，其频宽比（f_{max}/f_{min}）约为 1.2 ∶ 1。

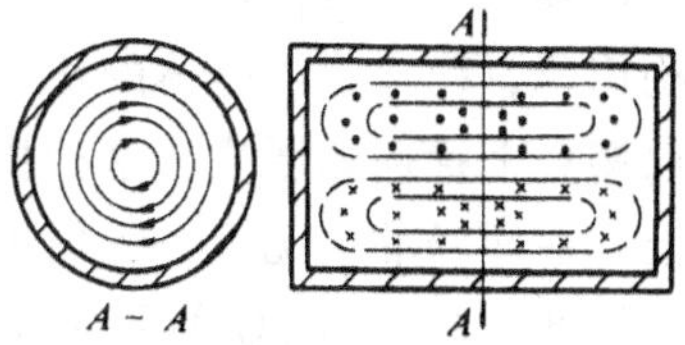

图5.2－4　圆柱形谐振腔中 TE_{011} 模的场结构

（二）TE_{111} 模

根据 TE_{mnp} 模的一般表示式(5.2－6)可知，TE_{111} 模各个场分量的表示式为

$$
\begin{aligned}
E_\varphi &= \mathrm{j}\,\frac{\eta K}{K_c} H_m J_1'(K_c r) \begin{matrix}\cos\varphi\\ \sin\varphi\end{matrix} \sin\left(\frac{\pi}{l}z\right)\\
E_r &= \pm \mathrm{j}\,\frac{\eta K}{K_c^2 r} H_m J_1(K_c r) \begin{matrix}\sin\varphi\\ \cos\varphi\end{matrix} \sin\left(\frac{\pi}{l}z\right)\\
E_z &= 0\\
H_\varphi &= \mp \frac{1}{K_c^2 r} H_m \frac{\pi}{l} J_1(K_c r) \begin{matrix}\sin\varphi\\ \cos\varphi\end{matrix} \cos\left(\frac{\pi}{l}z\right)\\
H_r &= \frac{1}{K_c} H_m \frac{\pi}{l} J_1'(K_c r) \begin{matrix}\cos\varphi\\ \sin\varphi\end{matrix} \cos\left(\frac{\pi}{l}z\right)\\
H_z &= H_m J_1(K_c r) \begin{matrix}\cos\varphi\\ \sin\varphi\end{matrix} \sin\left(\frac{\pi}{l}z\right)
\end{aligned}
\tag{5.2-28}
$$

式中的 $K_c=\frac{\mu_{mn}}{R}=\frac{1.841}{R}$。这种模式的场结构如图 5.2－5 所示。当腔体的长度 $l>2.1\,R$ 时，TE_{111} 是腔中的最低次模式，在这种情况下，可以避免干扰模的影响。这种模的优点是：在同样的情况下，工作于 TE_{111} 模的腔体，其体积较小，无干扰模存在的工作频带较宽，若采取某些抑制干扰模的措施之后，其频宽比可达1.5 ∶1。这种模式的缺点是：在同样的情况下，它的 Q_0 值不及 TE_{011} 模的 Q_0 值高（约为后者的一半），而且，当腔体加工不完善而使其横截面稍呈椭圆形时，就会出现 TE_{111} 模的极化简并模式，这会给测量带来较大的误差。工作于 TE_{111} 模的谐振腔适宜做精度要求不太高的波长计。

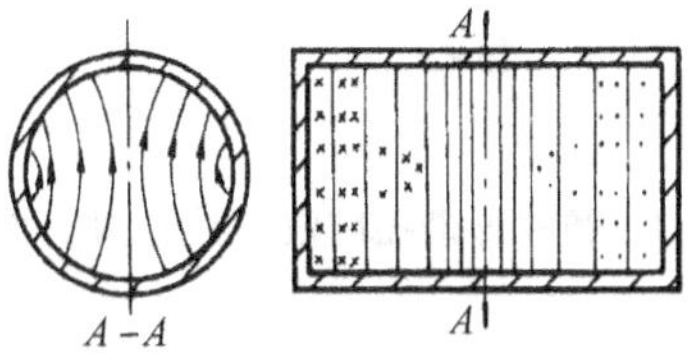

图5.2－5　圆柱形谐振腔中 TE_{111} 的场结构

（三）TM_{010} 模

根据 TM_{mnp} 模的一般表示式(5.2－15)可知，TM_{010} 模各个场分量的表示式为

$$
\begin{aligned}
E_z &= E_m J_0(K_c r)\\
H_\varphi &= -\mathrm{j}E_m \frac{1}{\eta} J_0'(K_c r) = \mathrm{j}E_m \frac{1}{\eta} J_1(K_c r)
\end{aligned}
\tag{5.2-29}
$$

式中的 $K_c=\frac{\nu_{mn}}{R}=\frac{2.405}{R}$。这种模式的场结构如图 5.2－6 所示，电场只有 z(轴)方向的分

量，磁场只有 φ 方向的分量；场量沿 z 和 φ 方向均无变化，而且，对于 z 轴具有对称性；场结构简单、稳定；当腔体的长度 $l<2.1\ R$ 时，TM_{010} 是腔中的最低次模式，在这种情况下可以避免干扰模的影响。这种模式的特点是：调谐范围较大，频宽比（f_{max}/f_{min}）可达 2：1 以上，在同样的情况下，工作于这种模式的谐振腔，其体积最小，但固有品质因数比 TE_{011} 模的要低，与 TE_{111} 模的品质因数相比，或者大，或者小，需视 D/l 的比值而定。这种腔适宜做精度要求不高的波长计、微波电路中的振荡回路和测量介质参数的谐振腔等。另外，在微波管和加速器中也用到这种模式。

需要指出的是，因为 TM_{010} 模的谐振波长 λ_r 与圆波导中 TM_{01} 模的截止波长 $\lambda_c=2.62\ R$ 相等，即 $\lambda_r=2.62\ R$，它与腔体的长度 l 无关，所以，对于工作于这种模式的腔，不能够用短路活塞来进行调谐（改变谐振频率）。通常用的调谐方法是，从腔体的一个端面插入一圆柱形导体棒，调节其插入深度，即可改变腔的谐振频率，导体棒插入得愈多，谐振频率愈低，导体棒插入得愈少，谐振频率愈高。粗略地讲，这是因为：在腔体的轴线及其附近电场（E_z）最强，而导体棒也正好处于这个位置，它对电场的影响也较大；当导体棒插入得愈多时，棒的端面与腔的端面之间所形成的等效（集中）电容加大了，因而谐振频率降低了；当导体棒插入得较少时，等效（集中）电容也减少了，因而谐振频率也升高了。以上所述只是定性的分析，而定量的分析还是比较复杂的，因为导体棒插入腔内之后，场结构发生了变化，它已不再是纯的 TM_{010} 模，所以很难用一个简单的公式来计算谐振频率，但是，可以通过实验来确定谐振频率。

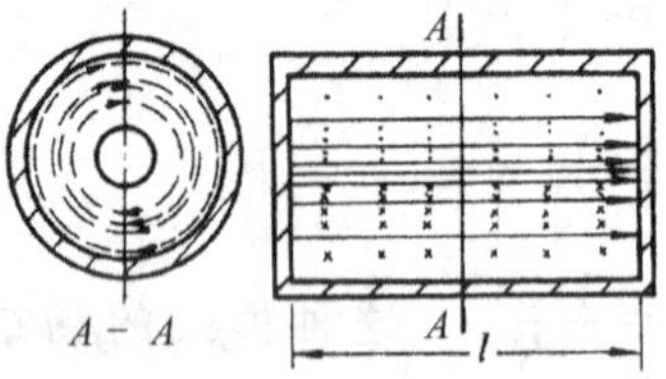

图 5.2-6　圆柱形谐振腔中 TM_{010} 的场结构

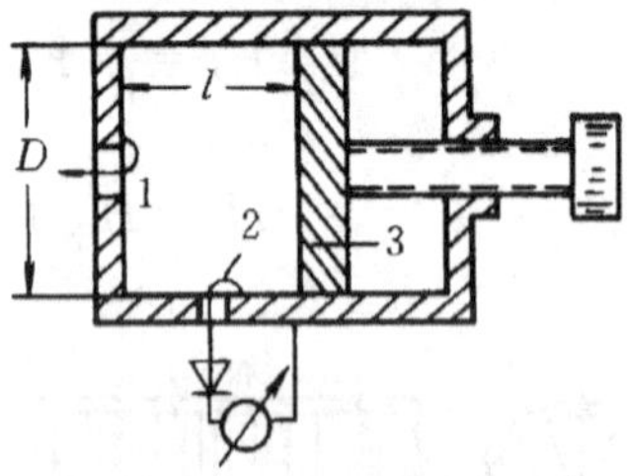

图 5.2-7　圆柱形谐振腔波长计结构示意图

圆柱形谐振腔的重要用途之一是，用它构成一个谐振波长（频率）计，用以测量微波系统中信号源的波长或频率。图5.2-7是一个波长计的结构示意图，图中标注的 1 和 2 分别为腔体与信号源和指示器的耦合机构（孔、缝或环），3 是可移动的短路活塞，用以调节腔体的长度 l，达到调谐的目的。波长计与微波系统的连接方式有两种：吸收式（反应式）和传输式。吸收式波长计只有与信号源相耦合的输入机构，而没有与指示器相连接的输出机构；谐振时腔体从系统中吸收的功率最大，从而使系统输入到指示器的功率最小（称为最小读数法），这种波长计结构简单，受外电路的干扰较小，用得较多。传输式波长计既有与信号源相连接的输入机构，又有与指示器相连接的输出机构；谐振时腔体吸收的功率最大，从而使传输到指示器的功率也最大（称为最大读数法）。这种波长计的结构稍复杂些，受外电路的干扰也大些。在设计圆柱形波长计时，可根据所选工作波型的场结构来确定它与信号源或指示器耦合机构的位置和耦合方式，其原则是能够有效地激发或耦合所选定的波型，抑制或削弱干扰波型；与此相应，腔体中的短路活塞，视具体情况，可采用接触式或非接触式的结构型式。

§5.3　矩形谐振腔

图5.3－1是一个矩形谐振腔。这种谐振腔可用作速调管或固态源中的谐振回路、微波天线开关中的谐振放电器，以及波长计和滤波器等，并可用于量子放大器中。对于矩形谐振腔，我们仍采用在圆柱形谐振腔中曾用过的方法(叠加法)来求出其电磁场的表示式，即把腔内的场看做是电磁波在腔的(纵向 z 轴上)两个端面之间来回地反射、相叠加而形成的。这样，就可以利用矩形波导中场结构的表示式来求得矩形谐振腔内电磁场的表示式，而不需要根据边界条件直接去解腔内电磁场的波动方程。与矩形波导中的模式 TE_{mn} 和 TM_{mn} 相对应，在矩形谐振腔中则有 TE_{mnp} 和 TM_{mnp} 两种模式，其标号 m 和 n 的含义与在矩形波导中的含义相同，而标号 p 则表示场量沿腔体的纵向变化的半个周期(半个驻波)的数目。下面首先利用叠加法求出这两种模式的电磁场表示式(式中省略了 $e^{j\omega t}$ 因子)，然后再讨论矩形腔的其他特性。

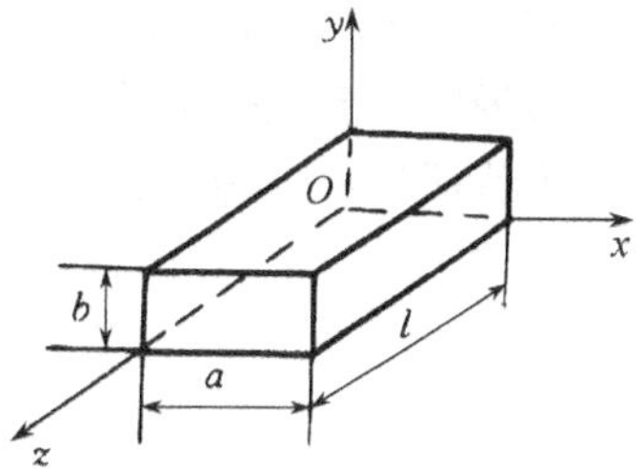

图 5.3－1　矩形谐振腔

一、电磁场的表示式

(一) TE_{mnp} 模

利用图 5.3－1 来进行讨论。对于 TE_{mnp} 模，$E_z=0$，$H_z\neq0$。与讨论圆柱形谐振腔时曾用过的方法一样，即首先求出矩形谐振腔中磁场的纵向分量 H_z 的表示式，然后再利用横、纵分量之间的关系式求出其他场分量的表示式。因为矩形腔可以看做是其两端被短路板封闭的一段矩形波导，所以利用矩形波导中两个传播方向相反的行波相叠加而形成纯驻波的概念，就可以求出矩形腔内场结构的表示式。

根据式(2.3－26)已知，在行波状态下矩形波导中 TE_{mn} 模磁场的纵向分量 H_z 为

$$H_z = H_0\cos\left(\frac{m\pi}{a}x\right)\cos\left(\frac{n\pi}{b}y\right)e^{-j\beta z}$$

由此可得矩形波导内两个传播方向相反的行波相叠加时，磁场的纵向分量 H_z 为

$$H_z = H_0^+\cos\left(\frac{m\pi}{a}x\right)\cos\left(\frac{n\pi}{b}y\right)e^{-j\beta z} + H_0^-\cos\left(\frac{m\pi}{a}x\right)\cos\left(\frac{n\pi}{b}y\right)e^{j\beta z} \quad (5.3-1)$$

式中的 H_0^+ 和 H_0^- 分别为波沿正 z 和负 z 方向传播时的两个常数。在 $z=0$ 的位置（短路板处)，根据边界条件应有 $H_z|_{z=0}=0$。令式(5.3－1)中的 $z=0$ 和该式等于零，可得 $H_0^+=-H_0^-$。由此可将式(5.3－1)写为

$$\begin{aligned}H_z &= H_0^+\cos\left(\frac{m\pi}{a}x\right)\cos\left(\frac{n\pi}{b}y\right)(e^{-j\beta z}-e^{j\beta z})\\ &= -j2H_0^+\cos\left(\frac{m\pi}{a}x\right)\cos\left(\frac{n\pi}{b}y\right)\sin\beta z\end{aligned}$$

令 $H_m=-j2H_0^+$，则 H_z 可写为

$$H_z = H_m\cos\left(\frac{m\pi}{a}x\right)\cos\left(\frac{n\pi}{b}y\right)\sin\beta z \quad (5.3-2)$$

在与 $z=0$ 处相距 l(l 为腔体内的长度)的位置(短路板处)，根据边界条件应有 $H_z|_{z=l}=0$，令(5.3-2)中的 $z=l$ 和该式等于零，可得

$$\beta l = p\pi \text{ 或 } \beta = \frac{p\pi}{l} \quad (p=1,2,3,\cdots) \tag{5.3-3}$$

将此式代入到式(5.3-2)中，即得到矩形腔内 TE_{mnp} 模磁场的纵向分量 H_z 的表示式为

$$H_z = H_m \cos\left(\frac{m\pi}{a}x\right)\cos\left(\frac{n\pi}{b}y\right)\sin\left(\frac{p\pi}{l}z\right) \tag{5.3-4}$$

根据式(2.2-20)和式(2.2-21a)即可求出腔内其他场分量的表示式，但是，正如在讨论圆柱形谐振腔时曾经指出的那样，因为这两个式子是在行波状态下导出的，所以应将原式中表示行波特征的$(-j\beta)$改为$(\partial/\partial z)$，才可以应用于谐振腔，即应为

$$\boldsymbol{H}_t = \frac{1}{K_c^2}\frac{\partial}{\partial z}(\nabla_t H_z) \tag{5.3-5}$$

$$\boldsymbol{E}_t = \frac{1}{K_c^2}(j\omega\mu \boldsymbol{z} \times \nabla_t H_z) \tag{5.3-6}$$

式中的∇_t 为

$$\nabla_t = \boldsymbol{x}\frac{\partial}{\partial x} + \boldsymbol{y}\frac{\partial}{\partial y}$$

经运算，得

$$\begin{aligned}
E_x &= \frac{-j\omega\mu}{K_c^2}\frac{\partial H_z}{\partial y} \\
E_y &= \frac{j\omega\mu}{K_c^2}\frac{\partial H_z}{\partial x} \\
E_z &= 0 \\
H_x &= \frac{1}{K_c^2}\frac{\partial^2 H_z}{\partial z \partial x} \\
H_y &= \frac{1}{K_c^2}\frac{\partial^2 H_z}{\partial z \partial y}
\end{aligned} \tag{5.3-7}$$

由此即可求出上述各个场分量的具体表示式。这样，TE_{mnp} 模电磁场的表示式即可写为

$$\begin{aligned}
E_x &= j\frac{\omega\mu}{K_c^2}H_m\frac{n\pi}{b}\cos\left(\frac{m\pi}{a}x\right)\sin\left(\frac{n\pi}{b}y\right)\sin\left(\frac{p\pi}{l}z\right) \\
E_y &= -j\frac{\omega\mu}{K_c^2}H_m\frac{m\pi}{a}\sin\left(\frac{m\pi}{a}x\right)\cos\left(\frac{n\pi}{b}y\right)\sin\left(\frac{p\pi}{l}z\right) \\
E_z &= 0 \\
H_x &= -\frac{1}{K_c^2}H_m\frac{p\pi}{l}\frac{m\pi}{a}\sin\left(\frac{m\pi}{a}x\right)\cos\left(\frac{n\pi}{b}y\right)\cos\left(\frac{p\pi}{l}z\right) \\
H_y &= -\frac{1}{K_c^2}H_m\frac{p\pi}{l}\frac{n\pi}{b}\cos\left(\frac{m\pi}{a}x\right)\sin\left(\frac{n\pi}{b}y\right)\cos\left(\frac{p\pi}{l}z\right) \\
H_z &= H_m\cos\left(\frac{m\pi}{a}x\right)\cos\left(\frac{n\pi}{b}y\right)\sin\left(\frac{p\pi}{l}z\right)
\end{aligned} \tag{5.3-8}$$

根据式(5.3-3)中的 $\beta=p\pi/l$ 和式(2.1-32)，得

$$K^2 = K_c^2 + \left(\frac{p\pi}{l}\right)^2$$

根据式(2.3-28)知

$$K_c = \sqrt{\left(\frac{m\pi}{a}\right)^2 + \left(\frac{n\pi}{b}\right)^2}$$

则

$$K^2 = \left(\frac{m\pi}{a}\right)^2 + \left(\frac{n\pi}{b}\right)^2 + \left(\frac{p\pi}{l}\right)^2 \tag{5.3-9}$$

对于 TE_{mnp} 模，$m=0$，1，2，3，…；$n=0$，1，2，3，…；$p=1$，2，3，…；m 和 n 不能同时为零。从式(5.3-8)和式(5.3-9)可以看出，与圆柱形腔一样，矩形腔也具有多谐性。

（二）TM_{mnp} 模

利用图 5.3-1 来讨论。求 TM_{mnp} 模场结构表示式的方法和步骤，与求 TE_{mnp} 模场结构表示式的方法和步骤基本上相同。对于 TM_{mnp} 模，$H_z=0$，$E_z\neq0$。根据式(2.3-19)已知，在行波状态下矩形波导中 TM_{mn} 模电场的纵向分量 E_z 为

$$E_z = E_0 \sin\left(\frac{m\pi}{a}x\right)\sin\left(\frac{n\pi}{b}y\right)e^{-j\beta z}$$

由此可得矩形波导内两个传播方向相反的行波相叠加时，电场的纵向分量 E_z 为

$$E_z = E_0^+ \sin\left(\frac{m\pi}{a}x\right)\sin\left(\frac{n\pi}{b}y\right)e^{-j\beta z} + E_0^- \sin\left(\frac{m\pi}{a}x\right)\sin\left(\frac{n\pi}{b}y\right)e^{j\beta z} \tag{5.3-10}$$

式中的 E_0^+ 和 E_0^- 分别为波沿正 z 和负 z 方向传播时的两个常数。在 $z=0$ 的位置（短路板处），根据边界条件，因为 $E_z|_{z=0}\neq0$，所以不能用此条件来确定 E_0^+ 和 E_0^-，而应该用场的横向分量 E_x 或 E_y 来确定 E_0^+ 和 E_0^-。为此可以利用式(2.2-23)，但是，如同在讨论 TE_{mnp} 模时曾经指出的那样，需要将式中的($-j\beta$)改为($\partial/\partial z$)，才可以应用于谐振腔中。现将 $\boldsymbol{E}_t$ 的式子和由式(2.2-22)所表示的 $\boldsymbol{H}_t$ 的式子，以及由此得出的 E_x、E_y、H_x 和 H_y 的式子，一并写在下面

$$\boldsymbol{E}_t = \frac{1}{K_c^2}\frac{\partial}{\partial z}(\nabla_t E_z) \qquad \boldsymbol{H}_t = -\frac{1}{K_c^2}j\omega\varepsilon \boldsymbol{z}\times\nabla_t E_z \tag{5.3-11}$$

$$E_x = \frac{1}{K_c^2}\frac{\partial^2 E_z}{\partial z\partial x} \qquad E_y = \frac{1}{K_c^2}\frac{\partial^2 E_z}{\partial z\partial y} \tag{5.3-12}$$

$$H_x = \frac{j\omega\varepsilon}{K_c^2}\frac{\partial E_z}{\partial y} \qquad H_y = -\frac{j\omega\varepsilon}{K_c^2}\frac{\partial E_z}{\partial x} \tag{5.3-13}$$

我们利用 E_x 来确定 E_0^+ 和 E_0^-，将式(5.3-10)代入到式(5.3-12)E_x 的表示中，得

$$E_x = \frac{-j\beta}{K_c^2}\frac{m\pi}{a}\left[E_0^+\cos\left(\frac{m\pi}{a}x\right)\sin\left(\frac{n\pi}{b}y\right)e^{-j\beta z} - E_0^-\cos\left(\frac{m\pi}{a}x\right)\sin\left(\frac{n\pi}{b}y\right)e^{j\beta z}\right] \tag{5.3-14}$$

在 $z=0$ 的位置应有 $E_x|_{z=0}=0$，由上式得 $E_0^+=E_0^-$，这样，式(5.3-14)就可写为

$$E_x = -2E_0^+\frac{\beta}{K_c^2}\frac{m\pi}{a}\cos\left(\frac{m\pi}{a}x\right)\sin\left(\frac{n\pi}{b}y\right)\sin\beta z$$

令 $E_m=2E_0^+$ 则

$$E_x = -E_m\frac{\beta}{K_c^2}\frac{m\pi}{a}\cos\left(\frac{m\pi}{a}x\right)\sin\left(\frac{n\pi}{b}y\right)\sin\beta z \tag{5.3-15}$$

在与 $z=0$ 处相距 l（l 为腔体内的长度）的位置（短路板处），根据边界条件应有 $E_x|_{z=l}=0$，令式(5.3-15)中的 $z=l$ 和该式等于零，可得

$$\beta l = p\pi \text{ 或 } \beta = \frac{p\pi}{l} \quad (p = 0,1,2,3,\cdots) \tag{5.3-16}$$

将此式和 $E_0^+ = E_0^-$ 代入到式(5.3-10)中，即得到矩形腔内 TM_{mnp} 模电场的纵向分量 E_z 的表示式为

$$E_z = E_m \sin\left(\frac{m\pi}{a}x\right)\sin\left(\frac{n\pi}{b}y\right)\cos\left(\frac{p\pi}{l}z\right) \tag{5.3-17}$$

根据式(5.3-12)和式(5.3-13)即可求出其他场分量的具体表示式，即

$$\begin{aligned}
E_x &= -E_m \frac{1}{K_c^2}\frac{p\pi}{l}\frac{m\pi}{a}\cos\left(\frac{m\pi}{a}x\right)\sin\left(\frac{n\pi}{b}y\right)\sin\left(\frac{p\pi}{l}z\right)\\
E_y &= -E_m \frac{1}{K_c^2}\frac{p\pi}{l}\frac{n\pi}{b}\sin\left(\frac{m\pi}{a}x\right)\cos\left(\frac{n\pi}{b}y\right)\sin\left(\frac{p\pi}{l}z\right)\\
H_x &= jE_m \frac{\omega\varepsilon}{K_c^2}\frac{n\pi}{b}\sin\left(\frac{m\pi}{a}x\right)\cos\left(\frac{n\pi}{b}y\right)\cos\left(\frac{p\pi}{l}z\right)\\
H_y &= -jE_m \frac{\omega\varepsilon}{K_c^2}\frac{m\pi}{a}\cos\left(\frac{m\pi}{a}x\right)\sin\left(\frac{n\pi}{b}y\right)\cos\left(\frac{p\pi}{l}z\right)\\
H_z &= 0
\end{aligned} \tag{5.3-18}$$

根据式(5.3-16)中的 $\beta = p\pi/l$ 和式(2.1-32)，得

$$K^2 = K_c^2 + \left(\frac{p\pi}{l}\right)^2$$

根据式(2.3-22)知

$$K_c = \sqrt{\left(\frac{m\pi}{a}\right)^2 + \left(\frac{n\pi}{b}\right)^2}$$

则

$$K^2 = \left(\frac{m\pi}{a}\right)^2 + \left(\frac{n\pi}{b}\right)^2 + \left(\frac{p\pi}{l}\right)^2 \tag{5.3-19}$$

对于 TM_{mnp} 模，$m=1, 2, 3, \cdots$；$n=1, 2, 3, \cdots$；$p=0, 1, 2, 3, \cdots$。从式(5.3-18)和(5.3-19) 可以看出，与前述的 TE_{mnp} 模的情况一样，工作于 TM_{mnp} 模的谐振腔同样具有多谐性。

对于矩形谐振腔，在腔体（内部）尺寸满足 $l>a>b$ 的条件下，TE_{101} 模的谐振波长 λ_r 最长，是谐振腔的主模。这种模的场结构简单、稳定，因此它的应用范围也最广，本节开头所列举的矩形谐振腔的应用范围中，其工作模式大都是 TE_{101} 模。

二、特性参数的计算

（一）谐振频率

根据式(5.1-17)和式(5.1-18)，谐振频 f_r 和谐振波长 λ_r 分别为

$$f_r = \frac{Kv}{2\pi}$$

$$\lambda_r = \frac{v}{f_r} = \frac{2\pi}{K}$$

对于 TE_{mnp} 和 TM_{mnp} 模，将式(5.3-9)或式(5.3-19)代入上式，即得到这两种模式的 f_r 和 λ_r 的表示式为

$$f_r = \frac{Kv}{2\pi} = \frac{1}{2\sqrt{\mu\varepsilon}}\sqrt{\left(\frac{m}{a}\right)^2 + \left(\frac{n}{b}\right)^2 + \left(\frac{p}{l}\right)^2} \tag{5.3-20}$$

$$\lambda_r = \frac{v}{f_r} = \frac{2\pi}{K} = \frac{2}{\sqrt{\left(\frac{m}{a}\right)^2 + \left(\frac{n}{b}\right)^2 + \left(\frac{p}{l}\right)^2}} \tag{5.3-21}$$

式中的 μ 和 ε 分别为腔中填充介质的磁导率和介电常数，对于 TE_{mnp} 模，m，n=0，1，2，…；p=1，2，3，…。对于 TM_{mnp} 模，m，n=1，2，3，…；p=0，1，2，…。a、b、l 和 λ_r 必须用相同的单位。

根据上面的 f_r 和 λ_r 的表示式，对于矩形谐振腔同样可以绘制出各种波型的波型图，其方法和步骤与在圆柱形谐振腔中曾讨论过的方法和步骤相似，在此不再赘述。

（二）固有品质因数

若已知腔内某种工作模式场结构的表示式、腔体壁内表面的材料，以及工作频率范围等，那么，只要把腔内磁场强度的幅值 $|\boldsymbol{H}|$ 和腔体壁内表面上磁场强度切向分量的幅值 $|\boldsymbol{H}_\tau|$ 代入到式(5.1-26)中，就可以求出固有品质因数的值；一般地讲，它比圆柱形腔的固有品质因数要低。下面以 TE_{101} 模为例说明其计算过程。至于其他模式 Q_0 值的计算则略去了计算过程，而只列出其结果，以供参考。

(1) TE_{101} 模品质因数的计算。根据 TE_{mnp} 模的一般表示式(5.3-8)可知，TE_{101} 模场分量的表示式为

$$\begin{aligned} E_y &= -\mathrm{j}\,\frac{\omega\mu a}{\pi} H_m \sin\left(\frac{\pi}{a}x\right)\sin\left(\frac{\pi}{l}z\right) \\ H_x &= -H_m\,\frac{a}{l}\sin\left(\frac{\pi}{a}x\right)\cos\left(\frac{\pi}{l}z\right) \\ H_z &= H_m\cos\left(\frac{\pi}{a}x\right)\sin\left(\frac{\pi}{l}z\right) \\ E_x &= E_z = H_y = 0 \end{aligned} \tag{5.3-22}$$

TE_{101} 模的场结构如图 5.3-2 所示。

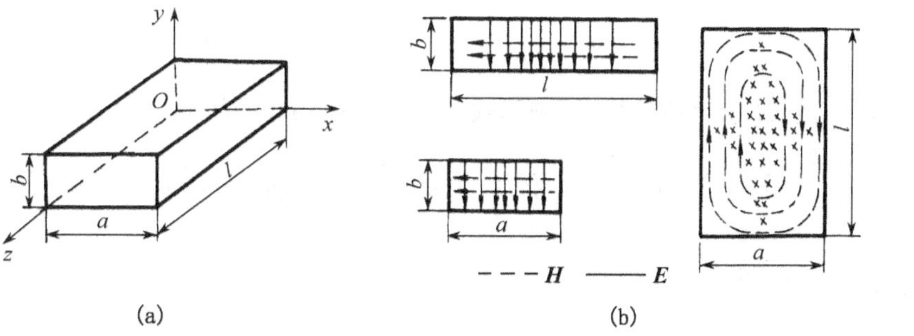

(a) (b)

图 5.3-2 矩形谐振腔中 TE_{101} 模的场结构

(a) 谐振腔；(b) 场结构

根据式(5.1-26)可知，固有品质因数 Q_0 的表示式为

$$Q_0 = \frac{2}{\delta}\,\frac{\int_V |\boldsymbol{H}|^2 \mathrm{d}V}{\oint_S |\boldsymbol{H}_\tau|^2 \mathrm{d}S}$$

式中，$|\boldsymbol{H}|^2=|H_x|^2+|H_z|^2$，则

$$\int_V |\boldsymbol{H}|^2 \mathrm{d}V=\int_V (|H_x|^2+|H_z|^2)\mathrm{d}V$$

$$=\int_0^a\int_0^b\int_0^l H_m^2\left[\frac{a^2}{l^2}\sin^2\left(\frac{\pi}{a}x\right)\cos^2\left(\frac{\pi}{l}z\right)+\cos^2\left(\frac{\pi}{a}x\right)\sin^2\left(\frac{\pi}{l}z\right)\right]\mathrm{d}x\mathrm{d}y\mathrm{d}z$$

$$=H_m^2\left(\frac{a^2}{l^2}+1\right)\frac{abl}{4}=\frac{H_m^2}{4}(a^2+l^2)\frac{ab}{l}$$

在腔体前后壁($z=0,z=l$)的内表面上

$$|\boldsymbol{H}_\tau|_1^2=|H_{x1}|^2=H_m^2\frac{a^2}{l^2}\sin^2\left(\frac{\pi}{a}x\right)$$

在腔体两个侧壁($x=0,x=a$)的内表面上

$$|\boldsymbol{H}_\tau|_2^2=|H_{z1}|^2=H_m^2\sin^2\left(\frac{\pi}{l}z\right)$$

在腔体上下两个壁($y=0,y=b$)的内表面上

$$|\boldsymbol{H}_\tau|_3^2=|H_{x2}|^2+|H_{z2}|^2$$

$$=H_m^2\left[\frac{a^2}{l^2}\sin^2\left(\frac{\pi}{a}x\right)\cos^2\left(\frac{\pi}{l}z\right)+\cos^2\left(\frac{\pi}{a}x\right)\sin^2\left(\frac{\pi}{l}z\right)\right]$$

由此得

$$\oint_S |\boldsymbol{H}_\tau|^2\mathrm{d}S=2\left[\int_0^a\int_0^b |\boldsymbol{H}_\tau|_1^2\mathrm{d}x\mathrm{d}y+\int_0^b\int_0^l |\boldsymbol{H}_\tau|_2^2\mathrm{d}y\mathrm{d}z+\int_0^a\int_0^l |\boldsymbol{H}_\tau|_3^2\mathrm{d}x\mathrm{d}z\right]$$

$$=\frac{H_m^2}{2l^2}[2b(a^3+l^3)+al(a^2+l^2)]$$

则 TE_{101}模的 Q_0 为

$$Q_0=\frac{2}{\delta}\frac{\int_V |\boldsymbol{H}|^2\mathrm{d}V}{\oint_S |\boldsymbol{H}_\tau|^2\mathrm{d}S}=\frac{abl}{\delta}\frac{a^2+l^2}{2b(a^3+l^3)+al(a^2+l^2)} \tag{5.3-23}$$

(2) 其他模式固有品质因数的表示式。TE_{mnp}模的 Q_0 为

$$Q_0=\frac{\lambda_r abl}{4\delta}\frac{(A^2+B^2)(A^2+B^2+C^2)^{3/2}}{al[A^2C^2+(A^2+B^2)^2]+bl[B^2C^2+(A^2+B^2)^2]+abc^2(A^2+B^2)} \tag{5.3-24}$$

TE_{0np}模的 Q_0 为

$$Q_0=\frac{\lambda_r abl}{2\delta}\frac{(B^2+C^2)^{3/2}}{B^2l(b+2a)+C^2b(l+2a)} \tag{5.3-25}$$

TE_{m0p}模的 Q_0 为

$$Q_0=\frac{\lambda_r abl}{2\delta}\frac{(A^2+C^2)^{3/2}}{A^2l(a+2b)+C^2a(l+2b)} \tag{5.3-26}$$

TM_{mnp}模的 Q_0 为

$$Q_0=\frac{\lambda_r abl}{4\delta}\frac{(A^2+B^2)(A^2+B^2+C^2)^{1/2}}{A^2b(a+l)+B^2a(b+l)} \tag{5.3-27}$$

TM_{mn0}模的 Q_0 为

$$Q_0 = \frac{\lambda_r abl}{2\delta} \frac{(A^2 + B^2)^{3/2}}{A^2 b(a + 2l) + B^2 a(b + 2l)} \tag{5.3-28}$$

式中，$A = m/a$；$B = n/b$；$C = p/l$。

（三）等效电导

若已知腔内某种工作模式场结构的表示式、腔体内表面的材料，以及工作频率范围等，那么，利用式(5.1－36)就可以求出等效电导 G_0，即

$$G_0 = R_S \frac{\oint_S |\boldsymbol{H}_\tau|^2 \mathrm{d}S}{\left|\int_A^B \boldsymbol{E} \cdot \mathrm{d}\boldsymbol{l}\right|^2}$$

现以 TE_{101} 模为例，说明 G_0 的计算方法。前面已求出了 $\oint_S |\boldsymbol{H}_\tau|^2 \mathrm{d}S$，若选取腔体上壁内表面的中心点与下壁内表面中心点之间的连线作为电场强度(现在是 E_y)的积分路径，则

$$\left|\int_A^B \boldsymbol{E} \cdot \mathrm{d}\boldsymbol{l}\right|^2 = \left|\int_0^b E_y \mathrm{d}y\right|^2$$

将式(5.3－22)中的 E_y 代入上式中，即可求出其积分值。这样，G_0 的值就可求出。略去计算步骤，现把 G_0 的计算结果列在下面

$$G_0 = \frac{R_S}{\eta^2} \frac{2b(a^3 + l^3) + al(a^2 + l^2)}{2b^2(a^2 + l^2)} \tag{5.3-29}$$

式中的 $\eta = \sqrt{\mu/\varepsilon}$，$\mu$ 和 ε 是腔内填充介质的磁导率和介电常数。

§5.4　同轴线谐振腔

同轴线谐振腔也是常用的微波谐振器之一，这种腔的工作模式是 TEM 模（主模），这种模式的优点是场结构简单、稳定、无色散、无频率下限，工作频率范围较宽，其频宽比可达 2∶1，甚至 3∶1。同轴线谐振腔的缺点是，与圆柱形和矩形谐振腔相比，它的固有品质因数 Q_0 值较低，这是因为：为了防止出现高次模，同轴线谐振腔横截面的尺寸不宜过大，它应满足$(a+b) \leqslant \lambda_{min}/\pi$，$a$ 为腔中内导体的外半径，b 为外导体的内半径，λ_{min}为工作频带内的最短波长。另外，内导体也增加了损耗。同轴线谐振腔主要用于米波、分米波波段中，对于小功率的系统也可用于厘米波段。它可用作振荡器、倍频器和放大器中的谐振回路，以及精度要求不高的波长计等。

本节除了讨论在§5.1 中曾提到过的电容加载同轴线谐振腔之外，还要讨论两种同轴线谐振腔：一种是二分之一(谐振)波长型($\lambda_r/2$ 型)谐振腔；另一种是四分之一(谐振)波长型($\lambda_r/4$ 型)谐振腔。下面分别讨论这三种谐振腔。

一、二分之一波长同轴线谐振腔

（一）谐振波长

图 5.4－1(a)是谐振腔的示意图，这是一个传输线类型的谐振腔，就是说，可以把它看做是由两端短路的一段同轴线构成的，腔中的纯驻波场可以看做是行波在腔的两个短路板之间来回地反射相叠加而形成的，因此可以利用在§5.1 中曾讨论过的相位法或电纳法求出腔的谐振波长 λ_r 或谐振频率 f_r。现在我们利用电纳法来说明如何求出谐振波长 λ_r。对于 $\lambda_r/2$

型同轴线谐振腔，取两个短路板之间的任意位置作为参考面，求出该参考面上所呈现出的总的（等效）电纳，那么，在满足谐振条件的情况下，总的（等效）电纳应为零，根据这一点即可求出腔的谐振波长 λ_r。略去推导过程，只把结果列在下面。设腔体沿其轴线的长度

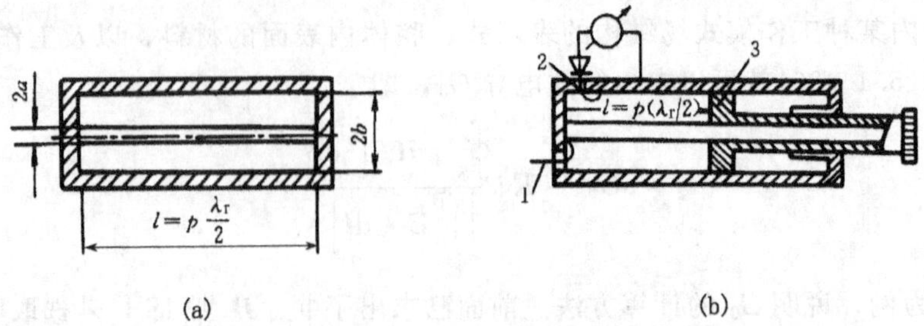

图 5.4-1 $\lambda_r/2$ 型同轴线谐振腔

（指腔内长度）为 l，则它与 λ_r 的关系为

$$l = p\frac{\lambda_r}{2} \quad (p=1,2,3,\cdots) \tag{5.4-1}$$

或

$$\lambda_r = \frac{2l}{p} \tag{5.4-2}$$

由此可知，当 l 等于 $\lambda_r/2$ 或为其整数倍时，腔就产生了谐振，因此常把这种腔称为二分之一(谐振)波长型($\lambda_r/2$ 型)同轴线谐振腔；由上式还可看出，当腔的长度 l 一定时，不同的 p 对应着不同的λ_r，即谐振腔具有多谐性。图 5.4-1(b)是一个波长计的结构简图，图中标注的 1 和 2 分别为腔体与信号源和指示器之间的耦合装置，3 是可移动的调谐活塞。

（二）固有品质因数

根据式(5.1-26)，即

$$Q_0 = \frac{2}{\delta}\frac{\int_V |\boldsymbol{H}|^2 \mathrm{d}V}{\oint_S |\boldsymbol{H}_\tau|^2 \mathrm{d}S}$$

就可求出 $\lambda_r/2$ 型同轴线谐振腔固有品质因数 Q_0 的值。为此，应首先求出腔内磁场的表示式，然后将其代入到上式中，即可求出 Q_0 的值。

我们已知，对于同轴线中的 TEM 波而言，它的电场只有 E_r 分量，即式(2.6-11)

$$E_r = \frac{E_0 a}{r}\mathrm{e}^{-\mathrm{j}\beta z}$$

因为同轴线谐振腔中的场可以看做是传播方向相反的两个行波在满足腔体两端处边界条件的情况下相叠加而形成的。根据这一点，就可以求出腔内电磁场的表示式。首先求电场 E_r 的表示式，然后再求磁场 H_φ 的表示式。两个传播方向相反的行波相叠加时 E_r 的表示式为

$$E_r = \frac{E_0^+ a}{r}\mathrm{e}^{-\mathrm{j}\beta z} + \frac{E_0^- a}{r}\mathrm{e}^{\mathrm{j}\beta z} \tag{5.4-3}$$

式中的 E_0^+ 和 E_0^- 分别为波沿正 z 和负 z 方向传播时的两个常数(z 为腔体的轴线方向)。在

$z=0$ 处的短路板上，根据边界条件应有 $E_r|_{z=0}=0$，由上式得 $E_0^+=-E_0^-=E_m$，这样，式(5.4-3)可写为

$$E_r=\frac{E_{\mathrm{m}}a}{r}(\mathrm{e}^{-\mathrm{j}\beta z}-\mathrm{e}^{\mathrm{j}\beta z})$$

$$=-\mathrm{j}\,\frac{2E_{\mathrm{m}}a}{r}\sin\beta z \tag{5.4-4}$$

在与 $z=0$ 处相距 l（l 为腔体内的长度）的短路板上，根据边界条件应有 $E_r|_{z=l}=0$，令式(5.4-4)中的 $z=l$ 和该式等于零，可得

$$\beta l=p\pi \text{ 或 } \beta=\frac{p\pi}{l}\quad (p=1,2,3,\cdots)$$

则同轴线谐振腔内 E_r 的表示式为

$$E_r=-\mathrm{j}\,\frac{2E_{\mathrm{m}}a}{r}\sin\left(\frac{p\pi}{l}z\right) \tag{5.4-5}$$

根据式(5.4-3)，并注意到 H_φ 的入、反射波与 E_r 的入、反射波相差一个比例系数 η，利用叠加的方法，或者根据式(5.4-5)利用式(2.1-13a)的旋度方程（$\nabla\times\boldsymbol{E}=-\mathrm{j}\omega\mu\boldsymbol{H}$），即可求得 H_φ 为

$$H_\varphi=\frac{2E_{\mathrm{m}}a}{\eta r}\cos\left(\frac{p\pi}{l}z\right) \tag{5.4-6}$$

现在计算 Q_0 的值，将式(5.4-6)所表示的 H_φ 代入到式(5.1-26)中，即得

$$Q_0=\frac{2}{\delta}\frac{\int_V|H_\varphi|^2\mathrm{d}V}{\oint_S|\boldsymbol{H}_\tau|^2\mathrm{d}S} \tag{5.4-7}$$

式中

$$\oint_S|\boldsymbol{H}_\tau|^2\mathrm{d}S=\oint_{S_1}|\boldsymbol{H}_\tau|_1^2\mathrm{d}S_1+\oint_{S_2}|\boldsymbol{H}_\tau|_2^2\mathrm{d}S_2+\oint_{S_3}|\boldsymbol{H}_\tau|_3^2\mathrm{d}S_3 \tag{5.4-8}$$

等号右端第一项是在腔的内导体外表面的积分，其值为 $\pi l/a$，第二项是在腔的外导体内表面上的积分，其值为 $\pi l/b$，第三项是在腔的两个短路板内表面上的积分，其中，在一个短路板上的积分值为 $2\pi\ln\dfrac{b}{a}$，总的积分为 $4\pi\ln\dfrac{b}{a}$。另外，经计算，得

$$\int_V|H_\varphi|^2\mathrm{d}V=l\pi\ln\frac{b}{a} \tag{5.4-9}$$

由此可得 Q_0 的值为

$$Q_0=\frac{2}{\delta}\left[\frac{l\pi\ln\dfrac{b}{a}}{\pi l\left(\dfrac{1}{a}+\dfrac{1}{b}\right)+4\pi\ln\dfrac{b}{a}}\right] \tag{5.4-10}$$

当 $l=\lambda_{\mathrm{r}}/2$ 时，Q_0 的值为

$$Q_0=2/\delta[1/(1/a+1/b)/\ln b/a+8/\lambda_{\mathrm{r}}] \tag{5.4-11}$$

仅就截面尺寸而言，当 $b/a\approx3.6$ 时，Q_0 为最大值，这与在§2.6中讨论同轴线时曾得到的 $b/a\approx3.6$ 时，导体衰减常数 α_{c} 最小是一致的；而且，若腔中填充的介质是空气，那么，与该尺寸相对应的同轴线的特性阻抗 Z_{c} 约为 77Ω。当 b/a 取 2～7 的某一值时，其 Q_0 值与最

大值相比，降低得并不太多。

二、四分之一波长同轴线谐振腔

（一）谐振波长

图 5.4-2(a)是谐振腔的示意图，这是一个传输线类型的谐振腔，就是说，可以把它看做是由一端短路、另一端开路的同轴线构成的，与在 $\lambda_r/2$ 型同轴线谐振腔中曾讲过的理由一样，对于 $\lambda_r/4$ 型同轴线谐振腔也可以利用在 §5.1 中讨论过的电纳法求出腔的谐振波长 λ_r 或谐振频率 f_r。设腔体沿其轴线的长度(腔内长度)为 l,则根据式(1.3-59)可知，从腔的

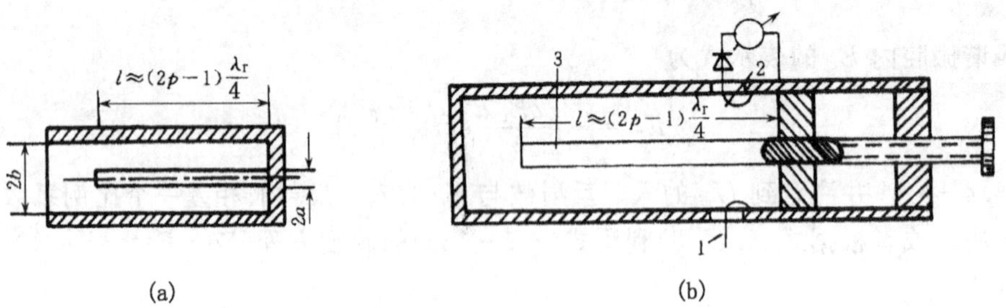

图 5.4-2　$\lambda_r/4$ 型同轴线谐振腔

开路端向短路端看去的输入阻抗为

$$Z_{in}(l) = jZ_c\tan\beta l \tag{5.4-12}$$

式中的 Z_c 为同轴线的特性阻抗，$\beta=2\pi/\lambda_r$。在谐振的情况下，$Z_{in}(l)$的值趋于无穷大，或者说，与之相对应的电纳的值 $B_{in}(l)$趋于零。即

$$\beta l = \frac{2\pi}{\lambda_r}l = (2p-1)\frac{\pi}{2}\quad (p=1,2,3,\cdots) \tag{5.4-13}$$

由此得

$$l = (2p-1)\frac{\lambda_r}{4} \tag{5.4-14}$$

或

$$\lambda_r = \frac{4l}{2p-1} \tag{5.4-15}$$

可见，当腔的长度 l 等于 $\lambda_r/4$ 或为它的奇数倍时，腔就产生了谐振，因此常把这种腔称为四分之一（谐振）波长型同轴线谐振腔。由上式还可看出，当腔的长度 l 一定时，不同的 p 对应着不同的 λ_r，即谐振腔具有多谐性。图 5.4-2(b)是一个波长计的结构简图，图中标注的 1 和 2 分别为腔体与信号源和指示器之间的耦合装置，腔的内导体 3 做成可以穿过短路板、并能沿腔体轴线移动的结构型式，以便调节腔的长度 l，达到调谐的目的。除此而外，在实际的腔体结构中，还常把开路端处的外导体适当地延长一些，使之构成一小段截止圆波导(场结构为 TM 模)，它起着截止衰减器的作用，用以防止腔内的电磁能量向外辐射。若这一小段截止圆波导足够长，那么，还可将圆波导的末端用导体盖板封起来，这对于腔的工作情况影响并不大，而对于防止电磁能量的辐射其效果会更好。但是，此时腔的内导体不宜距盖板太近，否则便构成了一个加载电容谐振腔。

（二）固有品质因数

根据式(5.1-26)，即

$$Q_0=\frac{2}{\delta}\frac{\int_V |\boldsymbol{H}|^2 \mathrm{d}V}{\oint_S |\boldsymbol{H}_\tau|^2 \mathrm{d}S}$$

即可求出 $\lambda_r/4$ 型同轴线谐振腔的固有品质因数的值，其运算步骤与求 $\lambda_r/2$ 型腔 Q_0 值的运算步骤是一样的，在此就不再重述了。除此而外，还可以利用 $\lambda_r/2$ 型腔 Q_0 的表示式(5.4－10)来导出 $\lambda_r/4$ 型腔 Q_0 的表示式。因为 $\lambda_r/4$ 型腔比 $\lambda_r/2$ 型腔少一个短路板，所以其短路板上的损耗只有 $\lambda_r/2$ 型腔短路板上损耗功率的一半。这样，根据式(5.4－10)就可直接写出 $\lambda_r/4$ 型腔 Q_0 的表示式为

$$Q_0=\frac{2}{\delta}\left[\frac{l\pi\ln\frac{b}{a}}{\pi l\left(\frac{1}{a}+\frac{1}{b}\right)+2\pi\ln\frac{b}{a}}\right] \tag{5.4-16}$$

当 $l=\lambda_r/4$ 时，Q_0 的值为

$$Q_0=\frac{2}{\delta}\left[\frac{\ln\frac{b}{a}}{\left(\frac{1}{a}+\frac{1}{b}\right)+\frac{8}{\lambda_r}\ln\frac{b}{a}}\right] \tag{5.4-17}$$

一般而言，由于结构上的原因，$\lambda_r/4$ 型腔的测量精度要比 $\lambda_r/2$ 型腔的测量精度差一些。

对于工作于 TEM 模的同轴线谐振腔，除了用上述的方法求出其 Q_0 值而外，在已知工作频率范围、腔体尺寸、腔体壁内表面的材料，以及腔内介质损耗可忽略的情况下，还可以利用腔内电流幅值沿腔体轴线的分布规律、同轴线单位长度上的电感来求出腔的 Q_0 值。具体地说，就是：根据上述条件首先求出腔内总的储存能量 W 和腔内的平均损耗功率 P(对周期 T 的时间平均值)，然后再利用式(5.1－20)即可求出其 Q_0 值。

三、电容加载同轴线谐振腔

这种腔在 § 5.1 中曾提到过，现再作进一步的讨论。为方便起见，把图 5.1－2 重新画在这里，如图 5.4－3 所示。等效电路中的 C 是同轴线谐振腔内导体的端面与短路板之间的电容（加载电容），这个电容可近似地看做是平板电容，即

$$C=\frac{\varepsilon\pi a^2}{t} \tag{5.4-18}$$

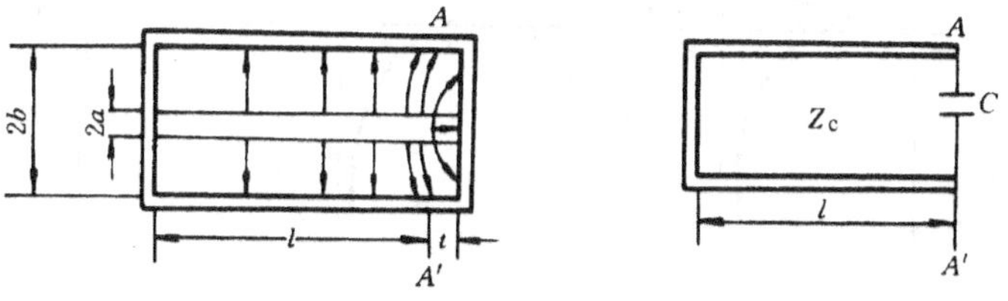

图 5.4－3　电容加载同轴线谐振腔及其等效电路

因为实际上加载电容中的电场是不均匀的，而且边缘电容也未考虑在内，所以实际的电容并不等于由式(5.4－18)计算出的电容，而是比计算值稍大些。若考虑了这些因素之后，就应对电容 C 加以修正，例如当谐振腔中的填充介质是空气时，电容 C 的修正值为

$$C=6.94\frac{4a^2}{t}\left[1+\frac{36.8t}{4\pi a}\lg\frac{b-a}{t}\right]\times10^{-12}\quad \mathrm{F} \tag{5.4-19}$$

当 t 较大、电容可忽略时，则谐振时 l 的长度应为 $\lambda_r/4$，λ_r 是谐振波长；反之，由于电容的作用，谐振时 l 的实际长度小于 $\lambda_r/4$，而且 C 愈大，则 l 愈小，即电容起到了使 l 缩短的作

用，因此常把这种谐振腔称为缩短电容同轴线谐振腔。从物理意义上讲就是，当选取 AA' 作为参考面时，因为谐振器的终端已有加载电容 C，为了能够产生谐振，这就要求与之并联的、从参考面 AA' 向左看去的终端短路无耗同轴线的输入电抗应为电感性的，当 l 小于 $\lambda_r/4$ 时，其输入电抗是电感性的。需要指出的是，l 不一定取 $\lambda_r/4$（实际上小于 $\lambda_r/4$），只要 l 为 $\lambda_r/4$ 的奇数倍也可以产生谐振，而且仍把它称为 $\lambda_r/4$ 型电容加载同轴线谐振腔。

选取 AA' 作为参考面，谐振时该参考面处总的电纳 B 应为零，即

$$\sum B\mid_{f=f_r}=0 \tag{5.4-20}$$

具体地讲，就是

$$2\pi f_r C-\frac{1}{Z_c}\cot\left(\frac{2\pi f_r l}{v}\right)=0 \tag{5.4-21a}$$

或写为

$$2\pi f_r C=\frac{1}{Z_c}\cot\left(\frac{2\pi f_r l}{v}\right) \tag{5.4-21b}$$

式中的 Z_c 为同轴线的特性阻抗，v 是(TEM)电磁波的传播速度。当谐振腔的长度 l、加载电容 C、特性阻抗 Z_c 和速度 v 均已知时，即可求出谐振频率 f_r。例如，可以利用如图 5.4-4 所示的曲线图来确定 f_r。图中，$\omega C=2\pi fC$ 为一直线，$B=\frac{1}{Z_c}\cot\left(\frac{2\pi fl}{v}\right)=\frac{1}{Z_c}\cot\left(\frac{\omega l}{v}\right)$ 为余切曲线，由两者的交点即可确定 f_r（谐振角频率 $\omega_r=2\pi f_r$）。因为余切为周期函数，所以交点也有无穷多个，对应着无穷多个谐振频率，这说明（当腔体尺寸不变时）谐振腔具有多谐性。这种腔的调谐方法是：保持 l 不变，调节 C；或者，保持 C 不变，调节 l。这种腔的优点是体积较小，工作频带较宽，频宽比可达 4∶1，甚至更大；缺点是固有品质因数较低。这种腔可以用作米波或分米波段的谐振回路或波长计。

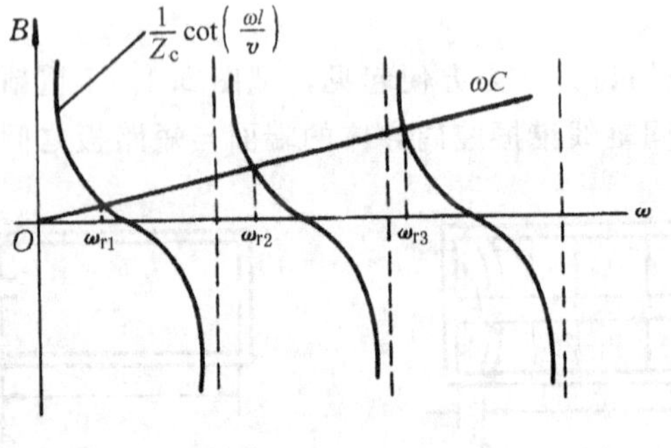

图 5.4-4　式(5.4-21b)的图解法（当 l 和 C 已知时）

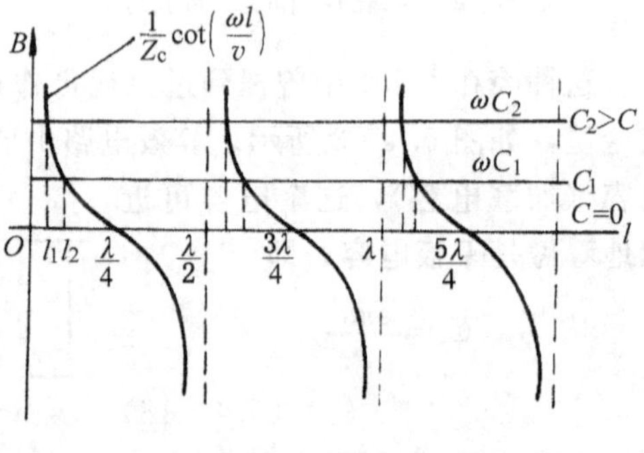

图 5.4-5　式(5.4-21b)的图解法（当 f_r 和 C 已知时）

以上所讨论的是，当谐振腔的长度 l、电容 C 和特性阻抗 Z_c，以及波的速度给定时，即可求出谐振频率 f_r；反之，从式(5.4-21b)可知，当给定了 f_r、C、Z_c 和 v 时，即可求出 l 的表示式为

$$l=\frac{\lambda_r}{2\pi}\arctan\frac{1}{2\pi f_r C Z_c}+p\frac{\lambda_r}{2}$$

式中的 λ_r 为谐振波长，$p=0, 1, 2, 3, \cdots$。可见，有无穷多个 l 满足谐振条件。另外，根据式(5.4-21b)可知，在上述的条件下利用图解的方法也可以求出 l，如图 5.4-5 所示。从图上可以看出，加载电容 C 愈大，对 l 的缩短效应也愈大。

§5.5　谐振腔的等效电路

在§5.1 中曾提到过谐振腔等效电路的问题，并作了简要的说明。本节对此问题再作进一步的补充和分析。

利用等效电路的概念不仅能比较形象地描述腔的谐振特性，而且在实际的工程计算中也具有一定的实用价值。一个实际的谐振腔，它或者作为接收信号源能量的负载，或者作为向其负载输送能量的振荡源，总之，它要与外部电路（例如微波元、器件等）发生耦合，因此，谐振腔对于外部电路所呈现出的谐振特性和其他的外部特性，往往是我们关注的主要问题，而对于腔内的场结构并不提出什么特殊的要求。针对这种情况（以及其他的类似情况），利用谐振腔等效电路的概念，不仅避免了用场的方法解决问题时所带来的困难、简化了计算，而且也满足了一般工程计算的要求。关于等效的方法，扼要地说，就是：首先利用计算或测量的方法求出谐振腔的特性参数，然后根据腔的特性参数与集总参数谐振回路特性参数之间的等效关系式求出等效电路的等效参数。下面就来讨论这一问题。在§5.1 中曾提到，对于工作于某一模式的谐振腔，在一狭窄的频率范围内，可将其等效为集总参数的并联或串联谐振回路（这取决于参考面位置的选择）。本节只着重讨论把腔等效为并联谐振回路的问题，对于把腔等效为串联谐振回路的问题，则只给出必要的结论，而不予详细讨论。

首先讨论图 5.5-1 所示集总参数并联谐振回路本身的问题，然后再讨论在什么条件下可以把谐振腔等效为集总参数的并联谐振回路，以及如何求出等效回路的等效参数问题。图中的 L、C 和 G 分别为并联谐振回路的电感、电容和电导，U_m 为回路电压的幅值。由此可得并联谐振回路的储能 W、损耗功率 P 和固有品质因数 Q 的表示式分别为

$$W=\frac{CU_m^2}{2} \tag{5.5-1}$$

$$P=\frac{GU_m^2}{2} \tag{5.5-2}$$

$$Q=2\pi\frac{C}{TG}=\frac{\omega_r C}{G} \tag{5.5-3}$$

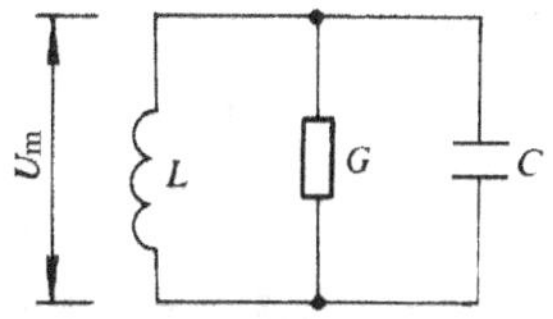

图 5.5-1　微波谐振腔的等效电路

式中的 $\omega_r=1/\sqrt{LC}$ 是回路的谐振角频率，T 是谐振周期。为了把谐振腔等效为集总参数的并联谐振回路，求出其等效条件和等效参数，还需要对图 5.5-1 所示的并联回路作进一步的分析。设 Y 为回路的导纳，则

$$Y=G+\mathrm{j}B=G+\mathrm{j}\left(\omega C-\frac{1}{\omega L}\right) \tag{5.5-4}$$

式中的 $B=\left(\omega C-\frac{1}{\omega L}\right)$ 是回路的并联电纳。因为 $\omega_r=1/\sqrt{LC}$，所以可将 B 写为

$$B=\frac{C}{\omega}(\omega-\omega_r)(\omega+\omega_r) \tag{5.5-5}$$

如果工作角频率 ω 与 ω_r 相差很少，则可近似地认为 $\omega+\omega_r\approx 2\omega$，这样，就可将 B 近似地写为

$$B\big|_{\omega\approx\omega_r}=2C(\omega-\omega_r) \tag{5.5-6}$$

将该式对 ω 求导，即得到 $B=f(\omega)$ 在 ω_r 附近随 ω 的变化率为

$$\left.\frac{dB}{d\omega}\right|_{\omega\approx\omega_r}=2C \tag{5.5-7}$$

由此式可知，可以将电容 C 表示为

$$C=\frac{1}{2}\left.\frac{dB}{d\omega}\right|_{\omega\approx\omega_r} \tag{5.5-8}$$

即，并联谐振回路的电容 C 可用 ω 接近 ω_r 时电纳 B 的变化率来表示。根据式(5.5-3)，并联谐振回路的 Q 可表示为

$$Q=2\pi\frac{C}{TG}=\frac{\omega_r C}{G}=\frac{\omega_r}{2G}\left.\frac{dB}{d\omega}\right|_{\omega\approx\omega_r} \tag{5.5-9}$$

或

$$Q=-\frac{\lambda_r}{2G}\left.\frac{dB}{d\lambda}\right|_{\lambda\approx\lambda_r} \tag{5.5-10}$$

式中的 λ_r 是并联谐振回路的谐振波长，λ 是工作波长。因为在 ω_r 附近很窄的频带内由趋肤效应所引起的 G 的变化是很小的，所以可近似地认为 G 是不变的，是一个常数。

由以上的分析可以看出，集总参数的并联谐振回路在其谐振角频率附近很窄的频带内具有三个特性：电纳曲线 $B=f(\omega)$ 与 ω 成线性关系，而且 $dB/d\omega>0$；电纳曲线 $B=f(\omega)$ 当 $\omega=\omega_r$ 时通过零点；电导 G 近似等于常数。这些特点也可以用图来加以说明，如图 5.5-2 所示。

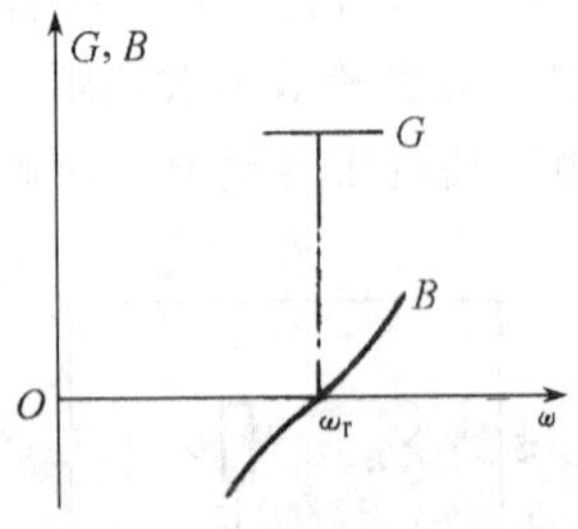

图 5.5-2 谐振角频率附近并联谐振回路的电导和电纳曲线

对于集总参数的并联谐振回路，实际上并不需要根据式(5.5-8)、式(5.5-9)或式(5.5-10)求出其电容 C 和固有品质因数 Q，因为有比这更简便的公式可以利用；导出上述的公式、分析集总参数并联回路在其谐振角频率附近很窄频带内所具有的特性等，目的不是解决集总参数回路本身的问题，正如前面已指出过的，而是需要知道谐振腔满足什么条件，才可以将它等效为集总参数的并联谐振回路，并进而求出其等效参数。

综合以上的分析可以得出这样的结论：对于一个工作于某一模式的谐振腔，在很窄的频率范围内，如果也具有上述的集总参数并联谐振回路的三个特性，那么，就可以将它等效为一个集总参数的并联谐振回路，并可根据有关的关系式求出其等效参数。理论和实验均已证明，谐振腔也具有这三个特性，因此可以将它等效为一个集总参数的并联谐振回路。如果我们假定图 5.5-1 就是谐振腔的集总参数的等效并联谐振回路，那么，两者的等效关系为：等效回路的电导 G 应与谐振腔在谐振时的等效电导 G_0 相等；等效回路的电纳在谐振角频率附近的变化率应与谐振腔的电纳在谐振角频率附近的变化率相等。根据这些等效原则就可求出等效并联谐振回路的具体参数。设 L、C 和 G 分别为等效回路的电感、电容和电导，U_m 为回路电压的幅值，并假设谐振腔的谐振角频率为 ω_r、损耗功率为 P、固有品质因数为 Q_0，电导为 G_0，那么，在谐振状态下，等效回路的参数与谐振腔的参数之间的关系为

$$\omega_r = \frac{1}{\sqrt{LC}} \tag{5.5-11}$$

$$P = \frac{GU_m^2}{2} \tag{5.5-12}$$

$$Q_0 = \frac{\omega_r C}{G} \tag{5.5-13}$$

对于谐振腔如果能够用理论计算或实际测量的方法求出腔的 ω_r、P、Q_0 和 G_0 等参数，那么，等效并联谐振回路的参数也就确定了，即

$$L = \frac{1}{\omega_r Q_0 G_0} \tag{5.5-14}$$

$$C = \frac{Q_0 G_0}{\omega_r} \tag{5.5-15}$$

$$G = G_0 \tag{5.5-16}$$

现以 $\lambda_r/4$ 型同轴线谐振腔(模式为 TEM)为例来说明谐振腔等效为集总参数并联谐振回路的问题。根据式(1.3-59)可知,对于一端短路、另一端开路、长为 l(指腔内长度)的 $\lambda_r/4$ 型无耗同轴线谐振腔，从其开路端向短路端看去的输入阻抗为

$$Z = jZ_c \tan\beta l \tag{5.5-17}$$

输入导纳为

$$Y = -j\frac{1}{Z_c}\cot\beta l \tag{5.5-18}$$

电纳为

$$B = -\frac{1}{Z_c}\cot\beta l \tag{5.5-19}$$

或

$$B = -\frac{1}{Z_c}\cot\frac{\omega l}{v} \tag{5.5-20}$$

式中的 v 是在与腔中填充的相同的无界介质中电磁波的速度。电纳 $B=f(\omega)$ 的曲线如图 5.5-3 所示。从图 5.5-3 即可看出，$\lambda_r/4$ 型同轴线谐振腔在其谐振角频率附近很窄的频带内，与前述的集总参数并联谐振回路在其谐振角频率附近很窄的频带内所具有的特性是一样的，因此可将同轴线谐振腔等效为集总参数的并联谐振回路，并可根据有关公式求出其等效参数。

如果将谐振腔等效为集总参数的串联谐振回路，那么，经过与上述的类似分析过程，即可得到集总参数串联谐振回路的下列关系式

$$\left.\frac{dX}{d\omega}\right|_{\omega\approx\omega_r} = 2L \tag{5.5-21}$$

$$L = \frac{1}{2}\left.\frac{dX}{d\omega}\right|_{\omega\approx\omega_r} \tag{5.5-22}$$

$$Q = \frac{\omega_r}{2R}\left.\frac{dX}{d\omega}\right|_{\omega\approx\omega_r} \tag{5.5-23}$$

或

$$Q = -\frac{\lambda_r}{2R}\left.\frac{dX}{d\lambda}\right|_{\lambda\approx\lambda_r} \tag{5.5-24}$$

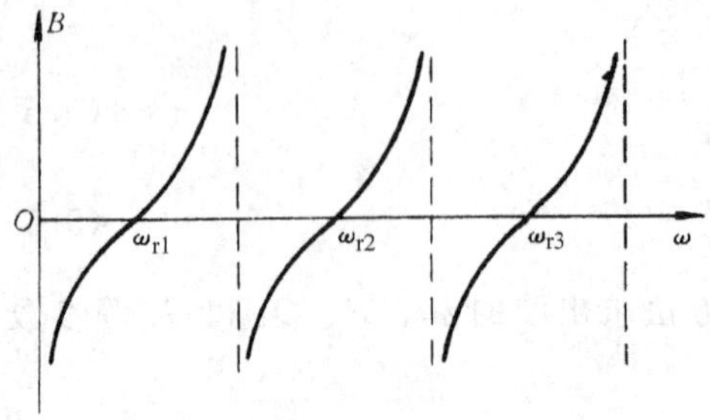

图 5.5－3　$\lambda_r/4$ 型同轴线谐振腔的电纳曲线

式中的 L、R、X 和 Q 分别为串联谐振回路的电感、电阻、电抗和固有品质因数。回路在其谐振频率附近很窄的范围内具有这样的特性：电抗曲线 $X=f(\omega)$ 与 ω 成线性关系；而且，$dX/d\omega>0$；电抗曲线 $X=f(\omega)$ 当 $\omega=\omega_r$ 时通过零点；电阻 R 近似等于常数。理论和实验可以证明，谐振腔也具有这些特性，因此可将其等效为集总参数的串联谐振回路，并可求出相应的等效参数。

以上的分析是仅就孤立的谐振腔与集总参数谐振回路之间的等效关系而言的，而实际的腔体总是要通过耦合机构与外电路发生联系的，耦合机构和外电路都会对腔的参数产生一定的影响。对于这些问题，读者可参阅有关的资料，这里就不讨论了。

§5.6　其他类型微波谐振器简介

一、介质谐振器

所谓介质谐振器，就是用低损耗、高介电常数的介质材料做成的谐振器。介质谐振器常用的介质块有圆柱形、圆环形和矩形等多种形状，其中，圆柱形的用得较多。实际上，介质谐振器也可以看做是两端处于开路状态的一段介质波导（严格地讲，并非真正开路）。从物理意义上讲，当电磁波在具有两种不同介电常数的介质分界面上产生全反射，并在介质中形成纯驻波时，就构成了谐振器。在谐振器中可以激励起 TE、TM 以及 HE 和 EH 等振荡模式，而且也可以有无穷多个振荡模式。

介质谐振器的谐振频率与振荡模式、谐振器所用的材料和尺寸等因素有关。分析这个问题的方法有磁壁模型法、混合磁壁法、介质波导模型法和变分法等多种。对于这些方法在此不作介绍。对于谐振频率，人们已对常用的介质谐振器做了计算，对于给定了介电常数和尺寸关系的介质谐振器，可以利用有关的曲线图或计算公式求得其谐振频率，对于具体的谐振器还可以用测量的方法确定其谐振频率。目前，介质谐振器已有商品出售，可根据需要选用。

当介质谐振器所用材料的相对介电常数 ε_r 在 100 左右，或更大时，谐振器的无载 Q_0 值，可用下面的近似公式计算

$$Q_0 \approx \frac{1}{\tan\delta} \tag{5.6-1}$$

式中的 $\tan\delta$ 为介质损耗角的正切。在实际中，介质谐振器一般都有屏蔽，或置放于波导和微带电路中。这样，由于介质谐振器受周围导体的影响，其实际的 Q_0 值要比理论计算出的 Q_0 值低。

对于谐振于基模的介质谐振器，它的尺寸与介质中的波长 λ_d 为同一数量级。λ_d 为

$$\lambda_d = \frac{\lambda_0}{\sqrt{\varepsilon_r}} \tag{5.6-2}$$

式中，λ_0 为自由空间电磁波的波长。

与前面讨论过的空腔谐振器相比，当 ε_r 足够大时，介质谐振器的体积小，容易制作，成本低，Q 值高，无载 Q_0 值与空腔谐振器的 Q_0 值相接近，可达数千至一万，因此介质谐振器在混合微波集成电路中有着广泛的应用。例如，可用它构成滤波器、固态振荡器的稳频腔和鉴频器中的参考腔等。在微波领域的其他方面，如在厘米波和毫米波段，以及在卫星电视广播中，介质谐振器也都有广泛的应用。此外，还可以用它作为探测器件、测量材料的介电性能、测量金属材料以及高温超导材料的表面电阻等。介质谐振器的缺点是：介电常数会随温度变化，从而引起谐振频率的变化。但若采用低温度系数的材料，或采用不同温度系数制成的能相互补偿的复合材料，那么，介质谐振器仍能具有较好的频率稳定性。

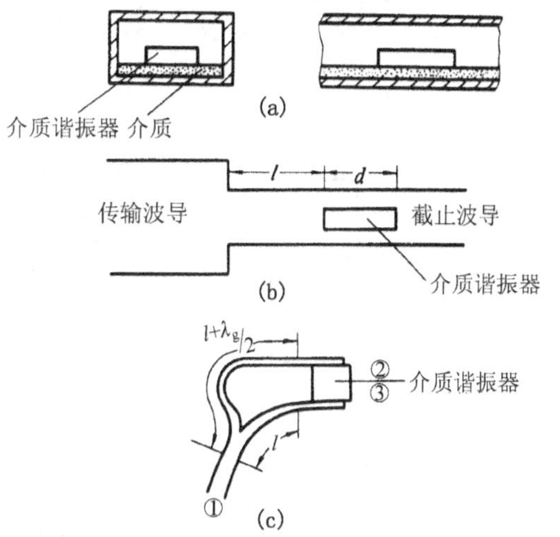

图 5.6－1 介质谐振器应用举例

介质谐振器常用的介质材料有：二氧化钛(金红石)单晶($\varepsilon_r \approx 89 \sim 100$)；高纯二氧化钛瓷($\varepsilon_r \approx 100$)；钛酸锶单晶($\varepsilon_r \approx 300$)。此外，也有 ε_r 较低的材料，如氧化铝($\varepsilon_r \approx 9.92$)；四钛酸钡瓷($\varepsilon_r \approx 38$)等。

图 5.6－1 给出了介质谐振器在实际应用中的几个例子(结构简图)。图 5.6－1(a)是置于介质加载矩形波导中的介质谐振器，可以用来构成带通或带阻滤波器。图 5.6－1(b)是置于一段截止波导中的介质谐振器，它与传输波导之间的耦合程度取决于两者之间的距离 l，改变 l 就可以调节耦合的大小：l 大，耦合小，介质的 Q_L 值高；l 小，耦合大，Q_L 值低。当波从传输波导输入截止波导后，它会衰减，截止波导没有输出，但对于其频率与介质谐振器谐振频率相同的波则会得到加强，截止波导有输出，而对于其他频率的波仍无输出，这样，就构成了一个带通滤波器。图 5.6－1(c)是一个由介质谐振器与微带线功率分配器相结合而构成的一个带通滤波器，也是一个平衡——不平衡转换器，其作用是把由端口①输入的（对零电位而言）不平衡信号转换为由端口②和③输出的平衡信号，即端口②和③的输出信号是等幅、反相的。为此，一个支路的长度应比另一支路长 $\lambda_g/2$（λ_g 为微带线导内波长）。

图 5.6－2 是常用的圆柱形介质谐振器中几个主要模式场结构的图。因为介质谐振器的边界条件与金属谐振腔的边界条件不同，在介质谐振器与空气交界面处的场不为零，随着远离分界面，场在空气中按指数规律逐渐衰减，所以，模式下标的含义也有所不同。介质谐振器的模式可表示为 $TE_{mn,p+\delta}$，$TM_{mn,p+\delta}$，$EH_{mn,p+\delta}$，$HE_{mn,p+\delta}$。m 是场量沿谐振器圆周变化时整驻波的个数，n 是场量沿半径方向变化时半个驻波的个数，$(p+\delta)$是场量在纵向 l 长度内含有的半个驻波的个数。其中，$p=0$，1，2，…；$0<\delta<1$，δ 表示半个驻波的分数，即是说 l 不再是 $\lambda_g/2$ 的整数倍（λ_g 为介质内的波导波长），它们之间的关系为 $p\dfrac{\lambda_g}{2}<l<(p+1)\dfrac{\lambda_g}{2}$。$TE_{01\delta}$ 和 $TM_{11\delta}$ 分别为 TE 和 TM 模中的最低次模（主模），其他的均为高次模。对于一个孤

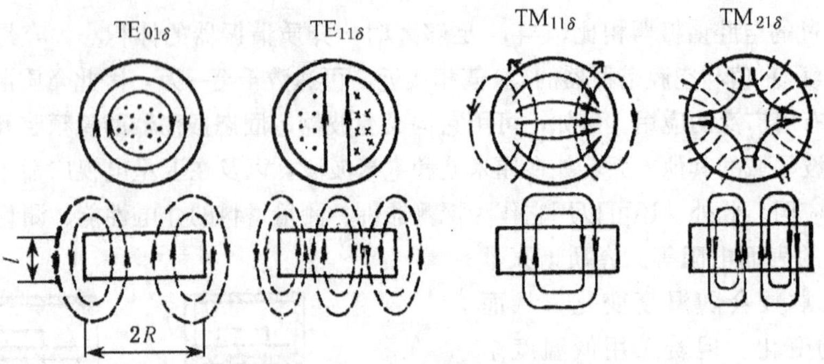

(a)

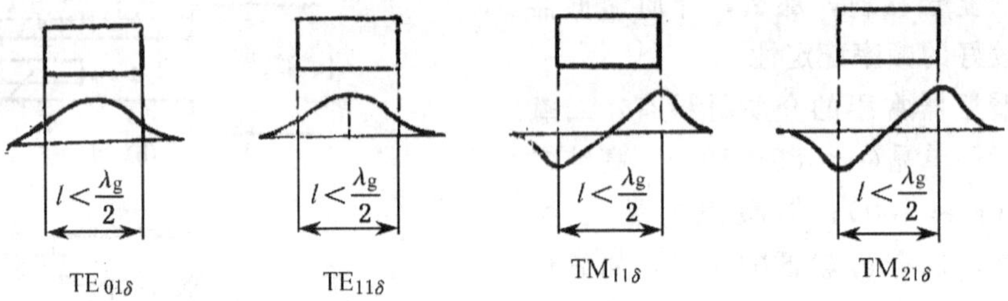

(b)

图 5.6-2　介质谐振器中几个主要模式的场结构

(a) 场结构图；(b) 电场强度横向分量在纵向 l 的变化情况

立的谐振器，当 R/l 足够大时，$TE_{01\delta}$是主模；若 R/l 较小，则 $TM_{11\delta}$为主模。$TE_{01\delta}$模的场结构简单、稳定，是常用的一种模式。在图 5.6-2 中的模式，下标 $p=0$，而第 3 个下标为 δ，这说明场量沿纵向 l 的变化小于半个驻波，即 $0<l<\lambda_g/2$。

为了求出圆柱形介质谐振器的谐振频率，首先应根据边界条件求出谐振器内场结构的表示式，然后利用表示式、并根据 TE 和 TM 模各自应满足的边界条件，即可求出谐振频率。其方法和推导过程，与在金属圆柱形谐振腔中所采用的方法相类似，即，谐振器中的纯驻波可以看做是由向相反方向传播的两个行波的叠加而形成的。两者的区别在于边界条件不同。例如，当利用磁壁模型法求介质谐振器的谐振频率时，可以把谐振器的边界看做是理想的磁壁（磁场强度的切向分量为零），则边界条件为：在谐振器半径 $r=R$ 的侧面上磁场强度的切向分量 $H_\varphi=0$，$H_z=0$，$E_r=0$；在两个端面上，$H_\varphi=0$，$H_r=0$，$E_z=0$，这样，就求出了场结构和谐振频率的表示式。限于篇幅，略去推导过程和场结构的表示式，只把谐振频率的表示式写在下面。

对于 TE 模，谐振频率 f_r 为

$$f_r=\frac{1}{2\pi\sqrt{\mu\varepsilon}}\left[\left(\frac{v_{mn}}{R}\right)^2+\left(\frac{p\pi}{l}\right)^2\right]^{1/2}$$

式中，v_{mn}为第一类 m 阶贝塞尔函数的第 n 个根值，$m=0, 1, 2, \cdots$；$n=1, 2, 3, \cdots$；$p=0, 1, 2, \cdots$。

当 R/l 足够大（$R/l>0.48$）时，$TE_{01\delta}$为主模，其谐振频率可用下列近似式表示

$$f_r=\frac{34}{R\sqrt{\varepsilon_r}}\left(\frac{R}{l}+3.45\right)$$

式中，R、l 以 mm 计，f_r 以 GHz 计。当 $0.5<R/l<2$ 和 $30<\varepsilon_r<50$ 时，f_r 的精确度约为 2%。

对于 TM 模，谐振频率 f_r 为

$$f_r=\frac{1}{2\pi\sqrt{\mu\varepsilon}}\left[\left(\frac{\mu_{mn}}{R}\right)^2+\left(\frac{p\pi}{l}\right)^2\right]^{1/2}$$

式中，μ_{mn} 为第一类 m 阶贝塞尔函数一阶导函数的第 n 个根值。$m=0$，1，2，…；$n=1$，2，3，…；$p=1$，2，3，…。当 R/l 足够小时，$TM_{01\delta}$ 为主模。

对于矩形介质谐振器，在考虑到其边界为理想磁壁的条件下，其谐振频率可采用与求矩形金属谐振腔谐振频率相类似的方法求得。略去推导过程和场结构的表示式，只把谐振频率 f_r 的表示式写在下面。设谐振器的宽、高、长分别为 a、b、l，则 f_r

$$f_r=\frac{1}{2\sqrt{\mu\varepsilon}}\left[\left(\frac{m}{a}\right)^2+\left(\frac{n}{b}\right)^2+\left(\frac{p}{l}\right)^2\right]^{1/2}$$

式中，m、n、l 的含义与矩形金属谐振腔的 m、n、l 的含义相同。

该式对于 TE 和 TM 模均适用，其主模分别为 $TE_{11\delta}$ 和 $TM_{11\delta}$。

介质谐振器的工作模式除了 TE 和 TM 模式外，还有电磁场的 6 个分量都存在的模式，称为混合（HE）模式，例如在滤波器和振荡器中都得到应用的 $HE_{11\delta}$ 模式。

如前所述，可以采用多种方法求谐振器的谐振频率，方法不同，计算公式不同，则精确度不同。本节所采用的方法只是其中之一，读者欲了解更多的知识可查阅有关的资料，这里不予讨论。

二、平面谐振器

前面讨论的介质谐振器，是由于电磁波在不连续面（两种 ε_r 不同的介质分界面）上造成全反射形成纯驻波，构成了谐振器。实际上，几种不同性质（如介质与导体）的不连续面的组合，也能构成谐振器，平面谐振器即属于这一类。平面谐振器的种类较多，这些谐振器主要用于微带电路中。下面通过几个具体例子，来说明它们的基本结构形式和应用。

图 5.6-3(a)是微带圆形谐振器（介质径向线谐振器），即介质基片上面的导体带是圆形的，这种谐振器可以较方便地与微带线耦合起来。在谐振器中，场量沿纵向（轴向）不会出现半个驻波的变化，而且，磁力线都分布于横截面内，因此，谐振器中的振荡模式是 TM_{mn0}，主模是 TM_{110}；图 5.6-3(b)中给出了几种 TM_{mn0} 模的场结构图。这种谐振器的固有品质因数较高（但 TM_{010} 的 Q_0 值较低），可用来作为微波半导体管（如体效应管、雪崩二极管）振荡器中的谐振回路。有时为了满足某些特殊要求（如谐波倍频器、参量放大器等），则可把介质基片上的导体带做成椭圆形。

如果把介质基片上的导体带做成圆环状，就构成了微带环形谐振器。这种谐振器中的振荡模式也是 TM_{mn0} 模，主模为 TM_{110}。图 5.6-4 是这种谐振器的结构简图，以及几种 TM_{mn0} 模的场结构图。其中，TM_{m10} 模式的固有品质因数较高。这种谐振器可用于环流器和混合环电路中，以及滤波器中的单元谐振回路等。在实际应用中，当谐振器是单模工作

时，可采用两个微带线对称耦合的方式，以达到单模激励的要求；若有时为了获得简并模，则可以采取不对称耦合的激励方式。图 5.6-5 是这两种耦合激励方示的示意图。环形谐振器中导体带的形状也可以做成矩形环，椭圆形环或其他形状的环。若在介质基片上安置多个互相靠拢、并排列成一行的环，则可以得到由多个谐振回路相耦合而形成的级联电路。调整这些谐振回路的参数和它们相互之间的耦合情况，就可以得到具有不同性能的滤波器。

在谐振器的结构上，与上面讲的情况相反，如果在介质基片的有金属导电层的一面上，把一部分导电层(导体带)腐蚀掉，使露出的介质面构成有一定形状和尺寸的槽缝，而在介质基片的另一面上并不存在金属覆盖层，那么，同样也可以构成谐振器，称为槽线形谐振器，图 5.6-6 是这种谐振器的示意图。如果在介质基片上，根据需要腐蚀出一系列的槽缝，同样也可以构成具有不同性能的滤波器。槽线谐振器或由槽线谐振器构成的滤波器，它们与同轴线或微带线的连接与耦合是比较方便的。图 5.6-7 是它们相互连接和耦合情况的示意图。

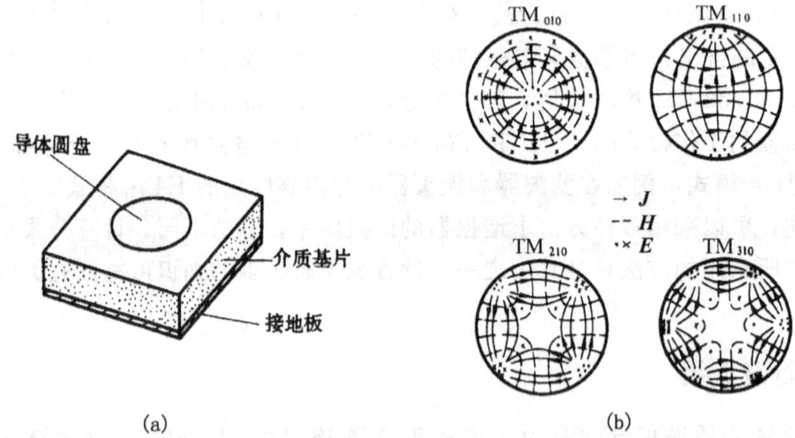

图 5.6-3　微带圆形谐振器及其中的几种模式

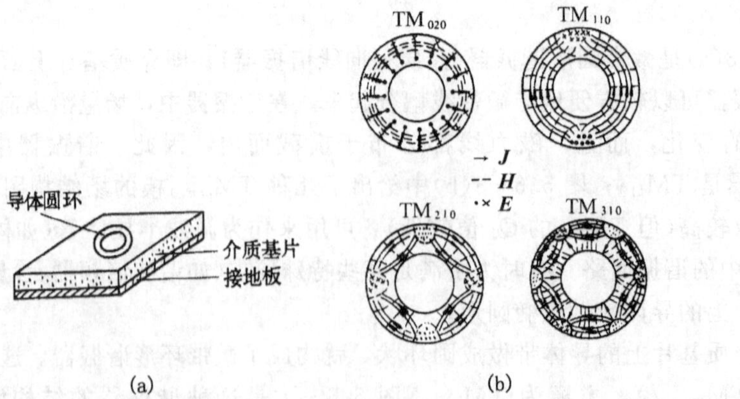

图 5.6-4　微带环形谐振器及其中的几种模式

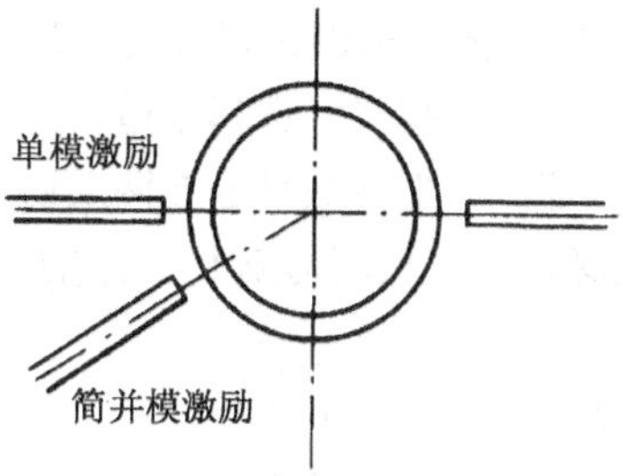

图 5.6 - 5 微带环形谐振器的激励

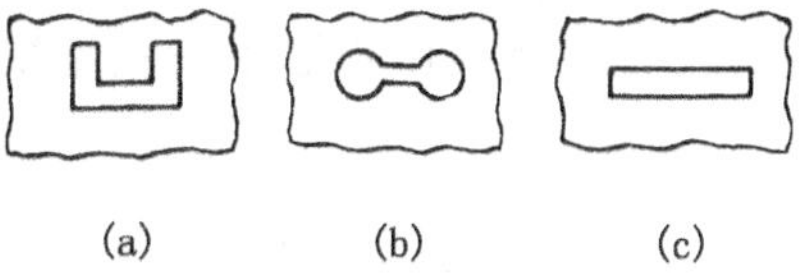

图 5.6 - 6 槽线谐振器

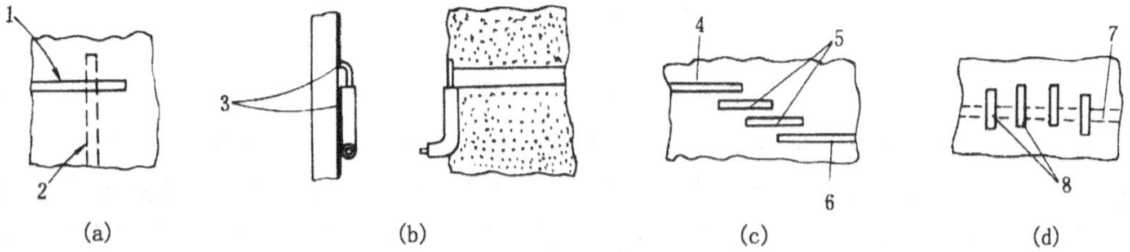

图 5.6 - 7 槽线与传输线之间的过渡和由槽线谐振器构成的滤波器

(a) 槽线与微带线之间的过渡(1 是导体带——在介质上面;2 是槽线——在介质背面。); (b) 槽线与同轴线之间的过渡(3 处用焊接或导电胶连接); (c) 带通滤波器(4 是输入槽线;5 是谐振槽线;6 是输出槽线); (d) 带阻滤波器(7 是导体带——在介质背面;8 是谐振槽线)

三、渐变形谐振腔

电磁波不仅可以在突变的不连续面之间来回反射，形成纯驻波，构成谐振器，而且也可以在尺寸为缓慢变化的不连续界面之间来回反射，形成纯驻波，而构成谐振器。因此，如果把大尺寸的波导通过其两端的渐变波导与小尺寸的波导连接起来，如图 5.6 - 8 所示，而且小波导只允许主模传输，那么，当主模在大尺寸波导中激励起高次模时，因为小尺寸波导对它们是截止的，所以高次模的波就会在渐变段波导内来回反射，形成纯驻波，这样，就构成了对高次模而言的谐振腔。这种谐振腔已在微波电子器件中得到应用，利用这种腔可以使高频电磁场与电子束之间的相互作用更加有效，从而可以提高微波电子器件的输出功率和效率。

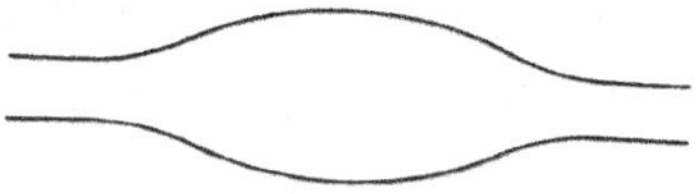

图 5.6 - 8 渐变形谐振腔

四、开式谐振腔

随着微波波长的缩短，尤其是在毫米波和亚毫米波范围内，封闭式的谐振腔(如圆柱形和矩形金属腔等)，由于损耗增加、固有品质因数低，以及难于加工制作等因素，从而给实际应用带来许多不利因素。与封闭式的金属腔相比，开式谐振腔具有单模工作稳定性高、固有品质因数高、调谐和使用方便，以及便于加工制作等优点。因此，在毫米波和亚毫米波范围内，开式谐振腔的应用前景是十分广阔的。

图 5.6-9 是一个球面开式谐振腔的示意图，两个由金属导体制成的圆口径的凹形反射面共轴安置，反射面的口径尺寸 D，间距 l 都远大于工作波长。如果这些尺寸选择合适，并通过某种方式予以激励，例如通过反射面中心处的小孔由波导激励，那么，电磁波就会在两反射面之间来回反射(波往返一次相位变化为 2π 的整数倍)，形成纯驻波场结构，从而构成了一个谐振腔。

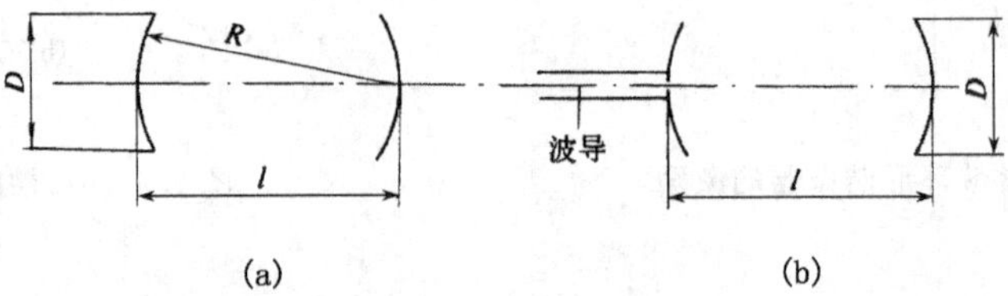

图 5.6-9　凹面开式腔示意图

(a) 结构示意图；(b) 腔的激励示意图

理论分析说明：开式腔中的电磁场，其纵向(沿间距 l 方向)分量比横向分量小得多，因此，腔中的振荡模式可以近似地认为是 TEM_{mnq} 模，下标中的 m 是场量沿径向变化的模数(即场量零值点的个数，或称半个驻波的个数)，n 是场量沿方位角方向(或沿圆周)按正弦或余弦规律变化的整驻波数，q 是场量沿纵向的模数(场量零值点的个数，或称半个驻波的个数)。m、n 和 q 的取值范围可以是 0，1，2，3，…。腔中的主模(基模)是 TEM_{00q} 模，这种模式的能量基本上是集中于腔的轴线(沿 l 方向)附近的空间内；散逸的能量、由于反射面为非理想导体而吸收的能量，以及由于腔与外界相耦合而引起的透射损耗等，都是比较少的，因此，它的固有品质因数也较高，而且单模工作的稳定性也较好。TEM_{00q} 模是开式谐振腔中经常采用的一种模式。

开式谐振腔固有品质因数的定义，与一般谐振腔的定义完全一样，不再重复。开式谐振腔的谐振频率与所选的模式，以及间距 l 有关。当模式给定之后，调节 l 即可改变谐振频率；l 长，频率低，l 短，频率高。因为开式谐振腔的固有品质因数较高，所以频率分辨力也较高，而且操作方便。这样，当把开式谐振腔用作波长计、或用来测定介质的相对介电常数 ε_r 时，都具有比封闭的金属腔更高的精确度。此外，开式谐振腔还可以用来测试毫米波和亚毫米波传输中的各种特性，甚至在激光领域也有着广泛的应用。

图 5.6-9 是由两个凹面反射器构成的开式谐振腔。此外，也可以利用两个平面构成反射器、或者一个凹面和一个平面构成的反射器，甚至还可以利用多个凹面组成反射器。

五、YIG 磁谐振器

前面讲过的谐振器大都是从电磁波的反射而形成纯驻波的角度来讨论的，实际上，如果从谐振器对电磁能量的作用这个角度去看，谐振器又可视为能在很窄频率范围内吸收电磁能量的一种装置。因此，除了前面讲的各种谐振器外，只要能导致电磁能量被谐振吸收的物理机制，也可以构成谐振器，利用铁磁谐振吸收现象的 YIG 磁谐振器就是其中的一例。下面介绍这种谐振器的基本工作原理，并举一个利用 YIG 谐振器构成的波导电调带通滤波器的例子。为此，首先谈一下铁氧体材料的磁性，然后再讨论 YIG 磁谐振器的基本工作原理，最后是举例。

铁氧体是在微波中应用较广的一种材料，它是由 Fe_2O_3 与金属氧化物混合后，经烧结而成的一种磁性材料，是一种复合氧化物。在烧结工艺和机械性能方面，它很像陶瓷，因此又称磁性瓷。从电性能方面来说，铁氧体是一种具有介电性质的半导体材料，在微波中用的铁氧体具有较高的电阻率($\rho=10^6\ \Omega\cdot cm\sim10^8\ \Omega\cdot cm$,或更高些)，因此涡流损耗很小，而且具有较高的相对介电常数($\varepsilon_r=8\sim20$)。从磁性方面看，它又像金属磁性材料，是一种磁性物质。其中的 YIG 是微波范围内常用的铁氧体材料之一，这是一种低损耗、磁谐振峰的线宽又很窄的微波铁氧体单晶材料。在微波范围内应用的铁氧体材料中，有一种叫做石榴石型，天然产的成分是$(FeMn)_3Al_2(SiO_4)_3$。如果用人工方法以 F_e^{3+}（三价铁元素）取代其中的 Al 和 Si，并用 Y^{3+}（三价钇元素）取代其他的金属，则结晶的结构不变，从而可以得到一种新的铁氧体单晶材料。它的成分为

$$Y_3Fe_5O_{12}=\frac{1}{2}[3Y_2O_3\cdot5Fe_2O_3]$$

称为钇铁石榴石(Yttrium Iron Garnet)，简称 YIG。

现在讨论铁氧体的磁性能。和其他铁磁性物质一样，铁氧体的磁性主要来自电子的自旋。因此，讨论铁氧体的磁性，最简单的物理模型就是用一个旋转着的带电小球来表示电子。这个小球的质量和所带的电量与电子的完全相同。小球既具有机械自旋动量矩 $\boldsymbol{J}$，又具有自旋磁矩 $\boldsymbol{P}_m$。当铁氧体内有外加的恒定磁场 $\boldsymbol{H}_0$ 时，由于 $\boldsymbol{H}_0$ 对电子自旋磁矩的作用，自旋电子(小球)将受到一个旋转力矩矢量 $\boldsymbol{T}$ 的作用，$\boldsymbol{T}$ 的表示式为

$$\boldsymbol{T}=\boldsymbol{P}_m\times\boldsymbol{H}_0 \tag{5.6-3}$$

在一般情况下，$\boldsymbol{T}$ 的作用是力图把 $\boldsymbol{P}_m$ 拉向与 $\boldsymbol{H}_0$ 一致的方向，但是由于电子的自旋作用，不可能使 $\boldsymbol{P}_m$ 立即转向 $\boldsymbol{H}_0$ 的方向，而是围绕 $\boldsymbol{H}_0$ 做自由进动，如图 5.6-10 所示。$\boldsymbol{T}$ 是外加的转矩，$\boldsymbol{J}$ 是自旋电子本身的机械转矩，根据力学原理，外加的转矩应等于电子本身单位时间内转矩的变化量，即

$$\boldsymbol{T}=\boldsymbol{P}_m\times\boldsymbol{H}_0=\frac{d\boldsymbol{J}}{dt} \tag{5.6-4}$$

可见，加了 $\boldsymbol{H}_0$ 后，电子的动量矩就不断地改变着方向，产生进动，进动方向与 $\boldsymbol{H}_0$ 构成右手螺旋关系。进动的角频率(也称谐振角频率)为

$$\omega_H=\gamma\mid\boldsymbol{H}_0\mid \tag{5.6-5}$$

式中的 γ 是电子的旋磁比，是一个常数。如果进动的电子不消耗任何能量，或者说不受任何阻力，则进动将持续地进行下去。但实际上，由于进动的电子要克服物质内部的阻尼而损耗能量。因此，如果外界没有能量供给电子，那么，从矢量 $\boldsymbol{P}_m$(矢量 $\boldsymbol{J}$ 也一样)的进动情况可以看出，进动的夹角 θ 愈来愈小，进动轨迹也由圆周而变为螺旋线。经过极短的时间，$\boldsymbol{P}_m$ 就会与 $\boldsymbol{H}_0$ 方向相一致，进动也就停止。图 5.6-10(b)就表示了这种进动过程。

下面讨论另一种情况，即在铁氧体内不仅加有恒定磁场 $\boldsymbol{H}_0$，同时还有与 $\boldsymbol{H}_0$ 垂直、顺 $\boldsymbol{H}_0$ 正方向看去为右旋圆极化的高频磁场作用于铁氧体内，而且高频磁场的角频率 $\omega=\omega_H=\gamma\mid\boldsymbol{H}_0\mid$。这就会使电子进动的幅度加大，如果没有损耗，幅度将无限制地加大下去；但实际上有损耗，幅度不可能无限制地加大下去，而是在高频磁场提供的能量与电子自旋为克服阻尼而损耗的能量相平衡时，幅度便不再扩大，但进动仍在进行，也就是说铁氧体对微波

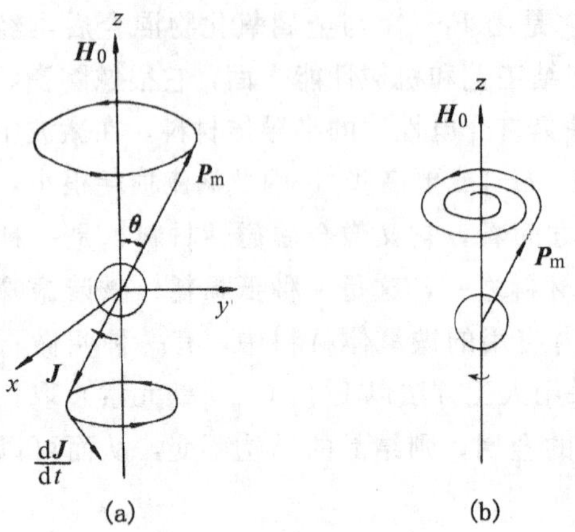

图 5.6 - 10　电子的进动

（a）无阻尼情况；（b）有阻尼情况

产生了谐振吸收现象，利用这种现象就可以构成谐振器（磁谐振器）。顺便指出，如果在铁氧体内相对于 $\boldsymbol{H}_0$ 而言加的是左旋圆极化高频磁场，即使令 $\omega=\omega_{\mathrm{H}}=\gamma|\boldsymbol{H}_0|$，但由于它的作用会使电子进动的方向与只有 $\boldsymbol{H}_0$ 时的方向相反，因此高频能量不可能被铁氧体吸收，也即不会产生谐振吸收现象。

利用铁氧体在一定条件下所构成的谐振器，与一般谐振器相比，它有下列一些特点。① 谐振频率仅取决于材料的电磁性能、形状和恒定磁场 $\boldsymbol{H}_0$，而与铁氧体材料的尺寸大小无关。因此，当材料和 $\boldsymbol{H}_0$ 选择合适时，即使是直径以毫米计的铁氧体小球，也可以应用到整个微波波段中去。② 谐振频率可以通过改变 H_0 的大小来调谐，在实际应用中，也就是通过改变用以产生 $\boldsymbol{H}_0$ 的励磁电流的方法来改变谐振频率（通常称之为电调或磁调）。③ 根据铁氧体高频磁导率的张量性质，当用任一与 $\boldsymbol{H}_0$ 垂直的高频磁场来激励铁氧体（小球）时，将会在空间激发出两个互相垂直、同时又均与 $\boldsymbol{H}_0$ 相垂直的高频磁场分量。由此可知，铁氧体（小球）的激励状态，就取决于用来激励它的高频磁场与 $\boldsymbol{H}_0$ 的空间关系。由前两个特点可知，铁氧体谐振器具有体积小和调谐范围广等优点。

下面举例说明 YIG 谐振器的应用，图 5.6 - 11（a）是在矩形波导中利用 YIG 谐振器构成的电调波导滤波器的结构示意图。它的主要部分是两个其高度比通常的波导要低一些的终端短路的矩形波导。两个波导相重叠的部分具有公共的宽壁，并在公共壁的中间位置处沿纵向（y 轴方向）开一个狭窄的小缝隙，在缝隙的上面（波导（1）中）和下面（波导（2）中）各放置一个 YIG 小球。小球的作用是把两个波导耦合起来，但不是对所有的频率都有耦合作用，只是对 $\omega=\omega_{\mathrm{H}}=\gamma|H_0|$ 及其附近的频率才有耦合作用。现在设 TE_{10} 模式的波从波导（1）向波导（2）传输，由于在狭窄缝隙处只有与缝隙纵向相垂直的磁场分量 H_x，其耦合量很小，因此，当 YIG 小球不是处于谐振状态时，两波导之间几乎没有能量的耦合。但是，如果在 z 轴方向上加一恒定磁场 $\boldsymbol{H}_0$，使 YIG 小球谐振，则波导（1）中的 H_x 通过波导（1）中的小球在空间激发出 H_x 和 H_y，而 H_y（它与缝隙纵向平行，耦合量较大）通过缝隙去激励波导（2）中的 YIG 小球，而后者又在波导（2）中激励出磁场分量 H_x 和 H_y，其中的 H_x 就在波导（2）中激励出 TE_{10} 模式的波。由此可知，由 YIG 磁谐振器所构成的滤波器只允许频率等于（或很靠近）YIG 小球谐振频率的信号通过。在一定范围内调节 $\boldsymbol{H}_0$，亦即调节小球的谐振频率，就构成了一个电调波导带通滤波器。图 5.6－11（b）是一个由装于金属盒内的 YIG 小球（其直径约几个毫米）构成的谐振器，小球上安置了两个其轴线互相垂直的耦合环（线圈）。加了恒定磁场 H_0 后，当通过一个耦合环输入信号的频率与小球的谐振频率相同时，受到激发的小球会在其周围产生磁场，并通过另一耦合环将能量输送出去。当输入信号的频率与小球的谐振频率不相同时，小球不会被激发，输出端也无信号输出。如果 $\boldsymbol{H}_0$ 是由电磁铁产生的，那么，调节电磁铁线圈中的电流，就可以改变谐振器的频率，这样，就可以构成一个电

调带通滤波器。另外，在谐振电路中使用 YIG 谐振器，其频率稳定度较高。

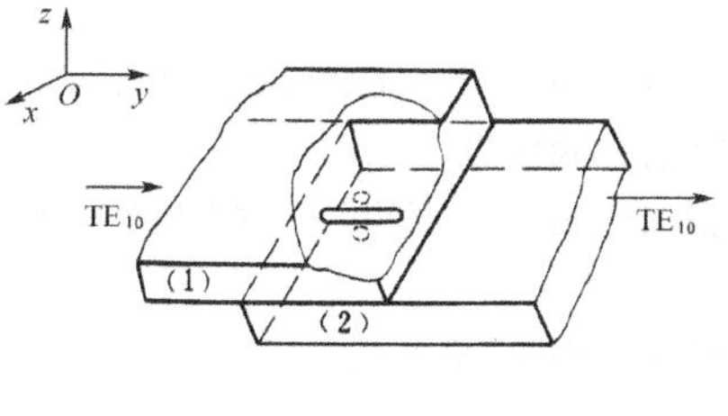

(a)

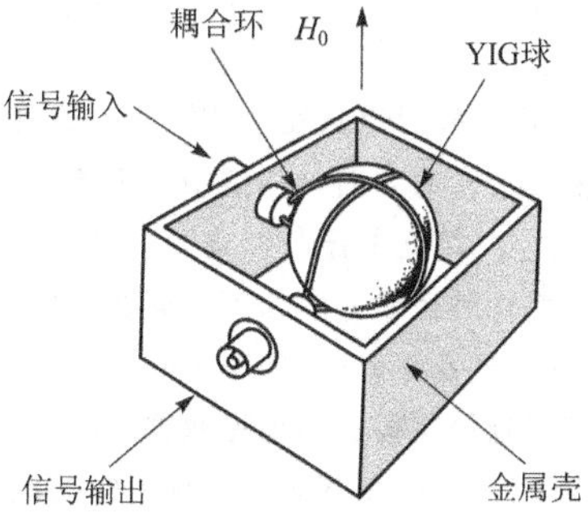

(b)

图 5.6－11　YIG 磁谐振器

(a) 电调波导带通滤波器；(b) 用于谐振电路的 YIG 谐振器

顺便指出，YIG 单晶除上述应用外，还可以构成其他各种微波器件(如用作放大器和振荡器的调谐元件等)，也可以利用 YIG 单晶构成微带中的带通滤波器。在微带电路中，通常是将 YIG 单晶体小球粘于（或嵌入）介质基片上面，利用耦合环与外电路产生耦合，调节产生恒定磁场的电磁铁线圈中的电流，就可以改变小球的谐振频率，用以构成具有不同用途的微波器件。

习　题

5－1　试说明空腔谐振器具有多谐性，采用哪些措施可以使腔体工作于一种模式?

5－2　谐振腔的固有品质因数与哪些因素有关? 什么叫做有载品质因数，什么叫做耦合品质因数，它们与固有品质因数的关系是什么?

5－3　微波谐振腔的基本参量有哪些? 这些参量与低频集总参数谐振回路的参量有何异同点?

5－4　一个圆柱形或矩形谐振腔，其尺寸不变，若想改变腔的谐振频率，可采取什么方法?

5－5　利用入射波与反射波相叠加的方法求出：(1)矩形谐振腔中 TE 模各个场分量的表示式；(2)矩形谐振腔中 TM 模各个场分量的表示式；(3)圆柱形谐振腔中的 TE 模各个场分量的表示式；(4)圆柱形谐振腔中 TM 模各个场分量的表示式。

5－6　一个充有空气介质、内半径为 1 cm 的圆波导，现在其中放入两块短路板，构成一个谐振腔，工作模式为 TM_{021}，谐振频率为 30 000 MHz，试求两短路板之间的距离。

5－7　一个内半径为 R、长为 l 的圆柱形谐振腔，试问：当 $l<2.1R$ 时，腔中最低次的振荡模式是什么?

5－8　一个内半径为 R 的圆柱形谐振腔，振荡模式为 TE_{011}，腔内全填充相对介电常数为 ε_r 的介质，当腔长为 l_1 时，谐振频率为 f_r；若将腔内的介质取出，当调节腔的长度为 l_2 时，谐振频率仍为 f_r，试求 ε_r 与 R、l_1 和 l_2 之间的关系。

5－9　一个空气填充的谐振腔，谐振波长为 λ_r，谐振频率为 f_r，设腔体尺寸不变，若腔中全填充相对介电常数为 ε_r 的介质时，问：λ_r 和 f_r 有无变化，如何变化；若要求 f_r 不变，λ_r 变否，如何变化。

5－10　设 $W_e(t)$和 $W_m(t)$分别为谐振腔内的电场和磁场的储能，试以空气填充的、振荡模式为 TE_{101} 的无耗矩形腔(尺寸为 $a\times b\times l$)为例，证明：当角频率 ω 与腔的谐振角频率 ω_r 相等时，$W_e(t)$与 $W_m(t)$之和为一常数。试问：当 $\omega>\omega_r$ 和 $\omega<\omega_r$ 时，情况又如何(场量随时间的变化为简谐振荡)?

5-11 一个内半径为 5 cm、长为 20 cm、空气填充的圆柱形谐振腔，试求其最低的谐振频率和相应的振荡模式。若在腔内安置一内导体，使之成为同轴线型谐振腔（振荡模式为 TEM），试求其最低的谐振频率。

5-12 试画出圆柱形谐振腔中 TM_{010} 振荡模式的场结构图、场量的模沿半径的分布图。画出腔体内表面上表面电流密度矢量的方向，并指出其模值沿腔的半径和轴向的变化规律。

5-13 一个空气填充的振荡模式为 TM_{010} 的圆柱形谐振腔，应采取什么调谐机构？若欲使谐振频率升高或降低，调谐机构的运动方向如何？简述其理由。

5-14 有一个半径 5 cm、长 10 cm 的圆柱形谐振腔；另一个是半径 5 cm、长 12 cm 的圆柱形谐振腔。试求它们工作于最低振荡模式的谐振频率（腔内为空气介质）。

5-15 设计一个工作于 TM_{010} 振荡模式的圆柱形谐振腔，谐振波长为 3 cm，若要求腔内不存在其他振荡模式，试求腔的直径和腔的长度（腔内为空气介质）。

5-16 设计一个工作于 TE_{011} 振荡模式的圆柱形谐振腔，谐振波长为 10 cm，欲使其无载品质因数尽量大一些，试求腔的直径和长度（腔内为空气介质）。

5-17 一个内半径 5 cm、长 10 cm 的圆柱形谐振腔，试求其工作于最低振荡模式的谐振频率。若腔体用电导率 $\sigma_1=1.5\times10^7$ S/m 的黄铜制作，试求腔体的无载品质因数。若在腔的内壁上镀以电导率 $\sigma_1=6.17\times10^7$ S/m 的银，试求腔体的无载品质因数。若腔的内壁上镀以电导率 $\sigma_1=4.1\times10^7$ S/m 的金，试求腔的无载品质因数。

5-18 内半径 5 cm、长 15 cm 的圆柱形谐振腔，试求其工作于最低振荡模式的谐振频率和无载品质因数（用 $\sigma_1=1.5\times10^7$ S/m 的黄铜制作）。

5-19 已知圆柱形波长计的工作模式为 TE_{011}，直径 $D=3$ cm，D 与腔体长度 l 之比的平方 $(D/l)^2$ 的变化范围是 2～4，试求波长计的频率变化范围和波长变化范围。

5-20 用一个工作于 TE_{011} 振荡模式的圆柱形谐振腔作为波长计，频率范围是 2.84～3.2 GHz，试确定腔体的尺寸。

5-21 一个空气填充的铜制正方形谐振腔（尺寸为 $a=b=l=2.3$ cm），振荡模式为 TE_{101}，试求谐振波长。若在腔体内表面上分别镀以电导率为 $\sigma_1=6.17\times10^7$ S/m 的银和 $\sigma_1=4.1\times10^7$ S/m 的金，试求腔的固有品质因数。

5-22 一个空气介质填充的矩形谐振腔，它的尺寸为 $a=4$ cm，$b=2$ cm，$l=5$ cm，用电导率 $\sigma_1=5.8\times10^7$ S/m 的铜制作，试求腔体的谐振频率和固有品质因数：(1)工作于 TE_{211} 模；(2)工作于 TM_{111} 模。

5-23 一个空气介质填充的矩形谐振腔，它的尺寸为 $a=b=l=3$ cm，用电导率 $\sigma_1=1.5\times10^7$ S/m 的黄铜制作，试求工作于 TE_{111} 模的固有品质因数。

5-24 要求制作这样的一个矩形谐振腔：当工作波长为 10 cm 时，振荡模式为 TE_{101}；当工作波长为 5 cm 时，振荡模式为 TE_{103}，试求腔体的尺寸。

5-25 有一个速调管中用的环形谐振腔（填充介质为空气），它的尺寸如图 5-1 所示。工作频率为 3 000 MHz，尺寸为：$r_0=10$ mm，$R=22$ mm，$h=7$ mm，$d=1$ mm，问：若使其工作频率增加 50 MHz，电容应改变多少？d 增大还是减小，并计算出 d 的改变量的近似值。

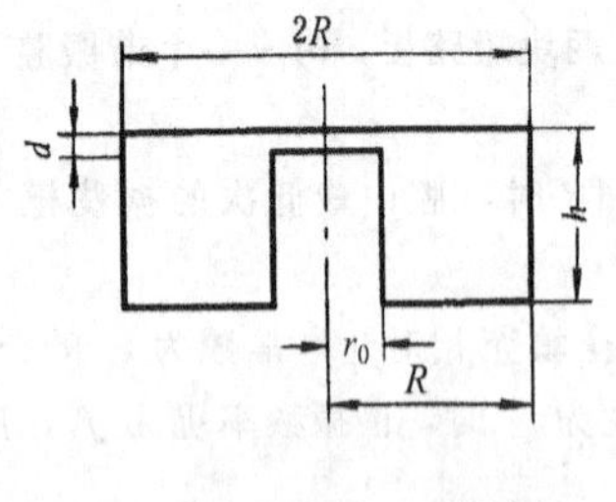

图 5-1 习题 5-25 用图

5-26 一电容负载式同轴线谐振腔，其内导体的外直径为 0.5 cm，外导体的内直径为 1.5 cm，终端负载电容为 1 pF，若要求谐振腔的谐振频率为 3 000 MHz，试确定腔体的尺寸。

5-27 有一个 $\lambda_r/4$ 同轴线型谐振腔，其内导体的外直径为 d，外导体的内直径为 D，用电导率 $\sigma_1=5.8\times10^7$ S/m 的铜制作，填充介质为空气。若忽略短路板的损耗，试求：(1)无载品质因数的表示式；

(2)当 D/d 为何值时，无载品质因数有最大值？

5－28　要求设计一个 $3\lambda_r/4$ 同轴线型谐振腔，工作波长为 5 cm，若要求腔内不存在干扰模式，试确定腔的内导体的外直径和外导体的内直径，以及腔的长度；采用加大终端电容的方法可使腔的长度减少，若腔的长度减少了 0.8 cm，试求终端电容应是多少？

5－29　试举出电容加载同轴型谐振腔的两种调谐方法，画出调谐机构的示意图。

5－30　在空气填充的圆柱形谐振腔中，试求出下列振荡模式磁场分量的模值沿腔体内半径 r 方向变化时，r 为何值时才能得到最大值。这些模式为：TE_{011}，TE_{021}，TE_{211}，TE_{111}，TM_{010} 和 TM_{011}。

5－31　用矩形波导(传输波型为 TE_{10})激励工作于下列振荡模式的谐振腔时，在尽量减少干扰模式的情况下，应采用何种激励方式，说明(或画出示意图)激励机构(孔、环、探针等)在波导和腔体上的位置。这些振荡模式为圆柱形谐振腔中的 TE_{011}，TM_{010} 和 TE_{111}；矩形谐振腔中的 TE_{101}。

5－32　欲用空腔谐振器测介质的相对介电常数，试简述其基本原理和方法。

5－33　简述介质谐振器与由金属波导构成的空腔谐振器的异同点。在制作介质谐振器时，为什么通常都采用高介电常数的材料？

第6章 常用（无源）微波元件

微波元件在微波技术领域中有着广泛的应用，是微波系统的重要组成部分之一。微波元件的种类很多，从大的方面讲可分为三大类：线性互易元件、线性非互易元件和非线性元件。当然，也可按其他标准分为波导型、同轴线型、带状线和微带线型等。因为微波元件种类繁多、性能各异，而且正处于日新月异的发展中，因此，不可能、也无必要对所有的微波元件都进行讨论。本章只对常用的、最普通的无源线性微波元件作一简要介绍，目的在于使读者对这些元件有所了解，为学习微波技术领域中的其他内容，打下初步的基础。需要说明的是，目前作为商品出售的微波元件，与早期的微波元件相比，在结构形式、操作机构、精确度等方面都有很大的改进，但在工作原理和基本结构方面两者是相通的。因此，只要掌握了最基础的知识，就不难了解新出现的微波元件的工作原理和性能。

鉴于上述目的，本章着重讲授这些元件的基本工作原理、基本结构和主要用途，而不过多地涉及这些元件的设计和计算。在讲授次序和分类方面，由于本章内容所限，不可能按前面讲的方法分类，而只能按元件的用途作一大致的分类。本章主要内容有：连接元件、变换元件、分支元件、终端元件、移相器和衰减器、定向耦合器、滤波器、场移式隔离器和Y型环行器等。

§6.1 连接元件

在微波传输系统中，在信号源与负载之间，常用一种或几种不同类型和规格的传输线段（如同轴线、波导等）来连接，同时还可能含有起各种不同作用（如调配、检测、分支和转换等）的一些微波元件。为了把传输线段和微波元件依次连接成一个完整的系统，这就需要各种传输线接头和各种变换（过渡）连接元件。这些接头和变换元件，对保证传输系统的电气和机械性能有着重要的作用。因为工作波段、波型的不同，连接元件的类型和结构形式也不同，且种类较多，本节只讲常用的两种连接元件：波导接头和同轴线接头。

一、矩形波导接头

（一）抗流式接头

抗流式接头的结构示意图如图6.1-1所示。它是由一个带圆形抗流槽的法兰盘和一个不带抗流槽的平法兰盘对接而成的。在两段被连接的波导口部，并不要求直接接触，而是留有很小的缝隙。这种接头的工作原理如下。设圆形槽的深度为 l_2，宽度为 b_2。令

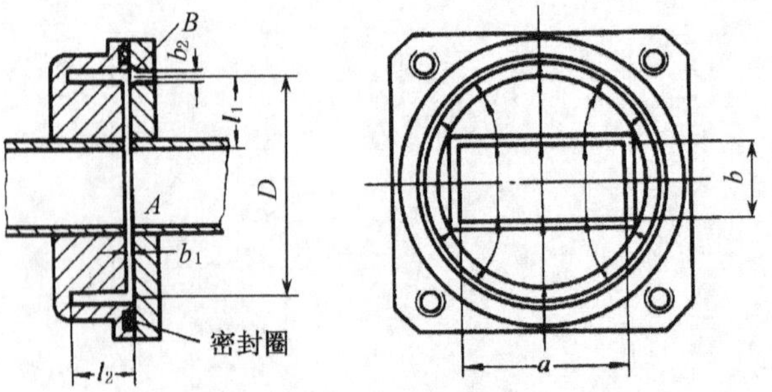

图6.1-1 抗流式波导接头

$$l_2=\frac{\lambda_{g2}}{4} \tag{6.1-1}$$

式中的 λ_{g2} 是圆形槽内波型的波导波长。若被连接波导内传输的是 TE_{10} 波型，则在圆槽内被激励的是同轴线中的 TE_{11} 模，则 λ_{g2} 即为与 TE_{11} 模相对应的波导波长。由 B 点看去的输入阻抗为

$$(Z_{in})_B=jZ_{c2}\tan\beta_2 l_2 \tag{6.1-2}$$

式中，Z_{c2} 为 l_2 段传输线的特性阻抗；β_2 为

$$\beta_2=\frac{2\pi}{\lambda_{g2}}$$

在中心频率处，$(Z_{in})_B$ 的值等于无限大，实际上它是一个数值很大的电抗。设第一段的长度为 l_1，宽度为 b_1（即两段波导对接后的缝隙），若不计 B 点处的接触电阻和由于功率漏失而形成的辐射电阻，则从 A 点看去的输入阻抗为

$$(Z_{in})_A=Z_{c1}\frac{(Z_{in})_B+jZ_{c1}\tan\beta_1 l_1}{Z_{c1}+j(Z_{in})_B\tan\beta_1 l_1} \tag{6.1-3}$$

式中，Z_{c1} 为 l_1 段传输线（径向传输线）的特性阻抗；β_1 为相应于径向线内传输波型的相移常数；λ_{g1} 为相应的波导波长。令

$$l_1=\frac{\lambda_{g1}}{4} \tag{6.1-4}$$

这样，在中心频率，$(Z_{in})_A=0$，从而在两段波导的对接处形成了等效的短路，相当于把两个波导连在了一起。

现在讨论如何把这种接头的工作频带展宽的问题。上面讲的是对中心频率而言的，短路情况较好，实际上接头是工作在一定频带范围内的。若频率偏移中心频率某个百分数，则原来的 $\beta_1 l_1$ 和 $\beta_2 l_2$ 也将分别偏离 $\pi/2$ 一个很小的弧度数 δ_1 和 δ_2，这样，原来的 $\tan\beta_1 l_1$ 和 $\tan\beta_2 l_2$ 将变为

$$\tan\beta_1 l_1=\tan\left(\frac{\pi}{2}+\delta_1\right) \tag{6.1-5a}$$

$$\tan\beta_2 l_2=\tan\left(\frac{\pi}{2}+\delta_2\right) \tag{6.1-5b}$$

因 δ_1 和 δ_2 很小，则上式可近似为

$$\tan\beta_1 l_1\approx\frac{-1}{\delta_1} \tag{6.1-6a}$$

$$\tan\beta_2 l_2\approx\frac{-1}{\delta_2} \tag{6.1-6b}$$

将此式代入到式(6.1-3)中，得

$$(Z_{in})_A=-jZ_{c1}\frac{\delta_1+\dfrac{Z_{c1}}{Z_{c2}}\delta_2}{\dfrac{Z_{c1}}{Z_{c2}}\delta_1\delta_2-1} \tag{6.1-7}$$

考虑到 $(Z_{c1}/Z_{c2})\delta_1\delta_2\ll 1$，则有

$$(Z_{in})_A\approx jZ_{c1}\left(\delta_1+\frac{Z_{c1}}{Z_{c2}}\delta_2\right) \tag{6.1-8}$$

可见，在 A 点处的输入阻抗不再是零，而是一个数值很小的电抗。若假设主波导终端接

有等于其特性阻抗 Z_c（对波导而言，Z_c 即波型阻抗 Z_W）的匹配负载，从接头处向负载看去的驻波比 $s=1$，现在由于$(Z_{in})_A\neq 0$，在接头处有反射波，使驻波比 s 增大。反射系数 Γ 和驻波比 s，可用下面的近似方法进行估算。从主波导通过接头向负载看去的反射系数 Γ 为

$$\Gamma=\frac{[Z_c+2(Z_{in})_A]-Z_c}{[Z_c+2(Z_{in})_A]+Z_c}=\frac{2(Z_{in})_A}{2Z_c+2(Z_{in})_A} \tag{6.1-9}$$

式中的 Z_c 为主波导的特性阻抗，同时也是主波导终端匹配负载的阻抗。因为$|(Z_{in})_A|\ll Z_c$，所以可略去上式分母中的 $2(Z_{in})_A$，则上式变为

$$\Gamma\approx\frac{(Z_{in})_A}{Z_c} \tag{6.1-10}$$

驻波比 s 为

$$s=\frac{1+|\Gamma|}{1-|\Gamma|}\approx 1+2|\Gamma|=1+2\left|\frac{(Z_{in})_A}{Z_c}\right| \tag{6.1-11}$$

由此可知，若要求 s 小，则要求$|(Z_{in})_A|$要小。由$(Z_{in})_A$ 的表示式(6.1-8)知，即要求 $Z_{c1}\ll Z_{c2}$，进一步说，就是要求 $b_1\ll b_2$。

在实际的抗流接头设计中，l_2 的计算很容易，而 l_1 段由于为径向线，计算起来较繁琐，但可从有关手册的曲线中求出 l_1 的值。需要指出的是，上述计算过程并未考虑接头处、槽缝拐弯处不连续性造成的影响。因此，实际的尺寸应在理论计算的基础上由实验来确定。目前抗流接头已有很多标准化的设计数据可供选用，在选用时应注意到设计数据的中心频率和带宽是否符合要求。这种抗流接头，若设计得当，可以使在中心频率两边±10%的带宽内驻波比 $s<1.02$，或在±15%的带宽内 $s<1.05$，若设计不当，只能使在±6%的带宽内 $s<1.05$。

抗流接头的优点是：安装方便，允许有不太大的安装偏差；当要求波导密封或内部充气时，用带有密封槽的抗流接头，可得到较好的气密性。其缺点是：频带不太宽，当被连接的两段波导横向错位太大时，会使波导内驻波比增大，并因此而可能产生击穿现象；此外，必须是一个带槽的法兰盘和一个平法兰盘相配合，若两个都带槽，则性能会变坏，这在使用上会有所不便。

顺便指出，对于圆形波导中用的抗流接头，它的工作原理、尺寸选择等原则上与矩形波导的情况一样，所不同的只是圆波导中一般传输的波型是 TM_{01}。

（二）接触式接头

这种接头是在待连接的两波导的端口上各安装一个平法兰盘(有的有密封槽)，用机械的方法使两波导直接接触，口径要严格对准，使其有良好的电接触。图 6.1-2 是接触式波导接头中的一种。由于工作波段不同，尺寸也就不同，而且具体的结构形式也是多种多样，在此不逐一讨论。在实际应用中，对于传输 TE_{10} 模的矩形波导而言，其窄壁无纵向电流，因而对窄壁的接触要求可以低些，而宽壁有纵向电流，则要求应高些。这种接头的优点是：在保证加工精度和对接准确的情况下，具有良好的电气性能，接头处的驻波比易于达到 1.01 以下，高精度的甚至可达 1.002；损耗和能量漏失较小；对频率不敏感，即频带较宽，在整个工作频带内具有基本上一致的性能；加工方便。

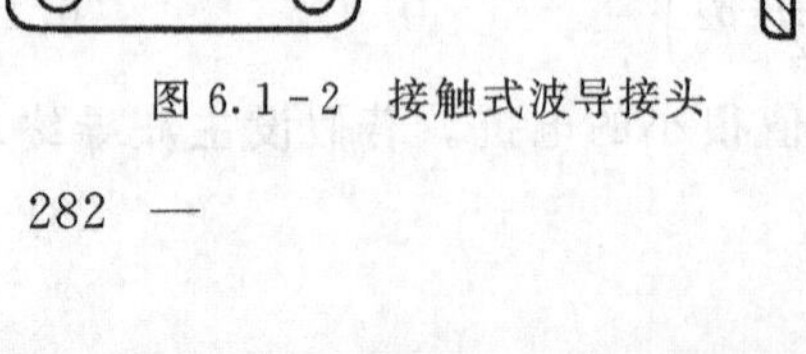

图 6.1-2　接触式波导接头

因此，在厘米波段中波长较短的范围内、在毫米波段，由于上述的优点，这种接触式接头用的较多。其缺点是：加工精度要求高、安装要准确，属刚性连接，若由于外界因素的影响而稍有错位时，性能便会下降。另外，若不采取特殊措施，这种接头的气密性较差，因此，可采用密封橡胶垫圈，并同时采用导电良好的金属弹性垫片，或镶嵌于浅槽中的铟丝，以达到既能密封又能保持良好接触的目的。

二、同轴线接头

同轴线接头也有抗流式和接触式两种。在实际应用中，同轴线的种类和结构形式繁多，与此相应，接头的种类和结构形式也多种多样，并有专门的资料和手册可供查阅，因此没必要、也不可能都予以讨论。尽管种类和形式繁多，但都应满足同样的技术要求：接触好、匹配好、驻波比小、频带宽和能承受一定的功率。因此，我们只需要讨论几个比较典型和比较传统的接头，就可以了解在接头的设计和应用中，如何满足这些技术要求，以达到举一反三的目的。由于接触式同轴线接头对频率上限、功率以及特性阻抗等的要求不同，种类繁多，所以，对此只作简单介绍。

（一）抗流式同轴线接头

图 6.1-3 是抗流式同轴线接头中的一种结构形式的简图。在接头的内、外导体上都采用终端短路、全长为 $\lambda/2$ 波长的串联支线，并将机械接触点安排在距支线短路端为 $\lambda/4$ 波长处(电流节点处)。这样，不论接触点情况如何，在内、外导体上的接缝 A 和 B 处，都等效于短路(其原理和矩形波导抗流接头的一样)。为了展宽频带，可使支线中靠近短路端的那个 $\lambda/4$ 波长线段的特性阻抗远大于支线中远离短路端的那个 $\lambda/4$ 波长线段的特性阻抗，即前者抗流槽缝隙的宽度远大于后者抗流槽缝隙的宽度。另外，还可把内导体上的接缝 A 处与外导体上的接缝 B 处，沿轴线方向错开 $\lambda/4$ 波长的距离，这样，当工作频率偏离了中心频率时，即使 A 处的输入阻抗 Z_A、B 处的输入阻抗 Z_B 均不再为零，但由 Z_A 和 Z_B 所引起的反射波却可以部分地相抵消，从而降低了主传输线中的驻波比，展宽了频带。设计较好的这种接头，可在相对带宽约 30% 的范围内使用。若在图 6.1-3 所示的机械接触点处安置适当的轴承，再加上密封垫圈和外套，就可以使被连接的两段同轴线作相对的转动，因此，它常被用作馈线中的旋转关节。在一般情况下，这种接头由于其结构复杂，而较少被采用。

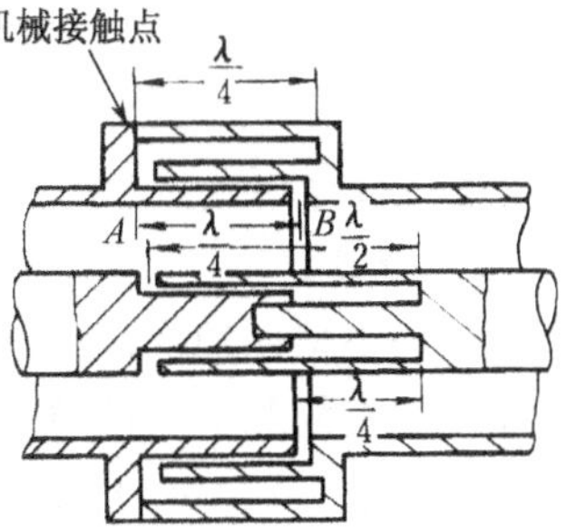

图 6.1-3 抗流式同轴线接头

（二）接触式同轴线接头

这一类接头习惯上称为同轴线接头。同轴线是一种应用很广泛的传输线，其原因是它无频率下限和无色散(当工作于 TEM 模时)，具有较宽的频带，而且便于与微带电路相连接。由于工作频段、功率容量、特性阻抗不同，因此同轴线接头的规格也有多种。从特性阻抗方面看，50 Ω 和 75 Ω 的用得较普遍。在接头的设计上，要求内、外导体连接处不仅有良好的接触，而且还要保持几何形状的连续性，还要解决支撑绝缘子的设计以及接头与同轴线体或电缆的过渡等问题。可见，这种接头的设计与制造是比较复杂的。同轴线不仅在分米波段，而且在厘米波段和毫米波段也都得到了应用。下面简要地介绍几种常用的接头。

(1) 通用式同轴线接头。这种接头既可装在各种同轴元件和微带元件上，又可装在同轴电缆和小型硬同轴线上，还可装在仪器的面板上作为输出、输入端口，即是说，它具有较好的通用性。在这一类接头中应用较广泛的一种就是N型接头(国产的称为L16型)，这是一种由插头和插座配合而成的接头，是一种用螺纹连接的有“极性”的接头。图6.1-4是安装在同轴线上的一个N型接头(插头和插座)的剖面图。它的特性阻抗大多为50 Ω。插头的外导体带有纵向切槽的圆筒(不切槽也可)，内导体是带有锥度的插针，配合时，插头的圆筒插入到插座中稍带锥度的台阶处，与插座的外导体接触；插头的内导体则插入带有纵向切槽的插座的内导体，与插座的内导体接触。这种接头性能较好，频带较宽。例如，在从直流直到10 GHz的范围内，驻波比一般不超过1.25；而精密的N型接头，在从直流直到18GHz的范围内，驻波比一般不超过1.08。此外，在实际应用中，还应注意接头与同轴线或同轴电缆连接要好，否则也会使驻波比增加。

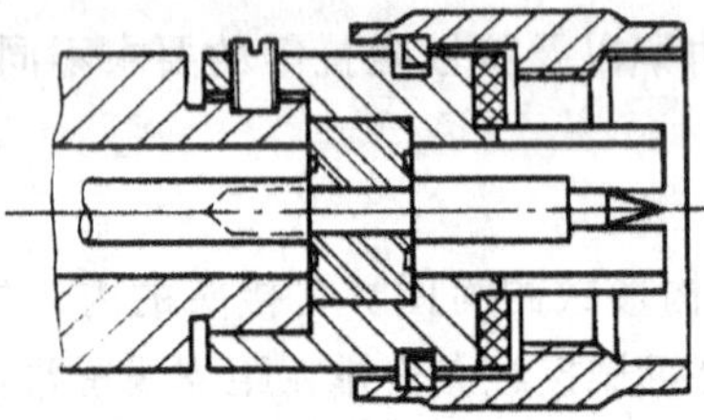
(a)

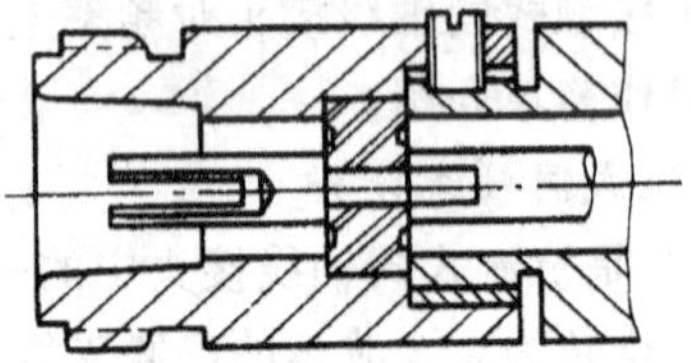
(b)

图6.1-4 装于硬同轴线上的N型插头和插座

(a) 插头；(b) 插座

(2) 小型同轴线接头。这类接头中有一种是卡口连接的BNC型(国产的称Q9型)，它主要用于视频和中频波段，为了能与微带线相配合，并用于更高的频率范围而设计制造了3.5 mm和1.25 mm的小型和超小型接头(尺寸均指所配同轴线外导体的外直径)，前者可用到26.5 GHz，后者可用到40 GHz。这种接头的内外导体间连续填充以介质(如聚四氟乙烯)。图6.1-5是3.5 mm小型同轴线接头的剖面图。

(3) 大功率硬同轴线接头。在有些设备中所用的大尺寸硬同轴线，由于传输功率较大，因此对接头的设计又有一些特殊要求，如：连接后的接触电阻要小，以避免损耗过大或引起发热；减少棱角，以避免击穿；较高的机械强度；较好的气密性等。图6.1-6是硬同轴线中常用的一种接头的结构图。它在结构上的主要特点是：在插头、插座的外导体上均有凸缘，并各带有一个方形法兰套，这样，用螺钉连接后，就有较强的机械强度；凸缘端面上的槽内放有橡胶垫圈，以保证有一定的气密性；插头内导体的顶部具有一定的锥度和纵向切槽，以便与插座上的管状内导体有良好的接触。

关于同轴线接头，除上述的一些类型外，还有一种称为精密平接头(国产的称为PJ型接头)。互相配合的两个接头在结构上完全一样，见图6.1-7(a)和(b)，无插头、插座之分，内、外导体的接触面处于同一个平面上。图6.1-7是这种接头的剖面图。配合时，两个外导体的端面对正压紧，内导体的端部略带弹性，并稍长于外导体端面，配合后相互挤压，直到与外导体端面相齐为止，从而形成内、外导体的良好接触。这种接头可以承受较大的功率。

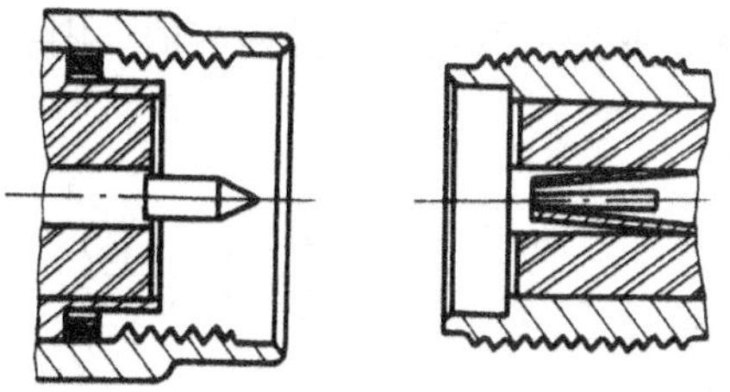

(a)　　(b)

图 6.1-5　小型同轴线接头剖面图

（a）插头；（b）插座

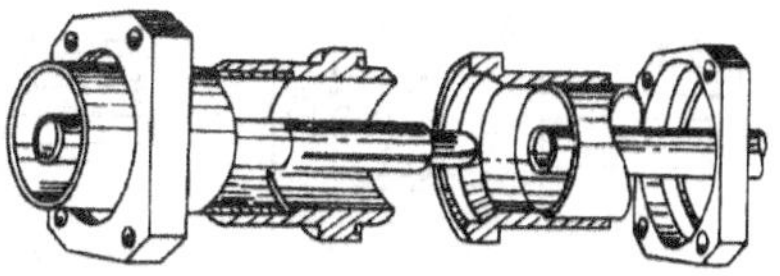

图 6.1-6　大功率硬同轴线接头

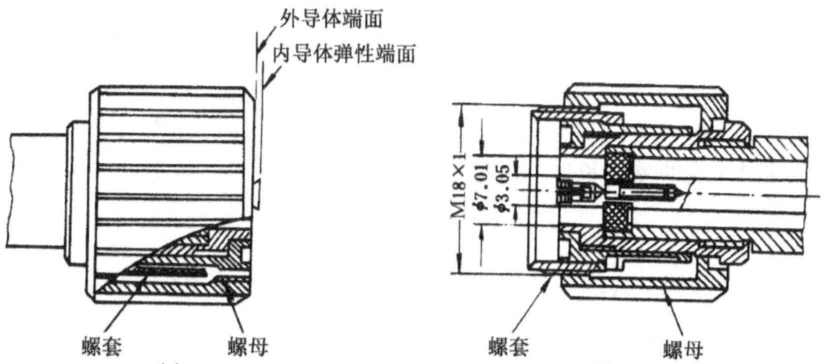

(a)　　(b)

图 6.1-7　精密平接头

§6.2　变 换 元 件

本节要讨论的是不同类型或不同尺寸传输线之间的变换装置。这类元件大致可分为三类，即：类型、波型和特性阻抗（或波型阻抗、或等效阻抗）相同，但尺寸不同的传输线之间的变换装置；类型、波型相同，但特性阻抗不同的传输线之间的变换装置；把一种传输线中的波型变换为另一种传输线中的波型的波型变换装置。

一、传输线尺寸变换器

特性阻抗相同，但尺寸不同的两个同轴线之间的连接即属于这类问题，如图 6.2-1 所示，这是两个同轴线直接对接的情况。已知同轴线的特性阻抗(填充介质为空气时)为

$$Z_c = 60 \ln \frac{D}{d} \tag{6.2-1}$$

式中，D 为同轴线外导体的内直径；d 为内导体的外直径。两同轴线的特性阻抗相等，即

$$\frac{D_1}{d_1} = \frac{D_2}{d_2} \tag{6.2-2}$$

在两同轴线的交界处尺寸有突变，使得电场产生了变形，这相当于激励起了非传输型的高次

模，它的影响相当于在传输线上并联了一个电容（它的电纳为 jb），如图 6.2-1(a)所示。这样，两个同轴线对接后便不能达到匹配。假设从尺寸突变处向两边看去是匹配的，则在突变处由电容而引起的反射系数为

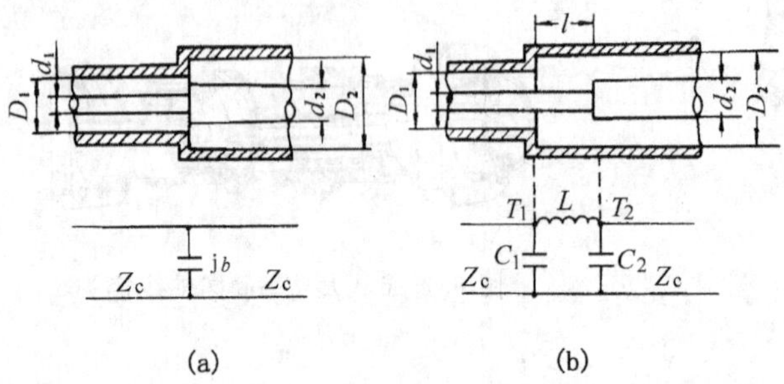

图 6.2-1　同轴线的尺寸变换

(a) 尺寸突变；(b) 移位补偿结构

$$\Gamma=\frac{1-(1+\mathrm{j}b)}{1+(1+\mathrm{j}b)} \tag{6.2-3}$$

当 b 的数值很小时，有

$$|\Gamma|=\frac{b}{2} \tag{6.2-4}$$

式中，b 是等效电容的归一化电纳值。可见，不连续性愈大、频率愈高，失配也愈严重。而且不连续性还会降低传输功率的容量（因为突变处易击穿）。为了解决这个问题，可采取下面两种方法。

一种方法是，如图 6.2-1(b)所示，将内外导体的突变处沿轴线错开一段距离 l。处于 l 段范围内的这段同轴线的单位长度的电感为

$$L=\frac{\mu}{2\pi}\ln\frac{D_2}{d_1} \tag{6.2-5}$$

这个电感比 l 段两端的同轴线的电感要大。l 段同轴线单位长度电容为

$$C=\frac{2\pi\varepsilon}{\ln\dfrac{D_2}{d_1}} \tag{6.2-6}$$

这个电容比 l 段两端的同轴线的电容要小。上式中的 μ 和 ε 分别为同轴线内填充介质的磁导率和介电常数。在 l 比工作波长小得多的情况下，可将长度为 l 的高阻抗线等效为一个串联电感，而把 l 段两端的不连续处（即 T_1 和 T_2）的影响分别等效为并联电容 C_1 和 C_2，如图 6.2-1(b)所示。这是一个低通滤波网络，它的串联电感为

$$L'=Ll=\left(\frac{\mu}{2\pi}\ln\frac{D_2}{d_1}\right)l \tag{6.2-7}$$

而电容 C_1 和 C_2 可用电磁场理论中的方法或本章 § 6.10 中的方法求出它们的近似值。根据 π 型网络的性质，假设 $C_1=C_2=C/2$，那么，当工作频率远低于网络的截止频率

$$f_c=\frac{1}{\pi\sqrt{L'C}} \tag{6.2-8}$$

时，网络的特性阻抗近似为

$$Z_{cL}=\sqrt{\frac{L'}{C}} \tag{6.2-9}$$

而且 Z_{cL} 随频率的变化很小。适当选择 l 的长度，使 Z_{cL} 近似等于 l 两端同轴线的特性阻抗 Z_c，就能在较宽的频带内使原来的两个同轴线连接之后近似地实现匹配。

另一种方法是，在原来的两个同轴线之间采用锥形过渡段，如图 6.2-2 所示。为了使过渡段内的特性阻抗等于原来两段同轴线的特性阻抗，并保持不变，则应使过渡段内外导体的锥面共顶点，两锥形的底部处于同一平面内，这样，就得到下面的公式

$$\frac{D_x}{d_x}=\frac{D_1}{d_1}=\frac{D_2}{d_2}=\frac{\tan\frac{\phi}{2}}{\tan\frac{\theta}{2}} \quad (6.2-10)$$

式中，D_x 和 d_x 分别表示锥形过渡段内任意一截面处外导体的内直径和内导体的外直径；θ 和 φ 分别为过渡段内外导体锥面的锥顶张角。这种结构在锥面与圆柱面的交界处仍有不连续性电容的影响，但随着锥面长度的增加、锥顶角的减小，不连续性的影响也会减小。一般可以取 $\frac{\theta}{2}=12°\sim18°$。若锥顶角较大，为了补偿不连续性电容的影响，可以将内外导体锥面的顶点和两锥形的底面沿轴线错开一段距离。需要指出，式(6.2-10)是一个近似公式，因为这是按照锥形过渡段内是纯 TEM 模计算的，而实际上已不再是纯 TEM 模了。

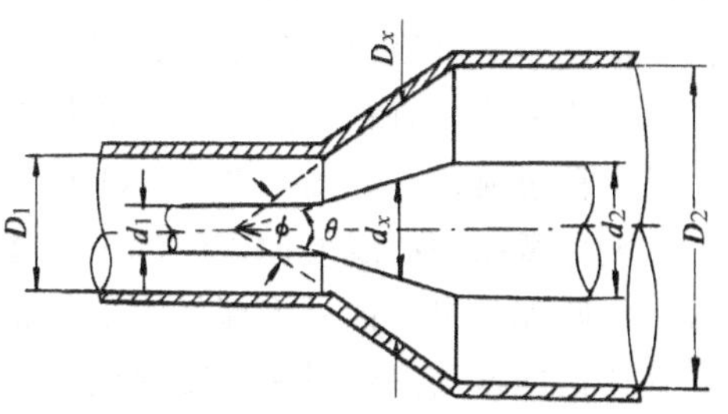

图 6.2-2 锥形过渡段

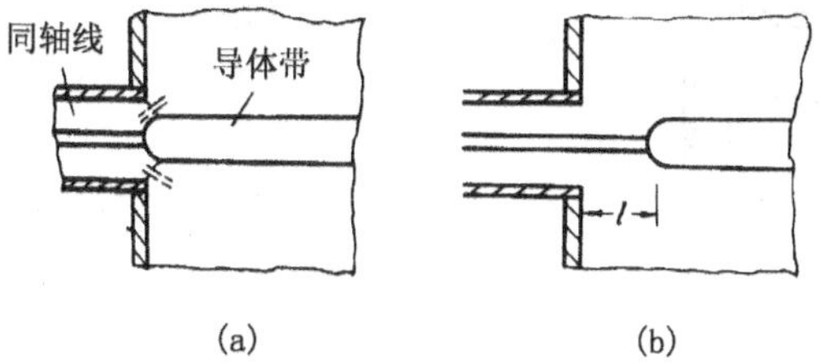

图 6.2-3 同轴-带状线过渡

(a) 直接对接；(b) 错开距离 l

下面讲同轴线到带状线和微带线的变换（过渡）。同轴线到带状线的变换，通常也属于特性阻抗相同、波型相同（都是 TEM 波型），但尺寸不同的传输线间的连接问题。同轴线和带状线虽然都是工作于 TEM 模，但两者的结构形式和场分布却不同，因此两者直接对接后，在结构和尺寸的突变处会产生不连续电容的影响，易引起反射波和电击穿现象。图 6.2-3(a)是直接对接的情况。为了解决这个问题，可采取与前面讲过的解决同轴线问题的相同方法，即将二者内导体的连接处相对于二者外导体的连接处错开一段距离 l，如图 6.2-3(b)所示。这样，匹配性能会有较大的改善。

同轴线到微带线的变换（过渡），一般有两种方式：平行过渡和垂直过渡。图 6.2-4 是表示这两种过渡方式的结构示意图。微带线工作于准 TEM 模，随着工作频率的增加，会出现高次模，而且由于结构上的不均匀性而产生的失配程度也会随着频率的增加而加大。因此，微带线工作频率的上限应低于与表面波模产生强耦合的频率（详见第 3 章）。

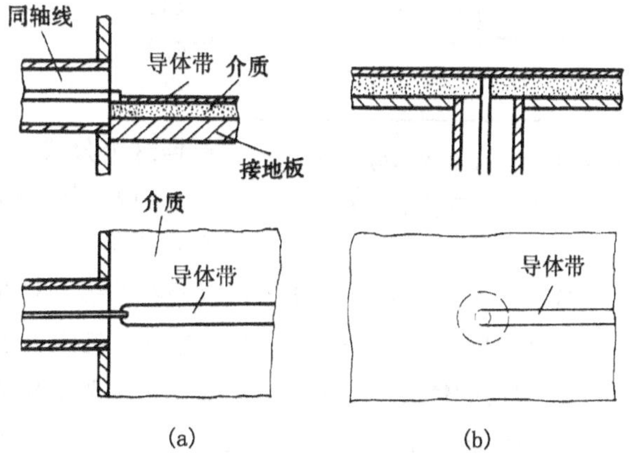

图 6.2-4 同轴-微带线过渡

(a) 平行过渡；(b) 垂直过渡

波导与微带线之间的过渡有多种形式，这里只举两例。图 6.2-5 (a)是矩形波导与微带线之间的过渡。在矩形波导上壁中间处加一个斜劈状的金属块，使其一端与微带线的导体带相连接。斜劈的作用是把波导的较高的等效阻抗逐渐地降低到接近于微带线的低阻抗，以得到较好的阻抗匹配，同时也减少了波导终端的反射，因此这种结构形式具有较大的带宽。若将斜劈更换为带有台阶的金属块，也可以达到同样的效果。另一种过渡形式如图 6.2－5（b）所示，把与微带线的导体带相接的小金属圆棒（探针）从波导宽壁中心线处伸入波导中，适当调节伸入深度和距波导短路端的距离 l，即可得到较好的匹配效果。如果将探针末端加粗或使其成球状，或用介质套（虚线所示）将探针套住，这些措施都会降低对频率变化的敏感性，起到改善匹配和增加带宽的作用。

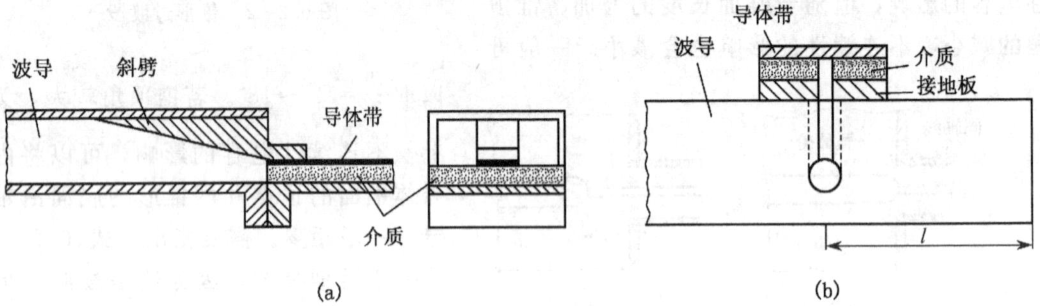

图 6.2－5　矩形波导与微带线之间的过渡

二、阶梯式阻抗变换器

在两个特性阻抗不同的传输线之间插入一段或多段不同特性阻抗的传输线，适当选取其长度、特性阻抗的值和节(段)数，就可以在一定带宽内使驻波比低于某个给定的值。这种变换装置称为阶梯式阻抗变换器。

（一）四分之一波长阻抗变换器

最简单的阶梯阻抗变换器，是一段长度为 $\lambda/4$ 的阻抗变换器，图 6.2－6 是这一类阻抗变换器的原理性示意图。设原有两个传输线的特性阻抗分别为 Z_0 和 Z_2，则由传输线理论可知，变换段的特性阻抗应为

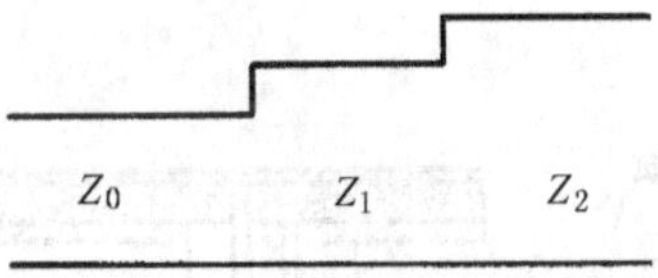

图 6.2－6　四分之一波长阻抗变换器原理性示意图

$$Z_1 = \sqrt{Z_0 Z_2} \tag{6.2-11}$$

根据这个公式，下面具体地讨论一下它的应用。

（1）同轴线 $\lambda/4$ 阻抗变换器。它的结构形式主要有三种，如图 6.2－7 所示。第一种情况是，Z_0 线和 Z_2 线内导体的外直径 $d_0=d_2$，但外导体的内直径不相等，对此可选取变换段内导体的外直径 $d_1=d_0=d_2$，而外导体的内直径 D_1 则可根据 Z_1 的值确定。第二种情况是，Z_0 线和 Z_2 线的外导体尺寸 $D_0=D_2$，但内导体的尺寸不相等，对此可选取变换段外导体的内直径 $D_1=D_0=D_2$，而 d_1 则可根据 Z_1 的值确定。第三种情况是，Z_0 线和 Z_2 线内外导体的尺寸都不相等，对此可先按某种要求选定变换段的一项(内导体或外导体)尺寸，然后再按 Z_1 确定另一项的尺寸。通常可选取 d_1 为介于 d_0 和 d_2 之间的某一尺寸，D_1 为介于 D_0 和 D_2 之间的某一尺寸。

（2）带状线和微带线 $\lambda/4$(或 $\lambda_g/4$)阻抗变换器。这两种类型的变换器，一般都是保持变换

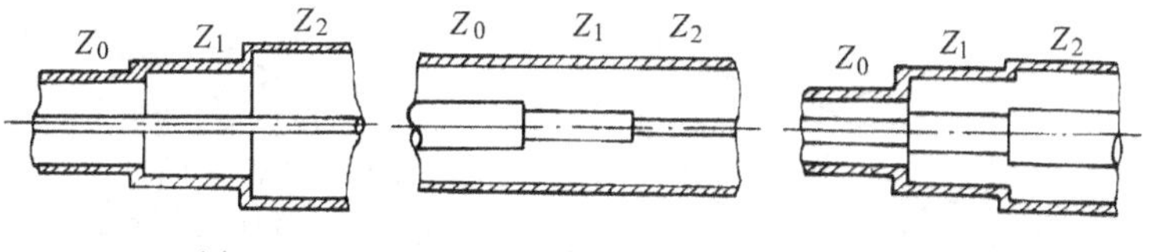

图 6.2-7　同轴线阻抗变换器

段的导体带与接地板之间的距离不变，介质材料也不变，阻抗的变换是通过改变导体带的宽度来实现的，图 6.2-8 是这种方法的示意图，图中给出了三种不同的导体带宽度，表示三种不同的特性阻抗(中间是过渡段,其长度为 $\lambda/4$ 或 $\lambda_g/4$)。

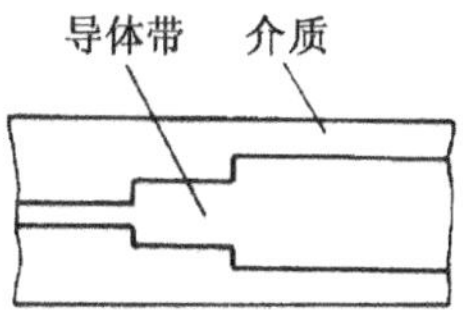

图 6.2-8　微带线阻抗变换器

(3) 矩形波导 $\lambda_g/4$ 阻抗变换器。$\lambda/4$ 阻抗变换器不仅适用于传输 TEM 模的传输线，而且也适用于工作在单一模式的波导。但应注意的是，波导是具有色散性质的传输线，在计算时应注意到这个特点。下面对工作于 TE_{10} 模的矩形波导 $\lambda_g/4$ 阻抗变换器的尺寸如何确定，做一简单介绍，矩形波导的波导波长为

$$\lambda_g = \frac{\lambda}{\sqrt{1-\left(\frac{\lambda}{2a}\right)^2}} \tag{6.2-12}$$

变换段的长度为

$$l = \frac{\lambda_g}{4} \tag{6.2-13}$$

矩形波导工作于 TE_{10} 模时，它的等效阻抗的定义有多种，但无论是哪种定义，它都含有下面的比例关系

$$Z_e \propto \frac{b}{a}\frac{1}{\sqrt{1-\left(\frac{\lambda}{2a}\right)^2}} \tag{6.2-14}$$

式中的 a 和 b 分别为波导宽壁和窄壁的内尺寸；λ 为工作波长；Z_e 为等效阻抗。可见，Z_e 不仅与 b/a 有关，而且还与波长(或频率)有关。因此，两个尺寸不同的波导，即使尺寸比相同，但对于不同的 λ，两者的等效阻抗也不能始终相等。只有当两个波导的宽壁的内尺寸相等时，它们的等效阻抗的比值才等于两者的窄壁内尺寸之比，而且与频率无关，从而可以认为是单纯的阻抗变换，图 6.2-9(a)所示就是这种情况。根据式(6.2-11)和式(6.2-14)可知，变换段窄壁的内尺寸 b_1 为

$$b_1 = \sqrt{b_0 b_2} \tag{6.2-15}$$

变换段宽壁的内尺寸 a_1 为

$$a_1 = a_0 = a_2 \tag{6.2-16}$$

式中，a_0、b_0 和 a_2、b_2 分别为两个待匹配波导的宽壁和窄壁的内尺寸。

当待匹配的两个波导的宽壁和窄壁的内尺寸都不相等时，如图 6.2-9(b)所示，为了确定变换段波导的尺寸，可以使变换段的等效阻抗 Z_1 在中心波长 λ_0 处，与原来两段波导的等效阻抗 Z_0 和 Z_2 满足下列关系

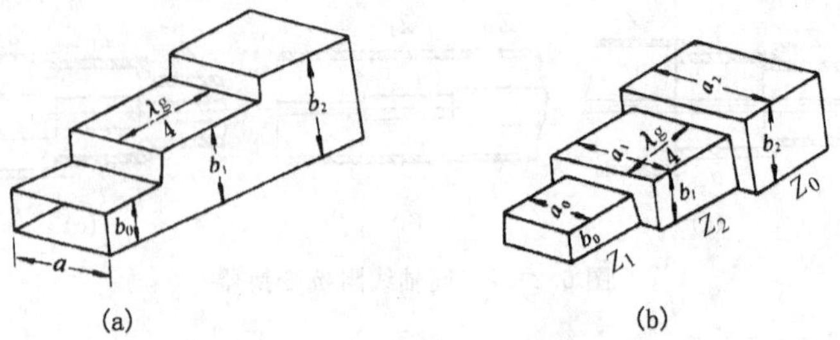

图 6.2-9　波导四分之一波导波长变换器

(a) 宽壁相等，窄壁不相等；(b) 宽壁和窄壁均不相等

$$Z_1^2 = Z_0 Z_2 \tag{6.2-17}$$

也就是

$$\left(\frac{b_1}{a_1}\right)^2 \frac{1}{1-\left(\dfrac{\lambda}{2a_1}\right)^2} = \frac{b_0}{a_0}\frac{1}{\sqrt{1-\left(\dfrac{\lambda}{2a_0}\right)^2}} \cdot \frac{b_2}{a_2}\frac{1}{\sqrt{1-\left(\dfrac{\lambda}{2a_2}\right)^2}} \tag{6.2-18}$$

该式有两个未知数 a_1 和 b_1，为了求出 a_1 和 b_1，可令 b_1 为

$$b_1^2 = b_0 b_2 \tag{6.2-19}$$

此式即(6.2-19)式，将 b_1 代入到式(6.2-18)中，即可求出 a_1 的尺寸

$$a_1^2 = \left(\frac{\lambda}{2}\right)^2 + a_0 a_2\sqrt{\left[1-\left(\frac{\lambda}{2a_0}\right)^2\right]\left[1-\left(\frac{\lambda}{2a_2}\right)^2\right]} \tag{6.2-20}$$

在以上的计算中均未考虑尺寸突变处不连续性电容的影响，实际上，由于两个尺寸突变处相距四分之一波导波长，因此，它们的反射波可以部分地相抵消；另外，还可以稍微调整一下变换段的长度 l，以补偿不连续性电容的影响。

$\lambda/4$ 阻抗变换器只有在中心频率或其附近很窄的频带内，才能满足一定的匹配要求；当频率偏离中心频率较大时，变换段的电长度发生了变化（不再是$\frac{\pi}{2}$），反射波相抵消的作用减弱，匹配性能急剧下降。若采用多段式阻抗变换器，由于反射点的增多，会使多个频率的反射波互相抵消，其综合效应会使总的反射波减小，展宽了频带。

(二) 多段式阻抗变换器

对于多段式阻抗变换器，当各段反射系数的模按一定规律分布时，可以在较宽的频带内使驻波比小于某个给定值。下面介绍两种较常用的多段式阻抗变换器。

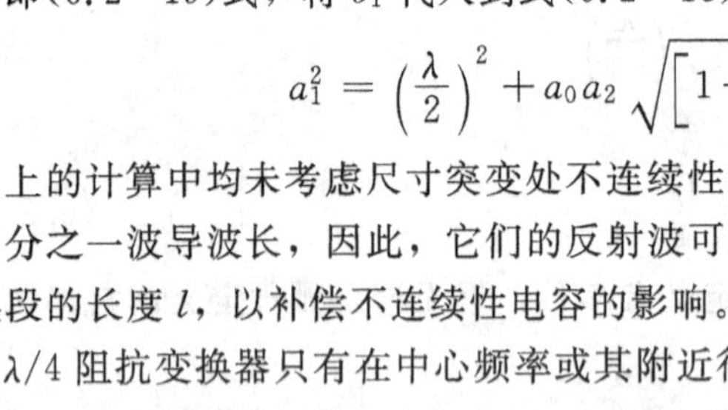

图 6.2-10　多段阻抗变换器示意图

(1) 二项式阻抗变换器。若变换器各段上反射系数的模按二项式展开式中各项系数的规律分布，则称为二项式阻抗变换器。图 6.2-10 是这种阻抗变换器的原理性示意图。设在特性阻抗分别为 Z_0 和 Z_{n+1} 的两段传输线之间插入 n 段长度均为 l 的传输线作为变换段，各段的特性阻抗分别为 Z_1、Z_2、Z_3、…、Z_i、…、Z_n（设 $Z_{n+1} > Z_n$），共有 $n+1$ 个尺寸突变处。设原来待匹配的

两段传输线(Z_0 与 Z_{n+1})均端接匹配阻抗，当只考虑各尺寸突变处电磁波的一次反射，而略去多次反射的影响时，可得到下面的近似表示式。各尺寸突变处的反射系数为

$$\Gamma_1 = \frac{Z_1 - Z_0}{Z_1 + Z_0},\quad \Gamma_2 = \frac{Z_2 - Z_1}{Z_2 + Z_1},\cdots,\quad \Gamma_i = \frac{Z_i - Z_{i-1}}{Z_i + Z_{i-1}},\cdots,$$

$$\Gamma_{n+1} = \frac{Z_{n+1} - Z_n}{Z_{n+1} + Z_n} \tag{6.2-21}$$

各尺寸突变处的驻波比为

$$s_1 = \frac{Z_1}{Z_0},\quad s_2 = \frac{Z_2}{Z_1},\cdots,\quad s_i = \frac{Z_i}{Z_{i-1}},\cdots,\quad s_{n+1} = \frac{Z_{n+1}}{Z_n} \tag{6.2-22}$$

设各尺寸突变处反射系数相对于 Γ_1 的比分别为 α_1，α_2，α_3，…，α_i，…，α_n，即

$$\alpha_1 = 1,\quad \alpha_2 = \frac{\Gamma_2}{\Gamma_1},\cdots,\quad \alpha_i = \frac{\Gamma_i}{\Gamma_1},\cdots,\quad \alpha_{n+1} = \frac{\Gamma_{n+1}}{\Gamma_1} \tag{6.2-23}$$

这样，反映在第一个尺寸突变处的总反射系数为

$$\Gamma = \Gamma_1 + \Gamma_2 \mathrm{e}^{-\mathrm{j}2\theta} + \Gamma_3 \mathrm{e}^{-\mathrm{j}4\theta} + \cdots + \Gamma_i \mathrm{e}^{-\mathrm{j}2(i-1)\theta} + \cdots + \Gamma_{n+1}\mathrm{e}^{-\mathrm{j}2n\theta} \tag{6.2-24a}$$

或写成

$$\Gamma = \Gamma_1(\alpha_1 + \alpha_2 \mathrm{e}^{-\mathrm{j}2\theta} + \alpha_3 \mathrm{e}^{-\mathrm{j}4\theta} + \cdots + \alpha_i \mathrm{e}^{-\mathrm{j}2(i-1)\theta} + \cdots + \alpha_{n+1}\mathrm{e}^{-\mathrm{j}2n\theta}) \tag{6.2-24b}$$

式中

$$\theta = \frac{2\pi}{\lambda} l \tag{6.2-25}$$

称为电长度。上式中各尺寸突变处的反射系数或其相对值，可按所要求的某种规律取值，若按二项展开式中各项系数的分布规律取值，那么，对于任意的 n 值应用二项式定理，则有

$$\cos^n\theta = \left(\frac{\mathrm{e}^{\mathrm{j}\theta} + \mathrm{e}^{-\mathrm{j}\theta}}{2}\right)^n = \frac{\mathrm{e}^{\mathrm{j}n\theta}}{2^n}\Big(1 + n\mathrm{e}^{-\mathrm{j}2\theta} + \frac{n(n-1)}{2!}\mathrm{e}^{-\mathrm{j}4\theta} + \cdots + \frac{n(n-1)\cdots[n-(i-1)]}{i!}\mathrm{e}^{-\mathrm{j}2(i-1)\theta} + \cdots + \mathrm{e}^{-\mathrm{j}2n\theta}\Big) \tag{6.2-26}$$

式中，$i=1$，2，3，…；$n+1$ 表示波的反射点(尺寸突变处)的顺序号。令反射系数的相对值按二项式展开式中各项的系数分布，也就是令式(6.2-24b)和式(6.2-26)对应项的系数相等。这样，经过简单运算，式(6.2-24b)就变为

$$\Gamma = 2^n \Gamma_1 \cos^n\theta \mathrm{e}^{-\mathrm{j}n\theta} \tag{6.2-27}$$

或写为

$$|\Gamma| = 2^n |\Gamma_1| |\cos^n\theta| \tag{6.2-28}$$

可以看出，下面的公式是成立的，即

$$2^n = \sum_{i=1}^{n+1} \alpha_i \tag{6.2-29}$$

对于不同的 n，α_i 的值可列表如下：

	α_1	α_2	α_3	α_4	α_5	…	$\sum\alpha_i = 2^n$
$n=1$	1	1					2
$n=2$	1	2	1				4
$n=3$	1	3	3	1			8
$n=4$	1	4	6	4	1		16
⋮	⋮	⋮	⋮	⋮	⋮	⋮	⋮

由此表可看出，反射系数的分布规律是：中间最大，由中间向两边递减，而且相对于中间最大值是对称的。图 6.2-11 是总反射系数的模 $|\Gamma|$ 随波长 λ(或 θ)的变化曲线。在中心波长 λ_0 处 $|\Gamma|=0$，由于随着 n 的增加，曲线以 λ_0 为中心向两边变化渐趋缓慢，所以又把二项式响应称为“最平坦响应”。图中的 Γ_m 为工作频带($\lambda_1\sim\lambda_2$)中允许的最大反射系数的模值。

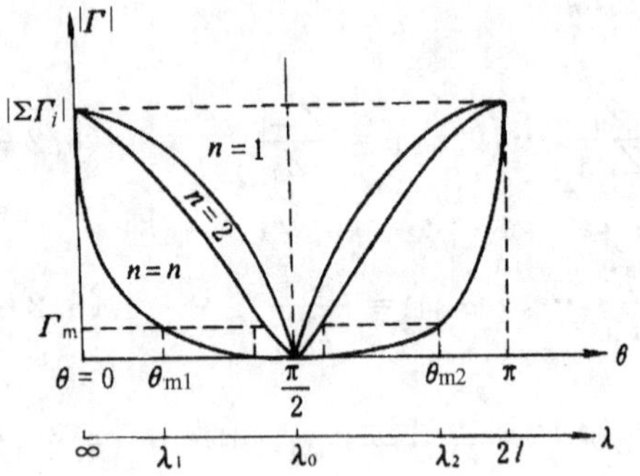

图 6.2-11　二项式响应曲线

顺便指出，前面讲过的单段 $\lambda/4$ 阻抗变换器，可以看做是 $n=1$ 的二项式阻抗变换器。

下面推导各变换段特性阻抗的值。利用数学上的近似公式

$$\ln x \approx 2\,\frac{x-1}{x+1},\quad x\leqslant 2 \tag{6.2-30}$$

据此，可得下列近似式

$$\Gamma_i=\frac{s_i-1}{s_i+1}\approx\frac{1}{2}\ln s_i=\frac{1}{2}\ln\frac{Z_i}{Z_{i-1}} \tag{6.2-31}$$

$$\sum\Gamma_i=\Gamma_1+\Gamma_2+\cdots+\Gamma_{n+1}=\frac{1}{2}\ln R \tag{6.2-32}$$

式中

$$R=\frac{Z_{n+1}}{Z_0} \tag{6.2-33}$$

称为阻抗变换比。

另一方面，有

$$\sum\Gamma_i=\Gamma_1\sum\alpha_i \tag{6.2-34a}$$

$$\Gamma_1=\frac{\sum\Gamma_i}{\sum\alpha_i}\approx\frac{\frac{1}{2}\ln R}{\sum\alpha_i} \tag{6.2-34b}$$

$$\Gamma_i=\alpha_i\Gamma_1\approx\frac{\alpha_i}{2\sum\alpha_i}\ln R \tag{6.2-34c}$$

由式(6.2-31)和(6.2-34c)得

$$s_i=e^{2\Gamma_i}=e^{\left(\frac{\alpha_i}{\sum\alpha_i}\ln R\right)}=R^{\left(\frac{\alpha_i}{\sum\alpha_i}\right)} \tag{6.2-35}$$

最后可得

$$\frac{Z_i}{Z_{i-1}}=R^{\left(\frac{\alpha_i}{\sum\alpha_i}\right)} \tag{6.2-36}$$

R 值一般是给定的，当 n 确定后，就可以求出各变换段的特性阻抗。实际上，只需求出一半变换段的特性阻抗值，而另一半则可由对称性求出。

变换段数 n，根据给定的技术指标 $\lambda_1\sim\lambda_2$(频带)、Γ_m 及 R，由式

$$\Gamma_m=\left(\frac{1}{2}\ln R\right)|\cos^n\theta_{m1}|=\left(\frac{1}{2}\ln R\right)|\cos^n\theta_{m2}| \tag{6.2-37}$$

求出。式中 θ_{m1}、θ_{m2} 分别为相应于 λ_1、λ_2 时的变换段的电长度，即

$$\theta_{m1}=\frac{2\pi}{\lambda_1}l \tag{6.2-38}$$

$$\theta_{m2} = \pi - \theta_{m1} \tag{6.2-39}$$

l 为变换段长度，取

$$l = \frac{\lambda_0}{4} \tag{6.2-40}$$

而

$$\lambda_0 = \frac{2\lambda_1\lambda_2}{\lambda_1 + \lambda_2} \tag{6.2-41}$$

为中心波长。

上面导出的一系列公式是利用了式(6.2-30)，按该式要求，变换比 R 不能大于 2，超过此值会带来较大的误差，但误差主要发生在频带边缘 λ_1 和 λ_2 附近，而对于远离 λ_1 和 λ_2 的大部分通带内，误差并不大，因此，即使变换比 R 在 10 左右，利用上面公式进行计算，其结果仍能满足一般工程设计的要求。

(2) 切比雪夫阻抗变换器。与其他的变换器相比，有时把切比雪夫阻抗变换器的设计方法称为“最佳设计”。这是指：在满足给定工作频带和允许的最大反射系数的模 Γ_m 的前提下，过渡段总长度最短；或者说在 Γ_m 和总长度给定的前提下，工作频带最宽。设计这种变换器，就是令变换器总反射系数的模 $|\Gamma|$ 在通带内按 n 阶第一类切比雪夫函数(它是一个多项式)的规律变化，所以称为切比雪夫阻抗变换器。下面先从具体的例子中说明如何引入切比雪夫函数，如何把它与反射系数 $|\Gamma|$ 联系起来，然后再推广到一般情况，最后说明这种阻抗变换器的计算方法。

若选取变换器的段数 $n=3$，并设各尺寸突变处的反射系数的模对于变换段中的中心位置是左右对称的，并略去不连续处多次反射波的影响，这样，根据式(6.2-24a)可知

$$\Gamma = \Gamma_1 + \Gamma_2 e^{-j2\theta} + \Gamma_3 e^{-j4\theta} + \Gamma_4 e^{-j6\theta} \tag{6.2-42}$$

根据反射系数的模是对称分布的规律，则有

$$\Gamma_1 = \Gamma_4,\quad \Gamma_2 = \Gamma_3$$

于是

$$\begin{aligned}\Gamma &= \Gamma_1 + \Gamma_2 e^{-j2\theta} + \Gamma_2 e^{-j4\theta} + \Gamma_1 e^{-j6\theta}\\ &= (2\Gamma_1 \cos 3\theta + 2\Gamma_2 \cos\theta) e^{-j3\theta}\end{aligned} \tag{6.2-43}$$

对于段数 $n=2$ 的情况，则可得下式

$$\Gamma = (\Gamma_2 + 2\Gamma_1 \cos 2\theta) e^{-j2\theta} \tag{6.2-44}$$

从上面的例子可以看出，在反射系数 Γ 的表示式中含有 $\cos\theta$、$\cos 2\theta$ 和 $\cos 3\theta$ 项，显然，当 n 为任意正整数时，则应含有 $\cos n\theta$ 项。如果将 $\cos n\theta$ 展开，则得

$$\left.\begin{aligned}&\cos\theta = \cos\theta\\ &\cos 2\theta = 2\cos^2\theta - 1\\ &\cos 3\theta = 4\cos^3\theta - 3\cos\theta\\ &\cos 4\theta = 8\cos^4\theta - 8\cos^2\theta + 1\\ &\cos 5\theta = 16\cos^5\theta - 20\cos^3\theta + 5\cos\theta\\ &\cdots\end{aligned}\right\} \tag{6.2-45}$$

若令 $x=\cos\theta$，则上式变为

$$
\begin{aligned}
&n=0 \quad T_0(x)=1 \\
&n=1 \quad T_1(x)=x \\
&n=2 \quad T_2(x)=2x^2-1 \\
&n=3 \quad T_3(x)=4x^3-3x \\
&n=4 \quad T_4(x)=8x^4-8x^2+1 \\
&n=5 \quad T_5(x)=16x^5-20x^3+5x \\
&\cdots
\end{aligned}
\tag{6.2-46}
$$

一般记为 $T_n(x)$，称为切比雪夫多项式。其余的项可利用下面的递推公式求出，即

$$T_{n+1}(x)=2xT_n(x)-T_{n-1}(x) \tag{6.2-47}$$

由式(6.2-45)和式(6.2-47)可知，当 $|x|=|\cos\theta|\leqslant 1$ 时，多项式 $T_n(x)=\cos n\theta$ 在 ± 1 之间变化，而当 $|x|>1$ 时，$|T_n(x)|$ 随 $|x|$ 的上升而急剧地上升，因此，为了描述这种情况，可用不同的表示式来表达。这样，切比雪夫函数的完整定义为

$$T_n(x)=\begin{cases}\cos n\theta=\cos(n\arccos x) & |x|\leqslant 1\\ \operatorname{ch}(n\operatorname{arch}x) & |x|>1\end{cases} \tag{6.2-48}$$

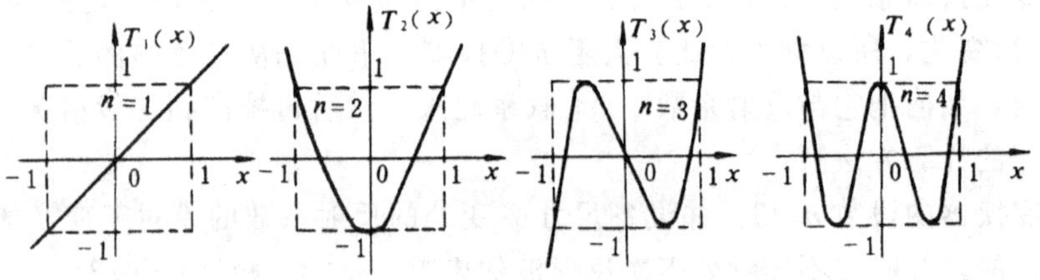

图 6.2-12 切比雪夫多项式曲线

为了熟悉这种函数，在图 6.2-12 中给出了 n 为不同值时函数的曲线形状。根据上面所述，对于由式(6.2-43)和式(6.2-44)所表示的反射系数的模 $|\Gamma|$，可写为下列形式

$$n=3 \quad |\Gamma|=|2\Gamma_1 T_3(x)+2\Gamma_2 T_1(x)| \tag{6.2-49}$$

$$n=2 \quad |\Gamma|=|\Gamma_2+2\Gamma_1 T_2(x)| \tag{6.2-50}$$

为使反射系数的模 $|\Gamma|$ 随频率的变化按切比雪夫函数的规律变化，可采用如下的具体做法。令切比雪夫多项式中的自变量 $x=\pm 1$ 的点对应于工作频带的上下限，即是说，$|x|\leqslant 1$ 的范围是 $|\Gamma|$ 所要求的按切比雪夫多项式规律变化的范围。为此，则需要把原来的变量 x 改换为 x/p，p 是带宽因子(后面再讲它的表示式)，这样，就可以把变换段总反射系数的模 $|\Gamma|$ 表示为

$$|\Gamma|=\Gamma_{\mathrm{m}}\left|T_n\left(\frac{x}{p}\right)\right| \tag{6.2-51}$$

式中，Γ_{m} 是通带内允许的最大反射系数的模，n 是切比雪夫多项式的阶数，同时也是变换器的段数。图 6.2-13 是根据式(6.2-51)和 $n=3$ 时画出的 $|\Gamma|$ 随 θ(即频率)的变化曲线。由图可知，当 $x/p=\pm 1$ 时，$x=\pm p$，即

$$\cos\theta_1=p, \quad \cos\theta_2=-p$$

$$\theta_1=\frac{2\pi}{\lambda_1}l, \quad \theta_2=\frac{2\pi}{\lambda_2}l$$

$$\theta_2=\pi-\theta_1$$

$$\lambda_1=\frac{2\pi l}{\arccos\ p},\quad \lambda_2=\frac{2\pi l}{\pi-\arccos\ p} \tag{6.2-52}$$

设 $\lambda_1/\lambda_2=q$，则 $\pi-\arccos p=q\arccos p$，由此得

$$p=\cos\left(\frac{\pi}{1+q}\right) \tag{6.2-53}$$

频带愈宽（q 愈大），p 愈趋近于 1，但它永远小于 1。

下面讨论这种变换器各个参数的计算。一般是给定 λ_1 和 λ_2、Γ_m、Z_0 和 Z_{n+1}，需要求出的是段数 n，以及各段的特性阻抗。计算步骤如下。

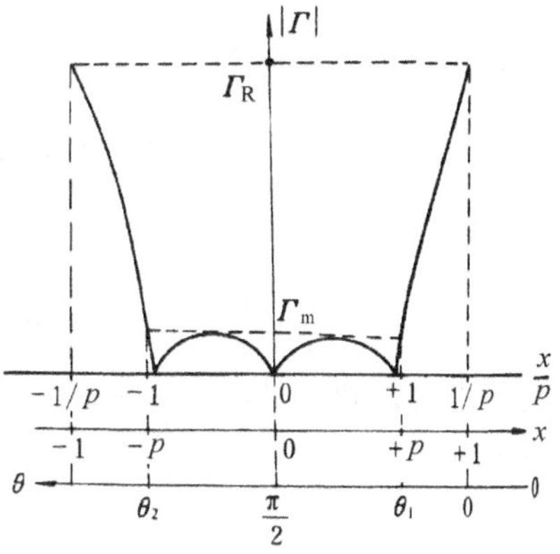

图 6.2-13　切比雪夫阻抗变换器频率响应曲线

① 求带宽因子 p。由 $q=\lambda_1/\lambda_2$ 和式(6.2-53)知

$$p=\cos\left(\frac{\pi}{1+q}\right)$$

② 求每段的长度 l。根据式(6.2-40)、式(6.2-41)知

$$l=\frac{\lambda_1\lambda_2}{2(\lambda_1+\lambda_2)} \tag{6.2-54}$$

③求段数 n。从式(6.2-51)或从图 6.2-13 可知，在极端的情况下，若 $\theta=0$，即 $\cos\theta=1$ 时，$|\Gamma|$ 达到最大值 Γ_R，即

$$|\Gamma|=\Gamma_R=\Gamma_m\left|T_n\left(\frac{1}{p}\right)\right| \tag{6.2-55}$$

由此得

$$T_n\left(\frac{1}{p}\right)=\mathrm{ch}\left(n\,\mathrm{arch}\,\frac{1}{p}\right)=\frac{\Gamma_R}{\Gamma_m} \tag{6.2-56}$$

则 n 为

$$n=\frac{\mathrm{arch}\left(\frac{\Gamma_R}{\Gamma_m}\right)}{\mathrm{arch}\left(\frac{1}{p}\right)} \tag{6.2-57}$$

根据该式也可把 p 写为

$$p=\frac{1}{\mathrm{ch}\left[\frac{1}{n}\mathrm{arch}\left(\frac{\Gamma_R}{\Gamma_m}\right)\right]} \tag{6.2-58}$$

式中的 Γ_R，根据式(6.2-31)知

$$\Gamma_R=\frac{R-1}{R+1}\approx\frac{1}{2}\ln R \tag{6.2-59}$$

这样，就可求出 n 的值，n 只能取正整数。在上面的公式中，包含了 n、R、P 和 Γ_m 四个参数，因此，只要确定了其中的三个，另一个即可求出。

④ 求每段的阻抗。为说明问题方便起见，我们仍从具体例子着手，例如取 $n=3$，则有

$$|\Gamma|=|2\Gamma_1T_3(x)+2\Gamma_2T_1(x)|$$

另一方面，若要求$|\Gamma|$在通频带内按切比雪夫多项式的规律变化，根据式(6.2-51)，应有

$$|\Gamma| = \Gamma_m \left| T_n\left(\frac{x}{p}\right) \right|$$

由此得

$$|2\Gamma_1 T_3(x) + 2\Gamma_2 T_1(x)| = \Gamma_m \left| T_3\left(\frac{x}{p}\right) \right|$$

进一步可写为

$$|2\Gamma_1(4x^3 - 3x) + 2\Gamma_2 x| = \Gamma_m \left| 4\left(\frac{x}{p}\right)^3 - 3\left(\frac{x}{p}\right) \right|$$

若该式成立，则等号两边 x 的同幂次项的系数应该相等。这样，即可求出各尺寸突变处的反射系数

$$\Gamma_1 = \frac{1}{2}\frac{\Gamma_m}{p^3}, \quad \Gamma_2 = \frac{3}{2}\Gamma_m\left(\frac{1}{p^3} - \frac{1}{p}\right)$$

令 $\qquad \Gamma_3 = \Gamma_2, \qquad \Gamma_4 = \Gamma_1$

对于 n 为其他值时，通过上述方法就可以求出各段上的反射系数，而且还可求出它们的相对反射系数 α_i 的各个值，α_i 如下所列：

	α_1	α_2	α_3	α_4	α_5
$n=1$	1	1			
$n=2$	1	$2(1-p^2)$	1		
$n=3$	1	$3(1-p^2)$	$3(1-p^2)$	1	
$n=4$	1	$4(1-p^2)$	$6(1-p^2)\left(1-\frac{p^2}{3}\right)$	$4(1-p^2)$	1
⋮	⋮	⋮	⋮	⋮	⋮

知道了 Γ_i 或 α_i，就可以利用二项式阻抗变换器中曾用过的公式(6.2-31)或式(6.2-36)计算出各变换段的特性阻抗，即

$$\Gamma_i = \frac{s_i - 1}{s_i + 1} \approx \frac{1}{2}\ln s_i = \frac{1}{2}\ln\frac{Z_i}{Z_{i-1}}$$

$$\frac{Z_i}{Z_{i-1}} = R^{(\alpha_i/\Sigma\alpha_i)} \tag{6.2-60}$$

在实际计算中，求出的各参数值不一定恰好满足要求(例如由于 n 必须取整数，而可能影响其他参数的变化)，但只要利用上述的公式反复计算和调整它们当中的某些参数，总可以得到满意的结果。由于在上述公式中都未考虑不连续性的影响，因此，这些公式也只是近似公式。在实际应用中，可对计算出的 l 进行稍微的调整，即可部分地消除不连续性的影响。最后需指出的是：二项式阻抗变换器和切比雪夫阻抗变换器的计算方法，在应用于单模(TE_{10})工作的矩形波导时，各变换段的矩形波导应具有相同尺寸的宽壁，其阻抗的变换要靠选不同尺寸的窄壁来解决。因为只有这样，才能保证各变换段在同一个频率时，其几何长度 l 和电长度 θ 都一样。

三、连续式阻抗变换器

如果在特性阻抗不同的两段传输线之间插入特性阻抗连续变化的过渡传输线段，则这种变换器称为连续式或渐变式阻抗变换器。首先讨论这种阻抗变换器反射系数的一般表示式，

然后再讨论一个实例。图 6.2-14 是这种变换器(渐变线)的示意图，以及说明由无限多个小“台阶”所组成的变换器的演变过程示意图。首先求带有“台阶”的变换器的反射系数，而后令每个“台阶”的长度无限减小、“台阶”的数目无限增加，那么在极限情况下求出的反射系数，就是连续式阻抗变换器的反射系数。设过渡段的总长度为 l，过渡段的始端(左端)所接传输线的特性阻抗为$Z(0)$，终端(右端)所接传输线的特性阻抗为 Z_l。过渡段中任一位置 x 处的特性阻抗为 $Z(x)$，在 $x+\Delta x$ 处的特性阻抗为 $Z(x+\Delta x)$，由于阻抗的微小变化而造成的反射系数 Γ_x 为

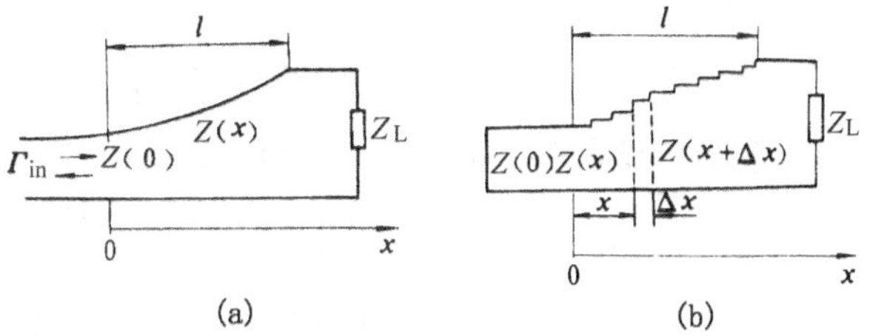

图 6.2-14　连续式阻抗变换器

(a) 连续式阻抗变换器；(b) 演变过程示意图

$$\Gamma_x = \frac{Z(x+\Delta x)-Z(x)}{Z(x+\Delta x)+Z(x)} \approx \frac{\mathrm{d}Z(x)}{2Z(x)} = \frac{1}{2}\mathrm{d}[\ln Z(x)]$$

$$= \frac{1}{2}\frac{\mathrm{d}}{\mathrm{d}x}[\ln Z(x)]\mathrm{d}x \tag{6.2-61}$$

若忽略各个台阶之间多次来回反射的影响，则 Δx 小段在过渡段始端造成的反射系数 $\mathrm{d}\Gamma_{\mathrm{in}}$为

$$\mathrm{d}\Gamma_{\mathrm{in}} = \Gamma_x \mathrm{e}^{-\mathrm{j}2\beta x} = \frac{1}{2}\mathrm{e}^{-\mathrm{j}2\beta x}\frac{\mathrm{d}}{\mathrm{d}x}[\ln Z(x)]\mathrm{d}x \tag{6.2-62}$$

对该式在过渡段总长度 l 上积分，就得到过渡段始端的总反射系数 Γ_{in}为

$$\Gamma_{\mathrm{in}} = \frac{1}{2}\int_0^l \mathrm{e}^{-\mathrm{j}2\beta x}\frac{\mathrm{d}}{\mathrm{d}x}[\ln Z(x)]\mathrm{d}x \tag{6.2-63}$$

这就是连续式阻抗变换器反射系数的一般表示式。式中 β 是相移常数，对于无色散波，$\beta=2\pi/\lambda$，对于工作于 TE_{10}模的矩形波导，若它的宽壁尺寸 a 不变，过渡段等效阻抗的渐变是由其窄壁尺寸 b 的变化而完成的，那么，上述的公式仍可应用。对于微带传输线，虽然也可利用这个公式计算反射系数，但由于微带线中的有效介电常数 ε_e 与微带线的尺寸有关，因此，β 也随着这些因素而变，计算出的结果是不准确的，只是一个近似值。

式(6.2-63)适用于 $Z(x)$按任何规律变化的渐变线：如果已知函数 $Z(x)$，则可求出$|\Gamma_{\mathrm{in}}|$ 随波长(或频率)的变化规律，称为分析法；若给定了$|\Gamma_{\mathrm{in}}|$ 的频率特性，而需要求出的是$Z(x)$ 的变化规律，则称为综合法。下面只举一分析法的例子。

指数渐变线：它的特性阻抗沿轴线 x 按指数规律变化，即

$$Z(x) = Z(0)\mathrm{e}^{kx} \tag{6.2-64a}$$

或

$$\ln Z(x) = \ln Z(0) + kx \tag{6.2-64b}$$

式中，$Z(0)$是始端特性阻抗；k 是表示变化规律的常数，它可由下式确定：当 $x=l$ 时，由式(6.2-64b)知

$$kl = \ln\frac{Z(l)}{Z(0)} = \ln R$$

则

$$k = \frac{\ln R}{l} \tag{6.2-65}$$

将 k 代入到式(6.2-64b)中，得

$$\ln Z(x)=\frac{\ln R}{l}x+\ln Z(0) \tag{6.2-66}$$

$Z(l)$为指数渐变线末端阻抗，R 为阻抗变换比。将式(6.2-66)代入到式(6.2-63)中，得

$$\begin{aligned}\Gamma_{\text{in}}&=\frac{1}{2}\int_0^l e^{-j2\beta x}\frac{d}{dx}\left[\frac{\ln R}{l}x+\ln Z(0)\right]dx\\&=\frac{\ln R}{2l}\int_0^l e^{-j2\beta x}\,dx=\frac{1}{2}\ln R\,\frac{\sin\beta l}{\beta l}e^{-j\beta l}\end{aligned} \tag{6.2-67}$$

取 Γ_{in}的模，即

$$|\Gamma_{\text{in}}|=\frac{1}{2}\ln R\,\frac{|\sin\beta l|}{\beta l}\approx\Gamma_R\,\frac{|\sin\beta l|}{\beta l} \tag{6.2-68}$$

$$\Gamma_R\approx\frac{1}{2}\ln R \tag{6.2-69}$$

图 6.2-15 是根据式(6.2-68)画出的$|\Gamma_{\text{in}}|$随βl(或 l)变化的曲线，称为频率响应曲线。从图可知，它呈波纹状，Γ_m 是在通频带内允许的反射系数模的最大值。从图中还可看出：若给定的 Γ_m 较小，则应选取 l 为几个半波长才能满足要求；当给定了 l 时，若能在频带的下限使$|\Gamma_{\text{in}}|$ 满足要求，那么，在频带的上限也一定能满足要求，即是说，这种变换器是一个高通滤波器，从理论上讲，它没有频率上限的限制。但应指出的是，阶梯式阻抗变换器的通频带有上下限的限制，因此它属于带通式滤波器。

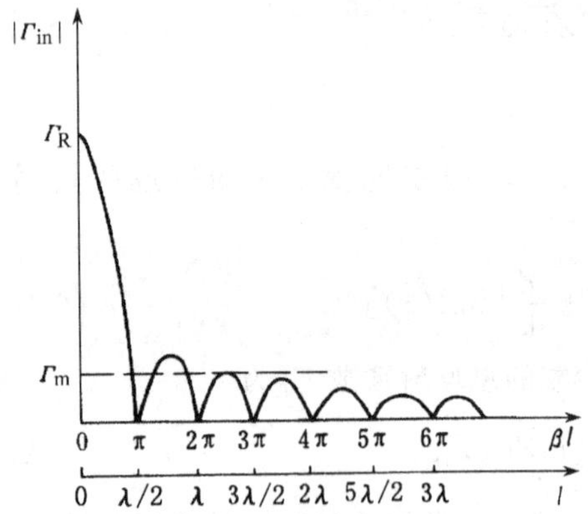

图 6.2-15　指数线的频率响应曲线

指数渐变线的设计步骤是：根据要求的频带和 Γ_m，选定长度 l，再由已知的 $R=Z(l)/Z(0)$确定阻抗变化规律 $Z(x)$，最后由 $Z(x)$算出渐变段的具体尺寸。

对于同轴线，若令渐变段外导体的内直径 D 不变，则它的阻抗 $Z(x)$为

$$Z(x)=Z(0)e^{(\ln R/l)x} \tag{6.2-70}$$

为了得到 $Z(x)$的这种变化规律，则应改变渐变段内导体的外直径 d，当填充介质为空气时，由公式

$$Z(x)=60\ln\frac{D}{d(x)} \tag{6.2-71}$$

知，$d(x)$的变化规律应为

$$d(x)=De^{-Z(x)/60} \tag{6.2-72}$$

对于工作于 TE_{10}模的矩形波导，当渐变段宽壁的内尺寸 a 不变、而等效阻抗仅比例于窄壁内尺寸 b 时，则 b 的变化规律应为

$$b(x)=b(0)e^{(\ln R/l)x} \tag{6.2-73}$$

式中，$b(0)$为渐变段始端窄壁的内尺寸，$b(l)$为其末端窄壁的内尺寸，R 为

$$R=\frac{b(l)}{b(0)} \tag{6.2-74}$$

对于带状线和微带线，则可采用改变导体带宽度的方法，以满足 $Z(x)$ 变化规律的要求。

由上述的例子可知，指数渐变段由于其加工较困难，因此在实际应用中可把尺寸的曲线变化改为直线式的变化，两者频率响应曲线的形状基本上相同，只是直线式渐变线的频率响应在 $l=k(\lambda/2)$ 的各点($k=1,2,3\cdots$)，$|\Gamma_{in}|$ 在一般情况下不为零，而且 k 愈小和 R 愈大，两者频率响应曲线的差别也愈大。

以上所述是利用分析法的例子。关于利用综合法的例子有极限切比雪夫渐变线(或称切比雪夫渐变线)，即切比雪夫变换器的段数 n 趋于无穷时的情况，在同样的情况下，这种线的长度最短，或者说，当 l 给定时，在同样情况下，它的 Γ_m 更小些。从这个意义上讲，它是渐变线中的一种最佳设计方案。

最后应指出的是：从带宽的利用率和变换段的总长度来看，以及从加工难易的观点看，采用渐变线段并不一定合适，因此，除为了能使变换段承受较大的功率而采用连续性阻抗变换器外，大多采用阶梯式阻抗变换器。

四、波型转换器

能将一种传输波型(模式)转换成另一种传输波型(模式)的微波元件，称为波型转换器。这里主要介绍同轴线(TEM 模)到矩形波导(TE_{10} 模)，矩形波导(TE_{10} 模)到圆波导(TE_{11}、TE_{01} 和 TM_{01} 模)的转换中最常见的波型转换器。

(一) 同轴-矩形波导转换器

同轴-矩形波导转换器常用的方法之一，是如图 6.2-16 所示的转换接头。同轴线的外导体与矩形波导的宽壁连在一起，内导体的延伸部分(探针)插入波导中，形成一个小辐射天线，在波导中激励出 TE_{10} 模式的电磁波。为使能量单方向传播，在波导中距探针 l 处装置了一个可调短路活塞，适当调节距离 l，就能使波更有效地单方向传播。由于在矩形波导中插入探针，并在宽壁上开了孔，从而造成结构上的不连续性，这必然地会在同轴线与波导的连接处产生高次模。但是，这种高次模在距连接处稍远的区域内会很快地衰减掉(因为波导对它们是截止的)，而在连接处附近，它们的作用相当于储能元件，就是说，在同轴-波导转换处引入了电抗，造成波的反射，使同轴线与波导的失配加剧。为改善匹配性能，可适当调节探针的插入深度 h，或使探针偏离波导宽壁中心线一个距离 d，并配合调节短路活塞的位置，就能大大改善匹配性能。如果调整得好，可以在(10%～15%)的相对频带宽度内使驻波比不大于 1.1。

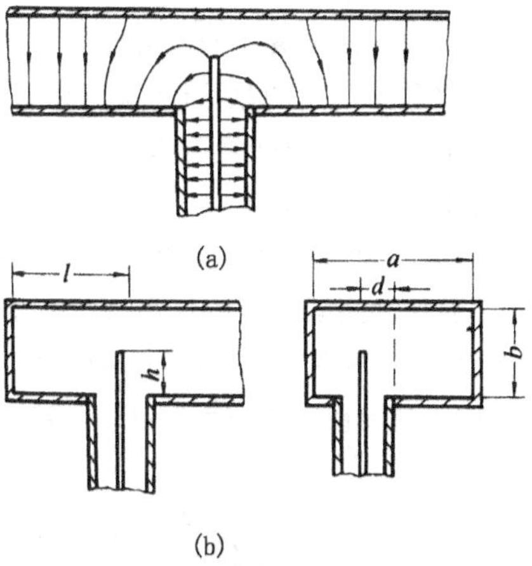

图 6.2-16　探针式同轴线-波导转换接头

为了展宽频带，还可采用如图 6.2-17 所示的方法，就是将探针用介质套筒套起来。对于这种情况，目前尚无完整的定量分析，但可定性地说，介质套降低了波导的等效阻抗(通常，波导的等效阻抗比同轴线的特性阻抗要大)，减少了阻抗对频率变化的敏感性，从而展宽了转换接头的频带。采用这种装置，在一定的工作频带内，驻波比可小于 1.25。但是，加了介质套筒后，会降低转换器的功率容量，因此这种装置多用于功率较低的情况。

同轴-波导转换器除上述形式之外，还有多种多样的结构形式，采用不同结构形式的目的无非是两个：展宽频带和提高功率容量。对于各种结构形式不可能、也无必要再详细讲述，但为了使读者再稍多地了解一下情况，在图 6.2－18 中给出了几种同轴-波导（TE_{10}模）转换器的结构示意图。

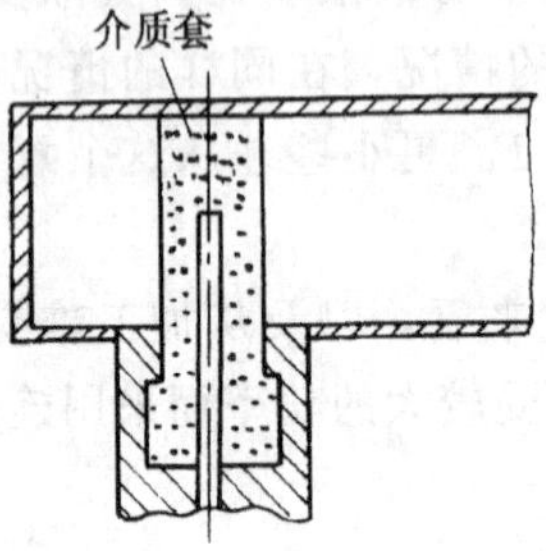

图 6.2－17　探针介质套转换器

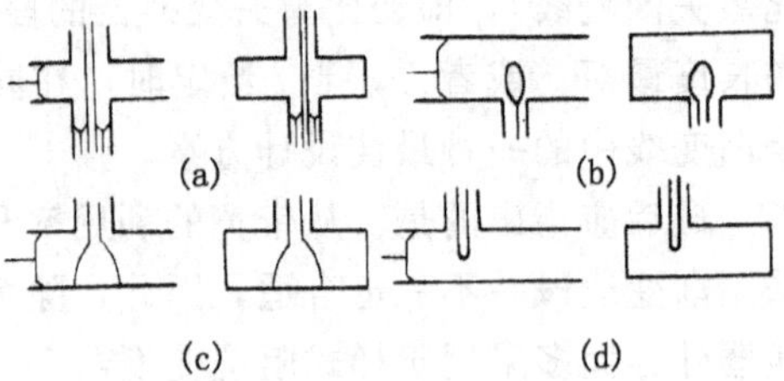

图 6.2－18　同轴-波导转换器示意图

同轴-波导转换器除采用探针和上述的各种结构形式外，若把同轴线的内导体做成环状（即内导体与外导体相连接构成闭合环），伸入波导中，也可以构成激励装置。

最后说明一下，上面讲的是从同轴线向波导输送能量，去激励波导产生电磁波；反之，若从波导中取出（耦合出）能量，所采用的装置和上面讲的完全一样，因为激励和耦合是符合互易原理的，就是说，激励和耦合的过程是可逆的。

（二）矩形-圆形波导转换器

矩形波导中常用的是 TE_{10}模，圆波导中常用的是 TE_{11}、TE_{01}和 TM_{01}模。下面讨论把矩形波导中的 TE_{10}模转换为圆波导中的这三种模式的转换器。这一类转换器的形式很多，这里只讨论其中的一两种。

把矩形波导中的 TE_{10}模转换成圆波导中的 TE_{11}模，其中方法之一是采用图 6.2－19 所示的波导截面尺寸逐渐变化的过渡段，根据边界条件，矩形波导中 TE_{10}的场分布，经过渐变过渡段逐渐变成圆波导中 TE_{11}模的场分布。此外，渐变过渡段还可以减少波的反射。把矩形波导中的 TE_{10}模转换成圆波导中 TE_{11}模的另一种方法，是采用图 6.2－20 所示的结构形式，使

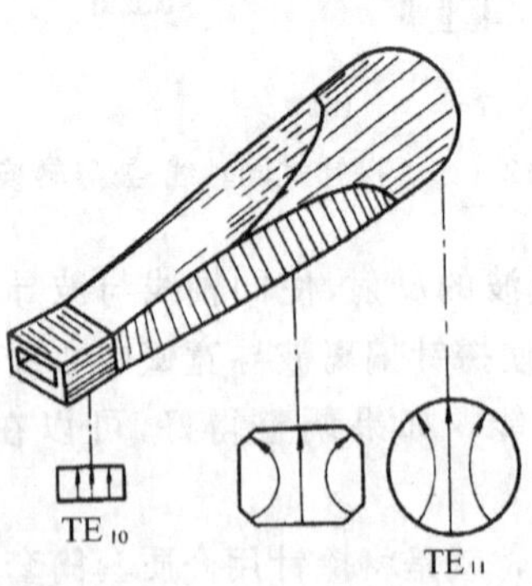

图 6.2－19　矩形波导中的 TE_{10}转换为圆波导中的 TE_{11}

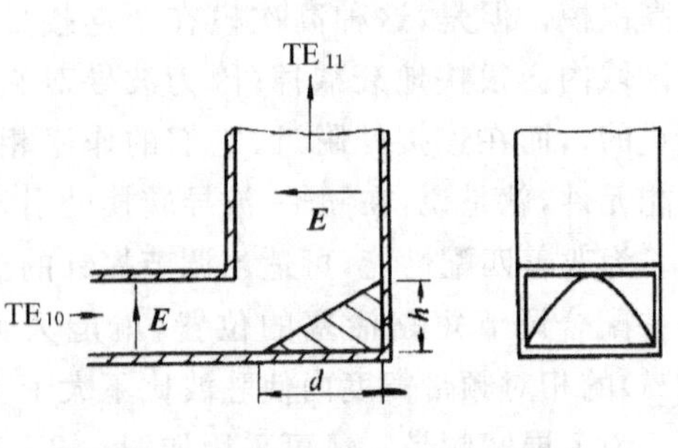

图 6.2－20　矩形波导中的 TE_{10}转换为圆波导中的 TE_{11}

矩形波导与圆形波导相互垂直地连接在一起，在两者相连接的拐角处放置一适当尺寸的金属匹配块，若尺寸 h 和 d 选择合适，就可得到较好的匹配，同时还会使矩形波导中的 TE_{10} 模逐渐转换为圆波导中的 TE_{11} 模。为了使圆波导只传输 TE_{11} 模，防止有可能激励出的 TM_{01} 模的传输，应选取合适的圆波导内直径 D 的尺寸，以使在工作频带内对 TM_{01} 模是截止的。

对于矩形波导中 TE_{10} 模转换成圆波导中的 TE_{01} 模，可以采取波导横截面的形状和尺寸渐变的过渡段，如图 6.2-21 所示。

对于矩形波导中的 TE_{10} 模转换为圆波导中的 TM_{01} 模可采用如图 6.2-22 所示的装置，在

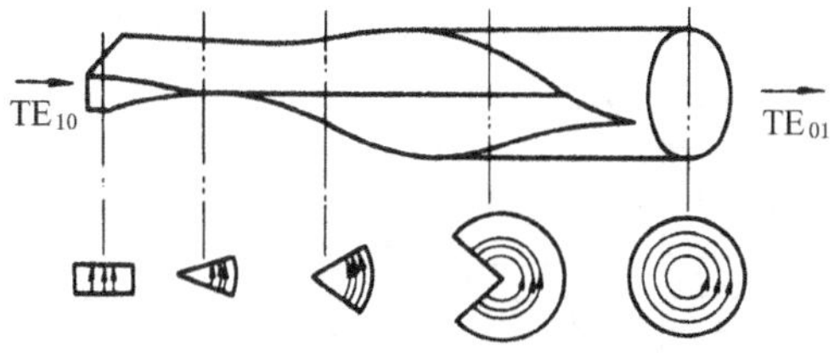

图 6.2-21　矩形波导中的 TE_{10} 转换为圆波导中的 TE_{01}

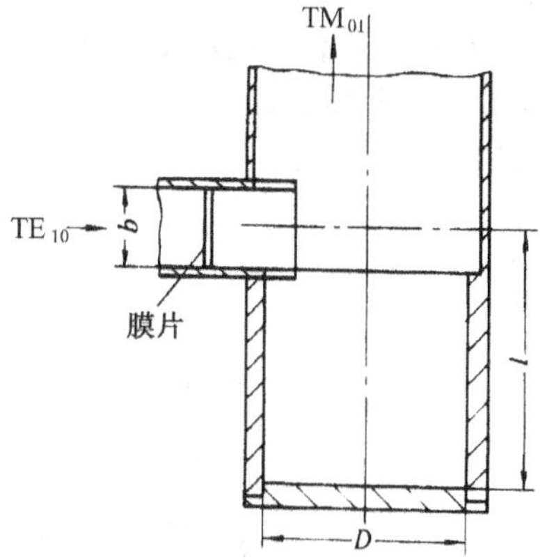

图 6.2-22　矩形波导中的 TE_{10} 转换为圆波导中的 TM_{01}

两个波导交接处的下方增加一个长度为 l 的短路分支圆波导段，可以把它看做是串联在矩形波导与上面的圆波导之间的一段短路支线。适当选择这段圆波导的内直径 D，并使其长度 l 近似等于 TM_{01} 模的二分之一波导波长，同时也近似等于 TE_{11} 模的四分之三个波导波长，就可以把可能激励出的 TE_{11} 模抑制掉，使其不能在圆波导中传播，而只能传播 TM_{01} 模。该装置中的膜片可以起到匹配的作用。

图 6.2-23 是把圆波导中的 TE_{11} 模转换为矩形波导中 TE_{10} 模的一种转换装置。在圆波导内加一段长为 $\lambda_g/4$ 的阶梯过渡段。为了改善匹配和增加带宽，可以采用两个或三个阶梯过渡段。过渡段的尺寸可根据对该段所要求的波型阻抗的值来确定。

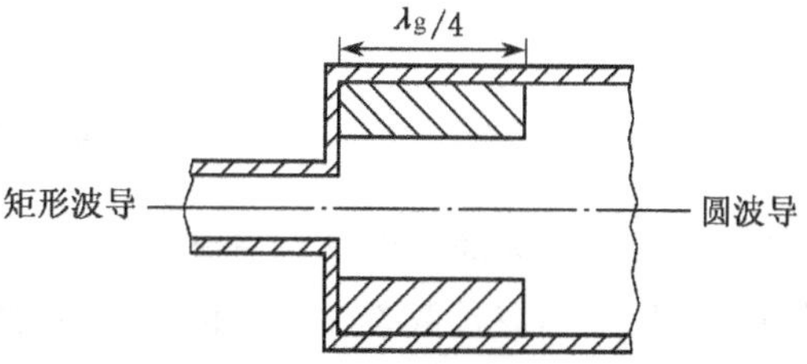

图 6.2-23　圆形波导中的 TE_{11} 转换为矩形波导中的 TE_{10}

§6.3　分支元件

在实际应用中，有时需要将信号源的功率分别馈送给若干个分支电路（负载），例如将发射机的功率分别馈送给天线的很多个辐射单元，就是说，进行功率分配，这就要用到各种类型传输线的分支元件。分支元件的种类和结构形式很多，而且其功能并不限于功率分配，还能起到功率合成、调配和测量的功能，在阻抗和相位的测量、天线开关、平衡混频器等方

面也都得到了应用，例如双 T 和魔 T。在此，只介绍常见的几种。

一、同轴线功率分配器

一般有等功率和不等功率分配器（窄频带或宽频带）两种。为了更一般化，我们只讲宽频带的等功率分配器和宽频带的不等功率分配器。图 6.3-1(a)是一个宽频带等功率分配器的结构示意图，它由主臂①（接信号源）、支臂②和支臂③，以及终端短路的长为 λ/4 的支臂④所组成。主臂和支臂②、支臂③的特性阻抗为 Z_c，短路支臂的特性阻抗为 Z_{c1}，在主臂与各支臂交接点之间加了一段 λ/4 的阻抗变换器，它的特性阻抗为 Z_{c1}。若支臂②、支臂③的终端接有匹配负载，则从接头处向支臂②、支臂③看去的输入阻抗分别为 Z_2 和 Z_3，它们均等于 Z_c；向支臂④看去的阻抗相当于开路；Z_2 与 Z_3 并联后的阻抗为 $Z_c/2$。λ/4 阻抗变换器的特性阻抗 Z_{c1} 为

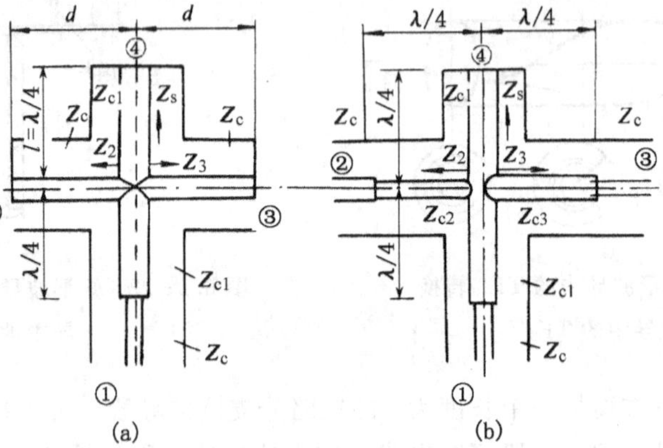

图 6.3-1　同轴线功率分配器

(a) 宽频带等功率分配器；(b) 宽频带不等功率分配器

$$Z_{c1}=\sqrt{Z_c\left(\frac{Z_c}{2}\right)}=\frac{Z_c}{\sqrt{2}} \tag{6.3-1}$$

这样，主臂①送入的功率将均分给支臂②、支臂③。因为 λ/4 阻抗变换器是针对中心波长而设计的，所以当波长偏离中心波长时，匹配性能会下降，也即频带较窄。为了展宽频带而加了一段λ/4（中心波长）的短路支线。这个短路支线在接头处呈现的电抗为

$$X_s=\mathrm{j}Z_{c1}\tan\beta l \tag{6.3-2}$$

式中的 β 为相移常数，l 为短路支线的长度。在分支接头处总的阻抗 Z 用下式表示

$$\frac{1}{Z}=\frac{1}{Z_c/2}+\frac{1}{X_s} \tag{6.3-3}$$

或写为导纳

$$Y=2Y_c+B_s \tag{6.3-4}$$

式中

$$B_s=-\mathrm{j}Y_{c1}\cot\beta l \tag{6.3-5}$$

将导纳对 Y_{c1} 进行归一化，又因为 $Y_{c1}=\sqrt{2}Y_c$，所以归一化后的导纳 y 为

$$y=\sqrt{2}+b_s \tag{6.3-6}$$

式中

$$b_s=-\mathrm{j}\cot\beta l \tag{6.3-7}$$

现在用导纳圆图，即图 6.3－2 来说明短路支线有展宽频带的作用。在中心波长时，短路支线的输入电纳 $B_s=0(B_s=1/X_s)$，此时接头处总导纳的归一化值 $y_A=\sqrt{2}$，设它位于圆图上的 A 点，从此点开始向信号源方向（主臂方向）经过 $\lambda/4$ 长的阻抗变换器后，此时的导纳位于圆图上的 B 点，它的导纳为 $y_B=1/\sqrt{2}$，而实际的导纳为

$$Y_B=\frac{1}{\sqrt{2}}Y_{c1}=\frac{1}{\sqrt{2}}\sqrt{2}Y_c=Y_c \tag{6.3-8}$$

可见，与主臂是匹配的。当波长大于中心波长时，短路支线和阻抗变换器的实际长度均小于 $\lambda/4$，短路支线的输入电纳为负值，设其位于圆图上的 C 点，由此点开始向信号源方向移动，经过阻抗变换器后的导纳仍落于 B 点，可见与主臂也是匹配的。当波长小于中心波长时，短路支线的输入电纳为正值，经过与上面相同的分析过程可知，经过变换器后的导纳还是落在 B 点，即仍然是与主臂相匹配的。当然，上面的分析均未考虑接头处由于不连续性而造成的电抗成分的影响，这些影响会产生附加的不匹配作用。对于这种结构形式，若适当地调整短路支线的长度，在一定频带内驻波比可小于 1.1。

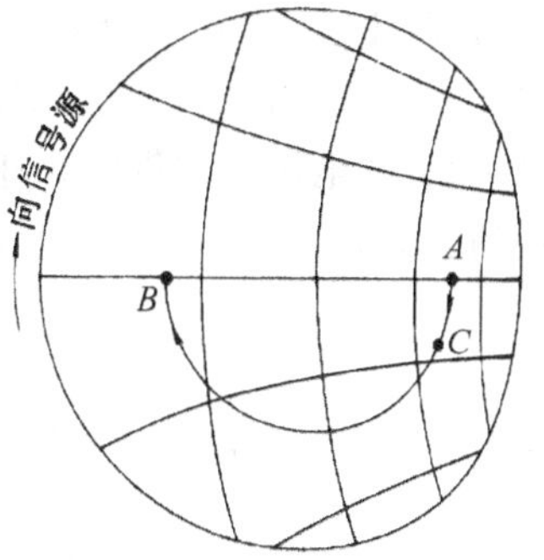

图 6.3－2　用导纳圆图说明展宽频带的原理

以上所讲的是宽频带等功率分配器，若要求支臂②、支臂③分配的功率不相等，则可采用图6.3－1(b)所示的结构形式，即在两个支臂中靠近接头处分别接入特性阻抗为 Z_{c2} 和 Z_{c3} 的 $\lambda/4$ 阻抗变换段，以使在接头处的输入阻抗 Z_2 和 Z_3 不再相等，从而使支臂②、支臂③得到的功率也不相等。这样，就可以得到下列关系式

$$\frac{P_3}{P_2}=\frac{Z_2}{Z_3}=k^2=\frac{Z_{c2}^2}{Z_{c3}^2} \tag{6.3-9}$$

式中，P_2 和 P_3 分别为输入支臂②和支臂③的功率，k^2 为一比例系数。为了匹配，支臂②、支臂③的特性阻抗还应满足下式

$$Z_{c2}^2=Z_cZ_2 \quad 和 \quad Z_{c3}^2=Z_cZ_3 \tag{6.3-10}$$

若使变换段的特性阻抗 $Z_{c1}=Z_c/\sqrt{2}$，则 Z_2 和 Z_3 应满足下式

$$\frac{1}{Z_2}+\frac{1}{Z_3}=\frac{2}{Z_c} \tag{6.3-11}$$

根据功率分配比的要求和上面的一些关系式，就可以确定出主臂、支臂中的阻抗变换器的特性阻抗，以及它们的结构尺寸。

假若功率由支臂②、支臂③输入，那么主臂就是功率的输出端口，这就是功率分配的逆过程，称为功率合成，即是说，功率分配和功率合成具有互易性。

二、微带线功率分配器

这种功率分配器的具体结构形式很多，其中较常用的是采用 $\lambda_g/4$ 阻抗变换段的功率分

配器；其功率分配可以是相等的或不相等的。为了更一般化，只介绍不等功率分配器，而等功率分配器是不等功率分配器的特例。图 6.3-3 是不等功率分配器的一个原理性示意图。这种功率分配器一般都有为了消除端口②、端口③之间耦合作用的隔离电阻 R。设主臂①（功率输入端）的特性阻抗为 Z_c，支臂①-②和支臂①-③的特性阻抗分别为 Z_{c2} 和 Z_{c3}，它们的终端负载分别为 R_2 和 R_3、电压的复振幅分别为 U_2 和 U_3、功率分别为 P_2 和 P_3。假设微带线本身是无耗的，两个支臂对应点对地（零电位）而言的电压是相等的，那么，就可以得到下列的关系式

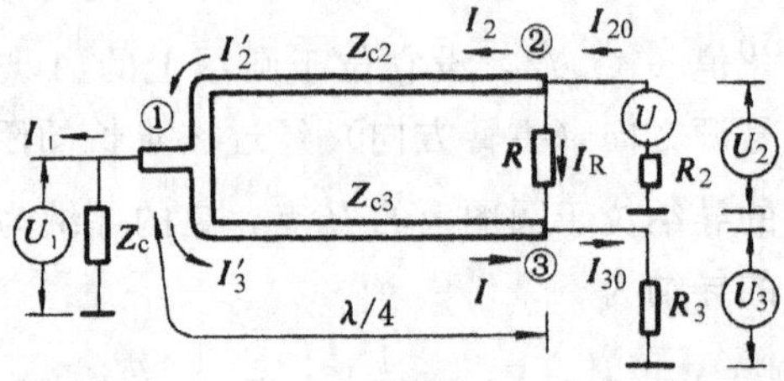

图 6.3-3　配有隔离电阻的微带功率分配器

$$P_2 = \frac{1}{2}\frac{|U_2|^2}{R_2} \tag{6.3-12}$$

$$P_3 = \frac{1}{2}\frac{|U_3|^2}{R_3} \tag{6.3-13}$$

$$P_3 = k^2 P_2 \tag{6.3-14}$$

又因 $U_2 = U_3$，所以有

$$\frac{P_3}{P_2} = k^2 = \frac{R_2}{R_3} \tag{6.3-15}$$

$$R_2 = k^2 R_3 \tag{6.3-16}$$

式中的 k^2 是比例系数，k 可以取 1（等功率情况）或大于 1 和小于 1（不等功率情况）。设 Z_{i2} 和 Z_{i3} 是从接头处分别向支臂①-②和支臂①-③看去的输入阻抗，两者的关系是

$$Z_{i2} = k^2 Z_{i3} \tag{6.3-17}$$

从主臂①向两支臂看去，应该是匹配的，因此应有

$$Z_c = \frac{Z_{i2}\,Z_{i3}}{Z_{i2} + Z_{i3}} = \frac{k^2}{1+k^2} Z_{i3} \tag{6.3-18}$$

或

$$Z_{i3} = \frac{1+k^2}{k^2} Z_c \tag{6.3-19}$$

由此得

$$Z_{i2} = (1+k^2) Z_c \tag{6.3-20}$$

因为 Z_c 和 k 是给定的，这样，Z_{i2} 和 Z_{i3} 即可求出。前面已讲过，$R_2 = k^2 R_3$，可见，只需选定 R_2 或 R_3 中的一个值，则另一个即可确定，为计算方便，通常可选取

$$R_2 = k Z_c \tag{6.3-21}$$

$$R_3 = \frac{Z_c}{k} \tag{6.3-22}$$

根据式(6.3-19)、式(6.3-20)和式(6.3-21)、式(6.3-22)即可求出两个支臂的特性阻抗 Z_{c2} 和 Z_{c3} 分别为

$$Z_{c2} = \sqrt{Z_{i2}\,R_2} = Z_c\sqrt{k(1+k^2)} \tag{6.3-23}$$

$$Z_{c3} = \sqrt{Z_{i3}\,R_3} = Z_c\sqrt{\frac{1+k^2}{k^3}} \tag{6.3-24}$$

现在讨论隔离电阻 R 的作用及其值如何确定。倘若没有电阻 R，那么，当信号由支臂

①-②的端口②输入时，一部分功率将进入主臂①，另一部分功率将经过支臂①-③而到达端口③；反之，当信号由支臂①-③的端口③输入时，除一部分功率将进入主臂①外，还有一部分功率将到达端口②，即端口②、端口③之间相互影响（有耦合）。为了消除这种现象，而加了隔离电阻 R。当信号由主臂①输入时，由于 R 两端电位相等，无电流通过，不影响功率分配（相当 R 不存在一样）。若信号由端口②输入，一部分能量经 R 到端口③，另一部分，除经支臂①-②输入主臂①外，还有一部分经支臂①-③到达端口③，但这一部分与经 R 到达端口③的信号，由于路程差而使它们的相位差 π，从而使它们互相抵消，端口③输出的能量极少；同理，当信号从端口③输入时，端口②的输出能量也极少。若 R 的值和位置选择合适，就能得到较好的隔离效果。

为了求出隔离电阻 R 的表示式，可以利用图 6.3 - 3 的示意图。图中和公式中的电压和电流是指其复振幅。设在端口②上接入电压为 U 的信号源，这样就会在整个电路中引起电压和电流。设在端口①、端口②、端口③处的电压分别为 U_1、U_2 和 U_3，电流分别为 I_1、I_2'、I_3'，I_2、I_{20}，I_R，I_3 和 I_{30}。因为支臂①-②和支臂①-③的长度 l 均为 $\lambda_g/4$，所以，根据传输线理论可知

对于支臂①-②有

$$U_2 = U_1\cos\beta l + jI_2' Z_{c2}\sin\beta l = jI_2' Z_{c2} \tag{6.3-25}$$

$$I_2 = I_2'\cos\beta l + j\frac{U_1}{Z_{c2}}\sin\beta l = j\frac{U_1}{Z_{c2}} \tag{6.3-26}$$

对于支臂①-③有

$$U_1 = U_3\cos\beta l + jI_3 Z_{c3}\sin\beta l = jI_3 Z_{c3} \tag{6.3-27}$$

$$I_3' = I_3\cos\beta l + j\frac{U_3}{Z_{c3}}\sin\beta l = j\frac{U_3}{Z_{c3}} \tag{6.3-28}$$

另外，根据电路理论可知，在主臂和两个支臂的交接点处有

$$I_2' = I_1 + I_3' = \frac{U_1}{Z_c} + I_3' \tag{6.3-29}$$

在隔离电阻 R 与端口③的交接点处有

$$I_3 = I_{30} - I_R = \frac{U_3}{R_3} - I_R \tag{6.3-30}$$

式中

$$I_R = \frac{U_2 - U_3}{R} \tag{6.3-31}$$

将式(6.3 - 25)和式(6.3 - 28)代入到式(6.3 - 29)中，得

$$\frac{U_1}{Z_c} + j\frac{U_2}{Z_{c2}} + j\frac{U_3}{Z_{c3}} = 0 \tag{6.3-32}$$

再将式(6.3 - 27)和式(6.3 - 31)代入到式(6.3 - 30)中，得

$$j\frac{U_1}{Z_{c3}} - \frac{U_2 - U_3}{R} + \frac{U_2}{R_3} = 0 \tag{6.3-33}$$

或

$$j\frac{U_1}{Z_{c3}} - \frac{U_2}{R} + \frac{(R + R_3)}{R_3 R}U_3 = 0 \tag{6.3-34}$$

当端口②、端口③隔离，即端口③无能量输出(实际上即 $U_3 = 0$)时，则由式(6.3 - 32)和式(6.3 - 33) 可得

$$\frac{U_1}{U_2}=-\mathrm{j}\,\frac{Z_c}{Z_{c2}}=-\mathrm{j}\,\frac{Z_{c3}}{R} \tag{6.3-35}$$

再根据式(6.3-23)、式(6.3-24)和式(6.3-35)，得

$$R=\frac{Z_{c2}\,Z_{c3}}{Z_c}=Z_c\,\frac{1+k^2}{k} \tag{6.3-36}$$

顺便指出，利用网络理论中求导纳矩阵的方法，同样可以求出与式(6.3-36)完全相同的隔离电阻 R 的表示式。

在实际的微带电路中，隔离电阻 R 是由蒸发在介质基片上的镍铬合金薄膜或钽薄膜构成的。在波长较长的情况下，也可用一般的小型电阻焊接在导体带上。一般地讲，若两个支臂的间距不太大，外接的隔离电阻引线短，则效果较好，否则隔离性能较差。

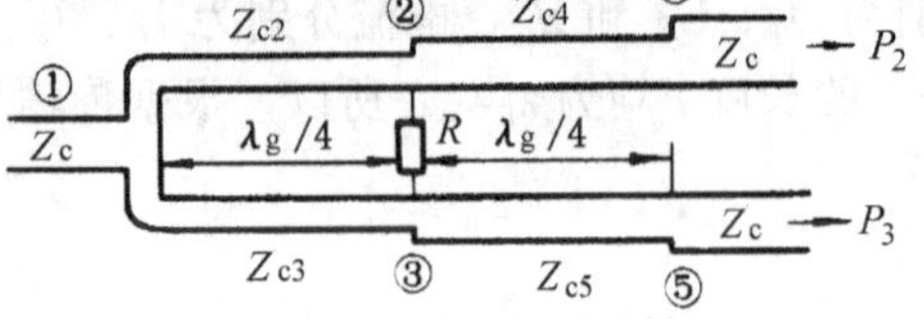

图 6.3-4　接有 $\lambda_g/4$ 阻抗变换段的功分器

在以上的分析中，曾假定端口②、端口③的负载分别为 R_2 和 R_3，但在实际的应用中，端口②、端口③后面要接的一般都是特性阻抗等于 Z_c 的传输线，而为了保证所要求的功率分配比，则应在端口②与传输线之间、端口③与传输线之间分别加入一段 $\lambda_g/4$ 长的阻抗变换器，图 6.3-4 是这种情况的示意图。设在端口②后变换段的特性阻抗为 Z_{c4}，在端口③后变换段的特性阻抗为 Z_{c5}，它们的表示式分别为

$$Z_{c4}=\sqrt{R_2 Z_c}=Z_c\sqrt{k} \tag{6.3-37}$$

$$Z_{c5}=\sqrt{R_3 Z_c}=\frac{Z_c}{\sqrt{k}} \tag{6.3-38}$$

以上是对中心波长而言所得出的结果。当波长偏离中心波长时，性能会差些，即频带较窄，若要求频带宽些，则可采用多节的功率分配器。上述的功率分配器，它的逆过程就是功率合成器。利用微波网络理论可以证明：任何无耗的三端口网络不可能同时实现各端口的匹配和隔离。但是对于加了隔离电阻的三端口功率分配器，即成了有耗网络，因此各端口可以同时得到匹配和隔离。

三、矩形波导管分支接头

属于这一类的功率分配器也有各种不同的结构形式，其中较常用的是 T 型接头、双 T 接头和魔 T（或称匹配的双 T）接头。

（一）T 型接头

有 E-T 和 H-T 两种形式，前者也称 E 面 T 形分支，后者也称 H 面 T 形分支。图 6.3-5 是 E 面 T 形分支的结构图和在 E 平面上电场力线的分布图。所谓 E-T，就是对于 TE_{10} 模而言，任取一平行于波导窄壁的平面，E-T 接头三个臂内的电场均在此平面内，因此叫做 E 面分支。从图 6.3-5 的场分布直观地看，可得出 E-T 接头的下述性质（条件是，当信号从某一端口输入时，其余的两个端口均接匹配负载）：

当信号从端口 1 输入时，端口 2、端口 3 有输出；当信号从端口 2 输入时，端口 1、端口 3 有输出；当信号从端口 3 输入时，在距对称面相等距离处，端口 1、端口 2 输出的信号幅度相等、相位相反（电场方向相反），这是因为支臂 1、支臂 2 在结构上对于对称面 T 是

对称的，而支臂 3 的电场（对于 TE_{10} 模）对 T 而言是反对称的；当端口 1 和端口 2 同时输入等幅、反相的信号时，端口 3 有最大的输出（同相叠加）；当端口 1 和端口 2 同时输入等幅、同相的信号时，端口 3 无输出，因此在端口 1 和端口 2 之间形成纯驻波状态，而且对称面 T 处是电场的波腹点、磁场的波节点。

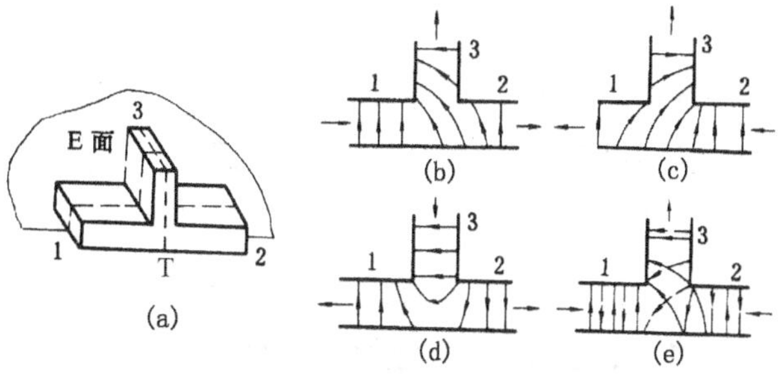

图 6.3－5　E 面 T 形分支

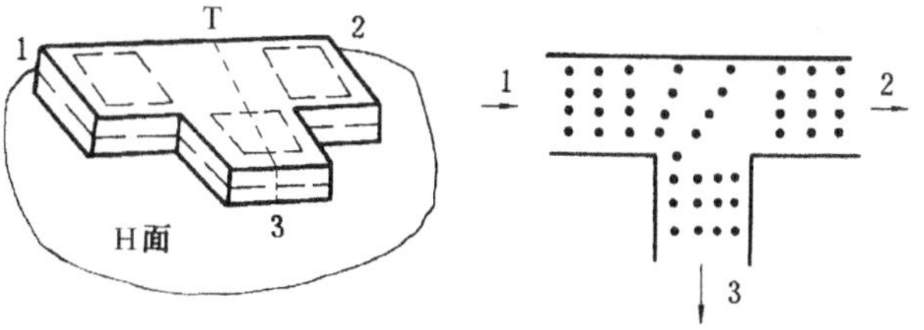

图 6.3－6　H 面 T 形分支

另一种 T 型接头是 H 面 T 形分支，如图 6.3－6 所示。对于 TE_{10} 模而言，各臂内磁场所在的平面都处于与波导的宽壁相平行的平面内，因此称为 H 面分支接头。根据分析 E－T 接头时的同样道理，可得到 H－T 接头的下列性质（条件和 E－T 接头所要求的一样）：

当信号由端口 1 输入时，端口 2、端口 3 有输出；当信号由端口 2 输入时，端口 1、端口 3 有输出；当信号由端口 3 输入时，由端口 1、端口 2 输出的信号幅度相等、相位相同（因支臂 1、支臂 2 对于对称面 T 在结构上是对称的）；当由端口 1、端口 2 同时输入等幅同相信号时，端口 3 有最大的输出；当端口 1、端口 2 同时输入等幅、反相信号时，端口 3 无输出，因此在端口 1 和端口 2 之间形成了纯驻波分布，而且对称面 T 处是电场的波节点、磁场的波腹点。

有时为了分析问题方便，或者说，能更直观地（当然是近似和不精确地）讨论和分析 T 型接头的性质，常会用到它们的等效电路，如图 6.3－7 所示。对于 E－T 来说，若从波导宽壁中心处附近纵向电流的方向来看，E－T 接头的端口 3 的支臂与主传输线（支臂 1、支臂 2）是串联的关系，如图 6.3－7(a)所示。根据同样的分析，H－T 接头中端口 3 的支臂与主传输线（支臂 1、支臂 2）是并联的关系，如图 6.3－7(b)所示。这些等效电路均未考虑接头处不连续性的影响，实际上在三个支臂的接头处不仅有 TE_{10} 模，而且还有高次模，这些高次模的作用，相当于在接头处引入了电抗性元件。由此可见，上述 T 型接头的等效电路是很粗略的，严格地讲，还应考虑高次模的影响。

T 型接头是一个三端口微波元件，若假定它是无耗的，由网络理论可以证明：三个端口不可能同时实现匹配，也就是说，若信号从任一端口输入，而其余二端口接匹配负载时，它的驻波比是大于 1 的。这一点，从 T 型接头的等效电路中也可以看出来。当然，由此得到的驻波比并不准确，但可以近似地说明 T 型接头的这一性质。

T 型接头可用作功率分配或功率合成器。在 T 型接头的任一臂中加入可移动的短路活塞，调节其位置，就可使接头处呈现任意数值的电抗（可变电抗），以调节波导系统的匹配情况，或者起到滤波的作用。此外，T 型接头还可作为微波天线开关的组成部分。

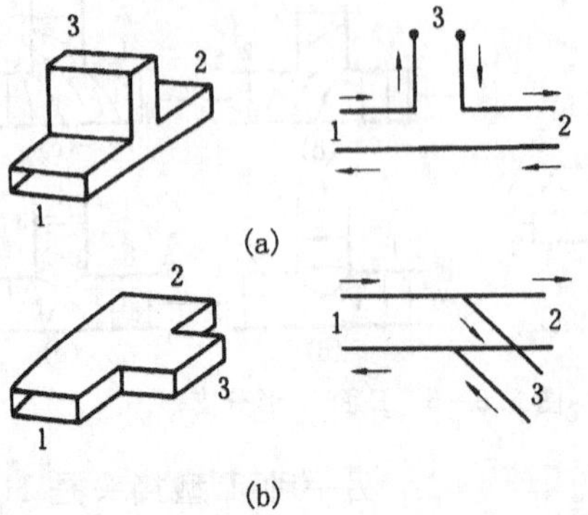

图 6.3－7　E－T 和 H－T 的等效电路

(a) E－T 的等效电路；　(b) H－T 的等效电路

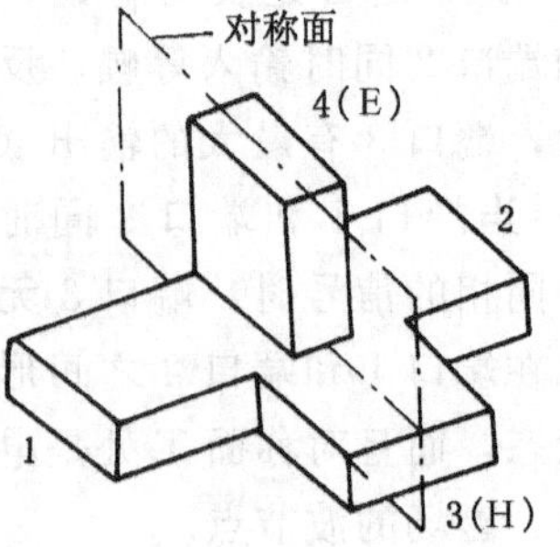

图 6.3－8　双 T

（二）双 T 和魔 T

(1) 双 T。将 E－T 和 H－T 组合在一起，就构成了双 T 接头，如图 6.3－8 所示。根据 E－T 和 H－T 的性质，就可以得出双 T 的下列性质（设信号从某一端口输入时，其他端口均接匹配负载）：当信号从端口 3（H 臂）输入时，端口 1 和 2 输出的信号等幅、同相，端口 4（E 臂）无输出，这是因为支臂 3 内的电场与支臂 4 内的电场在空间是正交的（指 TE_{10} 模），不可能互相激励；当信号从端口 4（E 臂）输入时，端口 1 和端口 2 输出的信号幅度相等、相位相反，端口 3 无输出；从端口 1 和端口 2 同时输入等幅、同相信号时，信号从端口 3 输出，端口 4 无输出；当从端口 1 和端口 2 同时输入等幅、反相信号时，端口 4 有输出，端口 3 无输出；当信号单独由端口 1 或端口 2 输入时，端口 3 和 4 均有输出；端口 1 和端口 2 之间的隔离度很低。

双 T 可用作功率分配或功率合成器。如果在 E 臂和 H 臂中安置可调短路活塞，调节其位置，就可以在各支臂的交接处产生任意大小的电抗，构成调配器，以减少波导系统中的驻波比。

(2) 魔 T（匹配双 T）。在双 T 接头中，当端口 1 和端口 2，以及端口 4 都接匹配负载时，从端口 3 看去是不匹配的；同样，当端口 1 和端口 2，以及端口 3 都接匹配负载时，从端口 4 看去，也是不匹配的。为了使从臂 3（H）和臂 4（E）看去都是匹配的，就需要在双 T 接头四个支臂的交接处安置匹配装置。带有匹配装置的双 T，习惯上称它为魔 T，如图 6.3－9 所示。加了匹配装置后，之所以能达到较好的匹配效果，是因为匹配装置造成的反射波，可以同原来接头处由于不连续性而引起的反射波相抵消。

为使 H 臂得到匹配，可在接头内的对称面上安置一个金属圆杆，如图 6.3－9(a)所示。若圆杆的高度、粗细和位置选择适当，就可以使 H 臂与臂 1 和臂 2 之间达到较好的匹配。圆杆与 H 臂中的电场方向（指 TE_{10} 模）相平行，与 E 臂中的电场方向（指 TE_{10} 模）相垂直。可见，圆杆对 H 臂有较大的匹配效果，而对 E 臂匹配效果较小。根据互易性原理，当信号从臂 1 或臂 2 输入时，也应该是匹配的。

为使 E 臂得到匹配，可在 E 臂中安置一个其表面与电场方向相平行的金属膜片，如图 6.3－9(a)所示。适当选取膜片的尺寸和位置，就可以使 E 臂与臂 1 和臂 2 之间达到较好的

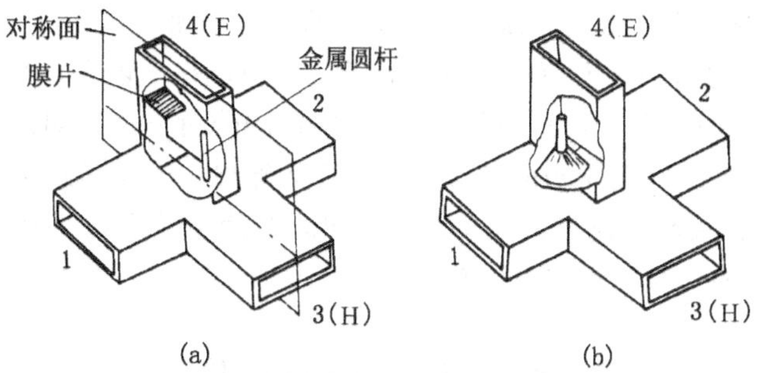

图 6.3-9 魔 T

(a) 用金属圆杆和膜片匹配；(b) 用金属圆锥体和圆杆匹配

匹配。

采取上述措施后，无论是对于 H 臂还是 E 臂，都只能在较窄的频带内有较好的匹配效果。为了能在较宽的频带内达到较好的匹配，可采用如图 6.3-9(b)所示的匹配装置。为使 E 臂得到匹配，在接头内安置了一个金属圆锥体，适当选取它的尺寸，就可以使 E 臂与臂 1 和臂 2 之间达到较好的匹配效果。锥体顶端的圆杆是为了使 H 臂与臂 1 和臂 2 达到匹配而安置的。如果把圆杆换成翅形薄片，同样可以使 H 臂得到匹配，并可提高 E 臂的功率容量。

魔 T 的主要性质是（设信号从某一端口输入时，其他端口均接匹配负载）：当信号从 H 臂输入时，臂 1 和臂 2 输出的信号幅度相等、相位相同，E 臂无输出；当信号从 E 臂输入时，臂 1 和臂 2 输出的信号幅度相等、相位相反，H 臂无输出；当信号从臂 1 输入时，功率均等地从 E 和 H 臂输出，臂 2 无输出；当信号从臂 2 输入时，功率均等地从 E 和 H 臂输出，臂 1 无输出。

魔 T 的应用也较广泛，例如：它可用作功率分配或功率合成器、平衡混频器、电桥、微波天线中的收发开关，还可与其他元件组合成环行器和移相器等。

(3) 环行电桥。图 5.3-10 是环形电桥的原理性示意图。它是一个具有四个分支臂的环形电路，沿圆周这四个支臂之间的距离是：1 到 4 为 $3\lambda_g/4$，其余各臂之间为 $\lambda_g/4$。同轴线、波导、带状线和微带线等，都可以构成环行电桥。环形电桥具有与魔 T 相同的性质，但应注意的是，环形电桥的结构尺寸是对中心波长而言的，当偏离中心波长时，会使“相对”臂之间的隔离度下降。因此，环形电桥的频带比魔 T 的频带要窄。如果在结构上采取某些措施，频带就会宽些。环行电桥在带状线和微带线中是一种平面结构，使用较方便，得到了广泛应用。

环行电桥的特性。为便于说明问题，可把图 6.3-10 看成是一个同轴线环行电桥。若信号由端口 3 输入，则功率将均等地一分为二，一个顺时针沿环路传输，另一个逆时针沿环路传输。因为端口 1 和端口 2 到端口 3 的距离相等、结构相同，所以对信号的影响相同。顺时针和逆时针传输的这两部分信号到达端口 4 时，由于两者路程差是 $\lambda_g/2$，相位差 π、且幅度相等，因此端口 4 相当处于短路点，

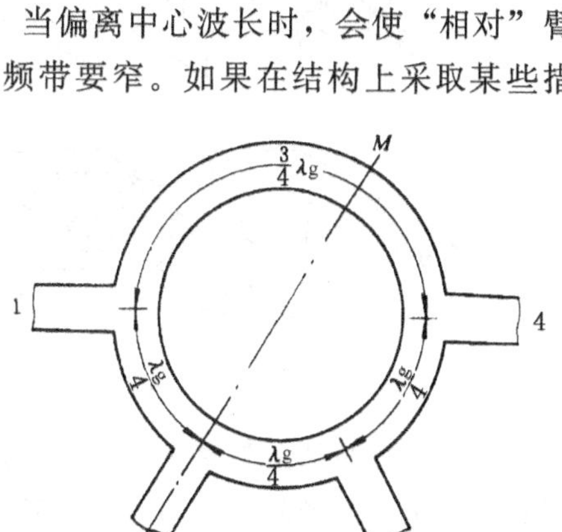

图 6.3-10 环行电桥

端口 4 无信号输出；从另一方面看，端口 3 距图上标出的 M 点，沿顺时针和逆时针看，距离相等，因此 M 处相当于开路点，而端口 4 为短路点，无信号输出。从端口 1 和端口 2 向 M 点看去。输入阻抗的值都是无穷大，可见，若信号由端口 3 输入，则端口 1 和端口 2 将有输出，而且它们的幅度和相位也是一样的。利用同样的分析方法可知：若信号从端口 2 输入时，则端口 3 和 4 将输出等幅同相的信号，端口 1 无输出；若信号从端口 4 输入时，则端口 1 和端口 2 将输出等幅反相的信号，端口 3 无输出；若信号从端口 1 输入时，则端口 3 和端口 4 将输出等辐反相的信号，端口 2 无输出。

§6.4　终端元件

在微波传输系统中，波的传输状态与该系统的终端特性有很大关系。因此，正确地设计、使用终端元件是很重要的。终端元件种类较多、形式各异。本节只介绍几种常用的终端元件。

一、匹配负载

它是一个单端口元件。理想的匹配负载应该能够全部吸收入射功率、而不产生反射波，因此又把匹配负载称为无反射终端器。当然，实际上仍有少量的反射波，但匹配负载的输入驻波比，其中较大的约 1.15，一般的都在 1.1～1.015 之间，有的甚至更小，即是说匹配情况还是比较好的，是可以满足要求的。匹配负载是由一段传输线与能够吸收微波功率的材料组合而成的。因为传输线的类型不同，所以匹配负载又可分为波导式、同轴线式、带状线和微带线式等多种。若按功率容量划分，则又可分为低功率和高功率两种。低功率匹配负载一般多用于微波测量设备中；高功率的可用作大功率发射设备的负载（假天线）或大功率计的高频头等。匹配负载的主要技术指标有：工作频带、输入驻波比和功率容量。

（一）波导式匹配负载

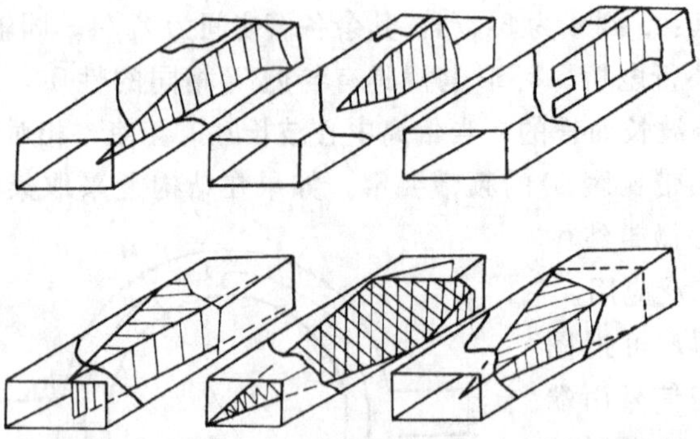

图 6.4-1　波导式匹配负载

低功率波导式匹配负载的结构示意图如图 6.4-1 所示。它是由一段终端短路的波导和安装在波导中的吸收体组成的。吸收体的长度一般为一个或数个波导波长，吸收体可以是固定的，也可以利用螺杆调节机构使其沿波导轴线方向移动。吸收体可以有多种形状，大体上可分为片式（表面式）和体积（块）式两种。吸收体前端制作成尖劈形，以减少波的反射，得到较好的匹配效果。片式吸收体通常是在高频陶瓷片或石英玻璃片上用真空镀膜技术镀以非常薄的电阻性材料，如碳化硅薄膜、镍铬合金薄膜、铂-金薄膜、铂-铑薄膜，以及钽薄膜等。片式吸收体应安置于波导内电场最强的位置，与电场的极化方向相平行，并固定于终端的短路板上，若短路板是可以滑动的，则称为滑动式匹配负载。体积式吸收体的吸收材料，可以是碳粉与固塑剂的混合物，并把它模压成型，也有的把含有羰基铁的粉状物与固塑剂混合后模压成型，并经烧结后，再加工成所需要的形状。

高功率匹配负载的两种结构形式如图 6.4-2 所示。其中一种称为干负载，即在一段波导内填充以吸收电磁能量的材料，如：石墨和水泥的混合物、铁粉与水泥或砂的混合物等。负载上还可以装有散热片。另一种是用水作为吸收材料的，称为水负载。在一段波导内安置一个楔形玻璃器，其底部装有进水管和出水管，使容器内的水不断地流动，以得到较好的散热性。

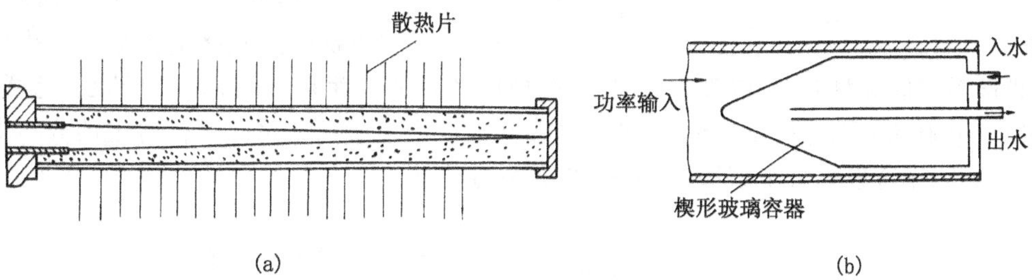

图 6.4-2　高功率匹配负载示意图

(a) 干负载结构示意图；(b) 水负载结构示意图

（二）同轴线式匹配负载

同轴线式匹配负载的结构形式很多，这里只介绍其中的几种。如图 6.4-3 所示的同轴线匹配负载，它们的外导体都是圆形，而内导体：一个是棒状薄膜电阻器；另一个是具有一定斜度的锥形薄膜电阻器。终端短路，以防止功率漏逸。薄膜的材料可以是碳、钽或镍铬合金等。把电阻器做成锥形，可以使匹配性能更好。

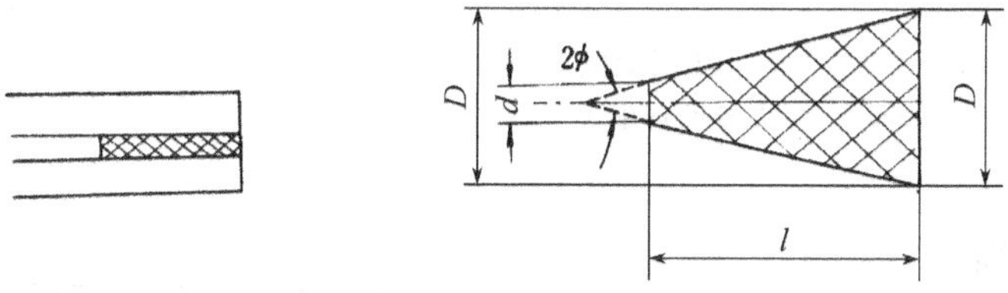

图 6.4-3　同轴线匹配负载

还有一种结构形式如图 6.4-4 所示，将吸收材料填充于内外导体之间，并使之成为尖劈形或阶梯形。负载终端是短路的。

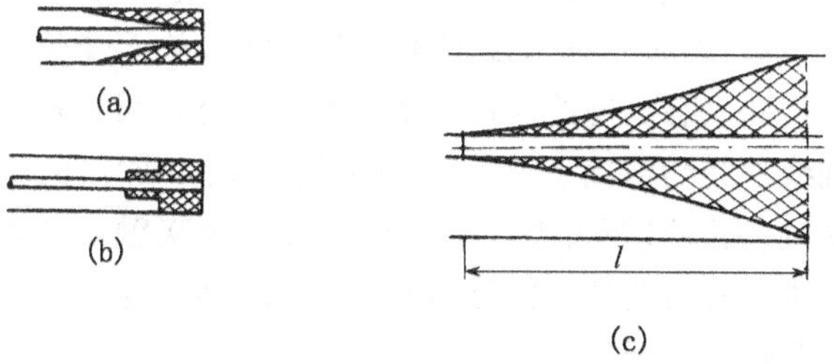

图 6.4-4　同轴线匹配负载

如果匹配负载承受的功率较大，可采取如图 6.4-5 所示的结构形式。它们的内导体都是由薄膜电阻器构成的，而外导体的内半径在图 6.4-5(a)中是沿轴线按指数曲线规律变化；在图 6.4-5(b)中是沿轴线按直线规律变化。对于这种外导体渐变式同轴线匹配负载，理论分析指出：它的输入阻抗中的电抗成分是很小的，可认为基本上是电阻性的。这种匹配负载可以做得较长，因此可承受较大的功率。为了加工方便，可把指数线改为直线，即图 6.4-5(b)，如果设计得当也能得到较好的匹配性能。

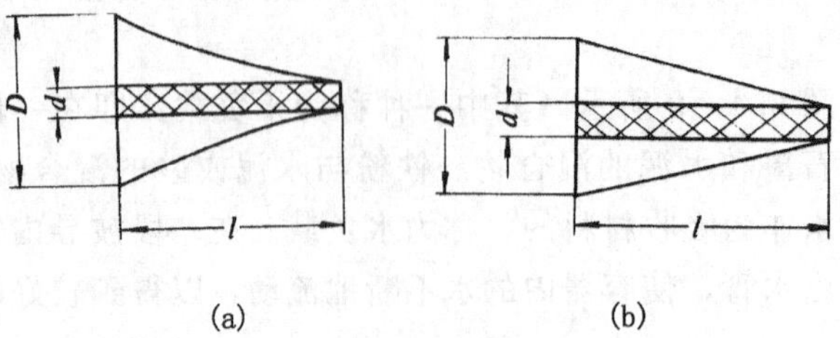

图 6.4－5　高功率同轴线匹配负载

(a) 指数式；(b) 直线式

在微波集成电路中，也常用到匹配负载，如图 6.4－6(a)所示，称为吸收式匹配负载。斜线部分表示电阻性的薄膜或厚膜材料（如镍铬合金膜、钽膜等），用以吸收微波功率。若尺寸选取适当，则可以在较宽的频带内得到良好的匹配效果。另一种，即图 6.4－6(b)所示，称为阻抗匹配式终端负载。斜线部分是电阻性薄膜或厚膜材料，用以吸收微波功率，电阻性材料后面是一段 $\lambda_g/4$ 开路线，这样，就可以使匹配电阻的末端等效于接地（短路），从而构成匹配负载。薄膜或厚薄电阻的分布形状除是矩形的外，还可以采取半圆形（频带较宽）或其他形状。

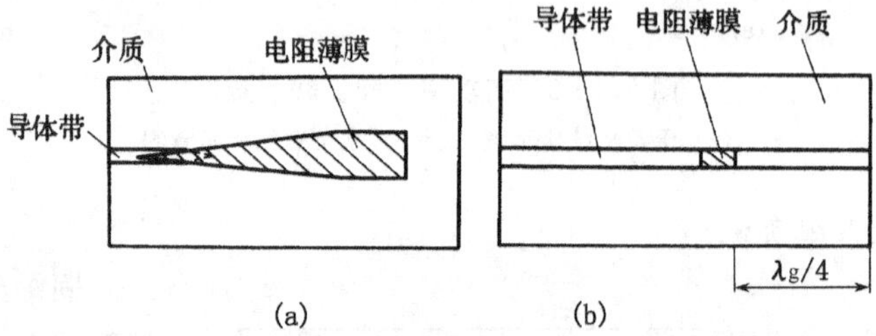

图 6.4－6　微带线匹配负载

(a)渐变式；(b)阻抗匹配式

二、全反射终端器（短路器）

在波导或同轴线设备中，短路器可以提供任意数值的电抗值，也可当匹配或调谐元件用。对短路器输入端的驻波比、功率和带宽，以及稳定性等，都有一定的要求。其中，输入端的驻波比在 100～170 之间，从而使传输线近似于短路状态。短路器可分为固定式（用金属板把波导或同轴线的终端封闭起来）和可移动式（用以短路的金属板可沿轴向移动）两大类。可移动的又分为接触式和非接触式两类。短路器的具体结构形式多种多样，这里只介绍其中的几种短路器。

（一）接触式短路器

图 6.4－7 给出了矩形波导和同轴线中用的接触式短路器的结构示意图。图 6.4－7(a)是滑块式，它的金属短路板是可移动的，并要求它与波导内壁有良好的接触。这种短路器由于工艺要求高以及长期磨损会使性能下降，因此很少被采用。另一种如图 6.4－7(b)所示，在短路活

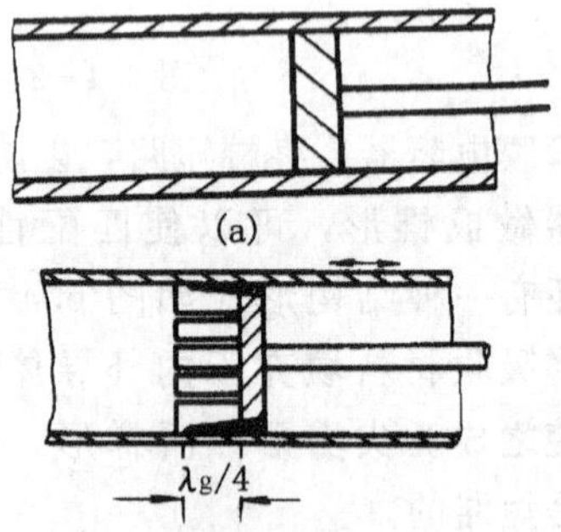

图 6.4－7　接触式短路器

(a)滑块式；(b)弹性片式；

(c)同轴线式

塞端块的两个宽边上带有切槽、并形成许多细爪的弹性片（如磷青铜、铍青铜、镀银或镀铜的优质弹性钢片等），使接触更加密切。图 6.4-7(c)是同轴线式短路器的结构简图。无论是波导式还是同轴线式，其弹性片的长度应等于 $\lambda_g/4$，使短路活塞与波导或同轴线的接触点位于高频电流的节点处，以减少由接触电阻而产生的损耗。这种结构的缺点是：当活塞移动时，接触情况不稳定，在大功率的情况下还可能产生火花现象，而且，对传动机构也有较严格的要求，因此，一般不再采用接触式短路器，而是采用非接触式短路器。

（二）非接触式短路器

(1) 图 6.4-8 是用在同轴线中的短路器的示意图。活塞的内表面与同轴线内导体之间以及活塞的外表面与同轴线外导体之间都留有很小的间隙，从而构成了两段其长度均为 $\lambda/4$ 的同轴线，特性阻抗为 Z_c'。原同轴线的特性阻抗为 Z_c。根据传输线理论可知，若 $Z_c' \ll Z_c$，则在等效短路面 AA 处呈现的阻抗就很小，近似等于短路。这种短路器虽然克服了接触式短路器的缺点，但会有能量通过缝隙泄漏到活塞后面。如果将图 6.4-8 中的活塞挖空（即将图中被虚线包围的部分挖去），使之成为抗流式短路活塞，能量的泄漏就会减少。这种结构的工作原理，粗略地讲就是，当从 BB 处向左去看挖空的活塞时，它是一个 $\lambda/4$、终端短路的同轴线。因为活塞与主同轴线之间的间隙很小，可近似地认为在主同轴线的 BB 处接了一个输入阻抗为无限大的短路支线，从而使 AA 处形成了一个短路面。

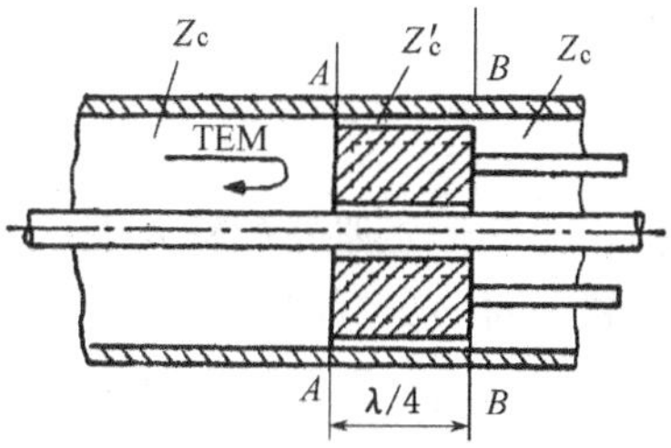

图 6.4-8　非接触式短路器

(2) S 形短路器。图 6.4-9 是用在同轴线中的一种短路器的立体结构的示意图、纵向剖面图和等效电路。因其纵向剖面呈 S 形，所以称为 S 形短路器。短路活塞与同轴线外导体的内壁，以及与内导体的外表面均不接触，而是留有很小的间隙。为使活塞在移动中保持恒定的间隙，可在活塞的外表面喷涂（或缠绕）一层很薄的低损耗介质薄膜（如聚四氟乙烯）。这种结构，对于需要把同轴线内外导体上的直流隔开时，显得特别方便。

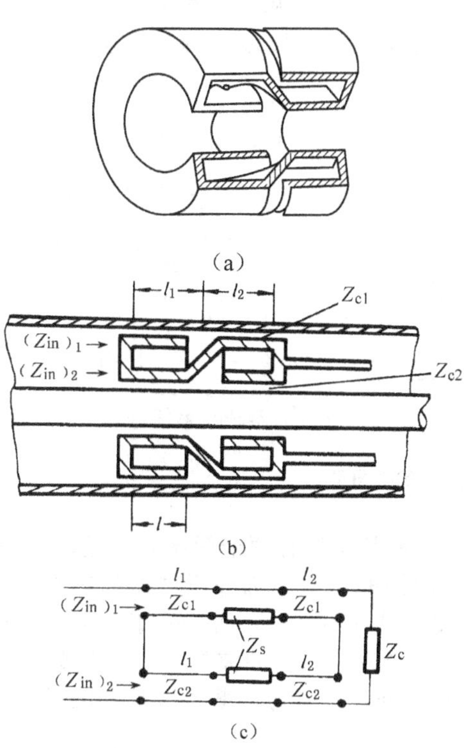

图 6.4-9　S 形短路器

(a) 立体结构示意图；

(b) 纵向剖面图；(c) 等效电路

现在分析这种短路器的工作原理。由图 6.4-9 可见，活塞的外表面与主同轴线外导体的内表面之间构成两段同轴线，设其特性阻抗均为 Z_{c1}；同样，活塞的内表面（靠近主同轴线内导体的外表面）与主同轴线内导体的外表面之间也构成两段同轴线，设其特性阻抗均为 Z_{c2}。从图上还可看到，活塞的前半部和后半部，都有一个“凹入”活塞内部的挖空部分，其深度 l 近似等于 $l_1(l_1=l_2=\lambda/4)$，这两个挖空部分便构成了两段终端短路的同轴线。若活塞的壁很薄，而且它与主同轴线外导体的内表面之间，以及与内导体的外表面之间的间隙又很小，则这两段短路同轴线的特性阻抗可近似地认为与主同轴线的特性阻抗 Z_c 相等。设这两段短路同轴线的输入阻抗为 Z_s，则

$$Z_s = jZ_c \tan \beta l = jZ_c \tan \frac{2\pi}{\lambda}\frac{\lambda}{4} = j\infty \tag{6.4-1}$$

于是，从等效电路可知，这相当于在两段传输线 l_1 和 l_2 之间串接了一个无穷大的阻抗，使 l_1 和 l_2 之间形成断路。这样，从短路器输入端向右看去的输入阻抗 $(Z_{in})_1$ 和 $(Z_{in})_2$，就是一个长为 $\lambda/4$、终端接有无穷大负载（开路）的传输线的输入阻抗，显然，这两个输入阻抗均为零，即

$$(Z_{in})_1 = -jZ_{c1} \cot \beta l_1 = 0 \tag{6.4-2}$$

$$(Z_{in})_2 = -jZ_{c2} \cot \beta l_2 = 0 \tag{6.4-3}$$

这样，在 S 形短路器的输入端就形成了一个等效短路面。

在上面的分析中，忽略了由于结构上的不连续性所造成的影响，并作了一些近似性的假设，因此只是一种粗略的分析。在实际上，只要使特性阻抗 Z_{c1} 和 Z_{c2} 比挖空部分的特性阻抗（近似地讲，即主同轴线的特性阻抗 Z_c）小得多，则 S 形短路器仍具有较好的性能，在偏离中心频率 10%～20%内，能量的泄漏非常小。缺点是：结构复杂，制作较费事。

（3）哑铃式短路器　习惯上也称它为哑铃式短路活塞，是目前在矩形波导（尤其是小尺寸波导）中应用较广泛的一种非接触式短路器。图 6.4-10 是它的原理性示意图和它的等效电路。在一段标准矩形波导中，安置两个或多个直径为 D 的圆柱形金属活塞，活塞之间用金属细杆连接起来，这样就构成了一个哑铃式短路器。每节活塞与矩形波导构成了一段长度为 l_1 的外矩内圆的同轴线，它的特性阻抗 Z_{c1} 较低；而直径为 d，长为 l_2 的金属连杆与矩形波导也构成了一段外矩内圆的同轴线，它的特性阻抗 Z_{c2} 较高。

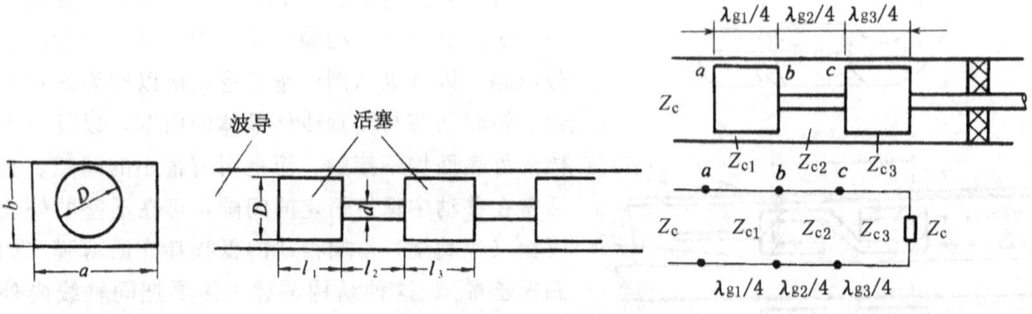

图 6.4-10　哑铃式短路器及其等效电路

现在用等效电路来说明这种短路器的工作原理。设短路器具有两个活塞，并选取 l_1 和 l_2 是对应于中心频率的四分之一波导波长。因为在短路活塞、金属细杆所占据的区域，已不再是矩形波导中的 TE_{10} 模（设原来矩形波导中传输的是 TE_{10} 模），而是外矩内圆同轴线中的模式，其中最低次的是 TE_{11} 模。因此，l_1 和 l_2 段的截止波长和波导波长都应该是对 TE_{11} 模而言的。由于 l_1 和 l_2 两段同轴线的内导体直径不同，则对应的截止波长和波导波长也不相同，但它们都可用下式进行计算，即

$$\lambda_g = \frac{\lambda}{\sqrt{1-\left(\frac{\lambda}{\lambda_c}\right)^2}} \tag{6.4-4}$$

根据 TE_{11} 模在外矩内圆同轴线中应满足的边界条件，求解波动方程，即可得出 TE_{11} 模的截止波长为

$$\lambda_c = 2a\left[1-\frac{2arJ_1\left(\frac{2\pi r}{a}\right)}{ab-\pi r^2+arJ_1\left(\frac{2\pi r}{a}\right)}\right]^{-\frac{1}{2}} \tag{6.4-5}$$

式中，a 和 b 分别为矩形波导宽壁和窄壁的内尺寸；r 为圆柱形内导体（活塞或连杆）的半径；$J_1\left(\frac{2\pi r}{a}\right)$是第一类一阶贝塞尔函数。另外，用微扰法进行计算所得出的 λ_c 的表示式为

$$\lambda_c = \frac{2a}{1-\frac{r}{b}J_1\left(\frac{2\pi r}{a}\right)} \tag{6.4-6}$$

在实际的工程计算中，用的较多的是下面的经验公式

$$\frac{\lambda_c}{2a} = 1+\frac{1}{2}\left[\left(\frac{D'}{b}\right)^2+1\right]\left[\frac{a}{2b}\left(\frac{D'}{b}\right)^2+0.1\left(\frac{D'}{b}\right)\right] \tag{6.4-7}$$

式中的 D'为圆柱形内导体的直径。若把图 6.4－9 中所示的 D 或 d 当做 D'，分别代入上式，即可求出与之相应的截止波长 λ_{c1} 和 λ_{c2}，再利用式(6.4－4)求出对应的 λ_{g1} 和 λ_{g2}，则 l_1 和 l_2 分别为

$$l_1 = \frac{\lambda_{g1}}{4} \text{ 和 } l_2 = \frac{\lambda_{g2}}{4}$$

设通过短路活塞漏到其后面的功率全被损耗性的材料所吸收，而无反射波，那么，这相当于在活塞后面接有与矩形波导波型阻抗相等的匹配负载 Z_c（即 Z_w），根据 $\lambda_g/4$ 阻抗变换器的公式可知，从端面 c 向右看去的输入阻抗为

$$(Z_{in})_c = \frac{Z_{c3}^2}{Z_c}$$

从端面 b 向右看去的输入阻抗为

$$(Z_{in})_b = \frac{Z_{c2}^2}{(Z_{in})_c} = \frac{Z_{c2}^2\ Z_c}{Z_{c3}^2}$$

从端面 a 向右看去的输入阻抗为

$$(Z_{in})_a = \frac{Z_{c1}^2}{(Z_{in})_b} = \frac{Z_{c1}^2\ Z_{c3}^2}{Z_{c2}^2\ Z_c}$$

因为 Z_{c1} 和 Z_{c3} 与 Z_{c2} 相比要小得多，所以$(Z_{in})_a$ 也是一个很小的量，就是说，哑铃活塞的输入端面可近似地认为是一个等效的短路面。当然，上面的分析，由于作了一些近似，并忽略了不连续性的影响，因此是不严格的。这种短路器的优点是，能够得到比较大的反射（即反射系数的模较大），而且随频率的变化比较小。

如图 6.4－11 所示，在矩形波导中活塞的第一段与波导构成了一个内、外导体的横截面均为矩形（或外矩、内圆）的同轴线，特性阻抗为 Z_{c1}；第二段是一个特性阻抗为 Z_{c2}的同轴线；第三段与波导壁直接接触，

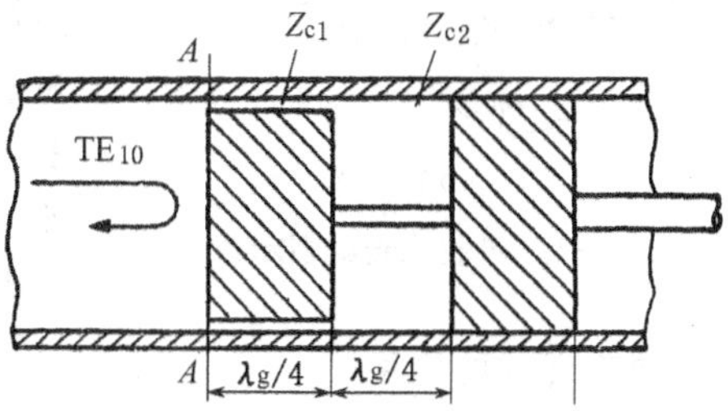

图 6.4－11　非接触式短路器

其接触电阻的值很小。根据传输线理论可得等效短路面 AA 处的阻抗为

$$Z_{AA}=R_{\mathrm{k}}\left(\frac{Z_{\mathrm{c1}}}{Z_{\mathrm{c2}}}\right)^2$$

因为 $Z_{\mathrm{c1}} \ll Z_{\mathrm{c2}}$，所以 Z_{AA} 也远小于 R_{k}，从而在 AA' 处形成了一个有效的短路面。

以上所讲的非接触式短路活塞都是以中心频率为准而设计的，当偏离中心频率时性能会变坏；但在偏离中心频率 10%～15% 的范围内，仍可满足一定的要求。而且，当用了这种短路器时，传输线上的驻波比一般都大于 100，从而使传输线接近于短路状态。

§6.5 衰减器和移相器

用来改变传输信号的幅度和相位的微波元件，分别称为衰减器和移相器。对于衰减器和移相器，除要求具有一定的衰减量和相移量外，另对其工作频率范围、驻波比、功率容量以及结构形式和尺寸等，也都有一定的要求。

在微波电路和设备中可以用多种方法构成衰减器和移相器。例如，用 PIN 二极管构成的各种类型的衰减器、金属半导体场效应晶体管电调衰减器；同样地，也可以用 PIN 二极管、变容二极管、三极管，以及三分贝定向耦合器构成移相器等。所有这些内容都有相关的著作可以参阅，不在本节讨论之列。

一、矩形波导管中的衰减器和移相器

（一）衰减器

矩形波导中（工作于 TE_{10} 模）常用的衰减器的结构形式之一，即图 6.5-1（a）所示的吸收式衰减器。波导中的介质片可用陶瓷、硅酸盐玻璃等材料制作，其表面涂以金属粉末、石墨粉，或蒸发一层镍铬合金等电阻性材料，用来吸收微波功率，从而使电磁波受到衰减，改变传输信号的幅度。介质片两端呈尖劈状，以减少波的反射。介质片与波导窄壁相平行，即与电场的极化方向相平行。借助调节机构可以调节介质片深入波导的程度，介质片愈向里，衰减量愈大，恰在波导中间时衰减量最大。即是说，改变介质片在波导中的位置就可以改变传输信号的幅度。介质片处于不同位置的衰减量，可以从与调节机构相配合的度盘上读出来。由于介质片的厚度不可能为零，因此当介质片紧贴波导窄壁时，衰减并不为零，而是有一个很小的衰减，称为起始衰减量。另外，如图 6.5-1（b）所示，根据上述的同样工作原理当介质片从波导宽壁的中心线处嵌入波导时，同样会起到调节衰减的作用。

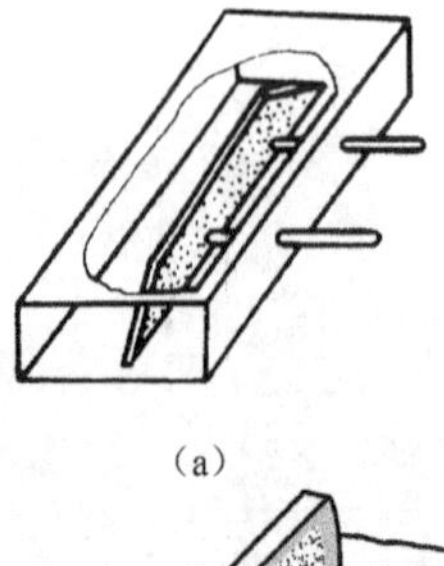

(a)

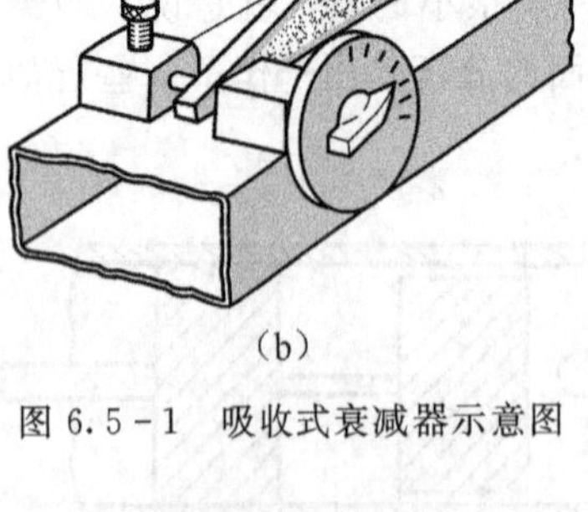

(b)

图 6.5-1 吸收式衰减器示意图

（二）移相器

矩形波导中用的移相器（对 TE_{10} 模而言）其结构形式之一，与图 6.5-1（a）所示的吸

收式衰减器的结构形式完全一样，所不同的是：介质片上不再涂损耗性材料，介质片采用低损耗的介质材料，它会改变波的相移常数，也就是改变相速，从而使相位发生变化，常用的材料有聚四氟乙烯、聚苯乙烯和高频陶瓷等，因此称为介质片移相器。介质片愈向波导中间移动，电场愈强，相移量也愈大。调节介质片的位置，即可调节相移量的大小，这样就构成了一个移相器，相移量可从读数装置上读出。

对于衰减器和移相器除上述的结构形式外，尚有其他多种形式。例如，在圆波导中放入涂有电阻性材料的介质片，当电场的极化方向垂直于介质片表面时，波不会受到衰减，当电场的极化方向平行于介质片时，波会受到衰减。若电场的极化方向既不垂直又不平行介质片的表面、而是与之成任意角度 θ 时，则可将该电场分解为垂直与平行介质表面的两个分量来讨论。若使介质片可以绕圆波导的轴线转动，转动到不同的位置对应着不同的 θ，即对应着不同的衰减量，这就构成了一个旋转（极化）式可变衰减器，图 6.5－2 所示，这是一个结构示意图。圆波导的左端是一个方-圆过渡波导，它把矩形波导中的 TE_{10} 模转换为圆波导中的 TE_{11} 模；右端的方-圆过渡波导，又把圆波导中的 TE_{11} 模转换为矩形波导中的 TE_{10} 模。在圆波导中的介质片，中间那一段圆波导中的介质片是可以转动的，左右两段圆波导中的介质片是固定不动的，并与矩形波导的宽壁相平行。在实际应用中，为了使介质片转动，还需在结构上采取某些措施。

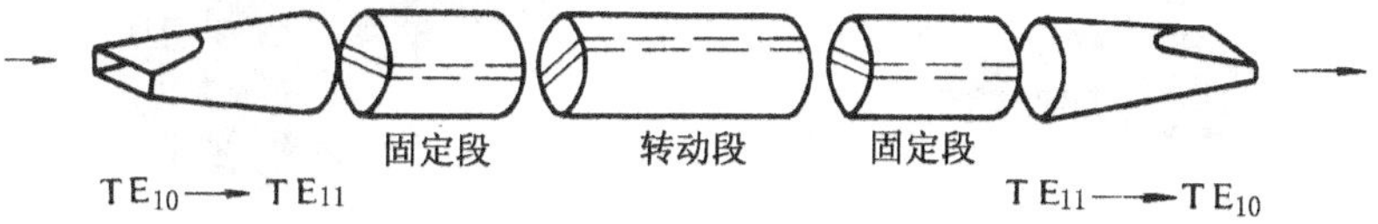

图 6.5－2 旋转极化式衰减器示意图

若把旋转极化式可变衰减器中可转动的介质片换为不再涂有电阻性材料的低损耗介质片，那么，就可以构成一个旋转极化式移相器。当电场的极化方向垂直于介质片时，相移量很小，可近似认为无相移。当电场的极化方向平行于介质片时，相移量最大。当电场极化方向既不垂直又不平行介质片表面、而成任意角度 θ 时，则可将电场分解为垂直与平行介质表面的两个分量来讨论。调节可旋转介质片的转动角度 θ，就可以改变传输信号的相位。如图 6.5－2 所示衰减器（或移相器）要比图 6.5－1 所示衰减器（或移相器）的精度高。

二、同轴线衰减器和移相器

（一）衰减器

图 6.5－3 所示是同轴线衰减器的原理性示意图、等效电路和两个实物图。图 6.5－3（a）是一个具有固定衰减量的衰减器，同轴线的内导体是一个玻璃（或陶瓷）管（棒），在其长度的 1/2 处安置一个涂覆（蒸发）有电阻性金属薄膜材料的圆盘，在其两侧的内导体上也都涂覆了电阻性的金属薄膜材料，这样就构成了一个其等效电路为 T 型的衰减网络，它的工作频率可以从直流到 4 GHz。图 6.5－3（b）所示也是一个具有固定衰减量的衰减器，起主要衰减作用的是内导体中间一段具有高电阻性金属薄膜的部分，而在其两侧的低电阻段主要是起匹配的作用。这种衰减器的工作频率最高可到 20 GHz。以上两种衰减器中的金属薄膜应尽量地薄（小于趋肤深度），这样，其表面电阻几乎与频率无关，展宽了频带。图 6.5－3（c）是固定衰减器的实物图；图 6.5－3（d）是衰减量可以调节的衰减器的实物图。

另外，图 2.7－2 所示是一个同轴-波导型的衰减器，其衰减量是可调的，而且可以得到比较精确的衰减值。

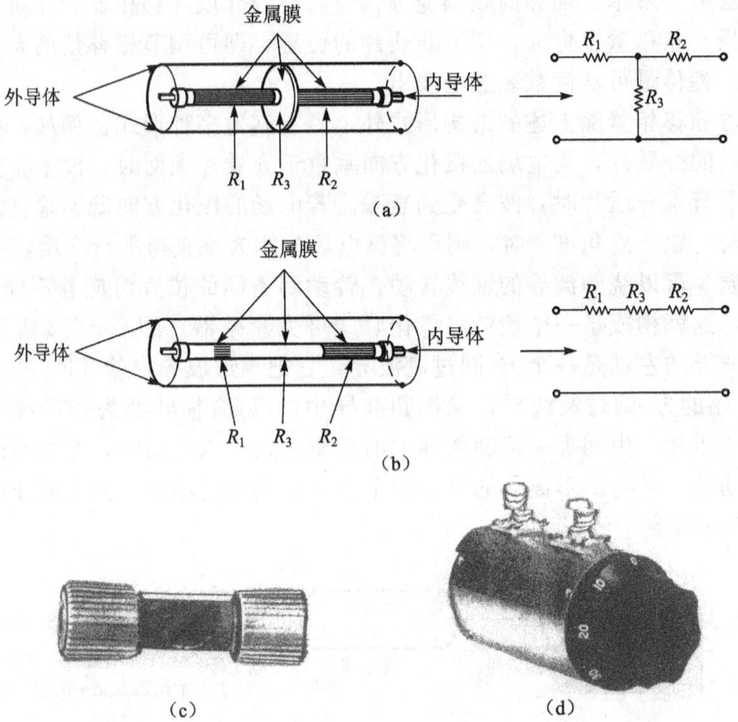

图 6.5－3　同轴线衰减器

(a)，(b) 具有固定衰减量的衰减器及其等效电路；(c) 同轴线衰减器实物图；(d) 衰减量可调节的衰减器实物图

（二）移相器

图 6.5－4 是一个同轴线移相器的结构示意图，改变同轴线的几何长度即可调节相位。为了使各段同轴线之间达到匹配，各段同轴线外导体的内半径与内导体的外半径之比应该相同（即它们的特性阻抗相同）。另外，在内外导体尺寸的实变处（“台阶”）会造成波的反射，为消除其影响，可以使内外导体的“台阶”错开一小段距离 Δl，该小段 Δl 的特性阻抗与各段同轴线的特性阻抗近似相等（理由参见 § 6.2)，这样，整个移相器仍然是匹配的。

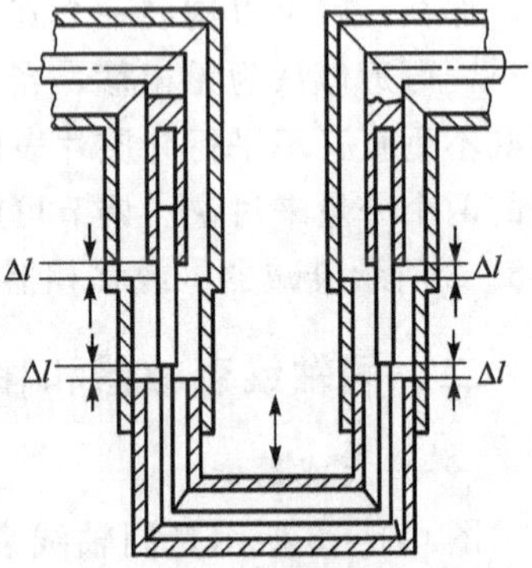

图 6.5－4　同轴线移相器

§ 6.6　定向耦合器

定向耦合器是一种具有方向性的功率耦合(分配)元件，可以利用耦合出的功率进行监测或功率的调节。例如，在测量仪器中用它测量振荡器的功率、负载吸收的功率和反射系数。另外，还可把它用作频率稳定装置、激励器和衰减器等。它是一个四端口元件，由称为主传输线(主线)和副传输线（副线）的两段传输线组合而成的。主、副线之间通过耦合机构(例

如缝隙、孔、耦合线段等）把主线功率的一部分（或全部）耦合到副线中去，而且要求功率在副线中只传向某一输出端口，另一端口则无输出。如果主线中波的传播方向与原来的相反，则副线中功率的输出端口与无功率输出的端口，也随之改变。从物理概念上讲，就是利用耦合到副线中的波彼此之间的相干性，使其在一个方向传输的波相叠加（加强），而在相反方向传输的波相互削弱（减少），这样，就使波的传输具有方向性，即是说，功率的耦合（分配）是有方向性的，因此称为定向耦合器。

波导、同轴线、平行耦合线、带状线和微带线等，都可以构成定向耦合器。定向耦合器的具体结构形式很多，举不胜举。为了对它有一初步印象，在图 6.6－1 中给出了三种不同类型定向耦合器的结构示意图和工作原理示意图。为了描述定向耦合器的特性，可利用图 6.6－1（d）所示的工作原理示意图，即用一个四端口网络来表示定向耦合器。端口①到端口②表示主线，端口③到端口④表示副线。设由端口①输入幅度为 1 的电压波，其余端口均接匹配负载。端口②、端口③和端口④的电压传输系数分别用 S_{21}、S_{31} 和 S_{41} 表示，并设端口③有功率输出（耦合端）、端口④无输出（隔离端）。这样，就可定义出定向耦合器的技术指标如下。

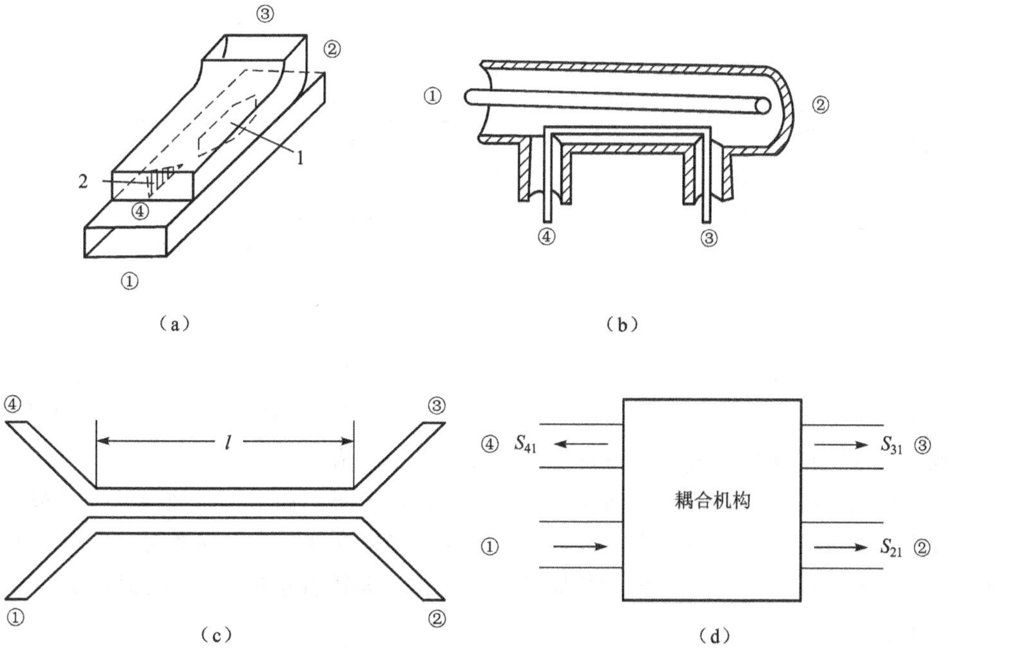

图 6.6－1　定向耦合器

(a) 矩形波导定向耦合器（1—耦合缝隙；2—匹配负载）；
(b) 同轴线定向耦合器；(c) 耦合微带线定向耦合器；(d) 定向耦合器原理性示意图

耦合度 C（或称过渡衰减）：主线中端口①的输入功率与耦合到副线中正方向（端口③）的功率之比的对数，即

$$C = 10\lg\frac{1}{|S_{31}|^2}\quad \text{dB} \tag{6.6-1}$$

方向性系数 D：在副线中传向正方向（端口③）的功率与传向反方向（端口④）的功率之比的对数，即

$$D=10\lg\frac{|S_{31}|^2}{|S_{41}|^2}\quad \mathrm{dB} \tag{6.6-2}$$

隔离度 I：主线中端口①的输入功率与副线中向反方向（端口④）传输的功率之比的对数，即

$$I=10\lg\frac{1}{|S_{41}|^2}\quad \mathrm{dB} \tag{6.6-3}$$

输入驻波比 s：当端口②、端口③和端口④均接匹配负载时，端口①的输入驻波比。

工作频带：能满足 C、D、I 和 s 各项技术指标要求的工作频率范围。

需要说明的是，以上所述是同向定向耦合器，即副线中耦合端口功率传输的方向与主线中功率传输的方向相同；反之，则称为反向定向耦合器。

如上所述，定向耦合器的具体结构形式很多，这里只介绍其中的几种，而且只讨论耦合度 C 和方向性系数 D，其余技术指标不予讨论。

一、双孔定向耦合器

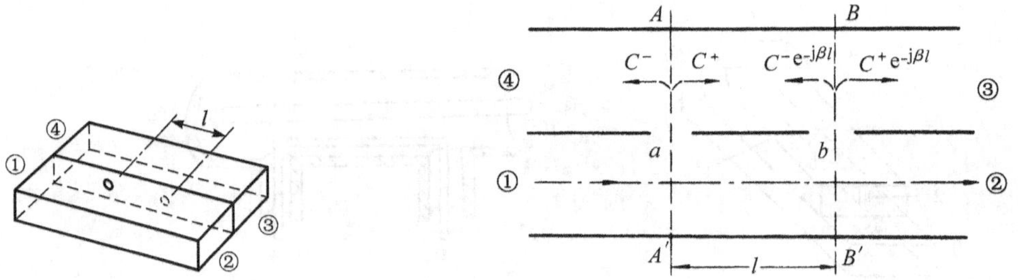

(a)　　(b)

图 6.6-2　窄壁双孔定向耦合器

(a) 结构示意图；(b) 工作原理图

对于矩形波导，耦合孔可以开在主、副波导的公共窄壁或宽壁上，它们的优点分别为：前者能承受较大的功率；后者频带较宽。下面讨论的是孔开在窄壁的情况。图 6.6-2 是矩形波导中用的双孔定向耦合器的结构示意图和工作原理图。在主、副波导的公共窄壁上有两个尺寸和形状完全相同、间距为 l 的小孔。设由主波导端口①输入幅度为 1 的电压波，并设这个波由孔 a 传输到孔 b 时，其幅度基本上无变化（弱耦合情况）。下面讨论这种定向耦合器的技术指标。

在孔 a 处：用 C^+ 表示耦合到副波导中向正方向（端口③）传输波的电压耦合系数，C^- 表示向反方向（端口④）传输波的电压耦合系数。在孔 b 处：向正方向（端口③）传输的波用 $C^+\mathrm{e}^{-\mathrm{j}\beta l}$ 表示，向反方向传输的波用 $C^-\mathrm{e}^{-\mathrm{j}\beta l}$ 表示。在副波导中传向端口③的波在参考面 BB' 处相叠加，即

$$S_{31}=C^+\mathrm{e}^{-\mathrm{j}\beta l}+C^+\mathrm{e}^{-\mathrm{j}\beta l}=2C^+\mathrm{e}^{-\mathrm{j}\beta l} \tag{6.6-4a}$$

取其模

$$|S_{31}|=2|C^+| \tag{6.6-4b}$$

在副波导中传向端口④的波在参考面 AA' 处相叠加，即

$$S_{41}=C^-+C^-\mathrm{e}^{-\mathrm{j}2\beta l}=2C^-\mathrm{e}^{-\mathrm{j}\beta l}\ \mathrm{ocs}\beta l \tag{6.6-5a}$$

取其模

$$|S_{41}|=2|C^-\cos\beta l| \tag{6.6-5b}$$

耦合度 C 为

$$C=10\lg\frac{1}{|S_{31}|^2}=10\lg\frac{1}{|C^+|^2}-10\lg 4 \tag{6.6-6}$$

方向性系数 D 为

$$\begin{aligned}D&=10\lg\frac{|S_{31}|^2}{|S_{41}|^2}=10\lg\frac{|C^+|^2}{|C^-|^2}+10\lg\frac{1}{|\cos\beta l|^2}\\&=D_{固}+D_{阵}\end{aligned} \tag{6.6-7}$$

其中，$D_{固}$ 是小孔本身固有的方向性系数，即

$$D_{固}=10\lg\frac{|C^+|^2}{|C^-|^2} \tag{6.6-8}$$

$D_{阵}$ 为

$$D_{阵}=10\lg\frac{1}{|\cos\beta l|^2} \tag{6.6-9}$$

它是由于小孔排列成阵后，在副波导中各个反向传输波之间，由于行程差而引起相位差所形成的方向性，称为阵列方向性。若小孔本身无方向性（例如，当孔开在波导公共窄壁，波导中传输的为 TE_{10} 模时），$D_{固}$ 等于零。

对于双孔定向耦合器，一般取 $l=\lambda_{g0}/4$，λ_{g0} 是与中心频率对应的波导波长。此时由式(6.6-5b)知，$|S_{41}|=0$，即功率只传向端口③，端口④无输出，这就说明，功率的耦合具有方向性。从物理意义上讲：向端口③的波是同相叠加的；向端口④的波相位相反，是互相抵消的。双孔定向耦合器的频带较窄，为改善这种情况，可采用多孔定向耦合器。

二、均匀多孔阵列定向耦合器

图 6.6-3 是这种定向耦合器的结构示意图和工作原理图。在主、副波导的公共窄壁上有 n 个尺寸和形状都相同的孔，各孔之间的距离都是 l，各孔排列在一条线上。下面讨论耦合度 C 和方向性系数 D。

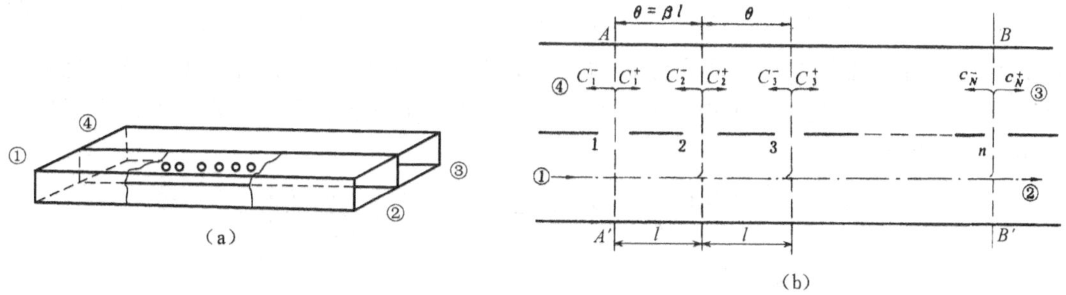

图 6.6-3　窄壁均匀多孔阵列定向耦合器

(a) 结构示意图；(b) 工作原理图

设由主波导的端口①输入幅度为 1 的电压波，并用 C_i^+ 表示通过第 i 个孔耦合到副波导中向正方向（端口③）传输的电压波的电压耦合系数，用 C_i^- 表示向反方向（端口④）传输的电压波的电压耦合系数。向端口③传输的波，在参考面 BB' 处相叠加，即

$$S_{31}=\sum_{i=1}^{n}C_i^+\mathrm{e}^{-\mathrm{j}(n-1)\theta} \tag{6.6-10}$$

式中，$\theta=\beta l$ 称为电长度；β 为相移常数。

若设
$$C_1^+=C_2^+=C_3^+=\cdots=C_i^+=\cdots=C_n^+=C^+ \tag{6.6-11}$$
则
$$S_{31}=nC^+\,\mathrm{e}^{-\mathrm{j}(n-1)\theta} \tag{6.6-12a}$$
取其模
$$|S_{31}|=n|C^+| \tag{6.6-12b}$$
向端口④传输的波在参考面 AA' 处相叠加，即
$$S_{41}=C_1^-+C_2^-\mathrm{e}^{-\mathrm{j}2\theta}+C_3^-\mathrm{e}^{-\mathrm{j}4\theta}+\cdots+C_n^-\mathrm{e}^{-\mathrm{j}2(n-1)\theta} \tag{6.6-13}$$
若设
$$C_1^-=C_2^-=C_3^-=\cdots=C_i^-=\cdots=C_n^-=C^- \tag{6.6-14}$$
则
$$\begin{aligned}S_{41}&=C^-\,\mathrm{e}^{-\mathrm{j}(n-1)\theta}\left[\mathrm{e}^{\mathrm{j}(n-1)\theta}+\mathrm{e}^{\mathrm{j}(n-3)\theta}+\cdots+\mathrm{e}^{-\mathrm{j}(n-3)\theta}+\mathrm{e}^{-\mathrm{j}(n-1)\theta}\right]\\&=C^-\,\mathrm{e}^{-\mathrm{j}(n-1)\theta}\,\mathrm{e}^{-\mathrm{j}\theta}\left[\mathrm{e}^{\mathrm{j}n\theta}+\mathrm{e}^{\mathrm{j}(n-2)\theta}+\cdots+\mathrm{e}^{-\mathrm{j}(n-4)\theta}+\mathrm{e}^{-\mathrm{j}(n-2)\theta}\right]\end{aligned} \tag{6.6-15}$$
式中，方括号内是公比为 $\mathrm{e}^{-\mathrm{j}2\theta}$ 的一个等比级数，它的和为
$$\frac{\mathrm{e}^{\mathrm{j}n\theta}-\mathrm{e}^{-\mathrm{j}(n-2)\theta}\,\mathrm{e}^{-\mathrm{j}2\theta}}{1-\mathrm{e}^{-\mathrm{j}2\theta}}=\frac{\mathrm{e}^{\mathrm{j}n\theta}-\mathrm{e}^{-\mathrm{j}n\theta}}{1-\mathrm{e}^{-\mathrm{j}2\theta}} \tag{6.6-16}$$
利用数学中的公式
$$\sin n\theta=\frac{\mathrm{e}^{\mathrm{j}n\theta}-\mathrm{e}^{-\mathrm{j}n\theta}}{2\mathrm{j}} \tag{6.6-17}$$
可得
$$S_{41}=C^-\,\mathrm{e}^{-\mathrm{j}(n-1)\theta}\frac{\sin n\theta}{\sin\theta} \tag{6.6-18a}$$
取其模
$$|S_{41}|=\left|C^-\frac{\sin n\theta}{\sin\theta}\right| \tag{6.6-18b}$$
由式(6.6-12)可得耦合度 C 为
$$C=10\lg\frac{1}{|S_{31}|^2}=10\lg\frac{1}{n^2|C^+|^2}=10\lg\frac{1}{|C^+|^2}-10\lg n^2 \tag{6.6-19}$$
由此式可知，由于孔数增加，耦合量也增加了；但孔数不能无限制地增加，否则会出现 $n^2|C^+|^2>1$ 的不合理现象，出现这种情况的原因是因为上述公式是在弱耦合的假设下导出的。方向性系数 D 为
$$\begin{aligned}D&=10\lg\frac{|S_{31}|^2}{|S_{41}|^2}=10\lg\frac{|C^+|^2}{|C^-|^2}+10\lg\frac{|n\sin\theta|^2}{|\sin n\theta|^2}\\&=D_{固}+D_{阵}\end{aligned} \tag{6.6-20}$$
若孔开在主副波导的公共窄壁上（对于 TE_{10} 模而言），则 $D_{固}$ 等于零，$D_{阵}$ 为
$$D_{阵}=10\lg\frac{|n\sin\theta|^2}{|\sin n\theta|^2} \tag{6.6-21}$$
在中心频率时，对应的电长度为 θ_0，波导波长为 λ_{g0}，若要求 $D_{阵}=\infty$，则应有
$$\sin n\theta_0=0\qquad 和\qquad \sin\theta_0\neq 0 \tag{6.6-22}$$
即
$$n\theta_0=n\beta l=p\pi\qquad（p\ 为正整数） \tag{6.6-23}$$

由此得各孔的间距为

$$l=\frac{p}{2n}\lambda_{g0} \tag{6.6-24}$$

对于 l 有两种选取方法：一是取 $l=\lambda_{g0}/4$，即 $p=n/2$，当 n 为偶数时，对于中心频率，方向性系数为无穷大（理论值），当 n 为奇数时，不再是无穷大；二是令主副波导耦合段的长度最小，并使 $\sin\theta_0\neq0$，据此选取最小的 p，以确定 l。顺便指出，理论上，l 不一定取 $\lambda_{g0}/4$。但是，取 $\lambda_{g0}/4$ 可以使频带最宽。

定向耦合器的技术指标与孔（或缝隙）的大小、形状、尺寸和位置等因素有关。孔小耦合弱，孔大耦合强，孔多耦合强，频率特性好。除了上述的均匀多孔阵列定向耦合器外，还有孔径按一定规律分布的非均匀多孔阵列定向耦合器，例如，按二项式展开式中的系数分布的，以及根据频率响应是按切比雪夫多项式的规律而分布的定向耦合器。图 6.6－4（a）是一个在公共宽壁上开有单孔的定向耦合器，主、副波导轴线之间的夹角若选取适当，就可以得到较好的方向性；图 6.6－4（b）是在主、副波导公共宽壁上有双十字形孔的定向耦合器（单十字孔也可以，频率特性较好，但耦合度小），它的耦合度较大，与单孔的相比，其频率特性稍差些。如果将双十字孔的位置扭转 45°角，如图 6.6－4（c）所示，耦合度会加大，但频率特性比扭转前要差。另外，还可采用丁字形孔、缝隙等作为耦合机构，目的都是为了增加耦合度和改善频率特性。

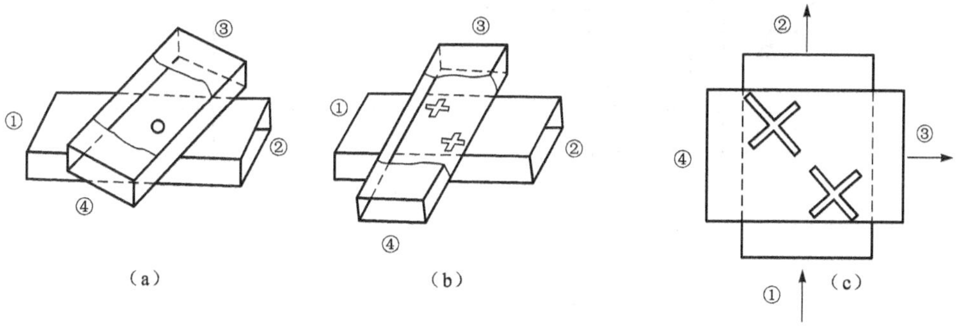

图 6.6－4　矩形波导定向耦合器

在分米波范围内，除了可以采用图 6.6－1（b）所示的同轴线定向耦合器外，还可以采用另外一种结构形式的同轴线定向耦合器，即在两个同轴线的公共外导体上开一个小圆孔作为耦合机构。另外，还有一种主波导是圆波导、副波导是矩形波导的定向耦合器。总之，定向耦合的结构形式是多种多样的，这里不再一一列举。

顺便指出，在实际应用中，在定向耦合器的隔离端口一般都接有匹配负载，以吸收传来的功率，避免产生反射波；否则由于不匹配而产生的反射波，会影响其他端口的功率分配，使定向耦合器的性能下降。

三、裂缝电桥

裂缝电桥属于大孔耦合的定向耦合器。对于矩形波导而言，有宽壁耦合和窄壁耦合两种。前者频带较宽，后者能承受较大的功率。下面对常用的窄壁耦合的定向耦合器（习惯上又称为裂缝电桥）的工作原理作一扼要的介绍。图 6.6－5 是它的结构简图和工作原理图。

在主副波导的公共窄壁上切去长为 l 的一段壁，作为耦合缝隙（耦合段）。合理地选取 l 的尺寸，就可以使由主波导端口①输入功率的一半耦合到副波导中的端口③，即是说，耦合度 $C\approx3$ dB，因此，这种裂缝电桥又称为 3dB（3 分贝）电桥。在端口③处电场的相位滞后于端口②处电场的相位 $\pi/2$；副波导中的端口④无输出。下面分析它的工作原理。

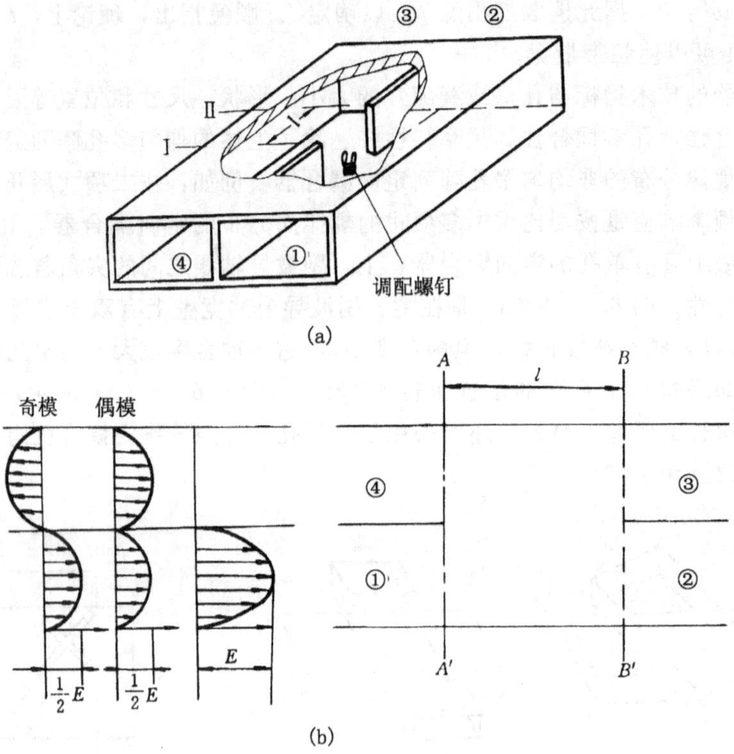

图 6.6-5　波导裂缝电桥

(a) 结构简图；(b) 工作原理图

设从主波导的端口①输入电场幅度为 E 的 TE_{10} 模式的波，其余端口均接匹配负载。选取合适的波导尺寸，使在主副波导耦合段 l 内（又称大波导区域）只能传输 TE_{10} 和 TE_{20} 两种模式，对于 TE_{30} 以上的高次模是截止的。根据叠加原理，可以把端口①输入的波看做是，在端口①和端口④同时输入电场幅度为 $E/2$ 的偶模（偶对称）波和奇模（奇对称）波的叠加，如图 6.6-4(b)所示。偶模波在耦合段 l 内激励起的是大波导中的 TE_{10} 模，它的波导波长为

$$\lambda_{g10}=\frac{\lambda}{\sqrt{1-\left(\frac{\lambda}{4a}\right)^2}} \tag{6.6-25}$$

相移常数为

$$\beta_{10}=\frac{2\pi}{\lambda_{g10}} \tag{6.6-26}$$

奇模波在耦合段内激励起的是大波导中的 TE_{20} 模，它的波导波长为

$$\lambda_{g20}=\frac{\lambda}{\sqrt{1-\left(\frac{\lambda}{2a}\right)^2}} \tag{6.6-27}$$

相移常数为

$$\beta_{20}=\frac{2\pi}{\lambda_{g20}} \tag{6.6-28}$$

以上各式中的 a 是主副波导宽壁的内尺寸，耦合段的宽度为 $2a$。上述两种模式的波，既传向端口②，又传向端口③。若把耦合段的 AA' 界面作为相位的零参考点，则端口②处的电场 E_2 为

$$E_2=\frac{1}{2}E\mathrm{e}^{-\mathrm{j}\beta_{10}l}+\frac{1}{2}E\mathrm{e}^{-\mathrm{j}\beta_{20}l} \tag{6.6-29}$$

经整理，得

$$E_2=E\cos\left[(\beta_{10}-\beta_{20})\frac{l}{2}\right]\mathrm{e}^{-\mathrm{j}(\beta_{10}+\beta_{20})\frac{l}{2}} \tag{6.6-30}$$

端口③处的电场 E_3 为

$$E_3=\frac{1}{2}E\mathrm{e}^{-\mathrm{j}\beta_{10}l}+\frac{1}{2}E\mathrm{e}^{-\mathrm{j}(\beta_{20}+\pi)} \tag{6.6-31}$$

式中的 π，是由于在端口③处 TE_{10} 的电场与 TE_{20} 模的电场反相而引起的相位差。经整理，得

$$E_3=-\mathrm{j}E\sin\left[(\beta_{10}-\beta_{20})\frac{l}{2}\right]\mathrm{e}^{-\mathrm{j}(\beta_{10}+\beta_{20})\frac{l}{2}} \tag{6.6-32}$$

由式(6.6-30)和式(6.6-32)知，E_2 的相位比 E_3 的相位超前 $\pi/2$。

根据对裂缝电桥的要求，即端口③应输出端口①输入功率的一半，另一半功率由端口②输出，则应有下式

$$\frac{|E_3|}{|E_2|}=\frac{\left|\sin\left[(\beta_{10}-\beta_{20})\frac{l}{2}\right]\right|}{\left|\cos\left[(\beta_{10}-\beta_{20})\frac{l}{2}\right]\right|}=1 \tag{6.6-33}$$

即

$$\left|\tan\left[(\beta_{10}-\beta_{20})\frac{l}{2}\right]\right|=1$$

这就要求

$$(\beta_{10}-\beta_{20})\frac{l}{2}=\frac{\pi}{4} \tag{6.6-34}$$

由此可得

$$l=\frac{\pi}{2(\beta_{10}-\beta_{20})} \tag{6.6-35a}$$

或

$$l=\frac{1}{\left(\frac{1}{\lambda_{g10}}-\frac{1}{\lambda_{g20}}\right)} \tag{6.6-35b}$$

在上述计算中由于忽略了结构不连续性的影响，因此由实验确定的 l 尺寸与由公式计算

得出的 l 尺寸是有差别的。在实际结构中，为改善匹配和加宽频带，可以在耦合区的中心线上（沿轴线方向）安置容性螺钉或感性螺杆。另外，为了更有效地抑制高次模，还可以把耦合段的宽度稍微变窄一些，或在窄壁的内侧添加具有一定厚度的金属镶片，以使大波导变窄些。采取这些措施后，耦合段的长度与采取措施前相比，会有些变化。

§6.7 微波滤波器

微波滤波器是用来分离不同频率信号的一种元件。它的主要作用是抑制不需要的信号，使其不能通过滤波器，而只让需要的信号通过。滤波器在电信、卫星通信、雷达和测量等设备中都有广泛的应用，它是微波振荡器、混频器、放大器、倍频器等电路的重要组成部分之一。实际上很多微波元件都具有一定的频率响应特性，都可以用滤波器的理论进行分析。因为集总参数滤波器的理论比较成熟，所以，尽管微波滤波器在很多方面有它自己的特点，但在一定频率范围内，在分析微波滤波器的特性时，仍可采用与它相应的集总参数的等效电路来进行分析。这样，对于绝大多数的微波滤波器，就可以采用集总参数滤波器的设计原则和分析方法，并根据所得的分析结果，在具体的微波结构上加以实现。

对于微波滤波器，可按其作用、频率响应、结构特点等来分类。若按作用分类，则可划分为低通、高通、带通和带阻四种类型的滤波器，如图 6.7－1 所示。纵坐标 L_A 表示滤波器的插入衰减，横坐标 f 表示频率。为了描述滤波器的滤波特性，一般常用的是插入衰减随频率变化的曲线，如图 6.7－1 所示。插入衰减的定义为

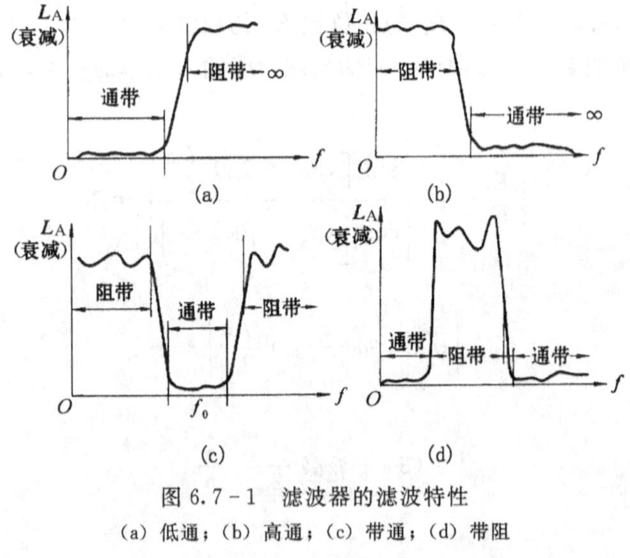

图 6.7－1 滤波器的滤波特性

(a) 低通；(b) 高通；(c) 带通；(d) 带阻

$$L_A = \frac{1}{2}\ln\frac{P_i}{P_L} \quad \text{Np} \tag{6.7-1}$$

式中，P_i 为滤波器所接信号源的最大输出功率（也即滤波器的输入功率），P_L 为滤波器的负载吸收的功率。

微波滤波器的主要技术指标有：工作频带的中心频率、带宽、通带内允许的最大衰减、阻带内允许的最小衰减、阻带向通带过渡时的陡度和通带内群时延的变化等。下面举两个例

子，以说明如何把它们等效为集总参数电路，并由此来分析它们的滤波特性。

一、利用四分之一(波导)波长传输线并联电抗元件的滤波器

实际的滤波器，可以采取在均匀传输线段中安置一些不连续结构的方法来构成。在分析和计算时，则可把这种滤波器等效为在一段长线上（它的特性阻抗与实际微波传输线的特性阻抗或波型阻抗相等）并联了一系列的等效于集总参数的电抗性元件，即是说，用等效电路来进行分析。下面利用图 6.7-2 所示的原理性示意图和它的等效电路来说明这个问题。这个滤波器的结构是：在一特性阻抗为 Z_c 的传输线上，每隔 $\lambda_g/4$ 的距离就并接一个电抗性元件（它的实际结构可以是短路支线、膜片或螺钉），设其阻抗分别为 Z_1、Z_2、Z_3、Z_4、Z_5 和 Z_6，R_L 是滤波器所接的负载。利用 $\lambda_g/4$ 阻抗变换器的公式，就可以把图 6.7-2(a)逐步变换为图 6.7-2(d)的电路形式。根据等效电路，即可分析滤波器的特性。至于滤波器到底是什么性质的，这取决于并联电抗元件的性质，而 $\lambda_g/4$ 传输线段本身对滤波器的性质并无贡献。

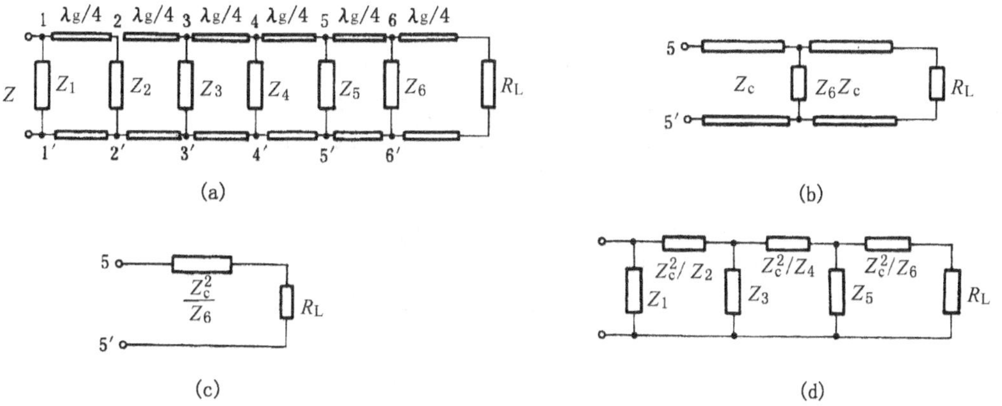

图 6.7-2　$\lambda_g/4$ 传输线并联电抗元件构成的滤波器原理性电路图

二、利用高低阻抗线构成的滤波器

图 6.7-3 是利用高低阻抗线构成的微波滤波器的原理性示意图及其等效电路。适当选取每段传输线的长度和它的特性阻抗，并按一定顺序把它们级联在一起，就构成了这种形式的滤波器。图中的 Z_c 是主传输线的特性阻抗，Z_{c1} 和 Z_{c2} 分别为高阻抗段和低阻抗段的特性阻抗。这是一个低通滤波器。由于它结构紧凑，便于设计，性能较好，因此是低通滤波器中常用的一种结构形式。下面讨论它的等效电路。

在图 6.7-3 的等效电路中，有些电容是表示由于结构不连续而造成的影响，称为边缘电容。这些电容有：$C_1=C_{f0}$；$C_4=C_6=C_9=C_f$。l_0 称为补偿段（它的分布电容已归入 C_{f0} 内），是为了改善传输线（它的特性阻抗为 Z_c）与滤波器的输入阻抗匹配而加的一小段传输线。l_0 段的补偿作用，粗略地讲，就是利用这一小段传输线的分布电感和分布电容（包括 l_1 段的一部分电容在内）的数值选取适当时，可认为这一小段的特性阻抗近似地等于与滤波器相接的传输线的特性阻抗 Z_c，从而改善了匹配。为了求出等效电路中的电感和电容，需首先讨论一段均匀传输线可以等效于集总参数的 T 型或 Π 型电路的问题，然后再求出电感和电容。

图 6.7－4 是一段长为 l 的均匀传输线以及与它相等效的 T 型和 Π 型电路。下面分析它们的等效关系。设均匀传输线的特性阻抗为 Z_c（特性导纳 $Y_c=1/Z_c$），输入端的电压和电流（均指复振幅）分别为 U_1 和 I_1，输出端的电压和电流分别为 U_2 和 I_2。根据等效要求，T 型电路输入端和输出端的电压和电流也应分别等于 U_1、I_1 和 U_2、I_2，如图 6.7－5 所示。对于均匀传输线段 l，根据传输线理论知

$$U_1 = U_2\cos\beta l + \mathrm{j}I_2 Z_c \sin\beta l \tag{6.7-2}$$

$$I_1 = I_2\cos\beta l + \mathrm{j}\frac{U_2}{Z_c}\sin\beta l \tag{6.7-3}$$

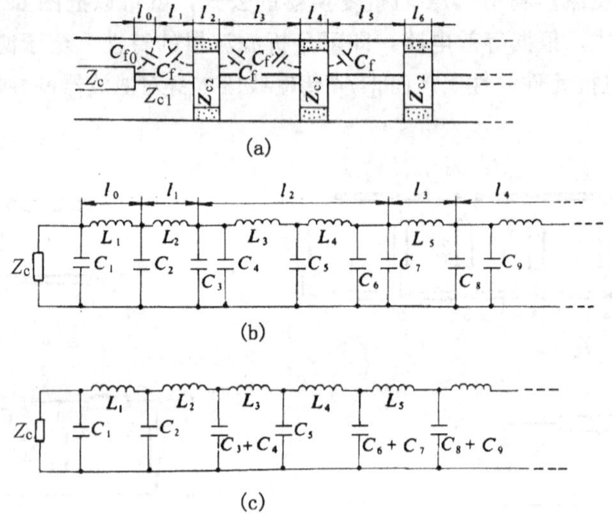

图 6.7－3　高低阻抗线的结构示意图及其等效电路

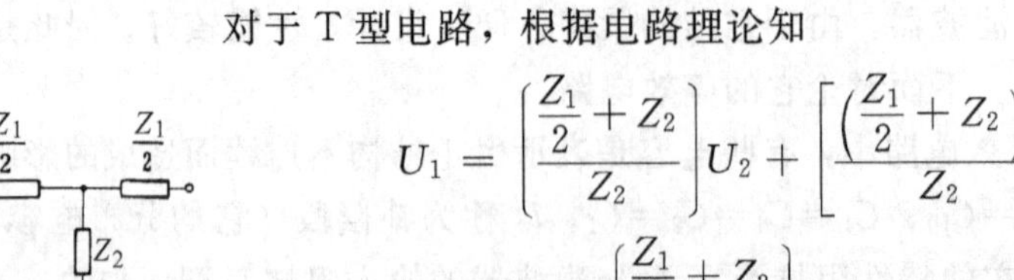

图 6.7－4　均匀传输线及其等效电路

对于 T 型电路，根据电路理论知

$$U_1 = \left(\frac{\frac{Z_1}{2}+Z_2}{Z_2}\right)U_2 + \left[\frac{\left(\frac{Z_1}{2}+Z_2\right)^2}{Z_2} - Z_2\right]I_2 \tag{6.7-4}$$

$$I_1 = \frac{U_2}{Z_2} + \left(\frac{\frac{Z_1}{2}+Z_2}{Z_2}\right)I_2 \tag{6.7-5}$$

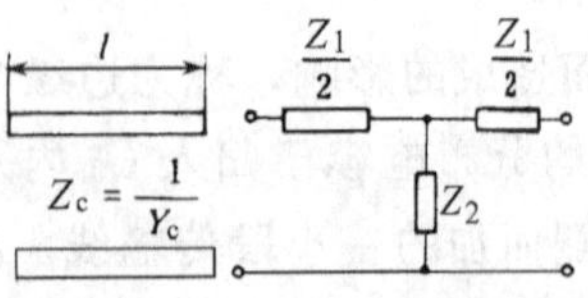

图 6.7－5　均匀传输线等效为 T 型电路

为使均匀传输线与 T 型电路相等效，则应使式(6.7－2)、式(6.7－3)和式(6.7－4)、式(6.7－5)中电压（或电流）对应项的系

数相等，由此得 T 型电路的参数为

$$Z_1 = \mathrm{j}2Z_c \tan\frac{\beta l}{2} \tag{6.7-6}$$

$$Z_2 = \frac{1}{\mathrm{j}Y_c \sin\beta l} \tag{6.7-7}$$

式中 β 为均匀传输线的相移常数。经过同样的运算步骤，即可求得图 6.7-4 中所示 Π 型电路串联臂和并联臂的阻抗分别为

$$\mathrm{j}Z_c \sin\beta l \tag{6.7-8}$$

$$\frac{1}{\mathrm{j}Y_c \tan\frac{\beta l}{2}} \tag{6.7-9}$$

根据上述关系式就可以把等效电路中的电感和电容求出来。

图 6.7-3(b)中的 l_0 段（高阻抗段）是由电感 L_1 和电容 C_1 构成的一个 Γ 型电路，可把它看成是 Π 型电路的一半，因此可用等效的 Π 型电路求出它的电感和电容。这一段的电容 $C_1=C_{f0}$，可从有关的曲线图中求出。利用与 Π 型电路等效的关系可知

$$\mathrm{j}\omega L_1 = \mathrm{j}Z_{c1}\sin\beta_1 l_0 \tag{6.7-10}$$

则

$$L_1 = \frac{Z_{c1}\sin\beta_1 l_0}{\omega} \tag{6.7-11}$$

当 $l_0 \ll \lambda$ 时

$$L_1 \approx \frac{Z_{c1} l_0}{v_1} \tag{6.7-12}$$

对于图 6.7-3(b)中的 l_1 段（高阻抗段），也可以利用与它等效的 Π 型电路求出它的电感和电容，当 $l_1 \ll \lambda$ 时，则求得电感和电容分别为

$$L_2 \approx \frac{Z_{c1} l_1}{v_1} \tag{6.7-13}$$

$$C_2 = C_3 = \frac{Y_{c1} l_1}{2v_1} \tag{6.7-14}$$

对于图 6.7-3(b)中的 l_2 段（低阻抗段），用 T 型电路等效。当 $l_2 \ll \lambda$ 时，则求得电感、电容分别为

$$L_3 = L_4 \approx \frac{Z_{c2} l_2}{2v_2} \tag{6.7-15}$$

$$C_5 = \frac{Y_{c2} l_2}{2v_2}$$

对于图 6.7-3(b)中的 l_3 段（高阻抗段），用 Π 型电路等效，即可求出电感 L_5、电容 C_7 和 C_8。逐次求下去，就可以把等效电路中所有的电感和电容求出来，然后把在同一点相并联的电容加以合并，就可得出图 6.7-3(c)所示的电路。由这个电路可知，由高低阻抗线构成的滤波器是一个低通滤波器。

以上各式中的 Y_{c1} 和 Y_{c2} 是特性导纳；v_1 和 v_2 分别为 l_1 和 l_2 传输线段中电磁波的传播速度。

从均匀传输线段的 Π 型等效电路可知，当传输线的特性阻抗 Z_c 较大时，Π 型电路两个并联支臂的阻抗也较大，若其分流作用可忽略不计，则整个 Π 型电路可近似地看做是一个

串联电感。因此高阻抗线段（与相邻线段的特性阻抗相比较而言）常用 Π 型电路与之等效。同理，对于 T 型电路，当传输线的特性阻抗 Z_c 较小（也是就比较而言）时，串联臂的阻抗也较小，若其作用可忽略不计，则整个 T 型电路可近似地看做是一个并联的等效电容。因此低阻抗线段常用 T 型电路与之等效。这样，在允许做出某些近似和对计算精度要求不高的情况下，可以使计算简化。

图 6.7－3(a)是高低阻抗线滤波器的原理性示意图。实际上，它可以由同轴线、带状线或微带线等构成。

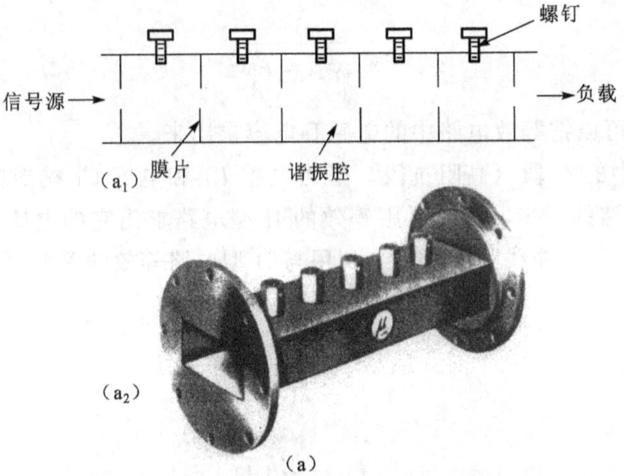

(a)

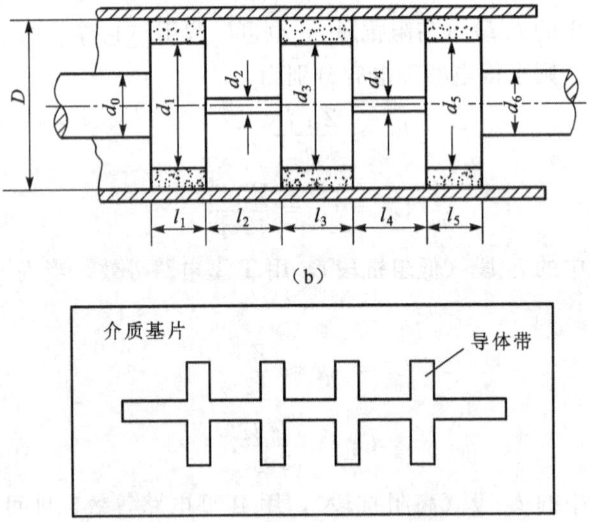

(b)

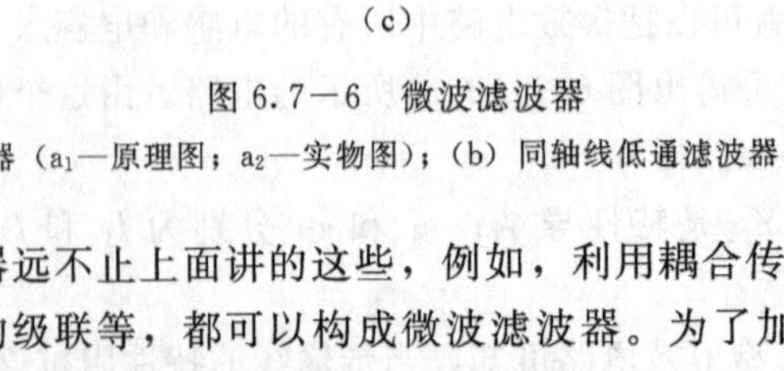

(c)

图 6.7—6　微波滤波器

(a) 矩形波导带通滤波器（a_1—原理图；a_2—实物图）；(b) 同轴线低通滤波器；(c) 微带线低通滤波器

实际中应用的滤波器远不止上面讲的这些，例如，利用耦合传输线之间的相互作用，利用谐振腔或许多谐振腔的级联等，都可以构成微波滤波器。为了加深理解，在图 6.7－6 中给出了三种不同类型滤波器的结构示意图和一个实物图。图 6.7－6（a）（a_1—原理图；a_2—

实物图）是由波导和谐振腔构成的滤波器，其中的金属膜片将波导分隔成几个谐振腔，每个腔的作用相当于低频中的并联谐波回路（等效电路）。通过腔与腔之间的“窗口”使所有的腔互相之间产生耦合，而且，“窗口”处的磁场较强，因此是电感性的耦合，如果耦合度合适，腔体的个数较多，那么，从总的等效电路看，这种结构就构成了一个带通滤波器。调节安装于波导宽壁上螺钉伸入腔体的深度，即可改变腔体的谐振频率，以期达到较好的滤波效果。图 6.7－6（b）是一个利用同轴线的不同区域具有不同的阻抗而构成的滤波器。用高阻抗段形成（等效）串联电感的效应，低阻抗段形成（等效）并联电容的效应，从等效电路看，这是一个低通滤波器。图 6.7－6（c）是利用微带的高、低阻抗线段而构成的一个低通滤波器，其工作原理与图 6.7－6（b）同轴线滤波器的工作原理相同。

§6.8　场移式隔离器

利用铁氧体可以构成法拉第旋转式隔离器、谐振吸收式隔离器和场移式隔离器。其中，场移式隔离器由于它结构紧凑、外加恒定磁场较低、使用方便，因此得到了广泛的应用（尤其是在小功率范围内）。限于篇幅，本节只讨论场移式隔离器。场移式隔离器是利用铁氧体在外加恒定磁场作用下所具有的非互易性而构成的一种微波器件。它使正向传输的波无衰减（实际上衰减很小）地通过，而对于反方向传输的波则有较大的衰减。在微波传输系统中利用隔离器，可以把负载由于不匹配造成的反射波（反向波）在经过隔离器时被吸收掉，而不再返回信号源，使信号源稳定地工作。图 6.8－1 是场移式隔离器的结构示意图和矩形波导横截面内电场（TE_{10}模）E_y 的分布图。在矩形波导中，把一个两端呈尖劈状（为了减少反射）的铁氧体薄片安置在靠近波导窄壁的某一选定位置处，它的表面与波导窄壁平行，表面上被覆一层能吸收电磁波功率的材料（如石墨粉、镍铬合金等）。在波导外部有一永久磁铁，它产生的恒定磁场其方向垂直于波导宽壁，使铁氧体磁化。在实际结构中，常把铁氧体贴附于介质片上。介质片一方面可起固定作用，另一方面还可使电磁波向铁氧体片集中，从而可以起到展宽频带的作用。

下面简单地讨论一下场移式隔离器的基本原理。铁氧体内的电子在外加恒定磁场 $\boldsymbol{H}_0$ 的作用下发生进动。与此同时，在铁氧体内再加上与恒定磁场 $\boldsymbol{H}_0$ 的方向相垂直的高频右旋或左旋圆极化磁场 h_+ 或 h_-（顺 $\boldsymbol{H}_0$ 的正方向看去，顺时针旋转者为右旋，逆时针者为左旋）。由于这两种圆极化磁场与自旋电子进动的方向相同（如右旋场）或相反（如左旋场），则铁氧体对这两种圆极化场呈现的磁导率 μ_+ 和 μ_- 也不相同，而且它们的值会随着恒定磁场的变化（即给恒定磁场以不同的值）而变化，如图 6.8－2 所示（纵坐标表示磁导率的相对值，“1”表示未加恒定磁场时的磁导率）。根据这种特性，当铁氧体片的厚度、位置和外加恒定磁场选取适当时，就会产生非互易性的场移效应。也就是说，若在波导中向正方向传输的波为右旋圆极化波时，铁氧体呈现的磁导率为 μ_+，在低恒定磁场的情况下，μ_+ 是一负值，因此使右旋圆极化的场被“排斥”于铁氧体之外，从而使 TE_{10}模的场发生了畸变，电场 E_y 的分布如图 6.8－1 所示。此时，在铁氧体有吸收材料的表面上，电场强度的幅值等于零，因此对正向波的衰减很小。当波反向传输时，是左旋圆极化场，铁氧体呈现的磁导率为 μ_-，μ_- 为大于空气磁导率的正值，因此左旋圆极化的场被“吸收”到铁氧体内，在铁氧体有吸收材料的表面上，电场强度的幅值最大，因此对反向波的衰减很大。这样，就构成了一个场移式隔离器。

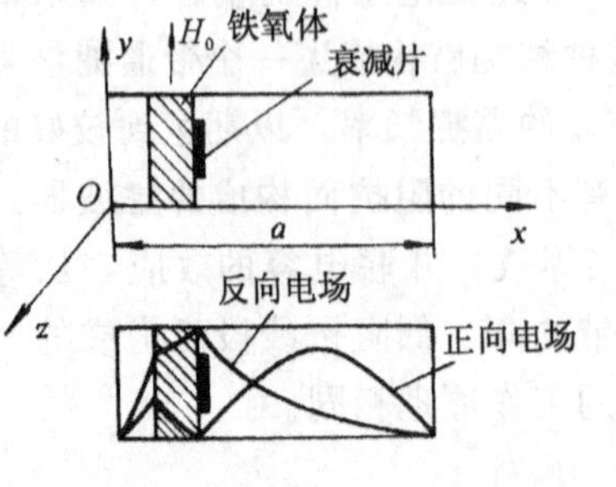

图 6.8-1　场移式隔离器结构简图及其电场分布

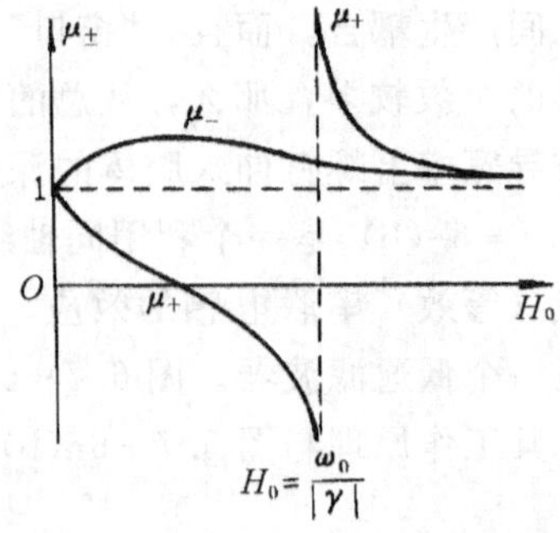

图 6.8-2　铁氧体对两种圆极化波的相对磁导率

在矩形波导中，TE_{10} 模的磁场分量 H_x 和 H_z 在空间是正交的，在相位上差 $\frac{\pi}{2}$，若在靠近波导窄壁处的某一选定位置（如图 6.8-3 中的 p 点处）能使两者的幅度又相等，那么，在这个位置观察波的传输情况时，就可以看出：向正方向（正 z 方向）传输的是右旋圆极化波，如图 6.8-3(a)和(b)所示；向反方向（负 z 方向）传输的为左旋圆极化波，如图 6.8-3(c)和(d)所示。可见，若把铁氧体片安置于这个位置，就会产生上面讲过的场移效应，构成了场移式隔离器。

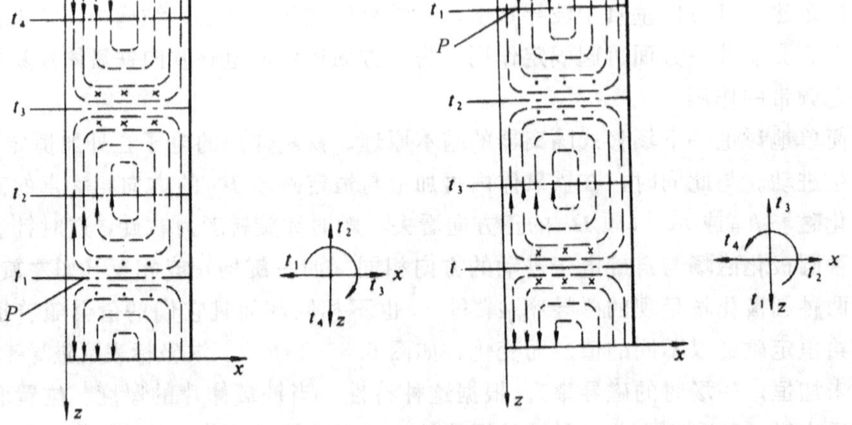

图 6.8-3　矩形波导中 TE_{10} 波型的圆极化现象

需要指出，上面的分析是很粗略的定性的分析，因为波导中放入铁氧体后，就等于引进了不均匀性，波导中已不再是单纯的 TE_{10} 波型，而是有高次模存在，对于这些因素均未考虑。除此而外，自旋电子模型只是一种近似的说法，而且，对于磁性材料的性质、损耗、铁氧体片的尺寸等因素也没有考虑。

§6.9　Y 型结环行器

环行器的种类很多，有：相移式环行器、法拉第旋转式环行器、场移式环行器和结环行器等。从理论上讲，环行器的端口数没有限制，但实际应用的大都为三端口或四端口环行器。其中，尤以结环行器用得最多，本节只介绍 Y 型结环行器。

图 6.9-1 是一个矩形波导 H 面 Y 型结环行器的结构示意图。三个完全相同的波导互成 120°的角度，在结的中心安置了一个圆柱形（或圆盘形）的铁氧体块。在外加恒定磁场 $\boldsymbol{H}_0$ 的作用下，铁氧体被磁化，若铁氧体尺寸合适，外磁场 $\boldsymbol{H}_0$（低磁场）也选取合适，这样，就构成了一个环行器。一个理想的（即无耗、各端口同时匹配、非互易性）Y 型结环行器应具有下面的性质：当从端口 1 输入功率时，端口 2 有输出，而端口 3 无输出；当从端口 2 输入功率时，端口 3 有输出，而端口 1 无输出；当从端口 3 输入功率时，端口 1 有输出，而端口 2 无输出。反向传输是隔离的。若外加恒定磁场的方向变成与原来的方向相反，则功率输出的流动方向也与原来的方向相反。

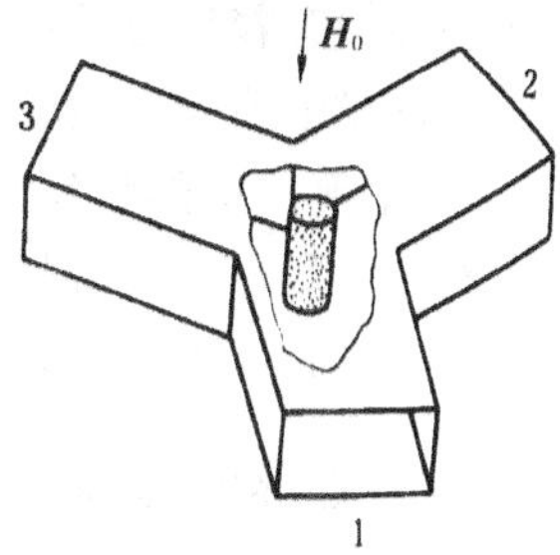

图 6.9-1　Y 形结环行器

环行器的技术指标有：正向衰减 α_+、隔离度 I、工作带宽和输入端口的驻波比。设端口 1 的输入功率为 P_1、端口 2 和端口 3 输出的功率分别为 P_2 和 P_3（P_3 实际上不可能为零），则有

$$\alpha_+ = \frac{1}{2}\ln\frac{P_1}{P_2} \quad \text{Np} \tag{6.9-1}$$

$$I = \frac{1}{2}\ln\frac{P_1}{P_3} \quad \text{Np} \tag{6.9-2}$$

当端口 2 和端口 3 均接匹配负载时，从端口 1 测得的驻波比称为输入端口的驻波比。在满足上述技术指标的情况下，环行器工作的频率范围称为工作带宽。

在实际应用的 Y 型结环行器中，有时还在三个分支波导中靠近铁氧体块附近安置一些匹配装置，结中心处的铁氧体块，除圆柱形或圆盘形外，也可采取其他形状（如三角形），但无论采取什么形状，它都应具备 120°旋转的对称性。

从传输线的结构类型上看，除了矩形波导外，圆波导、带状线、微带线、鳍线和介质波导等，也可以构成 Y 型结环行器。

环行器可用在微波天线的收发开关中，也可以用作单向传输器或隔离器，还可以用它分隔开许多不同频率成分的信号等。

§6.10　电抗性元件

本书前几章讨论的大部分内容是均匀传输线，但是，在实际中还经常遇到在均匀传输线中出现的不均匀性（不均匀区域）的情况。例如，矩形波导中的膜片、谐振窗、金属杆，矩形波导阶梯，以及同轴线阶梯等。此外，各类传输线的拐角（拐弯）、接头、耦合孔和开路端口等，也是一种不均匀性。其中有的不均匀性可以用来构成微波元件，如电抗性元件，而有些不均匀性的影响则应设法消除或补偿。

不均匀区域的边界条件和情况是比较复杂的，因此在不均匀区域不仅有一种模式（主模），而且还存在着其他的模式（高次模），这许多模式的场相叠加，才能满足边界条件。可见，用严格的根据边界条件求解场方程的方法来讨论不均匀性的问题是很困难的，因此，在一般的工程实用中，大都采用等效的方法来分析不均匀性问题。在一般情况下，均匀传输线只能传输一种模式（主模），而高次模是被截止的，高次模的能量只能储存于不均匀区域及其附近，即不均匀性的作用相当于一个储存电场能的电容器或储存磁场能的电感器，或两者兼而有之。这样，如果把均匀传输线在一定条件下等效为双线传输线的话，那么，不均匀性就可以等效为一个集总参数的电抗性元件。其中，有些不均匀性可以用来构成微波元件，而且这些元件有着广泛的用途。

传输线中不均匀性的种类是很多的，不可能逐个地讨论，本节只是定性地对矩形波导（工作于主模）中的膜片、谐振窗和金属杆等电抗性元件作一简单介绍，并给出一些近似计算公式，以备查用。另外，矩形波导和同轴线中的阶梯也是常见的一种比较重要的不均匀性，也一并放于本节加以简单介绍。

一、矩形波导管中的膜片、谐振窗和金属杆

膜片、谐振窗和金属杆均属于不均性结构，它们在微波中具有广泛的用途。例如，可用作阻抗匹配或变换元件，或用以构成谐振腔和由谐振腔构成的滤波器，以及在慢波系统、超高频电子器件、放电器件中的应用等。

（一）矩形波导中的膜片

所谓膜片就是一个导电性能良好的金属薄片，近似地讲，可以把它看做是理想导体，其厚度远小于波导波长，但又远大于电磁波的趋肤深度。膜片有两类：一类是电容性膜片，它又可分为对称的和不对称的两种情况；另一类是电感性膜片，它也可分为对称的和不对称的两种情况。下面分别讨论。

(1) 电容性膜片。如图 6.10－1 所示。它是被安置在与矩形波导轴线相垂直的分为上、下两个部分的具有良好导电性能的金属薄片（膜片），图 6.10－1(a)和(b)是对称结构的膜片，图 6.10－1(c)是非对称结构的膜片，图 6.10－1(d)是膜片的等效电路。从等效电路可知，如果把波导等效为均匀、无耗的双线传输线的话，那么，波导中放置了电容性膜片，就相当于在双线传输线中并联了一个等效的电容 C。其理由简述如下：在波导内，由于膜片的加入而产生的结构上的不连续性，使该处的电场更加集中，并在其附近储存了电能，其作用相当于一个储存电能的电容器。另外，用场的观点来分析，也可以得到同样的结论。如前所说，假定膜片是理想导体，则电磁场在膜片表面应满足的边界条件之一是电场的切向分量为零。从矩形波导中主模 TE_{10} 的场结构可知，仅有 TE_{10} 模是满足不了边界条件的，因此为了满足边界条件，在膜片处必然会产生高次模，使 TE_{10} 模的电场与高次膜的电场相叠加（实际即相互抵消），才能使膜片表面上电场的切向分量为零。只要仔细地观察一下第 2 章中所列出的矩形波导中各种模式的场结构图，就会发现，在高次模中，TM_{12} 再加上其他的 TM 模，与 TE_{10} 模相叠加，就可以满足上述的要求。因此，在膜片处产生的高次模是 TM 模。但是，由于所选择的波导尺寸只允许主模 TE_{10} 传输，而高次模是被截止的，因此它的能量随着远离膜片而急剧地衰减，也就是说，能量只能储存于膜片附近。如同在第 2 章中讨论过

极限波导时曾指出的那样，处于截止状态的 TM 模，其电场能量占优势，因此，膜片的作用就等效于一个电容器。在表6.10－1 中列举了一些电容性膜片的结构形式、等效电路和近似计算公式。

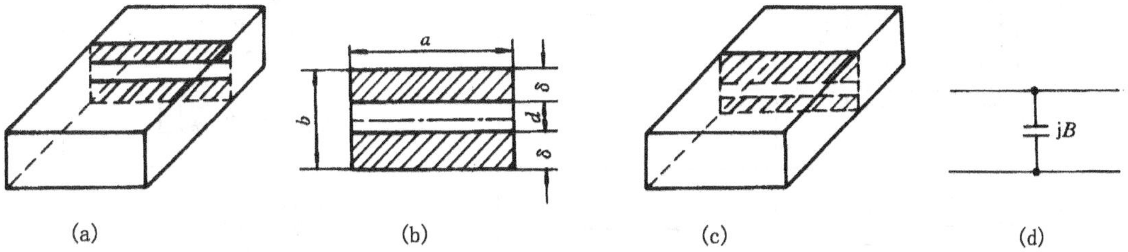

图 6.10－1　对称和非对称的电容性膜片及其等效电路
(a),(b)对称膜片；(c) 非对称膜片；(d) 等效电路

在表 6.10－1 中，设膜片的厚度 t 为零，a 和 b 分别为矩形波导宽壁和窄壁的内尺寸，Y_e 为波导的等效导纳（等效阻抗 Z_e 的倒数），λ_g 为波导波长，膜片的等效电容为 C，相应的等效电纳为 jB，归一化的等效电纳为 jB/Y_e，Δ 是波导的 $b/2$ 处与上、下两膜片边缘之间距离的1/2 处距离之差。根据表中列出的近似公式，以及 $C=B/\omega$（ω 为角频率）即可求出膜片的等效电容 C。另外，对于对称结构的电容膜片（表中的第一种结构形式），当其厚度 t 不能忽略时(即 $t\neq 0$ 时)，B 的近似式为

$$\frac{B}{Y_e}\approx B'+\frac{2\pi t}{\lambda_g}\left(\frac{b}{d}-\frac{d}{b}\right) \tag{6.10-1}$$

该式的精确度在 10%左右，式中的 B'是根据表中的公式($t\approx 0$ 时)求出的电纳值。

对于表 6.10－1 中列举的一些膜片，除了用近似公式计算 B 和 C 之外，还有相应的设计曲线（精确度较高些）可供利用，在此不再赘述。电容性膜片的缺点是，在膜片处电场比较集中，在大功率下易发生击穿现象。因此，对于传输大功率的波导，应采用电感性膜片。

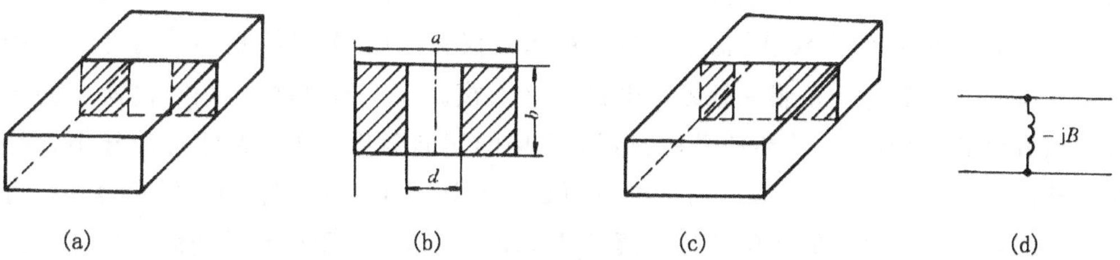

图 6.10－2　对称和非对称的电感性膜片及其等效电路
(a),(b)对称膜片；(c) 非对称膜片；(d) 等效电路

(2) 电感性膜片。如图 6.10－2 所示，它是被安置在与矩形波导轴线相垂直的分为左右两部分的具有良好导电性能的金属薄片（膜片），图 6.10－2(a)和(b)是对称结构的膜片，图 6.10－2(c)，是非对称结构的膜片，图 6.10－2(d)是膜片的等效电路。从等效电路可知，

表 6.10 - 1　矩形波导中电容膜片的结构形式及其等效电路和近似计算公式

波导横截面	波导侧面	等效电路和近似公式
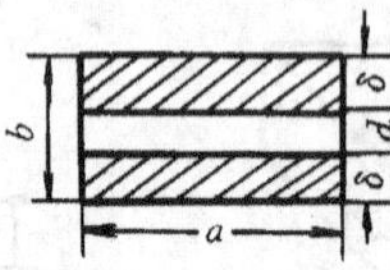	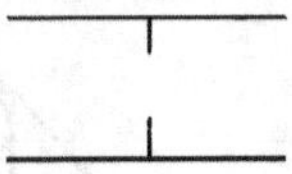	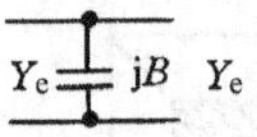 $\frac{B}{Y_e}\approx\frac{4b}{\lambda_g}\left[\ln\left(\csc\frac{\pi d}{2b}\right)\right]$
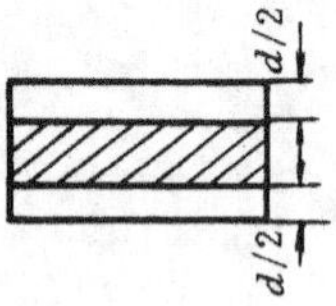	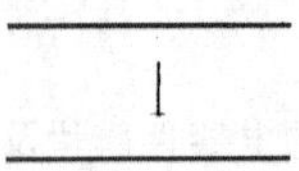	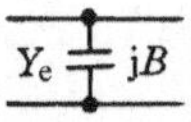 $\frac{B}{Y_e}\approx\frac{4b}{\lambda_g}\left[\ln\left(\csc\frac{\pi d}{2b}\right)\right]$
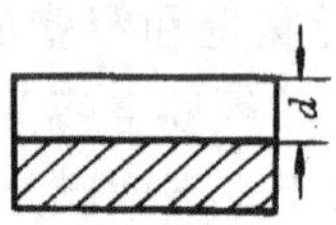	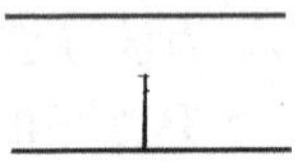	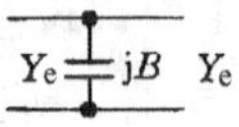 $\frac{B}{Y_e}\approx\frac{8b}{\lambda_g}\left[\ln\left(\csc\frac{\pi d}{2b}\right)\right]$
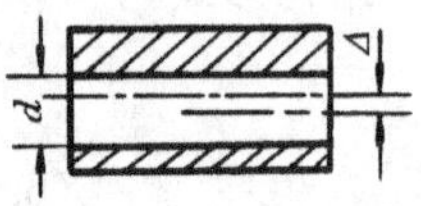	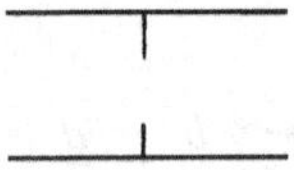	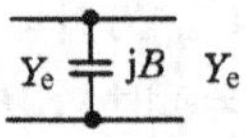 $\frac{B}{Y_e}\approx\frac{4b}{\lambda_g}\ln\left[\left(\sec\frac{\pi\Delta}{b}\right)\left(\csc\frac{\pi d}{2b}\right)\right]$

在矩形波导中放置了感性膜片，就相当于在双线传输线中并联了一个电感 L。其理由简述如下：当波导宽壁内表面上的轴向电流抵达膜片时，膜片上就有电流通过，并在其附近产生了磁场，聚集了磁能，因此膜片的作用就相当于一个储存磁能的电感器。用场的观点来分析，也可以得到同样的结论。假定膜片是理想导体，根据边界条件，膜片表面上电场的切向分量应为零。从矩形波导中主模 TE_{10} 的场结构可知，仅有 TE_{10} 模是满足不了边界条件的，因此，为了满足边界条件，在膜片处必然会产生高次模。使 TE_{10} 模的电场与高次模的电场相叠加（实际即相互抵消），才能使膜片表面上电场的切向分量为零。从矩形波导中各种模式的场结构图中可以看出，TE 波型的高次模（TE_{30}，TE_{50}，TE_{70}，…）与 TE_{10} 模相叠加，可以满足上述要求，因此，膜片处产生的高次模是 TE 模。但是，由于所选择的波导尺寸只允许主模 TE_{10} 传输，而高次模是被截止的，因此它的能量随着远离膜片而急剧地衰减，也就是说，能量只能储存于膜片附近，如同讨论过极限波导时曾指出的那样，处于截止状态的 TE 模，其磁场能量占优势，因此，膜片的作用就等效于一个电感器。在表 6.10 - 2 中列举了一些电感性膜片的结构形式、等效电路和近似计算公式。在表中设膜片的厚度 t 为零。表 6.10 - 2 中的 δ 是两膜片边缘之间距离的 1/2 处与波导窄壁内表面之间的距离。根据表中列出的近似公式和 $L=1/\omega B$，即可求出膜片的等效电感 L；另外，对于对称结构的电感性膜片（表中的第一种结构形式），当其厚度 t 不能忽略时（即 $t\neq 0$ 时），B 的近似式为

$$\frac{B}{Y_e} \approx \frac{\lambda_g}{a}\cot^2\left[\frac{\pi(d-t)}{2a}\right] \tag{6.10-2}$$

对于表6.10－2 中列举的一些膜片，除了用近似公式计算 B 和 L 之外，还有相应的设计曲线可查，在此不再赘述。电感性膜片的优点是，在其附近的电场并不像电容膜片那样比较集中，在大功率下不易发生击穿现象，因此，功率容量较大；另外，利用电感性膜片还可以得到比较大的电纳值，这在某些应用场合是很需要的。总之，电感性膜片的用途是比较广泛的。

需要指出的是，以上所讲的电容性和电感性膜片，都是假定其厚度为零，或虽然不为零，但其厚度仍是很薄的情况；若膜片的厚度较厚，则它们的作用就不能单纯地等效为一个并联于传输线的电容或电感的二端网络了。由于厚度的影响，对于原来为电容性膜片的结构，其等效电路为 π 型四端网络（当中为串联电感，两侧为并联电容），对于原来为电感性膜片的结构，其等效电路为 T 型四端网络（当中为并联电感，两臂为串联电容）。对于此种情况，在此不予讨论。

表 6.10－2 波导中电感膜片结构形式、等效电路和近似计算公式

波导横截面	波导顶面	等效电路和近似公式
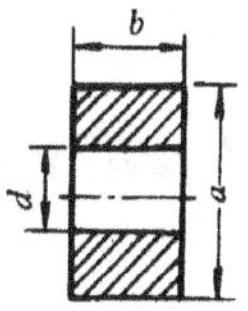	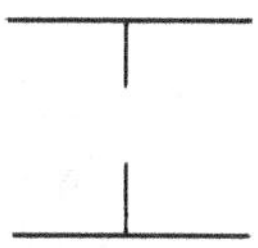	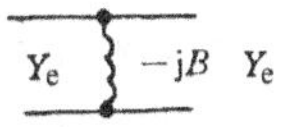 $\frac{B}{Y_e}\approx\frac{\lambda g}{a}\cot^2\frac{\pi d}{2a}$
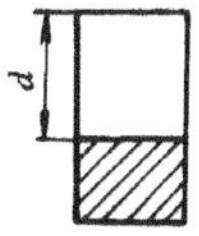	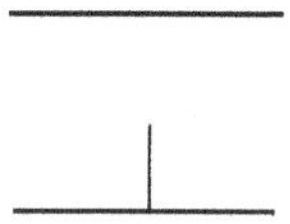	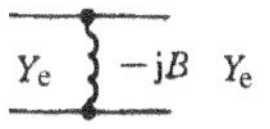 $\frac{B}{Y_e}\approx\frac{\lambda g}{a}\cot^2\left(\frac{\pi d}{2a}\right)\left(1+\csc^2\frac{\pi d}{2a}\right)$
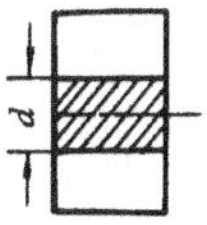	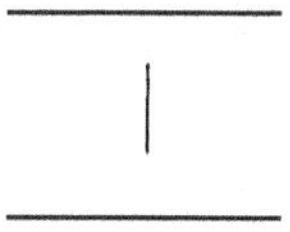	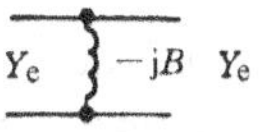 $\frac{B}{Y_e}\approx\frac{2\lambda g}{a\,\mathrm{arch}\left(\csc\frac{\pi d}{2a}-2\right)}$
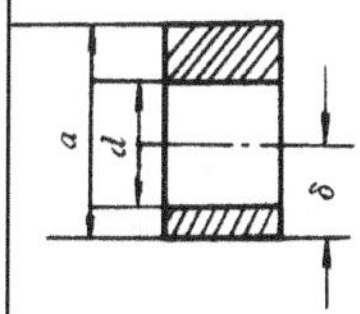	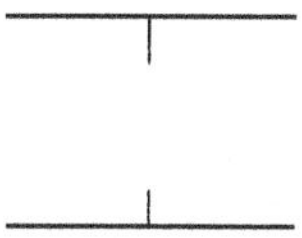	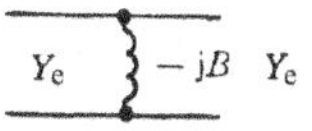 $\frac{B}{Y_e}\approx\frac{\lambda g\left(1+\sec^2\frac{\pi d}{2a}\cot^2\frac{\pi\delta}{a}\right)}{a\tan^2\frac{\pi d}{2a}}$

（二）谐振窗

在超高频电真空器件中和气体放电器件以及波导中，常要用到谐振窗。例如，有时需要将波导分为真空和非真空两个区域，而同时又要求不影响波的传输，则可以用带有小窗口的金属薄片将两部分波导隔开，并用低损耗的介质(例如,聚四氟乙烯、陶瓷片、玻璃和云母片等)将窗口密封起来。有时为了将波导充气或将波导密封起来，也可以采用这种结构。另外，利用谐振窗还可以构成微波滤波器。

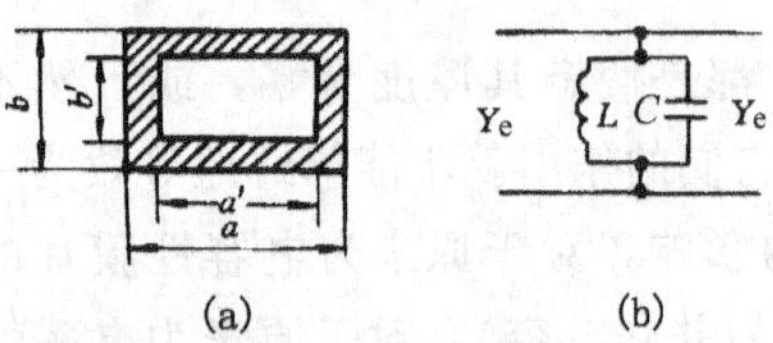

图 6.10－3　谐振窗及其等效电路

图6.10－3是矩形波导(工作于主模)中用的一种谐振窗的示意图及其等效电路。从结构上讲，可以把谐振窗看做是由电容性膜片和电感性膜片组合而成的，即在谐振窗附近既有TE型高次模，又有TM型高次模，其作用相当于一个由电感 L 和电容 C 构成的一个并联谐振回路。在讨论中，假定谐振窗的损耗可以忽略不计(若考虑损耗时,等效电路中应再加并联电导 g)。

当某一传输波的频率等于谐振窗的谐振频率时，并联回路的电纳为零(并联电抗为无穷大)，对于波的影响(造成的反射)很小，此时回路的电场储能与磁场储能相等；当谐振窗处于失谐状态时，若其中的电场能占优势(工作频率大于谐振频率)，回路呈容性电抗，若其中的磁场能占优势(工作频率小于谐振频率)，回路呈感性电抗。这两种情况都会对主波导中传输的波产生较大的影响(造成的反射较大)。

为了求出谐振窗的谐振波长 λ 或谐振频率 f，可以把谐振窗看做是级联于主波导($a\times b$)中的一小段横截面积为 $a'\times b'$、长为 d(即膜片厚度)、填充有介电常数为 ε、磁导率为 μ 的介质的矩形波导。当主波导中传输的是主模 TE_{10} 时，根据式(2.3－67)可知，这一小段矩形波导的等效阻抗为

$$Z_1=\frac{b'}{a'}\sqrt{\frac{\mu}{\varepsilon}}\frac{1}{\sqrt{1-(\lambda/2a')^2}} \tag{6.10-3}$$

同样地，安置有谐振窗的、填充介质为空气的(ε_0,μ_0)主波导的等效阻抗为

$$Z_2=\frac{b}{a}\sqrt{\frac{\mu_0}{\varepsilon_0}}\frac{1}{\sqrt{1-(\lambda/2a)^2}} \tag{6.10-4}$$

如上所说，在谐振状态下，主波导中传输的波应无反射地(实际有很小的反射)通过谐振窗，从阻抗匹配的观点看，即 $Z_1=Z_2$，因此有

$$\frac{b'}{a'}\frac{1}{\sqrt{\varepsilon_r-(\lambda/2a')^2}}=\frac{b}{a}\frac{1}{\sqrt{1-(\lambda/2a)^2}} \tag{6.10-5}$$

式中的 ε_r 为介质的相对介电常数。根据此式，当 a、b，a' 和 b'，以及填充介质给定时，就可求得谐振窗的谐振波长 λ 为

$$\lambda=2a'\sqrt{\frac{\varepsilon_r-\left(\frac{ab'}{a'b}\right)^2}{1-(b'/b)^2}} \tag{6.10-6}$$

相应的谐振频率 $f=v_0/\lambda$，v_0 为电磁波在自由空间中的速度。

从式(6.10－6)可以看出，若给定了 a、b、λ 和 ε_r，则有很多的 a' 和 b' 满足谐振条件。为便于看清各个量之间的关系，假定在谐振窗内除空气外，没有填充其他介质，并设 $a'=$

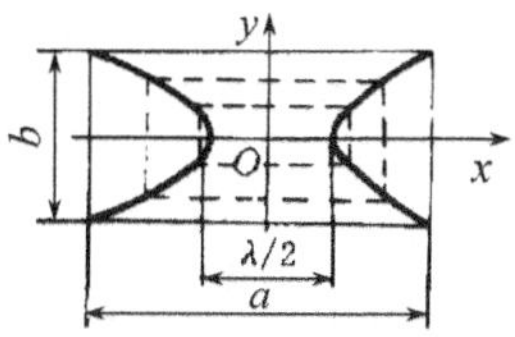

图 6.10－4　用以确定谐振窗尺寸的双曲线

$2x$，$b'=2y$，将其代入到式(6.10－6)内，经整理，得

$$\frac{x^2}{\frac{\lambda^2}{16}}-\frac{y^2}{\frac{b^2\lambda^2}{4(4a^2-\lambda^2)}}=1 \qquad (6.10-7)$$

这是一个双曲线方程，其图形如图6.10－4 所示。凡是与曲线上的点相对应的 a'和 b'，都满足谐振条件。如果谐振窗内填充了其他介质，那么，根据式(6.10－6)，同样可以求出谐振窗的尺寸 a'和 b'。

需要说明的是，在以上的分析过程中，有些因素(例如，窗口膜片的厚度 d，主波导与谐振窗之间结构上的不连续等)都未考虑。因此，式(6.10－5)只是一个近似公式，谐振窗的实际尺寸应在初步计算的基础上，通过实验来确定。

在实际应用的谐振窗中，除了上述的矩形窗口外，还有圆形、近似椭圆形和哑铃形等多种结构形式，在此不予讨论。另外，顺便说明一点，当在矩形波导中为了使波导密封，或把一段波导分隔为两个区域时，似乎是只要把介质片直接安置于主波导上，而不必安置谐振窗就可以了，而实际上，由于主波导(填充介质为空气)的等效阻抗与安置了介质片处波导的等效阻抗相差较大，因而波的反射也大，因此，这种结构形式并不可取，即是说，为了满足上述目的，采用谐振窗仍是必要的。

（三）金属杆

金属杆是一种电抗性元件，它可以用作匹配元件，或用作谐振腔式滤波器中的调谐元件。金属杆可分为两类：一类是固定式的，即用很细的导电性能良好的金属圆杆(习惯上称为销钉)贯穿矩形波导的横截面；另一类是金属圆杆(习惯上称为螺钉)并不贯穿矩形波导整个的横截面，而只是伸入一部分，且伸入程度是可调的。下面分别讨论。

(1) 销钉。如图6.10－5(a)所示的单个销钉，当其上有电流通过时，便在周围产生了磁场，其作用和等效电路均与电感性膜片相似，呈感性电抗。销钉的直径愈大，电抗愈小；销钉的直径愈小，则电抗愈大。显然，如图6.10－5(b)所示的三个销钉的电抗要比单个销钉的电抗小。

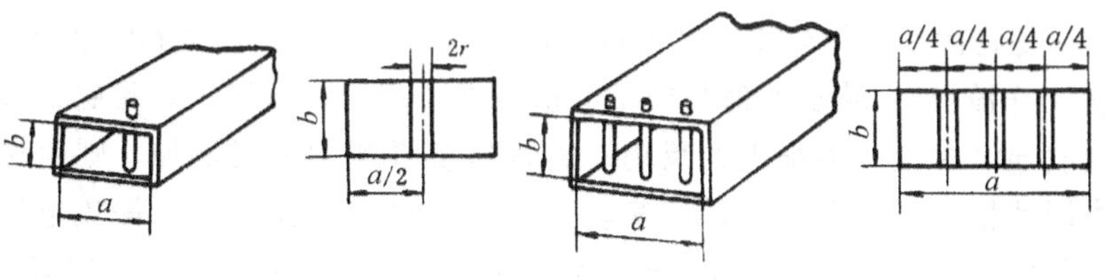

(a)　　　　(b)

图 6.10－5　矩形波导中的销钉

如图6.10－5(a)所示单个销钉归一化电纳的近似公式为

$$\frac{B}{Y_e}\approx\frac{2\lambda_g}{a\left[\ln\left(\frac{2a}{\pi r}\right)-2\right]} \qquad (6.10-8)$$

如果销钉不在 $a/2$ 处，而是偏离 $a/2$ 处一个 δ 的距离，则

$$\frac{B}{Y_e} \approx \frac{2\lambda_g}{a\left[\sec^2 \frac{\pi\delta}{a} \ln\left(\frac{2a}{\pi r}\cos\frac{\pi\delta}{a}\right) - 2\right]} \tag{6.10-9}$$

如图6.10－5(b)所示三个销钉归一化电纳的近似公式为

$$\frac{B}{Y_e} \approx \frac{4\lambda_g}{a\left[\ln\left(\frac{a}{24.66r}\right) + \frac{40.4a^2}{1000\lambda^2}\right]} \tag{6.10-10}$$

为便于查阅，下面再列出两个近似公式。当沿波导宽壁 a 等距离地安置两个销钉时，其近似公式为

$$\frac{B}{Y_e} \approx \frac{12\lambda_g}{a\left[11.63 - 9.2\ln\frac{a}{r} - 22.8\frac{r}{a} - 0.22\left(\frac{a}{\lambda}\right)^2\right]} \tag{6.10-11}$$

当沿着波导宽壁 a 等距离地安置四个销钉时，其近似公式为

$$\frac{B}{Y_e} \approx \frac{20\lambda_g}{a\left[13.75 - 9.2\ln\frac{a}{r} - 37.9\frac{r}{a} - 0.08\left(\frac{a}{\lambda}\right)^2\right]} \tag{6.10-12}$$

当沿着波导宽壁 a 等距离地安置 n 个销钉时，其近似公式为

$$\frac{B}{Y_e} \approx \frac{4(n+1)\lambda_g}{a\left\{\ln\left[8\left(\mathrm{sh}\frac{(n+1)\pi r}{a}\right)\left(\sin\frac{(n+1)\pi r}{a}\right)\left(\mathrm{ch}\frac{2(n+1)\pi r}{a\sqrt{2}} - \cos\frac{2(n+1)\pi r}{a\sqrt{2}}\right)\right] - (n+1)7.6\frac{r}{a} - \frac{1+2(a/\lambda)^2}{(n+1)^2}\right\}} \tag{6.10-13}$$

在以上各式中，a 为波导宽壁的内尺寸；Y_e 为波导的等效导纳（等效阻抗 Z_e 的倒数）；λ_g 为波导波长；λ 为工作波长；r 为销钉的半径。

被安置在矩形波导中的销钉，若其轴线与波导宽壁（a 尺寸方向）平行，则它的作用与电容性膜片相似，呈容性电抗，对此不再赘述。

(2) 螺钉。图6.10－6是螺钉结构的简图和等效电路。螺钉旋进波导的深度是可调的，当旋进较少时，虽然有波导宽壁内表面上的纵向电流流过螺钉，并在其周围产生磁场，但其等效的电感量并不大，而螺钉附近集中的电场却较强，即电场能量占优势，因此，螺钉的作用与电容性膜片相似，可以把它等效于一个电容器；随着旋进深度的增加，电场能量和磁场能量都在增加，螺钉的作用相当于电感和电容的串联回路，而且，当螺钉旋进波导的深度约为 $\lambda/4$ 时（λ 为工作波长），感抗的值与容抗的值相等，产生串联谐振，螺钉的作用相当于一个短路板，使波导中的波产生很大的反射；若螺钉旋进深度继续增加，则磁场能量将占优势，螺钉的作用就相当于一个电感器。实验证明，螺钉的直径愈大，等效电容也愈大，反之，等效电容则愈小；另外，当螺钉位于波导宽壁的中心线处时，等效电容最大，愈远离中心线，则等效电容也愈小。

在实际应用中，为了避免因螺钉旋进波导太深会产生串联谐振，或在大功率下产生电击穿现象，螺钉的旋进深度是比较小的，也就是说，螺钉的作用就相当于一个可变电容器。从阻抗匹配的角度看，螺钉的作用相当于在第 1 章中曾讲过的单株线调配器，若同时用两个或三个螺钉，其作用就相当于两个或三个单株线调配器。但是，与其他调配器所不同的是，在通常的情况下，螺钉调配器只工作于容性范围内。

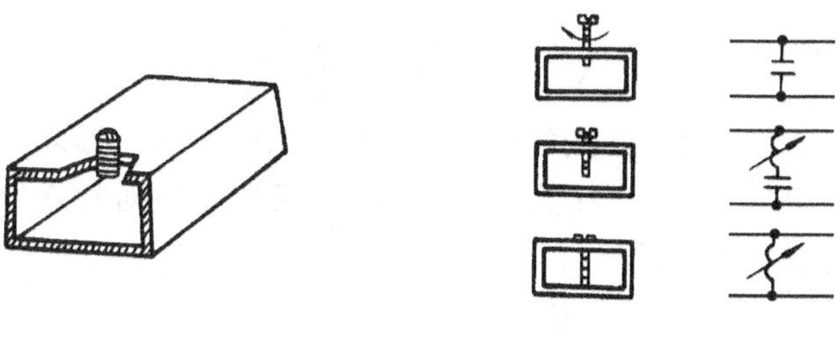

(a) (b)

图 6.10-6 螺钉及其电抗性质的变化

二、矩形波导管中的阶梯

当两段横截面尺寸不同的矩形波导(工作于主模)相连接时，在其连接处就产生了结构上的不连续性，形成了波导阶梯(台阶)，其影响相当于在连接处并联了一个电容或一个电感。

(一) E 面阶梯

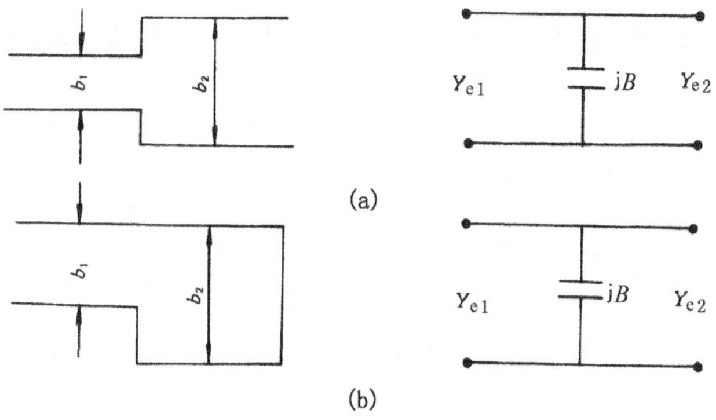

图 6.10-7 E 面阶梯的示意图及其等效电路

(a) 对称型；(b) 非对称型

图6.10-7(a)是对称的 E 面阶梯的示意图和等效电路，即被连接的两段矩形波导宽壁(宽度)的内尺寸 a 相同，而窄壁(高度)的内尺寸不同(一个为 b_1，另一个为 b_2)，Y_{e1} 和 Y_{e2} 分别为其等效导纳(等效阻抗的倒数)。因为台阶出现在与 TE_{10} 模电场 E 相平行的平面内，所以称为 E 面阶梯；而且，由于在结构上两段波导是对称连接的，因此又称为对称的 E 面阶梯。根据理想导体的边界条件可知，在台阶处产生的高次模必然是 TM 模，因为只有这样，TE_{10} 的电场与高次模的电场相叠加，才能使台阶表面上电场强度的切向分量为零，从而满足了边界条件。如同在前面讨论膜片时曾指出的那样，在波导中只能传输主模，而高次模是被截止的，它的能量只能储存于台阶附近；对于 TM 模而言，电场能量占优势，因此台阶的作用就等效于一个并联于台阶处的电容器。与等效电容相对应的等效电纳 B，可采用矩形波导中具有对称结构的电容性膜片电纳 B 的公式来计算。但是，从对称的 E 面阶梯的场结构来看，如果略去台阶左半部边缘电容(边缘电场)的影响，那么，台阶处的电场能量则只有相应的电容性膜片电场能量的一半，因此，对称 E 面阶梯的等效电纳 B，参照表6.10-1 可

近似地表示为

$$\frac{B}{Y_{e2}} \approx \frac{2b_2}{\lambda_g} \ln \csc\left(\frac{\pi b_1}{2b_2}\right) \tag{6.10-14}$$

如果两段矩形波导是非对称连接的，如图6.10-7(b)所示，那么，根据镜像法，可以把它看做是波导窄壁(高度)内尺寸分别为 $2b_1$ 和 $2b_2$ 的两段波导对称连接而构成的 E 面阶梯。因此，非对称 E 面阶梯的电纳为

$$\frac{B}{Y_{e2}} \approx \frac{4b_2}{\lambda_g} \ln \csc\left(\frac{\pi b_1}{2b_2}\right) \tag{6.10-15}$$

（二）H 面阶梯

图6.10-8 是对称的 H 面阶梯(台阶)的示意图和等效电路，即被连接的两段矩形波导的窄壁(高度)的内尺寸 b 相同，而宽壁(宽度)的内尺寸不同(一个为 a_1，另一个为 a_2)，Y_{e1} 和 Y_{e2} 分别为其等效导纳(等效阻抗的倒数)。因为结构上的不连续性(台阶)出现在与磁场力线相平行的平面内，所以称为 H 面阶梯；而且，由于在结构上两段波导又是对称连接的，因此又称为对称的 H 面阶梯。显然，在台阶处产生的高次模必然是 TE 模才能满足台阶表面上电场强度的切向分量为零这一边界条件。我们已知，对于 TE 模而言，磁场能量占优势，因此，不连续性的作用就等效于一个并联于台阶处的一个电感。这样，与等效电感相对应的等效电纳 B，就可以参照矩形波导中具有对称结构的感性膜片的公式来进行计算。

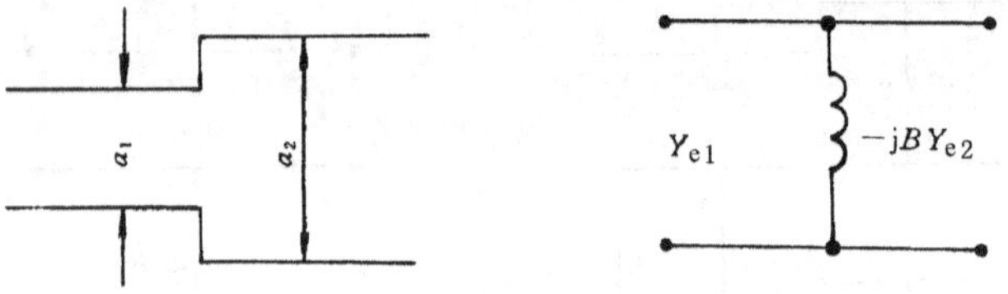

图 6.10-8　对称 H 面阶梯的示意图及其等效电路

三、同轴线中的阶梯

图6.10-9 是同轴线阶梯(台阶)的示意图和等效电路。同轴线阶梯有三种情况：一是被连接的两段同轴线外导体的尺寸相同，而内导体的尺寸不同，如图 6.10-9(a)所示；二是两者的内导体的尺寸相同，而外导体的尺寸不同，如图 6.10-9(b)所示；三是两者的内、外导体的尺寸皆不相同。

在一般情况下，在同轴线中只能传输主模 TEM，而高次模是被截止的。TEM 模的电场力线是沿同轴线的半径方向的，即与台阶的表面是平行的。但是，根据理想导体的边界条件，在台阶表面只可能有电场强度的垂直分量，而切向分量应为零，即是说，在台阶处电力线必然会发生畸变(沿轴向弯曲)，产生了纵向分量，由此可知，为了满足这一边界条件，在台阶处产生的高次模应是同轴线中的 TM 模。与矩形波导中的情况相类似，对于 TM 模而言，电场能量占优势，因此同轴线中阶梯的作用就相当于一个并联于阶梯处的一个电容。下面列出的是上述三种情况阶梯电容的近似计算公式。

（一）内导体阶梯

即两段同轴线外导体的尺寸相同、而内导体的尺寸不相同时所产生的阶梯电容。同轴线

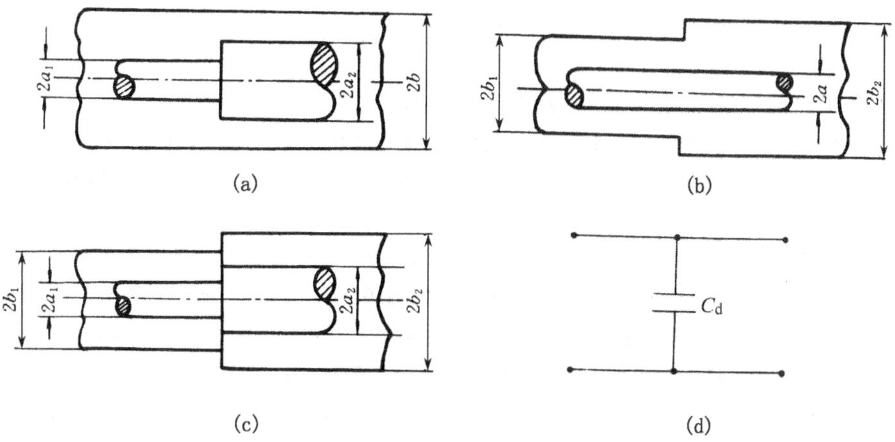

图 6.10-9 同轴线阶梯示意图及其等效电路

的尺寸已标注在如图(a)所示的图上。内导体台阶电容 C 的计算公式为

$$\frac{C}{2\pi b}=\frac{\varepsilon}{100\pi}\left(\frac{1+\alpha^2}{\alpha}\ln\frac{1+\alpha}{1-\alpha}-2\ln\frac{4\alpha}{1-\alpha^2}\right)+11.1(1-\alpha)(\tau-1)\times10^{-15}\ \mathrm{F/cm} \tag{6.10-16}$$

式中，ε 为同轴线中填充介质的介电常数；

$$\alpha=\frac{b-a_2}{b-a_1}\qquad \tau=\frac{b}{a_1}\qquad b_1=b_2=b$$

在$0.01\leqslant\alpha\leqslant1.0$ 和$1.0<\tau\leqslant6$ 的范围内，公式的误差不超过$\pm0.3\times10^{-15}$ F/cm。

（二）外导体阶梯

即两段同轴线的内导体的尺寸相同，而外导体的尺寸不相同时所产生的阶梯电容，如图(b)所示。外导体台阶电容 C 的计算公式为

$$\frac{C}{2\pi a}=\frac{\varepsilon}{100\pi}\left(\frac{1+\alpha^2}{\alpha}\ln\frac{1+\alpha}{1-\alpha}-2\ln\frac{4\alpha}{1-\alpha^2}\right)+4.12\times(0.8-\alpha)(\tau-1.4)\times10^{-15}\quad \mathrm{F/cm} \tag{6.10-17}$$

式中

$$\alpha=\frac{b_1-a}{b_2-a}\qquad \tau=\frac{b_2}{a}\qquad a_1=a_2=a$$

在$0.01\leqslant\alpha\leqslant0.7$ 和$1.5\leqslant\tau\leqslant6$ 内，误差不超过$\pm0.6\times10^{-15}$ F/cm。

（三）内外导体阶梯

即两段同轴线内外导体的尺寸皆不相同，而且内外导体的台阶位于同一个横截面（参考面）内时所产生的阶梯电容，如图6.10-9(c)所示。对于这种情况，可以把内导体的阶梯归入到参考面左边的同轴线内，这样，就可以利用式(6.10-16)来计算其阶梯电容，设其为C_1；而外导体的阶梯则可归入到参考面右边的同轴线内，这样，就可以利用式(6.10-17)来计算其阶梯电容，设为C_2，则内外导体阶梯总的电容即为$C=C_1+C_2$。

对于以上所讲电抗性元件，以及波导和同轴线阶梯的电容或电感，除了以上所列出的近似计算公式外，还有相应的设计曲线可以查用。读者可参阅有关的资料，在此不再赘述。

习　题

6-1　试分别叙述矩形波导中用的接触式和抗流式接头的优缺点。

6-2　在矩形波导中，两个带有抗流槽的法兰盘是否可以对接使用？理由是什么？

6-3　试从物理概念上定性地说明：阶梯式阻抗变换器、尺寸连续渐变式阻抗变换器为何能使传输线得到较好的匹配。

6-4　有一个无色散传输系统，其中一段传输线的特性阻抗为 50 Ω，另一段传输线的特性阻抗为 100 Ω；工作频率范围是 2 364 MHz～3 636 MHz，带宽因子 $p=0.327$ ，允许的最大反射系数的模 $\Gamma_m \leqslant 0.02$。(1) 若采用 2 节切比雪夫阻抗变换器作为阻抗变换段，试求各节的长度和特性阻抗的值；(2) 在上述条件下，若采用二项式阻抗变换器作为变换段，试求变换段的节数、各节的长度和特性阻抗的值。

6-5　一个同轴线型功率分配器，它的两个输出端口均接以 50 Ω 的负载，该两端口输出功率比等于 2。试画出功率分配器的结构示意图，标出与工作波长有关的尺寸，并求出各有关段的阻抗值(主传输线特性阻抗为 50 Ω)。

6-6　一个魔 T 接头，在端口 1 接匹配负载，端口 2 内置以短路活塞，当信号从端口 3(H 臂)输入时，端口 3 与端口 4(E 臂)的隔离度如何？

6-7　若拟用魔 T 作为可变移相器，方法是：令信号从一端口输入，从另一端口输出，要求输出和输入信号之间的相位差是可调的，其余两端口内安置有可调短路器。试画出这种可变移相器的原理性示意图，并简述其工作原理。

6-8　在微波传输线或微波元件中常有结构上的不连续，这种不连续性的作用和影响是什么，并定性地分析其理由是什么？

6-9　从物理概念上定性地说明：(1) 定向耦合器为什么会有方向性；(2) 在矩形波导中(工作于主模)，若在主副波导的公共窄壁上开一小圆孔，能否构成一个定向耦合器？

6-10　在矩形波导中用介质片构成的移相器，在介质片中电磁波的相速与波导中空气填充部分内电磁波的相速是否相等？

6-11　利用矩形波导可以构成什么性质的滤波器？

6-12　利用裂缝电桥是否可以构成 0 dB 定向耦合器？简述其理由。

6-13　在矩形波导中用的接触式短路活塞，它的机械接触点是否一定为电流的波腹点？

6-14　什么是圆极化波，什么是右旋圆极化波，什么是左旋圆极化波？

6-15　在场移式隔离器中：(1) 若把外加恒定磁场的方向改为与原来相反的方向后，隔离性能有什么变化？(2) 若外加恒定磁场的方向不变，但把铁氧体片移到波导另一窄壁附近的相应位置处后，隔离性能又有什么变化？

6-16　矩形波导中的填充介质为空气，传输波型为 TE_{10} 模。

(1) 波导尺寸为 $a\times b=22.86$ mm×10.16 mm，工作波长为 3 cm，波导中安置了对称的电容性膜片(参见表6.10-1)，设其厚度为零，$d/b=0.4$ ，试求膜片归一化的等效电纳；若安置的是对称的电感性膜片(参见表6.10-2)，并设其厚度为零，$d/a=0.2$ ，试求其归一化的等效电纳。

(2) 波导的尺寸为 $a\times b=72.14$ mm×34.04 mm，工作波长为 10 cm，终端所接未匹配负载的归一化阻抗为 $Z_e=0.9-j0.5$ ，欲用对称的电容性膜片(设其厚度为零)进行匹配(参见表6.10-1)，试求膜片距终端负载的距离和 d/b 的值；若欲用对称的电感性膜片(设其厚度为零)进行匹配，试求其距终端的距离和 d/a 的值。

6-17　一个由高阻抗(150 Ω)和低阻抗(10 Ω)构成的同轴线型低通滤波器，其输入和输出端均接有特性阻抗为 50 Ω 的同轴线。设这三种阻抗不同的同轴线外导体的内半径均为22.78 mm，试求其内导体的外半径各为多少，以及各段之间(50 Ω 与 150 Ω 之间；150 Ω 与 10 Ω 之间)相接处的台阶电容。(注：滤波器的结构可参考6.7－3(a)图)

6－18　一个接有 $\lambda_g/4$ 阻抗变换器的三端口微带线功率分配器(参见图6.3－4)，工作频率为5.45 GHz，各口的端接阻抗均为 50 Ω，若端口 2 与端口 3 输出的功率比分别为 $P_2/P_3=1$ 和 $P_2/P_3=2$，选用 $\varepsilon_r=9.6$、厚为0.8 mm 的陶瓷作为基片，对于这两种情况，试分别求出功分器各段的阻抗和尺寸，以及隔离电阻的值。

6－19　一个 E－T 分支接头(参见图6.3－5(a))，若信号从端口 1 输入，端口 3 接匹配负载，问：采取什么方法可以使端口 3 输出的功率最大？又，在什么情况下，端口 3 没有输出功率？

第 7 章　微波网络基础

§ 7.1　引　言

在前面的几章中，利用“场”的分析方法讨论了均匀传输线和常用微波元件等问题。微波系统是由若干段均匀波导和微波元件组成的，其结构较复杂，因此，若采用“场”的分析方法(利用边界条件对电磁场方程求解)得出微波系统内部的场结构，分析系统的特性，一般地讲，是相当困难的。但是在微波工程的实际应用中，并不总是需要详细求出系统内部的场结构，而只需知道电信号通过系统后其幅度和相位等量的变化(即所谓的外部特性)就可以了。因此，在一定条件下，可以将均匀波导等效为传输 TEM 波的均匀双导线(以下简称双线)传输线，波导中所传输的电磁场的作用可用等效的电压和电流来代替，微波元件(即不均匀性)等效为网络。这样，就可以利用电路和传输线理论，概括地讲，即用“路”的方法来分析微波系统的特性，从而既满足了实际需要，又使运算较为简便。

对于微波系统，“场”的和“路”的分析方法是紧密相连、相辅相成的。“场”的方法是“路”的方法的基础，因为要知道网络参量，仍需要利用场方程和不均匀性的边界条件求解边值问题，如前所述，这是比较困难的，但是，网络参量也可以用实验的方法来测定，因此网络理论在微波技术中得到了广泛的应用。网络方法包括网络分析和网络综合两方面的内容：网络分析是在已掌握网络结构的情况下，分析网络的外部特性；网络综合是根据预定的对工作特性的要求，进行网络的结构设计。微波网络理论是微波技术的一个重要分支，内容丰富，应用广泛，本章只是简单地介绍一下微波网络的基本概念和应用，至于更深入和更广泛的研究，读者可参阅有关的书籍。

微波网络理论是解决微波系统问题的一种方法，即是说，我们可以把一个实际的微波系统抽象化为一种物理模型，这个模型就称为网络。例如，对于如图7.1-1(a)所示的由若干段波导（广义的）和微波元件(不均性)所构成的微波系统（具有封闭的曲面 Ω 和被其包围

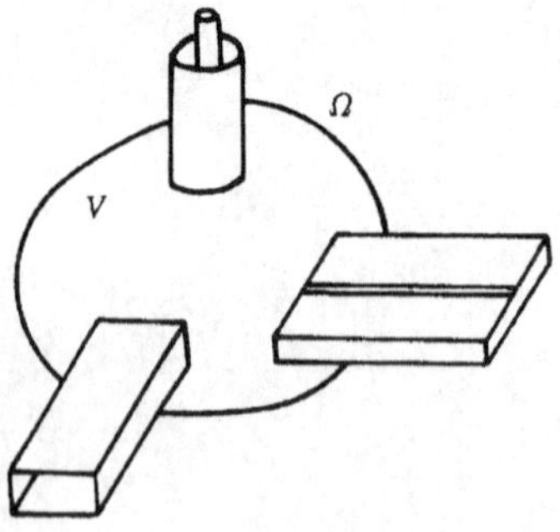

(a)

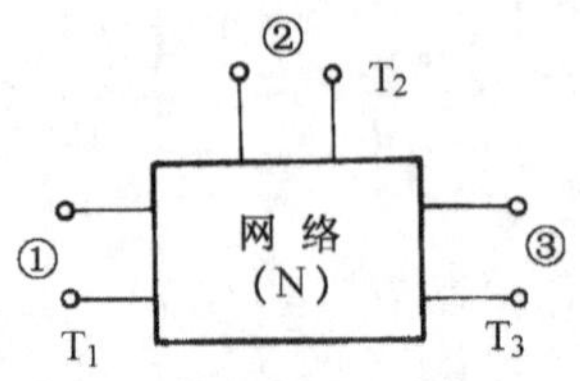

(b)

图 7.1-1　微波网络分析模型

的空间 V)，可将其抽象化为如图7.1-1(b)所示的由一个通常称之为“黑箱”的 N 及其与外部(通过均匀双线)相连接的若干端口(或称端对)所构成的抽象化的物理模型(网络)。“黑箱”(用网络 N 代表) 表示不均匀性，端口是它与外界相联系的“窗口”，电信号由端口输入或输出，由于引进了等效的概念，因此可在端口处进行电压、电流、反射系数和衰减等量的测量。一个端口是由两个端子构成的，对两个端子而言，流入一个端子的瞬时电流必须与另一端子流出的电流相等(称为网络的端口条件)。对于端口要赋予①，②，③，…标号，以示区别。每一端口都应施加一对信号量(信号对)，例如，电压、电流、入射波或反射波的场强复振幅(复矢量)等。由于有了这种抽象化的物理模型，因此就可以利用电路的和传输线的理论求出各端口信号量之间的关系，即信号通过网络后其幅度、相位和衰减等量的变化情况(外部特性)。这样，就避免了对于不均性结构内部场分布的复杂计算，这正是网络分析法的优点所在。

根据网络中元件物理量的构成特点，可将网络分为低频网络和微波网络两大类。低频网络是由集总参数元件构成的电路系统；微波网络一般是由微波传输线(波导)和微波元件(不均匀性)构成的分布参数电路系统，它与低频网络不同，其主要特点如下：

(1) 在将微波系统等效为网络时，就电磁场的不同模式(波型)而言，不同的模式等效为不同的网络，具有不同的网络参量。微波元件通常是由不均匀区域(微波结)和与其相连接的 n 条均匀波导构成的，若每一条波导只能够传输主模，那么，该元件就可等效为一个具有 n 个端口的网络；若每一条波导都能够传输 m 个(独立存在、互不耦合的) 模式，那么，该元件就可等效为一个具有 $n\times m$ 个端口的网络(即每一个模式的作用相当于一个只传输该模式的波导)。

(2) 微波系统中的连接线段(波导)都是具有分布参数的传输线，线段本身也是一个微波元件，其长短直接影响着网络参量。因此，在将微波系统等效为网络时，端口面(参考面)位置的选择是很重要的，如图7.2-1(图见后面)中的 $T_1, T_2, T_3, \cdots, T_n$ 等。理论上，参考面的位置可以任意选定，但是，参考面一经选定，网络所代表的区域也就确定了；若网络的一个或数个参考面发生变化，则网络所代表的区域和网络参量都会随着发生变化。网络端口的参考面，一般地讲，应选在远离不均匀区域的波导的横截面上，即高次模可以忽略，只有主模存在的区域，这样，在参考面处只考虑主模场的作用就可以了。

(3) 微波元件是由几何形状不同的结构所组成的复杂系统，根据它所储存的和它所消耗的电磁场能量而等效成的电感、电容和电阻或电导都是频率的函数。因此，微波元件与网络之间的等效关系仅对某一频率或某一窄频带才是正确的。

(4) 在微波传输线中传输的能量取决于电磁场的横向分量，因此，网络端口参考面上的等效电压和电流应分别与参考面上电场的横向分量和磁场的横向分量成比例；而且，由于等效方法的不同，所得出的等效的电压和电流也不同，即端口参考面上的等效电压和电流不是唯一的。

综上所述可知，为了利用电路和传输线理论对微波系统进行分析，则应将系统中的均匀波导等效为双线，不均匀性(或元件)等效为网络。

§7.2　波导等效为双线、不均匀性等效为网络

一、模式电压和模式电流

由第 2 章的内容可知，对于规则波导，讨论的主要问题是，电磁波在波导横截面上的分

布规律和它沿波导纵向的传播特性。波导中的传输功率 P_w 根据式(2.2-51)有

$$P_w = \frac{1}{2}\mathrm{Re}\int_S (\boldsymbol{E}_t \times \boldsymbol{H}_t^*) \cdot z\mathrm{d}S \tag{7.2-1}$$

可见，它只取决于场的横向分量，因此，在分析波导的传输特性时，横向分量是关注的重点。为了与双线传输线做一对比，现将第 2 章中的式（2.2-5）抄录如下

$$\nabla \times \boldsymbol{E}|_t = (\nabla_t + \nabla_z) \times (\boldsymbol{E}_t + z E_z)|_t = \nabla_z \times \boldsymbol{E}_t + \nabla_t \times z E_z = -\mathrm{j}\omega\mu \boldsymbol{H}_t \tag{2.2-5}$$

例如，对于矩形波导中沿轴线正 z 方向传输的 TE 波型，因其 $E_z=0$，因此可得

根据此式

$$\frac{\partial E_t}{\partial z} = -\mathrm{j}\omega\mu H_t \tag{7.2-2a}$$

经推导可得

$$\frac{\partial H_t}{\partial z} = -\mathrm{j}\frac{\beta^2}{\omega\mu}E_t \tag{7.2-2b}$$

又，根据第 1 章的内容可知，双线传输线上的传输功率取决于线上电压和电流的复振幅 U 和 I；将式（1.2-7）和式（1.2-8）代入到式（1.2-3）和式（1.2-4）中可得

$$\frac{\mathrm{d}U}{\mathrm{d}z} = -ZI \tag{7.2-3a}$$

$$\frac{\mathrm{d}I}{\mathrm{d}z} = -YU \tag{7.2-3b}$$

对于无耗线，式中的 $Z=j\omega L$，$Y=j\omega C$，分别称为传输线单位长度上的串联阻抗和并联导纳。

式(7.2-2a,b)与式(7.2-3a,b)是互相对应的。在行波状态下，波导中某一模式电场的横向分量与磁场的横向分量之比：($|\boldsymbol{E}_t|/|\boldsymbol{H}_t|$)为一常数，称为波型阻抗(也称波阻抗)，它与双线传输线上在行波状态下的电压与电流之比(U/I)称为特性阻抗 Z_c 是相对应的。可见，波导中的 $\boldsymbol{E}_t$ 和 $\boldsymbol{H}_t$ 与双线传输线中的 U 和 I，在传输电信号的作用上，具有相同的一一对应的规律。因此在一定条件下可将波导中电场的横向分量等效为电压，磁场的横向分量等效为电流。

在广义正交(柱)坐标系(u,v,z)中，电磁场的横向分量可写为一个标量系数与一个矢量函数的乘积的形式，即

$$\begin{aligned}\boldsymbol{E}_t(u,v,z) &= U(z)\boldsymbol{e}_t(u,v)\\ \boldsymbol{H}_t(u,v,z) &= I(z)\boldsymbol{h}_t(u,v)\end{aligned} \tag{7.2-4}$$

对于沿波导轴线正 z 方向传输的波，式中的 $U(z)$和 $I(z)$为

$$\begin{aligned}U(z) &= U_m e^{-j\beta z}\\ I(z) &= I_m e^{-j\beta z}\end{aligned} \tag{7.2-5}$$

分别称为波导中的模式电压和模式电流，它们是仅与 z 有关的量，表示波沿波导轴向的传输规律，U_m 和 I_m 为其振幅；$\boldsymbol{e}_t$ 和 $\boldsymbol{h}_t$ 称为模式矢量函数(矢量)，它们是仅与横向坐标(u,v)有关的函数，表示电磁场在波导横截面上的分布规律。当波导中传输多个模式时，则

$$\boldsymbol{E}_t = \sum_n U_n(z)\boldsymbol{e}_{tn}(u,v)$$

$$\boldsymbol{H}_t = \sum_n I_n(z)\boldsymbol{h}_{tn}(u,v) \tag{7.2-6}$$

称为模式展开式，下标“n”表示第 n 个模式。

需要指出的是，模式电压和电流是从只有场的横向分量才对传输功率有贡献的观点出发而定义的一种等效参量，其数值和量纲在选择上具有任意性(多值性)，即不是唯一的。因此，它只是作为分析问题的一种描述手段，只具有形式上的意义，并非真实存在。

二、波导等效为双线传输线

如前所述，波导中电磁场横向分量的传播规律与双线传输线中电压波和电流波的传播规律相似，两者之间存在着等效关系，即电压与电场的横向分量(大小)成比例，电流与磁场的横向分量(大小)成比例。由于波导中模式电压和电流具有多值性，因此不能直接把它们作为与波导相等效的双线传输线的电压和电流。但是，在波导的传输功率和波型阻抗与等效双线的传输功率和特性阻抗分别相等的条件下，模式电压和电流的值是确定的，因此可以把它们作为等效双线的等效电压和等效电流。下面具体地加以讨论。

(一) 功率相等条件

波导中的传输功率为

$$P_{\mathrm{w}} = \frac{1}{2}\,\mathrm{Re}\int_S (\boldsymbol{E}_t \times \boldsymbol{H}_t^*)\cdot \boldsymbol{z}\mathrm{d}S$$

等效双线传输线的传输功率为

$$P_{\mathrm{e}} = \frac{1}{2}\,\mathrm{Re}(U_{\mathrm{e}} I_{\mathrm{e}}^*)$$

式中的 U_{e} 为等效电压，I_{e}^* 为等效电流 I_{e} 的共轭值。所谓功率相等条件是指，在将波导等效为双线时，应该使 $P_{\mathrm{e}}=P_{\mathrm{w}}$，即

$$U_{\mathrm{e}} I_{\mathrm{e}}^* = \int_S (\boldsymbol{E}_t \times \boldsymbol{H}_t^*)\cdot \boldsymbol{z}\mathrm{d}S$$

根据式(7.2-4)，则有

$$U_{\mathrm{e}} I_{\mathrm{e}}^* = U(z)I^*(z)\int_S [\boldsymbol{e}_t(u,v)\times \boldsymbol{h}_t(u,v)]\cdot \boldsymbol{z}\mathrm{d}S$$

可以规定模式矢量函数满足

$$\int_S [\boldsymbol{e}_t(u,v)\times \boldsymbol{h}_t(u,v)]\cdot \boldsymbol{z}\mathrm{d}S = 1 \tag{7.2-7}$$

这个条件，称为模式矢量函数的归一化条件(或称为功率归一化条件)。在这个条件下的模式电压和模式电流就是等效双线传输线的等效电压和等效电流，即

$$\begin{aligned} U_{\mathrm{e}} &= U(z) \\ I_{\mathrm{e}} &= I(z) \end{aligned} \tag{7.2-8}$$

(二) 阻抗相等条件

波导的波型阻抗为 $Z_{\mathrm{w}} = |\boldsymbol{E}_t|/|\boldsymbol{H}_t|$，等效双线传输线的等效特性阻抗为 $Z_{\mathrm{e}}=U_{\mathrm{e}}/I_{\mathrm{e}}$。所谓阻抗相等条件是指，当把波导等效为双线时，应该使 $Z_{\mathrm{e}}=Z_{\mathrm{w}}$，即

$$Z_{\mathrm{e}} = \frac{U_{\mathrm{e}}}{I_{\mathrm{e}}} = \frac{|\boldsymbol{E}_t|}{|\boldsymbol{H}_t|} = \frac{U(z)\,|\boldsymbol{e}_t(u,v)|}{I(z)\,|\boldsymbol{h}_t(u,v)|}$$

当 $\boldsymbol{e}_t(u,v)$和 $\boldsymbol{h}_t(u,v)$满足式(7.2-7)，并使得式(7.2-8)也成立时，则有

$$|\boldsymbol{e}_t(u,v)| = |\boldsymbol{h}_t(u,v)| \tag{7.2-9}$$

这表明，在模式矢量函数满足归一化的条件下，为保持阻抗相等条件，则电场的和磁场的模式矢量函数的值(大小)应相等。

根据上述的把波导等效为双线传输线的两个等效条件，当已知波导中某一模式的场的横向分量 $\boldsymbol{E}_t$ 和 $\boldsymbol{H}_t$ 时，即可求出等效双线的等效电压和等效电流。在行波状态下，等效双线的传输功率可写为

$$P_e = \frac{1}{2}U_e I_e^* = \frac{|U_e|^2}{2Z_e} = \frac{1}{2}Z_e |I_e|^2$$

由此可得

$$|U_e| = \sqrt{2P_e Z_e} = \sqrt{\int_S (\boldsymbol{E}_t \times \boldsymbol{H}_t^*) \cdot \boldsymbol{z}\mathrm{d}S \frac{|\boldsymbol{E}_t|}{|\boldsymbol{H}_t|}}$$

$$|I_e| = \sqrt{\frac{2P_e}{Z_e}} = \sqrt{\int_S (\boldsymbol{E}_t \times \boldsymbol{H}_t^*) \cdot \boldsymbol{z}\mathrm{d}S \frac{|\boldsymbol{H}_t|}{|\boldsymbol{E}_t|}} \tag{7.2-10}$$

现以如图2.3-1所示的矩形波导为例，当其中传输的是 TE_{10} 模时，试求出其等效的电压和电流。为书写方便，将式（2.3—29）中 E_y 的幅度因子用 E_{ym} 表示。TE_{10} 模的横向场 $\boldsymbol{E}_t$ 就是 $\boldsymbol{y}E_y$，$\boldsymbol{H}_t$ 就是 $\boldsymbol{x}H_x$，因此

$$\boldsymbol{E}_t = \boldsymbol{y}E_y = \boldsymbol{y}E_{ym}\sin\left(\frac{\pi}{a}x\right)\mathrm{e}^{-\mathrm{j}\beta z}$$

$$\boldsymbol{H}_t = \boldsymbol{x}H_x = \boldsymbol{x}\frac{E_{ym}}{Z_{\mathrm{TE}_{10}}}\sin\left(\frac{\pi}{a}x\right)\mathrm{e}^{-\mathrm{j}\beta z}$$

$Z_{\mathrm{TE}_{10}}$ 为 TE_{10} 模的波型阻抗。令满足归一化条件的模式矢量函数为

$$\boldsymbol{e}_t = K\sin\left(\frac{\pi}{a}x\right)\boldsymbol{y}$$

$$\boldsymbol{h}_t = K\sin\left(\frac{\pi}{a}x\right)\boldsymbol{x}$$

为确定式中的任意常数 K，可将上式代入到式(7.2-7)中，则得 $K=\sqrt{2/ab}$。这样，模式矢量函数则为

$$\boldsymbol{e}_t = \sqrt{\frac{2}{ab}}\sin\left(\frac{\pi}{a}x\right)\boldsymbol{y}$$

$$\boldsymbol{h}_t = \sqrt{\frac{2}{ab}}\sin\left(\frac{\pi}{a}x\right)\boldsymbol{x} \tag{7.2-11}$$

根据式(7.2-10)，或根据下式

$$\boldsymbol{E}_t = \boldsymbol{y}E_y = \boldsymbol{y}E_{\mathrm{ym}}\sin\left(\frac{\pi}{a}x\right)\mathrm{e}^{-\mathrm{j}\beta z} = U(z)\boldsymbol{e}_t$$

$$\boldsymbol{H}_t = \boldsymbol{x}H_x = \boldsymbol{x}\frac{E_{\mathrm{ym}}}{Z_{\mathrm{TE}_{10}}}\sin\left(\frac{\pi}{a}x\right)\mathrm{e}^{-\mathrm{j}\beta z} = I(z)\boldsymbol{h}_t$$

都可以求出将波导等效为双线传输线时的等效电压和等效电流为

$$U_e = U(z) = \sqrt{\frac{ab}{2}}E_{\mathrm{ym}}\,\mathrm{e}^{-\mathrm{j}\beta z}$$

$$I_e = I(z) = \sqrt{\frac{ab}{2}}\frac{E_{\mathrm{ym}}}{Z_{\mathrm{TE}_{10}}}\mathrm{e}^{-\mathrm{j}\beta z} \tag{7.2-12}$$

三、不均匀性等效为网络

把微波系统中的微波元件（不均匀性、微波结）等效为网络是基于复功率定理，即交变电磁场中的能量守恒定律。假定有一个如图7.2－1 所示的由良导体围成的、具有 n 个端口的微波结，T_1，T_2，…，T_n 为各个端口的参考面；设想作一个封闭的曲面 Ω 将微波结包围在内，曲面在端口处与参考面重合。在参考面处只存在主模场，不存在高次模场。根据电磁场理论可知，在封闭的曲面 Ω 上，求复数坡印廷矢量的积分，即可得到进入由封闭曲面所包围的空间 V 内的复功率与该空间内电磁场能量之间的关系式，即

$$-\frac{1}{2}\oint_{\Omega}(\boldsymbol{E}\times\boldsymbol{H}^{*})\cdot \mathrm{d}\boldsymbol{\Omega}=\mathrm{j}2\omega(W_{\mathrm{m}}-W_{\mathrm{e}})+P_{\mathrm{L}} \qquad (7.2-13)$$

称为复功率定理。式中，等号左端的负号表示功率是流入封闭曲面内的，W_{m}、W_{e} 和 P_{L} 分别表示 V 内所储存的磁场能量的平均值、电场能量的平均值和介质损耗功率的平均值。

由于微波结是由良导体构成的，因此它与外界的能量交换只能通过端口来进行。这样，求封闭曲面 Ω 上复数坡印廷矢量的积分，实际上即变为对各端口参考面上的积分，即与各端口相连接的波导横截面上的积分，因此

$$-\frac{1}{2}\oint_{\Omega}(\boldsymbol{E}\times\boldsymbol{H}^{*})\cdot \mathrm{d}\boldsymbol{\Omega}=\frac{1}{2}\sum_{i}\int_{S_i}(\boldsymbol{E}_{ti}\times\boldsymbol{H}_{ti}{}^{*})\cdot \mathrm{d}\boldsymbol{S}_i$$

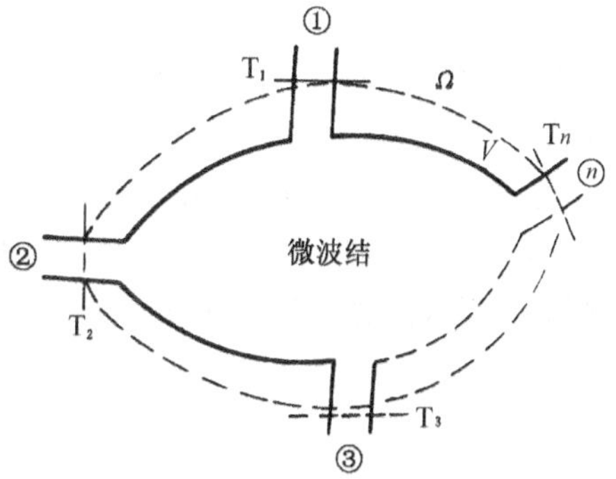

图 7.2－1　n 端口微波结

式中的下标 i 表示不同的端口，S_i 为各端口的横截面积(其法线方向指向端口内)。考虑到式(7.2－4)，上式可写为

$$-\frac{1}{2}\oint_{\Omega}(\boldsymbol{E}\times\boldsymbol{H}^{*})\cdot \mathrm{d}\boldsymbol{\Omega}=\frac{1}{2}\sum_{i}U_i(z)I_i{}^{*}(z)\int_{S_i}(\boldsymbol{e}_{ti}\times\boldsymbol{h}_{ti})\cdot \mathrm{d}\boldsymbol{S}_i$$

$$=\mathrm{j}2\omega(W_{\mathrm{m}}-W_{\mathrm{e}})+P_{\mathrm{L}}$$

当各端口的模式矢量函数满足归一化条件时，则有

$$\frac{1}{2}\sum_{i}U_i(z)I_i{}^{*}(z)=\mathrm{j}2\omega(W_{\mathrm{m}}-W_{\mathrm{e}})+P_{\mathrm{L}} \qquad (7.2-14)$$

式中，$\frac{1}{2}U_i(z)I_i^{*}(z)$表示通过第 i 个端口的复功率，通过该端口的有功功率为$\frac{1}{2}\mathrm{R_e}U_{\mathrm{i}}(z)I_{\mathrm{i}}^{*}(z)$。这说明，这个关系式不仅对于集总参数电路适用，而且对于微波电路也是适用的。利用这一关系式，可将微波结中所储存的和所损耗的电磁能量的作用，用一个集总参数电路来等效，从而达到将不均匀性(微波结)等效为网络的目的。

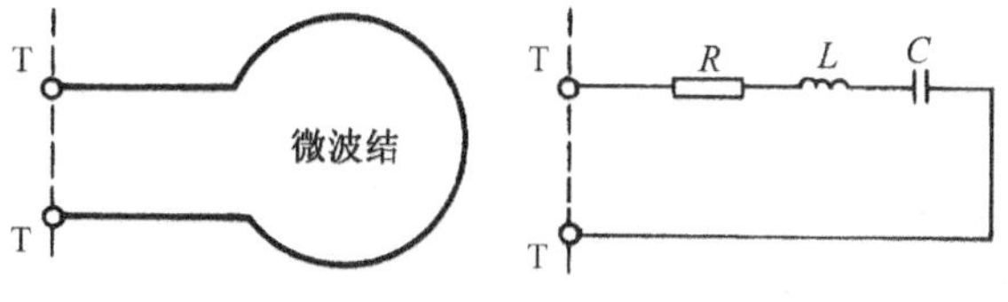

图 7.2－2　单端口微波结

为便于对式(7.2－14)的理解，现以如图7.2－2 所示的单端口微波结为例，说明如何将其等效为网络。根据式(7.2－14)可知，通过端口参考面 T 输

入微波结(网络)的功率为

$$U(z)I^*(z)=4j\omega(W_m-W_e)+2P_L \tag{7.2-15}$$

等号两端用 $I(z)I^*(z)=|I(z)|^2$ 除之,得

$$Z_{in}=\frac{U(z)}{I(z)}=\frac{4j\omega(W_m-W_e)+2P_L}{|I(z)|^2}$$

若将储存的磁场能量和电场能量分别用等效的电感 L 和等效的电容 C 的储能来表示,用电阻 R 来表示介质的损耗功率,则有

$$W_m=\frac{1}{4}L|I(z)|^2 \qquad W_e=\frac{|q|^2}{4C} \quad (q\text{ 为电荷})$$

$$P_L=\frac{1}{2}R|I(z)|^2 \qquad I(z)=\frac{\partial q}{\partial t}=j\omega q$$

由此得

$$Z_{in}=\frac{4j\omega(W_m-W_e)+2P_L}{|I(z)|^2}=R+j\omega L+\frac{1}{j\omega C}$$

这说明,一个单端口的微波结可用如图7.2－2 所示的由 R、L 和 C 相串联的集总参数电路来等效。

若式(7.2－15)等号两端均除以 $U(z)U^*(z)=|U(z)|^2$，则微波结也可以等效为一个由 L、C 和 G(电导)相并联的集总参数电路。可见，微波结的等效电路不是唯一的；但是，这种等效关系仅对某一频率或某一窄频带才是正确的。

§7.3 归一化参量

在微波元件中常会遇到接有不同的传输线端口的情况。这时，按前述的方法所规定的等效电压、等效电流和阻抗，以及场强复振幅等量都会随传输线的不同而异，因此为了使所讨论的问题具有通用性和运算方便，通常需要对上述各量进行归一化处理，这样，就得到了归一化的参量，归一化后的各参量之间具有比较简单的关系，而且与传输线的(特性或波型)阻抗无关。

一、阻抗的归一化

这里所讲的阻抗归一化，与第 1 章所讲阻抗归一化的含义是相同的。阻抗归一化是指网络各端口的阻抗对与该端口相连接的等效双线传输线的(等效)特性阻抗的归一化，即

$$z_i=\frac{Z_i}{Z_{ci}} \tag{7.3-1}$$

式中，Z_{ci}是第 i 个等效双线传输线的(等效)特性阻抗，Z_i是与第 i 个等效双线传输线有关的各种阻抗。

二、电压和电流的归一化

在行波状态下，等效双线传输线的传输功率为

$$P=\frac{1}{2}\frac{|U|^2}{Z_c}=\frac{1}{2}Z_c|I|^2$$

式中的 U、I 和 Z_c 分别为等效的电压、电流和特性阻抗(各量均省写了下标 e,下同)。若 Z_c 采用归一化值($z_c=1$)，那么，为了保持传输功率不变，则电压和电流应采用如下的归一化值

$$u=\frac{U}{\sqrt{Z_c}}\qquad i=I\sqrt{Z_c}\tag{7.3-2}$$

而传输功率即可写为

$$P=\frac{1}{2}\frac{|U|^2}{Z_c}=\frac{1}{2}Z_c|I|^2=\frac{1}{2}|u|^2=\frac{1}{2}|i|^2$$

可见，归一化的电压和电流具有相同的量纲，但它们不再具有通常意义上的电压和电流的概念，因此也不具有电压和电流的量纲，只是为了运算方便而引入的一种“记号”。

在一般情况下，传输线上的电压波是由入射波电压 U^+ 和反射波电压 U^- 相叠加而成的；电流波是由入射波电流 I^+ 和反射波电流 I^- 相叠加而成的。即

$$U=U^++U^-\qquad I=I^++I^-=\frac{U^+}{Z_c}-\frac{U^-}{Z_c}$$

显然，与此相对应的归一化值应为

$$\begin{aligned}u&=u^++u^-\\ i&=i^++i^-=u^+-u^-\end{aligned}\tag{7.3-3}$$

以及

$$u^+=i^+\qquad u^-=-i^-\tag{7.3-4}$$

三、场强复振幅的归一化

沿波导管轴线(z)方向传输的功率取决于电磁场的横向分量($\boldsymbol{E}_t$ 和 $\boldsymbol{H}_t$)，而且可以仅用 $\boldsymbol{E}_t$ 或 $\boldsymbol{H}_t$ 来表示，因此，在这里只讨论 $\boldsymbol{E}_t$ 的归一化。

一般地讲，$\boldsymbol{E}_t$ 是由入射波 $\boldsymbol{E}_t^+$ 和反射波 $\boldsymbol{E}_t^-$ 相叠加而成的，即 $\boldsymbol{E}_t=\boldsymbol{E}_t^++\boldsymbol{E}_t^-$，它们可分别写为

$$\begin{aligned}\boldsymbol{E}_t^+&=A\boldsymbol{e}_t\mathrm{e}^{-\mathrm{j}\beta z}\\ \boldsymbol{E}_t^-&=B\boldsymbol{e}_t\mathrm{e}^{\mathrm{j}\beta z}\end{aligned}$$

A 和 B 分别为入射波和反射波场强的复振幅。在波导中，入射波和反射波的功率分别为

$$P^+=\frac{1}{2}\frac{|A|^2}{Z_w}\int_S(\boldsymbol{e}_t\times\boldsymbol{h}_t^*)\cdot\boldsymbol{z}\mathrm{d}S$$

$$P^-=\frac{1}{2}\frac{|B|^2}{Z_w}\int_S(\boldsymbol{e}_t\times\boldsymbol{h}_t^*)\cdot\boldsymbol{z}\mathrm{d}S$$

式中的 Z_w 为波导的波型阻抗。若 $\boldsymbol{e}_t$ 和 $\boldsymbol{h}_t$ 满足矢量函数的归一化条件，则

$$P^+=\frac{1}{2}\frac{|A|^2}{Z_w}\qquad P^-=\frac{1}{2}\frac{|B|^2}{Z_w}$$

若采用归一化的阻抗($z_w=1$)，为了保持传输功率不变，则场强复振幅应采用如下的归一化值

$$a=\frac{A}{\sqrt{Z_w}}\qquad b=\frac{B}{\sqrt{Z_w}}\tag{7.3-5}$$

而功率即可写为

$$P^+=\frac{1}{2}\frac{|A|^2}{Z_w}=\frac{1}{2}|a|^2$$

$$P^- = \frac{1}{2}\frac{|B|^2}{Z_w} = \frac{1}{2}|b|^2$$

四、归一化电压、电流与归一化的场强复振幅之间的关系

将波导等效为双线传输线的条件之一是两者传输的功率应相等。因此，应有

$$P^+ = \frac{1}{2}|u^+|^2 = \frac{1}{2}|i^+|^2 = \frac{1}{2}|a|^2$$

$$P^- = \frac{1}{2}|u^-|^2 = \frac{1}{2}|i^-|^2 = \frac{1}{2}|b|^2$$

由此即可求出归一化参量之间的下列关系

$$u^+ = i^+ = a \qquad u^- = -i^- = b$$

$$u = u^+ + u^- = a + b \qquad i = i^+ + i^- = a - b$$

$$a = \frac{1}{2}(u + i) \qquad b = \frac{1}{2}(u - i)$$

可见，归一化参量之间的关系是比较简单的。

§7.4 微波网络参量

微波网络是微波系统或微波电路抽象化的物理模型，它实际是由微波元件和均匀传输线段构成的一个封闭的介质空间，其内部和边界面上的场量都必须满足麦克斯韦方程组。根据场的唯一性定理，在由封闭曲面所包围的空间内存在着确定的场源（或者无源）时，只要知道了边界上（或部分边界上）各点处场的切向分量（切向场），则空间内各点的场就唯一地确定了。网络所限定的边界是由良导体（近似认为是理想导体）构成的。根据边界条件可知，边界上的切向场只能存在于网络端口的参考面上，该面与传输线的轴向相垂直，可见，切向场即场的横向分量。因此，若参考面上的切向场一经确定，则网络所限定的空间内各点的场也就唯一地确定了。但是，网络理论并不要求研究网络内部的场结构，而只是研究网络的外部特性。网络是通过端口与外界相联系的，当从某一端口馈入（激励）信号时，其他端口所产生的响应是由网络本身所确定的。因此，当我们研究端口信号量（或称信号对）之间的关系时，可采用网络参量来描述网络的外部特性。由于端口信号量可以是电压、电流，也可以是场强复振幅的归一化值，因此可将网络参量分为两大类：一类是，当端口信号为电压、电流时（U，I 或 u，i），称为电路参量，它包括阻抗参量（$\boldsymbol{Z}$ 参量）、导纳参量（$\boldsymbol{Y}$ 参量）和转移参量（$\boldsymbol{A}$ 参量）；另一类是，当端口信号量为场强复振幅的归一化值（a，b）时，称为波参量，它包括散射参量（$\boldsymbol{S}$ 参量）和传输参量（$\boldsymbol{T}$ 参量）。这 5 种参量是微波网络常用的网络参量。除此而外，尚有其他的一些网络参量，将在后面予以讨论。为书写简便，有时会用单个的黑体字母代表具体的参量矩阵。

一、微波网络的电路参量

（一）微波网络的阻抗参量

（1）二端口网络的阻抗参量。设有一个如图7.4－1 所示的二端口网络，端口信号对为（U_1，I_1）、（U_2，I_2），并规定电流 I_1 和 I_2 流入网络时为正；Z_{c1} 和 Z_{c2} 为端口所接传输线的特

性阻抗。根据电路理论，可求得电压与电流之间的关系为

$$U_1 = Z_{11} I_1 + Z_{12} I_2$$
$$U_2 = Z_{21} I_1 + Z_{22} I_2 \qquad (7.4-1)$$

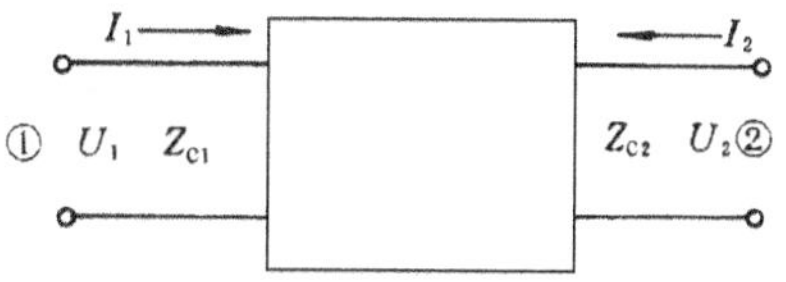

图 7.4-1　二端口网络

或写为

$$\begin{bmatrix} U_1 \\ U_2 \end{bmatrix} = \begin{bmatrix} Z_{11} & Z_{12} \\ Z_{21} & Z_{22} \end{bmatrix} \begin{bmatrix} I_1 \\ I_2 \end{bmatrix}$$

简记为

$$\boldsymbol{U} = \boldsymbol{ZI} \qquad (7.4-2)$$

式中，$\boldsymbol{U}=\begin{bmatrix} U_1 \\ U_2 \end{bmatrix}$和 $\boldsymbol{I}=\begin{bmatrix} I_1 \\ I_2 \end{bmatrix}$分别为由端口电压和电流所构成的列矩阵(或称列矢量)，$\boldsymbol{Z}$ 为

$$\boldsymbol{Z} = \begin{bmatrix} Z_{11} & Z_{12} \\ Z_{21} & Z_{22} \end{bmatrix} \qquad (7.4-3)$$

它是一个方矩阵，称为二端口网络的阻抗矩阵，其元素 Z_{11}、Z_{12}、Z_{21}、Z_{22} 由于具有阻抗的量纲，因此称为阻抗参量，它们仅由网络本身所确定，而与端口所加的电压和电流无关，因此，可以在一特定情况下揭示出阻抗参量的物理意义。

当端口②开路时，$I_2=0$，式(7.4-1)变为

$$U_1 = Z_{11} I_1 \qquad U_2 = Z_{21} I_1$$

则

$$Z_{11} = \left.\frac{U_1}{I_1}\right|_{I_2=0} \qquad Z_{21} = \left.\frac{U_2}{I_1}\right|_{I_2=0} \qquad (7.4-4\text{a})$$

当端口①开路时，$I_1=0$，式(7.4-1)变为

$$U_1 = Z_{12} I_2 \qquad U_2 = Z_{22} I_2$$

则

$$Z_{12} = \left.\frac{U_1}{I_2}\right|_{I_1=0} \qquad Z_{22} = \left.\frac{U_2}{I_2}\right|_{I_1=0} \qquad (7.4-4\text{b})$$

式(7.4-a,b)称为阻抗参量的定义式。Z_{11} 和 Z_{21} 分别表示，端口②开路时，端口①的自阻抗(输入阻抗)和端口①与端口②之间的转移阻抗(互阻抗)；Z_{22} 和 Z_{12} 分别表示，端口①开路时，端口②的自阻抗(输入阻抗)和端口②与端口①之间的转移阻抗(互阻抗)。由于阻抗参量是在网络端口开路的情况下定义的，因此也称为网络的开路参量，它具有明确的物理意义。

(2) 二端口网络的归一化阻抗参量。当端口的信号量是未经归一化的电压和电流(U,I)时，对应的阻抗参量就是未归一化的参量；若端口信号量采用归一化的电压和电流(u,i)，那么，对应的阻抗参量就是归一化的参量。由式(7.3-2)可得

$$\begin{bmatrix} u_1 \\ u_2 \end{bmatrix} = \begin{bmatrix} \frac{1}{\sqrt{Z_{c1}}} & 0 \\ 0 & \frac{1}{\sqrt{Z_{c2}}} \end{bmatrix} \begin{bmatrix} U_1 \\ U_2 \end{bmatrix} \qquad \begin{bmatrix} i_1 \\ i_2 \end{bmatrix} = \begin{bmatrix} \sqrt{Z_{c1}} & 0 \\ 0 & \sqrt{Z_{c2}} \end{bmatrix} \begin{bmatrix} I_1 \\ I_2 \end{bmatrix}$$

而

$$\begin{bmatrix} U_1 \\ U_2 \end{bmatrix} = \begin{bmatrix} Z_{11} & Z_{12} \\ Z_{21} & Z_{22} \end{bmatrix} \begin{bmatrix} I_1 \\ I_2 \end{bmatrix} \qquad \begin{bmatrix} I_1 \\ I_2 \end{bmatrix} = \begin{bmatrix} \sqrt{Z_{c1}} & 0 \\ 0 & \sqrt{Z_{c2}} \end{bmatrix}^{-1} \begin{bmatrix} i_1 \\ i_2 \end{bmatrix}$$

则

$$\begin{bmatrix}u_1\\u_2\end{bmatrix}=\begin{bmatrix}\frac{1}{\sqrt{Z_{c1}}} & 0\\ 0 & \frac{1}{\sqrt{Z_{c2}}}\end{bmatrix}\begin{bmatrix}Z_{11} & Z_{12}\\Z_{21} & Z_{22}\end{bmatrix}\begin{bmatrix}\sqrt{Z_{c1}} & 0\\ 0 & \sqrt{Z_{c2}}\end{bmatrix}^{-1}\begin{bmatrix}i_1\\i_2\end{bmatrix}$$

$$=\begin{bmatrix}\frac{Z_{11}}{Z_{c1}} & \frac{Z_{12}}{\sqrt{Z_{c1}\ Z_{c2}}}\\ \frac{Z_{21}}{\sqrt{Z_{c1}\ Z_{c2}}} & \frac{Z_{22}}{Z_{c2}}\end{bmatrix}\begin{bmatrix}i_1\\i_2\end{bmatrix}=\boldsymbol{z}\begin{bmatrix}i_1\\i_2\end{bmatrix}$$

式中

$$\boldsymbol{z}=\begin{bmatrix}\frac{Z_{11}}{Z_{c1}} & \frac{Z_{12}}{\sqrt{Z_{c1}\ Z_{c2}}}\\ \frac{Z_{21}}{\sqrt{Z_{c1}\ Z_{c2}}} & \frac{Z_{22}}{Z_{c2}}\end{bmatrix} \tag{7.4-5}$$

称为归一化的阻抗矩阵。

（3）n 端口网络的阻抗参量。图7.4-2是一具有 n 个端口的网络，其端口信号对分别为 (U_1,I_1)，(U_2,I_2)，…，(U_n,I_n)，各端口所接传输线的特性阻抗分别为 Z_{c1}，Z_{c2}，…，Z_{cn}。由各端口电压所构成的列矩阵为

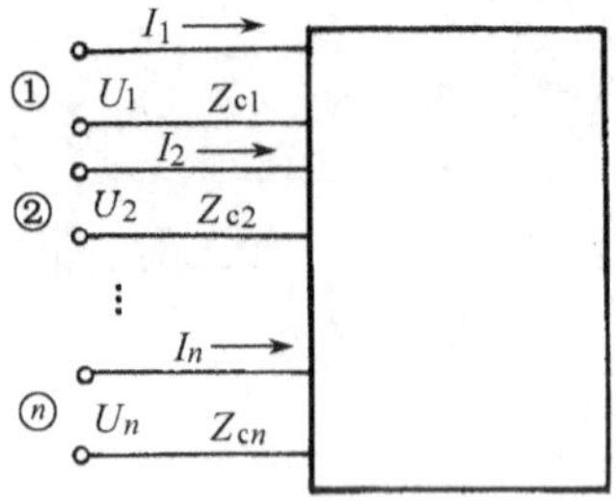

图 7.4-2　n 端口网络

$$\boldsymbol{U}=[U_1\ U_2\ \cdots\ U_n]^{\mathrm{T}}\qquad（\mathrm{T}\ 表示转置矩阵）$$

由各端口电流所构成的列矩阵为

$$\boldsymbol{I}=[I_1\ I_2\ \cdots\ I_n]^{\mathrm{T}}$$

仿照二端口网络的做法，即可得到矩阵方程

$$\boldsymbol{U}=\boldsymbol{ZI}$$

式中

$$\boldsymbol{Z}=\begin{bmatrix}Z_{11} & Z_{12} & \cdots & Z_{1n}\\ Z_{21} & Z_{22} & \cdots & Z_{2n}\\ \vdots & \vdots & \vdots & \vdots\\ Z_{n1} & Z_{n2} & \cdots & Z_{nn}\end{bmatrix} \tag{7.4-6}$$

称为 n 端口网络的阻抗矩阵，其元素称为 n 端口网络的阻抗参量，共有 n^2 个。

n 端口网络阻抗参量的定义式为

$$Z_{ii}=\left.\frac{U_i}{I_i}\right|_{I_k=0}\qquad (i,k=1,2,\cdots,n,但\ k\neq i)$$

$$Z_{ji}=\left.\frac{U_j}{I_i}\right|_{I_k=0}\qquad (i,j,k=1,2,\cdots,n,但\ j\neq i,k\neq i) \tag{7.4-7}$$

Z_{ii} 和 Z_{ji} 分别表示除端口 ⓘ 外，其余端口均为开路时，ⓘ 端口的自阻抗和端口 ⓘ 与端口 ⓙ 之间的转移阻抗。

n 端口网络的归一化阻抗矩阵 z，可仿照二端口网络的做法，由未归一化的阻抗矩阵得出

$$\mathbf{z}=\begin{bmatrix}\frac{Z_{11}}{Z_{c1}} & \frac{Z_{12}}{\sqrt{Z_{c1}\ Z_{c2}}} & \cdots & \frac{Z_{1n}}{\sqrt{Z_{c1}\ Z_{cn}}}\\ \frac{Z_{21}}{\sqrt{Z_{c1}\ Z_{c2}}} & \frac{Z_{22}}{Z_{c2}} & \cdots & \frac{Z_{2n}}{\sqrt{Z_{c2}\ Z_{cn}}}\\ \vdots & \vdots & \vdots & \vdots\\ \frac{Z_{n1}}{\sqrt{Z_{c1}\ Z_{cn}}} & \frac{Z_{n2}}{\sqrt{Z_{c2}\ Z_{cn}}} & \cdots & \frac{Z_{nn}}{Z_{cn}}\end{bmatrix} \tag{7.4-8}$$

式中，Z_{c1}，Z_{c2}，…，Z_{cn}分别为各端口所接传输线的特性阻抗。

（二）微波网络的导纳参量

对于微波网络，除了用阻抗参量描述其特性外，也可以用导纳参量来描述其特性。

(1) 二端口网络的导纳参量。如图7.4－1 所示的二端口网络，根据电路理论可得到端口电流与电压的关系为

$$\begin{aligned}I_1&=Y_{11}U_1+Y_{12}U_2\\ I_2&=Y_{21}U_1+Y_{22}U_2\end{aligned} \tag{7.4-9}$$

或写为

$$\begin{bmatrix}I_1\\ I_2\end{bmatrix}=\begin{bmatrix}Y_{11} & Y_{12}\\ Y_{21} & Y_{22}\end{bmatrix}\begin{bmatrix}U_1\\ U_2\end{bmatrix} \tag{7.4-10}$$

简记为

$$\boldsymbol{I}=\boldsymbol{YU}$$

式中

$$\boldsymbol{Y}=\begin{bmatrix}Y_{11} & Y_{12}\\ Y_{21} & Y_{22}\end{bmatrix} \tag{7.4-11}$$

称为二端口网络的导纳矩阵，其元素Y_{11}、Y_{12}、Y_{21}、Y_{22}由于具有导纳的量纲，因此称为导纳参量，它们仅由网络本身所确定，而与端口所加的电压和电流无关。因此可在一特定情况下给出导纳参量的定义。

当端口②短路时，$U_2=0$，式(7.4－9)变为

$$I_1=Y_{11}U_1 \qquad\qquad I_2=Y_{21}U_1$$

则

$$Y_{11}=\left.\frac{I_1}{U_1}\right|_{U_2=0} \qquad\qquad Y_{21}=\left.\frac{I_2}{U_1}\right|_{U_2=0} \tag{7.4-12a}$$

当端口①短路时，$U_1=0$，式(7.4－9)变为

$$I_1=Y_{12}U_2 \qquad\qquad I_2=Y_{22}U_2$$

则

$$Y_{12}=\left.\frac{I_1}{U_2}\right|_{U_1=0} \qquad\qquad Y_{22}=\left.\frac{I_2}{U_2}\right|_{U_1=0} \tag{7.4-12b}$$

式(7.4－12a)和(7.4－12b)称为导纳参量的定义式。Y_{11}和Y_{21}分别表示，端口②短路时，端口①的自导纳(输入导纳)和端口①与端口②之间的转移导纳(互导纳)；Y_{22}和Y_{12}分别表示，端口①短路时，端口②的自导纳(输入导纳)和端口②与端口①之间的转移导纳(互导纳)。由于导纳参量是在网络端口短路的情况下定义的，因此也称为网络的短路参量，它具有明确的物理意义。

(2) 二端口网络的归一化导纳参量。根据式(7.4－9)和式(7.3－2)，与求归一化阻抗参

量的方法相类似，即可求出归一化的导纳参量

$$\begin{bmatrix} i_1 \\ i_2 \end{bmatrix} = \begin{bmatrix} \sqrt{Z_{c1}} & 0 \\ 0 & \sqrt{Z_{c2}} \end{bmatrix} \begin{bmatrix} Y_{11} & Y_{12} \\ Y_{21} & Y_{22} \end{bmatrix} \begin{bmatrix} \dfrac{1}{\sqrt{Z_{c1}}} & 0 \\ 0 & \dfrac{1}{\sqrt{Z_{c2}}} \end{bmatrix}^{-1} \begin{bmatrix} u_1 \\ u_2 \end{bmatrix}$$

$$= \begin{bmatrix} Y_{11}\,Z_{c1} & Y_{12}\sqrt{Z_{c1}\,Z_{c2}} \\ Y_{21}\sqrt{Z_{c1}\,Z_{c2}} & Y_{22}\,Z_{c2} \end{bmatrix} \begin{bmatrix} u_1 \\ u_2 \end{bmatrix} = \boldsymbol{y} \begin{bmatrix} u_1 \\ u_2 \end{bmatrix}$$

式中

$$\boldsymbol{y} = \begin{bmatrix} Y_{11}\,Z_{c1} & Y_{12}\sqrt{Z_{c1}\,Z_{c2}} \\ Y_{21}\sqrt{Z_{c1}\,Z_{c2}} & Y_{22}\,Z_{c2} \end{bmatrix} \tag{7.4-13}$$

称为归一化导纳矩阵。

（3）n 端口网络的导纳矩阵。n 端口网络的导纳矩阵在形式上与 n 端口网络的阻抗矩阵相类似，也是一个 n 阶方阵，共有 n^2 个元素，即

$$\boldsymbol{Y} = \begin{bmatrix} Y_{11} & Y_{12} & \cdots & Y_{1n} \\ Y_{21} & Y_{22} & \cdots & Y_{2n} \\ \vdots & \vdots & \vdots & \vdots \\ Y_{n1} & Y_{n2} & \cdots & Y_{nn} \end{bmatrix} \tag{7.4-14}$$

其定义式为

$$Y_{ii} = \left.\frac{I_i}{U_i}\right|_{U_k=0} \qquad (i,k = 1,2,\cdots,n,\text{但 } k \neq i)$$

$$Y_{ji} = \left.\frac{I_j}{U_i}\right|_{U_k=0} \qquad (i,j,k = 1,2,\cdots,n,\text{但 } j \neq i,k \neq i) \tag{7.4-15}$$

Y_{ii} 和 Y_{ji} 分别表示除端口 ⓘ 外，其余端口均为短路时，ⓘ 端口的自导纳和端口 ⓘ 与端口 ⓙ 之间的转移导纳。

n 端口网络的归一化导纳矩阵为

$$\boldsymbol{y} = \begin{bmatrix} Y_{11}\,Z_{c1} & Y_{12}\sqrt{Z_{c1}\,Z_{c2}} & \cdots & Y_{1n}\sqrt{Z_{c1}\,Z_{cn}} \\ Y_{21}\sqrt{Z_{c1}\,Z_{c2}} & Y_{22}\,Z_{c2} & \cdots & Y_{2n}\sqrt{Z_{c2}\,Z_{cn}} \\ \vdots & \vdots & \vdots & \vdots \\ Y_{n1}\sqrt{Z_{c1}\,Z_{cn}} & Y_{n2}\sqrt{Z_{c2}\,Z_{cn}} & \cdots & Y_{nn}\,Z_{cn} \end{bmatrix} \tag{7.4-16}$$

（三）微波网络的转移参量

（1）二端口网络的转移参量。如图7.4－1所示的二端口网络，如果端口①的量用端口②的量来表示，则根据电路理论可得

$$\begin{aligned} U_1 &= A_{11}\,U_2 + A_{12}(-I_2) \\ I_1 &= A_{21}\,U_2 + A_{22}(-I_2) \end{aligned} \tag{7.4-17}$$

或写为

$$\begin{bmatrix} U_1 \\ I_1 \end{bmatrix} = \begin{bmatrix} A_{11} & A_{12} \\ A_{21} & A_{22} \end{bmatrix} \begin{bmatrix} U_2 \\ -I_2 \end{bmatrix} = \boldsymbol{A} \begin{bmatrix} U_2 \\ -I_2 \end{bmatrix} \tag{7.4-18}$$

式中
$$\boldsymbol{A}=\begin{bmatrix}A_{11} & A_{12}\\ A_{21} & A_{22}\end{bmatrix} \tag{7.4-19}$$
称为二端口网络的转移矩阵，其元素 A_{11}、A_{12}、A_{21} 和 A_{22} 称为转移参量(A 参量)。($-I_2$)表示电流的方向是从网络向外流出的。对于级联网络而言，前一个网络的出口电流就是下一个网络的入口电流，这样规定电流的方向会给计算带来方便。**A** 参量对于分析两个或多个二端口网络级联后的特性时，显得特别方便。因为级联后总的 **A** 参量就等于单个 **A** 参量按照级联顺序相乘后的参量，然后再根据网络参量之间的互换关系，就能比较容易地求出级联网络的其他参量。

与分析 **Z** 参量和 **Y** 参量的方法相类似，**A** 参量的定义式也可在端口②开路和短路的情况下求得。

当端口②开路时，$I_2=0$，式(7.4-17)变为
$$U_1=A_{11}U_2 \qquad I_1=A_{21}U_2$$
则
$$A_{11}=\left.\frac{U_1}{U_2}\right|_{I_2=0} \qquad A_{21}=\left.\frac{I_1}{U_2}\right|_{I_2=0} \tag{7.4-20a}$$
当端口②短路时，$U_2=0$，式(7.4-17)变为
$$U_1=A_{12}(-I_2) \qquad I_1=A_{22}(-I_2)$$
则
$$A_{12}=\left.\frac{U_1}{(-I_2)}\right|_{U_2=0} \qquad A_{22}=\left.\frac{I_1}{(-I_2)}\right|_{U_2=0} \tag{7.4-20b}$$
式(7.4-20a)和式(7.4-20b)为二端口网络 **A** 参量的定义式。A_{11} 和 A_{21} 分别表示，端口②开路时，端口①到端口②电压传输系数的倒数和端口①与端口②之间的转移导纳；A_{22} 和 A_{12} 分别表示，端口②短路时，端口①到端口②电流传输系数的倒数和端口①与端口②之间的转移阻抗，由于 **A** 参量是在网络端口开路和短路的情况下求出的，因此称为混合参量，并具有明确的物理意义。

(2) 二端口网络的归一化转移参量。与求归一化的阻抗和导纳参量的做法相类似，根据式(7.3-2)和式(7.4-17)，得
$$\begin{bmatrix}u_1\\ i_1\end{bmatrix}=\begin{bmatrix}\dfrac{1}{\sqrt{Z_{c1}}} & 0\\ 0 & \sqrt{Z_{c1}}\end{bmatrix}\begin{bmatrix}U_1\\ I_1\end{bmatrix}$$
$$\begin{bmatrix}u_2\\ -i_2\end{bmatrix}=\begin{bmatrix}\dfrac{1}{\sqrt{Z_{c2}}} & 0\\ 0 & \sqrt{Z_{c2}}\end{bmatrix}\begin{bmatrix}U_2\\ -I_2\end{bmatrix}$$
则
$$\begin{bmatrix}u_1\\ i_1\end{bmatrix}=\begin{bmatrix}\dfrac{1}{\sqrt{Z_{c1}}} & 0\\ 0 & \sqrt{Z_{c1}}\end{bmatrix}\begin{bmatrix}A_{11} & A_{12}\\ A_{21} & A_{22}\end{bmatrix}\begin{bmatrix}\dfrac{1}{\sqrt{Z_{c2}}} & 0\\ 0 & \sqrt{Z_{c2}}\end{bmatrix}^{-1}\begin{bmatrix}u_2\\ -i_2\end{bmatrix}$$

$$= \begin{bmatrix} A_{11}\sqrt{\dfrac{Z_{c2}}{Z_{c1}}} & A_{12}/\sqrt{Z_{c1}\,Z_{c2}} \\ A_{21}\sqrt{Z_{c1}\,Z_{c2}} & A_{22}\sqrt{\dfrac{Z_{c1}}{Z_{c2}}} \end{bmatrix} \begin{bmatrix} u_2 \\ -i_2 \end{bmatrix}$$

$$= \boldsymbol{a}\begin{bmatrix} u_2 \\ -i_2 \end{bmatrix} \tag{7.4-21}$$

式中

$$\boldsymbol{a} = \begin{bmatrix} a_{11} & a_{12} \\ a_{21} & a_{22} \end{bmatrix} = \begin{bmatrix} A_{11}\sqrt{\dfrac{Z_{c2}}{Z_{c1}}} & A_{12}/\sqrt{Z_{c1}\,Z_{c2}} \\ A_{21}\sqrt{Z_{c1}\,Z_{c2}} & A_{22}\sqrt{\dfrac{Z_{c1}}{Z_{c2}}} \end{bmatrix} \tag{7.4-22}$$

称为二端口网络的归一化转移矩阵。

（3）广义的 **A** 参量。从对二端口网络 **A** 参量的分析中可以看出，**A** 参量是二端口网络所特有的参量，因为它所表示的是一个端口的信号对(U_1, I_1)与另一个端口的信号对($U_2, -I_2$)之间的关系。但是,对于多端口网络,则可以仿照二端口网络的做法,从形式上导出广义的 **A** 参量。有两种情况,一种是 $2n$(偶数)端口网络；另一种是 $2n+1$(奇数)端口网络。对于偶数端口网络，其广义 **A** 参量可以比较容易地根据二端口网络 **A** 参量的形式导出，而对于奇数端口网络就比较复杂了，它需要在定义了广义逆矩阵的基础上才能导出来。这里只简单地介绍偶数端口网络的广义 **A** 参量。

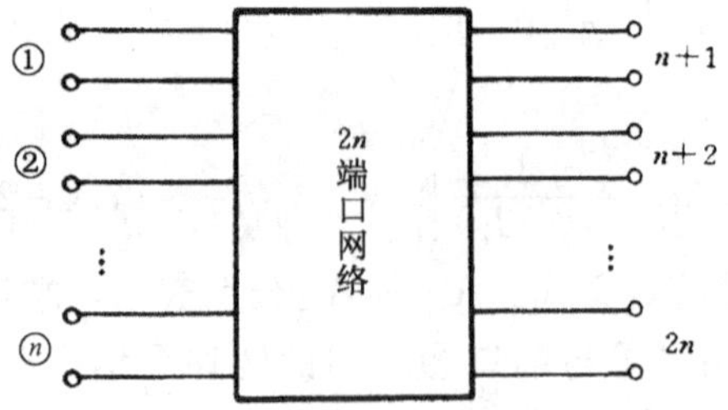

图 7.4-3　2n 端口网络

图7.4-3 是一具有 $2n$ 端口的网络，其广义的 **A** 参量有两种形式。一种是按端口的自然形式，将前 n 个端口合在一起，形成一个广义的端口，类似于二端口网络的输入端口(端口①为区别,记为端口①)，即

$$\begin{bmatrix} U_1 \\ I_1 \\ U_2 \\ I_2 \\ \vdots \\ U_n \\ I_n \end{bmatrix}$$

后 n 个端口合在一起，也形成一个广义的端口，类似于二端口网络的输出端口(端口②为区别,记为端口⑪)，即

$$\begin{bmatrix} U_{n+1} \\ -I_{n+1} \\ U_{n+2} \\ -I_{n+2} \\ \vdots \\ U_{2n} \\ -I_{2n} \end{bmatrix}$$

仿照二端口网络则有

$$\begin{bmatrix} U_1 \\ I_1 \\ U_2 \\ I_2 \\ \vdots \\ U_n \\ I_n \end{bmatrix} = \boldsymbol{A} \begin{bmatrix} U_{n+1} \\ -I_{n+1} \\ U_{n+2} \\ -I_{n+2} \\ \vdots \\ U_{2n} \\ -I_{2n} \end{bmatrix} \tag{7.4-23}$$

式中，广义的 **A** 参量为

$$\boldsymbol{A} = \begin{bmatrix} A_{1,n+1,11} & A_{1,n+1,12} & A_{1,n+2,11} & A_{1,n+2,12} & \cdots & A_{1,2n,11} & A_{1,2n,12} \\ A_{1,n+1,21} & A_{1,n+1,22} & A_{1,n+2,21} & A_{1,n+2,22} & \cdots & A_{1,2n,21} & A_{1,2n,22} \\ \vdots & \vdots & \vdots & \vdots & \vdots & \vdots & \vdots \\ A_{n,n+1,11} & A_{n,n+1,12} & A_{n,n+2,11} & A_{n,n+2,12} & \cdots & A_{n,2n,11} & A_{n,2n,12} \\ A_{n,n+1,21} & A_{n,n+1,22} & A_{n,n+2,21} & A_{n,n+2,22} & \cdots & A_{n,2n,21} & A_{n,2n,22} \end{bmatrix} \tag{7.4-24}$$

广义 **A** 参量的另一种形式是，先将电压和电流统一分块，然后再仿照二端口网络，构成如下形式的广义 **A** 参量

$$\begin{bmatrix} U_1 \\ U_2 \\ \vdots \\ U_n \\ I_1 \\ I_2 \\ \vdots \\ I_n \end{bmatrix} = \boldsymbol{A} \begin{bmatrix} U_{n+1} \\ U_{n+2} \\ \vdots \\ U_{2n} \\ -I_{n+1} \\ -I_{n+2} \\ \vdots \\ -I_{2n} \end{bmatrix} \tag{7.4-25}$$

式中

$$\boldsymbol{A} = \begin{bmatrix} A_{1,n+1,11} & A_{1,n+2,11} & \cdots & A_{1,2n,11} & A_{1,n+1,12} & A_{1,n+2,12} & \cdots & A_{1,2n,12} \\ \vdots & \vdots & \vdots & \vdots & \vdots & \vdots & \vdots & \vdots \\ A_{n,n+1,11} & A_{n,n+2,11} & \cdots & A_{n,2n,11} & A_{n,n+1,12} & A_{n,n+2,12} & \cdots & A_{n,2n,12} \\ A_{1,n+1,21} & A_{1,n+2,21} & \cdots & A_{1,2n,21} & A_{1,n+1,22} & A_{1,n+2,22} & \cdots & A_{1,2n,22} \\ \vdots & \vdots & \vdots & \vdots & \vdots & \vdots & \vdots & \vdots \\ A_{n,n+1,21} & A_{n,n+2,21} & \cdots & A_{n,2n,21} & A_{n,n+1,22} & A_{n,n+2,22} & \cdots & A_{n,2n,22} \end{bmatrix} \tag{7.4-26}$$

广义 **A** 参量有四个下标，其中，前两个表示端口的序号，后两个只有四种取法，即“11”，“12”，“21” 和 “22”，它们与二端口网络参量下标的含义完全相同。

由于广义 **A** 参量有两种不同的形式，因此在应用时必须分清，不能混淆。

二、微波网络的波参量

前面讨论的三种参量(**Z**、**Y**、**A**)是表示网络端口电压与电流之间各种关系的量，统称为电路参量。就是说，用等效电压和等效电流的方法来描述网络的特性，并由此导出了电路参量，给计算带来了方便。然而，对于一个客观存在的实体的微波系统而言，电压和电流都没有确切的定义，电路参数更难以测量。鉴于此，如果能找到一个实际上可以测量的参量，并用它能间接地求出其他参量，那么，就使网络参量的计算成为可能。这个参量就是波参量，它是一个表示网络端口入射波和反射波之间关系的参量。常用的有散射参量(**S** 参量)和传输参量(**T** 参量)两种。利用电桥、定向耦合器和反射计即可测得这些参量。这里我们只讨论表示归一化的入射波和反射波之间关系的网络参量，称为归一化波参量(简称波参量)。

在空间传播的电磁波，当它遇到障碍物时，会从其上向四面八方传播，这种现象称为散射。在微波系统内部传输的电磁波遇到结构上的不均匀性时也会产生散射，但散射波不可能四面八方地传播，它只能通过波导或微波元件的端口散射出去，而入射波也只能通过端口进入微波系统，故此，把描述这种现象的参量称为散射参量。

（一） 微波网络的散射参量

(1) 二端口网络的散射参量。如图7.4－4 所示的二端口网络，其端口信号对分别为(a_1,b_1)和(a_2,b_2)；a_1 和 a_2 为场强复振幅的归一化值，称为归一化入射波(来波)，b_1 和 b_2 也为场强复振幅的归一化值，称为归一化反射波(去波)。根据电磁波理论，得

图 7.4－4　二端口网络的波参量

$$\begin{aligned} b_1 &= S_{11}\, a_1 + S_{12}\, a_2 \\ b_2 &= S_{21}\, a_1 + S_{22}\, a_2 \end{aligned} \tag{7.4-27}$$

或写为

$$\begin{bmatrix} b_1 \\ b_2 \end{bmatrix} = \begin{bmatrix} S_{11} & S_{12} \\ S_{21} & S_{22} \end{bmatrix} \begin{bmatrix} a_1 \\ a_2 \end{bmatrix} \tag{7.4-28}$$

简记为

$$\boldsymbol{b} = \boldsymbol{S}\boldsymbol{a} \tag{7.4-29}$$

式中

$$\boldsymbol{b} = \begin{bmatrix} b_1 \\ b_2 \end{bmatrix} \qquad \boldsymbol{a} = \begin{bmatrix} a_1 \\ a_2 \end{bmatrix}$$

它们分别为由端口的去波和来波构成的列矩阵(列矢量)，而

$$\boldsymbol{S} = \begin{bmatrix} S_{11} & S_{12} \\ S_{21} & S_{22} \end{bmatrix} \tag{7.4-30}$$

则称为二端口网络的归一化散射矩阵，其元素 S_{11}、S_{12}、S_{21} 和 S_{22} 称为归一化的散射参量。

网络的散射参量是在各端口接匹配负载的情况下来定义的，它具有明确的物理意义。当端口②接匹配负载时，$a_2=0$，式(7.4－27)变为

$$b_1 = S_{11}a_1 \qquad b_2 = S_{21}a_1$$

则

$$S_{11}=\left.\frac{b_1}{a_1}\right|_{a_2=0} \qquad S_{21}=\left.\frac{b_2}{a_1}\right|_{a_2=0} \tag{7.4－31a}$$

当端口①接匹配负载时，$a_1=0$，式(7.4－27)变为

$$b_1 = S_{12}a_2 \qquad b_2 = S_{22}a_2$$

则

$$S_{12}=\left.\frac{b_1}{a_2}\right|_{a_1=0} \qquad S_{22}=\left.\frac{b_2}{a_2}\right|_{a_1=0} \tag{7.4－31b}$$

式(7.4－31a,b)为散射参量的定义式。S_{11}和S_{21}分别表示，端口②接匹配负载时，端口①的反射系数和端口①到端口②波的传输系数；S_{22}和S_{12}分别表示，端口①接匹配负载时，端口②的反射系数和端口②到端口①波的传输系数。

（2）n端口网络的归一化散射参量。具有n个端口的网络的归一化散射参量，可由二端口网络的归一化散射参量推广而得，即

$$\begin{bmatrix} b_1 \\ b_2 \\ \vdots \\ b_n \end{bmatrix} = \begin{bmatrix} S_{11} & S_{12} & \cdots & S_{1n} \\ S_{21} & S_{22} & \cdots & S_{2n} \\ \vdots & \vdots & \vdots & \vdots \\ S_{n1} & S_{n2} & \cdots & S_{nn} \end{bmatrix} \begin{bmatrix} a_1 \\ a_2 \\ \vdots \\ a_n \end{bmatrix} \tag{7.4－32a}$$

简记为

$$\boldsymbol{b} = \boldsymbol{Sa} \tag{7.4－32b}$$

式中

$$\boldsymbol{S} = \begin{bmatrix} S_{11} & S_{12} & \cdots & S_{1n} \\ S_{21} & S_{22} & \cdots & S_{2n} \\ \vdots & \vdots & \vdots & \vdots \\ S_{n1} & S_{n2} & \cdots & S_{nn} \end{bmatrix} \tag{7.4－33}$$

称为n端口网络的散射矩阵，它是一个方阵，共有n^2个元素，称为n端口网络的散射参量，其定义式为

$$S_{ii}=\left.\frac{b_i}{a_i}\right|_{a_k=0} \qquad (i,k=1,2,\cdots,n,\text{但 } k\neq i)$$

$$S_{ji}=\left.\frac{b_j}{a_i}\right|_{a_k=0} \qquad (i,j,k=1,2,\cdots,n,\text{但 } j\neq i,k\neq i) \tag{7.4－34}$$

S_{ii}表示，除端口ⓘ外，其他端口均接匹配负载时，端口ⓘ波的反射系数；S_{ji}表示，除端口ⓘ外，其他端口均接匹配负载时，端口ⓘ到端口ⓙ的波的传输系数。

（二）传输参量

（1）二端口网络的传输参量。对于图7.4－4所示的二端口网络，根据电磁波理论可得

$$a_1 = T_{11}b_2 + T_{12}a_2$$

$$b_1 = T_{21}b_2 + T_{22}a_2 \tag{7.4－35a}$$

或写为

$$\begin{bmatrix} a_1 \\ b_1 \end{bmatrix} = \begin{bmatrix} T_{11} & T_{12} \\ T_{21} & T_{22} \end{bmatrix} \begin{bmatrix} b_2 \\ a_2 \end{bmatrix} = \boldsymbol{T}\begin{bmatrix} b_2 \\ a_2 \end{bmatrix} \tag{7.4－35b}$$

式中
$$T=\begin{bmatrix}T_{11} & T_{12}\\ T_{21} & T_{22}\end{bmatrix} \tag{7.4-36}$$

称为二端口网络的传输矩阵，其元素称为传输参量。二端口网络的传输参量，除了 T_{11} 表示端口②接匹配负载时，端口①到端口②的传输系数的倒数外，其他参量并无明确的物理意义。

(2) $2n$(偶数)端口网络的传输参量。与二端口网络的 **A** 参量相类似，二端口网络的 **T** 参量是表示一个端口的信号对(a_1,b_1)与另一个端口的信号对(b_2,a_2)之间关系的参量，是二端口网络所特有的。但是，对于 $2n$ 端口网络，可以仿照二端口网络的做法，导出广义的 **T** 参量，它与广义的 **A** 参量具有完全相同的形式。广义的 **T** 参量也有两种形式，分别为

$$\begin{bmatrix}a_1\\ b_1\\ a_2\\ b_2\\ \vdots\\ a_n\\ b_n\end{bmatrix}=\boldsymbol{T}\begin{bmatrix}b_{n+1}\\ a_{n+1}\\ b_{n+2}\\ a_{n+2}\\ \vdots\\ b_{2n}\\ a_{2n}\end{bmatrix} \tag{7.4-37a}$$

和

$$\begin{bmatrix}a_1\\ a_2\\ \vdots\\ a_n\\ b_1\\ b_2\\ \vdots\\ b_n\end{bmatrix}=\boldsymbol{T}\begin{bmatrix}b_{n+1}\\ b_{n+2}\\ \vdots\\ b_{2n}\\ a_{n+1}\\ a_{n+2}\\ \vdots\\ a_{2n}\end{bmatrix} \tag{7.4-37b}$$

其中广义参量 **T** 中诸元素的表示方法与广义 **A** 参量中诸元素的表示方法完全相同，这只需要将式(7.4-24)和(7.4-26)中的“A”全部改换为“T”，就可以得到分别与式(7.4-37a)和(7.4-37b)相对应的广义 **T** 参量的表示式。

三、其他网络参量简介

前面所讨论的常用的 5 种网络参量，是基于传输线上对特性阻抗归一化的传输模式来定义的，因此，其应用范围会受到一定限制。为了将网络理论更广泛地用于微波技术的各个领域，人们又引进一些新的网络参量。表7.4-1 简要地列出了这些参量与微波电路发展的关系，以及它们在应用方面的特点，供参考。读者欲进一步了解这方面的问题，可参阅有关的参考书。

表 7.4-1　微波电路的发展与网络参量的引入

微波电路的发展	网络参数的引入	解决的主要问题
集总参数电路→分布参数电路 →混合参数电路	**Z**、**Y**、**A** →常用的 **S**、**T** →增广的 **Y**、**Z**	微波电路的网络参数描述； 某些电路的 **Z**、**Y** 不存在问题
电阻性负载的匹配→复数阻抗的宽频带匹配	常用的 **S**→广义的 **S**	各种电路的 **S** 描述；复数阻抗的宽频带匹配
无源电路→有源电路(包含负阻)	常用的 **S**→功率波 **S**	微波放大器等有源电路的设计
仅考虑单模传输的电路→需考虑非传输模的电路	常用的 **S**→一般化的 **S**	建立把传输模和非传输模都考虑在内的电路
采用经典的解析方法→利用计算机的参数综合法	确定的 **Y**、**S**、**Z**→不确定的 **Y**、**S**、**Z**	使晶体管的 **S** 参数便于测量，或合成网络参数的计算便于用计算机实现

四、常用网络参量之间的互换关系

由于同一个网络可以用前述的不同的网络参量来描述，因此这些参量之间存在着互换关系，而在实际的网络运算中，也常需要将一种网络参量转换为另一种网络参量。根据端口上信号对的情况，可分为电路参量间的互换、波参量间的互换，以及电路参量与波参量间的互换等。

(一) 电路参量之间的互换关系

(1) 阻抗矩阵与导纳矩阵互为逆矩阵。由于

$$\boldsymbol{U}=\boldsymbol{ZI}\qquad\qquad \boldsymbol{I}=\boldsymbol{YU}$$

当 $\boldsymbol{Z}$ 和 $\boldsymbol{Y}$ 为非奇异方阵时，则有

$$\boldsymbol{Z}=\boldsymbol{Y}^{-1}\qquad\qquad \boldsymbol{Y}=\boldsymbol{Z}^{-1}\tag{7.4-38}$$

式中的“-1”表示逆矩阵。

(2) 二端口网络的 $\boldsymbol{Z}$、$\boldsymbol{Y}$ 与 $\boldsymbol{A}$ 之间的关系。由

$$U_1=Z_{11}I_1+Z_{12}I_2$$
$$U_2=Z_{21}I_1+Z_{22}I_2$$

可得

$$U_1=\frac{Z_{11}}{Z_{21}}U_2+\frac{Z_{11}Z_{22}-Z_{12}Z_{21}}{Z_{21}}(-I_2)$$

$$I_1=\frac{1}{Z_{21}}U_2+\frac{Z_{22}}{Z_{21}}(-I_2)$$

即

$$\begin{bmatrix}U_1\\I_1\end{bmatrix}=\frac{1}{Z_{21}}\begin{bmatrix}Z_{11}&\det\boldsymbol{Z}\\1&Z_{22}\end{bmatrix}\begin{bmatrix}U_2\\-I_2\end{bmatrix}$$

与式(7.4-18)相比较，则得 $\boldsymbol{A}$ 与 $\boldsymbol{Z}$ 的关系为

$$\boldsymbol{A}=\frac{1}{Z_{21}}\begin{bmatrix}Z_{11} & \det\boldsymbol{Z}\\ 1 & Z_{22}\end{bmatrix}\tag{7.4-39}$$

式中，$\det\boldsymbol{Z}=Z_{11}Z_{22}-Z_{12}Z_{21}$为$\boldsymbol{Z}$的行列式。同样地，由

$$I_1=Y_{11}U_1+Y_{12}U_2$$
$$I_2=Y_{21}U_1+Y_{22}U_2$$

可得

$$\begin{bmatrix}U_1\\ I_1\end{bmatrix}=\frac{-1}{Y_{21}}\begin{bmatrix}Y_{22} & 1\\ \det\boldsymbol{Y} & Y_{11}\end{bmatrix}\begin{bmatrix}U_2\\ -I_2\end{bmatrix}$$

则$\boldsymbol{A}$与$\boldsymbol{Y}$的关系为

$$\boldsymbol{A}=\frac{-1}{Y_{21}}\begin{bmatrix}Y_{22} & 1\\ \det\boldsymbol{Y} & Y_{11}\end{bmatrix}\tag{7.4-40}$$

式中，$\det\boldsymbol{Y}=Y_{11}Y_{22}-Y_{12}Y_{21}$为$\boldsymbol{Y}$的行列式。

与上述情况相反，也可以用$\boldsymbol{A}$来表示$\boldsymbol{Z}$和$\boldsymbol{Y}$。由

$$U_1=A_{11}U_2+A_{12}(-I_2)$$
$$I_1=A_{21}U_2+A_{22}(-I_2)$$

可得

$$\begin{bmatrix}U_1\\ U_2\end{bmatrix}=\frac{1}{A_{21}}\begin{bmatrix}A_{11} & \det\boldsymbol{A}\\ 1 & A_{22}\end{bmatrix}\begin{bmatrix}I_1\\ I_2\end{bmatrix}$$

$$\begin{bmatrix}I_1\\ I_2\end{bmatrix}=\frac{1}{A_{12}}\begin{bmatrix}A_{22} & -\det\boldsymbol{A}\\ -1 & A_{11}\end{bmatrix}\begin{bmatrix}U_1\\ U_2\end{bmatrix}$$

则$\boldsymbol{Z}$、$\boldsymbol{Y}$与$\boldsymbol{A}$的关系分别为

$$\boldsymbol{Z}=\frac{1}{A_{21}}\begin{bmatrix}A_{11} & \det\boldsymbol{A}\\ 1 & A_{22}\end{bmatrix}\tag{7.4-41}$$

$$\boldsymbol{Y}=\frac{1}{A_{12}}\begin{bmatrix}A_{22} & -\det\boldsymbol{A}\\ -1 & A_{11}\end{bmatrix}\tag{7.4-42}$$

式中，$\det\boldsymbol{A}=A_{11}A_{22}-A_{12}A_{21}$为$\boldsymbol{A}$的行列式。

（二）二端口网络波参量之间的互换关系

由

$$b_1=S_{11}a_1+S_{12}a_2$$
$$b_2=S_{21}a_1+S_{22}a_2$$

可得

$$a_1=\frac{1}{S_{21}}b_2-\frac{S_{22}}{S_{21}}a_2$$

$$b_1=\frac{S_{11}}{S_{21}}b_2-\frac{\det\boldsymbol{S}}{S_{21}}a_2$$

即

$$\begin{bmatrix}a_1\\ b_1\end{bmatrix}=\frac{1}{S_{21}}\begin{bmatrix}1 & -S_{22}\\ S_{11} & -\det\boldsymbol{S}\end{bmatrix}\begin{bmatrix}b_2\\ a_2\end{bmatrix}$$

与式(7.4-35b)相比较，则得$\boldsymbol{T}$与$\boldsymbol{S}$的关系为

$$\boldsymbol{T}=\frac{1}{S_{21}}\begin{bmatrix}1 & -S_{22}\\ S_{11} & -\det\boldsymbol{S}\end{bmatrix} \tag{7.4-43}$$

式中，$\det\boldsymbol{S}=S_{11}S_{22}-S_{12}S_{21}$为 $\boldsymbol{S}$ 的行列式。

与上述情况相反，由

$$a_1=T_{11}b_2+T_{12}a_2$$
$$b_1=T_{21}b_2+T_{22}a_2$$

可得

$$\boldsymbol{S}=\frac{1}{T_{11}}\begin{bmatrix}T_{21} & \det\boldsymbol{T}\\ 1 & -T_{12}\end{bmatrix} \tag{7.4-44}$$

式中，$\det\boldsymbol{T}=T_{11}T_{22}-T_{12}T_{21}$为 $\boldsymbol{T}$ 的行列式。

（三）归一化电路参量与波参量之间的关系

（1）$\boldsymbol{S}$ 与归一化 $\boldsymbol{z}$、$\boldsymbol{y}$ 之间的关系。已知 $\boldsymbol{u}=\boldsymbol{z}\boldsymbol{i}$ 和 $u=a+b$，$i=a-b$，即归一化的电压和电流可用归一化的入射波和反射波来表示；对于多端口网络，则有 $\boldsymbol{u}=\boldsymbol{a}+\boldsymbol{b}$ 和 $\boldsymbol{i}=\boldsymbol{a}-\boldsymbol{b}$。由此得

$$\boldsymbol{a}+\boldsymbol{b}=\boldsymbol{z}(\boldsymbol{a}-\boldsymbol{b})$$

即

$$(\boldsymbol{z}+\boldsymbol{I})\boldsymbol{b}=(\boldsymbol{z}-\boldsymbol{I})\boldsymbol{a}$$
$$\boldsymbol{b}=(\boldsymbol{z}+\boldsymbol{I})^{-1}(\boldsymbol{z}-\boldsymbol{I})\boldsymbol{a}$$

式中的 $\boldsymbol{I}$ 为单位矩阵。由此得

$$\boldsymbol{S}=(\boldsymbol{z}+\boldsymbol{I})^{-1}(\boldsymbol{z}-\boldsymbol{I}) \tag{7.4-45}$$

若根据

$$\boldsymbol{a}=\frac{1}{2}(\boldsymbol{u}+\boldsymbol{i})=\frac{1}{2}(\boldsymbol{z}+\boldsymbol{I})\boldsymbol{i}$$

$$\boldsymbol{b}=\frac{1}{2}(\boldsymbol{u}-\boldsymbol{i})=\frac{1}{2}(\boldsymbol{z}+\boldsymbol{I})\boldsymbol{i}$$

和

$$\boldsymbol{b}=\boldsymbol{S}\boldsymbol{a}$$

即$(\boldsymbol{z}-\boldsymbol{I})\boldsymbol{i}=\boldsymbol{S}(\boldsymbol{z}+\boldsymbol{I})\boldsymbol{i}$ 这个关系式，并考虑到上式对任意的 $\boldsymbol{i}$ 均成立，则有

$$\boldsymbol{S}=(\boldsymbol{z}-\boldsymbol{I})(\boldsymbol{z}+\boldsymbol{I})^{-1} \tag{7.4-46}$$

由式(7.4-45)和式(7.4-46)可见，$\boldsymbol{S}$ 与 $\boldsymbol{z}$ 的关系为

$$\boldsymbol{S}=(\boldsymbol{z}+\boldsymbol{I})^{-1}(\boldsymbol{z}-\boldsymbol{I})=(\boldsymbol{z}-\boldsymbol{I})(\boldsymbol{z}+\boldsymbol{I})^{-1} \tag{7.4-47}$$

同样地，由

$$\boldsymbol{i}=\boldsymbol{y}\boldsymbol{u}\qquad \boldsymbol{a}-\boldsymbol{b}=\boldsymbol{y}(\boldsymbol{a}+\boldsymbol{b})\qquad \boldsymbol{b}=\boldsymbol{S}\boldsymbol{a}$$

可得

$$\boldsymbol{S}=(\boldsymbol{I}+\boldsymbol{y})^{-1}(\boldsymbol{I}-\boldsymbol{y})=(\boldsymbol{I}-\boldsymbol{y})(\boldsymbol{I}+\boldsymbol{y})^{-1} \tag{7.4-48}$$

（2）归一化的 $\boldsymbol{z}$、$\boldsymbol{y}$ 与 $\boldsymbol{S}$ 之间的关系。由 $\boldsymbol{b}=\boldsymbol{S}\boldsymbol{a}$，$\boldsymbol{a}=\frac{1}{2}(\boldsymbol{u}+\boldsymbol{i})$，$\boldsymbol{b}=\frac{1}{2}(\boldsymbol{u}-\boldsymbol{i})$

可得

$$(\boldsymbol{u}-\boldsymbol{i})=\boldsymbol{S}(\boldsymbol{u}+\boldsymbol{i})$$

即

$$(\boldsymbol{I}-\boldsymbol{S})\boldsymbol{u}=(\boldsymbol{I}+\boldsymbol{S})\boldsymbol{i}$$

则

$$\boldsymbol{u}=(\boldsymbol{I}-\boldsymbol{S})^{-1}(\boldsymbol{I}+\boldsymbol{S})\boldsymbol{i}$$

$$\boldsymbol{i}=(\boldsymbol{I}+\boldsymbol{S})^{-1}(\boldsymbol{I}-\boldsymbol{S})\boldsymbol{u}$$

因此有

$$\boldsymbol{z}=(\boldsymbol{I}-\boldsymbol{S})^{-1}(\boldsymbol{I}+\boldsymbol{S})=(\boldsymbol{I}+\boldsymbol{S})(\boldsymbol{I}-\boldsymbol{S})^{-1} \tag{7.4-49}$$

$$\boldsymbol{y}=(\boldsymbol{I}+\boldsymbol{S})^{-1}(\boldsymbol{I}-\boldsymbol{S})=(\boldsymbol{I}-\boldsymbol{S})(\boldsymbol{I}+\boldsymbol{S})^{-1} \tag{7.4-50}$$

微波网络中的 $\boldsymbol{z}$、$\boldsymbol{y}$、$\boldsymbol{S}$ 矩阵之间的关系，与均匀传输线中的 z(归一化阻抗)、y(归一化导纳)、Γ(反射系数)等量之间的关系相类似。

(3) 二端口网络的 $\boldsymbol{S}$ 与 $\boldsymbol{a}$ 之间的关系　由 $u_1=a_{11}u_2+a_{12}(-i_2)$，$i_1=a_{21}u_2+a_{22}(-i_2)$，和$u_1=a_1+b_1$，$i_1=a_1-b_1$，$u_2=a_2+b_2$，$i_2=a_2-b_2$，可知

$$a_1+b_1=a_{11}(a_2+b_2)+a_{12}(-a_2+b_2)$$

$$a_1-b_1=a_{21}(a_2+b_2)+a_{22}(-a_2+b_2)$$

将 b_1、b_2 均置于等号左端，a_1、a_2 均置于等号右端，即

$$b_1-(a_{11}+a_{12})b_2=-a_1+(a_{11}-a_{12})a_2$$

$$-b_1-(a_{21}+a_{22})b_2=-a_1+(a_{21}-a_{22})a_2$$

或

$$\begin{bmatrix}1 & -(a_{11}+a_{12})\\ -1 & -(a_{21}+a_{22})\end{bmatrix}\begin{bmatrix}b_1\\ b_2\end{bmatrix}=\begin{bmatrix}-1 & (a_{11}-a_{12})\\ -1 & (a_{21}-a_{22})\end{bmatrix}\begin{bmatrix}a_1\\ a_2\end{bmatrix}$$

由此得

$$\begin{bmatrix}b_1\\ b_2\end{bmatrix}=\begin{bmatrix}1 & -(a_{11}+a_{12})\\ -1 & -(a_{21}+a_{22})\end{bmatrix}^{-1}\begin{bmatrix}-1 & (a_{11}-a_{12})\\ -1 & (a_{21}-a_{22})\end{bmatrix}\begin{bmatrix}a_1\\ a_2\end{bmatrix}$$

$$=\frac{1}{a_{11}+a_{12}+a_{21}+a_{22}}\begin{bmatrix}a_{11}+a_{12}-a_{21}-a_{22} & 2\det\boldsymbol{a}\\ 2 & -a_{11}+a_{12}-a_{21}+a_{22}\end{bmatrix}\begin{bmatrix}a_1\\ a_2\end{bmatrix}$$

则 $\boldsymbol{S}$ 与 $\boldsymbol{a}$ 的关系为

$$\boldsymbol{S}=\frac{1}{a_{11}+a_{12}+a_{21}+a_{22}}\begin{bmatrix}a_{11}+a_{12}-a_{21}-a_{22} & 2\det\boldsymbol{a}\\ 2 & -a_{11}+a_{12}-a_{21}+a_{22}\end{bmatrix} \tag{7.4-51}$$

式中，$\det\boldsymbol{a}=a_{11}a_{22}-a_{12}a_{21}$，为 $\boldsymbol{a}$ 的行列式。

以上我们导出了 $\boldsymbol{z}$、$\boldsymbol{y}$、$\boldsymbol{A}$、$\boldsymbol{S}$、$\boldsymbol{T}$ 等 5 种参量之间某些常用的互换关系式。现将二端口网络的 5 种参量之间相互转换的关系式列于表7.4－2 中，以备查用。至于网络参量之间其他的关系式，亦可仿照前述的方法推导出来，这里不再讨论。

五、网络参量的性质

由于网络参量的性质是由网络本身所确定的，因此亦称之为网络对于网络参量的限制。网络应当遵循能量原理，而且，若网络是线性、可逆（互易）、对称的，那么，它还应遵循互易原理等基本定律所规定的原则。利用这些原则可直接得到网络参量之间的某些确定的关系，并把这些确定的关系称之为网络参量的性质。

（一）互易网络参量的性质

(1) 互易网络的 $\boldsymbol{Z}$、$\boldsymbol{Y}$、$\boldsymbol{S}$ 的性质　当网络中填充的是均匀和各向同性的介质时，即为互易网络，其阻抗矩阵、导纳矩阵和散射矩阵均为对称矩阵，即 $\boldsymbol{Z}^{\mathrm{T}}=\boldsymbol{Z}$；$\boldsymbol{Y}^{\mathrm{T}}=\boldsymbol{Y}$；$\boldsymbol{S}^{\mathrm{T}}=\boldsymbol{S}$。这一

表 7.4-2　二端口网络参量矩阵之间的关系

	$\boldsymbol{z}$	$\boldsymbol{y}$	$\boldsymbol{a}$	$\boldsymbol{S}$	$\boldsymbol{T}$
$\boldsymbol{z}$	$\begin{bmatrix} z_{11} & z_{12} \\ z_{21} & z_{22} \end{bmatrix}$	$\frac{1}{\lvert\det\boldsymbol{z}\rvert}\begin{bmatrix} z_{22} & -z_{12} \\ -z_{21} & z_{11} \end{bmatrix}$	$\frac{1}{z_{21}}\begin{bmatrix} z_{11} & \det\boldsymbol{z} \\ 1 & z_{22} \end{bmatrix}$	$\frac{1}{(1+z_{11})(1+z_{22})-z_{12}z_{21}}\times\begin{bmatrix} (z_{11}-1)(1+z_{22})-z_{12}z_{21} & 2z_{12} \\ 2z_{21} & (1+z_{11})(z_{22}-1)-z_{12}z_{21} \end{bmatrix}$	$\frac{1}{2z_{21}}\begin{bmatrix} (1+z_{11})\times(1+z_{22})-z_{12}z_{21} & (1+z_{11})\times(1-z_{22})+z_{12}z_{21} \\ (z_{11}-1)\times(1+z_{22})-z_{12}z_{21} & (z_{11}-1)\times(1-z_{22})+z_{12}z_{21} \end{bmatrix}$
$\boldsymbol{y}$	$\frac{1}{\lvert y\rvert}\begin{bmatrix} y_{22} & -y_{12} \\ -y_{21} & y_{11} \end{bmatrix}$	$\begin{bmatrix} y_{11} & y_{12} \\ y_{21} & y_{22} \end{bmatrix}$	$\frac{-1}{y_{21}}\begin{bmatrix} y_{22} & 1 \\ \det\boldsymbol{y} & y_{11} \end{bmatrix}$	$\frac{1}{(1+y_{11})(1+y_{22})-y_{12}y_{21}}\times\begin{bmatrix} (1-y_{11})(1+y_{22})+y_{12}y_{21} & -2y_{12} \\ -2y_{21} & (1+y_{11})(1-y_{22})+y_{12}y_{21} \end{bmatrix}$	$\frac{-1}{2y_{21}}\begin{bmatrix} (1+y_{11})\times(1+y_{22})-y_{12}y_{21} & -y_{12}y_{21}-(1+y_{11})\times(1-y_{22}) \\ (1-y_{11})\times(1+y_{22})+y_{12}y_{21} & y_{12}y_{21}-(1-y_{11})\times(1-y_{22}) \end{bmatrix}$
$\boldsymbol{a}$	$\frac{1}{a_{21}}\begin{bmatrix} a_{11} & \det\boldsymbol{a} \\ 1 & a_{22} \end{bmatrix}$	$\frac{1}{a_{12}}\begin{bmatrix} a_{22} & -\det\boldsymbol{a} \\ -1 & a_{11} \end{bmatrix}$	$\begin{bmatrix} a_{11} & a_{12} \\ a_{21} & a_{22} \end{bmatrix}$	$\frac{1}{a_{11}+a_{12}+a_{21}+a_{22}}\times\begin{bmatrix} a_{11}+a_{12}-a_{21}-a_{22} & 2\lvert a\rvert \\ 2 & -a_{11}+a_{12}-a_{21}+a_{22} \end{bmatrix}$	$\frac{1}{2}\begin{bmatrix} a_{11}+a_{12}+a_{21}+a_{22} & a_{11}-a_{12}+a_{21}-a_{22} \\ a_{11}+a_{12}-a_{21}-a_{22} & a_{11}-a_{12}-a_{21}+a_{22} \end{bmatrix}$
$\boldsymbol{S}$	$\frac{1}{(1-S_{11})(1-S_{22})-S_{12}S_{21}}\times\begin{bmatrix} (1+S_{11})(1-S_{22})+S_{12}S_{21} & 2S_{12} \\ 2S_{21} & (1-S_{11})(1+S_{22})+S_{12}S_{21} \end{bmatrix}$	$\frac{1}{(1+S_{11})(1+S_{22})-S_{12}S_{21}}\times\begin{bmatrix} (1-S_{11})(1+S_{22})+S_{12}S_{21} & -2S_{12} \\ -2S_{21} & (1+S_{11})(1-S_{22})+S_{12}S_{21} \end{bmatrix}$	$\frac{1}{2S_{21}}\begin{bmatrix} (1+S_{11})\times(1-S_{22})+S_{12}S_{21} & (1+S_{11})\times(1+S_{22})-S_{21}S_{12} \\ (1-S_{11})\times(1-S_{22})-S_{12}S_{21} & (1-S_{11})\times(1+S_{22})+S_{12}S_{21} \end{bmatrix}$	$\begin{bmatrix} S_{11} & S_{12} \\ S_{21} & S_{22} \end{bmatrix}$	$\frac{1}{S_{21}}\begin{bmatrix} 1 & -S_{22} \\ S_{11} & -\det\boldsymbol{S} \end{bmatrix}$
$\boldsymbol{T}$	$\frac{1}{T_{11}+T_{12}-T_{21}-T_{22}}\times\begin{bmatrix} T_{11}+T_{12}+T_{21}+T_{22} & 2\lvert T\rvert \\ 2 & T_{11}-T_{12}-T_{21}+T_{22} \end{bmatrix}$	$\frac{1}{T_{11}-T_{12}+T_{21}-T_{22}}\times\begin{bmatrix} T_{11}-T_{12}-T_{21}+T_{22} & -2\lvert T\rvert \\ -2 & T_{11}+T_{12}+T_{21}+T_{22} \end{bmatrix}$	$\frac{1}{2}\begin{bmatrix} T_{11}+T_{12}+T_{21}+T_{22} & T_{11}-T_{12}+T_{21}-T_{22} \\ T_{11}+T_{12}-T_{21}-T_{22} & T_{11}-T_{12}-T_{21}+T_{22} \end{bmatrix}$	$\frac{1}{T_{11}}\begin{bmatrix} T_{21} & \det\boldsymbol{T} \\ 1 & -T_{12} \end{bmatrix}$	$\begin{bmatrix} T_{11} & T_{12} \\ T_{21} & T_{22} \end{bmatrix}$

性质可利用电磁场中的洛仑兹互易定理来加以证明，这里仅对阻抗参量的互易性加以证明。

如图 7.2-1 所示，是一个由良导体构成的具有 n 个端口的微波系统，设想用一封闭曲面 Ω 将其包围，由 Ω 所围成的体积为 V。设 $\boldsymbol{E}^{(1)}$、$\boldsymbol{H}^{(1)}$ 和 $\boldsymbol{E}^{(2)}$、$\boldsymbol{H}^{(2)}$ 为网络中（频率相同）电磁场的任意两组解，即它们都满足均匀和各方同性介质中的方程

$$\nabla\times\boldsymbol{E}^{(1)}=-\mathrm{j}\omega\mu\boldsymbol{H}^{(1)}$$

$$\nabla\times\boldsymbol{H}^{(1)}=\mathrm{j}\omega\varepsilon\boldsymbol{E}^{(1)}+\sigma\boldsymbol{E}^{(1)}$$

$$\nabla\times\boldsymbol{E}^{(2)}=-\mathrm{j}\omega\mu\boldsymbol{H}^{(2)}$$

$$\nabla\times\boldsymbol{H}^{(2)}=\mathrm{j}\omega\varepsilon\boldsymbol{E}^{(2)}+\sigma\boldsymbol{E}^{(2)}$$

利用矢量恒等式

$$\nabla\cdot(\boldsymbol{E}\times\boldsymbol{H})=\boldsymbol{H}\cdot(\nabla\times\boldsymbol{E})-\boldsymbol{E}\cdot(\nabla\times\boldsymbol{H})$$

由上述场方程，可得

$$\begin{aligned}&\nabla\cdot(\boldsymbol{E}^{(1)}\times\boldsymbol{H}^{(2)}-\boldsymbol{E}^{(2)}\times\boldsymbol{H}^{(1)})\\&=\boldsymbol{H}^{(2)}\cdot(\nabla\times\boldsymbol{E}^{(1)})-\boldsymbol{E}^{(1)}\cdot(\nabla\times\boldsymbol{H}^{(2)})-\boldsymbol{H}^{(1)}\cdot(\nabla\times\boldsymbol{E}^{(2)})+\boldsymbol{E}^{(2)}\cdot(\nabla\times\boldsymbol{H}^{(1)})=0\end{aligned}$$

在由 Ω 所围成的体积 V 内，对上式进行积分，并利用奥高（散度）定理，则有

$$\int_{v}\nabla\cdot(\boldsymbol{E}^{(1)}\times\boldsymbol{H}^{(2)}-\boldsymbol{E}^{(2)}\times\boldsymbol{H}^{(1)})\mathrm{d}V=\oint_{\Omega}(\boldsymbol{E}^{(1)}\times\boldsymbol{H}^{(2)}-\boldsymbol{E}^{(2)}\times\boldsymbol{H}^{(1)})\cdot\mathrm{d}\boldsymbol{S}=0$$

该式称为洛仑兹定理（又称为电磁场的互易定理）。由于微波系统是由良导体构成的，因此切向电场只存在于网络端口的横截面上（电磁场的法向分量对积分无贡献），因此，根据互易定理，则有

$$\int_{S_i}(\boldsymbol{E}_{ti}^{(1)}\times\boldsymbol{H}_{ti}^{(2)}-\boldsymbol{E}_{ti}^{(2)}\times\boldsymbol{H}_{ti}^{(1)})\cdot\mathrm{d}\boldsymbol{S}=0$$

式中，下标 ti 表示第 i 端口处的横向场，S_i 表示第 i 端口的横截面积。根据模式独立原理，并利用式(7.2-6)，则有

$$\int_{S_i}(\boldsymbol{E}_{ti}^{(1)}\times\boldsymbol{H}_{ti}^{(2)}-\boldsymbol{E}_{ti}^{(2)}\times\boldsymbol{H}_{ti}^{(1)})\cdot\mathrm{d}\boldsymbol{S}=\sum_{n}(U_{\mathrm{i}}^{(1)}I_{\mathrm{i}}^{(2)}-U_{\mathrm{i}}^{(2)}I_{\mathrm{i}}^{(1)})=0 \quad (7.4-52)$$

$\boldsymbol{E}^{(1)}$、$\boldsymbol{H}^{(1)}$ 和 $\boldsymbol{E}^{(2)}$、$\boldsymbol{H}^{(2)}$ 为场的任意两组解，即可以任意选定，因此可令

$$\begin{aligned}&I_i^{(1)}=0,\text{但 } i\neq j,\text{即 } I_j^{(1)}\neq 0\\&I_i^{(2)}=0,\text{但 } i\neq k,\text{即 } I_k^{(2)}\neq 0\end{aligned} \quad (7.4-53)$$

将其代入到式(7.4-52)中，得

$$U_k^{(1)}I_k^{(2)}-U_j^{(2)}I_j^{(1)}=0 \quad (7.4-54)$$

利用 $\boldsymbol{U}=\boldsymbol{ZI}$，并考虑到式(7.4-53)，则有

$$U_k^{(1)}=Z_{kj}\,I_j^{(1)} \qquad U_j^{(2)}=Z_{jk}\,I_k^{(2)}$$

将其代入到式(7.4-54)中，得

$$Z_{kj}=Z_{jk} \quad (k,j=1,2,\cdots,n,\text{但 } j\neq k) \quad (7.4-55)$$

同样地，可以证明

$$Y_{kj}=Y_{jk} \quad (k,j=1,2,\cdots,n,\text{但 } j\neq k) \quad (7.4-56)$$

由于 j 和 k 可任意选定，因此 $\boldsymbol{Z}$ 和 $\boldsymbol{Y}$ 均为对称矩阵，即转置不变矩阵

$$\boldsymbol{Z}^{\mathrm{T}}=\boldsymbol{Z} \qquad \boldsymbol{Y}^{\mathrm{T}}=\boldsymbol{Y} \quad (7.4-57)$$

对于互易网络中 $\boldsymbol{S}^{\mathrm{T}}=\boldsymbol{S}$ 的性质，也可以采用上述方法（利用洛仑兹定理）来证明，或利用 $\boldsymbol{S}$ 与 z 以及 $z^{\mathrm{T}}=z$ 等关系式来证明。现采用后一种方法加以证明。已知

$$\boldsymbol{S} = (\boldsymbol{z}+\boldsymbol{I})^{-1}(\boldsymbol{z}-\boldsymbol{I}) = (\boldsymbol{z}-\boldsymbol{I})(\boldsymbol{z}+\boldsymbol{I})^{-1}$$

对于互易网络，$\boldsymbol{z}^{\mathrm{T}}=\boldsymbol{z}$，因此，$\boldsymbol{z}+\boldsymbol{I}$ 和 $\boldsymbol{z}-\boldsymbol{I}$ 均为对称矩阵，由此可知

$$\begin{aligned}\boldsymbol{S}^{\mathrm{T}} &= \{(\boldsymbol{z}+\boldsymbol{I})^{-1}(\boldsymbol{z}-\boldsymbol{I})\}^{\mathrm{T}}\\ &= (\boldsymbol{z}-\boldsymbol{I})(\boldsymbol{z}+\boldsymbol{I})^{-1}\end{aligned}$$

即

$$\boldsymbol{S}^{\mathrm{T}} = \boldsymbol{S} \qquad S_{kj} = S_{jk} \tag{7.4-58}$$

可见，互易网络的 $\boldsymbol{S}$ 也为对称矩阵。

(2) 互易网络的 $\boldsymbol{A}$ 和 $\boldsymbol{T}$ 的性质　利用式(7.4-39)和互易网络的 $\boldsymbol{Z}^{\mathrm{T}}=\boldsymbol{Z}$，即 $Z_{12}=Z_{21}$，可以证明互易网络 $\boldsymbol{A}$ 的行列式为 1，

$$\det\boldsymbol{A} = A_{11}A_{22} - A_{12}A_{21} = 1 \tag{7.4-59}$$

同样地，利用式(7.4-43)和互易网络的 $\boldsymbol{S}^{\mathrm{T}}=\boldsymbol{S}$，即 $S_{12}=S_{21}$，可以证明互易网络 $\boldsymbol{T}$ 的行列式为 1

$$\det\boldsymbol{T} = T_{11}T_{22} - T_{12}T_{21} = 1 \tag{7.4-60}$$

（二）无源网络参量的性质

无源网络即耗能（非供能）网络，其耗能性质一般地可用如下的能量公式来表示

$$W(t) = \int_{-\infty}^{t}[\boldsymbol{u}(t)]^{\mathrm{T}}[\boldsymbol{i}(t)]\mathrm{d}t \geqslant 0 \tag{7.4-61}$$

$[\boldsymbol{u}(t)]^{\mathrm{T}}[\boldsymbol{i}(t)]$表示任意瞬时 t 时刻从所有端口流入(或流出)网络的瞬时功率，$W(t)$表示 t 时刻之前流入(或流出)网络内(外)的总能量；积分下限取 $t=-\infty$，目的在于确保组成网络的所有元件均处于静止状态，没有任何的初始储能。对于 $W(t)$有两种情况：当$W(t)>0$ 时，表示外界流入网络的能量将在其内部损耗一部分，此时的网络才是真正的耗能网络，称为有耗网络；当 $W(t)=0$ 时，表示外界流入的能量将全部地由网络传输给了负载，理论上，网络本身不消耗任何能量，称为无耗网络。实际上，任何客观存在的网络都会或多或少地存在着损耗。

式(7.4-61)对于瞬态（过渡历程）和稳态都是适用的，若只考虑稳态，则可简化为

$$\mathrm{Re}([\boldsymbol{u}(t)]^{\mathrm{T}}[\boldsymbol{i}(t)]) \geqslant 0 \tag{7.4-62}$$

(1) 无源网络 $\boldsymbol{Z}$、$\boldsymbol{Y}$ 参量的可实现性。根据式(7.4-62)和 $\boldsymbol{U}=\boldsymbol{ZI}$，可得

$$\begin{aligned}\mathrm{Re}(\boldsymbol{U}^{\mathrm{T}}\boldsymbol{I}) &= \frac{1}{2}(\boldsymbol{U}^{\dagger}\boldsymbol{I}+\boldsymbol{I}^{\dagger}\boldsymbol{U})\\ &= \frac{1}{2}(\boldsymbol{I}^{\dagger}\boldsymbol{Z}^{\dagger}\boldsymbol{I}+\boldsymbol{I}^{\dagger}\boldsymbol{ZI})\\ &= \frac{1}{2}[\boldsymbol{I}^{\dagger}(\boldsymbol{Z}^{\dagger}+\boldsymbol{Z})\boldsymbol{I}]\end{aligned}$$

上式对任意的 $\boldsymbol{I}$($\boldsymbol{I}$ 中元素不全为零)都成立，因此有

$$\boldsymbol{I}^{\dagger}(\boldsymbol{Z}^{\dagger}+\boldsymbol{Z})\boldsymbol{I} \geqslant 0 \tag{7.4-63}$$

即，凡满足这一关系式的无源网络，其 $\boldsymbol{Z}$ 参量是可实现的。式中的“†”表示共轭转置矩阵（例如，$\boldsymbol{I}^{\dagger}=I^{*\mathrm{T}}$ 称为 $\boldsymbol{I}$ 的共轭转置矩阵）。对于有耗网络，有

$$\boldsymbol{I}^{\dagger}(\boldsymbol{Z}^{\dagger}+\boldsymbol{Z})\boldsymbol{I} > 0 \tag{7.4-64}$$

对于无耗网络，有

$$\boldsymbol{Z}+\boldsymbol{Z}^{\dagger} = \boldsymbol{0} \tag{7.4-65a}$$

即

$$Z_{ii}+Z_{ii}^{*} = 0 \qquad Z_{ij}+Z_{ji}^{*} = 0 \tag{7.4-65b}$$

可见，可实现的无耗网络的 $\boldsymbol{Z}$ 参量均为虚数，网络是一个电抗(无功)的网络。

利用与上述相同的方法即可证明，无源网络 $\boldsymbol{Y}$ 参量的可实现性为

$$\boldsymbol{U}^{\dagger}(\boldsymbol{Y}^{\dagger}+\boldsymbol{Y})\boldsymbol{U} \geqslant 0 \tag{7.4-66}$$

对于有耗网络，有

$$\boldsymbol{U}^{\dagger}(\boldsymbol{Y}^{\dagger}+\boldsymbol{Y})\boldsymbol{U} > 0 \tag{7.4-67}$$

对于无耗网络，有

$$\boldsymbol{Y}+\boldsymbol{Y}^{\dagger}=\boldsymbol{0} \tag{7.4-68a}$$

即

$$Y_{ii}+Y_{ii}^{*}=0 \qquad Y_{ij}+Y_{ji}^{*}=0 \tag{7.4-68b}$$

无耗网络的 $\boldsymbol{Y}$ 参量均为虚数。

(2) 无源网络 $\boldsymbol{S}$ 参量的可实现性。根据式(7.4-62)，并利用 $\boldsymbol{u}=\boldsymbol{a}+\boldsymbol{b}$ 和 $\boldsymbol{i}=\boldsymbol{a}-\boldsymbol{b}$，可得

$$\mathrm{Re}(\boldsymbol{u}^{\mathrm{T}}\boldsymbol{i})=\frac{1}{2}(\boldsymbol{u}^{\dagger}\boldsymbol{i}+\boldsymbol{i}^{\dagger}\boldsymbol{u})=\boldsymbol{a}^{\dagger}\boldsymbol{a}-\boldsymbol{b}^{\dagger}\boldsymbol{b}\geqslant 0$$

已知 $\boldsymbol{b}=\boldsymbol{S}\boldsymbol{a}$，则

$$\begin{aligned}\boldsymbol{a}^{\dagger}\boldsymbol{a}-\boldsymbol{b}^{\dagger}\boldsymbol{b}&=\boldsymbol{a}^{\dagger}\boldsymbol{a}-\boldsymbol{a}^{\dagger}\boldsymbol{S}^{\dagger}\boldsymbol{S}\boldsymbol{a}\\&=\boldsymbol{a}^{\dagger}(\boldsymbol{I}-\boldsymbol{S}^{\dagger}\boldsymbol{S})\boldsymbol{a}\geqslant 0\end{aligned}$$

该式对任意的 $\boldsymbol{a}$ 都成立，因此有

$$\boldsymbol{a}^{\dagger}(\boldsymbol{I}-\boldsymbol{S}^{\dagger}\boldsymbol{S})\boldsymbol{a}\geqslant 0 \tag{7.4-69a}$$

或

$$\boldsymbol{I}-\boldsymbol{S}^{\dagger}\boldsymbol{S}\geqslant \boldsymbol{0} \tag{7.4-69b}$$

这就是无源网络 $\boldsymbol{S}$ 参量的可实现性，可见，$\boldsymbol{S}$ 参量的幅值是以 1 为界的。

(3) 无耗网络 $\boldsymbol{S}$ 参量的么正性(一元性)。对于无耗网络，因其损耗功率 $P=0$，则 $\mathrm{Re}(\boldsymbol{u}^{\dagger}\boldsymbol{i})=0$，此时，式(7.4-69)变为

$$\boldsymbol{S}^{\dagger}\boldsymbol{S}=\boldsymbol{I} \tag{7.4-70a}$$

称为无耗网络 $\boldsymbol{S}$ 参量的么正性或一元性。当无耗网络为互易网络时，即 $\boldsymbol{S}^{\mathrm{T}}=\boldsymbol{S}$ 和 $\boldsymbol{S}^{\dagger}=\boldsymbol{S}^{*}$ 时，则上式变为

$$\boldsymbol{S}^{*}\boldsymbol{S}=\boldsymbol{I} \tag{7.4-70b}$$

式中的 * 号表示共轭矩阵。

$\boldsymbol{S}$ 参量的么正性包括两方面的问题，即

$$\sum_{i=1}^{n}S_{ij}^{*}S_{ij}=1 \qquad (j=1,2,3,\cdots,n) \tag{7.4-71a}$$

和

$$\sum_{i=1}^{n}S_{ij}^{*}S_{ik}=0 \qquad (k\neq j,\ k,j=1,2,3,\cdots,n) \tag{7.4-71b}$$

前者称为无耗网络 $\boldsymbol{S}$ 参量的单元特性，后者称为 $\boldsymbol{S}$ 参量的零特性。

无耗网络 $\boldsymbol{S}$ 参量的么正性是由能量原理来确定的，而且它还表示 $\boldsymbol{S}$ 参量的幅值和相位之间的关系。现以二端口网络为例加以说明。对于二端口网络，根据式(7.4-71)可得

$$S_{11}^{*}S_{11}+S_{21}^{*}S_{21}=|S_{11}|^{2}+|S_{21}|^{2}=1 \tag{7.4-72a}$$

$$S_{12}^{*}S_{12}+S_{22}^{*}S_{22}=|S_{12}|^{2}+|S_{22}|^{2}=1 \tag{7.4-72b}$$

$$S_{11}^{*}S_{12}+S_{21}^{*}S_{22}=0 \tag{7.4-72c}$$

$$S_{12}^{*}S_{11}+S_{22}^{*}S_{21}=0 \tag{7.4-72d}$$

式(7.4-72a 和式(7.4-72b)表示无耗二端口网络的能量关系：式(7.4-72a)表示，当端口①

输入单位功率、端口②接匹配负载时，端口①的反射功率为$|S_{11}|^2$，传输到端口②、并被负载所吸收的功率为$|S_{21}|^2$，由于是无耗网络，因此这两项功率之和应等于输入的单位功率；式(7.4－72b)表示，由端口②输入单位功率、端口①接匹配负载时的情况。由此两式还可导出 $\boldsymbol{S}$ 参量幅值之间的关系为

$$|S_{21}|=\sqrt{1-|S_{11}|^2} \qquad |S_{12}|=\sqrt{1-|S_{22}|^2} \tag{7.4-73}$$

对于式(7.4－72c)，若令

$$S_{11}=|S_{11}|e^{j\theta_{11}} \qquad S_{12}=|S_{12}|e^{j\theta_{12}}$$
$$S_{21}=|S_{21}|e^{j\theta_{21}} \qquad S_{22}=|S_{22}|e^{j\theta_{22}}$$

则有

$$|S_{11}||S_{12}|e^{j(\theta_{12}-\theta_{11})}+|S_{21}||S_{22}|e^{j(\theta_{22}-\theta_{21})}=0$$

即

$$|S_{11}||S_{12}|=|S_{21}||S_{22}|$$
$$(\theta_{12}-\theta_{11})-(\theta_{22}-\theta_{21})=\pi\pm 2n\pi$$

考虑到式(7.4－73)，则有

$$\begin{gathered}|S_{11}|=|S_{22}| \qquad |S_{12}|=|S_{21}| \\ \theta_{12}+\theta_{21}=(\theta_{11}+\theta_{22})\pm(2n+1)\pi\end{gathered} \tag{7.4-74}$$

该式表征了无耗二端口网络 S 参量振幅值之间，以及相位之间的关系。由此可见：当网络的一个端口匹配时(例如 $S_{11}=0$)，则另一端口也必然匹配($S_{22}=0$)；无耗二端口网络的衰减是可逆的($|S_{12}|=|S_{21}|$)；若无耗二端口网络是可逆的，即 $S_{12}=S_{21}$，$|S_{12}|=|S_{21}|$，$\theta_{12}=\theta_{21}$，则不但其衰减是可逆的，而且相移也是可逆的($\theta_{12}=\theta_{21}$)，此时有

$$\theta_{12}=\frac{\theta_{11}+\theta_{22}}{2}\pm\frac{(2n+1)}{2}\pi \tag{7.4-75}$$

（三）网络的对称性

微波元件在结构上的对称性有两种：一是端口对某一平面的映射对称，称为面对称，如图 7.4－5(a)所示。从结构上看，它有三个对称面、三个对称轴和一个对称点，但从网络电性能的角度看，只有一个对称面，可见，结构上的对称并不意味着网络的完全对称，反之，网络的对称也不意味着结构上一定对称；二是端口对某一轴线旋转一定角度而构成的对称，称为轴线对称，如图 7.4－5(b)所示。一个微波元件，如果结构上对称、填充的是各向同性介质，那么，它的等效网络在电性能上也是对称的。这里所讲的网络的对称性，就是指电性能的对称而言的。

对于无耗互易（当填充的是各向同性介质时）的二端口网络，若其结构是对称的，则必然是一个对称网络，即必有

$$\begin{gathered}S_{12}=S_{21} \qquad S_{11}=S_{22} \qquad Z_{12}=Z_{21} \qquad Z_{11}=Z_{22} \\ Y_{12}=Y_{21} \qquad Y_{11}=Y_{22} \qquad \det\boldsymbol{A}=1 \qquad A_{11}=A_{22} \\ \det\boldsymbol{T}=1 \qquad T_{12}=-T_{21}\end{gathered} \tag{7.4-76}$$

若结构上不是对称的(但$|S_{11}|=|S_{22}|$)，则可采取适当地移动参考面的方法，使之成为对称网络(即 $S_{11}=S_{22}$)。这是因为，在一般情况下，无耗互易二端口网络的 $\boldsymbol{S}$ 参量满足 $S_{12}=S_{21}$ 和$|S_{11}|=|S_{22}|$，即二个端口反射系数的模一定相等，而其相角(θ_{11}，θ_{12})则不一定相等。但是，若结构上是对称的(此时 $\theta_{11}=\theta_{12}$)，则网络也是对称的；若结构是不对称的，则可采

取移动参考面的方法，使 $\theta_{11}=\theta_{22}$，从而使之成为对称网络，也可以使 $\theta_{11}=-\theta_{22}$，成为反对称网络。

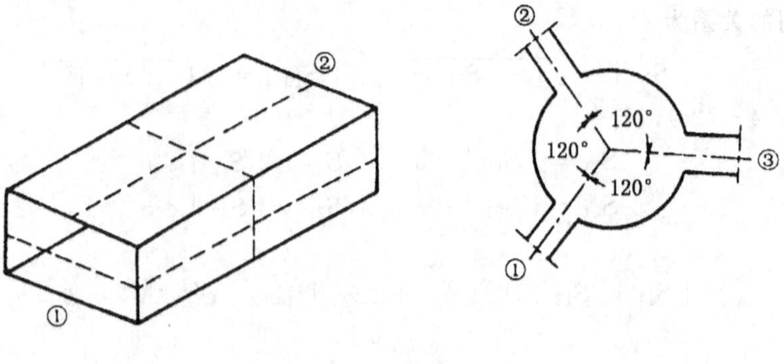

图 7.4-5　网络的对称性

六、对称网络的分析法

对称网络的分析可采用矩阵本征值法和奇偶模激励法。以下作一简要介绍。

（一）利用矩阵本征值分析对称网络

网络的对称性，可用对称算子来表征。对称算子是一个方矩阵，可用观察法直接写出。如图 7.4-6（a）所示，从网络对称的角度看，它是具有一个对称面的二端口网络，令两个端口的电场矢量分别为 $\boldsymbol{E}_1$、$\boldsymbol{E}_2$，经过对称面映射变换后的像分别为 $\boldsymbol{E}_1'$、$\boldsymbol{E}_2'$，并有

$$\boldsymbol{E}_1'=\boldsymbol{E}_2$$

$$\boldsymbol{E}_2'=\boldsymbol{E}_1$$

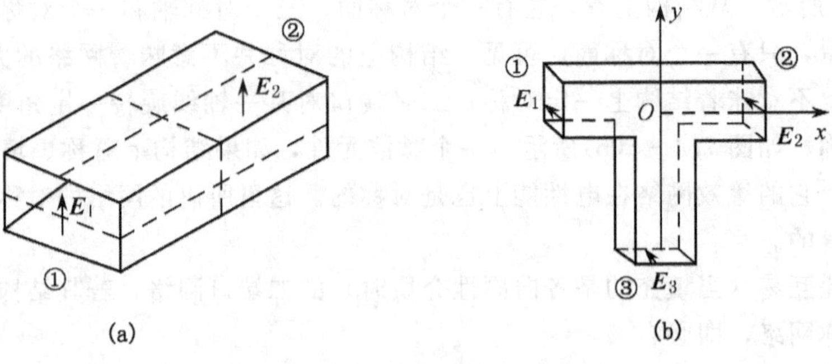

图 7.4-6　对称网络中的电场

即

$$\begin{bmatrix}\boldsymbol{E}_1'\\ \boldsymbol{E}_2'\end{bmatrix}=\begin{bmatrix}0 & 1\\ 1 & 0\end{bmatrix}=\begin{bmatrix}\boldsymbol{E}_1\\ \boldsymbol{E}_2\end{bmatrix}=\boldsymbol{G}\begin{bmatrix}\boldsymbol{E}_1\\ \boldsymbol{E}_2\end{bmatrix}$$

式中

$$\boldsymbol{G}=\begin{bmatrix}0 & 1\\1 & 0\end{bmatrix} \tag{7.4-77}$$

称为二端口网络的对称算子。用它作用于网络，可将原来的一组对称解 $\boldsymbol{E}_1$、$\boldsymbol{E}_2$，变换到另一组对称解 $\boldsymbol{E}_1'$、$\boldsymbol{E}_2'$。

如果图 7.4-6（a）中的对称二端口网络的场矢量 $\boldsymbol{E}_2$ 与 $\boldsymbol{E}_1$ 方向相反，经对称平面映射变换后的像 $\boldsymbol{E}_1'$、$\boldsymbol{E}_2'$ 与 $\boldsymbol{E}_1$、$\boldsymbol{E}_2$ 的关系为

$$\boldsymbol{E}_1'=-\boldsymbol{E}_2$$
$$\boldsymbol{E}_2'=-\boldsymbol{E}_1$$

即

$$\begin{bmatrix}\boldsymbol{E}_1'\\\boldsymbol{E}_2'\end{bmatrix}=\begin{bmatrix}0 & -1\\-1 & 0\end{bmatrix}\begin{bmatrix}\boldsymbol{E}_1\\\boldsymbol{E}_2\end{bmatrix}$$

则

$$\boldsymbol{G}=\begin{bmatrix}0 & -1\\-1 & 0\end{bmatrix} \tag{7.4-78}$$

也是两端口网络的对称算子，是反对称算子。

用类似方法，可直接得出各种对称网络的对称算子。如图 7.4-6（b）所示的矩形波导 H-T 分支，它是一个三端口网络，有两个对称面（xOy 与 yOz）和一个对称轴（y 轴）。若各端口的电场矢量如图中所示，则其对称算子分别为

相对于 xOy 对称面

$$\boldsymbol{G}_z=\begin{bmatrix}1 & 0 & 0\\0 & -1 & 0\\0 & 0 & -1\end{bmatrix} \tag{7.4-79}$$

相对于 yOz 对称面

$$\boldsymbol{G}_x=\begin{bmatrix}0 & 1 & 0\\1 & 0 & 0\\0 & 0 & 1\end{bmatrix} \tag{7.4-80}$$

绕 y 轴旋转 180°

$$\boldsymbol{G}_{ry}=\begin{bmatrix}0 & -1 & 0\\-1 & 0 & 0\\0 & 0 & -1\end{bmatrix} \tag{7.4-81}$$

由观察可见，如果先作关于 xOy 平面的映射变换（$\boldsymbol{G}_z$），再作关于 yOz 平面的映射变换（$\boldsymbol{G}_x$），其结果则相当于绕 y 轴旋转 180°，即

$$\boldsymbol{G}_{ry}=\boldsymbol{G}_z\boldsymbol{G}_x \tag{7.4-82}$$

并有

$$\boldsymbol{G}_z\boldsymbol{G}_x=\boldsymbol{G}_x\boldsymbol{G}_z \tag{7.4-83}$$

对称算子有如下主要特性：

（1）对称算子是一个方阵，每行每列只有一个元素为 +1 或 −1，其他元素都为零。这是因为对称算子作用于网络，使网络端口电场矢量的位置发生一对一的互换，而网络的结构

形状保持不变。在互换过程中，或 E_i 与 E_j 互换，或 E_i 与 $-E_j$ 互换，与此相应，对称算子 $\boldsymbol{G}$ 中的元素或者为零，或者为±1，而每行每列不多于一个非零元素，也不少于一个非零元素，否则一个端口上的场矢量将变成两个或更多端口上场矢量的和或差，或者完全抵消，或者某端口的场矢量将被作用两次或多次，这都是不可能的。

（2）对称算子是一个正交矩阵，即

$$\boldsymbol{G}^{\mathrm{T}}\boldsymbol{G} = \boldsymbol{I}$$

$$\boldsymbol{G}^{-1} = \boldsymbol{G}^{\mathrm{T}} \tag{7.4-84}$$

由于 $\boldsymbol{G}$ 是一个实对称矩阵，$\boldsymbol{G}^* = \boldsymbol{G}$，故有

$$\boldsymbol{G}^{*\mathrm{T}}\boldsymbol{G} = \boldsymbol{I} \tag{7.4-85}$$

$$\boldsymbol{G}^{-1} = \boldsymbol{G}^{*\mathrm{T}} \tag{7.4-86}$$

即对称算子亦是酉矩阵，并有

$$\det\boldsymbol{G} = 1 \tag{7.4-87}$$

$$\boldsymbol{G}^2 = \boldsymbol{I} \tag{7.4-88}$$

（3）对称算子与散射矩阵是可交换矩阵，即

$$\boldsymbol{GS} = \boldsymbol{SG} \tag{7.4-89}$$

因为

$$\boldsymbol{a}' = \boldsymbol{Ga}$$

$$\boldsymbol{b}' = \boldsymbol{Gb}$$

而

$$\boldsymbol{b}' = \boldsymbol{Sa}'$$

$$\boldsymbol{Gb} = \boldsymbol{SGa}$$

$$\boldsymbol{GSa} = \boldsymbol{SGa}$$

所以

$$\boldsymbol{GS} = \boldsymbol{SG}$$

同样，对称算子 $\boldsymbol{G}$ 与阻抗矩阵 $\boldsymbol{Z}$、导纳矩阵 $\boldsymbol{Y}$ 也是可交换矩阵。

（4）对称算子之积仍为对称算子。假定 $\boldsymbol{G}_1$ 与 $\boldsymbol{G}_2$ 是某一对称网络的两个对称算子，则有

$$\boldsymbol{G}_1\boldsymbol{S} = \boldsymbol{SG}_1$$

$$\boldsymbol{G}_2\boldsymbol{S} = \boldsymbol{SG}_2$$

将上面的第二式左乘 $\boldsymbol{G}_1$，再将第一式代入，得

$$\boldsymbol{G}_1\boldsymbol{G}_2\boldsymbol{S} = \boldsymbol{G}_1\boldsymbol{SG}_2 = \boldsymbol{SG}_1\boldsymbol{G}_2$$

令 $\boldsymbol{G}_3 = \boldsymbol{G}_1\boldsymbol{G}_2$，则

$$\boldsymbol{G}_3\boldsymbol{S} = \boldsymbol{SG}_3$$

由性质（3）可知，$\boldsymbol{G}_3 = \boldsymbol{G}_1\boldsymbol{G}_2$ 也是网络的对称算子。

（5）利用矩阵本征值分析对称网络。由于网络参量的性质是用一组线性代数方程来描述的，网络参量就是这些方程组的系数，因此，网络参量矩阵应存在与其相对应的本征值和本征矢。若已知网络参量的矩阵，即可求出矩阵的本征方程，进而求出本征值和本征矢；反之，若已知矩阵的本征值和本征矢，也可求出与之相对应的网络参量。这种方法对于分析结构上对称的网络特性是比较方便的。

从数学中我们已知，对于 n 阶方阵 A，若存在一个非零的列矢量 X，且有

$$\boldsymbol{AX}=gX$$

成立时，则称数 g 为 A 的特征值，X 为对应于 g 的特征矢（量）。设 I 为 n 阶单位矩阵，则有

$$(A-gI)\ X=0$$

这是一个齐次线性代数方程组，满足该式的具有非零解的充分和必要条件为

$$\det\ (A-gI)\ =0$$

称为 A 的特征方程，等号左端称为特征多项式，这是一个关于 g 的 n 次代数方程，由此求出的 g 称为根值，即 A 的特征值，与 g 相对应的特征矢可利用

$$(A-gI)\ X=0$$

求出。

利用矩阵本征值分析对称网络的方法，是基于网络参量矩阵与其对称算子是可交换矩阵，从而可借助对称算子求出网络参量矩阵的本征矢量集，在假定网络参量矩阵本征值为已知的前提下，利用矩阵的对角化还原公式求出网络参量矩阵，进而由矩阵本征值来分析对称网络的性质。现以对称的二端口网络为例来说明这种方法。

如图 7.4-6（a）所示的具有一个对称面的二端口网络，其对称算子为

$$\boldsymbol{G}=\begin{bmatrix}0 & 1\\1 & 0\end{bmatrix}$$

利用本征值方程 $\det\ (\boldsymbol{G}-g\boldsymbol{I})\ =0$，求出 $\boldsymbol{G}$ 的两个本征值为 $g_1=1$，$g_2=-1$。将其分别代入 $(\boldsymbol{G}-g\boldsymbol{I})\boldsymbol{a}=0$ 中，求出各自对应的本征矢量为

$$\boldsymbol{a}_1=\frac{1}{\sqrt{2}}\begin{bmatrix}1\\1\end{bmatrix},\boldsymbol{a}_2=\frac{1}{\sqrt{2}}\begin{bmatrix}1\\-1\end{bmatrix} \tag{7.4-90}$$

由它们所构成的本征矢量集为

$$\boldsymbol{a}=\frac{1}{\sqrt{2}}\begin{bmatrix}1 & 1\\1 & -1\end{bmatrix} \tag{7.4-91}$$

由于散射参量矩阵 $\boldsymbol{S}$ 与 $\boldsymbol{G}$ 是可交换矩阵，而且 $\boldsymbol{G}$ 的本征值不是简并的，因此，$\boldsymbol{G}$ 的本征矢也即为 $\boldsymbol{S}$ 的本征矢。散射参量矩阵 $\boldsymbol{S}$ 本征矢的物理意义是，它表示加在网络端口的一组特定的激励波（λ 射波），在它的激励下，各端口的反射系数均相等，而且就等于散射参量矩阵 $\boldsymbol{S}$ 的本征值。对于多端口网络，其本征矢激励波不止一个，而有多个互相独立的激励波，即是说，散射参量矩阵 $\boldsymbol{S}$ 具有多个互相独立的本征矢和本征值。

假定散射参量矩阵 $\boldsymbol{S}$ 的本征值为 s_1 与 s_2，由它们所构成的对角线矩阵 $\boldsymbol{\lambda}$ 为

$$\boldsymbol{\lambda}=\begin{bmatrix}s_1 & 0\\0 & s_2\end{bmatrix} \tag{7.4-92}$$

利用矩阵的对角化还原公式 $\boldsymbol{S}=\boldsymbol{a\lambda a}^{-1}$，可求出二端口网络的散射矩阵为

$$\begin{aligned}\boldsymbol{S}=\boldsymbol{a\lambda a}^{-1}&=\frac{1}{\sqrt{2}}\begin{bmatrix}1 & 1\\1 & -1\end{bmatrix}\begin{bmatrix}s_1 & 0\\0 & s_2\end{bmatrix}\left\{\frac{1}{\sqrt{2}}\begin{bmatrix}1 & 1\\1 & -1\end{bmatrix}\right\}^{-1}\\&=\frac{1}{2}\begin{bmatrix}s_1+s_2 & s_1-s_2\\s_1-s_2 & s_1+s_2\end{bmatrix}\end{aligned} \tag{7.4-93}$$

即

$$S_{11}=S_{22}=\frac{1}{2}(s_1+s_2)$$

$$S_{12}=S_{21}=\frac{1}{2}(s_1-s_2) \tag{7.4-94}$$

同样，对称算子 $\boldsymbol{G}$ 与阻抗矩阵 $\boldsymbol{Z}$ 和导纳矩阵 $\boldsymbol{Y}$ 也是可交换矩阵，因此，类似地有

$$\boldsymbol{Z}=\frac{1}{2}\begin{bmatrix} z_1+z_2 & z_1-z_2 \\ z_1-z_2 & z_1+z_2 \end{bmatrix} \tag{7.4-95}$$

$$\boldsymbol{Y}=\frac{1}{2}\begin{bmatrix} y_1+y_2 & y_1-y_2 \\ y_1-y_2 & y_1+y_2 \end{bmatrix} \tag{7.4-96}$$

式中，z_1、z_2 与 y_1、y_2 分别为 $\boldsymbol{Z}$ 与 $\boldsymbol{Y}$ 的本征值。阻抗矩阵本征矢的物理意义是，它表示加在网络端口的激励波是一组特定的电流波，在它的激励下，各端口的输入阻抗均相等，而且就等于阻抗矩阵的本征值。同理，当加在网络端口的激励波是一组特定的电压波，并使各端口的输入导纳均相等时，则该激励波就是导纳矩阵的本征矢，输入导纳则为其本征值。总之，网络参量矩阵的本征矢是加在网络端口的一组特定的激励波，与此相对应的端口反射系数、输入阻抗和输入导纳则为其本征值。

现在，我们利用矩阵本征值对对称的二端口网络的共性进行分析。

由于网络参量矩阵的本征值，是在本征激励下的端口反射系数、输入阻抗或输入导纳，因此它们是可以进行适当调整的，比如利用改变参考面位置或加入障碍物等方法进行调整，以得到本征值间的不同关系。

适当调整散射矩阵 $\boldsymbol{S}$ 的本征值 s_1 与 s_2，使 $s_1=-s_2$，此时网络的散射参量为

$$s_{11}=s_{22}=\frac{1}{2}(s_1+s_2)=0$$

$$s_{12}=s_{21}=\frac{1}{2}(s_1-s_2)=s_1 \tag{7.4-97}$$

该式表明，当对称的二端口网络的一个端口匹配（$s_{11}=0$）时，另一个端口也必须匹配（$s_{22}=0$）。若网络是无耗的，在网络匹配条件下，从一个端口到另一个端口传输系数的模 $|s_{12}|=|s_{21}|=1$，即从一个端口输入的功率会无损耗地全部传到另一个端口。因此，匹配的无耗二端口网络是一个完全传输元件。

由于无耗网络散射参量矩阵的本征值的模 $|s_i|=1$，因此，(s_1+s_2) 与 (s_1-s_2) 正交，如图 7.4-7 所示。若令 $s_{11}=|s_{11}|e^{j\theta_{11}}$、$s_{12}=|s_{12}|e^{j\theta_{12}}$，则有

$$|s_{11}|^2+|s_{12}|^2=|s_i|^2=1$$

$$\theta_{12}=\theta_{11}+\frac{\pi}{2}\pm n\pi \tag{7.4-98}$$

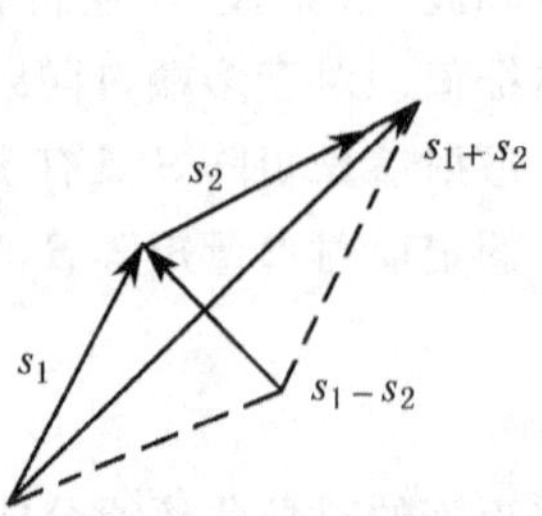

图 7.4-7　(s_1+s_2) 与 (s_1-s_2) 正交

这就是无耗对称二端口网络散射参量的幅相关系式，这与前面曾讨论过的无耗网络散射参量的一元性是完全一致的。

（二）利用奇偶模激励法分析对称网络

对称网络亦可采用奇偶模激励法进行分析，尤其是对于由传输线段构成的微波网络，采

用奇偶模激励法分析，比采用矩阵本征值法分析更直接、方便，更有实际意义。

通过对称算子求出网络的本征激励矢量是矩阵本征值法的关键。就对称的二端口网络而言（见图 7.4－6（a）），其两个本征激励矢量分别为$\frac{1}{\sqrt{2}}[1\quad 1]^T$和$\frac{1}{\sqrt{2}}[1\quad -1]^T$。若用本征矢量$\frac{1}{\sqrt{2}}[1\quad 1]^T$激励二端口网络，相当于对网络的端口①、②同时施加等幅同相的激励波，称为偶模激励，两端口之间形成纯驻波，在两端口之间的对称面处是电场的波腹点、磁场的波节点，根据传输线理论相当于开路；若用本征矢量$\frac{1}{\sqrt{2}}[1\quad -1]^T$激励二端口网络，相当于对网络的端口①、②同时施加等幅反相的激励波，称为奇模激励，在两端口的对称面处是电场的波节点、磁场的波腹点，相当于短路。偶模激励与奇模激励叠加，相当于对端口①施加激励。

偶模激励时，对称面相当于开路，并将对称的二端口网络分成相同的两部分，称其为偶模激励单端口本征网络；奇模激励时，对称面相当于短路，并将对称的二端口网络分成相同的两部分，称其为奇模激励单端口本征网络。所谓奇偶模激励分析法，就是借助两类不同激励下的本征网络，来研究网络的特性。

如图 7.4－8（a）所示具有并联支线的网络，有一对称面 F，各线段的特性导纳分别为 Y_{c1}、Y_{c2}和 Y_{c3}。图（b）为偶模激励时的本征网络；图（c）为奇模激励时的本征网络。

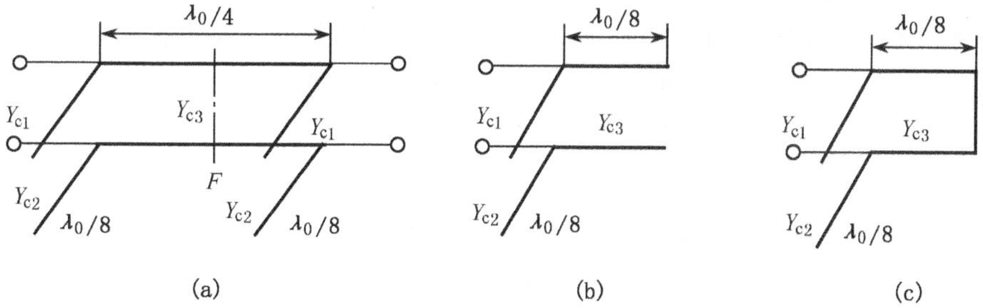

图 7.4－8　具有并联支线的网络及其本征网络

偶模、奇模激励单端口本征网络的输入导纳分别用 Y_e、Y_o表示。

$$Y_e = jY_{c2}\tan\frac{\pi}{4} + jY_{c3}\tan\frac{\pi}{4} = j(Y_{c2}+Y_{c3})$$

$$Y_o = jY_{c2}\tan\frac{\pi}{4} - jY_{c3}\tan\frac{\pi}{4} = j(Y_{c2}-Y_{c3})$$

偶模、奇模激励时输入端口的反射系数分别用 Γ_e、Γ_o 表示为

$$\Gamma_e = \frac{Y_{c1}-Y_e}{Y_{c1}+Y_e} = \frac{Y_{c1}-j(Y_{c2}+Y_{c3})}{Y_{c1}+j(Y_{c2}+Y_{c3})}$$

$$\Gamma_o = \frac{Y_{c1}-Y_o}{Y_{c1}+Y_o} = \frac{Y_{c1}-j(Y_{c2}-Y_{c3})}{Y_{c1}+j(Y_{c2}+Y_{c3})}$$

根据矩阵本征值分析法可知，Γ_e、Γ_o 即为对称的二端口网络 **S** 矩阵的两个本征值 s_1、s_2。因此，由式（7.4－94）可求出具有并联支线网络的散射参量为

$$s_{11} = \frac{1-jH}{1+j(H+K)}$$

$$s_{12}=\frac{-\mathrm{j}K}{1+\mathrm{j}(H+K)} \tag{7.4-99}$$

式中，$H=Y_{c2}/Y_{c1}$，$K=Y_{c3}/Y_{c1}$

以上讨论了网络的互易性、无源性，以及对称性对网络参量的限定，并得出了一些基本关系式，这在实际应用中是很重要的，为此，现将常用的微波网络参量及其性质列成表 7.4-3，以备查阅。

七、参考面移动对散射参量的影响

微波网络端口的参考面一旦发生变化，将对网络参量造成影响，其中，对于散射参量的影响比较简单，而且也易于计算。现以二端口网络为例，说明参考面移动对散射参量的影响。

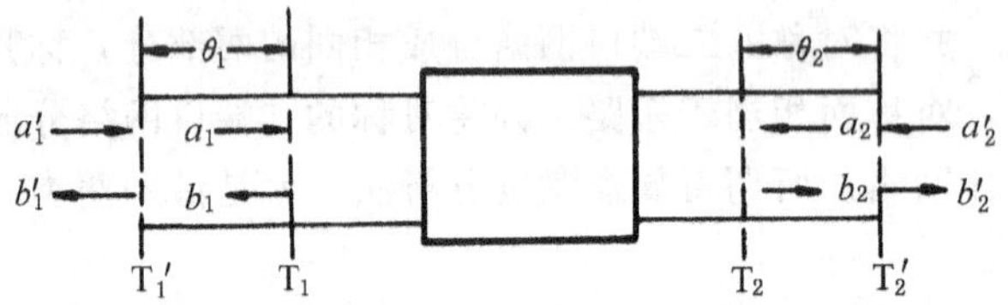

图 7.4-9　参考面移动对 $\boldsymbol{S}$ 的影响

设有一个如图 7.4-9 所示的二端口网络，当参考面为 T_1 和 T_2 时，其散射参量为

$$\boldsymbol{S}=\begin{bmatrix}S_{11} & S_{12}\\ S_{21} & S_{22}\end{bmatrix}$$

若将参面 T_1 和 T_2 分别向外移动到 T_1' 和 T_2'，移动的距离分别为 d_1 和 d_2，对应的电长度分别为 $\theta_1=\beta d_1$ 和 $\theta_2=\beta d_2$。因为网络端口的引出线为均匀无耗线，所以根据传输线理论可知，入射波 a 和反射波 b 均为行波，因此有

$$a_1'=a_1\mathrm{e}^{\mathrm{j}\theta_1}\qquad a_2'=a_2\mathrm{e}^{\mathrm{j}\theta_2}$$
$$b_1'=b_1\mathrm{e}^{-\mathrm{j}\theta_1}\qquad b_2'=b_2\mathrm{e}^{-\mathrm{j}\theta_2}$$

即

$$\begin{bmatrix}a_1'\\ a_2'\end{bmatrix}=\begin{bmatrix}\mathrm{e}^{\mathrm{j}\theta_1} & 0\\ 0 & \mathrm{e}^{\mathrm{j}\theta_2}\end{bmatrix}\begin{bmatrix}a_1\\ a_2\end{bmatrix}$$

$$\begin{bmatrix}b_1'\\ b_2'\end{bmatrix}=\begin{bmatrix}\mathrm{e}^{-\mathrm{j}\theta_1} & 0\\ 0 & \mathrm{e}^{-\mathrm{j}\theta_2}\end{bmatrix}\begin{bmatrix}b_1\\ b_2\end{bmatrix}$$

则

$$\begin{aligned}\begin{bmatrix}b_1'\\ b_2'\end{bmatrix}&=\begin{bmatrix}\mathrm{e}^{-\mathrm{j}\theta_1} & 0\\ 0 & \mathrm{e}^{-\mathrm{j}\theta_2}\end{bmatrix}\begin{bmatrix}S_{11} & S_{12}\\ S_{21} & S_{22}\end{bmatrix}\begin{bmatrix}a_1\\ a_2\end{bmatrix}\\ &=\begin{bmatrix}\mathrm{e}^{-\mathrm{j}\theta_1} & 0\\ 0 & \mathrm{e}^{-\mathrm{j}\theta_2}\end{bmatrix}\begin{bmatrix}S_{11} & S_{12}\\ S_{21} & S_{22}\end{bmatrix}\begin{bmatrix}\mathrm{e}^{\mathrm{j}\theta_1} & 0\\ 0 & \mathrm{e}^{\mathrm{j}\theta_2}\end{bmatrix}^{-1}\begin{bmatrix}a_1'\\ a_2'\end{bmatrix}\\ &=\begin{bmatrix}S_{11}\,\mathrm{e}^{-\mathrm{j}2\theta_1} & S_{12}\,\mathrm{e}^{-\mathrm{j}(\theta_1+\theta_2)}\\ S_{21}\,\mathrm{e}^{-\mathrm{j}(\theta_1+\theta_2)} & S_{22}\,\mathrm{e}^{-\mathrm{j}2\theta_2}\end{bmatrix}\begin{bmatrix}a_1'\\ a_2'\end{bmatrix}\end{aligned}$$

显然，当参考面为 T_1' 和 T_2' 时，其散射参量为

$$\boldsymbol{S}'=\begin{bmatrix}S_{11}' & S_{12}'\\ S_{21}' & S_{22}'\end{bmatrix}=\begin{bmatrix}S_{11}\,\mathrm{e}^{-\mathrm{j}2\theta_1} & S_{12}\,\mathrm{e}^{-\mathrm{j}(\theta_1+\theta_2)}\\ S_{21}\,\mathrm{e}^{-\mathrm{j}(\theta_1+\theta_2)} & S_{22}\,\mathrm{e}^{-\mathrm{j}2\theta_2}\end{bmatrix} \tag{7.4-100}$$

表 7.4－3　常用的微波网络参量

网络参量 名称	网络参量 矩阵	归一化参量矩阵	网络参量的物理含义	网络性质对网络参量的限定 互易性	无耗性	对称性
散射参量	S^{u}① $=\sqrt{Z_c}S\sqrt{Z_c}^{-1}$ S^{i}② $=\sqrt{Z_c}^{-1}S\sqrt{Z_c}$ $\sqrt{Z_c}=\mathrm{diag}(\sqrt{Z_{c1}},\sqrt{Z_{c2}},\cdots,\sqrt{Z_{cn}})$	$\begin{bmatrix}S_{11}&S_{12}&\cdots&S_{1n}\\S_{21}&S_{22}&\cdots&S_{2n}\\\vdots&\vdots&\vdots&\vdots\\S_{n1}&S_{n2}&\cdots&S_{nn}\end{bmatrix}$	$S_{ii}=\left.\frac{b_i}{a_i}\right\|_{a_k=0}$ $(i,k,=1,2,\cdots n,k\neq i)$反射系数 $S_{ji}=\left.\frac{b_j}{a_i}\right\|_{a_k=0}$ $(i,j,k,=1,2,\cdots n$,传输系数 $j\neq i,k\neq i)$	$S^{T}=S$ $S_{ij}=S_{ji}$	$S^{\dagger}S=I$ 一元性 $\sum_{i=1}^{n}S_{ij}^{*}S_{ij}=1,(j=1,2,3,\cdots,n)$ 单元特性 $\sum_{i=1}^{n}S_{ij}^{*}S_{ik}=0,(k\neq j,k,j=1,2,3,\cdots,n)$ 零特性 无源 $I-S^{\dagger}S\geqslant 0$	$S_{ij}=S_{ji}$ $S_{ii}=S_{jj}$
传输参量		$\begin{bmatrix}T_{11}&T_{12}\\T_{21}&T_{22}\end{bmatrix}$	$T_{11}=\left.\frac{a_1}{b_2}\right\|_{a_2=0}$　$T_{12}=\left.\frac{a_1}{a_2}\right\|_{b_2=0}$ $T_{21}=\left.\frac{b_1}{b_2}\right\|_{a_2=0}$　$T_{22}=\left.\frac{b_1}{a_2}\right\|_{b_2=0}$	$\det T=T_{11}T_{22}-T_{12}T_{21}=1$	$\|T_{11}\|^2-\|T_{21}\|^2=1$ $\frac{T_{21}^{*}\det T-T_{12}}{\|T_{11}\|^2}=0$	$\det T=1$ $T_{12}=-T_{21}$
阻抗(开路)参量	$\begin{bmatrix}Z_{11}&Z_{12}&\cdots&Z_{1n}\\Z_{21}&Z_{22}&\cdots&Z_{2n}\\\vdots&\vdots&\vdots&\vdots\\Z_{n1}&Z_{n2}&\cdots&Z_{nn}\end{bmatrix}$	$\begin{bmatrix}\frac{Z_{11}}{Z_{c1}}&\frac{Z_{12}}{\sqrt{Z_{c1}Z_{c2}}}&\cdots&\frac{Z_{1n}}{\sqrt{Z_{c1}Z_{cn}}}\\\frac{Z_{21}}{\sqrt{Z_{c2}Z_{c1}}}&\frac{Z_{22}}{Z_{c2}}&\cdots&\frac{Z_{2n}}{\sqrt{Z_{c2}Z_{cn}}}\\\vdots&\vdots&\vdots&\vdots\\\frac{Z_{n1}}{\sqrt{Z_{cn}Z_{c1}}}&\frac{Z_{n2}}{\sqrt{Z_{cn}Z_{c2}}}&\cdots&\frac{Z_{nn}}{Z_{cn}}\end{bmatrix}$	$Z_{ii}=\left.\frac{U_i}{I_i}\right\|_{I_k=0}$ $(i,k=1,2,\cdots,n,k\neq i)$ 自阻抗 $Z_{ji}=\left.\frac{U_j}{I_i}\right\|_{I_k=0}$ $(i,j,k=1,2,\cdots,n,j\neq i,k\neq i)$ 互阻抗	$Z^{T}=Z$ $Z_{ij}=Z_{ji}$	$Z^{\dagger}=-Z$　纯虚数 无源 $\frac{1}{2}\{[Z(s)]^{\dagger}+[Z(s)]\}\geqslant[0]$ (此处，$s=j\omega$)	$Z_{ij}=Z_{ji}$ $Z_{ii}=Z_{jj}$
导纳(短路)参量	$\begin{bmatrix}Y_{11}&Y_{12}&\cdots&Y_{1n}\\Y_{21}&Y_{22}&\cdots&Y_{2n}\\\vdots&\vdots&\vdots&\vdots\\Y_{n1}&Y_{n2}&\cdots&Y_{nn}\end{bmatrix}$	$\begin{bmatrix}\frac{Y_{11}}{Y_{c1}}&\frac{Y_{12}}{\sqrt{Y_{c1}Y_{c2}}}&\cdots&\frac{Y_{1n}}{\sqrt{Y_{c1}Y_{cn}}}\\\frac{Y_{21}}{\sqrt{Y_{c2}Y_{c1}}}&\frac{Y_{22}}{Y_{c2}}&\cdots&\frac{Y_{2n}}{\sqrt{Y_{c2}Y_{cn}}}\\\vdots&\vdots&\vdots&\vdots\\\frac{Y_{n1}}{\sqrt{Y_{cn}Y_{c1}}}&\frac{Y_{n2}}{\sqrt{Y_{cn}Y_{c2}}}&\cdots&\frac{Y_{nn}}{Y_{cn}}\end{bmatrix}$	$Y_{ii}=\left.\frac{U_i}{I_i}\right\|_{u_k=0}$ $(i,k=1,2,\cdots n,k\neq i)$ 自导纳 $Y_{ji}=\left.\frac{U_j}{I_i}\right\|_{u_k=0}$ $(i,j,k=1,2,\cdots n,j\neq i,k\neq i)$ 互导纳	$Y^{T}=Y$ $Y_{ij}=Y_{ji}$	$Y^{\dagger}=-Y$　纯虚数 无源 $\frac{1}{2}\{[Y(s)]^{\dagger}+[Y(s)]\}\geqslant 0$ (此处，$s=j\omega$)	$Y_{ij}=Y_{ji}$ $Y_{ii}=Y_{jj}$
转移(混合)参量	$\begin{bmatrix}A_{11}&A_{12}\\A_{21}&A_{22}\end{bmatrix}$	$\begin{bmatrix}A_{11}\sqrt{\frac{Z_{c2}}{Z_{c1}}}&\frac{A_{12}}{\sqrt{Z_{c1}Z_{c2}}}\\A_{21}\sqrt{Z_{c1}Z_{c2}}&A_{22}\sqrt{\frac{Z_{c1}}{Z_{c2}}}\end{bmatrix}$	$A_{11}=\left.\frac{U_1}{U_2}\right\|_{I_2=0}$ 电压传输系数的倒数 $A_{21}=\left.\frac{I_1}{U_2}\right\|_{I_2=0}$ 互导纳 $A_{12}=\left.\frac{U_1}{-I_2}\right\|_{U_2=0}$ 互阻抗 $A_{22}=\left.\frac{I_1}{-I_2}\right\|_{U_2=0}$ 电流传输系数的倒数	$\det A=A_{11}A_{22}-A_{12}A_{21}=1$	A_{11}，A_{22}为实数 A_{12}，A_{21}为纯虚数	$\det A=1$ $A_{11}=A_{22}$

①②：上角 u，i 分别表示以电压波、电流波定义的散射参量。

可见，参考面的移动仅对 $\boldsymbol{S}$ 参量的相角造成影响，而其模则不变化，这称为 $\boldsymbol{S}$ 参量的相位漂移特性。

对于 n 端口网络，设各端口参考面移动的距离分别为 d_1，d_2，…，d_n，对应的电长度分别为 θ_1，θ_2，…，θ_n，参考面向外移动时，θ 为正，向内移动时，θ 为负。令对角线（diag）矩阵 $\boldsymbol{d}$ 为

$$\boldsymbol{d} = \mathrm{diag}[\mathrm{e}^{-\mathrm{j}\theta_1}, \mathrm{e}^{-\mathrm{j}\theta_2}, \cdots, \mathrm{e}^{-\mathrm{j}\theta_n}] \tag{7.4-101}$$

则参考面移动后的散射参量为

$$\boldsymbol{S}' = \boldsymbol{dSd} \tag{7.4-102}$$

八、基本电路单元的网络参量

一个复杂的微波网络，通常是由若干基本电路单元（简单的微波网络）组成的。基本电路单元是最简单的二端口网络，其网络参量易于求得。掌握了基本电路单元的各种网络参量，就能够比较方便地求出复杂网络的参量。在低频网络中，集总参数电路的基本元件是（R、L、C），与此不同，在微波系统中，它的基本电路元件是一段均匀传输线或传输线中出现的某些结构上的不连续性构成的，而且，传输线的类型、不同结构上的不连性、工作模式、工作频率等因素，都会对基本电路元件的网络参数产生影响。

常用的基本电路单元有串联阻抗、并联导纳、一段均匀无耗传输线和理想变压器等，它们的网络参量可根据网络参量的定义，以及参量之间的互换关系式求得，现将其归一化形式的网络参量列成表 7.4-4，以备查用。至于各基本电路单元网络参量矩阵的具体求法，在这里不讨论，请读者自己导出。

表 7.4-4　基本电路单元的网络参量矩阵

单元电路	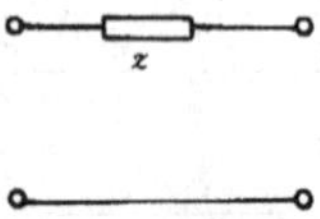	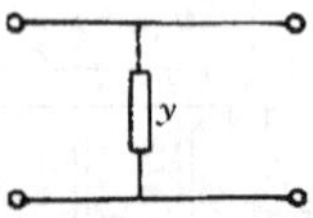	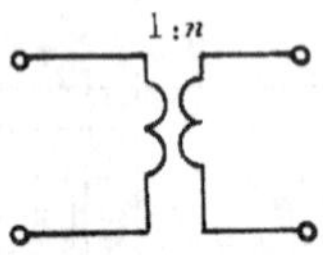	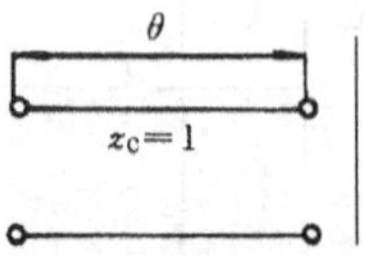
$\boldsymbol{z}$	不　存　在	$\begin{bmatrix} \frac{1}{y} & \frac{1}{y} \\ \frac{1}{y} & \frac{1}{y} \end{bmatrix}$	不　存　在	$\begin{bmatrix} -\mathrm{j}\cot\theta & \frac{1}{\mathrm{j}\sin\theta} \\ \frac{1}{\mathrm{j}\sin\theta} & -\mathrm{j}\cot\theta \end{bmatrix}$
$\boldsymbol{y}$	$\begin{bmatrix} \frac{1}{z} & -\frac{1}{z} \\ -\frac{1}{z} & \frac{1}{z} \end{bmatrix}$	不　存　在	不　存　在	$\begin{bmatrix} -\mathrm{j}\cot\theta & -\frac{1}{\mathrm{j}\sin\theta} \\ -\frac{1}{\mathrm{j}\sin\theta} & -\mathrm{j}\cot\theta \end{bmatrix}$
$\boldsymbol{a}$	$\begin{bmatrix} 1 & z \\ 0 & 1 \end{bmatrix}$	$\begin{bmatrix} 1 & 0 \\ y & 1 \end{bmatrix}$	$\begin{bmatrix} \frac{1}{n} & 0 \\ 0 & n \end{bmatrix}$	$\begin{bmatrix} \cos\theta & \mathrm{j}\sin\theta \\ \mathrm{j}\sin\theta & \cos\theta \end{bmatrix}$

续表

单元电路	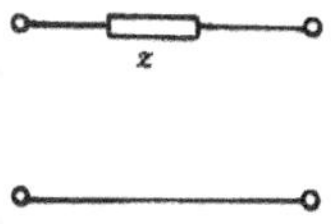	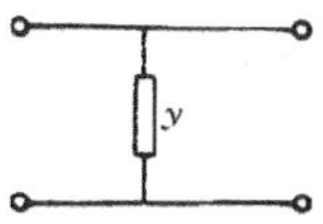	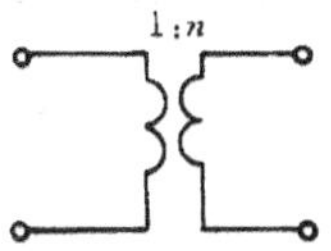	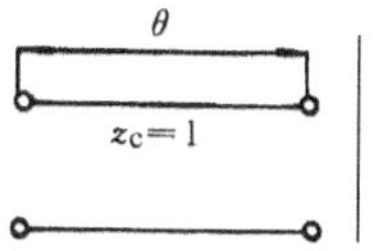
S	$\begin{bmatrix}\frac{z}{2+z} & \frac{2}{2+z}\\ \frac{2}{2+z} & \frac{z}{2+z}\end{bmatrix}$	$\begin{bmatrix}\frac{-y}{2+y} & \frac{2}{2+y}\\ \frac{2}{2+y} & \frac{-y}{2+y}\end{bmatrix}$	$\begin{bmatrix}\frac{1-n^2}{1+n^2} & \frac{2n}{1+n^2}\\ \frac{2n}{1+n^2} & \frac{n^2-1}{1+n^2}\end{bmatrix}$	$\begin{bmatrix}0 & e^{-j\theta}\\ e^{-j\theta} & 0\end{bmatrix}$
T	$\begin{bmatrix}\frac{2+z}{2} & \frac{-z}{2}\\ \frac{z}{2} & \frac{2-z}{2}\end{bmatrix}$	$\begin{bmatrix}\frac{2+y}{2} & \frac{y}{2}\\ \frac{-y}{2} & \frac{2-y}{2}\end{bmatrix}$	$\begin{bmatrix}\frac{1+n^2}{2n} & \frac{1-n^2}{2n}\\ \frac{1-n^2}{2n} & \frac{1+n^2}{2n}\end{bmatrix}$	$\begin{bmatrix}e^{j\theta} & 0\\ 0 & e^{-j\theta}\end{bmatrix}$

§7.5　二端口网络的工作特性参量

二端口元件是微波系统中用得最多的元件，例如：均匀传输线段、电抗元件、连接元件、尺寸变换器、阻抗变换器、滤波器和相移器等。将这些二端口元件接入到传输系统后，相当于在均匀传输线中插入一个二端口网络，其影响可用一些实际工作特性参量来描述，这些参量不仅与网络参量有关，而且也与外界条件有关。常用的工作参量有插入反射系数、插入驻波比、插入衰减、插入相移和传输系数等。

一、插入反射系数和插入驻波比

将二端口网络接入到传输系统后，其输入端的反射系数不仅与网络参量有关，而且还与输出端所接的负载（Z_L）有关。例如，如图 7.5－1 所示，在二端口网络的输出端接有任意负载（图中用相应的负载处的反射系数 Γ_L 表示）时，其反射系数为

图 7.5－1　接有负载的二端口网络

$$\Gamma_L = \frac{a_2}{b_2}$$

网络的散射参量方程为

$$b_1 = S_{11}a_1 + S_{12}a_2$$

$$b_2 = S_{21}a_1 + S_{22}a_2$$

将上面三式联立，消去 a_2、b_2，即可求出网络输入端的反射系数为

$$\Gamma_{in} = \frac{b_1}{a_1} = S_{11} + \frac{S_{12}S_{21}\Gamma_L}{1-S_{22}\Gamma_L} \tag{7.5-1}$$

若网络输出端接匹配负载（$\Gamma_L=0$），则输入端的反射系数称为插入反射系数（此时，它与 S_{11} 的含义相同），用 Γ_i 表示，此时 Γ_i 为

$$\Gamma_i = S_{11} \tag{7.5-2}$$

它仅与网络参量有关，而与外界条件无关。可见，插入反射系数与输入反射系数是有区别的。有时也可以用插入驻波比(亦称剩余驻波比)**S** 来表示插入反射系数，它们之间的关系为

$$S = \frac{1+|S_{11}|}{1-|S_{11}|} \tag{7.5-3}$$

即

$$|S_{11}| = \frac{S-1}{S+1} \tag{7.5-4}$$

二、二端口网络的等效源

（一）等效电源

对于电源（信号源），通常可把它表示为如图 7.5-2 所示的具有内阻抗 Z_g 的电压源，或具有内导纳 Y_g 的电流源。对于如图 7.5-3 所示的接有电压源(U_g,Z_g)和负载 Z_L 的二端口网络来说，其输入端口的电压和电流(U_1,I_1)与电压源之间的关系为

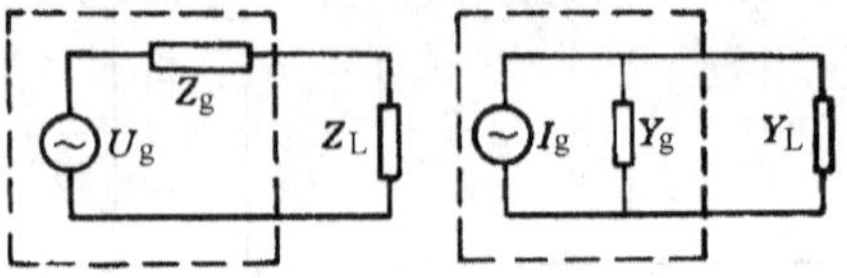

图 7.5-2　电源

$$U_1 = U_g - Z_g I_1 \tag{7.5-5}$$

如果把电源连同网络一起，用一个具有内阻抗 Z_g' 的电压源(U_g',Z_g')来表示之，则称(U_g',Z_g')为等效的电压源，如图 7.5-3(b)所示。等效电压源(U_g',Z_g')与电压源(U_g,Z_g)以及网络的 **A** 参量之间的关系，可由下列各式导出

$$U_1 = U_g - Z_g I_1$$
$$U_1 = A_{11}U_2 + A_{12}(-I_2)$$
$$I_1 = A_{21}U_2 + A_{22}(-I_2)$$

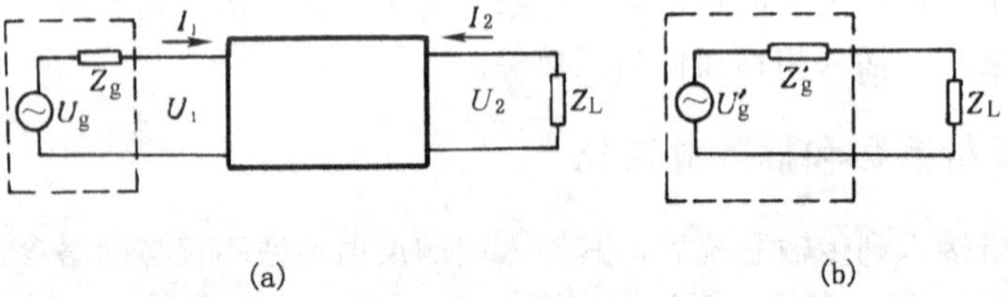

图 7.5-3　接有电源和负载的二端口网络

联立求解，可得

$$U_2 = \frac{U_g}{A_{11}+A_{21}Z_g} - \frac{A_{12}+A_{22}Z_g}{A_{11}+A_{21}Z_g}(-I_2) = U_g' - Z_g'(-I_2) \tag{7.5-6}$$

式中

$$U_g' = \frac{U_g}{A_{11}+A_{21}Z_g} \qquad Z_g' = \frac{A_{12}+A_{22}Z_g}{A_{11}+A_{21}Z_g} \tag{7.5-7}$$

由于式(7.5-6)与式(7.5-5)形式相同，因此可以把(U_g',Z_g')看做是等效的电压源。

（二）波源和等效波源

一个内阻抗为 Z_g 的电压源，可用电源反射系数 Γ_g 和场强复振幅的归一化值(归一化波)b_g 来表示之，称(b_g,Γ_g)为波源。图 7.5-4(*a*)为一接有电压源(U_g,Z_g)的二端口网络，其输入端口的归一化电压和电流分别为 $u_1=U_1/\sqrt{Z_{c1}}$ 和 $i_1=\sqrt{Z_{c1}}\,I_1$，已知 $u_1=a_1+$

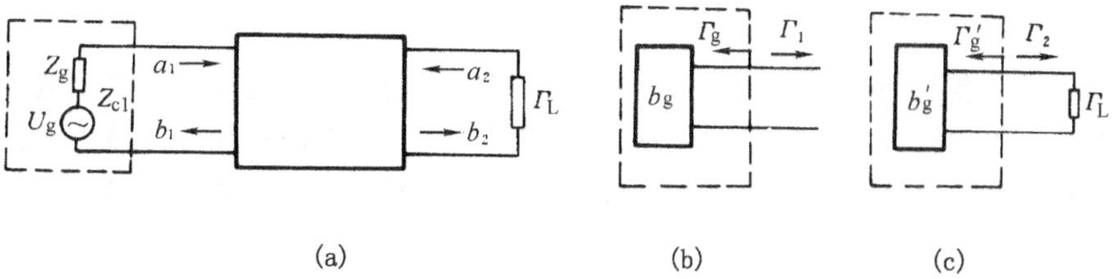

图 7.5-4　波源和等效波源

b_1、$i_1 = a_1 - b_1$

则
$$U_1 = \sqrt{Z_{c1}}(a_1 + b_1) \qquad I_1 = \frac{1}{\sqrt{Z_{c1}}}(a_1 - b_1) \tag{7.5-8}$$

式中的 Z_{c1} 为网络输入端口所接传输线的特性阻抗。将式(7.5-8)代入到式(7.5-5)中，经整理，得

$$a_1 + b_1 = \frac{U_g}{\sqrt{Z_{c1}}} - \frac{Z_g}{Z_{c1}}(a_1 - b_1)$$

电源反射系数 Γ_g 为

$$\Gamma_g = \frac{Z_g - Z_{c1}}{Z_g + Z_{c1}} \quad 或 \quad \frac{Z_g}{Z_{c1}} = \frac{1+\Gamma_g}{1-\Gamma_g} \tag{7.5-9}$$

由式（7.5-8）可得

$$\begin{aligned} a_1 &= \frac{U_g}{2\sqrt{Z_{c1}}}(1-\Gamma_g) + \Gamma_g b_1 = b_g + \Gamma_g b_1 \\ b_g &= \frac{U_g}{2\sqrt{Z_{c1}}}(1-\Gamma_g) \end{aligned} \tag{7.5-10}$$

网络输入端口的反射系数 $\Gamma_1 = b_1/a_1$，因此，式(7.5-10)可写为

$$a_1 = \frac{b_g}{1-\Gamma_1\Gamma_g} \tag{7.5-11}$$

当网络输入端口匹配时，$\Gamma_1 = 0$，则 $b_g = a_1$ 即为输入端口的入射波，因此可把(Γ_g,Z_g)称为波源，用以代替电压源(U_g,Z_g)的作用，如图 7.5-4(b)所示。如果将波源和网络视为一体，就构成了一个等效的波源(b_g' ,Γ_g')，如图 7.5-4(c)所示。等效波源可由下式

$$a_1 = b_g + \Gamma_g b_1 \qquad b_1 = S_{11}a_1 + S_{12}a_2 \qquad b_2 = S_{21}a_1 + S_{22}a_2$$

联立求解得出

$$b_2 = \frac{S_{21}b_g}{1-S_{11}\Gamma_g} + \left(\frac{S_{12}S_{21}\Gamma_g}{1-S_{11}\Gamma_g} + S_{22}\right)a_2 = b_g' + \Gamma_g' a_2 \tag{7.5-12}$$

式中
$$b_g' = \frac{S_{21}b_g}{1-S_{11}\Gamma_g} \tag{7.5-13}$$

$$\Gamma_g' = \left(\frac{S_{12}S_{21}\Gamma_g}{1-S_{11}\Gamma_g} + S_{22}\right) = \frac{S_{22} - \det S\Gamma_g}{1-S_{11}\Gamma_g} \tag{7.5-14}$$

由于 $a_2 = \Gamma_L b_2$，则式（7.5-12）又可写为

$$b_2 = \frac{S_{21}b_g}{(1-S_{11}\Gamma_g)(1-S_{22}\Gamma_L) - S_{12}S_{21}\Gamma_g\Gamma_L} = \frac{b_g'}{1-\Gamma_g'\Gamma_L} \tag{7.5-15}$$

三、二端口网络的相移

根据电磁波的传播特性可知，任何二端口网络接入到微波系统中，都会引起相移。相移有多种情况，例如电压 u_1 与 u_2 之间的相移、电流 i_1 与 i_2 之间的相移、波 a_1 与 b_2 之间的相移等。了解不同的相移及其实际的测量条件，这对于实际应用是很重要的。

（一）二端口网络的波相移

图 7.5－5 所示为一接有波源(b_g,Γ_g)和负载(Z_L)的二端口网络。在一般情况下，二端口网络的波相移即为 b_2 与 a_1 之间的相位差。

由

$$a_1 = \frac{b_g}{1-\Gamma_1\Gamma_g}$$

$$\Gamma_1 = S_{11} + \frac{S_{12}\,S_{21}\,\Gamma_L}{1-S_{22}\,\Gamma_L}$$

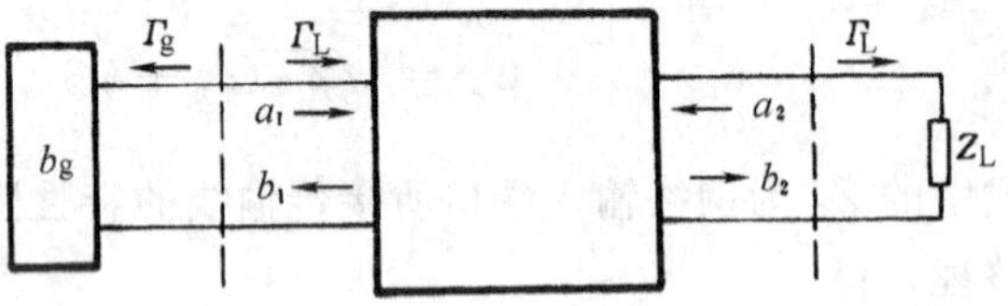

图 7.5－5　二端口网络的波相移

可得

$$a_1 = \frac{b_g}{\left(1-S_{11}\,\Gamma_g-\dfrac{S_{12}\,S_{21}\,\Gamma_g\Gamma_L}{1-S_{22}\,\Gamma_L}\right)}$$

而

$$b_2 = \frac{S_{21}\,b_g}{(1-S_{11}\,\Gamma_g)(1-S_{22}\,\Gamma_L)-S_{12}\,S_{21}\,\Gamma_g\Gamma_L}$$

则波相移为

$$\phi = \arg\left(\frac{b_2}{a_1}\right) = \arg\left[\frac{S_{21}(1-\Gamma_L\Gamma_g)}{(1-S_{11}\,\Gamma_g)(1-S_{22}\,\Gamma_L)-S_{12}\,S_{21}\,\Gamma_g\Gamma_L}\right] \tag{7.5-16}$$

这是一个与波源(Γ_g)、负载(Γ_L)和网络参量有关的量。当波源匹配时，$\Gamma_g=0$，$b_g=a_1$，则式(7.5－16)变为

$$\phi = \arg\left(\frac{S_{21}}{1-S_{22}\,\Gamma_L}\right) \tag{7.5-17}$$

若波源是匹配的（$\Gamma_g=0$），而且，网络输出端又接有匹配负载($\Gamma_1=0$)，此时的波相移为

$$\phi_{21} = \arg(S_{21}) \tag{7.5-18}$$

它仅与网络参量有关，而与外界条件无关，称为二端口网络的特征（固有）相移，亦称为插入相移。

（二）二端口网络的电压相移

归一化电压 u_2 与 u_1 之间的相移 ϕ_u，可由电压与归一化波之间的关系求出，即

$$\phi_u = \arg\left(\frac{u_2}{u_1}\right) = \arg\left(\frac{a_2+b_2}{a_1+b_1}\right) = \arg\left[\frac{S_{21}(1+\Gamma_L)}{(1+S_{11})(1-S_{22}\,\Gamma_L)+S_{12}\,S_{21}\,\Gamma_L}\right] \tag{7.5-19}$$

当负载无反射($\Gamma_L=0$)时，则

$$\phi_u = \arg\left(\frac{S_{21}}{1+S_{11}}\right) \tag{7.5-20}$$

（三）二端口网络的电流相移

仿照求电压相移的方法，即可求出归一化电流($-i_2$)与 i_1 之间的相移 ϕ_i，即

$$\phi_i = \arg\left(\frac{-i_2}{i_1}\right) = \arg\left[\frac{S_{21}(1-\Gamma_L)}{(1-S_{11})(1-S_{22}\Gamma_L)-S_{12}S_{21}\Gamma_L}\right] \tag{7.5-21}$$

当负载无反射($\Gamma_L=0$)时，则

$$\phi_i = \arg\left(\frac{S_{21}}{1-S_{11}}\right) \tag{7.5-22}$$

四、二端口网络的衰减

为了研究二端口网络或比较两个网络的传输特性，需要引入各种衰减（损耗）的概念。这些衰减取决于网络参量和端口条件。网络的衰减从不同的角度表征了网络的实际工作特性。这里要讨论的是常用的替代衰减、插入衰减和工作衰减。

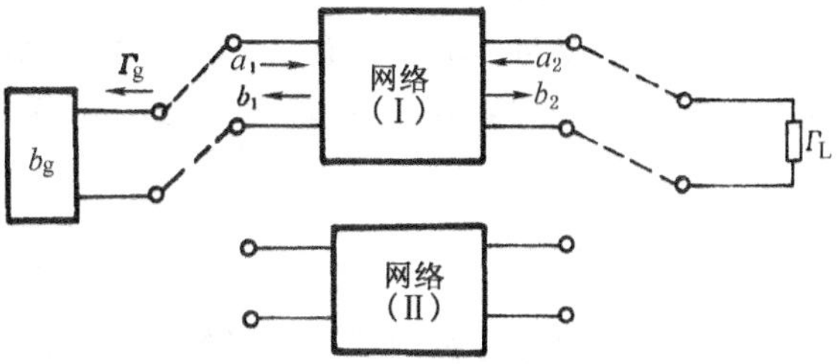

图 7.5-6　替代网络

(一) 替代衰减

如图 7.5-6 所示，在波源(b_g)与负载(Γ_L)之间接入网络(Ⅰ)，此时负载吸收的功率为 $P_L^{(\mathrm{I})}$；然后，取走网络(Ⅰ)，代之以网络(Ⅱ)，此时负载吸收的功率为 $P_L^{(\mathrm{II})}$。在这两种情况下，负载所吸收功率之比的分贝数，称为替代衰减，用 L_s 表示，即

$$L_s = 10\lg\frac{P_L^{(\mathrm{I})}}{P_L^{(\mathrm{II})}} \tag{7.5-23}$$

负载吸收的功率 P_L 为

$$P_L = \frac{1}{2}|b_2|^2(1-|\Gamma_L|^2)$$

式中

$$|b_2^2| = \frac{|S_{21}|^2|b_g|^2}{|(1-S_{11}\Gamma_g)(1-S_{22}\Gamma_L)-S_{12}S_{21}\Gamma_g\Gamma_L|^2}$$

则

$$P_L^{(\mathrm{I})} = \frac{1}{2}\frac{|S_{21}^{(\mathrm{I})}|^2|b_g|^2(1-|\Gamma_L|^2)}{|(1-S_{11}^{(\mathrm{I})}\Gamma_g)(1-S_{22}^{(\mathrm{I})}\Gamma_L)-S_{12}^{(\mathrm{I})}S_{21}^{(\mathrm{I})}\Gamma_g\Gamma_L|^2}$$

$$P_L^{(\mathrm{II})} = \frac{1}{2}\frac{|S_{21}^{(\mathrm{II})}|^2|b_g|^2(1-|\Gamma_L|^2)}{|(1-S_{11}^{(\mathrm{II})}\Gamma_g)(1-S_{22}^{(\mathrm{II})}\Gamma_L)-S_{12}^{(\mathrm{II})}S_{21}^{(\mathrm{II})}\Gamma_g\Gamma_L|^2}$$

由此可得替代衰减为

$$L_s = 10\lg\frac{|S_{21}^{(\mathrm{I})}|^2|(1-S_{11}^{(\mathrm{II})}\Gamma_g)(1-S_{22}^{(\mathrm{II})}\Gamma_L)-S_{12}^{(\mathrm{II})}S_{21}^{(\mathrm{II})}\Gamma_g\Gamma_L|^2}{|S_{21}^{(\mathrm{II})}|^2|(1-S_{11}^{(\mathrm{I})}\Gamma_g)(1-S_{22}^{(\mathrm{I})}\Gamma_L)-S_{12}^{(\mathrm{I})}S_{21}^{(\mathrm{I})}\Gamma_g\Gamma_L|^2} \tag{7.5-24}$$

(二) 插入衰减

如图 7.5-6 所示，插入衰减是指在波源与负载之间网络插入前后，负载所吸收功率之比的分贝数。插入前吸收的功率为

$$P_{L0} = \frac{1}{2}|a_1|^2(1-|\Gamma_L|^2) = \frac{1}{2}|b_g|^2\left(\frac{1-|\Gamma_L|^2}{|1-\Gamma_g\Gamma_L|^2}\right)$$

插入后吸收的功率为

$$P_L=\frac{1}{2}\mid b_2\mid^2(1-\mid\Gamma_L\mid^2)=\frac{1}{2}\mid b_g\mid^2\frac{\mid S_{21}\mid^2(1-\mid\Gamma_L\mid^2)}{\mid(1-S_{11}\Gamma_g)(1-S_{22}\Gamma_L)-S_{12}S_{21}\Gamma_g\Gamma_L\mid^2}$$

则插入衰减 L_i 为

$$L_i=10\lg\frac{P_{L0}}{P_L}=10\lg\frac{\mid(1-S_{11}\Gamma_g)(1-S_{22}\Gamma_L)-S_{12}S_{21}\Gamma_g\Gamma_L\mid^2}{\mid S_{21}\mid^2\mid 1-\Gamma_g\Gamma_L\mid^2}\tag{7.5-25}$$

（三）工作衰减

插入衰减不仅与网络参量有关，而且还与波源和负载有关。若信号源匹配($\Gamma_g=0$)以及负载也匹配($\Gamma_L=0$)，插入衰减则仅与网络参量有关，此时称其为工作衰减，用 L_A 表示，即

$$L_A=10\lg\frac{1}{\mid S_{21}\mid^2}\tag{7.5-26}$$

网络的工作衰减是由两部分构成的：信号源给出的功率，有一部分在网络的输入端口被反射回来，称为反射衰减；另一部分是被网络吸收的功率，称为吸收衰减。为了说明此点，可将式(7.5-26)改写为

$$\begin{aligned}L_A&=10\lg\left(\frac{1}{1-\mid S_{11}\mid^2}\cdot\frac{1-\mid S_{11}\mid^2}{\mid S_{21}\mid^2}\right)\\&=10\lg\left(\frac{1}{1-\mid S_{11}\mid^2}\right)+10\lg\left(\frac{1-\mid S_{11}\mid^2}{\mid S_{21}\mid^2}\right)\end{aligned}\tag{7.5-27}$$

如果把 S_{11}、S_{21} 和 S_{22} 的定义式代入到上式中，就会明显地看出，等号右端的第一部分是网络的反射衰减，第二部分是吸收衰减。对于无耗网络，因为 $\mid S_{11}\mid^2+\mid S_{21}\mid^2=1$，所以吸收衰减为零，只有反射衰减。

五、二端口网络电压波的传输系数

当输出端口接匹配负载时，输出端口的电压波 u_2^- 与输入端口的电压波 u_1^+ 之比，称为电压波的传输系数，用 T 表示。因为 $u_1^+=a_1$，$u_2^-=b_2$，所以

$$T=\frac{u_2^-}{u_1^+}=\frac{b_2}{a_1}\bigg|_{a_2=0}=S_{21}$$

即电压波的传输系数等于网络的散射参量 S_{21}。

网络的连接与简化

一个复杂的微波系统是由若干个简单电路(或元件)按一定方式连接而成的。因此,研究网络的连接方式是十分必要的。这里仅讨论几种典型的连接方式,并用网络参量矩阵给予描述。

一、二端口网络的简单连接

（一）二端口网络的串联

如图 7.6-1 所示，有两个二端口网络，现按串联方式将其连接起来。设两个网络的阻抗矩阵分别为 $\mathbf{Z}_1$ 和 $\mathbf{Z}_2$，那么，连接后所构成的新二端口网络的阻抗矩阵则为

$$\mathbf{Z}=\mathbf{Z}_1+\mathbf{Z}_2\tag{7.6-1}$$

因为
$$\begin{bmatrix}U_1\\U_2\end{bmatrix}=\begin{bmatrix}U'_1\\U'_2\end{bmatrix}+\begin{bmatrix}U''_1\\U''_2\end{bmatrix}\qquad\begin{bmatrix}I_1\\I_2\end{bmatrix}=\begin{bmatrix}I'_1\\I'_2\end{bmatrix}=\begin{bmatrix}I''_1\\I''_2\end{bmatrix}$$

所以，若有 n 个二端口网络相串联，则连接后所构成的新二端口网络的阻抗矩阵应为

$$\boldsymbol{Z}=\sum_{i=1}^{n}\boldsymbol{Z}_i \tag{7.6-2}$$

（二）二端口网络的并联

如图 7.6-2 所示，有两个二端口网络，现按并联方式将其连接起来。设两个网络的导纳矩阵分别为 $\boldsymbol{Y}_1$ 和 $\boldsymbol{Y}_2$，那么，连接后所构成的新二端口网络的导纳矩阵则为

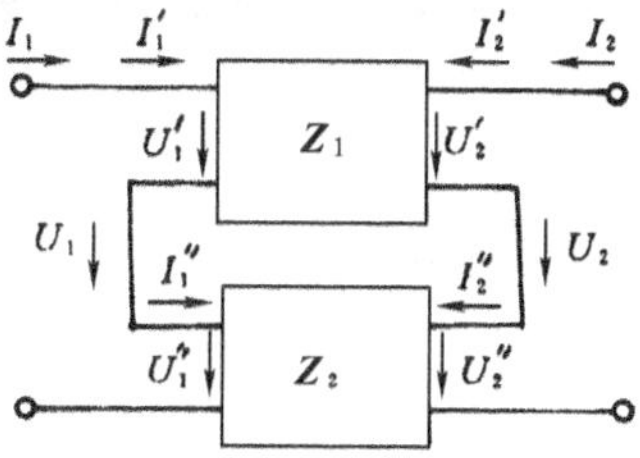

图 7.6-1　二端口网络的串联

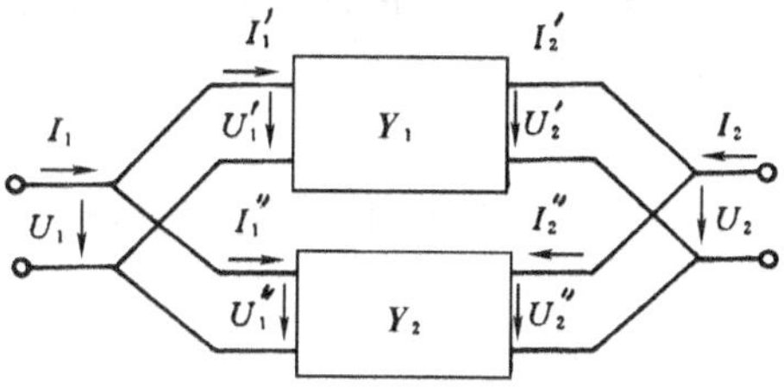

图 7.6-2　二端口网络的并联

$$\boldsymbol{Y}=\boldsymbol{Y}_1+\boldsymbol{Y}_2 \tag{7.6-3}$$

因为
$$\begin{bmatrix}U_1\\U_2\end{bmatrix}=\begin{bmatrix}U'_1\\U'_2\end{bmatrix}=\begin{bmatrix}U''_1\\U''_2\end{bmatrix}\qquad\begin{bmatrix}I_1\\I_2\end{bmatrix}=\begin{bmatrix}I'_1\\I'_2\end{bmatrix}+\begin{bmatrix}I''_1\\I''_2\end{bmatrix}$$

所以，若有 n 个二端口网络相并联，则连接后所构成的新二端口网络的导纳矩阵应为

$$\boldsymbol{Y}=\sum_{i=1}^{n}\boldsymbol{Y}_i \tag{7.6-4}$$

（三）二端口网络的级联

如图 7.6-3 所示，有两个二端口网络，现按级联方式将其连接起来。设两个网络的转移矩阵分别为 $\boldsymbol{A}_1$ 和 $\boldsymbol{A}_2$，则连接后所构成的新二端口网络的转移矩阵为

$$\boldsymbol{A}=\boldsymbol{A}_1\boldsymbol{A}_2 \tag{7.6-5}$$

因为
$$\begin{bmatrix}U_1\\I_1\end{bmatrix}=\boldsymbol{A}_1\begin{bmatrix}U'_2\\-I'_2\end{bmatrix}\qquad\begin{bmatrix}U'_1\\I'_1\end{bmatrix}=\boldsymbol{A}_2\begin{bmatrix}U_2\\-I_2\end{bmatrix}$$

在网络的连接处

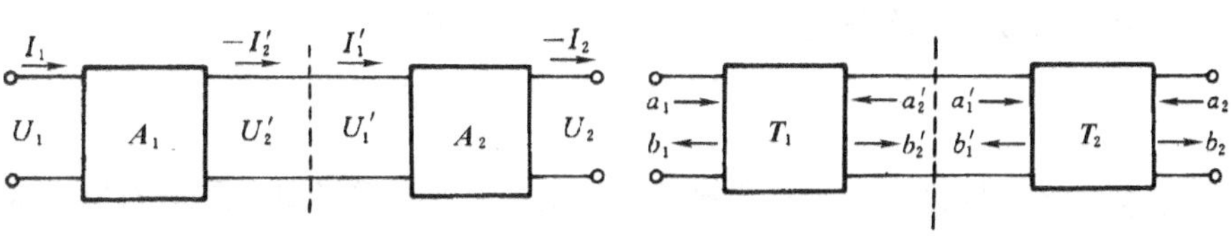

图 7.6-3　二端口网络的级联

$$\begin{bmatrix} U'_2 \\ -I'_2 \end{bmatrix} = \begin{bmatrix} U'_1 \\ I'_1 \end{bmatrix}$$

因此有

$$\begin{bmatrix} U_1 \\ I_1 \end{bmatrix} = \boldsymbol{A}_1 \boldsymbol{A}_2 \begin{bmatrix} U_2 \\ -I_2 \end{bmatrix}$$

可见，式(7.6－5)是成立的。

若有 n 个二端口网络相级联，则连接后所构成的新二端口网络的转移矩阵为

$$\boldsymbol{A} = \prod_{i=1}^{n} \boldsymbol{A}_i \tag{7.6－6}$$

若已知两个相级联的二端口网络的传输矩阵分别为 $\boldsymbol{T}_1$ 和 $\boldsymbol{T}_2$，则级联后新二端口网络的传输矩阵为

$$\boldsymbol{T} = \boldsymbol{T}_1 \boldsymbol{T}_2 \tag{7.6－7}$$

若有 n 个二端口网络相级联，则级联后新二端口网络的传输矩阵为

$$\boldsymbol{T} = \prod_{i=1}^{n} \boldsymbol{T}_i \tag{7.6－8}$$

二、由子网络的 S 矩阵求连接后网络的 S 矩阵的方法

设有一个复杂的微波系统是由 p 个子网络连接而成的，p 个子网络总共有 n 个端口，其中不连接的端口有 m 个，剩下的 $(n-m)$ 个端口相连接，这样，就构成了一个 m 端口网络，如图 7.6－4 所示。

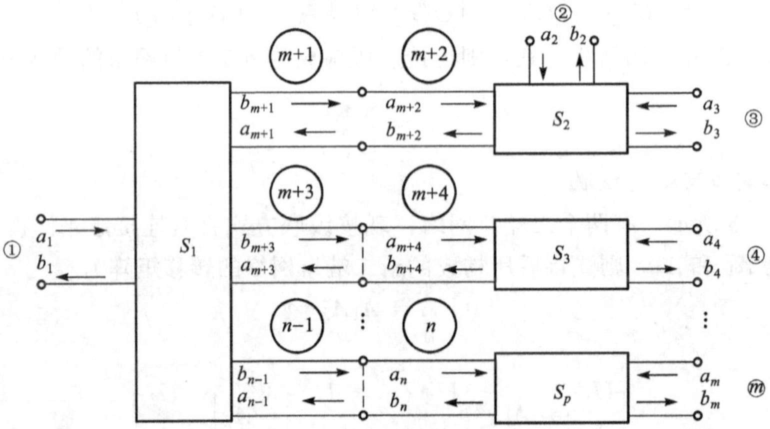

图 7.6－4　多端口网络的连接

若各个子网络的散射矩阵分别为 $\boldsymbol{S}_1$，$\boldsymbol{S}_2$，…，$\boldsymbol{S}_p$，则有

$$\boldsymbol{b}_1 = \boldsymbol{S}_1 \boldsymbol{a}_1, \boldsymbol{b}_2 = \boldsymbol{S}_2 \boldsymbol{a}_2, \cdots,$$

$$\boldsymbol{b}_p = \boldsymbol{S}_p \boldsymbol{a}_p \tag{7.6－9}$$

为了便于从各个子网络的 $\boldsymbol{S}$ 求出连接后网络的 $\boldsymbol{S}$，首先需将端口重新编号，未连接端口的编号为 1，2，…，m，连接端口的编号为 $m+1$，$m+2$，…，n，连接方式为 $m+1$ 与 $m+2$，$m+3$ 与 $m+4$，…，$n-1$ 与 n 端口相连接；然后再由已知子网络的 $\boldsymbol{S}_1, \boldsymbol{S}_2, \cdots, \boldsymbol{S}_p$ 写出全矩阵，并将其正确地分块，根据端口条件正确地写出连接矩阵。

所谓全矩阵是指，按照新编的端口号由各个子网络的 $\boldsymbol{S}_1$，$\boldsymbol{S}_2$，…，$\boldsymbol{S}_p$ 写出表征端口的输出波与输入波之间关系的 $\boldsymbol{S}$ 矩阵，即

$$\begin{bmatrix} b_1 \\ b_2 \\ \vdots \\ b_m \\ \hline b_{m+1} \\ \vdots \\ b_n \end{bmatrix} = \left[\begin{array}{cccc|cccc} S_{11} & S_{12} & \cdots & S_{1m} & S_{1,m+1} & \cdots & S_{1n} \\ S_{21} & S_{22} & \cdots & S_{2m} & S_{2,m+1} & \cdots & S_{2n} \\ \vdots & \vdots & \vdots & & \vdots & \vdots & \vdots \\ S_{m1} & S_{m2} & \cdots & S_{mm} & S_{m,m+1} & \cdots & S_{mn} \\ \hline S_{m+1,1} & S_{m+1,2} & \cdots & S_{m+1,m} & S_{m+1,m+1} & \cdots & S_{m+1,n} \\ \vdots & \vdots & \vdots & & \vdots & \vdots & \vdots \\ S_{n1} & S_{n2} & \cdots & S_{n,m} & S_{n,m+1} & \cdots & S_{n,n} \end{array}\right] \begin{bmatrix} a_1 \\ a_2 \\ \vdots \\ a_m \\ \hline a_{m+1} \\ \vdots \\ a_n \end{bmatrix}$$

(7.6-10)

现将其分块，原则是，将未连接的 m 个端口分在一起，相连接的$(n-m)$个端口分在一起，从而将全矩阵分为四个子块。各个子块分别表示如下

$$\boldsymbol{b}_{\mathrm{I}} = \begin{bmatrix} b_1 \\ b_2 \\ \vdots \\ b_m \end{bmatrix}, \quad \boldsymbol{a}_{\mathrm{I}} = \begin{bmatrix} a_1 \\ a_2 \\ \vdots \\ a_m \end{bmatrix}$$

$$\boldsymbol{b}_{\mathrm{II}} = \begin{bmatrix} b_{m+1} \\ \vdots \\ b_n \end{bmatrix}, \quad \boldsymbol{a}_{\mathrm{II}} = \begin{bmatrix} a_{m+1} \\ \vdots \\ a_n \end{bmatrix}$$

$$\boldsymbol{S}_{\mathrm{I\,I}} = \begin{bmatrix} S_{11} & S_{12} & \cdots & S_{1m} \\ S_{21} & S_{22} & \cdots & S_{2m} \\ \vdots & \vdots & \vdots & \vdots \\ S_{m1} & S_{m2} & \cdots & S_{mm} \end{bmatrix}, \quad \boldsymbol{S}_{\mathrm{I\,II}} = \begin{bmatrix} S_{1,m+1} & \cdots & S_{1n} \\ S_{2,m+1} & \cdots & S_{2n} \\ \vdots & \vdots & \vdots \\ S_{m,m+1} & \cdots & S_{mn} \end{bmatrix}$$

$$\boldsymbol{S}_{\mathrm{II\,I}} = \begin{bmatrix} S_{m+1,1} & S_{m+1,2} & S_{m+1,m} \\ \cdots & \cdots & \cdots \\ S_{n1} & S_{n2} & S_{n,m} \end{bmatrix}, \quad \boldsymbol{S}_{\mathrm{II\,II}} = \begin{bmatrix} S_{m+1,m+1} & \cdots & S_{m+1,n} \\ \cdots & \cdots & \cdots \\ S_{n,m+1} & \cdots & S_{n,n} \end{bmatrix}$$

这样，式（7.6-10）即可写为

$$\boldsymbol{b}_{\mathrm{I}} = \boldsymbol{S}_{\mathrm{I\,I}}\,\boldsymbol{a}_{\mathrm{I}} + \boldsymbol{S}_{\mathrm{I\,II}}\,\boldsymbol{a}_{\mathrm{II}} \tag{7.6-11}$$

$$\boldsymbol{b}_{\mathrm{II}} = \boldsymbol{S}_{\mathrm{II\,I}}\,\boldsymbol{a}_{\mathrm{I}} + \boldsymbol{S}_{\mathrm{II\,II}}\,\boldsymbol{a}_{\mathrm{II}} \tag{7.6-12}$$

如图 7.6-4 所示，根据端口连接条件可知

$$\begin{aligned} b_{m+1} &= a_{m+2} \\ b_{m+2} &= a_{m+1} \\ b_{m+3} &= a_{m+4} \\ b_{m+4} &= a_{m+3} \\ &\vdots \\ b_{n-1} &= a_n \end{aligned}$$

$$b_n = a_{n-1}$$

即

$$\begin{bmatrix} b_{m+1} \\ b_{m+2} \\ b_{m+3} \\ b_{m+4} \\ \vdots \\ b_{n-1} \\ b_n \end{bmatrix} = \begin{bmatrix} 0 & 1 & 0 & 0 & \cdots & 0 & 0 \\ 1 & 0 & 0 & 0 & \cdots & 0 & 0 \\ 0 & 0 & 0 & 1 & \cdots & 0 & 0 \\ 0 & 0 & 1 & 0 & \cdots & \cdots & \cdots \\ \vdots & \vdots & \vdots & \vdots & \vdots & \vdots & \vdots \\ 0 & 0 & 0 & 0 & \cdots & 0 & 1 \\ 0 & 0 & 0 & 0 & \cdots & 1 & 0 \end{bmatrix} \begin{bmatrix} a_{m+1} \\ a_{m+2} \\ a_{m+3} \\ a_{m+4} \\ \vdots \\ a_{n-1} \\ a_n \end{bmatrix}$$

将其简记为

$$\boldsymbol{b}_{\mathrm{II}} = \boldsymbol{\varepsilon} \boldsymbol{a}_{\mathrm{II}} \tag{7.6-13}$$

式中

$$\boldsymbol{\varepsilon} = \boldsymbol{\varepsilon}^{-1} = \begin{bmatrix} 0 & 1 & 0 & 0 & \cdots & 0 & 0 \\ 1 & 0 & 0 & 0 & \cdots & 0 & 0 \\ 0 & 0 & 0 & 1 & \cdots & 0 & 0 \\ 0 & 0 & 1 & 0 & \cdots & \cdots & \cdots \\ \vdots & \vdots & \vdots & \vdots & \vdots & \vdots & \vdots \\ 0 & 0 & 0 & 0 & \cdots & 0 & 1 \\ 0 & 0 & 0 & 0 & \cdots & 1 & 0 \end{bmatrix} \tag{7.6-14}$$

称为连接矩阵。

将式 (7.6 - 11)～ 式 (7.6 - 13) 联立，解出

$$\boldsymbol{b}_{\mathrm{I}} = \{\boldsymbol{S}_{\mathrm{I\,I}} + \boldsymbol{S}_{\mathrm{I\,II}} (\boldsymbol{\varepsilon} - \boldsymbol{S}_{\mathrm{II\,II}})^{-1} \boldsymbol{S}_{\mathrm{II\,I}}\} \boldsymbol{a}_{\mathrm{I}} = \boldsymbol{S}_m \boldsymbol{a}_{\mathrm{I}}$$

式中

$$\boldsymbol{S}_m = \boldsymbol{S}_{\mathrm{I\,I}} + \boldsymbol{S}_{\mathrm{I\,II}} (\boldsymbol{\varepsilon} - \boldsymbol{S}_{\mathrm{II\,II}})^{-1} \boldsymbol{S}_{\mathrm{II\,I}} \tag{7.6-15}$$

称为由子网络连接后 m 个端口网络的散射矩阵。

例 1 利用式(7.6 - 15)，试求如图 7.6 - 5 所示两个二端口网络级联后网络的散射矩阵。

解：已知

$$\begin{bmatrix} b_1 \\ b_3 \end{bmatrix} = \begin{bmatrix} S_{11}^{(1)} & S_{12}^{(1)} \\ S_{21}^{(1)} & S_{22}^{(1)} \end{bmatrix} \begin{bmatrix} a_1 \\ a_3 \end{bmatrix} \qquad \begin{bmatrix} b_4 \\ b_2 \end{bmatrix} = \begin{bmatrix} S_{11}^{(2)} & S_{12}^{(2)} \\ S_{21}^{(2)} & S_{22}^{(2)} \end{bmatrix} \begin{bmatrix} a_4 \\ a_2 \end{bmatrix}$$

其全矩阵为

$$\begin{bmatrix} b_1 \\ b_2 \\ \hline b_3 \\ b_4 \end{bmatrix} = \left[\begin{array}{cc|cc} S_{11}^{(1)} & 0 & S_{12}^{(1)} & 0 \\ 0 & S_{22}^{(2)} & 0 & S_{21}^{(2)} \\ \hline S_{21}^{(1)} & 0 & S_{22}^{(1)} & 0 \\ 0 & S_{12}^{(2)} & 0 & S_{11}^{(2)} \end{array}\right] \begin{bmatrix} a_1 \\ a_2 \\ \hline a_3 \\ a_4 \end{bmatrix}$$

分块矩阵为

$$\boldsymbol{S}_{\mathrm{I\,I}} = \begin{bmatrix} S_{11}^{(1)} & 0 \\ 0 & S_{22}^{(2)} \end{bmatrix} \qquad \boldsymbol{S}_{\mathrm{I\,II}} = \begin{bmatrix} S_{12}^{(1)} & 0 \\ 0 & S_{21}^{(2)} \end{bmatrix}$$

$$\boldsymbol{S}_{\mathrm{II\,I}} = \begin{bmatrix} S_{21}^{(1)} & 0 \\ 0 & S_{12}^{(2)} \end{bmatrix} \qquad \boldsymbol{S}_{\mathrm{II\,II}} = \begin{bmatrix} S_{22}^{(1)} & 0 \\ 0 & S_{11}^{(2)} \end{bmatrix}$$

端口连接条件为

$$b_3=a_4 \qquad b_4=a_3 \qquad \begin{bmatrix} b_3 \\ b_4 \end{bmatrix}=\begin{bmatrix} 0 & 1 \\ 1 & 0 \end{bmatrix}\begin{bmatrix} a_3 \\ a_4 \end{bmatrix}$$

由此可知

$$\boldsymbol{\varepsilon}=\begin{bmatrix} 0 & 1 \\ 1 & 0 \end{bmatrix}$$

将各个分块矩阵和 $\boldsymbol{\varepsilon}$ 代入到式(7.6-15)中，得级联后网络的散射矩阵为

$$\boldsymbol{S}=\begin{bmatrix} S_{11}^{(1)} & 0 \\ 0 & S_{22}^{(2)} \end{bmatrix}+\frac{1}{1-S_{11}^{(2)}S_{22}^{(1)}}\begin{bmatrix} S_{21}^{(1)}S_{11}^{(2)}S_{12}^{(1)} & S_{12}^{(1)}S_{12}^{(2)} \\ S_{21}^{(1)}S_{21}^{(2)} & S_{12}^{(2)}S_{22}^{(1)}S_{21}^{(2)} \end{bmatrix}$$

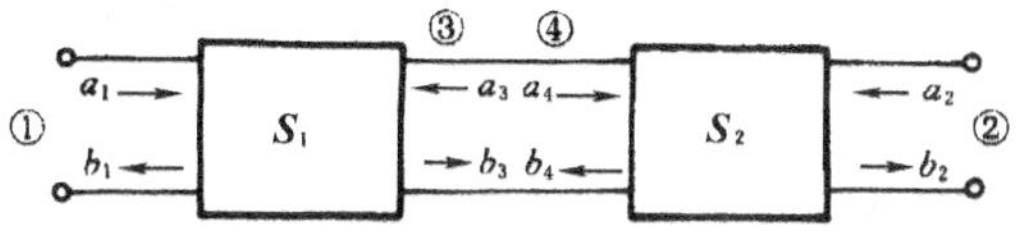

图 7.6-5　二端口网络的级联

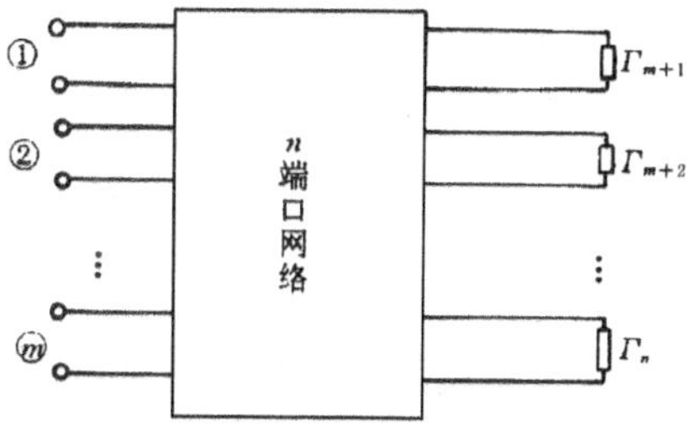

图 7.6-6　n 端口网络的退化

三、多端口网络接任意负载后的 S 参量

设有一个 n 端口网络，其中不接负载的端口有 m 个，剩下的（$n-m$）个端口接有负载，各负载的反射系数分别为 Γ_{m+1}，Γ_{m+2}，…，Γ_n。这样，n 端口网络就退化（派生）为 m 端口网络，如图 7.6-6 所示。现在求退化网络的散射矩阵。写出 n 端口网络的散射矩阵，并将其分块，未接负载的端口分在一起，接有负载的端口分在一起。即

$$\begin{bmatrix} b_1 \\ b_2 \\ \vdots \\ b_m \\ \hline b_{m+1} \\ \vdots \\ b_n \end{bmatrix}=\left[\begin{array}{cccc|ccc} S_{11} & S_{12} & \cdots & S_{1m} & S_{1m,+1} & \cdots & S_{1n} \\ S_{21} & S_{22} & \cdots & S_{2m} & S_{2m,+1} & \cdots & S_{2n} \\ \vdots & \vdots & \vdots & \vdots & \vdots & \vdots & \vdots \\ S_{m1} & S_{m2} & \cdots & S_{mm} & S_{m,m+1} & \cdots & S_{mn} \\ \hline S_{m+1,1} & S_{m+1,2} & \cdots & S_{m+1,m} & S_{m+1,m+1} & \cdots & S_{m+1,n} \\ \vdots & \vdots & \vdots & \vdots & \vdots & \vdots & \vdots \\ S_{n1} & S_{n2} & \cdots & S_{n,m} & S_{n,m+1} & \cdots & S_{nn} \end{array}\right]\begin{bmatrix} a_1 \\ a_2 \\ \vdots \\ a_m \\ \hline a_{m+1} \\ \vdots \\ a_n \end{bmatrix} \tag{7.6-16}$$

将其简写为

$$\boldsymbol{b}_{\mathrm{I}}=\boldsymbol{S}_{\mathrm{I\,I}}\boldsymbol{a}_{\mathrm{I}}+\boldsymbol{S}_{\mathrm{I\,II}}\boldsymbol{a}_{\mathrm{II}} \tag{7.6-17}$$

$$\boldsymbol{b}_{\mathrm{II}}=\boldsymbol{S}_{\mathrm{II\,I}}\boldsymbol{a}_{\mathrm{I}}+\boldsymbol{S}_{\mathrm{II\,II}}\boldsymbol{a}_{\mathrm{II}} \tag{7.6-18}$$

式中等号右端的各项为与式(7.6-16)相对应的分块矩阵。

对于接有负载的端口，其端口条件为

$$a_{m+1}=\Gamma_{m+1}b_{m+1}$$
$$a_{m+2}=\Gamma_{m+2}b_{m+2}$$
$$\vdots$$
$$a_n=\Gamma_n b_n$$

即

$$\begin{bmatrix}a_{m+1}\\a_{m+2}\\\vdots\\a_n\end{bmatrix}=\begin{bmatrix}\Gamma_{m+1}&0&\cdots&0\\0&\Gamma_{m+2}&\cdots&0\\\vdots&\vdots&\vdots&\vdots\\0&0&\cdots&\Gamma_n\end{bmatrix}\begin{bmatrix}b_{m+1}\\b_{m+2}\\\vdots\\b_n\end{bmatrix}$$

简记为

$$\boldsymbol{a}_{\mathrm{II}}=\boldsymbol{\Gamma}\boldsymbol{b}_{\mathrm{II}} \tag{7.6-19}$$

式中

$$\boldsymbol{\Gamma}=\begin{bmatrix}\Gamma_{m+1}&0&\cdots&0\\0&\Gamma_{m+2}&\cdots&0\\\vdots&\vdots&\vdots&\vdots\\0&0&\cdots&\Gamma_n\end{bmatrix} \tag{7.6-20}$$

它是由各负载反射系数构成的对角线矩阵（反射系数矩阵）。将式(7.6-17)～式(7.6-19)联立，解出

$$\boldsymbol{b}_{\mathrm{I}}=\boldsymbol{S}_{\mathrm{I\,I}}\boldsymbol{a}_{\mathrm{I}}+\boldsymbol{S}_{\mathrm{I\,II}}(\boldsymbol{I}-\boldsymbol{\Gamma}\boldsymbol{S}_{\mathrm{II\,II}})^{-1}\boldsymbol{\Gamma}\boldsymbol{S}_{\mathrm{II\,I}}\boldsymbol{a}_{\mathrm{I}}$$

可见，退化（即 m 端口）网络的散射矩阵为

$$\boldsymbol{S}_m=\boldsymbol{S}_{\mathrm{I\,I}}+\boldsymbol{S}_{\mathrm{I\,II}}\boldsymbol{\Gamma}(\boldsymbol{I}-\boldsymbol{S}_{\mathrm{II\,II}}\boldsymbol{\Gamma})^{-1}\boldsymbol{S}_{\mathrm{II\,I}} \tag{7.6-21}$$

式中的 $\boldsymbol{I}$ 为单位矩阵

例 2 如图 7.6-7 所示的四端口网络（魔 T，立体图见图 6.3-9）

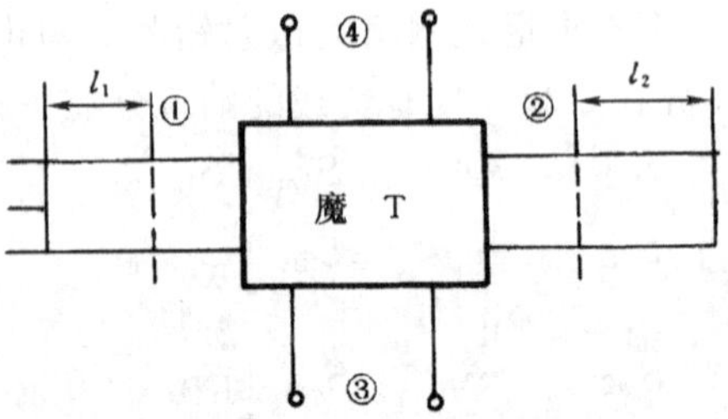

图 7.6-7 接有短路器的魔 T

其散射矩阵为

$$\boldsymbol{S}=\frac{1}{\sqrt{2}}\begin{bmatrix}0&0&1&1\\0&0&1&-1\\1&1&0&0\\1&-1&0&0\end{bmatrix}$$

试求端口①和端口②接短路器后的 $\boldsymbol{S}$ 参量。

解：这是网络端口接有负载的情况，因此应将端口重新编号，利用式（7.6-16）写出魔 T 接了短路器后的散射矩阵，并将其分块，即

$$\begin{bmatrix} b_3 \\ b_4 \\ \cdots \\ b_1 \\ b_2 \end{bmatrix} = \frac{1}{\sqrt{2}} \left[\begin{array}{cc:cc} 0 & 0 & 1 & -1 \\ 0 & 0 & 1 & 1 \\ \hdashline 1 & 1 & 0 & 0 \\ -1 & 1 & 0 & 0 \end{array} \right] \begin{bmatrix} a_3 \\ a_4 \\ \cdots \\ a_1 \\ a_2 \end{bmatrix}$$

其分块矩阵为

$$\boldsymbol{S}_{\text{I I}} = \boldsymbol{S}_{\text{II II}} = \boldsymbol{0}, \boldsymbol{S}_{\text{I II}} = \frac{1}{\sqrt{2}}\begin{bmatrix} 1 & -1 \\ 1 & 1 \end{bmatrix}, \boldsymbol{S}_{\text{II I}} = \frac{1}{\sqrt{2}}\begin{bmatrix} 1 & 1 \\ -1 & 1 \end{bmatrix}$$

在接有短路器的端口，有 $a_1 = \mathrm{e}^{-\mathrm{j}2\beta l_1} b_1, a_2 = -\mathrm{e}^{-\mathrm{j}2\beta l_2} b_2$，则反射系数矩阵为

$$\boldsymbol{\Gamma} = \begin{bmatrix} -\mathrm{e}^{-\mathrm{j}2\beta l_1} & 0 \\ 0 & -\mathrm{e}^{-\mathrm{j}2\beta l_2} \end{bmatrix}$$

将上面的结果代入到式（7.6-21）中，经运算，可得所求的 $\boldsymbol{S}$ 参量为

$$\boldsymbol{S} = \frac{1}{2}\begin{bmatrix} -(\mathrm{e}^{-\mathrm{j}2\beta l_1} + \mathrm{e}^{-\mathrm{j}2\beta l_2}) & -(\mathrm{e}^{-\mathrm{j}2\beta l_1} - \mathrm{e}^{-\mathrm{j}2\beta l_2}) \\ -(\mathrm{e}^{-\mathrm{j}2\beta l_1} - \mathrm{e}^{-\mathrm{j}2\beta l_2}) & -(\mathrm{e}^{-\mathrm{j}2\beta l_1} + \mathrm{e}^{-\mathrm{j}2\beta l_2}) \end{bmatrix}$$

当两个短路器距端口参考面的距离 l_1 和 l_2 相差 $\lambda_g/4$ 时，即 $l_2 = l_1 \pm \lambda_g/4$ 时，上式变为

$$\boldsymbol{S} = \begin{bmatrix} 0 & \mathrm{e}^{-\mathrm{j}2\beta l_1} \\ -\mathrm{e}^{-\mathrm{j}2\beta l_1} & 0 \end{bmatrix}$$

此时，魔 T 即成为一个理想的移相器。

§7.7　信号流图在网络分析中的应用

无论是求组合网络的参量，还是求网络的外特性，都需要解线性代数方程组。对此，除了用消元法和矩阵法求解外，还可以用拓扑法，即先把线性代数方程组画成拓扑图形，然后再利用简化图的方法（图解法）求出方程组的解，称为信号流图法。这种方法是由美国学者 S. J. Mason 于 1953 年提出来的，作为分析线性系统的一种方法。

信号流图是拓扑图形的一种，它是由一系列的节点（顶点）和支路（支线）构成的有向图形，用以求解线性代数方程组、分析线性系统变量之间的关系。

一、信号流图与线性方程组

用信号流图解线性方程组，就需要建立信号流图与线性方程组之间的一一对应关系，即信号流图中的每个节点代表线性方程组中的一个变量（或常数项），信号流图的每条支路代表线性方程组中两个变量间的比例系数，并用箭头表示信号流动的方向，而且有如下的规定：信号必须沿支路上箭头的方向流动；从节点 x 流出的信号都是 x；信号流经每条支路时，必须乘以该支路所代表的传输量（比例系数）；一个节点的信号量是流入此节点的所有信号量的代数和，而与由此点流出的信号量无关。

按照上述规定，可将一个线性方程组唯一地画成一个信号流图。例如，有一线性方程组

$$b_1 = S_{11}a_1 + S_{12}a_2$$
$$b_2 = S_{21}a_1 + S_{22}a_2$$
$$a_2 = \Gamma_L b_2$$

其信号流图如图 7.7-1 所示。反之，按同样的规定也可从信号流图得出相应的线性方程组。

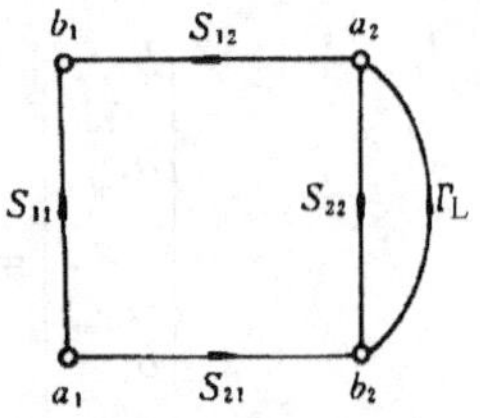

图 7.7-1　接有负载的二端口网络的信号流图

二、信号流图中的节点、支路、通路和回路

（一）节点

图中的顶点称为节点。在节点旁标注它所代表的变量或常数项。节点分为三类：源节点（发点），它只有流出支路，而无流入支路；汇点（收点、阱点），它只有流入支路，而无流出支路；一般节点，它既有流入、又有流出支路。节点用符号"○"表示。

（二）支路（支线）

信号流图中两节点间的连线称为支路。它由一个节点出发终止于另一个节点，信号流动的方向用箭头标注在支路上；支路上标注有它所代表的传输量（线性方程组中两个变量之间的比例系数），凡是无标注的支路，其传输量为1。

（三）通路

信号流图中数个箭头方向相一致的、连续的一串支路，这串支路与中间的节点只相遇一次，则称这串支路为通路。通路的传输量等于各支路传输量之积。

（四）回路（环路）

从某一节点出发又回到这个节点的通路，称为回路或环路。回路的传输量等于构成该回路的所有支路传输量之积。只有一个节点和一条支路所构成的回路，称为自回路或自环。

在同一个信号流图中，若有 m 个无公共节点、互不接触的回路，就构成了一个 m 阶回路。m 阶回路的传输量等于 m 个不接触回路传输量之积。若用 $L^{(m)}$ 表示 m 阶回路的传输量，L_1，L_2，…，L_m 分别表示 m 阶回路所包含的 m 个不接触回路的传输量，则有

$$L^{(m)} = \prod_{i=1}^{m} L_i \tag{7.7-1}$$

二阶以上（$m \geqslant 2$）的回路，称为高阶回路。

三、信号流图的简化法则

为了能够从信号流图中直接得出线性方程组的解，必须将信号流图加以简化。这里主要介绍常用的5种简化法则，即：并联支路的合并；串联支路的复合；节点的吸收；自回路的消除和逆转法则。这些法则都可以利用代数运算加以证明。为简单起见，现将这些法则列于表 7.7-1 中，以备查阅。

例1　已知二端口网络的 $\boldsymbol{S}$ 参量和端接负载 $\boldsymbol{\Gamma_L}$，试用信号流图简化法则求出网络输入端的反射系数(b_1/a_1)。

解：信号流图的建立和其简化过程，如表 7.7-2 所示。

表 7.7-1 信号流图简化法则

简化法则名称	流图的简化	代数运算	法则说明
并联支路合并		因为 $x_2=Ax_1+Bx_1$ 所以 $x_2=(A+B)x_1$	相邻两节点之间的两条(或多条)方向相同的并联支路,可以合并为一条新的支路,新支路的传输量等于原支路传输量之和。
串联支路复合	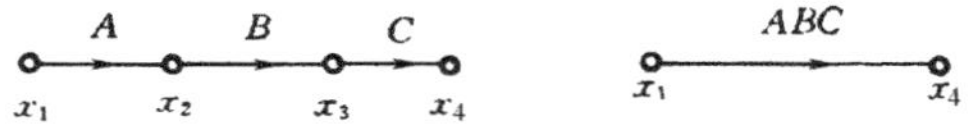	因为 $x_4=Cx_3$, $x_3=Bx_2$, $x_2=Ax_1$ 所以 $x_4=ABCx_1$	两条(或多条)首尾相接的串联支路,可以复合为一条新的支路,中间节点(x_2, x_3)被消除,新支路的传输量等于原支路传输量之积。
节点吸收(吸收 x_1)	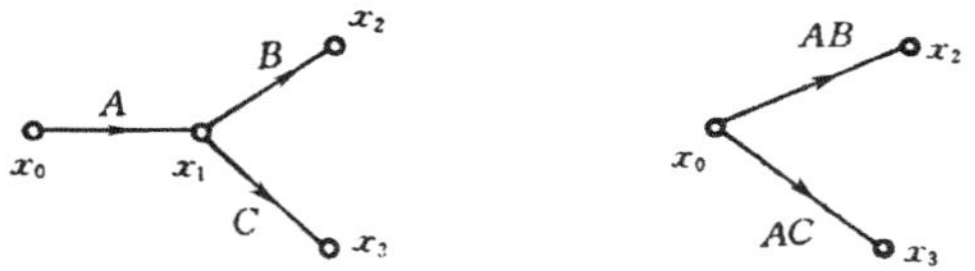	因为 $x_1=Ax_0$, $x_2=Bx_1$, $x_3=Cx_1$ 所以 $x_2=ABx_0$, $x_3=ACx_0$	当吸收具有一条流入支路、多条流出支路的节点时,可将流入支路的末端分别沿着从该节点流出的所有支路流动,直至各流出支路的末端,由此得出所有的新支路,每一新支路的传输量等于流入支路的传输量与相应流出支路传输量之积。如果被吸收的节点具有多条流入支路,则可按上述方法逐条地进行简化。
		因为 $x_1=Ax_0+Bx_2$, $x_3=Cx_1$ 所以 $x_3=ACx_0+BCx_2$	
	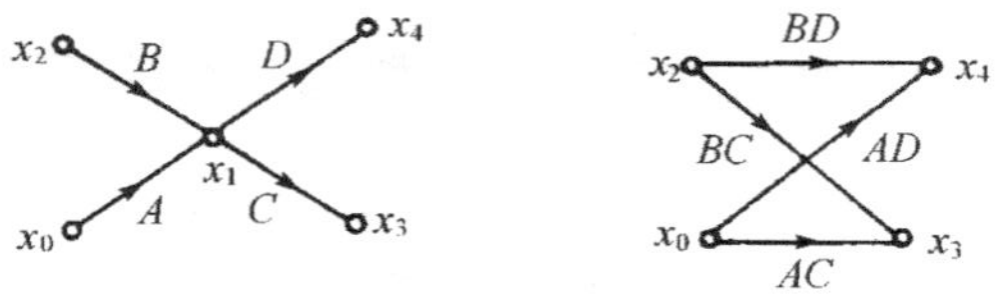	因为 $x_1=Ax_0+Bx_2$, $x_3=Cx_1$, $x_4=Dx_1$ 所以 $x_3=ACx_0+BCx_2$, $x_4=ADx_0+BDx_2$	

续表

简化法则名称	流图的简化	代数运算	法则说明
自回路消除	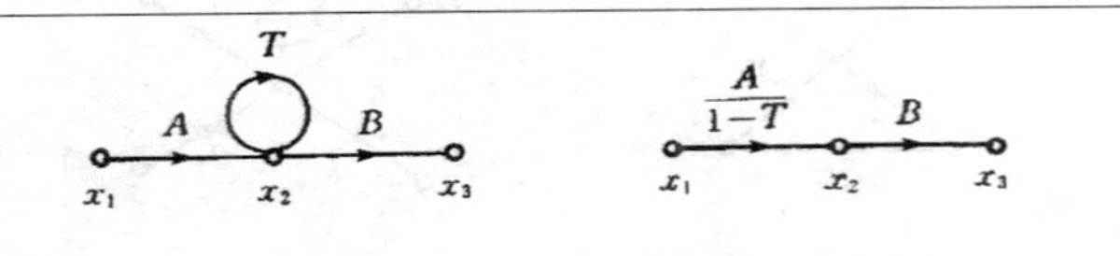	因为 $x_2=Ax_1+Tx_2$，$x_3=Bx_2$ 所以 $x_2=\frac{A}{1-T}x_1$，$x_3=Bx_2$	当消除自回路时，可将流入具有自回路节点的支路(A)的传输量乘上$\frac{1}{1-T}$，由自回路节点流出的支路不变。
逆转法则：支路逆转	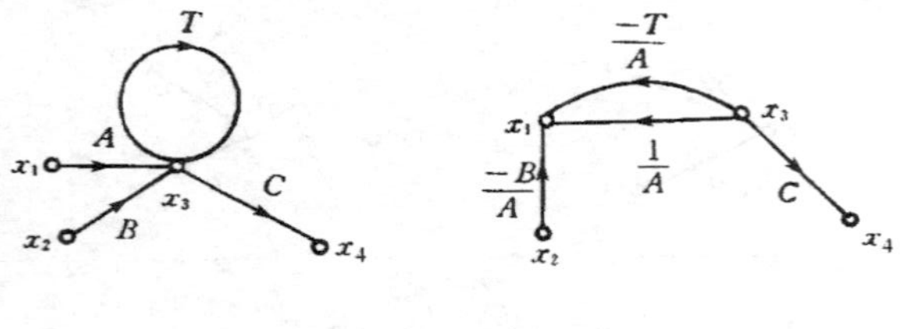	因为 $x_3=Ax_1+Bx_2+Tx_3$， $x_4=Cx_3$ 所以 $x_1=\frac{1}{A}x_3-\frac{Bx_2}{A}-\frac{T}{A}x_3$，$x_4=Cx_3$	被逆转的支路必须是从源节点出发的支路，非源节点出发的支路一般不能随意逆转。将被逆转支路的箭头反向，传输量为原支路传输量的倒数，被逆转支路终端节点处的自回路被消除，改为与被逆转支路相并联的一条支路，其传输量为自回路传输量乘上被逆转回路传输量倒数的负值（$-1/A$）。所有流入被逆转支路终端节点的支路（例如 B）要改接到被逆转支路的始端，其传输量为原支路的传输量乘上（$-1/A$），与自回路的处理相同。
通路逆转	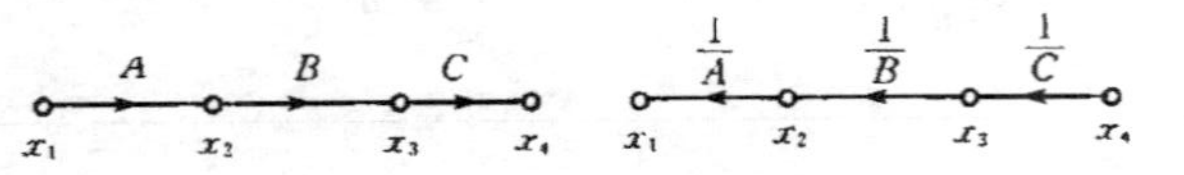	因为 $x_2=Ax_1$，$x_3=Bx_2$，$x_4=Cx_3$ 所以 $x_1=\frac{1}{A}x_2$，$x_2=\frac{1}{B}x_3$，$x_3=\frac{1}{C}x_4$	从源节点出发的通路可以逆转，逆转后，通路上所有支路的箭头反向，其传输量为原支路传输量的倒数。
回路逆转	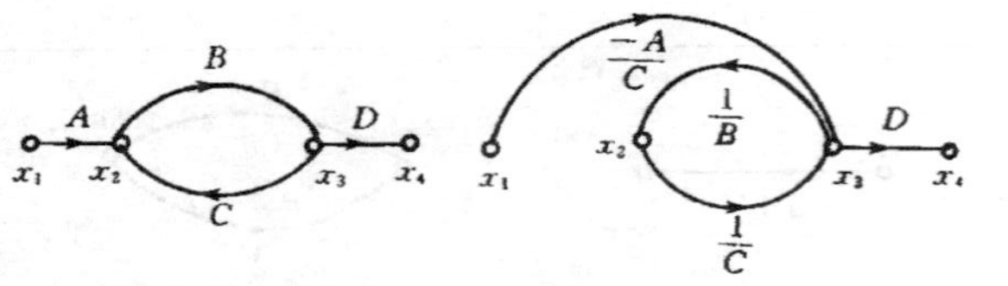	因为 $x_2=Ax_1+Cx_3$，$x_3=Bx_2$， $x_4=Dx_3$ 所以 $x_2=\frac{1}{B}x_3$，$x_3=\frac{1}{C}x_2-\frac{A}{C}x_1$， $x_4=Dx_3$	回路可以逆转，按支路的逆转法则，依次逆转回路上的所有支路；已逆转的支路或因逆转而改接的支路，在对其他支路施行逆转时，不再逆转或改接。

表 7.7－2　应用举例的图表

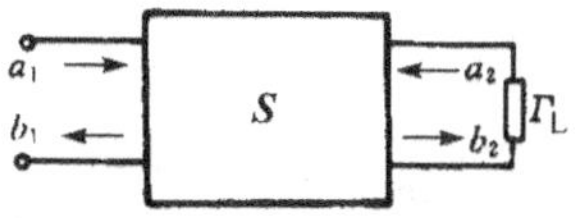	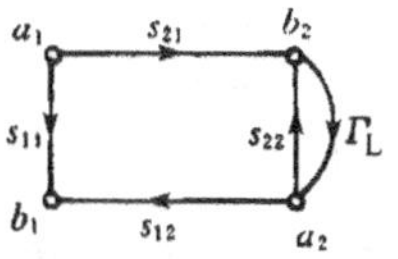
吸收节点 b_2	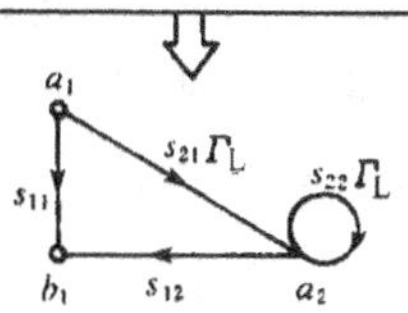
消除自回路	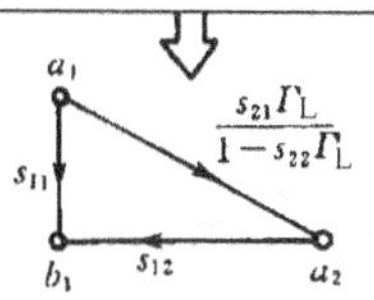
串联支路复合	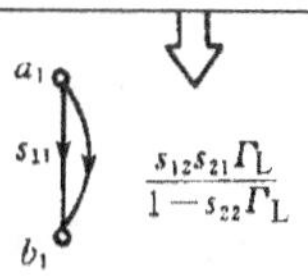
并联支路合并	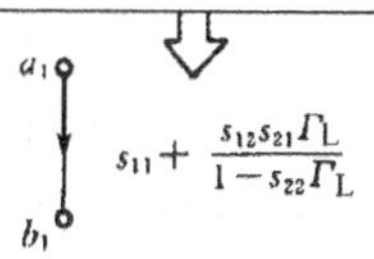
结　果	$\Gamma_{\text{in}}=\dfrac{b_1}{a_1}=s_{11}+\dfrac{s_{12}s_{21}\Gamma_L}{1-s_{22}\Gamma_L}$

四、不接触环路法则(Mason 公式)

利用信号流图的简化法则虽然可以从信号流图中直接得出线性方程组的解，也比较直观、简便，但当图形比较复杂时，由于需要作大量的图，因此也易出差错。

不接触环法则是解信号流图的另一种方法，称为流图公式(Mason 公式)，可用来求信号流图中源节点到阱点的传输量。

流图中源节点 x_i 到阱点 x_j 的传输量 T_{ji} 由下式求出

$$T_{ji}=\frac{x_j}{x_i}=\frac{\sum P_i\Delta_i}{\Delta} \tag{7.7-2}$$

式中

$$\Delta=1-\sum L^{(1)}+\sum L^{(2)}-\sum L^{(3)}+\cdots+\sum L^{(m)} \tag{7.7-3}$$

$\sum L^{(1)}$ 为流图中所有一阶回路传输量之和，$\sum L^{(2)}$ 为流图中所有二阶回路传输量之和，…，

$\sum L^{(m)}$ 为流图中所有 m 阶回路传输量之和。

式中

$$\begin{aligned}\sum p_i\Delta_i = & p_1(1-\sum L_{11}+\sum L_{21}-\sum L_{31}+\cdots)+ \\ & p_2(1-\sum L_{12}+\sum L_{22}-\sum L_{32}+\cdots)+\cdots+ \\ & p_m(1-\sum L_{1m}+\sum L_{2m}-\sum L_{3m}+\cdots)\end{aligned} \tag{7.7-4}$$

p_1 表示由 x_i 到 x_j 的第一条通路的传输量；p_2 表示由 x_i 到 x_j 的第二条通路的传输量；…；p_m 表示由 x_i 到 x_j 的第 m 条通路的传输量。Δ_i 表示分母 Δ 中除去与第 i 条通路相接触的回路之后的 Δ。$\sum L_{ji}$ 表示与第 i 条通路不接触的 j 阶回路的传输量之和。

例 2 有一信号流图，如图 7.7-2 所示，试求源点 x_i 至汇点 x_j 的传输量。

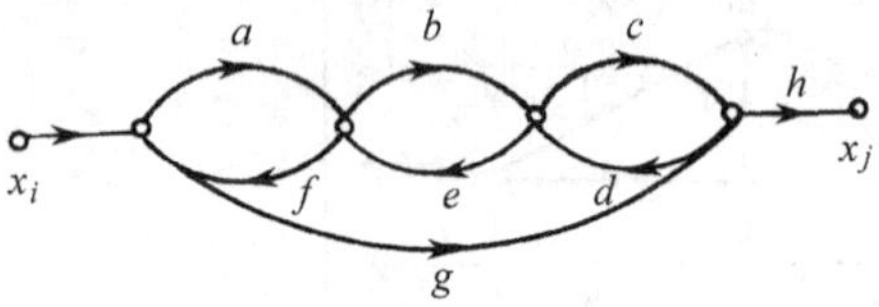

图 7.7-2 利用流图公式求传输量

解：利用式(7.7-2)求解。

(1) 求各阶回路传输量之和。

$$\sum L^{(1)} = af+be+cd+gdef$$

$$\sum L^{(2)} = afcd$$

$$\sum L^{(3)} = 0$$

(2) 求 x_i 到 x_j 所有通路的传输量，共有两条通路。

$$p_1 = abch \quad 和 \quad p_2 = gh$$

(3) 求与 p_1 和 p_2 不相接触的回路传输量之和

$\sum L_{11}=0$ （与通路 p_1 全接触）

$\sum L_{12}=be$ （与通路 p_2 不接触的一阶回路的传输量）

$\sum L_{22}=0$ （没有与 p_2 不接触的二阶回路）

(4) 求式(7.7-2)的分母

$$\Delta = 1-\sum L^{(1)}+\sum L^{(2)} = 1-(af+be+cd+gdef)+afcd$$

(5) 求式(7.7-2)的分子

$$\sum P_i\Delta_i = P_1+P_2(1-\sum L_{12}) = abch+gh(1-be)$$

(6) 求 x_i 到 x_j 的传输量为

$$T_{ji} = \frac{x_j}{x_i} = \frac{\sum P_i\Delta_i}{\Delta} = \frac{abch+gh(1-be)}{1-(af+be+cd+gdef)+afcd}$$

五、切割法

利用简化法则虽然可以计算任意流图中源节点到汇节点的传输量，但是，对于较复杂的信号流图则需作大量的图，很繁琐，而且易出差错。如果采用切割法，“化整为零”，一部分、一部分地处理，则比较方便。

所谓切割法，就是先将较复杂的信号流图切割成较简单的若干部分，然后对较简单的部分逐个进行计算，以达到最终结果。

任一条支路均可切割成两条支路，如图 7.7－3 所示，切割线 F 与支路的交点称为切点，切点用“●”表示，切点两边的支路必须同向，原支路的传输量可置于切点任何一边的支路上，也可分成两个传输量分别置于切点的两边，但两个传输量的乘积必须等于支路的原传输量。

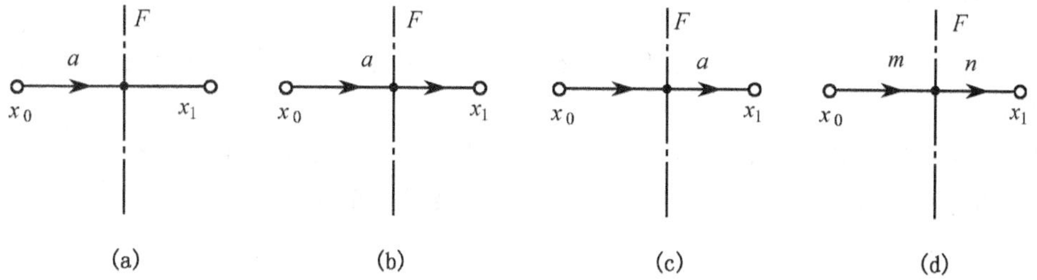

图 7.7－3　支路的切割

图 7.7－4 所示为接有负载 Γ_L 的二端口级联网络及其信号流图。

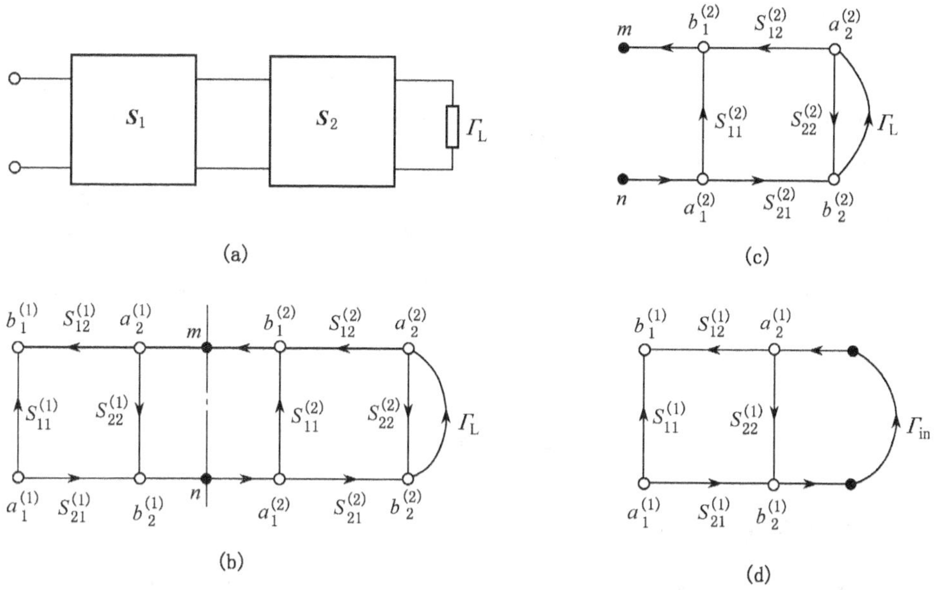

图 7.7－4　切割法

如采用切割法求输入端反射系数 Γ_{in}，首先利用切割线 F 将信号流图切割成两部分，切点为 m 和 n。先计算右边部分（如图 7.7－4（c）所示）的源节点 n 到汇节点 m 的传输量，这相当求一个接有负载 Γ_L 的二端口网络输入端口的反射系数，其结果即

$$\Gamma_{in} = S_{11}^{(2)} + \frac{S_{12}^{(2)}\ S_{21}^{(2)}\ \Gamma_L}{1 - S_{22}^{(2)}\ \Gamma_L}$$

然后将 Γ_{in} 接到 m、n 切点上，此时左边部分也相当于接有负载为 Γ_{in} 的二端口网络（如图 7.7－4（d）所示），其输入端口反射系数为

$$\Gamma_{\text{in}}=\frac{b_1^{(1)}}{a_1^{(1)}}=S_{11}^{(1)}+\frac{S_{12}^{(1)}\ S_{21}^{(1)}\ \Gamma_{\text{in}}}{1-S_{22}^{(1)}\ \Gamma_{\text{in}}}$$

对于更复杂的信号流图，可将其切割成多个易于计算的简单部分，然后逐个计算，以达到最终的结果。这种方法的优点是简化了计算过程，提高了计算的准确率。

六、节点分裂法

在逆转变换法中，除了直接逆转外，还有一种常用的方法，即节点分裂逆转法，它包括如下的内容：

（1）将由源节点出发的通路内的节点均分裂成一个源节点和一个汇节点；

（2）将原来的入支路接到源点节上，原来的出支路接到汇节点上；

（3）源节点与汇节点之间用一条权（即传输量）为 1 的支路连接；

（4）把通路上的所有支路反向，传输量为原传输量的倒数；

（5）把指向逆转通路其他支路的传输量乘以（—1）。

至此逆转变换完成。

图 7.7-5 是一个接有负载 Γ_L 的二端口网络 $\boldsymbol{S}$ 参量的信号流图以及利用节点分裂法逆转由源节点出发的一条通路 $S_{21}\Gamma_L S_{12}$ 的全过程。

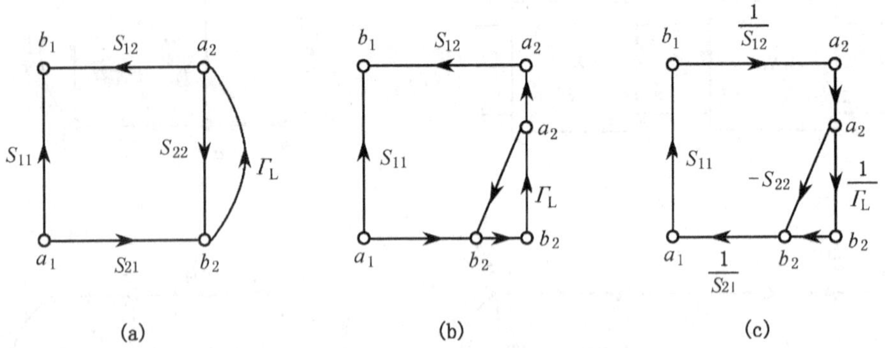

图 7.7-5　节点分裂法的通路逆转

七、闭环信号流图

在利用 Mason 公式计算源节点到汇节点的传输量时，需分别计算式（7.7-2）的分母与分子，对分母的计算需找出图中的各阶回路，对分子的计算需找出源节点到汇节点的各条通路以及与其不相接触的各阶回路。这相当于查找两种拓扑结构，从计算观点来看是很不方便的。如果利用闭环信号流图，则只需查找一种拓扑结构——环（回路），即可计算出源节点到汇节点的传输量，相对而言，方便多了。

所谓闭环信号流图，是指在原流图的结构上附加一条支路，此支路由汇节点指向源节点，传输量为所求源节点到汇节点传输量 T 的倒数。此附加支路将与原图中源节点到汇节点的所有通路均构成环路。附加这条支路后，形成了一个新的拓扑结构，查找出此新结构的各阶环路，然后按式（7.7-2）的分母形式构成图的行列式 Δ_c。可以证明 $\Delta_c=0$，从而即可计算出原图源节点到汇节点的传输量。

如将图 7.7－2 所示的信号流图，在源、汇节点 x_i、x_j 之间附加一条传输量为 $1/T_{ji}$、且指向 x_i 的支路，如图 7.7－6 中虚线所示，就构成了一个闭环信号流图。从闭环信号流图中查找各阶环路，可知

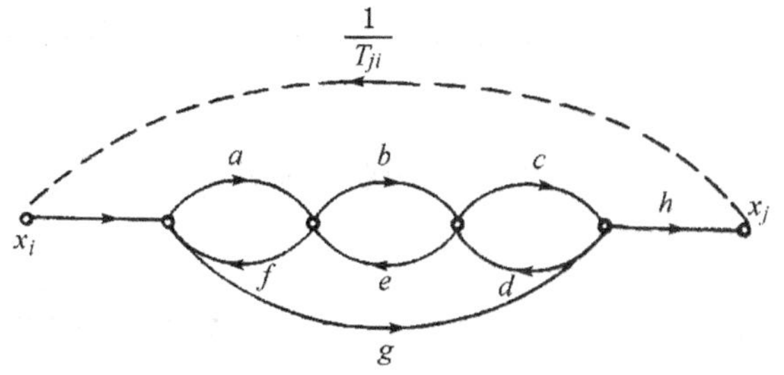

图 7.7－6　闭环信号流图

一阶环路

$$\sum L^{(1)} = af + be + cd + gdef + \frac{1}{T_{ji}}gh + \frac{1}{T_{ji}}abch$$

二阶环路

$$\sum L^{(2)} = afcd + \frac{1}{T_{ji}}ghbe$$

因此可得图的行列式

$$\Delta_c = 1 - (af + be + cd + gdef + \frac{1}{T_{ji}}gh + \frac{1}{T_{ji}}abch) + (afcd + \frac{1}{T_{ji}}ghbe)$$

由 $\Delta_c = 0$，即

$$1 - (af + be + cd + gdef) + afcd = \frac{1}{T_{ji}}(gh + abch - ghbe)$$

所以

$$T_{ji} = \frac{abch + gh(1 - be)}{1 - (af + be + cd + gdef) + afcd}$$

这与前面所计算的结果完全一致。

闭环信号流图的主要优点在于只需查找一种拓扑结构——环，这在用计算机分析结构复杂的图形时是非常方便的。

习　题

7－1　已知同轴线内导体的外半经和外导体的内半径分别为 a 和 b，填充介质的磁导率和介电常数分别为 μ 和 ε，试求传输 TEM 波时的归一化模式电压和模式矢量函数。

7－2　试求金属矩形波导管(尺寸为 $a\times b$)传输 TE_{20} 波型时的归一化模式电压和模式矢量函数。

7－3　一无耗金属矩形波导管(尺寸为 $a\times b$)，传输 TE_{10} 波型，其长度小于 $\lambda_g/4$，试根据复数功率定理求出波导管终端短路时的等效电路。

7－4　试求出图 7－1 所示网络的阻抗矩阵和导纳矩阵。

7－5　试求出图 7－2 所示网络的转移矩阵。

7－6　根据散射参量的定义式，试求出图 7－3 所示网络的散射矩阵。

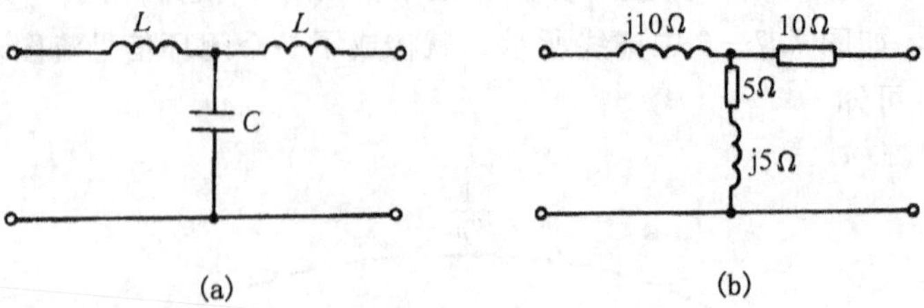

图 7-1　习题 7-4 用图

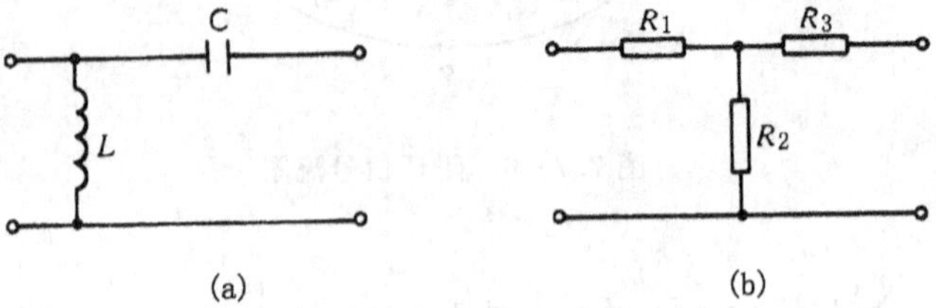

图 7-2　习题 7-5 用图

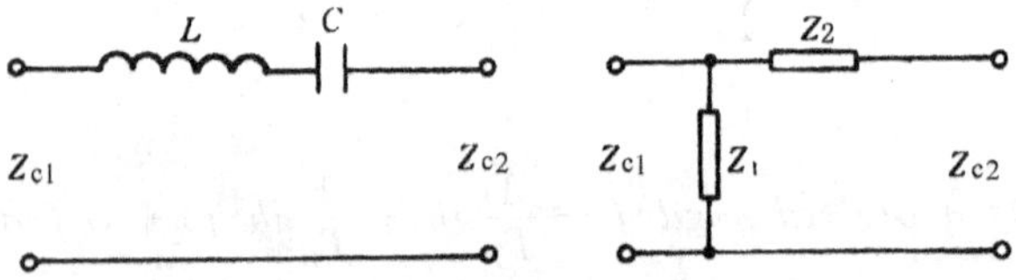

图 7-3　习题 7-6 用图

7-7　利用传输线理论和 **S** 参量的定义，证明特性导纳分别为 Y_{c1} 和 Y_{c2} 的两个均匀传输线的不均匀连接面为一理想变压器，其变比为 1∶n，$n=\sqrt{Y_{c2}/Y_{c1}}$。

7-8　试证明无耗互易的 Y 型接头的最小失配为 $|S_{11}|=|S_{22}|=|S_{33}|=1/3$，以及当 $\theta_{12}=0$ 时，有

$$\boldsymbol{S}=\frac{1}{3}\begin{bmatrix}-1 & 2 & 2\\ 2 & -1 & 2\\ 2 & 2 & -1\end{bmatrix}$$

7-9　试判断由 $S_{11}=S_{22}=0.5\mathrm{e}^{-\mathrm{j}60^\circ}$，$S_{12}=S_{21}=\sqrt{0.75}\mathrm{e}^{\mathrm{j}30^\circ}$ 所表征的无源网络能否实现。

7-10　如图 7-4 所示的网络，问：当 θ 为何值时，才不会引起附加反射？

7-11　试求图 7-5 所示网络的工作衰减和插入相移。

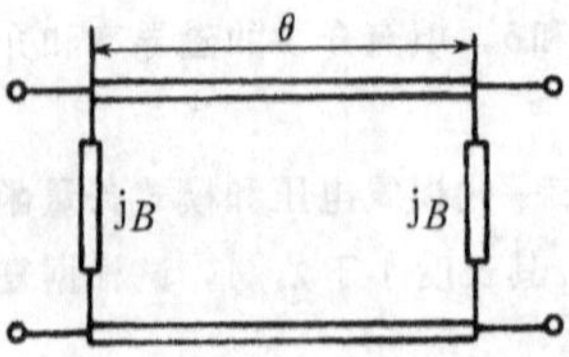

图 7-4　习题 7-10 用图

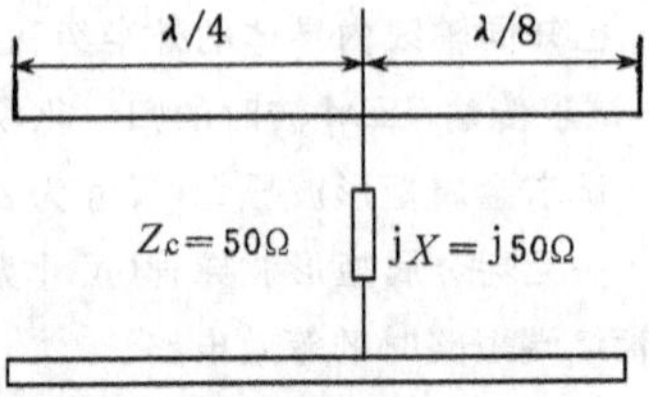

图 7-5　习题 7-11 用图

7 - 12　已知一个三臂环行器的散射矩阵为

$$\boldsymbol{S}=\begin{bmatrix}0 & 0 & 1\\1 & 0 & 0\\0 & 1 & 0\end{bmatrix}$$

当端口②、端口③均接反射系数为 Γ_L 的负载时，试求端口①的反射系数。

7 - 13　有三个二端口网络相级联，其散射矩阵分别为 $\boldsymbol{S}_1$、$\boldsymbol{S}_2$、$\boldsymbol{S}_3$，试求连接后的 $\boldsymbol{S}$ 矩阵。

7 - 14　如图 7 - 6 所示的三分贝电桥，其散射矩阵为

$$\boldsymbol{S}=\frac{1}{\sqrt{2}}\begin{bmatrix}0 & 0 & 1 & \mathrm{j}\\0 & 0 & \mathrm{j} & 1\\1 & \mathrm{j} & 0 & 0\\\mathrm{j} & 1 & 0 & 0\end{bmatrix}$$

在距端口③、端口④参考面分别为 l_1 和 l_2 处各接一个可变短路器。试求：接短路器后的散射矩阵；证明当 $l_1=l_2$ 时，电桥变为一理想的移相器。

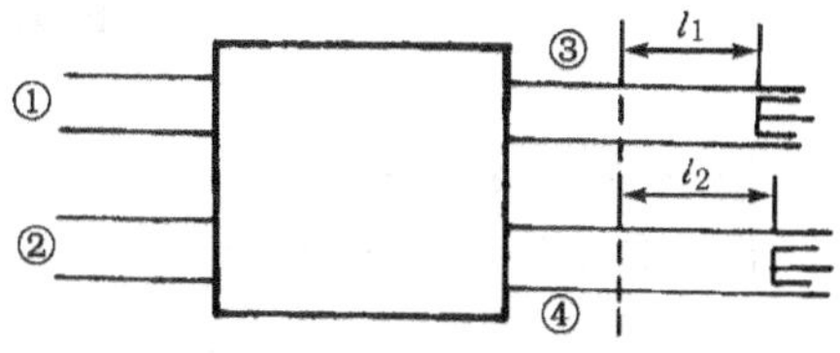

图 7 - 6　习题 7 - 14 用图

7 - 15　有两个相同的定向耦合器，其散射矩阵为

$$\boldsymbol{S}=\frac{1}{\sqrt{2}}\begin{bmatrix}0 & 0 & 1 & -\mathrm{j}\\0 & 0 & -\mathrm{j} & 1\\1 & -\mathrm{j} & 0 & 0\\-\mathrm{j} & 1 & 0 & 0\end{bmatrix}$$

现欲用两段电长度均为 θ 的波导将其连接起来，连接方式为：第一个定向耦合器的端口④与第二个定向耦合器的端口②相连接；第一个定向耦合器的端口③与第二个定向耦合器的端口①相连接，试求连接后的 $\boldsymbol{S}$ 参量。

7 - 16　已知一互易二端口网络，从参考面 T_1 和 T_2 向负载方向看去的反射系数分别为 Γ_1 和 Γ_2，试证明

(1) $\Gamma_1=S_{11}+\dfrac{S_{12}^{(2)}\,\Gamma_2}{1-S_{22}\,\Gamma_2}$；

(2) 当参考面 T_2 分别为短路、开路和接匹配负载时，在参考面 T_1 处测得的反射系数分别为 Γ_{1s}、Γ_{1o} 和 Γ_{1c}，试求 S_{11}、S_{22}、S_{12} 和 $S_{11}\,S_{22}-S_{12}^2$ 各等于什么？

7 - 17　在金属矩形波导管中安置两组膜片，其等效电路如图 7 - 7 所示。试求 TE_{10} 波型通过两膜片后的工作衰减和插入相移。

7 - 18　如图 7 - 8 所示的网络，试画出其信号流图，并求出当 $a_2=0$，$a_1=1$，$\Gamma_3=\Gamma_4=\mathrm{e}^{-\mathrm{j}\theta}$ 时的 b_2。

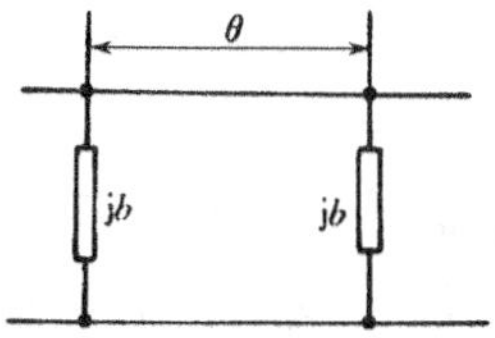

图 7 - 7　习题 7 - 17 用图

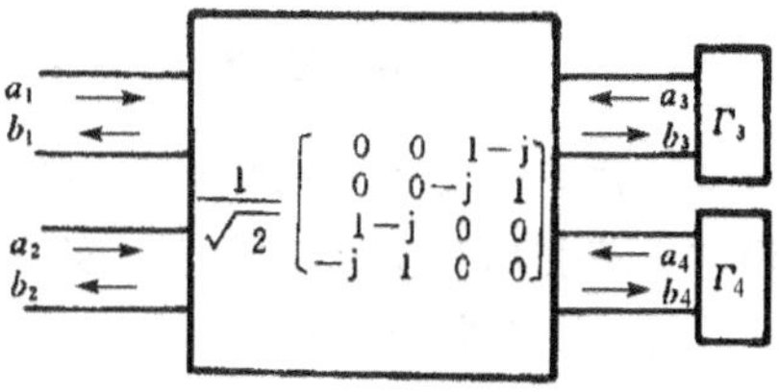

图 7 - 8　习题 7 - 18 用图

书 末 附 录

附录一 数学公式

（一）矢量运算公式

设ϕ和ψ为任意数性函数，$\boldsymbol{A}$、$\boldsymbol{B}$和$\boldsymbol{C}$为任意矢性函数，∇为哈密顿(Hamilton)算子。

$$\nabla(\phi \pm \psi) = \nabla\phi \pm \nabla\psi$$

$$\nabla(k\phi) = k\nabla\phi \quad (k\text{ 为常数})$$

$$\nabla(\phi\psi) = \phi\nabla\psi + \psi\nabla\phi$$

$$\nabla\cdot(\phi\boldsymbol{k}) = \nabla\phi\cdot\boldsymbol{k} \quad (\boldsymbol{k}\text{ 为常矢量})$$

$$\nabla\cdot(\phi\boldsymbol{A}) = \phi\nabla\cdot\boldsymbol{A} + \boldsymbol{A}\cdot\nabla\phi$$

$$\nabla\cdot(\boldsymbol{A}\pm\boldsymbol{B}) = \nabla\cdot\boldsymbol{A} \pm \nabla\cdot\boldsymbol{B}$$

$$\nabla\cdot(\boldsymbol{A}\times\boldsymbol{B}) = \boldsymbol{B}\cdot(\nabla\times\boldsymbol{A}) - \boldsymbol{A}\cdot(\nabla\times\boldsymbol{B})$$

$$\nabla\times(\boldsymbol{A}\times\boldsymbol{B}) = \boldsymbol{A}(\nabla\cdot\boldsymbol{B}) - \boldsymbol{B}(\nabla\cdot\boldsymbol{A}) + (\boldsymbol{B}\cdot\nabla)\boldsymbol{A} - (\boldsymbol{A}\cdot\nabla)\boldsymbol{B}$$

$$\nabla\cdot\nabla\phi = \nabla^2\phi$$

$$\nabla\cdot(\nabla\times\boldsymbol{A}) = 0$$

$$\nabla\times(\nabla\phi) = 0$$

$$\nabla\times(\nabla\times\boldsymbol{A}) = \nabla(\nabla\cdot\boldsymbol{A}) - \nabla^2\boldsymbol{A}$$

或 $$\nabla^2\boldsymbol{A} = \nabla(\nabla\cdot\boldsymbol{A}) - \nabla\times(\nabla\times\boldsymbol{A})$$

$$\boldsymbol{A}\cdot(\boldsymbol{B}\times\boldsymbol{C}) = \boldsymbol{B}\cdot(\boldsymbol{C}\times\boldsymbol{A}) = \boldsymbol{C}\cdot(\boldsymbol{A}\times\boldsymbol{B})$$

$$\boldsymbol{A}\times(\boldsymbol{B}\times\boldsymbol{C}) = (\boldsymbol{A}\cdot\boldsymbol{C})\boldsymbol{B} - (\boldsymbol{A}\cdot\boldsymbol{B})\boldsymbol{C}$$

设广义正交曲线坐标系(q_1, q_2, q_3)的坐标度量系数(拉梅系数)分别为h_1、h_2和h_3，ϕ、$\boldsymbol{A}$和$\boldsymbol{B}$在相应坐标上的分量分别用序号(1,2,3)表示，则

$$(\boldsymbol{A}\cdot\nabla)\phi = \boldsymbol{A}\cdot\nabla\phi = \frac{A_1}{h_1}\frac{\partial\phi}{\partial q_1} + \frac{A_2}{h_2}\frac{\partial\phi}{\partial q_2} + \frac{A_3}{h_3}\frac{\partial\phi}{\partial q_3}$$

$$(\boldsymbol{A}\cdot\nabla)\boldsymbol{B} = \frac{A_1}{h_1}\frac{\partial\boldsymbol{B}}{\partial q_1} + \frac{A_2}{h_2}\frac{\partial\boldsymbol{B}}{\partial q_2} + \frac{A_3}{h_3}\frac{\partial\boldsymbol{B}}{\partial q_3}$$

（二）广义正交曲线坐标系中梯度、散度和旋度的表示式

设广义正交曲线坐标系的坐标变量为(q_1, q_2, q_3)，$\boldsymbol{q}_1$、$\boldsymbol{q}_2$、$\boldsymbol{q}_3$分别表示坐标曲线（q_1，q_2，q_3）上切线方向的单位矢量，它们分别指向坐标变量增加的方向，$\boldsymbol{q}_1$、$\boldsymbol{q}_2$、$\boldsymbol{q}_3$相互正交，并假定它们构成右手坐标制。与坐标变量相对应的坐标度量系数(拉梅系数)分别为h_1、h_2和h_3。

哈密顿算子∇为

$$= \boldsymbol{q}_1\frac{1}{h_1}\frac{\partial}{\partial q_1} + \boldsymbol{q}_2\frac{1}{h_2}\frac{\partial}{\partial q_2} + \boldsymbol{q}_3\frac{1}{h_3}\frac{\partial}{\partial q_3}$$

拉普拉斯算子∇^2为

$$\nabla^2 = \frac{1}{h_1h_2h_3}\left[\frac{\partial}{\partial q_1}\left(\frac{h_2h_3}{h_1}\frac{\partial}{\partial q_1}\right)+\frac{\partial}{\partial q_2}\left(\frac{h_3h_1}{h_2}\frac{\partial}{\partial q_2}\right)+\frac{\partial}{\partial q_3}\left(\frac{h_1h_2}{h_3}\frac{\partial}{\partial q_3}\right)\right]$$

设 ϕ 为任意数性函数，$\boldsymbol{A}$ 为任意矢性函数，则

$$\boldsymbol{A} = \boldsymbol{q}_1A_1 + \boldsymbol{q}_2A_2 + \boldsymbol{q}_3A_3$$

式中的 A_1、A_2 和 A_3 分别为 $\boldsymbol{A}$ 在 $\boldsymbol{q}_1$、$\boldsymbol{q}_2$ 和 $\boldsymbol{q}_3$ 方向上的投影。ϕ 的梯度为

$$\text{grad}\phi = \nabla\phi = \boldsymbol{q}_1\frac{1}{h_1}\frac{\partial\phi}{\partial q_1}+\boldsymbol{q}_2\frac{1}{h_2}\frac{\partial\phi}{\partial q_2}+\boldsymbol{q}_3\frac{1}{h_3}\frac{\partial\phi}{\partial q_3}$$

$$\nabla\cdot\nabla\phi = \nabla^2\phi = \frac{1}{h_1h_2h_3}\left[\frac{\partial}{\partial q_1}\left(\frac{h_2h_3}{h_1}\frac{\partial\phi}{\partial q_1}\right)+\frac{\partial}{\partial q_2}\left(\frac{h_3h_1}{h_2}\frac{\partial\phi}{\partial q_2}\right)+\frac{\partial}{\partial q_3}\left(\frac{h_1h_2}{h_3}\frac{\partial\phi}{\partial q_3}\right)\right]$$

$\boldsymbol{A}$ 的散度为

$$\text{div}\boldsymbol{A} = \nabla\cdot\boldsymbol{A} = \frac{1}{h_1h_2h_3}\left[\frac{\partial}{\partial q_1}(h_2h_3A_1)+\frac{\partial}{\partial q_2}(h_3h_1A_2)+\frac{\partial}{\partial q_3}(h_1h_2A_3)\right]$$

因为 $\boldsymbol{A}$ 的旋度 rot$\boldsymbol{A}$ 的表示式恰好等于算子 ∇ 与矢量 $\boldsymbol{A}$ 的矢积（叉积），所以，可以把 rot$\boldsymbol{A}$ 写为

$$\text{rot}\boldsymbol{A} = \nabla\times\boldsymbol{A} = \frac{1}{h_1h_2h_3}\begin{vmatrix} h_1\boldsymbol{q}_1 & h_2\boldsymbol{q}_2 & h_3\boldsymbol{q}_3 \\ \dfrac{\partial}{\partial q_1} & \dfrac{\partial}{\partial q_2} & \dfrac{\partial}{\partial q_3} \\ h_1A_1 & h_2A_2 & h_3A_3 \end{vmatrix}$$

$$= \boldsymbol{q}_1\frac{1}{h_2h_3}\left[\frac{\partial}{\partial q_2}(h_3A_3)-\frac{\partial}{\partial q_3}(h_2A_2)\right]+\boldsymbol{q}_2\frac{1}{h_3h_1}\left[\frac{\partial}{\partial q_3}(h_1A_1)-\frac{\partial}{\partial q_1}(h_3A_3)\right]+$$
$$\boldsymbol{q}_3\frac{1}{h_1h_2}\left[\frac{\partial}{\partial q_1}(h_2A_2)-\frac{\partial}{\partial q_2}(h_1A_1)\right]$$

$$\nabla\times\nabla\times\boldsymbol{A} = \begin{vmatrix} \dfrac{\boldsymbol{q}_1}{h_2h_3} & \dfrac{\boldsymbol{q}_2}{h_3h_1} & \dfrac{\boldsymbol{q}_3}{h_1h_2} \\ \dfrac{\partial}{\partial q_1} & \dfrac{\partial}{\partial q_2} & \dfrac{\partial}{\partial q_3} \\ \dfrac{h_1}{h_2h_3}\left[\dfrac{\partial(A_3h_3)}{\partial q_2}-\dfrac{\partial(A_2h_2)}{\partial q_3}\right], & \dfrac{h_2}{h_3h_1}\left[\dfrac{\partial(A_1h_1)}{\partial q_3}-\dfrac{\partial(A_3h_3)}{\partial q_1}\right], & \dfrac{h_3}{h_1h_2}\left[\dfrac{\partial(A_2h_2)}{\partial q_1}-\dfrac{\partial(A_1h_1)}{\partial q_2}\right] \end{vmatrix}$$

$$\nabla\nabla\cdot\boldsymbol{A} = \sum_{n=1}^{3}\boldsymbol{q}_n\frac{\partial}{\partial q_n}\left\{\frac{1}{h_1h_2h_3}\left[\frac{\partial(A_1h_2h_3)}{\partial q_1}+\frac{\partial(A_2h_3h_1)}{\partial q_2}+\frac{\partial(A_3h_2h_1)}{\partial q_3}\right]\right\}$$

$$\nabla^2\boldsymbol{A} = \boldsymbol{q}_1\left\{\frac{1}{h_1}\frac{\partial}{\partial q_1}(\nabla\cdot\boldsymbol{A})+\frac{1}{h_2h_3}\left[\frac{\partial}{\partial q_3}(h_2\boldsymbol{q}_2\cdot\nabla\times\boldsymbol{A})-\frac{\partial}{\partial q_2}(h_3\boldsymbol{q}_3\cdot\nabla\times\boldsymbol{A})\right]\right\}+$$
$$\boldsymbol{q}_2\left\{\frac{1}{h_2}\frac{\partial}{\partial q_2}(\nabla\cdot\boldsymbol{A})+\frac{1}{h_3h_1}\left[\frac{\partial}{\partial q_1}(h_3\boldsymbol{q}_3\cdot\nabla\times\boldsymbol{A})-\frac{\partial}{\partial q_3}(h_1\boldsymbol{q}_1\cdot\nabla\times\boldsymbol{A})\right]\right\}+$$
$$\boldsymbol{q}_3\left\{\frac{1}{h_3}\frac{\partial}{\partial q_3}(\nabla\cdot\boldsymbol{A})+\frac{1}{h_1h_2}\left[\frac{\partial}{\partial q_2}(h_1\boldsymbol{q}_1\cdot\nabla\times\boldsymbol{A})-\frac{\partial}{\partial q_1}(h_2\boldsymbol{q}_2\cdot\nabla\times\boldsymbol{A})\right]\right\}$$

（三）直角、圆柱和球坐标系中梯度、散度和旋度的表示式

设 ϕ 为任意数性函数，$\boldsymbol{A}$ 为任意矢性函数。根据广义正交曲线坐标系中的一般表示式，即可求出具体坐标系中相应的表示式。

(1) 直角坐标系。设直角坐标 (x,y,z) 各坐标正方向的单位矢量分别为 $\boldsymbol{x}$、$\boldsymbol{y}$ 和 $\boldsymbol{z}$。坐标度量系数 $h_1=1$，$h_2=1$，$h_3=1$。

哈密顿算子为

$$\nabla = \boldsymbol{x}\frac{\partial}{\partial x} + \boldsymbol{y}\frac{\partial}{\partial y} + \boldsymbol{z}\frac{\partial}{\partial z}$$

拉普拉斯算子为

$$\nabla^2 = \frac{\partial^2}{\partial x^2} + \frac{\partial^2}{\partial y^2} + \frac{\partial^2}{\partial z^2}$$

$$\mathrm{grad}\phi = \nabla\phi = \boldsymbol{x}\frac{\partial\phi}{\partial x} + \boldsymbol{y}\frac{\partial\phi}{\partial y} + \boldsymbol{z}\frac{\partial\phi}{\partial z}$$

$$\nabla\cdot\nabla\phi = \nabla^2\phi = \frac{\partial^2\phi}{\partial x^2} + \frac{\partial^2\phi}{\partial y^2} + \frac{\partial^2\phi}{\partial z^2}$$

$$\boldsymbol{A} = \boldsymbol{x}A_x + \boldsymbol{y}A_y + \boldsymbol{z}A_z$$

$$\mathrm{div}\boldsymbol{A} = \nabla\cdot\boldsymbol{A} = \frac{\partial A_x}{\partial x} + \frac{\partial A_y}{\partial y} + \frac{\partial A_z}{\partial z}$$

$$\mathrm{rot}\boldsymbol{A} = \nabla\times\boldsymbol{A} = \begin{vmatrix} \boldsymbol{x} & \boldsymbol{y} & \boldsymbol{z} \\ \frac{\partial}{\partial x} & \frac{\partial}{\partial y} & \frac{\partial}{\partial z} \\ A_x & A_y & A_z \end{vmatrix} = \boldsymbol{x}\left(\frac{\partial A_z}{\partial y} - \frac{\partial A_y}{\partial z}\right) +$$

$$\boldsymbol{y}\left(\frac{\partial A_x}{\partial z} - \frac{\partial A_z}{\partial x}\right) + \boldsymbol{z}\left(\frac{\partial A_y}{\partial x} - \frac{\partial A_x}{\partial y}\right)$$

$$\nabla\times\nabla\times\boldsymbol{A} = \boldsymbol{x}\left(-\frac{\partial^2 A_x}{\partial y^2} - \frac{\partial^2 A_x}{\partial z^2} + \frac{\partial^2 A_y}{\partial x\,\partial y} + \frac{\partial^2 A_z}{\partial x\,\partial z}\right) +$$

$$\boldsymbol{y}\left(-\frac{\partial^2 A_y}{\partial x^2} - \frac{\partial^2 A_y}{\partial z^2} + \frac{\partial^2 A_x}{\partial x\,\partial y} + \frac{\partial^2 A_z}{\partial y\,\partial z}\right) +$$

$$\boldsymbol{z}\left(-\frac{\partial^2 A_z}{\partial x^2} - \frac{\partial^2 A_z}{\partial y^2} + \frac{\partial^2 A_x}{\partial x\,\partial z} + \frac{\partial^2 A_y}{\partial y\,\partial z}\right)$$

$$\nabla\nabla\cdot\boldsymbol{A} = \boldsymbol{x}\left(\frac{\partial^2 A_x}{\partial x^2} + \frac{\partial^2 A_y}{\partial x\,\partial y} + \frac{\partial^2 A_z}{\partial x\,\partial z}\right) + \boldsymbol{y}\left(\frac{\partial^2 A_x}{\partial x\,\partial y} + \frac{\partial^2 A_y}{\partial y^2} + \frac{\partial^2 A_z}{\partial y\,\partial z}\right) +$$

$$\boldsymbol{z}\left(\frac{\partial^2 A_x}{\partial x\,\partial z} + \frac{\partial^2 A_y}{\partial y\,\partial z} + \frac{\partial^2 A_z}{\partial z^2}\right)$$

$$\nabla^2\boldsymbol{A} = \nabla^2(\boldsymbol{x}A_x + \boldsymbol{y}A_y + \boldsymbol{z}A_z) = \boldsymbol{x}\nabla^2 A_x + \boldsymbol{y}\nabla^2 A_y + \boldsymbol{z}\nabla^2 A_z$$

单位矢量的偏导数 $\frac{\partial\boldsymbol{x}}{\partial x} = 0$、$\frac{\partial\boldsymbol{x}}{\partial y} = \frac{\partial\boldsymbol{x}}{\partial z} = 0$、$\frac{\partial\boldsymbol{y}}{\partial y} = 0$、$\frac{\partial\boldsymbol{y}}{\partial x} = \frac{\partial\boldsymbol{y}}{\partial z} = 0$、$\frac{\partial\boldsymbol{z}}{\partial z} = 0$。

(2) 圆柱坐标系。设与圆柱坐标系(r,φ,z)坐标变量增大的方向相对应的单位矢量分别为 $\boldsymbol{r}$、$\boldsymbol{\varphi}$ 和 $\boldsymbol{z}$。坐标度量系数 $h_1=1$，$h_2=r$，$h_3=1$。

哈密顿算子为

$$\nabla = \boldsymbol{r}\frac{\partial}{\partial r} + \boldsymbol{\varphi}\frac{1}{r}\frac{\partial}{\partial\varphi} + \boldsymbol{z}\frac{\partial}{\partial z}$$

拉普拉斯算子为

$$\nabla^2 = \left(\frac{\partial^2}{\partial r^2} + \frac{1}{r}\frac{\partial}{\partial r}\right) + \frac{1}{r^2}\frac{\partial^2}{\partial\varphi^2} + \frac{\partial^2}{\partial z^2}$$

$$\mathrm{grad}\psi = \nabla\psi = \boldsymbol{r}\frac{\partial\psi}{\partial r} + \boldsymbol{\varphi}\frac{1}{r}\frac{\partial\psi}{\partial\varphi} + \boldsymbol{z}\frac{\partial\psi}{\partial z}$$

$$\nabla \cdot \nabla \psi = \frac{\partial^2 \psi}{\partial r^2} + \frac{1}{r}\frac{\partial \psi}{\partial r} + \frac{1}{r^2}\frac{\partial^2 \psi}{\partial \varphi^2} + \frac{\partial^2 \psi}{\partial z^2}$$

$$\boldsymbol{A} = \boldsymbol{r}A_r + \boldsymbol{\varphi}A_\varphi + \boldsymbol{z}A_z$$

$$\mathrm{div}\boldsymbol{A} = \nabla \cdot \boldsymbol{A} = \frac{1}{r}\frac{\partial}{\partial r}(rA_r) + \frac{1}{r}\frac{\partial A_\varphi}{\partial \varphi} + \frac{\partial A_z}{\partial z}$$

$$\mathrm{rot}\,\boldsymbol{A} = \nabla \times \boldsymbol{A} = \frac{1}{r}\begin{vmatrix} \boldsymbol{r} & r\boldsymbol{\varphi} & \boldsymbol{z} \\ \frac{\partial}{\partial r} & \frac{\partial}{\partial \varphi} & \frac{\partial}{\partial z} \\ A_r & rA_\varphi & A_z \end{vmatrix}$$

$$= \boldsymbol{r}\left(\frac{1}{r}\frac{\partial A_z}{\partial \varphi} - \frac{\partial A_\varphi}{\partial z}\right) + \boldsymbol{\varphi}\left(\frac{\partial A_r}{\partial z} - \frac{\partial A_z}{\partial r}\right) + \boldsymbol{z}\left(\frac{1}{r}\frac{\partial (rA\varphi)}{\partial r} - \frac{1}{r}\frac{\partial A_r}{\partial \varphi}\right)$$

$$\nabla \times \nabla \times \boldsymbol{A} = \boldsymbol{r}\left(-\frac{1}{r^2}\frac{\partial^2 A_r}{\partial \varphi^2} - \frac{\partial^2 A_r}{\partial z^2} + \frac{\partial^2 A_z}{\partial r \partial z} + \frac{1}{r}\frac{\partial^2 A_\varphi}{\partial r \partial \varphi} + \frac{1}{r^2}\frac{\partial A_\varphi}{\partial \varphi}\right) +$$
$$\boldsymbol{\varphi}\left(-\frac{\partial^2 A_\varphi}{\partial z^2} + \frac{1}{r}\frac{\partial^2 A_z}{\partial \varphi \partial z} - \frac{\partial^2 A_\varphi}{\partial r^2} - \frac{1}{r}\frac{\partial A_\varphi}{\partial r} + \frac{A_\varphi}{r^2} -\right.$$
$$\left.\frac{1}{r^2}\frac{\partial A_r}{\partial \varphi} + \frac{1}{r}\frac{\partial^2 A_r}{\partial \varphi \partial r}\right) + \boldsymbol{z}\left(-\frac{\partial^2 A_z}{\partial r^2} - \frac{1}{r^2}\frac{\partial^2 A_z}{\partial \varphi^2} + \frac{\partial^2 A_r}{\partial r \partial z} +\right.$$
$$\left.\frac{1}{r}\frac{\partial^2 A_\varphi}{\partial \varphi \partial z} + \frac{1}{r}\frac{\partial A_r}{\partial z} - \frac{1}{r}\frac{\partial A_z}{\partial r}\right)$$

$$\nabla\nabla \cdot \boldsymbol{A} = \boldsymbol{r}\left(\frac{\partial^2 A_r}{\partial r^2} + \frac{\partial^2 A_z}{\partial r \partial z} + \frac{1}{r}\frac{\partial^2 A_\varphi}{\partial r \partial \varphi} + \frac{1}{r}\frac{\partial A_\varphi}{\partial r} - \frac{1}{r^2}\frac{\partial A_\varphi}{\partial \varphi} - \frac{A_r}{r^2}\right) +$$
$$\boldsymbol{\varphi}\left(\frac{1}{r}\frac{\partial^2 A_z}{\partial \varphi \partial z} + \frac{1}{r^2}\frac{\partial^2 A_\varphi}{\partial \varphi^2} + \frac{1}{r}\frac{\partial^2 A_r}{\partial r \partial \varphi} + \frac{1}{r^2}\frac{\partial A_r}{\partial \varphi}\right) +$$
$$\boldsymbol{z}\left(\frac{\partial^2 A_z}{\partial z^2} + \frac{1}{r}\frac{\partial^2 A_\varphi}{\partial \varphi \partial z} + \frac{\partial^2 A_r}{\partial r \partial z} + \frac{1}{r}\frac{\partial A_r}{\partial z}\right)$$

$$\nabla^2 \boldsymbol{A} = \boldsymbol{r}\left(\nabla^2 A_r - \frac{A_r}{r^2} - \frac{2}{r^2}\frac{\partial A_\varphi}{\partial \varphi}\right) + \boldsymbol{\varphi}\left(\nabla^2 A_\varphi - \frac{A_\varphi}{r^2} + \frac{2}{r^2}\frac{\partial A_r}{\partial \varphi}\right) + \boldsymbol{z}\,\nabla^2 Az$$

单位矢量的偏导数

$$\frac{\partial \boldsymbol{r}}{\partial \varphi} = \boldsymbol{\varphi}, \frac{\partial \boldsymbol{\varphi}}{\partial \varphi} = -\boldsymbol{r}, \frac{\partial \boldsymbol{r}}{\partial r} = \frac{\partial \boldsymbol{r}}{\partial z} = \frac{\partial \boldsymbol{\varphi}}{\partial r} = \frac{\partial \boldsymbol{\varphi}}{\partial z} = \frac{\partial \boldsymbol{z}}{\partial r} = \frac{\partial \boldsymbol{z}}{\partial \varphi} = \frac{\partial \boldsymbol{z}}{\partial z} = 0$$

(3) 球面坐标系　设与球面坐标系（r，θ，φ）坐标变量增大的方向相对应的单位矢量分别为 $\boldsymbol{r}$、$\boldsymbol{\theta}$ 和 $\boldsymbol{\varphi}$。坐标度量系数分别为 $h_1=1$，$h_2=r$，$h_3=r\sin\theta$。

哈密顿算子为

$$\nabla = \boldsymbol{r}\frac{\partial}{\partial r} + \boldsymbol{\theta}\frac{1}{r}\frac{\partial}{\partial \theta} + \boldsymbol{\varphi}\frac{1}{r\sin\theta}\frac{\partial}{\partial \varphi}$$

拉普拉斯算子为

$$\nabla^2 = \left(\frac{\partial^2}{\partial r^2} + \frac{2}{r}\frac{\partial}{\partial r}\right) + \frac{1}{r^2}\left(\frac{\partial^2}{\partial \theta^2} + \cot\theta\frac{\partial}{\partial \theta}\right) + \frac{1}{r^2\sin^2\theta}\frac{\partial^2}{\partial \varphi^2}$$

$$\mathrm{grad}\,\psi = \nabla\psi = \boldsymbol{r}\frac{\partial \psi}{\partial r} + \boldsymbol{\theta}\frac{1}{r}\frac{\partial \psi}{\partial \theta} + \boldsymbol{\varphi}\frac{1}{r\sin\theta}\frac{\partial \psi}{\partial \varphi}$$

$$\nabla \cdot \nabla\psi = \nabla^2\psi = \left(\frac{\partial^2 \psi}{\partial r^2} + \frac{2}{r}\frac{\partial \psi}{\partial r}\right) + \frac{1}{r^2}\left(\frac{\partial^2 \psi}{\partial \theta^2} + \frac{\partial \psi}{\partial \theta}\cot\theta\right) + \frac{1}{r^2\sin^2\theta}\frac{\partial^2 \psi}{\partial \varphi^2}$$

$$\boldsymbol{A} = \boldsymbol{r}A_r + \boldsymbol{\theta}A_\theta + \boldsymbol{\varphi}A_\varphi$$

$$\operatorname{div}\boldsymbol{A}=\nabla\cdot\boldsymbol{A}=\left(\frac{\partial A_r}{\partial r}+\frac{2}{r}A_r\right)+\frac{1}{r}\left(\frac{\partial A_\theta}{\partial\theta}+A_\theta\cot\theta\right)+\frac{1}{r\sin\theta}\frac{\partial A_\varphi}{\partial\varphi}$$

$$\operatorname{rot}\boldsymbol{A}=\nabla\times\boldsymbol{A}=\boldsymbol{r}\,\frac{1}{r}\left(\frac{\partial A_\varphi}{\partial\theta}+A\varphi\cot\theta-\frac{1}{\sin\theta}\frac{\partial A_\theta}{\partial\varphi}\right)+$$
$$\boldsymbol{\theta}\left(\frac{1}{r\sin\theta}\frac{\partial A_r}{\partial\varphi}-\frac{\partial A_\varphi}{\partial r}-\frac{A_\varphi}{r}\right)+\boldsymbol{\varphi}\left(\frac{\partial A_\theta}{\partial r}+\frac{A_\theta}{r}-\frac{1}{r}\frac{\partial A_r}{\partial\theta}\right)$$

$$\nabla\times\nabla\times\boldsymbol{A}=\boldsymbol{r}\left(\frac{1}{r}\frac{\partial^2A_\theta}{\partial r\,\partial\theta}+\frac{1}{r^2}\frac{\partial A_\theta}{\partial\theta}-\frac{1}{r^2}\frac{\partial^2A_r}{\partial\theta^2}+\frac{1}{r\tan\theta}\frac{\partial A_\theta}{\partial r}+\frac{1}{r\tan\theta}\frac{A_\theta}{r}-\right.$$
$$\left.\frac{1}{r^2\tan\theta}\frac{\partial A_r}{\partial\theta}-\frac{1}{r^2\sin^2\theta}\frac{\partial^2A_r}{\partial\varphi^2}+\frac{1}{r\sin\theta}\frac{\partial^2A_\varphi}{\partial r\,\partial\varphi}+\frac{1}{r^2\sin\theta}\frac{\partial A_\varphi}{\partial\varphi}\right)+$$
$$\boldsymbol{\theta}\left(\frac{1}{r^2\sin^2\theta}\frac{\partial^2A_\varphi}{\partial\varphi\,\partial\theta}+\frac{\cos\theta}{r^2\sin^2\theta}\frac{\partial A_\varphi}{\partial\varphi}-\frac{1}{r^2\sin^2\theta}\frac{\partial^2A_\theta}{\partial\varphi^2}-\frac{2}{r}\frac{\partial A_\theta}{\partial r}+\right.$$
$$\left.\frac{1}{r}\frac{\partial^2A_r}{\partial r\,\partial\theta}-\frac{\partial^2A_\theta}{\partial r^2}\right)+\boldsymbol{\varphi}\left(\frac{1}{r\sin\theta}\frac{\partial^2A_r}{\partial\varphi\,\partial r}-\frac{2}{r}\frac{\partial A_\varphi}{\partial r}-\frac{1}{r^2}\frac{\partial^2A_\varphi}{\partial\theta^2}-\frac{\partial^2A_\varphi}{\partial r^2}-\right.$$
$$\left.\frac{1}{r^2\tan\theta}\frac{\partial A_\varphi}{\partial\theta}+\frac{A\varphi}{r^2\sin^2\theta}+\frac{1}{r^2\sin^2\theta}\frac{\partial^2A_\theta}{\partial\theta\,\partial\varphi}-\frac{\cos\theta}{r^2\sin^2\theta}\frac{\partial A_\theta}{\partial\varphi}\right)$$

$$\nabla\nabla\cdot\boldsymbol{A}=\boldsymbol{r}\left(\frac{\partial^2Ar}{\partial r^2}+\frac{2}{r}\frac{\partial A_r}{\partial r}-\frac{2A_r}{r^2}-\frac{A_\theta}{r^2\tan\theta}+\frac{1}{r\tan\theta}\frac{\partial A_\theta}{\partial r}+\frac{1}{r}\frac{\partial^2A_\theta}{\partial\theta\,\partial r}-\right.$$
$$\left.\frac{1}{r^2}\frac{\partial A_\theta}{\partial\theta}+\frac{1}{r\sin\theta}\frac{\partial^2A_\varphi}{\partial\varphi\,\partial r}-\frac{1}{r^2\sin\theta}\frac{\partial A_\varphi}{\partial\varphi}\right)+$$
$$\boldsymbol{\theta}\left(\frac{1}{r}\frac{\partial^2A_r}{\partial r\,\partial\theta}+\frac{2}{r^2}\frac{\partial A_r}{\partial\theta}-\frac{A_\theta}{r^2\sin^2\theta}+\frac{1}{r^2\tan\theta}\frac{\partial A_\theta}{\partial\theta}+\right.$$
$$\left.\frac{1}{r}\frac{\partial^2A_\theta}{\partial\theta^2}+\frac{1}{r^2\sin\theta}\frac{\partial^2A_\varphi}{\partial\varphi\,\partial\theta}-\frac{\cos\theta}{r^2\sin^2\theta}\frac{\partial A_\varphi}{\partial\varphi}\right)+$$
$$\boldsymbol{\varphi}\left(\frac{1}{r\sin\theta}\frac{\partial^2A_r}{\partial r\,\partial\varphi}+\frac{2}{r^2\sin\theta}\frac{\partial A_r}{\partial\varphi}+\frac{\cos\theta}{r^2\sin^2\theta}\frac{\partial A_\theta}{\partial\varphi}+\frac{1}{r^2\sin\theta}\frac{\partial^2A_\varphi}{\partial\varphi\,\partial\theta}+\frac{1}{r^2\sin^2\theta}\frac{\partial^2A_\varphi}{\partial\varphi^2}\right)$$

$$\nabla^2\boldsymbol{A}=\boldsymbol{r}\left(\nabla^2A_r-\frac{2A_r}{r^2}-\frac{2\cot\theta}{r^2}A_\theta-\frac{2}{r^2}\frac{\partial A_\theta}{\partial\theta}-\frac{2}{r^2\sin\theta}\frac{\partial A_\varphi}{\partial\varphi}\right)+$$
$$\boldsymbol{\theta}\left(\nabla^2A_\theta+\frac{2}{r^2}\frac{\partial A_r}{\partial\theta}-\frac{A_\theta}{r^2\sin\theta}-\frac{2\cos\theta}{r^2\sin^2\theta}\frac{\partial A_\varphi}{\partial\varphi}\right)+$$
$$\boldsymbol{\varphi}\left(\nabla^2A_\varphi+\frac{2}{r^2\sin\theta}\frac{\partial A_r}{\partial\varphi}-\frac{1}{r^2\sin^2\theta}A_\varphi+\frac{2\cos\theta}{r^2\sin^2\theta}\frac{\partial A_\theta}{\partial\varphi}\right)$$

单位矢量的偏导数

$$\frac{\partial\boldsymbol{r}}{\partial\theta}=\boldsymbol{\theta}\qquad\frac{\partial\boldsymbol{\theta}}{\partial\theta}=-\boldsymbol{r}\qquad\frac{\partial\boldsymbol{r}}{\partial\varphi}=\boldsymbol{\varphi}\sin\theta\qquad\frac{\partial\boldsymbol{\theta}}{\partial\varphi}=\boldsymbol{\varphi}\cos\theta$$

$$\frac{\partial\boldsymbol{\varphi}}{\partial\varphi}=-(\boldsymbol{r}\sin\theta+\boldsymbol{\theta}\cos\theta),\quad\frac{\partial\boldsymbol{r}}{\partial r}=\frac{\partial\boldsymbol{\theta}}{\partial r}=\frac{\partial\boldsymbol{\varphi}}{\partial r}=\frac{\partial\boldsymbol{\varphi}}{\partial\theta}=0$$

（四）直角坐标与圆柱坐标、球面坐标之间的关系

（1）直角坐标与圆柱坐标之间的关系：

$$x=r\cos\varphi\qquad y=r\sin\varphi\qquad z=z\qquad r=\sqrt{x^2+y^2}$$

$$\varphi=\arctan\frac{y}{x}=\arcsin\frac{y}{\sqrt{x^2+y^2}}=\arccos\frac{x}{\sqrt{x^2+y^2}}$$

$$\boldsymbol{x} = \boldsymbol{r}\cos\varphi - \boldsymbol{\varphi}\sin\varphi \qquad \boldsymbol{y} = \boldsymbol{r}\sin\varphi + \boldsymbol{\varphi}\cos\varphi \qquad \boldsymbol{z} = \boldsymbol{z}$$

$$\boldsymbol{r} = \boldsymbol{x}\cos\varphi + \boldsymbol{y}\sin\varphi \qquad \boldsymbol{\varphi} = -\boldsymbol{x}\sin\varphi + \boldsymbol{y}\cos\varphi \qquad \boldsymbol{z} = \boldsymbol{z}$$

(2) 直角坐标与球面坐标之间的关系：

$$x = r\sin\theta\cos\varphi \qquad y = r\sin\theta\sin\varphi \qquad z = r\cos\theta \qquad r = \sqrt{x^2 + y^2 + z^2}$$

$$\theta = \arccos\frac{z}{\sqrt{x^2 + y^2 + z^2}} = \arcsin\frac{\sqrt{x^2 + y^2}}{\sqrt{x^2 + y^2 + z^2}}$$

$$\varphi = \arctan\frac{y}{x} = \arcsin\frac{y}{\sqrt{x^2 + y^2}} = \arccos\frac{x}{\sqrt{x^2 + y^2}}$$

$$\boldsymbol{x} = \boldsymbol{r}\sin\theta\cos\varphi + \boldsymbol{\theta}\cos\theta\cos\varphi - \boldsymbol{\varphi}\sin\varphi$$

$$\boldsymbol{y} = \boldsymbol{r}\sin\theta\sin\varphi + \boldsymbol{\theta}\cos\theta\sin\varphi + \boldsymbol{\varphi}\cos\varphi$$

$$\boldsymbol{z} = \boldsymbol{r}\cos\theta - \boldsymbol{\theta}\sin\theta$$

$$\boldsymbol{r} = \boldsymbol{x}\sin\theta\cos\varphi + \boldsymbol{y}\sin\theta\sin\varphi + \boldsymbol{z}\cos\theta$$

$$\boldsymbol{\theta} = \boldsymbol{x}\cos\theta\cos\varphi + \boldsymbol{y}\cos\theta\sin\varphi - \boldsymbol{z}\sin\theta$$

$$\boldsymbol{\varphi} = -\boldsymbol{x}\sin\varphi + \boldsymbol{y}\cos\varphi$$

(五) 常用的贝塞尔(Bessel)函数公式

$\mathrm{J}_m(x)$和 $\mathrm{N}_m(x)$分别称为第一类和第二类 m 阶贝塞尔函数(第二类也称为诺依曼函数)；$\mathrm{I}_m(x)$ 和 $\mathrm{K}_m(x)$分别称为第一类和第二类 m 阶变态贝塞尔函数。设 m 为整数。

(1) $\mathrm{J}_m(x)$的常用公式：

$$\mathrm{J}_{-m}(x) = (-1)^m \mathrm{J}_m(x)$$

$$\frac{\mathrm{d}}{\mathrm{d}x}[x^m \mathrm{J}_m(x)] = x^m \mathrm{J}_{m-1}(x)$$

$$\frac{\mathrm{d}}{\mathrm{d}x}[x^{-m} \mathrm{J}_m(x)] = -x^{-m} \mathrm{J}_{m+1}(x)$$

$$\mathrm{J}'_m(x) = \mathrm{J}_{m-1}(x) - \frac{m\mathrm{J}_m(x)}{x}$$

$$\mathrm{J}'_m(x) = \frac{m\mathrm{J}_m(x)}{x} - \mathrm{J}_{m+1}(x)$$

$$\mathrm{J}_{m-1}(x) + \mathrm{J}_{m+1}(x) = \frac{2m}{x}\mathrm{J}_m(x)$$

$$\mathrm{J}_{m-1}(x) - \mathrm{J}_{m+1}(x) = 2\mathrm{J}'_m(x)$$

当 $x \to 0$ 时

$$\mathrm{J}_m(x) \approx \frac{1}{m!}\left(\frac{x}{2}\right)^m \qquad m \neq 0$$

当 $x \to \infty$时

$$\mathrm{J}_m(x) \approx \sqrt{\frac{2}{\pi x}}\cos\left(x - \frac{2m+1}{4}\pi\right)$$

(2) $\mathrm{N}_m(x)$的常用公式：

$$\mathrm{N}_{-m}(x) = (-1)^m \mathrm{N}_m(x)$$

$$\frac{\mathrm{d}}{\mathrm{d}x}[x^m \mathrm{N}_m(x)] = x^m \mathrm{N}_{m-1}(x)$$

$$\frac{\mathrm{d}}{\mathrm{d}x}[x^{-m}\,\mathrm{N}_m(x)] = -\,x^{-m}\,\mathrm{N}_{m+1}(x)$$

$$\mathrm{N}'_m\ (x) = \mathrm{N}_{m-1}(x) - \frac{m\mathrm{N}_m(x)}{x}$$

$$\mathrm{N}'_m\ (x) = \frac{m\mathrm{N}_m(x)}{x} - \mathrm{N}_{m+1}(x)$$

$$\mathrm{N}_{m-1}(x) + \mathrm{N}_{m+1}(x) = \frac{2m}{x}\mathrm{N}_m(x)$$

$$\mathrm{N}_{m-1}(x) - \mathrm{N}_{m+1}(x) = 2\mathrm{N}'_m(x)$$

当 $x\rightarrow 0$ 时

$$\mathrm{N}_0(x) \approx \frac{2}{\pi}\left(\ln\frac{x}{2} - 1\right)$$

$$\mathrm{N}_m(x) \approx -\frac{(m-1)!}{\pi}\left(\frac{x}{2}\right)^m \qquad m \neq 0$$

当 $x\rightarrow\infty$ 时

$$\mathrm{N}_m(x) \approx \sqrt{\frac{2}{\pi x}}\sin\left(x - \frac{2m+1}{4}\pi\right)$$

（3）$\mathrm{I}_m(x)$的常用公式：

$$\mathrm{I}_{-m}(x) = \mathrm{I}_m(x)$$

$$\frac{\mathrm{d}}{\mathrm{d}x}[x^m\mathrm{I}_m(x)] = x^m\mathrm{I}_{m-1}(x)$$

$$\frac{\mathrm{d}}{\mathrm{d}x}[x^{-m}\,\mathrm{I}(x)] = x^{-m}\,\mathrm{I}_{m+1}(x)$$

$$\mathrm{I}'_m\ (x) = \mathrm{I}_{m-1}(x) - \frac{m}{x}\mathrm{I}_m(x)$$

$$\mathrm{I}'_m\ (x) = \frac{m}{x}\mathrm{I}_m(x) + \mathrm{I}_{m+1}(x)$$

$$\mathrm{I}_{m-1}(x) - \mathrm{I}_{m+1}(x) = \frac{2m}{x}\mathrm{I}_m(x)$$

$$\mathrm{I}_{m-1}(x) + \mathrm{I}_{m+1}(x) = 2\mathrm{I}'_m(x)$$

当 $x\rightarrow 0$ 时

$$\mathrm{I}_m(x) \approx \frac{1}{m!}\left(\frac{x}{2}\right)^m \qquad m \neq 0$$

当 $x\rightarrow\infty$ 时

$$\mathrm{I}_m(x) \approx \sqrt{\frac{1}{2\pi x}}\ \mathrm{e}^x$$

（4）$\mathrm{K}_m(x)$的常用公式：

$$\mathrm{K}_{-m}(x) = \mathrm{K}_m(x)$$

$$\frac{\mathrm{d}}{\mathrm{d}x}[x^m\mathrm{K}_m(x)] = -\,x^m\mathrm{K}_{m-1}(x)$$

$$\frac{\mathrm{d}}{\mathrm{d}x}[x^{-m}\,\mathrm{K}_m(x)] = -\,x^{-m}\,\mathrm{K}_{m+1}(x)$$

$$K'_m(x)=\frac{m}{x}K_m(x)-K_{m+1}(x)$$

$$K'_m(x)=-\frac{m}{x}K_m(x)-K_{m-1}(x)$$

$$K'_m(x)=-\frac{1}{2}[K_{m-1}(x)+K_{m+1}(x)]$$

$$K_{m+1}(x)-K_{m-1}(x)=\frac{2m}{x}K_m(x)$$

当 $x\to 0$ 时

$$K_0(x)\approx \ln\left(\frac{2}{\gamma x}\right)\qquad \gamma=1.781(\text{欧拉常数})$$

$$K_m(x)\approx\frac{(m-1)!}{2}\left(\frac{2}{x}\right)^m\qquad m\neq 0$$

又

$$\frac{K_{m-1}(x)}{xK_m(x)}\approx\ln\left(\frac{2}{\gamma x}\right)\qquad m=1$$

$$\frac{K_{m-1}(x)}{xK_m(x)}\approx\frac{1}{2(m-1)}\qquad m\geqslant 2$$

当 $x\to\infty$ 时

$$K_m(x)\approx\sqrt{\frac{\pi}{2x}}\,e^{-x}$$

$$\frac{K_{m-1}(x)}{xK_m(x)}\approx\frac{1}{x}$$

(5) 贝塞尔函数的积分公式:

$$\int_0^a J_m^2(Kx)x\,dx=\frac{a^2}{2}\left[J_m'^2(Ka)+\left(1-\frac{m^2}{K^2a^2}\right)J_m^2(Ka)\right]$$

$$\int_0^a\left[J_m'^2(Kx)+\frac{m^2}{K^2x^2}J_m^2(Kx)\right]x\,dx=$$

$$\frac{a^2}{2}\left[J_m'^2(Ka)+\frac{2m}{Ka}J_m(Ka)J_m'(Ka)+\left(1-\frac{m^2}{K^2a^2}\right)J_m^2(Ka)\right]$$

$$\int_0^a J_{m-1}(Kx)J_m(Kx)x^{2m}\,dx=\frac{a^{2m}}{2K}J_m^2(Ka)$$

$$\int_0^a J_1^2(Kx)x\,dx=\frac{a}{2}[J_1^2(Ka)-J_0(Ka)J_2(Ka)]$$

$$\int_a^\infty xK_m^2(Kx)\,dx=\frac{a^2}{2}[K_{m-1}(Ka)K_{m+1}(Ka)-K_m^2(Ka)]$$

$$\int_0^a x^mK_{m-1}(x)\,dx=-a^mK_m(a)$$

$$\int_0^a x^{-m}K_{m+1}(x)\,dx=-a^{-m}K_m(a)$$

附录二　奈培和分贝

传播常数 $r=\alpha+j\beta$，α 为衰减常数，它表示传输线单位长度上的衰减量，用 Np/m（奈培/米）或 dB/m（分贝/米）来度量。β 为相移常数，它表示传输线单位长度上波的相位变化量，用 rad/m（弧度/米）来度量。奈培和分贝是经常使用的单位，现以传输线为例，作一简要的介绍。

设传输线上某一参考位置电压的振幅值为 $U(0)$，相应的功率为 $P(0)$，经过一段距离 z 之后，电压的振幅值变为 $U(z)$，相应的功率为 $P(z)$，则取 $\ln\dfrac{U(z)}{U(0)}$ 作为衰减程度的度量，并规定，当 $\ln\dfrac{U(z)}{U(0)}=-1$ 时，即 $U(z)$ 衰减到 $U(0)$ 的 $1/e(e\approx2.718\,23)$ 时，就称为衰减了 1 奈培（Np），显然，当 $\dfrac{1}{2}\ln\dfrac{P(z)}{P(0)}=-1$ 时，即 $P(z)$ 衰减到 $P(0)$ 的 $1/e^2$ 时，其衰减量也是 1 奈培；若取 $20\lg\dfrac{U(z)}{U(0)}$ 作为衰减程度的度量，则规定，当 $20\lg\dfrac{U(z)}{U(0)}=-1$ 时，即 $U(z)$ 衰减到 $U(0)$ 的大约 $1/1.222=0.891\,3$ 时，就称为衰减了 1 分贝（dB），显然，当 $10\lg\dfrac{P(z)}{P(0)}=-1$ 时，其衰减量也是 1dB。奈培与分贝之间的换算关系为

$$1\ \text{dB}=\frac{\ln 10}{20}\ \text{Np}=0.115\,129\ \text{Np}$$

或　　$1\ \text{Np}=8.685\,9\ \text{dB}$。

以上所述是以传输线上的电压和功率为例来说明如何衡量衰减量的大小，并由此引入了奈培和分贝的概念。实际上，这两个概念的应用范围并不仅限于此，而是比较广泛的。例如，一般地，设有两个同类的量，其振幅值分别为 F_1 和 F_2，为了对比，通常采用 $\ln\dfrac{F_2}{F_1}$ 或 $20\lg\dfrac{F_2}{F_1}$（称为两个量的级差）作为衡量的标准。当 $F_2<F_1$ 时，级差为负（表示衰减）；当 $F_2>F_1$ 时，级差为正（表示增大、增益）。并规定，当 $\ln\dfrac{F_2}{F_1}=\pm1$ 时，称两个量的级差为 1Np；当 $20\lg\dfrac{F_2}{F_1}=\pm1$ 时，称两个量的级差为 1 dB。例如，若 F_1 和 F_2 分别表示电压 U_1 和 U_2 的振幅值（或电流 I_1 和 I_2、场强振幅值 E_1 和 E_2、功率 P_1 和 P_2），则

$$N=\ln\frac{U_2}{U_1}\ \text{Np}$$

或　$N=\ln\dfrac{I_2}{I_1}\ \text{Np},\ N=\ln\dfrac{E_2}{E_1}\ \text{Np},\ N=\dfrac{1}{2}\ln\dfrac{P_2}{P_1}\text{Np}$，以及　$D=20\lg\dfrac{U_2}{U_1}\ \text{dB}$。

或　$D=20\lg\dfrac{I_2}{I_1}\ \text{dB}$，　$D=20\lg\dfrac{E_2}{E_1}\ \text{dB}$，　$D=10\lg\dfrac{P_2}{P_1}\ \text{dB}$。

奈培和分贝都是无量纲的对数计数单位。“奈培（Np）”是以自然对数的发明者 John Napier 的名字而命名的。“分贝（dB）”的英文名称为 decibel（十分之一贝），其词头取自拉丁文 decimus，意思是十分之一。“贝”是贝尔（Bel）的简称，是以电话的发明者 A · G · Bell 的名字

而命名的对数计数单位。若 F_1 和 F_2 分别表示功率 P_1 和 P_2，则贝尔的定义为

$$B = \lg \frac{P_2}{P_1} \quad \text{Bel}$$

在实际应用中，贝尔这个计数单位显得太大，使用不便，因此常取其十分之一(dB)作为计数单位，即

$$D = 10 \lg \frac{P_2}{P_1} \quad \text{dB}$$

一般地，在理论推导和计算中采用奈培比较方便，而在工程计算和测量中，目前大都习惯于采用分贝。顺便指出，在声学中也常用到奈培和分贝这两个计数单位，这里不再赘述。

附录三　常用导体材料的特性

材料	电导率 σ_1/ ($S\cdot m^{-1}$)	磁导率 μ_1/ ($H\cdot m^{-1}$)	趋肤深度 δ/m	表面电阻率 R_S/ ($\Omega/\square$)
银	6.17×10^7	$4\pi\times10^{-7}$	$0.0642/\sqrt{f}$	$2.5246\times10^{-7}\sqrt{f}$
铜	5.80×10^7	$4\pi\times10^{-7}$	$0.0660/\sqrt{f}$	$2.6100\times10^{-7}\sqrt{f}$
金	4.10×10^7	$4\pi\times10^{-7}$	$0.0786/\sqrt{f}$	$3.1801\times10^{-7}\sqrt{f}$
铝	3.72×10^7	$4\pi\times10^{-7}$	$0.0882/\sqrt{f}$	$3.2701\times10^{-7}\sqrt{f}$
黄铜(90%)	2.41×10^7	$4\pi\times10^{-7}$	$0.1025/\sqrt{f}$	$4.0486\times10^{-7}\sqrt{f}$
钨	1.78×10^7	$4\pi\times10^{-7}$	$0.1193/\sqrt{f}$	$4.7081\times10^{-7}\sqrt{f}$
钼	1.76×10^7	$4\pi\times10^{-7}$	$0.1200/\sqrt{f}$	$4.7348\times10^{-7}\sqrt{f}$
锌	1.70×10^7	$4\pi\times10^{-7}$	$0.1221/\sqrt{f}$	$4.8170\times10^{-7}\sqrt{f}$
黄铜(70%)	1.45×10^7	$4\pi\times10^{-7}$	$0.1322/\sqrt{f}$	$5.2576\times10^{-7}\sqrt{f}$
镍	1.28×10^7		$0.1407/\sqrt{f}$	$5.5556\times10^{-7}\sqrt{f}$
铁	0.9999×10^7		$0.1592/\sqrt{f}$	$6.2814\times10^{-7}\sqrt{f}$
钢	$(0.5\sim1.0)\times10^7$		$(0.2251\sim0.1592)/\sqrt{f}$	$(8.8810\sim6.2814)\times10^{-7}\sqrt{f}$
铂	0.94×10^7	$4\pi\times10^{-7}$	$0.1642/\sqrt{f}$	$6.4809\times10^{-7}\sqrt{f}$
锡	0.87×10^7	$4\pi\times10^{-7}$	$0.1706/\sqrt{f}$	$6.7385\times10^{-7}\sqrt{f}$
铬	0.77×10^7		$0.1814/\sqrt{f}$	$7.1582\times10^{-7}\sqrt{f}$
钽	0.64×10^7	$4\pi\times10^{-7}$	$0.1989/\sqrt{f}$	$7.2886\times10^{-7}\sqrt{f}$
石墨	0.01×10^7	$4\pi\times10^{-7}$	$1.5915/\sqrt{f}$	$62.8931\times10^{-7}\sqrt{f}$

注：f 是频率，单位为 Hz。

附录四　常用介质基片材料的高频特性

电性能 / 材料	ε_r	tan $\delta\times10^{-4}$ (10 GHz)	表面粗糙度/μm	热传导率 K/($W\cdot cm^{-2}\cdot C^{-1}$)	介质强度/($kV\cdot cm^{-1}$)	机械强度
氧化铝(99.5%)瓷	10	1～2	2～8	0.3	4×10^3	良好
氧化铝(96%)瓷	9	6	20	0.28	4×10^3	良好
氧化铝(85%)瓷	8	15	50	0.20	4×10^3	良好
蓝宝石(氧化铝 100%)	11	1	1	0.4	4×10^3	良好
玻璃	5	20	1	0.01		差
石英(99.9%)	3.8	1	1	0.01	10×10^3	稍差
氧化铍(95%～99%)	6	1	2～50	2.5		良好
金红石(TiO_2)	100	4	10～100	0.02		良好
铁氧体/石榴石	13～16	2	10	0.03	4×10^3	良好
砷化镓	13	6	1	0.3	350	良好
硅	12	10～100	1	0.9	300	良好
聚苯乙烯	2.55	7	1	0.001	≈300	良好
聚乙烯	2.26	5	1	0.001	≈300	良好
聚四氟乙烯	2.1	4	1	0.001	≈300	良好
空气	1	≈0		0.000 24	30	

附录五　微带线常用导体材料的特性

特性 / 材料	相对于铜的直流电阻	趋肤深度 δ/μm (2GHz 时)	表面电阻率/ (Ω/□)$\times10^{-7}\sqrt{f/Hz}$	热膨胀系数/$10^{-6}K^{-1}$	对基片的黏附性	沉积方法注
银(Ag)	0.95	1.4	2.5	21	差	E,Sc
铜(Cu)	1.0	1.5	2.6	18	很差	E,P
金(Au)	1.36	1.7	3.0	15	很差	E,P
铝(Al)	1.60	1.9	3.3	26	很差	E
钨(W)	3.20	2.6	4.7	4.6	好	Sp
钼(Mo)	3.3	2.7	4.7	6.0	好	Sp
铬(Cr)	7.6	4.0	7.2	9.0	好	E
钽(Ta)	9.1	4.4	7.9	6.6	很好	Sp

注:E=真空蒸发;Sp=溅射;p=电镀;Sc=印制和烧结。

附录六 空心矩形和圆形金属波导管参数

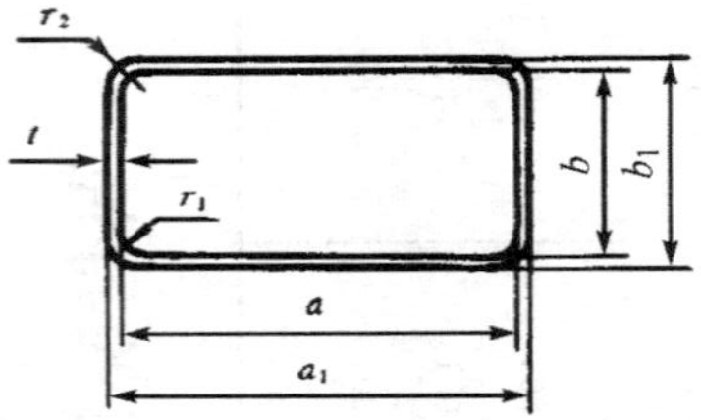

表（一） 普 通 矩 形 波 导 管 参 数

型号名称	型号[1) 名称 153IEC－	主模频率范围 /GHz		内 截 面				基本厚度 $t^{1)}$	外截面					衰减/（dB·m^{-1}）		
		从	到	基本宽度 a	基本高度 b	宽和高的偏差（±）	圆角最大直径 r_1		基本宽度 a_1	基本高度 b_1	宽和高的偏差（±）	圆角直径 r_2 最小值	圆角直径 r_2 最大值	频率 /GHz	理论值	最大值
BJ3	R3	0.32	0.49	584.2	292.10		1.5							0.385	0.000 78	
BJ4	R4	0.35	0.53	533.4	266.70	待	1.5			待 定				0.422	0.000 90	0.001 0
BJ5	R5	0.41	0.62	457.2	228.60		1.5							0.49	0.001 13	0.001 2
BJ6	R6	0.49	0.75	381.0	190.50		1.5							0.59	0.001 49	0.001 5
BJ8	R8	0.64	0.98	292.10	146.05	定	1.5							0.77	0.002 21	0.002 0
BJ9	R9	0.76	1.15	247.65	123.82		1.2							0.91	0.002 83	0.003 0
BJ12	R12	0.96	1.46	195.58	97.79		1.2	2.030	169.16	86.61	0.20	1	1.5	1.15	0.004 05	0.004 0
BJ14	R14	1.13	1.73	165.10	82.55	0.33	1.2	2.030	133.60	68.83	0.20	1	1.5	1.36	0.005 22	0.005 0
BJ18	R18	1.45	2.20	129.54	64.77	0.26	1.2	2.030	113.28	58.67	0.20	1	1.5	1.74	0.007 48	0.007 0
BJ22	R22	1.72	2.61	109.22	54.61	0.22	1.2	2.030	90.42	47.24	0.17	1	1.5	2.06	0.009 67	0.010 0
BJ26	R26	2.17	3.30	86.36	43.18	0.17	1.2	2.030	76.20	38.10	0.14	1	1.5	2.60	0.001 38	0.013 0
BJ32	R32	2.60	3.95	72.14	34.04	0.14	1.2	1.625	61.42	32.33	0.12	0.8	1.3	3.12	0.018 80	0.018 0

续表

型号名称	型号[1]名称 153IEC-	主模频率范围 /GHz		内截面				基本厚度 t[1]	外截面					衰减/（dB·m⁻¹）		
		从	到	基本宽度 a	基本高度 b	宽和高的偏差（±）	圆角最大直径 r_1		基本宽度 a_1	基本高度 b_1	宽和高的偏差（±）	圆角直径 r_2 最小值	圆角直径 r_2 最大值	频率 /GHz	理论值	最大值
BJ40	R40	3.22	4.90	58.17	29.08	0.12	1.2	1.625	50.80	25.40	0.10	0.8	1.3	3.87	0.024 9	0.024
BJ48	R48	3.94	5.99	47.549	22.149	0.095	0.8	1.625	43.64	23.44	0.08	0.8	1.3	4.37	0.035 4	0.032
BJ58	R58	4.64	7.05	40.386	20.193	0.081	0.8	1.625	38.10	19.05	0.08	0.8	1.3	5.57	0.043 0	0.046
BJ70	R70	5.38	8.17	34.849	15.799	0.070	0.8	1.625	31.75	15.88	0.05	0.8	1.3	6.45	0.057 5	0.056
BJ84	R84	6.57	9.99	28.499	12.624	0.057	0.8	1.270	25.40	12.70	0.50	0.65	1.15	7.89	0.079 1	0.075
BJ100	R100	8.20	12.5	22.860	10.160	0.046	0.8	1.270	21.59	12.06	0.50	0.65	1.15	9.84	0.110	0.103
BJ120	R120	9.84	15.0	19.050	9.525	0.038	0.8	1.015	17.83	9.93	0.05	0.5	1.0	11.8	0.133	0.143
BJ140	R140	11.9	18.0	15.799	7.899	0.031	0.4	1.015	14.99	8.51	0.05	0.5	1.0	14.2	0.176	
BJ180	R180	14.5	22.0	12.954	6.477	0.026	0.4	1.015	17.70	6.35	0.05	0.5	1.0	17.4	0.236	
BJ220	R220	17.6	26.7	10.668	4.318	0.021	0.4	1.015	10.67	6.35	0.05	0.5	1.0	21.1	0.368	
BJ260	R260	21.7	33.0	8.636	4.318	0.020	0.4	1.015	9.14	5.59	0.05	0.5	1.0	26.0	0.436	
BJ320	R320	26.3	40.0	7.112	3.556	0.020	0.4	1.015	7.72	4.88	0.05	0.5	1.0	31.6	0.583	
BJ400	R400	32.9	50.1	5.690	2.845	0.020	0.3	1.015	6.81	4.42	0.05	0.5	1.0	39.5	0.815	
BJ500	R500	39.2	59.6	4.775	2.388	0.020	0.3	1.015	5.79	3.91	0.05	0.5	1.0	47.1	1.058	
BJ620	R620	49.8	75.8	3.759	1.880	0.020	0.2	1.015	5.13	3.58	0.05	0.5	1.0	59.8	1.52	待
BJ740	R740	60.5	91.9	3.0988	1.5494	0.0127[2]	0.15	1.015	4.57	3.30	0.05	0.5	1.0	72.6	2.02	
BJ900	R900	73.8	112	2.5400	1.2700	0.0127[2]	0.15	0.760	3.556	2.540	0.025	0.5	0.8	88.5	2.73	
BJ1200	R1200	92.2	140	2.0320	1.0160	0.0076[2]	0.15	0.760	3.175	2.350	0.025	0.5	0.8	110.7	3.81	定
BJ1400	R1400	113	173	1.6510	0.8255	0.0064[2]	0.038[2]	0.760	2.819	2.172	0.025	0.5	0.8	136.2	5.21	
BJ1800	R1800	145	220	1.2954	0.6477	0.0064[2]	0.038[2]	0.760	2.616	2.070	0.025	0.5	0.8	173.6	7.49	
BJ2200	R2200	172	261	1.0922	0.5461	0.0051[2]	0.038[2]	0.760	2.388	1.956	0.025	0.5	0.8	205.9	9.68	
BJ2600	R2600	217	330	0.8636	0.4318	0.0051[2]	0.038[2]							260.2	13.76	

注：B 为国产波导的字母代号，J 表示普通矩形；153IEC 为国际电工委员会标准（153 为编号），R 表示普通矩形，波导型号中的数字表示在（主模）工作频率范围内几何平均频率是 100MHz 的多少倍（大约值）。表中注有 1）者，表示仅供参考，注有 2）者，表示此数据符合国家标准中对该型号波导的（特殊）规定值；波导管尺寸以 mm 计。

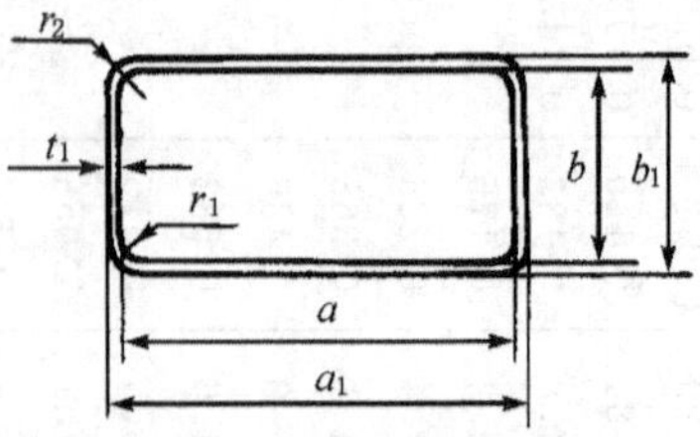

表(二)　扁矩形波导管参数

型号名称	型号名称1) 153IEC-	主模时的频率范围/GHz		内截面				基本壁厚 t 1)
		从	到	基本宽度 a	基本高度 b	宽度与高度的公差(±)	圆角的最大半径 r_1	
BB22	F22	1.72	2.61	109.22	13.100	0.110	1.2	2.030
BB26	F26	2.17	3.30	86.36	10.400	0.086	1.2	2.030
BB32	F32	2.60	3.95	72.14	8.600	0.072	1.2	2.030
BB40	F40	3.22	4.90	58.17	7.000	0.058	1.2	1.625
BB48	F48	3.94	5.99	47.55	5.700	0.048	0.8	1.625
BB58	F58	4.64	7.05	40.39	5.000	0.040	0.8	1.625
BB70	F70	5.38	8.17	34.85	5.000	0.035	0.8	1.625
BB84	F84	6.57	9.99	28.499	5.000	0.028	0.8	1.625

外截面					衰减/(dB·m^{-1})		
基本宽度 a_1	基本高度 b_1	高度与宽度的公差(±)	圆角半径 最大	圆角半径 最小	频率/GHz	理论值	最大值
113.28	17.16	0.22	1	1.5	2.06	0.030 18	0.039
90.42	14.46	0.17	1	1.5	2.61	0.043 93	0.056
76.20	12.66	0.14	1	1.5	3.12	0.056 76	0.074
61.42	10.25	0.12	0.8	1.3	3.87	0.077 65	0.101
50.80	8.95	0.095	0.8	1.3	4.73	0.105 07	0.137
43.64	8.25	0.081	0.8	1.3	5.57	0.130 66	0.170
38.10	8.25	0.070	0.8	13	6.46	0.143 9	0.181
31.75	8.25	0.057	0.8	1.3	7.89	0.165 1	0.215

注：国产波导型号中的第 2 个字母 B 表示扁矩形；IEC 标准中的 F 表示扁矩形；注有 1)者表示仅供参考。型号中的数字，其意义同表(一)注；波导管尺寸以 mm 计。

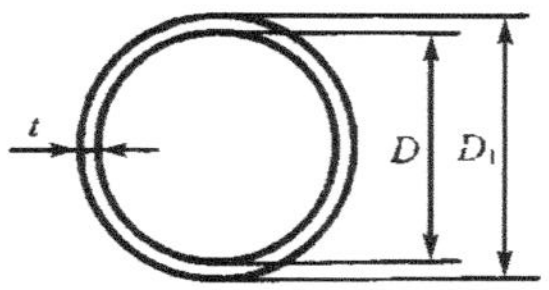

表(三) 圆 波 导 管 参 数 (优 先 值)

型号名称	型号名称1) 153 IEC -	频率范围/GHz		各模的截止频率/GHz					内 截 面			基本厚度 t1)	外 截 面		在 $TE_{11}(H_{11})$ 模时的衰减/(dB · m^{-1})		
		TE_{11} (H_{11})	TE_{01} (E_{11})	TE_{01}(E_{11})	TM_{01} (E_{01})	TE_{21} (H_{21})	TE_{01} (H_{01})	TE_{02} (H_{02})	基本直径 D	偏差 (±)	椭圆率		基本直径 D_1	偏差 (±)	频率 /GHz	理论值	最大值
BY3. 3	C3. 3	0. 312～0. 427	0. 683～0. 940	0. 27	0. 35	0. 45	0. 56	1. 03	647. 9	0. 65	0. 001				0. 325	0. 000 67	0. 000 9
BY4	C4	0. 365～0. 500	0. 799～1. 100	0. 32	0. 41	0. 53	0. 66	1. 21	553. 5	0. 55	0. 001				0. 380	0. 000 85	0. 001 1
BY4. 5	C4. 5	0. 427～0. 586	0. 936～1. 290	0. 37	0. 48	0. 62	0. 77	1. 42	472. 8	0. 47	0. 001				0. 446	0. 001 08	0. 001 4
BY5. 3	C5. 3	0. 500～0. 686	1. 100～1. 510	0. 43	0. 57	0. 72	0. 90	1. 66	403. 9	0. 40	0. 001				0. 522	0. 001 37	0. 001 8
BY6. 2	C6. 2	0. 586～0. 803	1. 280～1. 770	0. 51	0. 66	0. 84	1. 06	1. 94	345. 1	0. 35	0. 001				0. 611	0. 001 74	0. 0023
BY7	C7	0. 686～0. 939	1. 500～2. 070	0. 60	0. 78	0. 79	1. 24	2. 27	294. 79	0. 30	0. 001		待定		0. 715	0. 002 19	0. 002 9
BY8	C8	0. 803～1. 100	1. 760～2. 420	0. 70	0. 91	1. 16	1. 45	2. 66	251. 84	0. 25	0. 011				0. 838	0. 002 78	0. 003 6
BY10	C10	0. 939～1. 290	2. 060～2. 830	0. 82	1. 07	1. 35	1. 70	3. 11	215. 14	0. 22	0. 001				0. 980	0. 003 52	0. 004 6
BY12	C12	1. 100～1. 510	2. 410～3. 310	0. 96	1. 25	1. 59	1. 99	3. 64	183. 77	0. 18	0. 001				1. 147	0. 004 47	0. 005 3
BY14	C14	1. 290～1. 760	2. 820～3. 880	1. 12	1. 46	1. 86	2. 33	4. 26	157. 00	0. 16	0. 001				1. 343	0. 005 64	0. 007 3
BY16	C16	1. 510～2. 070	3. 300～4. 540	1. 31	1. 71	2. 17	2. 73	4. 99	134. 11	0. 13	0. 001				1. 572	0. 007 15	0. 009 3
BY18	C18	1. 760～2. 420	3. 860～5. 320	1. 53	2. 00	2. 54	3. 19	5. 84	114. 58	0. 11	0. 001	3. 30	121. 20	0. 13	1. 841	0. 009 06	0. 012
BY22	C22	2. 070～2. 830	4. 520～6. 220	1. 79	2. 34	2. 98	3. 74	6. 84	97. 87	0. 10	0. 001	3. 30	104. 50	0. 11	2. 154	0. 011 5	0. 015
BY25	C25	2. 420～3. 310	5. 290～7. 280	2. 10	2. 74	3. 49	4. 37	8. 01	83. 62	0. 08	0. 001	3. 30	90. 20	0. 11	2. 521	0. 014 0	0. 018
BY30	C30	2. 830～3. 880	6. 190～8. 530	2. 46	3. 21	4. 08	5. 12	9. 37	71. 42	0. 07	0. 001	3. 30	78. 030	0. 095	2. 952	0. 018 4	0. 024
BY35	C35	3. 310～4. 540	7. 250～9. 980	2. 88	3. 76	4. 77	5. 99	11. 0	61. 04	0. 06	0. 001	3. 30	67. 640	0. 095	3. 455	0. 023 3	0. 030
BY40	C40	3. 890～5. 330	8. 510～11. 700	3. 38	4. 41	5. 61	7. 03	12. 9	51. 99	0. 05	0. 001	2. 54	57. 070	0. 095	4. 056	0. 029 7	0. 039
BY48	C48	4. 540～6. 230	9. 950～13. 700	3. 95	5. 16	6. 56	8. 23	15. 1	44. 450	0. 044	0. 001	2. 54	49. 530	0. 080	4. 744	0. 037 5	0. 049
BY56	C56	5. 300～7. 270	11. 600～16. 00	4. 61	6. 02	7. 65	9. 60	17. 6	38. 100	0. 038	0. 001	2. 03	42. 160	0. 080	5. 534	0. 047 3	0. 062

续表

型号名称	型号名称[1)]153 IEC-	频率范围/GHz		各模的截止频率/GHz					内截面			基本厚度 $t^{1)}$	外截面		在 $TE_{11}(H_{11})$ 模时的衰减/(dB·m^{-1})		
		TE_{11} (H_{11})	TE_{01} (E_{11})	$TE_{01}(E_{11})$	TM_{01} (E_{01})	TE_{21} (H_{21})	TE_{01} (H_{01})	TE_{02} (H_{02})	基本直径 D	偏差 (±)	椭圆率		基本直径 D_1	偏差 (±)	频率 /GHz	理论值	最大值
BY65	C65	6.210～8.510	13.600～18.700	5.40	7.05	8.96	11.2	20.6	32.537	0.033	0.011	2.03	36.600	0.080	6.480	0.059 9	0.078
BY76	C76	7.270～9.970	15.900～21.900	6.32	8.26	10.5	13.2	24.1	27.788	0.028	0.001	1.65	31.090	0.080	7.588	0.075 9	0.099
BY89	C89	8.490～11.600	18.600～25.600	7.37	9.03	12.2	15.3	28.1	23.825	0.024	0.001	1.65	27.127	0.065	8.850	0.095 6	0.124
BY104	C104	9.97～13.700	21.900～30.100	8.68	11.3	14.4	18.1	33.1	20.244	0.020	0.001	1.270	22.784	0.065	10.42	0.122 0	0.150
BY120	C120	11.600～15.900	25.300～34.900	10.0	13.1	16.7	20.9	38.3	17.415	0.017	0.001	1.270	20.015	0.065	12.07	0.152 4	0.150
BY140	C140	13.400～18.400	29.300～40.400	11.6	15.2	19.3	24.2	44.4	15.088	0.015	0.001	1.015	17.120	0.055	13.98	0.189 3	
BY165	C165	15.900～21.800	34.800～48.800	13.8	18.1	22.9	28.8	52.7	12.700	0.013	0.001	1.015	14.732	0.055	16.61	0.245 9	
BY190	C190	18.200～24.900	39.800～54.800	15.8	20.6	26.2	32.9	60.2	11.125	0.010	0.001	1.015	13.157	0.050	18.95	0.300 3	
BY220	C220	21.200～29.100	46.400～63.900	18.4	24.1	30.6	38.4	70.3	9.525	0.010	0.001 1	0.760	11.049	0.050	22.14	0.378 7	
BY255	C255	24.300～33.200	53.400～73.100	21.1	27.5	35.0	43.9	80.4	8.331	0.008	0.001 1	0.760	9.855	0.050	25.31	0.462 0	
BY290	C290	28.300～38.200	61.900～85.200	24.6	32.2	40.8	51.2	93.8	7.137	0.008	0.001 1	0.760	8.661	0.050	29.54	0.583 4	
BY330	C330	31.300～43.000	69.100～95.900	27.7	36.1	46.9	57.6	105	6.350	0.008	0.001 3	0.510	7.366	0.050	33.20	0.693 8	
BY380	C380	36.400～19.800	79.600～110.000	31.6	41.5	52.4	65.7	120	5.563	0.008	0.001 5	0.510	6.579	0.050	37.91	0.848 6	待
BY430	C430	42.400～58.100	92.900～128.000	36.8	48.1	61.0	76.6	140	4.775	0.008	0.001 7	0.510	5.791	0.050	44.16	1.065 0	
BY495	C495	46.300～63.500	101.000～139.000	40.2	52.5	66.7	83.7	153	4.369	0.008	0.001 9	0.510	5.385	0.050	48.26	1.219 0	
BY580	C580	56.600～77.500	124.000～171.000	49.1	64.1	81.4	102	187	3.581	0.008	0.002 2	0.510	4.597	0.050	58.88	1.643	
BY660	C660	63.500～87.200	139.000～192.000	55.3	72.3	91.8	115	211	3.175	0.008	0.002 5	0.380	3.937	0.050	66.41	1.967	定
BY765	C765	72.700～99.700	159.000～219.000	63.5	82.9	105	132	242	2.769	0.008	0.003 0	0.380	3.531	0.050	76.15	2.413	
BY890	C890	84.800～116.000	186.000～256.000	73.6	96.1	122	153	280	2.388	0.008	0.003 5	0.380	3.1500	0.050	88.30	3.011	

注：国产波导型号中的 Y 表示圆波导；IEC 标准中的 C 表示圆波导；型号中的数字和注有 1)者，其意义均与表(一)注相同；波导管尺寸以 mm 计。

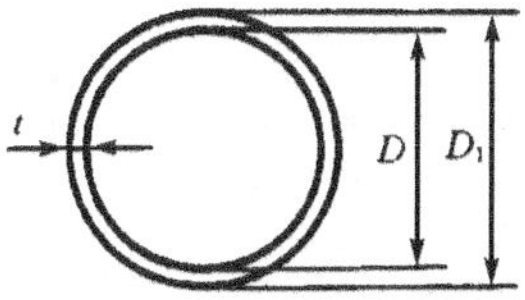

表(四) 圆波导管参数(中间值)

为便于查阅,表(三)中尺寸已增列于本表中

型号名称	型号名称[1) 153IEC-	内径中间值	型号名称	型号名称[1) 153IEC-	内径中间值	型号名称	型号名称[1) 153IEC-	内径中间值	型号名称	型号名称[1) 153IEC-	内径中间值
BY3.30	C3.30	647.90	BY16.0	C16.0	134.11	BY76.0	C76.0	27.788	BY330	C330	6.350
BY3.43	C3.43	623.00	BY16.5	C16.5	129.00	BY80.0	C80.8	26.700	BY348	C348	6.140
BY3.56	C3.56	599.00	BY17.2	C17.2	124.00	BY83.1	C83.1	25.700	BY359	C359	5.940
BY3.71	C3.71	576.00	BY17.9	C17.9	119.00	BY86.1	C86.1	24.800	BY372	C372	5.740
BY4.00	C4.00	553.50	BY18.0	C18	114.58	BY89	C89.0	23.825	BY380	C380	5.563
BY401	C4.01	532.00	BY19.4	C19.4	110.00	BY93.2	C93.2	22.900	BY398	C398	5.360
BY4.17	C4.17	512.00	BY20.1	C20.1	106.00	BY97.0	C97.0	22.000	BY414	C414	5.160
BY4.14	C4.34	492.00	BY20.9	C20.9	102.00	BY101	C101	21.100	BY429	C420	4.950
BY4.50	C4.50	472.80	BY22.0	C22.0	97.87	BY104	C104	20.244	BY430	C430	4.775
BY4.69	C4.69	455.00	BY22.7	C22.7	94.00	BY109	C109	19.500	BY457	C457	4.670
BY4.88	C4.88	437.00	BY23.6	C23.6	90.40	BY114	C114	18.800	BY467	C467	4.570
BY5.08	C5.08	420.00	BY24.5	C24.5	87.00	BY118	C118	18.150	BY478	C478	4.470
BY5.30	C5.30	403.00	BY25.0	C25.0	83.62	BY120	C120	17.475	BY495	C495	4.369
BY5.50	C5.50	388.00	BY26.6	C26.6	80.40	BY127	C127	16.850	BY512	C512	4.170
BY5.72	C5.72	373.00	BY27.7	C26.7	77.20	BY129	C129	16.250	BY539	C539	3.960
BY5.95	C5.95	359.00	BY28.7	C28.7	74.40	BY136	C136	15.650	BY568	C568	3.760
BY6.20	C6.20	345.10	BY30.0	C30.0	71.42	BY140	C140	15.088	BY580	C580	3.581
BY6.43	C6.43	332.00	BY31.1	C31.1	68.60	BY148	C148	14.450	BY613	C613	3.480
BY6.69	C6.69	319.00	BY32.3	C32.3	66.00	BY154	C154	13.850	BY632	C632	3.380
BY6.95	C6.95	307.00	BY33.7	C33.7	63.40	BY161	C161	13.250	BY651	C651	3.280
BY7.00	C7.00	294.79	BY35.0	C35.0	61.04	BY165	C165	12.700	BY660	C660	3.175
BY7.54	C7.54	283.00	BY36.4	C36.4	58.60	BY174	C174	12.300	BY690	C690	3.070
BY7.85	C7.85	272.00	BY37.8	C37.8	56.40	BY179	C179	11.900	BY721	C721	2.960
BY7.99	C7.99	262.00	BY39.4	C39.4	54.20	BY186	C186	11.500	BY746	C746	2.860
BY8.00	C8.00	251.84	BY40.0	C40.0	51.99	BY190	C190	11.125	BY765	C765	2.769
BY8.82	C8.82	242.00	BY42.7	C42.7	50.00	BY198	C198	10.760	BY799	C799	2.670
BY9.16	C9.16	233.00	BY44.4	C44.4	48.10	BY207	C207	10.300	BY831	C831	2.570
BY9.53	C9.53	224.00	BY46.2	C46.2	46.20	BY219	C219	9.700	BY876	C876	2.440
BY10.0	C10.00	215.14	BY48.0	C48.0	44.45	BY220	C220	9.525	BY890	C890	2.388
BY10.3	C10.30	207.00	BY49.9	C49.9	42.80	BY232	C232	9.220			
BY10.7	C10.70	199.00	BY51.8	C51.8	41.20	BY239	C239	8.920			
BY11.2	C11.20	191.00	BY53.9	C53.9	39.60	BY248	C248	8.620			
BY12.0	C12.00	183.77	BY56.0	C56.0	38.10	BY255	C255	8.331			
BY12.1	C12.10	176.50	BY58.3	C58.3	36.60	BY266	C266	8.020			
BY12.6	C12.60	170.00	BY60.6	C60.6	35.20	BY277	C277	7.720			
BY13.1	C13.10	163.50	BY63.2	C63.2	33.80	BY288	C288	7.420			
BY14.0	C14.0	157.00	BY65.0	C65.0	32.537	BY290	C290	7.137			
BY14.10	C14.1	151.00	BY68.2	C68.2	31.300	BY308	C308	6.940			
BY14.7	C14.70	145.00	BY70.1	C70.9	30.100	BY317	C317	6.640			
BY15.3	C15.30	139.50	BY73.9	C73.9	28.900	BY327	C327	6.520			

注:1)仅供参考;波导管尺寸以 mm 计。

附录七 同轴线参数

表(一) 硬同轴传输线及其法兰连接器

特性阻抗	硬同轴传输线									空气介质传输线 $H_{11}(TE_{11})$ 模截止频率/GHz	法兰连接线	
	型号	外导体					内导体				型号	
		外径		内径		标准壁厚	外径	内径			固定法兰连接器	旋转法兰连接器
		尺寸	允差	尺寸	允差			尺寸	允差			
		/mm										
50Ω	YX50－155－1	155.6	±0.2	151.92	±0.2	1.83	66	64	±0.1	0.90	YX50－155－2	YX50－155－3
	YX50－125－1	123.2	±0.2	120	±0.15	1.60	52.1	50.1	±0.08	1.13	YX50－125－2	YX50－125－3
	YX50－105－1	106	±0.2	103	±0.15	1.50	44.8	42.8	±0.08	1.32	YX50－105－2	YX50－105－3
	YX50－80－1	79.4	±0.1	76.8	±0.1	1.25	33.4	31.3	±0.07	1.77	YX50－80－2	YX50－80－3
	YX50－40－1	41.3	±0.07	38.8	±0.07	1.25	16.9	15	±0.05	3.50	YX50－40－2	YX50－40－3
	YX50－22－1	22.23	±0.05	20	±0.05	1.15	8.7	7.4	±0.05	6.82	YX50－22－2	YX50－22－3
75Ω	YX75－80－1	79.4	±0.1	76.8	±0.1	1.25	22.1	20.3	±0.05	1.93	YX75－80－2	YX75－80－3
	YX75－40－1	41.3	±0.07	38.8	±0.07	1.25	11.1	9.6	±0.05	3.82	YX75－40－2	YX50－40－3
	YX75－22－1	22.3	±0.05	20	±0.05	1.15	5.8	4.5	±0.05	7.44	YX75－22－2	YX75－22－3

注：YX 表示硬同轴传输线及其法兰连接器；50，75 表示特性阻抗，其后的数字表示外导体外径的大约值；最后一个数字 1 表示硬同轴线，2 表示固定法兰连接器，3 表示旋转法兰连接器。

表（二） SYV 系列 50Ω 射频同轴电缆结构表

序号	型号	内导体			绝缘		外导体					护套				长度		
		材料	根数×直径[3]	标称外径	最小厚度	外径	材料		单线直径	编织角，不大于	填充系数	材料[4]	厚度		外径	交货长度/m	短线段	
							内层	外层					标称	最小			长度/m 不小于	% 不大于
1	SYV-50-2-1	软铜线	7×0.16	0.48	0.44	1.50±0.10		—	0.09～0.11			Ⅲ	0.43	0.30	2.8±0.2	50～200		
2	SYV-50-2-7	铜包钢线[1]	7×0.16	0.48	0.44	1.50±0.10		—	0.09～0.11			Ⅲ	0.43	0.30	2.8±0.2	50～200		
3	SYV-50-2-8	铜包钢线[2]	7×0.16	0.48	0.44	1.50±0.10		—	0.09～0.11			Ⅲ	0.43	0.30	2.8±0.2	50～200		
4	SYV-50-2-41	软铜线	1×0.68	0.68	0.65	2.20±0.10		—	0.13～0.15			Ⅲ	0.56	0.40	4.0±0.2	100～200		
5	SYV-50-3-1	软铜线	7×0.32	0.96	0.80	2.95±0.13		—	0.13～0.15			Ⅲ	0.75	0.58	5.0±0.2	100～200		
6	SYV-50-3-3	软铜线	1×0.90	0.90	0.85	2.95±0.13		—	0.13～0.15			Ⅰ	0.75	0.58	5.0±0.2	100～200		
7	SYV-50-3-4	软铜线	1×0.90	0.90	0.85	2.95±0.13		—	0.13～0.15			Ⅲ	0.75	0.58	5.0±0.2	100～200		
8	SYV-50-3-5	软铜线	1×0.90	0.90	0.85	2.95±0.13	软铜线	软铜线	0.13～0.15	45°	0.7～0.95	Ⅰ	0.80	0.60	5.8±0.2	100～200	10	10
9	SYV-50-3-41	软铜线	1×0.90	0.90	0.85	2.95±0.13		软铜线	0.13～0.15			Ⅲ	0.80	0.60	5.8±0.2	100～200		
10	SYV-50-5-1	软铜线	1×1.40	1.40	1.30	4.80±0.20		—	0.13～0.15			Ⅲ	0.88	0.69	7.2±0.3	100～200		
11	SYV-50-5-3	软铜线	1×1.40	1.40	1.30	4.80±0.20		—	0.13～0.15			Ⅰ	0.88	0.69	7.2±0.3	100～200		
12	SYV-50-5-4	软铜线	1×1.40	1.40	1.30	4.80±0.20		软铜线	0.13～0.15			Ⅰ	0.92	0.74	7.9±0.3	100～200		
13	SYV-50-5-41	软铜线	1×1.40	1.40	1.30	4.80±0.20		软铜线	0.13～0.15			Ⅲ	0.92	0.74	7.9±0.3	100～200		
14	SYV-50-7-1	软铜线	7×0.75	2.25	2.00	7.25±0.25		—	0.18～0.20			Ⅰ	1.05	0.85	10.3±0.3	50～100		
15	SYV-50-7-2	软铜线	7×0.75	2.25	2.00	7.25±0.25		—	0.18～0.20			Ⅲ	1.05	0.85	10.3±0.3	50～100		

续表

序号	型号	内导体			绝缘		外导体					护套				长度		
		材料	根数×直径[3)]	标称外径	最小厚度	外径	材料		单线直径	编织角，不大于	填充系数	材料[4)]	厚度		外径	交货长度/m	短线段	
							内层	外层					标称	最小			长度/m不小于	%不大于
16	SYV-50-7-3		7×0.75	2.25	2.00	7.25±0.25	软铜线	软铜线	0.16～0.18			Ⅰ	1.10	0.90	11.0±0.3	50～100	10	
17	SYV-50-7-4		7×0.75	2.25	2.25	7.25±0.25	软铜线	—	0.18～0.20			Ⅰ	1.05	0.85	10.3±0.3	50～200	10	
18	SYV-50-7-6		7×0.75	2.25	2.25	7.25±0.25	镀银铜线	软铜线	0.16～0.18			Ⅰ	1.10	0.90	11.0±0.3	50～200	10	
19	SYV-50-7-41		7×0.75	2.25	2.00	7.25±0.25	软铜线	软铜线	0.16～0.18			Ⅲ	1.10	0.90	11.0±0.3	50～200	10	
20	SYV-50-9-41		7×0.95	2.82	2.60	9.0±0.30	软铜线	—	0.18～0.20			Ⅲ	1.18	0.96	12.2±0.4	50～200	20	
21	SYV-50-12-1	软铜线	7×1.15	3.45	3.50	11.5±0.30	软铜线	—	0.18～0.20	45°	0.70～0.95	Ⅰ	1.30	1.00	15.0±0.4	100～200	20	10
22	SYV-50-12-41		7×1.15	3.45	3.50	11.5±0.30	软铜线	—	0.18～0.20			Ⅲ	1.30	1.00	15.0±0.4	100～200	20	
23	SYV-50-15-41		7×1.54	4.62	4.40	15.0±0.40	软铜线	—	0.18～0.20			Ⅲ	1.60	1.34	19.0±0.5	100～200	20	
24	SYV-50-17-1		1×5.00	5.00	5.50	17.3±0.40	软铜线	—	0.24～0.26			Ⅰ	1.80	1.50	22.0±0.5	100～200	20	
25	SYV-50-17-2		1×5.00	5.00	5.50	17.3±0.40	软铜线	—	0.24～0.26			Ⅲ	1.80	1.50	22.0±0.5	100～200	20	
26	SYV-50-17-3		1×5.00	5.00	5.50	17.3±0.40	软铜线	软铜线	0.18～0.20			Ⅰ	1.85	1.55	22.7±0.5	100～200	20	
27	SYV-50-17-41		19×1.04	5.20	5.20	17.3±0.40	软铜线	—	0.24～0.26			Ⅲ	1.80	1.50	22.0±0.5	100～200	20	

注：S 表示射频同轴电缆；Y 表示绝缘材料为聚乙烯；V 表示护套材料为聚氯乙烯；50 表示特性阻抗；其后的数字表示绝缘外径的大约值；最后一个数字为结构序号。

表中注 1)者表示用 1 级铜包钢线；

注 2)者用 2 级铜包钢线；

注 3)者表示单线直径为近似值；

注 4)中Ⅰ者表示－40℃非沾污型聚氯乙烯；Ⅱ者表示－40℃普通型聚氯乙烯。表中尺寸(除长度外)以 mm 计。

表（三） SYV 系列 75Ω、100Ω 射频同轴电缆结构表

序号	型号	内导体			绝缘		外导体					护套				长度		
		材料	根数×直径[1)]	标称外径	最小厚度	外径	材料（内层）	材料（外层）	单线直径	编织角，不大于	填充系数	材料[2)]	厚度（标称）	厚度（最小）	外径	交货长度/m	短线段长度/m不小于	短线段%不大于
1	SYV-75-3-41		7×0.17	0.51	1.05	3.00±0.13		—	0.13～0.15			Ⅲ	0.66	0.45	5.0±0.25	50～200		
2	SYV-75-4-1		7×0.21	0.63	1.25	3.70±0.13		—	0.13～0.15			Ⅲ	0.80	0.60	6.0±0.20	100～200		
3	SYV-75-4-2		7×0.21	0.63	1.40	3.70±0.10		软铜线	0.13～0.15			Ⅰ	0.85	0.65	6.7±0.20	100～200		
4	SYV-75-4-3		1×0.59	0.59	1.25	3.70±0.13		—	0.13～0.15			Ⅰ	0.80	0.60	6.0±0.20	100～200		
5	SYV-75-4-4		1×0.59	0.59	1.25	5.70±0.13		—	0.13～0.15			Ⅲ	0.80	0.60	6.0±0.20	100～200		
6	SYV-75-5-4		1×0.75	0.75	1.60	4.80±0.20		—	0.13～0.15			Ⅰ	0.88	0.69	7.2±0.30	100～200		
7	SYV-75-5-5	软铜线	1×0.75	0.75	1.60	4.80±0.20	软铜线	软铜线	0.13～0.15	45°	0.70～0.95	Ⅰ	0.92	0.74	7.9±0.30	100～200	10	10
8	SYV-57-5-41		1×0.75	0.75	1.60	4.80±0.20		—	0.13～0.15			Ⅲ	0.88	0.69	7.2±0.30	100～200		
9	SYV-75-5-42		1×0.75	0.75	1.60	4.80±0.20		软铜线	0.13～0.15			Ⅲ	0.92	0.74	7.9±0.30	100～200		
10	SYV-75-7-1		7×0.40	1.20	2.40	7.25±0.25		—	0.18～0.20			Ⅰ	1.05	0.85	10.3±0.30	50～200		
11	SYV-75-7-2		7×0.40	1.20	2.40	7.25±0.25		—	0.18～0.20			Ⅲ	1.05	0.85	10.3±0.30	50～200		
12	SYV-75-7-3		7×0.40	1.20	2.72	7.25±0.15		软铜线	0.16～0.18			Ⅰ	1.10	0.90	11.0±0.30	50～200		
13	SYV-75-7-4		1×1.15	1.15	2.77	7.25±0.15		—	0.18～0.20			Ⅰ	1.05	0.85	10.3±0.30	50～200		

续表

序号	型　号	内导体			绝缘		外　导　体					护　套				长　度		
		材料	根数×直径1)	标称外径	最小厚度	外径	材料		单线直径	编织角,不大于	填充系数	材料2)	厚　度		外径	交货长度/m	短线段	
							内层	外层					标称	最小			长度/m 不小于	% 不大于
14	SYV-75-7-8		1×1.15	1.15	2.50	7.25±0.25		—	0.18～0.20			Ⅲ	1.05	0.85	10.3±0.3	50～200	10	
15	SYV-75-7-41		7×0.40	1.20	2.50	7.25±0.25		软铜线	0.16～0.18			Ⅲ	1.10	0.90	11.0±0.3	50～200	10	
16	SYV-75-9-41		1×1.37	1.37	3.20	9.0±0.30		—	0.18～0.20			Ⅲ	1.18	0.96	12.2±0.4	50～200	20	
17	SYV-75-12-2		7×0.63	1.89	3.80	11.5±0.30		—	0.18～0.20			Ⅰ	1.30	1.00	15.0±0.4	100～200	20	
18	SYV-75-12-41		7×0.63	1.89	3.80	11.5±0.30		—	0.18～0.20			Ⅲ	1.30	1.00	15.0±0.4	100～200	20	
19	SYV-75-15-41		7×0.82	2.46	5.30	15.0±0.40		—	0.18～0.20			Ⅲ	1.60	1.34	19.0±0.5	100～200	20	
20	SYV-75-17-1	软铜线	1×2.70	2.70	6.60	17.3±0.40	软铜线	—	0.24～0.26	45°	0.70～0.95	Ⅰ	1.80	1.50	22.0±0.5	100～200	20	10
21	SYV-75-17-2		1×2.70	2.70	6.60	17.3±0.40		—	0.24～0.26			Ⅲ	1.80	1.50	22.0±0.5	100～200	20	
22	SYV-75-17-4		1×2.70	2.70	6.60	17.3±0.40		软铜线	0.18～0.20			Ⅰ	1.85	1.55	22.7±0.5	100～200	20	
23	SYV-75-17-41		7×0.95	2.85	6.40	17.3±0.40		—	0.24～0.26			Ⅲ	1.80	1.50	22.0±0.5	100～200	20	
1	SYV-100-7-41		1×0.60	0.60	2.80	7.25±0.25		—	0.18～0.20			Ⅲ	1.05	0.85	10.3±0.3	50～200	10	

参考文献

[1] 廖承恩. 微波技术基础 [M]. 北京：国防工业出版社，1984.

[2] 廖承恩，陈达章. 微波技术基础（上册）[M]. 北京：国防工业出版社，1979.

[3] 毕德显. 电磁场理论 [M]. 北京：电子工业出版社，1983.

[4] 楼仁海. 工程电磁理论 [M]. 北京：国防工业出版社，1981.

[5] 沈志远. 微波技术 [M]. 北京：国防工业出版社，1981.

[6] 哈林登·R F. 正弦电磁场 [M]. 孟侃译. 上海：上海科学技术出版社，1964.

[7] 柯林·R E. 微波工程基础 [M]. 吕继尧译. 北京：人民邮电出版社，1977.

[8] 瓦尔特朗·R A. 被导电磁波原理 [M]. 徐鲤庭译. 北京：人民邮电出版社，1981.

[9] 叶培大，吴彝尊. 光波导技术基本理论 [M]. 北京：人民邮电出版社，1981.

[10] 杨祥林，张明德，许大信. 光纤传输系统 [M]. 南京：东南大学出版社，1991.

[11] 尚洪臣. 微波网络 [M]. 北京：北京理工大学出版社，1988.

[12] 吴万春，梁昌洪. 微波网络及其应用 [M]. 北京：国防工业出版社，1980.

[13] 吕善伟. 微波工程基础 [M]. 北京：航空航天大学出版社，1995.

[14] Omp Gandhi. Microwave Engineering and Applications. PERGAMON PRESS，1981.

[15] Harlan Howe JR. Stripline Circuit Design. ARTECH HOUSE INC. 1974.

[16] Jeffrey Frey. Microwave Intergrated Circuits. ARTECH HOUSE INC. 1975.

[17] Adams M J. An Introduction to optical Wavgide. VALL BALLOU PRESS INC.

[18] Reinmut K Hoffmann. Handhook Microwave lntergrated circuits. ARTECH . HOUSE INC. 1987.

[19] SiodiaML，Raghuvanshi G S. Microwave Circuits and passive Devices. JOHN WILEY & SONSINC. 1987.

[20] Wictor F Veley. Modern Microwave Tecnology，PRENTICE－Hall] INC. 1987.

[21] Sazonov D M. Microwave circuits and Antennas. Mir Publishes Moscow，1990.

参考文献

[1] 廖承恩. 微波技术基础 [M]. 北京: 国防工业出版社, 1984.

[2] [illegible] 1979.

[3] [illegible]

[4] [illegible]

[5] [illegible]

[6] [illegible] 1996.

[7] [illegible]

[8] [illegible]

[9] [illegible]

[10] [illegible]

[11] [illegible]

[12] [illegible]

[13] [illegible]

[14] [illegible] PRESS, 1981.

[15] [illegible]

[16] [illegible]

[17] [illegible]

[18] [illegible]

[19] [illegible] WILEY [illegible] 1984.

[20] [illegible] Microwave [illegible]. PRENTICE-HALL INC, 1989.

[21] [illegible] Microwave [illegible]